# 14. DGE-Ernährungsbericht

# 14. DGE-Ernährungsbericht

Herausgegeben von der

**Deutschen Gesellschaft für Ernährung e. V. (DGE)**

Im Auftrag des

**Bundesministeriums für Ernährung und Landwirtschaft (BMEL)**

## Impressum

**14. DGE-Ernährungsbericht**

**Herausgeber**
Deutsche Gesellschaft für Ernährung e.V.
Godesberger Allee 18, 53175 Bonn
www.dge.de

Gefördert durch:

Bundesministerium
für Ernährung
und Landwirtschaft

aufgrund eines Beschlusses
des Deutschen Bundestages

**Chefredaktion:**
Prof. Dr. Helmut Heseker

**Lektorat und Redaktion:**
Dr. Angela Bechthold/Prof. Sarah Egert/Dr. Eva Leschik-Bonnet; Dr. Margrit Richter
M. Sc. Janine Bröder/M. Sc. Friederike Maretzke; Dipl.-Oecotroph. (FH) Birte A. Peterson-Sperlich;
Dr. Christina Breidenassel; Gaby Gerlach

**Gestaltung Umschlag, Layout und Satz:**
GDE Preprint- und Mediaservice GmbH, Bonn

**Druck:**
johnen-druck GmbH & Co. KG, Bernkastel-Kues



**Wichtiger Hinweis:**
Die Erkenntnisse der Wissenschaft, speziell auch der Ernährungswissenschaft und der Medizin, unterliegen einem laufenden Wandel durch Forschung und klinische Erfahrung. Die Inhalte des vorliegenden 14. DGE-Ernährungsberichts wurden mit größter Sorgfalt erarbeitet und geprüft, dennoch kann eine Garantie nicht übernommen werden. Eine Haftung für Personen-, Sach- und Vermögensschäden ist ausgeschlossen.

**Errata:**
Sollten der Redaktion trotz sorgfältiger Bearbeitung und intensiver Prüfung Fehler im 14. DGE-Ernährungsbericht bekannt werden, werden die Korrekturen auf der Internetseite der DGE unter www.dge.de veröffentlicht.

**Zitierweise:**
Deutsche Gesellschaft für Ernährung (Hrsg.): 14. DGE-Ernährungsbericht. Bonn (2020)


ISBN 978-3-88749-269-4
Artikel-Nummer: 220300
Gedruckt auf Recyclingpapier

# Vorwort

In Anbetracht der heutigen Informationsflut, mit teilweise widersprüchlichen Aussagen und auch mancher Fake News in den Print- und Online-Medien sowie den sozialen Medien, ist es mitunter schwierig, objektive und wissenschaftlich fundierte Informationen zu Ernährungsfragen und zur Ernährungssituation der Bevölkerung herauszufiltern. Vor dieser Herausforderung stehen Verbraucher*innen, Mittlerkräfte auf den unterschiedlichsten Ebenen und auch politische Entscheidungsträger*innen gleichermaßen.

Für die Entscheidungsfindung in der Politik, für Wissenschaft, Wirtschaft und Medien sowie für Fachkräfte sind die seit 1969 erscheinenden DGE-Ernährungsberichte genau das: eine fundierte, objektive und verlässliche Informationsquelle zu relevanten Themen aus den Bereichen Ernährungs- und Lebensmittelwissenschaft.

Ziel der DGE-Ernährungsberichte war und ist es, aktuelle Daten zur Ernährungssituation in Deutschland sowie Ergebnisse von entsprechenden Forschungsvorhaben zu präsentieren, zu bewerten und daraus Handlungsempfehlungen abzuleiten. Dabei handelt es sich nicht nur um Momentaufnahmen, sondern auch um sich abzeichnende Trends der sich wandelnden Ernährungsgewohnheiten und der sich daraus ergebenden Einflüsse auf die gesundheitliche Situation der Bevölkerung.

Somit dienen die Forschungsergebnisse und Aussagen dieser Berichte seit über 50 Jahren als Entscheidungshilfe und Impulsgeber für ernährungs- und gesundheitspolitische Maßnahmen in Deutschland. Im Jahr 1968 beauftragten der damalige Bundesminister für Ernährung, Landwirtschaft und Forsten sowie die damalige Bundesministerin für Gesundheitswesen die Deutsche Gesellschaft für Ernährung e. V. (DGE) als wissenschaftliche Fachgesellschaft erstmalig mit der Erstellung eines periodisch erscheinenden Berichts, der über die Situation der Ernährung der Bevölkerung Auskunft gibt. Heute wird der DGE-Ernährungsbericht im Auftrag und mit finanzieller Förderung des Bundesministeriums für Ernährung und Landwirtschaft herausgegeben. Die Themen des alle vier Jahre erscheinenden Berichts spiegeln immer auch den Zeitgeist sowie die neuen Herausforderungen für die Ernährungs- und Lebensmittelwissenschaften wider. Schon 1972, im zweiten Ernährungsbericht, ging es um das Dauerthema der Ernährungserziehung in der Schule, der Erwachsenenbildung und der beruflichen Weiterbildung. Im Laufe der Zeit wurden weitere, jeweils aktuelle Themen wie Nahrungsmittelunverträglichkeiten, Gentechnik, unerwünschte Rückstände und Strahlenbelastung in Lebensmitteln, Diätformen, Folgen des demografischen Wandels oder die Qualität der Gemeinschaftsverpflegung aufgenommen, um nur einige zu nennen.

Auch der vorliegende 14. DGE-Ernährungsbericht liefert mit seinem breiten Überblick über die aktuelle Ernährungssituation, über stattgefundene Veränderungen und der vertieften wissenschaftlichen Analyse von nicht selten konträr diskutierten Ernährungsthemen wieder eine wichtige Basis für die zukünftige Ernährungs- und Gesundheitspolitik.

Unser großer Dank gilt dem Bundesministerium für Ernährung und Landwirtschaft für die finanzielle Förderung.

Wir danken außerdem den Kapitelbetreuer*innen und deren Mitarbeiter*innen für ihr großes Engagement bei der Erstellung und Bearbeitung der vorliegenden Kapitel. Unser ganz besonderer Dank gilt wiederum dem Referat Wissenschaft der Hauptgeschäftsstelle der DGE, welches die einzelnen Berichtskapitel von der Planung über die Erstellung bis zur Schlusskorrektur kritisch, überaus kompetent und sehr konstruktiv begleitet hat.

Bonn, im November 2020

Prof. Dr. Jakob Linseisen
(DGE-Präsident)

Prof. Dr. Helmut Heseker
(Chefredakteur 14. DGE-Ernährungsbericht)

# Inhalt

# Einleitung

Ein gesundheitsförderlicher Ernährungs- und Lebensstil wird im Bevölkerungsdurchschnitt mit einer höheren Gesundheits- und Lebenserwartung assoziiert. Aus wissenschaftlichen Studien liegen heute in zunehmendem Maße umfangreiche Ergebnisse vor, wie solche Ernährungs- und Lebensstile aussehen [1, 2]. Sowohl die DGE-Ernährungsberichte als auch große deutschlandweite und internationale Untersuchungen zeigen allerdings, dass in Deutschland weitere Anstrengungen nötig sind, um diese Erkenntnisse in die Bevölkerung zu übertragen.

In der für das Jahr 2017 durchgeführten *Global Burden of Disease Study* wurde gezeigt, dass die mittlere Lebenserwartung in West- und Südeuropa für neugeborene Jungen und Mädchen inzwischen bei 79,53 bzw. 84,21 Jahre liegt [1, 3]. Die Autor*innen weisen darauf hin, dass Deutschland mit 78,24 bzw. 83,01 Jahren leicht unter dem Durchschnitt und nur im mittleren Bereich dessen liegt, was zum gegenwärtigen Zeitpunkt in der genannten Region an Lebenserwartung (z. B. neugeborene Jungen in der Schweiz: 82,12 Jahre; neugeborene Mädchen in Spanien: 85,82 Jahre) möglich zu sein scheint.

Hinzu kommt, dass nicht alle Bevölkerungsgruppen von einer steigenden Lebenserwartung gleichermaßen profitieren: Es besteht ein sozialer Gradient, welcher dazu führt, dass sozial benachteiligte Gruppen auch im Hinblick auf ihre Gesundheit und Lebenserwartung besonders benachteiligt sind [4]. Beispielsweise leben in Deutschland Menschen mit einem höheren Bildungsniveau und höherem Einkommen deutlich länger als Personen mit geringem Bildungsniveau und Einkommen [5, 6].

Im *European Health Interview Survey* konnte zudem gezeigt werden, dass Deutschland im Vergleich zu anderen europäischen Ländern bei einer Reihe von wichtigen Gesundheitsindikatoren bzw. Einflussfaktoren für nichtübertragbare chronische Krankheiten ungünstiger abschneidet [7]. Hierzu zählen u. a. ein häufiger, hoher und gesundheitsriskanter Alkoholkonsum, ein geringer Verzehr von Gemüse und Obst sowie eine vergleichsweise hohe Adipositasprävalenz. Auch dabei zeigen sich Unterschiede hinsichtlich des sozioökonomischen Status: Menschen mit einem höheren Bildungsniveau und höherem Einkommen sind deutlich seltener von Adipositas betroffen [3].

Bei der Ableitung von Empfehlungen zu einem gesundheitsförderlichen Ernährungs- und Lebensstil und der Übertragung der Erkenntnisse in die Bevölkerung spielen vielfältige und sehr unterschiedliche Aspekte eine Rolle. Die DGE-Ernährungsberichte tragen seit 1969 dazu bei, die Ernährungssituation der deutschen Bevölkerung langfristig zu betrachten und Handlungsempfehlungen abzuleiten. Auch der vorliegende 14. DGE-Ernährungsbericht setzt hier an:

Die in Kapitel 1.2 vorgenommene Fortschreibung von Trendanalysen zum Lebensmittelverbrauch auf Basis der Agrarstatistiken lässt – trotz aller Einschränkungen dieser Erhebungsmethode – durchaus einige Verbesserungen der Ernährungssituation in Deutschland erkennen. So steigt z. B. der Verbrauch von Gemüse an. Der Verbrauch von Obst ist zwar rückgängig, Schalen- und Beerenobst weist hingegen einen steigenden Verbrauch auf.

Auch die Entwicklung von Adipositas in Deutschland wird seit dem DGE-Ernährungsbericht 2008 mit wechselnden Schwerpunkten fortlaufend beobachtet. In der vorliegenden aktuellen Analyse wird die Verbreitung von Übergewicht bzw. Adipositas über alle Altersgruppen erneut untersucht (Kapitel 1.4). Ein besonderer Schwerpunkt liegt diesmal auf der Verbreitung von Übergewicht vor und der Gewichtszunahme während der Schwangerschaft, da diese mit möglichen weitreichenden Folgen für den Schwangerschaftsverlauf und die langfristige Gesundheit des Kindes verbunden sind.

Daten zur Ernährungssituation von Kindern und Jugendlichen, die vom Robert Koch-Institut im Rahmen des EsKiMo-II-Moduls als Teil der KiGGS-Studie erhoben wurden, werden in Kapitel 1.5 ausgewertet. Die Ergebnisse zeigen in einer bundesweiten Stichprobe die aktuelle Nährstoffzufuhr und -versorgung basierend auf den D-A-CH-Referenzwerten sowie die Rahmenbedingungen des Ernährungsverhaltens dieser Altersgruppe auf und identifizieren Nährstoffe, die aufgrund ihrer Zufuhrmenge als potenziell kritisch eingeordnet werden können.

Auch gut geplante und durchgeführte Ernährungserhebungen können allerdings fehlerbehaftet sein. Hierbei stellt das in Kapitel 1.3 beschriebene sogenannte Misreporting ein weitverbreitetes Problem dar, das zu systematischen Verzerrungen führen kann. Durch eine sorgfältige, differenzierte Analyse und mithilfe statistischer (Schätz-)Methoden ist es heute möglich, Personen mit einer nicht plausiblen, zu gering protokollierten Energiezufuhr zu identifizieren sowie Einflussfaktoren und Auswirkungen, z. B. auf die Nährstoffzufuhr zu beschreiben. Hierdurch kann die Qualität der Studienergebnisse weiter verbessert werden.

Mit den täglich verzehrten Lebensmitteln werden aber nicht nur Energieträger und wichtige Nährstoffe aufgenommen, sondern auch ubiquitär vorkommende unerwünschte Schadstoffe. Die Schwermetalle Cadmium und Blei werden in der Regel nur in so geringen Mengen aufgenommen, die keine akut toxischen Effekte zur Folge haben. Eine chronische Exposition kann jedoch in Abhängigkeit von deren Höhe ein gesundheitliches Risiko für den menschlichen Organismus bedeuten. Die vorliegenden Ergebnisse der BfR-MEAL-Studie, der ersten Total-Diet-Studie in Deutschland, zeigen auf, wie sich die individuelle lebensmittelbedingte Exposition gegenüber Cadmium und Blei innerhalb von Lebensmittelgruppen weiter reduzieren lässt (Kapitel 1.6).

Neben der Untersuchung auf unerwünschte Lebensmittelinhaltsstoffe stellt die Reformulierung von Fertigprodukten ein weiteres Instrument zur Senkung der Häufigkeit von ernährungsmitbedingten Erkrankungen dar. In vielen Ländern wird versucht, die Ernährungssituation durch eine Reduktion von Energie, Zucker, Fetten und Salz in diesen Produkten zu verbessern und somit die Zufuhr in der Bevölkerung zu verringern. Vor diesem Hintergrund werden die geplanten bzw. bereits durchgeführten Reduktionsstrategien und die Vorgehensweisen beim Produktmonitoring auf der europäischen Ebene, in Deutschland, Frankreich und Großbritannien in Kapitel 1.7 analysiert.

Die Kapitel 2 bis 4 präsentieren die Ergebnisse der drei eigens für den 14. DGE-Ernährungsbericht durchgeführten Forschungsvorhaben an besonders vulnerablen Bevölkerungsgruppen: die nutritionDay-Auswertung, die SuSe-II-Studie und die VeChi-Youth-Studie.

Internationale Studien belegen, dass in Krankenhäusern und Pflegeheimen ein erhöhtes Risiko für Mangelernährung – verbunden mit oftmals gravierenden Folgen – besteht. Bisher war die Datenlage in Deutschland zu dieser Problematik allerdings sehr unbefriedigend. Die Auswertung der bundesweit erhobenen nutritionDay-Daten zur Ernährungssituation von Klinikpatient*innen und Pflegeheimbewohner*innen konnte die bestehende Datenlücke füllen: Die Auswertung der Ergebnisse von 25 teilnehmenden Kliniken mit 48 Stationen mit 767 Patient*innen sowie von 128 Pflegeheimen mit 5 336 Bewohner*innen zeigte, dass Mangelernährung in der Stichprobe ein relevantes Gesundheitsproblem darstellt, Ernährungsroutinen und -strukturen nicht standardmäßig vorhanden sind und ein deutliches Defizit an ernährungsmedizinischer Fachkompetenz besteht.

In der SuSe-II-Querschnittsstudie wurden aktuelle Daten zu Stillbedingungen in deutschen Geburtskliniken, zum Stillverhalten von Müttern und zur Säuglingsernährung in Deutschland erhoben. Da Stillen bekanntlich die natürliche und beste Form der Säuglingsernährung ist und für den Säugling und die Mutter zahlreiche Vorteile bietet, ist es erfreulich, dass die Stillquoten in der untersuchten Stichprobe von 996 Mutter-Kind-Paaren mit 82 % für Stillen überhaupt und 56 % für ausschließliches Stillen vier Monate nach der Geburt relativ hoch sind. Durch einen Vergleich mit den Daten der ersten SuSe-Studie vor 20 Jahren konnten mögliche Veränderungen analysiert und Handlungsempfehlungen zur Verbesserung der Stillbedingungen in deutschen Geburtskliniken abgeleitet werden.

Eine pflanzenbetonte, vegetarische Ernährungsweise bietet den Menschen einige gesundheitliche Vorteile und stellt gleichzeitig einen Gewinn für die Umwelt dar. Umstritten ist aber die Eignung einer rein pflanzlichen Ernährung für Kinder und Jugendliche. Zur Beurteilung fehlt es an aktuellen Daten aus Deutschland. In der VeChi-Youth-Studie wurde daher der Lebensmittelverzehr sowie die Nährstoffzufuhr und -versorgung von vegan oder vegetarisch ernährten Kindern und Jugendlichen mit der von omnivor ernährten verglichen. Ein zentraler Befund der Auswertung dieser Querschnittserhebung ist, dass in der Stichprobe von 401 Kindern und Jugendlichen eine ausreichende Versorgung mit den untersuchten Nährstoffen durch eine vegetarische und auch vegane Ernährung, mit entsprechender Supplementierung von Vitamin $B_{12}$, prinzipiell realisiert werden konnte.

Einzelne Studien geben wertvolle Hinweise auf die Ernährungssituation spezifischer Personengruppen. Für die Ableitung von Ernährungsempfehlungen muss allerdings die gesamte verfügbare Evidenz systematisch gesucht und gebündelt ausgewertet werden. In Kapitel 5 werden die Ergebnisse von drei systematisch durchgeführten Literaturrecherchen zur verfügbaren Evidenz hinsichtlich der Zusammenhänge ausgewählter Nahrungsmittel oder Ernährungsweisen und definierter Gesundheitsoutcomes berichtet.

Die Zusammenhänge zwischen dem Verzehr bestimmter Lebensmittel und dem Risiko chronischer ernährungsmitbedingter Erkrankungen ist eine zentrale Komponente für die Ableitung lebensmittelbezogener Ernährungsempfehlungen. In einem Umbrella Review von Metaanalysen wurde daher die Bedeutung des Gemüse-, Obst- und Fleischverzehrs für das Risiko von ausgewählten ernährungsmitbedingten Erkrankungen analysiert (Kapitel 5.1).

Auch die Einnahme von Nahrungsergänzungsmitteln ist in der Bevölkerung weitverbreitet. In den letzten Jahren wurde besonders Vitamin D von den Inverkehrbringern und einigen Medien als wahres Wundervitamin gehypt. In Kapitel 5.2 wurde in einem Umbrella Review von publizierten systematischen Übersichtsarbeiten Hinweisen nachgegangen, ob und welche Auswirkungen der Vitamin-D-Status auf die Vorbeugung und Behandlung von extraskelettalen Erkrankungen der Atemwege, Autoimmunerkrankungen oder neurodegenerativen und psychischen Erkrankungen hat.

Neurodegenerative Erkrankungen stellen in alternden Gesellschaften ein großes Problem dar. In einem Umbrella Review wurde die aktuelle Studienlage zu Ernährungsfaktoren und der Inzidenz von neurodegenerativen Erkrankungen, kognitivem Abbau und kognitiver Beeinträchtigung aus systematischen Übersichtsarbeiten mit Metaanalysen prospektiver Studien zusammengefasst. Darüber hinaus wurden die methodische Qualität der Metaanalysen sowie die Qualität der Evidenz und damit die Aussagekraft der Ergebnisse bewertet (Kapitel 5.3).

Der vorliegende 14. DGE-Ernährungsbericht greift somit wieder eine Vielzahl von aktuellen Themen innerhalb der großen Bandbreite an ernährungsbezogenen Fragestellungen auf, liefert notwendige Daten und stellt Forschungsbedarf fest. Zudem schreibt er Trendanalysen fort und stellt die verfügbare Evidenzlage für ausgewählte ernährungsrelevante Fragestellungen vor. Durch die enthaltenen Handlungsempfehlungen zeigt auch der 14. DGE-Ernährungsbericht Möglichkeiten zur weiteren Verbesserung der Ernährungs- und Gesundheitssituation der Bevölkerung in Deutschland auf.

## Literatur


[1] GBD 2017 Diet Collaborators: Health effects of dietary risks in 195 countries, 1990-2017: a systematic analysis for the Global Burden of Disease Study 2017. Lancet 393 (2019) 1958–1972

[2] Hawkes C, Ruel MT, Salm L et al.: Double-duty actions: seizing programme and policy opportunities to address malnutrition in all its forms. Lancet 395 (2020) 142–155

[3] OECD, EU (Hrsg.): Health at a glance: Europe 2018. State of health in the EU cycle. OECD Publishing, Paris (2018)

[4] Hoebel J, Kuntz B, Kroll LE et al.: Socioeconomic inequalities in the rise of adult obesity: a time-trend analysis of national examination data from Germany, 1990–2011. Obes Facts 12 (2019) 344–356

[5] Günther T, Huebener M: Bildung und Lebenserwartung: Empirische Befunde für Deutschland und Europa. (2018) https://www.diw.de/documents/publikationen/73/diw_01.c.607507.de/diw_roundup_126_de.pdf (eingesehen am 23.07.2020)

[6] Lampert T, Kroll L: Soziale Unterschiede in der Mortalität und Lebenserwartung. (2014) https://www.rki.de/DE/Content/Gesundheitsmonitoring/Gesundheitsberichterstattung/GBEDownloadsK/2014_2_soziale_unterschiede.html?nn=4747854 (eingesehen am 01.08.2019)

[7] Lange C, Finger JD: Gesundheitsverhalten in Europa – Vergleich ausgewählter Indikatoren für Deutschland und die Europäische Union. J Health Monitoring 2 (2017) 3–20

# 1 Ernährungssituation in Deutschland

## 1.1 Einführung

Das vorliegende erste Kapitel des 14. DGE-Ernährungsberichts betrachtet die Ernährungssituation in Deutschland aus vielfältiger Perspektive, unter der Prämisse aktuelle, differenzierte, vergleichbare und wissenschaftlich fundierte Daten vorzustellen. Ziel dieses Kapitels ist einerseits, durch die Fortschreibung der Entwicklung des Lebensmittelverbrauchs (siehe 1.2) und der Entwicklung und Bedeutung der Verbreitung von Übergewicht und Adipositas (siehe 1.6) Aussagen zu langfristigen Ernährungstrends und der Krankheitslast bestimmter ernährungsmitbedingter Erkrankungen für Deutschland zu ermöglichen. Andererseits werden aktuelle Themen aufgegriffen und bestimmte Zielgruppen in den Fokus genommen, wie z. B. die Ernährungsversorgung von Kindern und Jugendlichen in Deutschland auf Basis der EsKiMo-II-Daten (siehe 1.5) sowie die individuelle lebensmittelbedingte Exposition gegenüber Cadmium und Blei (Ergebnisse der BfR-MEAL-Studie, siehe 1.4). Außerdem wird mit dem Beitrag zum Misreporting (siehe 1.3) die Bedeutung von und der Umgang mit unplausibel protokolliertem Ernährungsverhalten in Verzehrstudien am Beispiel der NVS-II-Daten aufgezeigt. Ergänzt durch den Beitrag über die Entwicklung und Umsetzung von nationalen Strategien zur Reduktion von Energie, Zucker, Fetten und Salz in Fertigprodukten des Bundesministeriums für Ernährung und Landwirtschaft sowie die Ausführung eines begleitenden Produktmonitorings in Deutschland, England und Frankreich, bietet das Kapitel Ausblicke auf die aktuelle Ernährungsforschung und -politik.

# 1.2 Trendanalysen zum Lebensmittelverbrauch auf Basis der Agrarstatistik

Kurt Gedrich


## Zusammenfassung

**Einleitung:** Die Agrarstatistik liefert jedes Jahr Angaben über die Produktion in der Landwirtschaft und im Ernährungsgewerbe und bildet somit eine aktuelle Datengrundlage zum Lebensmittelverbrauch.

**Methodik:** Aufgrund der verbraucherfernen Datenerfassung beinhaltet die Agrarstatistik auch Anteile, die nicht für den menschlichen Verzehr bestimmt sind (z. B. Knochen, Tierfutter, Bio-Kraftstoff). Nimmt man jedoch an, dass diese im Zeitverlauf stabil bleiben, so ermöglicht die Agrarstatistik unter ernährungsepidemiologischen Gesichtspunkten wertvolle Einblicke in aktuelle Entwicklungen des Lebensmittelverbrauchs.

**Ergebnisse:** In den letzten Jahren zeigte sich bei vielen Produkten ein Verbrauchsrückgang, beispielsweise bei Roggen und Roggenmehl, Brot und Brötchen, frischen Kartoffeln, Obst (insgesamt), vor allem bei Äpfeln, aber auch bei Birnen, Tafeltrauben, Apfelsinen, Pampelmusen und eingeführten Zitruserzeugnissen, ferner bei Zucker, Glucose, Hart- und Weichkaramellen, Konsummilch, Joghurt, Buttermilch- und Kondensmilcherzeugnissen, Frisch- und Schmelzkäse, Schweinefleisch und Margarine. Unter den Getränken waren Gemüse- und Fruchtsäfte sowie -nektare ebenso von Verbrauchsrückgängen betroffen wie Bier, Schaumwein und Spirituosen.

Dem gegenüber stand ein steigender Verbrauch von Weizenmehl, Reis und Gemüse (insgesamt) sowie Schalen- und Beerenobst (ausgenommen Erdbeeren), Bananen und Zitronen, ferner von Rind-, Kalb- und Geflügelfleisch sowie Käse. Bei den Getränken hat der Verbrauch von Mineralwasser, Kaffee und Kräuter- sowie Früchtetees zugenommen.

Weitgehend unverändert blieb schließlich der Verbrauch von Mais, Teigwaren, Kartoffelerzeugnissen, Blatt-, Stängel- und Kohlgemüse sowie Gurken, Pflaumen, Kirschen, Aprikosen, Pfirsichen, Erdbeeren, Trockenfrüchten und Clementinen, Schokoladen- und Zuckerwaren, Honig, Gummibonbons und Gelee-Erzeugnissen, Speiseeis, Sahne, Butter und Fleisch (insgesamt) sowie von Erfrischungsgetränken, schwarzem Tee und Trinkwein.

**Schlussfolgerungen:** Die dargestellten Trends sind aufgrund methodischer Einschränkungen mit Vorsicht zu interpretieren. Zudem beziehen sie sich nur auf den durchschnittlichen Verbrauch in Deutschland, sodass er bei einzelnen Bevölkerungsgruppen einen anderen Verlauf nehmen könnte.

Als Grundlage zur Beurteilung der Trends im Lebensmittelverbrauch eignen sich die 10 Regeln der DGE, wonach eine pflanzenbetonte Ernährungsweise anzustreben ist und tierische Produkte als wertvolle Ergänzung zu betrachten sind. Zur Deckung des Wasserbedarfs sollten energiefreie Getränke bevorzugt werden.

Vor diesem Hintergrund ist es erfreulich, dass der Verbrauch von Gemüse, Mineralwasser, Kräuter- und Früchtetees gestiegen ist, während der Verbrauch von Schweinefleisch und Alkohol zurückging. Bei anderen Produkten war die Entwicklung hingegen weniger erfreulich: Der Verbrauch an Obst, Getreideerzeugnissen und frischen Kartoffeln war rückläufig. Zudem steht der Anstieg im Verbrauch von Rind-, Kalb- und Geflügelfleisch sowie von Käse nicht im Einklang mit dem Ziel einer pflanzenbetonten Ernährung.

Insgesamt wären in Bezug auf den Verbrauch von tierischen Produkten Maßnahmen wünschenswert, die den Fokus von Quantität auf Qualität verschieben, sodass die ernährungsphysiologischen und hedonischen Qualitäten dieser Lebensmittel genossen und gleichzeitig ihre unerwünschten Folgen für Gesundheit und Umwelt reduziert werden.

## Kernaussagen

- ➔ Die Agrarstatistik bildet unter ernährungsepidemiologischen Gesichtspunkten trotz methodischer Einschränkungen eine wichtige Datengrundlage zum Lebensmittelverbrauch in Deutschland.
- ➔ Unter *Public-Health*-Gesichtspunkten zeigt sich in den letzten Jahren ein erfreulicher Anstieg im Verbrauch von Gemüse und ein Rückgang bei Schweinefleisch und Alkohol.
- ➔ Rückgänge beim Verbrauch von Obst, Getreideerzeugnissen und frischen Kartoffeln sowie Anstiege bei Käse, Rind-, Kalb- und Geflügelfleisch stehen im Widerspruch zum Ziel einer pflanzenbetonten Ernährungsweise.
- ➔ Beim Verbrauch tierischer Produkte sollte sich der Fokus von Quantität auf Qualität verschieben, sodass deren ernährungsphysiologische und hedonische Qualitäten genossen und gleichzeitig ihre unerwünschten Folgen für Gesundheit und Umwelt gemindert werden.

### 1.2.1 Vorbemerkungen

Die Agrarstatistik (bzw. *Food Balance Sheets)* bildet seit Jahrzehnten eine international anerkannte Datengrundlage zur Betrachtung von Entwicklungen des Lebensmittelverbrauchs einer Bevölkerung. Für Deutschland werden diese Daten jedes Jahr vom jeweiligen Bundesministerium für das Ressort Ernährung und Landwirtschaft im Rahmen des Statistischen Jahrbuchs über Ernährung, Landwirtschaft und Forsten der Bundesrepublik Deutschland (Abschnitt „D. Ernährungswirtschaft") veröffentlicht [1].

1.2

Die Agrarstatistik liefert im Wesentlichen pro Jahr Angaben über den Umfang der Produktion in der Landwirtschaft und im Ernährungsgewerbe. Die Daten basieren vor allem auf amtlichen Betriebsstatistiken, die auf Produktions- oder Großhandelsstufe erfasst werden.

Teilweise beruhen sie jedoch auch auf Informationen von Industrieverbänden[1] oder auf Schätzungen anhand des Steueraufkommens (z. B. Schaumweinsteuer). Neben den Daten zur Lebensmittelproduktion im Inland fließt auch der sogenannte Außenbeitrag in die Agrarstatistik ein, also der Saldo von Lebensmittelimporten und -exporten. Aufgrund des gemeinsamen europäischen Markts lassen sich diese Mengen aber kaum zuverlässig erfassen und müssen daher oft geschätzt werden.

Da es sich bei der Agrarstatistik vorrangig um Produktionsdaten handelt, umfasst sie nicht nur jene Lebensmittelmengen, die tatsächlich verzehrt werden, sondern oftmals auch nicht verzehrbare Anteile (z. B. Knochen, Schalen) oder Agrarprodukte, die grundsätzlich nicht für den menschlichen Verzehr bestimmt sind (z. B. Tierfutter). Besonders deutlich wird diese Unterscheidung beispielsweise beim Getreideverbrauch, wo ca. 60 % der gesamtwirtschaftlich für den Verbrauch verfügbaren Menge als Futter verwendet wird und bei abnehmender Tendenz nur ca. 20 bis 25 % als Nahrungsverbrauch ausgewiesen werden (Abb. 1/1).

**Abbildung 1/1:** Getreideverbrauch nach Verwendungsarten (Wirtschaftsjahr 2010/11 bis 2018/19)

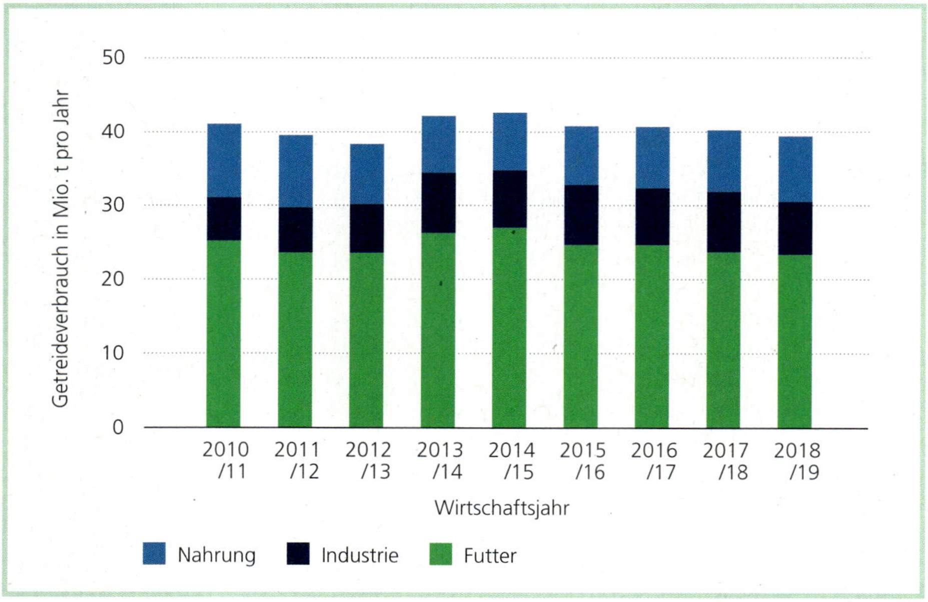


Aufgrund der verbraucherfernen Datenerfassung sind die in der Agrarstatistik dargestellten absoluten Mengen für den DGE-Ernährungsbericht auf den ersten Blick nur von begrenztem Wert. Unter der Annahme, dass die zuvor genannten Einschränkungen im Zeitverlauf relativ stabil bleiben[2], bietet die Agrarstatistik jedoch eine wertvolle Basis für Trendanalysen

1 z. B. Verband der Teigwarenhersteller und Hartweizenmühlen oder Getreide-Nährmittel-Verband

2 Diese Annahme kann in manchen Fällen allerdings nicht aufrecht erhalten bleiben. So gewinnen beispielsweise Weizen und Zuckerrüben eine zunehmende Bedeutung als Ausgangsprodukte für die Bioethanolproduktion. Daher sind die entsprechenden Verbrauchsdaten mit besonderer Vorsicht zu deuten.

zum Lebensmittelverbrauch in Deutschland, zumal ihre Daten über einen Zeitraum von mittlerweile mehreren Jahrzehnten bei weitgehend unveränderter Methodik jährlich erhoben und relativ zeitnah veröffentlicht werden. Damit ermöglicht die Agrarstatistik einerseits die Betrachtung langfristiger Trends und andererseits Einblicke in aktuelle Entwicklungen des Lebensmittelverbrauchs. Um möglichst zeitnahe Daten bereitzustellen, werden in der Agrarstatistik oftmals die jeweils jüngsten Zahlen erst geschätzt und später gegebenenfalls rückwirkend korrigiert.

Gelegentlich werden Trendanalysen aber durch Veränderungen der Erfassungsmethodik gestört. Dies wird offensichtlich, wenn die Agrarstatistik bestimmte Produkte oder Produktionsbereiche ab einem gewissen Zeitpunkt gar nicht mehr erfasst, z. B. den Verbrauch von Speiseeis oder Sauermilch-, Koch- und Molkenkäse (seit 2017). Weitere Einschränkungen ergeben sich manchmal durch die Einführung neuer Schätz- oder Berechnungsverfahren (z. B. bei Getreidebeständen oder Zucker) oder durch veränderte Definitionen von Produktgruppen. So zählen Brombeeren ab dem Wirtschaftsjahr 2013/14 zur Gruppe von Johannis-, Stachel- und Himbeeren, während gleichzeitig Heidelbeeren mit Holunderbeeren, Sanddorn und anderem Beerenobst zu einer Gruppe zusammengefasst wurden. Im Extremfall führt dies dazu, dass keine zuverlässigen Trendaussagen getroffen werden können (z. B. bei Getreideerzeugnissen, s. Abb. 1/2). Zudem ergeben sich gelegentlich Brüche bei den Trendanalysen, wenn amtliche Bevölkerungszählungen (z. B. zuletzt der Zensus 2011[3]) zu einer Anpassung der Bevölkerungszahl und somit zu einer Veränderung des Divisors bei der Berechnung des Pro-Kopf-Verbrauchs führen.

### 1.2.2 Überblick zur langfristigen Entwicklung des Lebensmittelverbrauchs

Abbildungen 1/2 bis 1/10 zeigen die Entwicklung des Lebensmittelverbrauchs in Deutschland seit der Nachkriegszeit, das heißt bis 1990 für die Bundesrepublik Deutschland und seit 1991 für Deutschland. Aus Gründen der Übersichtlichkeit wird auf die Darstellung des Lebensmittelverbrauchs in der ehemaligen DDR verzichtet und auf die Abbildungen in den DGE-Ernährungsberichten 1992 bis 2004 verwiesen [2–5]. Für tierische Produkte gelten dabei Kalenderjahre (Januar bis Dezember), während sich der Verbrauch pflanzlicher Produkte auf Wirtschaftsjahre bezieht (zumeist Juli bis Juni des Folgejahres). In den Abbildungen wird bei den Wirtschaftsjahren zur Vereinfachung immer das jüngere Jahr dargestellt (z. B. 2018 statt 2017/18). Insgesamt fällt bei der Betrachtung der letzten Jahre auf, dass der Verbrauch vieler Lebensmittel rückläufig ist. Dies betrifft, wie bereits im vergangenen DGE-Ernährungsbericht [6], weiterhin Roggen (Abb. 1/2), Zitrusfrüchte (Abb. 1/4), Alkohol (berechnet als Weingeist[4], s. Abb. 1/5) und Margarine (Abb. 1/10), neuerdings aber auch Zucker und Glucose[5] (Abb. 1/5), Frischmilcherzeugnisse (Abb. 1/6) und Fleisch insgesamt sowie Schweinefleisch im Speziellen (Abb. 1/8). Lediglich der Verbrauch von Gemüse (Abb. 1/3) steigt weiterhin an.

Nach jahrzehntelangem Abwärtstrend hat sich der Kartoffelverbrauch in den letzten Jahren stabilisiert und zeigt zuletzt sogar Anzeichen eines leichten Anstiegs (Abb. 1/3).

3 Der Zensus ist eine regelmäßige Erhebung der statistischen Ämter des Bundes und der Länder. Er erfasst unter anderem die Einwohnerzahl, Bevölkerungsstruktur und Erwerbstätigkeit in Deutschland. Der letzte Zensus fand 2011 statt, der nächste wird gegenwärtig für 2021 vorbereitet.

4 reines Ethanol

5 ausschließlich Glucose; Isoglucose wird separat ausgewiesen

1.2

Ähnliches gilt für Frischobst (Abb. 1/4), dessen Verbrauch sich nach einigen Jahren des Rückgangs jüngst zu erholen scheint. Umgekehrt verhält es sich beim Verbrauch von Käse (Abb. 1/6) sowie Geflügelfleisch und Eiern (Abb. 1/7): Nach langjährigen nahezu kontinuierlichen Anstiegen sind nun leichte Rückgänge zu verzeichnen. Es scheint momentan aber verfrüht, bereits von einer Trendwende zu sprechen. Ein ähnliches Bild zeigt der Verbrauch an pflanzlichen Fetten insgesamt (Abb. 1/10): Nach einem rasanten Anstieg zwischen den Jahren 2012 und 2016 ist der Verbrauch zunächst deutlich gebremst und zuletzt sogar stark rückläufig.

Als relativ stabil hingegen erweist sich weiterhin der Butterverbrauch (Abb. 1/10), der seit 2009 mit geringen jährlichen Schwankungen bei ca. 5 kg pro Kopf und Jahr liegt. Das Gegenteil gilt für den Verbrauch von Fisch (Abb. 1/9), der zwar im Durchschnitt über die letzten 10 Jahre relativ stabil bei ca. 14 bis 15 kg pro Kopf und Jahr liegt, von Jahr zu Jahr jedoch Veränderungen um bis zu 1 kg bzw. knapp 10 % aufweist.

**Abbildung 1/2:** Verbrauch von Getreideerzeugnissen

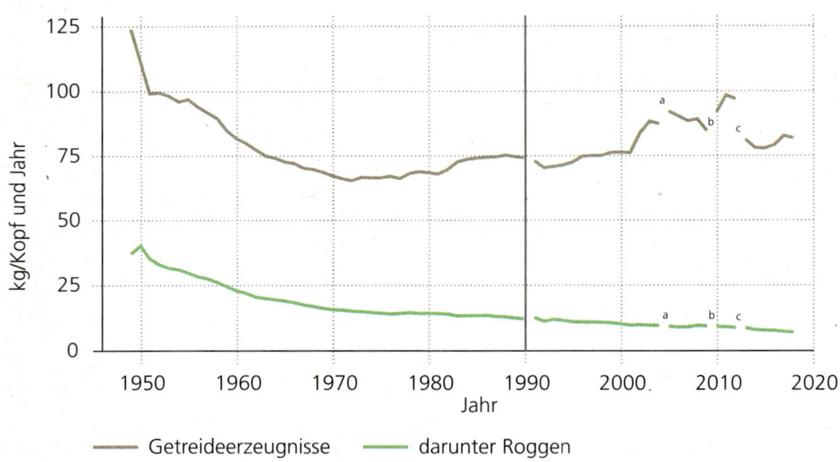


a Ab dem Wirtschaftsjahr 2004/2005 neue Berechnungsgrundlage für die Getreidebestände
b Ab 2010 erfolgt die Berechnung des Pro-Kopf-Verbrauchs auf Basis des Zensus 2011
c Ab dem Wirtschaftsjahr 2012/13 geänderte Berechnung der Verluste

**Abbildung 1/3:** Verbrauch von Gemüse (Nahrungsverbrauch, Verarbeitung, Futter und nicht verwertete Mengen) und Kartoffeln

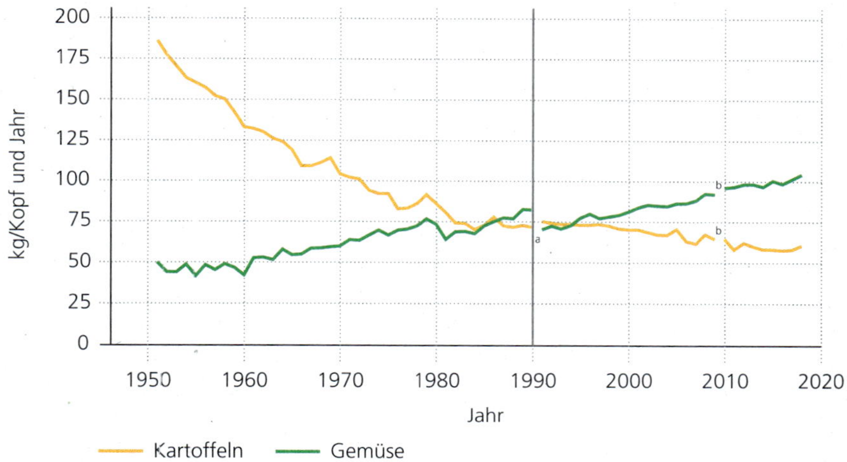


a Durch eine Umstellung der Agrarstatistik wird nur noch der Marktgemüseanbau ausgewiesen.
b Ab 2010 erfolgt die Berechnung des Pro-Kopf-Verbrauchs auf Basis des Zensus 2011

**Abbildung 1/4:** Verbrauch von Frischobst und Zitrusfrüchten (Nahrungsverbrauch, Verarbeitung, Futter und nicht verwertete Mengen)

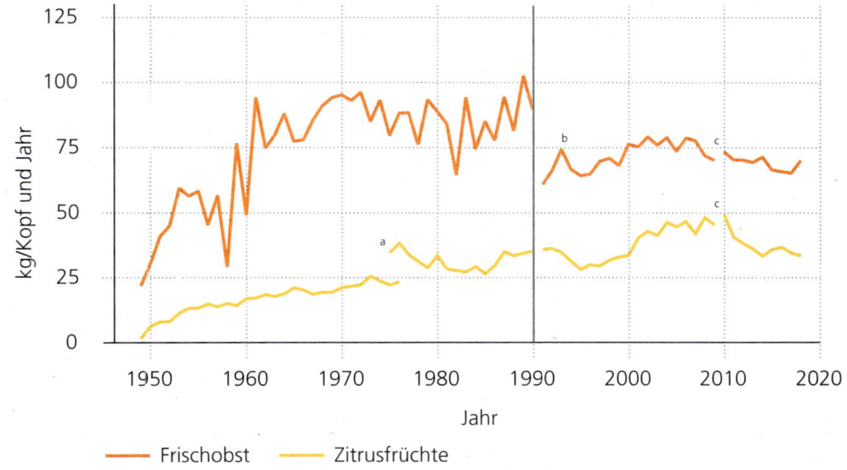


a Neuberechnung einschl. Zitrusprodukte
b Durch eine Umstellung der Agrarstatistik wird nur noch der Marktobstanbau ausgewiesen.
c Ab dem Wirtschaftsjahr 2009/2010 neue Definition des Wirtschaftsjahrs.
Ab 2010 erfolgt die Berechnung des Pro-Kopf-Verbrauchs auf Basis des Zensus 2011

**Abbildung 1/5:** Verbrauch von Zucker (Saccharose), Glucose und Alkohol

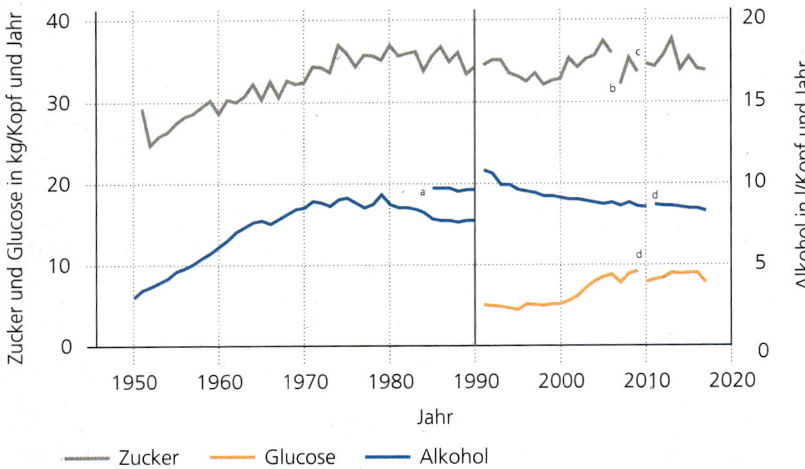


a Alkohol berechnet als Weingeist; angenommener Alkoholgehalt von Bier 4%, statt zuvor 3%.
b Ab dem Wirtschaftsjahr 2006/2007 neues Berechnungsverfahren
c Ab dem Wirtschaftsjahr 2008/2009 neue Definition des Wirtschaftsjahrs
d Ab 2010 (bzw. 2011 bei Alkohol) Berechnung des Pro-Kopf-Verbrauchs auf Basis des Zensus 2011

**Abbildung 1/6:** Verbrauch von Frischmilcherzeugnissen (Konsum- u. Buttermilch, Sauermilch- u. Milchmischerzeugnisse einschl. Joghurt) und Käse

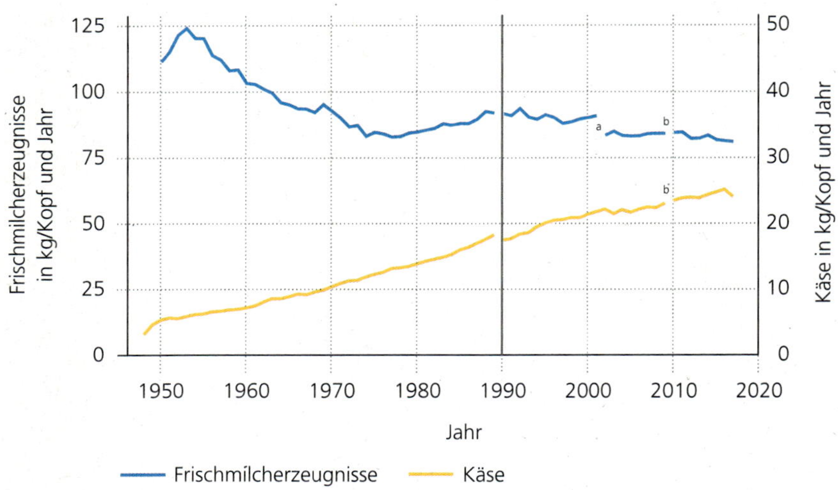


a Ab 2002 ohne Industriemilch und sonstige Konsummilch
b Ab 2010 Berechnung des Pro-Kopf-Verbrauchs auf Basis des Zensus 2011

**Abbildung 1/7:** Verbrauch von Eiern und Geflügelfleisch (in Schlachtgewicht einschl. Abschnittsfette)

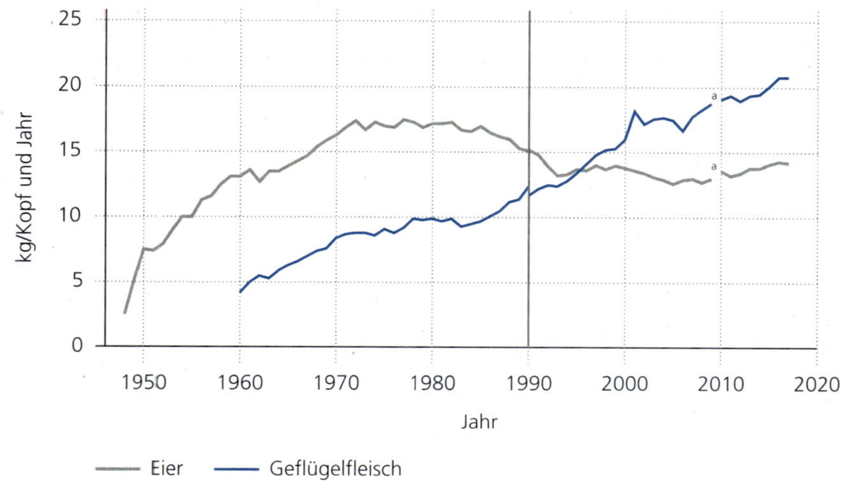


a Ab 2010 erfolgt die Berechnung des Pro-Kopf-Verbrauchs auf Basis des Zensus 2011

**Abbildung 1/8:** Verbrauch von Fleisch (in Schlachtgewicht einschl. Abschnittsfette)

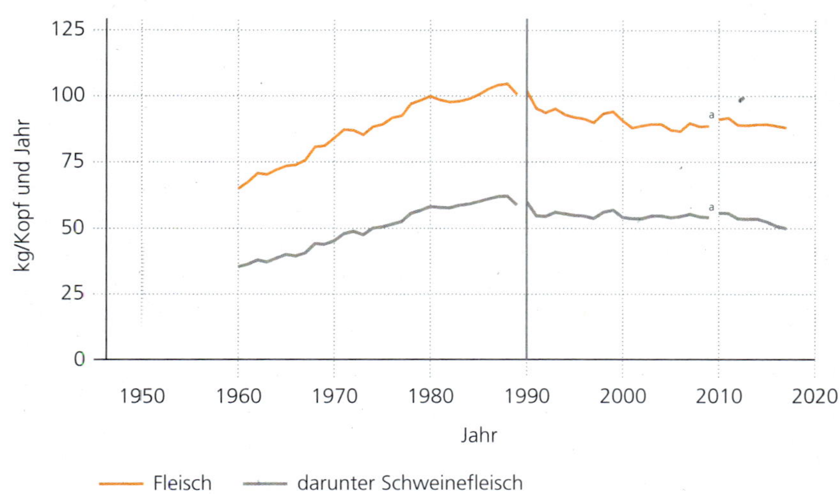


a Ab 2010 erfolgt die Berechnung des Pro-Kopf-Verbrauchs auf Basis des Zensus 2011

1.2

**Abbildung 1/9:** Verbrauch von Fisch (in Fanggewicht)

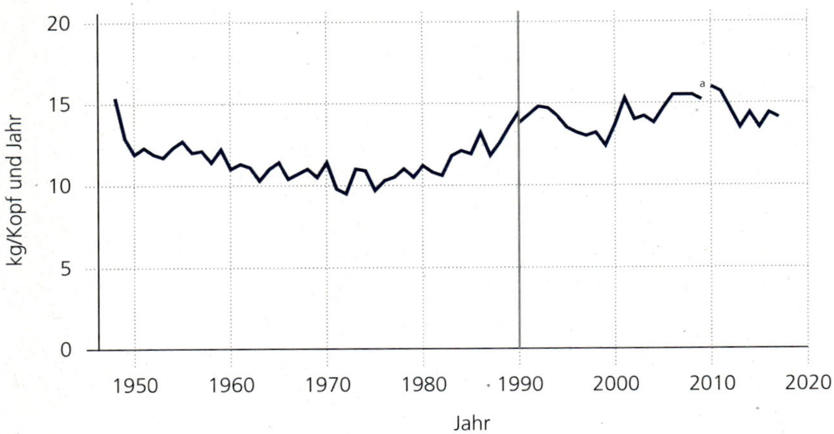


a Ab 2010 erfolgt die Berechnung des Pro-Kopf-Verbrauchs auf Basis des Zensus 2011

**Abbildung 1/10:** Verbrauch von pflanzlichen Ölen und Fetten sowie Butter (Reinfett)

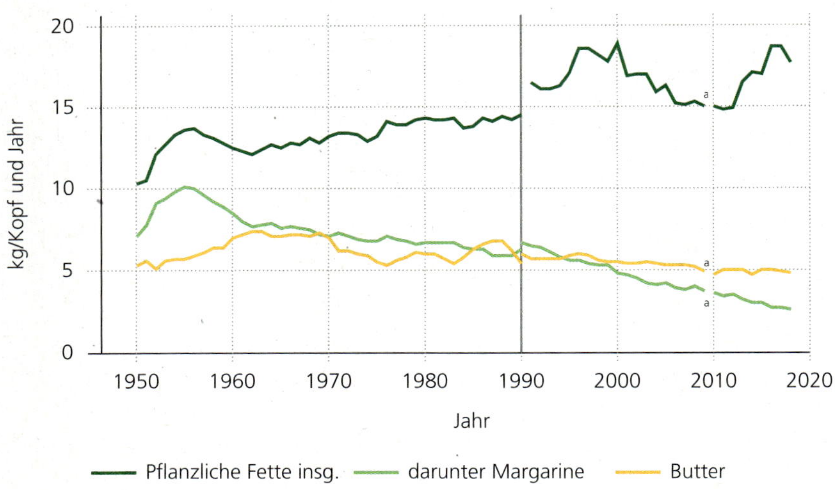


a Ab 2010 erfolgt die Berechnung des Pro-Kopf-Verbrauchs auf Basis des Zensus 2011

### 1.2.3 Entwicklung des Lebensmittelverbrauchs von 2007 bis 2018

Für ausgewählte Produkte wird die Entwicklung des Verbrauchs noch etwas differenzierter betrachtet und für den Zeitraum von 2007 bis 2018 in den Abbildungen 1/11 bis 1/24 dargestellt. Trendaussagen basieren dabei im Folgenden nicht auf rein visueller Inspektion, sondern auf statistischen Berechnungen.[6] Die resultierenden Regressionskoeffizienten β können dabei als durchschnittliche jährliche Verbrauchsänderung während des Betrachtungszeitraums interpretiert und mithilfe von t-Tests auf statistische Signifikanz geprüft werden.[7]

Abbildung 1/11 zeigt den Verbrauch ausgewählter **Getreideerzeugnisse**, und zwar abzüglich Verluste bis zur Großhandelsebene und ohne der Verwendung als Saatgut, Futtermittel oder für industrielle Zwecke (z. B. Bioethanol). Dieser sogenannte Nahrungsverbrauch hat bei Weizenmehl signifikant zugenommen (seit 2007 durchschnittlich ca. +300 g pro Kopf und Jahr, $p = 0{,}019$) und bei Roggenmehl signifikant abgenommen (ca. –160 g pro Kopf und Jahr, $p < 0{,}001$). Bei der Definition des Maisverbrauchs haben sich in den vergangenen Jahren mehrere Änderungen ergeben. So werden beispielsweise ab dem Wirtschaftsjahr 2012/13 Verluste neu berechnet und Glucose bzw. Isoglucose aus Mais nicht mehr im Nahrungsverbrauch ausgewiesen. Trendbetrachtungen zum Maisverbrauch erscheinen daher erst ab 2013 sinnvoll, wobei für den verbleibenden Zeitraum kein signifikanter positiver oder negativer Trend auszumachen ist.

**Abbildung 1/11:** Verbrauch von ausgewählten Getreideerzeugnissen (2007–2018)

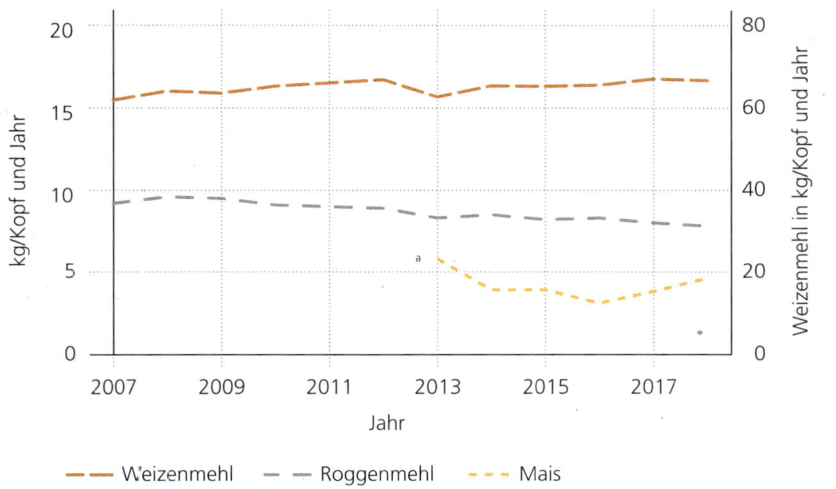


a Ab dem Wirtschaftsjahr 2012/13 wird der Nahrungsverbrauch von Mais ohne die Verwendung als Glucose bzw. Isoglucose ausgewiesen. Die Daten sind mit den Vorjahren daher nicht vergleichbar.

6 Mithilfe linearer Regressionsanalysen wird der Verbrauch in einem Jahr (z. B. bezeichnet als $q_t$) zerlegt in eine systematische Komponente (z. B. $\alpha + \beta \cdot t$) und eine zufällige Komponente (z. B. $\varepsilon_t$). Die systematische Komponente umfasst somit einerseits jenen Teil des Verbrauchs, der im Betrachtungszeitraum konstant bleibt ($\alpha$), und einen Teil, der sich mit der Zeit kontinuierlich verändert ($\beta \cdot t$). Damit kann der Regressionskoeffizient β als einfaches Maß für Verbrauchstrends verwendet werden.

7 Statistische Signifikanz ist gegeben, wenn mit einer Irrtumswahrscheinlichkeit von weniger als 5 % angenommen werden kann, dass β ungleich Null ist.

Bei den **Nährmitteln und Backwaren** (Abb. 1/12) ist weiterhin ein statistisch signifikanter, wenngleich nur noch schwacher Anstieg im Verbrauch von Reis zu erkennen (durchschnittlich ca. +70 g pro Kopf und Jahr, p = 0,024). Auch der Verbrauch von Hülsenfrüchten weist einen positiven Trend auf mit einem durchschnittlichen jährlichen Anstieg von ca. +50 g pro Kopf und Jahr (p = 0,043). Teigwaren zeigten allerdings nur noch bis zum Jahr 2010 einen steigenden Verbrauch. Seither liegt er ziemlich konstant bei ca. 8 kg pro Kopf und Jahr. Der Verbrauch von Brot und Brötchen geht hingegen weiter zurück und schrumpft jährlich um durchschnittlich ca. –430 g pro Kopf und Jahr (p < 0,001).

**Abbildung 1/12:** Verbrauch von ausgewählten Nährmitteln und Backwaren (2007–2018)

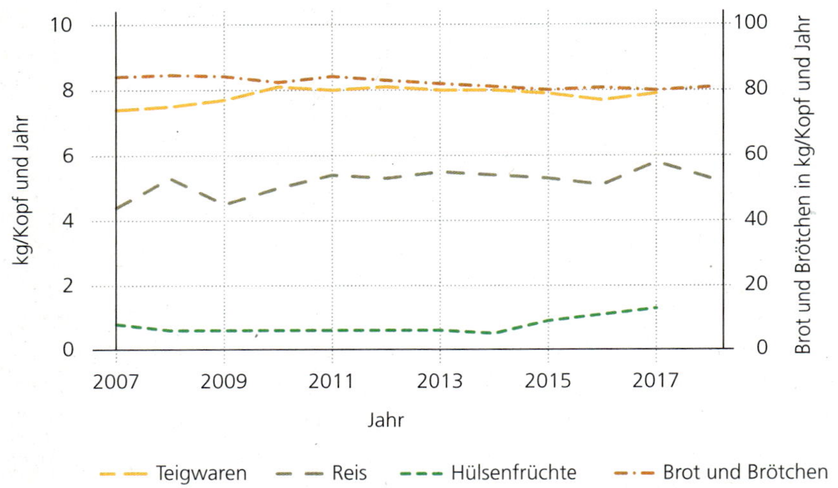


Der Verbrauch von **Kartoffeln** (Abb. 1/13) zeigt weiterhin einen Rückgang, der inzwischen, im Gegensatz zum vorangegangenen DGE-Ernährungsbericht [6], auch wieder statistische Signifikanz erreicht (ca. –840 g pro Kopf und Jahr, p = 0,002). Der Verbrauch von Kartoffelerzeugnissen, das heißt verarbeiteten Speisekartoffeln ohne Berücksichtigung von Stärke- oder Brennereikartoffeln, hat hingegen im Betrachtungszeitraum geringfügig, jedoch nicht statistisch signifikant zugenommen (p = 0,209).

**Abbildung 1/13:** Verbrauch von Kartoffeln und Kartoffelerzeugnissen (2007–2018)

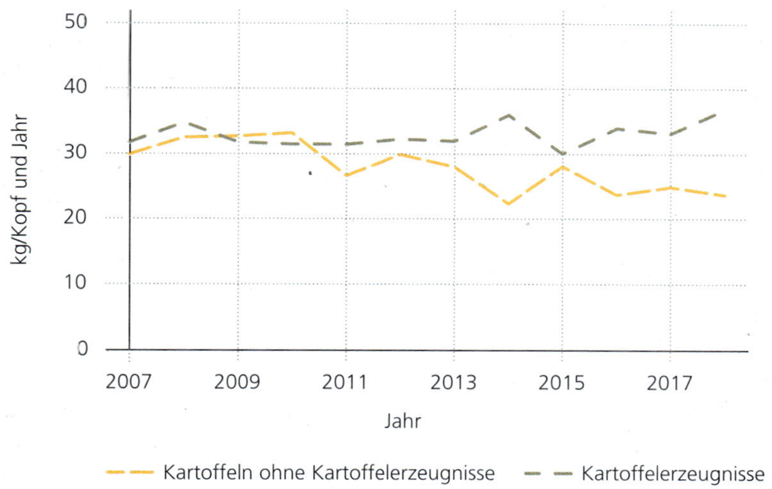


Abbildung 1/14 zeigt die Entwicklung des Verbrauchs ausgewählter **Gemüse**arten zwischen 2007 und 2018. Dabei werden weiterhin überwiegend ansteigende Tendenzen deutlich, wenngleich sich diese nicht in allen Fällen als signifikant erweisen. Wie jedoch bereits in den vorangegangenen DGE-Ernährungsberichten [6,7] gibt es weiterhin statistisch signifikante Zuwächse beim Verbrauch von Tomaten (ca. +440 g pro Kopf und Jahr, $p < 0{,}001$), Möhren und Roten Rüben (ca. +260 g pro Kopf und Jahr, $p < 0{,}001$) sowie bei Zwiebelgemüse (ca. +160 g pro Kopf und Jahr, $p = 0{,}001$). Zudem zeigt auch der Verbrauch an frischen Hülsenfrüchten im Betrachtungszeitraum einen geringen, aber statistisch signifikanten Anstieg um ca. +40 g pro Kopf und Jahr ($p = 0{,}001$). Bei Blatt- und Stängel- sowie Kohlgemüse und Gurken ist der Verbrauch trotz gewisser jährlicher Schwankungen im Betrachtungszeitraum relativ stabil. Damit haben sich die im vorangegangenen 13. DGE-Ernährungsbericht [6] geäußerten Befürchtungen einer möglichen Trendumkehr für den Gemüseverbrauch nicht bewahrheitet.

**Abbildung 1/14:** Verbrauch von ausgewählten Gemüsearten (2007–2018)

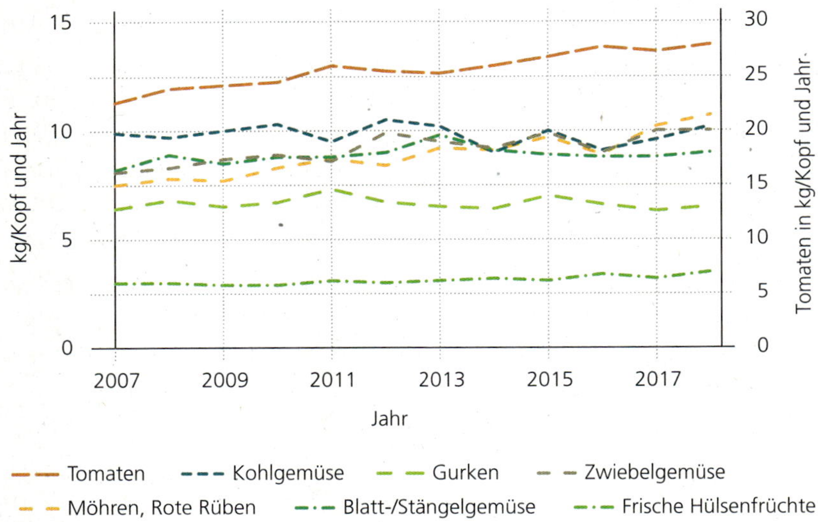


Der **Obst**verbrauch ist im Betrachtungszeitraum insgesamt weiterhin rückläufig und verringerte sich signifikant um ca. –720 g pro Kopf und Jahr (Abb. 1/4). Dieser Rückgang ist zwar nicht mehr so stark wie im vorangegangenen 13. DGE-Ernährungsbericht [6], als noch –1,2 kg pro Kopf und Jahr errechnet wurden, aber weiterhin deutlich signifikant (p = 0,004). Eine differenzierte Betrachtung des Obstverbrauchs nach Arten ermöglichen die Abbildungen 1/15 bis 1/17: Beim Verbrauch ausgewählter Steinobstarten (Abb. 1/15) ergeben sich stabile Verläufe ohne signifikante positive oder negative Tendenzen. Anders verhält es sich bei den Kernobstarten Birnen und Äpfel: Der Birnenverbrauch ging insbesondere zwischen 2007 und 2009 deutlich zurück und liegt seither relativ stabil bei ca. 2,5 kg pro Kopf und Jahr. Über den gesamten Zeitraum zwischen 2007 und 2018 ergibt sich dadurch ein signifikanter Rückgang um –70 g pro Kopf und Jahr (p = 0,042). Ein besonders markanter Verlauf zeigt sich bei Äpfeln, deren Verbrauch zwischen 2007 und 2017 um durchschnittlich –1,4 kg pro Kopf und Jahr abgenommen hat (p < 0,001). Der Apfelverbrauch ist im Jahr 2018 im Vergleich zu den Vorjahren zwar angestiegen und hat wieder das Niveau von 2014 erreicht, liegt damit aber dennoch um 5 kg unter dem Jahresverbrauch von 2010 und um fast 12 kg unter dem bisherigen Höchstwert aus dem Jahr 2004 (vgl. 13. DGE-Ernährungsbericht [6]). In Abbildung 1/16 ist weiterhin ein signifikanter Rückgang des Verbrauchs von Tafeltrauben erkennbar (um ca. –140 g pro Kopf und Jahr, p < 0,001). Ein gegenläufiger Trend zeigt sich beim Verbrauch von sonstigem Beerenobst (ausgenommen Erdbeeren) und bei Schalenobst mit signifikanten Anstiegen um +170 g bzw. +130 g pro Kopf und Jahr (jeweils p < 0,001). Demgegenüber bleiben der Verbrauch von Erdbeeren und Trockenfrüchten im Betrachtungszeitraum weitgehend konstant.

**Abbildung 1/15:** Verbrauch von ausgewähltem Kern- und Steinobst (2007–2018)

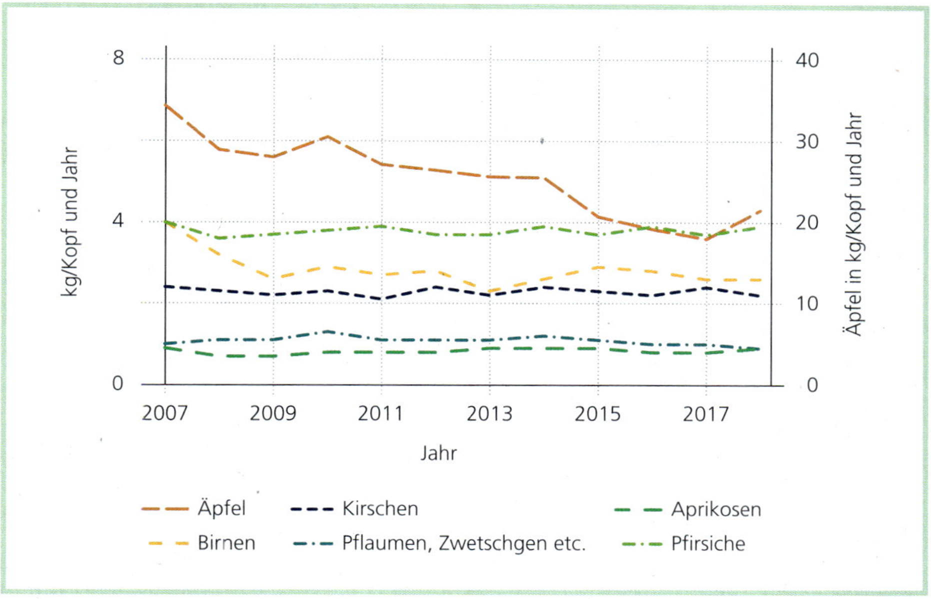


**Abbildung 1/16:** Verbrauch von Tafeltrauben, Beerenobst, Schalenobst und Trockenfrüchten (2007–2018)

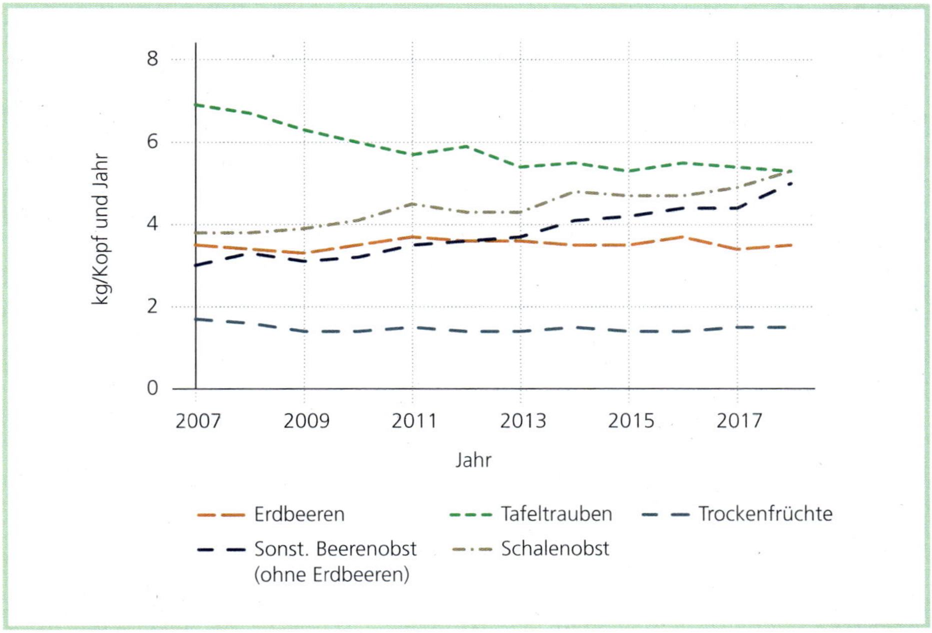

Unter den Südfrüchten (Abb. 1/17) stechen vor allem die Bananen hervor mit signifikanten jährlichen Zuwächsen von ca. +180 g pro Kopf und Jahr ($p < 0{,}001$). Ebenfalls signifikant ist der Anstieg beim Verbrauch von Zitronen, wenngleich die durchschnittlichen jährlichen Veränderungen mit ca. +35 g pro Kopf und Jahr als eher marginal gelten müssen ($p = 0{,}004$). Genau gegenläufig zeigt sich der Verbrauch von Pampelmusen und anderen Zitrusfrüchten mit einem geringfügigen, aber statistisch signifikanten Rückgang um ca. –35 g pro Kopf und Jahr ($p = 0{,}011$). Bei eingeführten Zitruserzeugnissen (z. B. Fruchtsäfte oder -konzentrate) sowie bei Apfelsinen sank der Verbrauch im Betrachtungszeitraum ebenfalls, und zwar bei ersteren erheblich mit –1,2 kg pro Kopf und Jahr ($p = 0{,}001$) und bei letzteren immerhin mit –110 g pro Kopf und Jahr ($p = 0{,}01$).

In Abbildung 1/18 ist die Entwicklung des Verbrauchs von **Süßwaren** dargestellt. Dabei werden überwiegend stabile Verläufe mit nur geringen jährlichen Veränderungen deutlich. Bei genauer Betrachtung ergibt sich jedoch ein geringfügiger, aber signifikanter Rückgang des Verbrauchs von Hart- und Weichkaramellen (ca. –20 g pro Kopf und Jahr, $p < 0{,}001$). Der Verbrauch von Schokoladenwaren ist zwischen 2007 und 2013 zunächst bis auf ca. 10 kg pro Kopf und Jahr gestiegen, in den Folgejahren dann aber wieder um insgesamt ca. 1 kg pro Kopf und Jahr zurückgegangen, sodass sich über den gesamten Betrachtungszeitraum weder ein signifikanter positiver, noch ein negativer Trend errechnet.

**Abbildung 1/17:** Verbrauch von ausgewählten Südfrüchten (2007–2018)

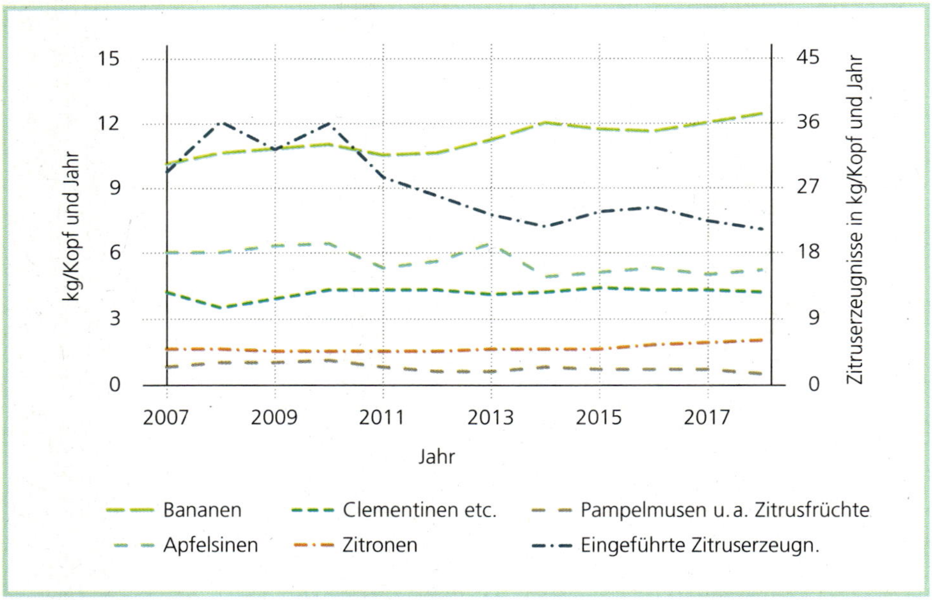

**Abbildung 1/18:** Verbrauch von ausgewählten Süßwaren (2007–2017)

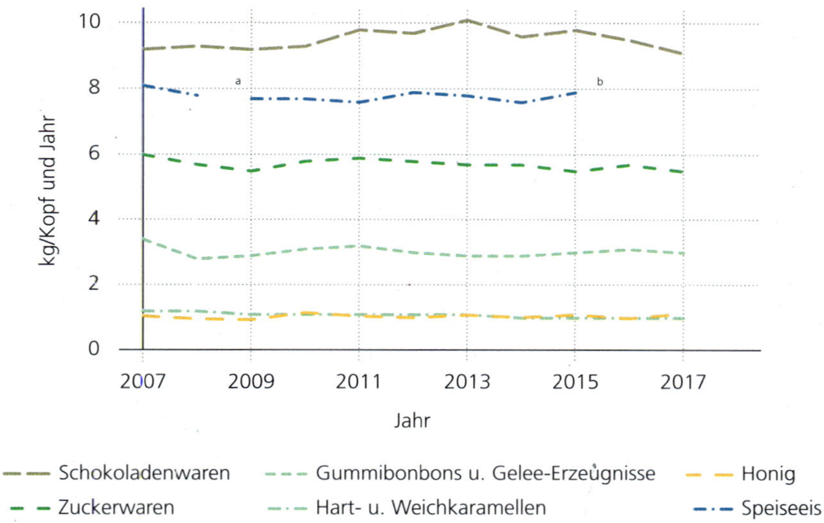


a Aufgrund abweichender Anzahl meldender Unternehmen nicht mit den Vorjahren vergleichbar.
b Ab dem Statistischen Jahrbuch 2017 wird der Verbrauch von Speiseeis nicht mehr ausgewiesen.

Die Entwicklung des Verbrauchs von **Milch und Milchprodukten** wird in Abbildung 1/19 aufgeschlüsselt. Darin sind für die Zeit zwischen 2007 und 2018 tendenziell sinkende Verbrauchsmengen erkennbar, die mit Ausnahme von Sahne auch einer statistisch signifikanten Entwicklung unterliegen. Am stärksten ist dieser Rückgang bei Konsummilch ausgeprägt (–330 g pro Kopf und Jahr, $p = 0{,}001$), gefolgt von Joghurt (–160 g pro Kopf und Jahr, $p = 0{,}001$), Kondensmilcherzeugnissen (–150 g pro Kopf und Jahr, $p = 0{,}001$) und schließlich Buttermilcherzeugnissen (–60 g pro Kopf und Jahr, $p < 0{,}001$).

Die Darstellung des **Käse**verbrauchs (Abb. 1/20) ist im Betrachtungszeitraum von zahlreichen Brüchen geprägt, beispielsweise aufgrund geänderter Definitionen von Produktgruppen bei der Berechnung von Im- und Exporten oder der Einstellung einer separaten Darstellung des Verbrauchs von Sauermilch-, Koch- und Molkenkäse. Neuerdings sind hingegen Daten zum Verbrauch an Pasta-Filata-Käse (insbesondere Mozzarella und Provolone) verfügbar. Insgesamt kann, wie bereits in den vorangegangenen drei DGE-Ernährungsberichten [6–8], weiterhin auf einen signifikanten Anstieg des **Käse**verbrauchs verwiesen werden (Abb. 1/6), mit Zuwächsen von durchschnittlich ca. +200 g pro Kopf und Jahr ($p < 0{,}001$). Diese Entwicklung wird im Wesentlichen von Hart-, Schnitt- und Weichkäse sowie von Pasta-Filata-Käse getragen, während der Verbrauch von Frischkäse sowie Schmelzkäse und Schmelzkäsezubereitungen weiterhin rückläufig ist.

**Abbildung 1/19:** Verbrauch von Milch und Milchprodukten (2007–2018)

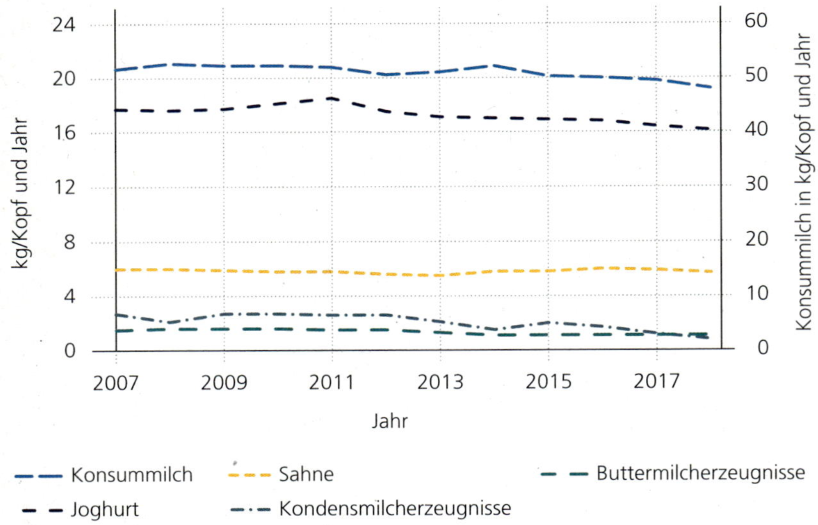


**Abbildung 1/20:** Verbrauch von Käse (ab 2011 Berechnung auf Basis des Zensus 2011; 2007–2018)

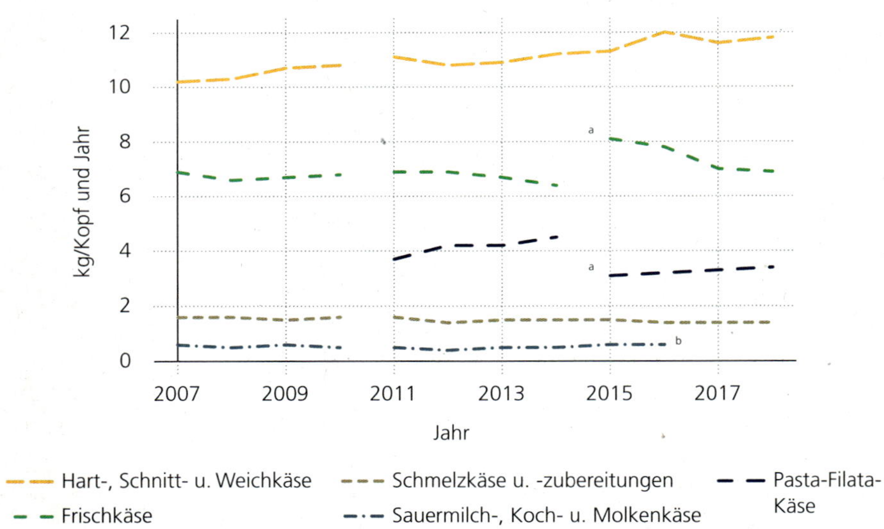


a Aufgrund von Änderungen bei der Schätzung von Im-/Export nicht mit den Vorjahren vergleichbar.
b Ab 2017 wird der Verbrauch von Sauermilch-, Koch- u. Molkenkäse nicht mehr ausgewiesen.

Der **Fleisch**verbrauch (Abb. 1/21) liegt seit einigen Jahren insgesamt weitgehend unverändert bei ca. 60 kg pro Kopf und Jahr. Im Unterschied zu Abbildung 1/8 umfassen die in Abbildung 1/21 dargestellten Mengen nur die für den menschlichen Verzehr verfügbare Rohware, also ohne Knochen, Verluste, industrielle Verwertung oder Tierfutter. Wie bereits im vorangegangenen 13. DGE-Ernährungsbericht dargestellt [6], steigt der Verbrauch von Rind- und Kalbfleisch sowie Geflügelfleisch weiterhin signifikant an mit durchschnittlichen jährlichen Zuwächsen von ca. +130 g bzw. +190 g pro Kopf und Jahr (jeweils $p < 0{,}001$), während der Verbrauch von Schweinefleisch und sonstigem Fleisch (z. B. Schaf-/Ziegenfleisch oder Innereien) signifikant zurück ging (–370 g bzw. –60 g pro Kopf und Jahr, mit jeweils $p < 0{,}001$).

**Abbildung 1/21:** Verbrauch von Fleisch (für den menschlichen Verzehr verfügbare Rohware; 2007–2018)

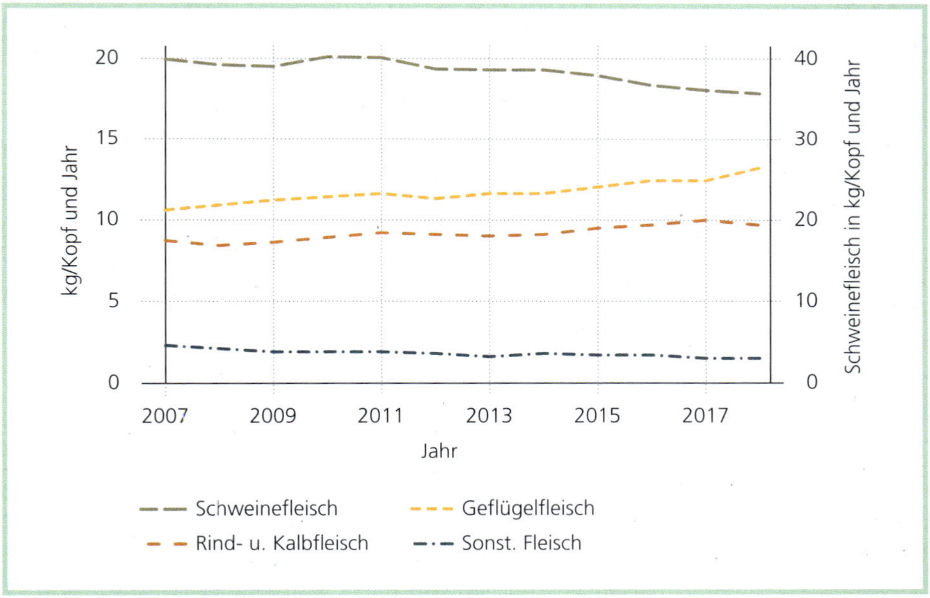


Bei Betrachtung der Entwicklung des Getränkeverbrauchs (Abb. 1/22 bis 1/24) behalten in Bezug auf die **alkoholfreien Getränke** (Abb. 1/22) wesentliche Aussagen der beiden vorangegangenen DGE-Ernährungsberichte [6, 7] weiterhin ihre Gültigkeit: Es besteht ein signifikanter positiver Trend beim Verbrauch von Mineralwasser (durchschnittlich ca. +1,5 l pro Kopf und Jahr, $p < 0{,}001$) und ein negativer Trend beim Verbrauch von Fruchtsäften (einschließlich Fruchtnektaren und Gemüsesäften) in Höhe von durchschnittlich ca. –0,6 l pro Kopf und Jahr ($p < 0{,}001$). Der bisherige signifikante Anstieg im Verbrauch an Erfrischungsgetränken[8] ist hingegen mittlerweile gestoppt und zeigt über den gesamten Zeitraum zwischen 2007 und 2018 nur noch eine schwache, aber nicht mehr signifikante positive Tendenz. Auch beim Verbrauch von Kaffee (Abb. 1/23) bestätigt sich die Trendaussage des letzten DGE-Ernährungsberichts [6] mit weiterhin signifikanten durchschnittlichen Zuwächsen von nun ca. +1,4 l pro Kopf und Jahr ($p = 0{,}001$). Bei den Trends im

8 Fruchtsaftgetränke, Fruchtschorlen, Limonaden und Teegetränke; ohne Getränke aus Konzentraten, Sirup oder Getränkepulver; einschließlich Postmix-Absatz (Postmix: Methode zum Ausschank von – meist kohlensäurehaltigen – Erfrischungsgetränken. Beim Zapfen wird gekühltes Wasser mit oder ohne $CO_2$ mit Aromen gemischt.)

Verbrauch an Tee ist zwischen schwarzem Tee und Kräuter- bzw. Früchtetee zu unterscheiden: Der Verbrauch an schwarzem Tee steigt nur noch geringfügig und nicht mehr signifikant. Anders verhält es sich hingegen bei Kräuter- und Früchtetees, deren Verbrauch um durchschnittlich +400 ml pro Kopf und Jahr signifikant angestiegen ist ($p < 0{,}001$).

Unter den **alkoholischen Getränken** (Abb. 1/24) zeigt sich weiterhin ein deutlicher und statistisch signifikanter Rückgang des Bierverbrauchs von durchschnittlich ca. –900 ml pro Kopf und Jahr ($p < 0{,}001$) sowie ebenfalls signifikante, aber nur schwach ausgeprägte Rückgänge des Verbrauchs an Schaumwein (ca. –40 ml pro Kopf und Jahr, $p = 0{,}041$) und Spirituosen (ca. –10 ml pro Kopf und Jahr, $p = 0{,}026$). Da zudem der Verbrauch an Trinkwein nicht mehr ansteigt, sondern weitgehend konstant verläuft, ergibt sich insgesamt ein fortgesetzter Rückgang des Gesamtalkoholverbrauchs in Höhe von durchschnittlich ca. –40 ml Weingeist pro Kopf und Jahr ($p = 0{,}001$).

**Abbildung 1/22:** Verbrauch von alkoholfreien Getränken (ab 2011 Berechnung auf Basis des Zensus 2011; 2007–2018)

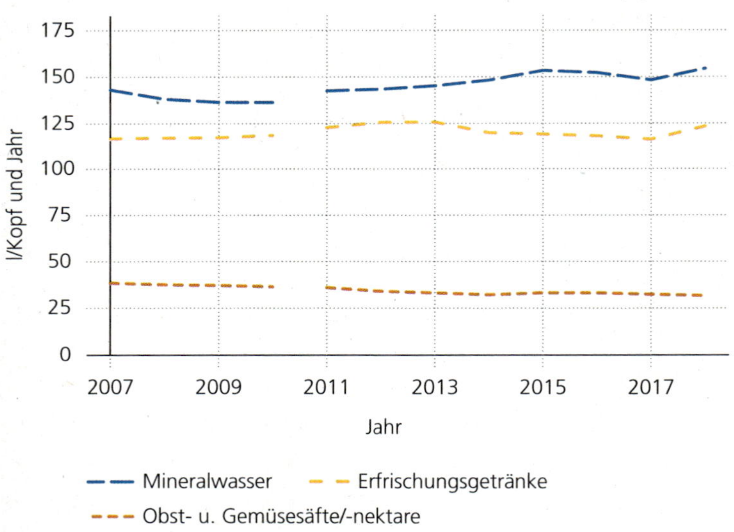

**Abbildung 1/23:** Verbrauch von Kaffee und Tee (ab 2011 Berechnung auf Basis des Zensus 2011; 2007–2018)

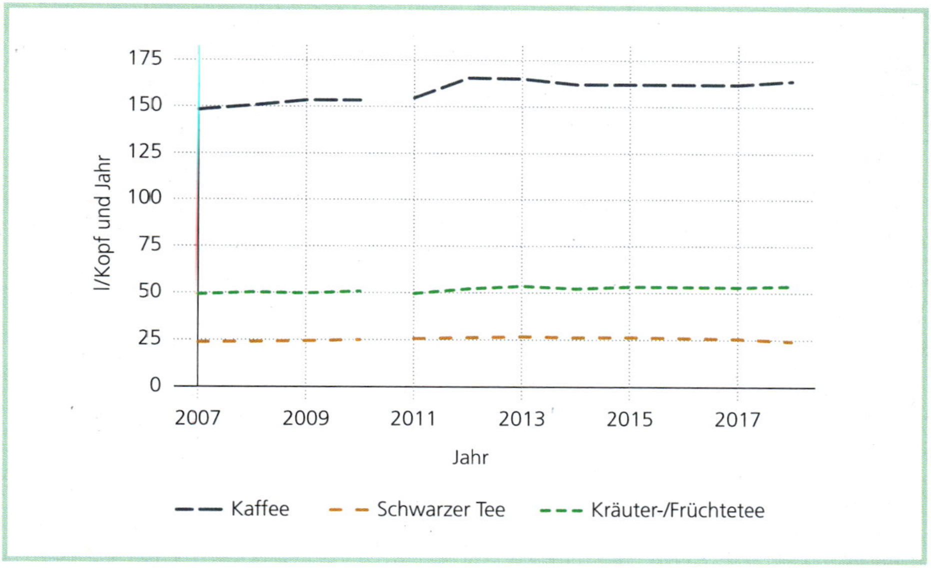


**Abbildung 1/24:** Verbrauch von alkoholischen Getränken (ab 2011 Berechnung auf Basis des Zensus 2011; 2007–2018)

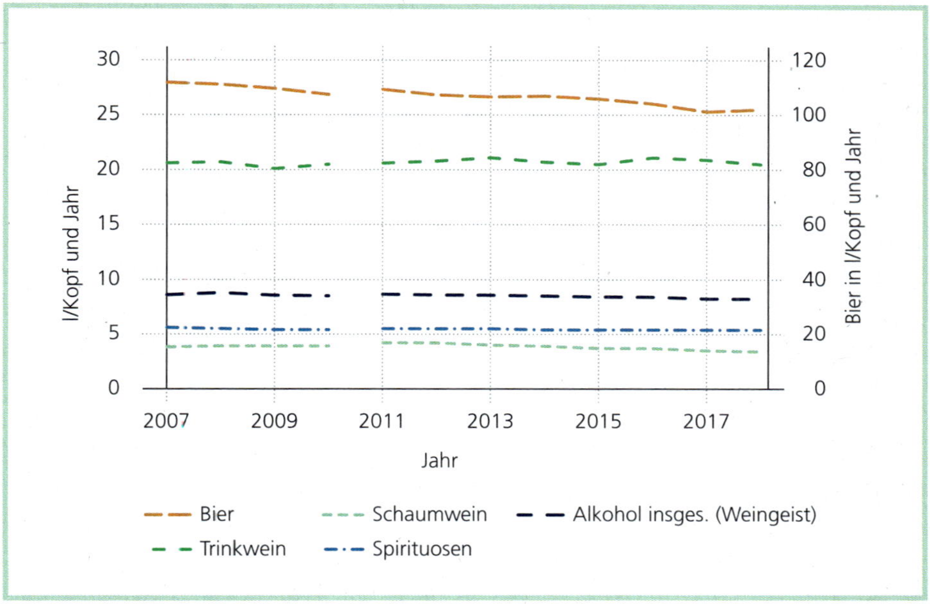

Zusammenfassend lässt sich über die Entwicklung des Lebensmittelverbrauchs zwischen den Jahren 2007 und 2018 Folgendes sagen:

Es ist ein steigender Verbrauch zu beobachten bei Weizenmehl, Reis und (frischen) Hülsenfrüchten, Tomaten, Möhren und Roten Rüben, Zwiebelgemüse, Beerenobst (ausgenommen Erdbeeren), Schalenobst, Bananen und Zitronen, Käse (insgesamt) sowie im Einzelnen Hart-, Schnitt- und Weichkäse sowie Pasta-Filata-Käse, ferner bei Rind-, Kalb- und Geflügelfleisch, Mineralwasser, Kaffee und Kräuter- sowie Früchtetees.

Weitgehend unverändert blieb der Verbrauch von Mais, Teigwaren, Kartoffelerzeugnissen, Blatt- und Stängel- sowie Kohlgemüse und Gurken, Pflaumen, Kirschen, Aprikosen, Pfirsichen, Erdbeeren, Trockenfrüchten und Clementinen, Schokoladen- und Zuckerwaren, Honig, Gummibonbons und Gelee-Erzeugnissen, Speiseeis, Sahne, Fleisch (insgesamt) sowie Erfrischungsgetränken, schwarzem Tee und Trinkwein.

Rückgängig verlief hingegen der Verbrauch von Roggenmehl, Brot und Brötchen, Kartoffeln, Obst (insgesamt) sowie im Einzelnen von Äpfeln, Birnen, Tafeltrauben, Apfelsinen, Pampelmusen und anderen Zitrusfrüchten, ferner von eingeführten Zitruserzeugnissen, Hart- und Weichkaramellen, Konsummilch und Joghurt, Buttermilch- und Kondensmilcherzeugnissen, Frischkäse sowie Schmelzkäse und Schmelzkäsezubereitungen, Schweinefleisch und sonstigem Fleisch (z. B. Schaf-/Ziegenfleisch oder Innereien), Fruchtsäften (einschließlich Fruchtnektaren und Gemüsesäften) und Alkohol (insgesamt als Weingeist) sowie im Einzelnen Bier, Schaumwein und Spirituosen.

### 1.2.4 Bewertung des Lebensmittelverbrauchs unter *Public-Health*-Gesichtspunkten

Die dargestellten Trends im Lebensmittelverbrauch beruhen auf Daten der Agrarstatistik und sind daher aus unterschiedlichen Gründen mit Vorsicht zu interpretieren (siehe auch 1.2.1). Dennoch zeigen sich viele Übereinstimmungen mit den Ergebnissen des Nationalen Ernährungsmonitorings (NEMONIT) [9], bei dem 24-Stunden-Recalls als Erhebungsmethode zum Einsatz kamen und somit eine deutlich verbrauchernähere Datenerfassung erfolgte als in der Agrarstatistik. NEMONIT bestätigt für den Zeitraum zwischen 2005 und 2007 sowie 2012/13 beispielsweise einen Anstieg des Konsums von alkoholfreien Getränken (insbesondere Mineralwasser, Kaffee und Tee). Ebenso bestätigt sich ein Rückgang des Verzehrs von Obst und Fruchtsäften bzw. -nektaren sowie ein relativ stabiler Verzehr von Fleisch (insgesamt) und Fisch.

Bei der Beurteilung der Entwicklung des Lebensmittelverbrauchs auf der Basis der Agrarstatistik ist insgesamt zu beachten, dass sie sich naturgemäß nur auf den durchschnittlichen Verbrauch in Deutschland bezieht und im Gegensatz zu Verzehrstudien wie dem NEMONIT interindividuelle Unterschiede nicht berücksichtigt werden können. Somit gelten die dargestellten Trends zwar zumindest für einen großen Teil der Bevölkerung, es kann aber nicht ausgeschlossen werden, dass die Entwicklungen im Lebensmittelverbrauch beispielsweise in bestimmten sozioökonomischen, regionalen oder ethnischen Gruppen einen ganz anderen Verlauf genommen haben.

Als Grundlage zur Beurteilung der Trends im Lebensmittelverbrauch dienen im Folgenden die 10 Regeln der DGE [10]. Demnach ist eine pflanzenbetonte Ernährungsweise zu empfehlen, da die meisten pflanzlichen Lebensmittel in vielerlei Hinsicht eine hohe Nährstoffdichte aufweisen, also bei einem geringen Energiegehalt reich an essenziellen Nährstoffen sind, und zudem wertvolle Ballaststoffe und sekundäre Pflanzenstoffe liefern. Es wäre daher sehr zu begrüßen, wenn der Verbrauch an Gemüse, Obst, Kartoffeln und Getreide konstant ein höheres Niveau erreicht als der Verbrauch von tierischen Lebensmitteln. Für den Gemüseverbrauch ist diesbezüglich erfreulicherweise seit vielen Jahren ein positiver Trend zu erkennen (s. Abb. 1/3). Anders verhält es sich hingegen beim Obstverbrauch, der seit ca. 2010 zurückgeht. Der Apfelverbrauch ist von diesem Trend besonders stark betroffen, was jedoch auch deutlich macht, dass die Entwicklung des Obstverbrauchs nicht zwangsläufig der Spiegel einer veränderten Nachfrage ist, sondern auch in erheblichem Maße vom Angebot geprägt wird. So variierte die inländische Erzeugung von Äpfeln in den vergangenen zehn Jahren zwischen 0,56 Mio. Tonnen (2018) und 1,00 Mio. Tonnen (2010), und nur zum Teil wurden diese Schwankungen durch Importe ausgeglichen. Vor diesem Hintergrund erscheint es unzureichend, Maßnahmen zur Steigerung des Obstverbrauchs zu fordern, wenn nicht gleichzeitig sichergestellt wird, dass die Obsterzeugung schritthalten kann.

Die 10 Regeln der DGE [10] betonen zudem die Bedeutung von Getreideprodukten, vorzugsweise aus Vollkorn, unter anderem als wichtige Ballaststoffquelle. Die Daten der Agrarstatistik zeigen diesbezüglich unterschiedliche Trends, wie beispielsweise einen Anstieg im Verbrauch von Weizenmehl, aber auch Rückgänge im Verbrauch von Roggenmehl sowie Brot- und Backwaren. Insgesamt führte dies zu einem Rückgang des Verbrauchs an Getreideerzeugnissen (Abb. 1/2), der unter *Public-Health*-Gesichtspunkten in einen positiven Trend umgekehrt werden sollte, wobei der Fokus insbesondere auf Vollkornprodukten liegen muss.

Neben den zuvor genannten Gruppen Gemüse, Obst und Getreide können auch Kartoffeln einen erheblichen Beitrag zu einer pflanzenbetonten Ernährung leisten. Da ist es erfreulich, dass sich deren Verbrauch nach vielen Jahren des Rückgang zuletzt stabilisiert hat und sogar Anzeichen eines Anstiegs erkennen lässt (Abb. 1/3). Bei differenzierter Betrachtung (Abb. 1/13) wird allerdings deutlich, dass diese positive Tendenz allein auf den Verbrauch von Kartoffelerzeugnissen zurückzuführen ist, während der Verbrauch an frischen Kartoffeln weiterhin abnimmt. Hier ergeben sich Potenziale, durch eine Steigerung des Verbrauchs an frischen Kartoffeln – insbesondere zubereitet als Salz-, Pell- oder Ofenkartoffeln – den Anteil pflanzlicher Lebensmittel an der Ernährung weiter zu erhöhen.

Aber nicht bei allen pflanzlichen Produkten liegt der ernährungsphysiologische Wert in einer hohen Nährstoffdichte. Pflanzenöle und Nüsse beispielsweise stellen zwar auch wertvolle Nährstoffquellen dar (insbesondere für das fettlösliche Vitamin E), liefern aber durch ihren hohen Fettanteil deutlich mehr Energie als andere pflanzliche Lebensmittel. Ihr Fettsäuremuster weist zumeist aber einen hohen Anteil an (mehrfach) ungesättigten Fettsäuren auf, deren Zufuhr das Risiko für Herz-Kreislauf-Erkrankungen und Fettstoffwechselstörungen senken kann [11]. Vor diesem Hintergrund lässt sich die Entwicklung des Verbrauchs an Pflanzenölen und Nüssen nicht eindeutig beurteilen: Ein Anstieg wäre nur zu begrüßen, wenn der Verbrauch an anderen fettreichen Lebensmitteln (z. B. Butter und fettreiche Milch- und Fleischprodukte) zumindest im gleichen Umfang zurückgeht, sodass die Gesamtzufuhr an Energie und Fett nicht ansteigt und insgesamt eine Verschiebung des Fettsäuremusters zugunsten (mehrfach) ungesättigter Fettsäuren erfolgt. Solche pflanzlichen Fette, die selbst einen hohen Anteil an gesättigten Fettsäuren haben, wie Kokosfett (87 %),

Palmöl (49 %) oder Palmkernfett (80 %), können kaum zu einer wünschenswerten Verschiebung des Fettsäuremusters beitragen und sind daher unter *Public-Health*-Gesichtspunkten gegenüber tierischen Fetten nicht vorzuziehen.

Zucker schließlich ist ein Vertreter der pflanzlichen Lebensmittel, dessen Verbrauch gemäß den 10 Regeln der DGE [10] eingeschränkt und die Zufuhr auf 10 % der Gesamtenergiezufuhr begrenzt werden sollte [12]. So ist es zu begrüßen, dass der Zuckerverbrauch gemäß Abbildung 1/5 eine gewisse rückläufige Tendenz zeigt. Leider sind die Daten jedoch von mehreren Erhebungsumstellungen betroffen, sodass eine belastbare Beurteilung der Entwicklung kaum möglich erscheint.

Tierische Produkte stellen nach Aussage der 10 Regeln der DGE eine wertvolle Ergänzung der Ernährung dar und erleichtern eine bedarfsgerechte Nährstoffversorgung [10], insbesondere in Bezug auf die B-Vitamine Riboflavin ($B_2$) und Cobalamin ($B_{12}$) sowie Calcium, Eisen, Zink, Selen und Jod. Da tierische Lebensmittel aber oft auch fettreich sind und dabei vor allem gesättigte Fettsäuren liefern, ist ihr Verzehr unter *Public-Health*-Gesichtspunkten nur eingeschränkt zu empfehlen. Aus diesem Grund wären zumindest stabile, wenn nicht rückläufige Trends im Verbrauch der meisten tierischen Lebensmittel zu begrüßen. Eine solche Entwicklung findet sich beispielsweise beim Verbrauch von Schweinefleisch und sonstigem Fleisch, wird aber konterkariert durch einen Anstieg im Verbrauch von Rind- und Kalbfleisch, sodass der Verbrauch an rotem Fleisch[9] in den letzten Jahren insgesamt relativ konstant ist (Abb. 1/8).

Hinzu kommt ein zunehmender Verbrauch von Geflügelfleisch (sogenanntes weißes Fleisch). Diese Entwicklung steht somit nicht im Einklang mit dem Ziel einer pflanzenbetonten Ernährung. Ähnliches gilt auch für den steigenden Verbrauch an Käse.

Insgesamt wären in Bezug auf den Verzehr von Fleisch und Fleischprodukten sowie Milch und Milchprodukten Maßnahmen wünschenswert, die den Fokus von Quantität auf Qualität verschieben, sodass die ernährungsphysiologischen und hedonischen Qualitäten dieser Lebensmittel genossen und gleichzeitig ihre unerwünschten Folgen für gesundheitliche Risiken reduziert werden. Zudem ist der Verzehr von rotem Fleisch und Fleischprodukten mit einem erhöhten Risiko für Dickdarmkrebs assoziiert [6, 13].

Fisch nimmt unter den tierischen Lebensmitteln eine gewisse Sonderstellung ein. Zur Prävention von Herz-Kreislauf-Erkrankungen und zur Verminderung des Risikos für Schlaganfälle empfehlen die 10 Regeln der DGE [10], ein bis zwei Portionen Fisch pro Woche zu verzehren – bevorzugt fettreicher Seefisch aus nachhaltiger Fischerei oder entsprechenden Aquakulturen. Dies entspricht einer Verzehrmenge von ca. 10 bis 12 kg pro Kopf und Jahr und damit ungefähr den in Abbildung 1/9 dargestellten Verbrauchsmengen[10].

Zur Deckung des Wasserbedarfs verweisen die 10 Regeln der DGE [10] mit Blick auf eine Adipositasprävention auf energiefreie Getränke. Da ist es zu begrüßen, dass der Verbrauch an Mineralwasser weiterhin steigt, ebenso wie der Verbrauch an Kräuter- und Früchtetees. Zudem ist der Anstieg des Verbrauchs an energie- und zuckerreichen Erfrischungsgetränken in den letzten Jahren gebremst und der Verbrauch an Fruchtsäften und -nektaren weiterhin rückläufig, sodass dem Bereich der alkoholfreien Getränke aus *Public-Health*-Perspektive insgesamt eine sehr erfreuliche Entwicklung attestiert werden kann.

9 Das Fleisch von Säugetieren wie Rind, Kalb, Schwein, Lamm bzw. Schaf und Ziege wird unabhängig von der eigentlichen Farbe als rotes Fleisch zusammengefasst.

10 Unter Berücksichtigung, dass das Fanggewicht von Fisch nicht vollständig verzehrfähig ist.

Der Genuss alkoholischer Getränke ist ebenso wie der von zuckerhaltigen alkoholfreien Getränken mit einer relativ hohen Energiezufuhr verbunden. Alkoholkonsum ist jedoch zudem mit einem erhöhten Risiko für Lebererkrankungen und Krebs assoziiert und birgt darüber hinaus eine erhebliche Suchtgefahr [10]. Daher ist es erfreulich, dass der Alkoholverbrauch weiterhin rückläufig ist (s. Abb. 1/5). Er bewegt sich allerdings immer noch auf einem hohen Niveau und geht nur sehr langsam zurück, sodass für den Alkoholkonsum keinesfalls Entwarnung gegeben werden kann.

Zusammenfassend wäre eine weitere Veränderung des Lebensmittelverbrauchs im Einklang mit den 10 Regeln der DGE nicht nur unter *Public-Health*-Gesichtspunkten wünschenswert, sondern könnte auch einen wichtigen Beitrag zu *Planetary Health* leisten, das heißt zur Erreichung der Nachhaltigkeitsziele der Vereinten Nationen (UN) und der Ziele des Pariser Klimaabkommens [14]. Gemäß einer entsprechenden Empfehlungen des *EAT-Lancet-Reports* [14] gilt:

- Pflanzliche Lebensmittel sollten die wesentliche Quelle für die Proteinzufuhr sein.
- Vollkornprodukte sollten die wesentliche Quelle für die Kohlenhydratzufuhr sein.
- Ungesättigte pflanzliche Öle sollten die wesentliche Quelle für die Fettzufuhr sein.
- Es sollten täglich fünf Portionen Gemüse und Obst verzehrt werden.
- Fisch und Geflügelfleisch sollten nur in moderaten Mengen verzehrt und der Verzehr von rotem Fleisch erheblich eingeschränkt werden.

Walter Willett [15] fasst die globalen Ernährungsziele folgendermaßen zusammen: „Weltweit muss der Verbrauch von Obst, Gemüse, Nüssen und Hülsenfrüchten verdoppelt und der Verbrauch von Lebensmitteln wie rotem Fleisch oder Zucker um mehr als 50 % reduziert werden. Eine pflanzenbetonte Ernährungsweise mit weniger tierischen Produkten bietet gleichzeitig eine Verbesserung für die Gesundheit der Menschen und einen Gewinn für die Umwelt." Um diese Ziele zu erreichen, sind aber noch erhebliche Anstrengungen erforderlich.

## 1.2.5 Literatur


[1] Bundesministerium für Ernährung und Landwirtschaft (Hrsg.): Statistisches Jahrbuch über Ernährung, Landwirtschaft und Forsten 2019. Bonn (2020)

[2] Deutsche Gesellschaft für Ernährung (Hrsg.): Ernährungsbericht 1992. Druckerei Henrich, Frankfurt am Main (1992)

[3] Deutsche Gesellschaft für Ernährung (Hrsg.): Ernährungsbericht 1996. Druckerei Henrich, Frankfurt am Main (1996)

[4] Deutsche Gesellschaft für Ernährung (Hrsg.): Ernährungsbericht 2000. Druckerei Henrich, Frankfurt am Main (2000)

[5] Deutsche Gesellschaft für Ernährung (Hrsg.): Ernährungsbericht 2004. Bonn (2004)

[6] Deutsche Gesellschaft für Ernährung (Hrsg.): 13. DGE-Ernährungsbericht. Bonn (2016)

[7] Deutsche Gesellschaft für Ernährung (Hrsg.): 12. Ernährungsbericht. Bonn (2012)

[8] Deutsche Gesellschaft für Ernährung (Hrsg.): Ernährungsbericht 2008. Bonn (2008)

[9] Gose M, Krems C, Heuer T et al.: Trends in food consumption and nutrient intake in Germany between 2006 and 2012: results of the German National Nutrition Monitoring (NEMONIT). Br J Nutr 115 (2016) 1498–1507

[10] Deutsche Gesellschaft für Ernährung (Hrsg.): Vollwertig essen und trinken nach den 10 Regeln der DGE (2017) https://www.dge.de/ernaehrungspraxis/vollwertige-ernaehrung/10-regeln-der-dge/ (eingesehen am 22.07.2020)

[11] Deutsche Gesellschaft für Ernährung (Hrsg.): Fettzufuhr und Prävention ausgewählter ernährungsmitbedingter Krankheiten – Evidenzbasierte Leitlinie. 2. Version 2015. Bonn (2015) https://www.dge.de/fileadmin/public/doc/ws/ll-fett/v2/Gesamt-DGE-Leitlinie-Fett-2015.pdf (eingesehen am 26.06.2020)

[12] Ernst JB, Arens-Azevêdo U, Bitzer B et al. für Deutsche Adipositas Gesellschaft, Deutsche Diabetes Gesellschaft und Deutsche Gesellschaft für Ernährung: Quantitative Empfehlung zur Zuckerzufuhr in Deutschland. Bonn (2018) https://www.dge.de/fileadmin/public/doc/ws/stellungnahme/Konsensuspapier_Zucker_DAG_DDG_DGE_2018.pdf (eingesehen am 22.07.2020)

[13] WCRF (World Cancer Research Fund), AICR (American Institute for Cancer Research): Continuous Update Project Expert Report 2018. Meat, fish and dairy products and the risk of cancer. (2018) https://www.wcrf.org/sites/default/files/Meat-Fish-and-Dairy-products.pdf (eingesehen am 26.06.2020)

[14] The Eat-Lancet Commission: Healthy Diets from sustainable food systems: Food, Planet, Health. Summary Report of the EAT-Lancet Commission (2019) https://eatforum.org/content/uploads/2019/01/EAT-Lancet_Commission_Summary_Report.pdf (eingesehen am 26.06.2020)

[15] Willett W, Rockström J, Loken B et al.: Food in the Anthropocene: the EAT–Lancet Commission on healthy diets from sustainable food systems. Lancet 393 (2019) 447–492

# 1.3 Unterkalorisches Protokollieren am Beispiel der Nationalen Verzehrsstudie II (NVS II): Prävalenz, Einflussfaktoren und Auswirkungen auf die Nährstoffzufuhr

Rhea Dankers und Helmut Heseker


## Zusammenfassung

**Einleitung:** Ein weitverbreitetes und gut belegtes Problem, welches im Zusammenhang mit Ernährungserhebungen auftritt und zu systematischen Verzerrungen führt, ist das sogenannte Misreporting (Over- und Underreporting). Um dieser Thematik in groß angelegten ernährungsepidemiologischen Studien zu begegnen, wurden statistische (Schätz-)Methoden entwickelt, die es ermöglichen Personen mit einer nicht plausiblen, zu geringen protokollierten Energiezufuhr (Low-Energy-Reporter [LER]) zu identifizieren. Eine differenzierte Analyse der Charakteristika von LER sowie Untersuchungen zum Einfluss von Underreporting auf die Nährstoffversorgung wurde für die deutsche Bevölkerung bislang noch nicht durchgeführt. Ziel der vorliegenden Untersuchung ist es daher, Misreporting zu identifizieren und LER hinsichtlich ihrer demographischen Merkmale sowie in Bezug auf den Gewichtsstatus und der körperlichen Aktivität zu beschreiben. Weiterhin soll untersucht werden, inwiefern eine adäquate Nährstoffversorgung entsprechend den D-A-CH-Referenzwerten bei einer ausreichenden Energieversorgung erreicht wird und inwiefern sich die Versorgungslage zwischen LER und Acceptable-Energy-Reportern (AER) unterscheidet.

**Methoden:** Datengrundlage der vorliegenden Untersuchung bilden 943 Wiegeprotokolle der Nationalen Verzehrsstudie II. Misreporting wurde anhand des Goldberg-Cut-offs identifiziert. Die Energie- und Nährstoffzufuhr wurde über den BLS 3.02 berechnet und zwischen LER und AER verglichen. Die Nährstoffzufuhr wurde sowohl absolut als auch energieadjustiert betrachtet sowie mit den D-A-CH-Referenzwerten verglichen.

**Ergebnisse:** Es wurde gezeigt, dass durch Übergewicht die Wahrscheinlichkeit für Low-energy-reporting steigt. Ebenso neigen eher Frauen und jüngere Personen aus der Mittelschicht bzw. unteren Mittelschicht dazu, ihr Essverhalten nicht plausibel zu protokollieren. LER nehmen mehr Energie aus Proteinen auf und absolut betrachtet ist die Makro- und Mikronährstoffzufuhr sowie die Ballaststoffzufuhr von LER signifikant kleiner. Nach Adjustierung für die Energiezufuhr ist die Ernährung der LER (für die meisten Mikronährstoffe) allerdings nährstoffdichter. Der Anteil derer, die die D-A-CH-Referenzwerte für die verschiedenen Mikronährstoffe nicht erreichen, ist unter den LER signifikant höher.

**Schlussfolgerung:** Insgesamt ist die Studienlage zu Misreporting sehr heterogen und die Ergebnisse sind z. T. nicht konsistent. So wird durch viele Studien bestätigt, dass Misreporting mit einem höheren Körpergewicht assoziiert ist. Allerdings zeigen sich Unsicherheiten hinsichtlich des Einflusses des Geschlechts, des Alters sowie des soziökonomischen Status. Weiterhin zeigen mehrere Studien, dass es durch Low-energy-reporting zu einer Überschätzung der Prävalenz einer nicht adäquaten Mikronährstoffzufuhr kommt. Daher ist es wichtig, Misreporting in ernährungsepidemiologischen Untersuchungen zu berücksichtigen.

Um die Vergleichbarkeit zwischen den Studien zu erhöhen, ist zukünftig bei den Auswertungen von nationalen Verzehrerhebungen eine Orientierung an den Empfehlungen der EFSA zur Identifikation von und zum Umgang mit Misreporting wünschenswert. Weiterhin ist eine objektive Erfassung der körperlichen Aktivität empfehlenswert. Oberstes Ziel der Forschung sollte es allerdings sein, Misreporting schon bei der Erhebung zu minimieren. Sowohl zur objektiven Messung der körperlichen Aktivität, als auch im Hinblick auf eine Reduktion des Misreportings, zeigen die Entwicklungen der Informations- und Kommunikationstechnologien großes Potenzial.

## Kernaussagen

- ➔ Der Gewichtsstatus stellt einen wichtigen Einflussfaktor im Zusammenhang mit Low-energy-reporting dar. Durch Präadipositas und Adipositas steigt die Wahrscheinlichkeit für Low-energy-reporting um das 2- bzw. 5-fache.
- ➔ In Deutschland neigen eher Frauen und jüngere Personen aus der Mittelschicht und unteren Mittelschicht dazu, ihr Essverhalten nicht plausibel zu protokollieren. Allerdings ist die Studienlage hierzu sehr inkonsistent.
- ➔ Durch Misreporting kommt es zu einer Überschätzung der Prävalenz einer nicht adäquaten Mikronährstoffzufuhr. Daher ist es wichtig, Misreporting in ernährungsepidemiologischen Studien zu berücksichtigen.
- ➔ Mit der vorliegenden Untersuchung wurde Misreporting erstmals für die deutsche Bevölkerung umfassend analysiert. Sie trägt damit zum wachsenden Literaturpool zur Misreporting-Thematik bei.
- ➔ Um eine höhere Vergleichbarkeit der Ergebnisse zu gewährleisten, sollten bei Auswertungen von nationalen Verzehrstudien die entsprechenden Empfehlungen der Europäischen Behörde für Lebensmittelsicherheit (EFSA) herangezogen werden.

### 1.3.1 Einleitung

Eine große Herausforderung in der Ernährungsforschung ist es, zuverlässige Daten zum Ernährungsverhalten der Bevölkerung zu erheben. Insbesondere wenn in Studien der Zusammenhang zwischen Ernährung und Gesundheit untersucht werden soll, ist es unabdingbar, valide Daten zur Lebensmittel-, Energie- und Nährstoffzufuhr zu erheben [1]. Ein gut belegtes Problem, welches in diesem Zusammenhang auftritt und zu systematischen Verzerrungen führt, ist das sogenannte Misreporting [2], also eine fehlerhafte Dokumentation der verzehrten Lebensmittel bzw. Lebensmittelmengen. Die Teilnehmenden protokollieren demnach mehr (Overreporting) oder weniger (Underreporting) als sie tatsächlich verzehrt haben. Insbesondere das Underreporting stellt hierbei eine wichtige Fehlerquelle dar [2]. Um die Validität der protokollierten Energiezufuhr zu bewerten, ist die Doubly-Labelled-Water (DLW)-Methode allgemein als Goldstandard anerkannt [2, 3]. Dies ist allerdings für groß angelegte epidemiologische Studien nicht praktikabel, da hohe Kosten für die Analysen entstehen [3]. Aufgrund dessen wurden statistische Methoden entwickelt, um Misreporting zu identifizieren. Die am häufigsten genutzte und älteste Methode ist der Goldberg-Cut-off, welcher durch Goldberg et al. [4] publiziert und durch Black [5] weiterentwickelt, ausführlich dargestellt und anwendungsorientiert beschrieben wurde. Über das Verhältnis von Energiezufuhr zum individuellen Grundumsatz wird hier beurteilt, ob die protokollierte Energiezufuhr plausibel ist oder nicht. Auf dieser Basis werden in der vorliegenden Untersuchung Personen mit einer nicht plausiblen, zu geringen Energiezufuhr als Low-Energy-Reporter (LER) bezeichnet. Handelt es sich um eine nicht plausible, zu hohe Energiezufuhr wird von High-Energy-Reportern (HER) gesprochen. Im Gegensatz hierzu sind Acceptable-Energy-Reporter (AER) Personen mit einer plausiblen Energiezufuhr.

Die Gründe für Misreporting sind vielfältig. Neben einer allgemeinen geringen Compliance und Motivation seitens der Studienteilnehmenden an Verzehrerhebungen teilzunehmen, können auch psychosoziale Faktoren wie die Unzufriedenheit mit dem eigenen Körpergewicht [6, 7] oder soziale Erwünschtheit [8] Ursachen für Misreporting sein. Insbesondere bei retrospektiven Verzehrerhebungsmethoden ist es außerdem möglich, dass Lebensmittel vergessen oder Portionsgrößen falsch eingeschätzt werden. Ebenso kommt es vor, dass im Erhebungszeitraum zwar wahrheitsgetreu berichtet, aber weniger als üblich verzehrt wurde [9]. Dieses sogenannte Undereating ist bei der Auswertung von Verzehrerhebungsdaten nicht von Underreporting zu unterscheiden.

Studien haben gezeigt, dass spezifische Lebensmittelgruppen besonders von Underreporting betroffen sind. Insbesondere zucker- und fettreiche Lebensmittel [1], die häufig als Snack oder Zwischenmahlzeit [7, 8] verzehrt werden, werden häufig nicht oder nicht vollständig protokolliert.

In internationalen Querschnittsstudien wurde bereits untersucht, wodurch sich LER charakterisieren lassen und welche Auswirkungen dies auf die Nährstoffversorgung hat [1, 2]. Für die deutsche Bevölkerung haben Straßburg et al. [10] bereits den Einfluss verschiedener Verzehrerhebungsmethoden auf die Prävalenz von Misreporting sowie die Auswirkungen auf den Lebensmittelkonsum untersucht. Eine differenzierte Analyse der Charakteristika von LER sowie Untersuchungen zum Einfluss von Underreporting auf die Nährstoffversorgung wurde für die deutsche Bevölkerung bislang noch nicht durchgeführt.

Das Ziel der vorliegenden Untersuchung ist es daher, basierend auf den Wiegeprotokolldaten der Nationalen Verzehrsstudie (NVS) II [11, 12], LER zu identifizieren und hinsichtlich ihrer soziodemografischen Merkmale zu beschreiben. Aufgrund der starken Verbreitung von Präadipositas (36,4 %) und Adipositas (16,3 %) in der deutschen Gesamtbevölkerung [13] kann von einer energetisch ausreichenden Energieversorgung der deutschen Bevölkerung (mit Ausnahme besonderer Risikogruppen) ausgegangen werden. Daher interessiert in der vorliegenden Untersuchung weiterhin, inwiefern bei üblichen Ernährungsgewohnheiten und einer ausreichenden Energieversorgung eine adäquate Nährstoffversorgung entsprechend den D-A-CH-Referenzwerten für die Nährstoffzufuhr [14] erreicht wird und inwiefern sich die Versorgungslage zwischen LER und AER unterscheidet.

## 1.3.2 Methodik

### 1.3.2.1 Studiendesign und Datengrundlage

Die vorliegende Studie beruht auf einer Sekundärauswertung von Daten der NVS II. Bei der NVS II handelt es sich um eine bundesweite repräsentative Querschnittserhebung, welche von November 2005 bis Januar 2007 im Auftrag des Bundesministeriums für Ernährung, Landwirtschaft und Verbraucherschutz durch das Max Rubner-Institut (MRI) durchgeführt wurde. Ziel dieser Erhebung war es u. a. Daten zum Lebensmittelverzehr sowie zur Nährstoffaufnahme in der Bevölkerung zu erfassen [11].

Die Studienpopulation der NVS II bildet eine nach Gemeinde, Alter und Geschlecht geschichtete Zufallsstichprobe aller deutschsprachigen in Privathaushalten lebenden Personen zwischen 14 und 80 Jahren [11]. Innerhalb dieser Studienpopulation wurde eine repräsentative Unterstichprobe gebeten, im Rahmen der Erhebungsphase zeitlich versetzt zweimal viertägige Wiegeprotokolle zu führen, bei denen sowohl Wochen- als auch Wochenendtage berücksichtigt wurden [15]. Die anthropometrischen Körpermaße wurden auf die erste Nachkommastelle genau, nach standardisierten Vorgaben gemessen. Auf Grundlage des daraus zu berechnenden Body Mass Index (BMI) wurden Erwachsene (> 18 Jahre) entsprechend den Empfehlungen der WHO [16] als untergewichtig, normalgewichtig, präadipös und adipös klassifiziert (Tab. 1/1). Bei Jugendlichen (≤ 18 Jahre) müssen geschlechts- und altersspezifische Veränderungen berücksichtigt werden, daher wurden zur Bestimmung des Gewichtsstatus entsprechende Perzentilen zugrunde gelegt [17]. Anhand dieser können die individuellen BMI-Werte eingeschätzt werden [18] (Tab. 1/1).

**Tabelle 1/1:** Klassifizierung des Gewichtsstatus für Erwachsene und Jugendliche

| **Gewichtsstatus** | **Erwachsene** (> 18 Jahre)[a] | **Jugendliche** (≤ 18 Jahre)[b] |
|---|---|---|
| Untergewicht | BMI < 18,5 | BMI-Perzentil ≤ 10 |
| Normalgewicht | BMI 18,5–24,9 | BMI-Perzentil > 10 – ≤ 90 |
| Präadipositas | BMI 25–29,9 | BMI-Perzentil > 90 – ≤ 97 |
| Adipositas | BMI ≥ 30 | BMI-Perzentil > 97 |

a nach [16]
b nach [18]

Anhand eines Schichtindexes aus Fragen zum Bildungsabschluss, zum Einkommen sowie zum Beruf wurden die Teilnehmenden der NVS II in fünf Gruppen eingeteilt: „Oberschicht", „obere Mittelschicht", „Mittelschicht", „untere Mittelschicht" und „untere Schicht" [19]. Weiterhin wurden die Teilnehmenden gefragt, ob sie sportlich aktiv sind (ja/nein).

Grundlage der Studienpopulation für die vorliegende Analyse bilden die Daten von 975 NVS-II-Teilnehmenden mit Wiegeprotokollen in entsprechender Qualität [20]. Von 26 dieser Studienteilnehmenden liegen keine anthropometrischen Daten vor, sodass die Berechnung des Ruheenergieverbrauchs (REE) (nach Müller et al. [21]) nicht erfolgen konnte und diese Personen aus weiteren Analysen ausgeschlossen wurden. Darüber hinaus gaben insgesamt sechs Frauen an, zum Zeitpunkt der Erhebung schwanger zu sein bzw. zu stillen. Aufgrund des in diesen Lebensphasen erhöhten REE, wurden diese Frauen ebenfalls ausgeschlossen. Insgesamt umfasst die für diese Auswertung berücksichtigte Stichprobe damit 943 Jugendliche und Erwachsene im Alter von 14 bis 80 Jahren.

### 1.3.2.2 Identifikation von Misreporting

Um LER, AER oder HER zu identifizieren, empfiehlt die EFSA [22] den Goldberg-Cut-off [4] in der Weiterentwicklung von Black [5] anzuwenden. Hierfür wird die protokollierte Energiezufuhr (reported Energy Intake [rEI]) ins Verhältnis zum Grundumsatz (basal metabolic rate [BMR]) gesetzt, mit dem (geschätzten) Level der körperlichen Aktivität (PAL) verglichen und das zugehörige 95 % Konfidenzintervall (CI) bestimmt [5]. Das CI stellt damit die Cut-offs für das Verhältnis von rEI zum BMR dar, wonach die Teilnehmenden in LER, AER und HER klassifiziert werden können. Die Berechnung des BMR erfolgt im Goldberg-Cut-off nach Schofield [23].

Müller et al. [21] haben gezeigt, dass die Schofield-Gleichungen den REE in der deutschen Bevölkerung systematisch über- und unterschätzen. Daher wurde der REE in der vorliegenden Untersuchung über die von Müller et al. [21] entwickelten Gleichungen zur Berechnung des REE für die deutsche Bevölkerung bestimmt. Hierdurch ist außerdem eine Vergleichbarkeit der Daten auf nationaler Ebene [10] möglich. Da die NVS II keine objektiven Daten zur körperlichen Aktivität liefert, wurde entsprechend den Empfehlungen der FAO, WHO und UNU [24] und Black [5] weiterhin ein sitzender Lebensstil mit einem PAL von 1,55 angenommen. Durch dieses Vorgehen wurde ein CI von 1,06 bis 2,27 für das Verhältnis von rEI zu REE (rEI:REE) berechnet. Liegt das Verhältnis innerhalb dieser Grenzen, wird von einer plausiblen Energiezufuhr (Acceptable-energy-reporting) ausgegangen. Entsprechend werden Teilnehmende deren rEI:REE unterhalb von 1,06 liegt, als LER klassifiziert und Teilnehmende mit einem Quotienten oberhalb von 2,27 als HER.

### 1.3.2.3 Datenauswertung

Um den Energiebedarf der Teilnehmenden zu schätzen (predict Energy Requirement [pER]) wurde der REE nach Müller et al. [21] mit einem PAL von 1,55 multipliziert. Auf Basis der Wiegeprotokolle wurde die rEI berechnet. Hierzu wurden die Daten so gewichtet, dass sich eine Gleichverteilung der sieben Wochentage ergab. Auf dieser Grundlage wurde der durchschnittliche Verzehr der Lebensmittel pro Tag ermittelt [20] und anschließend die Energie- und Nährstoffzufuhr über den Bundeslebensmittelschlüssel (BLS) 3.02 [25] bestimmt. Dabei wurden Nährstoffe aus Supplementen nicht berücksichtigt. Mit Vitaminen und Mineralstoffen angereicherte Lebensmittel wurden nur dann in die Analysen einbezogen, wenn diese im BLS 3.02 enthalten waren [12]. Die Nährstoffversorgung wurde sowohl absolut als auch in Relation zur rEI bestimmt, um für die Gesamtenergiezufuhr zu adjustieren. Anhand der aktuellen alters- und geschlechtsspezifischen D-A-CH-Referenzwerte [14] wurde die ermittelte Nährstoffzufuhr beurteilt. Zum einen wurde der Median der Zufuhr mit den Referenzwerten verglichen und zum anderen wurde der Anteil der Personen, die die Empfehlungen nicht erreichen bzw. überschreiten, bestimmt.

Die Datenauswertung wurde mithilfe der Programme SPSS Version 25 sowie „R" [26] durchgeführt. Unterschiede kategorischer Variablen zwischen Gruppen wurden mithilfe des Chi-Quadrat-Tests analysiert. Um zu entscheiden, welche statistischen Verfahren bei metrischen Variablen zum Einsatz kommen, wurden zunächst Residuenanalysen durchgeführt. Bei Annahme einer approximativen Normalverteilung kam anschließend der Welch-t-Test im Zweistichprobenfall bzw. Varianzanalysen, ergänzt um multiple Kontrasttests als Allpaar-Vergleiche, im Mehrstichprobenfall zum Einsatz. Für den Fall, dass die Residuenanalyse die Annahme der Normalverteilung nicht rechtfertigt, wurden nichtparametrische multiple Kontrasttests getrennt aber simultan für das Geschlecht durchgeführt. Für die Analyse des Einflusses verschiedener demographischer Einflussfaktoren auf Low-energy-reporting wurde eine binäre logistische Regressionsanalyse (schrittweise rückwärts) durchgeführt. Für alle nachfolgenden statistischen Auswertungen wurde ein Signifikanzniveau von $\alpha = 0{,}05$ zugrunde gelegt.

## 1.3.3 Ergebnisse

### 1.3.3.1 Beschreibung der Studienpopulation

In die Auswertung konnten die Wiegeprotokolle von insgesamt 943 Personen eingeschlossen werden. Die Studienpopulation setzt sich aus 399 Männern (42,3 %) und 544 Frauen (57,6 %) zusammen. Der Tabelle 1/2 kann die Verteilung ausgewählter demographischer Variablen (Geschlecht, Alter, Schichtindex), des Gewichtsstatus sowie der körperlichen Aktivität entnommen werden. Weiterhin wird ersichtlich, dass insgesamt 21,7 % der Teilnehmenden als LER und 0,7 % als HER klassifiziert wurden. Entsprechend sind 77,5 % der Männer und Frauen als AER definiert.

**Tabelle 1/2:** Charakterisierung der Studienpopulation (n = 943)

| | **Männer** (n = 399) | **Frauen** (n = 544) | **Gesamt** (n = 943) |
|---|---|---|---|
| **Altersgruppe [%]** | | | |
| 14 bis 18 Jahre | 7,0 | 8,6 | 8,0 |
| 19 bis 24 Jahre | 4,0 | 7,2 | 5,8 |
| 25 bis 34 Jahre | 7,5 | 10,7 | 9,3 |
| 35 bis 50 Jahre | 31,1 | 32,9 | 32,1 |
| 51 bis 64 Jahre | 28,6 | 24,6 | 26,3 |
| 65 bis 80 Jahre | 21,8 | 16,0 | 18,5 |
| **Gewichtsstatus [%]** | | | |
| Untergewicht | 0,3 | 2,0 | 1,3 |
| Normalgewicht | 33,6 | 48,9 | 42,4 |
| Präadipositas | 46,6 | 30,9 | 37,5 |
| Adipositas | 19,5 | 18,2 | 18,8 |
| **Schichtindex [%]** | | | |
| Oberschicht | 24,1 | 18,8 | 21,0 |
| obere Mittelschicht | 28,6 | 34,6 | 32,0 |
| Mittelschicht | 29,6 | 30,5 | 30,1 |
| untere Mittelschicht | 14,5 | 12,3 | 13,3 |
| untere Schicht | 3,3 | 3,9 | 3,6 |
| **Sportlich aktiv [%]**[a] | | | |
| nein | 38,2 | 33,7 | 35,6 |
| ja | 61,8 | 66,3 | 64,4 |
| **Reporting Status [%]** | | | |
| LER | 18,5 | 24,1 | 21,7 |
| AER | 80,5 | 75,4 | 77,5 |
| HER | 1,0 | 0,6 | 0,7 |

LER: Low-Energy-Reporter; AER: Acceptable-Energy-Reporter; HER: High-Energy-Reporter

a fehlende Angaben bei 8 Personen (n = 935)

### 1.3.3.2 *Low-energy-reporting* – Prävalenz und Einflussfaktoren

Aufgrund der geringen Fallzahlen von HER (n = 7) würde eine Berücksichtigung dazu führen, dass erwartete Zellhäufigkeiten von unter fünf auftreten und damit die Voraussetzungen des Chi-Quadrat-Tests verletzt werden. Daher wurden ausschließlich Unterschiede zwischen LER und AER auf Signifikanz getestet. Aus Tabelle 1/3 wird ersichtlich, dass das Verhältnis von rEI zum pER unter den AER mit 0,93 signifikant höher und damit näher an 1 liegt im Vergleich zu den LER (0,56). Gleichzeitig ist die rEI im Mittel (AER: 2 227 kcal/Tag; LER 1 394 kcal/Tag) signifikant höher (p < 0,001) und die pER signifikant niedriger (AER: 2 405 kcal/Tag; LER 2 493 kcal/Tag; p = 0,004).

Low-energy-reporting ist zwischen Frauen und Männern nicht gleichverteilt: Knapp zwei Drittel (63,9 %) der identifizierten LER sind weiblich. Entsprechend ist gut ein Drittel der LER männlich (36,1 %) (p = 0,045) (Tab. 1/4). Es zeigen sich keine Unterschiede hinsichtlich der Anteile von LER bzw. AER zwischen den Altersgruppen (p = 0,306). Allerdings wird ein Zusammenhang mit dem Gewichtsstatus (p < 0,001) deutlich. Während 35,1 % der LER adipös sind, sind es unter den AER nur 14,4 %. Darüber hinaus gehören weder Männer noch Frauen, die als untergewichtig klassifiziert werden, zu den LER. Personen mit Präadipositas oder Adipositas gehören hingegen nicht zu den HER. Des Weiteren hat die Schichtzugehörigkeit einen signifikanten Einfluss auf Misreporting (p < 0,001). Unter den LER ist der Anteil der Personen, die der unteren Mittelschicht oder unteren Schicht zugeordnet werden mit insgesamt 23,4 % höher als unter den AER mit insgesamt 14,8 %. Analog gehören weniger LER der Oberschicht und oberen Mittelschicht an als AER (39,1 % bzw. 57,0 %). Unter den AER geben tendenziell (p = 0,054) mehr Befragte an, sportlich aktiv zu sein, als unter den LER.

**Etwa zwei Drittel der identifizierten LER (Low-Energy-Reporter) sind weiblich und im Vergleich zu AER (Acceptable-Energy-Reporter) sind mehr LER adipös.**

Weiterhin wurde der Einfluss von demographischen Faktoren, des Gewichtsstatus sowie der körperlichen Aktivität auf die Wahrscheinlichkeit für die Protokollierung einer nicht plausiblen, zu geringen Energiezufuhr über eine logistische Regressionsanalyse (schrittweise rückwärts) untersucht. Die körperliche Aktivität wurde nicht in das finale Modell eingeschlossen (p = 0,288). Alle anderen Einflussfaktoren hatten p-Werte im signifikanten Bereich und sind daher Bestandteil des analysierten Modells. In Tabelle 1/5 sind die Odds-Ratio (OR) sowie die zugehörigen 95 % CI für die Klassifikation eines Individuums als LER gegenüber AER dargestellt. Die Wahrscheinlichkeit für eine nicht plausible Protokollführung ist bei Frauen um das 1,5-Fache höher im Vergleich zu den Männern. Weiterhin sinkt das Risiko für LER in den Altersgruppen ab 35 Jahren im Vergleich zur jüngsten Altersgruppe um 54 % (Altersgruppe 35 bis unter 51 Jahre; OR: 0,46), 63 % (Altersgruppe 51 bis unter 65 Jahre; OR: 0,37) bzw. 76 % (Altersgruppe 65 bis unter 81 Jahre; OR: 0,24). Generell ist die Wahrscheinlichkeit für LER bei Personen aus der Oberschicht am geringsten. Im Vergleich steigt das Risiko für eine nicht plausible rEI bei Personen aus der Mittelschicht und unteren Mittelschicht um das 1,8- bzw. 2,3-Fache. Die OR für die obere Mittelschicht und untere Schicht sind nicht signifikant. Der Gewichtsstatus ist mit der Wahrscheinlichkeit für LER assoziiert. Im Vergleich zur Referenzgruppe der Normalgewichtigen steigt das Risiko für LER, im Vergleich zu AER, für Präadipöse und Adipöse um das 2- bis 5-Fache an. Da weder untergewichtige Männer noch untergewichtige Frauen eine nicht plausible Energiezufuhr aufweisen, sind in Tabelle 1/5 hierfür keine entsprechenden Werte dargestellt.

**Frauen haben im Vergleich zu Männern eine 1,5-fach höhere Wahrscheinlichkeit für eine nicht plausible Protokollführung. Durch Präadipositas und Adipositas steigt die Wahrscheinlichkeit für Low-energy-reporting um das 2- bzw. 5-Fache.**

**Tabelle 1/3:** Protokollierte Energiezufuhr und geschätzter Energiebedarf von High-Energy-Reportern (HER), Acceptable-Energy-Reportern (AER) und Low-Energy-Reportern (LER) (MW, SD)

| | **Gesamt** (n = 943) | | **HER** (n = 7) | | **AER** (n = 731) | | **LER** (n = 205) | | p[a] |
|---|---|---|---|---|---|---|---|---|---|
| | MW | SD | MW | SD | MW | SD | MW | SD | |
| **rEI:pER** | 0,85 | 0,23 | 1,73 | 0,32 | 0,93 | 0,17 | 0,56 | 0,10 | <0,001 |
| **rEI** [kcal/Tag] | 2055 | 604 | 3464 | 869 | 2227 | 515 | 1394 | 318 | <0,001 |
| **pER** [kcal/Tag] | 2425 | 368 | 2086 | 670 | 2405 | 356 | 2493 | 386 | 0,004 |

MW: Mittelwert; SD: Standardabweichung; rEI: protokollierte Energiezufuhr; pER: geschätzter Energiebedarf; rEI:pER: Verhältnis von protokollierter Energiezufuhr zum geschätzten Energiebedarf

a p-Werte für Unterschiede zwischen LER und AER basierend auf dem Welch-t-Test

1.3

**Tabelle 1/4:** Charakteristika von High-Energy-Reportern (HER), Acceptable-Energy-Reportern (AER) und Low-Energy-Reportern (LER)

| | **Gesamt** (n=943) | | **HER** (n=7) | | **AER** (n=731) | | **LER** (n=205) | | p[a] |
|---|---|---|---|---|---|---|---|---|---|
| | **n** | **%** | **n** | **%** | **n** | **%** | **n** | **%** | |
| **Geschlecht [%]** | | | | | | | | | |
| männlich | 399 | 42,3 | 4 | 57,1 | 321 | 43,9 | 74 | 36,1 | 0,045 |
| weiblich | 544 | 57,7 | 3 | 42,9 | 410 | 56,1 | 131 | 63,9 | |
| **Altersgruppe [%]** | | | | | | | | | |
| 14 bis unter 19 Jahre | 75 | 8,0 | 1 | 14,3 | 51 | 7,0 | 23 | 11,2 | 0,306 |
| 19 bis unter 25 Jahre | 55 | 5,8 | 0 | 0,0 | 40 | 5,5 | 15 | 7,3 | |
| 25 bis unter 35 Jahre | 88 | 9,3 | 2 | 28,6 | 69 | 9,4 | 17 | 8,3 | |
| 35 bis unter 51 Jahre | 303 | 32,1 | 0 | 0,0 | 239 | 32,7 | 64 | 31,2 | |
| 51 bis unter 65 Jahre | 248 | 26,3 | 2 | 28,6 | 192 | 26,3 | 54 | 26,3 | |
| 65 bis unter 81 Jahre | 174 | 18,5 | 2 | 28,6 | 140 | 19,2 | 32 | 15,6 | |
| **Gewichtsstatus [%]** | | | | | | | | | |
| Untergewicht | 12 | 1,3 | 2 | 28,6 | 10 | 1,4 | 0 | 0,0 | < 0,001 |
| Normalgewicht | 400 | 42,4 | 5 | 71,4 | 334 | 45,7 | 61 | 29,8 | |
| Präadipositas | 354 | 37,5 | 0 | 0,0 | 282 | 38,6 | 72 | 35,1 | |
| Adipositas | 177 | 18,8 | 0 | 0,0 | 105 | 14,4 | 72 | 35,1 | |
| **Schichtindex [%]** | | | | | | | | | |
| Oberschicht | 198 | 21,0 | 1 | 14,3 | 169 | 23,1 | 28 | 13,7 | < 0,001 |
| obere Mittelschicht | 302 | 32,0 | 2 | 28,6 | 248 | 33,9 | 52 | 25,4 | |
| Mittelschicht | 284 | 30,1 | 1 | 14,3 | 206 | 28,2 | 77 | 37,6 | |
| untere Mittelschicht | 125 | 13,3 | 3 | 42,9 | 84 | 11,5 | 38 | 18,5 | |
| untere Schicht | 34 | 3,6 | 0 | 0,0 | 24 | 3,3 | 10 | 4,9 | |
| **Sportlich aktiv [%]**[b] | | | | | | | | | |
| ja | 602 | 64,4 | 6 | 85,7 | 476 | 65,8 | 120 | 58,5 | 0,054 |
| nein | 333 | 35,6 | 1 | 14,3 | 247 | 34,2 | 85 | 41,5 | |

a p-Werte für Unterschiede zwischen LER und AER basierend auf dem Chi-Quadrat-Test

b fehlende Angaben zur sportlichen Aktivität bei 8 Personen

**Tabelle 1/5:** Einfluss ausgewählter Faktoren auf die Wahrscheinlichkeit als Low-Energy-Reporter (LER) klassifiziert zu werden im Vergleich zur Klassifikation als Acceptable-Energy-Reporter (AER) (Ergebnisse der log. Regression)

| | % LER | OR | 95 % CI (untere Grenze) | 95 % CI (obere Grenze) |
|---|---|---|---|---|
| **Geschlecht** | | | | |
| Männer | 36,1 | 1,00 | Referenz | |
| Frauen | 63,9 | 1,53 | 1,09 | 2,15 |
| **Altersgruppe** | | | | |
| 14 bis unter 19 Jahre | 11,2 | 1,00 | Referenz | |
| 19 bis unter 25 Jahre | 7,3 | 0,92 | 0,40 | 2,08 |
| 25 bis unter 35 Jahre | 8,3 | 0,51 | 0,23 | 1,11 |
| 35 bis unter 51 Jahre | 31,2 | 0,46 | 0,24 | 0,88 |
| 51 bis unter 65 Jahre | 26,3 | 0,37 | 0,19 | 0,71 |
| 65 bis unter 81 Jahre | 15,6 | 0,24 | 0,12 | 0,50 |
| **Schichtindex** | | | | |
| Oberschicht | 13,7 | 1,00 | Referenz | |
| obere Mittelschicht | 25,4 | 1,09 | 0,65 | 1,84 |
| Mittelschicht | 37,6 | 1,81 | 1,08 | 3,04 |
| untere Mittelschicht | 18,5 | 2,27 | 1,26 | 4,11 |
| untere Schicht | 4,9 | 2,05 | 0,84 | 4,99 |
| **Gewichtsstatus** | | | | |
| Untergewicht | 0 | – | – | |
| Normalgewicht | 29,8 | 1,00 | Referenz | |
| Präadipositas | 35,1 | 1,97 | 1,29 | 3,02 |
| Adipositas | 35,1 | 5,13 | 3,21 | 8,20 |

CI: Konfidenzintervall

### 1.3.3.3 Nährstoffversorgung

Die Residuenanalyse rechtfertigt die Annahme einer Normalverteilung der Energie-, Ballaststoff- und Makronährstoffzufuhr, sodass im Weiteren die Ergebnisse der zweifaktoriellen Varianzanalyse sowie der Multiplen-Kontrasttests dargestellt werden. Es zeigt sich, dass LER im Vergleich zu AER absolut gesehen einen signifikant geringeren Verzehr (energieliefernder) Makronährstoffe angeben und, dass dieser Effekt vom Geschlecht abhängig ist (Tab. 1/6). Werden diese allerdings für die rEI adjustiert und als Energieprozent [En%] berechnet, zeigen die Analysen keine Wechselwirkungen zwischen dem Reporting-Status und dem Geschlecht. Außerdem wird deutlich, dass LER mehr Energie aus Protein protokollieren ($p < 0{,}001$) und tendenziell weniger Energie aus Fett ($p = 0{,}082$). Abbildung 1/25 illustriert hierzu die Ergebnisse aus Tabelle 1/6 bzw. Tabelle 1/7. Die Qualität der verzehrten Fette unterscheidet sich dahingehend, dass LER im Mittel signifikant weniger Energie aus gesättigten Fettsäuren (SFA) protokollieren (14,5 % zu 15,3 %, $p = 0{,}004$) und tendenziell mehr mehrfach ungesättigte Fettsäuren (PUFA) in Bezug zur Gesamtenergiezufuhr ($p = 0{,}061$). Hinsichtlich der Energiezufuhr aus Kohlenhydraten sind die Unterschiede nicht signifikant. Absolut betrachtet weisen AER einen signifikant höheren Verzehr von Ballaststoffen auf ($p < 0{,}001$), allerdings ist die protokollierte Ballaststoffzufuhr im Verhältnis zur Energiezufuhr von LER signifikant höher, als von AER ($p = 0{,}013$). Insgesamt ist die protokollierte Lebensmittelzufuhr von AER energiedichter als die der LER.

**LER protokollieren mehr Energie aus Protein und tendenziell weniger aus Fett.**

Die Daten der Mikronährstoff- und Alkoholzufuhr weisen eher eine linksgipflige und rechtsschiefe Verteilung, mit einer größeren Streuung im oberen Wertebereich auf, sodass eine Annahme der Normalverteilung nicht getroffen werden kann. Daher werden im Folgenden die Ergebnisse der nichtparametrischen Multiplen-Kontrasttests (Tab. 1/7) vorgestellt. AER führen mehr Alkohol als LER zu ($p < 0{,}001$ für Männer und Frauen), diese Unterschiede bleiben auch dann signifikant, wenn der Anteil des Alkohols an der Gesamtenergiezufuhr betrachtet wird ($p = 0{,}017$ für Männer und $p < 0{,}001$ für Frauen). Für alle untersuchten Mikronährstoffe haben AER signifikant höhere Zufuhrmengen um bis zu 36 % protokolliert als LER ($p < 0{,}001$), dies trifft sowohl für Männer als auch für Frauen zu. Werden die protokollierten Zufuhrmengen um die rEI adjustiert, ist die Ernährung der LER (in den meisten Fällen) nährstoffdichter (Tab. 1/7). Für die relative Zufuhr von Thiamin und Zink sind die Unterschiede zwischen LER und AER sowohl für Männer als auch für Frauen signifikant. Während sich die relative Vitamin C- und Eisenzufuhr bei Frauen zwischen LER und AER nicht signifikant unterscheiden, nehmen männliche LER tendenziell mehr Vitamin C ($p = 0{,}074$) und signifikant mehr Eisen ($p < 0{,}001$) bezogen auf 1000 kcal zu sich als AER. Im Gegensatz dazu ist die relative Zufuhr von Vitamin $B_{12}$ und Calcium bei weiblichen LER im Vergleich zu AER signifikant höher ($p = 0{,}025$ bzw. $p = 0{,}002$). Bei den Männern zeigt sich diese Tendenz bei der relativen Vitamin $B_{12}$-Zufuhr ($p = 0{,}053$).

**Absolut betrachtet protokollieren AER um bis zu 36 % höhere Zufuhrmengen als LER. Adjustiert für die Energiezufuhr ist die Ernährung der LER in den meisten Fällen nährstoffdichter.**

**Abbildung 1/25:** Prozentuale Anteile der energieliefernden Nährstoffe an der Gesamtenergiezufuhr nach Reporting-Status

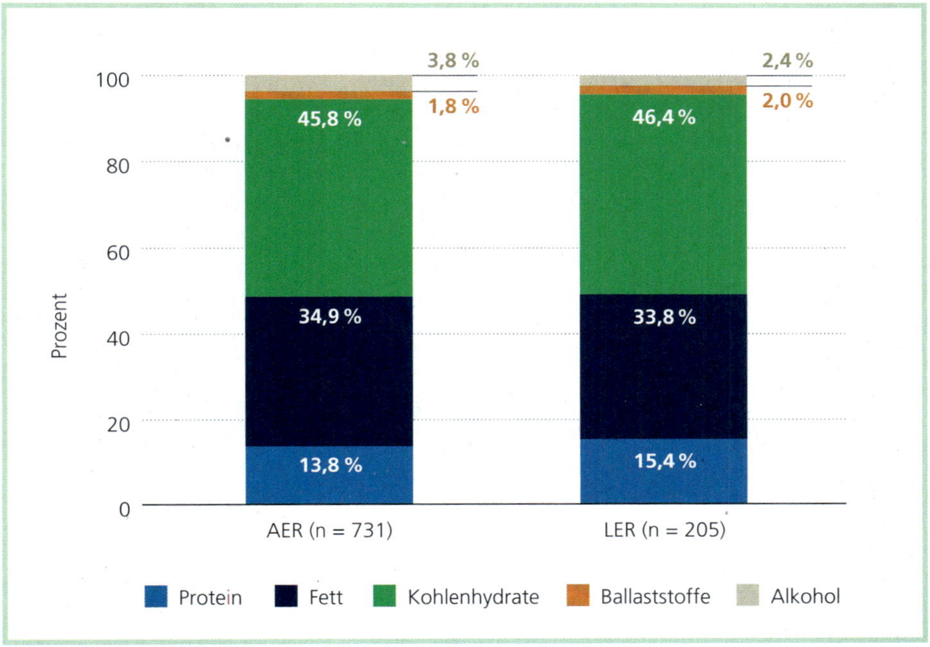

**Tabelle 1/6:** Energie- und Ballaststoffzufuhr sowie Zufuhr energieliefernder Nährstoffe von Acceptable-Energy-Reportern (AER) im Vergleich zu Low-Energy-Reportern (LER) nach Geschlecht

| | Gesamt | | | | | Männer | | | | | Frauen | | | | |
|---|---|---|---|---|---|---|---|---|---|---|---|---|---|---|---|
| | **AER** (n=731) | | **LER** (n=205) | | | **AER** (n=321) | | **LER** (n=74) | | | **AER** (n=410) | | **LER** (n=131) | | |
| | **MW** | **SD** | **MW** | **SD** | **p[a]** | **MW** | **SD** | **MW** | **SD** | **p[b]** | **MW** | **SD** | **MW** | **SD** | **p[b]** |
| **Energiedichte** | | | | | | | | | | | | | | | |
| gesamt [kcal/g] | 0,70 | 0,20 | 0,55 | 0,19 | <0,001 | 0,76 | 0,19 | 0,61 | 0,19 | | 0,66 | 0,20 | 0,52 | 0,19 | |
| nur Lebensmittel [kcal/g] | 1,84 | 0,40 | 1,70 | 0,41 | <0,001 | 1,97 | 0,40 | 1,83 | 0,44 | | 1,74 | 0,37 | 1,62 | 0,36 | |
| **Protein** | | | | | | | | | | | | | | | |
| absolut [g/Tag] | 76,2 | 19,7 | 53,6 | 15,5 | | 88,2 | 19,1 | 60,5 | 15,6 | <0,001 | 66,7 | 14,3 | 49,8 | 14,1 | <0,001 |
| En% [%] | 13,8 | 2,1 | 15,4 | 2,8 | <0,001 | 13,9 | 2,1 | 15,1 | 2,4 | | 13,7 | 2,1 | 15,6 | 3,0 | |
| **Fett** | | | | | | | | | | | | | | | |
| absolut [g/Tag] | 89,0 | 26,3 | 54,5 | 17,9 | | 102,7 | 27,3 | 63,9 | 19,8 | <0,001 | 78,3 | 19,6 | 49,3 | 14,3 | <0,001 |
| En% [%] | 34,9 | 5,7 | 33,8 | 6,3 | 0,082 | 35,0 | 6,1 | 34,5 | 6,5 | | 34,8 | 5,4 | 33,5 | 6,3 | |
| **Fettqualität** | | | | | | | | | | | | | | | |
| SFA – absolut [g/Tag] | 39,1 | 12,7 | 23,3 | 8,7 | | 44,8 | 13,3 | 26,8 | 9,7 | <0,001 | 34,5 | 10,1 | 21,4 | 7,3 | <0,001 |
| SFA – En% [%] | 15,3 | 3,1 | 14,5 | 3,5 | 0,004 | 15,2 | 3,1 | 14,4 | 3,5 | | 15,3 | 3,1 | 14,5 | 3,6 | |
| MUFA – absolut [g/Tag] | 29,8 | 9,3 | 18,3 | 6,3 | | 9,8 | 21,9 | 7,0 | 57,2 | <0,001 | 26,0 | 6,9 | 16,2 | 4,9 | <0,001 |
| MUFA – En% [%] | 11,7 | 2,3 | 11,3 | 2,3 | 0,097 | 11,8 | 2,4 | 11,8 | 2,5 | | 11,6 | 2,1 | 11,0 | 2,2 | |
| PUFA – absolut [g/Tag] | 14,1 | 5,5 | 9,2 | 3,4 | <0,001 | 16,1 | 5,8 | 10,9 | 3,8 | | 12,5 | 4,7 | 8,2 | 2,8 | |
| PUFA – En% [%] | 5,6 | 1,7 | 5,8 | 1,7 | 0,061 | 5,5 | 1,7 | 5,9 | 1,7 | | 5,6 | 1,7 | 5,7 | 1,7 | |
| **Kohlenhydrate** | | | | | | | | | | | | | | | |
| absolut [g/Tag] | 253,0 | 67,6 | 159,9 | 38,8 | | 285,4 | 72,1 | 178,2 | 37,5 | <0,001 | 227,6 | 51,3 | 149,5 | 35,7 | <0,001 |
| En% [%] | 45,8 | 6,8 | 46,4 | 7,1 | 0,445 | 44,7 | 7,2 | 45,1 | 6,8 | | 46,6 | 6,4 | 47,1 | 7,2 | |
| **Ballaststoffe** | | | | | | | | | | | | | | | |
| absolut [g/Tag] | 21,21 | 6,74 | 14,63 | 5,66 | <0,001 | 22,83 | 7,26 | 15,78 | 5,29 | | 19,94 | 6,01 | 13,99 | 5,77 | |
| En% [%] | 1,8 | 0,5 | 2,0 | 0,7 | 0,013 | 1,7 | 0,5 | 1,9 | 0,6 | | 1,9 | 0,5 | 2,1 | 0,7 | |

SFA: gesättigte Fettsäuren; MUFA: einfach ungesättigte Fettsäuren; PUFA: mehrfach ungesättigte Fettsäuren; En%: Energieprozent

a Ergebnis des multiplen Kontrasttests bei nicht signifikanten Wechselwirkungen der Varianzanalyse zwischen Misreporting und Geschlecht
b Ergebnis des multiplen Kontrasttests bei signifikanten Wechselwirkungen der Varianzanalyse zwischen Misreporting und Geschlecht

**Tabelle 1/7:** Mikronährstoffzufuhr und Alkoholzufuhr von Acceptable-Energy-Reportern (AER) im Vergleich zu Low-Energy-Reportern (LER) nach Geschlecht

| | Männer | | | | | Frauen | | | | |
|---|---|---|---|---|---|---|---|---|---|---|
| | **AER** (n=321) | | **LER** (n=74) | | | **AER** (n=410) | | **LER** (n=131) | | |
| | **Median** | **[P25–P75]** | **Median** | **[P25–P75]** | **p** | **Median** | **[P25–P75]** | **Median** | **[P25–P75]** | **p** |
| **Alkohol** | | | | | | | | | | |
| absolut [g/Tag] | 11,47 | [2,93–26,98] | 3,17 | [0,41–9,41] | <0,001 | 5,66 | [0,69–5,66] | 0,39 | [0,03–4,50] | <0,001 |
| En% [%] | 2,95 | [0,74–7,98] | 1,41 | [0,18–4,27] | 0,017 | 1,99 | [0,25–4,36] | 0,24 | [0,015–2,34] | <0,001 |
| **Thiamin** | | | | | | | | | | |
| absolut [mg/Tag] | 1,44 | [1,22–1,79] | 0,99 | [0,83–1,23] | <0,001 | 1,12 | [0,94–1,37] | 0,84 | [0,64–1,01] | <0,001 |
| relativ [mg/1 000 kcal] | 0,58 | [0,49–0,69] | 0,62 | [0,55–0,72] | 0,033 | 0,58 | [0,50–0,69] | 0,64 | [0,53–0,79] | 0,003 |
| **Folat** (als Folat-Äquivalente) | | | | | | | | | | |
| absolut [µg/Tag] | 251,24 | [202,54–312,60] | 167,24 | [127,53–217,69] | <0,001 | 216,68 | [176,69–216,68] | 137,77 | [113,46–185,57] | <0,001 |
| relativ [µg/1 000 kcal] | 98,79 | [82,88–120,17] | 108,54 | [82,29–132,36] | 0,278 | 113,77 | [92,45–141,81] | 106,73 | [89,63–144,38] | 0,652 |
| **Vitamin C** | | | | | | | | | | |
| absolut [mg/Tag] | 119,31 | [85,33–164,63] | 84,44 | [61,93–123,54] | <0,001 | 109,47 | [79,97–155,79] | 70,12 | [45,43–103,88] | <0,001 |
| relativ [mg/1 000 kcal] | 45,30 | [32,81–63,10] | 52,44 | [36,38–79,81] | 0,074 | 56,13 | [41,82–79,23] | 53,93 | [37,61–83,58] | 0,829 |
| **Vitamin $B_{12}$** | | | | | | | | | | |
| absolut [µg/Tag] | 5,36 | [4,40–7,05] | 3,73 | [2,85–5,08] | <0,001 | 3,94 | [3,06–5,04] | 2,91 | [2,14–3,66] | <0,001 |
| relativ [µg/1 000 kcal] | 2,14 | [1,76–2,67] | 2,40 | [1,92–3,10] | 0,053 | 1,99 | [1,62–2,54] | 2,24 | [1,77–2,74] | 0,025 |
| **Zink** | | | | | | | | | | |
| absolut [mg/Tag] | 12,06 | [10,27–14,05] | 8,03 | [6,83–10,19] | <0,001 | 9,34 | [7,90–10,71] | 6,93 | [5,66–8,30] | <0,001 |
| relativ [mg/1 000 kcal] | 4,79 | [4,22–5,32] | 5,20 | [4,51–5,81] | <0,001 | 4,82 | [4,29–5,38] | 5,44 | [4,62–6,31] | <0,001 |
| **Eisen** | | | | | | | | | | |
| absolut [mg/Tag] | 12,88 | [11,12–15,28] | 9,21 | [7,43–11,06] | <0,001 | 10,97 | [9,23–12,60] | 7,24 | [5,90–8,55] | <0,001 |
| relativ [mg/1 000 kcal] | 5,18 | [4,61–5,76] | 5,74 | [4,92–6,46] | <0,001 | 5,55 | [4,93–6,33] | 5,56 | [4,86–6,37] | 0,993 |
| **Calcium** | | | | | | | | | | |
| absolut [mg/Tag] | 916,85 | [701,12–1 162,03] | 596,19 | [473,48–735,54] | <0,001 | 831,85 | [683,03–831,85] | 599,65 | [498,65–749,62] | <0,001 |
| relativ [mg/1 000 kcal] | 365,23 | [293,79–446,74] | 380,79 | [305,41–475,84] | 0,568 | 432,00 | [360,39–515,97] | 468,93 | [399,40–591,23] | 0,002 |

En%: Energieprozent

### 1.3.3.4 Vergleich der protokollierten Nährstoffzufuhr zu den D-A-CH-Referenzwerten

Vorangegangen wurde gezeigt, dass LER absolut gesehen weniger Makro- und Mikronährstoffe zuführen als AER. Daher stellt sich die Frage, inwiefern die D-A-CH-Referenzwerte für die Nährstoffzufuhr erreicht werden, wenn ausschließlich Personen mit einer plausiblen Energiezufuhr betrachtet werden, bzw. inwiefern Unterschiede zwischen den LER und AER bestehen.

In Abbildung 1/26 sowie Abbildung 1/27a und 1/27b ist der Median der Makro- und Mikronährstoffzufuhr in Prozent der D-A-CH-Referenzwerte dargestellt [14]. Die Grafiken stellen die gesamte Studienpopulation einer ausschließlichen Betrachtung der AER gegenüber. Die Kohlenhydratzufuhr liegt sowohl bei den Männern als auch bei den Frauen im Median unterhalb des Richtwertes von 50 En%. Dabei unterscheidet sich der Anteil derer, die den Richtwert nicht erreichen zwischen LER und AER nicht signifikant voneinander (Männer: 75 % und 73 %, Frauen: 63 % und 60 %) (Abb. 1/28a und Abb. 1/28b). Für die Protein- und Fettzufuhr wird die Empfehlung bzw. der Richtwert im Median erreicht. Im Hinblick auf die Fettqualität liegt der Median für die Zufuhr von SFA deutlich über dem Referenzwert (über 150 %). Dementsprechend ist der Anteil derer, die oberhalb des Richtwertes von 10 En% liegen, sehr hoch: innerhalb der AER sind es sowohl bei den Männern als auch bei den Frauen etwa 96 %. Im Vergleich dazu sinkt der Anteil bei Betrachtung der LER signifikant auf 88 % bzw. 91 %. Weiterhin unterscheidet sich der Anteil derer, die die Empfehlungen für die Proteinzufuhr nicht erreichen signifikant zwischen AER und LER: 80 % der männlichen LER erreichen die Empfehlungen nicht, wohingegen dieser Anteil unter den AER auf 19 % sinkt. Bei den Frauen machen diese Anteile 85 % (LER) und 26 % (AER) aus (Abb. 1/29a und Abb. 1/29b).

Die Hälfte der Männer und Frauen erfüllen laut Protokoll lediglich 64 % des Richtwertes von 30 g Ballaststoffen pro Tag. Werden ausschließlich AER betrachtet, zeigt sich ein Anstieg der medianen Zufuhr auf knapp 68 %. Die protokollierte Ballaststoffzufuhr nahezu aller LER (ca. 99 %) liegt unterhalb des Richtwerts für die Ballaststoffzufuhr. Aber auch von AER werden die 30 g nur selten erreicht (15 % der Männer und 5 % der Frauen). Männer erreichen in allen betrachteten Teilpopulationen im Median die Zufuhrempfehlungen für Thiamin, Vitamin C, Vitamin $B_{12}$, Zink und Eisen (Abb. 1/27a). Wie aus Abbildung 1/27b ersichtlich ist, erreichen Frauen im Median die Empfehlungen für die Thiamin-, Vitamin C- und Zinkzufuhr. Wie auch bei den Männern zu beobachten ist, zeigt sich bei ausschließlicher Betrachtung von AER ein Anstieg der medianen Zufuhr dieser Nährstoffe. Analog zu diesen Ergebnissen, steigt der Anteil derer, die die Zufuhrempfehlungen für die Mikronährstoffe nicht erreichen innerhalb der LER z. T. erheblich (Abb. 1/29a und Abb. 1/29b). Werden LER von den Berechnungen ausgeschlossen und ausschließlich AER betrachtet, sinkt der Anteil im Vergleich zur gesamten Studienpopulation um bis zu 10 Prozentpunkte, wie etwa die Berechnungen für die Zinkzufuhr bei Männern (gesamte Studienpopulation 31 % vs. ausschließlich AER 21 %) und Frauen (gesamte Studienpopulation 20 % vs. ausschließlich AER 10 %) oder für die Thiamin-Zufuhr bei Frauen (gesamte Studienpopulation 44 % vs. ausschließlich AER 34 %) zeigen.

Im Hinblick auf den Alkoholkonsum überschreiten weniger LER die Richtwerte von maximal 20 g bzw. 10 g pro Tag als AER (16 % im Vergleich zu 34 % für Männer und 11,7 % im Vergleich zu 32 % für Frauen) (Abb. 1/30).

**Abbildung 1/26:** Median der Nährstoffzufuhr in Prozent der D-A-CH-Referenzwerte für die gesamte Studienpopulation (n = 943) und Acceptable-Energy-Reporter (AER) (n = 731)

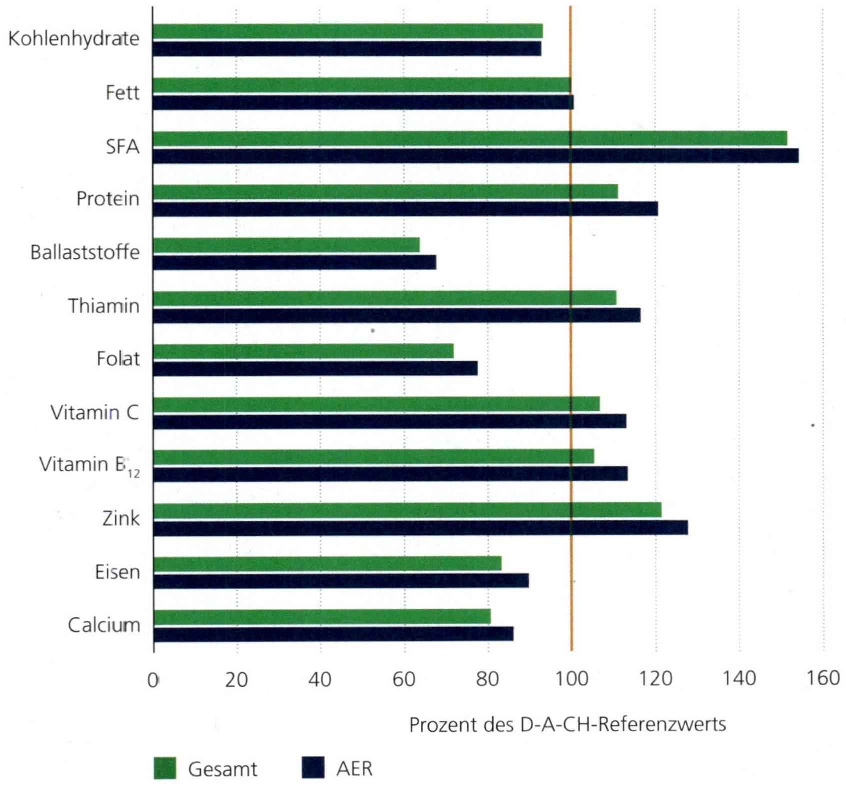


SFA: gesättigte Fettsäuren

**Abbildung 1/27a:** Median der Nährstoffzufuhr in Prozent der D-A-CH-Referenzwerte für die gesamte Studienpopulation (n = 943) und Acceptable-Energy-Reporter (AER) – Männer (n = 399)

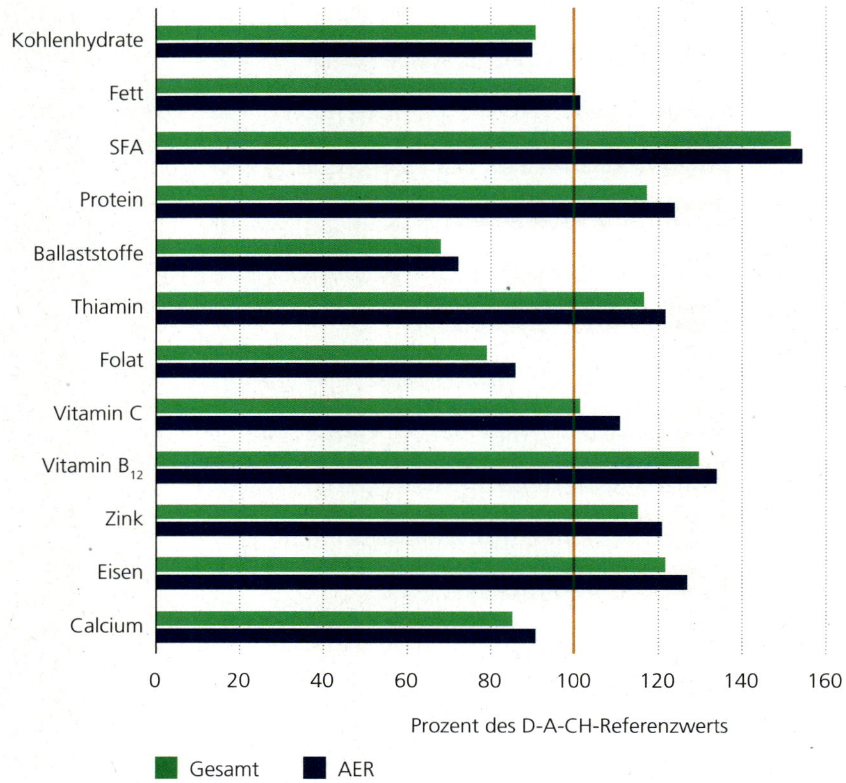


SFA: gesättigte Fettsäuren

**Abbildung 1/27b:** Median der Nährstoffzufuhr in Prozent der D-A-CH-Referenzwerte für die gesamte Studienpopulation (n = 943) und Acceptable-Energy-Reporter (AER) – Frauen (n = 544)

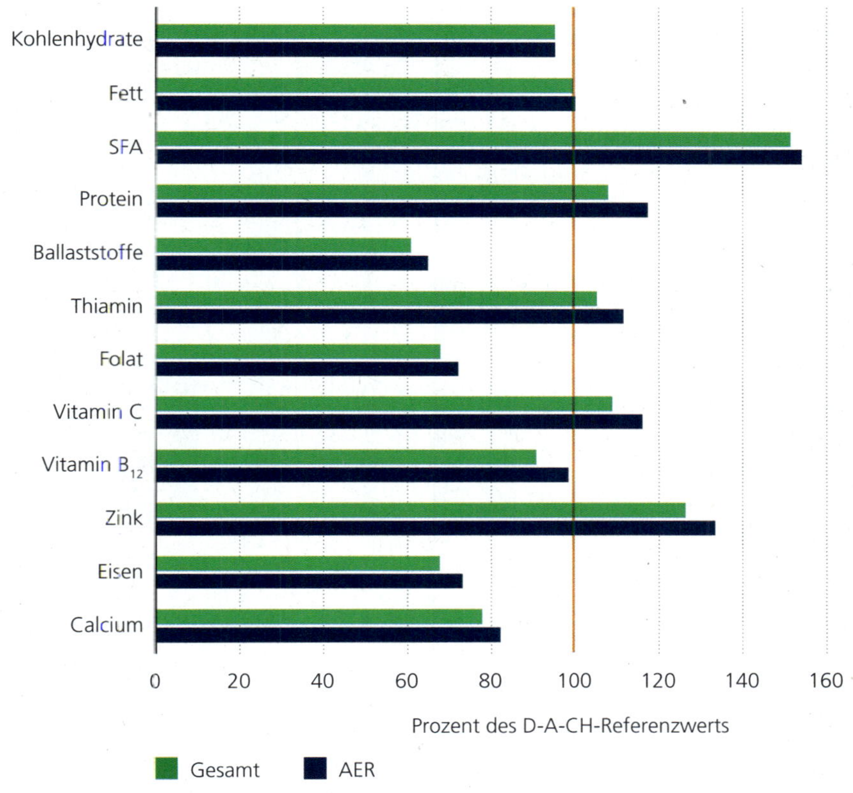


SFA: gesättigte Fettsäuren

**Abbildung 1/28a:** Anteil der Männer, deren protokollierte Makronährstoffzufuhr unter- bzw. oberhalb des jeweiligen D-A-CH-Referenzwertes liegt, dargestellt für die gesamte Population, Acceptable-Energy-Reporter (AER) und Low-Energy-Reporter (LER)

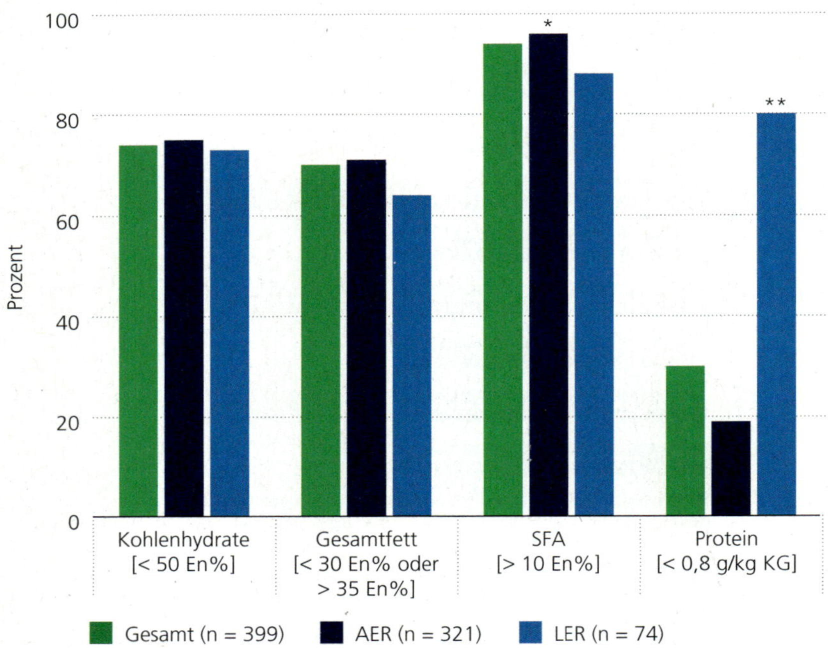


Chi-Quadrattest zwischen LER und AER: * p ≤ 0,05 und ** p ≤ 0,01
SFA: gesättigte Fettsäuren; KG: Körpergewicht; En%: Energieprozent

**Abbildung 1/28b:** Anteil der Frauen, deren protokollierte Makronährstoffzufuhr unter- bzw. oberhalb des jeweiligen D-A-CH-Referenzwertes liegt, dargestellt für die gesamte Population, Acceptable-Energy-Reporter (AER) und Low-Energy-Reporter (LER)

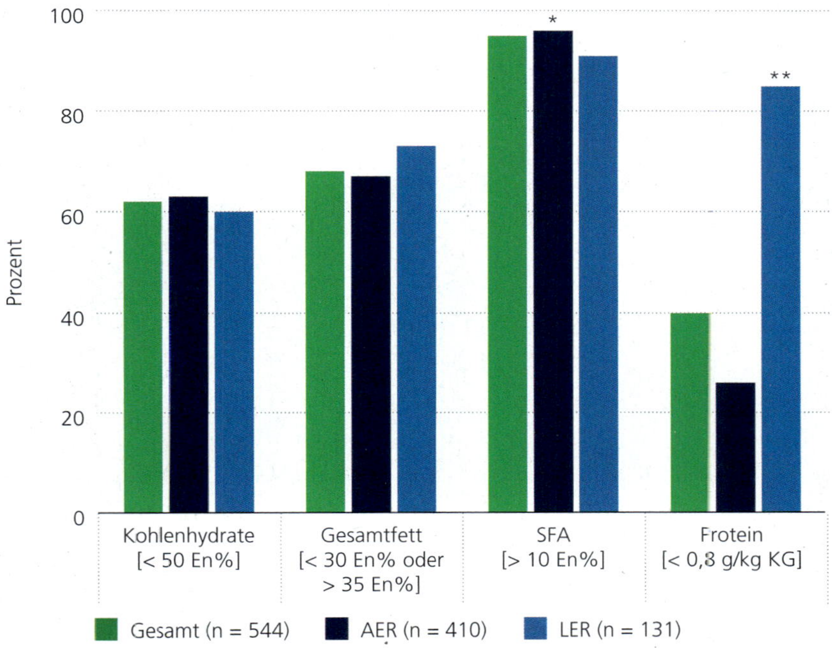


Chi-Quadrattest zwischen LER und AER: * p ≤ 0,05 und ** p ≤ 0,01
SFA: gesättigte Fettsäuren; KG: Körpergewicht; En%: Energieprozent

**Abbildung 1/29a:** Anteil der Männer, deren protokollierte Ballaststoff- und Mikronährstoffzufuhr unterhalb des jeweiligen D-A-CH-Referenzwertes liegt, dargestellt für die gesamte Population, Acceptable-Energy-Reporter (AER) und Low-Energy-Reporter (LER)

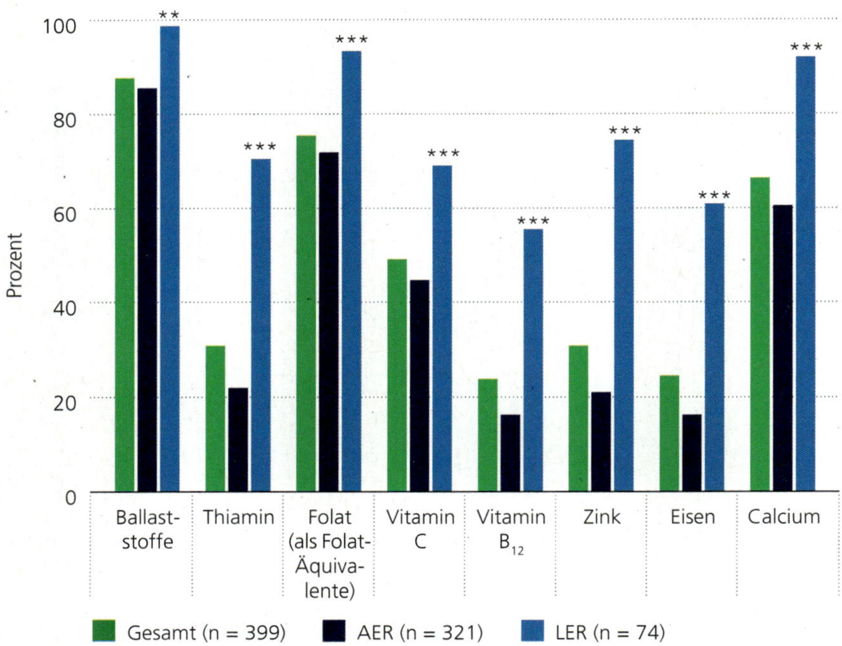

Chi-Quadrattest zwischen LER und AER: ** p ≤ 0,01 und *** p ≤ 0,001

**Abbildung 1/29b:** Anteil der Frauen, deren protokollierte Ballaststoff- und Mikronährstoffzufuhr unterhalb des jeweiligen D-A-CH-Referenzwertes liegt, dargestellt für die gesamte Population, Acceptable-Energy-Reporter (AER) und Low-Energy-Reporter (LER)

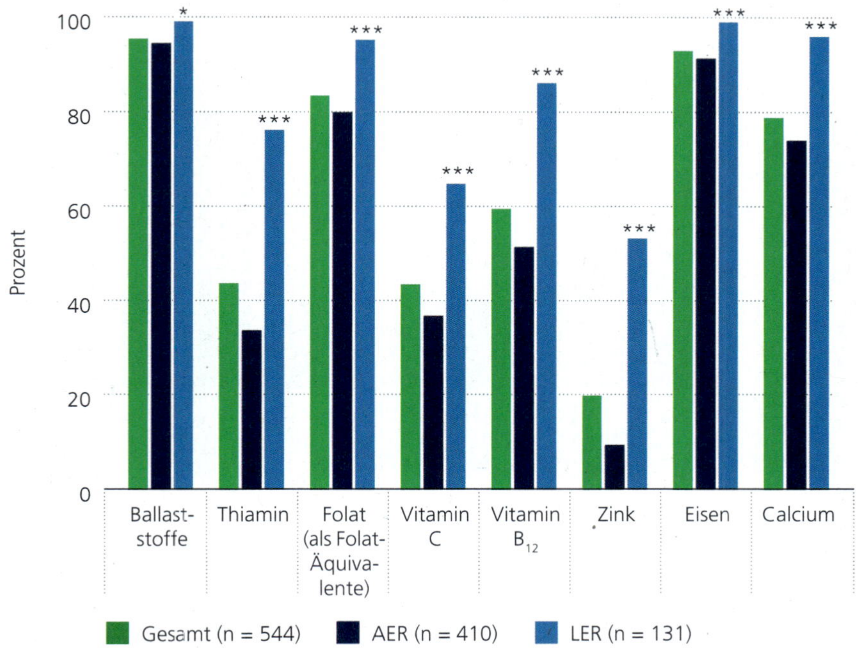


Chi-Quadrattest zwischen LER und AER: * p ≤ 0,05 und *** p ≤ 0,001

**Abbildung 1/30:** Anteil der Männer und Frauen deren protokollierte Alkoholzufuhr den Richtwert überschreitet, dargestellt für die gesamte Population, Acceptable-Energy-Reporter (AER) und Low-Energy-Reporter (LER)

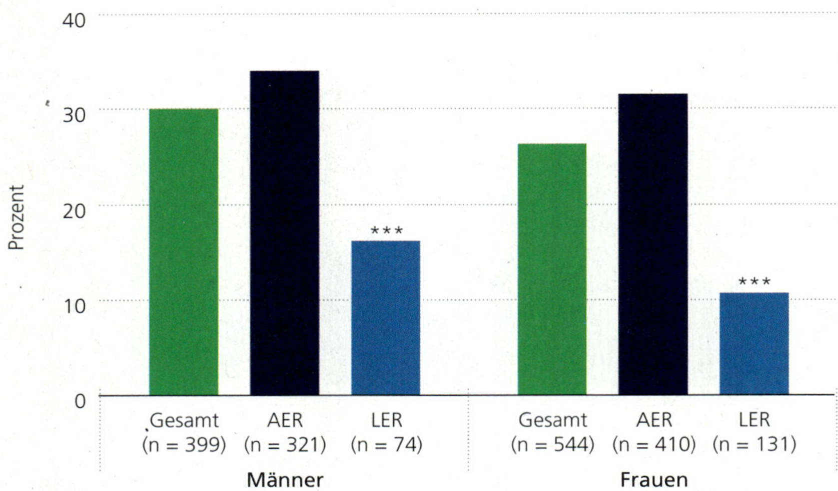


Chi-Quadrattest zwischen LER und AER: *** p ≤ 0,001

## 1.3.4 Diskussion

Bislang gibt es keine einheitlichen Methoden oder Kriterien zur **Identifikation von Misreporting** in epidemiologischen Studien, wodurch ein Vergleich zwischen den Studien und insbesondere zwischen verschiedenen Ländern erschwert ist [2, 22]. So unterscheiden sich die Studien zum einen in dem Ansatz, über welchen Misreporting identifiziert wird und zum anderen in der eingesetzten Schätzgleichung zur Berechnung des REE sowie in der Erfassung des PAL. In der vorliegenden Untersuchung wurde der, durch die EFSA [22] empfohlene, Goldberg-Cut-off angewandt. Der REE wurde über die Gleichungen von Müller et al. [21] bestimmt.

### 1.3.4.1 *Low-energy-reporting* – Prävalenz und Einflussfaktoren

Je nach Studiendesign variieren die in der Literatur berichteten Prävalenzen von LER z. T. erheblich. So liegen die Werte zwischen 3,2 % [27] und 66,3 % [28]. In der vorliegenden Untersuchung machen LER 21,7 % der Teilnehmenden aus. Mögliche Ursachen für diese große Spannweite sind vielfältig. So können kulturell bedingte Unterschiede in der Compliance der Teilnehmenden während der Ernährungserhebung zu unterschiedlichen Prävalenzen zwischen verschiedenen Ländern führen [27]. Ebenso hat die Zusammensetzung der berücksichtigten Stichprobe einen Einfluss: Ein hoher Anteil älterer [29] und übergewichtiger Personen [30–32] führt zu einer höheren Prävalenz von als LER klassifizierten Personen. Weiterhin hat die eingesetzte Erhebungsmethode zur Erfassung der Energie- und Nährstoffzufuhr einen Einfluss auf die geschätzte Prävalenz von Misreporting.

Ernährungsprotokolle führen dabei zu einem höheren Anteil an LER im Vergleich zu 24-Stunden-Recalls [10, 31]. Hier ist die Anzahl der protokollierten bzw. erfassten Tage von großer Bedeutung. Je weniger Tage erhoben wurden, desto größer wird das CI des Goldberg-Cut-offs. Nicht zuletzt spielt das Vorgehen zur Identifikation von Misreporting eine entscheidende Rolle. Je nach gewähltem Ansatz für die Berechnung der Cut-offs (Goldberg-Cut-off [4] oder Huang et al. [33]), der eingesetzten Schätzgleichungen zur Berechnung des REE (nach Schofield [23], Henry [34], Müller et al. [21] u. a.) sowie der Verfügbarkeit von Angaben zur körperlichen Aktivität, um den PAL zu schätzen, kann der Anteil an LER zwischen den Studien variieren.

Insgesamt steht die Untersuchung von High-energy-reporting seltener im Fokus der Forschung. In den Arbeiten, in denen neben LER auch HER identifiziert wurden, sind die Prävalenzen für HER, im Vergleich zu LER, meist deutlich geringer. In der untersuchten Studienpopulation wurden 0,7 % der Teilnehmenden als HER klassifiziert. Dieser Anteil ist vergleichbar mit anderen Studien, in denen Prävalenzen zwischen 0 % [29] und 10 % [35] berichtet wurden.

Um zu entscheiden, wie mit Misreporting und insbesondere mit Low-energy-reporting in Verzehrerhebungsstudien umgegangen werden soll, und um die daraus resultierenden (systematischen) Fehler einordnen und interpretieren zu können, ist es zunächst von Interesse, die Personengruppen, in welchen Low-energy-reporting besonders prävalent ist, zu charakterisieren. Hierbei ist der Gewichtsstatus bzw. der BMI die Einflussgröße mit dem stärksten Zusammenhang. So ist in der vorliegenden Arbeit der Anteil adipöser Studienteilnehmender innerhalb der LER signifikant höher und der Anteil Normalgewichtiger signifikant niedriger im Vergleich zu AER. Auch die logistische Regressionsanalyse zeigt, dass die Wahrscheinlichkeit für LER im Verhältnis zu AER bei Präadipositas bzw. Adipositas um das 2- bzw. 5-Fache steigt. Damit werden die sehr konsistenten Ergebnisse aus der Literatur bestätigt [1, 2]. Zurückzuführen sind diese Ergebnisse möglicherweise auf den Wunsch nach Gewichtsverlust bzw. der Unzufriedenheit mit dem eigenen Körpergewicht [7, 36] sowie auf ein gezügeltes Essverhalten [37]. Allerdings zeigen einige wenige Studien keinen signifikanten Zusammenhang zwischen LER und dem BMI [30–32]. Diese Ergebnisse sind durch den hohen Anteil übergewichtiger Personen in den Studienkollektiven zu begründen. Je höher der BMI, desto eher neigt folglich ein Individuum dazu die Energiezufuhr nicht wahrheitsgetreu zu protokollieren. Dieser Zusammenhang darf aber keinesfalls absolut betrachtet werden. Es gibt durchaus übergewichtige Studienteilnehmende, deren rEI plausibel ist und wiederum Normalgewichtige, deren rEI unterhalb des Cut-offs liegt [1]. In der vorliegenden Arbeit sind knapp 30 % der LER normalgewichtig, sodass neben dem Körpergewicht auch andere Faktoren einen Einfluss auf eine nicht plausible Protokollführung haben müssen.

**Das Körpergewicht bzw. der BMI stellt einen wichtigen Einflussfaktor im Zusammenhang mit Low-energy-reporting dar. Je höher der BMI, desto eher neigt ein Individuum dazu die Energiezufuhr nicht wahrheitsgetreu zu protokollieren.**

Hierzu gehören u. a. das Geschlecht und das Alter. Allerdings konnten die Richtung und die Stärke des Einflusses bislang nicht eindeutig geklärt werden. Ein Großteil, aber nicht alle der durchgeführten Studien zu Misreporting, kommt zu dem Ergebnis, dass Low-energy-reporting mit Frauen und einem höheren Alter assoziiert ist [1, 2]. Auch in der vorliegenden Arbeit ist der Anteil von Frauen unter den LER signifikant höher (63,9 % Frauen; 36,1 % Männer). Zudem ist die Wahrscheinlichkeit für LER im Vergleich zu AER bei Frauen um das 1,5-Fache höher als bei Männern. Damit stützen die vorliegenden Daten die Hypothese, dass eher Frauen von Low-energy-reporting betroffen sind. Anders sieht es hinsichtlich des Alterseffektes aus. Während der Chi-Quadrat-Test zu nicht signifikanten Unterschieden zwischen den Altersgruppen kommt, zeigt die logistische Regressionsanalyse, dass die Teilnehmenden über 35 Jahre im Vergleich zu der jüngsten Altersgruppe (14 bis 18 Jahre) eine reduzierte Wahrscheinlichkeit für Low-energy-reporting aufweisen.

Für die Interpretation dieser z. T. widersprüchlichen Ergebnisse kommt erschwerend hinzu, dass in Studien, ebenso in der vorliegenden Untersuchung, häufig ein einziger Cut-off zur Identifikation von LER angesetzt wird. DLW-Studien lassen annehmen, dass Männer und jüngere Menschen einen höheren Energieverbrauch aufweisen [38] und damit auch mehr Nahrung und Energie zuführen. Wenn nun Personen ausgehend von einer höheren Energiezufuhr aufgrund eines höheren Energieverbrauchs nicht plausibel protokollieren, würden diese nicht unter den Cut-off fallen und als LER identifiziert werden [1, 39]. Diese These wird durch die Arbeit von Livingstone und Black [1] gestützt. Sie untersuchten den Effekt des Geschlechts anhand von elf DLW-Studien zu Misreporting und kamen zu dem Ergebnis, dass sich der Anteil an LER zwischen Männern und Frauen nicht signifikant voneinander unterscheidet, wenn der individuelle Energieverbrauch bestimmt werden kann. Weiterhin wird in den Arbeiten von Bedard et al. [40] und Lutomski et al. [7] die körperliche Aktivität mit erfasst, sodass ein höherer Energieverbrauch bei der Identifikation von LER berücksichtigt wird und so mehr Männer als LER klassifiziert werden. Diese Problematik bekommt durch die Arbeit von Carlsohn et al. [41] ein noch stärkeres Gewicht. Ziel der Autoren war es, Low-energy-reporting bei Hochleistungssportler*innen, also bei normalgewichtigen Personen mit einer extrem hohen Energiezufuhr, zu erfassen. Die Untersuchung zeigte, dass sowohl die Prävalenz als auch das Ausmaß von Low-energy-reporting mit zunehmender Energiezufuhr steigt. Zurückgeführt werden diese Ergebnisse außerdem auf normabweichende Portionsgrößen, die nicht richtig eingeschätzt werden, vergessene zu protokollierende Zwischenmahlzeiten sowie auf eine teilweise fehlende Compliance aufgrund einer hohen Reisetätigkeit, einer starken zeitlichen Belastung sowie aufgrund eines höheren Außer-Haus-Verzehrs [41].

> **Durch die Verwendung eines einzigen Cut-offs können Personen, die ausgehend von einer höheren Energiezufuhr aufgrund eines höheren Energieverbrauchs nicht plausibel protokollieren, nicht identifiziert werden.**

In der vorliegenden Analyse hat die Schichtzugehörigkeit einen signifikanten Einfluss auf Misreporting. Insgesamt ist die untere Mittelschicht und die untere Schicht unter LER im Vergleich zu AER überrepräsentiert (23,4 % und 14,8 %). Die logistische Regressionsanalyse hat gezeigt, dass die Wahrscheinlichkeit für Low-energy-reporting bei Personen aus der

Mittelschicht sowie unteren Mittelschicht steigt (OR 1,8 und 2,3). Das OR für die untere Schicht war allerdings nicht signifikant. Möglicherweise ist dies auf eine sehr geringe Fallzahl in dieser Personengruppe (n = 34; 3,6 %) zurückzuführen. Darüber hinaus zeigt die NVS-II-Studienpopulation ein höheres Bildungsniveau als der Bundesdurchschnitt [19]. Insgesamt sind diese Ergebnisse jedoch vergleichbar mit den Ergebnissen eines Reviews [2]. Hier wird berichtet, dass in den meisten betrachteten Studien Low-energy-reporting mit einem niedrigeren sozioökonomischen Status bzw. mit einem geringeren Bildungsniveau assoziiert ist [2]. Im Gegensatz hierzu beschreiben andere Studien, dass LER häufig höheren sozialen Schichten angehören bzw. ein höheres Bildungsniveau aufweisen [2, 7, 42]. Beide, doch gegensätzliche Beobachtungen lassen sich sachlogisch begründen: Zum einen können schlechte Lese- und Schreibfähigkeiten von weniger gebildeten Personen zu Low-energy-reporting führen und zum anderen kann das höhere Gesundheits- und Ernährungsbewusstsein derjenigen mit einem höheren sozioökonomischen Status dieselben Ergebnisse hervorbringen [1].

**Der Einfluss des sozioökonomischen Status bzw. des Bildungsniveaus konnte bislang nicht abschließend geklärt werden.**

Inwiefern die körperliche Aktivität der Teilnehmenden einen Einfluss auf die Plausibilität der Verzehrerhebungen hat, wurde bislang wenig untersucht und die Ergebnisse hierzu sind uneinheitlich. Während die meisten Studien keinen signifikanten Zusammenhang aufzeigen [36, 43], gibt es weitere Studien, in denen von einem positiven [29, 44] bzw. inversen Zusammenhang [45] berichtet wird. Diese Ergebnisse sind vergleichbar mit den vorliegenden Daten. Während der Chi-Quadrat-Test tendenziell mehr sportlich Aktive innerhalb der LER nachweist (p = 0,054), wurde dieser Einflussfaktor aufgrund fehlender Signifikanz nicht in das logistische Modell aufgenommen.

### 1.3.4.2 Auswirkungen von *Low-energy-reporting* auf die Nährstoffversorgung

Die nachfolgend diskutierten Ergebnisse basieren ausschließlich auf der Auswertung von Verzehrerhebungen und der Gegenüberstellung der protokollierten Zufuhr mit den D-A-CH-Referenzwerten für die Nährstoffzufuhr. Sie lassen keine Schlussfolgerungen hinsichtlich der tatsächlichen Versorgungslage bzw. des Nährstoffstatus zu. Werden die D-A-CH-Referenzwerte unterschritten, ist die Wahrscheinlichkeit einer Unterversorgung erhöht, ein Rückschluss auf einen tatsächlichen Mangel kann damit aber nicht gezogen werden. Hierfür wären chemische Blut- und Urinparameter nötig. Weiterhin gilt es zu berücksichtigen, dass alle Methoden zur Ernährungserhebung – so auch das Ernährungsprotokoll – lediglich eine Annäherung an die tatsächlichen Verzehrgewohnheiten darstellen. Sprich auch für AER können sich Unterschiede zur gewöhnlichen Ernährung ergeben.

Aufgrund der Tatsache, dass LER eine nicht plausible, zu geringe Energiezufuhr protokollieren, ist es nachvollziehbar, dass LER im Vergleich zu AER absolut gesehen signifikant weniger (energieliefernde) Makronährstoffe zuführen, wie die Arbeiten von Poslusna et al. [2] und Ravelli et al. [32] ebenfalls zeigen. Weiterhin ist es ebenso plausibel, dass dieser Effekt vom Geschlecht abhängt, da Männer aufgrund einer höheren Muskelmasse i. d. R. einen höheren Energieverbrauch [46] und folglich eine höhere Energiezufuhr aufweisen als Frauen. Wird allerdings die Zufuhr der Makronährstoffe in En% betrachtet und damit für die Energiezufuhr adjustiert, ist kein Geschlechtereffekt mehr zu beobachten. In Übereinstimmung mit anderen Studien konnte gezeigt werden, dass LER mehr Energie aus Protein zuführen als AER [1, 2, 7]. Weniger konsistent ist die Studienlage hinsichtlich der Energiezufuhr aus Fett [2]. Hier stützen die vorliegenden Daten die Hypothese, dass LER tendenziell weniger Energie aus Fett protokollieren. Die protokollierte Fettqualität wurde bislang selten untersucht. Während Banna et al. [30] keine Unterschiede im Konsum von SFA von Personen mit einer plausiblen im Vergleich zu Personen mit einer nicht plausiblen Energiezufuhr aufzeigen konnten, nehmen die LER des vorliegenden Studienkollektivs weniger Energie über SFA und dafür mehr Energie über PUFA auf als AER. Allerdings muss hier beachtet werden, dass Banna et al. [30] HER und LER zusammen betrachten und AER gegenüberstellen sowie die Tatsache, dass die Autor*innen keine signifikanten Unterschiede in der Energiezufuhr aus Fett beobachten konnten. Ein Großteil, aber bei Weitem nicht alle Studien, die in den Reviews von Livingstone und Black [1] und Poslusna et al. [2] analysiert wurden, zeigen, dass keine Unterschiede in der Kohlenhydratzufuhr zwischen LER und AER bestehen. Diese Ergebnisse werden durch weitere Studien [30, 36, 42] sowie durch die vorliegende Arbeit bestärkt.

**Insgesamt sind die Unterschiede, die sich zwischen LER und AER hinsichtlich der Makronährstoffzufuhr ergeben, nicht so groß, dass sich die Nährstoffrelation über die gesamte Population hinweg ändern würde.**

Werden die Ergebnisse zur Makronährstoffzufuhr mit den D-A-CH-Referenzwerten [14] verglichen, wird deutlich, dass sich ein Ausschluss der LER nur sehr geringfügig auf den Median für die Kohlenhydrat- und Fettzufuhr auswirkt und auch der Anteil der Personen, deren protokollierte Zufuhr außerhalb der Richtwerte liegen, unterscheidet sich nicht signifikant zwischen LER und AER. Allerdings konnte die vorliegende Arbeit zeigen, dass 80 % der männlichen und 85 % der weiblichen LER die empfohlene Zufuhr für Protein unterschreiten. Werden ausschließlich Personen mit einer plausiblen Energiezufuhr betrachtet, sinkt dieser Anteil auf 19 % bzw. 26 %. Grundsätzlich handelt es sich bei Protein aber nicht um einen kritischen Nährstoff, sodass im Median die empfohlene Zufuhr für Protein sowohl durch AER als auch durch die gesamte Population einschließlich LER erreicht wird.

Aufgrund der starken Korrelation zwischen der gesamten Energie- und Mikronährstoffzufuhr liegt es nahe, dass AER aufgrund der höheren Energiezufuhr absolut mehr Mikronährstoffe zuführen [1, 2]. Die mediane Mikronährstoffzufuhr von LER liegt dabei um bis zu 36 % unterhalb der Zufuhr von AER. Ähnliche Größenordnungen konnten Poslusna et al. [2] in ihrem Review zusammentragen. Aus diesen Beobachtungen resultieren auch die z. T. erheblichen Unterschiede zwischen LER und AER in dem Anteil derer, die die Empfehlungen für die Nährstoffzufuhr nicht erreichen (bis zu 53 Prozentpunkte – 73 % der männlichen LER und unter 20 % der AER erreichen die Empfehlungen für die Zinkzufuhr nicht). So kommt es durch Low-energy-reporting zu einer Überschätzung der Prävalenzen mit einer nicht adäquaten Mikronährstoffzufuhr. Das Ausmaß dieser Überschätzung zeigt sich in einem Vergleich der gesamten Population mit AER. Größere Unterschiede um bis zu 10 Prozentpunkte werden für Thiamin, Vitamin $B_{12}$, Vitamin C (nur Frauen), Zink und Eisen (nur Männer) beobachtet. Die geschlechtsspezifischen Unterschiede im Hinblick auf die Versorgung mit Vitamin C und Eisen, sind auf die unterschiedlichen Zufuhrempfehlungen für Männer und Frauen zurückzuführen. So haben Frauen beispielsweise durch höhere Eisenverluste aufgrund der Menstruation einen höheren Eisenbedarf und entsprechend sind die Zufuhrempfehlungen für sie deutlich höher [14]. Da viele Frauen, auch mit einer plausiblen Energiezufuhr, diese Empfehlungen nicht erreichen, sind die Unterschiede zwischen der gesamten Population und einer ausschließlichen Betrachtung von AER eher gering (93,2 % und 91,5 %). Bezogen auf die Gesamtenergiezufuhr, gilt für die meisten Vitamine und Mineralstoffe, dass die Ernährung von LER nährstoffdichter ist und bekräftigen damit die Ergebnisse aus der Literatur [7].

**Durch Low-energy-reporting kommt es zu einer Überschätzung der Prävalenzen mit einer nicht adäquaten Mikronährstoffzufuhr.**

Eine ausgewogene und vollwertige, pflanzenbetonte Ernährung entsprechend den lebensmittelbasierten Empfehlungen der DGE [47, 48] kann grundsätzlich (mit Ausnahme von definierten Bevölkerungs- und Risikogruppen) eine ausreichende Nährstoffzufuhr (außer Jod) gewährleisten. Viele angebotene Lebensmittel, insbesondere Fruchtsäfte und Cerealien werden mit zahlreichen Vitaminen und Mineralstoffen angereichert, sie haben damit einen Einfluss auf die Nährstoffversorgung und sollten in entsprechenden Analysen berücksichtigt werden. In der vorliegenden Untersuchung wurde der aktuelle BLS 3.02 zur Berechnung der Nährstoffzufuhr herangezogen. Im Gegensatz zur vorherigen Version II.3 werden hier mit Vitaminen und Mineralstoffen angereicherte Lebensmittel wie Fruchtsäfte, Cerealien sowie Sojadrinks und -joghurts berücksichtigt. Die Mikronährstoffzufuhr über Nahrungsergänzungsmittel wurde in der vorliegenden Untersuchung nicht betrachtet. Es kann angenommen werden, dass durch die Einnahme von Nahrungsergänzungsmitteln sowie durch nicht im BLS berücksichtigte angereicherte Lebensmittel, die Zufuhr von einzelnen Mikronährstoffen wie z. B. Folat bzw. Folsäure unterschätzt wird.

### 1.3.4.3 Limitationen der Studie

Die Studienteilnehmenden der NVS II wurden in einem zweistufigen nach Gemeinde, Alter und Geschlecht geschichteten Verfahren zufällig ausgewählt und rekrutiert [11]. Für eine Beurteilung der Repräsentativität der so erreichten Stichprobe, wurde die Verteilung von sozioökonomischen Merkmalen mit der Verteilung im Mikrozensus 2005 verglichen. Es zeigt sich, dass die NVS-II-Studienpopulation ein höheres Bildungsniveau aufweist als der Bundesdurchschnitt. Für andere soziökonomische Merkmale sind die Abweichungen minimal und insgesamt zeigen die Daten eine gute Qualität [11]. Allerdings wurden für die vorliegende Arbeit lediglich die Wiegeprotokoll-Daten einer (repräsentativen) Unterstichprobe der NVS-II-Teilnehmenden ausgewertet [15]. Weiterhin muss in diesem Zusammenhang auch beachtet werden, dass die Teilnahme an solchen Studien immer auf Freiwilligkeit beruht und es in diesem Zuge aufgrund von Nonresponse zu Verzerrungen kommen kann (Nonresponse Bias). Eine vollumfängliche Repräsentativität kann damit nie gewährleistet werden. Die Nonresponse-Analyse hat gezeigt, dass die NVS-II-Teilnehmenden ihren Gesundheitszustand häufiger als „sehr gut" bis „gut" einschätzen im Gegensatz zu den Nichtteilnehmenden, die diesen häufiger mit „mittelmäßig" angeben [11]. So ist davon auszugehen, dass Gesundheitsbewusste mit einer höheren Motivation an der Studie teilgenommen haben und dadurch in der berücksichtigten Stichprobe leicht überrepräsentiert sind. Zu beachten ist weiterhin, dass die analysierten Daten zwischen 2005 und 2007 und damit bereits vor mindestens 13 Jahre erhoben wurden. In dieser Zeit hat sich die Sozialstruktur der Bevölkerung ebenso verändert [49, 50], wie das Lebensmittelangebot [51] und das Ernährungsverhalten [52].

Weitere Limitationen ergeben sich vor allem aus den Schätzgleichungen bzw. deren Komponenten, die zur Identifikation von Misreporting herangezogen wurden. Black [39] zeigte, dass durch die Bestimmung eines individuellen PAL die Sensitivität der Schätzgleichungen zur Bestimmung von Misreporting erheblich verbessert wird. Da im Rahmen der NVS II die körperliche Aktivität nicht objektiv erfasst wurde und die vorliegenden Daten keine hinreichenden Informationen über die körperliche Aktivität der Individuen enthalten, wurde für alle Teilnehmenden entsprechend den Empfehlungen der FAO, WHO und UNU [24] ein PAL von 1,55 für einen sitzenden Lebensstil angenommen. Infolgedessen wird der Energieverbrauch von sehr aktiven Individuen unterschätzt und sie werden nicht als LER identifiziert. Weiterhin wurden die CI mit 2 SD bestimmt, wodurch lediglich extreme LER identifiziert werden können, obwohl Misreporting in unterschiedlicher Ausprägung auftreten kann. Damit können sich also immer noch LER unter den AER befinden. Grundsätzlich ist der jeweils berechnete Cut-off lediglich ein Wert, über- bzw. unterhalb dessen die protokollierte Energiezufuhr statistisch unwahrscheinlich ist. Ebenso kann im Rahmen dieser Analyse nicht zwischen Undereatern und LER unterschieden werden. Damit werden ebenso Personen als LER klassifiziert, die plausibel protokolliert haben, aber weniger gegessen haben als üblich.

### 1.3.5 Schlussbetrachtung

Mit der vorliegenden Untersuchung wurde Misreporting erstmals für deutsche Verzehrdaten umfassend analysiert. Sie zeigt, welche Personengruppen ein erhöhtes Risiko für eine nicht plausible Protokollführung aufweisen und inwiefern sich Low-energy-reporting auf die Nährstoffversorgung auswirkt. Damit leistet die Analyse einen Beitrag zum Literaturpool zur Misreporting-Thematik sowie zum steigenden Wissen über den Einfluss von Low-energy-reporting auf die Ergebnisse von Verzehrerhebungsstudien.

Es wurde gezeigt, dass durch Übergewicht die Wahrscheinlichkeit für Low-energy-reporting steigt. Ebenso neigen eher Frauen und jüngere Personen aus der Mittelschicht bzw. unteren Mittelschicht dazu, ihr Essverhalten nicht plausibel zu protokollieren. Im Vergleich mit anderen Forschungsergebnissen wird allerdings die Unsicherheit hinsichtlich dieser letzteren Einflussfaktoren deutlich, da häufig nicht konsistente Ergebnisse berichtet werden. Es kann nicht abschließend festgestellt werden, ob diese Einflussfaktoren tatsächlich auf Low-energy-reporting einwirken oder ob sie vielmehr durch die angewandte Vorgehensweise zur Identifikation von LER hervorgerufen werden. Dennoch ist es empfehlenswert, die an der Durchführung von Verzehrerhebungen beteiligten Mitarbeitenden für diese Thematik zu sensibilisieren und auf eine intensivere Einweisung in die Protokollführung dieser Personengruppen hinzuwirken.

Weiterhin hat Misreporting einen signifikanten Einfluss auf die Beurteilung der Nährstoffversorgung. Aufgrund der Tatsache, dass LER insgesamt eine geringere Energiezufuhr protokollieren, ist auch die absolute Makro- und Mikronährstoffzufuhr reduziert. Die vorliegende Arbeit hat gezeigt, dass die Mikronährstoffzufuhr von LER um bis zu 36 % unterhalb der Zufuhr von AER liegt. Diese Unterschiede verdeutlichen die Wichtigkeit, Misreporting in den Blick zu nehmen, da es andernfalls zu einer Überschätzung des Anteils derer, die die D-A-CH-Referenzwerte nicht erreichen, kommen kann.

**Misreporting kann eine Überschätzung des Anteils derer, die die D-A-CH-Referenzwerte nicht erreichen, zur Folge haben.**

Grundsätzlich ist es für künftige Verzehrerhebungen wünschenswert, dass zusätzliche Maßnahmen getroffen werden, die Misreporting vermeiden oder zumindest minimieren. Dies kann z. B. durch neue, zuverlässigere Ernährungserhebungsmethoden erfolgen. Dabei zeigen insbesondere die Entwicklungen in der Informations- und Kommunikationstechnologie großes Potenzial. Studien zeigen, dass durch den Einsatz von z. B. tragbaren Kameras oder Smartphones die Genauigkeit der erhobenen Daten signifikant verbessert und Misreporting dadurch reduziert werden kann [53, 54]. Gerade der Einsatz von Smartphones ist leichter in den Alltag zu integrieren, verringert die Belastung der Teilnehmenden und wird daher im Vergleich zu herkömmlichen Methoden durch die Teilnehmenden bevorzugt [53, 55]. Weitere Entwicklungen und Studien hierzu sind nötig, damit entsprechende Technologien künftig in groß angelegten epidemiologischen Studien zum Einsatz kommen können.

## 1.3.6 Literatur


[1] Livingstone MB, Black AE: Markers of the validity of reported energy intake. J Nutr 133, Suppl 3 (2003) 895–920

[2] Poslusna K, Ruprich J, de Vries JHM et al.: Misreporting of energy and micronutrient intake estimated by food records and 24 hour recalls, control and adjustment methods in practice. Br J Nutr 101, Suppl 2 (2009) 73–85

[3] Park J, Kazuko I-T, Kim E et al.: Estimating free-living human energy expenditure: Practical aspects of the doubly labelled water method and its applications. Nutr Res Pract 8 (2014) 241–248

[4] Goldberg GR, Black AE, Jebb SA et al.: Critical evaluation of energy intake data using fundamental principles of energy physiology: 1. Derivation of cut-off limits to identify under-reporting. Eur J Clin Nutr 45 (1991) 569–581

[5] Black AE: Critical evaluation of energy intake using the Goldberg cut-off for energy intake: basal metabolic rate. A practical guide to its calculation, use and limitations. Int J Obes 24 (2000) 1119–1130

[6] Kye S, Kwon S-O, Lee S-Y et al.: Under-reporting of energy intake from 24-hour dietary recalls in the Korean national health and nutrition examination survey. Osong Public Health Res Perspect 5 (2014) 58–91

[7] Lutomski JE, van den Broek J, Harrington J et al.: Sociodemographic, lifestyle, mental health and dietary factors associated with direction of misreporting of energy intake. Public Health Nutr 14 (2000) 532–541

[8] Maurer J, Taren DL, Teixeira PJ et al.: The psychosocial and behavioral characteristics related to energy misreporting. Nutr Rev 62 (2006) 53–63

[9] Straßburg A: Ernährungserhebungen – Methoden und Instrumente. Ernahrungs Umschau 8 (2010) 422–430

[10] Straßburg A, Eisinger-Watzl M, Krems C et al.: Comparison of food consumption and nutrient intake assessed with three dietary assessment methods: results of the German National Nutrition Survey II. Eur J Nutr 58 (2019) 193–210

[11] MRI (Max Rubner-Institut, Bundesforschungsinstitut für Ernährung und Lebensmittel) (Hrsg.): Nationale Verzehrsstudie II. Ergebnisbericht, Teil 1. Die bundesweite Befragung zur Ernährung von Jugendlichen und Erwachsenen. Karlsruhe (2008) www.mri.bund.de/fileadmin/MRI/Institute/EV/NVS_II_Abschlussbericht_Teil_1_mit_Ergaenzungsbericht.pdf (eingesehen am 23.01.2020)

[12] MRI (Max Rubner-Institut, Bundesforschungsinstitut für Ernährung und Lebensmittel) (Hrsg.): Nationale Verzehrsstudie II. Ergebnisbericht, Teil 2. Die bundesweite Befragung zur Ernährung von Jugendlichen und Erwachsenen. Karlsruhe (2008) www.mri.bund.de/fileadmin/MRI/Institute/EV/NVSII_Abschlussbericht_Teil_2.pdf (eingesehen am 23.01.2020)

[13] Statistisches Bundesamt: Mikrozensus 2017 – Fragen zur Gesundheit – Körpermaße der Bevölkerung. Wiesbaden (2018) www.destatis.de/DE/Themen/Gesellschaft-Umwelt/Gesundheit/Gesundheitszustand-Relevantes-Verhalten/Publikationen/Downloads-Gesundheitszustand/koerpermasse-5239003179004.pdf?__blob=publicationFile (eingesehen am 23.01.2020)

[14] Deutsche Gesellschaft für Ernährung, Österreichische Gesellschaft für Ernährung, Schweizerische Gesellschaft für Ernährung (Hrsg.): Referenzwerte für die Nährstoffzufuhr. Bonn, 2. Auflage, 5. aktualisierte Ausgabe (2019)

[15] Krems C, Bauch A, Götz A et al.: Methoden der Nationalen Verzehrsstudie II. Ernahrungs Umschau 53 (2006) 44–50

[16] WHO (World Health Organization): Obesity: Preventing and managing the global epidemic. Report of a WHO consultation. WHO Technical Report Series 894, Genf (2000) www.who.int/nutrition/publications/obesity/WHO_TRS_894/en/ (eingesehen am 23.01.2020)

[17] Kromeyer-Hauschild K, Wabitsch M, Kunze D et al.: Perzentile für den Body-Mass-Index für das Kindes- und Jugendalter unter Heranziehung verschiedener deutscher Stichproben. Monatsschr Kinderheilkd 149 (2001) 807–818

[18] Wabitsch M, Kunze D (federführend für die AGA): Konsensbasierte (S2) Leitlinie zur Diagnostik, Therapie und Prävention von Übergewicht und Adipositas im Kindes- und Jugendalter. Version 15.10.2015 https://adipositas-gesellschaft.de/wp-content/uploads/2020/06/AGA_S2_Leitlinie.pdf (eingesehen am 16.07.2020)

[19] MRI (Max Rubner-Institut, Bundesforschungsinstitut für Ernährung und Lebensmittel): Nationale Verzehrsstudie II. Ergänzungsband zum Ergebnisbericht, Teil 1. (2008) https://www.openagrar.de/servlets/MCRFileNodeServlet/Document_derivate_00013880/nvs_ergaenzungsband_zu_teil1-1.pdf (eingesehen am 30.01.2020)

[20] MRI (Max Rubner-Institut, Bundesforschungsinstitut für Ernährung und Lebensmittel): Variablenbeschreibung, Lebensmittelverzehr und Nährstoffzufuhr (Wiegeprotokolle). Persönliche Mitteilung, Karlsruhe (2014)

[21] Müller MJ, Bosy-Westphal A, Klaus S et al.: World Health Organization equations have shortcomings for predicting resting energy expenditure in persons from a modern, affluent population: generation of a new reference standard from a retrospective analysis of a German database of resting energy expenditure. Am J Clin Nutr 80 (2004) 1379–1390

[22] EFSA (European Food Safety Authority): Guidance on the EU Menu methodology. EFSA Journal 12 (2014) 3944–4021

[23] Schofield WN: Predicting basal metabolic rate, new standards and review of previous work. Human Nutr Clin Nutr 39, Suppl (1985) 5–41

[24] FAO (Food and Agriculture Organization), WHO (World Health Organization), UNU (United Nations University) (Hrsg.): Human energy requirements. Report of a Joint FAO/WHO/UNU expert consultation. Food and Nutrition Technological Report Series 1. Rom (2001)

[25] MRI (Max Rubner-Institut, Bundesforschungsinstitut für Ernährung und Lebensmittel): Bundeslebensmittelschlüssel, Version 3.02. Karlsruhe (2014)

[26] R Core Team: R: A language and environment for statistical computing. R Foundation for Statistical Computing, Wien (2018) www.R-project.org

[27] Murakami K, Livingstone MB, Okubo H et al.: Prevalence and characteristics of misreporting of energy intake in Japanese adults: the 2012 National Health and Nutrition Survey. Asia Pac J Clin Nutr 27 (2018) 441–450

[28] Johansson G, Wikman A, Ahrén A-M et al.: Underreporting of energy intake in repeated 24 hour recalls related to gender, age, weight status, day of interview, educational level, reported food intake, smoking habits and area of living. Public Health Nutr 4 (2001) 919–927

[29] Meng X, Kerr DA, Zuh K et al.: Under-reporting of energy intake in elderly Australian women is associated with a higher body mass index. J Nutr Health Aging 17 (2012) 112–118

[30] Banna JC, Fialkowski MK, Townsend MS: Misreporting of dietary intake affects estimated nutrient intakes in low-income Spanish-speaking women. J Acad Nutr Diet 115 (2015) 1124–1133

[31] Lopes TS, Luiz RR, Hoffman DJ et al.: Misreporting of energy intake assessed with food records and 24-h recalls. Eur J Clin Nutr 70 (2016) 1259–1264

[32] Ravelli MN, Sartori MMP, Corrente JE et al.: The under-reporting of energy intake influences the dietary pattern reported by obese women in the waiting list for bariatric surgery. Brazilian J Nutr 31 (2018) 235–249
[33] Huang TKK, Roberts SB, Howarth NC et al.: Effects of screening out implausible energy intake reports on relationships between diet and BMI. Obes Res 13 (2005) 1205–1217
[34] Henry CJK: Basal metabolic rate studies in humans: measurement and development of new equations. Public Health Nutr 8 (2005) 1133–1152
[35] Garriguet D: Impact of identifying plausible respondents on the under-reporting of energy intake in the Canadian community health survey. Health Rep 19 (2008) 47–55
[36] Rasmussen LB, Matthiessen J, Biltoft-Jensen A et al.: Characteristics of misreporting of dietary intake and physical activity. Public Health Nutr 10 (2006) 230–237
[37] Asbeck I, Mast M, Bierwag A et al.: Severe underreporting of energy intake in normal weight subjects: use of an appropriate standard and relation to restrained eating. Public Health Nutr 5 (2002) 683–690
[38] Black AE, Coward WA, Cole TJ et al.: Human energy expenditure in affluent societies: an analysis of 574 doubly–labelled water measurements. Eur J Clin Nutr 50 (1996) 72–92
[39] Black AE: The sensitivity and specificity of the Goldberg cut-off for EI.BMR for identifying diet reports of poor validity. Eur J Clin Nutr 54 (2000) 395–404
[40] Bedard D, Shatenstein B, Nadon S: Underreporting of energy intake from a self-administered food-frequency questionnaire completed by adults in Montreal. Public Health Nutr 7 (2004) 675–681
[41] Carlsohn A, Scharhag-Rosenberger F, Schapp L et al.: Validität der Energiezufuhrbestimmung mittels Ernährungsprotokoll bei Normalgewichtigen in Abhängigkeit von der Höhe der Energiezufuhr. Ernahrungs Umschau 10 (2012) 572–577
[42] Yannakoulia M, Panagiotakos D, Pitsavos C et al.: Low energy reporting related to lifestyle, clinical, and psychosocial factors in a randomly selected population sample of greek adults: The ATTICA study. J Am Coll Nutr 26 (2007) 327–333
[43] Jessri M, Lou WY, L'Abbé MR: Evaluation of different methods to handle misreporting in obesity research: evidence from the Canadian national nutrition survey. Brit J Nutr 115 (2016) 147–159
[44] Mattisson I, Wirfält E, Aronsson CA et al.: Misreporting of energy: prevalence, characteristics of misreporting and influence on observed risk estimates in the Malmö Diet and Cancer cohort. Brit J Nutr 94 (2005) 832–842
[45] Markussen MS, Veirod MB, Ursin G et al.: The effect of under-reporting of energy intake on dietary patterns and on the associations between dietary patterns and self-reported chronic disease in women aged 50 – 69 years. Brit J Nutr 116 (2016) 547–558
[46] Buchholz AC, Rafii M, Pencharz PB: Is resting metabolic rate different between men and woman? Brit J Nutr 86 (2001) 641–646
[47] Oberritter H, Schaebethal K, von Ruesten A et al.: Der DGE-Ernahrungskreis – Darstellung und Basis der lebensmittelbezogenen Empfehlungen der DGE. Ernahrungs Umschau 2 (2013) 24–29
[48] Jungvogel A, Michel M, Bechthold A et al.: Die lebensmittelbezogenen Ernährungsempfehlungen der DGE. Ernahrungs Umschau 8 (2016) M474–M481
[49] Grobecker C, Krack-Roberg E, Pötzsch O et al.: Bevölkerungsstand und Bevölkerungsentwicklung. In: Statistisches Bundesamt (Hrsg.): Datenreport 2018. Ein Sozialbericht für die Bundesrepublik Deutschland. Bonn (2018) 11–49
[50] Freitag H-W, Schulz A: Bildungsbeteiligung, Bildungsniveau und Bildungsbudget. In: Statistisches Bundesamt (Hrsg.): Datenreport 2018. Ein Sozialbericht für die Bundesrepublik Deutschland. Bonn (2018) 103–127
[51] Heseker H: Ernährungssituation in Deutschland. In: Deutsche Gesellschaft für Ernährung (Hrsg.): 13. DGE-Ernährungsbericht. Bonn (2016) 17–40
[52] Gose M, Krems C, Heuer T et al.: Trends in food consumption and nutrient intake in Germany between 2006 and 2012: results of the German National Nutrition Monitoring (NEMONIT). Brit J Nutr 115 (2018) 1498–1507
[53] Boushey CJ, Spoden M, Zhu FM et al.: New mobile methods for dietary assessment: review of image-assisted and image-based dietary assessment methods. Proc Nutr Soc 76 (2017) 283–294
[54] Gemming L, Rush E, Maddison R et al.: Wearable cameras can reduce dietary under-reporting: doubly labelled water validation of a camera-assisted 24 h recall. Brit J Nutr 113 (2015) 284–291
[55] Knies JM: Foto-Methode zur Ernährungserhebung. Entwicklung und Evaluation eines fotografischen Erhebungsinstruments. Ernahrungs Umschau 4 (2017) 58–66

# 1.4 Die Entwicklung und Verbreitung von Übergewicht (Präadipositas und Adipositas) in Deutschland

Helmut Heseker


## Zusammenfassung

**Einleitung:** Die weltweit zu beobachtende Epidemie von Übergewicht bzw. Adipositas stellt auch Deutschland weiterhin vor große Herausforderungen, nicht zuletzt vor dem Hintergrund der Prävention weitverbreiteter Adipositas-assoziierter chronischer Krankheiten sowie den damit verbundenen sozialen und ökonomischen Folgen.

Aufgrund eines zunehmend sitzenden Lebensstils und eines Übergangs der Ernährung zu stärker verarbeiteten, energiereichen Lebensmitteln und Speisen ist es bei den Bürger*innen in den vergangenen Jahrzehnten zu einer erheblichen Zunahme der Prävalenz von Übergewicht gekommen.

**Vorgehen:** Die Verbreitung, Entwicklung und die unterschiedlichen Facetten der gesundheitlichen Bedeutung von Präadipositas und Adipositas in den verschiedenen Lebensphasen – von der Schwangerschaft über das Säuglings-, Kleinkind-, Schulkind-, Jugend- und Erwachsenen- bis hin zum Seniorenalter – werden auf der Grundlage aktueller Daten und Studienergebnisse beleuchtet. Hierfür werden die großen nationalen Stichproben des Mikrozensus herangezogen sowie Daten aus weiteren – zum Teil regionalen – Studien vorgestellt.

**Ergebnisse:** Für Schwangere zeigen die jährlich durchgeführten Bundesauswertungen Geburtshilfe eine kontinuierliche Zunahme der Übergewichtsprävalenz bei der Erstuntersuchung. Für Säuglinge lässt sich eine leichte Abnahme verzeichnen: Im Jahr 2017 wurden 10,2 % aller Neugeborenen mit einem erhöhten Geburtsgewicht von ≥ 4000 g geboren, wovon 1,2 % ein sehr hohes Geburtsgewicht von ≥ 4500 g hatten. Für Kinder und Jugendliche scheint der bisherige beobachtete Anstieg der Prävalenz an Übergewicht bzw. Adipositas zwar gestoppt zu sein, ist aber immer noch auf einem hohen Niveau. Im Erwachsenenalter nimmt die Übergewichtsprävalenz mit dem Alter deutlich zu, wobei Männer in allen Altersgruppen häufiger übergewichtig sind als Frauen. Die Gesamtprävalenz für Übergewicht im Alter zwischen 18 und 65 Jahren liegt für Männer bei 59,4 % und für Frauen bei 37,3 %. Bei Personen mit bestehender Präadipositas ist zudem ein deutlicher Trend zu beobachten, dass sie mit zunehmendem Alter eine Adipositas entwickeln.

**Diskussion:** Die dargestellten Daten zur Prävalenz von Präadipositas und Adipositas zeigen deutlich, dass Präadipositas und Adipositas in unserer Bevölkerung alle Altersgruppen betreffen. Es sind somit Risikofaktoren für die individuelle Gesundheit mit weitreichenden Konsequenzen für die öffentliche Gesundheit sowie die nationalen

Gesundheitssysteme. Daher werden in Zukunft mehr denn je beträchtliche Anstrengungen im Bereich der Ernährung, der körperlichen Aktivität und der Veränderungen des Lebensstils erforderlich sein, um die hohe Prävalenz von Präadipositas und Adipositas zu senken.

## Kernaussagen

- ➔ Übergewicht bzw. Adipositas ist in allen Altersgruppen weiterhin weitverbreitet und die Verbreitung hat im Beobachtungszeitraum teilweise weiter zugenommen.
- ➔ Die weite Verbreitung von Übergewicht vor und eine übermäßige Gewichtszunahme während der Schwangerschaft verlangt aufgrund der möglichen weitreichenden Folgen für den Schwangerschaftsverlauf und die langfristige Gesundheit des Kindes effektive Präventionsmaßnahmen.
- ➔ Übergewichtige Kinder haben ein hohes Risiko auch in der Jugend übergewichtig zu sein bzw. eine Adipositas zu entwickeln.
- ➔ Normalgewichtige Männer in Deutschland sind ab der Altersgruppe 30 bis unter 35 Jahre in der Minderheit; für Frauen trifft dies ab dem 60. Lebensjahr zu. Auch hochbetagte Menschen sind heute mehr und mehr von einer Adipositas betroffen.
- ➔ In allen Altersgruppen bestehen ganz erhebliche soziale Gradienten, da Personengruppen mit niedrigerem sozialen Status besonders von Übergewicht bzw. Adipositas betroffen sind und somit ein höheres Risiko haben an mit Übergewicht assoziierten Krankheiten, wie Diabetes mellitus Typ 2, Bluthochdruck oder koronaren Herzerkrankungen, zu erkranken.

### 1.4.1 Einleitung

Übergewicht ist durch einen Exzess an Körperfett charakterisiert und wird als eines der größten globalen Gesundheitsprobleme des 21. Jahrhunderts angesehen [1–3]. Mit dem Begriff Übergewicht werden Präadipositas und Adipositas zusammengefasst.

Die Ursachen für die Entstehung von Übergewicht in unserer Bevölkerung sind weitgehend bekannt: Die individuelle Energiezufuhr überschreitet dauerhaft den individuellen Energiebedarf [4, 5]. Darüber hinaus ist Übergewicht mit verschiedenen biologischen, psychosozialen sowie umweltbedingten Faktoren assoziiert, die teilweise als ursächlich angesehen werden [5, 6]. So wird eine positive Energiebilanz ihrerseits durch verschiedene Faktoren begünstigt: Die genetische Disposition interagiert mit einer sich wandelnden Umwelt bzw. Lebenswelt, die durch einen sitzenden Lebensstil und einem Überangebot an preiswerten, energiereichen Lebensmitteln sowie energiereichen Getränken gekennzeichnet ist [4, 6]. Die uns umgebenden Lebenswelten – die allgemeine Lebens-, Familien- und Partnerschaftssituation, Kindertagesstätten und Schulen, die Arbeits- und Wohnumgebung, die Sport- und Bewegungsmöglichkeiten – wiederum werden beeinflusst durch soziale, ökonomische und politische Rahmenbedingungen [7]. Gleichzeitig sind Bevölkerungsgruppen mit höheren Bildungsabschlüssen statistisch weniger häufig übergewichtig [8].

Bei positiver Energiebilanz wird der größte Teil der überschüssigen Energie in Form von Fett in vergrößerten und gleichzeitig zahlreicheren Fettzellen subkutan oder intraabdominal (viszeral) gespeichert. Darüber hinaus kann ein Teil des Fettes andere Organe wie die Leber (ektopisches Fett) infiltrieren [9]. Die vergrößerten Fettzellen, das viszerale und das ektopische Fett, produzieren und scheiden eine Vielzahl von Stoffwechselprodukten, Hormonen und Entzündungsmediatoren aus, die auf Dauer Arterien und Organe wie z. B. das Herz, die Leber, die Muskeln und das Pankreas schädigen [9, 10] oder auch das Erkrankungsrisiko für Osteoarthritis [11] und Gicht [12], Gallenwegserkrankungen [13] sowie für einige Krebserkrankungen erhöhen können [14, 15].

Insgesamt gehen Übergewicht bzw. Adipositas nicht nur mit einem erhöhten Morbiditätsrisiko, sondern auch mit einem erhöhten Mortalitätsrisiko einher [16]. Bei extremer Adipositas reichen die vorzeitig verlorenen Lebensjahre durch Tod von 6,5 Jahren für Personen mit einem BMI zwischen 40 und 44,9 und bis 13,7 Jahre für Personen mit einem BMI zwischen 55 und 59,9 im Vergleich zu normalgewichtigen Personen (BMI 18,5–24,9) [17].

Die in den DGE-Ernährungsberichten 2008, 2012 und 2016 [18–20] begonnene systematische Darstellung der Entwicklung und Verbreitung von Übergewicht bzw. Adipositas in Deutschland wird im vorliegenden 14. DGE-Ernährungsbericht fortgeschrieben. Dabei werden entsprechende Daten für alle Lebensphasen, von der Schwangerschaft über das Säuglings-, Kleinkind-, Schulkind-, Jugend- und Erwachsenen- bis hin zum Seniorenalter dargestellt.

Zur Darstellung der Entwicklung der Verbreitung von Übergewicht in Deutschland und deren Bewertung werden die großen nationalen Stichproben des Mikrozensus [21–26] herangezogen sowie Daten aus weiteren – zum Teil regionalen – Studien vorgestellt. Seit dem letzten DGE-Ernährungsbericht liegen aus der Studie zur Gesundheit von Kindern und Jugendlichen in Deutschland (KiGGS-Welle 2, 2014–2017) sowie dem Mikrozensus (2017) neue und für Deutschland repräsentative Daten vor.

Die vorliegenden bevölkerungsbezogenen Daten zum Körpergewicht weisen insgesamt einige methodische Schwächen auf. So beruht die Bewertung des Körpergewichts teilweise auf Selbstangaben zum Körpergewicht und zur Körperlänge. Selbstangaben können zu einer systematischen Unterschätzung der tatsächlichen Problematik führen, da z. B. übergewichtige Menschen ihr tatsächliches Körpergewicht eher unterschätzen und untergewichtige Menschen dies eher überschätzen, während ältere Menschen andererseits ihre tatsächliche Körperlänge gelegentlich überschätzen. Darüber hinaus kann es bei freiwilligen Befragungen und Untersuchungen leicht zu Verzerrungen der Stichprobe kommen, da Personen aus bildungsfernen Schichten und/oder mit gering ausgeprägtem Gesundheitsbewusstsein häufig unterrepräsentiert sind. Auch dies führt eher zu einer Unterschätzung der tatsächlich in der Bevölkerung vorliegenden Verbreitung von Übergewicht [27, 28].

## 1.4.2 Definitionen

Der Body Mass Index (BMI)[1] gilt als geeignetes und anerkanntes Maß für die Beurteilung des Körpergewichts, auch wenn dieser nicht für alle Bevölkerungsgruppen gleichermaßen anzuwenden ist. So kann es u. a. bei sehr kleinen oder sehr großen und bei stark muskulösen Personen, bei Personen mit pathologischen Wassereinlagerungen und bei Schwangeren zu Fehlbeurteilungen des BMI kommen, wenn die anthropometrischen und (patho)physiologischen Besonderheiten nicht berücksichtigt werden oder ein berechneter BMI nicht eng mit der Körperfettmasse assoziiert ist [29].

Das Ausmaß des Übergewichts kann durch eine Bestimmung des BMI relativ einfach bestimmt und in unterschiedliche Übergewichtskategorien eingestuft werden (Tab. 1/8). Präadipositas (BMI 25 bis 29,9) und Adipositas (BMI ≥ 30) werden mit dem Begriff „Übergewicht" zusammengefasst. Der BMI ist bis auf die bereits genannten Ausnahmen relativ eng mit dem Körperfettgehalt assoziiert [30].

**Tabelle 1/8:** Klassifikation des Körpergewichts bei Erwachsenen anhand des BMI [27, 29]

| BMI | Kategorie | Risiko für das Auftreten von Begleitkrankheiten des Übergewichts |
|---|---|---|
| < 18,5 | Untergewicht | niedrig |
| 18,5–24,9 | Normalgewicht | durchschnittlich |
| ≥ 25 | Übergewicht | |
| 25–29,9 | Präadipositas | gering erhöht |
| 30–34,9 | Adipositas Grad I | erhöht |
| 35–39,9 | Adipositas Grad II | hoch |
| ≥ 40 | Adipositas Grad III | sehr hoch |

Es ist ein großer Vorteil, dass der BMI leicht und genau zu bestimmen und für Frauen und Männer aller Altersgruppen anwendbar ist [5]. Daher findet der BMI in vielen großen nationalen und internationalen Studien Anwendung und lässt somit zeitliche sowie auch internationale Vergleiche zu [31].

Neben dem durch den BMI erfassten Ausmaß des Übergewichts bestimmt das Fettverteilungsmuster das metabolische und kardiovaskuläre Gesundheitsrisiko. Intraabdominale, epikardiale und ektope Fettablagerungen sind besonders eng mit kardiovaskulären Risikofaktoren und weiteren Komplikationen assoziiert [32–35].

1 Body Mass Index (BMI) = Körpergewicht [kg]/Quadrat der Körperlänge [$m^2$]

Die Berechnung des BMI ist auch für die Bewertung des Körpergewichts im Kindes- und Jugendalter geeignet. Allerdings können aufgrund der alters-, geschlechts- und entwicklungsabhängigen Veränderungen von Körpergewicht und -länge keine fixen Grenzwerte wie für Erwachsene festgelegt werden. Daher erfolgt im Kindes- und Jugendalter die Bewertung des BMI auf der Grundlage von alters- und geschlechtsabhängigen Perzentilen einer Referenzpopulation. Kinder und Jugendliche werden als übergewichtig klassifiziert, wenn der BMI-Wert oberhalb des 90. alters- und geschlechtsspezifischen Perzentils der Referenzpopulation liegt. Ein BMI-Wert über dem 97. Perzentil bedeutet ein extremes Übergewicht und wird in dieser Altersgruppe als Adipositas definiert. Bei dieser Definition sind in der Gruppe der Übergewichtigen die Adipösen stets enthalten [36, 37].

## 1.4.3 Übergewicht während der Schwangerschaft

Das Körpergewicht einer Frau vor sowie ihre Gewichtsentwicklung während einer Schwangerschaft sind von großer Bedeutung für den Schwangerschafts- und Geburtsverlauf. Pränatale Einflussfaktoren können entwicklungsbiologische Programmierungsprozesse beim Ungeborenen und somit die lebenslange Gesundheit eines Menschen nachhaltig beeinflussen [38].

Daher stellt eine Schwangerschaft in einem gesunden Umfeld eine wichtige Voraussetzung für die spätere Gesundheit des Kindes dar. So kann z. B. eine Diabeteserkrankung der Mutter während der Schwangerschaft oder eine Unter- oder Überversorgung des ungeborenen Kindes mit Energie und Nährstoffen dessen Entwicklung beeinflussen und selbst noch im Erwachsenenalter mit negativen gesundheitlichen Folgen verbunden sein [39].

### 1.4.3.1 Verbreitung von Übergewicht vor und Gewichtszunahme während der Schwangerschaft

Für Deutschland liegen aus der jährlichen Bundesauswertung Geburtshilfe umfassende Daten zu allen Geburten vor, die in einem Krankenhaus erfolgt sind [39]. Diese bevölkerungsweiten Erfassungen des Gewichtsstatus stellen nahezu Vollerhebungen dar, die z. B. nicht durch Stichprobenfehler verzerrt sind und daher eine hohe Datenqualität aufweisen. Für einen Großteil (ca. 95 %) der Schwangeren liegen auch bei der Erstuntersuchung erfasste BMI-Daten (Abb. 1/31) sowie Daten zur Gewichtszunahme während der Schwangerschaft vor (Abb. 1/32). Die Daten zum Körpergewicht und zur Körperlänge wurden dem Mutterpass entnommen oder in der Klinik gemessen.

Im Jahr 2007 wurde einerseits bei 17,2 % der Schwangeren während der Schwangerschaft eine relativ starke Gewichtszunahme (≥ 30 % gegenüber dem Ausgangsgewicht) und andererseits bei 24,3 % eine relativ geringe Gewichtszunahme (< 15 % gegenüber dem Ausgangsgewicht) beobachtet. Im Vergleich dazu ist im Jahr 2017 der Anteil der Schwangeren mit relativ starker Gewichtszunahme nahezu unverändert (17,1 %), während der Anteil mit relativ geringer Gewichtszunahme etwas höher ist und bei 26,9 % lag (Abb. 1/32).

**In den letzten Jahren zeigt sich eine kontinuierliche Zunahme der Übergewichtsprävalenz bei der Erstuntersuchung von Schwangeren.**

Die jährlich durchgeführten Bundesauswertungen Geburtshilfe zeigen eine kontinuierliche Zunahme der Übergewichtsprävalenz bei der Erstuntersuchung: Während zu diesem Zeitpunkt im Jahr 2007 noch 34,1 % der Schwangeren als übergewichtig eingestuft wurden (21,8 % präadipös, 12,3 % adipös), so waren es 10 Jahre später im Jahr 2017 bereits 39,3 % (23,5 % präadipös, 15,8 % adipös) (Abb. 1/33) [40–45].

**Abbildung 1/31:** Gewichtsstatus von Schwangeren bei der Erstuntersuchung; Daten der Bundesauswertung Geburtshilfe für 2007 und 2017 [40, 45]

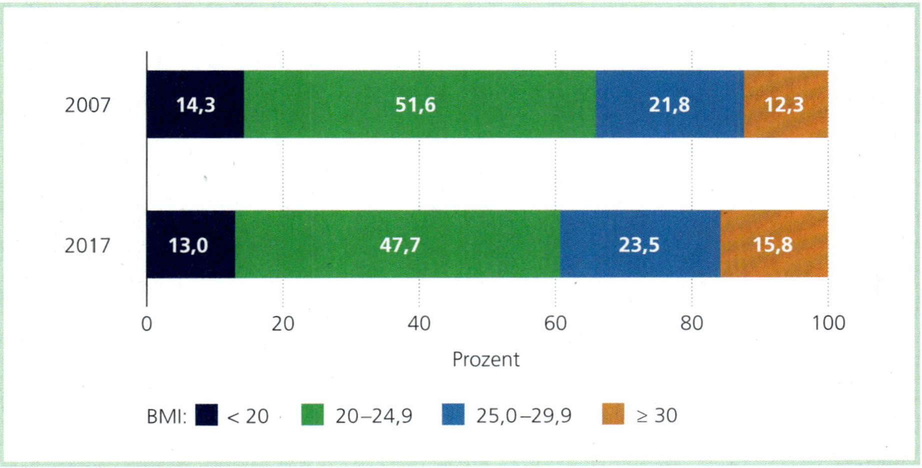


**Abbildung 1/32:** Gewichtszunahme während der Schwangerschaft; Daten der Bundesauswertung Geburtshilfe für 2007 und 2017 [40, 45]

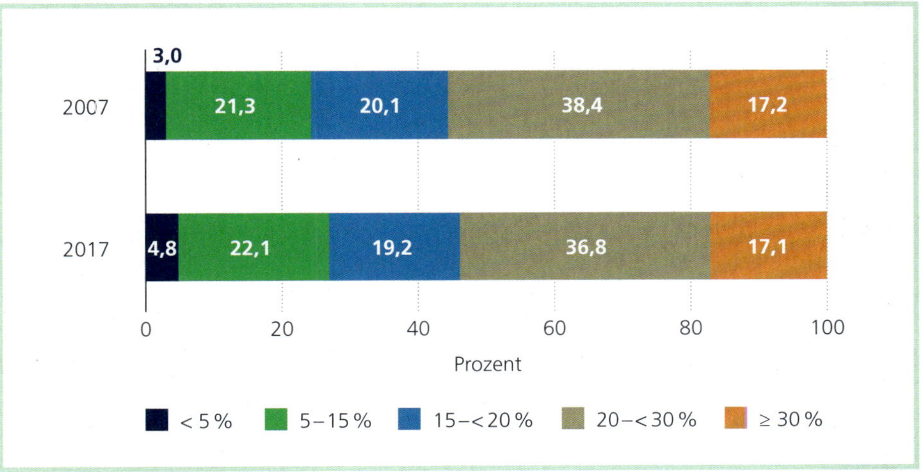

**Abbildung 1/33:** Entwicklung des Gewichtsstatus von Schwangeren bei der Erstuntersuchung (für den Zeitraum 2007 bis 2017); Daten der Bundesauswertung Geburtshilfe [40–45]

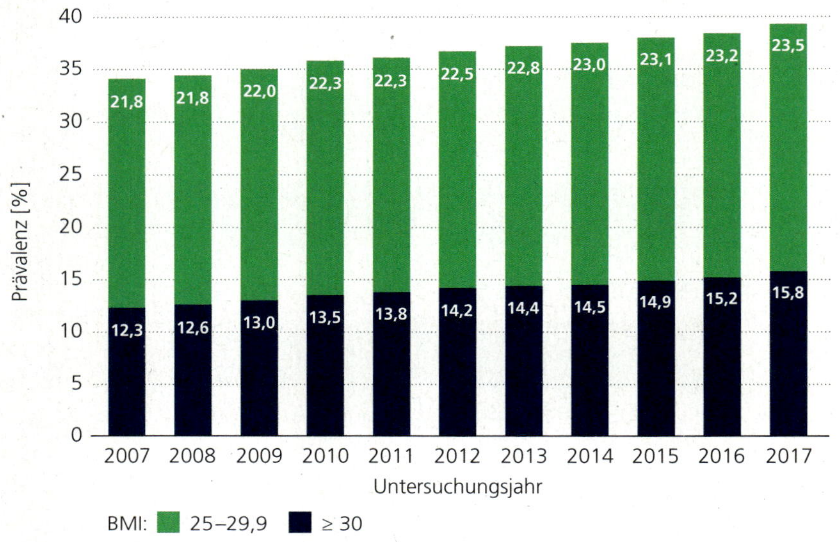


In den für Deutschland repräsentativen Daten des vom Statistischen Bundesamts durchgeführten Mikrozensus konnte gezeigt werden, dass die Prävalenz von Präadipositas und Adipositas bei Frauen zwischen dem 18. und 45. Lebensjahr mit dem Alter steigt (s. 1.4.6.1; Abb. 1/39b) [31]. Je älter Schwangere sind, desto häufiger sind sie im Durchschnitt somit bereits zu Beginn einer Schwangerschaft von Präadipositas und Adipositas betroffen.

### 1.4.3.2 Risiken bei Übergewicht vor und in der Schwangerschaft

Adipositas ist u. a. mit erhöhten Morbiditätsrisiken für Mutter und Kind verbunden. Des Weiteren ist eine Adipositas der Mutter z. B. mit einem erhöhten Risiko für Gestationsdiabetes, Hypertonie und Präeklampsie sowie anderen Schwangerschafts- und Geburtskomplikationen, angeborenen Fehlbildungen, Früh- und Fehlgeburten, einem erhöhtem Geburtsgewicht und einem späteren Übergewichtsrisiko des Kindes assoziiert [46–49].

> **Adipositas in der Schwangerschaft ist für die werdende Mutter u. a. mit einem erhöhten Risiko für Gestationsdiabetes, Hypertonie und Präeklampsie verbunden.**

Übergewicht ist häufig mit einer Fehlregulation der Hypothalamus-Hypophysen-Ovarialachse assoziiert und geht u. a. mit einer erhöhten Wahrscheinlichkeit für eine Ovulations- oder Menstruationsstörung einher. Auch ist der Zeitraum, vom Kinderwunsch, bis dass es zu einer Schwangerschaft kommt, gegenüber normalgewichtigen Frauen verlängert [50]. Eine mit zunehmendem Übergewicht verminderte Fertilität wird aber auch bei Frauen ohne Zyklusstörungen beobachtet, sodass weitere Adipositas-assoziierte Mechanismen diskutiert werden [50]. Die Chance einer Konzeption ist bereits bei einem prägraviden BMI ab 26 kg/m$^2$ vermindert. Ab einem BMI von 29 kg/m$^2$ nimmt die Wahrscheinlichkeit einer Konzeption linear um 5 % pro 1 kg/m$^2$ ab [47]. Bei einer In-vitro-Fertilisation (IVF) kommt es mit zunehmendem BMI ebenfalls zu verminderten Implantationsraten [51].

Zu den häufigen Schwangerschafts- und Adipositas-assoziierten Erkrankungen zählen Gestationsdiabetes mellitus (GDM) und Präeklampsie [47]. GDM stellt eine Glukosetoleranzstörung dar, die erstmals in der Schwangerschaft diagnostiziert wird und unterhalb der Schwelle eines manifesten Diabetes mellitus liegt. Im Jahr 2017 wurde bei 5,9 % der Schwangeren ein Schwangerschaftsdiabetes dokumentiert [40]; im Jahr 2002 waren es noch 1,5 % [52], wobei eine nahezu stetige Zunahme zu beobachten war (Abb. 1/34). Ein präkonzeptioneller Diabetes mellitus (Typ 1 und Typ 2) ist in dem Zeitraum von 0,55 % auf 0,89 % angestiegen, liegt aber seit 2010 relativ konstant bei 0,9 % [52].

**Abbildung 1/34:** Entwicklung der Prävalenz von Gestationsdiabetes (2002–2017); Daten der Bundesauswertung Geburtshilfe [40–45; 52]

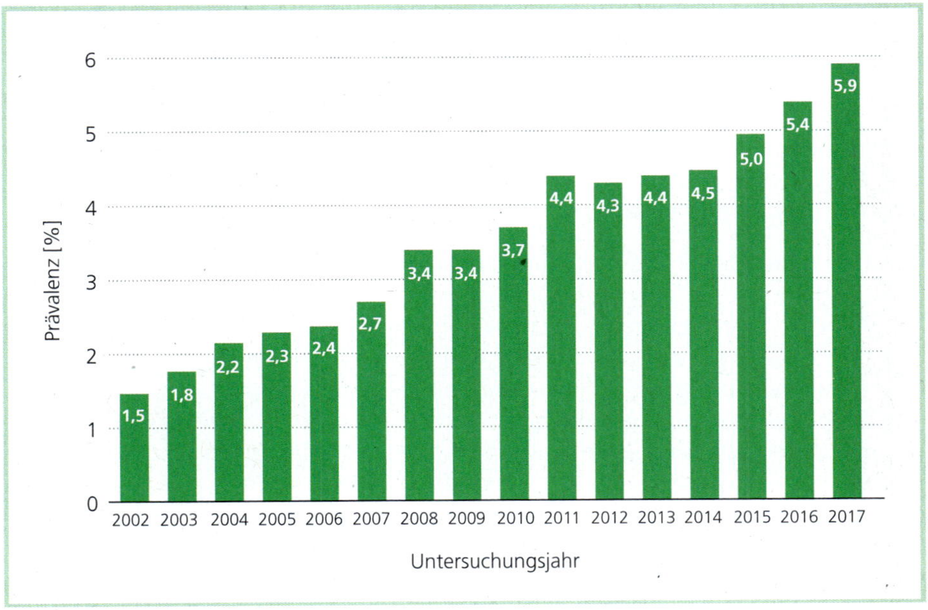


In einem standardisierten, bundesweiten Screening aller gesetzlich Krankenversicherten wurde für vom 1.7.2014 bis 30.6.2015 eine 1-Jahres-Prävalenz des GDM von 13,2 % ermittelt, wobei die Prävalenz mit zunehmendem Alter von 8 % bei unter 20-Jährigen auf 26 % bei ab 45-Jährigen anstieg [48].

**Untersuchungen zeigen einen kontinuierlichen Anstieg der Prävalenz von Gestationsdiabetes mellitus in den Jahren zwischen 2002 und 2017.**

Daten aus dem Screening auf Gestationsdiabetes sind zwar nicht direkt mit den Daten aus dem Mutterpass vergleichbar [52, 53], sie zeigen aber, dass das tatsächliche Problem noch größer ist, als dies die Auswertung von Daten aus Mutterpässen ergeben hat. Der weltweit zu beobachtende Anstieg der Prävalenz des GDM wird in der S3-Leitlinie Gestationsdiabetes mellitus [52] einerseits auf ein geändertes Screeningverfahren sowie die Einführung neuer diagnostischer Grenzwerte und andererseits auf ein höheres Alter von Schwangeren sowie den häufiger hohen BMI vor der Schwangerschaft zurückgeführt. Ein um 1 $kg/m^2$ erhöhter prägravider BMI ist dabei mit einem Anstieg der GDM-Prävalenz um 0,92 % assoziiert [52].

Mütterliche Adipositas ist mit einem signifikant erhöhten Risiko für perinatale Sterblichkeit assoziiert [54–57]. Ein um 5 $kg/m^2$ erhöhter prägravider BMI steigert das Risiko für intrauterinen Fruchttod um 24 % [56]. Es wird geschätzt, dass 11 % aller neonatalen Todesfälle ursächlich auf maternales Übergewicht bzw. Adipositas zurückzuführen sind [47, 58].

### 1.4.3.3 Risiken bei Übergewicht vor und in der Schwangerschaft für das Kind

Es besteht – unabhängig von der ethnischen Herkunft – ein erhöhtes Risiko, dass eine Frau mit Übergewicht und/oder mit sehr starker Gewichtszunahme während der Schwangerschaft aufgrund der Überversorgung des Fötus mit Nährstoffen ein übergroßes, übergewichtiges Kind (= fetale Makrosomie; Geburtsgewicht oberhalb des 95. Perzentils [> 4 350 g]) oder ein Kind mit einem für das Gestationsalter hohem Geburtsgewicht (> 90. Perzentil in Bezug auf das Gestationsalter = *large for gestational age,* LGA) bekommt.

Damit einher gehen mögliche Geburtskomplikationen, z. B. verlängerter Geburtsvorgang, häufigere Indikation für einen Kaiserschnitt (Sectio), Vollnarkose statt Periduralanästhesie [47, 59, 60] und erhöhtes Risiko für maternale Traumata (z. B. Einrisse) während der Geburt [61]. Während es bei normalgewichtigen Schwangeren bei 7,8 % zu einer Makrosomie kam, waren dies bei adipösen Schwangeren 13,4 %. Hierbei wiesen die Neugeborenen adipöser Mütter einen erhöhten Fettgewebeanteil auf [47]. Eine Makrosomie erhöht bei vaginaler Geburt das Risiko für Geburtsschädigungen, z. B. Schädigung des Brachialplexus, Armplexuslähmungen, Schulterdystokie, Reanimationsbedarf, Hypoxie, postpartale Blutungen und geht mit einem erhöhten Risiko für assoziierte Folgekrankheiten einher [46, 61]. Darüber hinaus sind die Initiationsraten beim Stillen niedriger und es besteht bei Frauen mit Adipositas eine höhere Wahrscheinlichkeit, dass das Stillen vorzeitig beendet wird, als bei Frauen mit normalem Körpergewicht [54].

Kinder, deren Mütter vor der Schwangerschaft übergewichtig bzw. adipös waren, weisen häufiger eine atypische neurologische Entwicklung auf und haben ein erhöhtes Risiko für eine Aufmerksamkeitsdefizit-Hyperaktivitätsstörung (ADHS), für Autistische Störungen sowie für emotionale und Verhaltensprobleme [62].

Sowohl eine zu hohe als auch eine zu geringe Körpergewichtszunahme der Mutter in der Schwangerschaft kann mit ungünstigen Auswirkungen auf die Schwangerschaft verbunden sein [63]. Es kann nicht nur Störungen des kindlichen Wachstums zur Folge haben, sondern auch spätere Krankheiten im Erwachsenenalter vorprogrammieren, z. B. Herz-Kreislauf-Erkrankungen, Diabetes mellitus Typ 2, Hypertonie und das Metabolische Syndrom [46, 62, 63]. Es liegen Hinweise vor, dass neben anderen Faktoren der mütterliche BMI epigenetische DNA-Methylierungen der Nachkommen beeinflusst und diese wiederum durch Ernährungsinterventionen während der Schwangerschaft beeinflussbar sind [64]. Auch bei nicht übergewichtigen Schwangeren ist eine erhöhte Gewichtszunahme während der Schwangerschaft mit einem höheren Körpergewicht beim Neugeborenen assoziiert [65].

**Eine zu hohe Gewichtszunahme in der Schwangerschaft kann spätere Krankheiten des Kindes, wie Herz-Kreislauf-Erkrankungen, Diabetes mellitus Typ 2, Hypertonie und das Metabolische Syndrom vorprogrammieren.**

Ein mütterlicher Diabetes (Gestationsdiabetes oder Diabetes mellitus), verbunden mit einer maternalen Hyperglykämie, erhöhen beim Kind das Risiko, später übergewichtig bzw. adipös zu werden [66].

### 1.4.3.4 Empfehlungen zur Gewichtszunahme während der Schwangerschaft

In den aktualisierten Handlungsempfehlungen des bundesweiten Netzwerks „Gesund ins Leben" zur Ernährung vor und während der Schwangerschaft wird der Konsens abgebildet, dass bei einer normalgewichtigen Frau eine Körpergewichtszunahme von 10 bis 16 kg angemessen ist, da dies mit einem geringeren Risiko für Komplikation bei Mutter und Kind assoziiert ist [46, 60, 63]. Da eine höhere Gewichtszunahme besonders bei bereits prägraviden präadipösen oder adipösen Frauen mit erhöhten Komplikationen und Risiken verbunden ist, wird für diese Zielgruppe eine Gewichtszunahme bis etwa 10 kg als ausreichend angesehen [59].

Das *Institute of Medicine* (IOM) gibt für Frauen mit unterschiedlichem prägravidem Gewichtsstatus wesentlich differenziertere Empfehlungen (angestrebte Zunahme bei einem BMI vor der Schwangerschaft von 18,5 bis 24,9: 11,5 kg bis 16 kg; bei einem BMI von 25 bis 29,9: 7 kg bis 11,5 kg; bei einem BMI ≥ 30: 5 kg bis 9 kg) [67]. Da die wissenschaftliche Evidenz für differenziertere und exaktere Empfehlungen zur Gewichtszunahme während der Schwangerschaft als zu gering angesehen wird und da die in Deutschland durchgeführten Studien keinen Anlass für eine differenziertere ausgangsgewichtbezogene Empfehlung zur Gewichtszunahme ergaben, wurde die differenzierte Empfehlung des IOM in Deutschland nicht übernommen [46].

Vor dem Hintergrund der aufgezeigten und in den letzten Jahrzehnten häufiger gewordenen Problematik sollten Frauen mit Übergewicht schon präkonzeptionell ein Körpergewicht im Normbereich anstreben, während der Schwangerschaft körperlich aktiv bleiben und die Energiezufuhr dem tatsächlichen Energieverbrauch anpassen [39, 46, 63, 68]. In einer systematischen Übersicht und Metaanalyse konnte gezeigt werden, dass eine gesundheitsfördernde, dem Energieverbrauch angepasste Ernährung und körperliche Aktivität zur Kontrolle der Gewichtszunahme während der Schwangerschaft wirksam sind und besonders einer übermäßigen Gewichtszunahme bei Schwangerschaften von übergewichtigen bzw. adipösen Frauen entgegenwirken [69].

### 1.4.4 Übergewicht im Säuglingsalter

Wie bereits im vorangegangenen Abschnitt beschrieben, kann ein erhöhtes Geburtsgewicht zahlreiche langfristige metabolische und gesundheitliche Konsequenzen für das Kind haben [47]. Im Jahr 2017 kamen nach Daten der Bundesauswertung Geburtshilfe 10,2 % aller Neugeborenen mit einem erhöhten Geburtsgewicht von ≥ 4 000 g auf die Welt. Darunter befanden sich 1,2 % Neugeborene mit einem sehr hohen Geburtsgewicht von ≥ 4 500 g. Der Anteil von neugeborenen Jungen und Mädchen mit einem niedrigen Geburtsgewicht (< 2 500 g) lag im Jahr 2017 bei 7,0 % [40] (Abb. 1/35).

**Abbildung 1/35:** Vergleich der Geburtsgewichte der Kinder zwischen 2007 und 2017; Daten der Bundesauswertung Geburtshilfe [40–45]

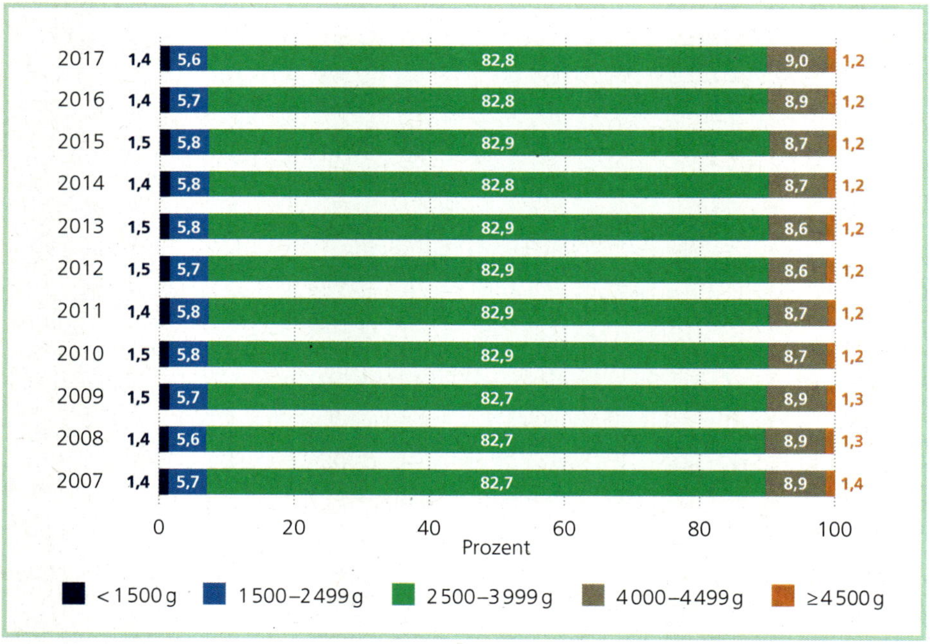

Vor dem Hintergrund engmaschiger Vorsorgeuntersuchungen während der Schwangerschaft inkl. einer verbesserten pränatalen Diagnostik ist der Anteil an Neugeborenen mit einem sehr hohen Geburtsgewicht (≥ 4500 g) allerdings seit den 1990er Jahren von ca. 1,6 % über 1,4 % in 2007 auf 1,2 % in 2017 zurückgegangen [70]. Der Anteil der Neugeborenen mit einem normalen Geburtsgewicht (2500 bis < 4000 g) ist in dem Beobachtungszeitraum nahezu konstant geblieben; der Anteil mit einem Geburtsgewicht von ≥ 4000 g ist mit 10,2 % weiterhin auf einem hohen Niveau.

**Der Anteil an Neugeborenen mit einem sehr hohen Geburtsgewicht (≥ 4500 g) ist seit den 1990er Jahren zurückgegangen.**

Ein hohes Geburtsgewicht ist mit einem erhöhten Risiko für die spätere Entwicklung von Übergewicht [71], insbesondere abdominaler Adipositas [72], Diabetes mellitus Typ 2 und kardiovaskulären Erkrankungen [73] assoziiert. Optimales fetales Wachstum trägt zu einer günstigen epigenetischen Programmierung bei, unterstützt eine normale Gewichtsentwicklung und die Entwicklung eines normalen Stoffwechselprofils [38, 71, 74]. Aufgrund der großen Bedeutung der pränatalen Gewichtsentwicklung für die langfristige Gesundheit sollten Schwangere frühzeitig gezielt durch Fachkräfte, wie z. B. Hebammen*Geburtshelfer und/oder Gynäkolog*innen entsprechend beraten werden, um sowohl eine Unter- als auch eine Überversorgung des Kindes während der Schwangerschaft zu verhindern [70, 75, 76]. Das bundesweite Netzwerk „Gesund ins Leben" nennt dazu die oben (s. 1.4.3.4) aufgeführten Empfehlungen zum Körpergewicht vor der Konzeption und zur Gewichtsentwicklung in der Schwangerschaft [46].

### 1.4.5 Übergewicht im Kindes- und Jugendalter

In den DGE-Ernährungsberichten von 2008 bzw. 2012 [18, 19] war wiederholt von einer deutlichen Zunahme von Übergewicht bzw. Adipositas im Kindes- und Jugendalter seit den 1990er Jahren berichtet worden. Diese Bewertung beruhte u. a. auf den in den Bundesländern im Rahmen von Schuleingangsuntersuchungen erhobenen Daten zum Körpergewicht und zur Körperlänge der Kinder und auf der regelmäßig durchgeführten Berechnung der Prävalenz von Übergewicht bzw. Adipositas durch die zuständigen Landesinstitutionen. Anhand dieser Daten war besonders seit den 1990er Jahren bis 2004 zunächst ein deutlicher Anstieg des Anteils übergewichtiger bzw. adipöser Einschulkinder festgestellt worden, der sich in den Folgejahren aber verringerte und dann stagnierte [77]. Zwischen 2008 und 2013 variierte der Anteil übergewichtiger Einschulkinder je nach Bundesland zwischen 8,2 % und 12,0 %, darunter waren auch adipöse Kinder, deren Anteil in den einzelnen Bundesländern zwischen 2,8 % und 5,3 % lag.

Im 13. DGE-Ernährungsbericht von 2016 [20] wurde aufgrund der neuen Daten aus den Schuleingangsuntersuchungen für die meisten Bundesländer – von wenigen Ausnahmen abgesehen – eine weitere Stagnation oder sogar ein leichter Rückgang der Prävalenz von Übergewicht bzw. Adipositas festgestellt [78]. Seit dem letzten DGE-Ernährungsbericht liegen nur aus wenigen Ländern neue Zahlen zur Prävalenz von Übergewicht bzw. Adipositas bei Einschulungskindern vor.

Inzwischen wurden aber die standardisiert gemessenen anthropometrischen Daten zu Körpergröße und -gewicht im Alter von 3 bis 17 Jahren der zweiten Folgeerhebung der KiGGS-Studie aus den Jahren 2014 bis 2017 ausgewertet (KiGGS Welle 2) [79, 80]. Um einen möglichen Trend zu erkennen, können diese mit den Daten der früher (2003–2006) durchgeführten KiGGS-Basiserhebung direkt verglichen werden [81]. Beide Studien sind Bestandteile des Gesundheitsmonitorings der Bundesregierung und wurden vom Robert Koch-Institut durchgeführt.

**Abbildung 1/36:** Prävalenz von Übergewicht ohne Adipositas (BMI > 90. bis 97. Perzentil) und Adipositas (BMI > 97. Perzentil) im Kindes- und Jugendalter nach Geschlecht und Altersgruppe (KiGGS-Welle 2 [2014–2017]) [79]

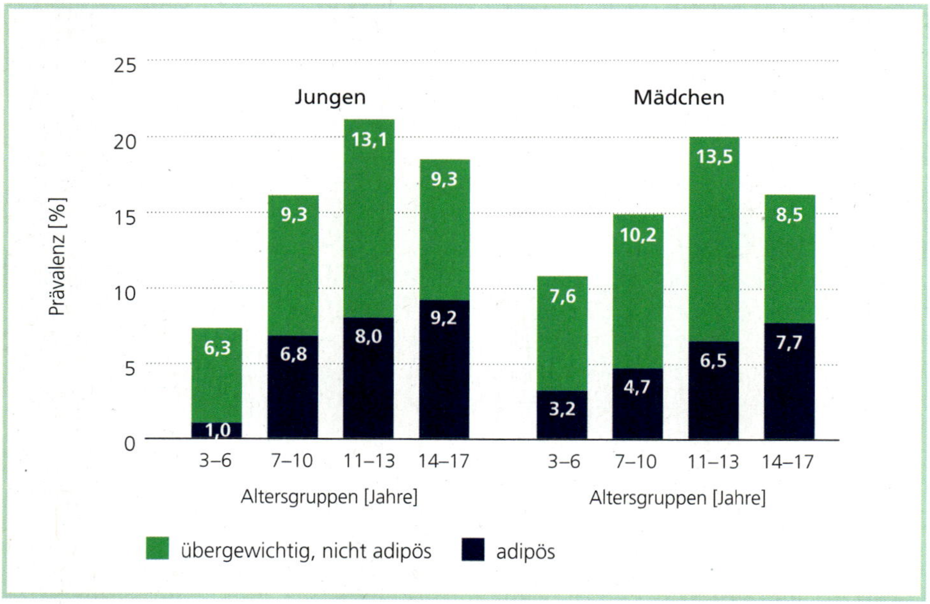


Insgesamt liegt in der Altersgruppe der 3- bis 17-Jährigen in dem Zeitraum 2014 bis 2017 die Prävalenz von Übergewicht (inkl. Adipositas) (BMI > 90. Perzentil) bei 15,4 %, die von Adipositas (BMI > 97. Perzentil) bei 5,9 % [79]. Bis zum Alter von 13 Jahren ist bei Jungen und Mädchen ein deutlicher Anstieg der Übergewichts- bzw. Adipositasprävalenz zu erkennen (Abb. 1/36). Dabei wurde kein statistisch signifikanter Geschlechtsunterschied festgestellt [79]. Der Anteil übergewichtiger 3- bis 6-jähriger Kinder (BMI > 90. Perzentil) liegt bei den Jungen bei 7,3 %, bei den Mädchen bei 10,8 % und steigt dann bis zu der Gruppe der 11- bis 13-jährigen Kinder auf 21,1 % bei Jungen bzw. 20,0 % bei Mädchen an. In der Gruppe der 14- bis 17-jährigen Jugendlichen kommt es dann zu einem leichten Rückgang der Übergewichtsprävalenz auf 18,5 % bei Jungen bzw. 16,2 % bei Mädchen. Die Adipositasprävalenz (BMI > 97. Perzentil) beträgt bei den 3- bis 6-jährigen Jungen 1,0 % bzw. bei den Mädchen 3,2 % und steigt dann in den höheren Altersgruppen auf 9,2 % bei den 14- bis 17-jährigen Jungen bzw. auf 7,7 % bei den Mädchen an.

Weiter ist auffallend, dass Kinder und Jugendliche beiderlei Geschlechts aus Familien mit niedrigem sozioökonomischen Status (SES) im Vergleich zu Gleichaltrigen aus Familien mit mittlerem oder höherem SES wesentlich häufiger von Übergewicht bzw. Adipositas betroffen sind (Abb. 1/37). Der SES-Index wird aus den Ausgangsvariablen Bildung, Berufsstatus und Einkommen berechnet [82]. Jungen und Mädchen aus Familien mit niedrigem SES sind mehr als viermal so häufig von Adipositas betroffen wie Kinder und Jugendliche aus Familien mit hohem SES [79].

**Für die Prävalenz von Übergewicht bzw. Adipositas bei Kindern und Jugendlichen zeigt sich ein großer sozialer Gradient.**

**Abbildung 1/37:** Prävalenz von Übergewicht ohne Adipositas (BMI > 90. bis 97. Perzentil) und Adipositas (BMI > 97. Perzentil) im Kindes- und Jugendalter nach Geschlecht und SES (KiGGS-Welle 2 [2014–2017]) [79]

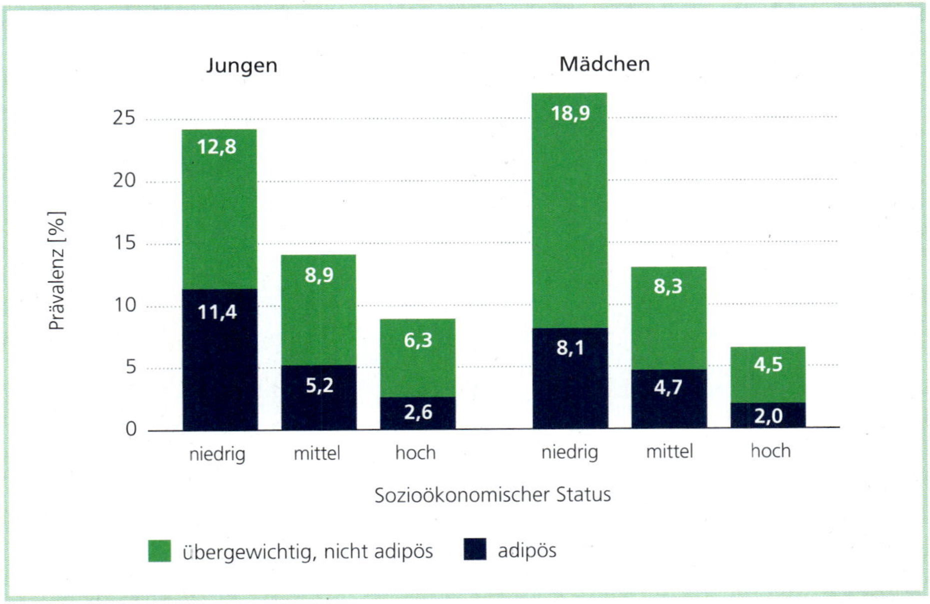


Der Vergleich mit den Daten der KiGGS-Basisuntersuchung (2003–2006) zeigt, dass der Anteil übergewichtiger bzw. adipöser Kinder und Jugendlicher im Wesentlichen unverändert geblieben ist, aber weiterhin auf hohem Niveau stagniert (Abb. 1/38). Diese Ergebnisse decken sich mit den regional z. B. aus Niedersachsen, Bremen, Brandenburg oder Berlin für die Jahre 2016 bis 2018 vorliegenden neueren Daten aus Schuleingangsuntersuchungen, in denen sich bei Einschulungskindern die Prävalenz von Übergewicht seit einigen Jahren konstant im Bereich von 10 bis 12 % bewegt. Differenzierte Regionalauswertungen zeigen darüber hinaus, dass in den Ländern – je nach Region vor dem Hintergrund bestehender sozialer Unterschiede – große Spannweiten bei der Übergewichts- und Adipositasprävalenz bestehen [83–86].

1.4

**Die Prävalenz von Übergewicht bzw. Adipositas in der Kindheit und Jugend stagniert in Deutschland auf hohem Niveau.**

**Abbildung 1/38:** Vergleich der Prävalenz von Übergewicht inkl. Adipositas (BMI > 90. Perzentil) und Adipositas (BMI > 97. Perzentil) im Kindes- und Jugendalter in der KiGGS-Basiserhebung (2003–2006) und der KiGGS-Welle 2 (2014–2017) [79, 81]

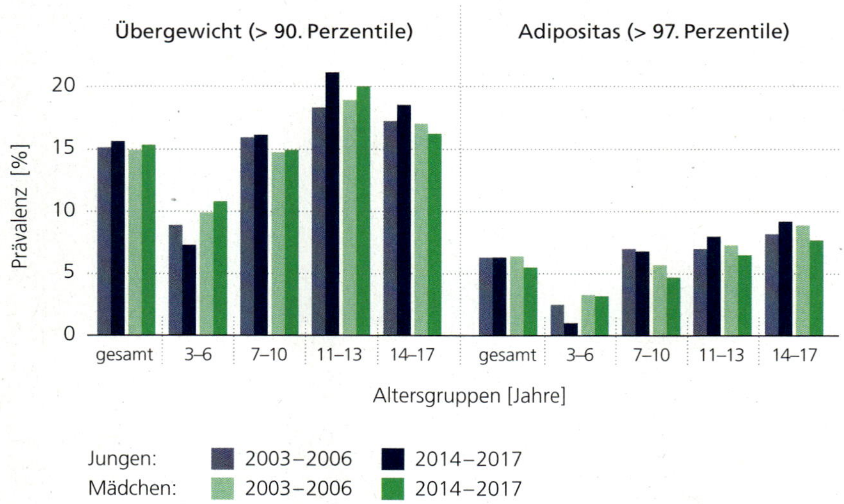


Von besonderem Interesse sind auch prospektive Kohortenstudien, in denen die Körpergewichtsentwicklung von Kindern im weiteren Lebenslauf über einen längeren Zeitraum bis ins Jugendalter beobachtet wurde [87]. Für einen Teil der Jugendlichen (12–17 Jahre) aus der KiGGS-Welle 2 liegen auch die 11 Jahre früher aus der Erstuntersuchung im Rahmen der KiGGS-Basisuntersuchung gemessenen anthropometrischen Daten der damaligen Kinder (2–6 Jahre) vor [87].

Die Mehrheit (86 %) der Kinder, die bei der Basisuntersuchung kein Übergewicht (BMI ≤ 90. Perzentil) hatten, waren auch 11 Jahre später noch ohne Übergewicht. Aus 8 % der ursprünglich nicht übergewichtigen Kinder entwickelten sich übergewichtige, aber nicht adipöse Jugendliche (BMI > 90. bis 97. Perzentil) und 5 % entwickelten in dem Zeitraum eine Adipositas (BMI > 97. Perzentil). Dagegen wurden aus 24 % der ursprünglich übergewichtigen Kinder 11 Jahre später übergewichtige Jugendliche und 29 % entwickelten in dem Zeitraum eine Adipositas. Von den ursprünglich übergewichtigen Kindern (BMI > 90. bis 97. Perzentil) hatten 47 % im Jugendalter ein normales Körpergewicht. Kinder, die bei der Basisuntersuchung bereits adipös waren, blieben im Jugendalter zu 65 % adipös, 11 % waren im Jugendalter zwar noch übergewichtig, aber nicht mehr adipös und bei 24 % stellte sich im Jugendalter ein normales Körpergewicht ein. Wie bereits erwähnt, steigt der Anteil Übergewichtiger vom Kindergarten- über das Grundschul- bis zum Jugendalter deutlich an (Abb. 1/38). Aus über der Hälfte der 3- bis 6-jährigen Kinder mit Übergewicht bzw. Adipositas werden übergewichtige oder adipöse Jugendliche.

**Übergewicht im Kindesalter setzt sich oftmals auch in der Jugend fort.**

## 1.4.6 Übergewicht im Erwachsenenalter

Um eine Bewertung der aktuellen Verbreitung von Übergewicht (BMI ≥ 25) im Erwachsenenalter in Deutschland und ihrer Entwicklung vornehmen zu können, werden analog zu früheren DGE-Ernährungsberichten [18–20] die anthropometrischen Daten aus der repräsentativen Mikrozensus-Befragung 18- bis 90-Jähriger herangezogen, die jeweils mit vergleichbaren Erhebungsmethoden gewonnen wurden. Neue Ergebnisse aus repräsentativen Studien zum Ernährungs- und Gesundheitsmonitoring in Deutschland liegen seit dem 13. DGE-Ernährungsbericht nicht vor.

Zusätzlich zu dem jährlich im Rahmen des Mikrozensus durchgeführten Grundprogramm führt das Statistische Bundesamt regelmäßig einige Zusatzbefragungen u. a. zu Fragen zur Gesundheit durch. Hierbei werden im Rahmen von repräsentativen Unterstichproben zufällig ausgewählte erwachsene Haushaltsmitglieder nach ihrem Körpergewicht und ihrer Körpergröße befragt. Aus den anthropometrischen Daten dieser Zusatzbefragung wird aus dem berechneten BMI die Prävalenz von Übergewicht (Präadipositas und Adipositas) ermittelt. Entsprechende Daten liegen für die Jahre 1999, 2003, 2005, 2009, 2013 und 2017 vor [21–26].

Bei der Bewertung der Mikrozensusdaten ist allerdings zu beachten, dass es sich hierbei um die Selbstangaben der befragten Personen handelt (s. 1.4.2). Es zeigt sich, dass sowohl Frauen als auch Männer ihr Körpergewicht systematisch im Mittel um ca. 1 bis 4 kg unterschätzen, während die Körperlänge um bis zu 4,5 cm überschätzt wird [88–90]. Somit ist in den hier herangezogenen Daten insgesamt von einer Unterschätzung der tatsächlichen Prävalenz von Übergewicht auszugehen, d. h., die tatsächliche Prävalenz ist in Deutschland wahrscheinlich höher als die Mikrozensusdaten oder die Daten der 2014/2015 telefonisch durchgeführten bundesweiten Studie „Gesundheit in Deutschland aktuell" (GEDA) aufzeigen [27]. Die durch die Erhebungsmethode bedingten Unterschiede sind daher beim Vergleich verschiedener Datenquellen zum BMI zu berücksichtigen.

### 1.4.6.1 Verbreitung von Übergewicht (Präadipositas und Adipositas) im Erwachsenenalter (18 bis unter 65 Jahre)

In Deutschland waren nach den Daten des Mikrozensus [26] im Jahr 2017 erwachsene Männer im Alter von 18 bis unter 65 Jahren im Durchschnitt 180 cm groß und wogen 85,5 kg; Frauen waren im Durchschnitt 167 cm groß und wogen 68,2 kg (Tab. 1/9).

**Tabelle 1/9:** Körpermaße sowie Prävalenz von Untergewicht und Übergewicht im Erwachsenenalter (18 bis unter 65 Jahre) auf der Basis des Mikrozensus 2017 (Durchschnittswerte) [26]

| | **Männer** (18 bis < 65 Jahre) | **Frauen** (18 bis < 65 Jahre) |
|---|---|---|
| Körpergewicht (kg) | 85,5 | 68,2 |
| Körperlänge (cm) | 180,0 | 167,0 |
| BMI | 26,5 | 24,6 |
| Untergewicht | 0,9 % | 3,9 % |
| Normalgewicht | 39,7 % | 58,8 % |
| Präadipositas | 42,4 % | 24,8 % |
| Adipositas Grad I und II | 15,9 % | 11,3 % |
| Adipositas Grad III | 1,1 % | 1,2 % |

Untergewicht (BMI < 18,5) wird in Deutschland eher selten angetroffen und kommt häufiger bei Frauen (3,9 %) als bei Männern (0,9 %) vor. Dabei waren 12,1 % der Frauen im Alter von 18 bis unter 20 Jahren und 8,5 % der Frauen im Alter von 20 bis unter 25 Jahren untergewichtig.

Den hier dargestellten Daten des Mikrozensus 2017 ist weiter zu entnehmen (Tab. 1/9), dass im Alter zwischen 18 und 65 Jahren 42,4 % der Männer bzw. 24,8 % der Frauen präadipös und 17,0 % der Männer bzw. 12,5 % der Frauen adipös waren. Das ergibt eine Gesamtprävalenz für Übergewicht von 59,4 % für Männer und 37,3 % für Frauen.

**Normalgewichtige Männer sind ab der Altersgruppe 30 bis unter 35 Jahre, normalgewichtige Frauen ab dem 60. Lebensjahr in Deutschland in der Minderheit.**

Männer waren in allen Altersgruppen häufiger übergewichtig als Frauen (Abb. 1/39a und Abb. 1/39b). So waren bei den 20- bis unter 25-Jährigen im Jahr 2017 33,0 % der Männer und 18,3 % der Frauen übergewichtig. Der Anteil übergewichtiger Personen nahm über die Altersgruppen hinweg zu und erreichte in der Altersgruppe 60 bis unter 65 Jahre mit 72,6 % bei den Männern bzw. 53,0 % bei den Frauen den Höhepunkt. Männer nehmen im jüngeren Erwachsenenalter zwischen dem 18. und 40. Lebensjahr mit durchschnittlich 11,5 kg (bzw. ca. 520 g/Lebensjahr) wesentlich mehr zu, als Frauen mit 7,3 kg (bzw. ca. 320 g/Lebensjahr). In dem Altersbereich von 40 bis unter 65 Jahren nehmen dagegen Frauen (+3,0 kg) durchschnittlich mehr zu als Männer (+0,0 kg). Zu berücksichtigen ist, dass 60- bis unter 65-jährige Personen im Mittel 2 bis 3 cm kleiner sind als Personen der Altersgruppe 40 bis unter 45 Jahre [28]. Die im jüngeren Erwachsenenalter auftretende stärkere Gewichtszunahme bei den Männern führt dazu, dass normalgewichtige Männer in Deutschland bereits ab der Altersgruppe 30 bis unter 35 Jahre in der Minderheit sind, während dies für Frauen erst ab dem 60. Lebensjahr zutrifft (Abb. 1/39a und Abb. 1/39b). Den beiden Abbildungen 1/39a und 1/39b ist weiter zu entnehmen, dass die Adipositasprävalenz in den dargestellten Altersklassen von 18 bis unter 65 Jahren nahezu kontinuierlich ansteigt. In der Gruppe mit dem höchsten Alter, liegt im Jahr 2017 in etwa bei jedem vierten Mann (24,5 %) und bei jeder fünften Frau (19,7 %) eine Adipositas vor.

**Abbildung 1/39a:** Verbreitung von Präadipositas (BMI 25 bis 29,9) und Adipositas (BMI ≥ 30) bei Männern im Erwachsenenalter (18 bis unter 65 Jahre) [26]

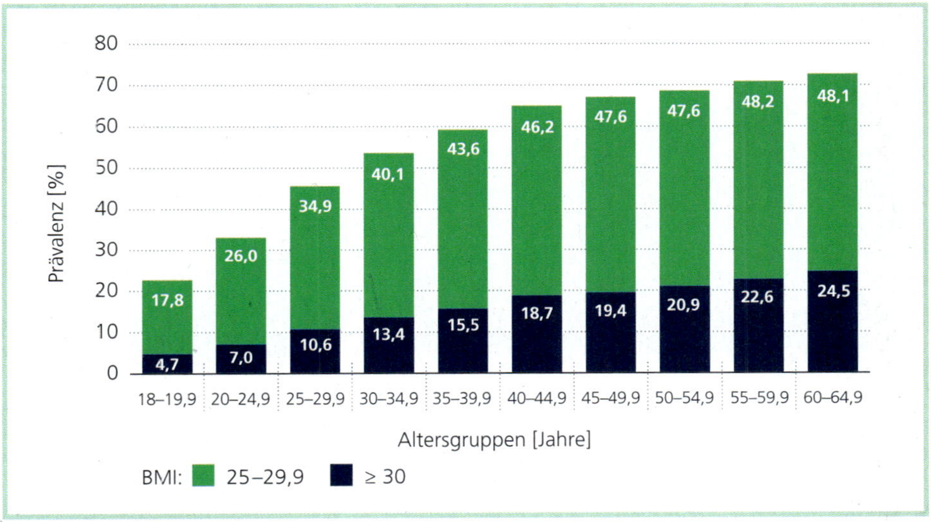


**Abbildung 1/39b:** Verbreitung von Präadipositas (BMI 25 bis 29,9) und Adipositas (BMI ≥ 30) bei Frauen im Erwachsenenalter (18 bis unter 65 Jahre) [26]

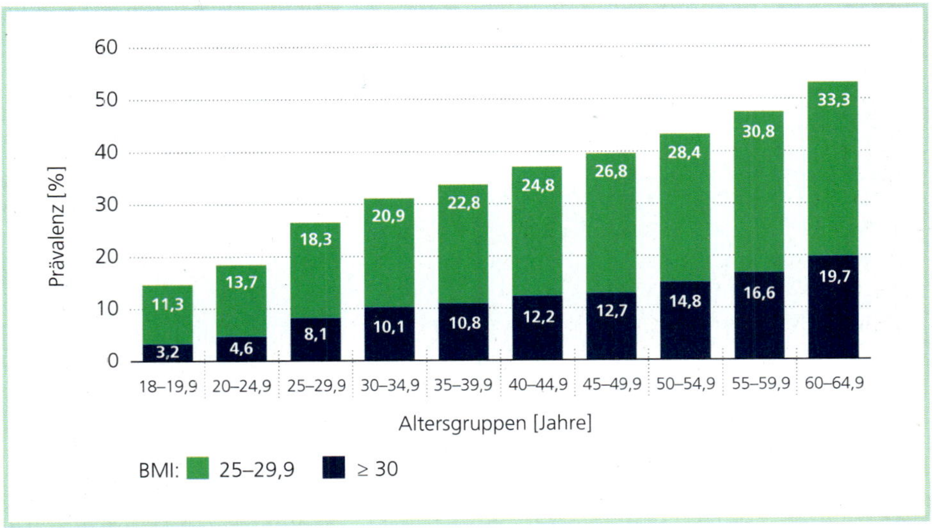

### 1.4.6.2 Entwicklung der Verbreitung von Übergewicht (Präadipositas und Adipositas) im Erwachsenenalter (18 bis unter 65 Jahre) zwischen 1999 und 2017

Der Vergleich der Mikrozensusdaten zum Körpergewicht zeigt, dass Männer im Jahr 2017 [26] gegenüber dem Jahr 1999 [21] bei (fast) unveränderter durchschnittlicher Körperlänge im Durchschnitt 4,3 kg (85,5 vs. 81,2 kg) mehr wogen, während bei Frauen die Differenz im Durchschnitt bei 1,7 kg (68,2 vs. 66,5 kg) lag.

**Besonders die Verbreitung von Adipositas hat unter den Erwachsenen weiter zugenommen.**

Der Anteil übergewichtiger Personen an der Bevölkerung (18 bis unter 65 Jahre) ist 2017 (Männer 59,4 %, Frauen 37,3 %) im Vergleich zu 1999 (Männer 54,0 %, Frauen 35,5 %) um 10,0 % bei den Männern bzw. um 5,1 % bei den Frauen deutlich gestiegen. Dabei hat besonders die Verbreitung von Adipositas weiter zugenommen: Im Jahr 2017 hatten 17,0 % der Männer und 12,5 % der Frauen eine Adipositas (Tab. 1/9), während es 1999 noch 11,5 % der Männer und 9,9 % der Frauen waren [21]. Somit stieg in dem Zeitraum von 18 Jahren die Adipositasprävalenz bei Männern um 47,8 % und bei Frauen um 26,3 % an. Auffallend ist, dass die Adipositasprävalenz bei Frauen und Männern über die dargestellten Altersklassen hinweg von 18 bis unter 65 Jahren nahezu linear zunimmt.

**Abbildung 1/40:** Entwicklung der Verbreitung von Übergewicht (BMI ≥ 25; Präadipositas und Adipositas) bei Frauen und Männern im Erwachsenenalter (18 bis unter 65 Jahre) in den Untersuchungen des Mikrozensus von 1999 bis 2017 [21–26]

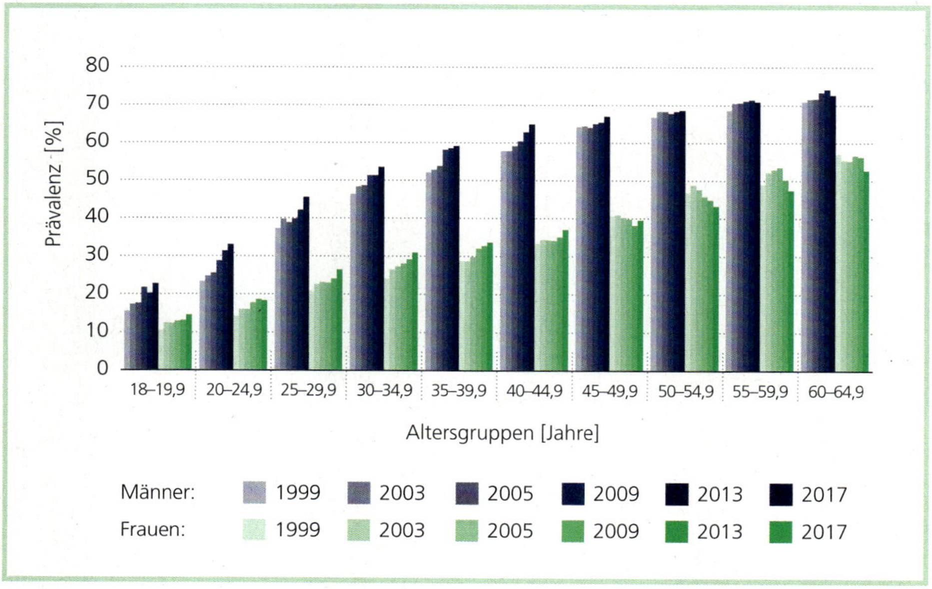

**Abbildung 1/41:** Entwicklung der Verbreitung von Adipositas (BMI ≥ 30) bei Frauen und Männern im Erwachsenenalter (18 bis unter 65 Jahre) in den Untersuchungen des Mikrozensus von 1999 bis 2017 [21–26]

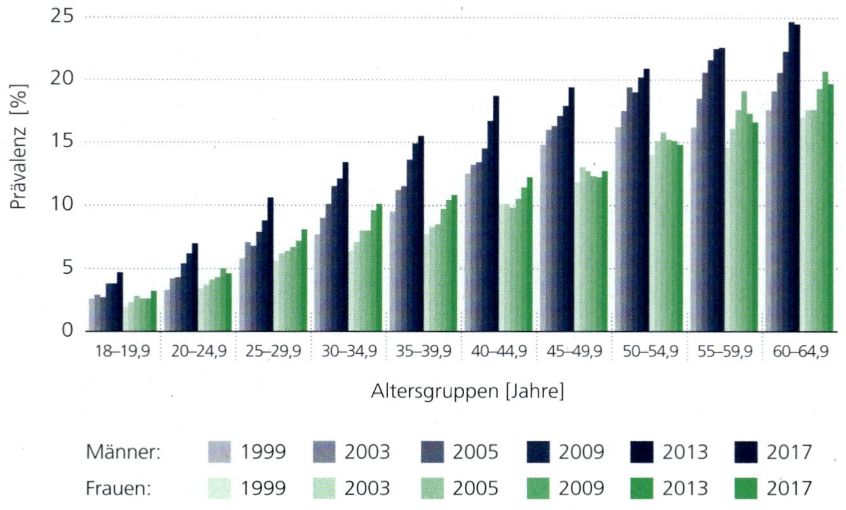


Eine differenzierte Analyse der Entwicklung der Verbreitung von Übergewicht in den Jahren 1999 bis 2017 nach Geschlechts- und Altersgruppen zeigt, dass bei Männern und Frauen eine Zunahme der Prävalenz im Alter von 18 bis 44,9 Jahren stattgefunden hat, während die Prävalenz im Alter von 45 bis unter 65 Jahren stagniert (Männer) oder sogar rückläufig (Frauen) ist (Abb. 1/40).

Eine geschlechts- und altersgruppenbezogene differenzierte Betrachtung der Adipositasprävalenz zeigt, dass ab einem Alter über 18 Jahre bei den Männern gegenüber den Frauen in fast allen Altersgruppen eine stärkere Zunahme der Verbreitung von Adipositas stattgefunden hat. Während sich 1999 die Adipositasprävalenz von Männern und Frauen in vielen Altersgruppen kaum unterschied, sind inzwischen in allen Altersgruppen deutliche Unterschiede zwischen den Geschlechtern erkennbar (Abb. 1/41).

## 1.4.7 Übergewicht im Seniorenalter

Die Altersgruppe der älteren Menschen (65 Jahre und älter) zeigt eine sehr heterogene Gesundheits- und Lebenssituation. Während sich die Ernährungssituation jüngerer Senior*innen nicht wesentlich von der noch im Erwerbsleben stehenden Erwachsenen unterscheidet [91], treten mit zunehmendem Alter gesundheitliche Beschwerden und Krankheiten auf, die nicht selten die Nahrungszufuhr und den Nährstoffbedarf beeinflussen sowie mit Unterernährung und Gewichtsverlust verbunden sein können [92, 93].

### 1.4.7.1 Verbreitung von Übergewicht (Präadipositas und Adipositas) im Seniorenalter (65 Jahre und älter)

Laut Daten des Mikrozensus [26] waren im Jahr 2017 Männer im Seniorenalter in Deutschland im Durchschnitt 175 cm groß und wogen 83,6 kg; gleich alte Frauen waren zum gleichen Zeitpunkt im Durchschnitt 163 cm groß und wogen 69,6 kg (Tab. 1/10). Insgesamt waren in dieser Altersgruppe 69,6 % der Männer und 56,4 % der Frauen übergewichtig, 21,0 % der Männer und 19,4 % der Frauen waren adipös. Untergewicht (BMI ≤18,5) lag nur bei sehr wenigen Senioren (0,5 %) und Seniorinnen (2,0 %) vor. Während sich die Prävalenz von Präadipositas bei Männern und Frauen deutlich unterschied, fiel der Geschlechtsunterschied in der Verbreitung von Adipositas (Grad I und II) deutlich geringer aus; Adipositas Grad III wird bei älteren Frauen häufiger beobachtet als bei den Männern in dieser Altersgruppe.

**Tabelle 1/10:** Körpermaße sowie Prävalenz von Untergewicht und Übergewicht bei Personen im Alter von 65 Jahre und älter auf der Basis des Mikrozensus 2017 (Durchschnittswerte) [26]

| | **Männer** (≥ 65 Jahren) | **Frauen** (≥ 65 Jahren) |
|---|---|---|
| Körpergewicht (kg) | 83,6 | 69,6 |
| Körperlänge (cm) | 175,0 | 163,0 |
| BMI | 27,2 | 26,3 |
| Untergewicht | 0,5 % | 2,0 % |
| Normalgewicht | 29,9 % | 41,6 % |
| Präadipositas | 48,6 % | 37,0 % |
| Adipositas Grad I und II | 20,1 % | 18,1 % |
| Adipositas Grad III | 0,9 % | 1,3 % |

Eine differenzierte Betrachtung unterschiedlicher Altersgruppen älterer Menschen zeigt im höheren Alter – und hier besonders in der Altersgruppe 75 Jahre und älter – eine niedrigere Prävalenz von Übergewicht. Dieser Rückgang betrifft bei beiden Geschlechtern aber fast ausschließlich die Prävalenz von Adipositas, während die Prävalenz von Präadipositas weitgehend stabil zu sein scheint (Abb. 1/42a und Abb. 1/42b).

**Abbildung 1/42a:** Verbreitung von Präadipositas (BMI 25 bis 29,9) und Adipositas (BMI ≥ 30) bei Männern im Seniorenalter (65 Jahre und älter) [26]

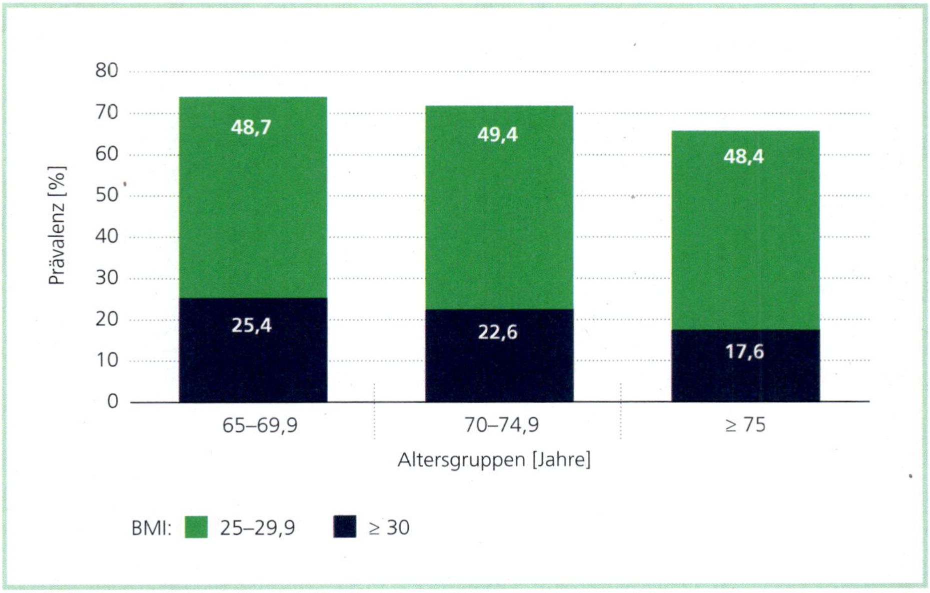


**Abbildung 1/42b:** Verbreitung von Präadipositas (BMI 25 bis 29,9) und Adipositas (BMI ≥ 30) bei Frauen im Seniorenalter (65 Jahre und älter) [26]

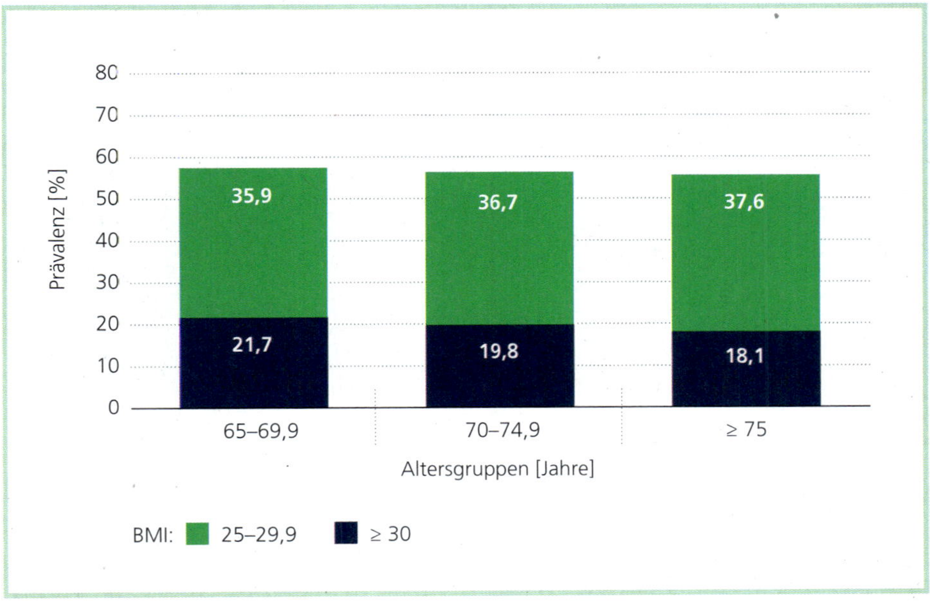

### 1.4.7.2 Entwicklung der Verbreitung von Übergewicht (Präadipositas und Adipositas) im Seniorenalter (65 Jahre und älter) zwischen 1999 und 2017

In der Altersgruppe 65 bis unter 70 Jahre sind bei den Männern und Frauen zwischen 1999 und 2017 keine größeren Veränderungen der Übergewichtsprävalenz aufgetreten. Bei den älteren Senior*innen (≥ 70 Jahre) verzeichnet sich bis 2009 ein kontinuierlicher Anstieg der Prävalenz und seitdem ist bei beiden Geschlechtern in der Altersgruppe 70 bis unter 75 Jahre ein leichter Rückgang sowie in der Altersgruppe 75 Jahre und älter eine Stagnation festzustellen (Abb. 1/43).

Anders hat sich dagegen die Prävalenz von Adipositas im Seniorenalter entwickelt. Von 1999 bis 2017 sind – ausgenommen Frauen in der Altersgruppe 65 bis unter 70 Jahren sowie 70 bis unter 75 Jahren – deutliche Zunahmen der Prävalenz zu erkennen (Abb. 1/44). Besonders deutliche Steigerungen finden sich in der Altersgruppe 75 Jahre und älter. Dies zeigt, dass inzwischen auch hochbetagte Menschen mehr und mehr von einer Adipositas betroffen sind.

**Auch hochbetagte Menschen sind mehr und mehr von Adipositas betroffen.**

**Abbildung 1/43:** Entwicklung der Verbreitung von Übergewicht (BMI ≥ 25; Präadipositas und Adipositas) bei Frauen und Männern im Seniorenalter (65 Jahre und älter) in den Untersuchungen des Mikrozensus von 1999 bis 2017 [21–26]

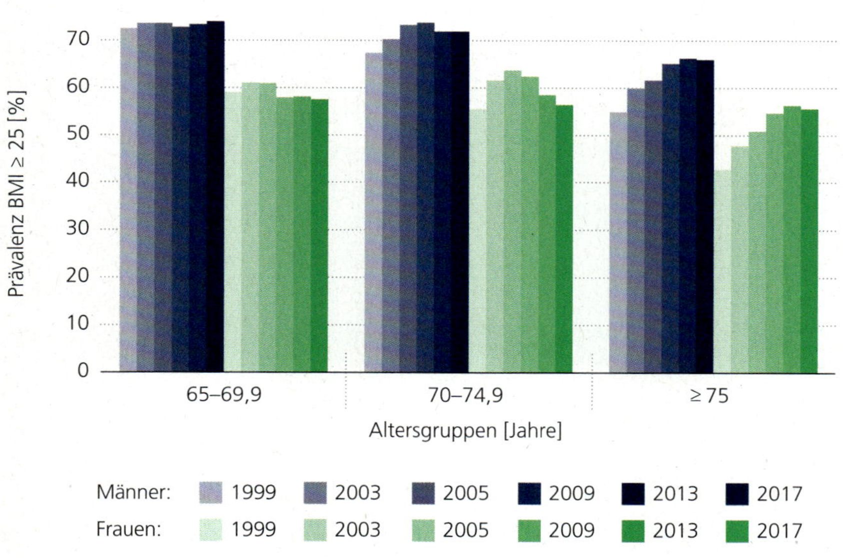

**Abbildung 1/44:** Entwicklung der Verbreitung von Adipositas (BMI ≥ 30) bei Frauen und Männern im Seniorenalter (65 Jahre und älter) in den Untersuchungen des Mikrozensus von 1999 bis 2017 [21–26]

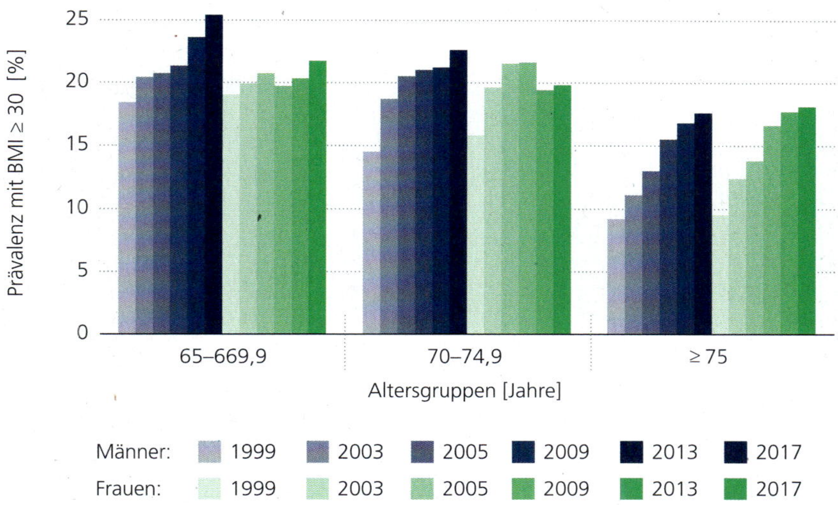


Das Ausmaß der Veränderungen wird noch deutlicher, wenn die Zunahme des Körpergewichts bei den über 65-jährigen Männern und Frauen in den einzelnen Übergewichtskategorien analysiert wird (Tab. 1/11). Die Prävalenz von Adipositas nahm bei Männern und Frauen zwischen 1999 und 2017 in allen Altersgruppen ganz erheblich zu, mit der größten Zunahme in der Altersgruppe der über 75-jährigen Seniorinnen (+88,5 %) und Senioren (+89,2 %). Die Prävalenz von Präadipositas ist dagegen bei den unter 75-Jährigen in dem Zeitraum 1999 bis 2017 leicht zurückgegangen (ca. –10 %); nur bei den über 75-jährigen Frauen und Männern hat die Prävalenz von Präadipositas noch leicht zugenommen (+9 % bzw. +4,5 %).

**Tabelle 1/11:** Veränderung der Prävalenz von Präadipositas und Adipositas bei Männern und Frauen im Alter von 65 Jahren und älter im Vergleich von dem Jahr 1999 zu 2017 [21, 26]

| | **Männer** | | | **Frauen** | | |
|---|---|---|---|---|---|---|
| | 65–69,9 Jahre | 70–74,9 Jahre | ≥75 Jahre | 65–69,9 Jahre | 70–74,9 Jahre | ≥75 Jahre |
| **Präadipositas** | –10,5 % | –7,7 % | +4,5 % | –13,1 % | –10,7 % | +9,0 % |
| **Adipositas** | +35,8 % | +53,7 % | +89,2 % | +13,6 % | +24,5 % | +88,5 % |

### 1.4.8 Diskussion

Die mit diesem DGE-Ernährungsbericht dargestellten Daten zur Prävalenz von Präadipositas und Adipositas zeigen deutlich, dass Präadipositas und Adipositas in unserer Bevölkerung alle Altersgruppen betreffen.

Wie in Abschnitt 1.6.3 aufgezeigt wurde, stellen ein gestiegenes Ausgangsgewicht vor und eine zu hohe Gewichtszunahme während der **Schwangerschaft** besondere Probleme dar. Aufgrund der großen Bedeutung pränataler Einflussfaktoren auf die gesunde Entwicklung von Kindern inkl. der Vermeidung von Übergewicht bzw. Adipositas im Kindes- und Jugendalter sollten präventive Maßnahmen bereits frühzeitig einsetzen. Das Robert Koch-Institut zählt hierzu u. a. umfassende Informationen schwangerer Frauen über die besondere Bedeutung pränataler Einflüsse für die langfristige Gesundheit der Kinder, z. B. im Rahmen der ärztlichen Vorsorgeuntersuchungen sowie zielgruppenspezifische Angebote, z. B. von Krankenkassen [39].

Eine ausgewogene, abwechslungsreiche Ernährung und ein normales Ausgangsgewicht vor der Schwangerschaft sowie eine **angemessene Gewichtszunahme** und ein adäquates Bewegungsverhalten während der Schwangerschaft haben langfristige positive Auswirkungen auf die Gesundheit von Mutter und Kind [38, 46, 53, 63].

Das Ausgangsgewicht zu Beginn einer Schwangerschaft und die körperlichen Aktivitäten während der Schwangerschaft stellen zudem wichtige Determinanten für den Energiemehrbedarf während der Schwangerschaft dar. Noch immer aber wird der Energiebedarf von Schwangeren erheblich überschätzt [46]. Den aktuellen D-A-CH-Referenzwerten für die Nährstoffzufuhr zufolge ist der Richtwert für die Energiezufuhr erst ab dem 4. Monat der Schwangerschaft um 250 kcal/Tag erhöht. Erst im letzten Drittel der Schwangerschaft beträgt der Richtwert für den Energiemehrbedarf 500 kcal/Tag. Viele Schwangere sollten ihre Energiezufuhr trotzdem nur geringfügig bzw. gar nicht erhöhen. Die in den aktuellen D-A-CH-Referenzwerten abgeleiteten erhöhten Referenzwerte für die tägliche Energiezufuhr während der Schwangerschaft sind für normalgewichtige Frauen, die ihre körperlichen Aktivitäten während der Schwangerschaft weitgehend beibehalten und deren Körpergewichtszunahme bis zum Ende der Schwangerschaft bei maximal 12 kg liegt zugrunde gelegt. Bei Schwangeren mit abnehmender körperlicher Aktivität kann der schwangerschaftsbedingte Energiemehrbedarf weitgehend durch die inaktivitätsbedingte Energieeinsparung kompensiert werden [94].

**Nur körperlich weiterhin aktive Frauen haben in der Schwangerschaft einen Energiemehrbedarf.**

Systematische Literaturrecherchen zeigen, dass sich Adipositas-assoziierte Risiken bei übergewichtigen Schwangeren nur teilweise durch Lebens- und Ernährungsstilinterventionen beeinflussen lassen. Daher wird eine prägravide Prävention von Adipositas mit dem Ziel einer Normalisierung des Körpergewichts vor Eintritt einer Schwangerschaft als besonders bedeutsam angesehen [47, 95].

Da schwangere Frauen für Empfehlungen zur gesundheitsfördernden Ernährung i. d. R. besonders aufgeschlossen sind, bieten sich gute Möglichkeiten, Gesundheitskompetenzen in dieser Lebensphase zu vermitteln. Aktuelle Forschungserkenntnisse zur Bedeutung der Ernährung in der Schwangerschaft und in der frühen Kindheit auch für die epigenetische Prägung unterstreichen die Bedeutung einer qualifizierten Ernährungs- bzw. Lebensstilberatung in der Schwangerschaft [38].

Daher liegt es nahe, schwangerschaftsspezifische Themen zur Ernährung, Bewegung und Übergewichtsprävention verstärkt und flächendeckend in die Fort- und Weiterbildungsangebote für Fachkräfte, die in Kontakt mit jungen Familien und Schwangeren sind, aufzunehmen und diese stärker im Curriculum der betroffenen Berufsgruppen zu verankern.

In der **Altersgruppe der Kinder und Jugendlichen** scheint der früher beobachtete Anstieg der Prävalenz von Übergewicht bzw. Adipositas gestoppt zu sein. Die Prävalenz ist aber im Kindes- und Jugendalter immer noch auf einem sehr hohen Niveau. Auch besteht weiterhin ein erheblicher Einfluss des sozioökonomischen Status bzw. der sozialen Lage oder der ethnischen Zugehörigkeit auf die Ernährung und die Gewichtsentwicklung von Kindern und Jugendlichen [79, 96]. Als besonders problematisch wird gesehen, dass übergewichtige bzw. adipöse Kinder und Jugendliche dazu neigen, weiter an Gewicht zuzunehmen [78, 87].

> **In der Altersgruppe der Kinder und Jugendlichen scheint der früher beobachtete Anstieg der Prävalenz von Übergewicht bzw. Adipositas gestoppt zu sein.**

Zu den wesentlichen Gründen für die stagnierende, jedoch hohe Verbreitung von Übergewicht bzw. Adipositas in dieser Altersgruppe zählen weiterhin eine zu geringe körperliche Aktivität, die intensive Nutzung moderner Medien und der hohe Verzehr bzw. die zu großen Portionen energiedichter Lebensmittel sowie zuckergesüßter Getränke [97, 98]. So wurde auch in Deutschland bei einem Teil der Kinder und Jugendlichen ein regelmäßiger und hoher Konsum zuckergesüßter Getränke festgestellt, wobei diese Getränke häufiger von Jungen als von Mädchen und von älteren als von jüngeren Jugendlichen konsumiert werden [99].

Aus systematischen Reviews und Metaanalysen ist bekannt, dass adipöse Jugendliche im späteren Erwachsenenalter zu etwa 80 % adipös bleiben [78, 99]. Epidemiologische Quer- und Längsschnittstudien deuten darauf hin, dass Übergewicht bzw. Adipositas bei Mädchen mit frühem Eintreten der Pubertät assoziiert ist [100]. Darüber hinaus konnte in einem systematischen Review mit Metaanalyse gezeigt werden, dass Adipositas im Kindesalter mit einem erhöhten Auftreten kardiovaskulärer Risikofaktoren im Erwachsenenalter assoziiert ist: mit einem erhöhten systolischen und diastolischen Blutdruck, erhöhten Triglyzerid- und verminderten HDL-Konzentrationen [101]. Eine im Kindesalter bereits bestehende Adipositas, die über das Pubertätsalter hinaus anhält, ist mit einem erhöhten Risiko für die Entstehung von Diabetes mellitus Typ 2 [102] sowie einem erhöhten Darmkrebsrisiko [103] im späteren Erwachsenenalter assoziiert.

Vor diesem Hintergrund sind weitere Maßnahmen zur Verhinderung einer frühzeitig im Leben beginnenden überproportionalen Gewichtszunahme und zur Reduzierung der bestehenden hohen Prävalenz von Übergewicht bzw. Adipositas im Kindes- und Jugendalter dringend erforderlich [104–106].

**Den Defiziten in der frühkindlichen und schulischen Ernährungsbildung sollte mit geeigneten Verhältnis- und Verhaltenspräventionsmaßnahmen begegnet werden.**

Beispielsweise zeigen die Ergebnisse des im Auftrag des BMEL durchgeführten Forschungsprojektes „Ernährungsbezogene Bildungsarbeit in Kitas und Schulen" deutlich, dass sowohl im Rahmen der frühkindlichen Ernährungsbildung als auch der schulischen Ernährungsbildung erheblicher Handlungsbedarf besteht [107]. Damit pädagogische Fachkräfte in den Kitas den Bildungsauftrag „Essen und Ernährung" kompetent umsetzen können, benötigen sie entsprechende Kompetenzen, die u. a. im Rahmen der Berufsausbildung nicht (mehr) umfassend vermittelt werden. Daher sollten die Themenbereiche Essen und Ernährung bundesweit in alle Ausbildungsgänge, die für das Arbeitsfeld Kita qualifizieren, stärker integriert werden. Für die pädagogischen Fachkräfte sollten vermehrt und flächendeckend Fortbildungsangebote speziell zur Ernährungsbildung angeboten werden. Kitaträger und deren Spitzenverbände sollten für die Bedeutung der Bereiche Essen und Ernährung stärker sensibilisiert werden und durch qualifizierte Ernährungsfachkräfte entsprechende Beratungs- und Unterstützungsangebote erhalten. Da in den Kitas das Verständnis von frühkindlicher Ernährungsbildung sehr heterogen ist, sollte ein einheitlicher Referenzrahmen mit den zu erwerbenden ernährungsbezogenen Kompetenzen für die Altersgruppe (0 bis 6 Jahre) entwickelt und verbreitet werden.

Im Rahmen der schulischen Ernährungsbildung sollten Leitfächer mit Ernährungsbezug in der Sekundarstufe I in allen allgemeinbildenden Schulformen (inkl. Gymnasium) fest verankert und entsprechende ernährungsbezogene Inhalte in den bestehenden länderspezifischen Fächern gesichert werden. Ernährungsbildung sollte aber nicht nur ausschließlich im Fachunterricht behandelt, sondern auch in den Schulalltag eingebettet werden.

Wichtig ist auch, dass die Lehrkräfte der Leitfächer für Ernährungsbildung grundsätzlich über eine wissenschaftlich fundierte Grundbildung im Bereich Ernährung verfügen und eine flächendeckende Möglichkeit erhalten, an ernährungsbezogenen Fortbildungen teilzunehmen. Dies kann auch durch die Entwicklung orts- und zeitungebundener Formate, wie z. B. Online-Seminare, erreicht werden. Gleichzeitig sollte die Schulverpflegung, die sich am DGE-Qualitätsstandard für die Schulverpflegung orientiert, mit der Ernährungsbildung verknüpft sein.

Die für Deutschland vorliegenden repräsentativen Daten zur Prävalenz von Präadipositas und Adipositas im **Erwachsenenalter** zeigen sehr deutlich, dass heute nur eine Minderheit der Erwachsenen in der Lage ist das Körpergewicht im Bereich des Normalgewichts (BMI 18,5–24,9) zu halten. Mit zunehmendem Alter steigt sowohl bei Frauen als auch bei Männern die Übergewichtsprävalenz an [27], wobei die Prävalenz von Übergewicht bei Männern in jüngeren Lebensjahren deutlich schneller zunimmt als bei Frauen.

Auffallend ist auch die starke Zunahme der Adipositasprävalenz zwischen 1999 und 2017: Bei Personen mit bestehender Präadipositas ist ein deutlicher Trend zu beobachten mit zunehmendem Alter eine Adipositas zu entwickeln [108].

Es ist davon auszugehen, dass die bei Männern zu beobachtende frühere Manifestation einer Adipositas das Risiko für das Auftreten von Adipositas-assoziierten Begleitkrankheiten erheblich erhöht [5]. Im Erwachsenen- und Seniorenalter ist Adipositas häufig mit einem erhöhten Risiko für Begleit- und Folgeerkrankungen assoziiert, u. a. mit Diabetes mellitus Typ 2 [109], Herz-Kreislauf-Erkrankungen inkl. Schlaganfall [110–112], nichtalkoholische Fettlebererkrankungen [113], Hyperurikämie bzw. Gicht und einigen Krebserkrankungen [114]. In Industrieländern haben nichtübertragbare chronische Krankheiten wie Herz-Kreislauf-Erkrankungen in den letzten Jahrzehnten stark an Bedeutung gewonnen, sie stellen heute die Hauptursachen für eine erhöhte (Multi-)Morbidität und Mortalität dar [1, 3, 16] und reduzieren – in Abhängigkeit vom Schweregrad der Adipositas – ganz erheblich die Anzahl der krankheitsfreien Lebensjahre [115].

Es liegt eine überzeugende Evidenz vor, dass Adipositas mit erhöhten Risiken für Ösophagus-Adenokarzinom, multiples Myelom, Krebserkrankungen des Magens, des Dickdarms und Rektums, des Gallenwegsystems, der Bauchspeicheldrüse, der Brust, des Endometriums und der Eierstöcke sowie der Nieren assoziiert ist [116]. Weiter konnte aufgezeigt werden, dass das Risiko an Brust- oder Dickdarmkrebs zu erkranken, mit der Adipositasdauer eng positiv assoziiert ist [117]. Die *International Agency for Research on Cancer* (IARC) schloss auf der Grundlage der verfügbaren Daten, dass das Fehlen von überschüssigem Körperfett das Risiko für zahlreiche Krebsarten senken dürfte [114].

Parallel zum weltweiten Anstieg der Verbreitung von Adipositas [118] zwischen 1975 und 2016 von 3 % auf 11 % (Männer) bzw. von 6 % auf 15 % (Frauen) hat auch die Prävalenz von Diabetes mellitus [119] weltweit von 4,7 % (1980) auf 8,5 % (2014) bei Erwachsenen deutlich zugenommen. Inzwischen liegt in Deutschland die standardisierte, auf Abrechnungsdaten der gesetzlichen Krankenversicherung (GKV) beruhende Prävalenz von Diabetes mellitus Typ 2 bei 9,5 % (2015); für das Jahr 2009 wurde diese noch mit 8,5 % angegeben [120]. Bereits jetzt wird jährlich bei ca. 500 000 Menschen erstmals Diabetes mellitus diagnostiziert [121]. Darüber hinaus haben Übergewicht bzw. Adipositas erhebliche Auswirkungen auf die gesundheitliche Lebensqualität, die psychische Befindlichkeit und auch die soziale Einbindung [122].

Die zunehmende Verbreitung von Übergewicht bzw. Adipositas stellt auch noch im Seniorenalter bis ins hohe Alter ein erhebliches Gesundheitsproblem dar und ist mit zahlreichen Komplikationen und Folgekrankheiten assoziiert. Hinzu kommt, dass ältere Menschen mit Pflegebedarf zunehmend von Adipositas betroffen sind und dies für pflegende Angehörige, ambulante Dienste oder Pflegekräften in den Einrichtungen der Altenpflege eine deutlich höhere Pflegebelastung bedeutet.

Neben Einbußen in der Gesundheit haben Übergewicht bzw. Adipositas auch weitreichende ökonomische Konsequenzen für die Gesellschaft und die nationalen Gesundheitssysteme [123]. Für das Jahr 2003 wurden die direkten und indirekten Krankheitskosten der Adipositas in Deutschland noch mit 13 Mrd. Euro berechnet. Hierbei wurden direkte Krankheitskosten, z. B. besonders für die Behandlung der Begleitkrankheiten und indirekten Kosten für vorzeitige Erwerbsunfähigkeit und Arbeitsunfähigkeit, berücksichtigt [124].

Bedingt durch die deutliche Zunahme der Adipositasprävalenz, der allgemeinen Kostensteigerung im Gesundheitswesen, den Fortschritten in der Medizin und der vollständigeren Erfassung aller Adipositaskosten (inkl. Kosten von Begleiterkrankungen, Arbeitsunfähigkeit, Rehabilitation, vorzeitige Pensionierung bzw. Verrentung, Arbeitslosigkeit, Unfälle) gehen neuere Daten inzwischen von einer deutlich höheren gesundheitsökonomischen Belastung für Deutschland aus. Die anhand der Abrechnungsdaten einer deutschen Krankenkasse durchgeführten Berechnungen und Hochrechnungen weisen für den Zeitraum 2008 bis 2012 jährliche adipositasbedingte Kosten in Höhe von 63,04 Mrd. Euro aus. Hierbei wurden 29,39 Mrd. Euro/Jahr für die direkten Kosten der Adipositas und weitere 33,63 Mrd. Euro/Jahr für die indirekten Kosten berechnet [125]. Unter Berücksichtigung der Lebenszeitperspektive belastete ein adipöser Mann die Sozialversicherungssysteme mit 166 911 Euro und eine adipöse Frau mit 206 526 Euro. Die Autor*innen dieser, für die Jahre 2008 bis 2012 an den Daten von 146 000 Versicherten einer Krankenversicherung durchgeführten Studie, weisen darauf hin, dass somit die durch Fehlernährung und Bewegungsmangel verursachten Kosten und weitere Konsequenzen gravierender sind als die durch Tabakkonsum [125].

**Übergewicht bzw. Adipositas sind Risikofaktoren für die individuelle und öffentliche Gesundheit und haben weitreichende ökonomische Konsequenzen für die Gesellschaft und die nationalen Gesundheitssysteme.**

Es werden in Zukunft mehr denn je beträchtliche Anstrengungen im Bereich der Ernährung, der körperlichen Aktivität und Lebensstiländerungen erforderlich sein, um die hohe Prävalenz von Präadipositas und Adipositas zu senken [126–128]. Eine zusammenhängende Auswertung der BMI-Daten von drei repräsentativen, nationalen Gesundheitssurveys, die das Robert Koch-Institut zwischen 1990 und 2011 in Deutschland durchgeführt hat, zeigt in jedem Survey große Unterschiede der Adipositasprävalenz (BMI $\geq$ 30 kg/m$^2$) zwischen den verschiedenen sozioökonomischen Gruppen der Bevölkerung im Alter von 25 bis 69 Jahren [129]. Die jeweils geringste Verbreitung von Adipositas wurde in dem Terzil mit dem höchsten SES beobachtet, der aus dem Bildungsgrad und dem Einkommen berechnet wurde. Besonders auffallend war, dass es in dem genannten Zeitraum nur in den beiden Gruppen mit niedrigem und mittlerem SES zu einer weiteren Zunahme der Adipositasprävalenz kam. In der Gruppe mit dem höchsten SES wurde ein derartiger Trend nicht beobachtet. Adipositas ist eine wichtige Ursache für eine erhöhte Morbidität und Mortalität und trägt somit zu den bestehenden großen sozialen Unterschieden in der Gesundheit bzw. Krankheitslast zwischen den genannten Bevölkerungsgruppen mit bei.

In systematischen Reviews konnte gezeigt werden, dass multifaktorielle Verhaltensänderungen, bei denen Ernährung, körperliche Aktivität und Verhaltensänderungen einbezogen werden, am ehesten in der Lage sind, den BMI zu senken [130]. In einigen anderen Ländern mit einer vergleichbaren Übergewichtsproblematik werden bereits weitergehende ernährungspolitische Maßnahmen und Strategien entwickelt, getestet oder auch umgesetzt. Hierzu zählen z. B. die Reduzierung der TV-Werbung für zuckergesüßte Getränke und energiereiche Fast Food Produkte, besonders im Umfeld von Kindern und Jugendlichen [131], eine deutliche farbliche Kennzeichnung der Energiegehalte bzw. Energiedichte auf der Vorderseite von Lebensmitteln und in den Speisekarten von Restaurants [132], fiskalische Maßnahmen, wie die Erhöhung der Steuern auf fett- und zuckerreiche Lebensmittel und zuckergesüßte Getränke [133] oder die verbindliche Einführung von Standards für die Verpflegung in Kindertagesstätten und Schulen sowie eine Ausweitung der Ernährungsbildung in allen Schulformen [105, 106].

### 1.4.9 Forschungsbedarf

Die aktuelle empirische Datenlage ist in Deutschland weiterhin unvollständig und die vorliegenden Daten sind nicht durchgängig von hoher Qualität.

Für Trendanalysen zum BMI und zur Verbreitung von Präadipositas und Adipositas im Erwachsenenalter stehen zwar regelmäßig die Mikrozensus-Daten des Statistischen Bundesamtes zur Verfügung. Diese beruhen aber auf selbst gemachten Angaben der Teilnehmenden und dürften eher zu einer Unterschätzung der tatsächlichen Verbreitung führen. Um präzisere Angaben zu erhalten, durch die sich evtl. Ergebnisse zukünftiger ernährungs- und gesundheitspolitischer Maßnahmen zuverlässig evaluieren lassen, sind regelmäßige Querschnittsuntersuchungen in repräsentativen Bevölkerungsstichproben mit standardisierten Messmethoden erforderlich, unter Einbeziehung der bekannten, aber oft schwer zu erreichenden Risikogruppen (z. B. bildungsferne Schichten, Personen mit Migrationshintergrund).

Ergebnisse der Schuleingangsuntersuchungen des Öffentlichen Gesundheitsdienstes in den verschiedenen Bundesländern könnten für diese Altersgruppe zuverlässige Datenquellen sein, werden aber nur spärlich, wenig aktuell und mit großer Verspätung veröffentlicht.

Der Aktionsplan der Bundesregierung vom 10.5.2007 sah vor [122]

- bis 2020 das Ernährungs- und Bewegungsverhalten nachhaltig zu verbessern,
- bis 2020 die Zunahme von Übergewicht bei Kindern zu stoppen,
- bis 2020 die Zahl übergewichtiger Menschen zu verringern.

Bisher ist nur in wenigen definierten Bevölkerungsgruppen kein weiterer Anstieg der Verbreitung von Adipositas eingetreten. Hierzu zählen Kinder und Personengruppen mit höherem sozialen Status.

Um die Entstehung von Adipositas wirksam zu verhindern und um die Adipositasprävalenz in der Gesamtbevölkerung und die damit assoziierten gesundheitlichen Folgen zu reduzieren, sind in Zukunft weitere, wirksamere Strategien und Interventionen erforderlich, die von den besonders betroffenen Bevölkerungsgruppen erfolgreicher als bisher umgesetzt werden können.

Hierzu ist weitere interdisziplinäre Forschung erforderlich, um die konkreten Ursachen für die Adipositasepidemie besser zu verstehen und empirisch zu erklären, warum die Adipositas bei den relativ benachteiligten Gruppen in Deutschland tendenziell schneller zunimmt und was mögliche Hemmnisse und Hindernisse einer Umsetzung wichtiger präventiver Maßnahmen hin zu einem gesünderen Lebensstil sind. Hierzu zählen z. B. internationale

Vergleiche, Metaanalysen oder systematische Reviews zur Wirksamkeit bereits umgesetzter ernährungspolitischer Maßnahmen auf nationaler und internationaler Ebene.

Dementsprechend ist weiterhin mit Nachdruck daran zu arbeiten, die Prävalenz von Übergewicht bzw. Adipositas zu senken. Wie bereits von der DGE und anderen Fachgesellschaften festgestellt, zeigen die bisherigen Erfahrungen, dass eine alleinige Verhaltensprävention zur Verbesserung der Ernährungs- und Gesundheitssituation in Deutschland nicht zur gewünschten Senkung der Häufigkeit von Übergewicht bzw. Adipositas und ernährungsmitbedingten Erkrankungen auf Bevölkerungsebene geführt hat. Langfristig ist eine abgestimmte Kombination verbindlicher Maßnahmen der Verhältnisprävention im Rahmen eines ganzheitlichen Ansatzes sinnvoll, um der Komplexität der Ernährungs- und Gesundheitssituation auf Bevölkerungsebene gerecht zu werden und langfristig eine messbare Veränderung gesundheitsrelevanter Parameter zu erzielen [134].

## 1.4.10 Literatur


[1] Nishida C, Borghi E, Branca F et al.: Global trends in overweight and obesity. In: Romieu I, Dossus L, Willett WC (Hrsg.): Energy balance and obesity. IARC Working Group Reports; Report No. 10. WHO Press, Genf (2017) 1–8

[2] NCD Risk Factor Collaboration: Worldwide trends in body-mass index, underweight, overweight, and obesity from 1975 to 2016: a pooled analysis of 2416 population-based measurement studies in 128,9 million children, adolescents, and adults. Lancet 390 (2017) 2627–2642

[3] GBD 2017 Mortality Collaborators: Global, regional, and national age-sex-specific mortality and life expectancy, 1950–2017: a systematic analysis for the Global Burden of Disease Study 2017. Lancet 392 (2018) 1684–1735

[4] Romieu I, Dossus L, Barquera S et al.: IARC working group on energy balance and obesity. Energy balance and obesity: what are the main drivers? Cancer Causes Control 28 (2017) 247–258

[5] Deutsche Adipositas-Gesellschaft (DAG) e. V., Deutsche Diabetes Gesellschaft (DDG), Deutsche Gesellschaft für Ernährung e. V. (DGE), Deutsche Gesellschaft für Ernährungsmedizin (DGEM) e. V. (Hrsg.): Interdisziplinäre Leitlinie der Qualität S3 zur „Prävention und Therapie der Adipositas". Version 2.0 (April 2014); https://www.awmf.org/uploads/tx_szleitlinien/050-001l_S3_Adipositas_Pr%C3%A4vention_Therapie_2014-11-abgelaufen.pdf (eingesehen am 19.08.2020)

[6] World Cancer Research Fund, American Institute for Cancer Research: Continuous Update Project Expert Report 2018. Diet, nutrition and physical activity: Energy balance and body fatness. The determinants of weight gain, overweight and obesity. https://www.wcrf.org/sites/default/files/Energy-Balance-and-Body-Fatness.pdf (eingesehen am 30.06.2020)

[7] Robert Koch-Institut (RKI): AdiMon-Themenblatt: Adipositas der Eltern. (2020) https://www.rki.de/DE/Content/Gesundheitsmonitoring/Studien/Adipositas_Monitoring/Verhaeltnisse/PDF_Themenblatt_Familie_Adipositas.pdf?__blob=publicationFile (eingesehen am 30.07.2020)

[8] Schienkiewitz A, Mensink GBM, Kuhnert R et al.: Übergewicht und Adipositas bei Erwachsenen in Deutschland. J Health Monitoring 2 (2017) 21–27

[9] Bray GA, Kim KK, Wilding JPH: World Obesity Federation: Obesity: a chronic relapsing progressive disease process. A position statement of the World Obesity Federation. Obes Rev 18 (2017) 715–723

[10] Jastreboff AM, Kotz CM, Kahan S et al.: Obesity as a disease: The Obesity Society 2018 position statement. Obesity 27 (2019) 7–9

[11] Zheng H, Chen C: Body mass index and risk of knee osteoarthritis: systematic review and meta-analysis of prospective studies. BMJ Open 5 (2015):e007568

[12] Nielsen SM, Bartels EM, Henriksen M et al.: Weight loss for overweight and obese individuals with gout: a systematic review of longitudinal studies. Ann Rheum Dis 76 (2017) 1870–1882

[13] Aune D, Norat T, Vatten LJ: Body mass index, abdominal fatness and the risk of gallbladder disease. Eur J Epidemiol 30 (2015) 1009–1019

[14] O'Flanagan CH, Bowers LW, Allott EH et al.: Molecular and metabolic mechanisms underlying the obesity–cancer link. In: Romieu I, Dossus L, Willett WC (Hrsg.): Energy balance and obesity. IARC Working Group Reports; Report No. 10. WHO Press, Genf (2017) 95–104

[15] Behrens G, Gredner T, Stock C et al.: Krebs durch Übergewicht, geringe körperliche Aktivität und ungesunde Ernährung. Dtsch Arztebl Int 115 (2018) 578–585

[16] Aune D, Sen A, Prasad M et al.: BMI and all cause mortality: systematic review and non-linear dose-response meta-analysis of 230 cohort studies with 3.74 million deaths among 30.3 million participants. BMJ (2016) 353:i2156

[17] Kitahara CM, Flint AJ, Berrington de Gonzalez A et al.: Association between class III obesity (BMI of 40–59 kg/m²) and mortality: a pooled analysis of 20 prospective studies. PLoS Med (2014)11:e1001673

[18] Heseker H, Straßburg A: Ernährungssituation in Deutschland. In: Deutsche Gesellschaft für Ernährung (Hrsg.): Ernährungsbericht 2008. Bonn (2008) 99–112

[19] Heseker H: Ernährungssituation in Deutschland. In: Deutsche Gesellschaft für Ernährung (Hrsg.): 12. Ernährungsbericht 2012. Bonn (2012) 119–130

[20] Heseker H: Ernährungssituation in Deutschland. In: Deutsche Gesellschaft für Ernährung (Hrsg.): 13. DGE-Ernährungsbericht. Bonn (2016) 65–86

[21] Statistisches Bundesamt: Mikrozensus 1999 – Fragen zur Gesundheit. Fachserie 12. Bonn (2001)

[22] Statistisches Bundesamt: Leben und Arbeiten in Deutschland – Ergebnisse des Mikrozensus 2003. Bonn (2004)

[23] Statistisches Bundesamt: Leben in Deutschland. Haushalte, Familien und Gesundheit – Ergebnisse des Mikrozensus 2005. Wiesbaden (2006)

[24] Statisches Bundesamt: Leben und Arbeiten in Deutschland – Mikrozensus 2009. Bonn (2010)

[25] Statistisches Bundesamt: Mikrozensus – Fragen zur Gesundheit – Körpermaße der Bevölkerung. 2013. Wiesbaden (2014)

[26] Statistisches Bundesamt: Mikrozensus – Fragen zur Gesundheit – Körpermaße der Bevölkerung. 2017. Wiesbaden (2018)

[27] Schienkiewitz A, Mensink GBM, Kuhnert R et al.: Übergewicht und Adipositas bei Erwachsenen in Deutschland. J Health Monitoring 2 (2017) 21–28 doi:10.17886/RKI-GBE-2017-025

[28] Connor Gorber S, Tremblay M, Moher D et al.: A comparison of direct vs. self-report measures for assessing height, weight and body mass index: a systematic review. Obes Rev 8 (2007) 307–326

[29] WHO (World Health Organization) (Hrsg.): Obesity: Preventing and managing the global epidemic. Report of a WHO consultation. WHO Technical Report Series 894, Genf (2000)

[30] Roberto CA, Swinburn B, Hawkes C et al.: Patchy progress on obesity prevention: emerging examples, entrenched barriers, and new thinking. Lancet 385 (2015) 2400–2409

[31] Dwyer J: Policy and healthy weight. Am J Clin Nutr 63, Suppl 3 (1996) 415S–418S

[32] Despres JP, Lemieux I, Prud'homme D: Treatment of obesity: need to focus on high risk abdominally obese patients. BMJ 322 (2001) 716–720

[33] Alexopoulos N, Katritsis D, Raggi P: Visceral adipose tissue as a source of inflammation and promoter of atherosclerosis. Atherosclerosis 233 (2014) 104–112

[34] Rabkin SW: The relationship between epicardial fat and indices of obesity and the metabolic syndrom: a systematic review and meta-analysis. Metabol Syndr Relat Disord 12 (2014) 31–42

[35] Shulman GI: Ectopic fat in insulin resistance, dyslipidemia, and cardiometabolic disease. N Engl J Med 371 (2014) 1131–1141

[36] Kurth BM, Schaffrath Rosario A: Übergewicht und Adipositas bei Kindern und Jugendlichen in Deutschland. Bundesgesundheitsbl 53 (2010) 643–652

[37] Kromeyer-Hauschild K, Wabitsch M, Kunze D et al.: Perzentile für den Body-Mass-Index für das Kindes- und Jugendalter unter Heranziehen verschiedener deutscher Stichproben. Monatsschr Kinderheilkd 149 (2001) 807–818

[38] Koletzko B, Brands B, Grote V et al.: Long-term health impact of early nutrition: The power of programming. Ann Nutr Metab 70 (2017) 161–169

[39] Robert Koch-Institut (RKI): AdiMon-Themenblatt: Schwangerschaft. (Stand: 26.02.2018)

[40] Institut für Qualitätssicherung (IQTIG): Bundesauswertung zum Erfassungsjahr 2017 – Geburtshilfe. Qualitätsindikatoren. Berlin (2018)

[41] Institut für Qualitätssicherung (IQTIG): Bundesauswertung zum Erfassungsjahr 2015 – Geburtshilfe. Qualitätsindikatoren. Berlin (2016)

[42] Institut für angewandte Qualitätsförderung und Forschung im Gesundheitswesen (Aqua): Bundesauswertung zum Erfassungsjahr 2013 – Geburtshilfe. Qualitätsindikatoren. Göttingen (2014)

[43] Institut für angewandte Qualitätsförderung und Forschung im Gesundheitswesen (Aqua): Bundesauswertung zum Erfassungsjahr 2011 – Geburtshilfe. Qualitätsindikatoren. Göttingen (2012)

[44] Institut für angewandte Qualitätsförderung und Forschung im Gesundheitswesen (Aqua): Bundesauswertung zum Erfassungsjahr 2009 – Geburtshilfe. Qualitätsindikatoren. Göttingen (2010)

[45] Bundesgeschäftsstelle Qualitätssicherung (BQS): BQS-Bundesauswertung 2008 – Geburtshilfe. Düsseldorf (2009)

[46] Koletzko B, Cremer M, Flothkötter M et al.: Ernährung und Lebensstil vor und während der Schwangerschaft – Handlungsempfehlungen des bundesweiten Netzwerks Gesund ins Leben. Geburtsh Frauenheilk 78 (2018) 1262–1282

[47] Stubert J, Reister F, Hartmann S et al: Risiken bei Adipositas in der Schwangerschaft. Dtsch Arztebl Int 115 (2018) 276–282
[48] Melchior H, Kurch-Bek D, Mund M. The prevalence of gestational diabetes – a population-based analysis of a nationwide screening program. Dtsch Arztebl Int 114 (2017) 412–418
[49] Feig DS, Shah BR, Lipscombe LL et al.: Preeclampsia as a risk factor for diabetes: A population-based cohort study. PLoS Med 10 (2013) e1001425
[50] Silvestris E, de Pergola G, Rosania R et al.: Obesity as disruptor of the female fertility. Reprod Biol Endocrinol 16 (2018) 22–33
[51] Provost MP, Acharya KS, Acharya CR et al.: Pregnancy outcomes decline with increasing body mass index: analysis of 239,127 fresh autologous in vitro fertilization cycles from the 2008–2010 Society for Assisted Reproductive Technology registry. Fertil Steril 105 (2016) 663–669
[52] Deutsche Diabetes Gesellschaft (DDG); Deutsche Gesellschaft für Gynäkologie und Geburtshilfe (DGGG): S3-Leitlinie Gestationsdiabetes mellitus (GDM), Diagnostik, Therapie und Nachsorge (2018) https://www.awmf.org/leitlinien/detail/ll/057-008.html (eingesehen am 06.07.2020)
[53] Bundesministerium für Gesundheit: Nationales Gesundheitsziel – Gesundheit rund um die Geburt. (2017) https://www.bundesregierung.de/Content/Infomaterial/BMG/_3005.html?view=track (eingesehen am 07.07.2020)
[54] Marchi J, Berg M, Dencker A et al.: Risks associated with obesity in pregnancy, for the mother and baby: a systematic review of reviews. Obes Rev 16 (2015) 621–638
[55] Persson M, Cnattingius S, Villamor E et al.: Risk of major congenital malformations in relation to maternal overweight and obesity severity: cohort study of 1.2 million singletons. BMJ (2017) 357 j2563
[56] Aune D, Saugstad OD, Henriksen T et al.: Maternal body mass index and the risk of fetal death, stillbirth, and infant death: a systematic review and meta-analysis. JAMA 311 (2014) 1536–1546
[57] Lindam A, Johansson S, Stephansson O et al.: High maternal body mass index in early pregnancy and risks of stillbirth and infant mortality – A population-based sibling study in Sweden. Am J Epidemiol 184 (2016) 98–105
[58] Johansson S, Villamor E, Altman M et al.: Maternal overweight and obesity in early pregnancy and risk of infant mortality: a population based cohort study in Sweden. BMJ 349 (2014) g6572
[59] Goldstein RF, Abell SK, Ranasinha S et al.: Association of gestational weight gain with maternal and infant outcomes: a systematic review and meta-analysis. JAMA 317 (2017) 2207–2225
[60] Goldstein RF, Abell SK, Ranasinha S et al.: Gestational weight gain across continents and ethnicity: systematic review and meta-analysis of maternal and infant outcomes in more than one million women. BMC Medicine 16 (2018) 153–167
[61] Beta J, Khan N, Khalil A et al.: Maternal and neonatal complications of fetal macrosomia: a systematic review and meta-analysis. Ultrasound Obstet Gynecol 54 (2019) 308–318
[62] Sanchez CE, Barry C, Sabhlok A et al.: Maternal pre-pregnancy obesity and child neurodevelopment outcomes: a meta-analysis. Obes Rev 19 (2018) 464–484
[63] WHO (World Health Organization): Good maternal nutrition. The best start in life. Kopenhagen (2016)
[64] Andraos S, de Seymour JV, O'Sullivan JM et al.: The impact of nutritional interventions in pregnant women on DNA methylation patterns of the offspring: a systematic review. Mol Nutr Food Res 62 (2018) e1800034
[65] Beyerlin A, Nehring I, Rzehak P et al.: Gestational weight gain and body mass index in children: results from three German cohort studies. PLoS One 7 (2012) e33205
[66] Pitchika A, Vehik K, Hummel S et al.: Associations of maternal diabetes during pregnancy with overweight in offspring: results from the prospective TEDDY study. Obesity 26 (2018) 1457–1466
[67] IOM (Institute of Medicine): Weight gain during pregnancy: Reexamining the guidelines. The National Academies Press, Washington, DC (2009) https://www.cbsnews.com/htdocs/pdf/052809_pregnancy.pdf (eingesehen am 07.07.2020)
[68] Dodd J, Thangaratinam S, i–WIP collaborative network: Researchers' position statement on tackling obesity in pregnancy: The International Weight Management in Pregnancy (i-WIP) collaboration pleads for public health intervention. BJOG 123 (2016) 163–164
[69] Shieh C, Cullen DL, Pike C et al.: Intervention strategies for preventing excessive gestational weight gain: systematic review and meta-analysis. Obes Rev 19 (2018) 1093–1109
[70] Robert Koch-Institut (RKI): AdiMon-Themenblatt: Geburtsgewicht. (2018) https://www.rki.de/DE/Content/Gesundheitsmonitoring/Studien/Adipositas_Monitoring/Vor_und_nach_Geburt/PDF_Themenblatt_Geburtsgewicht.pdf?__blob=publicationFile (eingesehen 06.07.2020)
[71] Schellong K, Schulz S, Harder T et al.: Birth weight and long-term overweight risk: systematic review and a meta-analysis including 643,902 persons from 66 studies and 26 countries globally. PLoS One 7 (2012) e47776
[72] Araújo de França GV, Loret de Mola C et al.: Size at birth and abdominal adiposity in adults: a systematic review and meta-analysis. Obes Rev 15 (2014) 77–91

[73] Knop MR, Geng TT, Gorny AW et al.: Birth Weight and risk of type 2 diabetes mellitus, cardiovascular disease, and hypertension in adults: a meta-analysis of 7 646 267 participants from 135 studies. J Am Heart Assoc 7 (2018) e008870
[74] Gaudet L, Ferraro ZM, Wen SW et al.: Maternal obesity and occurence of fetal macrosomia: a systematic review and meta-analysis. Biomed Res Int 2014 (2014) 640291
[75] Hilbig A: Ernährung in Schwangerschaft und Stillzeit. Ernahrungs Umschau 60 (2013) M466–M474
[76] Koletzko B, Godfrey KM, Poston L et al.: Nutrition during pregnancy, lactation and early childhood and its implications for maternal and long-term child health: the Early Nutrition Project recommendations. Ann Nutr Metab 74 (2019) 93–106
[77] Moss A, Klenk J, Simon K et al.: Declining prevalence rates for overweight and obesity in German children starting school. Eur J Pediatr 171 (2012) 289–299
[78] Wabitsch M, Moss A, Kromeyer-Hauschild K: Unexpected plateauing of childhood obesity rates in developed countries. BMC Medicine 12 (2014) 17
[79] Schienkiewitz A, Brettschneider AK, Damerow S et al.: Übergewicht und Adipositas im Kindes- und Jugendalter in Deutschland – Querschnittsstudie aus KiGGS Welle 2 und Trends. J Health Monitoring 3 (2018) 16–22
[80] Robert Koch-Institut (RKI): AdiMon-Themenblatt: Adipositas im frühen Kindesalter. (2018)
[81] Kurth BM, Schaffrath Rosario A: Die Verbreitung von Übergewicht und Adipositas bei Kindern und Jugendlichen in Deutschland. Bundesgesundheitsbl 50 (2007) 736–743
[82] Lampert T, Kroll LE, Müters S et al.: Messung des sozioökonomischen Status in der Studie zur Gesundheit Erwachsener in Deutschland (DEGS1). Bundesgesundheitsbl 56 (2013) 631–636
[83] Niedersächsiches Landesgesundheitsamt (Hrsg.): Kindergesundheit im Einschulungsalter. Ergebnisse der Einschulungsuntersuchung 2017. (2017) https://www.nlga.niedersachsen.de/startseite/gesundheitsberichterstattung/gesundheitsberichte/schuleingangsuntersuchung_seu/berichte_zur_kindergesundheit_im_einschulungsalter/spezialberichte-133588.html (eingesehen am 06.07.2020)
[84] Tempel G, Gerken C, Sadowski G: Gesund in die Schule. Ergebnisse der Schuleingangsuntersuchung 2016/17 in Bremen. Gesundheitsamt Bremen (2018)
[85] MASGF Brandenburg. Gesundheitsberichterstattung: Gesundheit und Gesundheitschancen für Kinder im Land Brandenburg (2018) www.masgf.brandenburg.de (eingesehen am 10.04.2019)
[86] Gesundheits- und Sozialinformationssystem Berlin (GSI). Gesundheitsdaten. Body-Mass-Index (BMI) bei Kindern zum Zeitpunkt der Einschulungsuntersuchungen in Berlin 2007–2016. (2017) www.gsi-berlin.info (eingesehen am 10.04.2019)
[87] Schienkiewitz A, Damerow S, Mauz E et al.: Entwicklung von Übergewicht und Adipositas bei Kindern – Ergebnisse der KiGGS Kohorte. J Health Monitoring 3 (2018) 76–79
[88] Kuczmarski MF, Kuczmarski RJ, Najjar M: Effects of age on validity of self-reported height, weight, and body mass index: findings from the Third National Health and Nutrition Examination Survey, 1988–1994. J Am Diet Assoc 101 (2001) 28–34
[89] Jefferds ME, Grummer-Strawn LM: Accuracy of adolescent self-report of height and weight in assessing overweight status: a literature review. Arch Pediatr Adolesc Med 161 (2007) 1154–1161
[90] Nyholm M, Gullberg B, Merlo J et al.: The validity of obesity based on self-reported weight and height: implications for population studies. Obesity 15 (2007) 197–208
[91] Stehle P, Volkert D: Ernährung älterer Menschen. In: Deutsche Gesellschaft für Ernährung (Hrsg.): Ernährungsbericht 2000. Druckerei Henrich, Frankfurt am Main (2000) 147–178
[92] Heseker H, Stehle P, Bai J et al.: Ernährung älterer Menschen in stationären Einrichtungen (ErnSTES-Studie). In: Deutsche Gesellschaft für Ernährung (Hrsg.): Ernährungsbericht 2008. Bonn (2008) 157–204
[93] Volkert D, Heseker H, Stehle P et al. Ernährungssituation von Seniorinnen und Senioren mit Pflegebedarf in Privathaushalten (ErnSiPP-Studie). In: Deutsche Gesellschaft für Ernährung (Hrsg.): 12. Ernährungsbericht 2012. Bonn (2012) 137–187
[94] Deutsche Gesellschaft für Ernährung, Österreichische Gesellschaft für Ernährung, Schweizerische Gesellschaft für Ernährung (Hrsg.): Energie. In: Referenzwerte für die Nährstoffzufuhr. Bonn, 2. Auflage, 1. Ausgabe (2015) 1–20
[95] Farpour-Lambert NJ, Ells LJ, Martinez de Tejada B et al.: Obesity and weight gain in pregnancy and postpartum: an evidence review of lifestyle interventions to inform maternal and child health policies. Front Endocrinol (Lausanne) 26 (2018) 546
[96] Kolip P: Der Einfluss von Geschlecht und sozialer Lage auf Ernährung und Übergewicht im Kindesalter. Bundesgesundheitsbl 47 (2004) 235–239
[97] Wang Y: Potential mechanisms in childhood obesity: causes and prevention. In: Romieu I, Dossus L, Willett WC (Hrsg.): Energy balance and obesity. IARC Working Group Reports; Report No. 10. WHO Press, Genf (2017) 69–77

[98] Fidler Mis N, Braegger C, Bronsky J et al.: Sugar in infants, children and adolescents: a position paper of the European Society for Paediatric Gastroenterology, Hepatology and Nutrition Committee on Nutrition. JPGN 65 (2017) 681–696

[99] Mensink GBM, Schienkiewitz A, Ravbenberg M et al.: Konsum zuckerhaltiger Erfrischungsgetränke bei Kindern und Jugendlichen in Deutschland – Querschnittergebnisse aus KiGGS Welle 2 und Trends. J Health Monitoring 3 (2018) 32–39

[100] Reinehr T, Roth CL: Is there a causal relationship between obesity and puberty. Lancet Child Adolesc Health 3 (2019) 44–54

[101] Umer A, Kelley GA, Cottrell LE et al.: Childhood obesity and adult cardiovascular disease risk factors: a systematic review with meta-analysis. BMC Public Health 17 (2017) 683

[102] Bjerregaard LF, Jensen BW, Ängquist L et al.: Change in overweight from childhood to early adulthood and risk for type 2 diabetes. N Engl J Med 378 (2018) 1302–1312

[103] Jensen BW, Bjerregaard LG, Ängquist L et al.: Change in weight status from childhood to early adulthood and late adulthood risk of colon cancer in men: a population-based cohort study. Int J Obes 42 (2018) 1797–1803

[104] Weihrauch-Blüher S, Kromeyer-Hauschild K, Graf C et al.: Current guidelines for obesity prevention in childhood and adolescence. Obes Facts 11 (2018) 263–276

[105] Mead E, Brown T, Rees K et al.: Diet, physical activity and behavioural interventions for the treatment of overweight or obese children from the age of 6 to 11 years. Cochrane Database Syst Rev 6 (2017) CD012651

[106] Lobstein T, Jackson-Leach R, Moodie ML et al.: Child and adolescent obesity: part of a bigger picture. Lancet 20 (2015) 2510–2520

[107] Heseker H, Dankers R, Hirsch J.: Schlussbericht: Ernährungsbezogene Bildungsarbeit in Kitas und Schulen. https://www.bmel.de/SharedDocs/Downloads/DE/_Ernaehrung/GesundeErnaehrung/Studie Ernahrungsbildunglang.pdf?__blob=publicationFile&v=3 (eingesehen am 06.07.2020)

[108] Haftenberger M, Mensink GB, Herzog B et al.: Changes in body weight and obesity status in German adults: results of seven population-based prospective studies. Eur J Clin Nutr 70 (2016) 300–305

[109] Aberle J: Adipositas aus der Sicht der Diabetologie. In: Deutsche Diabetes Gesellschaft (DDG) und diabetesDE – Deutsche Diabetes-Hilfe (Hrsg.): Deutscher Gesundheitsbericht Diabetes 2019. Kirchheim, Mainz (2019) 102–107

[110] Kivimäki M, Kuosma E, Ferrie JE et al.: Overweight, obesity, and risk of cardiometabolic multimorbidity: pooled analysis of individual-level data for 120 813 adults from 16 cohort studies from the USA and Europe. Lancet Public Health 19 (2017) e277–e285

[111] Aune D, Schlesinger S, Norat T et al.: Body mass index, abdominal fatness, and the risk of sudden cardiac death: a systematic review and dose-response meta-analysis of prospective studies. Eur J Epidemiol 33 (2018) 711–722

[112] Aune D, Sen A, Schlesinger S et al.: Body mass index, abdominal fatness, fat mass and the risk of atrial fibrillation: a systematic review and dose-response meta-analysis of prospective studies. Eur J Epidemiol 32 (2017) 181–192

[113] Kenneally S, Sier JH, Moore JB: Efficacy of dietary and physical activity intervention in non-alcoholic fatty liver disease: a systematic review. BMJ Open Gastroenterol 4 (2017) e000139

[114] Lauby-Secretan B, Scoccianti C, Loomis D et al.: Body fatness and cancer-viewpoint of the IARC Working Group. N Engl J Med 375 (2016) 794–798

[115] Nyberg ST, Batty GD, Pentti J et al.: Obesity and loss of disease-free years owing to major non-communicable diseases: a multicohort study. Lancet Public Health 3 (2018) e490–e497

[116] Kyrgiou M, Kalliala I, Markozannes G et al.: Adiposity and cancer at major anatomical sites: umbrella review of the literature. BMJ 356 (2017) j477

[117] Arnold M, Freisling H, Stolzenberg-Solomon R et al.: Overweight duration in older adults and cancer risk: a study of cohorts in Europe and the United States. Eur J Epidemiol 31 (2016) 893–904

[118] Jaacks LM, Vandevijvere S, Pan A et al.: The obesity transition: stages of the global epidemic. Lancet Diabetes Endocrinol 7 (2019) 231–240

[119] WHO (World Health Organization): Global report on diabetes. Genf (2016)

[120] Goffrier B, Schulz M, Bätzing-Feigenbaum J: Administrative Prävalenzen und Inzidenzen des Diabetes mellitus von 2009 bis 2015. Versorgungsatlas.de. (2017) https://www.versorgungsatlas.de/fileadmin/ziva_docs/79/VA-79-Bericht_Final_V2_20170713.pdf (eingesehen am 06.07.2020)

[121] Jacobs E, Rathmann W: Epidemiologie des Diabetes in Deutschland. In: Deutsche Diabetes Gesellschaft (DDG) und diabetesDE: Deutscher Gesundheitsbericht Diabetes 2019. Kirchheim, Mainz (2019) 9–20

[122] Kurth BM, Schaffrath Rosario A: Die Verbreitung von Übergewicht und Adipositas bei Kindern und Jugendlichen in Deutschland. Ergebnisse des bundesweiten Kinder- und Jugendgesundheitssurveys. Ernahrungs Umschau 54 (2007) 386–390

[123] Tremmel M., Gerdtham UG, Nilsson PM et al.: Economic burden of obesity: a systematic literature review. Int J Environ Res Publ Health 14 (2017) 435–453
[124] Knoll K-P, Hauner H: Kosten der Adipositas in der Bundesrepublik Deutschland. Eine aktuelle Krankheitskostenstudie. Adipositas 2 (2008) 204–210
[125] Effertz T, Engel S, Verheyen F et al.: The costs and consequences of obesity in Germany: a new approach from prevalence and life-cycle perspective. Eur J Health Econ 17 (2016) 1141–1158
[126] Stepien M: How are components of dietary intake, dietary composition, foods, and nutrients related to obesity and weight gain? In: Romieu I, Dossus L, Willett WC (Hrsg.): Energy balance and obesity. IARC Working Group Reports; Report No. 10. WHO Press, Genf (2017) 25–35
[127] The Global BMI Mortality Collaboration: Body-mass index and all-cause mortality: individual-participant-data meta-analysis of 239 prospective studies in four continents. Lancet 388 (2016) 776–786
[128] Choi YC, Ding C, Magkos F: The epidemiology of obesity. Metabol Clin Exp 92 (2019) 6–10
[129] Hoebel J, Kuntz B, Kroll LE et al.: Socioeconomic inequalities in the rise of adult obesity: a time-trend analysis of national examination data from Germany, 1990–2011. Obes Facts 12 (2019) 344–356
[130] Hawkes C, Smith TG, Jewell J et al.: Smart food policies for obesity prevention. Lancet 385 (2015) 2410–2421
[131] Kelly B, Vandevijvere S, Ng S et al.: Global benchmarking of children's exposure to television advertising of unhealthy foods and beverages across 22 countries. Obes Rev 20, Suppl 2 (2019) 116–128
[132] OECD: The heavy burden of obesity: the economics of prevention. OECD Health Policy Studies. OECD Publishing, Paris (2019) doi:10.1787/67450d67-en
[133] Redondo M, Hernández-Aguado I, Lumbreras B: The impact of the tax on sweetened beverages: a systematic review. Am J Clin Nutr 108 (2018) 548–563
[134] Ernst JB, Arens-Azevêdo U, Bitzer B et al.: Quantitative Empfehlung zur Zuckerzufuhr in Deutschland. Ernahrungs Umschau 66 (2019) 26–34

1.5

# 1.5 Nährstoffversorgung und Rahmenbedingungen des Ernährungsverhaltens bei Kindern und Jugendlichen: Ergebnisse aus der Ernährungsstudie EsKiMo II

Franziska Lehmann, Marjolein Haftenberger, Gert B. M. Mensink


## Zusammenfassung

**Einleitung:** Die erhobenen Daten aus der zweiten „Ernährungsstudie als KiGGS-Modul" (EsKiMo II), welche von 2015 bis 2017 durchgeführt wurde, liefern eine aktuelle Bestandsaufnahme der Ernährung von Kindern und Jugendlichen in Deutschland. In EsKiMo II wurde das Ernährungsverhalten von 2 644 Kindern und Jugendlichen im Alter von 6 bis unter 18 Jahren untersucht, die zuvor an der zweiten Welle der „Studie zur Gesundheit von Kindern und Jugendlichen in Deutschland" (KiGGS) des Robert Koch-Instituts teilgenommen hatten.

**Methode:** Für die Ernährungserhebung wurden bei 6- bis unter 12-jährigen Kindern Wiegeprotokolle über vier Tage eingesetzt, die von den Erziehungsberechtigten ausgefüllt wurden. Mit den Jugendlichen im Alter von 12 bis unter 18 Jahren wurde ein umfangreiches Ernährungsinterview durchgeführt, in dem der Lebensmittelverzehr der vergangenen vier Wochen erhoben wurde. Weitere Informationen zum Ernährungsverhalten wurden mithilfe eines Kurzfragebogens ermittelt. Für beide Altersgruppen wurde die Energie- und Nährstoffzufuhr mit dem Bundeslebensmittelschlüssel Version 3.02 berechnet und mit den aktuellen D-A-CH-Referenzwerten für die Nährstoffzufuhr verglichen.

**Ergebnisse:** Das Verhältnis der Energieanteile, die über Fett und Kohlenhydrate aufgenommen werden, liegt im Median im Bereich der Empfehlungen. Die Proteinzufuhr pro Kilogramm Körpergewicht liegt jedoch für die Mehrheit der Heranwachsenden darüber. Die mediane Energiezufuhr aus Zucker liegt bei etwa 20 % der gesamten Energiezufuhr. Gemessen an den D-A-CH-Referenzwerten ist für viele Vitamine die Versorgung für die Mehrheit der Kinder und Jugendlichen ausreichend. Ausnahmen stellen die Vitamine E und Folat dar, für die die D-A-CH-Referenzwerte von den meisten Kindern und Jugendlichen nicht erreicht werden. Mädchen im Alter von 10 bis unter 18 Jahren zeigen zudem häufig eine geringe Vitamin-$B_{12}$-Zufuhr auf. Auch für Jod, Kalium, Calcium und Eisen erreicht die Mehrheit der Kinder und Jugendlichen die jeweiligen D-A-CH-Referenzwerte nicht. Daher sollte verstärkt auf einen Verzehr von Lebensmitteln mit hoher Nährstoffdichte geachtet werden.

Im Vergleich zu EsKiMo I werden häufiger gemeinsame Familienmahlzeiten eingenommen. Am häufigsten wird das Abendessen gemeinsam gegessen. Die Möglichkeit, ein warmes Mittagsessen in der Schule zu erhalten, hat sich in den letzten zehn Jahren nahezu verdoppelt. Ebenso hat sich die Inanspruchnahme dieses Angebotes verdoppelt, wenngleich die Nutzungshäufigkeit insgesamt nicht sehr hoch ist. Am häufigsten nehmen die 6- bis unter 8-Jährigen an der Schulverpflegung teil. Des Weiteren ernähren sich deutlich mehr 12- bis unter 18-Jährige vegetarisch als vor etwa zehn Jahren und Mädchen etwa dreimal häufiger als Jungen. Mädchen berichten beinahe doppelt so häufig von Diäterfahrungen wie Jungen.

**Schlussfolgerung:** Die Ergebnisse aus EsKiMo II zeigen, dass sich die Ernährungssituation von Kindern und Jugendlichen in Deutschland in den letzten Jahren in einigen Aspekten verändert hat. Es besteht Verbesserungsbedarf hinsichtlich der Versorgung mit einigen kritischen Nährstoffen. Durch präventive Maßnahmen sollten Rahmenbedingungen geschaffen werden, die eine gesundheitsfördernde Ernährungsweise begünstigen.

## Kernaussagen

- ➔ Anteilmäßig nehmen Kinder und Jugendliche viel Energie über Zucker zu sich.
- ➔ Für viele Vitamine und Mineralstoffe ist die Versorgung für die Mehrheit der Kinder und Jugendlichen ausreichend.
- ➔ Für Vitamin D, E, Folat, Jod, Kalium, Calcium und Eisen werden mehrheitlich die D-A-CH-Referenzwerte für die Nährstoffzufuhr nicht erreicht.
- ➔ Die Häufigkeit gemeinsamer Familienmahlzeiten hat in den letzten zehn Jahren zugenommen.
- ➔ Die Möglichkeit, ein warmes Mittagsessen in der Schule zu erhalten, hat sich in den letzten zehn Jahren nahezu verdoppelt.
- ➔ Es gibt gegenüber EsKiMo I einen deutlichen Anstieg der vegetarischen Ernährungsweise unter Jugendlichen.

## 1.5.1 Einleitung

Eine bedarfsgerechte und ausgewogene Ernährung im Kindes- und Jugendalter spielt eine bedeutende Rolle für die Gesundheit. Kinder und Jugendliche befinden sich noch in der Entwicklungsphase und ihr Bedarf an Energie, Proteinen, Vitaminen und Mineralstoffen ist, bezogen auf das Körpergewicht, besonders hoch [1, 2]. Zudem werden im Kindes- und Jugendalter wichtige Grundlagen für lebenslange Ernährungsgewohnheiten gelegt [3, 4], deshalb ist die frühzeitige Prägung und Förderung eines gesunden Ernährungsverhaltens wünschenswert. Die Folgen einer Fehlernährung, die durch ein Überangebot an hochverarbeiteten energiereichen Lebensmitteln in der Lebenswelt von Kindern begünstigt wird, spiegeln sich auch in Zahlen wider: so ist in Deutschland etwa jedes sechste Kind übergewichtig oder adipös [5]. Im Jahr 2006 wurde im Rahmen der Basiserhebung der „Studie zur Gesundheit von Kindern und Jugendlichen in Deutschland" (KiGGS) des Robert Koch-Instituts (RKI) die bundesweite „Ernährungsstudie als KiGGS-Modul" (EsKiMo I) bei 2 506 Kindern und Jugendlichen im Alter von 6 bis unter 18 Jahren durchgeführt. Die Ergebnisse aus EsKiMo I zeigten, dass die meisten Kinder und Jugendlichen ausreichend Fett und Kohlenhydrate zu sich führten, diese jedoch mangelhaft in ihrer ernährungsphysiologischen Qualität waren. Die Proteinzufuhr war verhältnismäßig hoch. Hinsichtlich Vitaminen und Mineralstoffen war die Mehrheit der Kinder und Jugendlichen hinreichend versorgt. Zu den Rahmenbedingungen des Ernährungsverhaltens wurden u. a. Angaben zu Familienmahlzeiten, vegetarischer Ernährung, der Mittagsverpflegung an Schulen und zu bisherigen Diäterfahrungen erhoben. In den letzten Jahren haben sich die Rahmenbedingungen des Ernährungsverhaltens in vielerlei Hinsicht verändert, was auch Auswirkungen auf den Lebensmittelverzehr und damit auf die Nährstoffversorgung von Kindern und Jugendlichen hat. Daher war eine erneute Bestandsaufnahme der Ernährung von Heranwachsenden erforderlich. Regelmäßige bevölkerungsrepräsentative Ernährungssurveys sind notwendig, um neben generellen Aussagen zum Ernährungsverhalten auch ernährungsbezogene Gesundheitsprobleme oder zielgruppenspezifische Bedürfnisse für Ernährungsinterventionen zu identifizieren. Die in EsKiMo II (2015 bis 2017) gewonnenen Daten liefern einen aktuellen Überblick über das Ernährungsverhalten und die Nährstoffzufuhr von 6- bis unter 18-Jährigen in Deutschland und erlauben auch Trendaussagen zu zeitlichen Veränderungen im Vergleich zu vor zehn Jahren. Auf Basis dieser Ernährungsdaten können gesundheitliche Risiken und relevante Bereiche für *Public-Health-Nutrition*-Interventionen aufgedeckt werden. Die Ergebnisse aus EsKiMo II stellen daher eine wichtige Grundlage für Entscheidungen, Maßnahmen und Evaluationen in der Ernährungs-, Verbraucher- und Gesundheitspolitik dar und dienen auch als wichtige Informationsquelle für die Wissenschaft und die Öffentlichkeit.

Das Ziel des vorliegenden Kapitelbeitrags ist es, die aktuellen Ergebnisse zur Zufuhr von Energie und Nährstoffen von 6- bis unter 18-Jährigen in Deutschland in Relation zu den D-A-CH-Referenzwerten für die Nährstoffzufuhr zu beschreiben. Zudem wird die aktuelle Situation zu einigen Rahmenbedingungen des Ernährungsverhaltens, wie die Inanspruchnahme der Schulverpflegung, die Einnahme von Familienmahlzeiten, eine vegetarische Ernährungsweise und den Diäterfahrungen dargestellt.

## 1.5.2 Methodik und Studiendesign

### 1.5.2.1 KiGGS-Studie

Die KiGGS-Studie des Robert Koch-Instituts erhebt in regelmäßigen Abständen bevölkerungsbezogene Daten zur gesundheitlichen Lage der in Deutschland lebenden Kinder und Jugendlichen. Die bundesweite KiGGS-Basiserhebung wurde von 2003 bis 2006 in 167 Untersuchungsorten als kombinierter Untersuchungs- und Befragungssurvey bei 17 641 Kindern und Jugendlichen durchgeführt. Die erste Folgebefragung – KiGGS Welle 1 – erfolgte telefonisch in den Jahren 2009 bis 2012. Die KiGGS Welle 2 wurde von 2014 bis 2017 als kombinierter Untersuchungs- und Befragungssurvey durchgeführt. Hierfür wurden die Teilnehmenden der Basiserhebung erneut eingeladen und zusätzlich eine neue Stichprobe gezgen. Insgesamt wurden 15 023 Kinder und Jugendliche erstmalig befragt, ein Teil davon wurde zudem körperlich untersucht [6].

### 1.5.2.2 EsKiMo II

EsKiMo ist ein Modul der KiGGS-Studie, wurde zum zweiten Mal in den Jahren 2015 bis 2017 durchgeführt und wurde durch das Bundesministerium für Ernährung und Landwirtschaft aufgrund eines Beschlusses des Deutschen Bundestages gefördert [7, 8]. Projektträger ist die Bundesanstalt für Landwirtschaft und Ernährung (BLE), Förderkennzeichen 2814HS004.

Im Folgenden wird ein Überblick über die Methoden dargestellt. Umfassendere Erläuterungen und Details können an anderer Stelle nachgelesen werden [7, 8]. Zur Teilnahme an EsKiMo II wurden Untersuchungs- und Befragungsteilnehmende des Querschnittsteils von KiGGS Welle 2 im Alter von 6 bis unter 18 Jahren, die ihr Einverständnis zur Wiederkontaktierung gegeben hatten, eingeladen. Insgesamt nahmen 2 644 Kinder und Jugendliche an EsKiMo II teil. EsKiMo II wurde von der Ethikkommission der Medizinischen Hochschule Hannover und dem Bundesbeauftragten für Datenschutz und Informationsfreiheit begutachtet. Die Teilnehmenden und/oder deren Erziehungsberechtigte wurden im Voraus über die Studienprozeduren informiert und haben eine schriftliche Einverständniserklärung abgegeben.

#### Erhebungsinstrumente

Die Ernährungserhebung in EsKiMo II erfolgte für die 6- bis unter 12-Jährigen über Wiegeprotokolle und für die 12- bis unter 18-Jährigen über ein computergestütztes *Dietary-History-Interview (Dietary Interview Software for Health Examination Studies,* DISHES). Zusätzlich wurde für beide Altersgruppen ein standardisiertes Kurzinterview zur Erfassung von weiteren Angaben des Ernährungsverhaltens (z. B. zur Inanspruchnahme der Schulverpflegung und zu besonderen Ernährungsweisen) durchgeführt. Für die Altersgruppe der 6- bis unter 12-Jährigen führten die Erziehungsberechtigten über drei aufeinanderfolgende Tage sowie für einen weiteren unabhängigen Tag ein Wiegeprotokoll. Für eine möglichst genaue Erfassung der Verzehrmengen erhielten die Teilnehmenden eine digitale handelsübliche Haushaltswaage. Die verzehrten Lebensmittel wurden mit Angaben zu u. a. der Marke oder zum Hersteller, mit einer Produktbeschreibung (z. B. Fettstufe), zu Zeit und Ort des Verzehrs sowie zur Verzehrmenge und nicht verzehrten Resten erfasst (Abb. 1/45). Für die Außer-Haus-Verpflegung, bei der die verzehrten Speisen nicht gewogen werden konnten, stand zudem eine verkürzte Variante des Wiegeprotokolls und ein Fotobuch für die Abschätzung der Portionsgrößen zur Verfügung. Die etwa 30-minütige Einweisung zum Ausfüllen des Ernährungstagebuches führten geschulte Ernährungswissenschaftler*innen bei Hausbesuchen durch. Für die Altersgruppe der 12- bis unter 18-Jährigen wurde die Software DISHES eingesetzt, mit der nach einer modifizierten *Dietary-History*-Methode die übliche Ernährung der vergangenen vier Wochen erfasst werden kann. In diesem persönlichen, etwa einstündigen Interview wurden die Jugendlichen mahlzeitenbezogen (Frühstück, Mittagessen, Abendessen, Spät- sowie Zwischenmahlzeiten) durch geschulte Ernährungswissenschaftler*innen zu ihrem Lebensmittelverzehr befragt. Dabei wurden auch die Verzehrhäufigkeiten und die Portionsmengen von allen verzehrten Lebensmitteln mithilfe eines Mustergeschirrs und eines Fotobuches erhoben (Abb. 1/46).

**1.5**

Die Ernährungserhebung erfolgte für die 6- bis unter 12-Jährigen über Wiegeprotokolle und für die 12- bis unter 18-Jährigen über ein computergestütztes Interview mittels DISHES-Software.

**Abbildung 1/45:** Beispiel aus einem Wiegeprotokoll

**Beispiel Ernährungstagebuch** **Wochentag:** (bitte ankreuzen) Mo Di Mi Do ~~Fr~~ Sa So

**1. Tag**

| Beim Verzehr | | Markenname (Firma) des Produkts | Produktbeschreibung (Fettgehalt, zugesetzte Vitamine u. Mineralstoffe) | Verpackung bei Einkauf | Zustand bei Einkauf | BIO | Zubereitung | | Mengenangabe | |
|---|---|---|---|---|---|---|---|---|---|---|
| Uhrzeit | Ort | | | | | | Art | Ort | verzehrfertige Menge (Waage/ Fotobuch) | Restmenge/ Abfall (Waage) |
| 7:15 | z.H. | Kellog´s Smacks | Frühstückscerealien/ Honigpops | K | getr | | - | z.H. | 200 g | - |
| | | + Milbona | H-Milch 1,5 % Fett | V | - | | - | z.H. | 155 g | - |
| | | Meßmer | Pfefferminztee | K + P | getr | | - | z.H. | 112 g | - |
| 13:00 | z.H. | Bioland | Kartoffeln mehligkochend, Sorte Adretta | P | fr | X | gew, geschn, geko | z.H. | 58 g | 12 g |
| | | + | Frikadelle * (s. Rezept) | - | - | | gebrat | z.H. | 68 g | - |
| | | + Heinz | Kids Tomato Ketchup (30 % weniger süß) | G | - | | - | z.H. | 15 g | - |
| | | + Bonduelle | Erbsen mit Möhrchen, sehr fein | M | kons | | aufgew | z.H. | 78 g | 45 g |

**Abbildung 1/46:** Beispiele von Eingabemasken der DISHES-Software

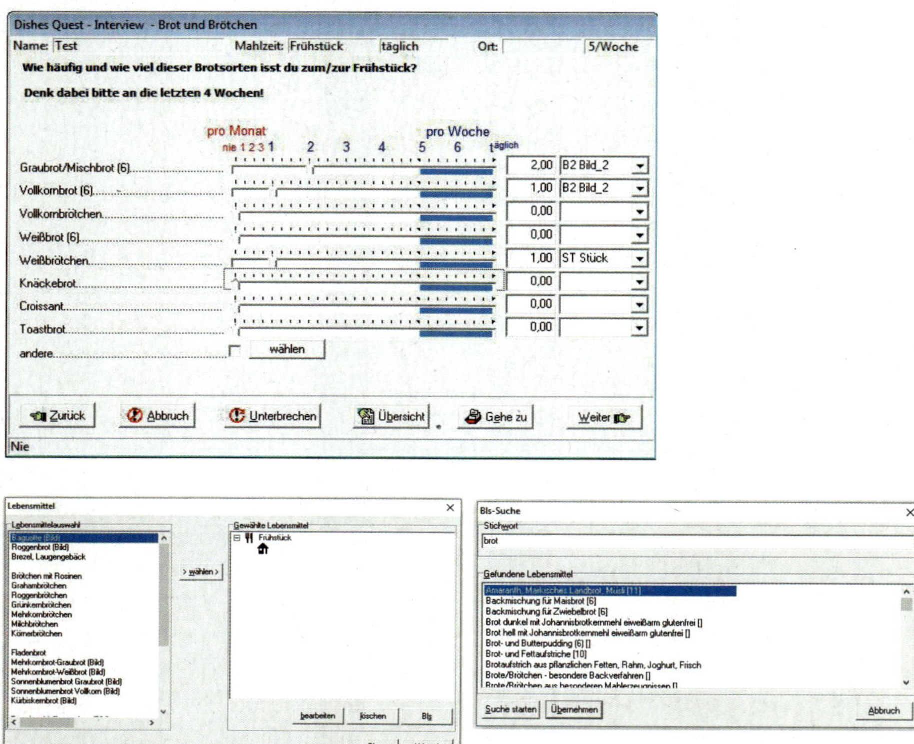

### Kurzfragebogen

Weitere Informationen zum Ernährungsverhalten, wie die Häufigkeit der Einnahme von Mahlzeiten mit Familienmitgliedern, die Teilnahme an der schulischen Mittagsverpflegung, bisherige Diäterfahrungen oder eine vegetarische Ernährungsweise wurden in einem Fragebogen erhoben. Dieser wurde von den Erziehungsberechtigten der 6- bis unter 12-Jährigen im Anschluss an die Einweisung des Ernährungstagebuchs und bei den 12- bis unter 18-Jährigen direkt nach dem DISHES-Interview abgefragt. Die Erfassung von Familienmahlzeiten erfolgte über die Frage: „Gibt es in Ihrem bzw. Deinem Haushalt bestimmte Mahlzeiten, die von allen gemeinsam eingenommen werden? (Es müssen nicht immer alle Familienmitglieder anwesend sein.)". Anschließend wurde gefragt, welche Mahlzeiten (Frühstück, Mittagessen, Nachmittagssnack, Abendessen) wie häufig von allen gemeinsam gegessen werden. Die Antwortkategorien zu den Häufigkeiten von gemeinsamen Mahlzeiten wurden in die Kategorien „häufig" („[fast] jeden Tag" und „3- bis 5-mal/Woche") und die Kategorie „selten/nie" („1- bis 2-mal/Woche", „seltener" und „nie") zusammengefasst. Hinsichtlich der Schulverpflegung wurde von allen Teilnehmenden, die die Schule besuchen, erfragt, ob es dort die Möglichkeit gibt, ein warmes Mittagessen zu bekommen, ob regelmäßig an der Schulverpflegung teilgenommen wird und wie häufig (täglich, 3- bis 4-mal/Woche, 1- bis 2-mal/Woche, seltener). Bei Teilnehmenden, die nie oder selten die Mittagsmahlzeit der Schulverpflegung wahrnehmen, wurden zudem die Gründe dafür erfragt. Die Diäterfahrungen wurden mithilfe der Frage: „Hast du in den letzten drei Jahren eine oder mehrere Diäten zur Reduzierung deines Gewichtes gemacht und wenn ja, wie viele?" erfasst. Bei vorhandener Diäterfahrung wurden zusätzlich die durchschnittliche Dauer und die subjektive Zufriedenheit mit dem Ergebnis der letzten Abnehm-Diät erfragt. Es wurden außerdem Angaben zu einer besonderen Ernährungsweise erhoben. Zu den Antwortmöglichkeiten gehörten eine „vegane Ernährung (ausschließlich pflanzliche Kost)" und eine „vegetarische Ernährung" (nicht weiter nach verschieden Formen differenziert erfasst), die anschließend unter dem Begriff vegetarische Ernährungsweise zusammengefasst wurden. Die Einnahme von Supplementen wurde unter Angabe des Namens, inklusive Marke, Dosierung, Art und Häufigkeit der Einnahme bei den 6- bis unter 12-Jährigen für den Referenzzeitraum von zwölf Monaten und bei den 12- bis unter 18-Jährigen für den Zeitraum von vier Wochen erfragt. Über die Wiegeprotokolle wurde für 6- bis unter 12-Jährigen zudem die aktuelle Einnahme von Supplementen erfasst.

**Informationen zum Ernährungsverhalten (Familienmahlzeiten, Schulverpflegung, vegetarische Ernährungsweise, Diäterfahrungen) wurden für beide Altersgruppen mittels Kurzinterviews gewonnen.**

### Datenaufbereitung und -auswertung

Die Verzehrdaten aus den Ernährungstagebüchern wurden mit einer speziell von der Universität Paderborn entwickelten Software (EAT Version 5.3) in eine Datenbank eingegeben. Die Codierung der verzehrten Lebensmittel erfolgte für beide Ernährungserhebungsinstrumente nach dem Bundeslebensmittelschlüssel (BLS) Version 3.02. Da nicht alle genannten Lebensmittel im BLS aufgeführt sind, wurde zusätzlich eine Datenbank mit weiteren Lebensmitteln, insbesondere (angereicherten) Markenprodukten, verwendet. Diese RKI-interne

Nährwertdatenbank, welche schon in EsKiMo I Anwendung fand, wurde während EsKiMo II erweitert und aktualisiert. Rezepturen von selbstgekochten Speisen, die ebenfalls im Ernährungstagebuch erfasst wurden, sind unter Anwendung von Ausbeute- und Quellfaktoren codiert und analytisch aufbereitet.

Für alle Teilnehmenden wurde durch die Verknüpfung der Verzehrdaten mit der BLS Version 3.02 die mittlere tägliche Nährstoffzufuhr aus Lebensmitteln berechnet. Für diese Berechnung wurden die Angaben zur Einnahme von Supplementen hinzugenommen. Bei den Wiegeprotokollen wurde die mittlere tägliche Zufuhr über alle protokollierten Tage und bei den DISHES-Interviews die mittlere Zufuhr der 28 Tage berechnet. Die vorliegenden Analysen basieren auf Daten von 1 190 6- bis unter 12-jährigen Kindern (584 Mädchen, 606 Jungen) für die mindestens ein verwertbares Ernährungstagebuch vorliegt sowie auf Angaben von 1 353 Jugendlichen (727 Mädchen, 626 Jungen) im Alter von 12 bis unter 18 Jahren, mit verwertbaren Daten aus dem DISHES-Interview. Für die Auswertungen zur Nährstoffversorgung wurden Altersgruppen gebildet, die sich an der Einteilung der Altersgruppen der D-A-CH-Referenzwerte für die Nährstoffzufuhr orientieren. Trotzdem weichen einige Altersgruppen leicht ab, um die beiden unterschiedlichen Erhebungsmethoden zu berücksichtigen. Für die Analysen zu den Rahmenbedingungen des Ernährungsverhaltens erfolgte eine andere Einteilung der Altersgruppen, da diese keinem Vergleich mit den D-A-CH-Referenzwerten unterliegen. Die D-A-CH-Referenzwerte für die Energiezufuhr gelten für Personen mit einem *Body Mass Index* (BMI) im Normalbereich und einem durchschnittlichen körperlichen Aktivitätsniveau [9]. Für die dargestellten Vergleiche wird als Maß für die körperliche Aktivität ein PAL-Wert *(physical activity level*, PAL*)* von 1,4 verwendet. Die Ergebnisse zur Nährstoffzufuhr werden als Mittelwerte (MW), als Perzentile (z. B. P10, Median, P90) und als Personenanteile, die die D-A-CH-Referenzwerte erreichen, dargestellt [9]. Körpergröße und -gewicht wurden im Rahmen des persönlichen Interviews erfragt und anschließend wurde der BMI als Körpergewicht (kg)/Körpergröße (m)$^2$ berechnet. Zur Definition von Übergewicht wurden die alters- und geschlechtsspezifischen Perzentilen von Kromeyer-Hauschild verwendet [10, 11]. BMI-Werte über dem 90. Perzentil gelten als Übergewicht (inkl. Adipositas; s. 1.5.4.4).

Für die statistische Analyse wurde das Statistikprogramm SAS Version 9.4 (SAS Institute, Cary, NC, USA) verwendet. Die Auswertungen wurden mit einem Gewichtungsfaktor, der die Stichprobe hinsichtlich der Abweichungen von der tatsächlichen Bevölkerungsstruktur in puncto Alter, Geschlecht, Bundesland (Stand 31.12.2015), Staatsangehörigkeit (Stand 31.12.2014) und Bildungsverteilung der Eltern (Mikrozensus 2013 [12]) sowie Unterschiede in der Teilnahme an der Ernährungserhebung hinsichtlich der Saisonalität, des sozioökonomischen Status der Familie und des Schultyps des Kindes korrigiert, durchgeführt. Zudem erfolgten die Analysen mit speziellen statistischen Methoden, in denen das Clusterdesign der Stichprobe berücksichtigt werden kann, z. B. durch Survey-Prozeduren in SAS. Für die Ergebnisse zu den gemeinsamen Familienmahlzeiten und der Schulverpflegung wurden die Prozentanteile mit einem 95 % Konfidenzintervall (95 % CI) dargestellt. Wenn diese sich nicht überschneiden, wurden Unterschiede zwischen den dargestellten Kategorien als statistisch signifikant eingestuft.

## 1.5.3 Ergebnisse zur Zufuhr von Energie und Nährstoffen

### 1.5.3.1 Energie und energieliefernde Nährstoffe

Insgesamt zeigt sich bei der **Energie**zufuhr, dass Jungen im Durchschnitt mehr Energie zuführen als Mädchen. Bei den 6-Jährigen und den 12-Jährigen beider Geschlechter sowie bei den 7- bis unter 10-jährigen Jungen liegt die Energiezufuhr von mindestens der Hälfte der Kinder in Höhe des alters- und geschlechtsspezifischen Richtwerts, die anderen Altersgruppen liegen mehrheitlich darunter (Tab. 1/16, Abb. 1/47, 1/48).

Die Zufuhr von energieliefernden Nährstoffen wird sowohl in g/Tag als auch als Anteil an der Energiezufuhr (Energieprozent [En%]) angegeben. Die mediane prozentuale **Fett**zufuhr liegt bei Jungen und Mädchen in den Altersgruppen der 6- bis unter 15-Jährigen mit rund 33 % im Bereich des Richtwerts für die Fettzufuhr von 30 bis 35 En%. Die Fettzufuhr der über 15-jährigen Jugendlichen liegt im Median bei 33,4 En% bei den Mädchen und bei 32,3 En% bei den Jungen etwas über dem Richtwert von 30 En% für diese Altersgruppe. In allen Altersgruppen liegt der Median der Zufuhr von Fett im Bereich des jeweiligen D-A-CH-Referenzwerts. Hinsichtlich der Verteilung der Fettzufuhr im Vergleich zu den D-A-CH-Referenzwerten zeigt sich, dass zwischen 22,0 bis 32,0 % der Mädchen innerhalb des empfohlenen Referenzwertbereiches liegen, bei Jungen sind es zwischen 28,1 bis 42,4 %. In den meisten Altersgruppen wird der Richtwert häufiger über- als unterschritten. Bei den Mädchen überschreiten zwischen 35,2 % und 43,7 % den Richtwert, bei den Jungen sind es zwischen 32,1 % und 41,2 % (Abb. 1/48, 1/49). Bei der **Fettsäure**zusammensetzung zeigt sich, dass alle Altersgruppen und beide Geschlechter im Median mehr gesättigte als einfach oder mehrfach ungesättigte Fettsäuren zuführen (Tab. 1/12, 1/13). Die Zufuhr der essenziellen Fettsäuren $\alpha$-Linolensäure und Linolsäure sowie von Eicosapentaensäure (EPA) und Docosahexaensäure (DHA) ist in den Tabellen 1/14 und 1/15 dargestellt. Das Verhältnis von n-6- zu n-3-Fettsäuren liegt je nach Altersgruppe bei Jungen im Median zwischen 6,7 und 7,0:1 und bei Mädchen zwischen 6,1 und 6,9:1 und ist damit höher als das empfohlene Verhältnis, das weniger als 5:1 betragen sollte (Tab. 1/14, 1/15).

Der Median der **Kohlenhydrat**zufuhr liegt bei allen Altersgruppen über dem Richtwert (> 50 En%). Der Anteil der Kohlenhydrate an der Energiezufuhr liegt im Median bei beiden Geschlechtern und allen Altersgruppen zwischen 51 % und 54 %. Die 7- bis unter 10-jährigen Jungen nehmen im Median den höchsten Anteil in Energieprozent aus Kohlenhydraten auf (Tab. 1/12, 1/13). Die **Gesamtzucker**zufuhr ist bei allen Gruppen hoch: sie liegt im Durchschnitt bei 20 % der gesamten Energiezufuhr (Tab. 1/12, 1/13). Lediglich bei den 12- bis unter 18-jährigen Mädchen erreichen ca. 60 % eine **Ballaststoff**zufuhr von 10 g/1 000 kcal (für Kinder und Jugendliche ist derzeit kein eigener Richtwert ableitbar; da eine Zufuhr für die Ballaststoffdichte in Höhe von 10 g/1 000 kcal auch für diese Altersgruppen realisierbar ist, wird diese hier angenommen), während die Mehrheit unter den jüngeren Mädchen und den Jungen aller Altersgruppen diese Menge nicht erreicht. Mit weniger als 30 % erreichen am seltensten die 7- bis unter 12-jährigen Jungen die Menge von 10 g/1 000 kcal (Tab. 1/16) [13].

Die **Protein**zufuhr beträgt bei Kindern und Jugendlichen im Median zwischen 12,8 bis 14,0 % der Gesamtenergiezufuhr (Tab. 1/12, 1/13). Die empfohlene Zufuhr von Protein wird in g/kg Körpergewicht (KG)/Tag angegeben und liegt für Kinder und Jugendliche bei 0,9 g/kg KG/Tag bzw. für Jungen ab 15 Jahren bei 0,8 g/kg KG/Tag. Die Ergebnisse zeigen, dass Mädchen im Median 1,0 bis 2,0 g/kg KG/Tag Protein aufnehmen und Jungen 1,3 bis

2,1 g/kg KG/Tag. Mindestens zwei Drittel der Kinder und Jugendlichen liegen über der empfohlenen Proteinzufuhr, bei den 6- bis unter 12-Jährigen sind es mit Anteilen zwischen 92,9 % und 100 % nahezu alle Mädchen und Jungen (Tab. 1/16, Abb. 1/47, 1/48).

**Für beide Altersgruppen liegt das Verhältnis der Energieanteile, die über Fett und Kohlenhydrate aufgenommen werden, im Median im Bereich der Empfehlungen. Die Proteinzufuhr pro Kilogramm Körpergewicht liegt für die Mehrheit der Heranwachsenden über den Empfehlungen.**

### 1.5.3.2 Vitamine

Für Thiamin (Vitamin $B_1$), Riboflavin (Vitamin $B_2$), Vitamin $B_6$, Vitamin $B_{12}$ und Vitamin C erreicht die Mehrheit der Kinder und Jugendlichen den D-A-CH-Referenzwert. Im Gegensatz dazu werden im Durchschnitt von weniger als der Hälfte der Kinder und Jugendlichen die D-A-CH-Referenzwerte für Vitamin A, E und Folat erreicht (Tab. 1/16). Es zeigen sich zum Teil größere Schwankungen zwischen den Altersgruppen und/oder den beiden Geschlechtern, welche im Folgenden näher ausgeführt werden.

Die empfohlene Zufuhr von **Vitamin A** (Retinol-Äquivalente *[retinol equivalents;* RE]) wird von ungefähr der Hälfte der Heranwachsenden der meisten Altersgruppen erreicht, wobei Kinder und Jugendliche im Alter von 12 Jahren sowie zwischen 15 bis unter 18 Jahren diese häufiger erreichen. Die 6- bis unter 10-jährigen Mädchen und die 10 bis unter 12-jährigen Kinder liegen jedoch mehrheitlich unter der Empfehlung. Der Vitamin-A-Wert enthält auch β-Carotin (mit einem Faktor 1/6 hinzugerechnet), das auch noch mal getrennt aufgeführt wird. Die Bioverfügbarkeit von β-Carotin unterliegt jedoch großen Schwankungen. Die **Vitamin-D**-Zufuhr über die Ernährung hat eine geringe Bedeutung für den Vitamin-D-Status, da der Bedarf hauptsächlich über in der Haut durch Sonnenlichtbestrahlung (UVB-Strahlung) synthetisiertes Vitamin D gedeckt wird. Der Schätzwert für die Zufuhr von Vitamin D bei fehlender endogener Synthese beträgt für Kinder ab 1 Jahr sowie für Jugendliche und Erwachsene 20 µg. Die mediane tägliche Zufuhr von Vitamin D über die Nahrung liegt bei 1,1 bis 2,2 µg. Der Schätzwert für die angemessene Zufuhr von **Vitamin E** (α-Tocopherol-Äquivalente *[tocopherol equivalents;* TE]) liegt je nach Alters- und Geschlechtsgruppe bei 8 bis 15 mg pro Tag und wird von der Mehrheit der Kinder und Jugendlichen nicht erreicht. Bei den Mädchen erreichen je nach Altersgruppe 15,5 bis 40,0 % die D-A-CH-Referenzwerte, bei den Jungen liegen die Anteile zwischen 18,0 und 49,0 %. Bei den 6-Jährigen und den 12-Jährigen sind die Unterschiede zwischen den Geschlechtern stark ausgeprägt (6-Jährige: Mädchen 15,7 %; Jungen 49,0 % und 12-Jährige: Mädchen 40,0 %; Jungen 26,9 %). Diese stärkeren Schwankungen können Folge der kleineren Fallzahlen für diese beiden begrenzten Altersgruppen sein. Die Empfehlungen für die Zufuhr von **Thiamin** und **Riboflavin** werden von der Mehrheit erreicht, wobei dies meist auf Jungen stärker zutrifft als auf Mädchen. Die D-A-CH-Referenzwerte für **Vitamin $B_6$** werden bis auf von den 10- bis unter 12-Jährigen und den 13- bis unter 15-jährigen Mädchen von der Mehrheit der Kinder und Jugendlichen erreicht. Für **Folat** hingegen erreichen die Altersgruppen ab sieben Jahre die D-A-CH-Referenzwerte mehrheitlich nicht, am seltensten die 10- bis unter 12-Jährigen (Mädchen: 12,9 %; Jungen: 15,6 %). Folat wurde inklusive synthetischer Folsäure (aus den selbstrecherchierten Supplementen und angereicherten Lebensmitteln) berechnet. Da synthetische Folsäure eine höhere Bioverfügbarkeit als natürlich vorkommendes Folat hat, wurde diese mit dem Faktor 1,7 multipliziert. Der D-A-CH-Referenzwert für die **Vitamin-$B_{12}$**-Zufuhr wird mehrheitlich von den Jungen in allen Altersgruppen erreicht (Anteile zwischen 51,5 % und 76,7 %). Unter den Mädchen wird der Referenzwert ab zehn Jahren seltener erreicht (Anteile zwischen 31,0 % und 50,7 %). Die empfohlene Zufuhr von **Vitamin C** wird mit Anteilen zwischen 61,9 % und 94,2 % am häufigsten mehrheitlich erreicht und teilweise sogar erheblich überschritten (Tab. 1/16, Abb. 1/47, 1/48).

**Die Versorgung der Kinder und Jugendlichen ist für die Mehrheit der Vitamine verglichen mit den D-A-CH-Referenzwerten ausreichend. Ausnahmen stellen Vitamin D, E und Folat dar, bei denen die Schätzwerte für die Zufuhr von der Mehrheit der Heranwachsenden nicht erreicht werden.**

### 1.5.3.3 Mineralstoffe

Für die Mineralstoffe Calcium, Jod, Kalium und Eisen erreicht die deutliche Mehrheit (größtenteils über 90 %) der Kinder und Jugendlichen den D-A-CH-Referenzwert nicht. Dies trifft bei **Calcium** und **Jod** auf alle dargestellten Altersgruppen zu. Mit 31,7 % erreichen die 15- bis unter 18-jährigen Jungen die empfohlene Zufuhr für Calcium noch am häufigsten. Bei Jod wird die empfohlene Zufuhr in allen Altersgruppen nur von wenigen Prozentanteilen erreicht. Der D-A-CH-Referenzwert für die empfohlene Zufuhr von **Eisen** unterscheidet sich in den Altersgruppen der 10- bis unter 18-Jährigen nach dem Geschlecht und liegt bei Mädchen mit 15 mg/Tag höher als bei Jungen mit 12 mg/Tag. Lediglich etwas mehr als die Hälfte der 15- bis unter 18-jährigen Jungen erreichen die empfohlene Zufuhrmenge. Mädchen erreichen die empfohlene Zufuhr für Eisen deutlich seltener als Jungen (Mädchen zwischen 1,3 % und 15,7 %, Jungen zwischen 8,6 % und 52,8 %). Bei **Kalium** zeigt sich vor allem bei den Altersgruppen ab 10 Jahren, dass ein nur geringer Anteil (Mädchen zwischen 6,7 % und 25,7 %; Jungen zwischen 5,2 % und 30,2 %) den Schätzwert für eine angemessene Zufuhr erreicht. Auffallend sind hier vor allem die im Altersgruppenvergleich deutlich niedrigeren Zufuhrwerte der 10- bis unter 12-Jährigen. Bei **Zink** zeigte sich bei den meisten Altersgruppen ebenfalls eine defizitäre Zufuhr, lediglich die 6-Jährigen und die 7- bis unter 10-Jährigen erreichten mit Anteilen von über 60 % mehrheitlich die empfohlene Zufuhrmenge. Bezüglich der Zufuhr von **Magnesium** zeigt sich, dass die Mehrheit der 6- bis unter 10-jährigen Mädchen und der 6- bis unter 15-jährigen Jungen den D-A-CH-Referenzwert erreicht (Mädchen zwischen 73,6 % und 95,5 %, Jungen zwischen 50,1 % und 93,8 %). Bei den Mädchen unterschreiten alle anderen Altersgruppen mit Anteilen zwischen 28,8 % und 46,3 % mehrheitlich die D-A-CH-Referenzwerte für die Zufuhr von Magnesium (Tab. 1/16, Abb. 1/47, 1/48).

**Größtenteils über 90 % der Heranwachsenden aller Altersgruppen erreichen die D-A-CH-Referenzwerte für die Zufuhr der Mineralstoffe Jod, Kalium, Calcium und Eisen nicht. Insbesondere bei Eisen liegt ein Geschlechterunterschied vor: Mädchen erreichen die empfohlene Zufuhr deutlich seltener (1,3 bis 15,7 %) als Jungen (8,6 bis 52,8 %).**

**Tabelle 1/12:** Energie- und Nährstoffzufuhr von Mädchen nach Altersgruppen

| **Mädchen** | **6 Jahre** (n = 84) | | | **7–< 10 Jahre** (n = 274) | | | **10–< 12 Jahre** (n = 226) | | |
|---|---|---|---|---|---|---|---|---|---|
| | **Median** | **P10** | **P90** | **Median** | **P10** | **P90** | **Median** | **P10** | **P90** |
| **Energie** [kcal] | 1 345,2 | 1 106,5 | 1 704,9 | 1 458,4 | 1 090,4 | 1 894,7 | 1 604,5 | 1 283,3 | 2 050,3 |
| **Energie** [kJ] | 5 632,1 | 4 633,8 | 7 140,8 | 6 106,2 | 4 571,0 | 7 929,4 | 6 721,5 | 5 380,4 | 8 593,2 |
| **Fett** [g] | 51,0 | 37,4 | 71,8 | 55,0 | 37,9 | 76,3 | 59,6 | 45,2 | 86,6 |
| **Fett** [En%] | 33,0 | 25,7 | 44,7 | 33,8 | 25,7 | 40,6 | 33,8 | 26,1 | 42,0 |
| **gesättigte FS** [g] | 24,6 | 16,3 | 36,6 | 24,3 | 16,6 | 34,5 | 26,3 | 18,8 | 40,5 |
| **mehrfach ungesättigte FS** [g] | 6,3 | 4,0 | 12,0 | 6,8 | 4,5 | 11,1 | 7,9 | 5,0 | 12,4 |
| **einfach ungesättigte FS** [g] | 15,5 | 10,9 | 24,7 | 17,9 | 12,0 | 26,1 | 20,2 | 14,0 | 28,1 |
| **Protein** [g] | 44,2 | 32,1 | 62,2 | 47,4 | 33,6 | 64,4 | 54,6 | 39,2 | 72,1 |
| **Protein** [En%] | 13,4 | 9,5 | 15,7 | 13,0 | 10,7 | 16,1 | 13,6 | 10,5 | 16,9 |
| **Protein** [g/kg KG] | 2,0 | 1,5 | 2,8 | 1,6 | 1,2 | 2,4 | 1,4 | 1,0 | 2,1 |
| **Kohlenhydrate** [g] | 176,7 | 131,2 | 228,4 | 184,1 | 135,4 | 250,7 | 202,6 | 155,2 | 276,4 |
| **Kohlenhydrate** [En%] | 52,4 | 41,0 | 63,4 | 52,3 | 43,6 | 61,0 | 51,3 | 43,7 | 60,2 |
| **Gesamtzucker** [g] | 66,2 | 39,8 | 100,9 | 70,7 | 42,4 | 115,1 | 73,9 | 44,0 | 129,8 |
| **Gesamtzucker** [En%] | 20,4 | 13,3 | 26,9 | 20,0 | 13,4 | 29,9 | 18,7 | 11,6 | 28,3 |
| **Ballaststoffe** [g] | 11,7 | 8,0 | 18,1 | 13,2 | 9,5 | 19,5 | 14,7 | 10,0 | 22,0 |
| **Cholesterol** [mg] | 181,1 | 113,9 | 261,3 | 203,9 | 112,1 | 315,3 | 201,9 | 120,1 | 318,8 |
| **Wasser** [ml] | 1 233,6 | 824,5 | 1 680,2 | 1 391,9 | 960,4 | 2 047,1 | 1 577,0 | 1 074,1 | 2 178,0 |
| **Vitamin A (RE)** [mg] | 0,6 | 0,4 | 1,4 | 0,7 | 0,4 | 1,6 | 0,8 | 0,4 | 1,6 |
| **Vitamin A, β-Carotin** [mg] | 1,2 | 0,5 | 4,4 | 2,0 | 0,5 | 4,8 | 1,9 | 0,6 | 5,6 |
| **Vitamin D** [µg] | 1,1 | 0,5 | 2,4 | 1,3 | 0,6 | 2,6 | 1,1 | 0,6 | 2,4 |
| **Vitamin E (TE)** [mg] | 6,0 | 3,9 | 9,1 | 7,1 | 4,0 | 11,4 | 7,7 | 5,1 | 14,5 |
| **Vitamin K** [µg] | 38,1 | 26,0 | 97,9 | 47,9 | 29,8 | 121,4 | 52,0 | 28,9 | 140,3 |
| **Thiamin (Vitamin $B_1$)** [mg] | 0,7 | 0,5 | 1,2 | 0,8 | 0,5 | 1,4 | 0,9 | 0,6 | 1,8 |
| **Riboflavin (Vitamin $B_2$)** [mg] | 0,9 | 0,5 | 1,6 | 1,0 | 0,6 | 1,6 | 1,1 | 0,7 | 1,7 |
| **Niacin (Vitamin $B_3$) (NE)** [mg] | 15,9 | 11,3 | 24,7 | 17,9 | 12,0 | 26,6 | 20,1 | 14,0 | 28,3 |
| **Vitamin $B_6$** [mg] | 1,0 | 0,7 | 1,5 | 1,0 | 0,7 | 2,0 | 1,2 | 0,8 | 1,9 |
| **Biotin** [µg] | 30,2 | 17,1 | 53,2 | 35,1 | 21,0 | 69,6 | 33,4 | 18,6 | 63,7 |
| **Folat** [µg] | 140,8 | 95,9 | 219,9 | 150,5 | 96,1 | 253,7 | 171,6 | 106,6 | 322,0 |
| **Vitamin $B_{12}$ (Cobalamine)** [µg] | 2,6 | 1,3 | 4,1 | 2,8 | 1,5 | 4,5 | 3,0 | 1,9 | 5,0 |
| **Vitamin C** [mg] | 65,2 | 40,5 | 177,8 | 79,7 | 33,0 | 150,0 | 78,8 | 31,4 | 212,9 |
| **Calcium** [mg] | 534,8 | 360,5 | 944,8 | 579,1 | 323,2 | 865,2 | 634,3 | 399,9 | 989,2 |
| **Eisen** [mg] | 6,6 | 4,5 | 8,8 | 7,3 | 5,1 | 10,2 | 8,0 | 5,9 | 12,4 |
| **Jod** [µg] | 55,9 | 25,9 | 91,1 | 61,3 | 31,5 | 107,8 | 65,4 | 39,5 | 110,5 |
| **Kalium** [g] | 1,6 | 1,2 | 2,2 | 1,7 | 1,2 | 2,4 | 1,9 | 1,2 | 2,7 |
| **Magnesium** [mg] | 181,8 | 130,8 | 264,7 | 207,0 | 152,4 | 284,1 | 219,8 | 165,1 | 305,1 |
| **Natrium** [g] | 1,6 | 1,0 | 2,3 | 1,7 | 1,2 | 2,4 | 2,0 | 1,3 | 2,8 |
| **Phosphor** [mg] | 713,9 | 506,5 | 1 020,7 | 794,3 | 545,8 | 1 075,2 | 889,5 | 644,9 | 1 256,0 |
| **Zink** [mg] | 5,7 | 4,2 | 8,0 | 6,5 | 4,4 | 8,8 | 7,2 | 5,0 | 10,7 |

P10: 10. Perzentil; P90: 90. Perzentil; FS: Fettsäuren; En%: Energieprozent; RE: Retinol-Äquivalente *(retinol equivalents)*; TE: α-Tocopherol-Äquivalente *(tocopherol equivalents)*; NE: Niacin-Äquivalente *(niacin equivalents)*

**Tabelle 1/12 (Fortsetzung):** Energie- und Nährstoffzufuhr von Mädchen nach Altersgruppen

| Mädchen | 12 Jahre (n = 131) | | | 13–< 15 Jahre (n = 244) | | | 15–< 18 Jahre (n = 352) | | |
|---|---|---|---|---|---|---|---|---|---|
| | Median | P10 | P90 | Median | P10 | P90 | Median | P10 | P90 |
| **Energie** [kcal] | 1802,3 | 1033,2 | 2950,9 | 1762,2 | 994,7 | 2820,9 | 1795,1 | 1015,0 | 2950,4 |
| **Energie** [kJ] | 7558,9 | 4323,7 | 12355 | 7373,6 | 4163,6 | 11847 | 7517,0 | 4245,9 | 12353 |
| **Fett** [g] | 64,7 | 34,1 | 117,3 | 64,2 | 33,3 | 117,1 | 66,6 | 35,2 | 107,6 |
| **Fett** [En%] | 32,7 | 24,4 | 41,4 | 33,0 | 24,7 | 42,2 | 33,4 | 25,1 | 40,5 |
| **gesättigte FS** [g] | 30,1 | 12,8 | 51,5 | 28,6 | 14,1 | 50,8 | 28,9 | 14,3 | 49,6 |
| **mehrfach ungesättigte FS** [g] | 10,4 | 5,0 | 18,9 | 9,6 | 5,0 | 15,9 | 10,7 | 5,6 | 17,6 |
| **einfach ungesättigte FS** [g] | 23,1 | 10,6 | 39,0 | 21,0 | 10,7 | 36,8 | 21,7 | 10,8 | 35,9 |
| **Protein** [g] | 52,1 | 34,3 | 103,7 | 54,1 | 31,3 | 92,0 | 59,4 | 33,7 | 96,6 |
| **Protein** [En%] | 12,8 | 10,3 | 16,5 | 13,2 | 10,3 | 16,3 | 13,6 | 10,4 | 17,4 |
| **Protein** [g/kg KG] | 1,2 | 0,6 | 2,5 | 1,1 | 0,6 | 2,0 | 1,0 | 0,5 | 1,6 |
| **Kohlenhydrate** [g] | 228,3 | 134,6 | 369,0 | 216,7 | 131,1 | 350,7 | 221,9 | 127,0 | 400,6 |
| **Kohlenhydrate** [En%] | 52,9 | 41,9 | 61,3 | 53,0 | 43,1 | 61,1 | 51,1 | 42,7 | 60,3 |
| **Gesamtzucker** [g] | 97,8 | 45,0 | 184,6 | 86,7 | 47,5 | 178,7 | 88,4 | 38,5 | 194,0 |
| **Gesamtzucker** [En%] | 23,1 | 13,4 | 31,3 | 22,3 | 12,7 | 32,9 | 22,0 | 12,7 | 31,4 |
| **Ballaststoffe** [g] | 18,8 | 10,1 | 34,3 | 17,6 | 10,8 | 32,6 | 20,3 | 11,0 | 32,0 |
| **Cholesterol** [mg] | 227,3 | 61,0 | 437,8 | 223,9 | 104,3 | 465,6 | 232,1 | 115,5 | 431,8 |
| **Wasser** [ml] | 1922,1 | 1110,8 | 3209,9 | 2147,7 | 1310,8 | 3557,3 | 2514,5 | 1443,9 | 3786,7 |
| **Vitamin A (RE)** [mg] | 1,2 | 0,5 | 2,2 | 1,0 | 0,5 | 2,6 | 1,1 | 0,5 | 2,3 |
| **Vitamin A, β-Carotin** [mg] | 3,7 | 1,3 | 10,1 | 3,5 | 1,2 | 10,7 | 3,5 | 1,3 | 8,1 |
| **Vitamin D** [µg] | 1,5 | 0,6 | 5,3 | 1,3 | 0,6 | 3,2 | 1,5 | 0,7 | 4,3 |
| **Vitamin E (TE)** [mg] | 9,7 | 5,4 | 19,5 | 9,6 | 5,6 | 19,1 | 11,2 | 5,2 | 21,1 |
| **Vitamin K** [µg] | 75,8 | 31,6 | 171,4 | 94,4 | 43,9 | 182,5 | 94,3 | 40,9 | 177,1 |
| **Thiamin (Vitamin $B_1$)** [mg] | 1,2 | 0,6 | 2,3 | 1,1 | 0,6 | 2,1 | 1,1 | 0,6 | 2,6 |
| **Riboflavin (Vitamin $B_2$)** [mg] | 1,2 | 0,6 | 2,1 | 1,1 | 0,6 | 1,9 | 1,2 | 0,6 | 2,5 |
| **Niacin (Vitamin $B_3$) (NE)** [mg] | 20,5 | 12,3 | 38,3 | 20,6 | 12,2 | 39,6 | 23,2 | 13,1 | 45,1 |
| **Vitamin $B_6$** [mg] | 1,4 | 0,9 | 3,2 | 1,4 | 0,8 | 2,6 | 1,6 | 0,8 | 3,8 |
| **Biotin** [µg] | 43,7 | 21,6 | 136,1 | 41,3 | 24,4 | 97,5 | 43,4 | 23,2 | 108,3 |
| **Folat** [µg] | 190,4 | 112,6 | 384,3 | 193,1 | 120,3 | 394,2 | 218,4 | 105,1 | 437,6 |
| **Vitamin $B_{12}$ (Cobalamine)** [µg] | 3,6 | 1,1 | 6,3 | 3,0 | 1,5 | 6,2 | 3,7 | 1,6 | 6,7 |
| **Vitamin C** [mg] | 115,1 | 50,3 | 241,6 | 112,4 | 58,9 | 285,0 | 133,5 | 49,6 | 282,5 |
| **Calcium** [mg] | 696,3 | 363,9 | 1165,5 | 689,5 | 368,1 | 1133,5 | 771,7 | 386,2 | 1204,3 |
| **Eisen** [mg] | 9,6 | 5,0 | 16,0 | 8,8 | 4,7 | 15,5 | 9,5 | 5,6 | 14,9 |
| **Jod** [µg] | 67,6 | 35,9 | 132,4 | 61,3 | 37,8 | 117,4 | 74,1 | 37,8 | 121,2 |
| **Kalium** [g] | 2,4 | 1,3 | 3,8 | 2,3 | 1,4 | 4,0 | 2,5 | 1,4 | 3,8 |
| **Magnesium** [mg] | 240,9 | 155,8 | 417,0 | 255,0 | 158,7 | 444,3 | 283,7 | 175,0 | 455,4 |
| **Natrium** [g] | 2,0 | 1,3 | 3,6 | 2,1 | 1,2 | 3,6 | 2,2 | 1,3 | 3,7 |
| **Phosphor** [mg] | 915,3 | 560,3 | 1655,5 | 923,5 | 470,1 | 1554,7 | 998,0 | 573,3 | 1659,6 |
| **Zink** [mg] | 7,2 | 4,4 | 13,5 | 7,2 | 3,8 | 13,0 | 8,3 | 5,0 | 14,1 |

P10: 10. Perzentil; P90: 90. Perzentil; FS: Fettsäuren; En%: Energieprozent; RE: Retinol-Äquivalente *(retinol equivalents)*; TE: α-Tocopherol-Äquivalente *(tocopherol equivalents)*; NE: Niacin-Äquivalente *(niacin equivalents)*

**Tabelle 1/13:** Energie- und Nährstoffzufuhr von Jungen nach Altersgruppen

| **Jungen** | **6 Jahre** (n = 98) | | | **7–< 10 Jahre** (n = 313) | | | **10–< 12 Jahre** (n = 195) | | |
|---|---|---|---|---|---|---|---|---|---|
| | **Median** | **P10** | **P90** | **Median** | **P10** | **P90** | **Median** | **P10** | **P90** |
| **Energie** [kcal] | 1 560,5 | 1 082,3 | 1 875,0 | 1 719,9 | 1 243,0 | 2 300,2 | 1 781,1 | 1 281,9 | 2 276,7 |
| **Energie** [kJ] | 6 534,2 | 4 532,6 | 7 849,6 | 7 197,7 | 5 200,3 | 9 628,2 | 7 469,7 | 5 367,1 | 9 538,2 |
| **Fett** [g] | 56,1 | 37,2 | 76,0 | 62,7 | 41,3 | 90,4 | 69,2 | 42,1 | 91,4 |
| **Fett** [En%] | 33,2 | 26,0 | 40,5 | 32,7 | 25,7 | 41,1 | 33,5 | 27,1 | 41,6 |
| **gesättigte FS** [g] | 27,2 | 13,8 | 35,7 | 27,4 | 17,9 | 41,8 | 29,1 | 19,2 | 43,8 |
| **mehrfach ungesättigte FS** [g] | 6,8 | 4,1 | 10,6 | 7,7 | 4,6 | 13,5 | 8,6 | 5,2 | 13,7 |
| **einfach ungesättigte FS** [g] | 18,5 | 12,3 | 25,9 | 20,6 | 13,0 | 30,5 | 22,1 | 13,8 | 29,9 |
| **Protein** [g] | 49,1 | 34,0 | 66,1 | 55,0 | 39,4 | 74,5 | 60,1 | 39,3 | 76,0 |
| **Protein** [En%] | 12,9 | 10,6 | 15,9 | 13,0 | 10,2 | 15,9 | 13,6 | 11,4 | 16,7 |
| **Protein** [g/kg KG] | 2,1 | 1,5 | 2,9 | 1,9 | 1,3 | 2,7 | 1,6 | 1,0 | 2,1 |
| **Kohlenhydrate** [g] | 201,3 | 137,4 | 249,1 | 226,9 | 156,4 | 303,9 | 223,2 | 149,6 | 309,1 |
| **Kohlenhydrate** [En%] | 52,9 | 45,2 | 60,2 | 53,8 | 44,4 | 61,2 | 51,7 | 42,7 | 58,7 |
| **Gesamtzucker** [g] | 75,9 | 44,5 | 129,7 | 80,4 | 45,1 | 132,6 | 85,5 | 43,9 | 130,5 |
| **Gesamtzucker** [En%] | 19,2 | 12,6 | 29,9 | 19,3 | 11,3 | 29,3 | 18,3 | 12,2 | 27,6 |
| **Ballaststoffe** [g] | 14,8 | 9,0 | 19,9 | 15,6 | 10,5 | 21,2 | 14,3 | 9,6 | 22,0 |
| **Cholesterol** [mg] | 222,3 | 116,8 | 350,0 | 204,2 | 105,6 | 393,0 | 236,9 | 124,8 | 367,4 |
| **Wasser** [ml] | 1 420,3 | 921,7 | 2 092,9 | 1 588,3 | 1 113,8 | 2 268,6 | 1 700,6 | 1 201,5 | 2 262,3 |
| **Vitamin A (RE)** [mg] | 0,7 | 0,3 | 1,3 | 0,8 | 0,4 | 1,7 | 0,7 | 0,4 | 1,8 |
| **Vitamin A, β-Carotin** [mg] | 1,5 | 0,7 | 4,6 | 1,8 | 0,6 | 5,7 | 1,8 | 0,5 | 4,5 |
| **Vitamin D** [µg] | 1,2 | 0,5 | 2,8 | 1,2 | 0,5 | 2,7 | 1,4 | 0,6 | 2,8 |
| **Vitamin E (TE)** [mg] | 7,7 | 4,2 | 11,2 | 8,0 | 5,0 | 14,7 | 8,7 | 4,7 | 15,4 |
| **Vitamin K** [µg] | 55,5 | 25,2 | 121,6 | 52,1 | 28,8 | 150,9 | 57,2 | 29,5 | 151,8 |
| **Thiamin (Vitamin $B_1$)** [mg] | 0,8 | 0,6 | 1,6 | 1,0 | 0,7 | 1,8 | 1,0 | 0,7 | 2,0 |
| **Riboflavin (Vitamin $B_2$)** [mg] | 1,0 | 0,5 | 1,7 | 1,2 | 0,7 | 1,9 | 1,1 | 0,7 | 2,2 |
| **Niacin (Vitamin $B_3$) (NE)** [mg] | 18,5 | 11,8 | 26,1 | 20,4 | 14,7 | 32,1 | 21,8 | 14,2 | 32,7 |
| **Vitamin $B_6$** [mg] | 1,1 | 0,7 | 1,9 | 1,2 | 0,8 | 2,0 | 1,2 | 0,8 | 2,6 |
| **Biotin** [µg] | 36,4 | 18,0 | 64,5 | 36,9 | 22,6 | 71,1 | 38,5 | 21,6 | 65,4 |
| **Folat** [µg] | 168,6 | 87,0 | 224,1 | 168,0 | 108,7 | 312,4 | 158,2 | 102,3 | 344,4 |
| **Vitamin $B_{12}$ (Cobalamine)** [µg] | 2,9 | 1,6 | 4,7 | 3,2 | 1,8 | 5,4 | 3,6 | 2,2 | 5,6 |
| **Vitamin C** [mg] | 81,8 | 40,0 | 160,8 | 84,8 | 32,6 | 219,0 | 76,9 | 33,1 | 162,6 |
| **Calcium** [mg] | 553,7 | 321,1 | 864,9 | 672,9 | 402,1 | 952,6 | 677,3 | 400,5 | 1 003,6 |
| **Eisen** [mg] | 7,8 | 5,3 | 10,6 | 8,6 | 5,9 | 12,9 | 8,6 | 5,8 | 11,6 |
| **Jod** [µg] | 57,7 | 29,6 | 92,8 | 67,5 | 41,3 | 134,3 | 70,1 | 42,7 | 109,4 |
| **Kalium** [g] | 1,8 | 1,2 | 2,4 | 2,0 | 1,4 | 2,8 | 2,0 | 1,3 | 2,7 |
| **Magnesium** [mg] | 200,4 | 131,4 | 276,8 | 234,2 | 164,1 | 326,1 | 240,6 | 173,6 | 310,7 |
| **Natrium** [g] | 1,9 | 1,2 | 2,6 | 2,1 | 1,5 | 3,1 | 2,2 | 1,6 | 3,2 |
| **Phosphor** [mg] | 845,9 | 507,1 | 1091,1 | 933,1 | 639,4 | 1 228,9 | 960,1 | 657,9 | 1 269,6 |
| **Zink** [mg] | 6,9 | 4,4 | 8,9 | 7,2 | 4,9 | 10,1 | 8,2 | 5,3 | 10,3 |

P10: 10. Perzentil; P90: 90. Perzentil; FS: Fettsäuren; En%: Energieprozent; RE: Retinol-Äquivalente *(retinol equivalents)*; TE: α-Tocopherol-Äquivalente *(tocopherol equivalents)*; NE: Niacin-Äquivalente *(niacin equivalents)*

**Tabelle 1/13 (Fortsetzung):** Energie- und Nährstoffzufuhr von Jungen nach Altersgruppen

| **Jungen** | **12 Jahre** (n = 127) | | | **13–< 15 Jahre** (n = 222) | | | **15–< 18 Jahre** (n = 277) | | |
|---|---|---|---|---|---|---|---|---|---|
| | **Median** | **P10** | **P90** | **Median** | **P10** | **P90** | **Median** | **P10** | **P90** |
| **Energie** [kcal] | 2102,8 | 1195,1 | 3191,2 | 2071,0 | 1302,5 | 3458,1 | 2395,6 | 1537,6 | 3795,1 |
| **Energie** [kJ] | 8811,6 | 5002,5 | 13364 | 8668,3 | 5456,5 | 14483 | 10031 | 6434,2 | 15888 |
| **Fett** [g] | 74,6 | 42,2 | 129,6 | 79,8 | 42,7 | 138,9 | 85,3 | 54,1 | 161,2 |
| **Fett** [En%] | 33,2 | 22,0 | 40,6 | 33,4 | 25,3 | 42,2 | 32,3 | 25,6 | 41,4 |
| **gesättigte FS** [g] | 33,1 | 17,1 | 58,1 | 33,7 | 17,7 | 61,6 | 38,8 | 20,5 | 69,3 |
| **mehrfach ungesättigte FS** [g] | 10,6 | 7,0 | 20,3 | 11,4 | 6,6 | 21,2 | 12,7 | 8,2 | 23,5 |
| **einfach ungesättigte FS** [g] | 24,1 | 14,4 | 43,6 | 26,4 | 13,3 | 45,1 | 28,0 | 17,8 | 52,8 |
| **Protein** [g] | 65,3 | 40,8 | 97,4 | 69,1 | 45,2 | 116,4 | 83,4 | 52,2 | 141,6 |
| **Protein** [En%] | 13,4 | 9,7 | 15,5 | 13,6 | 11,1 | 16,6 | 14,0 | 11,3 | 18,5 |
| **Protein** [g/kg KG] | 1,4 | 0,9 | 2,2 | 1,3 | 0,8 | 2,1 | 1,3 | 0,8 | 2,1 |
| **Kohlenhydrate** [g] | 256,2 | 166,6 | 421,6 | 252,2 | 153,0 | 445,8 | 307,5 | 175,8 | 525,0 |
| **Kohlenhydrate** [En%] | 51,9 | 45,1 | 64,1 | 52,1 | 41,5 | 60,3 | 51,0 | 42,0 | 59,6 |
| **Gesamtzucker** [g] | 102,9 | 56,4 | 291,8 | 106,7 | 50,5 | 263,0 | 122,4 | 55,9 | 268,0 |
| **Gesamtzucker** [En%] | 22,5 | 13,3 | 37,0 | 21,8 | 11,9 | 34,9 | 20,9 | 10,8 | 35,0 |
| **Ballaststoffe** [g] | 18,0 | 13,0 | 31,5 | 20,0 | 10,7 | 29,9 | 22,7 | 13,4 | 39,1 |
| **Cholesterol** [mg] | 257,6 | 145,1 | 445,6 | 291,2 | 164,3 | 545,8 | 336,7 | 186,7 | 608,7 |
| **Wasser** [ml] | 2155,1 | 1482,3 | 3755,5 | 2505,3 | 1740,0 | 3661,7 | 2965,3 | 1825,3 | 4452,2 |
| **Vitamin A (RE)** [mg] | 1,1 | 0,5 | 2,3 | 1,0 | 0,4 | 2,2 | 1,3 | 0,5 | 2,8 |
| **Vitamin A, β-Carotin** [mg] | 2,6 | 0,8 | 7,9 | 2,5 | 0,9 | 7,2 | 3,3 | 1,1 | 9,0 |
| **Vitamin D** [µg] | 1,5 | 0,6 | 4,6 | 1,7 | 0,8 | 4,3 | 2,2 | 1,0 | 5,5 |
| **Vitamin E (TE)** [mg] | 10,5 | 6,0 | 23,2 | 10,7 | 5,9 | 20,3 | 12,6 | 6,9 | 24,9 |
| **Vitamin K** [µg] | 102,2 | 37,3 | 163,2 | 85,5 | 37,9 | 165,6 | 98,0 | 42,7 | 225,8 |
| **Thiamin (Vitamin $B_1$)** [mg] | 1,3 | 0,7 | 3,8 | 1,4 | 0,7 | 2,5 | 1,6 | 0,9 | 3,3 |
| **Riboflavin (Vitamin $B_2$)** [mg] | 1,4 | 0,7 | 2,8 | 1,5 | 0,8 | 2,9 | 1,7 | 0,9 | 3,9 |
| **Niacin (Vitamin $B_3$) (NE)** [mg] | 25,6 | 15,3 | 48,9 | 27,5 | 17,0 | 45,1 | 33,8 | 20,1 | 63,4 |
| **Vitamin $B_6$** [mg] | 1,6 | 0,9 | 4,2 | 1,7 | 1,0 | 3,2 | 2,0 | 1,1 | 5,0 |
| **Biotin** [µg] | 46,4 | 29,1 | 260,7 | 48,6 | 27,2 | 123,4 | 60,7 | 29,3 | 172,2 |
| **Folat** [µg] | 218,8 | 120,6 | 447,2 | 236,4 | 121,3 | 428,6 | 260,5 | 148,0 | 656,8 |
| **Vitamin $B_{12}$ (Cobalamine)** [µg] | 4,2 | 2,1 | 7,0 | 4,5 | 2,5 | 8,3 | 5,5 | 2,7 | 10,9 |
| **Vitamin C** [mg] | 125,5 | 49,2 | 315,7 | 113,6 | 48,7 | 235,9 | 144,5 | 51,9 | 290,4 |
| **Calcium** [mg] | 732,8 | 442,1 | 1213,3 | 860,7 | 497,8 | 1375,4 | 929,2 | 534,4 | 1638,4 |
| **Eisen** [mg] | 10,3 | 6,6 | 16,5 | 10,7 | 6,2 | 17,3 | 12,3 | 7,4 | 20,7 |
| **Jod** [µg] | 75,4 | 40,2 | 105,4 | 83,8 | 44,9 | 148,8 | 93,9 | 51,6 | 158,9 |
| **Kalium** [g] | 2,5 | 1,7 | 3,5 | 2,6 | 1,7 | 4,2 | 3,0 | 1,9 | 5,0 |
| **Magnesium** [mg] | 281,8 | 193,6 | 454,1 | 313,9 | 179,8 | 477,5 | 363,0 | 221,2 | 588,5 |
| **Natrium** [g] | 2,4 | 1,6 | 4,1 | 2,8 | 1,6 | 4,3 | 2,9 | 1,8 | 5,3 |
| **Phosphor** [mg] | 1082,5 | 633,6 | 1658,6 | 1148,8 | 681,6 | 1736,7 | 1384,0 | 804,7 | 2366,2 |
| **Zink** [mg] | 8,6 | 5,7 | 13,7 | 9,5 | 5,7 | 15,9 | 11,1 | 6,6 | 19,4 |

P10: 10. Perzentil; P90: 90. Perzentil; FS: Fettsäuren; En%: Energieprozent; RE: Retinol-Äquivalente *(retinol equivalents)*; TE: α-Tocopherol-Äquivalente *(tocopherol equivalents)*; NE: Niacin-Äquivalente *(niacin equivalents)*

**Tabelle 1/14:** Verteilung der täglichen Zufuhr von verschiedenen Fettsäuren über die Ernährung bei Mädchen und Jungen im Alter von 6 bis unter 12 Jahren (n = 1 190)

| Geschlecht | Altersgruppe | MW | P5 | P25 | Median | P75 | P95 |
|---|---|---|---|---|---|---|---|
| **Linolsäure** [mg/Tag] | | | | | | | |
| **Jungen** | **6 Jahre** | 6 103,1 | 3 291,0 | 4 367,3 | 5 811,0 | 7 332,5 | 10 159,0 |
| | **7 bis < 10 Jahre** | 7 116,5 | 3 406,7 | 5 287,3 | 6 330,0 | 8 393,6 | 12 685,2 |
| | **10 bis < 12 Jahre** | 7 624,5 | 3 209,4 | 5 412,1 | 7 003,7 | 9 809,6 | 13 087,4 |
| **Mädchen** | **6 Jahre** | 5 849,7 | 2 567,4 | 3 802,9 | 4 710,9 | 6 855,4 | 14 116,8 |
| | **7 bis < 10 Jahre** | 6 209,4 | 3 226,1 | 4 615,3 | 5 704,1 | 7 210,1 | 11 239,2 |
| | **10 bis < 12 Jahre** | 7 142,8 | 3 579,8 | 5 204,2 | 6 612,7 | 8 441,2 | 12 295,1 |
| **Linolensäure** [mg/Tag] | | | | | | | |
| **Jungen** | **6 Jahre** | 862,1 | 320,3 | 543,8 | 787,6 | 980,5 | 1 642,7 |
| | **7 bis < 10 Jahre** | 1 017,1 | 448,2 | 655,7 | 814,1 | 1 146,0 | 2 311,5 |
| | **10 bis < 12 Jahre** | 1 080,6 | 462,8 | 717,9 | 930,3 | 1 362,7 | 2 020,2 |
| **Mädchen** | **6 Jahre** | 840,4 | 426,7 | 564,2 | 715,7 | 1 012,1 | 1 708,4 |
| | **7 bis < 10 Jahre** | 869,1 | 397,3 | 568,9 | 740,6 | 1 025,5 | 1 895,0 |
| | **10 bis < 12 Jahre** | 958,8 | 412,7 | 658,0 | 813,3 | 1 108,9 | 1 926,5 |
| **Docosahexaensäure** [mg/Tag] | | | | | | | |
| **Jungen** | **6 Jahre** | 45,2 | 5,6 | 10,9 | 17,8 | 38,1 | 192,1 |
| | **7 bis < 10 Jahre** | 50,3 | 4,0 | 12,4 | 22,1 | 36,3 | 196,7 |
| | **10 bis < 12 Jahre** | 46,0 | 5,4 | 14,5 | 21,5 | 43,3 | 154,9 |
| **Mädchen** | **6 Jahre** | 48,1 | 2,6 | 8,2 | 17,1 | 39,6 | 201,2 |
| | **7 bis < 10 Jahre** | 38,6 | 1,8 | 10,1 | 18,9 | 32,7 | 174,4 |
| | **10 bis < 12 Jahre** | 51,2 | 3,4 | 10,2 | 17,6 | 35,3 | 238,0 |
| **Docosahexaensäure** [mg/Tag] | | | | | | | |
| **Jungen** | **6 Jahre** | 130,2 | 28,4 | 42,3 | 86,3 | 161,3 | 392,8 |
| | **7 bis < 10 Jahre** | 110,2 | 22,6 | 43,4 | 69,7 | 126,7 | 305,1 |
| | **10 bis < 12 Jahre** | 115,8 | 26,6 | 44,9 | 75,1 | 161,0 | 313,1 |
| **Mädchen** | **6 Jahre** | 111,0 | 23,2 | 35,0 | 60,0 | 131,5 | 347,1 |
| | **7 bis < 10 Jahre** | 100,8 | 19,5 | 42,3 | 68,9 | 130,5 | 322,1 |
| | **10 bis < 12 Jahre** | 119,4 | 14,1 | 40,1 | 70,4 | 129,7 | 394,4 |
| **n-3-Fettsäuren** [mg/Tag] | | | | | | | |
| **Jungen** | **6 Jahre** | 1 099,6 | 434,2 | 670,1 | 943,7 | 1 220,7 | 1 940,6 |
| | **7 bis < 10 Jahre** | 1 236,4 | 530,7 | 789,8 | 1 030,8 | 1 393,4 | 2 821,5 |
| | **10 bis < 12 Jahre** | 1 297,4 | 536,6 | 886,9 | 1 127,7 | 1 714,4 | 2 348,5 |
| **Mädchen** | **6 Jahre** | 1 049,9 | 489,2 | 647,1 | 951,3 | 1 448,2 | 1 788,9 |
| | **7 bis < 10 Jahre** | 1 049,2 | 467,2 | 685,0 | 912,8 | 1 234,5 | 2 245,8 |
| | **10 bis < 12 Jahre** | 1 177,8 | 530,0 | 779,6 | 975,1 | 1 434,9 | 2 323,3 |
| **n-6-Fettsäuren** [mg/Tag] | | | | | | | |
| **Jungen** | **6 Jahre** | 6 332,7 | 3 459,4 | 4 654,0 | 6 129,8 | 7 458,7 | 10 532,1 |
| | **7 bis < 10 Jahre** | 7 320,4 | 3 489,3 | 5 453,4 | 6 505,5 | 8 843,6 | 12 794,9 |
| | **10 bis < 12 Jahre** | 7 856,2 | 3 333,8 | 5 576,2 | 7 309,9 | 10 031,9 | 13 338,9 |
| **Mädchen** | **6 Jahre** | 6 036,8 | 2 627,2 | 3 925,9 | 4 891,5 | 6 995,2 | 14 602,1 |
| | **7 bis < 10 Jahre** | 6 379,2 | 3 403,8 | 4 814,4 | 5 887,2 | 7 466,1 | 11 620,5 |
| | **10 bis < 12 Jahre** | 7 334,7 | 3 701,6 | 5 390,2 | 6 802,1 | 8 917,4 | 12 460,6 |
| **Verhältnis n-6 : n-3** | | | | | | | |
| **Jungen** | **6 Jahre** | 7,3 | 3,8 | 5,4 | 6,8 | 9,5 | 12,2 |
| | **7 bis < 10 Jahre** | 7,3 | 4,2 | 5,6 | 6,7 | 8,4 | 14,0 |
| | **10 bis < 12 Jahre** | 7,2 | 4,2 | 5,7 | 6,8 | 8,3 | 11,5 |
| **Mädchen** | **6 Jahre** | 6,6 | 4,2 | 5,1 | 6,1 | 7,6 | 10,3 |
| | **7 bis < 10 Jahre** | 7,5 | 4,4 | 5,6 | 6,8 | 8,7 | 12,4 |
| | **10 bis < 12 Jahre** | 7,8 | 4,6 | 5,6 | 6,9 | 9,0 | 13,4 |

MW: Mittelwert; P5: 5. Perzentil; P25: 25. Perzentil; P75: 75. Perzentil; P95: 95. Perzentil

**Tabelle 1/15:** Verteilung der täglichen Zufuhr von verschiedenen Fettsäuren über die Ernährung bei Mädchen und Jungen im Alter von 12 bis unter 18 Jahren (n = 1 353)

| Geschlecht | Altersgruppe | MW | P5 | P25 | Median | P75 | P95 |
|---|---|---|---|---|---|---|---|
| **Linolsäure** [mg/Tag] | | | | | | | |
| **Jungen** | **12 Jahre** | 10 041,5 | 4 753,6 | 6 634,7 | 9 092,6 | 11 271,2 | 20 375,3 |
| | **13 bis < 15 Jahre** | 11 046,9 | 5 153,0 | 7 581,9 | 9 451,2 | 13 057,6 | 27 359,2 |
| | **15 bis < 18 Jahre** | 12 105,5 | 5 942,4 | 8 290,7 | 10 704,9 | 14 461,1 | 23 000,7 |
| **Mädchen** | **12 Jahre** | 9 437,6 | 2 412,3 | 6 005,4 | 8 832,1 | 12 029,3 | 17 810,4 |
| | **13 bis < 15 Jahre** | 9 017,1 | 3 683,2 | 6 080,7 | 8 164,1 | 10 700,0 | 19 950,6 |
| | **15 bis < 18 Jahre** | 9 735,0 | 3 613,3 | 6 440,9 | 9 331,1 | 12 262,0 | 19 783,0 |
| **Linolensäure** [mg/Tag] | | | | | | | |
| **Jungen** | **12 Jahre** | 1 327,4 | 646,8 | 802,7 | 1 117,4 | 1 509,2 | 2 661,7 |
| | **13 bis < 15 Jahre** | 1 357,2 | 543,4 | 849,6 | 1 213,2 | 1 652,5 | 2 711,4 |
| | **15 bis < 18 Jahre** | 1 489,5 | 664,6 | 993,1 | 1 254,9 | 1 760,4 | 2 974,0 |
| **Mädchen** | **12 Jahre** | 1 200,2 | 427,8 | 745,2 | 1 080,4 | 1 553,6 | 2 507,2 |
| | **13 bis < 15 Jahre** | 1 122,8 | 428,2 | 764,7 | 1 030,3 | 1 272,7 | 2 108,3 |
| | **15 bis < 18 Jahre** | 1 217,2 | 445,8 | 797,8 | 1 139,2 | 1 438,2 | 2 245,6 |
| **Docosahexaensäure** [mg/Tag] | | | | | | | |
| **Jungen** | **12 Jahre** | 50,7 | 8,7 | 14,9 | 27,0 | 65,8 | 173,8 |
| | **13 bis < 15 Jahre** | 70,7 | 5,7 | 16,6 | 41,4 | 76,2 | 213,7 |
| | **15 bis < 18 Jahre** | 100,9 | 5,8 | 19,8 | 41,7 | 115,0 | 257,6 |
| **Mädchen** | **12 Jahre** | 43,6 | 5,0 | 10,6 | 26,6 | 45,4 | 168,8 |
| | **13 bis < 15 Jahre** | 47,7 | 2,0 | 9,9 | 22,5 | 55,2 | 125,3 |
| | **15 bis < 18 Jahre** | 56,6 | 3,5 | 13,2 | 31,5 | 70,2 | 207,6 |
| **Docosahexaensäure** [mg/Tag] | | | | | | | |
| **Jungen** | **12 Jahre** | 129,0 | 36,8 | 71,7 | 103,2 | 158,7 | 301,4 |
| | **13 bis < 15 Jahre** | 152,5 | 34,4 | 67,3 | 102,8 | 199,3 | 446,4 |
| | **15 bis < 18 Jahre** | 209,7 | 42,4 | 87,8 | 136,6 | 229,9 | 469,2 |
| **Mädchen** | **12 Jahre** | 104,8 | 26,4 | 45,7 | 76,8 | 128,0 | 283,2 |
| | **13 bis < 15 Jahre** | 120,1 | 22,8 | 55,8 | 91,9 | 147,0 | 269,3 |
| | **15 bis < 18 Jahre** | 126,3 | 25,1 | 55,3 | 91,8 | 163,9 | 331,5 |
| **n-3-Fettsäuren** [mg/Tag] | | | | | | | |
| **Jungen** | **12 Jahre** | 1 551,8 | 752,3 | 1 021,1 | 1 364,3 | 1 726,7 | 3 122,6 |
| | **13 bis < 15 Jahre** | 1 632,5 | 631,2 | 1 073,7 | 1 413,1 | 1 916,8 | 3 067,8 |
| | **15 bis < 18 Jahre** | 1 876,1 | 813,3 | 1 208,1 | 1 623,8 | 2 230,8 | 3 599,6 |
| **Mädchen** | **12 Jahre** | 1 381,3 | 467,6 | 866,9 | 1 236,2 | 1 798,7 | 2 897,7 |
| | **13 bis < 15 Jahre** | 1 331,6 | 504,9 | 909,1 | 1 230,8 | 1 619,3 | 2 605,0 |
| | **15 bis < 18 Jahre** | 1 445,5 | 558,5 | 932,9 | 1 381,3 | 1 739,7 | 2 799,5 |
| **n-6-Fettsäuren** [mg/Tag] | | | | | | | |
| **Jungen** | **12 Jahre** | 10 277,5 | 4 902,9 | 6 963,4 | 9 462,0 | 11 780,7 | 20 744,4 |
| | **13 bis < 15 Jahre** | 11 307,1 | 5 329,3 | 7 715,0 | 9 767,8 | 13 319,3 | 27 645,0 |
| | **15 bis < 18 Jahre** | 12 409,3 | 6 232,8 | 8 628,0 | 11 024,6 | 14 854,5 | 23 281,0 |
| **Mädchen** | **12 Jahre** | 9 613,6 | 2 485,7 | 6 152,2 | 8 958,7 | 12 495,5 | 18 005,1 |
| | **13 bis < 15 Jahre** | 9 209,9 | 3 705,3 | 6 285,0 | 8 383,2 | 10 962,7 | 20 382,5 |
| | **15 bis < 18 Jahre** | 9 934,0 | 3 678,0 | 6 585,2 | 9 479,0 | 12 390,7 | 20 123,5 |
| **Verhältnis n-6 : n-3** | | | | | | | |
| **Jungen** | **12 Jahre** | 7,3 | 4,2 | 5,5 | 7,0 | 8,3 | 11,4 |
| | **13 bis < 15 Jahre** | 7,2 | 4,7 | 5,7 | 7,0 | 8,2 | 10,5 |
| | **15 bis < 18 Jahre** | 7,5 | 4,3 | 5,7 | 6,9 | 8,0 | 11,2 |
| **Mädchen** | **12 Jahre** | 6,9 | 4,8 | 5,9 | 6,7 | 7,7 | 10,6 |
| | **13 bis < 15 Jahre** | 7,3 | 4,7 | 5,8 | 6,8 | 8,3 | 11,6 |
| | **15 bis < 18 Jahre** | 7,2 | 4,3 | 5,7 | 6,9 | 8,1 | 10,5 |

MW: Mittelwert; P5: 5. Perzentil; P25: 25. Perzentil; P75: 75. Perzentil; P95: 95. Perzentil

1.5

**Abbildung 1/47:** Energie- und Nährstoffzufuhr im Vergleich zu den D-A-CH-Referenzwerten bei A) 6- bis unter 12-jährigen Mädchen und B) 12- bis unter 18-jährigen Mädchen

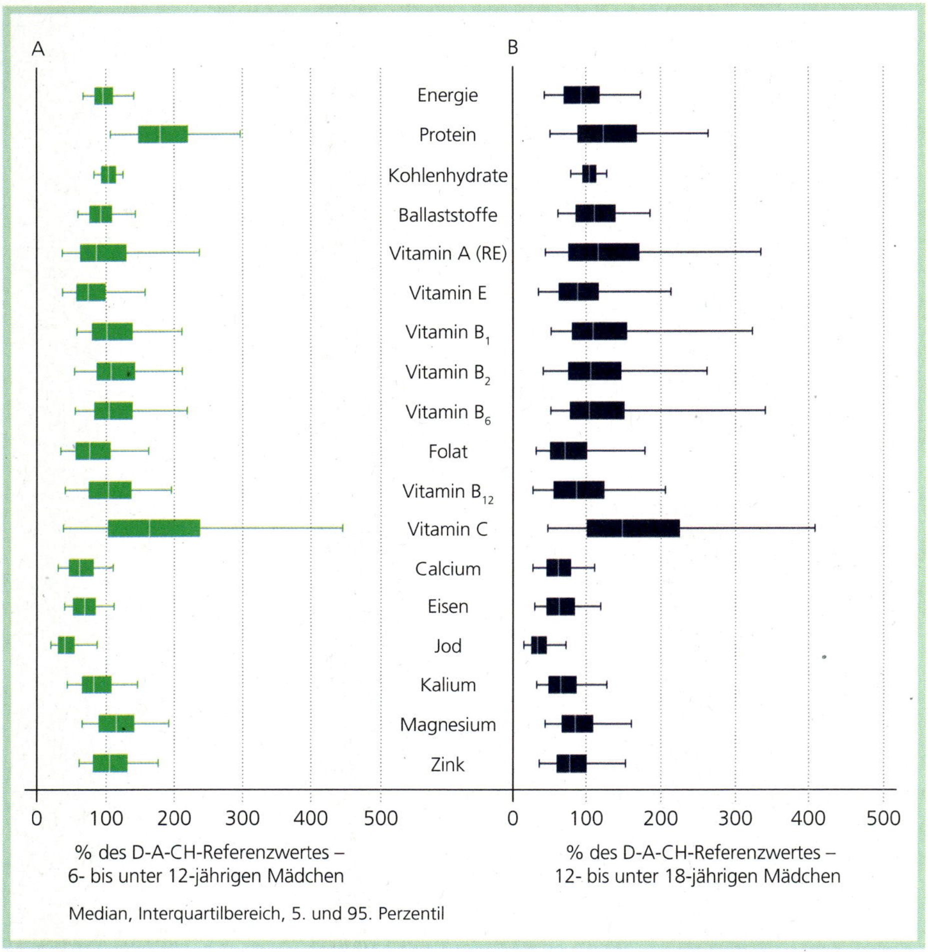

**Abbildung 1/48:** Energie- und Nährstoffzufuhr im Vergleich zu den D-A-CH-Referenzwerten bei C) 6- bis unter 12-jährigen Jungen und D) 12- bis unter 18-jährigen Jungen

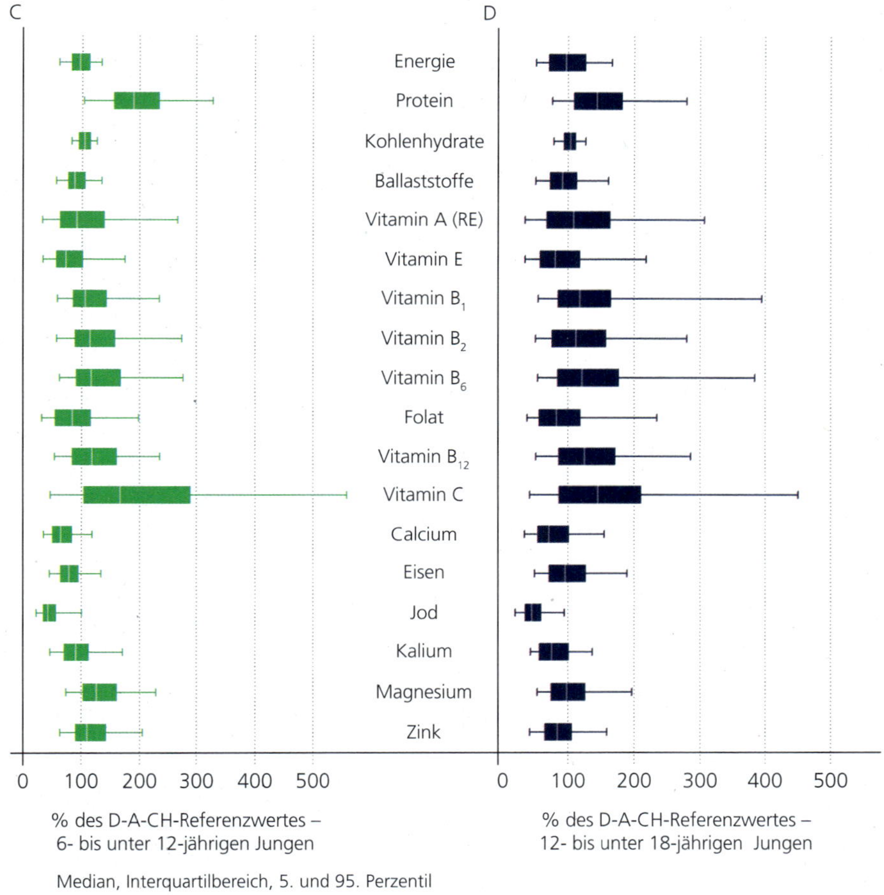

**Abbildung 1/49:** Kategorien der Fettzufuhr im Vergleich zu den D-A-CH-Referenzwerten für Mädchen und Jungen verschiedener Altersgruppen

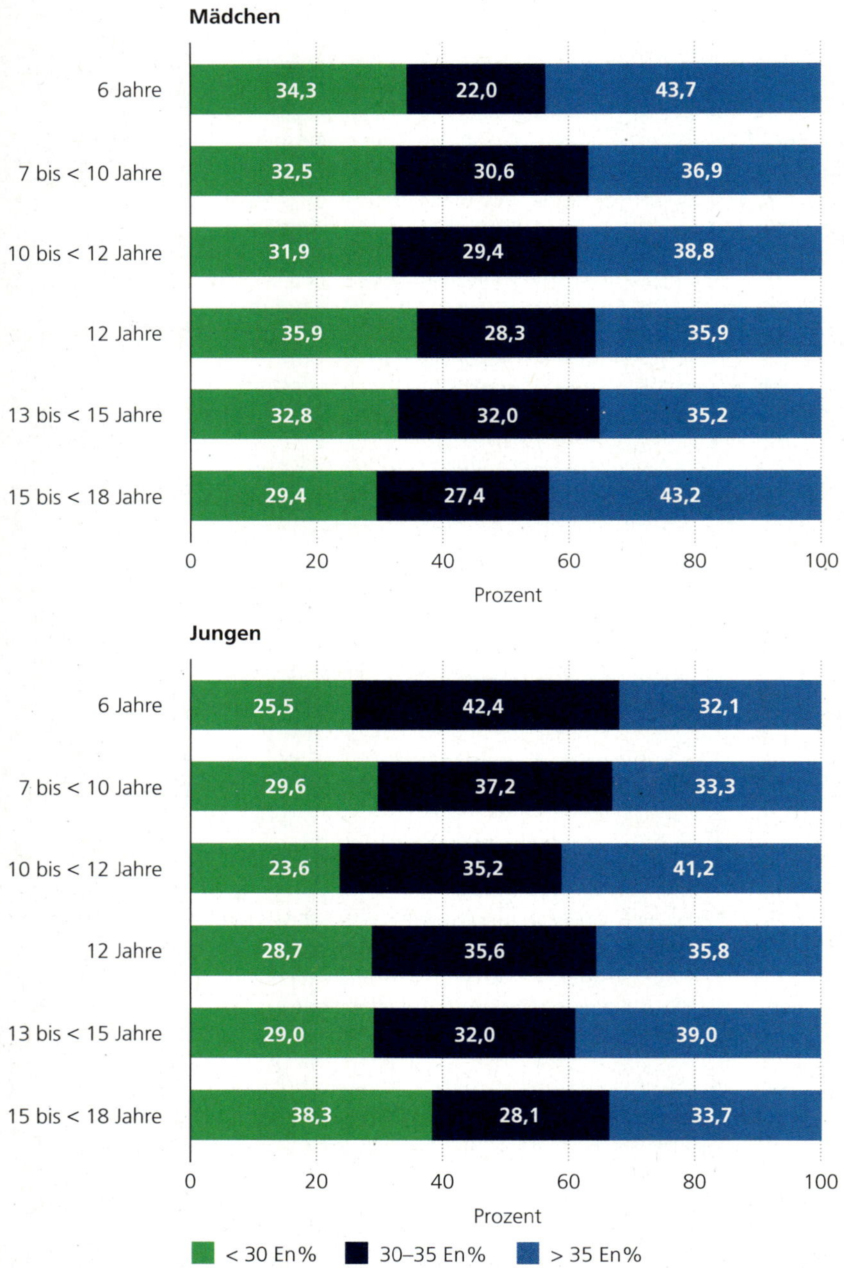


En%: Energieprozent

**Tabelle 1/16:** Prävalenz (in %) der Kinder und Jugendlichen, die den jeweiligen D-A-CH-Referenzwert erreicht bzw. überschreitet (n = 2 543)

| | 6 Jahre | | 7–<10 Jahre | | 10–<12 Jahre | | 12 Jahre | | 13–<15 Jahre | | 15–<18 Jahre | |
|---|---|---|---|---|---|---|---|---|---|---|---|---|
| | M | J | M | J | M | J | M | J | M | J | M | J |
| **Energie** [kcal] | 59,5 | 62,8 | 43,5 | 50,9 | 40,2 | 38,3 | 56,7 | 60,0 | 36,5 | 40,9 | 38,7 | 46,1 |
| **Kohlenhydrate** [En%] | 58,5 | 66,0 | 66,1 | 68,0 | 57,2 | 59,6 | 60,4 | 69,4 | 66,1 | 59,7 | 57,3 | 55,7 |
| **Ballaststoffe** [g][a] | 35,8 | 44,0 | 41,1 | 28,3 | 38,6 | 24,9 | 61,9 | 45,7 | 63,5 | 34,7 | 59,2 | 38,3 |
| **Protein** [g/kg KG] | 99,1 | 100 | 96,1 | 99,2 | 96,2 | 92,9 | 67,8 | 91,0 | 65,8 | 79,3 | 66,5 | 75,2 |
| **Vitamin A (RE)** | 35,0 | 47,2 | 51,8 | 47,8 | 38,8 | 39,2 | 65,0 | 65,4 | 49,4 | 47,7 | 61,3 | 58,7 |
| **Vitamin E (TE)** | 15,7 | 49,0 | 28,3 | 32,9 | 21,4 | 18,0 | 40,0 | 26,9 | 28,1 | 29,7 | 38,8 | 39,1 |
| **Thiamin (Vitamin $B_1$)** | 55,2 | 73,0 | 54,5 | 63,6 | 52,7 | 56,9 | 69,5 | 71,0 | 58,7 | 63,4 | 52,1 | 59,9 |
| **Riboflavin (Vitamin $B_2$)** | 66,3 | 72,8 | 59,9 | 67,0 | 60,8 | 54,5 | 60,3 | 67,7 | 51,2 | 54,1 | 53,4 | 54,3 |
| **Vitamin $B_6$** | 85,0 | 87,1 | 52,5 | 72,5 | 44,6 | 47,6 | 60,8 | 70,9 | 46,2 | 56,4 | 56,6 | 68,5 |
| **Folat** | 50,2 | 63,7 | 36,2 | 42,7 | 12,9 | 15,6 | 23,2 | 27,1 | 21,0 | 28,6 | 27,9 | 43,7 |
| **Vitamin $B_{12}$** | 75,9 | 76,7 | 58,9 | 70,1 | 35,1 | 51,5 | 50,7 | 70,8 | 31,0 | 60,5 | 40,0 | 70,2 |
| **Vitamin C** | 94,2 | 93,8 | 82,3 | 83,7 | 61,9 | 62,3 | 82,8 | 80,7 | 74,0 | 63,8 | 74,3 | 69,1 |
| **Kalium** | 82,7 | 81,6 | 32,4 | 48,5 | 6,7 | 5,2 | 25,7 | 30,2 | 13,8 | 23,8 | 6,9 | 26,3 |
| **Calcium** | 14,4 | 16,32 | 8,4 | 13,2 | 3,4 | 5,6 | 16,5 | 18,9 | 8,9 | 19,2 | 10,2 | 31,7 |
| **Magnesium** | 95,5 | 93,8 | 73,6 | 87,5 | 34,3 | 58,7 | 46,3 | 74,1 | 28,8 | 50,1 | 29,4 | 40,2 |
| **Eisen** | 15,7 | 42,8 | 10,8 | 28,5 | 1,3 | 8,6 | 14,2 | 30,7 | 11,5 | 40,1 | 9,1 | 52,8 |
| **Zink** | 92,3 | 93,6 | 60,8 | 77,0 | 36,8 | 33,1 | 41,7 | 44,1 | 24,7 | 25,0 | 20,6 | 30,9 |
| **Jod** | 3,1 | 3,4 | 1,1 | 7,9 | 1,8 | 2,0 | 3,7 | 0,4 | 0,3 | 4,3 | 0,3 | 4,1 |

M: Mädchen; J: Jungen; En%: Energieprozent; RE: Retinol-Äquivalente (retinol equivalents); TE: $\alpha$-Tocopherol-Äquivalente *(tocopherol equivalents)*

a Für Ballaststoffe ist für Kinder und Jugendliche derzeit kein eigener Richtwert ableitbar; da eine Zufuhr für die Ballaststoffdichte in Höhe von 10 g/1 000 kcal auch für diese Altersgruppen realisierbar ist, wird diese hier angenommen.

## 1.5.4 Ergebnisse zu den Rahmenbedingungen des Ernährungsverhaltens

Im Rahmen von EsKiMo II wurden diverse vertiefende Informationen zum Ernährungsverhalten und dessen Rahmenbedingungen erfasst. Hier werden im Folgenden ausgewählte Ergebnisse zu den Themen Familienmahlzeiten, Schulverpflegung, vegetarische Ernährung und Diäterfahrung dargestellt.

### 1.5.4.1 Gemeinsame Familienmahlzeiten

Gemeinsames Essen mit Familienmitgliedern stärkt den familiären Zusammenhalt und den kommunikativen Austausch und bringt Struktur in den Tag. Neben diesen psychosozialen Einflüssen, können Familienmahlzeiten auch Lebensmittelvorlieben und Ernährungsgewohnheiten nachhaltig beeinflussen [14]. Laut Angaben in EsKiMo II essen nahezu alle Kinder und Jugendlichen (99,3 %) bestimmte Mahlzeiten mit mindestens einem Familienmitglied zusammen. Das Abendessen ist die Mahlzeit, die mit Abstand von allen Altersgruppen mit 72 bis 99 % am häufigsten mindestens dreimal pro Woche gemeinsam gegessen wird. Unter den jüngeren Altersgruppen (bis elf Jahre) wird das Mittagessen im Vergleich zu den anderen Mahlzeiten am seltensten gemeinsam eingenommen (Mädchen zwischen 53 % und 61 %; Jungen zwischen 50 % und 57 %), während es unter den Altersgruppen ab zwölf Jahren das Frühstück ist (Mädchen zwischen 36 % und 51 %; Jungen zwischen 47 % und 53 %). Die Häufigkeit der gemeinsamen Familienmahlzeiten ist unter jüngeren höher als unter älteren Kindern (Tab. 1/17). Weitere Analysen zeigen, dass das Mittagessen in den alten Bundesländern signifikant häufiger gemeinsam eingenommen wird als in den neuen Bundesländern (66 % vs. 21 %). Im Vergleich zu EsKiMo I (2006) werden in EsKiMo II (2015 bis 2017) häufiger gemeinsame Familienmahlzeiten eingenommen (Daten siehe [15]).

### 1.5.4.2 Mittagsverpflegung an Schulen

Die Schule ist ein relevantes Setting für Maßnahmen der Prävention und Gesundheitsförderung. Im Zusammenhang mit der Ernährung von Kindern und Jugendlichen steht vor allem die Schulverpflegung im Fokus. Da in den letzten Jahren der Anteil an Ganztagsschulen stark gestiegen ist [16], hat auch die Bedeutung der Schulverpflegung zugenommen. Insgesamt gaben 86,6 % der befragten Schüler*innen an, dass sie die Möglichkeit haben, in der Schule ein warmes Mittagessen zu erhalten [17]. Die Nutzungshäufigkeit der Mädchen und Jungen, die in ihrer Schule ein Verpflegungsangebot haben, ist in Tabelle 1/18 nach Altersgruppen dargestellt. Insgesamt zeigt sich, dass jüngere Kinder deutlich häufiger an der Schulverpflegung teilnehmen als ältere Kinder. Unter den 6- bis unter 8-Jährigen nehmen mehr als die Hälfte der Mädchen (55 %) und Jungen (61,2 %) mindestens dreimal pro Woche eine warme Mittagsmahlzeit in der Schule zu sich. Damit ist in dieser Altersgruppe der Anteil derjenigen, die das Angebot nutzen, am höchsten. Insbesondere ab dem Alter von zehn Jahren zeigt sich eine deutliche Abnahme in der Häufigkeit der Inanspruchnahme. Bei den 16- bis unter 18-Jährigen nehmen nur noch 16 % bzw. 12 % der Schüler*innen mindestens dreimal pro Woche ein warmes Mittagessen in der Schule ein. Zwischen Mädchen und Jungen gibt es keine signifikanten Unterschiede in der Inanspruchnahme (Tab. 1/18). Weitere Analysen in EsKiMo II haben gezeigt, dass Kinder, die eine Grundschule besuchen, das Angebot eines warmen Mittagessens signifikant häufiger nutzen als Heranwachsende, die auf eine weiterführende Schule gehen. Unter weiterführenden Schulen wird das Angebot an Gymnasien und Fachoberschulen häufiger in Anspruch genommen als an Haupt-, Real- und Gesamtschulen. Das Vorhandensein sowie die Inanspruchnahme des Angebotes einer warmen Mittagsmahlzeit in der Schule unterscheiden sich zwischen den neuen Bundesländern (inkl. Berlin) und den alten Bundesländern. In den neuen Bundesländern ist das Angebot mit 95,7 % und einer Teilnahme von 56,8 % signifikant häufiger als in den alten Bundesländern mit entsprechend 84,7 % und 40,1 % (Daten siehe [17]).

Schüler*innen, die nicht oder nur selten (weniger als 1- bis 2-mal pro Woche) an der Schulverpflegung teilnehmen, wurden nach ihren Gründen dafür gefragt. Diese waren in absteigender Reihenfolge nach Häufigkeit der Nennung, die Möglichkeit zu Hause eine warme Mahlzeit zu erhalten, nur vormittags Unterricht zu haben, die Unzufriedenheit mit dem Geschmack des Essens bzw. der Wunsch etwas Anderes zu essen. Der Vergleich zwischen EsKiMo I (2006) und EsKiMo II (2015 bis 2017) zeigt, dass sich über den Zeitraum sowohl das Angebot als auch die Inanspruchnahme einer warmen Mittagsmahlzeit in der Schule ungefähr verdoppelt haben: Das Angebot stieg von 46,1 % auf 86,6 % und die Inanspruchnahme an mindestens ein bis zwei Wochentagen von 19,1 % auf 37,4 %. Der

Zeitvergleich zeigt auch, dass die Inanspruchnahme der Mittagsmahlzeit in den alten Bundesländern stärker zugenommen hat als in den neuen Bundesländern (Daten siehe [17]).

### 1.5.4.3 Vegetarische Ernährung

Die Verbreitung vegetarischer Ernährungsweisen hat in den letzten Jahren zugenommen [18]. Die Gründe, sich vegetarisch zu ernähren, sind sehr vielfältig und reichen von ethisch-moralischen Hintergründen über ökologische oder religiöse Aspekte bis hin zu gesundheitlichen Motiven [19]. Laut Angaben in EsKiMo II folgen in Deutschland 1,5 % der 6- bis unter 12-Jährigen und 5,1 % der 12- bis unter 18-Jährigen einer vegetarischen Ernährungsweise. Unter den Mädchen ist der Anteil mit einer vegetarischen Ernährung signifikant höher als bei den Jungen (4,9 % vs. 1,7 %). In EsKiMo I liegen diesbezüglich nur Daten für die 12- bis unter 18-Jährigen vor. Der Vergleich mit dieser Altersgruppe zeigt, dass der Anteil an Vegetarier*innen sich deutlich erhöht hat, da zum Zeitpunkt von EsKiMo I nur 1,6 % von ihnen einer vegetarischen Ernährungsweise gefolgt sind (Daten siehe [20]).

### 1.5.4.4 Diäterfahrung zur Gewichtsreduktion

Diäten können aus gesundheitlichen Gründen empfehlenswert sein, sofern geeignete Strategien zur Gewichtsreduzierung eingesetzt und diese bei Bedarf ärztlich begleitet werden. Andererseits muss im Zusammenhang mit Reduktionsdiäten auch stets die Entwicklung oder Verstärkung eines bedenklichen Körperideals mit betrachtet und kritisch hinterfragt werden. Daten aus EsKiMo II zeigen, dass insgesamt 16,6 % der 12- bis unter 18-Jährigen in den letzten drei Jahren mindestens eine Diät zur Gewichtsreduzierung durchgeführt haben. Das Geschlecht zeigt einen statistisch signifikanten Zusammenhang mit den Diäterfahrungen dieser Altersgruppe: Mit 21,7 % haben Mädchen beinahe doppelt so häufig Diäterfahrung wie Jungen mit 11,8 %. Dieser Unterschied zeigt sich in allen Altersgruppen. Mit zunehmendem Alter steigt der Anteil der Jugendlichen mit Diäterfahrung: unter den 12- bis unter 14-Jährigen sind es 8,4 %, unter den 14- bis unter 16-Jährigen 13,9 % und unter den 16- bis unter 18-Jährigen 26,5 %. 12- bis unter 18-Jährige mit Übergewicht besitzen mit 40,1 % nahezu dreimal so häufig Diäterfahrung wie Gleichaltrige mit Normalgewicht (14,4 %). Diese Unterschiede sind signifikant (Daten siehe [21]). Es liegen keine Angaben dazu vor, ob eine ärztliche Begleitung der Diät stattgefunden hat.

Insgesamt 51,5 % der 12- bis unter 18-Jährigen mit Diäterfahrungen haben die Durchführung von einer Diät und 24,5 % von zwei Diäten angegeben. Die übrigen Jugendlichen haben bereits drei Diäten oder mehr durchgeführt bzw. gaben an, ständig Diät zu halten. Der Median der Dauer einer durchschnittlichen Diät beträgt 30 Tage. Unter den 12- bis unter 18-Jährigen mit Diäterfahrungen sind 64,9 % mit dem Ergebnis ihrer letzten Reduktionsdiät zufrieden [21].

**Der Vergleich zwischen EsKiMo I (2006) und EsKiMo II (2015–2017) zeigt, dass sich über den Zeitraum sowohl das Angebot als auch die Inanspruchnahme einer warmen Mittagsmahlzeit in der Schule ungefähr verdoppelt haben. Der Anteil der 12- bis unter 18-Jährigen, die sich vegetarisch ernähren, hat von 1,6 % auf 5,1 % deutlich zugenommen. Mädchen berichten in allen Altersgruppen deutlich häufiger von Diäterfahrungen als Jungen (21,7 % bzw. 11,8 % bei den 12- bis unter 18-Jährigen).**

**Tabelle 1/17:** Prävalenz (in %) von Familienmahlzeiten, die häufig (mindestens dreimal die Woche) gemeinsam gegessen werden nach Hauptmahlzeiten, Geschlecht und Altersgruppen (n = 2 638)

| | Frühstück | | | | Mittagessen | | | | Abendessen | | | |
|---|---|---|---|---|---|---|---|---|---|---|---|---|
| | Mädchen | | Jungen | | Mädchen | | Jungen | | Mädchen | | Jungen | |
| **Altersgruppen** | % | [95 % CI] | % | [95 % CI] | % | [95 % CI] | % | [95 % CI] | % | [95 % CI] | % | [95 % CI] |
| 6 bis < 8 Jahre | 71,3 | [61,7–79,2] | 71,1 | [60,6–79,7] | 61,1 | [51,3–70,2] | 50,0 | [40,3–59,7] | 98,5 | [96,2–99,4] | 99,1 | [95,3–99,8] |
| 8 bis < 10 Jahre | 68,3 | [57,9–77,1] | 61,3 | [51,1–70,6] | 53,1 | [57,9–77,1] | 55,4 | [46,0–64,5] | 97,3 | [91,9–99,1] | 94,0 | [86,8–97,4] |
| 10 bis < 12 Jahre | 64,3 | [54,6–72,9] | 64,8 | [55,7–73,0] | 60,4 | [50,2–69,9] | 56,5 | [47,8–64,8] | 93,5 | [86,1–97,1] | 96,0 | [90,6–98,4] |
| 12 bis < 14 Jahre | 51,1 | [43,0–59,1] | 52,6 | [43,9–61,2] | 70,9 | [62,8–77,8] | 64,8 | [56,5–72,4] | 87,5 | [81,8–91,6] | 85,9 | [78,7–90,9] |
| 14 bis < 16 Jahre | 36,0 | [29,2–43,4] | 47,4 | [38,4–56,7] | 59,2 | [51,2–66,8] | 57,1 | [49,0–64,8] | 79,3 | [70,4–86,1] | 78,2 | [69,5–84,9] |
| 16 bis < 18 Jahre | 36,0 | [28,3–44,5] | 51,2 | [41,4–60,8] | 54,8 | [46,1–63,3] | 55,8 | [46,4–64,8] | 72,3 | [63,1–80,0] | 72,8 | [62,3–81,3] |

CI: Konfidenzintervall

**Tabelle 1/18:** Nutzungshäufigkeit einer warmen Mittagsmahlzeit in der Schule nach Geschlecht und Altersgruppen (n = 2 223)

| | 3- bis 5-mal/Woche | | | | 1- bis 2-mal/Woche | | | | < 1-mal/Woche | | | |
|---|---|---|---|---|---|---|---|---|---|---|---|---|
| | Mädchen | | Jungen | | Mädchen | | Jungen | | Mädchen | | Jungen | |
| **Altersgruppen** | % | [95 % CI] | % | [95 % CI] | % | [95 % CI] | % | [95 % CI] | % | [95 % CI] | % | [95 % CI] |
| 6 bis < 8 Jahre | 55,0 | [43,0–66,6] | 61,2 | [50,0–71,4] | 10,8 | [5,4–20,5] | 7,0 | [3,5–13,4] | 34,2 | [23,7–46,5] | 31,8 | [22,3–43,0] |
| 8 bis < 10 Jahre | 51,0 | [39,6–62,2] | 46,5 | [35,5–57,8] | 5,1 | [1,8–14,0] | 6,1 | [3,1–11,8] | 43,9 | [33,8–54,6] | 47,4 | [36,6–58,4] |
| 10 bis < 12 Jahre | 28,9 | [20,5–39,0] | 38,8 | [29,5–48,9] | 18,7 | [12,0–28,0] | 9,0 | [5,5–14,4] | 52,5 | [42,6–62,2] | 52,2 | [42,5–61,7] |
| 12 bis < 14 Jahre | 15,6 | [10,5–22,7] | 17,6 | [12,7–24,0] | 22,8 | [16–31,4] | 14,9 | [9,3–23,1] | 61,6 | [51,9–70,4] | 67,4 | [58,6–75,1] |
| 14 bis < 16 Jahre | 12,6 | [8,1–19,0] | 15,5 | [10,4–22,6] | 13,8 | [9,0–20,6] | 11,3 | [6,3–19,4] | 73,6 | [65,6–80,3] | 73,2 | [64,1–80,6] |
| 16 bis < 18 Jahre | 16,2 | [10,1–25,0] | 11,5 | [6,9–18,6] | 9,1 | [4,7–16,7] | 13,2 | [7,5–22,3] | 74,7 | [64,9–82,5] | 75,3 | [65,1–83,3] |

CI: Konfidenzintervall

### 1.5.5 Diskussion und Schlussbetrachtung

Für einige Nährstoffe liegt die Zufuhr im Median unterhalb der entsprechenden D-A-CH-Referenzwerte für die Nährstoffzufuhr. Die D-A-CH-Referenzwerte werden allerdings so abgeleitet, dass hiermit nahezu die gesamte gesunde Bevölkerung ausreichend versorgt ist. Auf Gruppenebene bedeutet ein Median oder Mittelwert unter dem D-A-CH-Referenzwert daher nicht, dass eine Unterversorgung vorliegt. Wenn der Anteil der Personen mit Zufuhrwerten deutlich unterhalb des D-A-CH-Referenzwertes größer ist, steigt die Wahrscheinlichkeit, dass eine Unterversorgung für einen Teil der betreffenden Gruppen vorliegt. Zudem konnte eine Überschreitung der Zufuhr bei einigen Nährstoffen (z. B. Protein und Vitamin C) beobachtet werden, diese Werte überschreiten allerdings nicht die tolerierbare Gesamtzufuhrmenge.

Eine unzureichende Zufuhr ist gegeben bzw. sehr wahrscheinlich für Ballaststoffe sowie Vitamin E und Folat. Bei diesen Nährstoffen werden die D-A-CH-Referenzwerte von vielen Kindern und Jugendlichen nicht erreicht. Außerdem haben viele Mädchen im Alter von 10 bis unter 18 Jahren eine geringe Vitamin-$B_{12}$-Zufuhr. Die Zufuhr von Jod, Kalium, Calcium und Eisen liegt bei der Mehrheit der Kinder und Jugendlichen ebenso unterhalb der D-A-CH-Referenzwerte.

Die empfohlene Zufuhr an Calcium wird von einem Großteil der Kinder nicht erreicht (s. Abb. 1/48). Eine unzureichende Calciumzufuhr in dieser Lebensphase ist kritisch zu betrachten, denn bis etwa zum 30. Lebensjahr finden Knochenaufbauprozesse statt. Calcium ist für den Aufbau der maximalen Knochenmasse (sogenannte *peak-bone-mass)* von entscheidender Bedeutung. Eine optimierte maximale Knochenmasse ist für die spätere Knochengesundheit wichtig, da sie einen Einflussfaktor für die Prävention von Osteoporose darstellt [9].

Wie in den Ergebnissen bereits erläutert spielt die Ernährung für die Vitamin-D-Versorgung eine eher geringe Rolle. Jedoch bestätigten Auswertungen des 25-Hydroxy-Vitamin D im Blutserum eine suboptimale Versorgungslage für Vitamin D in Deutschland [18]. Hier kann sich die Aufklärung noch entscheidend verbessern. Ein regelmäßiger Aufenthalt im Freien kann einen positiven Effekt auf den Vitamin-D-Status haben. Bei unzureichender Sonnenlichtexposition empfehlen die Ernährungskommission der Deutschen Gesellschaft für Kinderheilkunde und Jugendmedizin sowie die DGE eine moderate Supplementation mit Vitamin D [22]. Eine generelle Anreicherung von Lebensmitteln mit Vitamin D wird derzeit diskutiert.

Auch die Jodversorgung in Deutschland ist nicht optimal. Durch methodisch bedingte Unzulänglichkeiten wird die Zufuhr in EsKiMo II wahrscheinlich leicht unterschätzt, da bspw. die Verwendung von jodiertem Speisesalz in der Gemeinschaftsverpflegung sowie in verarbeiteten Lebensmitteln und im Haushalt für 12- bis unter 18-Jährige nicht explizit erfasst wurde. Jedoch bestätigen auch hierfür anderweitige Auswertungen in Urinproben die schlechte Versorgungslage unter Kindern und Jugendlichen [23].

Eine ähnliche Situation ergibt sich für Folat. Da auch bei der Erfassung der Zufuhr die Anreicherung in Lebensmitteln nicht komplett miterfasst werden kann, kam es voraussichtlich zu einer Unterschätzung der tatsächlichen Folatzufuhr. Die Erfassung des Folatstatus im Rahmen der Studie zur Gesundheit Erwachsener in Deutschland (DEGS) zeigte, dass ca. 86 % der erwachsenen Bevölkerung in Deutschland ausreichend mit Folat versorgt ist, obwohl die Mehrheit die empfohlene Zufuhr in der NVS II nicht erreichte [24]. Dies liegt zum Teil daran, das die empfohlene Zufuhr höher liegt als der mittlere Bedarf auf Gruppenebene. Nur die untersuchten Frauen im gebährfähigen Alter erreichten den von der WHO empfohlenen Zielwert der Erythrozytenfolatkonzentration zur Prävention von Neuralrohrdefekten (400 ng/ml) überwiegend nicht, weshalb hier zu einer rechtzeitigen Supplementation mit Folsäure geraten wird. Daher ist auch eine unzureichende Zufuhr an Folat bei den jugendlichen Mädchen besonders kritisch einzuordnen. Ebenso ist die unzureichende Zufuhr an Eisen bei Mädchen kritisch zu sehen, da eine unzureichende Eisenversorgung die menstruationsbedingten Eisenverluste nicht ausgleichen kann, dies kann dann zu einer Eisenmangelanämie führen.

Besonders kritisch ist der hohe Gesamtzuckeranteil in der Ernährung von Kindern und Jugendlichen einzuschätzen. Dieser resultiert vor allem durch den hohen Verzehr von Kuchen, Süßigkeiten und zuckergesüßten Getränken [25]. Eine Reduktion der Zuckerzufuhr ist anzustreben, da diese mit einem erhöhten Risiko für Adipositas und den damit verbundenen ernährungsmitbedingten Krankheiten assoziiert wird [26]. Zudem wird der Richtwert für die Ballaststoffzufuhr von der Mehrheit der Kinder und Jugendlichen nicht erreicht, während der Median der Kohlenhydratzufuhr bei allen Altersgruppen über dem Richtwert (> 50 En%) liegt und eine gute Versorgung vermuten lässt. Insgesamt deuten die Ergebnisse der Ballaststoff- und Zuckerzufuhr darauf hin, dass weiterhin Verbesserungsbedarf hinsichtlich der Qualität der Kohlenhydratzufuhr besteht, welche u. a. durch den Verzehr von Vollkornprodukten, Gemüse und Obst positiv beeinflusst werden kann [27].

Ähnliches lässt sich für die Fettzufuhr und Fettqualität konstatieren: Auch, wenn in der vorliegenden Auswertung der prozentuale Anteil der einzelnen Fettsäuren an der Gesamtfettzufuhr nicht ermittelt wurde, ist dennoch erkennbar, dass der Anteil der gesättigten Fettsäuren im Verhältnis zu den ungesättigten Fettsäuren zu hoch ist. Eine Verbesserung der Fettsäurequalität könnte durch eine Verschiebung des Fettsäuremusters zugunsten ungesättigter Fettsäuren bei gleichzeitiger Senkung der Zufuhr an gesättigten Fettsäuren erreicht werden [28].

Die zum Teil großen Schwankungen zwischen den Altersgruppen können durch die unterschiedlichen Ernährungserhebungsmethoden und die Anpassung an die Alterseinteilung der D-A-CH-Referenzwerte zustande kommen. Insbesondere kann es in den Altersgruppen der 6- und der 12-Jährigen zu Abweichungen kommen, da hier zum einen geringere Fallzahlen als in den anderen zusammengefassten Altersgruppen vorliegen und zum anderen die altersspezifischen D-A-CH-Referenzwerte eine Altersspanne umfassen, die in ihrer festgelegten Breite hier nicht vollständig (bzw. nicht mit der gleichen Methodik) erfasst wurde.

Im Vergleich zu EsKiMo I wird eine leichte Verringerung der mittleren Zufuhr der Vitamine und Mineralstoffe beobachtet. Dieser Rückgang ist durch die Abnahme des gesamten Lebensmittelverzehrs und dem damit zusammenhängenden Rückgang der Energiezufuhr mitbestimmt. Die geringere Energiezufuhr wiederum kann zum Teil auf den deutlich reduzierten Konsum von süßen Getränken zurückgeführt werden [25]. Zudem ist es möglich, dass das generelle Bewegungsniveau der Kinder und Jugendlichen in den letzten zehn Jahren geringer geworden ist, da durch die sich veränderten Lebenswelten, z. B. Ausbau des Ganztagsschulsystems [29] und zunehmende Nutzung von digitalen Medien [25], vermutlich auch mehr Zeit im Sitzen verbracht wird. Die damit einhergehende Abnahme des Energiebedarfs könnte sich in einer geringeren Energiezufuhr widerspiegeln. Der beobachtete

Rückgang der Energiezufuhr im Zeitraum der EsKiMo-Studien deckt sich für Kinder in etwa mit Ergebnissen aus anderen Ernährungsstudien [25], bei Jugendlichen ist der Rückgang in Deutschland jedoch deutlich höher. Eine Veränderung der Übergewichts- bzw. Adipositasprävalenz hat sich in Deutschland jedoch nicht gezeigt [5]. Ein weiterer Grund für die verringerte Energiezufuhr in EsKiMo II im Vergleich zu EsKiMo I könnte sein, dass sich das Antwortverhalten über die Zeit verändert hat. Dies kann unter anderem durch ein vielfältiger gewordenes Ernährungsverhalten, inklusive des häufigeren Außer-Haus-Verzehrs (unter anderem durch die Ganztagsschulen), beeinflusst sein. Bei den eingesetzten, direkten Ernährungserhebungsmethoden muss immer mit einem gewissen Anteil von Fehlangaben gerechnet werden. Die Angaben zum Verzehr können durch Erinnerungsfehler oder soziale Erwünschtheit, also einem Antwortverhalten, bei dem die Befragten eher die Antwort geben, von der sie glauben, dass sie auf Akzeptanz trifft, von der Realität abweichen. Ein Unterschätzen der Nahrungszufuhr ist ein bekanntes Problem bei Verzehrerhebungen [30]. Trotz weitgehend identischer Erhebungsmethoden bei EsKiMo I und II weichen die Angaben zum Verzehrverhalten voneinander ab. Dies könnte möglicherweise durch die genannten gesellschaftlichen Veränderungen beeinflusst sein. Es kann daher teilweise zu einer Unterschätzung des Lebensmittelverzehrs gekommen sein. Sollte der Energiebedarf durch eine Abnahme des Bewegungsniveaus tatsächlich geringer geworden sein, ist es umso wichtiger, dass eine möglichst vollwertige Ernährung mit ausreichend essenziellen Nährstoffen angeboten wird.

Zu den Rahmenbedingungen des Ernährungsverhaltens gibt es einige bedeutsame Entwicklungen. Es werden wieder häufiger gemeinsame Familienmahlzeiten eingenommen und auch das Angebot und die Inanspruchnahme der Schulverpflegung haben zugenommen. Eine Anpassung des Verpflegungsangebotes hinsichtlich der kritischen Nährstoffe könnte eine bedarfsgerechte Lebensmittelauswahl fördern und so zu einer Verbesserung der Versorgungslage beitragen. Dazu könnte die verpflichtende Umsetzung der DGE-Qualitätsstandards in der Schulverpflegung einen maßgeblichen Beitrag leisten [31]. Maßnahmen zur Förderung von positiven Veränderungen des Ernährungsverhaltens sollten nicht nur an die Kinder und Jugendlichen sowie deren Eltern adressiert werden, sondern in der alltäglichen Lebenswelt, wie dem Setting Schule, ansetzen. Dazu gehören auch strukturelle Maßnahmen, die das Umfeld der Schule betreffen, wie bspw. die Einschränkung von Imbissen und Läden, die ungesunde Lebensmittel und Speisen an Kinder und Jugendliche verkaufen. Der Anteil an Jugendlichen mit einer vegetarischen Ernährungsweise hat sich erhöht und ist unter Mädchen höher als unter Jungen. Bei diesem Vergleich muss jedoch einschränkend beachtet werden, dass sich die Fragestellung nach einer besonderen Ernährungsweise in beiden EsKiMo-Erhebungen unterscheidet. Ähnlich ist es mit der Erhebung zu den Diäterfahrungen. Hierfür können daher keine Aussagen zum Trend getroffen werden. Es zeigt sich hier ebenfalls ein auffallender Einfluss des Geschlechts, Mädchen haben deutlich häufiger Diäterfahrungen als Jungen. Dies kann mit dem gesellschaftlichen Schlankheitsideal von weiblichen Körpern zusammenhängen [32].

Zur Verbesserung der Ernährungssituation von Kindern und Jugendlichen in Deutschland besteht nach wie vor Handlungsbedarf. Umfassende *Public-Health-Nutrition*-Maßnahmen sollten gezielt in den Lebenswelten von Kindern und Jugendlichen ansetzen und so im Sinne der Verhältnisprävention gesellschaftliche Rahmenbedingungen schaffen (z. B. die verpflichtende Umsetzung der DGE-Qualitätsstandards), die eine gesundheitsfördernde Ernährungsweise begünstigen. Neben den erwähnten Maßnahmen in der Lebenswelt

Schule, können auch bevölkerungsweite ernährungspolitische Ansätze einen wesentlichen Beitrag zu einer Verbesserung der Rahmenbedingungen im Ernährungsverhalten von Kindern und Jugendlichen sowie deren Familien leisten. „Make the healthier choice the easier choice" ist eine grundlegende Forderung von *Public Health.* Hierzu gehören eine verpflichtende Umsetzung des Nutri-Scores von allen Lebensmittelherstellern zur verständlicheren Nährwertkennzeichnung von Lebensmitteln, die Reformulierung von Rezepturen, um die ernährungsphysiologische Qualität von Lebensmitteln zu steigern oder Steuerkonzepte, die „gesunde" Lebensmittel preislich entlasten und/oder „ungesunde" Lebensmittel verteuern bzw. mit Werbeverboten, besonders für die Zielgruppe der Kinder und Jugendlichen, zu belegen.

## 1.5.6 Literatur


[1] Alexy U, Kersting M (Hrsg.): Was Kinder essen - und was sie essen sollten. Hans Marseille Verlag, München (1999)

[2] Poskitt EM: Nutritional problems of preschool children. In: Sadler MJ, Strain JJ, Caballero B (Hrsg.): Encyclopedia of Human Nutrition. Academic Press, London (1998) 340–349

[3] Leach H: Food habits. In: Mann J, Truswell AS (Hrsg.): Essentials of human nutrition. University Press, Oxford, 2. Auflage (1999) 569–576

[4] Westenhoefer J: Establishing dietary habits during childhood for long-term weight control. Ann Nutr Metab 46, Suppl 1 (2002) 18–23

[5] Schienkiewitz A, Brettschneider A-K, Damerow S et al.: Übergewicht und Adipositas im Kindes- und Jugendalter in Deutschland – Querschnittergebnisse aus KiGGS Welle 2 und Trends. J Health Monitoring 3 (2018) 16–23

[6] Hoffmann R, Lange M, Butschalowsky H et al.: Querschnitterhebung von KiGGS Welle 2 – Teilnehmendengewinnung, Response und Repräsentativität. J Health Monitoring 3 (2018) 82–96

[7] Brettschneider A-K, Lage Barbosa C, Haftenberger M et al.: Die Ernährungsstudie EsKiMo II – Design, Durchführung und gesundheitspolitische Relevanz. Ernahrungs Umschau Int 65 (2018) 80–88

[8] Lage Barbosa C, Brettschneider A-K, Haftenberger M et al.: Comprehensive assessment of food and nutrient intake of children and adolescents in Germany: EsKiMo II – the eating study as a KiGGS module. BMC Nutr 3 (2017) 75

[9] Deutsche Gesellschaft für Ernährung, Österreichische Gesellschaft für Ernährung, Schweizerische Gesellschaft für Ernährung (Hrsg.): Referenzwerte für die Nährstoffzufuhr, Bonn, 2. Auflage, 5. aktualisierte Ausgabe (2019)

[10] Kromeyer-Hauschild K, Wabitsch M, Kunze D et al.: Perzentile für den Body-mass-Index für das Kindes- und Jugendalter unter Heranziehung verschiedener deutscher Stichproben. Monatsschr Kinderheilkd 149 (2001) 807–818

[11] Kromeyer-Hauschild K, Moss A, Wabitsch M: Referenzwerte für den Body-Mass-Index für Kinder, Jugendliche und Erwachsene in Deutschland. Adipositas 09 (2017) 123–127

[12] Forschungsdatenzentrum der Statistischen Ämter des Bundes und der Länder (Hrsg.): Mikrozensus 2013. (2017) https://www.forschungsdatenzentrum.de/de/haushalte/mikrozensus (eingesehen am 20.07.2020)

[13] Alexy U, Hilbig A, Kersting M: Die Ernährung gesunder Kinder und Jugendlicher nach dem Konzept der Optimierten Mischkost. In: Kersting M (Hrsg.): Kinderernährung aktuell. Herausforderungen für Gesundheitsförderung und Prävention. Umschau Zeitschriftenverlag, Wiesbaden, 2. komplett aktualisierte und erweiterte Auflage (2018) 130–139

[14] Müller C: Familienmahlzeiten beliebter als vor zehn Jahren: Aktuelle Studie zum Essverhalten von Kindern und Jugendlichen. (2019) https://www.bzfe.de/inhalt/familienmahlzeiten-beliebter-als-vor-zehn-jahren-33972.html (eingesehen am 21.07.2020)

[15] Frank M, Brettschneider A-K, Lage Barbosa C et al.: Prävalenzen und zeitliche Entwicklung von gemeinsamen Familienmahlzeiten in Deutschland: Ergebnisse aus EsKiMo II. Ernahrungs Umschau 66 (2019) 60–67

[16] Leibniz-Institut für Bildungsforschung und Bildungsinformation, Deutsches Jugendinstitut, Institut für Schulentwicklungsforschung et al.: Ganztagsschule 2017/2018. Deskriptive Befunde einer bundesweiten Befragung. Studie zur Entwicklung von Ganztagsschulen, StEG, Frankfurt/M., Dortmund, Gießen, München (2019) 154–158

[17] Heide K, Brettschneider A-K, Lehmann F et al.: Inanspruchnahme der Mittagsverpflegung an Schulen. Ergebnisse der bundesweiten Ernährungsstudie EsKiMo II. Ernahrungs Umschau Int 66 (2019) 92–99
[18] Schürmann S, Kersting M, Alexy U: Vegetarian diets in children: a systematic review. Eur J Nutr 56 (2017) 1797–1817
[19] Fox N, Ward K: Health, ethics and environment: a qualitative study of vegetarian motivations. Appetite 50 (2008) 422–429
[20] Patelakis E, Lage Barbosa C, Haftenberger M et al.: Häufigkeit einer vegetarischen Ernährungsweise bei Kindern und Jugendlichen in Deutschland. Ernahrungs Umschau Int 66 (2019) 85-91
[21] Lehmann F, Barbosa CL, Haftenberger M et al.: Diäterfahrungen zur Gewichtsreduzierung von Jugendlichen in Deutschland – Ergebnisse aus EsKiMo II. Aktuel Ernaehr Med 44 (2019) 178–184
[22] Reinehr T, Schnabel D, Wabitsch M et al.: Vitamin-D-Supplementierung jenseits des zweiten Lebensjahres. Monatsschr Kinderheilkd 166 (2018) 814–822
[23] Hey I, Thamm M: Monitoring der Jod- und Natriumversorgung bei Kindern und Jugendlichen im Rahmen der Studie des Robert Koch-Instituts zur Gesundheit von Kindern und Jugendlichen in Deutschland (KiGGS Welle 2) (2019)
[24] Heseker H: Ernährungssituation in Deutschland. In: Deutsche Gesellschaft für Ernährung (Hrsg.): 13. DGE-Ernährungsbericht, Bonn (2016) 41–64
[25] Mensink GBM, Haftenberger M, Lage Barbosa C et al.: Projektbericht EsKiMo II – Die Ernährungsstudie als KiGGS-Modul. (2020) https://edoc.rki.de/handle/176904/6887 (eingesehen am 16.09.2020)
[26] Ernst JB, Arens-Azevêdo U, Bitzer B et al.: Quantitative Empfehlung zur Zuckerzufuhr in Deutschland. (2018) https://www.dge.de/fileadmin/public/doc/ws/stellungnahme/Konsensuspapier_Zucker_DAG_DDG_DGE_2018.pdf (eingesehen am 24.07.2020)
[27] Deutsche Gesellschaft für Ernährung (Hrsg.): Kohlenhydratzufuhr und Prävention ausgewählter ernährungsmitbedingter Krankheiten – Evidenzbasierte Leitlinie. (2011) https://www.dge.de/wissenschaft/leitlinien/leitlinie-kohlenhydrate/ (eingesehen am 24.07.2020)
[28] Deutsche Gesellschaft für Ernährung (Hrsg.): Evidenzbasierte Leitlinie Fettzufuhr und Prävention ausgewählter ernährungsmitbedingter Krankheiten. (2015) https://www.dge.de/fileadmin/public/doc/ws/ll-fett/v2/Gesamt-DGE-Leitlinie-Fett-2015.pdf (eingesehen am 24.07.2020)
[29] Sekretariat der Ständigen Konferenz der Kultusminister der Länder in der Bundesrepublik Deutschland (Hrsg.): Allgemeinbildende Schulen in Ganztagsform in den Ländern in der Bundesrepublik Deutschland – Statistik 2011 bis 2015. (2017) https://www.kmk.org/fileadmin/Dateien/pdf/Statistik/Dokumentationen/GTS_2015_Bericht.pdf (eingesehen am 22.07.2020)
[30] Willett W: Nutritional epidemiology. Oxford University Press, New York, 2. Auflage (1998)
[31] Weihrauch-Blüher S, Kromeyer-Hauschild K, Graf C et al.: Übergewicht bei Kindern und Jugendlichen: Präventions- und Therapieansätze. In: Kersting M (Hrsg.): Kinderernährung aktuell. Herausforderungen für Gesundheitsförderung und Prävention. Umschau Zeitschriftenverlag, Wiesbaden, 2. komplett aktualisierte und erweiterte Auflage (2018) 130–139
[32] Bartsch S: Essstile von Männern und Frauen. Der Genderaspekt in der Gesundheitsprävention und -beratung. Ernahrungs Umschau 55 (2008) 672–680

1.6

# 1.6 Cadmium und Blei in Lebensmitteln expositionsrelevanter Lebensmittelgruppen – Ergebnisse der BfR-MEAL-Studie

Sebastian Ptok, Oliver Lindtner, Ulrike Pabel, Christin Hackethal, Tanja Berg, Matthias Greiner

## Zusammenfassung

**Einleitung:** Die BfR-MEAL-Studie (Mahlzeiten für die Expositionsschätzung und Analytik von Lebensmitteln) bestimmt als erste Total-Diet-Studie (TDS) in Deutschland durchschnittliche Konzentrationen von Stoffen in den am meisten verzehrten Lebensmitteln. Die Ergebnisse der TDS werden insbesondere für Aufnahmeschätzungen bei der Risikobewertung von Stoffen genutzt. Im Basismodul der BfR-MEAL-Studie wurden verschiedene Elemente und Umweltkontaminanten in Poolproben von 356 Lebensmitteln bestimmt, darunter auch die Konzentrationen der beiden Schwermetalle Cadmium und Blei.

**Methode:** Die Lebensmittel wurden Marktdaten entsprechend in Supermärkten, auf Wochenmärkten oder bei Discountern eingekauft. In der MEAL-Studienküche wurden die Lebensmittel anschließend verbrauchertypisch zubereitet. Nach der Zubereitung wurden ähnliche Lebensmittel in Mischproben gepoolt, homogenisiert und die Cadmium- und Bleigehalte mittels ICP-MS analytisch bestimmt.

**Ergebnisse:** Von den diskutierten fünf Lebensmittelgruppen zeigt die Lebensmittelgruppe *Nüsse, Schalenfrüchte, Kerne, Hülsenfrüchte und Gewürze* die höchsten durchschnittlichen Cadmium- und Bleigehalte, wohingegen *Obst und Obstprodukte* durchschnittlich die geringsten Gehalte beider Schwermetalle zeigen. Durchschnittlich ist die Lebensmittelgruppe *Getreideprodukte* für Individuen der NVS II die Gruppe mit dem höchsten Anteil an der geschätzten Cadmium- und Blei-Teil-Exposition. Bei Individuen, die Lebensmittel mit hohen Gehalten verzehren, sind diese Lebensmittel häufig ausschlaggebend für eine höhere Aufnahme von Cadmium und Blei.

Vergleichsweise hohe Cadmiumgehalte wurden, neben Kakaopulver (275 µg/kg), Sonnenblumenkernen (265 µg/kg) und Leinsamen (185 µg/kg) insbesondere in Tintenfisch (205 µg/kg), Algen (120 µg/kg), Spinat (87 µg/kg), Muscheln (84 µg/kg), Feinbackwaren mit Mohn (66 µg/kg) und in Dorschleber (64 µg/kg) bestimmt. Höhere Bleigehalte, als in anderen untersuchten Lebensmittelgruppen, wurden in Muscheln (115 µg/kg), Kakaopulver (113 µg/kg), Küchenkräutern (60 µg/kg), Algen (55 µg/kg), Pfifferlingen (26 µg/kg) und Oliven (24 µg/kg) bestimmt.

**Schlussfolgerung:** Eine vielfältige und abwechslungsreiche Lebensmittelauswahl aus allen Lebensmittelgruppen bildet die Grundlage für eine bedarfsdeckende Nährstoffversorgung und verhindert, dass über einzelne, vielverzehrte Lebensmittel mit vergleichsweise höheren Gehalten die individuelle Cadmium- und Bleiaufnahme ansteigt. Kenntnisse zu Lebensmitteln mit vergleichsweise hohen Gehalten können helfen, deren Verzehr zu kontrollieren und die Exposition in dem Bereich eines geringen gesundheitlichen Risikos zu halten.

**Danksagung:** Mit Förderung durch das Bundesministerium für Ernährung und Landwirtschaft (BMEL).

## Kernaussagen

- Total-Diet-Studien ermitteln durchschnittliche Gehalte von Stoffen in zubereiteten Lebensmitteln und bilden damit die Grundlage für chronische Aufnahmeschätzungen im Rahmen der Risikobewertung.
- Lebensmittel mit hohen Cadmiumgehalten sind Kakaopulver, Sonnenblumenkerne, Leinsamen und Tintenfisch.
- Lebensmittel mit hohen Bleigehalten sind Muscheln, Kakaopulver, Küchenkräuter und Algen.

## 1.6.1 Einleitung

In den Jahren 2008 bis 2010 schätzte das Bundesinstitut für Risikobewertung (BfR) im Rahmen des LExUKon-Projekts (Lebensmittelbedingte Exposition gegenüber Umweltkontaminanten) die alimentäre Aufnahme[1] von Cadmium und Blei deutscher Bevölkerungsgruppen und nutzte dafür Gehaltsdaten des Lebensmittel-Monitorings [1]. Aufgrund der Unsicherheiten in den damaligen Schätzungen, insbesondere wegen fehlender Gehaltsdaten bei nicht gesetzlich regulierten Stoff-Matrix-Kombinationen, beabsichtigte das BfR die verfügbare Datenbasis für künftige Expositionsschätzungen mittels einer Total-Diet-Studie (TDS) auszubauen [1, 2]. Dieses Vorhaben wird seit 2015 mit der BfR-MEAL-Studie (Mahlzeiten für die Expositionsschätzung und Analytik von Lebensmitteln) umgesetzt [3].

Total-Diet-Studien bestimmen durchschnittliche Konzentrationen von Stoffen in den am meisten verzehrten Lebensmitteln. Diese Lebensmittel werden haushaltsüblich zubereitet und so analysiert, wie sie üblicherweise verzehrt werden. Die im Rahmen von TDS gewonnenen Gehaltsdaten werden insbesondere für Aufnahmeschätzungen im Rahmen der Risikobewertung genutzt, können langfristige Entwicklungen von Konzentrationen unerwünschter Stoffe in Lebensmitteln aufzeigen aber auch zur Ableitung konkreter Handlungsempfehlungen für die Bevölkerung herangezogen werden [4].

1 Der Begriff *„Aufnahme"* steht hierbei, sowie in den nachfolgenden Ausführungen, synonym für die externe Exposition gegenüber Stoffen aus Lebensmitteln.

Mit der Nahrung werden sowohl Cadmium als auch Blei in der Regel in Mengen aufgenommen, die keine akut toxischen Effekte zur Folge haben. Eine chronische Exposition kann jedoch in Abhängigkeit von deren Höhe ein gesundheitliches Risiko für den menschlichen Organismus bedeuten. Den gesundheitlich nachteiligen Effekten von Cadmium und Blei können gesundheitlich erwünschte Effekte eines oder mehrerer Inhaltstoffe des gleichen Lebensmittels gegenüberstehen. Können beim Verzehr desselben Lebensmittels sowohl nachteilige gesundheitliche Effekte auftreten aber auch erwünschte Stoffe zugeführt werden, liefern Risiko-Nutzen-Bewertungen eine Grundlage für den Vergleich verschiedener Lebensmittel. Mehrstufige Risiko-Nutzen-Bewertungen sind in ihrer Durchführung allerdings sehr komplex [5].

Als Alternative zu komplexen Risiko-Nutzen-Bewertungen verfolgt die vorliegende Arbeit den Ansatz, Gehalte der beiden gesundheitlich bedenklichen Stoffe Cadmium und Blei innerhalb von Lebensmittelgruppen zu vergleichen, für deren Zufuhr bereits lebensmittelbasierte Empfehlungen *(Food-Based Dietary Guidelines,* FBDG) vorliegen. Lebensmittelbasierte Ernährungsempfehlungen, wie der DGE-Ernährungskreis, die Dreidimensionale DGE-Lebensmittelpyramide oder die 10 Regeln für eine vollwertige Ernährung, werden in Deutschland von der Deutschen Gesellschaft für Ernährung (DGE) herausgegeben. Diese Instrumente berücksichtigen auf der Nährstoffebene die D-A-CH-Referenzwerte für die Nährstoffzufuhr aber auch die aktuelle Studienlage zur Prävention chronischer ernährungsassoziierter Krankheiten. Sie fassen auf der Ebene von Lebensmittelgruppen aktuelle wissenschaftliche Erkenntnisse im Hinblick auf eine gesundheitsfördernde Ernährung für die Bevölkerung verständlich zusammen [6, 7]. Die vorliegenden Ergebnisse der BfR-MEAL-Studie können ergänzend zu diesen Instrumenten Hinweise liefern, die individuelle lebensmittelbedingte Exposition gegenüber Cadmium und Blei innerhalb von Lebensmittelgruppen zu reduzieren, wobei dies im Folgenden ohne eine Gesamtaufnahmeschätzung von Cadmium und Blei erfolgt.

**Die BfR-MEAL-Studie ist eine Total-Diet-Studie die durchschnittliche Gehalte von Stoffen in zubereiteten Lebensmitteln ermittelt und Hinweise liefert, wie sich die lebensmittelbedingte Exposition von Cadmium und Blei reduzieren lässt.**

### 1.6.1.1 Chronische Toxizität von Cadmium und Blei

Daten der TDS zu durchschnittlichen Konzentrationen von Stoffen in verzehrfertigen Lebensmitteln werden im Rahmen der Risikobewertung für chronische Expositionsschätzungen genutzt. Entsprechend fokussieren die nachfolgenden Ausführungen zur Toxizität von Cadmium und Blei Effekte nach chronischer Exposition, ungeachtet dessen, dass für beide Schwermetalle auch toxische Effekte nach akuter Exposition beschrieben werden (vgl. dazu [8–10]).

Die beiden bedeutendsten Expositionspfade für Cadmium sind die inhalative Aufnahme bei exponierten Arbeiter*innen und Raucher*innen sowie die orale Aufnahme über Lebensmittel. Bei einer chronischen oralen Exposition mit niedrigen Dosen Cadmium sind neben dem Knochenapparat insbesondere die Nieren Zielorgane für toxische Effekte [8, 11]. In der Niere akkumuliert Cadmium im proximalen Tubulus mit der frühen Folge einer tubulären Dysfunktion, die durch eine erhöhte Ausscheidung niedermolekularer Proteine gekennzeichnet ist [9]. Höhere chronische Cadmiumaufnahmen können zu Schäden der Glomeruli und zu einer Abnahme der glomerulären Filtrationsrate bis hin zum Nierenversagen führen. Sekundärfolgen einer Cadmium-induzierten Nierenfunktionsstörung sind ein gestörter renaler Vitamin-$D_3$-Metabolismus sowie eine verringerte tubuläre Rückresorption von Calcium [8]. Eine chronische orale Cadmiumexposition kann zu verringerter Knochendichte und Osteoporose führen [8]. Cadmium wird zudem als humankanzerogen klassifiziert [12]. Bei oraler Aufnahme gibt es aus tierexperimentellen und epidemiologischen Studien außerdem Hinweise auf ein erhöhtes Risiko für Prostata- und Hodenkrebs sowie andere Tumorlokalisationen [12]. Das *Panel on Contaminants in the Food Chain* (CONTAM) der Europäische Behörde für Lebensmittelsicherheit *(European Food Safety Authority,* EFSA) hat im Jahr 2009 für Cadmium eine tolerierbare wöchentliche Aufnahmemenge (TWI) von 2,5 µg/kg Körpergewicht abgeleitet und diesen gesundheitsbasierten Richtwert im Jahr 2011 nochmals bestätigt [9, 11].

Blei ist eine Umweltkontaminante, die insbesondere durch anthropogene Einflüsse in die Umwelt freigesetzt wird, aber auch natürlicherweise in dieser vorkommt. Blei wird von der erwachsenen Bevölkerung in Deutschland hauptsächlich über Lebensmittel aufgenommen [13]. Bei Kleinkindern ist zudem Hausstaub eine relevante Expositionsquelle [2]. Das Verbot von organischen Bleiverbindungen in Kraftstoffen sowie andere regulatorische und technische Maßnahmen haben dazu geführt, dass die anthropogene Emission von Blei in die Umwelt und in der Folge die Exposition der deutschen Bevölkerung gesunken ist [14, 15]. Bei Erwachsenen liegen ca. 90 % des im Körper vorhandenen Bleis im Knochen vor [16]. Eine langanhaltende Exposition gegenüber hohen Bleikonzentrationen resultiert bei Erwachsenen insbesondere in irreversiblen Schädigungen der Nieren und gesundheitlichen Effekten auf das kardiovaskuläre System [10, 16]. Eine Blei-induzierte mikrozytäre, hypochrome Anämie ist Folge der kürzeren Lebensdauer der Erythrozyten und der gestörten Häm-Synthese, wobei die gestörte Häm-Synthese Auswirkungen auf eine Vielzahl weiterer Stoffwechselprozesse zeigt [10, 17]. Bei Kindern steht für die gesundheitliche Bewertung die neurotoxische Wirkung von Blei auf das sich entwickelnde Nervensystem im Vordergrund. Diese neurologischen Effekte treten bereits bei Blutkonzentrationen auf, die in anderen Zielorganen noch keine toxikologisch relevanten Effekte auslösen [10]. Für Blei ist auf Basis der aktuellen wissenschaftlichen Datenlage keine sichere Aufnahmemenge definierbar, die nicht mit einer gesundheitlichen Beeinträchtigung einhergehen kann. Die Aufnahme von Blei sollte daher auf das technisch unvermeidbare Minimum begrenzt sein [16].

### 1.6.1.2 Regulierung und Lebensmittel-Monitoring

Die Verordnung (EG) Nr. 1881/2006 zur Festsetzung der Höchstgehalte für bestimmte Kontaminanten reguliert für 22 Lebensmittel Cadmiumhöchstgehalte und für 23 Lebensmittel Bleihöchstgehalte [18]. Diese Stoff-Matrix-Kombinationen werden im Hinblick auf Höchstgehaltüberschreitungen im Rahmen des Lebensmittel-Monitorings von den Überwachungsbehörden regelmäßig überprüft.

Im Jahr 2017 wurden im Rahmen des Warenkorb-Monitorings bei fünf von 2 299 Untersuchungen Überschreitungen der Cadmiumhöchstgehalte (Mohrrüben, Lauchzwiebeln und Buchweizen) sowie bei zwei von 2 298 Untersuchungen Überschreitungen der Bleihöchstgehalte (Mohrrüben und Feldsalat) festgestellt [19]. Verglichen mit den Ergebnissen des Warenkorb-Monitorings der vorherigen vier Jahre zeigt sich hier eine gleichbleibend geringe Anzahl an Überschreitungen der gesetzlichen Höchstgehalte [19–23].

In der gesetzlichen Aufgabe des Monitorings werden die Gehalte von gesundheitlich nicht erwünschten Stoffen u. a. in Lebensmitteln regelmäßig geprüft, um das Vorkommen dieser Substanzen zu ermitteln und frühzeitig Gefahren für die menschliche Gesundheit zu erkennen. Das Monitoring stellt dabei Daten zur Variabilität von Stoffkonzentrationen zur Verfügung, die für Schätzungen der chronischen und akuten Exposition (auch von Hochkonsumenten) genutzt werden können. Dahingegen stellen TDS repräsentativ und kosteneffektiv für eine Vielzahl von Stoffen durchschnittliche Konzentrationen bereit, die für chronische Aufnahmeschätzungen der Gesamt-Lebensmittel-Exposition unter Berücksichtigung der Haushaltszubereitung genutzt werden. Die Gehaltsdaten der BfR-MEAL-Studie und die des Lebensmittel-Monitorings ergänzen sich entsprechend und ermöglichen dem BfR realistische Aufnahmeschätzungen im Rahmen der Risikobewertungen.

## 1.6.2 Methodik

Die BfR-MEAL-Studie ist die erste TDS Deutschlands und wird, finanziert vom Bundesministerium für Ernährung und Landwirtschaft, seit 2015 am Bundesinstitut für Risikobewertung durchgeführt [24]. Die BfR-MEAL-Studie fokussiert in ihren neun Modulen verschiedene Stoffgruppen, darunter verschiedene Umweltkontaminanten (Dioxine, polychlorierte Biphenyle, polybromierte Diphenylether), Mykotoxine, Pestizide aber auch ausgewählte Nährstoffe [3]. Die Liste der chemischen Substanzen, die in verzehrfertigen Lebensmitteln bestimmt werden sollen, schließt insgesamt mehr als 300 verschiedene Substanzen ein. Cadmium und Blei wurden im Basismodul der BfR-MEAL-Studie in allen 356 Lebensmitteln der Lebensmittelliste der TDS untersucht.

### 1.6.2.1 Lebensmittelliste

Die Lebensmittelliste *(Food List)* der TDS umfasst die Lebensmittel, die im Rahmen der Studie untersucht werden. Ziel bei der Erstellung der Lebensmittelliste war es, mit der Auswahl mindestens 90 % der durchschnittlich zugeführten Lebensmittel in verschiedenen Altersgruppen der Zielpopulation abzudecken. Für die Erstellung der Lebensmittelliste der BfR-MEAL-Studie wurden die Daten der 24h-Recalls der Nationalen Verzehrsstudie II (NVS II; n = 13 926; Alter: 14 bis unter 80 Jahre) und die Daten der Verzehrsstudie zur Ermittlung der Lebensmittelzufuhr von Säuglingen und Kleinkindern in Deutschland (VELS; n = 804; Alter: 0,5 bis unter 5 Jahre) genutzt [25–28]. Kinder und Jugendliche im Alter von 5 bis 13 Jahren wurden nicht zusätzlich berücksichtigt, da einerseits die Energiezufuhr pro Kilogramm Körpergewicht und damit einhergehend die Lebensmittelzufuhr pro Kilogramm Körpergewicht bei Kleinkindern und Säuglingen im Vergleich zu älteren Kindern höher ist. Andererseits wird nicht erwartet, dass bei Berücksichtigung der Lebensmittelauswahl von 5- bis 13-Jährigen zusätzliche Lebensmittel identifiziert werden, die nicht bereits durch die Berücksichtigung der anderen Altersgruppen für die Lebensmittelliste ausgewählt wurden.

Bei der Erstellung der Lebensmittelliste wurden die am meisten verzehrten Lebensmittel aus 19 verschiedenen Lebensmittelgruppen ausgewählt. Indem gleichartige Lebensmittel gruppiert wurden, konnte in einem ersten Schritt die Anzahl der verschieden kodierten

Lebensmittel auf der Lebensmittelliste aus beiden Verzehrstudien von 9 270 auf 865 gruppierte Lebensmittel reduziert werden. In der Regel wurden hierbei Lebensmittel gleicher Art (z. B. Mohrrüben) gruppiert, die ggf. unterschiedlich gegart oder verarbeitet wurden; jedoch unter der Voraussetzung, dass für die gruppierten Lebensmittel vergleichbare Konzentrationen von Analyten erwartet werden. Die gruppierten Lebensmittel wurden entsprechend des durchschnittlichen Verzehrs (g/kg Körpergewicht/Tag) in absteigender Reihenfolge sortiert. Anschließend wurde die minimale Anzahl an Lebensmitteln pro Lebensmittelgruppe ausgewählt, die mind. 90 % der Zufuhr in jeder der berücksichtigten Altersgruppen abdeckt. Diese Primärauswahl wurde mit weiteren Lebensmitteln ergänzt, die nicht den am meisten verzehrten Lebensmitteln zuzuordnen sind, aber aufgrund höherer Gehalte trotzdem expositionsrelevant sein können, z. B. Innereien. Für die Lebensmittelliste der BfR-MEAL-Studie wurden so insgesamt 356 Lebensmittel ausgewählt.

Wenn aufgrund von Informationen, z. B. aus dem Lebensmittel-Monitoring, eine Stratifizierung nach einem bekannten Einflussfaktor notwendig erschien, wurden für ausgewählte Lebensmittel mehrere Poolproben angelegt. So war es ein Ziel der BfR-MEAL-Studie, Informationen zu regionalen oder saisonalen Unterschieden in den Gehalten von Stoffen bereitzustellen. In der Folge wurden 20 % der Lebensmittel (n = 70) in vier unterschiedlichen Regionen in Deutschland sowie weiterhin 16 % der Lebensmittel (n = 57) zu zwei unterschiedlichen Zeitpunkten im Jahr eingekauft. Insgesamt 7 % der Lebensmittel der Lebensmittelliste (n = 26) wurden dabei sowohl in zwei Saisons als auch in vier Regionen eingekauft.

Zusätzlich zu regionalen oder saisonalen Unterschieden gibt die BfR-MEAL-Studie für einen Teil der Lebensmittel Auskunft darüber, ob die Art der Erzeugung – konventionell oder biologisch – einen Einfluss auf die Gehalte unterschiedlicher Stoffe zeigt. Hierfür wurden 30 % (n = 106) der Lebensmittel der Lebensmittelliste ausgewählt. Für diese Lebensmittel wurden zwei getrennte Proben für beide Arten der Erzeugung hergestellt und separat analysiert.

**In der BfR-MEAL-Studie wurden Cadmium und Blei in allen 356 Lebensmitteln der Lebensmittelliste untersucht.**

In der folgenden Auswertung werden jedoch mehrere Ergebnisse von Poolproben eines Lebensmittels (unterschiedliche Saisons, unterschiedliche Regionen, unterschiedliche Arten der Erzeugung) zu einem Mittelwert zusammengefasst und nicht getrennt betrachtet.

Die Auswertung der Cadmium- und Bleigehalte schließt fünf Lebensmittelgruppen ein: (1) *Getreideprodukte;* (2) *Hülsenfrüchte, Nüsse, Ölsaaten, Gewürze und Kakao;* (3) *Obst und Obstprodukte;* (4) *Gemüse, Gemüseprodukte und Pilze;* (5) *Fisch und Meeresfrüchte.* Es wurden Lebensmittelgruppen ausgewählt, die entsprechend vorangegangener Aufnahmeschätzungen teilweise bedeutend zur alimentären Exposition gegenüber Cadmium bzw. Blei beitragen [1]. Es werden insbesondere Lebensmittelgruppen diskutiert, die aufgrund der unterschiedlichen Cadmium- und Bleigehalte ihrer Lebensmittel, Hinweise zur Auswahl von Lebensmitteln im Kontext lebensmittelbasierter Empfehlungen ermöglichen. Cadmium- und Bleigehalte von Lebensmitteln der Lebensmittelgruppen *Milch und Milchprodukte* und *Fleisch und Fleischprodukte* werden ohne grafische Auswertung ergänzend genannt.

### 1.6.2.2 Repräsentative Zusammenstellung von Poolproben

Eine Poolprobe ist eine repräsentative Mischung von verschiedenen Proben eines Lebensmittels oder eine Mischung mehrerer verschiedenartiger Lebensmittel. In Poolproben werden analytisch die Stoffkonzentrationen bestimmt [4]. Poolproben der BfR-MEAL-Studie bestehen in der Regel aus 20 Teilproben. Davon abweichend bestehen Poolproben aus nur 15 Teilproben, wenn für diese Lebensmittel mehrere regionale, saisonale oder nach Art der Erzeugung stratifizierte Proben hergestellt werden. Die Gewichtung verschiedener Teilproben innerhalb einer Poolprobe ermöglicht die Herstellung einer für die deutsche Bevölkerung repräsentativen Poolprobe mit durchschnittlichen Stoffkonzentrationen. Die Teilproben einer Poolprobe können sich dabei in den Merkmalen Marke, Sorte, Herkunft, Einkaufsstätte, Rezept und Zubereitung unterscheiden. Im Vorfeld der Feldphase der BfR-MEAL-Studie wurden für die repräsentative Zusammenstellung der Poolproben diese Informationen über mehrere Verbraucherstudien erhoben sowie umfangreiche Marktdaten gekauft.

### 1.6.2.3 Einkauf

Der Einkauf der Lebensmittel erfolgte nach standardisierten Arbeitsanweisungen durch geschultes Personal im Lebensmitteleinzelhandel, auf Wochenmärkten, bei Imbissen und Schnellrestaurants. Einkaufslisten stellten exakte Informationen zu Einkaufsstätte, Marke, Sorte, Herkunft, Art der Erzeugung, Menge, Lagerungstemperatur und einer möglichen Alternative bereit. Die Lebensmittel wurden mit speziell ausgestatteten Fahrzeugen zur MEAL-Studienküche transportiert, um während des Transports bei Bedarf gekühlt oder tiefgekühlt gelagert zu werden.

Für den deutschlandweiten Lebensmitteleinkauf wurden vier Regionen (Nord, Ost, Süd, West) in Deutschland berücksichtigt. In den vier Regionen wurden anhand der bundesweit geltenden nichtadministrativen BIK-Gliederungssystematik[2] jeweils drei lokale Sample Points in unterschiedlichen BIK-Regionstypen definiert: eine Großstadt (Ballungsraum), eine mittelgroße Stadt (Stadtregion, Mittelzentrengebiet) und eine ländlich geprägte Stadt (Unterzentrengebiet). Als Großstadt wurde die jeweils einwohnerreichste Stadt der Region ausgewählt. Die beiden verbliebenen *Sample Points* pro Region wurden so gewählt, dass die Gesamtheit der *Sample Points* gleichmäßig über das Bundesgebiet verteilt ist. Die Anzahl von Teilproben, die im jeweiligen BIK-Regionstyp eingekauft wurde, richtete sich nach dem Bevölkerungsanteil der im jeweiligen BIK-Regionstyp in dieser Region lebt. So wurden in der Region Süd zehn von insgesamt 15 Teilproben im Bereich der Großstadt, drei Teilproben in einer mittelgroßen Stadt und zwei Teilproben im ländlichen Gebiet eingekauft. Deutschlandweit eingekaufte Lebensmittel wurden bei Bedarf an Kurier*innen übergeben, die die Lebensmittel, ggf. gekühlt oder tiefgekühlt, über Nacht zur MEAL-Studienküche transportierten. In der Studienküche erfolgte die Annahme der Lebensmittel nach standardisierten Prozessen, die u. a. die Kontrolle von Menge, Mindesthaltbarkeitsdatum (MHD), Genießbarkeit, Lagertemperatur während des Transports und die umfassende Dokumentation (u. a. Fotodokumentation, Aktualisierung von Herkunftsinformationen, Marke und Einkaufsstätte) jedes einzelnen Lebensmittels in der Datenbank *FoodCase* beinhalteten.

2 räumliche Gliederungssystematik eines Unternehmens für Markt-, Media- und Regionalforschung

### 1.6.2.4 Zubereitung

Die haushaltstypische Zubereitung der Lebensmittel erfolgte in der eigens eingerichteten MEAL-Studienküche am BfR. Informationen zur Zubereitung von Lebensmitteln in deutschen Haushalten wurden im Vorfeld im Rahmen einer Verbraucherstudie erhoben. Auch Informationen zur Verwendung von Küchenutensilien, zu Bräunungsgraden ausgesuchter Lebensmittel und zur Herkunft von Rezepten, die für die Zubereitung genutzt werden, wurden eigens für die BfR-MEAL-Studie erhoben und bei der Zubereitung der Teilproben berücksichtigt. Ergänzend wurden die auflagenstärksten Kochbücher unterschiedlicher Sparten und häufig genutzte Internetseiten als Quellen für Rezepte genutzt. Auch bereits verzehrfertige Lebensmittel wurden bei Imbissen und Schnellrestaurants eingekauft und sind als Teilproben Bestandteil von Poolproben geworden. Informationen zum üblichen Anteil des Außer-Haus-Verzehrs ausgesuchter Lebensmittel wurden eigens über eine Verbraucherstudie bereitgestellt [29].

**Für die BfR-MEAL-Studie wurden die Lebensmittel Marktdaten entsprechend in Supermärkten, auf Wochenmärkten oder bei Discountern eingekauft und anschließend in der MEAL-Studienküche verbrauchertypisch zubereitet.**

### 1.6.2.5 Homogenisierung

Nach der Zubereitung erfolgte eine Homogenisierung der Lebensmittel mit Messermühlen (Retsch Grindomix GM300) sowie das Poolen der Teilproben zu Poolproben [3]. Zur Vermeidung von Kreuzkontaminationen wurden Proben für die Elementanalyse in Kunststoff-Mahlbehälter mit Titan-Niob-beschichteten Messern homogenisiert. Für homogene Mahlergebnisse wurde das Probenmaterial bei Bedarf vor der Vermahlung mit Flüssigstickstoff versprödet oder unter Zugabe von Trockeneis oder Reinstwasser vermahlen. Die Homogenate wurden für die Elementanalyse in Polypropylen-Becher abgefüllt und bis zur Analyse bei −20 °C gelagert.

### 1.6.2.6 Analyse

Die Bestimmung von Cadmium und Blei in Poolproben der BfR-MEAL-Studie erfolgte durch zwei akkreditierte Labore mittels induktiv gekoppelter Plasma-Massenspektrometrie (ICP-MS). Aufgrund technischer Probleme bei Labor 1 erfolgte während der Feldphase ein Wechsel zu Labor 2. In der vorliegenden Auswertung wurden die Analyseergebnisse von Labor 1 nur berücksichtigt, wenn für diese Proben noch keine Analyseergebnisse von Labor 2 vorlagen (n = 18). Beim Vorliegen von Analyseergebnissen beider Labore wurden die Ergebnisse bei Mittelfähigkeit gemittelt (n = 1). Bei fehlender Mittelfähigkeit[3] wurden ausschließlich die Ergebnisse der Doppelbestimmung von Labor 2 berücksichtigt (n = 2). Die Nachweis- und Bestimmungsgrenzen können sich zwischen den Lebensmitteln unterscheiden.

3 Mittelfähigkeit liegt vor, wenn E1 und E2 im Wertebereich [MW(E1; E2) ± erweiterte Messunsicherheit] liegen

### 1.6.2.7 Analytik

Im Rahmen der Probenvorbereitung wurde das homogenisierte Probenmaterial mit Salpetersäure und ggf. mit Wasserstoffperoxid versetzt und anschließend nach stufenweisem Hochheizen auf mind. 210 °C im Mikrowellenaufschlussgerät aufgeschlossen. Ein Blindwert wurde mitgeführt. Nach dem Abkühlen wurden die aufgeschlossenen Probenlösungen auf ein definiertes Volumen mit Reinstwasser aufgefüllt. Abhängig von der Analytkonzentration in den Probelösungen erfolgten weitere Verdünnungen. Die Probelösungen und die Kalibrierlösungen wurden anschließend mittels quadrupolbasierten ICP-MS-Geräten vermessen. Der Einsatz einer Kollisionszelle diente zur Reduzierung von polyatomaren Interferenzen. Die Quantifizierung erfolgte hierbei über eine 8-Punktkalibrierung und einen internen Standard. Für Blei dienten Lutetium oder Rhenium und für Cadmium Rhodium oder Niob als interner Standard. Für die externe Kalibrierung wurde ein Korrelationskoeffizient von ≥ 0,998 erhalten. Die Nachweis- bzw. Bestimmungsgrenzen lagen, abhängig von der Lebensmittelmatrix, für die meisten Proben für Cadmium bei 0,3 bis 2 bzw. bei 1 bis 5 µg/kg und für Blei bei 1 bzw. bei 2 bis 4 µg/kg.

### 1.6.2.8 Instrumente und experimentelle ICP-MS-Parameter

Die verdünnten Probelösungen und die Kalibrierlösungen wurden dem ICP-MS mittels Autosampler (SC 2DX und SC 4DXS von der Firma ESI, Omaha, USA und SPS 4 von der Firma Agilent Technologies, Waldbronn, Deutschland) zugeführt. Die Bestimmung der Cadmium- und Bleigehalte erfolgte mittels quadrupolbasierten ICP-MS-Geräten (X Serie II und iCAP Q, Thermo Fisher Scientific, Bremen, Deutschland und Agilent 7800, 7900 und 8900 Agilent Technologies). Polyatomare Interferenzen wurden reduziert, indem bestimmte Isotope im kinetischen Energiediskriminierungs-Modus *(Kinetic Energy Discrimination,* KED) gemessen wurden (Zellgas: Helium). Alle Lösungen wurden 3-fach vermessen. Die Steuerung der ICP-MS-Systeme und die Datenauswertung erfolgte mit Qtegra 2.10, Plasma Lab 2.6 (Thermo Fischer Scientific) und MassHunter 4.3/4.4 (Agilent Technologies).

**Tabelle 1/19:** Betriebsparameter ICP-MS-Analysen

| Parameter | Labor 1 | Labor 2 |
|---|---|---|
| **Kühlgasfluss (Argon)** | 15 l/min | 14 l/min |
| **Zerstäubergasfluss (Argon)** | 0,82 l/min | 0,92 l/min |
| **Hilfsgasfluss (Argon)** | 0,90 l/min | 0,68 l/min |
| **Zellgasfluss (Helium)** | 5 ml/min | 5 ml/min |
| **RF Power** | 1600 W | 1550 W |
| **Sampler und Skimmer Cones** | Cu/Pt | Ni |
| **Gemessene Isotope** | $^{103}$Rh, $^{111}$Cd, $^{114}$Cd, $^{175}$Lu, $^{206}$Pb, $^{207}$Pb, $^{208}$Pb | $^{93}$Nb, $^{111}$Cd, $^{185}$Re, $^{208}$Pb |
| **Dwell-Zeiten** | 0,1 s | 0,01 s |

Als qualitätssichernde Maßnahmen erfolgten u. a. das tägliche Mitführen von zertifizierten Kontrollstandards und zertifiziertem Referenzmaterial, Sequenzkontrollen mittels Kalibrierstandards und Blindwertkontrollen.

Die Analytikergebnisse wurden im Rahmen der Plausibilitätsprüfung als plausibel eingestuft, wenn die Konzentration eines Ergebnisses im Bereich zwischen dem 5. und 90. Perzentil einer Datenreihe vergleichbarer Lebensmittel liegt. Als Datenquellen für den Abgleich dienten v. a. die *Global Environment Monitoring System*-Datenbank (GEMS-Datenbank) der Weltgesundheitsorganisation [30] und Ergebnisse des Lebensmittel-Monitorings.

**In der BfR-MEAL-Studie wurden ähnliche Lebensmittel nach der Zubereitung in Mischproben gepoolt, homogenisiert und die Cadmium- und Bleigehalte mittels ICP-MS analytisch bestimmt.**

### 1.6.2.9 Berechnung der alimentären Teil-Exposition

Zusätzlich zu den Gehaltsdaten der BfR-MEAL-Studie wurden die Verzehrdaten der NVS II für die Schätzung der alimentären Teil-Exposition verwendet. Die Berechnung der Teil-Exposition erfolgte für jedes Individuum deterministisch durch Multiplikation der verzehrten Menge des Lebensmittels (g/kg Körpergewicht/Tag) mit der ermittelten durchschnittlichen Konzentration des Stoffes in der entsprechenden Poolprobe. Lagen für ein Lebensmittel aufgrund von Stratifizierungen mehrere Konzentrationen vor, wurde aus diesen Konzentrationen der Mittelwert gebildet und dieser mit dem individuellen Verzehr kombiniert. Der Lebensmittelverzehr wurde mit der Konzentration einer korrespondierenden Poolprobe multipliziert, wenn das Lebensmittel im Rahmen der primären Gruppierung der jeweiligen Poolprobe zugeordnet wurde. Lebensmittel, die keiner korrespondierenden Poolprobe zugeordnet waren, blieben unberücksichtigt.

### 1.6.2.10 Statistische Auswertung

Konzentrationen unterhalb der Bestimmungsgrenze werden in den Auswertungen mit dem halben Wert der Bestimmungsgrenze berücksichtigt, Konzentrationen unterhalb der Nachweisgrenze mit dem halben Wert der Nachweisgrenze (Medium Bound) [31]. Wertebereiche sind als Minimum bis Maximum ausgewiesen. Vergleiche zwischen Expositions-Quintilen erfolgten mittels Mann-Whitney-U-Test ($p < 0{,}01$), da die Variable Verzehr in mind. einem Quintil nicht normalverteilt ist (Kolmogorov-Smirnov-Anpassungstest, $p < 0{,}05$) oder die Stichprobengröße der Verzehrenden nur gering war (Muscheln, Pfifferlinge).

Berechnungen zur Aufnahme von Cadmium und Blei über Lebensmittel sowie statistische Auswertungen erfolgten mit der Software SPSS (IBM SPSS Statistics Version 21.0.0.0). Berechnungen der Mediane der Lebensmittelgruppen berücksichtigen sämtliche Lebensmittel und Einzelergebnisse in der jeweiligen Lebensmittelgruppe. In der grafischen Auswertung werden ausgewählte untersuchte Lebensmittel der Lebensmittelgruppe dargestellt.

### 1.6.3 Ergebnisse und Diskussion

Die Lebensmittelgruppe *Hülsenfrüchte, Nüsse, Ölsaaten, Gewürze und Kakao* zeigte mit 40,5 µg/kg den höchsten durchschnittlichen Cadmiumgehalt sowie mit 17,9 µg/kg den höchsten durchschnittlichen Bleigehalt der fünf dargestellten Lebensmittelgruppen (Tab. 1/20). Gleichzeitig wies diese Lebensmittelgruppe mit 275 µg/kg Cadmium sowie 180 µg/kg Blei jeweils die höchsten Maxima der dargestellten Lebensmittelgruppen auf. Neben dem höchsten durchschnittlichen Bleigehalt der dargestellten Lebensmittelgruppen, zeigte die Lebensmittelgruppe *Hülsenfrüchte, Nüsse, Ölsaaten, Gewürze und Kakao* den höchsten Anteil von Poolproben ohne quantifizierbare Bleigehalte (insgesamt 54 % der Proben hatten Bleigehalte unter der Bestimmungs- bzw. Nachweisgrenze).

**Tabelle 1/20:** Cadmium- und Bleigehalte von fünf Lebensmittelgruppen ([µg/kg]; Medium Bound)

| | Poolproben n | Lebensmittel n | Cadmium | | | | Blei | | | |
|---|---|---|---|---|---|---|---|---|---|---|
| | | | < LOD [%] | < LOQ [%] | MW ± SD | Min. – Max. | < LOD [%] | < LOQ [%] | MW ± SD | Min. – Max. |
| **Getreideprodukte** | 92 | 35 | 4 | 2 | 17,9 ± 14,4 | 1,0–72,5 | 1 | 22 | 4,6 ± 2,4 | 0,5–10,5 |
| **Hülsenfrüchte, Nüsse, Ölsaaten, Gewürze und Kakao** | 25 | 20 | 16 | 12 | 40,5 ± 78,6 | 0,2–275 | 8 | 46 | 17,9 ± 43,4 | 0,5–180 |
| **Obst und Obstprodukte** | 64 | 22 | 34 | 38 | 1,3 ± 2,0 | 0,2–10,5 | 17 | 23 | 2,7 ± 2,2 | 0,5–10,0 |
| **Gemüse und Gemüseprodukte, Pilze** | 150 | 32 | 2 | 12 | 8,7 ± 17,1 | 0,2–120 | 10 | 9 | 7,0 ± 10,3 | 0,5–100 |
| **Fisch und Meeresfrüchte** | 39 | 30 | 15 | 15 | 13,1 ± 35,7 | 0,2–205 | 5 | 21 | 6,1 ± 18,1 | 0,5–115 |

< LOD: < Nachweisgrenze; < LOQ: < Bestimmungsgrenze und > Nachweisgrenze;
Min.: Minimum; Max.: Maximum; MW: Mittelwert; SD: Standardabweichung; n: Anzahl

Den zweithöchsten durchschnittlichen Cadmiumgehalt und die geringste Anzahl von Poolproben mit Gehalten unterhalb der Bestimmungsgrenze zeigten *Getreideprodukte.* Ausgenommen einzelner Maisprodukte (z. B. Cornflakes, Maiswaffeln) und Kuchen mit geringem Getreideanteil (z. B. Käsekuchen), wurden in sämtlichen Proben dieser Lebensmittelgruppe Cadmiumgehalte über der Bestimmungsgrenze nachgewiesen. Die geringsten durchschnittlichen Gehalte der fünf dargestellten Lebensmittelgruppen zeigten *Obst und Obstprodukte* mit durchschnittlich 1,3 µg Cadmium/kg und durchschnittlich 2,7 µg Blei/kg. 72 % der Poolproben der Lebensmittelgruppe *Obst und Obstprodukte* zeigten Cadmiumgehalte unterhalb der Bestimmungs- bzw. Nachweisgrenze. *Gemüse und Gemüseprodukte* zeigten für beide Metalle vergleichbare durchschnittliche Gehalte (8,7 µg Cadmium/kg bzw. 7,0 µg Blei/kg), vergleichbare Spannweiten und vergleichbare Anteile von Proben mit Konzentrationen unterhalb der Bestimmungsgrenze. Die Lebensmittelgruppe *Fisch und Meeresfrüchte* zeigte mit 205 µg/kg Cadmium sowie 115 µg/kg Blei jeweils die zweithöchsten Maxima der dargestellten Lebensmittelgruppen.

### 1.6.3.1 Getreideprodukte

Die Poolproben Dinkelbrot und Mehrkornbrot zeigten durchschnittlich höhere **Cadmium**gehalte als Weißbrot/-brötchen und Graubrote (35,5 bzw. 30,3 µg/kg vs. 20 bzw. 13,5 µg/kg) (Abb. 1/50). Dabei enthielten ca. 40 % der untersuchten Dinkelbrote und ca. ein Drittel der Mehrkornbrote als Zutaten Ölsaaten wie Sonnenblumenkerne, Leinsamen und Mohn, was diese höheren Konzentrationen erklärt. Der durchschnittliche Cadmiumgehalt der Poolproben Vollkornbrot/-brötchen lag im mittleren Bereich der untersuchten Brote und Brötchen und dabei höher als in den Poolproben Weißbrot/-brötchen und Graubrot (23,6 vs. 20 vs. 13,5 µg/kg). Schoko-Müsli zeigte höhere Cadmiumgehalte als Früchtemüsli und Haferflocken (27 vs. 18 µg/kg). Einen höheren, vermutlich kakao-bedingten Cadmiumgehalt, verglichen mit Früchte-Müsli und Haferflocken, zeigte auch die Poolprobe verarbeiteter Frühstückscerealien (45 % Anteil kakaohaltiger Teilproben). Für Feinbackwaren wurden niedrigere Cadmiumgehalte verglichen mit Broten oder Frühstückscerealien nachgewiesen. Hiervon abweichend zeigten Mohngebäcke mit durchschnittlich 66 µg/kg aufgrund ihres Mohnanteils die höchsten Cadmiumgehalte bei den untersuchten Getreideprodukten. Mohn zeigte bei Untersuchungen im Rahmen des Lebensmittel-Monitorings durchschnittliche Cadmiumgehalte von ca. 500 µg/kg Mohn und gehört neben Sonnenblumenkernen zu den Lebensmitteln mit sehr hohen Cadmiumgehalten. Cadmium wird von diesen Pflanzen selektiv aufgenommen und akkumuliert in deren Samen [32]. Von den untersuchten Feinbackwaren zeigten Käsekuchen und Obstkuchen die geringsten Cadmiumgehalte. Von den untersuchten Getreidebeilagen fanden sich in Reis die höchsten Cadmiumgehalte (17 µg/kg) und in der Poolprobe Semmelknödel/böhmische Knödel die niedrigsten Cadmiumgehalte (9 µg/kg). Abgesehen von Reis (17 µg/kg) zeigten die anderen Getreidebeilagen Cadmiumgehalte unterhalb des Medians dieser Lebensmittelgruppe (15 µg/kg).

Die bestimmten **Blei**gehalte der untersuchten *Getreideprodukte* gehen nicht über 10 µg/kg hinaus (Abb. 1/50). Die verschiedenen Poolproben von Broten und Brötchen zeigten vergleichbare Bleigehalte von ca. 5 µg/kg. Müslis zeigten mit 7,75 bis 8,75 µg/kg die höchsten quantifizierten Bleigehalte dieser Lebensmittelgruppe und damit mehr als doppelt so hohe Gehalte wie Haferflocken, deren Konzentration unterhalb der Bestimmungsgrenze lag. Auch für Cornflakes und verarbeitete Frühstückscerealien wurden Konzentrationen unterhalb der Bestimmungsgrenze gemessen. Für die Lebensmittel der Kategorien Kuchen und Gebäck und Plätzchen, Kekse, Dauerbackwaren wurden durchschnittliche Bleigehalte von 4 µg/kg gemessen, wobei in den Poolproben Lebkuchen/Printen/Pfeffernüsse, Doppelkekse mit Kakaofüllung und Plätzchen die Konzentrationen unterhalb der Bestimmungsgrenze lagen.

**Abbildung 1/50:** Cadmium- und Bleigehalte in verschiedenen Getreideprodukten ([µg/kg]; Medium Bound).

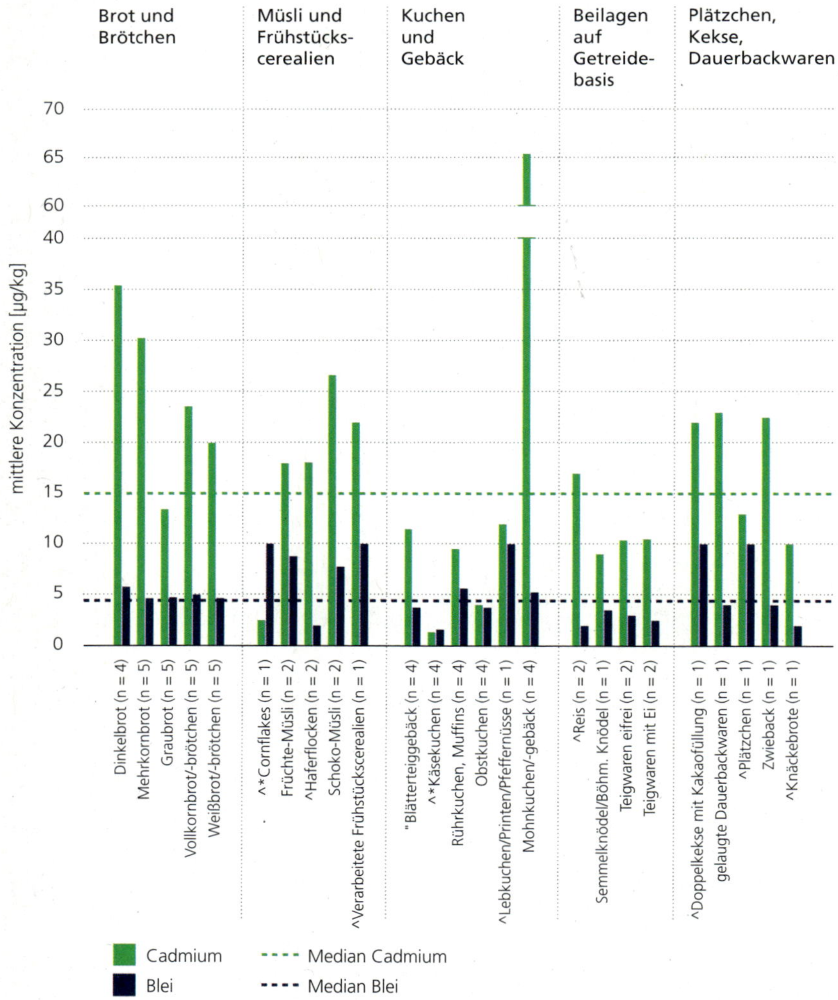


Cadmium: * alle Konz. < LOQ; ° teilw. Konz. < LOQ; Blei: ^ alle Konz. < LOQ; " teilw. Konz. < LOQ; n: Anzahl der Poolproben; < LOQ: < Bestimmungsgrenze

### 1.6.3.2 Hülsenfrüchte, Nüsse, Ölsaaten, Gewürze und Kakao

Kakaopulver zeigte mit 275 µg/kg den höchsten **Cadmium**gehalt, der im Rahmen der BfR-MEAL-Studie gemessen wurden. Den hohen Cadmiumgehalten in Kakao wurde bereits verstärkte Aufmerksamkeit gewidmet: sowohl mit einer Aufnahmeschätzung unter Berücksichtigung der herkunftsabhängigen Variabilität von Cadmiumgehalten in Kakao als auch mit einer Erhebung ergänzender Informationen zum Verzehr und zur Zusammensetzung kakaohaltiger Lebensmittel [33, 34]. Sonnenblumenkerne zeigten mit 265 µg/kg die zweithöchsten Cadmiumgehalte, die im Rahmen der BfR-MEAL-Studie gemessen wurden. Haselnüsse, Mandeln und Pistazien zeigten vergleichbare Cadmiumgehalte von 9 bis 12 µg/kg. In den Poolproben Cashewnüsse und Walnüsse wurden Konzentrationen unterhalb der Bestimmungsgrenze bestimmt. Erdnüsse zeigten mit 38,25 µg/kg die 3- bis 4-fache Cadmiumkonzentration verglichen mit Haselnüssen, Mandeln oder Pistazien. Erdnussbutter zeigte erwartungsgemäß mit Erdnüssen vergleichbare Cadmiumgehalte (34 vs. 38,35 µg/kg). In Leinsamen wurde der 25-fache Cadmiumgehalt bestimmt, verglichen mit Kürbiskernen (185 vs. 7,5 µg/kg). Im verzehrfertigen Zustand wurden in Kichererbsen und Linsen Cadmiumgehalte auf Höhe der Bestimmungsgrenze gemessen (Hülsenfruchtgemüse, wie grüne Bohnen und Erbsen, sind der Lebensmittelgruppe *Gemüse und Gemüseprodukte* zugeordnet).

In mehr als der Hälfte der Poolproben der Lebensmittelgruppen *Hülsenfrüchte, Nüsse und Schalenfrüchte, Ölsaaten, Gewürze und Kakao* wurden **Blei**konzentrationen unterhalb der Bestimmungsgrenze gemessen. Oliven zeigten nach Kakaopulver (112,5 µg/kg) den höchsten durchschnittlichen Bleigehalt mit 23,75 µg/kg. In der Poolprobe Olivenöl wurden hingegen keine Bleigehalte über der Bestimmungsgrenze verzeichnet (Daten nicht dargestellt). Neben Leinsamen (11 µg/kg) zeigten Haselnüsse, Kürbiskerne, Kichererbsen und Linsen mit 4 bis 5,5 µg Blei/kg verzehrfertigem Lebensmittel Konzentrationen oberhalb der Bestimmungsgrenze.

**Von den fünf ausgewerteten Lebensmittelgruppen zeigt die Lebensmittelgruppe Nüsse, Schalenfrüchte, Kerne, Hülsenfrüchte und Gewürze die höchsten durchschnittlichen Cadmium- und Bleigehalte.**

1.6

**Abbildung 1/51:** Cadmium- und Bleigehalte in verschiedenen Hülsenfrüchten, Nüssen, Ölsaaten und Kakao ([µg/kg]; Medium Bound)

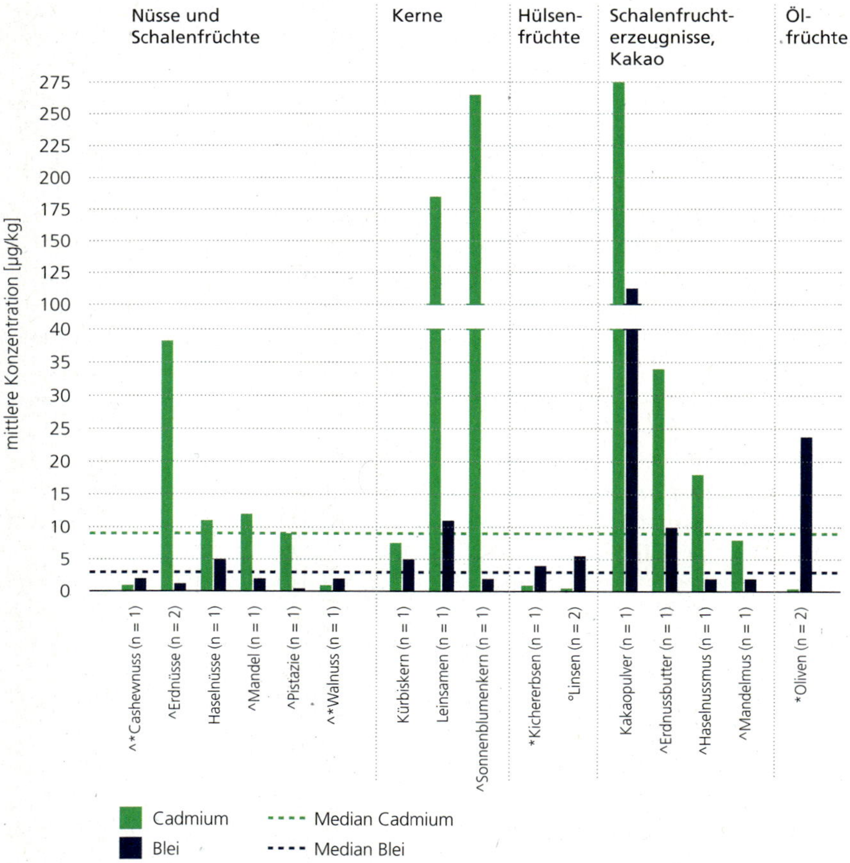


Cadmium: * alle Konz. < LOQ; ° teilw. Konz. < LOQ; Blei: ^ alle Konz. < LOQ; " teilw. Konz. < LOQ; n: Anzahl der Poolproben; < LOQ: < Bestimmungsgrenze

### 1.6.3.3 Obst und Obstprodukte

In 72 % der Poolproben der Lebensmittelgruppe *Obst und Obstprodukte* wurden **Cadmium**gehalte unterhalb der Bestimmungsgrenze nachgewiesen. Bei frischem, unverarbeitetem Obst zeigten Avocados den höchsten Cadmiumgehalt (10,5 µg/kg). Auch in Birnen, Erdbeeren, sonstigen Beeren und Mangos wurden Cadmiumgehalte über der Bestimmungsgrenze nachgewiesen (2,13–5,67 µg/kg). Von den untersuchten Obsterzeugnissen zeigten die Poolproben Fruchtkonfitüre und sonstige Trockenfrüchte Cadmiumkonzentrationen über der Bestimmungsgrenze (3,0 bzw. 5,0 µg/kg). Letztere setzt sich v. a. aus getrockneten Pflaumen, Aprikosen, Feigen und Datteln zusammen.

Der höchste quantifizierte **Blei**gehalt in der Lebensmittelgruppe *Obst und Obstprodukte* wurde in der Poolprobe Rosinen/Sultaninen (9,5 µg/kg) nachgewiesen. In verarbeiteten Äpfeln (Apfelmark, Apfelmus) wurden durchschnittlich höhere Bleigehalte nachgewiesen als in unverarbeiteten Äpfeln (3,68 vs. 2,08 µg/kg). Datteln zeigten mit 2 µg/kg Bleigehalte auf Höhe der Bestimmungsgrenze, die Poolprobe Obstkonserven eine Bleikonzentration unterhalb der Bestimmungsgrenze. Frisches, unverarbeitetes Obst zeigte bei den Analysen häufig Bleigehalte unterhalb der Bestimmungsgrenze. Davon abweichend zeigten alle vier Poolproben der Unterkategorie Sonstige Beeren, die sich aus Him-, Brom-, Stachel-, Heidel- und Johannisbeeren zusammensetzen, sowie die Poolprobe Nektarine/Pfirsiche Konzentrationen oberhalb der Bestimmungsgrenze (3–4,5 bzw. 5 µg/kg).

**Von den fünf ausgewerteten Lebensmittelgruppen zeigte die Lebensmittelgruppe Obst und Obstprodukte durchschnittlich die geringsten Gehalte beider Schwermetalle.**

**Abbildung 1/52:** Cadmium- und Bleigehalte in verschiedenem Obst und Obstprodukten ([µg/kg]; Medium Bound)

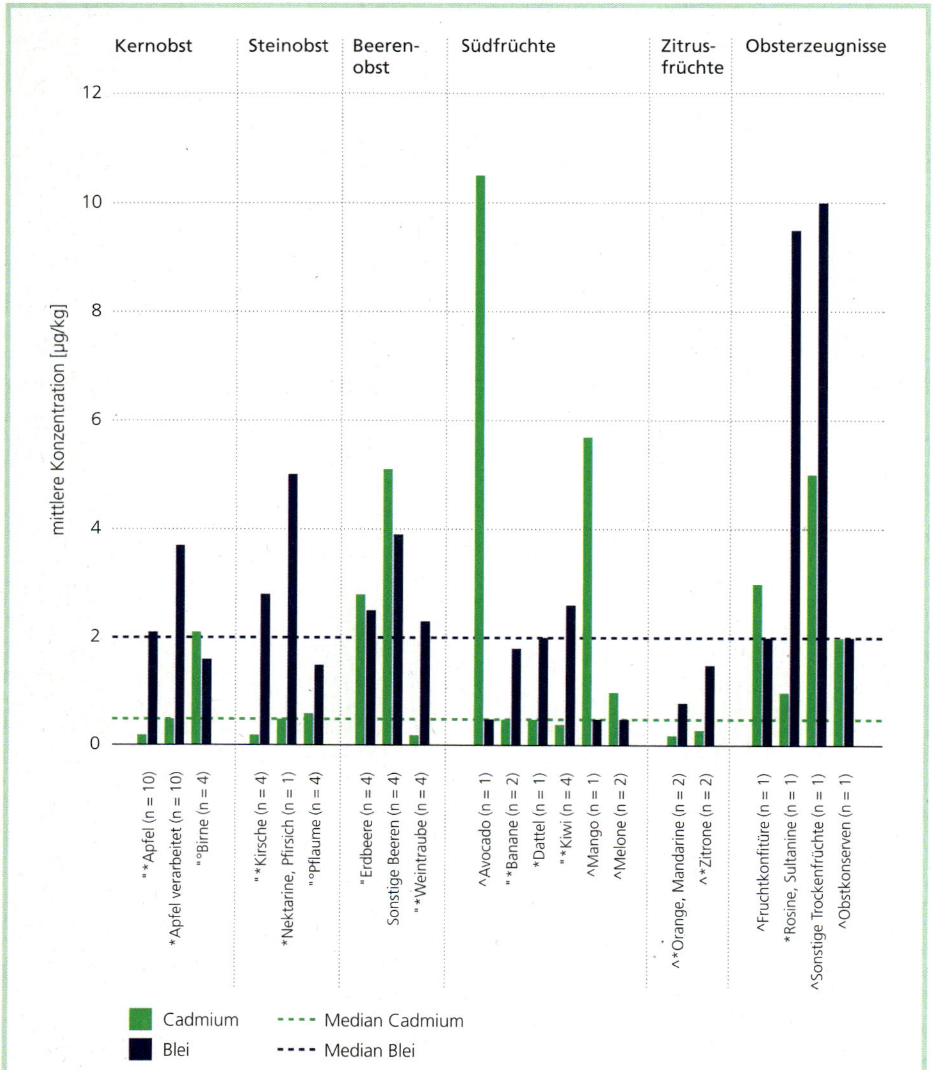


Cadmium: * alle Konz. < LOQ; ° teilw. Konz. < LOQ; Blei: ^ alle Konz. < LOQ; " teilw. Konz. < LOQ; n: Anzahl der Poolproben; < LOQ: < Bestimmungsgrenze

### 1.6.3.4 Gemüse, Gemüseprodukte und Pilze

Die höchsten **Cadmium**gehalte in der Lebensmittelgruppe *Gemüse, Gemüseprodukte und Pilze* wurden in den Poolproben Algen (120 µg/kg) und Spinat (86,5 µg/kg) bestimmt. Die Poolprobe Algen setzt sich v. a. aus Wakame, Hijiki, Nori und Meersalat (Ulva. spp.) zusammen. Blattsalate, Grünkohl und Küchenkräuter zeigten durchschnittliche Cadmiumgehalte von 14,08 bis 15,63 µg/kg. Vergleichbare Gehalte wurden in Porree (15,88 µg/kg), Zwiebeln (12,88 µg/kg) und Mohrrüben (12,4 µg/kg) nachgewiesen. Fruchtgemüse wie Gurken, Tomaten, Gemüsepaprika und Zucchini zeigten Cadmiumgehalte auf Höhe der Bestimmungsgrenze und niedriger. In den verschiedenen Kohlgemüsen wurden Cadmiumgehalte von durchschnittlich 3,5 µg/kg (2,58–5,38 µg/kg) bestimmt. Pfifferlinge zeigten erwartungsgemäß höhere Cadmiumgehalte als Zuchtchampignons (19,5 vs. 4,5 µg/kg) [23, 35].

Die höchsten **Blei**gehalte in der Lebensmittelgruppe *Gemüse, Gemüseprodukte und Pilze* wurden in Algen und Küchenkräutern nachgewiesen (54,5 bzw. 59,5 µg/kg). Die Gehalte der dargestellten Blattgemüse sind mit 13,13 bis 16,19 µg Blei/kg verzehrfertigem Lebensmittel höher als die der übrigen untersuchten Gemüse. Die beiden untersuchten Hülsenfruchtgemüse zeigten mit 5,65 und 6,13 µg Blei/kg Gehalte über der medianen Konzentration dieser Lebensmittelgruppe von 4,75 µg/kg, wobei die Gehalte mit den Konzentrationen der untersuchten reifen Hülsenfrüchte, Linsen und Kichererbsen, vergleichbar sind (Abb. 1/51). Analog zu den Cadmiumkonzentrationen zeigten die untersuchten Fruchtgemüse (Gurken, Tomaten, Gemüsepaprika und Zucchini) nur geringe Bleigehalte auf Höhe der Bestimmungsgrenze oder niedriger (0,5–2,75 µg/kg). In Pfifferlingen waren die durchschnittlichen Bleigehalte erwartungsgemäß höher als in Zuchtchampignons (26,25 vs. 4,5 µg/kg) [23, 35].

**Abbildung 1/53:** Cadmium- und Bleigehalte in verschiedenen Gemüsen, Gemüseprodukten und Pilzen ([µg/kg]; Medium Bound)

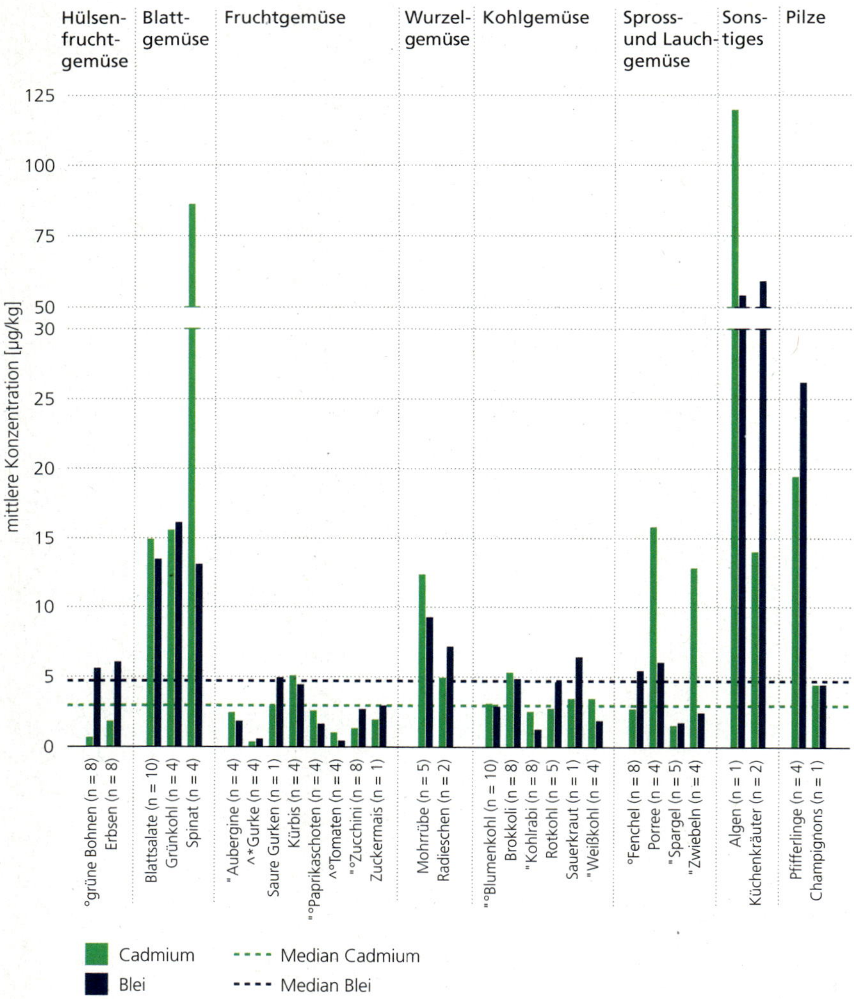


Cadmium: * alle Konz. < LOQ; ° teilw. Konz. < LOQ; Blei: ^ alle Konz. < LOQ;
" teilw. Konz. < LOQ; n: Anzahl der Poolproben; < LOQ: < Bestimmungsgrenze

### 1.6.3.5 Fisch und Meeresfrüchte

Mit Ausnahme von Thunfisch (10 µg/kg) und Aal (7 µg/kg) zeigten die untersuchten Fischarten **Cadmium**gehalte von 1–3 µg/kg. In den Poolproben Forelle, Pangasius und Lachs wurden Cadmiumkonzentrationen unterhalb der Bestimmungsgrenze nachgewiesen. Thunfisch-Konserven zeigten mehr als doppelt so hohe Cadmiumgehalte wie frisch zubereiteter Thunfisch (22,5 bzw. 20 vs. 10 µg/kg). Die höchsten Cadmiumgehalte wurden in Tintenfisch (205 µg/kg) und Muscheln (84 µg/kg) nachgewiesen, wobei die gemessenen Konzentrationen der Poolproben sowohl bei Tintenfisch als auch bei Muscheln im verzehrfertigen Zustand deutlich unterhalb der gesetzlichen Höchstmengen von jeweils 1 000 µg/kg lagen. Neben Tintenfisch und Muscheln zeigte auch Dorschleber mit 64 µg/kg höhere Cadmiumgehalte. Für Dorschleber wurde seitens des Bundesministeriums für Umwelt, Naturschutz und nukleare Sicherheit und des BfR, im Hinblick auf deren hohe Gehalte an Dioxinen und Polychlorierten Biphenylen (PCB), bereits eine Verzehrempfehlung formuliert, die bei entsprechender Umsetzung auch die Aufnahme von Cadmium über Dorschleber begrenzt [36, 37]. Auch für Thunfisch und die anderen Fischarten wurden im verzehrfertigen Zustand Cadmiumkonzentrationen unterhalb der gesetzlichen Höchstmengen von 100 µg/kg bzw. 50 µg/kg bestimmt.

Die höchsten **Blei**gehalte der Lebensmittelgruppe *Fisch und Meeresfrüchte* wurden in Muscheln (115,0 µg/kg), Tintenfisch (13,5 µg/kg) und Garnelen (8,5 µg/kg) nachgewiesen. In diesen Meeresfrüchten wurden allerdings im verzehrfertigen Zustand Bleigehalte deutlich unterhalb der gesetzlichen Höchstmengen von 1 500, 300 bzw. 500 µg/kg nachgewiesen. In der Poolprobe gegarter Hering/Brathering wurden, neben höheren Cadmiumkonzentrationen, auch höhere Bleikonzentrationen nachgewiesen, verglichen mit der Poolprobe marinierter Hering/Matjes (6,5 vs. 1 µg/kg). Fischarten wie Rotbarsch, Thunfisch, Heilbutt und Aal, die aufgrund ihres Lebensalters, ihres Lebensraums sowie ihrer Lebensweise in der Regel auch höhere Quecksilbergehalte aufweisen [38], zeigten analog dazu höhere Bleigehalte als Lachs, Pangasius, Köhler und Kabeljau (4–6,5 vs. 1–2 µg/kg). In Thunfisch-Konserven und frisch zubereitetem Thunfisch wurden vergleichbare Bleikonzentrationen nachgewiesen (2–3 vs. 4 µg/kg).

**Abbildung 1/54:** Cadmium- und Bleigehalte in verschiedenen Fischen und Meeresfrüchten ([µg/kg]; Medium Bound)

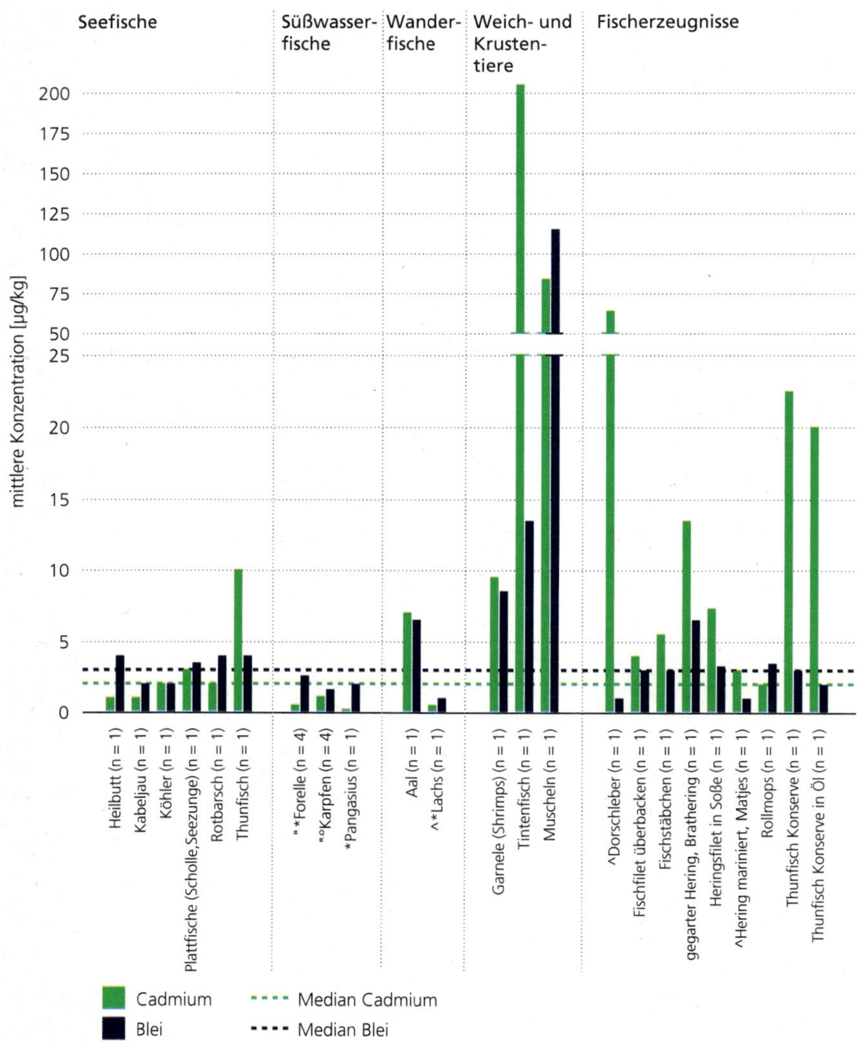


Cadmium: * alle Konz. < LOQ; ° teilw. Konz. < LOQ; Blei: ^ alle Konz. < LOQ; " teilw. Konz. < LOQ; n: Anzahl der Poolproben; < LOQ: < Bestimmungsgrenze

### 1.6.3.6 Milch, Milchprodukte, Fleisch und Fleischprodukte

Die durchschnittlichen **Cadmium**gehalte in Milch waren gering (0,15 µg/kg). Milchprodukte mit Kakao- oder Kräuteranteil (z. B. Kakaomilch, Schokopudding, Kräuterquark) zeigten aufgrund des Eintrags über die jeweilige Zutat höhere Cadmiumgehalte. Auch die **Blei**gehalte von Milch waren mit durchschnittlich 0,5 µg/kg gering. Gereifter Käse und Käseprodukte zeigten mit durchschnittlich 5 µg/kg höhere Bleigehalte als Milch.

Geringe durchschnittliche **Cadmium**gehalte, teilweise unterhalb der Bestimmungsgrenze, zeigten auch Rind- (0,6 µg/kg) und Schweinefleisch (1,1 µg/kg). Höhere Cadmiumgehalte wurden in Innereinen von Tieren nachgewiesen und in der Folge auch in Wurstwaren mit Leberanteil (z. B. Leberwurst). In der Lebensmittelgruppe *Fleisch und Fleischprodukte* wurden die höchsten Cadmiumkonzentrationen in der Poolprobe Kalbs- und Schweinenieren nachgewiesen (113 µg/kg). Höhere durchschnittliche **Blei**gehalte als in Muskelfleisch wurden in Innereien, wie Rinderleber (21,5 µg/kg) und Schafsleber (78,3 µg/kg) nachgewiesen. Wildfleisch von Hirsch und Reh zeigte mit 22 µg/kg einen ca. 10-fach höheren Bleigehalt als Schweine- und Rindfleisch, aber auch höhere Bleigehalte als Wildschweinfleisch (6 µg/kg). Wildtiere können über Futter (z. B. Wildpilze und Wildpflanzen) je nach geologischer Gegebenheit gegenüber Tieren aus einer Haltung im Stall oder Gatter mehr Blei aufnehmen, was in der Folge zu höheren Gehalten im Fleisch führen kann [39]. Zudem gibt es Hinweise auf erhöhte Bleigehalte im Wildbret bedingt durch die Verwendung bleihaltiger Munition [40]. Sowohl Milch als auch Fleisch und Schlachtnebenerzeugnisse zeigten, analog zu den Poolproben der anderen Lebensmittelgruppen, keine Überschreitungen der gesetzlichen Höchstmengen für Cadmium und Blei.

### 1.6.3.7 Vergleich der Cadmium- und Bleigehalte ausgewählter Lebensmittel mit Ergebnissen anderer Total-Diet-Studien

Die Methodik von TDS wird weltweit von vielen Staaten genutzt, um Stoffkonzentrationen zur Schätzung der alimentären Exposition für Risikobewertungen bereitzustellen. Die USA führten 1961 die weltweit erste TDS durch [41]. Kanada und Großbritannien folgten mit eigenen TDS auch bereits in den 1960er-Jahren [42, 43]. Bei der Interpretation der TDS-Daten unterschiedlicher Länder ist zu beachten, dass Messergebnisse unterhalb der Bestimmungsgrenze bzw. Nachweisgrenze bei der Mittelwertbildung ggf. unterschiedlich berücksichtigt wurden. Folglich hat das Nachweisvermögen der Analysemethode bei Ergebnissen unterhalb der Bestimmungs- und Nachweisgrenze einen Einfluss auf die dargestellte Höhe der Konzentration. Generell können aber auch regionale Unterschiede in den Konzentrationen von Cadmium und Blei in Lebensmitteln vorhanden sein. Ferner ist zu beachten, dass Poolproben, die zwar vergleichbar benannt sind (z. B. Vollkornbrot), sich in der Zusammensetzung der Teilproben unterscheiden können, z. B. in der Anzahl der Teilproben mit Ölsaatenanteil. Nachfolgend werden Cadmium- und Bleigehalte von Lebensmittelpoolproben der BfR-MEAL-Studie mit den Ergebnissen von drei weiteren TDS verglichen: der *Seconde étude de l'alimentation totale française* aus den Jahren 2007 bis 2009 [44], der Canadian Total Diet Study aus dem Jahr 2017 [45] und der *U.S. Food and Drug Administration* (FDA) *Total Diet Study* aus den Jahren 2006 bis 2013 [46]. Für den Vergleich wurden aus allen TDS Lebensmittelpoolproben ausgewählt, die aufgrund ihrer Bezeichnung die Annahme einer vergleichbaren Zusammensetzung zulassen.

Die Poolprobe Vollkornbrot aus der 2. französischen TDS zeigte mit 16 µg/kg geringere Cadmiumkonzentrationen als Poolproben aus Deutschland, Kanada und den USA (24 bzw. 26 bzw. 25 µg/kg). Die Bleikonzentration der französischen Vollkornbrot-Poolprobe lag hingegen mit 54 µg/kg um mehr als den Faktor zehn über den Gehalten der anderen drei genannten TDS. Auch für Weißbrot wurde in der 2. französischen TDS ein höherer Bleigehalt bestimmt, als in den zum Vergleich herangezogenen TDS. In der BfR-MEAL-Studie wurde mit 17 µg/kg in verzehrfertigem Reis mehr als der doppelte Cadmiumgehalt nachgewiesen, als in den Reisproben der drei anderen TDS. In den dargestellten Obstarten wurden in allen vier TDS vergleichbar geringe Gehalte an Cadmium und Blei nachgewiesen. Höhere Cadmiumgehalte zeigten die untersuchten Erdbeeren in Kanada und den USA. Durchschnittlich höhere Bleikonzentrationen wurden in Äpfeln und Bananen in Frankreich nachgewiesen, wobei ein Teil der Poolproben in Frankreich auch Ergebnisse unterhalb der Bestimmungsgrenze zeigte. Blattgemüse zeigten in den TDS aller vier Länder höhere Cadmium- und Bleigehalte als Mohrrüben und Zwiebeln. Spinat in den Proben aus Deutschland und Frankreich zeigte hierbei vergleichbare, aber, verglichen mit Spinatproben aus Kanada oder den USA, deutlich niedrigere Cadmiumkonzentrationen (87 bzw. 73 µg/kg vs. 268 bzw. 183 µg/kg).

**Tabelle 1/21:** Vergleich der durchschnittlichen Cadmium- und Bleigehalte ausgewählter Lebensmittel von Total-Diet-Studien aus Deutschland, Frankreich, Kanada und den USA

| | **Cadmium** [µg/kg] | | | | **Blei** [µg/kg] | | | |
|---|---|---|---|---|---|---|---|---|
| | **D[1]** | **F[2]** | **CDN[3]** | **USA[4]** | **D[1]** | **F[2]** | **CDN[3]** | **USA[4]** |
| **Vollkornbrot/-brötchen** | 24 | 16 | 26 | 25 | 5 | 54 | 3,3 | 1 |
| **Weißbrot/-brötchen** | 20 | 22 | 15 | 19 | 4,6 | 15 | 3,1 | 0,3 |
| **Reis** | 17 | 6,7 | 6,7 | 6 | 2 | 2,5 | 2,8 | 0 |
| **Teigwaren** | 10 | 11 | 28 | 32 | 2,8 | 2,2 | 2,3 | 1 |
| **Apfel** | 0,2 | 0,7 | 0,3 | 1 | 2,1 | 4,9 | 2,3 | 0 |
| **Birne** | 2,1 | 1,8 | 1,1 | 1 | 1,6 | 3,7 | 1,2 | 1 |
| **Erdbeere** | 2,8 | 7,3 | 11 | 15 | 2,5 | 2,1 | 1,1 | 1 |
| **Banane** | 0,5 | 1,3 | 0,2 | 1 | 1,8 | 4,6 | 0,5 | 0 |
| **Blattsalate** | 15 | 18 | 11 | 59 | 14 | 17 | 1,2 | 3 |
| **Spinat** | 87 | 73 | 268 | 183 | 13 | 29 | 6,3 | 4 |
| **Mohrrübe** | 12 | 14 | 11 | 17 | 9,3 | 12 | 3,6 | 1,5 |
| **Zwiebel** | 13 | 12 | 7,3 | 14 | 2,5 | 4,5 | 1,1 | 1 |

1 Deutschland: BfR-MEAL-Studie (2016–2019); Medium Bound [3]
2 Frankreich: Seconde étude de l'alimentation totale française (EAT2) (2007–2009); Medium Bound [43]
3 Kanada: Canadian Total Diet Study (2017); Konzentrationen < Nachweisgrenze: ½ Nachweisgrenze [44]
4 USA: FDA Total Diet Study (2006–2013); Konzentrationen < Nachweisgrenze: 0 [45]

### 1.6.3.8 Vergleich der Cadmium- und Bleigehalte mit Ergebnissen des Lebensmittel-Monitorings (2003–2016)

Lebensmittel wie Teigwaren oder Reis, die im Rahmen der BfR-MEAL-Studie haushaltstypisch zubereitet wurden und durch die Wasseraufnahme größere Konzentrationsänderungen erfuhren, können nicht direkt mit Ergebnissen des Lebensmittel-Monitorings, bei welchem die Lebensmittel im Rohzustand und nicht verzehrfertig bewertet werden, verglichen werden. Möglich ist ein solcher Vergleich bei küchentechnisch geringfügig verarbeiteten Lebensmitteln, z. B. bei roh verzehrtem Obst und Gemüse. Unterschiede in den Konzentrationen können trotz dessen auch durch probenvorbereitende Schritte bedingt sein, wie z. B. vorheriges Waschen oder das Entfernen eines nicht verzehrbaren Anteils.

Im Rahmen des deutschen Warenkorb-Monitorings wurden in Äpfeln (n = 128) und Birnen (n = 108) durchschnittlich (Medium Bound) vergleichbare Cadmiumgehalte wie in Poolproben der BfR-MEAL-Studie nachgewiesen (1,0 vs. 0,2 µg/kg bzw. 2,5 vs. 2,1 µg/kg), aber deutlich höhere Bleigehalte bestimmt (10,5 vs. 2,1 µg/kg bzw. 12,5 vs. 1,6 µg/kg) [32, 35, 47, 48]. Auch für Erdbeeren (n = 101) und Bananen (n = 191/190) wurden im Rahmen des Monitorings durchschnittlich mit der BfR-MEAL-Studie vergleichbare Cadmiumgehalte nachgewiesen (3,2 vs. 2,8 µg/kg bzw. 1,2 vs. 0,5 µg/kg), aber höhere Bleigehalte bestimmt (8,8 vs. 2,5 µg/kg bzw. 6,3 vs. 1,8 µg/kg) [20, 22, 23, 48–50]. Die höheren durchschnittlichen Bleigehalte der vier Obstarten dabei könnten auf die höheren durchschnittlichen Bestimmungs- bzw. Nachweisgrenzen der Analysen im Rahmen des Warenkorb-Monitorings zurückzuführen sein (13 bzw. 7 µg/kg vs. 2 bzw. 1 µg/kg), die im Medium Bound jeweils mit der halben Konzentration berücksichtigt werden. Blattsalate zeigten im Monitoring vergleichbare durchschnittliche Cadmium- (18,3 vs. 15 µg/kg) und Bleigehalte (17,5 vs. 14 µg/kg) wie die Poolproben der BfR-MEAL-Studie [35, 49, 51].

### 1.6.3.9 Einfluss der Lebensmittelzufuhr auf die Expositionshöhe

In der folgenden Auswertung wird sowohl die Cadmium- als auch die Bleiaufnahme nicht als Gesamtexposition aus allen Lebensmittelgruppen dargestellt, sondern ausschließlich eine Teil-Exposition aus den fünf berücksichtigten Lebensmittelgruppen berechnet und auf die numerische Darstellung der Teil-Exposition verzichtet. Entsprechend erfolgt kein toxikologischer Vergleich einer numerischen Exposition mit einem gesundheitsbasierten Grenzwert, sondern der Einfluss der Lebensmittelauswahl aus den fünf Lebensmittelgruppen auf die Exposition wird diskutiert.

#### Cadmium

Für Cadmium zeigte die Lebensmittelgruppe *Getreideprodukte* einen durchschnittlichen Anteil von 82 % an der berechneten Teil-Exposition aus den betrachteten fünf Lebensmittelgruppen. Dies bestätigte eine Schätzung der alimentären Exposition unter Verwendung von Konzentrationsdaten aus dem Lebensmittel-Monitoring, die zeigte, dass neben Gemüse und Gemüseprodukten insbesondere Getreideprodukte maßgeblich zur alimentären Cadmiumaufnahme beitrugen. Ölsaaten, Ölfrüchte und Nüsse hingegen trugen, trotz teilweise hoher Gehalte, nur zu einem geringeren Teil zur Exposition bei [1].

Für die folgende Auswertung wurde die Stichprobe der NVS II (n = 13 926) auf Basis der individuellen Expositionen in fünf gleich große Teile (Quintile) unterteilt. Diese Darstellung verdeutlicht die jeweiligen Beiträge einzelner Lebensmittelgruppen für fünf abgestufte Expositionsniveaus von niedrig (erstes Quintil) bis hoch (fünftes Quintil). Individuen des fünften Quintils (Individuen mit der höchsten geschätzten Teil-Exposition der Stichprobe) zeigten hierbei einen durchschnittlichen Anteil von 75 % von *Getreideprodukten* an der geschätzten Teil-Exposition (Tab. 1/22). In den Quintilen 1–4 lag dieser Anteil mit 85 bis 86 % deutlich höher. Hingegen zeigten Individuen des fünften Quintils bei den Lebensmittelgruppen *Gemüse und Gemüseprodukte* (15 vs. 8–9 %) sowie *Fisch und Meeresfrüchte* (4 vs. 1–2 %) einen höheren Anteil an deren geschätzter Teil-Exposition.

**Tabelle 1/22:** Durchschnittliche Anteile der Lebensmittelgruppen an der geschätzten Cadmium- und Blei-Teil-Exposition

| | **Cadmium** [%] | | | | | | **Blei** [%] | | | | | |
|---|---|---|---|---|---|---|---|---|---|---|---|---|
| | **Gesamt** | **Quintile** | | | | | **Gesamt** | **Quintile** | | | | |
| | | **1** | **2** | **3** | **4** | **5** | | **1** | **2** | **3** | **4** | **5** |
| **n** | 13926 | 2785 | 2785 | 2786 | 2785 | 2785 | 13926 | 2784 | 2786 | 2786 | 2785 | 2785 |
| **Getreideprodukte** | 82 | 85 | 86 | 86 | 85 | 75 | 55 | 73 | 65 | 60 | 56 | 45 |
| **Hülsenfrüchte, Nüsse, Ölsaaten, Gewürze und Kakao** | 2 | 1 | 1 | 1 | 2 | 4 | 2 | 1 | 1 | 1 | 2 | 5 |
| **Obst und Obstprodukte** | 3 | 4 | 3 | 3 | 3 | 2 | 21 | 13 | 18 | 20 | 21 | 23 |
| **Gemüse und Gemüseprodukte, Pilze** | 11 | 8 | 8 | 8 | 9 | 15 | 19 | 11 | 14 | 17 | 19 | 23 |
| **Fisch und Meeresfrüchte** | 2 | 2 | 2 | 2 | 1 | 4 | 3 | 2 | 2 | 2 | 2 | 4 |

Die Lebensmittel Weißbrot/-brötchen, Graubrot, Vollkornbrot/-brötchen und Mehrkornbrot trugen in der Summe am meisten zur geschätzten Teil-Exposition von Cadmium bei (durchschnittlich insgesamt 58 %). In Vollkornbrot/-brötchen wurden höhere Cadmiumgehalte als in Weißbrot/-brötchen und Graubrot bestimmt (23,6 vs. 20 bzw. 13,5 µg/kg). Dies kann mit den höheren Cadmiumgehalten in den Randschichten des Korns erklärt werden, die Bestandteil von Vollkornmehlen sind [52]. Ein Drittel der untersuchten Mehrkornbrote enthielt diverse Ölsaaten, was die durchschnittliche Cadmiumkonzentration dieser Poolproben auf 30,3 µg/kg erhöht. Sowohl die Anzahl der Verzehrer*innen von Vollkornbrot/-brötchen und Mehrkornbrot als auch der durchschnittliche Verzehr von Vollkornbrot/-brötchen und Mehrkornbrot stieg über die fünf Quintile an (Abb. 1/55). Indes stieg die Anzahl der Verzehrer*innen von Weißbrot/-brötchen und Graubrot nicht über die fünf Quintile hinweg an. Entsprechend unterschiedlich ist der Anteil der unterschiedlichen Brote und Brötchen an der geschätzten Teil-Exposition zwischen dem ersten und fünften Quintil: Vollkornbrot/-brötchen (9 vs. 20 %), Mehrkornbrot (5 vs. 10 %), Weißbrot/-brötchen (28 vs. 15 %) und Graubrot (21 vs. 7 %).

**Abbildung 1/55:** Anzahl Verzehrer*innen (n) und durchschnittlicher Verzehr ([g/kg Körpergewicht/Tag] [SD] – nur Verzehrer*innen) von Broten und Brötchen in unterschiedlichen Cadmium-Expositions-Quintilen (Stichprobe der NVS II [n = 13 926])

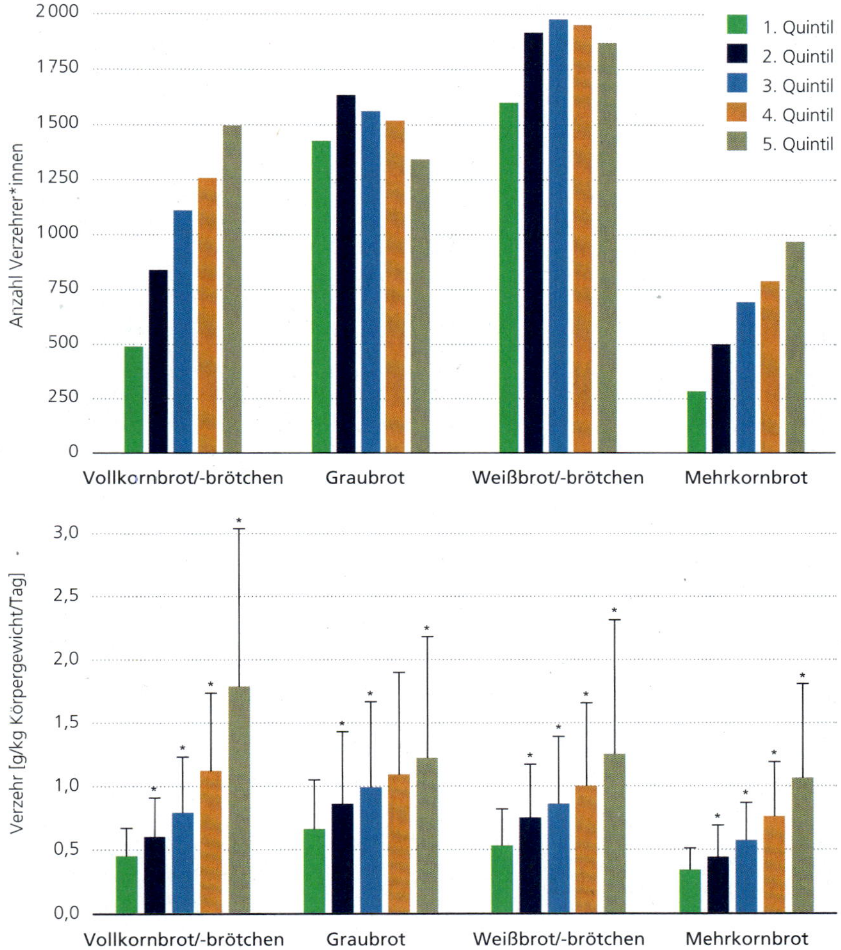


* Menge verzehrtes Lebensmittel im markierten Quintil unterscheidet sich signifikant von der Menge im nächst kleineren Quintil (Mann-Whitney-U-Test; p < 0,01); Whisker: Standardabweichung [SD]

Die Auswertung auf Ebene der Lebensmittel zeigte für Individuen im fünften Quintil einen hohen Anteil der Lebensmittel Mohngebäck, Spinat, Tintenfisch und Erdnüsse an der Cadmium-Teil-Exposition, wobei die drei erstgenannten Lebensmittel in ihren Lebensmittelgruppen zu den Lebensmitteln mit den höchsten Cadmiumgehalten zählten. Das fünfte Quintil zeigte mehr Verzehrer*innen der vier genannten Lebensmittel, verglichen mit den ersten vier Quintilen. Zusätzlich zeigten Individuen des fünften Quintils durchschnittlich höhere Verzehrmengen von Mohngebäck, Spinat, Tintenfisch und Erdnüssen gegenüber Individuen der anderen Quintile (Abb. 1/56).

1.6

**Abbildung 1/56:** Anzahl Verzehrer*innen (n) und mittlerer Verzehr ([g/kg Körpergewicht/Tag] [SD] – nur Verzehrer*innen) von Mohngebäck, Spinat, Tintenfisch und Erdnüssen in unterschiedlichen Cadmium-Teil-Expositions-Quintilen (Stichprobe der NVS II [n = 13 926])

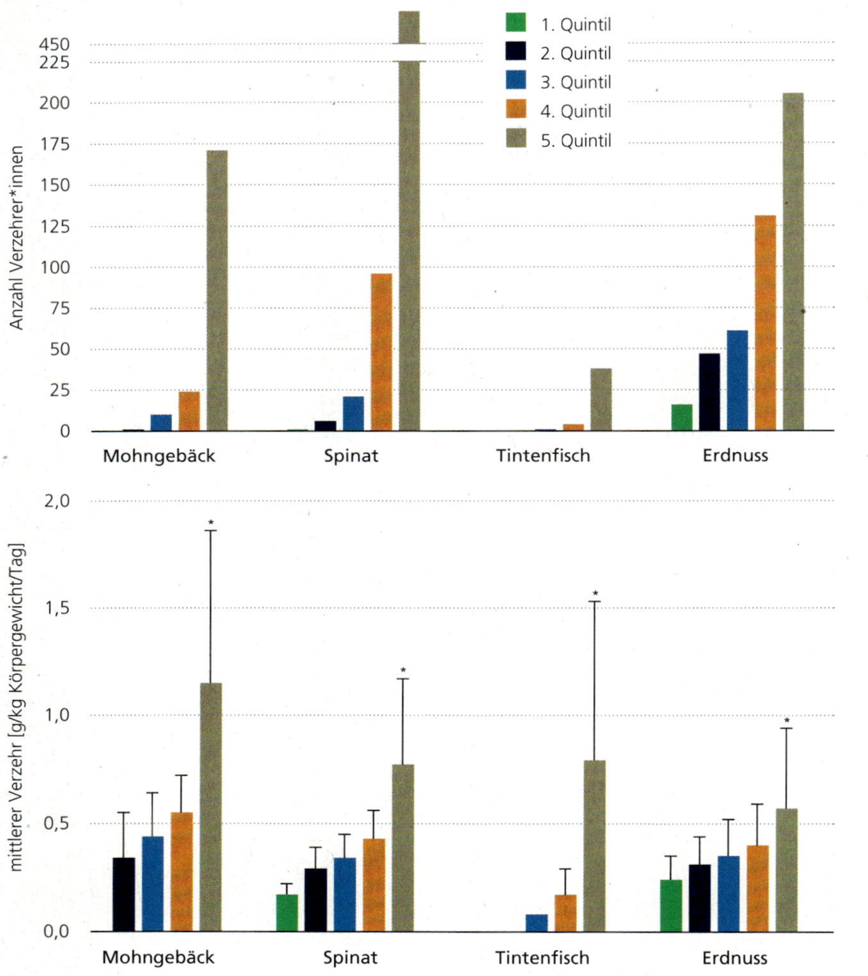


* Menge verzehrtes Lebensmittel im markierten Quintil unterscheidet sich signifikant von der Menge im nächst kleineren Quintil (Mann-Whitney-U-Test; $p < 0,01$); Whisker: Standardabweichung [SD]

Ungeachtet der Zuordnung zu den Expositions-Quintilen, zeigten Mohngebäck, Spinat, Tintenfisch und Erdnüsse bei den Verzehrer*innen hohe Anteile der jeweiligen Lebensmittel an den individuellen Cadmium-Teil-Expositionen. Der Anteil von Erdnüssen an den individuellen Cadmium-Teil-Expositionen lag bei Verzehrer*innen von Erdnüssen bei 21 %, der Anteil von Spinat bei Verzehrer*innen von Spinat bei 52 %. Der Anteil von Mohngebäck ist mit 54 % vergleichbar hoch, mit dem von Spinat. Die Verzehrer*innen von Tintenfisch zeigten einen durchschnittlichen Anteil von Tintenfisch an der individuellen Cadmium-Teil-Exposition von 74 %.

Neben Spinat, Tintenfisch und Mohn enthielten auch Sonnenblumenkerne und Leinsamen hohe Cadmiumgehalte. Deshalb trugen diese beiden Lebensmittel bei Verzehrer*innen von Sonnenblumenkernen (n = 66) und Leinsamen (n = 91) mit 39 % bzw. 28 % zu deren geschätzter Teil-Exposition bei. Hierbei wurden ca. 58 % der Verzehrer*innen von Sonnenblumenkernen und 52 % der Verzehrer*innen von Leinsamen dem höchsten Expositions-Quintil zugeordnet.

**Blei**

Die Lebensmittelgruppe *Getreideprodukte* zeigte in der gesamten Stichprobe einen durchschnittlichen Anteil von 55 % an der geschätzten Blei-Teil-Exposition. Mit steigendem Quintil, also mit zunehmender Exposition, sinkt der Anteil dieser Lebensmittelgruppe an der geschätzten Teil-Exposition. Weißbrot/-brötchen, Graubrot, Vollkornbrot/-brötchen und Mehrkornbrot trugen durchschnittlich mit 35 % zur Blei-Teil-Exposition bei, wobei in diesen vier Poolproben vergleichbare Bleigehalte von 4,6 bis 5,0 µg/kg bestimmt wurden. Während die Anzahl der Verzehrer*innen nur bei Vollkornbrot/-brötchen und Mehrkornbrot über die Quintile anstieg, stieg der durchschnittliche Verzehr bei allen vier dargestellten Brot-Gruppen über die fünf Quintile an (Abb. 1/57).

Die Lebensmittelgruppen *Obst und Obstprodukte* und *Gemüse und Gemüseprodukte* zeigten einen durchschnittlichen Anteil von 21 bzw. 19 % an der geschätzten Blei-Teil-Exposition. Der relative Anteil beider Lebensmittelgruppen stieg dabei von 13 bzw. 11 % auf 23 % über die Expositions-Quintile an. In Rosinen/Sultaninen wurden mit 9,5 µg/kg die höchsten quantifizierten Bleigehalte der Lebensmittelgruppe *Obst und Obstprodukte* bestimmt. Verzehrer*innen von Rosinen/Sultaninen zeigten einen durchschnittlichen Anteil dieser Lebensmittel an der Blei-Teil-Exposition von 6 %, bei Vielverzehrer*innen von Rosinen/Sultaninen (90. Perzentil) stieg der Anteil auf durchschnittlich 20 % an. Damit nehmen Vielverzehrer*innen von Rosinen/Sultaninen durch diesen Verzehr mehr Blei auf. Roh verzehrte Äpfel trugen aufgrund des hohen Verzehrs durchschnittlich mit 9 % zur Blei-Teil-Exposition bei. Von insgesamt zehn untersuchten Poolproben roher Äpfel wurden allerdings in vier Proben Bleigehalte unter der Bestimmungs- bzw. Nachweisgrenze gemessen. Neben Äpfeln tragen auch Nektarinen/Pfirsiche und Bananen durchschnittlich mit ca. 2 % zur geschätzten Blei-Teil-Exposition bei.

In der Lebensmittelgruppe *Gemüse und Gemüseprodukte* hatten Blattsalate, Spinat und Mohrrüben aufgrund der höheren Bleigehalte bei Verzehrer*innen einen hervorzuhebenden Anteil an der Blei-Teil-Exposition von durchschnittlich 15 %, 29 % bzw. 21 %. Küchenkräuter trugen, obwohl diese in der Lebensmittelgruppe die höchsten Bleigehalte aufwiesen, aufgrund des geringen Verzehrs über alle Quintile hinweg weniger als 1 % zur Teil-Exposition bei. In Oliven wurde mit 24 µg/kg, verglichen mit anderen Lebensmitteln der Gruppe *Schalenfrüchte, Kerne, Hülsenfrüchte und Gewürze*, ein höherer durchschnittlicher Bleigehalt bestimmt. Im fünften Quintil war sowohl der Anteil der Verzehrer*innen als auch deren durchschnittlicher Verzehr mehr als doppelt so hoch, verglichen mit den Individuen des vierten Quintils (Abb. 1/58). Im fünften Quintil trug der Verzehr von Oliven durchschnittlich 3 % zur Blei-Teil-Exposition bei. In der Poolprobe Gewürze wurde eine Bleikonzentration von 155 µg/kg bestimmt. Der Verzehr von Gewürzen ist in Verzehrstudien allerdings nur schwer zu quantifizieren. Die Methodik einer TDS ermöglicht die im Rahmen der haushaltstypischen Zubereitung und die bei der industriellen Lebensmittelherstellung verwendeten Gewürze zu berücksichtigen. Neben diesen Einträgen werden Gewürze in Verzehrstudien nur in geringen Mengen separat erfasst und zeigten folglich über diese Auswertung einen Anteil an der geschätzten Teil-Exposition von unter 1 %.

**Abbildung 1/57:** Anzahl Verzehrer*innen (n) und durchschnittlicher Verzehr ([g/kg Körpergewicht/Tag] [SD] – nur Verzehrer*innen) von Broten und Brötchen in unterschiedlichen Blei-Teil-Expositions-Quintilen (Stichprobe der NVS II [n = 13 926])

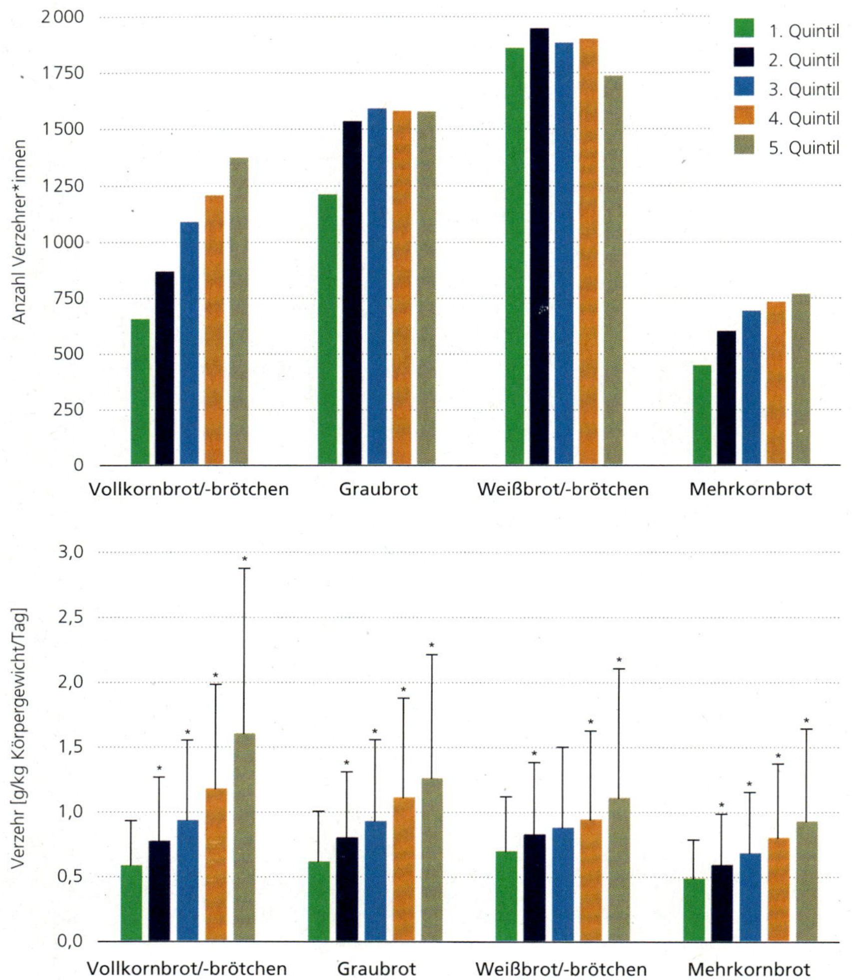


* Menge verzehrtes Lebensmittel im markierten Quintil unterscheidet sich signifikant von der Menge im nächst kleineren Quintil (Mann-Whitney-U-Test; p < 0,01); Whisker: Standardabweichung [SD]

**Abbildung 1/58:** Anzahl Verzehrer*innen (n) und mittlerer Verzehr ([g/kg Körpergewicht/Tag] [SD] – nur Verzehrer*innen) von Lebensmitteln mit höheren Bleigehalten in unterschiedlichen Blei-Teil-Expositions-Quintilen (Stichprobe der NVS II [n = 13 926])

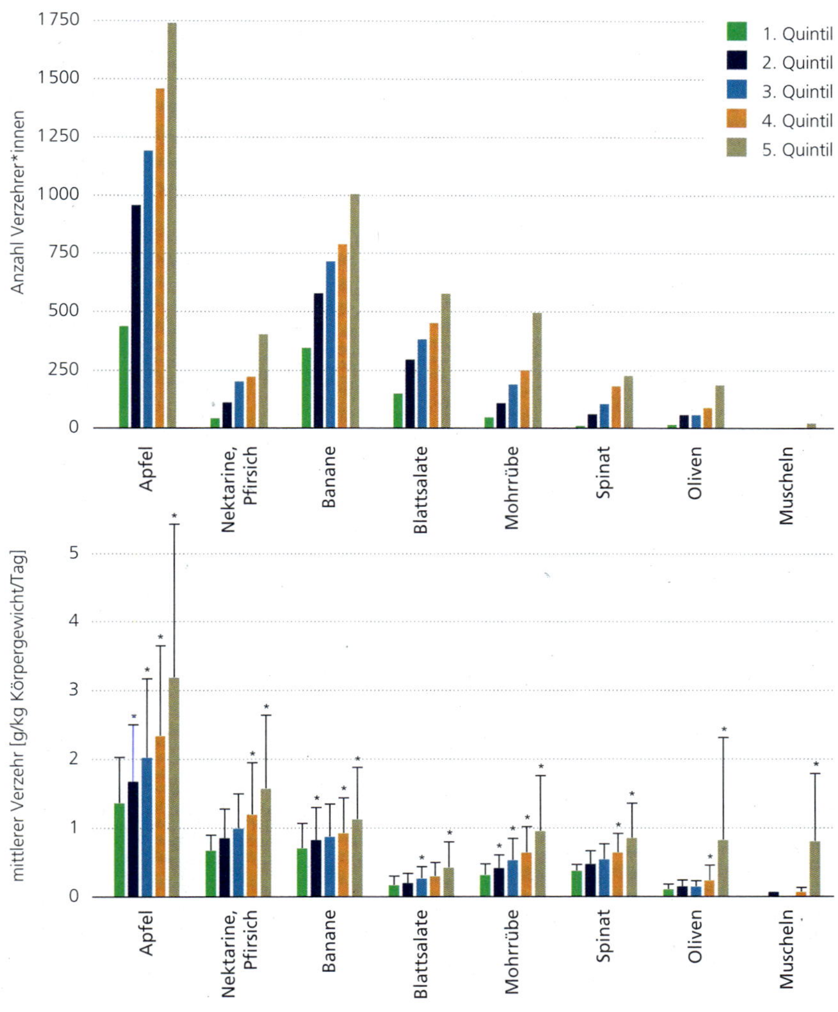


* Menge verzehrtes Lebensmittel im markierten Quintil unterscheidet sich signifikant von der Menge im nächst kleineren Quintil (Mann-Whitney-U-Test; p < 0,01); Whisker: Standardabweichung [SD]

Die Bleigehalte in Muscheln überstiegen die Bleigehalte in Fisch und Fischprodukten um mehr als das 10-Fache. Mehr als 80 % der Individuen, die Muscheln verzehren, waren dem fünften Expositions-Quintil zugeordnet. Bei diesen Individuen hat der Muschelverzehr im Durchschnitt einen Anteil von 78 % an der geschätzten Teil-Exposition von Blei.

Bei den in Abbildungen 1/58 betrachteten Lebensmitteln stieg der Anteil der Verzehrer*innen über die Expositions-Quintile an. Eine Ausnahme bilden Muschelverzehrer*innen, die mit 85 % fast ausschließlich dem fünften Quintil zugeordnet sind. Durchschnittlich zeigten Verzehrer*innen im fünften Quintil bei den in Abbildungen 1/58 betrachteten Lebensmitteln einen höheren Verzehr, als Individuen der anderen vier Quintile.

**Durchschnittlich sind Getreideprodukte für Individuen der NVS II die Lebensmittel mit dem höchsten Anteil an der geschätzten Cadmium- und Blei-Teil-Exposition.**

### 1.6.3.10 Unsicherheiten

In TDS werden gleiche oder gleichartige Lebensmittel zu Poolproben zusammengefasst. Dieses Vorgehen bedingt einen Verlust von Informationen zur Variabilität der Stoffkonzentrationen einzelner Lebensmittel. Indem Lebensmittel mit möglicher regionaler und/oder saisonaler Variabilität nach diesen Merkmalen stratifiziert eingekauft und analysiert wurden, konnte ein Teil der Variabilität der Stoffkonzentrationen berücksichtigt werden. Generell stellen TDS als Ergebnis durchschnittliche Stoffkonzentrationen bereit. Lebensmittel mit außergewöhnlich hohen Gehalten, z. B. aus sogenannten geografischen Hotspots, bleiben unberücksichtigt. Die Anzahl von 356 Lebensmitteln in der Lebensmittelliste der BfR-MEAL-Studie ermöglicht es, für den Großteil der Lebensmittel separate Poolproben zu bilden. Nur sehr wenige verschiedenartige Lebensmittel wurden innerhalb ihrer Lebensmittelgruppe vermischt, wodurch Unsicherheiten durch den Verlust lebensmittelspezifischer Konzentrationsdaten weitgehend vermieden wurden. Obwohl verschiedene Informationen für eine repräsentative Zusammenstellung der Poolproben genutzt wurden (Verbraucherstudien, Marktdaten etc.), konnten bei 15 bzw. 20 Teilproben nur die quantitativ bedeutendsten Bezugsquellen von Lebensmitteln (ab ≈ 5 % Marktanteil) beim Einkauf berücksichtigt werden. Obst und Gemüse aus Selbstversorgung, z. B. aus privatem Anbau im Garten, blieb dabei generell unberücksichtigt.

Die Auswahl der in dieser Studie untersuchten Lebensmittel sowie auch die vorliegende Auswertung zur Schätzung der alimentären Exposition berücksichtigt Verzehrdaten der deutschen Bevölkerung im Alter von 14 bis 80 Jahre. Säuglinge, Kleinkinder und Kinder sowie Hochbetagte wurden nicht einbezogen. Aufgrund der deutschsprachigen Erhebungsinstrumente ist auch damit zu rechnen, dass nicht deutschsprachige Bevölkerungsgruppen unterrepräsentiert sind. Abweichende Verzehrgewohnheiten aller dieser Bevölkerungsgruppen können andere Lebensmittel in den Fokus rücken. Diese Einschränkung gilt ebenfalls für Verbrauchergruppen wie Vegetarier*innen und Veganer*innen, die in der Stichprobe der NVS II nicht hinreichend repräsentiert sind. Unsicherheiten bestehen letztlich auch im Hinblick auf den Zeitraum der Verzehrdatenerhebung (2005/2006), der mehr als zehn Jahre zurückliegt und ggf. veränderte Verzehrgewohnheiten nicht berücksichtigt [53].

Ein wiederholter 24-Stunden-Recall ist eine kosteneffektive Methode zur Bestimmung des akuten und chronischen Lebensmittelverzehrs. Der Erhebungszeitraum von zweimal einem Tag kann jedoch insbesondere bei selten verzehrten Lebensmitteln die intra-individuelle Variabilität der Lebensmittelzufuhr nicht hinreichend abbilden. Kurze Erhebungszeiträume tendieren dazu, den tatsächlichen Anteil der Konsument*innen und somit die durchschnittliche Lebensmittelzufuhr zu unterschätzen sowie die oberen Perzentile des Lebensmittelkonsums zu überschätzen. Eine Schätzung des üblichen Verzehrs, z. B. durch Extrapolation von Verzehrdaten aus 24-Stunden-Recalls mittels der *Multiple Source Method* oder der Methode des *National Cancer Institute* (NCI Method) [54, 55], kann diese Unsicherheiten verringern, wurde aber im Rahmen dieser Auswertung nicht vorgenommen.

Analytische Ergebnisse unterhalb der Nachweis- und Bestimmungsgrenzen wurden auf den halben Wert der jeweiligen Grenze gesetzt. Die Unsicherheiten hinsichtlich der Abweichung vom tatsächlichen Gehalt können damit nicht abgebildet werden. Diese Unsicherheiten sind jedoch bei ubiquitär vorkommenden Umweltkontaminanten wie Cadmium und Blei als gering einzustufen, da die Nachweis- und Bestimmungsgrenzen im vorliegenden Fall niedrig sind und folglich auch der Anteil nicht quantifizierbarer Ergebnisse.

Zusammengesetzte Gerichte wurden in der Lebensmittelliste der BfR-MEAL-Studie als eigene Lebensmittelgruppe mit separaten Poolproben berücksichtigt. Bei der Berechnung der Teil-Exposition bleibt der Anteil des Verzehrs von Lebensmitteln aus der Lebensmittelgruppe zusammengesetzter Lebensmittel unberücksichtigt. Entsprechend ist z. B. der Anteil der Gurke beim Verzehr eines Döner Kebap in der Poolprobe Döner Kebap berücksichtigt, jedoch nicht Bestandteil dieser Auswertung. Die Bedeutung von Lebensmitteln, die in nicht unwesentlichem Umfang als Bestandteil zusammengesetzter Gerichte verzehrt werden, wurde entsprechend unterschätzt. Lebensmittellisten von TDS decken die durchschnittliche Lebensmittelzufuhr in verschiedenen Lebensmittelgruppen mind. zu 90 % ab. Obwohl in der Lebensmittelliste der BfR-MEAL-Studie zusätzlich zu den 90 % am meisten verzehrten Lebensmitteln solche mit besonders hohen Schadstoffgehalten an Umweltkontaminanten ergänzt wurden, stehen nicht für alle verzehrten Lebensmittel Gehaltsdaten zur Verfügung.

### 1.6.3.11 Betrachtung der Cadmium- und Bleigehalte im Kontext ausgewählter lebensmittelbasierter Empfehlungen der DGE

Der DGE-Ernährungskreis veranschaulicht die empfohlenen Gewichtsanteile von sieben Lebensmittelgruppen als Wochenbilanz einer vollwertigen Ernährungsweise [6]. Getreide, Getreideprodukte und Kartoffeln bilden, zusammen mit Gemüse und Obst, die Basis einer vollwertigen Ernährungsweise und zeigen dabei den höchsten Gewichtsanteil an der Lebensmittelzufuhr, abgesehen von Getränken. Einhergehend mit dem Anteil von Getreideprodukten an der täglichen Lebensmittelzufuhr, zeigt diese Lebensmittelgruppe mit durchschnittlich 85 % bzw. 55 % hohe Anteile an der geschätzten Cadmium- bzw. Blei-Teil-Exposition. Die 10 Regeln für eine vollwertige Ernährung ergänzen die Empfehlungen des Ernährungskreises mit dem Hinweis, bei der Auswahl von Getreideprodukten auf Vollkornkornprodukte zurückzugreifen [7]. Der durchschnittliche Cadmiumgehalt der fünf untersuchten Poolproben Vollkornbrot/-brötchen (Mittelwert [MW] 23,6 µg/kg; 15–35 µg/kg) ist nur geringfügig höher als der Mittelwert der fünf Proben Weißbrot/-brötchen (MW 20 µg/kg; 17–26 µg/kg). Beide Spannweiten zeigen auch, dass Vollkornprodukte nicht generell höhere Cadmiumgehalte aufweisen müssen, obwohl sich die Cadmiumkonzentrationen in Mehlen proportional zum Ausmahlungsgrad verhalten [52]. Neben möglichen Unterschieden in den Gehalten des Bodens, auf dem das Getreide angebaut wird, bestehen Unterschiede in der Akkumulation von Cadmium in den Körnern verschiedener Getreidearten [56]. So zeigen Roggen- und Gerstenkörner durchschnittlich geringere Cadmiumkonzentrationen, als Weizen- und Dinkelkörner (12,6 bzw. 10,4 µg/kg vs. 38,8 bzw. 32,8 µg/kg) [20, 49, 51, 57]. Die bestimmten Cadmiumgehalte in Vollkornprodukten geben keinen Anlass, die wissenschaftlich fundierte Empfehlung der DGE zur bevorzugten Auswahl von Vollkornprodukten in Frage zu stellen. Die Zugabe von Sonnenblumenkernen, Mohn und Leinsamen zum Brot- bzw. Brötchenteig erhöht allerdings deren Cadmiumgehalte. Bei einem Zusatz von Kürbiskernen, die geringere Cadmiumgehalte als Leinsamen und Sonnenblumenkerne zeigen (7,5 vs. 185 bzw. 265 µg/kg) ist hingegen von keiner Erhöhung der Cadmiumgehalte auszugehen. Die Bleigehalte in Weißbrot/-brötchen und Vollkornbrot/-brötchen sind vergleichbar (4,63 vs. 4,97 µg/kg), wodurch die von der DGE empfohlene Substitution von Weißbrot/-brötchen durch Vollkornprodukte die Bleiaufnahme nicht relevant erhöht.

Von den empfohlenen fünf Portionen Gemüse und Obst am Tag sollen laut Empfehlungen der DGE täglich drei Portionen (400 g) Gemüse verzehrt werden, davon 100 bis 200 g als Rohkost bzw. Salat. In Blattsalaten wurden höhere Cadmiumgehalte als in Kohl- und Fruchtgemüsen bestimmt. Auch in Spinat und Algen wurden höhere Cadmiumgehalte nachgewiesen, als in den übrigen untersuchten Gemüsesorten. In frischem Obst wurden geringe Cadmium- und Bleigehalte nachgewiesen. Zudem deuten die Ergebnisse darauf hin, dass ein abwechslungsreicher Verzehr von Gemüse und Obst einer Erhöhung der individuellen Cadmium- und Bleiaufnahme, als Folge einer ungünstigen einseitigen Auswahl von Gemüse- und Obstsorten mit höheren Gehalten, entgegenwirken kann. Entsprechend den 10 Regeln für eine vollwertige Ernährung der DGE kann eine Portion Obst durch 25 g Trockenfrüchte oder 25 g Nüsse substituiert werden. Trockenfrüchte zeigen als Folge des Trocknungsprozesses eine Aufkonzentrierung von Cadmium und Blei. Die hier vorgestellten Ergebnisse deuten darauf hin, dass bei einer abwechslungsreichen Ernährung, die Substituierung einer Portion Obst (125 g) mit 25 g Nüssen oder 25 g Trockenfrüchten die Cadmium- und Bleiaufnahme nicht erhöht[4].

Die DGE empfiehlt die Auswahl gesundheitsfördernder Fette, wobei hier insbesondere Rapsöl vielfältig in der Küche eingesetzt werden kann und ein günstiges Verhältnis von n-3- zu n-6-Fettsäuren aufweist. Auch Walnuss-, Oliven- und Leinöl sind demnach eine gute Wahl aufgrund deren Gehalte an n-3-Fettsäuren. In den untersuchten Pflanzenölen (Raps-, Oliven-, Maiskeim- und Sonnenblumenöl) wurden Cadmium- und Bleigehalte unterhalb der Bestimmungsgrenze nachgewiesen, obwohl die Ölfrüchte bzw. Ölsaaten teilweise hohe Gehalte an Cadmium oder Blei zeigen. Aus Leinsamen geht Cadmium während des Pressens nicht in Leinöl über [58]. Auch Sonnenblumenöl zeigt geringere Cadmiumgehalte als Sonnenblumenkerne (1 vs. 265 µg/kg) und Olivenöl geringere Bleigehalte als Oliven (1,3 vs. 23,8 µg/kg)

4 Cadmium- bzw. Bleigehalte in 125 g Obst (Mittelwerte der Gehalte von untersuchtem Frischobst (n = 13): 0,28 bzw. 0,27 µg) vs. Cadmium- bzw. Bleigehalte in 25 g Nüssen/Trockenfrüchten (Mittelwerte der Gehalte untersuchter Nüsse und Trockenfrüchte, exkl. Hülsenfrüchte (n = 8): 0,13 bzw. 0,12 µg)

Die DGE empfiehlt einen wöchentlichen Verzehr von 80 bis 150 g Seefisch und 70 g fettreichen Seefisch (1–2 Portionen Fisch/Woche). Die Umsetzung der DGE-Empfehlung führt bei den vorgestellten Gehaltsdaten und bei einer abwechslungsreichen Auswahl der untersuchten Fischarten (Mittelwert der untersuchten fettreichen bzw. übrigen Seefischarten) zu geringen Beiträgen zur ermittelten Cadmium- und Blei-Teil-Exposition. In Thunfisch wurden höhere Cadmiumgehalte als in anderen See- und Süßwasserfischen nachgewiesen. Lachs, als vielverzehrter fettreicher Fisch, weist geringe Cadmium- und Bleigehalte auf. Tintenfisch und Muscheln zeigen die höchsten Cadmium- bzw. Bleigehalte ihrer Lebensmittelgruppe. Da für Meeresfrüchte kein DGE-Orientierungswert vorliegt, blieben diese bei der Kalkulation der Cadmium- bzw. Bleiaufnahme unberücksichtigt.

### 1.6.4 Zusammenfassung und Ausblick

Die BfR-MEAL-Studie bestimmt als erste Total-Diet-Studie in Deutschland durchschnittliche Gehalte von Stoffen in den am meisten verzehrten Lebensmitteln. In der BfR-MEAL-Studie werden Lebensmittel haushaltstypisch zubereitet und anschließend analysiert. Im Basismodul der BfR-MEAL-Studie wurden u. a. die Konzentrationen der beiden Schwermetalle Cadmium und Blei bestimmt, über die hier berichtet wird. Von den diskutierten fünf Lebensmittelgruppen zeigt die Lebensmittelgruppe Nüsse, Schalenfrüchte, Kerne, Hülsenfrüchte und Gewürze die höchsten durchschnittlichen Cadmium- und Bleigehalte, wohingegen Obst und Obstprodukte durchschnittlich die geringsten Gehalte beider Schwermetalle zeigen. Durchschnittlich sind Getreideprodukte für Individuen der NVS II die Lebensmittel mit dem höchsten Anteil an der geschätzten Cadmium- und Blei-Teil-Exposition. Bei Individuen, die Lebensmittel mit hohen Gehalten verzehren, sind diese Lebensmittel häufig ausschlaggebend für eine höhere Aufnahme von Cadmium und Blei.

Vergleichsweise hohe Cadmiumgehalte wurden, neben Kakaopulver (275 µg/kg), Sonnenblumenkernen (265 µg/kg) und Leinsamen (185 µg/kg) insbesondere in Tintenfisch (205 µg/kg), Algen (120 µg/kg), Spinat (87 µg/kg), Muscheln (84 µg/kg), Feinbackwaren mit Mohn (66 µg/kg) und in Dorschleber (64 µg/kg) bestimmt. Höhere Bleigehalte, als in anderen untersuchten Lebensmittelgruppen, wurden in Muscheln (115 µg/kg), Kakaopulver (113 µg/kg), Küchenkräutern (60 µg/kg), Algen (55 µg/kg), Pfifferlingen (26 µg/kg) und Oliven (24 µg/kg) bestimmt.

Cadmium und Blei sind ubiquitär in der Umwelt vorkommende Schwermetalle, die entsprechend auch in einer Vielzahl an Lebensmitteln nachgewiesen werden. Eine vielfältige und abwechslungsreiche Lebensmittelauswahl aus allen Lebensmittelgruppen bildet die Grundlage für eine bedarfsdeckende Nährstoffversorgung und verhindert, dass über einzelne, vielverzehrte Lebensmittel mit vergleichsweise höheren Gehalten die individuelle Cadmium- und Bleiaufnahme ansteigt. Kenntnisse zu Lebensmitteln mit vergleichsweise hohen Gehalten, können helfen, deren Verzehr zu kontrollieren und die Exposition in dem Bereich eines geringen gesundheitlichen Risikos zu halten.

In der vorliegenden Arbeit wurden die Gehaltsdaten der BfR-MEAL-Studie mit Daten der NVS II verknüpft. Zukünftig sollen die Gehaltsdaten der BfR-MEAL-Studie mit weiteren Daten zur Lebensmittelzufuhr verknüpft werden, um damit Expositionsschätzungen für andere, z. B. vulnerable Bevölkerungsgruppen wie Kleinkinder, zu ermöglichen. Mit der KiESEL-Studie (Kinder-Ernährungsstudie zur Erfassung des Lebensmittelverzehrs) des BfR stehen in absehbarer Zeit aktuelle und umfassende Informationen zur Lebensmittelzufuhr für Säuglinge und Kleinkinder zur Verfügung.

## 1.6.5 Literatur


[1] BfR (Bundesinstitut für Risikobewertung) (Hrsg.): Aufnahme von Umweltkontaminanten über Lebensmittel (Cadmium, Blei, Quecksilber, Dioxine und PCB). Ergebnisse des Forschungsprojektes LExUKon. (2010)
https://www.bfr.bund.de/cm/350/aufnahme_von_umweltkontaminanten_ueber_lebensmittel.pdf (eingesehen am 14.08.2020)

[2] Lindtner O, Berg K, Blume K et al.: The German approach to estimating dietary exposures using food monitoring data. In: Moy GG, Vannoort RW (Hrsg.): Total Diet Studies. Springer, New York (2013) 521–530

[3] Bürgelt M, Ptok S, Greiner M et al.: Die BfR-MEAL-Studie: Was im Essen steckt. Pädiatr Praxis 91,2 (2019) 359–367

[4] EFSA (European Food Safety Authority), FAO (Food and Agriculture Organization), W2011 et al.: Towards a harmonised Total Diet Study approach: a guidance document. EFSA Journal 9 (2011) 2450

[5] EFSA (European Food Safety Authority): Guidance on human health risk-benefit assessment of foods. EFSA Journal 8 (2010) 1673

[6] Oberritter H, Schäbethal K, Rüsten A v. et al.: Der DGE-Ernährungskreis – Darstellung und Basis der lebensmittelbezogenen Empfehlungen der DGE. Ernahrungs Umschau Int 60 (2013) 24–29

[7] Deutsche Gesellschaft für Ernährung (Hrsg.): Vollwertig essen und trinken nach den 10 Regeln der DGE. Infoblatt, Bonn, 10. Auflage (2017)

[8] Agency for Toxic Substances and Disease Registry (ATSDR) (Hrsg.): Health effects. In: Toxicological profile for cadmium, Atlanta (GA) (2012) 45–259

[9] EFSA (European Food Safety Authority): Cadmium in food. Scientific Opinion of the Panel on Contaminants in the Food Chain. EFSA Journal (2009) 980

[10] WHO (World Health Organization), IACR (International Agency for Research on Cancer): IARC monographs on the evaluation of carcinogenic risks to humans. Volume 87: inorganic and organic lead compounds, Lyon (2006)

[11] EFSA (European Food Safety Authority): Statement on tolerable weekly intake for cadmium. EFSA Journal 9 (2011) 1975

[12] WHO (World Health Organization), IACR (International Agency for Research on Cancer): IARC monographs on the evaluation of carcinogenic risks to humans. Volume 100 C: arsenic, metals, fibres, and dusts, Lyon (2012)

[13] Heinemeyer G, Bösing U: Eintragspfade von Blei in den menschlichen Organismus. Abschlussbericht. (2020)
https://www.umweltbundesamt.de/sites/default/files/medien/479/publikationen/eintragspfade_blei_menschlicher_organismus_fkz_3717_62_212_0_abschlussbericht_bf_20191121_final.pdf (eingesehen am 14.08.2020)

[14] Umweltbundesamt (Hrsg.): Nationale Trendtabellen für die deutsche Berichterstattung atmosphärischer Emissionen (Schwermetalle): 1990–2018. (2020)
https://www.umweltbundesamt.de/themen/luft/emissionen-von-luftschadstoffen (eingesehen am 14.08.2020)

[15] Becker K, Kaus S, Krause C et al.: Umwelt-Survey 1998 Band III: Human-Biomonitoring: Stoffgehalte in Blut und Urin der Bevölkerung in Deutschland. (2002)
https://www.umweltbundesamt.de/sites/default/files/medien/publikation/long/2104.pdf (eingesehen am 14.08.2020)

[16] EFSA Panel on Contaminants in the Food Chain (CONTAM): Scientific opinion on lead in food. EFSA Journal 8 (2010) 1570

[17] Agency for Toxic Substances and Disease Registry (ATSDR): Toxicological profile for Lead. (2007)

[18] Europäische Kommission (Hrsg.): Verordnung (EG) Nr. 1881/2006 der Kommission vom 19. Dezember 2006 zur Festsetzung der Höchstgehalte für bestimmte Kontaminanten in Lebensmitteln. (2006)
www.bmel.de/SharedDocs/Downloads/DE/_Verbraucherschutz/Lebensmittelsicherheit/Verordnung-Festsetzung-H%C3%B6chstgehalte.pdf;jsessionid=8F556EAA675348395A60058AC6CB15FA.internet2842?__blob=publicationFile&v=3 (eingesehen am 17.08.2020)

[19] Bundesamt für Verbraucherschutz und Lebensmittelsicherheit (Hrsg.): Berichte zur Lebensmittelsicherheit 2017 – Monitoring. Gemeinsamer Bericht des Bundes und der Länder. BVL-Report 13.4. (2019) https://www.bvl.bund.de/SharedDocs/Downloads/01_Lebensmittel/01_lm_mon_dokumente/01_Monitoring_Berichte/2017_lm_monitoring_bericht.pdf?__blob=publicationFile&v=8 (eingesehen am 17.08.2020)

[20] Bundesamt für Verbraucherschutz und Lebensmittelsicherheit (Hrsg.): Berichte zur Lebensmittelsicherheit 2013 – Monitoring. Gemeinsamer Bericht des Bundes und der Länder. BVL-Report 9.3. (2015) https://www.bvl.bund.de/SharedDocs/Downloads/01_Lebensmittel/01_lm_mon_dokumente/01_Monitoring_Berichte/2013_lm_monitoring_bericht.pdf?__blob=publicationFile&v=6 (eingesehen am 17.08.2020)
https://www.bvl.bund.de/DE/Arbeitsbereiche/01_Lebensmittel/01_Aufgaben/02_AmtlicheLebensmittelueberwachung/04_Monitoring/02_tabellen_archiv/LM_Monitoring_Tabellen_Archiv_node.html (eingesehen am 17.08.2020)

[21] Bundesamt für Verbraucherschutz und Lebensmittelsicherheit (Hrsg.): Berichte zur Lebensmittelsicherheit 2014 – Monitoring. Gemeinsamer Bericht des Bundes und der Länder. BVL-Report 10.3. (2016) https://www.bvl.bund.de/SharedDocs/Downloads/01_Lebensmittel/01_lm_mon_dokumente/01_Monitoring_Berichte/2014_lm_monitoring_bericht.pdf?__blob=publicationFile&v=6 (eingesehen am 17.08.2020)
https://www.bvl.bund.de/SharedDocs/Downloads/01_Lebensmittel/01_lm_mon_dokumente/02_Monitoring_Tabelle/lm_monitoring_tabelle_erlaeuterung_2014.pdf?__blob=publicationFile&v=1 (eingesehen am 17.08.2020)

[22] Bundesamt für Verbraucherschutz und Lebensmittelsicherheit (Hrsg.): Berichte zur Lebensmittelsicherheit 2015 – Monitoring. Gemeinsamer Bericht des Bundes und der Länder. BVL-Report 11.3. (2016) https://www.bvl.bund.de/SharedDocs/Downloads/01_Lebensmittel/01_lm_mon_dokumente/01_Monitoring_Berichte/2015_lm_monitoring_bericht.pdf?__blob=publicationFile&v=6 (eingesehen am 17.08.2020)
https://www.bvl.bund.de/SharedDocs/Downloads/01_Lebensmittel/01_lm_mon_dokumente/02_Monitoring_Tabelle/lm_monitoring_tabelle_erlaeuterung_2015.pdf?__blob=publicationFile&v=1 (eingesehen am 17.08.2020)

[23] Bundesamt für Verbraucherschutz und Lebensmittelsicherheit (Hrsg.): Berichte zur Lebensmittelsicherheit 2016 – Monitoring. Gemeinsamer Bericht des Bundes und der Länder. BVL-Report 12.4. (2017) https://www.bvl.bund.de/SharedDocs/Downloads/01_Lebensmittel/01_lm_mon_dokumente/01_Monitoring_Berichte/2016_lm_monitoring_bericht.pdf?__blob=publicationFile&v=8 (eingesehen am 17.08.2020)

[24] Sarvan I, Bürgelt M, Lindtner O et al.: Expositionsschätzung von Stoffen in Lebensmitteln: Die BfR-MEAL-Studie – die erste Total-Diet-Studie in Deutschland. Bundesgesundheitsblatt Gesundheitsforschung Gesundheitsschutz 60 (2017) 689–696

[25] Max Rubner-Institut, Bundesforschungsinstitut für Ernährung und Lebensmittel (MRI) (Hrsg.): Nationale Verzehrsstudie II. Ergebnisbericht, Teil 2. Die bundesweite Befragung zur Ernährung von Jugendlichen und Erwachsenen, Karlsruhe (2008)

[26] Max Rubner-Institut, Bundesforschungsinstitut für Ernährung und Lebensmittel (MRI) (Hrsg.): Nationale Verzehrsstudie II. Ergebnisbericht, Teil 1, Karlsruhe (2008)

[27] Max Rubner-Institut, Bundesforschungsinstitut für Ernährung und Lebensmittel (MRI) (Hrsg.): Nationale Verzehrsstudie II. Ergebnisbericht, Teil 1 einschließlich Ergänzungsband/Schichtindex, Karlsruhe (2008)

[28] Heseker H, Oepping A, Vohmann C: Lebensmittelaufnahme von Säuglingen und Kleinkindern für die Abschätzung eines akuten Toxizitätsrisikos durch Rückstände von Pflanzenschutzmitteln (VELS). Forschungsbericht. Universität Paderborn (2003)

[29] Stehfest S, Sarvan I, Lindtner O et al.: Kochen für die Wissenschaft – Die MEAL-Studie des Bundesinstituts für Risikobewertung. UMID (2019) 17–26

[30] WHO (World Health Organization): Global Environment Monitoring System – Food Contamination Monitoring and Assessment Programme. (2019) https://extranet.who.int/gemsfood/ (eingesehen am 17.08.2020)

[31] WHO (World Health Organization): GEMS/Food – EURO Second Workshop on Reliable Evaluation of Low-Level Contamination of Food: Report on a Workshop in the Frame of GEMS/Food-EURO. (1995) https://pdfs.semanticscholar.org/7d51/62794a407ce3361458649750a63b6bda3381.pdf?_ga=2.152359417.1576742561.1597408288-124687877.1597408288 (eingesehen am 17.08.2020)

[32] Bundesamt für Verbraucherschutz und Lebensmittelsicherheit (BVL): Berichte zur Lebensmittelsicherheit 2005. Lebensmittel-Monitoring. Gemeinsamer Bericht des Bundes und der Länder. BVL-Report 1.1. (2007)
https://www.bvl.bund.de/SharedDocs/Downloads/01_Lebensmittel/01_lm_mon_dokumente/01_Monitoring_Berichte/2005_lm_monitoring_bericht.pdf?__blob=publicationFile&v=6 (eingesehen am 18.08.2020)
https://www.bvl.bund.de/SharedDocs/Downloads/01_Lebensmittel/01_lm_mon_dokumente/02_Monitoring_Tabelle/lm_monitoring_tabelle_2005.pdf?__blob=publicationFile&v=1 (eingesehen am 18.08.2020)

[33] Berg K, Goemann S, Lindtner O et al.: Bitterschokoladenverzehr in Deutschland – Ergebnisse einer ad-hoc-Bevölkerungsbefragung. Ernahrungs Umschau 59 (2012) 626–631

[34] Fechner C, Greiner M, Heseker H et al.: Dietary exposure assessment of aluminium and cadmium from cocoa in relation to cocoa origin. PLoS One 14 (2019) e0217990

[35] Bundesamt für Verbraucherschutz und Lebensmittelsicherheit (BVL): Berichte zur Lebensmittelsicherheit 2007. Lebensmittel-Monitoring. Gemeinsamer Bericht des Bundes und der Länder. (2008)
https://www.bvl.bund.de/SharedDocs/Downloads/01_Lebensmittel/01_lm_mon_dokumente/01_Monitoring_Berichte/2007_lm_monitoring_bericht.pdf?__blob=publicationFile&v=5 (eingesehen am 18.08.2020)
https://www.bvl.bund.de/SharedDocs/Downloads/01_Lebensmittel/01_lm_mon_dokumente/02_Monitoring_Tabelle/lm_monitoring_tabelle_2007.pdf?__blob=publicationFile&v=1 (eingesehen am 18.08.2020)

[36] BfR (Bundesinstitut für Risikobewertung): BfR rät zu regionalen Verzehrsempfehlungen für frische Dorschleber. Stellungnahme Nr. 038/2007 des BfR vom 13. Juli 2007. (2007)
https://www.bfr.bund.de/cm/343/bfr_raet_zu_regionalen_verzehrsempfehlungen_fuer_frische_dorschleber.pdf (eingesehen am 18.08.2020)

[37] Bundesministerium für Umwelt, Naturschutz und nukleare Sicherheit (BMU): Verbrauchertipps Gesundheit und Lebensmittelsicherheit. (2020)
https://www.bmu.de/themen/gesundheit-chemikalien/gesundheit-und-umwelt/lebensmittelsicherheit/verbrauchertipps/ (eingesehen am 18.08.2020)

[38] Bundesministerium für Umwelt, Naturschutz und Reaktorsicherheit (BMU): Exposition mit Methylquecksilber durch Fischverzehr und Etablierung analytischer Methoden zur Bestimmung von Methylquecksilber in Fischereierzeugnissen. Gemeinsamer Endbericht. (2008)
https://www.bmu.de/fileadmin/Daten_BMU/Download_PDF/Gesundheit_Umwelt/methylquecksilber_fischereierzeugnisse_bericht.pdf (eingesehen am 18.08.2020)

[39] BfR (Bundesinstitut für Risikobewertung): Fragen und Antworten zum Verzehr von Wild, das mit bleihaltiger Munition geschossen wurde. FAQ des BfR vom 19. September 2011. (2011)
https://www.bfr.bund.de/cm/343/fragen-und-antworten-zum-verzehr-von-wild-das-mit-bleihaltiger-munition-geschossen-wurde.pdf (eingesehen am 18.08.2020)

[40] Martin A, Müller-Graf C, Selhorst T et al.: Comparison of lead levels in edible parts of red deer hunted with lead or non-lead ammunition. Sci Total Environ 653 (2019) 315–326

[41] U.S. Food & Drug Administration (FDA): Total Diet Study. (2018)
https://www.fda.gov/food/science-research-food/total-diet-study (eingesehen am 18.08.2020)

[42] Health Canada: Canadian Total Diet Study. (2009)
https://www.canada.ca/en/health-canada/services/food-nutrition/food-nutrition-surveillance/canadian-total-diet-study.html (eingesehen am 18.08.2020)

[43] Harries JM, Jones CM, Tatton JO: Pesticide residues in the total diet in England and Wales, 1966-1967. I. Organisation of a total diet study. J Sci Food Agric 20 (1969) 242–245

[44] French Agency for Food, Environmental and Occupational Health & Safety (ANSES): Results of the national surveillance study on dietary exposure to chemical substances (Total Diet Study 2 – 2006-2010). (2011) https://www.anses.fr/fr/system/files/PRES2011CPA20EN.pdf (eingesehen am 18.08.2020)

[45] Debaka R, Pepper K: Canadian Total Diet Study 2017 (2019) Persönliche Kommunikation vom 28.06.2019 (E-Mail), Toronto

[46] U.S. Food & Drug Administration (FDA): Total Diet Study. Elements results summary statistics. Market baskets 2006 through 2013. (2017) https://www.fda.gov/media/77948/download (eingesehen am 18.08.2020)

[47] Bundesamt für Verbraucherschutz und Lebensmittelsicherheit (BVL): Berichte zur Lebensmittelsicherheit 2008. Lebensmittel-Monitoring. Gemeinsamer Bericht des Bundes und der Länder. (2009) https://www.bvl.bund.de/SharedDocs/Downloads/01_Lebensmittel/01_lm_mon_dokumente/01_Monitoring_Berichte/2008_lm_monitoring_bericht.pdf?__blob=publicationFile&v=5und (eingesehen am 18.08.2020)
https://www.bvl.bund.de/SharedDocs/Downloads/01_Lebensmittel/01_lm_mon_dokumente/02_Monitoring_Tabelle/lm_monitoring_tabelle_2008.pdf?__blob=publicationFile&v=1 (eingesehen am 18.08.2020)

[48] Bundesamt für Verbraucherschutz und Lebensmittelsicherheit (BVL): Berichte zur Lebensmittelsicherheit 2010. Lebensmittel-Monitoring. Gemeinsamer Bericht des Bundes und der Länder. (2011) https://www.bvl.bund.de/SharedDocs/Downloads/01_Lebensmittel/01_lm_mon_dokumente/01_Monitoring_Berichte/2010_lm_monitoring_bericht.pdf?__blob=publicationFile&v=5 (eingesehen am 18.08.2020)
https://www.bvl.bund.de/SharedDocs/Downloads/01_Lebensmittel/01_lm_mon_dokumente/02_Monitoring_Tabelle/lm_monitoring_tabelle_2010.pdf?__blob=publicationFile&v=1 (eingesehen am 18.08.2020)

[49] Bundesamt für Verbraucherschutz und Lebensmittelsicherheit (BVL): Lebensmittel-Monitoring 2004. Ergebnisse des bundesweiten Lebensmittel-Monitorings. Gemeinsamer Bericht des Bundes und der Länder. (2005)
https://www.bvl.bund.de/SharedDocs/Downloads/01_Lebensmittel/01_lm_mon_dokumente/01_Monitoring_Berichte/2004_lm_monitoring_bericht.pdf?__blob=publicationFile&v=6 (eingesehen am 18.08.2020)
https://www.bvl.bund.de/SharedDocs/Downloads/01_Lebensmittel/01_lm_mon_dokumente/02_Monitoring_Tabelle/lm_monitoring_tabelle_2004.pdf?__blob=publicationFile&v=1 (eingesehen am 18.08.2020)

[50] Bundesamt für Verbraucherschutz und Lebensmittelsicherheit (BVL): Berichte zur Lebensmittelsicherheit 2009. Lebensmittel-Monitoring. Gemeinsamer Bericht des Bundes und der Länder. (2011) https://www.bvl.bund.de/SharedDocs/Downloads/01_Lebensmittel/01_lm_mon_dokumente/01_Monitoring_Berichte/2009_lm_monitoring_bericht.pdf?__blob=publicationFile&v=5 (eingesehen am 18.08.2020)
https://www.bvl.bund.de/SharedDocs/Downloads/01_Lebensmittel/01_lm_mon_dokumente/02_Monitoring_Tabelle/lm_monitoring_tabelle_2009.pdf?__blob=publicationFile&v=1 (eingesehen am 18.08.2020)

[51] Bundesamt für Verbraucherschutz und Lebensmittelsicherheit (BVL): Berichte zur Lebensmittelsicherheit 2006. Lebensmittel-Monitoring. Gemeinsamer Bericht des Bundes und der Länder. (2007) https://www.bvl.bund.de/SharedDocs/Downloads/01_Lebensmittel/01_lm_mon_dokumente/01_Monitoring_Berichte/2006_lm_monitoring_bericht.pdf?__blob=publicationFile&v=5 (eingesehen am 18.08.2020)
https://www.bvl.bund.de/SharedDocs/Downloads/01_Lebensmittel/01_lm_mon_dokumente/02_Monitoring_Tabelle/lm_monitoring_tabelle_2006.pdf?__blob=publicationFile&v=1 (eingesehen am 18.08.2020)

[52] Guttieri MJ, Seabourn BW, Liu C et al.: Distribution of cadmium, iron, and zinc in millstreams of hard winter wheat (Triticum aestivum L.). J Agric Food Chem 63 (2015) 10681–10688

[53] Gose M, Krems C, Heuer T et al.: Trends in food consumption and nutrient intake in Germany between 2006 and 2012: results of the German National Nutrition Monitoring (NEMONIT). Br J Nutr 115 (2016) 1498–1507

[54] Haubrock J, Nöthlings U, Volatier J-L et al.: Estimating usual food intake distributions by using the multiple source method in the EPIC-Potsdam Calibration Study. J Nutr 141 (2011) 914–920

[55] Tooze JA, Kipnis V, Buckman DW et al.: A mixed-effects model approach for estimating the distribution of usual intake of nutrients: the NCI method. Stat Med 29 (2010) 2857–2868

[56] Chaudri AM, Zhao FJ, McGrath SP et al.: The cadmium content of British wheat grain. J Environ Qual 24 (1995) 850–855

[57] Bundesamt für Verbraucherschutz und Lebensmittelsicherheit (BVL): Berichte zur Lebensmittelsicherheit. Monitoring 2012. Gemeinsamer Bericht des Bundes und der Länder. BVL-Report 8.3. (2013) https://www.bvl.bund.de/SharedDocs/Downloads/01_Lebensmittel/01_lm_mon_dokumente/01_Monitoring_Berichte/2012_lm_monitoring_bericht.pdf?__blob=publicationFile&v=5 (eingesehen am 18.08.2020)
https://www.bvl.bund.de/DE/Arbeitsbereiche/01_Lebensmittel/01_Aufgaben/02_AmtlicheLebensmittelueberwachung/04_Monitoring/02_tabellen_archiv/LM_Monitoring_Tabellen_Archiv_node.html (eingesehen am 18.08.2020)

[58] Matthäus B, Zubr J: Variability of specific components in Camelina sativa oilseed cakes. Ind Crops Prod 12 (2000) 9–18

# 1.7 Reduktion von Energie, Zucker, Fetten und Salz in Fertigprodukten: Strategien und Produktmonitoring in Deutschland und ausgewählten Beispielen in Europa

Lea Werner, Fiona Finkbeiner, Irmela Demuth, Silvia Roser, Ingrid Hoffmann


## Zusammenfassung

Als Beitrag zur Prävention nicht-übertragbarer Krankheiten wurden weltweit und auch in Europa Strategien zur Reduktion von Energie, Zucker, Fetten und Salz in Fertigprodukten initiiert. Diese Reduktionsstrategien werden üblicherweise durch Produktmonitorings begleitet, um die Entwicklungen von Energie- und Nährstoffgehalten in Fertigprodukten im Zeitverlauf zu beobachten.

Für die europäische Ebene sowie die Länder Deutschland, Frankreich und Großbritannien weisen die Reduktionsstrategien aufgrund der gleichen Zielsetzung viele Gemeinsamkeiten auf. Dennoch sind sie durch die jeweiligen Schwerpunktsetzungen unterschiedlich ausgestaltet. Dies wirkt sich auf die Vorgehensweisen der Produktmonitorings aus. Zusätzlich schränken Aspekte wie Unterschiede im Zeitpunkt der Erhebung, im Stand der Reformulierungsmaßnahmen des jeweiligen Landes oder in der Einteilung von bzw. Zuordnung von Produkten zu Produktgruppen die Vergleichbarkeit der Ergebnisse der Produktmonitorings stark ein. Um diese zukünftig besser vergleichen zu können, gibt es europaweit Anstrengungen hin zu einer Harmonisierung der Produktmonitorings.

Grundsätzlich verdeutlichen die bisherigen Ergebnisse der länderspezifischen Produktmonitorings, dass bereits geringere Gehalte an Energie, Zucker, Fetten und Salz in einigen Produktgruppen festzustellen sind. Dennoch besteht Bedarf an weiteren Maßnahmen, um national und international die Ernährungssituation grundlegend zu verbessern.


## Kernaussagen

- Um nicht-übertragbaren Krankheiten vorzubeugen, werden auch europaweit Anstrengungen unternommen, die Zufuhr kritischer Nährstoffe zu reduzieren. Im Fokus entsprechender Reduktionsstrategien steht die Reduktion von Energie, Zucker, Fetten und Salz in Fertigprodukten.

- Wiederholte Untersuchungen von Fertigprodukten bezüglich ihres Gehaltes an Energie, Zucker, Fetten und Salz im Rahmen sogenannter Produktmonitorings ermöglichen es, Entwicklungen zu beobachten und Handlungsbedarf abzuleiten.

- → Die übergeordnete Zielsetzung für die Reduktionsstrategien bringt es mit sich, dass die Strategien auf europäischer Ebene sowie in Deutschland, Frankreich und Großbritannien zahlreiche Gemeinsamkeiten aufweisen. Gleichzeitig unterscheiden sie sich in ihrer Ausgestaltung und Schwerpunktsetzung.
- → Eine Vergleichbarkeit der Ergebnisse der Produktmonitorings zwischen den Ländern ist aufgrund methodischer Unterschiede nur eingeschränkt bzw. nicht möglich. Daher gibt es europaweite Anstrengungen die Produktmonitorings zu harmonisieren.
- → Einerseits deuten die Ergebnisse der länderspezifischen Produktmonitorings darauf hin, dass die Gehalte an Energie, Zucker, Fetten und Salz in einigen Produktgruppen abnehmen. Andererseits zeigt sich, dass weiterer Handlungsbedarf besteht.

## 1.7.1 Einleitung

Weltweit sind Menschen stark und in wachsendem Maß von nicht übertragbaren Krankheiten wie kardiovaskulären Erkrankungen, Krebs, Diabetes mellitus Typ 2 oder Osteoporose betroffen. Die Ursachen liegen u. a. in ungünstiger Ernährung und mangelnder körperlicher Aktivität. Die Weltgesundheitsversammlung *(World Health Assembly)* hat 2004 eine Resolution für die *„Global Strategy on Diet, Physical Activity and Health"* der Weltgesundheitsorganisation *(World Health Organization,* WHO) verabschiedet. Diese Strategie hat zum Ziel, eine gesunde Lebensweise zu fördern und die Häufigkeit von ernährungsmitbedingten Erkrankungen zu senken. Alle Länder wurden aufgefordert, nationale ernährungspolitische Strategien zu entwickeln, die je nach Ausgangssituation verschiedene Maßnahmen umfassen sollten. Dazu gehören Maßnahmen zur Wissensvermittlung, zur Regulierung von Werbepraktiken (insbesondere gegenüber Kindern) oder zur Lebensmittelkennzeichnung. Eine weitere Maßnahme sollte sein, eine ernährungsphysiologisch günstigere Zusammensetzung von Fertigprodukten zu fördern. Dazu zählt die sogenannte Reformulierung von Fertigprodukten, bei der der Gehalt an Energie, Zucker, Fetten und Salz reduziert wird [1]. In der Europäischen Union (EU) stellt die Reformulierung von Fertigprodukten seit 2007 ein wichtiges ernährungspolitisches Instrument dar, um die Zufuhr von Energie und den genannten Nährstoffen in der Bevölkerung zu verringern [2]. Die Hochrangige Gruppe für Ernährung und Bewegung *(High Level Group on Nutrition and Physical Activity,* HLG) ist das zentrale ernährungspolitische Gremium auf europäischer Ebene. Sie besteht aus Vertreter*innen der Mitgliedstaaten der EU und der Europäischen Freihandelsassoziation *(European Free Trade Association,* EFTA), unter Vorsitz der Europäischen Kommission. Die HLG hat als Orientierung für die Mitgliedstaaten Handlungsempfehlungen zur Umsetzung von Produktreformulierungen sowie prozentuale Reduktionsziele herausgegeben [3–5]. Die Mitgliedstaaten wurden 2016 vom Rat der Europäischen Union aufgefordert, die Reformulierung von Fertigprodukten bis 2017 in nationalen Strategien festzuschreiben bzw. sie in bestehende Strategien zu integrieren [6]. In Deutschland hat das Bundeskabinett im Dezember 2018 die „Nationale Reduktions- und Innovationsstrategie für Zucker, Fette und Salz in Fertigprodukten" (NRI) beschlossen [7].

1.7

**Mit einer Strategie zur Reformulierung von Fertigprodukten ergreift die Europäische Union eine ernährungspolitische Maßnahme, um die Zufuhr an Energie, Zucker, Fetten und Salz in der Bevölkerung zu verringern.**

Um Entwicklungen beobachten und weiteren Handlungsbedarf ableiten zu können, empfiehlt die WHO, die ergriffenen ernährungspolitischen Maßnahmen auf nationaler Ebene zu evaluieren [1]. Für Produktreformulierungen empfiehlt die HLG den EU-Mitgliedstaaten konkret, diese speziell mit einem Produktmonitoring zu begleiten [3, 4]. Einen weiteren Nutzen sieht die HLG in einer Vergleichbarkeit dieser Produktmonitorings der einzelnen Mitgliedstaaten [5]. Mit einem Produktmonitoring wird wiederholt der Energie-, Zucker-, Fett- und Salzgehalt von Fertigprodukten erhoben und damit im Zeitverlauf überprüft, ob bzw. in welchem Ausmaß eine Reduktion stattgefunden hat. Für Deutschland hat das Bundesministerium für Ernährung und Landwirtschaft (BMEL) das Max Rubner-Institut (MRI) beauftragt, die NRI mit einem Produktmonitoring zu begleiten [7].

**Produktmonitoring wird eingesetzt, um Entwicklungen im Gehalt an Energie, Zucker, Fett und Salz in Fertigprodukten zu untersuchen.**

Vor diesem Hintergrund werden im Folgenden die Reduktionsstrategien mit Fokus auf Maßnahmen zur Produktreformulierung sowie Vorgehensweisen beim Produktmonitoring für die europäische Ebene und Deutschland sowie speziell für Frankreich und Großbritannien, als Länder, die frühzeitig mit beidem gestartet hatten [8–10], vor- und gegenübergestellt. Des Weiteren wird auf die grundsätzliche Vergleichbarkeit von Ergebnissen aus verschiedenen Produktmonitorings eingegangen.

## 1.7.2 Grundzüge der Reduktionsstrategien und der Produktmonitorings

### 1.7.2.1 Europäische Ebene

Auf europäischer Ebene gehen die Bestrebungen bezüglich der Reformulierung von Fertigprodukten auf die *„Strategy for Europe on Nutrition, Overweight and Obesity Related Health Issues"* zurück, die die Prävention nicht übertragbarer chronischer Erkrankungen zum Ziel hat [2–4]. Die Umsetzung erfolgt mithilfe von zwei Rahmenwerken der HLG, die zur Reduktion von Salz (2008) sowie Energie, Zucker und Fetten (2011) in Fertigprodukten herausgegeben wurden und die Mitgliedstaaten auf freiwilliger Basis bei deren nationalen Reduktionsmaßnahmen unterstützen sollen [3, 4].

Anknüpfend an das *„EU Framework for National Initiatives on Selected Nutrients"* (2011) und unter Bezugnahme auf Empfehlungen der WHO erarbeitete die HLG 2015 ein Maßnahmenpaket für die Reduzierung von zugesetztem Zucker in Fertigprodukten. Darin werden für die Reduktion relevante Produktgruppen benannt und Reduktionsziele auf europäischer Ebene festgelegt. Ausgewählt wurden die Produktgruppen anhand ihrer Relevanz für die Zufuhr zugesetzten Zuckers und die Gesundheit der Bevölkerung. Reduktionsmaßnahmen sollen u. a. in den Produktgruppen zuckergesüßte Erfrischungsgetränke, zuckergesüßte Milchprodukte und Milchalternativen, Frühstückscerealien, Brot und Backwaren sowie Süßwaren durchgeführt werden. Als Ziel wird eine Reduktion von zugesetztem Zucker um mindestens 10 % bis 2020 vorgeschlagen, ausgehend von den jeweiligen nationalen Ausgangswerten Ende 2015. Lebensmittelhersteller sollen sich dem *„best in class"*-Niveau der jeweiligen Produktgruppe annähern oder dieses übertreffen. Das *„best in class"*-Niveau entspricht dem niedrigsten Gehalt an zugesetztem Zucker, der EU-weit in Produkten derselben Produktgruppe identifiziert wird [5].

Ergänzend zu nationalen Produktmonitorings und um das Maßnahmenpaket zur Reduktion von zugesetztem Zucker in Fertigprodukten auf europäischer Ebene zu unterstützen, hat das *Joint Research Centre* (JRC), die Gemeinsame Forschungsstelle der Europäischen Kommission, einen Bericht auf der Grundlage kommerziell verfügbarer Daten erstellt. Dieser soll Datenlücken schließen und Produkte möglichst vieler Länder abdecken. Die Basiserhebung erfolgte 2015 bei den Produktgruppen, bei denen die HLG den größten Handlungsbedarf und -spielraum sah. Dies sind zuckergesüßte Erfrischungsgetränke, Frühstückscerealien und Milchprodukte. Für diese Produktgruppen wurden Ausgangswerte ermittelt, um Reduktionsziele für den Zuckergehalt abzuleiten. Daten hierzu wurden nach einheitlicher Vorgehensweise in 20 Mitgliedstaaten der Europäischen Union, darunter Deutschland, Frankreich und Großbritannien (2015 noch Mitglied) sowie in zwei Nicht-EU-Ländern (Schweiz und Norwegen) erfasst [11]. Eine Folgeerhebung wird auf der Basis von Daten aus 2018 erstellt; die Veröffentlichung ist für Ende 2020 geplant [12]. Bei den Auswertungen wird eine Marktgewichtung vorgenommen. Dazu werden die Nährstoffgehalte der untersuchten Produkte mit der jeweils im Bezugszeitraum von einem Jahr verkauften Menge multipliziert. Mit diesem Vorgehen soll erreicht werden, dass marktrelevante Produkte aufgrund der gekauften Mengen stärker in die Untersuchungen einfließen als Produkte, die weniger gekauft wurden. Auch das Erreichen des Reduktionsziels von 10 % weniger zugesetztem Zucker bis 2020 wird anhand marktgewichteter Mittelwerte überprüft [11].

**Mit einem europäischen Produktmonitoring wurden 2015 die Zuckergehalte von drei Produktgruppen in 22 Ländern untersucht; Folgeerhebungen sind geplant.**

Als Basis für das Produktmonitoring auf europäischer Ebene dienen Daten eines Marktforschungsinstituts. Dieses stellt zum einen Marktdaten zu den verkauften Mengen und den Umsätzen von Produkten zur Verfügung. Zum anderen erfasst es pro Produkt die *„Big 7"*, d. h. den Gehalt an Energie, Fett, gesättigten Fettsäuren, Kohlenhydraten, Zucker, Eiweiß und Salz sowie Ballaststoffen. Dies geschieht primär über Internetrecherchen, sekundär über Marktbegehungen [11].

Bei den Ergebnissen des europäischen Produktmonitorings ist zu beachten, dass das Vorgehen für alle einbezogenen Länder gleich ist, die Auswertungen aber trotzdem länderspezifisch durchgeführt werden. Es werden keine europäischen Mittelwerte angegeben, da Produkte, die in mehreren Staaten vertrieben werden, überrepräsentiert wären und die Ergebnisse verzerren würden. Auch wird aufgrund der unterschiedlichen Marktabdeckung nicht zwischen den Ländern verglichen [11].

### 1.7.2.2 Deutschland

In Deutschland soll mit der 2018 im Bundeskabinett beschlossenen NRI eine gesunde Lebensweise gefördert und die Prävalenz von Übergewicht und Adipositas sowie anderer ernährungsmitbedingter Erkrankungen verringert werden. Ein besonderer Fokus liegt auf Kindern und Jugendlichen. Die Grundlage für die Strategie entstand in einem Dialogprozess zwischen Politik, Wirtschaft, zivilgesellschaftlichen Interessenvertretungen und Wissenschaft. Dieser Prozess mündete in einer Grundsatzvereinbarung zwischen Politik und Verbänden der Lebensmittelwirtschaft. Darin verpflichten sich die Verbände der Lebensmittelwirtschaft, Beiträge zu den Zielen einer ausgewogenen Energiebilanz bzw. einer gesünderen Ernährung zu leisten. Dies soll insbesondere durch die Reduktion von Energie, Zucker, Fetten und Salz in Fertigprodukten erfolgen [7].

Insgesamt neun Branchenverbände haben die Grundsatzvereinbarung im Zeitraum von Ende 2018 bis Ende 2019 durch die Festlegung von Prozess- oder Zielvereinbarungen konkretisiert. So sollen in Bezug auf Zucker bis zum Jahr 2025 Reduktionen von 15 % in Erfrischungsgetränken und fruchthaltigen Getränken mit Zuckerzusatz, von 15 % in gesüßten Milchprodukten mit Kinderoptik und von mindestens 20 % in Frühstückscerealien mit Kinderoptik erzielt werden. Im gleichen Zeitraum soll erreicht werden, dass die Salzgehalte in Tiefkühlpizzen im Durchschnitt maximal 1,25 g pro 100 g betragen [13].

Das BMEL hat das MRI im Rahmen der NRI mit einem begleitenden Produktmonitoring beauftragt. Mit jährlich stattfindenden Erhebungen wird untersucht, ob bzw. wie sich die Energie-, Zucker-, Fett- und Salzgehalte von Fertigprodukten im Zeitverlauf verändern [7]. Eine Basiserhebung wurde im Jahr 2016 für 18 Produktgruppen, die 12 500 Einzelprodukte umfassten, durchgeführt [14]. Im Jahr 2018 erfolgte die Basiserhebung für gesüßte Erfrischungsgetränke als weitere Produktgruppe [15]. Mit dem Produktmonitoring 2019 wurden für diejenigen Produktgruppen, für die konkrete Zielvereinbarungen der entsprechenden Branchen vorlagen, die ersten Folgeerhebungen durchgeführt (Joghurtzubereitungen, gesüßte Quarkzubereitungen, Frühstückscerealien, Erfrischungsgetränke und Tiefkühlpizzen). Für gesüßte trinkbare Milchmischerzeugnisse fand die Basiserhebung statt [16].

Das Produktmonitoring erfolgt nach den bisherigen Planungen bis einschließlich 2025 [7]. Zum einen werden Folgeerhebungen für bereits erhobene Produktgruppen durchgeführt. Zum anderen werden anhand von vom MRI definierten Kriterien weitere Produktgruppen in das Monitoring aufgenommen. Zu diesen Kriterien gehören beispielsweise die Relevanz von Produktgruppen für die Zufuhr von Zucker, Fett und Salz auf Ebene der Gesamtbevölkerung, speziell an sensible Bevölkerungsgruppen wie Kinder oder Jugendliche gerichtete Produkte sowie von Verbraucher*innen als „gesund" wahrgenommene Produkte. Für das Produktmonitoring im Herbst 2020 sind Erhebungen von Kinderfertigmahlzeiten, an Kinder gerichteten Quetschprodukten[1], Brot- und Kleingebäck, Fleisch und Fleischerzeugnissen sowie Müsli-, Nuss- und Fruchtriegeln geplant [17].

1 In Quetschbeuteln mit einer Saugtülle angebotene Produkte, die sich von der Produktverpackung her zumeist an Kinder richten. Häufig handelt es sich um pürierte Fruchtzubereitungen.

**In Deutschland sieht die Nationale Reduktionsstrategie ein Produktmonitoring bis 2025 vor, um die Energie- und Nährstoffgehalte einer Vielzahl von Produktgruppen zu erfassen und zu bewerten.**

Mit dem Produktmonitoring 2019 verfolgt das MRI erstmals parallel zwei Untersuchungsstränge der erhobenen Daten. Wie bereits in den Basiserhebungen wird weiterhin die Breite des Produktspektrums erfasst, um den Gesamtmarkt widerzuspiegeln. Damit werden auch Nischenprodukte und Produkte, die neu auf den Markt gekommen sind, erfasst. Zusätzlich zur Breite des Produktspektrums erfolgt die Untersuchung der marktrelevanten Produkte, d. h. derjenigen Produkte, die zu den verkaufsstärksten des Gesamtmarktes innerhalb der jeweiligen Produktgruppen und in einem Bezugszeitraum von einem Jahr gehören. Basis dafür sind Daten eines repräsentativen Haushaltspanels. Damit wird einer Überschätzung hoher Gehalte eines Nährstoffes wenig gekaufter Produkte und einer Unterschätzung hoher Gehalte eines Nährstoffes häufig gekaufter Produkte entgegengewirkt [16].

Im Rahmen des Produktmonitorings des MRI werden die *„Big 7"* der untersuchten Produkte ermittelt [14–16]. Für die Erfrischungsgetränke und Produkte mit Kinderoptik der Produktgruppen Milchprodukte und Frühstückscerealien wurden 2019 zusätzlich die Zutatenlisten dokumentiert, um beispielsweise den Einsatz von Süßungsmitteln zu erfassen [16]. Die Datenerhebung erfolgt primär über die Webseiten der Hersteller. Sind die erforderlichen Angaben darüber nicht ermittelbar, werden die Hersteller um Informationen gebeten, Marktbegehungen durchgeführt oder die Produkte eingekauft [14–16]. Da in der NRI ein Schwerpunkt auf Kindern und Jugendlichen liegt, werden Produkte, die sich speziell an diese sensible Bevölkerungsgruppe richten, gesondert untersucht. Die entsprechenden Produkte werden anhand von Kriterien identifiziert, die das MRI entwickelt hat [16].

### 1.7.2.3 Frankreich

In Frankreich wurde die Reduktion von Zucker-, Fett- und Salzgehalten in Fertigprodukten 2006 in das seit 2001 bestehende *„Programme National Nutrition Santé"* (PNNS) als ein Ansatz zur Verbesserung der Ernährungssituation aufgenommen [8, 18]. Das PNNS setzt für die angestrebte Reduktion auf freiwillige Selbstverpflichtungen seitens der Lebensmittelhersteller, Einzelhändler und Caterer [8]. Das Ziel der Produktreformulierung wird auch im Zuge des *„Programme National pour l'Alimentation"* (PNA) des Landwirtschaftsministeriums aufgegriffen, welches das PNNS seit 2010 komplementiert [19, 20]. Anders als das PNNS sieht das PNA Selbstverpflichtungen von ganzen Branchen der Ernährungsindustrie vor [19].

Mit dem *„Programme National de l'Alimentation et de la Nutrition"* (PNAN) von 2019, dessen Ausgestaltung in den beiden Programmen PNNS und PNA geregelt ist, wird für 2020 die Erarbeitung konkreter Ziele zur Verringerung der Gehalte an Zucker, Fetten und Salz bzw. zur Erhöhung des Ballaststoffgehaltes in Fertigprodukten angestrebt [21, 22]. Es ist geplant, einen Rahmenvertrag zwischen den Ministerien für Gesundheit bzw. Landwirtschaft und Unternehmen der Lebensmittelindustrie zu schließen und die Reduktionsziele binnen drei Jahren zu erreichen [20, 23].

Ein Produktmonitoring wird in Frankreich seit 2008 im Auftrag der Ministerien für Gesundheit, Landwirtschaft und Wirtschaft durch die staatlichen Institute INRAE *(Institut National de Recherche pour l'Agriculture, l'Alimentation et l'Environnement)* und Anses *(Agence Nationale de Sécurité Sanitaire de l'Alimentation, de l'Environnement et du Travail)* durchgeführt. Für das Produktmonitoring wurde das Instrument Oqali *(Observatoire de la Qualité de l'Alimentation)* entwickelt [9]. Oqali verfolgt das Ziel, einen Überblick über das gesamte Angebot an Fertigprodukten und dessen Veränderungen zu erhalten [24, 25]. Prioritär werden solche Produktgruppen untersucht, die entscheidend zur Zufuhr von Zucker, Fetten und Salz beitragen [26]. Oqali dient dazu, sowohl die Entwicklung der Reformulierungsziele als auch die Erarbeitung und Überprüfung der Selbstverpflichtungen der Lebensmittelwirtschaft zu unterstützen [8, 19, 22–24]. Neben dem Produktmonitoring untersucht Oqali Veränderungen der auf den Verpackungen ausgewiesenen Informationen wie gesundheits- oder nährwertbezogenen Angaben [24, 25]. Auch der Einsatz des Nährwertkennzeichnungsmodells *Nutri-Score* wird zukünftig über Oqali erfasst [22].

Veränderungen der Nährstoffgehalte werden beim französischen Produktmonitoring anhand des marktgewichteten Mittelwerts überprüft. Werden Veränderungen festgestellt, wird überprüft, ob diese auf die Reformulierung von Produkten, auf Unterschiede in den Nährstoffgehalten zwischen neuen und nicht mehr auf dem Markt vorhandenen Produkten (Angebotsverschiebung) oder auf Änderungen der Nachfrage hin zu Produkten mit einer ernährungsphysiologisch günstigeren oder ungünstigeren Zusammensetzung zurückzuführen sind [27, 28]. Mit dem Instrument Oqali ist diese differenzierte Untersuchung möglich, da die Entwicklungen von Einzelprodukten erfasst werden [25, 28]. Bisher wurden im Rahmen des französischen Produktmonitorings 31 Produktgruppen untersucht; für manche liegen nur Basiserhebungen, für andere bis zu zwei Folgeerhebungen vor [29].

**Frankreich hat für das seit 2008 durchgeführte Produktmonitoring das umfassende Instrument Oqali entwickelt.**

Für das Produktmonitoring werden neben den *„Big 7"* und den Ballaststoffgehalten alle auf der Produktverpackung verfügbaren Informationen erfasst [25]. Diese Daten werden entweder von den Herstellern zur Verfügung gestellt oder über Marktbegehungen bzw. Einkäufe ermittelt. Welche Quelle primär genutzt wird, variiert sowohl zwischen verschiedenen Produktgruppen als auch innerhalb einer Produktgruppe zwischen verschiedenen Erhebungszeitpunkten [z. B. 30, 31]. Die Daten zu Marktanteil und Preis stammen von einem repräsentativen Haushaltspanel. Anhand der Marke und des Preises werden die Produkte darüber hinaus einem der Marktsegmente Discountmarken, Handelsmarken im unteren Preissegment, Handelsmarken oder Markenprodukte zugeordnet [25].

#### 1.7.2.4 Großbritannien

Großbritannien hat frühzeitig mit Strategien zur Reduktion von Energie, Zucker, Fetten und Salz begonnen. Bereits 2003 entwickelten die *Food Standards Agency* (FSA) und das britische Gesundheitsministerium eine Strategie zur Salzreduktion mit dem Ziel der Prävention von Bluthochdruck und kardiovaskulären Erkrankungen. Das Programm zur Salzreduktion hatte eine Verringerung der Salzzufuhr in der Bevölkerung auf max. 6 g pro Tag zum Ziel. Dies sollte durch schrittweise freiwillige Reduktionen der Salzgehalte von verarbeiteten Lebensmitteln seitens der Lebensmittelindustrie erreicht werden [10]. Das Salzprogramm diente als Grundlage für die Entwicklung weiterer Reduktionsstrategien [32].

Im Rahmen einer umfassenden Strategie zur Verringerung der Prävalenz von Adipositas bei Kindern führte die britische Regierung 2016 u. a. das *„Sugar Reduction Programme"* ein, das im Dialog mit der Lebensmittelindustrie entwickelt wurde [33]. Das Programm hat zum Ziel, den Zuckergehalt von Lebensmitteln, die am meisten zur Zuckerzufuhr bei Kindern beitragen, bis 2020 um 20 % zu senken. Es richtet sich an alle Bereiche der Lebensmittelwirtschaft: Einzelhandel, Lebensmittelhersteller und Außer-Haus-Verpflegung. Zudem wurde eine Zuckersteuer auf Erfrischungsgetränke eingeführt, welche von der Industrie zu leisten ist, wenn die Zuckergehalte von Erfrischungsgetränken über festgelegten Gehalten liegen [34]. Das Programm wird inzwischen als *„Sugar Reduction and Wider Reformulation Programme"* fortgeführt und enthält seit 2017 bzw. 2018 auch Ziele zur Reduktion von Energie- bzw. Salzgehalten in verarbeiteten Lebensmitteln [35, 36]. Es wird seit 2016 durch *Public Health England* (PHE), einem Exekutivorgan des britischen Gesundheitsministeriums, umgesetzt und durch ein jährliches Produktmonitoring begleitet [33, 34].

**Großbritannien hat bereits 2003 mit der Entwicklung von Reduktionsstrategien begonnen und führt seit 2016 jährlich ein Produktmonitoring durch.**

Die Basiserhebungen des Produktmonitorings wurden von PHE dazu genutzt, für Produktgruppen spezifische Zielvorgaben abzuleiten, welche von der Lebensmittelwirtschaft auf freiwilliger Basis umgesetzt werden sollen. Als Maßstab dienen die marktgewichteten mittleren Nährstoffgehalte der jeweiligen Produktgruppe. Grundsätzlich können die Zielvorgaben über eine Reformulierung der Einzelprodukte und/oder über eine Absatzverschiebung, d. h. beispielsweise über einen vermehrten Absatz von Produkten mit niedrigem Zuckergehalt bzw. einen verminderten Absatz von Produkten mit hohem Zuckergehalt, erreicht werden [33, 34]. Aus diesem Grund finden die Auswertungen der Energie- und Nährstoffgehalte grundsätzlich auf der Ebene der Produktgruppen statt [33, 37–39], z. T. zusätzlich untergliedert in Produktuntergruppen (z. B. beim Salzgehalt) [35, 40].

Bezüglich des Zuckergehaltes liegen aktuell für elf der untersuchten Produktgruppen Basis- und jeweils zwei Folgeerhebungen vor [33, 37, 38]. Um zu überprüfen, ob die Zielvorgaben für 2020 erreicht werden, ist eine weitere Folgeerhebung geplant [41]. Für 76 Produktgruppen wurden 2017 die Salzgehalte erhoben, um diese mit den 2014 veröffentlichten Zielen zu vergleichen [35, 40]. Eine Überarbeitung der Zielvorgaben zur weiteren schrittweisen Salzreduktion ist für das Jahr 2020 geplant [38]. Zu den Energiegehalten sind für 15 Produktgruppen Basiserhebungen geplant. Entsprechende Zielvorgaben sollen bis 2024 erreicht werden [36, 41]. Darüber hinaus umfasst das Programm zukünftig auch Säuglings- und Kleinkindernahrung [42].

Grundsätzlich wird die Auswahl der Produktgruppen, bei denen Nährstoffe reduziert und die ins Produktmonitoring aufgenommen werden sollen, anhand deren Relevanz für die Ernährung der Bevölkerung getroffen. Die Informationen dazu beruhen auf Verzehrdaten des Nationalen Ernährungssurveys *(National Diet and Nutrition Survey,* NDNS). So werden die Produktgruppen untersucht, die 50 % der Zucker- bzw. Energiezufuhr bei Kindern ausmachen [33, 36]. Auch die Produktgruppen im Bereich Salz werden so gewählt, dass die häufigsten Quellen für den Salzverzehr der Bevölkerung erfasst werden [35].

Für das Produktmonitoring werden die Daten zu den Energie- und Nährstoffgehalten von Produkten des Einzelhandels durch Marktbegehungen erhoben, die Daten für Produkte des Außer-Haus-Verzehrs stammen aus Internetrecherchen oder werden durch Unternehmen bereitgestellt. Erfasst werden alle Angaben auf den Produktverpackungen, inklusive der *„Big 7"* sowie der Packungs- und Portionsgrößen. Für die Marktgewichtung wird zusätzlich für jedes Einzelprodukt die Verkaufsmenge innerhalb eines Jahres auf Grundlage von repräsentativen Haushaltspanels ermittelt. Zum Außer-Haus-Verzehr ist die Verfügbarkeit von Daten bezüglich des Umfangs und der Qualität im Vergleich zu denen für den Einzelhandel geringer, insbesondere zu Energie- und Nährstoffgehalten und zur Marktgewichtung. Die Daten werden überwiegend durch Marktforschungsunternehmen erhoben [33, 37–40].

### 1.7.3 Reduktionsstrategien und Produktmonitorings in der Gegenüberstellung

Die vorgestellten Länder haben das gemeinsame Ziel, mittels der Reduktion von Energie-, Zucker-, Fett- und Salzgehalten in Fertigprodukten einen Beitrag zur Verbesserung der Gesundheitssituation in den jeweiligen Ländern zu leisten. Daher zeigen sich in den entsprechenden Reduktionsstrategien, deren Umsetzungen sowie den Zielsetzungen der Produktmonitorings viele Übereinstimmungen. Gleichzeitig setzen die einzelnen Länder bzw. die europäische Ebene unterschiedliche Schwerpunkte, wählen teilweise unterschiedliche Zeitpunkte, Wege und Reihenfolgen für die Umsetzung der Reduktionsstrategien. Infolgedessen treten auch Unterschiede bei den Produktmonitorings auf (Tab. 1/23).

> **Auf europäischer Ebene sowie in Deutschland, Frankreich und Großbritannien weisen die Reduktionsstrategien, deren Umsetzung und die begleitenden Produktmonitorings sowohl viele Gemeinsamkeiten als auch unterschiedliche Schwerpunktsetzungen auf.**

**Tabelle 1/23:** Zusammenfassende Gegenüberstellung der Produktmonitorings auf europäischer Ebene sowie von Deutschland, Frankreich und Großbritannien

| | **Europäische Ebene** [5, 11] | **Deutschland** [14–16] | **Frankreich** [9, 24–26] | **Großbritannien** [33, 34, 37–40] |
|---|---|---|---|---|
| Erste Erhebungen für Produktmonitoring | 2015 | 2016 | 2008 | 2015 |
| Durchführende Institution | Joint Research Centre (JRC) | Max Rubner-Institut (MRI) | Institut National de Recherche pour l'Agriculture, l'Alimentation et l'Environnement (INRAE) & Agence Nationale de Sécurité Sanitaire de l'Alimentation, de l'Environnement et du Travail (Anses) | Public Health England (PHE) |
| Besonderheit | Zusammenstellung für 22 Länder | Fokus auf Produkten mit Kinderoptik | umfängliches Instrument „Oqali" entwickelt | grundsätzlich Auswertung nur auf Ebene der Produktgruppen; Erfassung Außer-Haus-Verzehr |
| **Produktgruppen** | | | | |
| Auswahl | anhand von Kriterien | anhand von Kriterien | Untersuchung gesamtes Marktangebot, Priorisierung anhand von Kriterien | anhand von Verzehrdaten des nationalen Ernährungsmonitorings |
| **Untersuchungsstrang** | | | | |
| Breite des Produktspektrums | nein | ja | nein | nein |
| Marktgewichtung | ja | ab 2019 | ja | ja |
| **Produktinformationen** | | | | |
| Nährstoffe | *„Big 7"*[a], zzgl. Ballaststoffe; nur Zuckergehalte ausgewertet | *„Big 7"*[a] | *„Big 7"*[a], zzgl. Ballaststoffe | *„Big 7"*[a] |
| Weitere Angaben von Produktverpackungen | keine | Zutatenlisten für ausgewählte Produktgruppen | alle auf der Produktverpackung verfügbaren Informationen, z. B. Health Claims | Packungsgröße, Portionsgröße |

a Gehalt an Energie, Fett, gesättigten Fettsäuren, Kohlenhydraten, Zucker, Eiweiß und Salz

Eine Gemeinsamkeit der Umsetzung für die jeweiligen Reduktionsstrategien in Deutschland, Frankreich und Großbritannien ist, dass überwiegend auf Freiwilligkeit durch die Lebensmittelwirtschaft gesetzt wird [7, 8, 19, 20, 23, 33]. In Deutschland und Frankreich wurden dazu Zielvereinbarungen mit den jeweiligen Branchen getroffen [13, 20, 23].

Die vorgestellten Produktmonitorings werden jeweils von staatlichen Institutionen sowie auf europäischer Ebene von einer supranationalen Institution durchgeführt [7, 9, 11, 33]. In den vorgestellten Ländern bzw. auf europäischer Ebene erfüllen die Produktmonitorings zweierlei Funktion: Zum einen liefern die Basiserhebungen Informationen zu den Gehalten an Energie und ausgewählten Nährstoffen in den untersuchten Produktgruppen vor Beginn entsprechender Maßnahmen bzw. für die Erstellung und Umsetzung von Zielvereinbarungen. Sie ermöglichen auch, Produktgruppen mit Reduktionspotenzial zu identifizieren. Zum anderen erlauben die Folgeerhebungen, die Fortschritte bezüglich der Zielerreichung zu überprüfen bzw. möglicherweise weiteren Handlungsbedarf abzuleiten [7, 8, 11, 19, 22–24, 33, 37, 38, 40].

Welche Produktgruppen im Fokus stehen, wird durch die Zielsetzung der jeweiligen Reduktionsstrategien mitbestimmt. Im europäischen, deutschen und britischen Produktmonitoring werden Produktgruppen anhand von Kriterien entsprechend des größten Handlungsbedarfs ausgewählt [5, 11, 17, 33, 35, 36]. In Frankreich sollen mit dem Produktmonitoring grundsätzlich alle Produkte am Markt untersucht werden [24, 25]. Produktgruppen, die entscheidend zur Zufuhr von Zucker, Fetten und Salz der Bevölkerung beitragen, haben jedoch Priorität [26].

In den vorgestellten Produktmonitorings wird besonderer Wert auf die marktrelevanten Produkte gelegt [11, 16, 24, 25, 33, 37–39]. Für Deutschland wird zweigleisig vorgegangen und zusätzlich die Breite des Produktspektrums untersucht [16].

Da es das Ziel der Reduktionsstrategien in den vier Beispielen ist, die Energie-, Zucker-, Fett- und Salzgehalte von Fertigprodukten zu reduzieren, werden mit dem Produktmonitoring jeweils die *„Big 7"* gemäß Lebensmittelinformationsverordnung erfasst, teilweise ergänzt um Ballaststoffe [11, 14–16, 25, 33, 37–40]. Auf europäischer Ebene werden bislang lediglich die Daten zum Gesamtzuckergehalt ausgewertet [11]. Abhängig von den jeweiligen Zielsetzungen werden zusätzlich weitere Informationen erfasst, z. B. die *Health Claims* in Frankreich [25].

> **Sowohl Deutschland als auch Frankreich und Großbritannien setzen bei ihren Reduktionsstrategien überwiegend auf Freiwilligkeit durch die Lebensmittelwirtschaft.**

In den Produktmonitorings der drei Länderbeispiele spiegeln sich individuelle Ansätze der jeweiligen Reduktionsstrategien wider. Da der Fokus auf europäischer Ebene auf der Unterstützung der Mitgliedstaaten bei der Umsetzung deren Reduktionsstrategien liegt, steht im entsprechenden Produktmonitoring die Zusammenstellung von Nährstoffgehalten in Produkten verschiedener Länder im Vordergrund [4, 5, 11]. In Deutschland werden im

Rahmen der NRI Kinder und Jugendliche als eine wichtige Zielgruppe fokussiert. Entsprechend werden im Rahmen des Produktmonitorings Produkte mit Kinderoptik gesondert untersucht [7, 16]. In Frankreich wurde das umfängliche Instrument Oqali entwickelt, mit dem neben der Überprüfung der Reduktionsstrategie durch das Produktmonitoring weitere Aspekte untersucht werden [24]. In Großbritannien wird grundsätzlich nur auf Ebene der Produktgruppen ausgewertet. Der Grund liegt darin, dass der Lebensmittelindustrie zwei Wege der Zielerreichung eingeräumt werden: die Reformulierung der Fertigprodukte und die Absatzverschiebung hin zu günstiger zusammengesetzten Fertigprodukten. Darüber hinaus werden im britischen Produktmonitoring Produkte des Außer-Haus-Verzehrs in einem eigenständigen Untersuchungszweig erfasst [33, 37–39].

## 1.7.4 Produktmonitoring: Vergleichbarkeit der Ergebnisse

Der Vergleich von Ergebnissen der Produktmonitorings erlaubt es, Fortschritte bei der Reduktion von Energie- und Nährstoffen wie Zucker, Fetten und Salz länderübergreifend zu untersuchen. Dies kann Hinweise auf erfolgreiche Umsetzungsmaßnahmen in den Ländern geben, die dann als *„best practice"*-Beispiele von anderen Ländern genutzt werden können. Weiterhin kann eine länderübergreifende Sicht auf die Ergebnisse der einzelnen Produktmonitorings dabei unterstützen, eine Grundlage für ein gemeinschaftliches Vorgehen zur Lösung der europaweit bestehenden Problematik von Übergewicht und Adipositas zu schaffen.

Auch wenn bereits umfassende Ergebnisse aus den hier vorgestellten Produktmonitorings vorliegen, ist eine Vergleichbarkeit der Ergebnisse nur eingeschränkt bzw. nicht möglich. Der Grund liegt darin, dass sich die Produktmonitorings der unterschiedlichen Länder bzw. auf europäischer Ebene – trotz großer grundsätzlicher Übereinstimmungen – unterscheiden. Im Folgenden werden Hintergründe aufgezeigt.

Entscheidend für die Ergebnisse eines Produktmonitorings ist der Zeitpunkt der Datenerhebung, denn der Markt der Fertigprodukte unterliegt einer großen Dynamik. Dies zeigt sich u. a. durch ein wachsendes Produktspektrum und ein schnell wechselndes Produktangebot. So wurden beispielsweise im Rahmen des deutschen Produktmonitorings 2019 bei den Frühstücksbreien mit 98 Produkten gegenüber 13 Produkten bei der Basiserhebung 2016 sehr viel mehr Produkte ermittelt [16]. Auch hängen die Ergebnisse eines Produktmonitorings davon ab, in welchem zeitlichen Verhältnis zu ergriffenen Reformulierungsmaßnahmen die Daten erhoben wurden. So wurde in Deutschland im Dezember 2018 eine Zielvereinbarung für Frühstückscerealien getroffen [43], die bei den Herstellern zu Reduktionsanstrengungen führte. Entsprechend konnte im Produktmonitoring 2019 im Energie- und Zuckergehalt bei Frucht-/Nussmüslis eine signifikante Reduktion im Vergleich zur Basiserhebung 2016 ermittelt werden. Auch in der Verteilung der Zuckergehalte dieser Produktuntergruppe zeigte sich eine Entwicklung hin zu zuckerärmeren Produkten [16]. Würden diese Ergebnisse mit denen eines anderen Landes verglichen, in dem die Datenerhebung zwar zum gleichen Zeitpunkt, aber vor dem Start von Reformulierungsanstrengungen stattfand, könnten dadurch fehlleitende Schlüsse gezogen werden. Dies verdeutlicht, dass die Ergebnisse eines Produktmonitorings immer in Bezug auf den erfassten Zeitraum und im Kontext der im jeweiligen Land bestehenden Reduktionsprogramme betrachtet werden müssen.

In allen vorgestellten Produktmonitorings kommt der Marktrelevanz eine besondere Bedeutung zu, für Deutschland wird diese seit 2019 zusätzlich zur Breite des Produktspektrums untersucht [11, 16, 24, 25, 33, 37–39]. Zwischen den beiden Untersuchungssträngen können die Ergebnisse differieren, was auch bei Vergleichen zwischen Ländern berücksichtigt werden muss. Die Ergebnisse der ersten Folgeerhebung in Deutschland aus der Produktgruppe der Frühstückscerealien zeigen beispielsweise, dass der mediane Zuckergehalt von knusprigen Schoko-Erzeugnissen bei den marktrelevanten Produkten höher lag als bei der Breite des Produktspektrums. Das bedeutet, dass die Haushalte eher die zuckerreicheren Varianten dieser Produktuntergruppe wählten [16].

Selbst wenn die Bezeichnungen der Produktuntergruppen die gleichen sind, kann der Ergebnisvergleich durch eine differierende Einteilung der Produktuntergruppen bzw. Zuordnung der Einzelprodukte zu den Produktuntergruppen eingeschränkt sein. In Deutschland zählen beispielsweise Müslis mit Frucht- bzw. Nusszusätzen zu den Frucht-/Nussmüslis [16]. Auf europäischer Ebene umfasst diese Produktuntergruppe neben Mischungen aus Haferflocken, Nüssen und getrockneten Früchten u. a. auch Knuspermüslis und damit Produkte mit einem herstellungsbedingt vergleichsweise hohen Zuckergehalt [11]. Zudem besteht zwischen den vier Produktmonitorings kein einheitliches Vorgehen dahingehend, ob Produkte ohne Zusatz weiterer Zutaten (z. B. Haferflocken) mit in die Erhebungen einbezogen werden oder nicht [11, 14, 16, 30, 33].

Ein weiterer Aspekt, der beim Vergleich von Ergebnissen des Produktmonitorings verschiedener Länder zu berücksichtigen ist, ist der, dass die Rezeptur desselben Produkts länderspezifisch variieren kann. Wie ein Vergleich der Zusammensetzung einzelner Erfrischungsgetränke und Frühstückscerealien zwischen Frankreich, Österreich und Rumänien zeigt, scheinen sich die Hersteller den länderspezifischen Präferenzen anzupassen [44].

**Eine Vergleichbarkeit der Ergebnisse aus den vorgestellten Produktmonitorings ist aufgrund zahlreicher methodischer Unterschiede nur eingeschränkt bzw. nicht gegeben.**

Insgesamt wird deutlich, dass aufgrund von Unterschieden in den jeweiligen Reduktionsstrategien und Produktmonitorings ein Vergleich der Ergebnisse nur eingeschränkt möglich ist. Es gibt jedoch Harmonisierungsanstrengungen für die Produktmonitorings der Länder, die im Rahmen europäischer Initiativen und Projekte verfolgt werden [44, 45].

### 1.7.5 Fazit

Strategien zur Reduktion von Energie, Zucker, Fetten und Salz in der Ernährung mithilfe der Reformulierung von Fertigprodukten bilden einen Baustein, um die Gesundheitssituation weltweit zu verbessern. Die Reduktionsstrategien basieren in Europa bislang überwiegend auf Freiwilligkeit und sind häufig, so auch in Deutschland, als dialogorientierter Prozess angelegt, an dem Politik, Wirtschaft, zivilgesellschaftliche Interessenvertretungen und Wissenschaft beteiligt sind. Sie erstrecken sich über einen längeren Zeitraum und werden kontinuierlich an aktuelle Entwicklungen angepasst.

Das Produktmonitoring stellt ein wichtiges Instrument dar, um die ernährungspolitischen Strategien und Programme der Länder zu begleiten. Bezüglich des Marktangebots können damit Entwicklungen aufgezeigt und Bereiche identifiziert werden, in denen Handlungsbedarf besteht. Die drei vorgestellten länderspezifischen Produktmonitorings liefern bereits Einblicke in Entwicklungen der Energie- und Nährstoffgehalte von Fertigprodukten, da diese im Zeitverlauf tendenziell abgenommen haben. Folgende Beispiele illustrieren dies:

- In Deutschland liegen seit 2018 u. a. Zielvereinbarungen zur Reduktion im Zuckergehalt in den Produktgruppen der Joghurts, gesüßten Quarkzubereitungen, Frühstückscerealien und gesüßten Erfrischungsgetränken vor. Gegenüber 2016/2018 konnten in diesen Produktgruppen 2019 signifikante Reduktionen festgestellt werden, auch in den entsprechenden Produkten mit Kinderoptik [16].

  Bei der Untersuchung der marktrelevanten Produkte zeigte sich grundsätzlich ein ähnliches Bild der Energie- und Nährstoffgehalte wie bei der Untersuchung der Breite des Produktspektrums. Bei einigen Produktuntergruppen hingegen konnte beobachtet werden, dass Haushalte verstärkt zu zuckerärmeren (z. B. bei Milchprodukten mit Kinderoptik) bzw. zu zuckerreicheren Produkten (z. B. bei Frühstückscerealien) greifen. Der Salzgehalt, der bei den Tiefkühlpizzen untersucht wurde, hat sich (im entsprechenden Zeitraum) nicht signifikant verringert [16].

- In Frankreich zeigten wiederholte Analysen ausgewählter Produktgruppen nach drei bzw. sechs Jahren (Basiserhebungen 2008–2012, Folgeerhebungen 2011–2016), dass die Hersteller in Bezug auf die Reformulierung ihren Selbstverpflichtungen größtenteils nachkamen. Mit Blick auf die Angebotsverschiebung zeigte sich hingegen ein heterogenes Bild: Während beispielsweise der Salzgehalt in (Dosen-)Fertiggerichten, der Zuckergehalt in Erfrischungsgetränken oder der Gehalt an gesättigten Fettsäuren in Kartoffelchips bei Neuprodukten sank, enthielten u. a. neu eingeführte Frühstückscerealien mehr Salz und neu eingeführte Kekse/Kuchen weniger Ballaststoffe. Bezüglich der Nachfrageverschiebungen zeigten sich keine oder nur geringe Effekte, sodass sich die marktgewichteten Mittelwerte der untersuchten Nährstoffe nicht oder kaum veränderten [27, 28].

- In Großbritannien kam es im Zeitraum von 2015 bis 2018 über alle Produktgruppen hinweg zu einer durchschnittlichen Reduktion des Zuckergehaltes um fast 3 %. Dieser Wert setzt sich zusammen aus Produktgruppen mit einer deutlichen Reduktion (z. B. Frühstückscerealien mit –8,5 %), aus Produktgruppen mit geringen Reduktionen (z. B. Schokolade mit –0,3 %), aber auch aus solchen, bei denen der Zuckergehalt leicht anstieg (z. B. Pudding +0,5 %) [38].

**Erste Ergebnisse der vorgestellten Produktmonitorings zeigen für einige Produktgruppen eine Abnahme der Gehalte an Energie, Zucker, Fetten und Salz.**

Neben den vorgestellten Beispielen haben auch andere europäische Länder bereits Produktmonitorings eingeführt, z. B. die Niederlande, andere EU-Mitgliedstaaten haben bisher kein Produktmonitoring durchgeführt (weder Basis- noch Folgeerhebungen) [46]. Innerhalb der EU gibt es Bestrebungen, das Produktmonitoring verstärkt einzuführen und auch zu harmonisieren. In einem ersten Schritt in diese Richtung wurde im Rahmen des EU-Projektes *„Joint Action on Nutrition and Physical Activity"* (JANPA) die französische Methode Oqali in Österreich und Rumänien getestet, um zu untersuchen, ob die Methode auch in anderen Ländern einsetzbar ist [44]. Für 2020 ist ein europaweites Projekt zur Umsetzung und Harmonisierung auf Basis bisheriger Produktmonitorings geplant [45].

**Die Europäische Union strebt eine Harmonisierung der Produktmonitorings der einzelnen Länder an.**

Um jedoch die gesundheitliche Situation der Bevölkerung im Hinblick auf Übergewicht, Adipositas und ernährungsmitbedingte Erkrankungen maßgeblich zu verbessern, sind weitere Maßnahmen erforderlich. So hat beispielsweise die NRI für Deutschland auch zum Ziel, die Ernährungskompetenz der Bevölkerung zu steigern. Weiterhin soll mit einer für die Verbraucher*innen gut verständlichen erweiterten Nährwertkennzeichnung auf der Vorderseite der Lebensmittelverpackungen beim Einkauf die Auswahl von ernährungsphysiologisch günstigeren Produkten innerhalb einer Produktgruppe erleichtert werden. Die Bundesregierung hat hierfür die Einführung des *Nutri-Score* als freiwilliges erweitertes Nährwertkennzeichnungsmodell beschlossen [47]. In Forschungsprojekten, die die NRI begleiten, werden zudem die lebensmitteltechnologische Umsetzbarkeit von Reduktionszielen sowie Sicherheitsaspekte, beispielsweise die mikrobiologische Produktsicherheit bei Maßnahmen zur Salzreduktion betreffend, untersucht. So konnten in einem vom BMEL geförderten Forschungsprojekt des MRI erfolgreich Salzaustauschstoffe bei der Herstellung der Fischerzeugnisse „Matjes Nordische Art" und bei kaltgeräuchertem Lachs eingesetzt und so die Natriumgehalte signifikant reduziert werden, ohne die mikrobiologische Sicherheit zu gefährden oder den Geschmack zu beeinträchtigen [48]. In einem weiteren Forschungsprojekt des MRI, das hier exemplarisch genannt werden soll, wurden erfolgreich Varianten im Herstellungsprozess untersucht, mit deren Hilfe die Fettaufnahme bei Siedegebäcken wie „Berliner Pfannkuchen" verringert und damit der Fett- bzw. Energiegehalt der Gebäcke reduziert werden kann [49].

**Über die Reformulierung von Fertigprodukten hinaus sind weitere Maßnahmen erforderlich, um die gesundheitliche Situation der Bevölkerung im Hinblick auf nicht übertragbare Erkrankungen maßgeblich zu verbessern.**

Den Ausgangspunkt für Handlungsbedarf und damit die Ernährungspolitik eines Landes stellt letztendlich die Ernährungs- und Gesundheitssituation der Bevölkerung dar. Erhebungen dazu finden in Deutschland sowie in anderen Ländern im Rahmen regelmäßig durchgeführter Ernährungs- und Gesundheitsmonitorings statt. Mit der Gesundheits- und Ernährungsstudie in Deutschland (gern-Studie) wird das Ernährungsmonitoring des MRI und das Gesundheitsmonitoring des Robert Koch-Instituts (RKI) als gemeinsame Studie durchgeführt. Aus Entwicklungen der Gesundheits- und Ernährungssituation, die diese repräsentativen Studien auf Bevölkerungsebene aufzeigen, können Hinweise auf Handlungsbedarfe abgeleitet werden. Es ist allerdings zu beachten, dass Veränderungen im Ernährungs- bzw. Gesundheitsverhalten der Bevölkerung keinen direkten Rückschluss auf die Wirksamkeit ernährungspolitischer Strategien wie der NRI erlauben, da das Ernährungs- und Gesundheitsverhalten der Menschen von vielen Faktoren beeinflusst wird.

## 1.7.6 Literatur


[1] WHO (World Health Organization): Global strategy on diet, physical activity and health. (2004) https://www.who.int/dietphysicalactivity/strategy/eb11344/strategy_english_web.pdf (eingesehen am 27.07.2020)

[2] European Commission: White Paper on a strategy for Europe on nutrition, overweight and obesity related health issues. (2007) https://ec.europa.eu/health/archive/ph_determinants/life_style/nutrition/documents/nutrition_wp_en.pdf (eingesehen am 27.07.2020)

[3] High Level Group on Nutrition and Physical Activity (HLG): EU framework for national salt initatives. (2008) https://ec.europa.eu/health/sites/health/files/nutrition_physical_activity/docs/euframework_national_salt_en.pdf (eingesehen am 27.07.2020)

[4] High Level Group on Nutrition and Physical Activity (HLG): EU Framework for national initiatives on selected nutrients. (2011) https://ec.europa.eu/health/sites/health/files/nutrition_physical_activity/docs/euframework_national_nutrients_en.pdf (eingesehen am 27.07.2020)

[5] High Level Group on Nutrition and Physical Activity (HLG): Annex II: added sugars – EU framework for national initiatives on selected nutrients. (2015) https://ec.europa.eu/health/sites/health/files/nutrition_physical_activity/docs/added_sugars_en.pdf (eingesehen am 27.07.2020)

[6] Council of the European Union: Council conclusions on food product improvement. (2016) https://www.consilium.europa.eu/en/press/press-releases/2016/06/17/epsco-conclusions-food-product-improvement (eingesehen am 28.07.2020)

[7] Bundesministerium für Ernährung und Landwirtschaft (BMEL): Nationale Reduktions- und Innovationsstrategie für Zucker, Fette und Salz in Fertigprodukten. (2018) https://www.bmel.de/SharedDocs/Downloads/DE/Broschueren/NationaleReduktionsInnovationsstrategie-Layout.pdf?__blob=publicationFile&v=4 (eingesehen am 28.07.2020)

[8] Ministère de la Santé et des Solidarités: Deuxième Programme national nutrition santé – 2006–2010 – Actions et mesures. (2006) https://solidarites-sante.gouv.fr/IMG/pdf/PNNS_2006-2010.pdf (eingesehen am 28.07.2020)

[9] Institut national de recherche pour l'agriculture, l'alimentation et l'environnement (INRAE): Oqali. Histoire de l'Oqali. (2020) https://www.oqali.fr/Decouvrir-l-Oqali (eingesehen am 28.07.2020)

[10] Public Health England (PHE): Sugar Reduction: The evidence for action. Annexe 5: Food supply (2015) https://assets.publishing.service.gov.uk/government/uploads/system/uploads/attachment_data/file/470176/Annexe_5._Food_Supply.pdf (eingesehen am 28.07.2020)

[11] Robinson M, Caldeira S, Wollgast J: Sugars content in selected foods in the EU. A 2015 baseline to monitor sugars reduction progress. (2018) https://publications.jrc.ec.europa.eu/repository/bitstream/JRC108670/kjna28822enn.pdf (eingesehen am 28.07.2020)

[12] Wollgast J: Fragen zur Folgeerhebung. Persönliche Mitteilung vom 05.05.2020. Joint Research Centre (JRC), Ispra, Italy

[13] Bundesministerium für Ernährung und Landwirtschaft (BMEL): Nationale Reduktions- und Innovationsstrategie: Weniger Zucker, Fette und Salz in Fertigprodukten. (2020) https://www.bmel.de/DE/themen/ernaehrung/gesunde-ernaehrung/reduktionsstrategie/reduktionsstrategie-zucker-salz-fette.html (eingesehen am 28.07.2020)

[14] Max Rubner-Institut, Bundesforschungsinstitut für Ernährung und Lebensmittel (MRI): Häufig im Lebensmitteleinzelhandel gekaufte industriell vorgefertigte Produkte und ihre Energie- und Nährwertgehalte, insbesondere Fett, Zucker und Salz. (2017) https://www.mri.bund.de/fileadmin/MRI/Veroeffentlichungen/S2020.pdf (eingesehen am 28.07.2020)
[15] Max Rubner-Institut, Bundesforschungsinstitut für Ernährung und Lebensmittel (MRI): Zuckergehalte von zuckergesüßten Erfrischungsgetränken: Differenzierung von Produktuntergruppen und Berechnung von Quartilen. Zusätzliche Erhebung zum MRI-Bericht „Häufig im Lebensmitteleinzelhandel gekaufte industriell vorgefertigte Produkte und ihre Energie- und Nährwertgehalte, insbesondere Fett, Zucker, Salz". (2018) https://www.mri.bund.de/fileadmin/MRI/Themen/Reformulierung/180911_Bericht_Zuckergehalt_Erfrischungsgetraenke-Titel.pdf (eingesehen am 28.07.2020)
[16] Max Rubner-Institut, Bundesforschungsinstitut für Ernährung und Lebensmittel (MRI): Ergebnisbericht Produktmonitoring 2019. (2020) https://www.mri.bund.de/fileadmin/MRI/Institute/EV/Produktmonitoring2019_Ergebnisbericht_final.pdf (eingesehen am 28.07.2020)
[17] Max Rubner-Institut, Bundesforschungsinstitut für Ernährung und Lebensmittel (MRI): Konzept: Produktmonitoring-Folgeerhebung 2019. (2019) https://www.mri.bund.de/fileadmin/MRI/Veroeffentlichungen/191219_MRI_Produktmonitoring_Konzept__002_.pdf (eingesehen am 28.07.2020)
[18] Ministère de l'emploi et de la solidarité: Programme National Nutrition-Santé PNNS 2001 – 2005. (2001) https://solidarites-sante.gouv.fr/IMG/pdf/1n1.pdf (eingesehen am 28.07.2020)
[19] Ministère de l'agriculture, de l'alimentation, de la pêche, de la ruralité et de l'aménagement du territoire: Le Programme national pour l'alimentation (PNA). (2011) https://agriculture.gouv.fr/sites/minagri/files/documents/pdf/PNA-09022011.pdf (eingesehen am 06.10.2020)
[20] Ministère de l'agriculture et de l'alimentation: Programme national pour l'alimentation: Territoires en action 2019-2023. (2019) https://agriculture.gouv.fr/telecharger/103091?token=bfd25d43f72f0c8e340564d75f5becc096c9b2e728878bad9388413399a28a86 (eingesehen am 06.10.2020)
[21] Le Gouvernement République Française: Programme national de l'alimentation et de la nutrition. (2019) https://agriculture.gouv.fr/telecharger/103094?token=6c43d3c919bbab50941237f93ec4df84ec496deadfbce90218f0148e13fe977a (eingesehen am 06.10.2020)
[22] Ministère de l'agriculture et de l'alimentation: Une nouvelle convention-cadre pour le suivi de la qualité nutritionnelle de l'offre alimentaire en France. (2019) https://agriculture.gouv.fr/une-nouvelle-convention-cadre-pour-le-suivi-de-la-qualite-nutritionnelle-de-loffre-alimentaire-en (eingesehen am 28.07.2020)
[23] Ministère des Solidarités et de la Santé: Programme national nutrition santé 2019-2023. (2019) https://agriculture.gouv.fr/telecharger/103097?token=52a165af68514294eda5efbfbd8683600438e07337a2ed6d1f7511b6d10e3b2c (eingesehen am 06.10.2020)
[24] Institut national de recherche pour l'agriculture, l'alimentation et l'environnement (INRAE): Oqali. Objectifs. (2016) https://www.oqali.fr/Decouvrir-l-Oqali/Objectifs (eingesehen am 28.07.2020)
[25] Menard C, Dumas C, Goglia R et al.: OQALI: a French database on processed foods. J Food Compost Anal 24 (2011) 744–749
[26] Combris P, Goglia R, Ireland J et al.: Étude de faisabilité pour la mise en place de l'observatoire de la qualité de l'alimentation: Synthèse. (2008) https://www.oqali.fr/content/download/3067/31635/file/OQALI%20synth%c3%a8se.p (eingesehen am 29.07.2020)
[27] Spiteri M, Soler L-G: Food reformulation and nutritional quality of food consumption: an analysis based on households panel data in France. Eur J Clin Nutr 72 (2018) 228–235
[28] Institut national de recherche pour l'agriculture, l'alimentation et l'environnement (INRAE), Agence nationale de sécurité sanitaire de l'alimentation, de l'environnement et du travail (Anses): Contributions de l'offre et de la demande à l'évolution de la qualité nutritionnelle de l'alimentation. (2019) https://www.oqali.fr/content/download/3691/34766/version/1/file/Oqali_2019_Contributions_de_l_offre_et_de_la_demande_a_l_evolution_de_la_qualite_de_l_alimentation.pdf (eingesehen am 29.07.2020)
[29] Institut national de recherche pour l'agriculture, l'alimentation et l'environnement (INRAE): Oqali. Études sectorielles. (2020) https://oqali.fr/Publications-Oqali/Etudes-sectorielles (eingesehen am 29.07.2020)
[30] Institut national de recherche pour l'agriculture, l'alimentation et l'environnement (INRAE), Agence nationale de sécurité sanitaire de l'alimentation, de l'environnement et du travail (Anses): Étude d'évolution du secteur des céréales pour le petit-déjeuner: Données 2008 et 2011. (2013) https://www.oqali.fr/content/download/3369/32632/file/Oqali_Rapport_evolution_cereales_2013.pdf (eingesehen am 29.07.2020)

[31] Institut national de recherche pour l'agriculture, l'alimentation et l'environnement (INRAE), Agence nationale de sécurité sanitaire de l'alimentation, de l'environnement et du travail (Anses): Boissons rafraichissantes sans alcool: Évolution du secteur entre 2010 et 2013. (2015) https://www.oqali.fr/content/download/3393/32751/file/Oqali_Rapport_evolution_BRSA_2015.pdf (eingesehen am 29.07.2020)
[32] Public Health England (PHE): Policy paper. Childhood obesity plan: PHE's role in implementation. (2016) https://www.gov.uk/government/publications/childhood-obesity-plan-phes-role-in-implementation/childhood-obesity-plan-phes-role-in-implementation (eingesehen am 29.07.2020)
[33] Public Health England (PHE): Sugar reduction: achieving the 20 %. A technical report outlining progress to date, guidelines for industry, 2015 baseline levels in key foods and next steps. (2017) https://assets.publishing.service.gov.uk/government/uploads/system/uploads/attachment_data/file/604336/Sugar_reduction_achieving_the_20_.pdf (eingesehen am 07.08.2020)
[34] HM Government: Childhood obesity: a plan for action. (2016) https://assets.publishing.service.gov.uk/government/uploads/system/uploads/attachment_data/file/546588/Childhood_obesity_2016__2__acc.pdf (eingesehen am 07.08.2020)
[35] Public Health England (PHE): Salt reduction targets for 2017. (2017) https://assets.publishing.service.gov.uk/government/uploads/system/uploads/attachment_data/file/604338/Salt_reduction_targets_for_2017.pdf (eingesehen am 10.08.2020)
[36] Public Health England (PHE): Calorie reduction: the scope and ambition for action. (2018) https://assets.publishing.service.gov.uk/government/uploads/system/uploads/attachment_data/file/800675/Calories_Evidence_Document.pdf (eingesehen am 10.08.2020)
[37] Public Health England (PHE): Sugar reduction and wider reformulation programme: report on progress towards the first 5% reduction and next steps. (2018) https://assets.publishing.service.gov.uk/government/uploads/system/uploads/attachment_data/file/709008/Sugar_reduction_progress_report.pdf (eingesehen am 10.08.2020)
[38] Public Health England (PHE): Sugar reduction: report on progress between 2015 and 2018. (2019) https://assets.publishing.service.gov.uk/government/uploads/system/uploads/attachment_data/file/839756/Sugar_reduction_yr2_progress_report.pdf (eingesehen am 10.08.2020)
[39] Public Health England (PHE): Sugar reduction: juice and milk based drinks. A technical report outlining guidelines for industry, 2017 baseline levels for drinks in scope and next steps. (2018) https://assets.publishing.service.gov.uk/government/uploads/system/uploads/attachment_data/file/708930/Sugar_reduction_juice_and_milk_based_drinks.pdf (eingesehen am 10.08.2020)
[40] Public Health England (PHE): Salt targets 2017: Progress report. A report on the food industry's progress towards meeting the 2017 salt targets. (2018) https://assets.publishing.service.gov.uk/government/uploads/system/uploads/attachment_data/file/765571/Salt_targets_2017_progress_report.pdf (eingesehen am 10.08.2020)
[41] Public Health England (PHE): Reduction and reformulation programme: spring 2019 update. (2019) https://www.gov.uk/government/publications/reduction-and-reformulation-programme-spring-2019-update/reduction-and-reformulation-programme-spring-2019-update (eingesehen am 10.08.2020)
[42] Public Health England (PHE): Foods and drinks aimed at infants and young children: evidence and opportunities for action. (2019) https://assets.publishing.service.gov.uk/government/uploads/system/uploads/attachment_data/file/812204/Foods_and_drinks_aimed_at_infants_and_young_children_June_2019.pdf (eingesehen am 10.08.2020)
[43] Verband der Getreide-, Mühlen- und Stärkewirtschaft VGMS e. V.: Beitrag der Hersteller von Frühstückscerealien im VGMS zur Nationalen Reduktions- und Innovationsstrategie der Bundesregierung [Pressemitteilung vom 20. Dezember 2018]. (2018) https://www.vgms.de/fileadmin/vgms/Dateien/Downloads/Presseinformationen/VGMS-Pressemitteillung_181221_Beitrag_zur_Reduktionsstrategie.pdf (eingesehen am 10.08.2020)
[44] Vin K, Beziat J, Seper K et al.: Nutritional composition of the food supply: a comparison of soft drinks and breakfast cereals between three European countries based on labels. Eur J Clin Nutr 74 (2020) 17–27
[45] European Commission: Initiatives on nutrition and physical activity. (2019) https://ec.europa.eu/health/sites/health/files/nutrition_physical_activity/docs/2019_initiatives_npa_en.pdf (eingesehen am 10.08.2020)
[46] Agence nationale de sécurité sanitaire de l'alimentation, de l'environnement et du travail (Anses): D5.1 Best practices inventory and guidelines for improving the collection and use (both by stakeholders and by consumers) of nutritional food information – JANPA Work package: WP5 Nutritional information monitoring and food reformulation prompting. (2017) https://janpa.eu/arbeitsergebnisse/ (eingesehen am 10.08.2020)

[47] Bundesministerium für Ernährung und Landwirtschaft (BMEL): Nutri-Score-Kennzeichnung in Brüssel zur Notifizierung [Pressemitteilung Nr. 48/2020]. (2020) https://www.bmel.de/SharedDocs/Pressemitteilungen/DE/2020/048-nutri-score-notifizierung.html (eingesehen am 11.08.2020)
[48] Giese E, Meyer C, Ostermeyer U et al.: Sodium reduction in selected fish products by means of salt substitutes. European Food Research and Technology 245 (2019) 1651–1664
[49] Max Rubner-Institut, Bundesforschungsinstitut für Ernährung und Lebensmittel (MRI): Fettreduktion bei Berliner, Donuts und Co. https://www.mri.bund.de/de/themen/reduktion-von-zucker-fett-und-salz/reformulierung/projekte/fettreduktion-bei-siedegebaecken/ (eingesehen am 11.08.2020)

# 2 Ernährungssituation in Krankenhäusern und Pflegeheimen – Auswertung der nutritionDay-Daten für Deutschland*



Dorothee Volkert, Jasmin Weber, Eva Kiesswetter, Isabella Sulz, Michael Hiesmayr

## Zusammenfassung

**Einleitung:** In Krankenhäusern und Pflegeheimen besteht ein erhöhtes Risiko für Mangelernährung und deren gravierende Folgen. Während international zahlreiche Studien zur Ernährungssituation in diesen Institutionen vorliegen, ist die Datenlage in Deutschland (D) spärlich. Ziel des Vorhabens war es daher, die Ernährungssituation in deutschen Kliniken und Pflegeheimen anhand vorhandener Daten des weltweiten nutritionDay-Projekts zu beschreiben und international zu vergleichen. Zusätzlich sollten im Rahmen einer bundesweiten Initiative beim nutritionDay 2018 durch gezielte Bewerbung des Projekts aktuelle Daten gewonnen werden.

**Methoden:** Am „nutritionDay", einem jährlichen Stichtag, werden seit 2006 in den teilnehmenden Institutionen Daten zur Ernährungssituation auf Stations-/Wohnbereichsebene und auf Patient*innen-/Bewohner*innenebene mit standardisierten Fragebögen erhoben. Die Teilnahme am nutritionDay 2018 wurde deutschlandweit durch vielfältige Strategien intensiv beworben. Die Datenauswertung erfolgte deskriptiv mit Fokus auf die aktuellsten Daten.

**Ergebnisse:** 2018 nahmen in D 48 Stationen mit 767 Patient*innen teil. Nur 10 % der Stationen gaben an, über eine Diätassistenz zu verfügen (Europäische Vergleichsgruppe [Eu] 63 %; n = 116), 58 % gaben an, ein Ernährungsteam zu haben (Eu 82 %). Das mittlere Alter der 767 deutschen Patient*innen betrug 68 Jahre, 51 % waren weiblich. 16 % (Eu 17 %; n = 1 534) waren untergewichtig, 42 % (Eu 39 %) berichteten von einem unbeabsichtigten Gewichtsverlust und 12 % (Eu 14 %) wurden vom Pflegepersonal als mangelernährt eingestuft. Das Mittagessen am nutritionDay 2018 wurde von nur 37 % (fast) vollständig gegessen (Eu 44 %).

In Pflegeheimen gaben 2018 30 % der teilnehmenden 69 Wohnbereiche (WB) in D an, eine Diätassistenz zur Verfügung zu haben (Eu 86 %), 45 % eine Ansprechperson für Ernährung (Eu 71 %). Die 1 551 deutschen Bewohner*innen waren im Mittel 87 Jahre alt und zu 75 % weiblich. 23 % waren untergewichtig (Eu 29 %; n = 1 985), 14 % (Eu 12 %) hatten einen unbeabsichtigten Gewichtsverlust und 11 % (Eu 10 %) wurden vom Pflegepersonal als mangelernährt beurteilt. 34 % (Eu 29 %) haben am nutritionDay nur die Hälfte oder weniger des Mittagessens verzehrt.

* Mit Förderung durch das Bundesministerium für Ernährung und Landwirtschaft (BMEL)

Sowohl im Krankenhaus als auch im Pflegeheim wurden angereicherte Kost und Trinknahrung häufiger angeboten, wenn eine Diätassistenz oder ein*e Ernährungsbeauftragte*r verfügbar und ein routinemäßiges Screening auf Mangelernährung etabliert war. Ernährungsinterventionen wurden mit zunehmender Schwere der Mangelernährung zunehmend häufig eingesetzt, dennoch erhielt selbst bei schwerer Mangelernährung nur ein Teil der Betroffenen eine Intervention. Patient*innen bzw. Bewohner*innen, die von der Pflege als mangelernährt eingeschätzt wurden, bekamen am häufigsten angereicherte Kost und Trinknahrung. Die Mortalität (im Krankenhaus 2 %, im Pflegeheim nach 6 Monaten 13 %) und im Krankenhaus auch die weitere Aufenthaltsdauer (Median 6 Tage) nahmen mit schlechter werdendem Ernährungszustand unabhängig von der Definition und mit abnehmender Essmenge zu.

**Schlussfolgerung:** Mangelernährung stellt auch bei deutschen Klinikpatient*innen und Pflegeheimbewohner*innen ein relevantes Gesundheitsproblem dar. Ernährungsstrukturen sind nicht standardmäßig vorhanden, ein deutliches Defizit an ernährungsmedizinischer Fachkompetenz wurde aufgedeckt. Maßnahmen zur Verbesserung der Ernährungsversorgung in Krankenhäusern und Pflegeheimen sind dringend erforderlich, um der Entwicklung von Mangelernährung präventiv entgegenzuwirken und bestehende Ernährungsprobleme adäquat zu behandeln.

**Danksagung:** Wir danken allen teilnehmenden Einrichtungen und Patient*innen bzw. Bewohner*innen für ihre Mitwirkung beim nutritionDay und allen, die das Projekt unterstützt haben.

## Kernaussagen

- ➔ Mangelernährung stellt auch bei deutschen Klinikpatient*innen und Pflegeheimbewohner*innen ein relevantes Gesundheitsproblem dar.
- ➔ Die ernährungsmedizinische Strukturqualität in deutschen Kliniken und Pflegeheimen entspricht nicht den von Fachgesellschaften geforderten und international teilweise etablierten Standards.
- ➔ Ernährungsinterventionen wurden mit zunehmender Schwere der Mangelernährung zunehmend häufig eingesetzt, dennoch erhielt selbst bei schwerer Mangelernährung nur ein Teil der Betroffenen eine Intervention.
- ➔ Diätassistenz und pflegerische Kompetenz und Einschätzung scheinen bei der Einleitung von Maßnahmen von zentraler Bedeutung.
- ➔ Da vermutlich vor allem ernährungsmedizinisch interessierte und engagierte Institutionen am nutritionDay teilnehmen, ist davon auszugehen, dass sich die Situation in deutschen Kliniken und Pflegeheimen insgesamt eher noch schlechter darstellt.

## 2.1 Einleitung



Die Nahrungsaufnahme kranker und pflegebedürftiger Menschen kann durch vielerlei Faktoren – von Appetitlosigkeit über Schluckstörungen bis hin zu kognitiven Beeinträchtigungen – erschwert oder sogar unmöglich sein. Gleichzeitig gehen Erkrankungen häufig mit einer gestörten Nährstoffverwertung und/oder einem erhöhten Energie- und Nährstoffbedarf einher. In Krankenhäusern und Pflegeheimen besteht folglich ein erhöhtes Risiko für Mangelernährung und deren Folgen [1, 2].

Ist der Bedarf an Energie, Protein und anderen Nährstoffen anhaltend nicht gedeckt, führt dies zu einem Abbau von Körpersubstanz und Beeinträchtigungen von Organ- und Körperfunktionen, gefolgt von klinischen Auswirkungen wie z. B. einem erhöhten Risiko für Infektionen und Wundheilungsstörungen, verlängerten Genesungsprozessen und Krankenhausaufenthalten sowie einem erhöhten Mortalitätsrisiko [1, 3]. Mangelernährung hat somit weitreichende Folgen für die Gesundheit und Lebensqualität der Betroffenen, aber auch für das Gesundheitssystem in Form vermehrter Kosten [4, 5].

Vor allem ältere Menschen sind häufig von schweren und chronischen Erkrankungen sowie von Pflegebedürftigkeit betroffen, sodass mit dem demographischen Wandel und dem damit einhergehenden steigenden Anteil älterer Menschen in der Bevölkerung auch die Anzahl stationär zu behandelnder Patient*innen und zu pflegender Menschen künftig weiter ansteigen wird. Während im Jahr 2015 noch 21 % der Bevölkerung in Deutschland 65 Jahre oder älter waren, wird erwartet, dass dieser Anteil bis 2030 auf etwa 28 % ansteigen wird. Dabei wird insbesondere der Anteil hochbetagter Menschen zunehmen, die in besonderem Maße von Krankheiten und Pflegebedürftigkeit betroffen sind. Die Anzahl behandelter Krankenhauspatient*innen hat sich seit 1991 in Deutschland um 34 % erhöht. Im Jahr 2016 wurden ca. 19,5 Mio. Patient*innen stationär behandelt, die Mehrheit der Patient*innen war 60 Jahre oder älter [6]. Laut aktueller Pflegestatistik wurden Ende 2017 in Deutschland ca. 818 000 Personen – knapp ein Viertel der 3,4 Mio. Pflegebedürftigen – vollstationär in Heimen versorgt, mehr als ein Drittel dieser Personen (35 %) war mindestens 85 Jahre alt [7]. Im Vergleich zu 2003 ist die Anzahl der in Heimen vollstationär versorgten Pflegebedürftigen bis Ende 2017 um 31 % gestiegen. Mit dem demographischen Wandel wird somit auch die Problematik der Mangelernährung zunehmen, sofern keine Gegenmaßnahmen ergriffen werden.

### Ernährungssituation in Krankenhäusern und Pflegeheimen in Deutschland

In zahlreichen internationalen Studien ist die hohe Prävalenz von Mangelernährung in Krankenhäusern und Pflegeheimen dokumentiert [8–11]. In einer Übersichtsarbeit über Studien mit älteren Menschen wird Mangelernährung laut *Mini Nutritional Assessment* (MNA) im Akutkrankenhaus bei 23 % (69 Studien, 17 775 Teilnehmende, Spannbreite 0–68 %) und in Pflegeeinrichtungen bei 27 % (73 Studien, 20 410 Teilnehmende, Spannbreite 0–61 %) beschrieben [8].

In Deutschland wurde die Ernährungssituation von Klinikpatient*innen vor mittlerweile fast 15 Jahren in der *German Hospital Malnutrition Study* untersucht [12]. Bei 27 % der 1 886 untersuchten Patient*innen aus 13 Kliniken wurden am Aufnahmetag Anzeichen einer Mangelernährung festgestellt. In den teilnehmenden akutgeriatrischen Abteilungen wurden sogar mehr als die Hälfte der Patient*innen als mangelernährt eingestuft, gefolgt von gastroenterologischen und onkologischen Patient*innen mit 38 bzw. 33 %. Mangelernährte Patient*innen waren signifikant länger im Krankenhaus als nicht mangelernährte [12].

In einer weiteren multizentrischen Studie in 15 deutschen Krankenhäusern wurde ein niedriger Body Mass Index (BMI) als Kriterium für Mangelernährung herangezogen und bei 8,5 % der teilnehmenden 2 930 Patient*innen ein Wert unter 20 kg/m² festgestellt. Neben höherem Alter und weiblichem Geschlecht wurden Appetitverlust, Polypharmazie und Schluckstörungen als Risikofaktoren für einen niedrigen BMI identifiziert [13]. In dieser Studie wurde auch die Anwendung von Ernährungsinterventionen bei Patient*innen mit niedrigem BMI (< 20 kg/m²) untersucht. Die am häufigsten genannten Maßnahmen waren eine freie Menüauswahl (30 %), gefolgt von einer Ernährungsberatung (15 %), modifizierter Nahrung und Getränken (12 %) und Trinknahrungen (12 %).

Die Ernährungssituation von Pflegeheimbewohner*innen in Deutschland wurde im Ernährungsbericht 2008 anhand der Ergebnisse der ErnSTES-Studie (Ernährung von Seniorinnen und Senioren in stationären Senioreneinrichtungen) beschrieben [14]. Etwa jede*r zehnte (11 %) der 773 Bewohner*innen von 10 Einrichtungen aus verschiedenen Bundesländern war in dieser Studie untergewichtig (BMI < 20 kg/m²). Ebenso viele Teilnehmende wiesen laut MNA eine Mangelernährung, weitere 49 % ein Risiko für Mangelernährung auf. Ähnlich häufig wurden Untergewicht (9–17 %), Mangelernährung (9 % bzw. 24 %) sowie ein Risiko für Mangelernährung (54–71 %) in weiteren deutschen Pflegeheimstudien in den letzten Jahren beschrieben [13, 15–20].

In der multizentrischen Studie von Tannen et al. [13] in 76 Pflegeheimen wurde bei 17 % der untersuchten 5 521 Bewohner*innen ein BMI ≤ 20 kg/m² festgestellt. Zu den am häufigsten durchgeführten Maßnahmen bei diesen Bewohner*innen gehörten das Führen von Trink- und Ernährungsprotokollen, Ernährungsberatung und die Gabe von Trinknahrung bei jeweils gut der Hälfte. Als Risikofaktoren für einen niedrigen BMI wurden höheres Alter und weibliches Geschlecht sowie Appetitverlust, Kauprobleme, Schluckstörungen und Polypharmazie identifiziert.

### Das nutritionDay-Projekt

nutritionDay ist ein weltweites Projekt mit dem zentralen Ziel, die Aufmerksamkeit für Ernährungsprobleme in Krankenhäusern und Pflegeheimen zu steigern. Es wurde im Jahr 2006 im Zuge der Resolution des Europarats zur Verbesserung der Ernährungsversorgung in Krankenhäusern [21] in Österreich ins Leben gerufen und wird seither unter Beteiligung von mittlerweile 64 Ländern durchgeführt. Nach dem erfolgreichen Start in Krankenhäusern wurden bereits im darauffolgenden Jahr auch Pflegeheime einbezogen. Unterstützt wird das Projekt durch die Europäische Gesellschaft für klinische Ernährung und Stoffwechsel (ESPEN), die Österreichische Arbeitsgemeinschaft für klinische Ernährung (AKE), die Medizinische Universität Wien (MUW) und durch die Friedrich-Alexander-Universität Erlangen-Nürnberg (FAU).

An einem jährlichen Stichtag werden mit Unterstützung von Personal und Patient*innen Daten zur Ernährungssituation von Klinikpatient*innen und Pflegeheimbewohner*innen in den Einrichtungen erfasst. Mittels standardisierter Fragebögen, die im Internet in 30 Sprachen zur Verfügung stehen (www.nutritionday.org), werden Informationen über Ernährungsrisikofaktoren, Ernährungszustand und Ernährungsmaßnahmen auf Patient*innen-

bzw. Bewohner*innen- und auf Einrichtungsebene gewonnen. Nach 30 Tagen (Klinik) bzw. 6 Monaten (Pflegeheim) erfolgt eine kurze Verlaufserhebung. Unmittelbar nach der Dateneingabe in eine zentrale Datenbank via Internet erhalten die teilnehmenden Klinikstationen und Wohnbereiche eine Auswertung der eigenen Ergebnisse im Vergleich zu allen anderen Teilnehmenden im eigenen Land und weltweit, die im Sinne eines Benchmarkings genutzt werden kann. Die Datenbank steht auch für wissenschaftliche Auswertungen zur Verfügung und wurde in den vergangenen Jahren für zahlreiche Publikationen genutzt [z. B. 22–33].

Bisherige Auswertungen des internationalen nutritionDay in Krankenhäusern zeigen beispielsweise, dass das angebotene Mittagessen nur von etwa der Hälfte der im Jahr 2006 teilnehmenden 16 290 Patient*innen vollständig verzehrt wurde. Im Vergleich zu diesen Patient*innen hatten Patient*innen, die die Mittagsmahlzeit nicht vollständig verzehrten, innerhalb der nächsten 30 Tage ein erhöhtes Mortalitätsrisiko und eine längere Verweildauer im Krankenhaus [24]. Als Risikofaktoren für eine geringe Nahrungsaufnahme am nutritionDay wurden in einer späteren Auswertung mit über 90 000 Patient*innen eine reduzierte Nahrungsaufnahme in der vorherigen Woche, Bettruhe, höheres Alter und ein niedriger BMI identifiziert [33].

Auswertungen des internationalen nutritionDay in Pflegeheimen ergaben bei 18 % der insgesamt mehr als 10 000 untersuchten Bewohner*innen einen erniedrigten BMI (< 20 kg/m²), bei 11 % wurde ein Gewichtsverlust von mehr als 5 kg im vergangenen Jahr berichtet. Ein niedriger BMI und vorheriger Gewichtsverlust waren unabhängig voneinander mit einem erhöhten Mortalitätsrisiko verbunden. Für Bewohner*innen, die sowohl einen niedrigen BMI als auch einen Gewichtsverlust aufwiesen, war das Mortalitätsrisiko am höchsten [32]. Weitere Analysen zeigten, dass nur 33 % der Bewohner*innen mit niedrigem BMI und 22 % derer mit vorherigem Gewichtsverlust Trinknahrung erhielten [27].

Seit Beginn des Projekts nehmen auch Einrichtungen aus Deutschland an der Erhebung teil und speisen ihre Daten in anonymisierter Form online in die nutritionDay-Datenbank ein, wobei die Teilnahmezahlen in den vergangenen Jahren stark rückläufig waren. Inzwischen liegen Informationen von mehr als 10 000 Klinikpatient*innen und knapp 4 000 Pflegeheimbewohner*innen aus Deutschland vor, die bisher nie separat ausgewertet wurden. Die Daten bieten jedoch die Möglichkeit, die Ernährungssituation in deutschen Kliniken und Pflegeheimen zu beschreiben sowie international zu vergleichen und die diesbezüglich bestehende Wissenslücke dadurch zu schließen.

### Zielsetzung

Ziel des auf gemeinsame Initiative der Deutschen Gesellschaft für Ernährungsmedizin (DGEM) und der Deutschen Gesellschaft für Ernährung (DGE) initiierten Vorhabens für den 14. DGE-Ernährungsbericht ist es daher, die Ernährungssituation in deutschen Krankenhäusern und Pflegeheimen anhand der aus den vergangenen Jahren vorliegenden Daten des nutritionDay-Projekts aus Deutschland zu charakterisieren. Zusätzlich sollte im Rahmen einer bundesweiten Initiative beim nutritionDay 2018 durch gezielte Bewerbung des Projekts eine möglichst hohe Teilnahme deutscher Einrichtungen erreicht werden, um dadurch aktuelle Daten in größerem Umfang zu erhalten.

Die Ergebnisse sollen als Grundlage zur Ableitung von Handlungsempfehlungen zur Verbesserung der Ernährungsversorgung in Krankenhäusern und Pflegeheimen in Deutschland genutzt werden.

## 2.2 Methodik

### 2.2.1 Allgemeines Vorgehen und Zusammenarbeit

Im Rahmen des Vorhabens wurden die bisher am nutritionDay erhobenen Daten aus deutschen Krankenhäusern und Pflegeheimen aus den Jahren 2006 bzw. 2007 bis 2017 ausgewertet.

Der nutritionDay 2018 wurde durch gezielte Strategien intensiv deutschlandweit beworben, um eine möglichst breite Beteiligung und damit umfangreiche aktuelle Daten zu erhalten. Datenerhebung und Dateneingabe wurden durch Projektmitarbeitende unterstützt, anschließend wurden die Daten aus dem Jahr 2018 analog zu den Vorjahren ausgewertet.

Das Vorhaben wurde in enger Zusammenarbeit zwischen den beteiligten Partner*innen – nutritionDay Wien, Deutsche Gesellschaft für Ernährungsmedizin (DGEM), Deutsche Gesellschaft für Ernährung (DGE) und Institut für Biomedizin des Alterns der Friedrich-Alexander-Universität Erlangen-Nürnberg (FAU) – durchgeführt.

### 2.2.2 Rekrutierung von Einrichtungen

Grundsätzlich kann jede Krankenhausstation und jeder Pflegeheimwohnbereich weltweit kostenfrei am nutritionDay teilnehmen. Eine Bewerbung des Aktionstags erfolgt generell durch die nationalen ernährungsmedizinischen Fachgesellschaften und ihre Mitglieder (in Deutschland DGEM), die europäische Fachgesellschaft ESPEN und die Geschäftsstelle des nutritionDay in Wien. Auf den jeweiligen Internetseiten, auf den Jahrestagungen, in Mitgliederaussendungen und in nationalen Fachzeitschriften wird in jedem Jahr auf das Projekt aufmerksam gemacht und zur Teilnahme eingeladen. Einrichtungen, die bereits am nutritionDay teilgenommen haben, werden vom nutritionDay-Büro per E-Mail mit einem regelmäßigen Newsletter über aktuelle Aktivitäten informiert und gezielt vor jedem nutritionDay zur erneuten Teilnahme aufgefordert.

Der nutritionDay 2018, der weltweit am 15. November 2018 stattfand, wurde in Deutschland mit folgenden zusätzlichen Maßnahmen beworben:

Bereits im Frühjahr 2018 wurde im Internet nach Kontaktdaten von Krankenhäusern und Pflegeheimen in Deutschland recherchiert. 25 Universitätskliniken, 50 Ernährungsteams in Krankenhäusern und 100 weitere Krankenhäuser sowie 200 Pflegeheime wurden identifiziert und anschließend kontaktiert. Zunächst wurden per E-Mail schriftliche Informationsschreiben versendet, danach erfolgte eine Kontaktaufnahme per Telefon. Bei Interesse wurde Informationsmaterial zugesandt und Unterstützung bei der Dateneingabe durch Mitarbeitende der FAU angeboten. Lokal (Erlangen, Bamberg, Fürth), aber auch überregional (München, Kassel, Frankfurt) wurden 20 Pflegeheime nach vorheriger telefonischer Terminvereinbarung persönlich besucht und dort das nutritionDay-Projekt auf Leitungsebene vorgestellt.

Zudem wurden bestehende persönliche Kontakte der Projektpartner*innen, z. B. zu den Präsidiumsmitgliedern von DGE und DGEM, genutzt und diese persönlich, telefonisch und per E-Mail zur Teilnahme motiviert. Weiterhin wurde durch Anzeigen, Kurzberichte und ausführlichere Beiträge in Fachzeitschriften für das Projekt geworben. Auf dem Jahreskongress der DGEM 2018 in Kassel wurde ein Symposium mit mehreren Vorträgen zum nutritionDay organisiert, dort und auf fünf weiteren Kongressen sowie bei Mediziner*innenfortbildungen und durch Außendienstmitarbeitende der Firmen Fresenius und Nutricia wurde im Lauf des Jahres für die Teilnahme am nutritionDay geworben.

Weiterhin wurde die Internetseite des nutritionDay ins Deutsche übersetzt, um den Zugang zum Projekt und zu den Fragebögen zu erleichtern, und mit zusätzlichen Informationen über die Deutschland-Aktion erweitert.

Schließlich wurden 44 Diätassistenten- und Krankenpflegeschulen per E-Mail kontaktiert und die Möglichkeit der Projektmitwirkung durch Unterstützung teilnehmender Einrichtungen bei der Datenerhebung und Dateneingabe aufgezeigt. In einer Lehrveranstaltung der FAU im Masterstudiengang Gerontologie wurde das Projekt ausführlich besprochen und den Studierenden ebenfalls die Mitwirkung bei der Datenerhebung und Dateneingabe angeboten.

### 2.2.3 Ablauf und Inhalte der Erhebungen

Am nutritionDay erfolgt jährlich die Datenerhebung mit standardisierten Fragebögen, die im Internet in 30 Sprachen zur Verfügung stehen (www.nutritionday.org).

Die Fragebögen für das Krankenhaus richten sich zum Teil an die Mediziner*innen und Pflegekräfte und zum Teil an die Patient*innen der teilnehmenden Stationen. Mit einem Krankenhausfragebogen (seit 2016) und einem Stationsbogen werden vom Personal allgemeine strukturelle Informationen über die Einrichtung und über die Organisation und Struktur der Ernährungsversorgung erfasst. Ein weiterer Fragebogen wurde für alle anwesenden Patient*innen ebenfalls vom Personal ausgefüllt und liefert Informationen über die Patient*innen (z. B. Gewicht, Größe, Diagnosen, Ernährungszustand, Ernährungstherapien). Darüber hinaus beantwortet jede*r Patient*in Fragen zur eigenen Person (z. B. Mobilität, Selbständigkeit, subjektive Gesundheit, Gewichtsverlust) und zur individuellen Ernährung.

Im Pflegeheim beschränkt sich die Erhebung auf einen Wohnbereichsbogen mit Informationen zur Struktur und zur Ernährungsversorgung und einen Fragebogen für Bewohnende, der sowohl allgemeine Charakteristika als auch Fragen zu Ernährung, Ernährungszustand und Ernährungsmaßnahmen beinhaltet. Beide Fragebögen werden aufgrund der weitverbreiteten körperlichen und kognitiven Beeinträchtigungen der Bewohner*innen vom teilnehmenden Personal ausgefüllt.

Einen besonderen Stellenwert hat das Mittagessen am nutritionDay. Für alle Patient*innen bzw. Bewohner*innen wird anhand von Viertelportionen festgehalten, welcher Anteil der angebotenen Mahlzeit jeweils verzehrt wurde. Im Krankenhaus gaben die Patient*innen zusätzlich die Gründe für eine erniedrigte Nahrungsaufnahme an.

Eine Verlaufserhebung findet im Krankenhaus 30 Tage und im Pflegeheim 6 Monate nach dem nutritionDay statt. Diese beinhaltet Fragen zum Aufenthalt der Patient*innen bzw. der Bewohner*innen zum Zeitpunkt der Nacherhebung und zu zwischenzeitlichen Wiederaufnahmen der Patient*innen bzw. Klinikeinweisungen der Heimbewohner*innen.

Die Inhalte der Fragebögen wurden in einem mehrstufigen Prozess durch die Mitglieder des nutritionDay-Beratungsgremiums abgestimmt. Basierend auf den Erfahrungen der Vorjahre wurden die Fragebögen sowohl für Krankenhäuser als auch für Pflegeheime im Jahr 2016 aktualisiert. Sämtliche Fragen sind in einfacher Sprache mit selbsterklärenden Antwortkategorien verfasst und erfordern kein Spezialwissen. Dennoch stehen ergänzend Dokumente mit ausführlichen Erklärungen zu den Inhalten und zum Ablauf zur Verfügung. Bei auftretenden Fragen sind auch Mitarbeitende im nutritionDay-Büro in Wien bzw. an der FAU ansprechbar.

### 2.2.4 Ethische Standards und Datenschutz

Die Erhebungen werden nach international geltenden Ethik-Richtlinien durchgeführt. Entsprechende Anträge wurden bei den Ethik-Kommissionen der MUW und der FAU eingereicht und bewilligt. Darüber hinaus wurden von teilnehmenden Institutionen teilweise noch lokale Ethik-Kommissionen hinzugezogen.

Außerdem wurde von den Datenschutzbeauftragten der MUW und FAU geprüft, dass die Einhaltung der geltenden Datenschutzbestimmungen bei der Erhebung, Übertragung und Auswertung der Daten gewährleistet ist.

### 2.2.5 Dateneingabe und -auswertung

Die Dateneingabe erfolgt in anonymisierter Form durch die teilnehmenden Einrichtungen über die nutritionDay-Website in eine den Fragebögen entsprechende Eingabemaske.

Der umfangreiche Klinikdatensatz wurde am Zentrum für Medizinische Statistik, Informatik und Intelligente Systeme der MUW mit dem Statistikprogramm R 3.5.1, der Pflegeheimdatensatz in Nürnberg am Institut für Biomedizin des Alterns der FAU mit dem Programm IBM SPSS Version 24 ausgewertet.

Vor Beginn der Datenanalyse wurden beide Datensätze bereinigt und auf Plausibilität geprüft. Doppelte Datensätze und Patient*innen mit fehlendem Einverständnis wurden entfernt. Aus Gründen der Qualitätssicherung wurden im Krankenhausdatensatz nur Stationen berücksichtigt, die für mindestens 75 % der am nutritionDay teilnehmenden Patient*innen auch Verlaufsdaten erfasst und eingegeben haben. Als weiteres Einschlusskriterium für die Auswertung der Patient*innendaten wurde ein Alter von mindestens 18 Jahren definiert. Im Pflegeheimdatensatz wurden alle Wohnbereiche mit mindestens 5 Teilnehmenden sowie alle Bewohner*innen im Alter von mindestens 65 Jahren in die Auswertung eingeschlossen.

Die Auswertung erfolgte in beiden Datensätzen deskriptiv zunächst für alle eingeschlossenen Teilnehmenden auf Stations-/Wohnbereichsebene und auf Patient*innen-/Bewohner*innenebene für die folgenden Zeiträume: Die Krankenhausdaten der Jahre 2006 bis 2015 wurden zusammengefasst, da keine gravierenden Jahresunterschiede in zentralen Variablen erkennbar waren. Die Jahre 2016 bis 2017 werden aufgrund der 2016 veränderten, z. T. erweiterten Fragebögen separat dargestellt. Die Auswertung des Pflegeheimdatensatzes erfolgte gemeinsam für die Jahre 2007 bis 2017. Die Daten von 2018 werden als aktuellste Ergebnisse in beiden Bereichen separat aufgeführt. Alle Ergebnisse werden für die jeweiligen Zeiträume für die Teilnehmenden aus Deutschland und zum Vergleich für alle anderen teilnehmenden Länder in Europa dargestellt. Für die Krankenhausdaten ergeben sich somit sechs, für die Pflegeheimdaten vier Berichtsgruppen.

Beschrieben werden zunächst die Teilnahmezahlen (insgesamt und im Krankenhaus für verschiedene Fachdisziplinen), gefolgt von Stations-/Wohnbereichscharakteristika (Bettenzahl, belegte Betten, Anzahl Teilnehmende, Teilnahmerate, ernährungsmedizinisches Personal, ernährungsmedizinische Strategien), Patient*innen-/Bewohner*innencharakteristika (Alter, Geschlecht, Gesundheitszustand und Funktionalität) und den Variablen zur Charakterisierung der Ernährungssituation (BMI, Mangelernährung, Essmenge in der Vorwoche und am nutritionDay, Gründe für eine geringe Essmenge am nutritionDay [nur im Krankenhaus], Kostformen und Ernährungsmaßnahmen) sowie den Verlaufsdaten (Klinikaufenthaltsdauer, Verbleib der Patient*innen nach der Entlassung inklusive Klinikmortalität bzw. Aufenthaltsort der Bewohner*innen nach 6 Monaten, Krankenhaus(wieder)einweisungen innerhalb von 30 Tagen im Krankenhausteil bzw. innerhalb von 6 Monaten im Pflegeheimteil).

Mangelernährung wird dabei anhand der folgenden Kriterien definiert:

- Untergewicht nach Definition der WHO [34]: BMI < 18,5 kg/m²
- Untergewicht nach der Definition von ESPEN [35]:
  - schweres Untergewicht: BMI < 18,5 kg/m² bei < 70-Jährigen bzw. < 20 kg/m² bei ≥ 70-Jährigen;
  - mäßiges Untergewicht: BMI 18,5 bis < 20 kg/m² bei < 70-Jährigen bzw. 20 bis < 22 kg/m² bei ≥ 70-Jährigen
- unbeabsichtigter Gewichtsverlust > 5 % in den vergangenen 3 Monaten (Krankenhaus) bzw. > 5 kg im vergangenen Jahr (Pflegeheim)
- subjektive klinische Einschätzung des Personals (im Krankenhaus: Wurde diese*r Patient*in als mangelernährt eingestuft? Mangelernährt, gefährdet oder nein; im Pflegeheim: Mangelernährung: ja, Risiko, nein)

Im Krankenhausteil wurde die Mangelernährungsprävalenz zusätzlich anhand der neuen globalen Konsensusdefinition (GLIM) [36], die – an den nutritionDay-Datensatz angepasst –

auf einer Kombination von (Gewichtsverlust oder niedrigem BMI) und (geringer Essmenge oder Inflammation) beruht, wie folgt berechnet:

- Schwere Mangelernährung:
  «Gewichtsverlust > 10 % in den letzten 3 Monaten ODER niedriger BMI [< 18,5 kg/m² (< 70-Jährige) bzw. < 20 kg/m² (≥ 70-Jährige)]»
  UND
  «etwa halb so viel oder weniger der üblichen Nahrungsaufnahme in der Woche vor der Krankenhausaufnahme ODER nichts gegessen am nutritionDay (obwohl erlaubt) ODER akute/chronische Erkrankung mit Inflammation»

- Mäßige Mangelernährung:
  «Gewichtsverlust von 5 bis 10 % in den letzten 3 Monaten ODER mäßiges Untergewicht [BMI 18,5 bis < 20 kg/m² (< 70-Jährige) bzw. 20 bis < 22 kg/m² (≥ 70-Jährige)]»
  UND
  «etwa ¾ oder weniger der üblichen Nahrungsaufnahme in der Woche vor der Krankenhausaufnahme ODER ¼ des Mittagessens am nutritionDay ODER akute/chronische Erkrankung mit Inflammation»

Als Erkrankungen mit Inflammation wurden dabei folgende Erkrankungen gewertet: ICD-Codes bei Krankenhausaufnahme 0100 (infektiöse und parasitäre Erkrankungen), 0600 (Nervensystem) oder 2000 (äußere Ursachen von Morbidität und Mortalität) oder mindestens eine der Komorbiditäten Herzinsuffizienz, chronische Lungen-, Leber- oder Nierenerkrankung, Krebs oder andere chronische Erkrankung oder Notaufnahme oder Behandlung auf einer Trauma-Station.

Kategoriale Variablen werden mit relativen Häufigkeiten beschrieben, stetige Variablen durch Median mit 25. und 75. Perzentil (Interquartilbereich, IQB), teilweise ergänzt durch Minimum (Min.) und Maximum (Max.) oder Mittelwert (MW) mit Standardabweichung (SD).

Darüber hinaus wurden folgende Zusammenhänge untersucht und überwiegend graphisch dargestellt:

- Häufigkeit von Ernährungsmaßnahmen
  - bei Patient*innen mit/ohne ernährungsmedizinischem Personal auf der Station
  - bei Patient*innen mit/ohne Mangelernährungsscreening auf der Station
  - in Abhängigkeit vom Ernährungszustand

- Verlaufsdaten in Abhängigkeit vom Ernährungszustand (im Krankenhaus die weitere Klinikaufenthaltsdauer, Klinikmortalität und Wiedereinweisungen innerhalb des Follow-Up-Zeitraums; im Pflegeheim die Mortalität innerhalb des Follow-Up-Zeitraums)

Für diese Auswertungen wurden im Krankenhausdatensatz die Jahre 2016 bis 2018 zusammengefasst, um aktuelle Daten in ausreichender Zahl zugrunde zu legen. Der Fokus der Berichterstattung wurde insgesamt auf die aktuellsten Daten aus Deutschland gerichtet (in den Ergebnistabellen fett hervorgehoben).

# 2.3 Ergebnisse

## 2.3.1 nutritionDay im Krankenhaus

### 2.3.1.1 Teilnahmezahlen



Insgesamt haben seit Beginn des nutritionDay in Deutschland 296 Krankenhäuser mit 753 Stationen und 12 506 Patient*innen teilgenommen. 272 Krankenhäuser (91,9 %), 694 Stationen (92,2 %) und 11 595 Patient*innen (92,7 %) erfüllten die für diesen Bericht definierten Einschlusskriterien.

Im Jahr 2018 konnten 25 Kliniken mit 48 Stationen und 767 Patient*innen zur Teilnahme motiviert und in der Auswertung berücksichtigt werden (75,8 %, 75,0 % bzw. 81,5 % der insgesamt teilnehmenden Kliniken, Stationen bzw. Patient*innen). Sechs dieser Kliniken hatten bereits in einem der Vorjahre teilgenommen, eine davon war in allen außer einem Jahr beteiligt. 19 Kliniken konnten neu rekrutiert werden.

Tabelle 2/1 zeigt die Teilnahmezahlen für die einzelnen Jahre in Deutschland und in den übrigen Ländern in Europa.

**Tabelle 2/1:** Anzahl der Krankenhäuser, Stationen und Patient*innen, die pro Jahr am nutritionDay in Deutschland und in den übrigen europäischen Ländern teilgenommen haben (nur Stationen mit > 75 % Verlaufsdaten und Patient*innen ≥ 18 Jahre)

| | Deutschland | | | Europa | | |
|---|---|---|---|---|---|---|
| **Erhebungsjahr** | **Krankenhäuser** | **Stationen** | **Patient*innen** | **Krankenhäuser** | **Stationen** | **Patient*innen** |
| 2006 | 36 | 103 | 1 695 | 206 | 564 | 11 738 |
| 2007 | 40 | 109 | 1 857 | 134 | 329 | 6 850 |
| 2008 | 30 | 70 | 1 211 | 142 | 347 | 6 781 |
| 2009 | 33 | 80 | 1 453 | 149 | 462 | 8 310 |
| 2010 | 24 | 60 | 1 115 | 130 | 361 | 6 582 |
| 2011 | 16 | 56 | 1 004 | 122 | 336 | 6 681 |
| 2012 | 16 | 36 | 558 | 115 | 349 | 6 162 |
| 2013 | 9 | 23 | 312 | 121 | 357 | 6 276 |
| 2014 | 8 | 26 | 377 | 108 | 319 | 5 370 |
| 2015 | 15 | 39 | 626 | 192 | 510 | 8 507 |
| 2016 | 11 | 24 | 408 | 107 | 268 | 4 087 |
| 2017 | 9 | 20 | 212 | 102 | 282 | 4 188 |
| 2018 | 25 | 48 | 767 | 44 | 116 | 1 534 |
| **gesamt** | **272** | **694** | **11 595** | **1 672** | **4 600** | **83 066** |

Während in den Vorjahren jeweils nur einzelne deutsche Kliniken aufgrund zu weniger Verlaufsdaten von der Auswertung ausgeschlossen wurden (über alle Jahre 6 %), war dies 2018 bei 8 Kliniken (24,2 %), 16 Stationen (25,0 %) und damit 174 Patient*innen (18,5 %) der Fall – vergleichbar mit Europa (21,4 %, 21,6 % und 24,3 %), wo auch in den Vorjahren 21 bis 24 % der Kliniken und 22 bis 24 % der Patient*innen ausgeschlossen werden mussten.

Die Teilnehmenden der europäischen Vergleichsgruppe stammen 2006–2015 aus 31 verschiedenen Ländern, mit den meisten Patient*innen aus Belgien (18,2 %) und Österreich (14,2 %). In den Jahren 2016–2017 nahmen 21 und 2018 14 europäische Länder teil, wobei die Teilnahme in beiden Zeiträumen stark von Belgien dominiert wird (46,5 bzw. 48 % der Patient*innen). 10,5 % der Patient*innen im Zeitraum 2016–2017 stammen aus Portugal, alle anderen Länder tragen in allen drei Berichtszeiträumen weniger als 10 % der Patient*innen bei.

Die teilnehmenden deutschen Patient*innen kamen 2018 vor allem aus chirurgischen (27 %) und gastroenterologischen (24 %) Abteilungen (Tab. 2/2). Die Gastroenterologie war damit deutlich stärker vertreten als in den Vorjahren und auch in den jeweiligen Vergleichsgruppen. In den Jahren 2016–2017 war der Anteil onkologischer Patient*innen mit 21% vergleichsweise hoch, in den Jahren zuvor die Patient*innenanteile aus der allgemeinen Inneren Medizin und aus der Chirurgie.

**Tabelle 2/2:** Teilnehmende Klinikstationen (Stat.) und Patient*innen (Pat.) nach Fachdisziplin (Anteil aller Stationen bzw. Patient*innen im jeweiligen Zeitraum [%])

| | Deutschland 2006–2015 | | Europa 2006–2015 | | Deutschland 2016–2017 | | Europa 2016–2017 | | Deutschland 2018 | | Europa 2018 | |
|---|---|---|---|---|---|---|---|---|---|---|---|---|
| **Fachdisziplin** | Stat. (602) | Pat. (10208) | Stat. (3934) | Pat. (73257) | Stat. (44) | Pat. (620) | Stat. (550) | Pat. (8275) | Stat. (48) | Pat. (767) | Stat. (116) | Pat. (1 534) |
| Allg. Innere Medizin | 18,9 | 20,0 | 20,9 | 21,8 | 11,4 | 11,8 | 19,5 | 21,4 | **10,4** | **10,3** | 22,4 | 25,0 |
| Gastroenterologie, Hepatologie | 13,8 | 13,7 | 8,2 | 8,2 | 18,2 | 18,7 | 7,8 | 7,9 | **22,9** | **24,4** | 7,8 | 7,9 |
| Geriatrie | 12,6 | 14,2 | 11,1 | 11,2 | 11,4 | 11,6 | 18,0 | 18,3 | **12,5** | **9,1** | 16,4 | 15,2 |
| Onkologie | 12,8 | 10,3 | 9,7 | 9,4 | 20,5 | 21,1 | 8,4 | 7,1 | **10,4** | **9,8** | 6,9 | 4,9 |
| Chirurgie | 19,4 | 20,7 | 24,1 | 26,5 | 11,4 | 8,4 | 21,3 | 20,6 | **25,0** | **27,4** | 21,6 | 22,4 |
| Neurologie | 5,8 | 6,4 | 4,3 | 4,0 | 13,6 | 14,4 | 5,5 | 4,0 | **8,3** | **9,6** | 5,2 | 3,7 |
| Sonstige | 16,6 | 14,7 | 21,7 | 18,9 | 13,6 | 14,0 | 19,6 | 20,7 | **10,4** | **9,4** | 19,8 | 20,9 |

### 2.3.1.2 Strukturelle Aspekte der teilnehmenden Stationen

Am nutritionDay 2018 waren in Deutschland im Unterschied zu den Vorjahren und zu den jeweiligen europäischen Vergleichsgruppen alle Betten in den teilnehmenden Stationen belegt (Tab. 2/3). Im Mittel nahmen pro Station 16 Patient*innen teil (Streubreite 5–31 Patient*innen). Die Teilnahmerate lag im Mittel bei 62 % und damit in der gleichen Größenordnung wie in den anderen Berichtszeiträumen und in den Vergleichsgruppen.

**Tabelle 2/3:** Maximale Bettenkapazität der teilnehmenden Stationen, am nutritionDay belegte Betten, Anzahl nutritionDay-Teilnehmende und Teilnahmerate (Anteil Teilnehmende von den belegten Betten [%]) Median (Interquartilbereich)

| | **Deutschland 2006–2015** (n=602) | **Europa 2006–2015** (n=3934) | **Deutschland 2016–2017** (n=44) | **Europa 2016–2017** (n=550) | **Deutschland 2018** (n=48) | **Europa 2018** (n=116) |
|---|---|---|---|---|---|---|
| Bettenkapazität | 30 (24–36) | 27 (21–32) | 34 (21–36) | 28 (24–31) | **28 (24–36)** | 28 (22–31) |
| belegte Betten | 26 (20–32) | 24 (17–30) | 20 (10–29) | 21 (17–26) | **28 (24–33)** | 22 (15–26) |
| Teilnehmende | 16 (11–22) | 17 (11–23) | 12 (9–20) | 14 (10–18) | **16 (11–20)** | 12 (9–16) |
| Teilnahmerate | 64 (48–82) | 77 (56–93) | 62 (48–70) | 67 (50–84) | **62 (40–69)** | 58 (48–72) |

Lediglich 10 % der 2018 in Deutschland teilnehmenden Stationen gaben an, dass am nutritionDay mindestens eine Diätassistenz auf der Station tätig war, deutlich weniger als dies international der Fall war und auch deutlich weniger als in den Vorjahren (Tab. 2/4). Auf gut der Hälfte der Stationen gibt es eine Ansprechperson für klinische Ernährung, wobei der Unterschied zur Vergleichsgruppe und auch zu den Vorjahren hier weniger stark ausgeprägt, aber auch ein Rückgang im Vergleich zu den Jahren 2006–2017 zu bemerken ist. Mit 58 % waren Ernährungsteams in Deutschland 2018 deutlich seltener als in den Vorjahren und in den Vergleichsgruppen.

**Tabelle 2/4:** Ernährungsmedizinisches Personal am nutritionDay auf der Station (Anteil Stationen mit Diätassistenz, Ansprechperson für klinische Ernährung bzw. übergeordnetem Ernährungsteam [%])

| | **Deutschland 2006–2015** (n=602) | **Europa 2006–2015** (n=3934) | **Deutschland 2016–2017** (n=44) | **Europa 2016–2017** (n=550) | **Deutschland 2018** (n=48) | **Europa 2018** (n=116) |
|---|---|---|---|---|---|---|
| Diätassistenz | 21,1 | 34,8 | 27,3 | 48,0 | **10,4** | 62,9 |
| Ansprechperson für klinische Ernährung | 74,3 | 68,8 | 56,8 | 64,7 | **56,3** | 67,2 |
| Ernährungsteam | 77,6 | 71,7 | 75,0 | 76,9 | **58,3** | 81,9 |

**2018 gaben lediglich 10 % der teilnehmenden deutschen Stationen an, über eine Diätassistenz zu verfügen – deutlich weniger als in der europäischen Vergleichsgruppe und in den Vorjahren. 58 % gaben an, ein Ernährungsteam zu haben.**

Ein routinemäßiges Screening auf Mangelernährung wurde 2018 in Deutschland von 88 % der Stationen durchgeführt, deutlich häufiger als in den ersten 10 Jahren des nutritionDay und vergleichbar mit den übrigen europäischen Teilnehmenden (Tab. 2/5). Gut die Hälfte bis zwei Drittel der Stationen gaben an, ihre Patient*innen bei Aufnahme routinemäßig zu wiegen. Dieser Anteil war mit 54 % in Deutschland 2018 am geringsten. Drei Viertel der deutschen Stationen gaben 2018 an, bei der Durchführung klinischer Ernährung Richtlinien oder Standards zu nutzen, ein ähnlicher Anteil wie in den Vorjahren und in den Vergleichsgruppen.

**Tabelle 2/5:** Screening und Mangelernährungsmanagement der Stationen (Anteil Stationen mit routinemäßigem Screening bzw. Wiegen bei Aufnahme und Anteil Stationen, die Richtlinien oder Standards zur Ernährungsversorgung nutzen [%])

| | **Deutschland 2006–2015** (n=602) | **Europa 2006–2015** (n=3934) | **Deutschland 2016–2017** (n=44) | **Europa 2016–2017** (n=550) | **Deutschland 2018** (n=48) | **Europa 2018** (n=116) |
|---|---|---|---|---|---|---|
| Screening bei Aufnahme | 36,0 | 53,8 | 90,9 | 85,3 | **87,5** | 85,3 |
| Wiegen bei Aufnahme | 69,9 | 63,4 | 63,6 | 59,3 | **54,2** | 56,9 |
| Nutzung von Richtlinien oder Standards | 83,6 | 74,6 | 79,5 | 72,4 | **75,0** | 70,7 |

### 2.3.1.3 Charakteristika der Patient*innen

Die teilnehmenden Patient*innen in Deutschland und im übrigen Europa waren in allen Berichtszeiträumen im Mittel etwa 70 Jahre alt und etwa zur Hälfte weiblich. Knapp zwei Drittel waren 65 Jahre oder älter, etwa ein Viertel über 80 Jahre alt (Tab. 2/6).

**Tabelle 2/6:** Allgemeine Charakteristika der Patient*innen [%, sofern nicht anders angegeben]

| | **Deutschland 2006–2015** (n = 10 208) | **Europa 2006–2015** (n = 73 257) | **Deutschland 2016–2017** (n = 620) | **Europa 2016–2017** (n = 8 275) | **Deutschland 2018** (n = 767) | **Europa 2018** (n = 1 534) |
|---|---|---|---|---|---|---|
| **Alter** | | | | | | |
| Median (IQB) [Jahre] | 70 (56–80) | 68 (54–80) | 69 (57–79) | 71 (58–81) | **68 (55–78)** | 72 (60–82) |
| ≥ 65 Jahre [%] | 61,8 | 57,3 | 57,9 | 63,4 | **57,8** | 66,9 |
| **Geschlecht** | | | | | | |
| weiblich | 50,1 | 50,4 | 53,4 | 51,5 | **51,4** | 51,2 |
| **Einweisung von** | | | | | | |
| zu Hause | - | - | 86,6 | 86,5 | **87,7** | 86,4 |
| (Pflege-)Heim | - | - | 4,7 | 4,6 | **2,7** | 4,8 |
| anderer Klinik | - | - | 7,4 | 4,1 | **4,2** | 4,6 |
| anderem Ort | - | - | 0,6 | 1,4 | **0,9** | 1,2 |
| keine Angabe | - | - | 0,7 | 3,3 | **4,4** | 3,0 |
| **Klinikaufnahme** | | | | | | |
| geplant | - | - | 50,2 | 39,9 | **41,7** | 33,8 |
| Notfall | - | - | 41,8 | 53,4 | **45,8** | 57,8 |
| keine Angabe | - | - | 8,1 | 6,8 | **12,5** | 8,5 |
| **Anzahl Diagnosen** | | | | | | |
| 1 Diagnose | 52,6 | 61,4 | 45,5 | 54,0 | **42,4** | 63,0 |
| 2 Diagnosen | 25,3 | 22,2 | 24,8 | 24,6 | **23,6** | 21,6 |
| ≥ 3 Diagnosen | 10,5 | 7,9 | 14,5 | 11,2 | **16,7** | 7,2 |
| **Medikamente** | | | | | | |
| < 5 | 28,0 | 36,1 | 35,3 | 33,3 | **38,1** | 28,5 |
| ≥ 5 | 50,3 | 44,1 | 61,3 | 59,7 | **58,0** | 62,3 |
| keine Angabe | 21,8 | 19,8 | 3,4 | 6,9 | **3,9** | 9,2 |
| **Aufenthalt Intensivstation** | 11,5 | 10,1 | 9,8 | 8,7 | **14,2** | 8,8 |
| **Terminal krank** | 12,5 | 4,1 | 17,4 | 4,6 | **13,3** | 7,0 |
| **Gehfähigkeit** | | | | | | |
| allein | 61,1 | 58,4 | 65,8 | 57,1 | **63,8** | 55,5 |
| mit Hilfe | 19,4 | 22,7 | 23,7 | 24,0 | **20,3** | 28,8 |
| bettlägerig | 8,8 | 10,1 | 6,9 | 9,5 | **8,0** | 10,6 |
| keine Angabe | 10,7 | 8,7 | 3,6 | 9,3 | **7,9** | 5,1 |
| **Subjektive Gesundheit** | | | | | | |
| sehr gut | - | - | 3,1 | 6,6 | **3,0** | 7,6 |
| gut | - | - | 24,4 | 32,8 | **27,8** | 35,0 |
| mittel | - | - | 42,1 | 36,8 | **40,0** | 33,4 |
| schlecht | - | - | 23,4 | 16,0 | **19,8** | 16,0 |
| sehr schlecht | - | - | 5,3 | 3,7 | **4,6** | 4,5 |
| keine Angabe | - | - | 1,8 | 4,0 | **4,8** | 3,5 |

IQB: Interquartilbereich; -: keine Information (erst seit 2016 erfragt)

Knapp 90 % der Patient*innen kamen von zu Hause und nur wenige (4–7 %) wurden von einer anderen Klinik überwiesen. In knapp der Hälfte der Fälle war die Klinikeinweisung geplant, allerdings machte hierzu mit 12,5 % (Deutschland 2018) ein relativ großer Anteil leider keine Angabe.

Während bei lediglich einem Sechstel der deutschen Patient*innen 2018 mehr als zwei verschiedene Diagnosen vermerkt wurden, waren für 58 % fünf oder mehr unterschiedliche orale Medikamente am nutritionDay geplant. Aufenthalte auf einer Intensivstation und terminale Erkrankungen waren 2018 mit 14 bzw. 13 % deutlich häufiger als in der Vergleichsgruppe. Insgesamt waren die Patient*innen mehrheitlich selbständig mobil, knapp 10 % waren bettlägerig. Der eigene Gesundheitszustand wurde von 31 % als gut oder sehr gut eingeschätzt – etwas seltener als im übrigen Europa – und von 24 % schlecht oder sehr schlecht (Europa 21 %).

**Die 2018 teilnehmenden deutschen Patient*innen waren im Mittel 68 Jahre alt, 51 % waren weiblich, 58 % nahmen 5 oder mehr Medikamente ein, 14 % wurden auf einer Intensivstation behandelt und 13 % waren terminal krank.**

**Tabelle 2/7:** Diagnosen bzw. betroffene Organe bei der Krankenhausaufnahme [%] (Mehrfachantworten möglich)

| | **Deutschland 2006–2015** (n=10208) | **Europa 2006–2015** (n=73257) | **Deutschland 2016–2017** (n=620) | **Europa 2016–2017** (n=8275) | **Deutschland 2018** (n=767) | **Europa 2018** (n=1534) |
|---|---|---|---|---|---|---|
| Gastro-intestinaltrakt | 30,9 | 27,9 | 32,1 | 24,5 | **41,6** | 24,7 |
| Herz, Kreislauf | 23,4 | 19,4 | 32,7 | 23,6 | **24,8** | 21,8 |
| Endokrines System | 7,2 | 6,5 | 17,4 | 12,4 | **22,0** | 11,0 |
| Gehirn, Nerven | 15,7 | 13,6 | 24,2 | 18,3 | **19,7** | 12,8 |
| Muskel-Skelett-System | 18,5 | 16,9 | 18,4 | 18,6 | **18,9** | 19,0 |
| Lunge | 13,6 | 13,2 | 24,8 | 17,8 | **17,7** | 17,8 |
| Nieren, Urogenitaltrakt, Geschlechtsorgane | 13,1 | 11,7 | 11,0 | 11,5 | **10,7** | 11,9 |
| Infektiöse Krankheiten | 5,4 | 6,9 | 4,2 | 9,7 | **9,6** | 8,3 |
| Blut, blutbildende Organe, Knochenmark | 5,5 | 4,2 | 11,0 | 7,2 | **9,1** | 6,6 |
| Haut | 3,8 | 3,2 | 1,8 | 4,2 | **4,6** | 4,3 |
| Augen, Ohren | 2,6 | 2,1 | 1,3 | 2,2 | **2,2** | 2,0 |
| Schwangerschaft | 0,1 | 0,5 | 0,2 | 0,2 | **0,4** | 0,1 |

Mit Abstand am häufigsten – und auch deutlich häufiger als im übrigen Europa – wurden 2018 in Deutschland Diagnosen von Erkrankungen des Gastrointestinaltrakts berichtet, gefolgt von Herz-Kreislauf- und endokrinen Erkrankungen. Infektiöse Krankheiten waren mit 10 % deutlich häufiger als in den Vorjahren (4 bzw. 5 %). Vereinzelt nahmen auch schwangere Patientinnen am nutritionDay teil (Tab. 2/7).

**Mit Abstand am häufigsten waren 2018 in Deutschland Erkrankungen des Gastrointestinaltrakts, gefolgt von Herz-Kreislauf- und endokrinen Erkrankungen.**



Aufgrund einer veränderten Erfragung seit 2016 sind die Diagnosehäufigkeiten des ersten Berichtszeitraums nicht direkt mit denen der Folgejahre vergleichbar. Auffällig sind dennoch die deutlich höheren Prävalenzen endokriner Erkrankungen seit 2016 und bei deutschen Teilnehmenden 2018 die etwa doppelt so große Häufigkeit gastrointestinaler und endokriner Erkrankungen im Vergleich zur Vergleichsgruppe.

### 2.3.1.4 Ernährungszustand der Patient*innen

Der mittlere BMI der Patient*innen betrug in allen Zeiträumen einheitlich 26 ± 6 kg/m$^2$. Laut WHO-Definition waren ca. 5 % der Patient*innen untergewichtig, wobei ein relativ hoher Anteil fehlender Werte – ca. 9 % in Deutschland 2018 – zu verzeichnen ist (Tab. 2/8). Laut ESPEN-Definition lag schweres Untergewicht bei 7 bis 9 % und mäßiges Untergewicht bei 8 bis 9 % der Patient*innen vor. Zusammengenommen waren somit laut dieser Definition 15 bis 17 % der Patient*innen untergewichtig mit insgesamt erstaunlicher Ähnlichkeit in den sechs Berichtsgruppen (Tab. 2/8).

In Deutschland berichteten 2018 ebenso wie in den beiden Vorjahren 28 % der Patient*innen einen unbeabsichtigten Gewichtsverlust von mehr als 5 % in den vergangenen 3 Monaten, bei 17 % war dieser größer als 10 %. Unabhängig vom Ausmaß wurde ein Gewichtsverlust von insgesamt 42 % der Patient*innen angegeben, ebenfalls mit großer Übereinstimmung zwischen den Zeiträumen und mit der Vergleichsgruppe (Tab. 2/8).

Laut globaler Konsensusdefinition (GLIM), die seit 2016 auf die nutritionDay-Daten anwendbar ist, sind unabhängig vom Zeitraum ca. 20 % der Patient*innen schwer mangelernährt und weitere ca. 15 % mäßig mangelernährt (Tab. 2/8).

Die seit 2016 ans Personal gerichtete Frage, ob der*die Patient*in als mangelernährt einzustufen ist, wurde von 12 bis 14 % mit Ja beantwortet, bei 12 bis 13 % (Deutschland) bzw. 16 bis 18 % (Europa) wurde ein Risiko für Mangelernährung dokumentiert (Tab. 2/8).

2.3

**Tabelle 2/8:** Mittlerer BMI (MW) mit Standardabweichung (SD) und Häufigkeit von Mangelernährung anhand verschiedener Kriterien [%, sofern nicht anders angegeben]

| | **Deutschland 2006–2015** (n=10208) | **Europa 2006–2015** (n=73257) | **Deutschland 2016–2017** (n=620) | **Europa 2016–2017** (n=8275) | **Deutschland 2018** (n=767) | **Europa 2018** (n=1534) |
|---|---|---|---|---|---|---|
| **BMI** | | | | | | |
| MW ± SD [kg/m²] | 26,2 ± 5,7 | 25,8 ± 5,7 | 26,2 ± 6,0 | 26,2 ± 5,8 | **26,2 ± 6,4** | 26,4 ± 6,0 |
| < 18,5 kg/m² [%] | 4,5 | 6,1 | 6,3 | 5,6 | **5,2** | 6,4 |
| keine Angabe [%] | 5,4 | 6,8 | 5,6 | 5,3 | **8,9** | 5,1 |
| **ESPEN** | | | | | | |
| schweres UG[a] | 6,8 | 8,7 | 8,5 | 8,1 | **7,6** | 8,7 |
| mäßiges UG[a] | 8,2 | 8,2 | 8,7 | 7,9 | **8,6** | 8,2 |
| keine Angabe | 5,4 | 6,8 | 5,6 | 5,3 | **8,9** | 5,1 |
| **unbeabsichtigter Gewichtsverlust** | | | | | | |
| > 5 % | 23,9 | 25,7 | 27,9 | 22,9 | **28,4** | 25,2 |
| ≤ 5 % | 13,8 | 13,4 | 6,0 | 7,3 | **6,3** | 5,7 |
| ohne Angabe[b] | 2,0 | 2,8 | 7,9 | 9,8 | **7,3** | 8,0 |
| kein Gewichtsverlust[c] | 60,3 | 58,1 | 58,2 | 60,1 | **58,0** | 61,0 |
| **GLIM-Kriterien** | | | | | | |
| schwere | - | - | 21,9 | 18,5 | **21,5** | 19,3 |
| mäßige | - | - | 14,0 | 14,1 | **15,9** | 14,9 |
| keine | - | - | 58,7 | 60,0 | **51,6** | 60,1 |
| keine Angabe | - | - | 5,3 | 7,4 | **11,0** | 5,7 |
| **Pflegeeinschätzung** | | | | | | |
| mangelernährt | - | - | 14,4 | 13,3 | **11,6** | 14,3 |
| gefährdet | - | - | 13,1 | 18,0 | **11,5** | 16,4 |
| nein | - | - | 64,0 | 60,2 | **65,6** | 61,0 |
| keine Angabe | - | - | 8,5 | 8,5 | **11,3** | 8,2 |

GLIM: *Global Leadership Initiative on Malnutrition* [36]
ESPEN: Europäische Gesellschaft für klinische Ernährung und Stoffwechsel
-: keine Information (erst seit 2016 erfragt)

a UG: Untergewicht: mäßig: BMI 18,5 bis < 20 kg/m² bei < 70-Jährigen und 20 bis < 22 kg/m² bei ≥ 70-Jährigen; schwer: BMI < 18,5 kg/m² bei < 70-Jährigen und < 20 bei ≥ 70-Jährigen [35]
b ohne Angabe zum Ausmaß des Gewichtsverlusts
c inklusive Patienten, die keine Angabe bei der Frage nach Gewichtsverlust gemacht haben

**2018 waren 16 % der teilnehmenden Patient*innen in deutschen Krankenhäusern untergewichtig, 42 % berichteten von einem unbeabsichtigten Gewichtsverlust in den vergangenen 3 Monaten und 12 % wurden vom Pflegepersonal als mangelernährt eingestuft.**

### 2.3.1.5 Essmenge der Patient*innen

Knapp zwei Drittel der Patient*innen berichteten seit 2016 eine übliche oder sogar übermäßige Essmenge in der Woche vor der Krankenhausaufnahme, etwa 20 % der Patient*innen aller sechs Berichtsgruppen hatten in der Vorwoche eine deutlich reduzierte Nahrungsaufnahme (Tab. 2/9).

Das Mittagessen am nutritionDay wurde 2018 von 37 % der deutschen Teilnehmenden vollständig gegessen, 5 % gaben an, gar nichts gegessen zu haben, obwohl sie hätten essen dürfen, und für 7 % war die Nahrungsaufnahme nicht erlaubt. In den Vorjahren und auch international zeigte sich ein sehr ähnliches Bild (Tab. 2/9).

**Tabelle 2/9:** Essmenge in der Woche vor der Krankenhausaufnahme und gegessener Anteil des Mittagessens am nutritionDay [%]

| | **Deutschland 2006–2015** (n=10208) | **Europa 2006–2015** (n=73257) | **Deutschland 2016–2017** (n=620) | **Europa 2016–2017** (n=8275) | **Deutschland 2018** (n=767) | **Europa 2018** (n=1534) |
|---|---|---|---|---|---|---|
| **Vorwoche** | | | | | | |
| mehr als normal[a] | - | - | 3,4 | 3,7 | **3,3** | 3,1 |
| normal | 46,0 | 43,9 | 62,1 | 58,9 | **59,7** | 60,8 |
| ein bisschen weniger[b]/etwa ¾ von normal[a] | 22,4 | 21,7 | 10,6 | 10,8 | **11,0** | 10,0 |
| etwa halb so viel wie normal | 11,8 | 13,7 | 10,5 | 12,3 | **10,6** | 12,4 |
| etwa ein Viertel bis kaum etwas | 8,3 | 11,5 | 11,8 | 8,4 | **9,4** | 9,9 |
| keine Angabe | 11,3 | 9,0 | 1,7 | 5,9 | **6,1** | 3,8 |
| **nutritionDay** | | | | | | |
| (fast) alles | 37,8 | 36,0 | 44,5 | 44,1 | **37,3** | 43,7 |
| ½ | 29,5 | 27,2 | 27,7 | 26,1 | **28,6** | 27,6 |
| ¼ | 10,5 | 13,2 | 12,3 | 12,5 | **11,6** | 13,0 |
| nichts | 4,2 | 5,8 | 3,5 | 5,0 | **5,1** | 5,7 |
| nicht erlaubt | 5,5 | 8,0 | 6,8 | 5,8 | **6,9** | 4,9 |
| keine Angabe | 12,5 | 9,9 | 5,2 | 6,5 | **10,6** | 5,0 |

-: keine Information (erst seit 2016 erfragt)

a seit 2016
b vor 2016

> Das Mittagessen am nutritionDay wurde 2018 von nur gut einem Drittel der deutschen Teilnehmenden (fast) vollständig gegessen.

Abbildung 2/1 zeigt die Häufigkeit genannter Gründe für eine geringe Essmenge beim Mittagessen am nutritionDay 2018. Knapp die Hälfte der Patient*innen (Deutschland 48,4 %, Europa 41,5 %) machte Angaben, warum nicht das gesamte Mittagessen verzehrt wurde. Mit Abstand am häufigsten wurde mangelnder Appetit genannt (Deutschland 20,5 %, Europa 15,4 %), gefolgt von mangelndem Hunger, Abneigung gegenüber dem Angebot und normalerweise geringerer Essmenge.



**Abbildung 2/1:** Gründe für eine geringe Essmenge beim Mittagessen am nutritionDay 2018 [%] (Mehrfachnennungen)

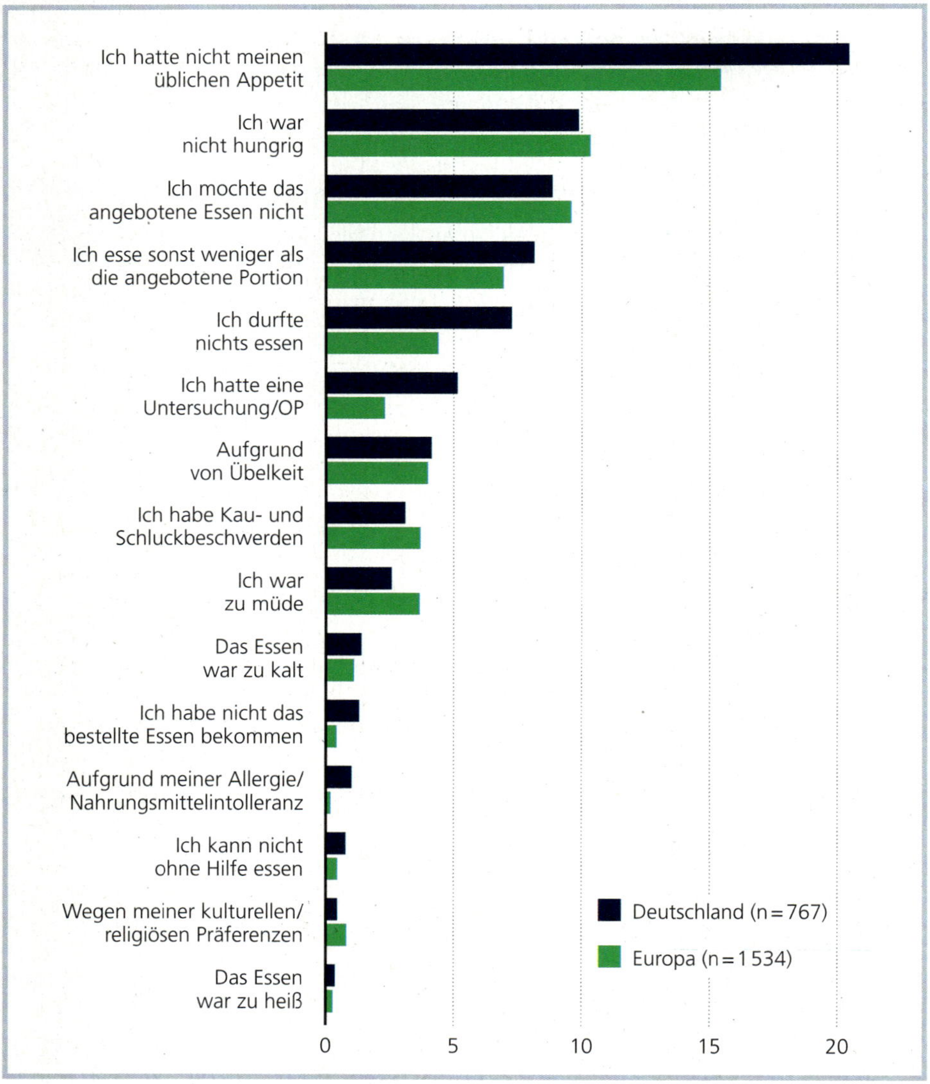


**Der häufigste Grund für eine geringe Essmenge der Patient*innen war mangelnder Appetit.**

Seit 2016 wird die Zufriedenheit mit dem Krankenhausessen allgemein erfragt (Tab. 2/10). Während 2016–2017 mehr als 60 % der deutschen Teilnehmenden mit dem Klinikessen insgesamt sehr oder recht zufrieden waren, lag dieser Anteil 2018 unter 50 %. Bei den europäischen Teilnehmenden waren gleichbleibend etwa 60 % zufrieden. Jeweils ca. 13 % der deutschen und europäischen Teilnehmenden waren 2018 unzufrieden bzw. sehr unzufrieden, geringfügig mehr als in den Vorjahren (ca. 11 %).

**Tabelle 2/10:** Zufriedenheit mit der Krankenhausverpflegung allgemein [%]

| | **Deutschland 2006–2015** (n=10208) | **Europa 2006–2015** (n=73257) | **Deutschland 2016–2017** (n=620) | **Europa 2016–2017** (n=8275) | **Deutschland 2018** (n=767) | **Europa 2018** (n=1534) |
|---|---|---|---|---|---|---|
| sehr zufrieden | - | - | 29,4 | 21,0 | **15,9** | 21,3 |
| recht zufrieden | - | - | 32,1 | 39,4 | **31,3** | 40,2 |
| neutral | - | - | 18,2 | 16,1 | **23,5** | 14,5 |
| unzufrieden | - | - | 8,1 | 8,3 | **9,0** | 9,7 |
| sehr unzufrieden | - | - | 2,7 | 2,8 | **3,7** | 3,3 |
| keine Angabe | - | - | 10,0 | 12,4 | **17,1** | 11,0 |

-: keine Information (erst seit 2016 erfragt)

### 2.3.1.6 Ernährungsmaßnahmen im Krankenhaus

#### 2.3.1.6.1 Kostform und Ernährungsinterventionen

Der Großteil aller Patient*innen in Deutschland erhielt am nutritionDay reguläre Krankenhauskost, 2018 waren dies 79 %, knapp 4 % weniger als 2016–2017 und 7 % mehr als in den Jahren zuvor. In den Vergleichsgruppen betrug dieser Anteil lediglich gut die Hälfte bis knapp zwei Drittel. Spezialdiäten wurden dagegen in Europa in allen drei Zeiträumen mehr als doppelt so häufig angeordnet, 2018 für 32 % der Patient*innen im Vergleich zu 14 % in Deutschland. Ein beachtlicher Anteil – 2018 in Deutschland 21 %, in Europa 26 % – gab an, zusätzlich zur Krankenhauskost weitere Speisen konsumiert zu haben. Im Vergleich zu 2006–2015 ist dieser Anteil sowohl in Deutschland als auch in Europa zurückgegangen (Tab. 2/11).

Angereicherte Mahlzeiten erhielten 7 % (2018) bzw. 6 % (2016–2017) der deutschen nutritionDay-Teilnehmenden und damit deutlich weniger als in den anderen Ländern, wo 2018 mehr als dreimal so oft angereicherte Kost angeordnet wurde. In den Jahren zuvor wurde diese Option noch nicht erfragt. Der Anteil an Patient*innen, die zusätzliche Energie und Nährstoffe in Form von Trinknahrung erhielten, lag 2018 in Deutschland bei 14 %, in der Vergleichsgruppe bei 19 %, etwa vergleichbar mit den beiden Vorjahren, jedoch sowohl in Deutschland als auch europaweit deutlich häufiger als 2006–2015. Parenteral ernährt wurden in allen sechs Berichtsgruppen 3 bis 4 % der Patient*innen. Enterale Ernährung erhielten 2018 ebenfalls 3 % der Patienten. Im Vergleich zu den Vorjahren ist dieser Anteil insbesondere in Deutschland drastisch zurückgegangen (Tab. 2/11).

**Tabelle 2/11:** Kostform und Ernährungsinterventionen am nutritionDay [%]

| | Deutschland 2006–2015 (n=10208) | Europa 2006–2015 (n=73257) | Deutschland 2016–2017 (n=620) | Europa 2016–2017 (n=8275) | Deutschland 2018 (n=767) | Europa 2018 (n=1534) |
|---|---|---|---|---|---|---|
| reguläre Krankenhauskost | 71,6 | 65,1 | 82,1 | 61,0 | **78,5** | 54,7 |
| Spezialdiät | 8,8 | 18,1 | 10,2 | 29,0 | **14,2** | 31,6 |
| zusätzliche Snacks | 37,0 | 37,6 | 24,5 | 25,9 | **20,6** | 25,9 |
| angereicherte Krankenhauskost | - | - | 6,0 | 16,3 | **6,6** | 21,0 |
| Trinknahrung | 4,2 | 10,3 | 12,6 | 17,0 | **13,8** | 18,8 |
| enterale Ernährung | 12,7 | 7,1 | 16,8 | 3,1 | **3,0** | 2,6 |
| parenterale Ernährung | 3,6 | 4,4 | 4,4 | 3,2 | **3,9** | 3,3 |

-: keine Information (erst seit 2016 erfragt)

> Angereicherte Kost kam 2018 mit 7 % in Deutschland deutlich seltener zum Einsatz als in der europäischen Vergleichsgruppe.

### 2.3.1.6.2 Ernährungsinterventionen in Abhängigkeit von Ernährungsstrukturen

Die Häufigkeit der Anordnung von angereicherter Krankenhauskost und Trinknahrung sowie von enteraler und parenteraler Ernährung ist in den Abbildungen 2/2a bis 2/2d in Abhängigkeit von einer Ansprechperson für Ernährung, einem Ernährungsteam, einer Diätassistenz bzw. einem routinemäßigem Mangelernährungs-Screening auf den Stationen dargestellt.

In Abbildung 2/2a wird zunächst der deutlich häufigere Einsatz von angereicherter Kost in den übrigen europäischen Ländern im Vergleich zu Deutschland deutlich. Angereicherte Kost und Trinknahrung (Abb. 2/2b) wurden sowohl in Deutschland als auch in der Vergleichsgruppe am häufigsten eingesetzt, wenn eine Diätassistenz vorhanden war und am seltensten, wenn bei der Klinikaufnahme kein routinemäßiges Screening erfolgte. Die Unterschiede sind in Abhängigkeit von einer Ansprechperson für Ernährung bzw. einem Ernährungsteam weniger ausgeprägt.

> Angereicherte Kost und Trinknahrung wurden sowohl in Deutschland als auch in der Vergleichsgruppe am häufigsten eingesetzt, wenn eine Diätassistenz vorhanden war.

**Abbildung 2/2a:** Häufigkeit von **angereicherter Kost** [%] bei Patient*innen mit und ohne Ernährungspersonal bzw. Mangelernährungs-Screening auf der Station in Europa (helle Säulen) und in Deutschland (dunkle Säulen) bei Teilnehmenden am nutritionDay 2016–2018

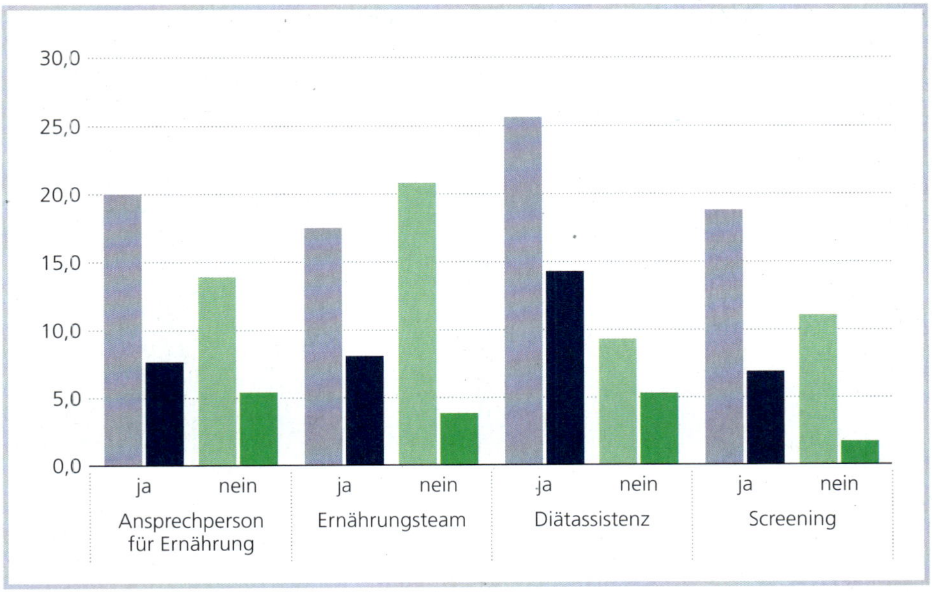


**Abbildung 2/2b:** Häufigkeit von **Trinknahrung** [%] bei Patient*innen mit und ohne Ernährungspersonal bzw. Mangelernährungs-Screening auf der Station in Europa (helle Säulen) und in Deutschland (dunkle Säulen) bei Teilnehmenden am nutritionDay 2016–2018

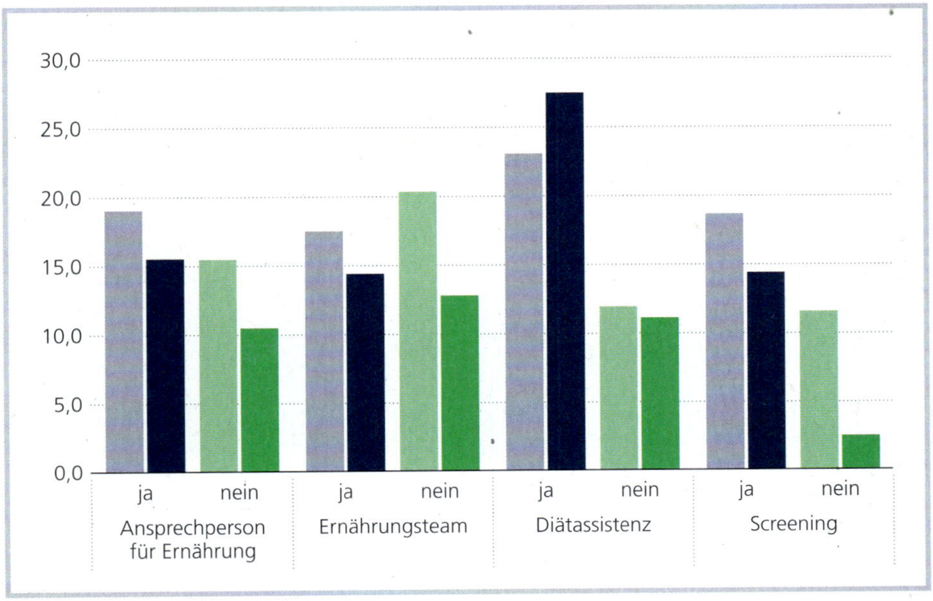

**Abbildung 2/2c:** Häufigkeit von **enteraler Ernährung** [%] bei Patient*innen mit und ohne Ernährungspersonal bzw. Mangelernährungs-Screening auf der Station in Europa (helle Säulen) und in Deutschland (dunkle Säulen) bei Teilnehmenden am nutritionDay 2016–2018

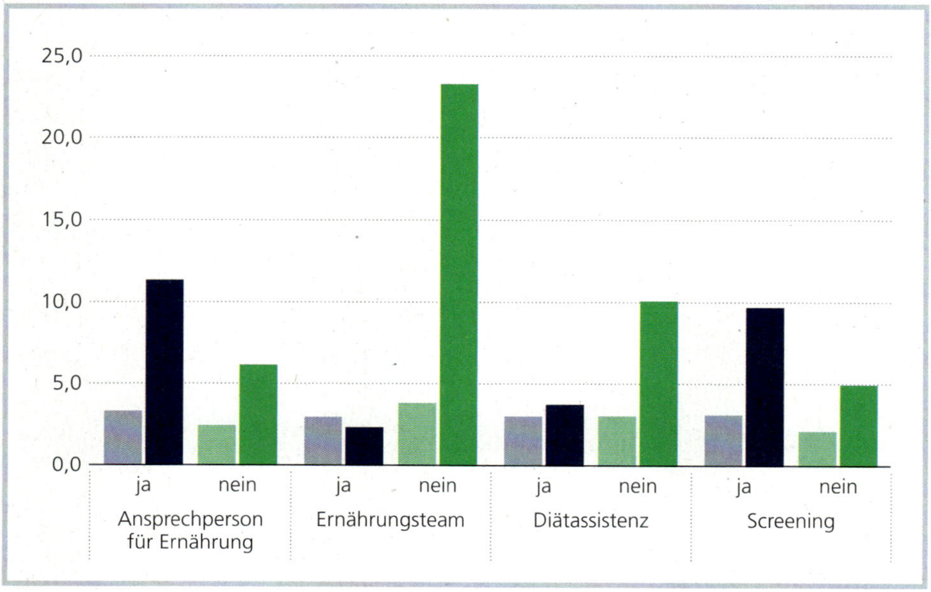


**Abbildung 2/2d:** Häufigkeit von **parenteraler Ernährung** [%] bei Patient*innen mit und ohne Ernährungspersonal bzw. Mangelernährungs-Screening auf der Station in Europa (helle Säulen) und in Deutschland (dunkle Säulen) bei Teilnehmenden am nutritionDay 2016–2018

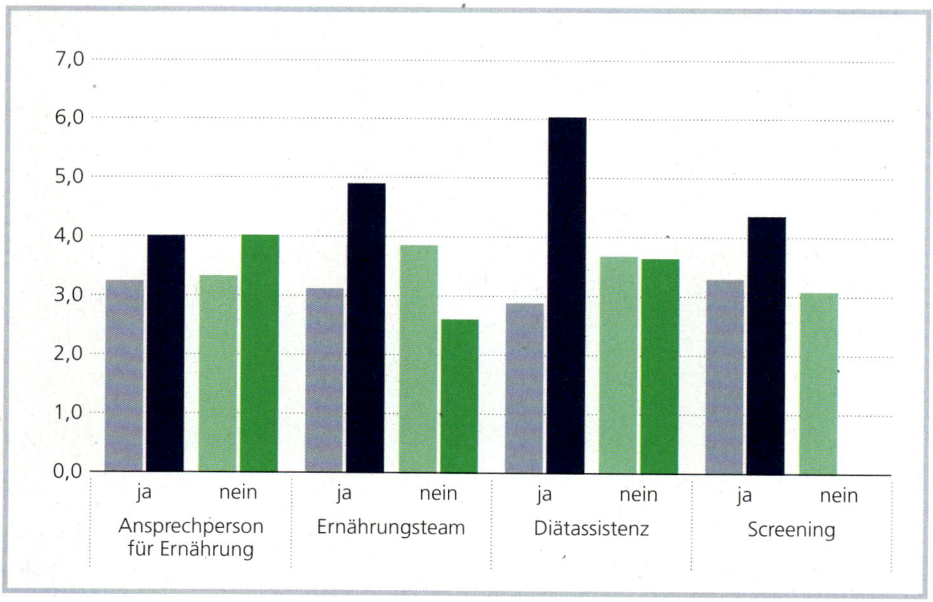

Enterale Ernährung wurde bei deutschen Teilnehmenden mit 23,3 % besonders häufig eingesetzt, wenn kein Ernährungsteam vorhanden war und auch deutlich häufiger bei Patient*innen, die auf einer Station ohne Diätassistenz behandelt wurden (Abb. 2/2c).

Parenterale Ernährung war hingegen in Deutschland häufiger im Einsatz, wenn ein Ernährungsteam bzw. eine Diätassistenz zur Verfügung stand, und wurde ausschließlich auf Stationen durchgeführt, die routinemäßig ein Mangelernährungs-Screening durchführten. In der Vergleichsgruppe sind die Unterschiede deutlich weniger ausgeprägt (Abb. 2/2d).



#### 2.3.1.6.3 Ernährungsinterventionen in Abhängigkeit vom Ernährungszustand

Den Einsatz der verschiedenen Ernährungsinterventionen in Abhängigkeit vom Ernährungszustand zeigen die Abbildungen 2/3a bis 2/3d. Unabhängig von der Definition von Mangelernährung wurden angereicherte Kost und Trinknahrung deutlich häufiger bei schwer mangelernährten als bei moderat und bei gar nicht betroffenen Patient*innen eingesetzt. Selbst bei schwerer Mangelernährung erhielten jedoch in Deutschland lediglich 10 bis maximal 22 % der Betroffenen angereicherte Kost (Abb. 2/3a).

> **Selbst bei schwerer Mangelernährung erhält nur ein Teil der Betroffenen eine Ernährungsintervention.**

Trinknahrung erhielten gut die Hälfte der vom Personal als mangelernährt eingeschätzten Patient*innen, allerdings erhielt die große Mehrheit der schwer bzw. moderat mangelernährten Patient*innen keine Trinknahrung (Abb. 2/3b).

Der Einsatz enteraler Ernährung scheint in Deutschland im Gegensatz zur Vergleichsgruppe weitgehend unabhängig vom Ernährungszustand (Abb. 2/3c), während parenterale Ernährung sowohl bei den deutschen als auch bei den anderen europäischen Teilnehmenden mit zunehmender Schwere der Mangelernährung zunehmend häufig eingesetzt wird (Abb. 2/3d).

> **Angereicherte Kost, Trinknahrung und parenterale Ernährung wurden mit zunehmender Schwere der Mangelernährung zunehmend häufig eingesetzt. Dagegen ist bei enteraler Ernährung kein Zusammenhang zum Ernährungszustand ersichtlich.**

**Abbildung 2/3a:** Häufigkeit von **angereicherter Kost** [%] bei Patient*innen mit und ohne Mangelernährung (anhand verschiedener Definitionen) in Europa (helle Säulen) und in Deutschland (dunkle Säulen) bei Teilnehmenden am nutritionDay 2016–2018

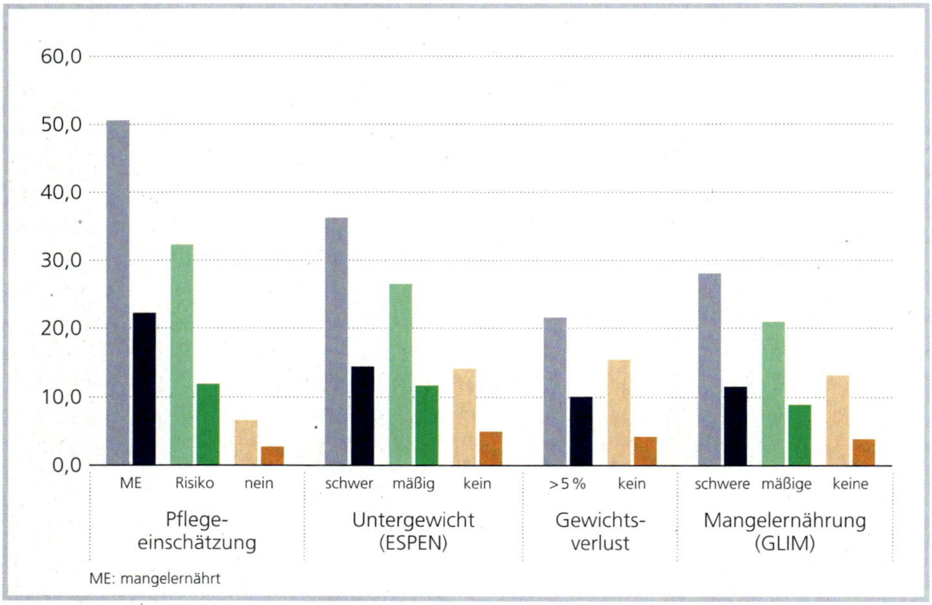


**Abbildung 2/3b:** Häufigkeit von **Trinknahrung** [%] bei Patient*innen mit und ohne Mangelernährung (anhand verschiedener Definitionen) in Europa (helle Säulen) und in Deutschland (dunkle Säulen) bei Teilnehmenden am nutritionDay 2016–2018

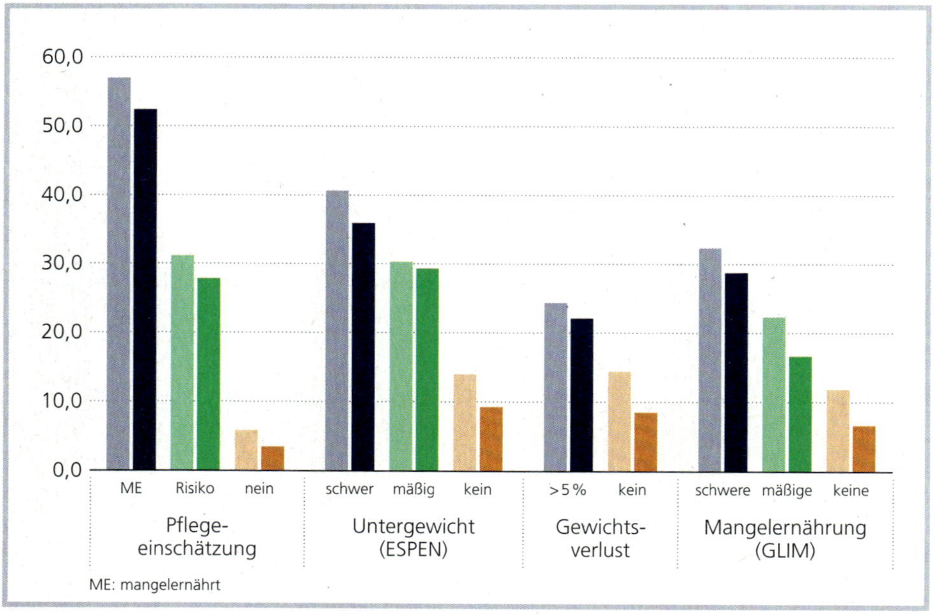

**Abbildung 2/3c:** Häufigkeit von **enteraler Ernährung** [%] bei Patient*innen mit und ohne Mangelernährung (anhand verschiedener Definitionen) in Europa (helle Säulen) und in Deutschland (dunkle Säulen) bei Teilnehmenden am nutritionDay 2016–2018

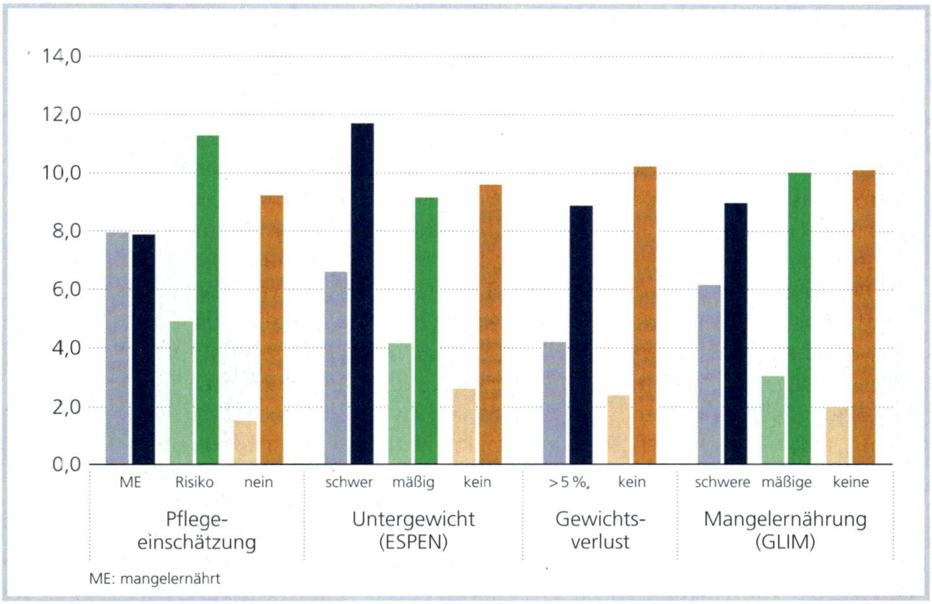


**Abbildung 2/3d:** Häufigkeit von **parenteraler Ernährung** [%] bei Patient*innen mit und ohne Mangelernährung (anhand verschiedener Definitionen) in Europa (helle Säulen) und in Deutschland (dunkle Säulen) bei Teilnehmenden am nutritionDay 2016–2018

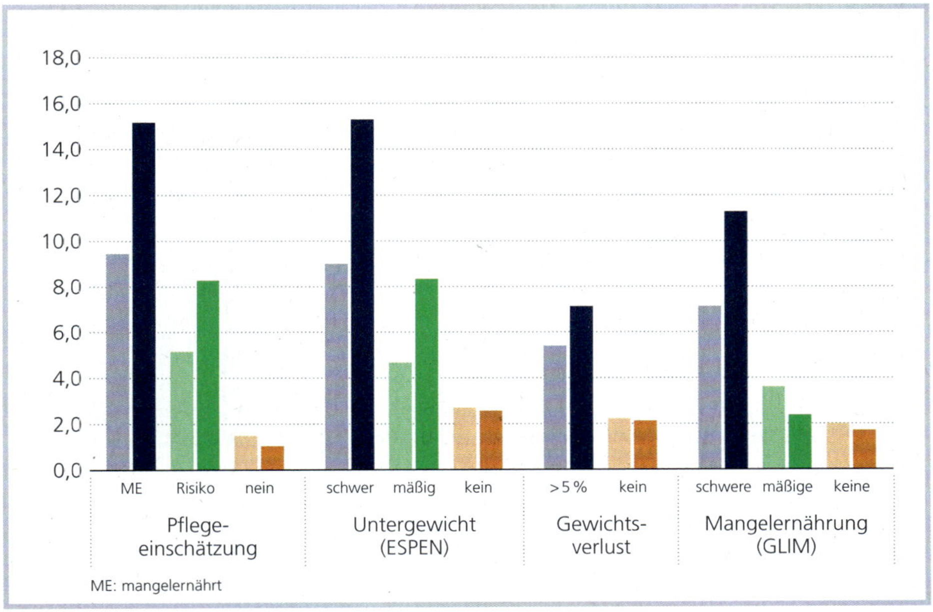

### 2.3.1.7 Verlaufsdaten

#### 2.3.1.7.1 Klinikaufenthaltsdauer, Verbleib der Patient*innen und Wiedereinweisungen

Die weitere Klinikaufenthaltsdauer der teilnehmenden Patient*innen nach dem nutritionDay sowie die Aufenthaltsdauer insgesamt zeigt Tabelle 2/12. Die jeweiligen Mediane lagen für Deutschland 2018 bei 6 bzw. 11 Tagen mit einer großen Streubreite (1–122 Tage für die gesamte Dauer) und weitgehender Übereinstimmung mit den Vorjahren und mit den anderen Ländern Europas.

**Tabelle 2/12:** Klinikaufenthaltsdauer [Tage][a]

| | Deutschland 2006–2015 (n=9398) | Europa 2006–2015 (n=65871) | Deutschland 2016–2017 (n=597) | Europa 2016–2017 (n=7747) | Deutschland 2018 (n=719) | Europa 2018 (n=1388) |
|---|---|---|---|---|---|---|
| nach dem nutritionDay | 6 (2–12) | 6 (2–12) | 6 (2–10) | 6 (2–11) | **6 (2–10)** | 6 (2–10) |
| gesamt | 13 (8–23) | 13 (8–24) | 10 (6–20) | 12 (7–23) | **11 (6–19)** | 12 (6–20) |

gesamt: vor und nach dem nutritionDay

a nur Patient*innen, die nach 30 Tagen nicht mehr in der Klinik waren; jeweils Mediane (Interquartilbereich)

Die überwiegende Mehrheit der Patient*innen wurde nach Hause entlassen, mit über 80 % war dieser Anteil seit 2016 etwa 10 % größer als in den Vorjahren und in den jeweiligen Vergleichsgruppen. Lediglich 2 bis 3 % der Patient*innen aus Deutschland sind im Krankenhaus verstorben, geringfügig weniger als in der jeweiligen Vergleichsgruppe. Mit 6 % waren 2018 in Deutschland auch weniger Patient*innen nach 30 Tagen noch im Krankenhaus als in den anderen europäischen Ländern (Tab. 2/13).

**Tabelle 2/13:** Verbleib der Patient*innen nach der Entlassung und Häufigkeit von Wiedereinweisungen innerhalb von 30 Tagen [%]

| | Deutschland 2006–2015 (n=10208) | Europa 2006–2015 (n=73257) | Deutschland 2016–2017 (n=620) | Europa 2016–2017 (n=8275) | Deutschland 2018 (n=767) | Europa 2018 (n=1534) |
|---|---|---|---|---|---|---|
| **Verbleib** | | | | | | |
| nach Hause | 73,2 | 71,4 | 83,9 | 73,6 | **81,9** | 72,1 |
| verstorben | 2,7 | 3,9 | 2,4 | 3,4 | **1,7** | 3,1 |
| noch im Krankenhaus | 7,9 | 10,1 | 3,7 | 9,7 | **6,3** | 9,5 |
| andere Klinik | 3,4 | 2,9 | 1,3 | 2,1 | **1,0** | 3,0 |
| Langzeitpflege | 4,9 | 4,6 | 4,0 | 6,8 | **3,3** | 4,8 |
| Reha | 4,0 | 2,8 | 2,3 | 2,4 | **3,9** | 4,9 |
| Sonstiges | 2,0 | 2,3 | 2,3 | 1,3 | **1,6** | 1,0 |
| keine Angabe | 1,8 | 1,8 | 0,2 | 0,6 | **0,4** | 1,5 |
| **Wiedereinweisung** | | | | | | |
| ja, ungeplant | - | - | 7,6 | 5,5 | **9,3** | 8,3 |
| ja, geplant | - | - | 12,7 | 6,7 | **10,8** | 9,1 |
| nein | - | - | 63,7 | 68,1 | **69,0** | 67,5 |
| keine Angabe | - | - | 16,0 | 19,7 | **11,0** | 15,1 |

-: keine Information (erst seit 2016 erfragt)

Die Häufigkeit von Wiedereinweisungen innerhalb von 30 Tagen, die seit 2016 differenzierter erfragt wird, liegt seit dieser Zeit bei insgesamt 20 % und setzt sich etwa je zur Hälfte aus geplanten und ungeplanten Einweisungen zusammen. In den Vergleichsgruppen werden etwas weniger Wiedereinweisungen berichtet, wobei insgesamt ein großer Anteil fehlender Werte auffällig ist (Tab. 2/13).

### 2.3.1.7.2 Verlaufsdaten in Abhängigkeit vom Ernährungszustand



Sowohl in Deutschland als auch in der europäischen Vergleichsgruppe waren Patient*innen mit Untergewicht, Gewichtsverlust bzw. Mangelernährung im Mittel 1 bis 3 Tage länger im Krankenaus als Patient*innen mit gutem Ernährungszustand (Tab. 2/14). Mit zunehmender Ausprägung des ungünstigen Ernährungszustands nimmt die Aufenthaltsdauer durchweg zu. Ebenso steigt die mittlere Aufenthaltsdauer im Krankenhaus in Deutschland stetig mit geringer werdender Essmenge am nutritionDay – von 5 Tagen bei Patient*innen, die (fast) alles verzehrten, bis zu 8 Tagen bei Patient*innen, die nichts zu sich nahmen. In der Vergleichsgruppe ist dieser Verlauf weniger stark ausgeprägt.

**Die Aufenthaltsdauer und die Mortalität im Krankenhaus nehmen unabhängig von der Definition mit schlechter werdendem Ernährungszustand deutlich zu.**

**Tabelle 2/14:** Weitere Klinikaufenthaltsdauer (nach dem nutritionDay) in Abhängigkeit vom Ernährungszustand und von der Essmenge am nutritionDay[a]

| | **Deutschland 2016–2018** | | **Europa 2016–2018** | |
|---|---|---|---|---|
| | n | Dauer [Tage] | n | Dauer [Tage] |
| **Mangelernährung nach Einschätzung der Pflege** | | | | |
| ja | 147 | 8 (3–14) | 1068 | 8 (5–15) |
| Risiko | 145 | 7 (2–13) | 1465 | 7 (3–13) |
| nein | 817 | 5 (2–9) | 5283 | 5 (2–9) |
| **Untergewicht (BMI ESPEN)** | | | | |
| schweres Untergewicht | 95 | 7 (2–13) | 679 | 7 (3–14) |
| mäßiges Untergewicht | 109 | 7 (3–10) | 677 | 7 (3–13) |
| kein Untergewicht | 938 | 5 (2–9) | 6753 | 5 (2–9) |
| **unbeabsichtigter Gewichtsverlust in den letzten 3 Monaten** | | | | |
| >5 % Gewichtsverlust | 402 | 6 (2–12) | 2449 | 6 (2–12) |
| kein Gewichtsverlust | 752 | 5 (2–9) | 5632 | 5 (2–9) |
| **Mangelernährung (GLIM)** | | | | |
| schwere Mangelernährung | 260 | 7 (2–12) | 1555 | 7 (2–13) |
| mäßige Mangelernährung | 185 | 6 (2–13) | 1224 | 6 (2–12) |
| keine Mangelernährung | 685 | 5 (2–9) | 5182 | 5 (2–9) |
| **Essmenge am nutritionDay** | | | | |
| (fast) alles | 505 | 5 (2–8) | 3782 | 5 (2–9) |
| ½ | 345 | 6 (2–10) | 2552 | 6 (2–12) |
| ¼ | 148 | 7 (4–15) | 1065 | 6 (2–12) |
| nichts | 50 | 8 (4–13) | 431 | 6 (3–12) |
| nicht erlaubt | 88 | 5 (2–8) | 508 | 6 (3–11) |

a nur Patient*innen, die nach 30 Tagen nicht mehr in der Klinik waren; jeweils Mediane (Interquartilbereich)

**Abbildung 2/4:** Mortalität im Krankenhaus [%] in Abhängigkeit vom Ernährungszustand und der Essmenge am nutritionDay (2016–2018; helle Säulen Europa, dunkle Säulen Deutschland)

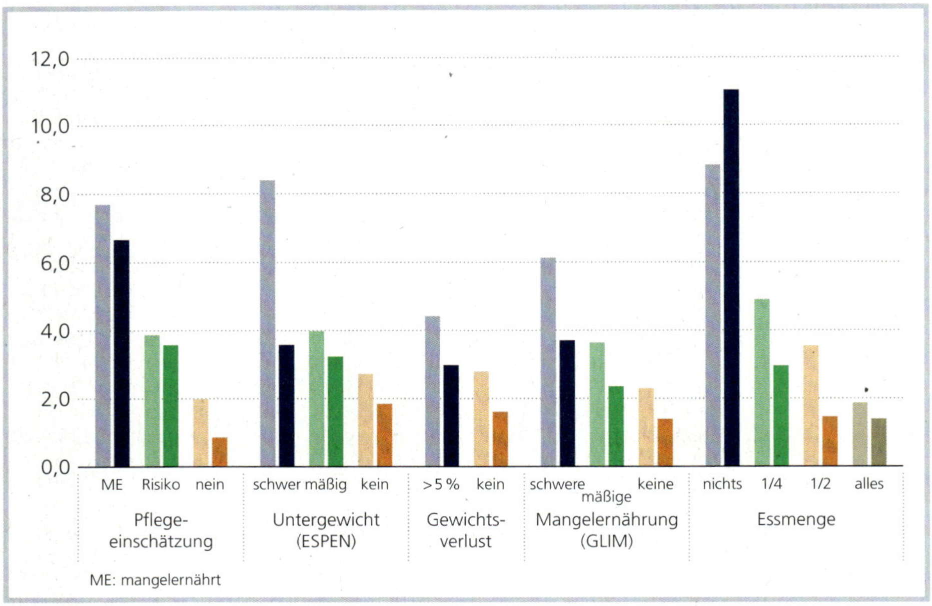


**Abbildung 2/5:** Häufigkeit ungeplanter Wiedereinweisungen innerhalb von 30 Tagen [%] in Abhängigkeit vom Ernährungszustand und der Essmenge am nutritionDay (2016–2018; helle Säulen Europa, dunkle Säulen Deutschland)

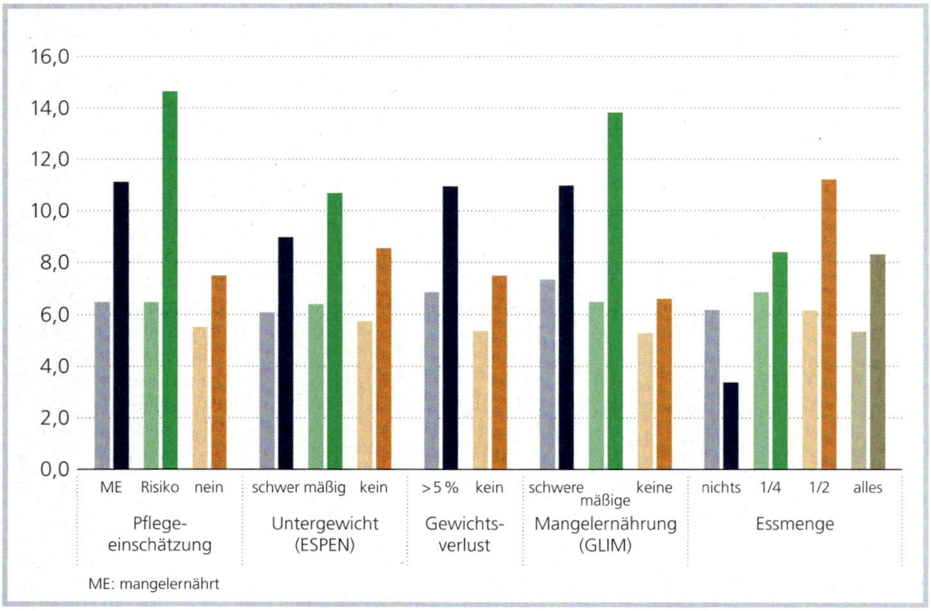

Die Mortalität im Krankenhaus steigt sowohl in Deutschland als auch in Europa unabhängig von der Definition mit schlechter werdendem Ernährungszustand deutlich an (Abb. 2/4). Die höchste Klinikmortalität wurde in Deutschland bei Patient*innen festgestellt, die am nutritionDay nichts gegessen haben (11,0 %), gefolgt von Patient*innen, die vom Klinikpersonal als mangelernährt eingestuft wurden (7,7 %). In der Vergleichsgruppe war die Mortalität zudem bei laut ESPEN-Definition schwer Untergewichtigen relativ hoch (8,4 %), wobei hier ein großer Unterschied zu den deutschen Teilnehmenden auffällig ist (3,6 %).



Die Häufigkeit ungeplanter Wiedereinweisungen war weitgehend unabhängig vom Ernährungszustand und lediglich bei Patient*innen mit Gewichtsverlust mit 11,0 % etwas höher als bei Patient*innen ohne Gewichtsverlust (7,6 %) (Abb. 2/5).

## 2.3.2 nutritionDay im Pflegeheim

### 2.3.2.1 Teilnahmezahlen

Seit Einführung des nutritionDay in Pflegeheimen 2007 haben in Deutschland insgesamt 130 Pflegeheime mit 250 Wohnbereichen und 5 635 Bewohner*innen teilgenommen. 245 Wohnbereiche (98,5 %) erfüllten das definierte Einschlusskriterium von mindestens 5 Bewohner*innen, sodass 128 Pflegeheime und 5 336 Bewohner*innen (94,7 %) in die Auswertung eingeflossen sind. Tabelle 2/15 zeigt die Teilnahmezahlen für die einzelnen Erhebungsjahre in Deutschland und den übrigen teilnehmenden europäischen Ländern.

Im Rahmen der Deutschlandinitiative konnten 2018 insgesamt 31 deutsche Pflegeheime mit 69 Wohnbereichen und 1 551 Bewohner*innen zur Teilnahme motiviert und in die Auswertungen inkludiert werden. Eines dieser Pflegeheime hatte bereits im Vorjahr teilgenommen, sodass für 2018 insgesamt 30 Pflegeheime neu rekrutiert wurden.

**Tabelle 2/15:** Anzahl der Pflegeheime, Wohnbereiche und Bewohner*innen, die zwischen 2007 und 2018 am nutritionDay in Deutschland und in den übrigen europäischen Ländern teilgenommen haben (nur Wohnbereiche mit mindestens 5 Bewohner*innen pro Wohnbereich und Bewohner*innen ≥ 65 Jahre)

| | Deutschland | | | Europa | | |
|---|---|---|---|---|---|---|
| **Erhebungsjahr** | **Pflegeheime** | **Wohnbereiche** | **Bewohner*innen** | **Pflegeheime** | **Wohnbereiche** | **Bewohner*innen** |
| 2007 | 31 | 65 | 1550 | 8 | 15 | 429 |
| 2008 | 6 | 9 | 226 | 55 | 91 | 2784 |
| 2009 | 8 | 19 | 531 | 81 | 108 | 3282 |
| 2010 | 9 | 15 | 335 | 80 | 223 | 6041 |
| 2011 | 1 | 1 | 27 | 36 | 49 | 1444 |
| 2012 | 0 | 0 | 0 | 78 | 121 | 3713 |
| 2013 | 7 | 9 | 198 | 18 | 37 | 1059 |
| 2014 | 21 | 36 | 544 | 15 | 38 | 949 |
| 2015 | 4 | 5 | 49 | 49 | 87 | 2600 |
| 2016 | 5 | 9 | 141 | 23 | 48 | 1343 |
| 2017 | 5 | 8 | 184 | 24 | 65 | 1783 |
| 2018 | 31 | 69 | 1551 | 12 | 28 | 1985 |
| **gesamt** | **128** | **245** | **5336** | **479** | **910** | **27412** |

Die Vergleichsgruppe im Zeitraum 2007–2017 setzt sich aus Pflegeheimen in 20 europäischen Ländern zusammen, mit den meisten Bewohner*innen aus Österreich (33,0 %) und Ungarn (21,8 %). 45 Wohnbereiche wurden wegen zu geringer Teilnahmezahl von der Auswertung ausgeschlossen. Die Vergleichsgruppe für 2018 besteht aus 12 Pflegeheimen in sechs europäischen Ländern, darunter Österreich, Schweiz, Italien, Portugal, Slowenien und Tschechien, mit dem größten Bewohner*innenanteil von 61,5 % aus Slowenien, 15,0 % aus Portugal und 11,6 % aus Tschechien.

### 2.3.2.2 Strukturelle Aspekte der teilnehmenden Wohnbereiche

Die mittlere Bettenkapazität ist in Deutschland mit 25 Betten im Jahr 2018 bzw. 30 Betten in den Vorjahren deutlich geringer als in der europäischen Vergleichsgruppe. Folglich ist auch die Anzahl der belegten Betten jeweils geringer (Tab. 2/16). 2018 nahmen im Mittel 22 Bewohner*innen pro Wohnbereich (Streubreite 9–71) am nutritionDay teil. Die mittlere Teilnahmerate von 94 % lag in Deutschland 2018 in der gleichen Größenordnung wie in den europäischen Vergleichsgruppen und etwas höher als in den zusammengefassten Vorjahren.

**Tabelle 2/16:** Maximale Bettenkapazität der teilnehmenden Wohnbereiche, am nutritionDay belegte Betten, Anzahl nutritionDay-Teilnehmende und Teilnahmerate [%] (Anteil Teilnehmende von den belegten Betten); Median (Interquartilbereich)

| | **Deutschland 2007–2017** (n = 176) | **Europa 2007–2017** (n = 882) | **Deutschland 2018** (n = 69) | **Europa 2018** (n = 28) |
|---|---|---|---|---|
| Bettenkapazität | 30 (22–35) | 36 (21–54) | **25 (20–33)** | 49 (30–156) |
| belegte Betten | 28 (21–33) | 35 (21–51) | **24 (19–30)** | 49 (27–149) |
| Teilnehmende | 20 (14–28) | 23 (13–37) | **22 (17–26)** | 47 (26–134) |
| Teilnahmerate | 86 (62–95) | 91 (69–98) | **94 (86–100)** | 93 (87–98) |



2018 gaben 30 % der teilnehmenden deutschen Wohnbereiche an, dass eine Diätassistenz zur Verfügung steht, in den Vorjahren waren es mit 23 % noch weniger. In der europäischen Vergleichsgruppe war Diätassistenz in früheren Jahren mehr als doppelt so oft, 2018 mit 86 % fast dreimal so oft vorhanden (Tab. 2/17).

Ähnlich verhält es sich mit Personen im Wohnbereich, die speziell mit Ernährungsaufgaben beauftragt sind, diese standen in der Vergleichsgruppe deutlich häufiger zur Verfügung als in Deutschland (Tab. 2/17).

> **30 % der teilnehmenden deutschen Wohnbereiche gaben an, eine Diätassistenz zur Verfügung zu haben im Vergleich zu 86 % in der europäischen Vergleichsgruppe.**

**Tabelle 2/17:** Ernährungsmedizinisches Personal und Mangelernährungsmanagement (Anteil Wohnbereiche mit Diätassistenz, Ansprechperson für klinische Ernährung, routinemäßigem monatlichem Screening bzw. Wiegen [%])

| | **Deutschland 2007–2017** (n = 176) | **Europa 2007–2017** (n = 882) | **Deutschland 2018** (n = 69) | **Europa 2018** (n = 28) |
|---|---|---|---|---|
| Diätassistenz | 22,7 | 49,9 | **30,4** | 85,7 |
| Ansprechperson für Ernährung | 35,8 | 54,0 | **44,9** | 71,4 |
| monatliches Screening | 38,6 | 51,4 | **73,9** | 14,3 |
| monatliches Wiegen | 62,5 | 69,0 | **92,8** | 25,0 |

Die Durchführung eines monatlichen Screenings auf Mangelernährung erfolgte in Deutschland 2018 mit 74 % fast doppelt so häufig wie in den Vorjahren. Dagegen ist in europäischen Einrichtungen ein starker Rückgang des monatlichen Screenings von 51 % auf 14 % bemerkenswert (Tab. 2/17). Nahezu alle deutschen Wohnbereiche gaben 2018 an, ihre Bewohner*innen einmal im Monat zu wiegen, deutlich mehr als in den Vorjahren. In der Vergleichsgruppe europäischer Pflegeheime ist auch hier ein deutlich geringerer Anteil als in den Vorjahren auffällig (Tab. 2/17).

**Die Durchführung eines monatlichen Screenings auf Mangelernährung erfolgte in Deutschland 2018 mit 74 % fast doppelt so häufig wie in den Vorjahren.**

### 2.3.2.3 Charakteristika der Bewohner*innen

Die Bewohner*innen waren 2018 im Mittel sowohl in Deutschland als auch in der Vergleichsgruppe 87 Jahre alt und damit geringfügig älter als in den Vorjahren. Dies spiegelt sich im Anteil der unter 80-Jährigen wider, der in Deutschland von 22 auf 17 % und in den übrigen europäischen Ländern von 26 auf 19 % zurückging. Etwa drei Viertel der teilnehmenden Bewohner*innen in Deutschland und den übrigen europäischen Ländern waren weiblich. Im Mittel wohnten die Teilnehmenden in Deutschland in beiden Berichtszeiträumen seit gut einem Jahr im Pflegeheim, in der Vergleichsgruppe geringfügig länger (Tab. 2/18).

Aufgrund einer veränderten Erfragung ab 2016 sind die pflegebegründenden Diagnosen seither nicht direkt mit denen der Vorjahre vergleichbar. Hervorzuheben ist dennoch, dass mit etwa 73 % am häufigsten Gehirn- und neurologische Erkrankungen, wie beispielsweise Apoplex, Demenz und Morbus Parkinson, berichtet wurden, gefolgt von Herz-Kreislauf- und Lungenerkrankungen, die etwas häufiger als in den Vorjahren und in der Vergleichsgruppe genannt wurden.

Der Anteil der Bewohner*innen mit fünf oder mehr verschiedenen Medikamenten pro Tag lag 2018 bei 80 % und ist im Vergleich zu den Vorjahren um ca. 15 % angestiegen. Eine ähnliche Entwicklung zeigte sich auch in der Vergleichsgruppe, wo der Bewohner*innenanteil mit mehr als fünf Medikamenten insgesamt etwas höher lag.

Lediglich ein Viertel der deutschen Bewohner*innen war 2018 mobil, ein gutes Drittel war völlig immobil, jeweils etwa ein Drittel hatte leichte bzw. schwere kognitive Einschränkungen. Sowohl der Anteil der Bewohner*innen mit schweren Mobilitäts- als auch mit schweren kognitiven Einschränkungen hat im Vergleich zu den Vorjahren deutlich zugenommen. Bei 13 % der Bewohner*innen in deutschen Heimen lag 2018 eine Dysphagie vor, 21 % hatten Kaubeschwerden und bei knapp 10 % der Bewohner*innen wurde eine Exsikkose berichtet. Mit Ausnahme von Kaubeschwerden, die in den Vorjahren in Deutschland etwas seltener waren, liegen die Prävalenzen in den Vorjahren und in den Vergleichsgruppen in der gleichen Größenordnung.

**Tabelle 2/18:** Allgemeine Charakteristika der Bewohner*innen [%][a]

| | Deutschland 2007–2017 (n=3785) | Europa 2007–2017 (n=25427) | Deutschland 2018 (n=1551) | Europa 2018 (n=1985) |
|---|---|---|---|---|
| **Alter** | | | | |
| Median (IQB) [Jahre] | 86 (80–91) | 85 (79–90) | **87 (82–92)** | 87 (81–92) |
| < 80 Jahre [%] | 22,3 | 26,4 | **16,5** | 19,3 |
| **Geschlecht** weiblich | 77,8 | 74,5 | **74,6** | 72,7 |
| **Monate im Pflegeheim** Median (IQR) | 25 (10–52) | 28 (11–60) | **25 (9–49)** | 30 (12–60) |
| **Pflegebegründende Erkrankungen von**[b] | | | | |
| Gehirn/Nerven | 72,0 | 67,0 | **72,8** | 69,5 |
| Muskel/Skelett | 38,1 | 30,7 | **31,3** | 20,1 |
| Herz/Kreislauf/Lunge | 54,2 | 49,1 | **63,4** | 58,8 |
| Krebs | 6,1 | 4,7 | **7,4** | 8,6 |
| andere | 15,6 | 19,8 | **30,4** | 36,9 |
| **Medikamente/Tag** | | | | |
| < 5 | 32,5 | 26,4 | **18,4** | 12,4 |
| ≥ 5 | 64,7 | 72,2 | **80,8** | 85,5 |
| keine Angabe | 2,7 | 1,4 | **0,8** | 2,0 |
| **Mobilität** | | | | |
| mobil | 35,6 | 38,1 | **26,1** | 41,3 |
| partiell mobil | 39,9 | 33,7 | **36,0** | 20,7 |
| immobil | 23,5 | 27,7 | **37,1** | 36,9 |
| keine Angabe | 0,9 | 0,4 | **0,7** | 1,2 |
| **Kognition** | | | | |
| keine Einschränkung | 33,1 | 34,9 | **31,2** | 30,3 |
| leichte Einschränkung | 39,3 | 37,8 | **30,7** | 37,9 |
| schwere Einschränkung | 25,7 | 26,7 | **37,8** | 30,6 |
| keine Angabe | 1,9 | 0,7 | **0,3** | 1,2 |
| **Kau- und Schluckbeschwerden** | | | | |
| Dysphagie | 12,4 | 12,6 | **13,1** | 11,1 |
| keine Angabe | 2,2 | 2,1 | **1,2** | 0,4 |
| Kaustörung/-beschwerden | 15,6 | 25,9 | **21,0** | 23,5 |
| keine Angabe | 2,6 | 2,1 | **1,7** | 0,6 |
| **Exsikkose** | 8,6 | 7,5 | **9,4** | 8,9 |
| keine Angabe | 4,2 | 3,1 | **1,3** | 0,4 |

IQB: Interquartilbereich

a sofern nicht anders angegeben

b Mehrfachnennungen möglich

> Mit jeweils 38 % war 2018 ein Großteil der deutschen Pflegeheimbewohner*innen von schweren Mobilitäts- bzw. Kognitionseinschränkungen betroffen, jeweils deutlich mehr als in den zusammengefassten Vorjahren.

### 2.3.2.4 Ernährungszustand der Bewohner*innen

Im Mittel hatten die Bewohner*innen in beiden Berichtszeiträumen in Deutschland und in der Vergleichsgruppe einen BMI von 25 ± 5 kg/m² (Tab. 2/19). 2018 wiesen in Deutschland etwa 11 % der Bewohner*innen einen BMI < 20 kg/m² auf, in der Vergleichsgruppe waren dies mit 18 % etwas mehr.

Gemäß ESPEN-Definition lag schweres Untergewicht bei 11 bis 18 %, mäßiges Untergewicht bei 12 bis 13 % vor. Nimmt man die beiden Gruppen zusammen, sind 23 bis 29 % der Bewohner*innen in Deutschland und den europäischen Vergleichsgruppen untergewichtig (Tab. 2/19).

Ein Gewichtsverlust > 5 kg im letzten Jahr wurde 2018 von 14 % der deutschen Pflegeheimbewohner*innen berichtet und damit etwas häufiger als in den Vorjahren. Die Werte in den übrigen europäischen Einrichtungen sind konstant bei 12 %. Auffällig ist der große Anteil fehlender Angaben im Jahr 2018 von ca. 30 % sowohl für Deutschland als auch für Europa (Tab. 2/19).

Der Anteil der nach subjektiver Einschätzung der Pflegeperson mangelernährten Bewohner*innen in Deutschland lag 2018 bei knapp 11 % und ist im Vergleich zu den Vorjahren leicht angestiegen. Ein bestehendes Risiko für Mangelernährung wurde 2018 sowohl in Deutschland als auch in den übrigen teilnehmenden europäischen Ländern deutlich häufiger und auch häufiger als in den Vorjahren berichtet (Tab. 2/19).

**Tabelle 2/19:** Mittlerer BMI (MW) mit Standardabweichung (SD) und Häufigkeit von Mangelernährung anhand verschiedener Definitionen [%]

| | **Deutschland 2007–2017** (n=3785) | **Europa 2007–2017** (n=25427) | **Deutschland 2018** (n=1551) | **Europa 2018** (n=1985) |
|---|---|---|---|---|
| **BMI** | | | | |
| MW ± SD [kg/m²] | 25,4 ± 5,2 | 24,9 ± 5,4 | **25,7 ± 5,3** | 24,9 ± 5,4 |
| < 20,0 kg/m² [%] | 13,1 | 16,7 | **11,2** | 17,7 |
| keine Angabe [%] | 1,5 | 1,1 | **1,5** | 2,2 |
| **ESPEN-Definition**[a] | | | | |
| schweres Untergewicht | 13,0 | 16,3 | **11,0** | 17,6 |
| mäßiges Untergewicht | 12,0 | 13,0 | **12,4** | 11,6 |
| keine Angabe | 1,5 | 1,1 | **1,5** | 2,2 |
| **unbeabsichtigter Gewichtsverlust** | | | | |
| > 5 kg | 8,7 | 12,0 | **13,7** | 11,6 |
| < 5 kg bzw. kein Gewichtsverlust | 87,2 | 82,9 | **57,4** | 58,3 |
| keine Angabe | 4,1 | 5,1 | **28,8** | 30,1 |
| **Pflegeeinschätzung** | | | | |
| Mangelernährung | 7,9 | 11,4 | **10,5** | 9,5 |
| Risiko | 15,2 | 19,8 | **26,7** | 28,9 |
| nein | 73,3 | 66,6 | **61,5** | 60,1 |
| keine Angabe | 3,6 | 2,2 | **1,3** | 1,5 |

ESPEN: Europäische Gesellschaft für klinische Ernährung und Stoffwechsel

a Untergewicht: mäßig: BMI 18,5 bis < 20 kg/m² bei < 70-Jährigen und 20 bis < 22 kg/m² bei ≥ 70-Jährigen, schwer: BMI < 18,5 kg/m² bei < 70-Jährigen und < 20 bei ≥ 70-Jährigen [35]

**2018 wurde bei 23 % der deutschen Bewohner*innen Untergewicht festgestellt, 14 % hatten einen unbeabsichtigten Gewichtsverlust von mehr als 5 kg im letzten Jahr und 11 % wurden vom Pflegepersonal als mangelernährt eingeschätzt.**



### 2.3.2.5 Essmenge der Bewohner*innen

Für über drei Viertel der Bewohner*innen wurde in den vier Berichtszeiträumen eine übliche bis übermäßige Nahrungsaufnahme in der letzten Woche berichtet. Etwa 11 bis 15 % aßen etwas weniger als üblich, 4 bis 6 % sehr viel weniger als üblich oder gar nichts (Tab. 2/20).

Das Mittagessen am nutritionDay 2018 wurde von etwa 63 % der Bewohner*innen zu drei Vierteln oder vollständig gegessen. 32 % verzehrten die Hälfte bis ein Viertel und lediglich 2 % aßen nichts zu Mittag. Weitere 2 % nahmen aufgrund einer Ernährungssonde oder parenteraler Ernährung kein Mittagessen zu sich. Vergleichbare Werte zeigten sich auch in den Vorjahren sowie in den beiden Berichtszeiträumen der europäischen Vergleichsgruppen (Tab. 2/20).

**Tabelle 2/20:** Essmenge in der letzten Woche und gegessener Anteil des Mittagessens am nutritionDay [%]

| | **Deutschland 2007–2017** (n=3785) | **Europa 2007–2017** (n=25427) | **Deutschland 2018** (n=1551) | **Europa 2018** (n=1985) |
|---|---|---|---|---|
| **Essmenge letzte Woche** | | | | |
| mehr als üblich[a] | 1,0 | 0,3 | **3,6** | 2,9 |
| wie üblich | 75,7 | 73,9 | **75,0** | 81,7 |
| etwas weniger als üblich | 12,1 | 15,3 | **14,8** | 10,5 |
| sehr viel weniger als üblich | 3,8 | 4,8 | **3,9** | 1,6 |
| nichts | 1,2 | 1,3 | **0,1** | 0,1 |
| nichts, da Sonden-/ parenterale Ernährung | 0,1 | 0,1 | **1,7** | 2,8 |
| keine Angabe | 6,1 | 4,2 | **0,9** | 0,5 |
| **Essmenge am nutritionDay** | | | | |
| ¾ oder alles | 63,0 | 61,4 | **62,7** | 66,9 |
| ½ | 22,6 | 25,9 | **23,8** | 22,2 |
| ¼ | 5,9 | 6,8 | **8,3** | 5,6 |
| nichts | 1,6 | 1,9 | **1,7** | 1,5 |
| nichts, da Sonden-/ parenterale Ernährung[a] | 0,1 | 0,2 | **1,7** | 3,0 |
| keine Angabe | 6,8 | 3,8 | **1,8** | 0,9 |

a seit 2016 zusätzlich verfügbare Antwortoption

**Etwa ein Drittel der Bewohner*innen hat am nutritionDay 2018 nur die Hälfte oder weniger des Mittagessens verzehrt.**

### 2.3.2.6 Ernährungsmaßnahmen im Pflegeheim

#### 2.3.2.6.1 Kostform und Ernährungsinterventionen

Der Großteil der Bewohner*innen in deutschen und auch in den übrigen europäischen Einrichtungen erhielt orale Kost. Während der Anteil in Deutschland über die Jahre konstant über 90 % lag, zeigte sich in europäischen Einrichtungen 2018 ein etwas geringerer Anteil. Pürierte Kost wurde 2018 von 19 % der Bewohner*innen verzehrt, 7 % mehr als in den Vorjahren. Ein leichter Anstieg zeigte sich hier auch in Europa. Ebenso stieg der Anteil der Bewohner*innen, die angereicherte Kost erhielten: in deutschen Einrichtungen auf etwa das Dreifache, in europäischen auf knapp das Doppelte. Trinknahrung kam 2018 in Deutschland mit 11 % etwas häufiger zum Einsatz als in den Vorjahren, ähnlich häufig wie in Europa. Sondenernährung und parenterale Ernährung wurden mit 1 bis 4 % und 1 bis 3 % nur vereinzelt eingesetzt. Seit 2016 wird zusätzlich die Gabe von Flüssigkeitsinfusionen erhoben, die in Deutschland 2018 mit knapp 4 % etwas häufiger als in Europa berichtet wurde (Tab. 2/21).

> **Etwa jeweils ein Fünftel der deutschen Bewohner*innen erhielt 2018 pürierte bzw. angereicherte Kost, nur 2 % wurden über eine Sonde ernährt.**

**Tabelle 2/21:** Kostform und Ernährungsinterventionen am nutritionDay [%]

| | **Deutschland 2007–2017** (n=3785) | **Europa 2007–2017** (n=25427) | **Deutschland 2018** (n=1551) | **Europa 2018** (n=1985) |
|---|---|---|---|---|
| orale Kost | 95,4 | 94,4 | **93,4** | 85,7 |
| pürierte Kost | 11,8 | 13,0 | **19,1** | 18,6 |
| angereicherte Kost | 6,7 | 6,9 | **20,7** | 13,6 |
| Trinknahrung | 7,4 | 13,5 | **11,2** | 10,6 |
| Sondennahrung | 3,1 | 1,7 | **1,9** | 2,9 |
| parenterale Ernährung | 1,3 | 1,2 | **0,2** | 0,5 |
| Flüssigkeitsinfusion[a] | 0,9 | 0,5 | **3,6** | 1,6 |

a seit 2016 zusätzlich verfügbare Antwortoption

#### 2.3.2.6.2 Ernährungsinterventionen in Abhängigkeit von Ernährungsstrukturen

Die Häufigkeit der Gabe von angereicherter Kost sowie von Trinknahrung ist in den Abbildungen 2/6a und 2/6b abhängig von der Verfügbarkeit einer Diätassistenz oder einer*m Ernährungsbeauftragten in den Pflegeheimen sowie abhängig von der Durchführung eines monatlichen Mangelernährungsscreenings bzw. monatlichen Wiegens dargestellt.

Während in Deutschland Pflegeheimbewohner*innen häufiger angereicherte Kost erhielten, wenn eine Diätassistenz oder ein*e Ernährungsbeauftragte*r in den Pflegeheimen verfügbar war, zeigt sich in den übrigen europäischen Ländern eher eine gegenläufige Tendenz (Abb. 2/6a).

Trinknahrung wurde in deutschen und auch in den übrigen europäischen Einrichtungen ebenfalls häufiger angeordnet, wenn eine Diätassistenz oder ein*e Ernährungsbeauftragte*r im Pflegeheim verfügbar war (Abb. 2/6b). Dabei war die Gabe von Trinknahrung in Abhängigkeit von der Ernährungsfachkraft in deutschen Heimen etwas ausgeprägter als in europäischen (Diätassistenz: 14,3 % vs. 10,8 %, Ernährungsbeauftragte*r: 14,4 % vs. 11,2 %).

**Pflegeheimbewohner*innen erhielten häufiger angereicherte Kost und Trinknahrung, wenn eine Diätassistenz oder ein*e Ernährungsbeauftragte*r verfügbar war.**

Die Gabe von angereicherter Kost war in deutschen Einrichtungen zwar häufiger, wenn ein regelmäßiges Mangelernährungs-Screening implementiert war bzw. wenn die Bewohner*innen regelmäßig gewogen wurden, allerdings geschah die Anordnung deutlich seltener als in Einrichtungen der übrigen europäischen Länder, wenn diese Strukturen implementiert waren (Screening: 24,5 % vs. 47,0 %; Wiegen: 22,2 % vs. 44,7 %) (Abb. 2/6a). Bei der Gabe von Trinknahrung zeigten sich diese Unterschiede nicht, wenn regelmäßig gescreent oder gewogen wurde (Screening: 12,6 % vs. 12,2 %; Wiegen: 11,8 % vs. 11,2 %) (Abb. 2/6b). Jedoch wurde in Einrichtungen in Deutschland etwas seltener Trinknahrung angeordnet als in Europa, wenn diese Prozesse nicht in den Heimen implementiert waren (kein monatliches Screening: 7,8 % vs. 10,5 %; kein monatliches Wiegen: 7,4 % vs. 10,6 %).

**Abbildung 2/6a:** Häufigkeit von **angereicherter Kost** [%] bei Pflegeheimbewohner*innen mit und ohne Ernährungspersonal, monatlichem Mangelernährungs-Screening bzw. Wiegen in Europa (helle Säulen) und in Deutschland (dunkle Säulen) bei Teilnehmenden am nutritionDay 2018

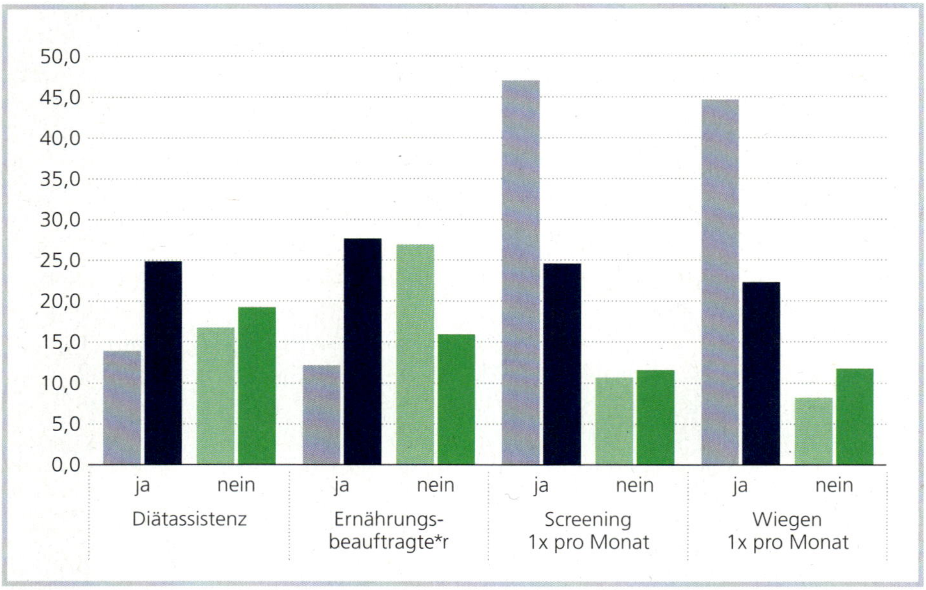


**Abbildung 2/6b:** Häufigkeit von **Trinknahrung** [%] bei Pflegeheimbewohner*innen mit und ohne Ernährungspersonal, monatlichem Mangelernährungs-Screening bzw. Wiegen in Europa (helle Säulen) und in Deutschland (dunkle Säulen) bei Teilnehmenden am nutritionDay 2018

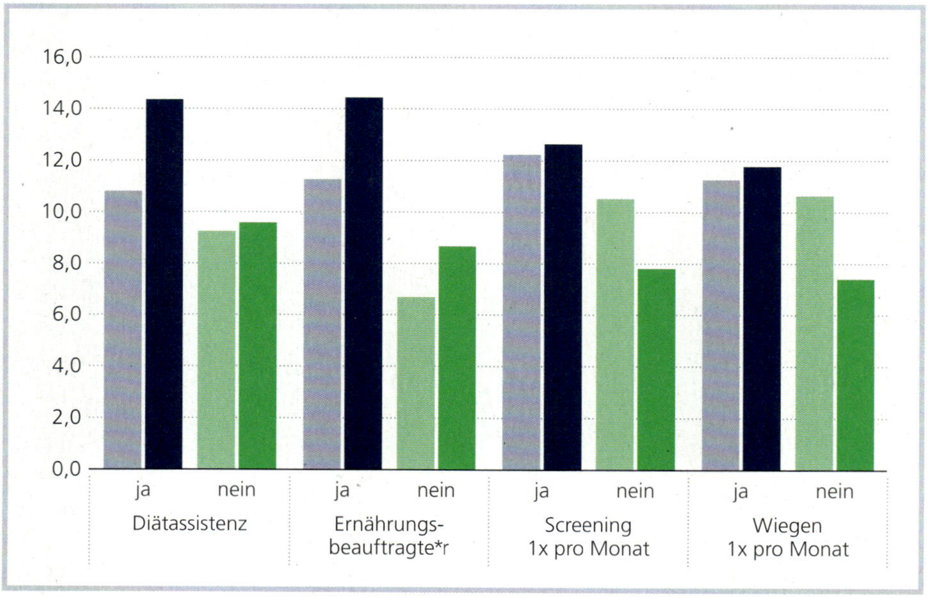

#### 2.3.2.6.3 Ernährungsinterventionen in Abhängigkeit vom Ernährungszustand

Unabhängig von der Definition von Mangelernährung wurden angereicherte Kost und Trinknahrung deutlich häufiger bei mangelernährten Bewohner*innen als bei Bewohner*innen mit Mangelernährungsrisiko bzw. mit unauffälligem Ernährungszustand eingesetzt (Abb. 2/7a und 2/7b). In deutschen Einrichtungen wurden beide Ernährungsinterventionen am häufigsten eingesetzt, wenn die Pflege die Bewohner*innen als mangelernährt einschätzt (62,7 % und 43,8 %), während sie am seltensten aufgrund des Gewichtsverlusts angeordnet wurden (41,3 % und 21,4 %). In den übrigen europäischen Ländern erhielten als mangelernährt eingestufte Bewohner*innen unabhängig von der Mangelernährungsdefinition seltener angereicherte Kost als in Deutschland (Abb. 2/7a).

Im Hinblick auf die Gabe von Trinknahrung zeigt sich ein etwas anderes Bild: Während Bewohner*innen, die anhand der ESPEN-Kriterien als schwer mangelernährt klassifiziert wurden, in deutschen Pflegeheimen deutlich häufiger Trinknahrung erhielten als in europäischen Pflegeheimen (37,7 % vs. 24,5 %), ist der Unterschied auf Basis der Pflegeeinschätzung geringer (43,8 % vs. 37,6 %). Beim Gewichtsverlust zeigen sich hinsichtlich der Gabe von Trinknahrung keine Unterschiede zwischen Deutschland und Europa (21,4 % vs. 21,1 %) (Abb. 2/7b).

> Angereicherte Kost und Trinknahrung wurden unabhängig von der Definition von Mangelernährung deutlich häufiger bei mangelernährten Bewohner*innen als bei Bewohner*innen mit Mangelernährungsrisiko bzw. mit unauffälligem Ernährungszustand eingesetzt.

**Abbildung 2/7a:** Häufigkeit von **angereicherter Kost** [%] bei Pflegeheimbewohner*innen mit und ohne Mangelernährung (anhand verschiedener Definitionen) in Europa (helle Säulen) und in Deutschland (dunkle Säulen) bei Teilnehmenden am nutritionDay 2018

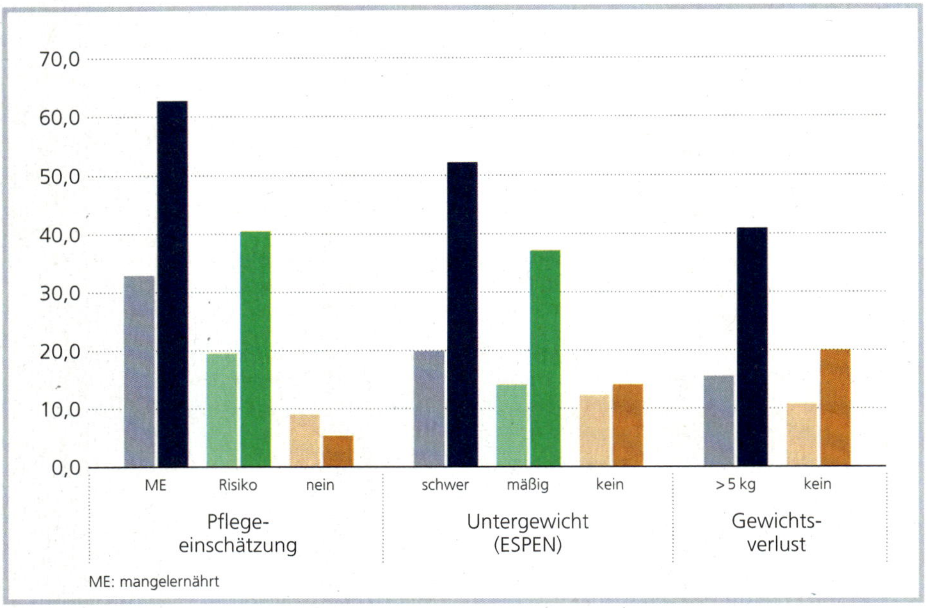


**Abbildung 2/7b:** Häufigkeit von **Trinknahrung** [%] bei Pflegeheimbewohner*innen mit und ohne Mangelernährung (anhand verschiedener Definitionen) in Europa (helle Säulen) und in Deutschland (dunkle Säulen) bei Teilnehmenden am nutritionDay 2018

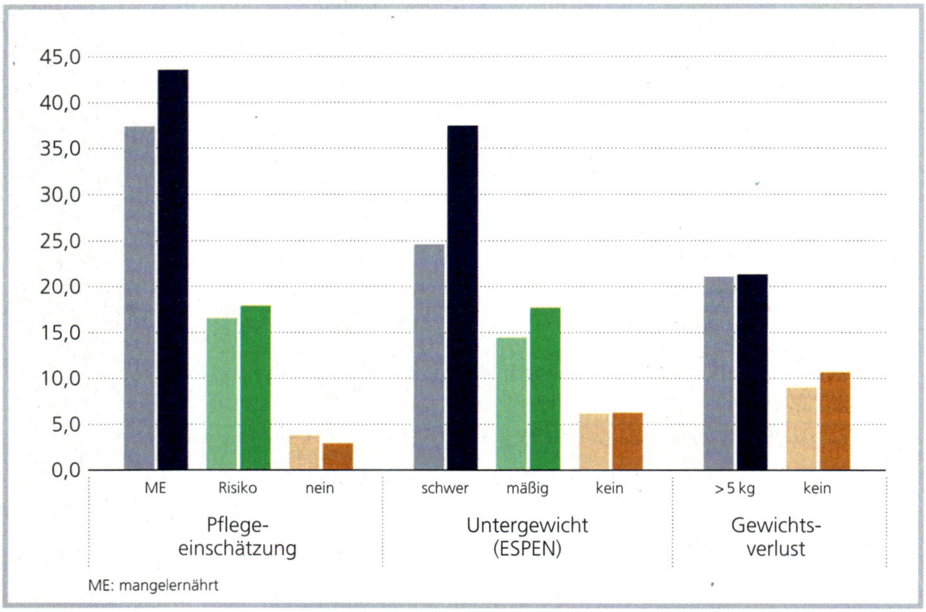

### 2.3.2.7 Verlaufsdaten

#### 2.3.2.7.1 Verbleib der Bewohner*innen und Klinikeinweisungen

Vom nutritionDay 2018 lagen zum Zeitpunkt der Berichterstellung noch keine aktuellen Verlaufsdaten vor, sodass sich die nachfolgenden Ergebnisse auf die Jahre 2007 bis 2017 beziehen.

Verlaufsdaten wurden in diesem Zeitraum von 60,7 % der ursprünglich teilnehmenden 3785 Bewohner*innen in Deutschland und von 53,2 % der 25427 Bewohner*innen aus Europa erfasst und eingegeben. Über 80 % dieser Personen lebten nach wie vor im Pflegeheim, 13 % (Deutschland) bzw. 14 % (Europa) waren zwischenzeitlich verstorben. Nur wenige wechselten in ein anderes Pflegeheim oder zogen wieder zurück nach Hause (Tab. 2/22). Von 19 % (Deutschland) bzw. 15 % (Europa) wurde im Follow-Up-Zeitraum mindestens ein Krankenhausaufenthalt in den letzten 6 Monaten berichtet, etwa 4 % mussten wiederholt eingewiesen werden (Tab. 2/22).

**Tabelle 2/22:** Verbleib der Pflegeheimbewohner*innen nach 6 Monaten und Anzahl Krankenhausaufenthalte in den letzten 6 Monaten [%]

| | **Deutschland 2007–2017** (n=2296) | **Europa 2007–2017** (n=13518) |
|---|---|---|
| **Verbleib** | | |
| noch im Pflegeheim | 84,2 | 83,1 |
| Transfer in anderes Pflegeheim | 1,1 | 1,2 |
| Entlassung nach Hause | 1,5 | 1,2 |
| verstorben | 12,6 | 14,0 |
| Sonstiges | 0,5 | 0,5 |
| **Anzahl Krankenhausaufenthalte** | | |
| 0 | 81,3 | 84,7 |
| 1 | 14,5 | 11,3 |
| ≥ 2 | 4,1 | 3,9 |

#### 2.3.2.7.2 Verlaufsdaten in Abhängigkeit vom Ernährungszustand

Die Mortalität der Pflegeheimbewohner*innen nimmt in Deutschland und Europa mit schlechter werdendem Ernährungszustand, unabhängig von der zugrunde liegenden Definition, und mit abnehmender Essmenge deutlich zu (Abb. 2/8). Die höchste Mortalität wiesen diejenigen Bewohner*innen auf, die vom Pflegepersonal als mangelernährt eingeschätzt wurden (Deutschland: 30,3 %, Europa: 25,0 %) bzw. Bewohner*innen, die am nutritionDay nichts gegessen haben (Deutschland: 29,7 %, Europa: 37,6 %).

Eine Klinikeinweisung innerhalb von 6 Monaten nach dem nutritionDay scheint dagegen nicht in direktem Zusammenhang mit dem Ernährungszustand und der Essmenge zu stehen (Abb. 2/9).

**Die Mortalität der Pflegeheimbewohner*innen nimmt in Deutschland und Europa mit schlechter werdendem Ernährungszustand, unabhängig von der zugrunde liegenden Definition, und mit abnehmender Essmenge deutlich zu.**

**Abbildung 2/8:** 6-Monats-Mortalität bei Pflegeheimbewohner*innen [%] in Abhängigkeit vom Ernährungszustand und der Essmenge am nutritionDay (2007–2017; helle Säulen Europa, dunkle Säulen Deutschland)

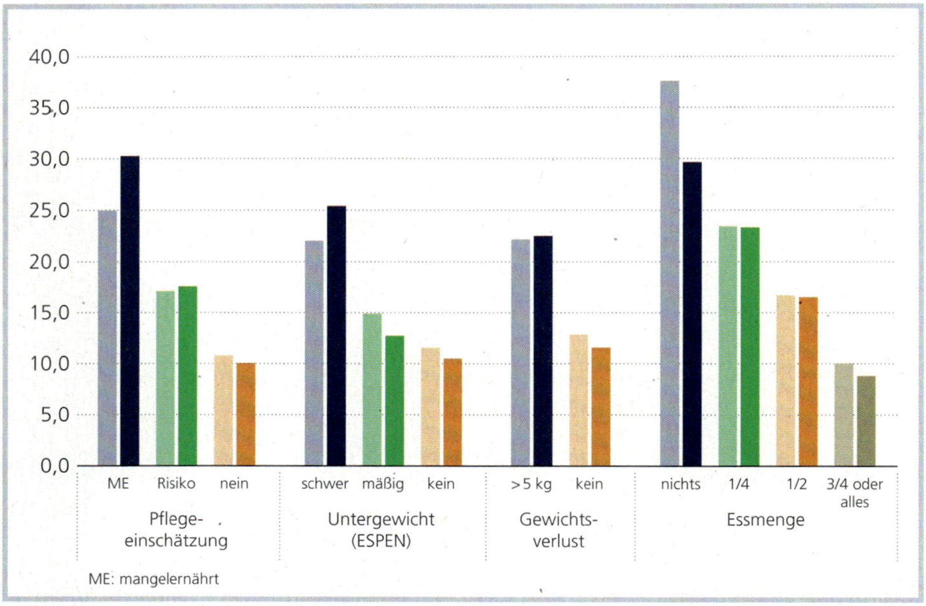


**Abbildung 2/9:** Häufigkeit eines oder mehrerer Krankenhausaufenthalte innerhalb von 6 Monaten [%] in Abhängigkeit vom Ernährungszustand und der Essmenge am nutritionDay (2007–2017; helle Säulen Europa, dunkle Säulen Deutschland)

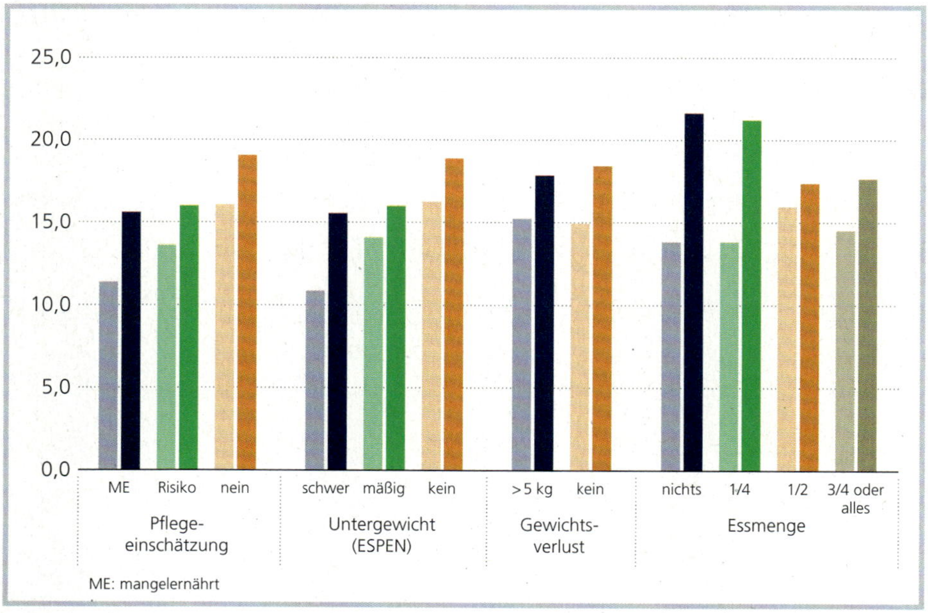

## 2.4 Diskussion



Erstmals wurden im Rahmen des vorliegenden Vorhabens die umfangreichen nationalen Daten der nutritionDay-Erhebungen der vergangenen Jahre ausgewertet und damit wichtige Informationen über die Ernährungssituation von Krankenhauspatient*innen und Pflegeheimbewohner*innen in Deutschland gewonnen.

### Methodische Aspekte

Durch gezielte **Rekrutierung** und Unterstützung bei den Erhebungen am nutritionDay 2018 konnte im Vergleich zu den Vorjahren eine deutliche Steigerung der Teilnahme in Deutschland erreicht werden, während diese sowohl national als auch international in den letzten Jahren kontinuierlich rückläufig war (Tab. 2/1). In Krankenhäusern konnten mit 767 Patient*innen beim nutritionDay 2018 allein in Deutschland etwa halb so viele Patient*innen wie im gesamten übrigen Europa rekrutiert werden. Absolut betrachtet war die Rekrutierung in Pflegeheimen noch deutlich erfolgreicher: So konnten 2018 mehr als doppelt so viele Pflegeheimbewohner*innen wie Klinikpatient*innen eingeschlossen werden und in Deutschland nur 434 Bewohner*innen weniger als im gesamten übrigen Europa (Tab. 2/15). Letzteres ist vor allem auf die starke persönliche Rekrutierung im Raum Nürnberg unter Einbeziehung von Studierenden und Promovierenden zur Unterstützung bei der Datenerhebung zurückzuführen.

Trotz intensiver und insgesamt erfolgreicher Bewerbung muss jedoch konstatiert werden, dass die Beteiligung verglichen mit der Gesamtzahl an Kliniken und Pflegeheimen in Deutschland verschwindend gering war. Mit 25 Krankenhäusern haben sich 2018 zwar mehr Einrichtungen als in den beiden Vorjahren zusammen beteiligt, dennoch entspricht dies lediglich 1,3 % aller ca. 1 950 Krankenhäuser in Deutschland [37]. Über alle Jahre scheint der Anteil teilnehmender Kliniken mit insgesamt 272 zwar relativ hoch (Tab. 2/1), dabei muss jedoch berücksichtigt werden, dass viele Einrichtungen wiederholt teilnehmen, die Anzahl verschiedener Kliniken daher wesentlich geringer ist und deutlich unter 10 % aller deutschen Krankenhäuser liegen dürfte. Der Anteil von 31 teilnehmenden von bundesweit rund 14 500 Pflegeheimen [7] ist mit 0,2 % noch wesentlich geringer. Selbst über alle Jahre gesehen – insgesamt haben 128 Heime teilgenommen (Tab. 2/15) – bleibt der Anteil unter 1 %.

Die **Teilnahmeraten** innerhalb der einzelnen Klinikstationen bzw. Pflegeheimwohnbereiche war sehr unterschiedlich und lag in Deutschland 2018 zwischen 21 und 100 %, im Mittel bei 62 %. In einem Viertel der Klinikstationen nahmen in allen Berichtszeiträumen weniger als die Hälfte der anwesenden Patient*innen teil (Tab. 2/3). Demgegenüber beeindruckt die mittlere Teilnahmerate in den Pflegeheimen mit über 90 % sowohl in Deutschland als auch im restlichen Europa. 2018 lag diese bei drei Viertel der Einrichtungen über 86 % (Tab. 2/16). Vermutlich erklärt sich dieser generelle Unterschied dadurch, dass die Fragen in Pflegeheimen ausschließlich ans Personal gerichtet sind und die Bewohner*innen selbst keine Fragebögen ausfüllen müssen. Zudem könnte der geringere Umfang der Befragung, insbesondere seit der Optimierung und Verkürzung der Fragebögen seit 2016, eine Rolle spielen.

**Teilnahmerate am nutritionDay von über 90 % in den Pflegeheimen sowohl in Deutschland als auch im restlichen Europa.**

Die hohe interne Teilnahmerate gewährleistet zwar eine gute interne **Repräsentativität** und liefert den teilnehmenden Wohnbereichen Informationen über ihre Gesamtsituation, jedoch können die berichteten Ergebnisse insgesamt keinesfalls als repräsentativ für alle deutschen Einrichtungen angesehen werden. Es ist stark davon auszugehen, dass es sich bei den Teilnehmenden um eine Auswahl ernährungsinteressierter und ernährungsbewusster Einrichtungen handelt und sich die Situation im Hinblick auf vorhandene Ernährungsstrukturen und den Einsatz von Ernährungsinterventionen insgesamt in Deutschland deutlich schlechter darstellt.

Unterschiede zwischen den Berichtszeiträumen lassen sich somit auch nicht eindeutig als Veränderungen im Lauf der Zeit interpretieren, diese könnten auch auf eine unterschiedliche Teilnahmestruktur in den einzelnen Jahren bzw. Berichtszeiträumen zurückzuführen sein. So ist im Krankenhaus z. B. 2018 die relativ hohe Beteiligung gastroenterologischer Abteilungen auffällig, während 2016–2017 der Anteil onkologischer und neurologischer Abteilungen größer war, und in Europa und auch in Deutschland in den Vorjahren Stationen der allgemeinen inneren Medizin einen größeren Anteil ausgemacht haben (Tab. 2/2). Insgesamt gesehen machen internistische und chirurgische Patient*innen – auch weltweit in allen bisherigen nutritionDay-Jahren [38] – den weitaus größten Anteil der Teilnehmenden aus.

Um zukünftig aussagekräftige repräsentative Daten zu erhalten, müssten somit andere Strategien entwickelt und umgesetzt werden. Mit dem „nutritionDay express", einer auf zentrale Fragen reduzierten Version der Erhebungsbögen für den nutritionDay im Krankenhaus (www.nutritionday.org), wurde 2018 bereits eine Möglichkeit geschaffen, den Aufwand für teilnehmende Einrichtungen deutlich zu verringern. Dies dürfte jedoch beim Großteil deutscher Kliniken nicht ausreichen, um eine Teilnahme zu bewirken. Für eine flächendeckende Erfassung von Ernährungsdaten bedarf es sicherlich verpflichtender Vorgaben, die z. B. im Rahmen von Qualitätsprüfungen regelmäßig geprüft werden könnten, oder die verpflichtende Erfassung bestimmter Variablen wie BMI, Gewichtsverlust oder Essmenge im Klinikdokumentationssystem. Zusätzlich wären lukrative Anreize im Vergütungssystem sinnvoll, die sicherlich das Interesse und die Auseinandersetzung mit der Thematik deutlich steigern würden.

Um die deutschen Daten einordnen zu können, wurden für alle Berichtszeiträume die Daten einer **Vergleichsgruppe** dargestellt. Hierfür wurden die Teilnehmenden der näheren geographischen Umgebung herangezogen, Daten aus anderen Kontinenten wurden aufgrund zu großer potentieller Unterschiede der Bevölkerung und der Gesundheitssysteme nicht berücksichtigt. Eine Beschränkung auf einzelne europäische Länder war aufgrund der unterschiedlichen und überwiegend geringen Teilnahmezahlen in anderen Ländern nicht sinnvoll, sodass sich die europäische Vergleichsgruppe für alle Berichtszeiträume jeweils aus zahlreichen Ländern mit variierenden Teilnahmezahlen zusammensetzt. Vermutlich handelt es sich dabei um eine Mischung recht unterschiedlicher Einrichtungen und Patient*innen- bzw. Bewohner*innengruppen, was bei der Interpretation berücksichtigt werden muss. So wurden in einer aktuellen vergleichenden Untersuchung von 6 Ländern in Süd- und Osteuropa große Unterschiede – sowohl in der Häufigkeit von Mangelernährung als auch von Ernährungsteams und Ernährungsinterventionen – beschrieben [39].

Auffällig war im Krankenhausteil des nutritionDay der große Anteil belgischer Teilnehmender in den Jahren 2016–2018, der die Ergebnisse der europäischen Vergleichsgruppe in diesen Jahren wesentlich beeinflusst und auf nationale Kampagnen zurückzuführen ist.

Im Pflegeheimteil werden die Ergebnisse 2007–2017 zu einem wesentlichen Teil von Österreich und Ungarn geprägt. Beim nutritionDay 2018 stellt die leider nur geringe europäische Beteiligung von lediglich 12 Heimen und fast zwei Drittel der Teilnehmenden aus Slowenien eine Limitierung dar, die ebenfalls beachtet werden muss. In zukünftigen Auswertungen sind gezielte Vergleiche einzelner Länder mit relativ hoher Teilnahme in früheren Jahren wie z. B. Österreich oder auch Italien denkbar. Separate Ergebnisse zum Vergleich mit Österreich sind bereits von 130 Krankenhausstationen und 2 665 Patient*innen, die am nutritionDay 2015 teilgenommen haben, im österreichischen Ernährungsbericht publiziert [40].

Trotz der unterschiedlichen und heterogenen Zusammensetzung der Vergleichsgruppen sind die erstaunlich geringen Unterschiede zwischen deutschen und europäischen Teilnehmenden bei vielen Variablen bemerkenswert. Auch zwischen den analysierten Erhebungszeiträumen wurden bei vielen Variablen nur geringfügige Unterschiede festgestellt, so z. B. beim mittleren Alter, beim mittleren BMI und bei der Häufigkeit von Untergewicht, sowohl im Krankenhaus als auch im Pflegeheim (Tab. 2/8 und 2/19). Interessanterweise findet sich ein identischer durchschnittlicher BMI von 26 ± 6 kg/m² auch in der Auswertung der österreichischen Nationaldaten von 2015 und der dort herangezogenen Vergleichsgruppe der europäischen Teilnehmenden 2012–2014 [40]. Möglicherweise erklärt sich dieses relativ harmonische Gesamtbild trotz zahlreicher unterschiedlicher beitragender Einrichtungen durch die große Anzahl an Teilnehmenden, insbesondere im zusammengefassten Zeitraum der ersten 10 nutritionDay-Jahre, wo einzelne Ausreißer nicht ins Gewicht fallen. Vergleichbare mittlere BMI-Werte werden auch aus anderen Studien aus Deutschland [12, 13] und den Niederlanden [41] berichtet.

Im Hinblick auf die **Datenqualität** muss beachtet werden, dass sowohl Datenerhebung als auch Dateneingabe lokal von ungeschulten und wissenschaftlich unerfahrenen Personen vorgenommen werden, und unterschiedliche Interpretation der Fragen, Verständnis- und Dateneingabefehler daher nicht gänzlich ausgeschlossen werden können. Durch einfache, klar formulierte Fragen und ausführliche Erklärungen wird versucht, dieser Problematik entgegenzuwirken; völlig unplausible Antworten werden im Zuge der Datenaufbereitung entfernt.

Auch Verzerrungen durch eine bewusste oder auch unbewusste Auswahl unauffälliger Patient*innen, um die eigene Situation zu beschönigen, oder auch besonders auffälliger Patient*innen, um die Problematik vor Ort zu demonstrieren, sind denkbar. Da diese potentiellen Verzerrungen in beide Richtungen gehen, sollte sich dies insgesamt ausgleichen und bei der Fülle an Daten insgesamt nicht ins Gewicht fallen.

Dennoch sind aufgrund der ungeschulten Fremderhebung und -eingabe bei einigen Variablen große Anteile fehlender Werte auffällig, z. B. bei der Zufriedenheit mit dem Krankenhausessen, die 2018 von 17 % der Patient*innen nicht beantwortet wurde (Tab. 2/10). Im Pflegeheimdatensatz fehlen im Jahr 2018 ca. 30 % der Angaben zum Gewichtsverlust im vergangenen Jahr (Tab. 2/19). Dies erklärt sich vermutlich dadurch, dass seit 2016 nicht mehr nach einem Gewichtsverlust, sondern nach dem Körpergewicht vor 3 Monaten und vor 1 Jahr gefragt wird, um daraus mögliche Gewichtsveränderungen berechnen zu können.

Bei der Interpretation der genannten Ergebnisse muss weiterhin beachtet werden, dass diese rein explorativer und beschreibender Natur sind und Fragen nach ursächlichen

Zusammenhängen damit nicht beantwortet werden können. Für gezielte Fragestellungen müssen multivariable Analysen folgen, die potentiell relevante Einflussfaktoren – soweit erfasst – mitberücksichtigen.

Zentrales Ziel des vorliegenden Berichtes war die Charakterisierung der Ernährungssituation in Krankenhäusern und Pflegeheimen in Deutschland. Hierfür wurden diverse Kriterien sowohl auf individueller als auch auf struktureller Ebene betrachtet.



### Ernährungssituation auf individueller Ebene

Auf individueller Ebene ist dabei die Prävalenz von Mangelernährung von vorrangigem Interesse. Da zur Erfassung von Mangelernährung leider kein Goldstandard zur Verfügung steht, wurden verschiedene Definitionen herangezogen, um ein möglichst umfassendes Bild zu bekommen. Dabei reflektieren verschiedene Definitionen unterschiedliche Aspekte von Mangelernährung.

Während der BMI den anhand von Größe und Gewicht objektiv erfassten Ernährungszustand zum Zeitpunkt der Erhebung widerspiegelt, fließen in die **pflegerische Einschätzung** subjektive Aspekte und klinische Erfahrung in unterschiedlichem Ausmaß mit ein. Laut pflegerischer Einschätzung waren 2018 12 % der Patient*innen und 11 % der Bewohner*innen aus Deutschland mangelernährt und 12 % bzw. 27 % hatten ein Risiko für Mangelernährung (Tab. 2/8 und Tab. 2/19). In einer multivariaten Analyse der nutritionDay-Pflegeheimdaten von 2007–2014 wurde gezeigt, dass bei einem schlechten Ernährungszustand laut Pflegeeinschätzung die Wahrscheinlichkeit, Trinknahrung zu bekommen wesentlich höher ist – mehr als 4,5-fach bei Mangelernährung und mehr als 3-fach bei Mangelernährungsrisiko – als bei niedrigem BMI (2,3-fach) oder Gewichtsverlust (1,4-fach) [27]. Auch den vorliegenden deskriptiven Auswertungen zufolge bekommen Patient*innen bzw. Bewohner*innen, die von der Pflege als mangelernährt eingeschätzt wurden, am häufigsten angereicherte Kost und Trinknahrung (Abb. 2/3a und b, Abb. 2/7a und b). Die pflegerische Kompetenz und Einschätzung scheint somit für das Ergreifen von Maßnahmen von zentraler Bedeutung.

**Die pflegerische Kompetenz und Einschätzung scheint bei der Einleitung von Maßnahmen von zentraler Bedeutung.**

Die Prävalenz von Mangelernährung anhand des **BMI** wird wesentlich von der Wahl des Grenzwertes beeinflusst. Während anhand des strengeren WHO-Kriteriums lediglich 5 bis 6 % der Patient*innen Untergewicht haben, sind unter Verwendung der ESPEN-Definition 7 bis 9 % schwer und weitere 8 bis 9 % mäßig untergewichtig (Tab. 2/8). In früheren Studien bei Krankenhauspatient*innen in Deutschland wurde mit 4 % eine vergleichbare Häufigkeit von BMI-Werten < 18,5 kg/m² berichtet [12, 13]. Im Pflegeheim sind die Häufigkeiten von schwerem und mäßigem Untergewicht im vorliegenden Bericht mit 11 bis 18 % bzw. 12 bis 13 % noch etwas höher als im Krankenhaus, in der Vergleichsgruppe sind etwas größere Anteile von schwerem Untergewicht und von BMI-Werten unterhalb von 20 kg/m² auffällig (Tab. 2/19). Diese Prävalenzen sind insgesamt ebenfalls in Einklang mit den Ergebnissen früherer, überwiegend kleinerer Studien im deutschsprachigen Raum, die BMI-Werte < 20 kg/m² bei 9 bis 20 % der Teilnehmenden beschreiben [16].

Unterschiede in der Prävalenz von Untergewicht zwischen den Studien bei Verwendung der gleichen Grenzwerte lassen sich einerseits durch unterschiedliche Patient*innen- bzw. Bewohner*innencharakteristika, wie z. B. Alter, Art und Schwere der Erkrankung, Kau- und Schluckstörungen, kognitive Beeinträchtigungen oder Mobilitätseinschränkungen erklären. Andererseits ist davon auszugehen, dass auch die Qualität der Mahlzeiten und der Ernährungsversorgung insgesamt hier ihren Niederschlag findet [13, 42, 43].

Ein weiterer wichtiger Indikator für eine Mangelernährung ist ein unbeabsichtigter **Gewichtsverlust**. Im Krankenhaus berichten 2018 in Deutschland 17 % der Patient*innen einen Gewichtsverlust von mehr als 10 %, 28 % einen Verlust von mehr als 5 % und 42 % einen Gewichtsverlust unabhängig vom Ausmaß in den vergangenen 3 Monaten (Tab. 2/8). Da leider unterschiedliche Kriterien sowohl für das Ausmaß als auch für den Bezugszeitraum verwendet werden, sind die Ergebnisse verschiedener Studien nur bedingt vergleichbar. Eine große Übereinstimmung ist mit der Deutschen Krankenhaus-Mangelernährungsstudie von 2006 festzustellen, wo 15 % der Patient*innen angaben, mehr als 10 % und 30 % mehr als 5 % ihres Gewichts verloren zu haben, allerdings ist der Bezugszeitraum hier unklar [12]. Im Pflegeheim wurde 2018 bei 14 % der Bewohner*innen ein unbeabsichtigter Gewichtsverlust von > 5 kg im vorangegangenen Jahr berichtet, bei allerdings fast einem Drittel fehlender Werte (Tab. 2/19). Angaben aus anderen Studien im deutschsprachigen Raum variieren zwischen 6 und 23 %, ebenfalls auf unterschiedlichen Kriterien basierend [16].

In der 2018 publizierten weltweiten Konsensusdefinition der ernährungsmedizinischen Fachgesellschaften (**GLIM**) werden relevante Mangelernährungskriterien kombiniert, und je nach Ausprägung der einzelnen Kriterien wird zwischen schwerer und mäßiger Mangelernährung unterschieden [36]. Die Anwendung dieser Definition auf die verfügbaren Daten im nutritionDay-Datensatz ergab bei ca. 20 % aller Patient*innen eine schwere und bei weiteren ca. 15 % eine mäßige Mangelernährung (Tab. 2/8). Dabei muss berücksichtigt werden, dass entgegen der Originaldefinition bei den nutritionDay-Erhebungen kein Screening auf Mangelernährung vorausgegangen ist und die Muskelmasse als relevantes phänotypisches Kriterium leider nicht im Datensatz vorhanden ist. Zudem musste das Kriterium der reduzierten Nahrungsmenge aus den Angaben zur Essmenge in der Vorwoche und beim Mittagessen am nutritionDay konstruiert werden. Die im Vergleich zu den anderen Mangelernährungskriterien hohe Prävalenz von insgesamt 33 bis 37 % Mangelernährung liegt deutlich höher als ganz aktuell von einer großen Gruppe asiatischer Klinikpatient*innen berichtet (18 % ohne bzw. 9 % mit angepassten BMI-Grenzwerten) [44] und dürfte vor allem auf die große Häufigkeit von Erkrankungen mit Inflammation zurückzuführen sein. Unter Anwendung der hier gewählten Kriterien (vgl. Methodik) waren über 70 % aller eingeschlossenen Patient*innen von einer Inflammation betroffen. Weitere Vergleichswerte stehen bisher nicht zur Verfügung, und zukünftige Studien, in denen alle notwendigen Variablen prospektiv erfasst werden, müssen Nutzen und Anwendbarkeit dieser neuen Definition belegen.

Da der Ernährungszustand wesentlich von der aufgenommenen Energie- und Nährstoffmenge mitbestimmt wird, stellt die **Essmenge** der Patient*innen bzw. Bewohner*innen ein wichtiges Kriterium für Mangelernährung und ein zentrales Element der nutritionDay-Erhebungen dar. Im Krankenhaus gaben 20 bis 25 % aller Patient*innen an, in der Vorwoche nur etwa halb so viel oder noch weniger als normal gegessen zu haben; 15 bis 19 % verzehrten am nutritionDay nur etwa ein Viertel oder gar nichts der angebotenen Portion (Tab. 2/9). Diese Anteile sind in Einklang mit einer Auswertung der weltweiten nutritionDay-

Krankenhausdaten der Jahre 2006–2014 [33], jedoch deutlich höher als im Pflegeheim. Dort wurde eine geringe Essmenge in der Vorwoche von nur 2 bis 6 % und am nutritionDay von 7 bis 10 % berichtet (Tab. 2/20), was sicherlich auf die akute Krankheitssituation der Patient*innen zurückzuführen ist. In anderen Pflegeheimstudien in Deutschland und den Niederlanden war eine geringe Essmenge ähnlich selten [15, 45].

Die **Gründe für eine geringe Essmenge** werden im nutritionDay-Projekt nur im Krankenhausteil erfragt, wobei Appetitlosigkeit bzw. fehlender Hunger als Hauptgründe für eine geringe Essmenge angeführt wurden; als weiterer krankheitsbedingter Grund wurde auch Übelkeit genannt (Abb. 2/1). Mehrere andere Gründe beziehen sich auf die Art und Qualität des Essensangebots, wie beispielsweise der dritthäufigste Grund „Ich mochte das angebotene Essen nicht", oder auch „Das Essen war zu kalt" oder „Das Essen war zu heiß". Diese weiteren essensbezogenen Gründe waren zwar einzeln betrachtet überwiegend selten, zusammengenommen könnte durch Optimierung des Essensangebots jedoch vielen Patient*innen die Nahrungsaufnahme erleichtert werden, beispielsweise durch bessere Berücksichtigung von Wünschen und Bedürfnissen wie persönliche Vorlieben, kulturelle oder religiöse Präferenzen, Unverträglichkeiten oder Allergien, und durch attraktive konsistenzmodifizierte Speisen für Patient*innen mit Kau- und Schluckbeschwerden.

**Eine Optimierung des Essensangebots könnte für viele Patient*innen die Nahrungsaufnahme erleichtern.**

Mit 7 % gab 2018 ein beträchtlicher Anteil der deutschen Patient*innen an, nichts essen zu dürfen (Abb. 2/1, Tab. 2/9). Angesichts des hohen Mangelernährungsrisikos sollten Verbote der Nahrungsaufnahme kritisch hinterfragt und nur, wenn unbedingt erforderlich verhängt werden. Ein Ausfallen von Mahlzeiten durch Operationen oder Untersuchungen muss ebenfalls vermieden bzw. durch Essensangebote zu einem vorgezogenen oder späteren Zeitpunkt so weit wie möglich kompensiert werden.

Mangelnde Unterstützung beim Essen wurde nur vereinzelt als Grund für eine geringe Essmenge angegeben, es ist jedoch davon auszugehen, dass viele Patient*innen, die Hilfe beim Essen benötigen, nicht in der Lage oder auch nicht willens sind, sich entsprechend zu äußern. In einer multizentrischen Studie in deutschen Krankenhäusern aus dem Jahr 2007 benötigte ein Drittel der Patient*innen täglich pflegerische Unterstützung bei der Nahrungs- und Flüssigkeitsaufnahme [46].

Die gravierenden Folgen von Mangelernährung für die Betroffenen und für das Gesundheitssystem sind sowohl für Klinikpatient*innen als auch für Pflegeheimbewohner*innen gut belegt [1–5]. Anhand der **Verlaufsdaten**, die 30 Tage (Krankenhaus) bzw. 6 Monate (Pflegeheim) nach dem nutritionDay erfasst wurden, wurde im vorliegenden Bericht der Zusammenhang zwischen Mangelernährung und Mortalität, Klinikverweildauer und (Wieder)Einweisungsrate ins Krankenhaus untersucht.

Dabei zeigte sich in beiden Sektoren eine deutlich erhöhte **Mortalität** in Abhängigkeit vom Schweregrad der Mangelernährung unabhängig von den gewählten Mangelernährungskriterien. Interessanterweise war die Mortalität am höchsten bei Patient*innen bzw. Bewohner*innen, die am nutritionDay nichts zu Mittag gegessen hatten und bei Bewohner*innen, die laut Pflegeeinschätzung mangelernährt waren (Abb. 2/4 und 2/8).

In früheren Auswertungen der internationalen nutritionDay-Daten wurde im Krankenhaus 2006–2014 eine signifikante Erhöhung des Mortalitätsrisikos bei Patient*innen mit einem BMI < 18,5 kg/m² im Vergleich zur Vergleichsgruppe mit BMI 25–29,9 kg/m² im multivariaten Modell gezeigt [22]. Bereits anhand der internationalen Daten des ersten nutritionDay 2006 ist belegt, dass eine geringe Essmenge das Mortalitätsrisiko signifikant erhöht [24]. Im *Australasian Nutrition Care-Day-Survey 2010* war das Mortalitätsrisiko bei Patient*innen mit geringer Essmenge (≤ ¼ des Angebots) dreimal höher als bei Patient*innen, die mindestens die Hälfte gegessen hatten, während mangelernährte Patient*innen laut SGA (*Subjective Global Assessment* [47]) oder BMI < 18,5 kg/m² „nur" ein doppelt so hohes Mortalitätsrisiko hatten [48]. Die geringe bzw. fehlende Nahrungsaufnahme mag Ausdruck der Schwere der Erkrankung bzw. eines sehr schlechten Gesundheitszustands sein [25], dennoch stellt sich die Frage, inwieweit die Prognose mangelernährter Patient*innen durch geeignete Ernährungsinterventionen verbessert werden könnte.

Im Pflegeheim wurden in einer früheren nutritionDay-Auswertung ein BMI < 20 kg/m² und ein Gewichtsverlust von > 5 kg im vergangenen Jahr als unabhängige Risikofaktoren der 6-Monats-Mortalität identifiziert. Bewohner*innen mit gleichzeitig beiden Risikofaktoren hatten ein überproportional erhöhtes Mortalitätsrisiko: Nach 6 Monaten waren 36 % verstorben. Insgesamt betrug die Mortalitätsrate in Übereinstimmung mit den vorliegenden Auswertungen 14 % [32]. In einer weiteren multivariaten Auswertung speziell bei Bewohner*innen mit (Risiko für) Mangelernährung wurde gezeigt, dass eine geringe Verzehrmenge ebenfalls ein starker Prädiktor für die 6-Monats-Mortalität von Pflegeheimbewohner*innen ist [28].

Im Krankenhaus war auch die weitere **Klinikaufenthaltsdauer** unabhängig von der Mangelernährungsdefinition klar mit dem Ernährungszustand und der Essmenge am nutritionDay assoziiert (Tab. 2/14). Eine längere Verweildauer mangelernährter Patient*innen ist in früheren Studien unter Verwendung unterschiedlicher Mangelernährungsdefinitionen gut belegt, u. a. auch in der *German Hospital Malnutrition Study* [12, 48–52].

Die Häufigkeit ungeplanter **Wiedereinweisungen** innerhalb von 30 Tagen war im vorliegenden Bericht dagegen weitgehend unabhängig vom Ernährungszustand (Abb. 2/5), ebenso wie die Häufigkeit von Krankenhausaufenthalten bei Pflegeheimbewohner*innen innerhalb der nächsten 6 Monate nach dem nutritionDay (Abb. 2/9). In anderen Studien wird ein erhöhtes Risiko für eine Wiedereinweisung bei mangelernährten Patient*innen berichtet [48, 51]. In multivariater Analyse waren im *Australasian Nutrition Care-Day-Survey* jedoch lediglich neoplastische Erkrankungen und Entlassung in eine andere Gesundheitseinrichtung signifikante Prädiktoren [48], wonach Art und Schwere der Krankheit für das Wiedereinweisungsrisiko von größerer Bedeutung zu sein scheinen als der Ernährungszustand.

### Ernährungssituation auf struktureller Ebene

Neben den beschriebenen patient*innen- bzw. bewohner*innenbezogenen Aspekten wird die Ernährungssituation in Krankenhäusern und Pflegeheimen von den vorhandenen Strukturen und Routinen geprägt, die sich wiederum auf die Patient*innen bzw. Bewohner*innen auswirken. Dazu zählen einerseits die Verfügbarkeit von ernährungsmedizinischer Fachkompetenz und andererseits die üblichen Vorgehensweisen zur Erfassung und Behandlung von Mangelernährung.

In Krankenhäusern werden dabei multiprofessionell zusammengesetzte **Ernährungsteams** als integraler Bestandteil der ernährungsmedizinischen Versorgungsstruktur angesehen [53]. Diese sind für die Ernährungsversorgung und ernährungsmedizinische Therapie der Patient*innen nach aktuellem Kenntnisstand verantwortlich und sollten idealerweise über diätetische, pflegerische, pharmazeutische und medizinische Expertise verfügen. Insbesondere hinsichtlich Indikation und Durchführung von enteraler und parenteraler Ernährung ist die interdisziplinäre Zusammenarbeit dieser Professionen elementar. Bereits im Jahr 2003 wurde in einer Resolution des Europarates die Etablierung von Ernährungsteams in Krankenhäusern gefordert [21], trotzdem haben nur wenige Kliniken in Deutschland ein solches Team. Ihr Anteil wird in Kliniken mit mehr als 250 Betten auf 5 % geschätzt [54]. Die Angabe eines Ernährungsteams von 58 % der 2018 am nutritionDay teilnehmenden 48 Klinikstationen und sogar 72 bis 82 % in den Vorjahren und in den Vergleichsgruppen (Tab. 2/4) scheint dagegen extrem hoch und ist vermutlich auf die selektive Teilnahme ernährungsinteressierter Kliniken zurückzuführen. Auch ein unterschiedliches Verständnis vom Begriff des Ernährungsteams könnte der Diskrepanz zugrunde liegen. Europaweit scheinen Ernährungsteams deutlich häufiger etabliert zu sein, wobei große Unterschiede zwischen den Ländern beschrieben werden [39]. In Österreich gaben am nutritionDay 2015 84 % der 130 teilnehmenden Stationen an, ein übergeordnetes Ernährungsteam zu haben [40].

Ein eklatanter Unterschied zwischen Deutschland und der europäischen Vergleichsgruppe zeigte sich auch bei der Präsenz einer **Diätassistenz**, sowohl in Krankenhäusern als auch in Pflegeheimen. Lediglich 10 % der 2018 teilnehmenden deutschen Klinikstationen und 30 % der Pflegeheimwohnbereiche verfügten über eine Diätassistenz, international wurde dies von 63 bzw. 86 % berichtet (Tab. 2/4 und 2/17). Die deutliche Diskrepanz zwischen deutschen und niederländischen Pflegeheimen wurde bereits anhand von Daten aus den Jahren 2008–2010 aufgezeigt: Während in fast jedem niederländischen Heim eine Diätassistenz angestellt war, war dies bei weniger als der Hälfte der deutschen Einrichtungen der Fall [15, 45, 55]. Im österreichischen Ernährungsbericht gaben 46 % der 130 teilnehmenden Klinikstationen an, über Diätassistenz zu verfügen [40], 45 % im weltweiten Datensatz der Jahre 2006–2014 [33].

Eine spezielle **Ansprechperson für Ernährung** wurde im vorliegenden Bericht von etwa der Hälfte der teilnehmenden Stationen bzw. Wohnbereiche genannt, ebenfalls seltener als europaweit berichtet (Tab. 2/4 und 2/17). Es ist davon auszugehen, dass diese Personen gezielte Fortbildungen im Ernährungsbereich absolviert haben, über die genaue Qualifikation lässt sich allerdings leider nichts aussagen. In einer bundesweiten schriftlichen Umfrage aus dem Jahr 2014 gaben nur 17 % von 564 deutschen Pflegeheimen an, eine ernährungsbeauftragte Person zu haben, 11 % hatten ein interdisziplinäres Ernährungsteam [56]. Insgesamt muss sowohl absolut als auch im Vergleich zu anderen Ländern ein deutliches Defizit an ernährungsmedizinischer Fachkompetenz in deutschen Einrichtungen, sowohl in Krankenhäusern als auch in Pflegeheimen, festgehalten werden.

> **In deutschen Krankenhäusern und Pflegeheimen besteht ein deutliches Defizit an ernährungsmedizinischer Fachkompetenz.**

Dennoch findet vergleichsweise häufig ein routinemäßiges bzw. regelmäßiges **Screening auf Mangelernährung** statt, 2018 in 88 % der teilnehmenden deutschen Krankenhausstationen und in 74 % der Pflegeheimwohnbereiche. In der europäischen Pflegeheim-Vergleichsgruppe war dieser Anteil mit nur 14 % auffallend gering (Tab. 2/5 und Tab. 2/17). Im nutritionDay-Datensatz der Jahre 2007 – 2008 lag die mittlere Screening-Rate bei 52 % mit einer weiten Spannbreite zwischen 21 und 73 % in verschiedenen Weltregionen [26]. Generell stellt ein Screening auf Mangelernährung eine wichtige Basis dar, um Risikopersonen frühzeitig zu identifizieren und somit angemessene Maßnahmen ergreifen zu können, und wird von Fachgesellschaften [53, 57] und vom Deutschen Netzwerk für Qualitätsentwicklung in der Pflege (DNQP) [58] empfohlen. Aus den Niederlanden ist anhand von Verlaufsdaten sowohl für den Klinik- als auch für den Pflegeheimbereich gut belegt, dass ein strukturiertes Screening bzw. regelmäßige Qualitätserhebungen einen positiven Effekt auf die Prävalenz von Mangelernährung haben [41, 59].

In fast allen teilnehmenden deutschen Pflegeheimwohnbereichen wurden die Bewohner*innen 2018 **monatlich gewogen**. Dieser Anteil ist im Vergleich zu den Vorjahren deutlich angestiegen (Tab. 2/17), was mit der vermehrten Aufmerksamkeit des Medizinischen Dienstes der Krankenkassen (MDK) für dieses Thema bei den regelmäßigen Qualitätsprüfungen zusammenhängen dürfte [60]. Aus niederländischen Pflegeheimen ist belegt, dass regelmäßiges Wiegen mit einer geringeren Mangelernährungsprävalenz einhergeht [61].

Im Krankenhaus ist diesbezüglich auffällig, dass die Patient*innen lediglich auf der Hälfte der Stationen bei Aufnahme gewogen werden; zudem führt ein Viertel der teilnehmenden Stationen klinische Ernährung ohne Richtlinien oder Standards durch (Tab. 2/5). Wiederum in den Niederlanden war das Vorhandensein einer Richtlinie zur Prävention und Behandlung von Mangelernährung in Pflegeheimen mit einer geringeren Häufigkeit von Mangelernährung verbunden und erklärte die unterschiedliche Mangelernährungsprävalenz in deutschen und niederländischen Pflegeheimen [55].

Zusammenfassend bleibt bezüglich der ernährungsmedizinischen Strukturqualität festzuhalten, dass diese in deutschen Kliniken und Pflegeheimen nicht den von Fachgesellschaften geforderten und international teilweise etablierten Standards entspricht.

> **Die ernährungsmedizinische Strukturqualität in deutschen Kliniken und Pflegeheimen entspricht nicht den von Fachgesellschaften geforderten und international teilweise etablierten Standards.**

### Durchführung von Ernährungsinterventionen

Entscheidend für die Qualität der Ernährungsversorgung ist jedoch nicht nur das Erkennen gefährdeter bzw. betroffener Personen, sondern vor allem das anschließende Ergreifen geeigneter Interventionsmaßnahmen.

Diesbezüglich auffällig war im Krankenhaus der relativ seltene Einsatz von **angereicherter Kost** bei lediglich knapp 7 % der im Jahr 2018 teilnehmenden deutschen Patient*innen. In der Vergleichsgruppe wurde angereicherte Kost dagegen mehr als dreimal so oft angeboten (Tab. 2/11). In Pflegeheimen wurde angereicherte Kost am nutritionDay 2018 mit 21 % deutlich häufiger als im Krankenhaus eingesetzt und auch häufiger als in der Vergleichsgruppe (14 %) (Tab. 2/21). Der Anteil hat in den letzten Jahren deutlich zugenommen, was möglicherweise mit der diesbezüglichen Empfehlung in aktuellen Leitlinien zusammenhängt [62].

Auch **Trinknahrung** wurde 2018 in den teilnehmenden deutschen Krankenhäusern deutlich seltener eingesetzt als in der Vergleichsgruppe (14 vs. 19 %; Tab. 2/11), jedoch etwas häufiger als im Pflegeheim, wo 11 % der deutschen und auch der europäischen Bewohner*innen Trinknahrung erhielten (Tab. 2/21). In einer internationalen nutritionDay-Auswertung der Jahre 2007–2014 wurde Trinknahrung bei 14 % der Bewohner*innen eingesetzt [27], aus deutschen und niederländischen Pflegeheimen wurden mit 13 bzw. 14 % in den Jahren 2008/09 ähnliche Prävalenzen berichtet (45).

Im Gegensatz zu angereicherter Kost und Trinknahrung wurde **enterale Ernährung**, vor allem in den Vorjahren, deutlich häufiger eingesetzt als bei den übrigen europäischen Teilnehmenden (Tab. 2/11). Dies kann durch den fast vierfachen Anteil neurologischer Patient*innen 2016–2017 in Deutschland im Vergleich zur Vergleichsgruppe erklärt werden (Tab. 2/2), die aufgrund schwerer Dysphagien, meist infolge eines Schlaganfalls, häufig enteral ernährt werden müssen. Im Zeitverlauf ist ein enormer Rückgang von 17 % in den beiden Vorjahren auf nur noch 3 % beim nutritionDay 2018 auffällig, der wiederum zumindest teilweise mit einem geringeren Anteil neurologischer Patient*innen 2018 erklärbar ist. Zudem könnte ein zurückhaltenderer Einsatz von Sondenernährung bei terminal Kranken und schwer Demenzkranken in den letzten Jahren eine Rolle spielen. Im Pflegeheim wurde nur ein kleiner Bewohner*innenanteil per Sonde ernährt, ein geringfügiger Rückgang im Vergleich zum Vorjahreszeitraum ist auch hier festzustellen (Tab. 2/21). Eine deutschlandweite Umfrage ergab bei 807 Heimen mit 66 500 Bewohner*innen im Jahr 2007 eine noch dreimal so hohe mittlere PEG (perkutane endoskopische Gastrostomie)-Prävalenz von 6 % [63]. Beim nutritionDay in Pflegeheimen 2007 wurden ebenfalls 6 % der überwiegend deutschen Bewohner*innen sondenernährt [30], während aus niederländischen Pflegeheimen bereits 2008/09 nur 2 % Sondenernährung berichtet wurde [45].

Sinnvollerweise kommen angereicherte Kost und Trinknahrung durchweg häufiger bei mangelernährten als bei nicht mangelernährten Personen zum Einsatz, unabhängig von der Definition der Mangelernährung (Abb. 2/3a und b; Abb. 2/7a und b). Dennoch muss festgehalten werde, dass jeweils nur ein Bruchteil der mangelernährten Patient*innen bzw. Bewohner*innen die jeweilige Intervention erhält, Trinknahrung im Krankenhaus mit gut 50 % mit Abstand am häufigsten Patient*innen, die von der Pflege als mangelernährt eingestuft wurden (Abb. 2/3b). Ein relativ geringer Einsatz von Interventionsmaßnahmen wird auch in früheren Arbeiten zur Ernährungssituation in deutschen Pflegeheimen berichtet [15, 64], wobei die Häufigkeit ernährungsbezogener Maßnahmen sowohl im Krankenhaus als auch im Pflegeheim mit zunehmendem ernährungsbedingtem Risiko ebenfalls zunahm [46].

**Spezialdiäten** wurden in der vorliegenden nutritionDay-Auswertung bei 14 % der Klinikpatient*innen 2018 berichtet und damit nur halb so häufig wie in der europäischen Vergleichsgruppe (Tab. 2/11). In Österreich wurde 2015 für 18 % der Patient*innen eine Spezialdiät angeordnet, in der europäischen Vergleichsgruppe 2012–2014 für 20 % [40]. Generell und insbesondere im fortgeschrittenen Lebensalter sollten Diäten so wenig wie möglich eingesetzt werden, bzw. ihr Nutzen sorgfältig mit dem dadurch möglicherweise erhöhten Mangelernährungsrisiko abgewogen werden [62].

Im Gegensatz zu angereicherter Kost und Trinknahrung wird enterale Ernährung den aktuellen nutritionDay-Daten zufolge im Krankenhaus unabhängig vom Ernährungszustand eingesetzt (Abb. 2/3c). Dies erklärt sich vermutlich durch einen präventiven Einsatz von Sondenernährung bei Patient*innen mit schweren Schluckstörungen, z. B. nach einem Schlaganfall, um in dieser Situation die Energie- und Nährstoffaufnahme zu ermöglichen. Parenterale Ernährung kommt dagegen wiederum häufiger bei Mangelernährung zum Einsatz, was auch in anderen Studien beschrieben wird [49, 51].

Schließlich bleibt festzuhalten, dass Ernährungsinterventionen generell deutlich häufiger ergriffen werden, wenn ernährungsmedizinisches Fachpersonal und entsprechende Versorgungsroutinen in den Einrichtungen vorhanden sind, im Krankenhaus insbesondere bei ernährungsmedizinischer Expertise in Form von Diätassistenz (Abb. 2/2a-d; Abb. 2/6a und b). Für den Pflegeheimbereich konnte bereits in einer früheren Auswertung der internationalen nutritionDay-Daten gezeigt werden, dass Bewohner*innen von Wohnbereichen mit Ernährungsexperten – Diätassistenz oder Ansprechperson für Ernährung – und mit monatlicher Erfassung der Ernährungssituation eine höhere Chance hatten, Trinknahrung zu erhalten [27].

Auffällig ist in den vorliegenden Daten jedoch der enorme Anteil an Patient*innen, die enterale Ernährung bekommen, wenn *kein* Ernährungsteam bzw. auch wenn keine Diätassistenz in der Klinik anwesend ist (Abb. 2/2c). Dies könnte damit zusammenhängen, dass enterale Ernährung in den letzten Jahren insbesondere in Palliativsituationen, bei Patient*innen in terminalen Krankheitsstadien und bei fortgeschrittener Demenz als nicht mehr sinnvoll angesehen wird [62] und folglich deutlich zurückhaltender eingesetzt wird. Möglicherweise ist dieser Paradigmenwechsel in Kliniken ohne Fachpersonal noch nicht angekommen. Da Ernährungsteams üblicherweise vor allem für enterale und parenterale Ernährung zuständig sind, ist trotzdem erstaunlich, dass lediglich 2 bis 3 % der Patient*innen mit Ernährungsteam enteral ernährt werden.

Generell lässt sich anhand der im Rahmen des nutritionDay-Projekts erhobenen Daten leider nicht beurteilen, inwieweit die jeweils ergriffenen Maßnahmen sinnvoll und angemessen sind und inwieweit die Patient*innen bzw. Bewohner*innen davon profitiert haben. Da der diesbezügliche Wissensstand insgesamt sehr gering ist, sollte dies in zukünftigen Studien gezielt untersucht werden.

> **Inwieweit Patient*innen bzw. Bewohner*innen von ergriffenen Maßnahmen profitieren, sollte in zukünftigen Studien gezielt untersucht werden.**

## 2.5 Fazit

Mangelernährung bei Klinikpatient*innen und Pflegeheimbewohner*innen stellt ein relevantes Gesundheitsproblem dar und ist sowohl aus Sicht der Betroffenen – aufgrund der damit verbundenen gesundheitlichen Beeinträchtigungen – als auch für das Gesundheitssystem – aufgrund der resultierenden Kosten – von großem öffentlichen Interesse.

Die Auswertung der umfangreichen Daten des jährlich stattfindenden nutritionDay-Aktionstages der vergangenen 13 Jahre belegt die weite Verbreitung der Problematik auch in Deutschland. Weitgehend unabhängig vom Erhebungszeitraum und in erstaunlicher

Übereinstimmung mit den übrigen europäischen Teilnehmenden, jedoch deutlich abhängig von den angelegten Kriterien, wurden Hinweise auf Mangelernährung bei bis zu einem Drittel der Klinikpatient*innen und knapp einem Viertel der Pflegeheimbewohner*innen festgestellt.

Obwohl die Krankenhausmortalität lediglich 2 % betrug, war ein deutlicher Zusammenhang zum Ernährungszustand – dies unabhängig von den gewählten Kriterien für Mangelernährung – und zur Essmenge am nutritionDay sichtbar. Auch die weitere Klinikaufenthaltsdauer war unabhängig von der Mangelernährungsdefinition klar mit dem Ernährungszustand und der Essmenge am nutritionDay assoziiert: Sowohl das Mortalitätsrisiko als auch die Verweildauer im Krankenhaus sind bei mangelernährten Personen deutlich erhöht.

Ernährungsstrukturen – sowohl ernährungsmedizinisch ausgebildetes Personal als auch Erhebungsroutinen – sind nicht standardmäßig vorhanden; im Vergleich zur europaweiten Vergleichsgruppe schneiden die teilnehmenden deutschen Krankenhäuser hinsichtlich Diätassistenz und Ernährungsteams, aber auch spezifischer Ansprechpersonen deutlich schlechter ab. Lediglich 10 % der teilnehmenden deutschen Klinikstationen verfügen über eine Diätassistenz und nur 58 % über ein Ernährungsteam. Ein Viertel der teilnehmenden Stationen führt klinische Ernährung ohne Richtlinien oder Standards durch und nur bei der Hälfte werden die Patient*innen bei Klinikaufnahme gewogen. Im Pflegeheim haben immerhin 30 % Zugang zu einer Diätassistenz, jedoch auch nur knapp die Hälfte eine Ansprechperson für Ernährungsfragen – beides deutlich seltener als in der Vergleichsgruppe. Erfreulicherweise ist eine monatliche Gewichtsmessung der Bewohner*innen in fast allen teilnehmenden Heimen etabliert.

> **Ein Viertel der teilnehmenden Stationen führt klinische Ernährung ohne Richtlinien oder Standards durch.**

Es ist davon auszugehen, dass sich die Situation in deutschen Kliniken und Pflegeheimen insgesamt eher noch schlechter darstellt, da vermutlich vor allem ernährungsmedizinisch interessierte und engagierte Institutionen am nutritionDay teilnehmen.

Hinsichtlich ergriffener Ernährungsmaßnahmen wurden im Krankenhaus große Unterschiede zur Vergleichsgruppe beim Einsatz von angereicherter Kost und Trinknahrung deutlich: dieser war in den deutschen Kliniken wesentlich geringer. Auch wenn diese Maßnahmen und auch parenterale Ernährung sinnvollerweise durchweg häufiger bei Mangelernährung zum Einsatz kommen, erhält jeweils nur ein Bruchteil der mangelernährten Patient*innen bzw. Bewohner*innen die jeweilige Intervention.

Da sich die Angemessenheit der ergriffenen Maßnahmen jedoch im Einzelfall und auch insgesamt anhand der nutritionDay-Daten leider nicht beurteilen lässt, sind diesbezüglich zukünftig gezielte Untersuchungen notwendig. Wenngleich die vorliegenden Daten insgesamt umfangreiche Informationen und gute Anhaltspunkte liefern, sind dringend repräsentative Erhebungen erforderlich, um die ernährungsmedizinischen Strukturen und Prozesse in deutschen Krankenhäusern und Pflegeheimen zuverlässig einschätzen zu können.

## 2.6 Handlungsempfehlungen zur Verbesserung der Ernährungsversorgung in Krankenhäusern und Pflegeheimen



Insgesamt erscheinen auf der Grundlage der dokumentierten Ergebnisse zukünftig sowohl strukturelle Verbesserungen als auch eine vermehrte Aufmerksamkeit für die Thematik dringend geboten. Basierend auf den Ergebnissen – unter Berücksichtigung der diskutierten Limitationen – aber auch auf der wissenschaftlichen Evidenz und aktuellen ernährungsmedizinischen Leitlinien können folgende Empfehlungen zur Verbesserung der Ernährungsversorgung in Krankenhäusern und Pflegeheimen abgeleitet werden:

- Eine routinemäßige Erfassung der Ernährungssituation bei Klinikaufnahme ist essenziell, um Mangelernährung oder ein bestehendes Risiko für Mangelernährung zu identifizieren. Dies ist leider nicht Standard und sollte flächendeckend in allen Institutionen erfolgen bzw. eingeführt werden.

- Bei auffälligen Screening-Ergebnissen müssen sich eine weitergehende Diagnostik sowie ggf. die Ableitung von Therapiezielen und angemessener Ernährungstherapiemaßnahmen anschließen. Hierzu ist fachspezifische Kompetenz in Form von qualifiziertem Personal erforderlich – von ernährungsmedizinisch ausgebildeten Mediziner*innen und Pflegekräften bis zur Diätassistenz und interdisziplinären Ernährungsteams. Die Ergebnisse der nutritionDay-Datenauswertung haben gezeigt, dass in diesem Bereich großer Verbesserungsbedarf besteht. Zur Sicherung einer guten ernährungsmedizinischen Versorgung werden entsprechende Fachkräfte in jeder Einrichtung in ausreichendem Umfang benötigt.

- Ernährungsmedizinische Inhalte müssen vermehrt in die Ausbildung von Gesundheitsberufen integriert werden, um grundlegende Kenntnisse und Aufmerksamkeit für die Thematik bereits früh und flächendeckend zu vermitteln.

- Die flächendeckende Implementierung und Umsetzung ernährungsmedizinischer Leitlinien und Standards stellen zentrale Voraussetzungen für den fachgerechten Einsatz ernährungsmedizinischer Maßnahmen dar. Ergänzend zu den evidenzbasierten Leitlinien der DGEM (https://www.dgem.de/leitlinien) werden derzeit von der DGEM in Kooperation mit der Deutschen Akademie für Ernährungsmedizin (DAEM) Qualitätsstandards für ernährungsmedizinische Strukturen in Kliniken und Pflegeinstitutionen erarbeitet, die eine diesbezügliche Grundlage bieten. Darauf basierend müssen regelmäßige Schulungen des gesamten beteiligten Personals stattfinden.

- Grundvoraussetzung für eine bedarfsdeckende Ernährung ist ein hochwertiges, attraktives Essensangebot in Kliniken und Pflegeheimen. Auch diesbezüglich besteht deutlicher Verbesserungsbedarf, um sowohl den Bedürfnissen (z. B. Kau- und Schluckbeschwerden, Intoleranzen) als auch den Präferenzen (z. B. biografisch, kulturell, religiös) der Patient*innen und Bewohner*innen so gut wie möglich gerecht zu werden. Ein ansprechendes Angebot texturmodifizierter Kostformen sowie angereicherter Mahlzeiten mit hoher Energie- und Nährstoffdichte muss zum Standardangebot jeder Institution gehören, um Patient*innen mit Mangelernährung bzw. Risiko für Mangelernährung eine ausreichende Energie- und Nährstoffaufnahme zu erleichtern.

Die DGE-Qualitätsstandards beinhalten Kriterien für eine gesundheitsfördernde und nachhaltige Verpflegung in Gemeinschaftseinrichtungen und bieten praxisnahe Unterstützung bei der dementsprechenden Speisenplanung und -herstellung [65, 66]. Ihre verbindliche Umsetzung wäre wünschenswert.

- Schließlich müssen zukünftig Strategien entwickelt und erprobt werden, um die Datenbasis für Deutschland zu erweitern und damit die Grundlage für eine kontinuierliche Berichterstattung zur Ernährungssituation in Krankenhäusern und Pflegeheimen zu schaffen. Regelmäßige Audits bzw. eine routinemäßige Erfassung und Dokumentation zentraler Variablen sollten langfristig auf nationaler Ebene etabliert werden, um sowohl den Ernährungszustand von Patient*innen und Heimbewohner*innen als auch die Versorgungsqualität in den Institutionen darzustellen und Veränderungen festzustellen. Dies ist als solide Grundlage für Verbesserungen sowohl auf lokaler Ebene als auch für gesundheitspolitische Entscheidungen unverzichtbar.

Die genannten Maßnahmen würden dazu beitragen, der Entwicklung von Mangelernährung präventiv entgegenzuwirken und bestehende Ernährungsprobleme adäquat zu behandeln. Dies sind sowohl aus individueller als auch gesundheitsökonomischer Perspektive relevante Ziele. Nationale und internationale Wissenschaftler*innen und Fachgesellschaften haben in den letzten Jahren die wissenschaftlichen Grundlagen erarbeitet und in evidenzbasierten Leitlinien zusammengefasst. Damit sowohl Patient*innen und Heimbewohner*innen als auch das Gesundheitswesen zukünftig von diesen Erkenntnissen profitieren, müssen diese in politische Entscheidungen münden und im Alltag implementiert werden.

## 2.7 Literatur


[1] Allison SP: Malnutrition, disease, and outcome. Nutrition 16 (2000) 590–593

[2] Bell CL, Lee AS, Tamura BK: Malnutrition in the nursing home. Curr Opin Clin Nutr Metab Care 18 (2015) 17–23

[3] Norman K, Pichard C, Lochs H et al.: Prognostic impact of disease-related malnutrition. Clin Nutr 27 (2008) 5–15

[4] Correia MI, Waitzberg DL: The impact of malnutrition on morbidity, mortality, length of hospital stay and costs evaluated through a multivariate model analysis. Clin Nutr 22 (2003) 235–239

[5] Abizanda P, Sinclair A, Barcons N et al.: Costs of malnutrition in institutionalized and community-dwelling older adults: a systematic review. J Am Med Dir Assoc 17 (2016) 17–23

[6] Statistisches Bundesamt: Krankenhäuser, Betten, Patienten: Deutschland, Jahre 1991–2017. https://www-genesis.destatis.de (eingesehen am 31.07.2019)

[7] Statistisches Bundesamt (Hrsg.): Pflegestatistik 2017. Pflege im Rahmen der Pflegeversicherung. Deutschlandergebnisse. Wiesbaden (2018)

[8] Cereda E: Mini nutritional assessment. Curr Opin Clin Nutr Metab Care 15 (2012) 29–41

[9] Kaiser MJ, Bauer JM, Ramsch C et al.: Frequency of malnutrition in older adults: a multinational perspective using the mini nutritional assessment. J Am Geriatr Soc 58 (2010) 1734–1738

[10] Meijers JM, Halfens RJ, van Bokhorst-de van der Schueren MA et al.: Malnutrition in Dutch health care: prevalence, prevention, treatment, and quality indicators. Nutrition 25 (2009) 512–519

[11] Ray S, Laur C, Golubic R: Malnutrition in healthcare institutions: a review of the prevalence of under-nutrition in hospitals and care homes since 1994 in England. Clin Nutr 33 (2014) 829–835

[12] Pirlich M, Schutz T, Norman K et al.: The German hospital malnutrition study. Clin Nutr 25 (2006) 563–572

[13] Tannen A, Schutz T, Smoliner C et al.: Care problems and nursing interventions related to oral intake in German nursing homes and hospitals: a descriptive mulitcentre study. Int J Nurs Stud 49 (2012) 378–385

[14] Heseker H, Stehle P, Bai JC et al.: Ernährung älterer Menschen in stationären Einrichtungen (ErnSTES-Studie). In: Deutsche Gesellschaft für Ernährung (Hrsg.): Ernährungsbericht 2008. Bonn (2008) 157–204

[15] Bartholomeyczik S, Reuther S, Luft L et al.: Prävalenz von Mangelernährung, Maßnahmen und Qualitätsindikatoren in deutschen Altenpflegeheimen – erste Ergebnisse einer landesweiten Pilotstudie. Gesundheitswesen 72 (2010) 868–874

[16] Kiesswetter E, Sieber CC, Volkert D: Ernährungssituation älterer Menschen im deutschsprachigen Raum. Aktuel Ernaehrungsmed 41 (2016) 362–369

[17] Norman K, Smoliner C, Valentini L et al.: Is bioelectrical impedance vector analysis of value in the elderly with malnutrition and impaired functionality? Nutrition 23 (2007) 564–569

[18] Kaiser R, Winning K, Uter W et al.: Comparison of two different approaches for the application of the mini nutritional assessment in nursing homes: resident interviews versus assessment by nursing staff. J Nutr Health Aging 13 (2009) 863–869

[19] Kaiser R, Winning K, Uter W et al.: Functionality and mortality in obese nursing home residents: an example of 'risk factor paradox'? J Am Med Dir Assoc 11 (2010) 428–435

[20] Volkert D, Pauly L, Stehle P et al.: Prevalence of malnutrition in orally and tube-fed elderly nursing home residents in Germany and its relation to health complaints and dietary intake. Gastroenterol Res Pract (2011) 247315

[21] Council of Europe Committee of Ministers: Resolution ResAP(2003)3 on food and nutritional care in hospitals. (2003) https://www.nutritionday.org/cms/upload/pdf/11.resolution/Resolution_of_the_Council_of_Europe.pdf (eingesehen am 20.09.2019)

[22] Cereda E, Klersy C, Hiesmayr M et al.: Body mass index, age and in-hospital mortality: The NutritionDay multinational survey. Clin Nutr 36 (2017) 839–847

[23] Frantal S, Pernicka E, Hiesmayr M et al.: Length bias correction in one-day cross-sectional assessments – The nutritionDay study. Clin Nutr 35 (2016) 522–527

[24] Hiesmayr M, Schindler K, Pernicka E et al.: Decreased food intake is a risk factor for mortality in hospitalised patients: the NutritionDay survey 2006. Clin Nutr 28 (2009) 484–491

[25] Lainscak M, Farkas J, Frantal S et al.: Self-rated health, nutritional intake and mortality in adult hospitalized patients. Eur J Clin Invest 44 (2014) 813–824

[26] Schindler K, Pernicka E, Laviano A et al.: How nutritional risk is assessed and managed in European hospitals: a survey of 21,007 patients findings from the 2007–2008 cross-sectional nutritionDay survey. Clin Nutr 29 (2010) 552–559

[27] Streicher M, Themessl-Huber M, Schindler K et al.: Who receives oral nutritional supplements in nursing homes? Results from the nutritionDay project. Clin Nutr 36 (2017) 1360–1371

[28] Streicher M, Themessl-Huber M, Schindler K et al.: nutritionDay in nursing homes – the association of nutritional intake and nutritional interventions with 6-month mortality in malnourished residents. J Am Med Dir Assoc 18 (2017) 162–168

[29] Streicher M, Wirth R, Schindler K et al.: Dysphagia in nursing homes – results from the NutritionDay project. J Am Med Dir Assoc 19 (2018) 141–147.e2

[30] Valentini L, Schindler K, Schlaffer R et al.: The first nutritionDay in nursing homes: participation may improve malnutrition awareness. Clin Nutr 28 (2009) 109–116

[31] Wirth R, Pourhassan M, Streicher M et al.: The impact of dysphagia on mortality of nursing home residents: results from the nutritionDay project. J Am Med Dir Assoc 19 (2018) 775–778

[32] Wirth R, Streicher M, Smoliner C et al.: The impact of weight loss and low BMI on mortality of nursing home residents – results from the nutritionDay in nursing homes. Clin Nutr 35 (2016) 900–906

[33] Schindler K, Themessl-Huber M, Hiesmayr M et al.: To eat or not to eat? Indicators for reduced food intake in 91,245 patients hospitalized on nutritionDays 2006–2014 in 56 countries worldwide: a descriptive analysis. Am J Clin Nutr 104 (2016) 1393–1402

[34] WHO (World Health Organization) (Hrsg.): Physical status: the use and interpretation of anthropometry: report of a WHO expert committee. Genf (1995)

[35] Cederholm T, Bosaeus I, Barazzoni R et al.: Diagnostic criteria for malnutrition – an ESPEN Consensus Statement. Clin Nutr 34 (2015) 335–340

[36] Cederholm T, Jensen GL, Correia M et al.: GLIM criteria for the diagnosis of malnutrition – a consensus report from the global clinical nutrition community. Clin Nutr 38 (2019) 1–9

[37] Statistisches Bundesamt: Krankenhäuser: Einrichtungen, Betten und Patientenbewegung nach Bundesländern. https://www.destatis.de/DE/Themen/Gesellschaft-Umwelt/Gesundheit/Krankenhaeuser/Tabellen/gd-krankenhaeuser-bl.html (eingesehen am 10.07.2019)

[38] Schindler K, Pichard C, Sulz I et al.: nutritionDay: 10 years of growth. Clin Nutr 36 (2017) 1207–1214

[39] Klek S, Krznaric Z, Gundogdu RH et al.: Prevalence of malnutrition in various political, economic, and geographic settings. JPEN J Parenter Enteral Nutr 39 (2015) 200–210

[40] Rust P, Hasenberger V, König J: nutritionDay 2015 in österreichischen Krankenhäusern. In: Department für Ernährungswissenschaften der Universität Wien (Hrsg.): Österreichischer Ernährungsbericht 2017. Wien (2017) 61–71

[41] Meijers JM, Tan F, Schols JM et al.: Nutritional care; do process and structure indicators influence malnutrition prevalence over time? Clin Nutr 33 (2014) 459–465

[42] Tamura BK, Bell CL, Masaki KH et al.: Factors associated with weight loss, low BMI, and malnutrition among nursing home patients: a systematic review of the literature. J Am Med Dir Assoc 14 (2013) 649–655

[43] van Nie-Visser NC, Meijers J, Schols J et al.: Which characteristics of nursing home residents influence differences in malnutrition prevalence? An international comparison of The Netherlands, Germany and Austria. Br J Nutr 111 (2014) 1129–1136
[44] Maeda K, Ishida Y, Nonogaki T et al.: Reference body mass index values and the prevalence of malnutrition according to the Global Leadership Initiative on Malnutrition criteria. Clin Nutr (2019) DOI: 10.1016/j.clnu.2019.01.011 (epub ahead of print)
[45] van Nie-Visser NC, Meijers JM, Schols JM et al.: Comparing quality of nutritional care in Dutch and German nursing homes. J Clin Nurs 20 (2011) 2501–2508
[46] Tannen A, Schütz T, Dassen T et al.: Mangelernährung in deutschen Pflegeheimen und Krankenhäusern – Pflegebedarf und pflegerische Versorgung. Aktuel Ernaehr Med 33 (2008) 177–183
[47] Detsky AS, McLaughlin JR, Baker JP et al.: What is subjective global assessment of nutritional status? 1987. Classical article. Nutr Hosp 23 (2008) 400–407
[48] Agarwal E, Ferguson M, Banks M et al.: Malnutrition and poor food intake are associated with prolonged hospital stay, frequent readmissions, and greater in-hospital mortality: results from the Nutrition Care Day Survey 2010. Clin Nutr 32 (2013) 737–745
[49] Tsaousi G, Panidis S, Stavrou G et al.: Prognostic indices of poor nutritional status and their impact on prolonged hospital stay in a Greek university hospital. Biomed Res Int (2014) 924270
[50] Kruizenga H, van Keeken S, Weijs P et al.: Undernutrition screening survey in 564,063 patients: patients with a positive undernutrition screening score stay in hospital 1.4 d longer. Am J Clin Nutr 103 (2016) 1026–1032
[51] Felder S, Lechtenboehmer C, Bally M et al.: Association of nutritional risk and adverse medical outcomes across different medical inpatient populations. Nutrition 31 (2015) 1385–1393
[52] Caccialanza R, Klersy C, Cereda E et al.: Nutritional parameters associated with prolonged hospital stay among ambulatory adult patients. CMAJ 182 (2010) 1843–1849
[53] Valentini L, Volkert D, Schütz T et al.: DGEM-Terminologie in der Klinischen Ernährung. Aktuel Ernaehrungsmed 38 (2013) 97–111
[54] Bischoff SC, Feuser K: Interdisziplinäre Ernährungsteams. In: Löser C (Hrsg.): Mangelernährung. Thieme, Stuttgart (2011) 145–152
[55] van Nie NC, Meijers JM, Schols JM et al.: Do structural quality indicators of nutritional care influence malnutrition prevalence in Dutch, German, and Austrian nursing homes? Nutrition 30 (2014) 1384–1390
[56] Volkert D, Arens-Azevêdo U, Pfannes U et al.: Evaluation des „DGE-Qualitätsstandard für die Verpflegung in statitionären Senioreneinrichtungen". In: Deutsche Gesellschaft für Ernährung (Hrsg.): 13. DGE-Ernährungsbericht. Bonn (2016) 161–202
[57] Kondrup J, Allison SP, Elia M et al.: ESPEN guidelines for nutrition screening 2002. Clin Nutr 22 (2003) 415–421
[58] Deutsches Netzwerk für Qualitätsentwicklung in der Pflege (DNQP) (Hrsg.): Expertenstandard Ernährungsmanagement zur Sicherung und Förderung der oralen Ernährung in der Pflege. 1. Aktualisierung. Osnarbrück (2017)
[59] Meijers JM, Candel MJ, Schols JM et al.: Decreasing trends in malnutrition prevalence rates explained by regular audits and feedback. J Nutr 139 (2009) 1381–1386
[60] Medizinischer Dienst des Spitzenverbandes Bund der Krankenkassen e. V. (MDS) (Hrsg.): Grundsatzstellungnahme Essen und Trinken im Alter. Essen (2014)
[61] van Nie-Visser NC, Meijers JM, Schols JM et al.: To what extent do structural quality indicators of (nutritional) care influence malnutrition prevalence in nursing homes? Clin Nutr 34 (2015) 1172–1176
[62] Volkert D, Bauer JM, Frühwald T et al.: Leitlinie der Deutschen Gesellschaft für Ernährungsmedizin (DGEM). Klinische Ernährung in der Geriatrie. Aktuel Ernaehrungsmed 38 (2013) e1–e48
[63] Wirth R, Bauer JM, Willschrei HP et al.: Prevalence of percutaneous endoscopic gastrostomy in nursing home residents – a nationwide survey in Germany. Gerontology 56 (2010) 371–377
[64] Reuther S, van Nie N, Meijers J et al.: Mangelernährung und Demenz bei Bewohnern in Einrichtungen der stationären Altenpflege in Deutschland. Z Gerontol Geriatr 46 (2013) 260–267
[65] Deutsche Gesellschaft für Ernährung (Hrsg.): DGE-Qualitätsstandard für die Verpflegung in Krankenhäusern. Bonn, 2. Auflage, 3., korrigierter Nachdruck (2018). https://www.station-ernaehrung.de/fileadmin/user_upload/medien/DGE-Qualitaetsstandard_Krankenhaus.pdf (eingesehen am 20.09.2019)
[66] Deutsche Gesellschaft für Ernährung (Hrsg.): DGE-Qualitätsstandard für die Verpflegung in stationären Senioreneinrichtungen. Bonn, 3. Auflage, 2., korrigierter Nachdruck (2018). https://www.fitimalter-dge.de/fileadmin/user_upload/medien/DGE-Qualitaetsstandard_Stationaere_Senioreneinrichtungen.pdf (eingesehen am 20.09.2019)

# 3 Studie zur Erhebung von Daten zum Stillen und zur Säuglingsernährung in Deutschland – SuSe II*

Mathilde Kersting, Nele Hockamp, Constanze Burak, Thomas Lücke




## Zusammenfassung

**Einleitung:** 20 Jahre nach der Vorläuferstudie „Stillen und Säuglingsernährung in Deutschland – die „SuSe"-Studie" (SuSe I) hatte SuSe II zum Ziel, die Stillförderung im Krankenhaus, das aktuelle Stillverhalten sowie die Säuglingsernährung im Verlauf des 1. Lebensjahres umfassend zu beschreiben. Zudem werden Entwicklungen in den letzten 20 Jahren dargestellt und Empfehlungen für die Stillförderung abgeleitet.

**Methoden:** In SuSe II wurden Daten zum Stillmanagement in einer bundesweiten Querschnittserhebung in 109 Geburtskliniken webbasiert erhoben. Anschließend wurden bei dort rekrutierten Mutter-Kind-Paaren Follow-up-Befragungen zum Stillen und zur Säuglingsernährung zu 5 Zeitpunkten im Verlauf des 1. Lebensjahres (2 Wochen sowie 2, 4, 6, 12 Monate nach der Geburt) durchgeführt. An der prospektiven, ebenfalls webbasierten Studie nahmen 966 Mutter-Kind-Paare teil, mit einer langfristigen Compliance von etwa 90 %.

**Ergebnisse:** Die aktuellen Empfehlungen der Nationalen Stillkommission für die Stillförderung im Krankenhaus wurden im Studienkollektiv zum großen Teil umgesetzt, insbesondere bezüglich der strukturellen Rahmenbedingungen für das Stillen. Die Stillquoten blieben in den ersten Monaten erfreulich hoch, mit 56 % für ausschließliches Stillen und 82 % für Stillen überhaupt noch im Alter von 4 Monaten. Anfängliche Stillprobleme berichtete etwa die Hälfte der Mütter. Als Hauptgrund für eine Stilldauer kürzer als 4 Monate wurde eine unzureichende Milchmenge genannt. Bedeutende Risikofaktoren für eine kurze Stilldauer waren fehlende mütterliche Stillabsichten und -erfahrungen sowie postnatale Faktoren, wie die Verwendung einzelner Stillhilfsmittel und die frühe Gabe zusätzlicher Flüssigkeit. Die Mütter waren mit der Stillbetreuung im Krankenhaus und mit den genutzten Informations- und Beratungsangeboten überwiegend zufrieden. Noch am Ende des 1. Lebensjahres wurden 41 % der Säuglinge zusätzlich zur Beikost weiter teilgestillt. Als Muttermilchersatz wurde während des 1. Lebensjahres überwiegend Säuglingsanfangsnahrung eingesetzt. Beikost wurde zum größten Teil in dem in Deutschland empfohlenen Zeitfenster zwischen dem 5. und 7. Lebensmonat und in der empfohlenen Reihenfolge eingeführt. Bei der Auswahl zusätzlicher Getränke stand Leitungswasser an erster Stelle.

**Schlussfolgerung:** Die Stillförderung im Krankenhaus hat sich ebenso wie das Stillverhalten der Mütter und die sonstige Säuglingsernährung in den letzten 20 Jahren den Empfehlungen weiter angenähert. Um den Kliniken die Umsetzung der Bandbreite der Stillfördermaßnahmen zu erleichtern, müssen ihnen im Gesundheitssystem


* Mit Förderung durch das Bundesministerium für Ernährung und Landwirtschaft (BMEL)

ausreichende Ressourcen zur Verfügung stehen. Der heute verkürzte postpartale Klinikaufenthalt erfordert eine nahtlos anschließende koordinierte und praxisnahe Nachsorge, um Müttern einen langfristigen Stillerfolg zu erleichtern. Über das Stillen hinaus bieten die bewährten Strukturen der kinder- und jugendärztlichen Vorsorge einen niederschwelligen Zugang für die Beratung von Familien zur Säuglingsernährung im 1. Lebensjahr. Zusammengenommen ermöglichen die SuSe-Studien mit der kombinierten Einbindung von Geburtskliniken und Mutter-Kind-Paaren vertiefte Einblicke in Kernelemente des Stillens und der Säuglingsernährung im 1. Lebensjahr. Das bewährte Konzept sollte im Rahmen des Stillmonitorings weiterentwickelt werden, um in Zukunft die soziodemografische Diversität von Familien eingehender abzubilden und maßgeschneiderte Stillförderung zu erleichtern.



## Kernaussagen

➔ Im Alter von 4 Monaten waren die Stillquoten mit 56 % für ausschließliches und 82 % für Stillen überhaupt erfreulich hoch. Beikost wurde überwiegend entsprechend des im „Ernährungsplan für das 1. Lebensjahr" empfohlenen Zeitfensters sowie in der empfohlenen Reihenfolge eingeführt.

➔ Die Hauptgründe für frühes Abstillen und die wesentlichen Faktoren für eine kurze Stilldauer sind heute ähnlich wie vor 20 Jahren.

➔ Die Stillförderung im Krankenhaus, das Stillverhalten der Mütter und die Säuglingsernährung haben sich in den letzten 20 Jahren den Empfehlungen in Deutschland weiter angenähert.

➔ Bei dem heutzutage verkürzten postpartalen Klinikaufenthalt ist eine nahtlos anschließende Stillnachsorge mit praxisnahen und effektiven Strukturen und Koordinierung der professionellen und ehrenamtlichen Akteur*innen notwendig, um Müttern einen langfristigen Stillerfolg zu erleichtern.

➔ Die zielgruppenspezifische Weiterentwicklung bestehender Informations- und Beratungswege zum Stillen und zur Säuglingsernährung ist wichtig, damit auch bisher noch nicht ausreichend erreichte Elterngruppen mit geringer Stillmotivation und niedriger Schulbildung davon profitieren.

## 3.1 Einleitung und Zielsetzung

Stillen ist die natürliche und beste Form der Säuglingsernährung. Stillen bietet für den Säugling und die Mutter zahlreiche Vorteile. Muttermilch ist an die Bedürfnisse des Säuglings angepasst und enthält als reife Muttermilch (ab der 3. Woche) bei ausgewogener Ernährung der Mutter die für das Wachstum und die Entwicklung des Säuglings notwendigen Nährstoffe. Muttermilch gewährleistet nicht nur ein optimales Gedeihen, sondern bietet auch einen relativen Schutz gegen zahlreiche infektionsbedingte sowie auch nicht infektiöse Krankheiten. So reduziert Stillen auch in entwickelten Ländern das Risiko für Infekte der unteren Atemwege, Mittelohrentzündungen und Magen-Darm-Infektionen. Langfristig kann Stillen der Entstehung chronischer Krankheiten wie Adipositas und Diabetes mellitus Typ 2 vorbeugen [1–4].

Stillen fördert auch die Gesundheit der Mutter, u.a. durch die beschleunigte Rückbildung des Uterus und ein vermindertes Risiko für Brust- und Ovarialkrebs. Ferner fördert Stillen die elementar wichtige Mutter-Kind-Bindung und hat praktische sowie ökonomische Vorteile [1, 2, 4].



In Anbetracht der zahlreichen Vorteile des Stillens wurde bereits zu Beginn der 1990er Jahre von der 45. Weltgesundheitsversammlung die *Innocenti Declaration* „zum Schutz, zur Förderung und Unterstützung des Stillens" verabschiedet [5] und in der Folge in Deutschland 1994 die Nationale Stillkommission (NSK) eingerichtet. Als Leitfaden für die Stillförderung in den europäischen Ländern wurde 2004 ein Aktionsplan zu „Schutz, Förderung und Unterstützung des Stillens in Europa" erstellt und 2008 aktualisiert [6], der u.a. ein Stillmonitoring vorsieht. Stillmonitoring bedeutet, Daten zum Stillen unter Verwendung von standardisierten Definitionen und einheitlichen Indikatoren regelmäßig systematisch zu erfassen. Dementsprechend wurde von der NSK 2009 das integrative Konzept eines Stillmonitorings als Grundlage für die Qualitätssicherung von Maßnahmen der Stillförderung in Deutschland vorgelegt [7, 8]. Zu den vorgeschlagenen Modulen zählen prospektive epidemiologische Studien, namentlich die Studie „Stillen und Säuglingsernährung in Deutschland" (SuSe).

Eine Schlüsselrolle bei der Stillförderung wird den Geburtskliniken zugeschrieben. Mit dem Programm „Zehn Schritte zum erfolgreichen Stillen" von der Weltgesundheitsorganisation (WHO) und dem Kinderhilfswerk der Vereinten Nationen (UNICEF) wurden bereits vor 30 Jahren konkrete Maßnahmen vorgeschlagen, mit denen Kliniken, betreuendes Personal und auch Eltern bzw. Mütter zum Stillen motiviert und möglichst viele Mütter zu einem langfristigen Stillerfolg geführt werden sollen. Im Jahr 2018 wurden diese Empfehlungen aktualisiert und bekräftigt [9]. In den *Global Nutrition Targets* empfiehlt die WHO, dass die Quoten des ausschließlichen Stillens in den ersten sechs Monaten bis zum Jahr 2025 auf mindestens 50 % steigen sollen [10].

Mit der Studie „Stillen und Säuglingsernährung in Deutschland – die ‚SuSe'-Studie" (SuSe I) wurden 1997 bis 1998 erstmals bundesweit Daten zum Stillmanagement in Geburtskliniken in Deutschland im Querschnitt erhoben und bei dort rekrutierten Mutter-Kind-Paaren Daten zum Stillen und zur Säuglingsernährung prospektiv zu verschiedenen Zeitpunkten im 1. Lebensjahr erfragt [11–13].

Die vorliegende Studie (SuSe II) ist eine Fortschreibung der Studie SuSe I. Sie wurde am Forschungsdepartment Kinderernährung (FKE) der Universitätskinderklinik Bochum durchgeführt. Um einen Vergleich der Befunde im Abstand von 20 Jahren zu ermöglichen, wurden in der aktuellen Studie das Studiendesign und die zentralen Fragestellungen der Vorgängerstudie im Wesentlichen beibehalten und bei Bedarf an die aktuelle Situation angepasst.

**Folgende zentrale Fragestellungen wurden untersucht:**

- Wie sind die Stillbedingungen in deutschen Geburtskliniken?
- Wie lange stillen Mütter in Deutschland und welche Faktoren stehen im Zusammenhang mit dem Stillverhalten?
- Wie werden Säuglinge im Verlauf des 1. Lebensjahres ernährt?
- Wie haben sich die Stillbedingungen in deutschen Geburtskliniken, das Stillverhalten von Müttern und die Säuglingsernährung in Deutschland in den letzten 20 Jahren verändert?
- Welche aktuellen Empfehlungen zur Stillförderung in Deutschland können abgeleitet werden?

## 3.2 Methodik

### 3.2.1 Studiendesign

Bei SuSe II handelt es sich wie bei SuSe I um eine Querschnittsstudie zu den Stillbedingungen in Geburtskliniken in Deutschland in Kombination mit einem Follow-up von dort rekrutierten Müttern zur Erhebung des Stillens und der Säuglingsernährung im 1. Lebensjahr. Die Studie hatte somit zwei Kollektive: Geburtskliniken und Mutter-Kind-Paare (Abb. 3/1). Hierzu wurde ein webbasiertes Versand- und Erinnerungsinstrumentarium in Zusammenarbeit mit dem Fraunhofer Institut für Software- und Systemtechnik ISST, Dortmund, entwickelt, in dem den Müttern die jeweiligen Fragebögen über einen Link per E-Mail zugeschickt wurden. Die Daten wurden im Zeitraum von Januar 2018 bis März 2019 erhoben. Die Prüfung und auch Aktualisierung der Fragebögen der Vorgängerstudie zum Einsatz in SuSe II erfolgte in Zusammenarbeit mit dem Wissenschaftlichen Studienbeirat[1].

1 Mitglieder des Beirats: Prof. Dr. Nicola Bauer, Hochschule für Gesundheit; Dr. Burkhard Lawrenz, Berufsverband der Kinder- und Jugendärzte; PD Dr. Erika Sievers, MPH, Ärztin für Kinder- und Jugendmedizin, Neonatologie; Aleyd von Gartzen, Deutscher Hebammenverband; PD Dr. Cornelia Weikert, Bundesinstitut für Risikobewertung; Prof. Dr. Klaus Vetter, Deutsche Gesellschaft für Perinatale Medizin

**Abbildung 3/1:** Studiendesign und Stichproben von SuSe II

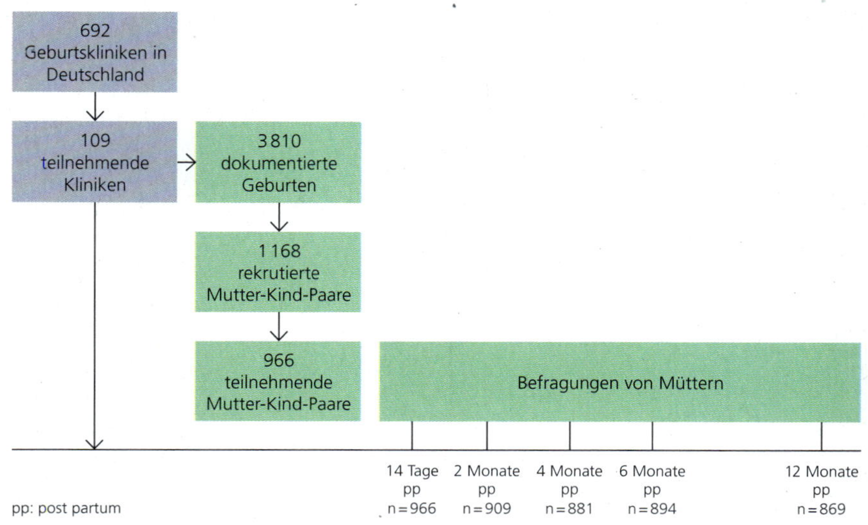


## 3.2.2 Kollektive

### Kliniken

Die Grundgesamtheit aller deutschen Geburtskliniken (n = 692; Stand 2016) wurde postalisch zur Studienteilnahme eingeladen, während in SuSe I eine Zufallsstichprobe der damaligen Geburtskliniken gezogen wurde. Parallel wurden Kurzinformationen zur Studie in frauenärztlichen, kinderärztlichen und pflegerischen Fachzeitschriften veröffentlicht. Kliniken, die postalisch keine Rückmeldung gaben, wurden zusätzlich per Fax und Telefon kontaktiert und erhielten einen Link zu einer persönlichen Einladung der Studienleitung per Video. Die Kliniken wurden gebeten, einen Fragebogen zu den Stillbedingungen in ihrer Klinik auszufüllen und das FKE bei der Rekrutierung von Müttern für die prospektive Studie zu unterstützen. Die Stillbedingungen in den Kliniken wurden anhand der Empfehlungen der NSK zur Stillförderung in Krankenhäusern, die an das 10-Schritte-Programm von WHO und UNICEF angelehnt sind [14], abgefragt und bewertet (Abb. 3/2).

### Mutter-Kind-Paare

Zur Rekrutierung der Mütter wurde pro teilnehmender Klinik jeweils eine 14-tägige Rekrutierungsfrist im Zeitraum Januar 2018 bis März 2018 festgelegt. In diesem Zeitfenster sollte das Stationspersonal der Kliniken den für eine Studienteilnahme infrage kommenden Müttern die schriftliche Studieninformation einschließlich einer Einverständniserklärung übergeben. Einschlusskriterien waren ein gesundes, reifes Neugeborenes, ausreichende mütterliche Kenntnisse der deutschen Sprache nach Einschätzung des Personals, Vorhandensein von Telefon- und Internetanschluss sowie einer E-Mail-Adresse. Von den Müttern abgegebene schriftliche Einverständnisse wurden an das FKE geschickt.

**Abbildung 3/2:** Empfehlungen zur Stillförderung in Krankenhäusern, in Anlehnung an das 10-Schritte-Programm von WHO und UNICEF; modifiziert für Deutschland von der NSK [14]



**1. Schriftliche Stillrichtlinien und Stillbeauftragte**
Schriftliche Richtlinien zur Stillförderung müssen vorliegen und dem gesamten Personal in regelmäßigen Abständen nahegebracht werden.
Die Ernennung einer oder mehrerer Stillbeauftragten, je nach Größe des Hauses, dient der Entwicklung und Sicherung einer qualifizierten Stillförderung.

**2. Regelmäßige Schulung**
Das gesamte Mitarbeiterteam wird in Theorie und Praxis so geschult, dass es die Richtlinien zur Stillförderung mit Leben erfüllen kann.

**3. Information in der Schwangerschaft**
Die Frauen sollen bereits in der Schwangerenvorsorge und bei der Geburtsanmeldung im Krankenhaus über die gesundheitlichen Vorteile und die Praxis des Stillens informiert werden (u. a. Mitgabe von schriftlicher Information der Nationalen Stillkommission).

**4. Frühes Anlegen**
Möglichst innerhalb der ersten Lebensstunde.

**5. Praktische Stillhilfe**
Den Müttern ist das korrekte Anlegen zu zeigen und zu erklären, wie sie ihre Milchproduktion – auch im Falle einer Trennung von ihrem Kind – aufrechterhalten können.

**6. Zufüttern aus ärztlicher Indikation**
Beim gesunden, reifen Neugeborenen, das nach Bedarf gestillt wird, besteht keine Notwendigkeit, Flüssigkeiten oder Nahrung zuzufüttern.
Die Indikation für eine Ergänzung der Muttermilch durch andere Flüssigkeiten oder Nahrung ist durch den behandelnden Arzt zu stellen.
Die Ernährung von untergewichtigen, kranken und frühgeborenen Kindern bedarf der individuellen ärztlichen Entscheidung.

**7. Förderung der Mutter-Kind-Einheit**
Durch Tag- und Nacht-*Rooming-in*.

**8. Stillen nach Bedarf**
Das Stillen soll nach Bedarf ermöglicht und gefördert werden.

**9. Sauger oder Schnuller**
Sauger, Brusthütchen oder Schnuller sollen in den ersten Lebenswochen bei gestillten Kindern nach Möglichkeit vermieden werden. Alternative Zufütterungsmethoden (z. B. Becher-, Finger-, Löffelfütterung) sollten gezeigt werden.

**10. Selbsthilfe**
Die Entstehung von Stillgruppen ist zu fördern und den Müttern sind bei der Entlassung aus der Klinik oder Entbindungseinrichtung Kontaktmöglichkeiten aufzuzeigen.

Mit den teilnahmebereiten Müttern wurde zur Motivierung für die langfristige Studienteilnahme ein persönliches Telefongespräch mit einer Studienmitarbeiterin während der ersten zwei Wochen nach der Entbindung angestrebt. Die erste Online-Befragung der Mütter zur Erhebung soziodemografischer Daten sowie der Stillerfahrungen in der Klinik, der bisherigen Ernährung des Säuglings und ggf. den Gründen für Nichtstillen bzw. Abstillen war zwei Wochen nach der Entbindung geplant. Um den Müttern in der Eingewöhnungszeit nach der Entbindung ausreichend Spielraum für das Ausfüllen der Fragebögen zu geben, wurde ihnen ein Zeitfenster von zwei bis fünf Wochen eingeräumt. Die weiteren Befragungen zum Stillen und zur sonstigen Ernährung des Säuglings wurden mit weitgehend identischen Fragebögen am Ende des 2., 4., 6. und 12. Lebensmonats des Kindes, d. h. zu charakteristischen Zeitpunkten für die Bewertung des Stillverhaltens und der Ernährung im 1. Lebensjahr, durchgeführt. Mütter, aus deren Angaben im Fragebogen hervorging, dass sich ihr Stillstatus seit der vorangegangenen Befragung geändert hatte, wurden ergänzend mit einem separaten Fragebogen zu den hauptsächlichen Gründen für das Abstillen und zur Stilldauer befragt.



**Tabelle 3/1:** Terminologie der Säuglingsernährung [nach 15]

| Begriff | Begriffsdefinition |
|---|---|
| **Ausschließliches Stillen** | Exklusive Ernährung durch Stillen (Ggf. zusätzliche Medikamente, Vitamine und Mineralstoffe) |
| **Überwiegendes Stillen** | wie ausschließliches Stillen aber mit Flüssigkeiten, z. B. Wasser, Tee, Kohlenhydratlösung |
| **Vollstillen** | Summe von Ausschließlichem und Überwiegendem Stillen |
| **Zwiemilch** | Muttermilch und Muttermilchersatznahrung |
| **Teilstillen** | Muttermilch und dazu Muttermilchersatznahrung oder Beikost oder beides |
| **Muttermilchersatznahrung** | industriell oder selbst hergestellte Säuglings(milch)-nahrung, unabhängig von der Eignung |
| **Säuglingsanfangsnahrung** | industriell hergestellte Nahrung, die gesetzlichen Vorgaben entsprechen muss und von Geburt an gefüttert werden kann (in Deutschland mit dem Zusatz „Pre" oder der Ziffer „1" im Angebot) |
| **Folgenahrung** | industriell hergestellte Nahrung, die gesetzlichen Vorgaben entsprechen muss und frühestens mit Beginn der Beikost gefüttert werden soll (in Deutschland mit der Ziffer „2" im Angebot) |
| **Beikost** | alle Nahrungsmittel (flüssig, breiig, fest) außer Muttermilch und Säuglingsanfangsnahrung oder Folgenahrung |

Zur Kategorisierung und Bewertung des Stillens und der Säuglingsernährung wurden die von der NSK herausgegebenen Definitionen [15], die sich an Vorgaben der WHO orientieren, angewendet (Tab. 3/1). Erfragt wurde jeweils die aktuelle Ernährung zum Zeitpunkt der Befragung entsprechend internationaler Vorschläge [16]. So wird z. B. vorgeschlagen, dass das ausschließliche Stillen in den letzten 24 Stunden erfragt wird.

Zur Bewertung der Säuglingsernährung, speziell der Beikost, wurde der „Ernährungsplan für das 1. Lebensjahr" des FKE herangezogen [17]. Er wird in den aktuellen Empfehlungen für die Säuglingsernährung in Deutschland umgesetzt [18, 19].

### 3.2.3 Datenauswertung



Die Datenauswertung erfolgte in Kooperation mit der Abteilung für Medizinische Informatik, Biometrie und Epidemiologie der Ruhr-Universität Bochum. Eingesetzt wurde das Programmpaket IBM® SPSS® Statistics Version 25.0. Im Wesentlichen handelt es sich um deskriptive Auswertungen in Form von Häufigkeitsauszählungen. Dabei wurde jeweils das Kollektiv mit verwertbaren Antworten (Daten) als 100 % zugrunde gelegt. Möglichkeiten von Mehrfachnennungen (MF) werden angegeben.

Zur Prüfung von Unterschieden zwischen Merkmalsausprägungen der Kliniken wurde der Kruskall-Wallis-Test bzw. der Mann-Whitney-U-Test verwendet. Zur Untersuchung von Zusammenhängen zwischen mütterlichen Faktoren und der Zielvariable Stilldauer wurden zunächst univariate Analysen durchgeführt. Zur Untersuchung relevanter Faktoren für eine kurze Stilldauer (kürzer als 4 Monate) wurden potenzielle Faktoren und weitere aus der Vorgängerstudie SuSe I bekannte Faktoren sowohl univariat als auch multivariat analysiert.

In dem multivariaten Modell wurde eine Rückwärtsselektion der signifikanten Faktoren nach dem Akaike-Informationskriterium (AIC) verwendet.

Für die vorliegende Studie wurde von der Ethikkommission der Medizinischen Fakultät der Ruhr-Universität Bochum ein Votum eingeholt. Voraussetzung für die Teilnahme war das schriftliche Einverständnis der Kliniken und der Mütter. Die Studie wurde beim Deutschen Register Klinischer Studien (www.germanctr.de/ und http://apps.who.int/trialsearch/) unter DRKS00014601 gemeldet.

# 3.3 Ergebnisse

## 3.3.1 Kollektive

### Kliniken

Insgesamt nahmen 109 Kliniken an der Studie teil (Teilnahmequote: 15,8 %). Die Klinikgröße, gemessen an der Geburtenzahl im Vorjahr, reichte von 287 bis 4 374 Geburten pro Jahr. 14,7 % der teilnehmenden Kliniken hatten bis zu 500 Geburten, 36,7 % zwischen 501 und 1 000 Geburten und 48,6 % mehr als 1 000 Geburten pro Jahr. Die Zusammensetzung des Klinik-Kollektivs hinsichtlich der Klinikgröße entsprach weitgehend der Zusammensetzung der Grundgesamtheit. Der Anteil von Kliniken mit einer Zertifizierung der WHO/UNICEF-Initiative „Babyfreundlich" betrug im Studienkollektiv 25,7 %. Für Deutschland insgesamt ergibt sich ein Anteil der als „Babyfreundlich" zertifizierten Geburtskliniken für das Jahr 2017 von ca. 15 % [kalkuliert nach 20].



### Mutter-Kind-Paare

Von den im Rekrutierungszeitraum in den teilnehmenden Kliniken insgesamt entbundenen Müttern erfüllten 2 831 (74,3 %) die Einschlusskriterien. Von diesen haben 1 168 Mütter (41,3 %) ihr schriftliches Einverständnis zur Teilnahme an der Studie gegeben. Der erste Fragebogen (2 Wochen nach der Entbindung) wurde von 966 Müttern (Teilnahmequote: 82,7 % der Mütter mit schriftlichem Einverständnis) ausgefüllt. Dieses Studienkollektiv unterschied sich von den nicht teilnahmebereiten Müttern durch eine höhere Schulbildung, die in dem für die Mütterrekrutierung eingesetzten Dokumentationsbogen in den Kliniken erfasst worden war. Da nicht alle Mütter zu allen vorgesehenen Zeitpunkten im 1. Lebensjahr den zugesandten Fragebogen ausfüllten, schwankte die Anzahl der verfügbaren Fragebögen pro Erhebungszeitpunkt zwischen 909 Fragebögen (2 Monate nach der Geburt) und 869 Fragebögen (12 Monate nach der Geburt) (Abb. 3/1). Die im Folgenden dargestellten charakteristischen Merkmale des Studienkollektivs wurden mit dem ersten Fragebogen (2 Wochen nach der Geburt) erhoben.

Das mittlere Alter der teilnehmenden Mütter betrug 32,8 Jahre. Die deutsche Nationalität hatten 91,1 % der Mütter. Als höchsten Schulabschluss hatten 33,2 % der Mütter einen Haupt- oder Realschulabschluss und 65,4 % hatten Abitur bzw. Fachabitur. Als Berufsausbildung hatten 47,9 % der Mütter eine Lehre abgeschlossen, 7,8 % hatten eine Fachschule und 36,8 % eine Hoch-/Fachhochschule besucht. Während der Schwangerschaft waren 81,5 % der Mütter berufstätig gewesen. 69,5 % der Mütter waren verheiratet und 27,8 % ledig; 96,8 % lebten in einer festen Partnerschaft, 3,2 % waren alleinerziehend. Für 49,8 % der Mütter war es das erste Kind. Die Sectiorate (geplant und ungeplant) lag bei 31,2 %. Die mittlere Verweildauer der stationär entbundenen Mütter betrug 3,5 Tage.

Im Vergleich mit der Perinatalstatistik 2016, die Qualitätsindikatoren der Geburtshilfe in Deutschland erfasst [21], war das Kollektiv der Studienteilnehmerinnen älter, seltener alleinerziehend, hatte eine höhere Sectiorate und eine längere postpartale Aufenthaltsdauer im Krankenhaus.

### 3.3.2 Stillbedingungen in den Geburtskliniken

Die Einhaltung der Kriterien für die Stillförderung in den teilnehmenden Kliniken ist in Abbildung 3/3 dargestellt (vgl. auch Abb. 3/2). Die Kriterien werden im Folgenden in drei inhaltliche Schwerpunkte unterteilt besprochen.

**Abbildung 3/3:** Umsetzung der Empfehlungen für die Stillförderung im Krankenhaus [14] in den teilnehmenden Kliniken im Vergleich von SuSe I und SuSe II (% aller teilnehmenden Kliniken)

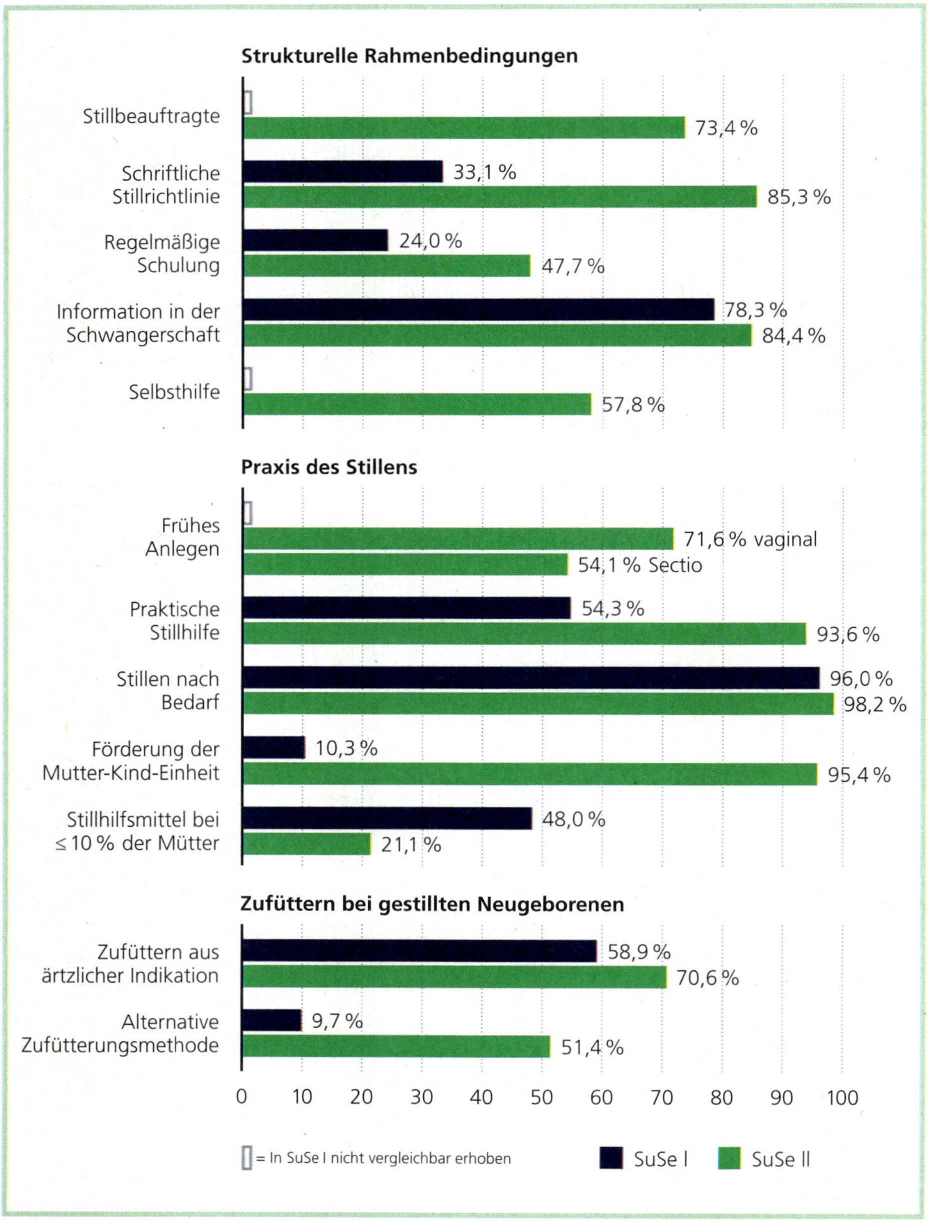

## Strukturelle Rahmenbedingungen

Stillbeauftragte auf der Station gab es in 73,4 % der teilnehmenden Kliniken. Richtlinien zur Stillförderung lagen in 93,6 % der Kliniken vor, aber nur in 85,3 % der Kliniken in schriftlicher Form entsprechend der Empfehlung, in den restlichen Fällen lediglich in Form von mündlichen Absprachen. Schulungen der Mitarbeitenden zur Stillförderung führten 89,0 % der Kliniken durch, aber nur in 47,7 % der Kliniken wurden die Schulungen entsprechend der Empfehlung häufiger als einmal im Jahr durchgeführt und in den restlichen Fällen einmal im Jahr oder seltener. In der Mehrzahl der Fälle waren die Schulungsinhalte intern zusammengestellt und die Schulungen wurden auch von internem Personal durchgeführt (56,7 %).

Informationen zum Stillen erhielten die zur Entbindung kommenden Mütter über verschiedene Wege: bei einem Stillgespräch nach der Geburt (39,4 %), beim Geburtsvorbereitungskurs (22,0 %) oder bereits bei der Anmeldung zur Geburt (20,2 %). Die Informationsübermittlung erfolgte hauptsächlich durch das Pflegepersonal (38,5 %), eine Hebamme (34,9 %) oder eine*n Still- und Laktationsberater*in (20,2 %). Schriftliches Informationsmaterial zum Stillen wurde den Müttern in 84,4 % der Kliniken zur Verfügung gestellt. Hauptsächlich waren diese Unterlagen hausintern erarbeitet worden (69,6 %), seltener stammten sie von anderen Quellen (z. B. Stillinitiativen: 32,6 %, NSK: 22,8 %) (MF). Als Hilfsangebote bei Stillproblemen nach der Entlassung gaben die meisten Kliniken Adressen von Hebammen weiter (84,4 %) und/oder boten (telefonische) Beratung durch die Wochenstation an (74,3 %) (MF). Eine Kombination von Hilfsangeboten, bestehend aus der Weitergabe von Adressen freier Hebammen sowie der Weitergabe von Kontaktinformationen von Stillgruppen oder einer eingerichteten Stillambulanz, boten 57,8 % der Kliniken an.



## Praxis des Stillens

Das erste Anlegen des Neugeborenen zum Stillen innerhalb der ersten Stunde entsprechend der Empfehlung [14] wurde in 71,6 % der Kliniken nach einer vaginalen Geburt und in 54,1 % der Kliniken nach einer Sectio ermöglicht. Dabei war als praktische Stillhilfe eine Anleitung der Mutter in 99,1 % aller Kliniken vorgesehen und in 93,6 % aller Kliniken wurde diese Anleitung auch in der Pflegedokumentation festgehalten. Die zusätzlich für den Stillbeginn als wichtig erachtete neuere Empfehlung, den ersten Hautkontakt zwischen Mutter und Neugeborenem unmittelbar nach der Geburt für mindestens eine Stunde oder bis zum ersten Stillen zu ermöglichen, wurde in 89,9 % der teilnehmenden Kliniken nach einer vaginalen Geburt und in 45,9 % der Kliniken nach einer Sectio umgesetzt. Zum Vorgehen beim Stillen auf Station gaben 98,2 % der Kliniken an, dass das Stillen nach den Bedürfnissen des Kindes und der Mutter erfolgte bzw. sie hielten die Mütter dazu an, das Neugeborene mindestens 8- bis 10-mal innerhalb von 24 Stunden, aber ohne festgelegten Zeitplan, anzulegen. 1,8 % der Kliniken praktizierten das Stillen nach einem festgelegten Zeitplan. In 95,4 % der teilnehmenden Kliniken war Voll-*Rooming-in* die überwiegende Form des Zusammenseins von Mutter und Kind auf der Station, d. h., das Kind konnte Tag und Nacht bei der Mutter sein. Diese Möglichkeit wurde nach Einschätzung der Kliniken von 92,6 % der Mütter wahrgenommen. Stillhilfsmittel (z. B. Brusthütchen) kamen in 78,9 % der Kliniken bei insgesamt mehr als 10 % der Mütter zum Einsatz.

### Zufüttern bei gestillten Neugeborenen

Richtlinien für die Zufütterung von Flüssigkeit (ohne oder mit Kohlenhydratzusatz) und Säuglingsanfangsnahrung in den ersten drei Lebenstagen bei gesunden, gestillten Neugeborenen waren in 78,9 % aller Kliniken vorhanden, aber nur in 70,6 % aller Kliniken wurde die Empfehlung eingehalten, nicht routinemäßig zuzufüttern, sondern nur bei spezieller Indikation. Im Falle einer Zufütterung zur Muttermilch in den ersten drei Tagen wurden am häufigsten Säuglingsanfangsnahrungen (Pre-Nahrung) gegeben und seltener Flüssigkeiten ohne Kohlenhydratzusatz (meist Wasser) oder Kohlenhydratlösungen. Die Entscheidung über ein eventuelles Zufüttern einer Muttermilchersatznahrung in den ersten drei Lebenstagen wurde meist aufgrund des Wunsches der Mutter (72,5 %) getroffen, seltener aufgrund einer ärztlichen Anordnung (63,3 %) oder aufgrund der Anordnung der betreuenden Pflegekraft (63,3 %) oder Hebamme (21,1 %) (MF). In 48,6 % der Kliniken erfolgte die Zufütterung mittels Flasche, 51,4 % der Kliniken wendeten alternative Zufütterungsmethoden wie Becher-, Finger- oder Löffelfütterung an.

### Beurteilung der Stillfördermaßnahmen

Zur Gesamtbeurteilung der Stillfördermaßnahmen in den teilnehmenden Geburtskliniken wurden die 12 verwendeten Kriterien pro Klinik addiert und gemeinsam als „Stillförderung" („Stillscore") betrachtet (Einhaltung des jeweiligen Kriteriums: 1 Punkt; Nichteinhaltung: 0 Punkte; maximal 12 erreichbare Punkte). Für das Kriterium „Frühes Anlegen" bekamen die Kliniken dann einen Punkt, wenn sie das Anlegen des Neugeborenen innerhalb der ersten Stunde nach einer Sectio ermöglichten. Die Kliniken erzielten Werte für die Stillförderung zwischen 3 und 12 Punkten. Der Median (P25; P75) lag bei 9 (7; 10) Punkten.

Beim Vergleich der Stillförderung in Abhängigkeit von der Klinikgröße zeigte sich, dass große Kliniken (> 1000 Geburten pro Jahr) höhere Stillscores erreichten als kleine Kliniken (≤ 500 Geburten pro Jahr) ($p = 0{,}026$). Als „Babyfreundlich" zertifizierte Kliniken hatten höhere Stillscores als nicht zertifizierte Kliniken ($p \leq 0{,}001$).

## 3.3.3 Stillen und Säuglingsernährung im 1. Lebensjahr

### Prä- und postnatale Still- und Ernährungsinformation

Allgemeine Informationen über das Thema Säuglingsernährung hatten 33,3 % der Mütter bereits während der Schwangerschaft gesucht. 38,9 % gaben an, dass sie aufgrund von Erfahrung keine Informationen benötigten und 26,1 % hatten sich gar nicht informiert. 1,7 % der Mütter konnten sich keiner dieser Informationsmöglichkeiten zuordnen. Bücher und Zeitschriften (23,9 %) sowie das Internet (22,0 %) waren die wichtigsten Informationsquellen. Mehr als 90 % der Mütter waren mit den Informationen voll oder weitgehend zufrieden.

Über das Stillen speziell hatten sich 47,7 % der Mütter bereits während der Schwangerschaft informiert. 13,0 % hatten sich nicht informiert und 37,8 % hielten dies nicht für nötig, da sie bereits Erfahrung mit dem Stillen hatten. 1,5 % der Mütter konnten sich keiner dieser Informationsmöglichkeiten zuordnen. Die wichtigsten Informationsquellen zum Stillen waren der Geburtsvorbereitungskurs (28,6 %), Bücher und Zeitschriften (19,1 %), die Hebamme (17,6 %) und das Internet (16,5 %). Mit wenigen Ausnahmen waren die Mütter, die sich über das Stillen informiert hatten, mit der Information voll oder weitgehend zufrieden. Den Wunsch, ihr Kind bis zu 4 Monate voll zu stillen, hatten 11,9 % der Mütter, 42,0 % wollten bis zu 6 Monate voll stillen und 23,4 % solange wie möglich. 89,6 % der Partner*innen hatten eine positive Einstellung zum Stillen und erachteten es als wichtig.

## Stillen während des Klinikaufenthaltes

Innerhalb der ersten Stunde nach der Geburt wurden 69,2 % der Neugeborenen stillwilliger Mütter erstmals an die Brust gelegt. Bis zum ersten Anlegen hatten 61,6 % dieser Mütter ununterbrochenen Hautkontakt mit ihrem Kind gehabt. Bei 19,9 % der stillwilligen Mütter erfolgte das erste Anlegen des Neugeborenen zwischen der ersten und zweiten Stunde und bei 10,8 % erst später.

Eine Anleitung beim Stillen bekamen 81,0 % der Mütter, meist von einer Hebamme (45,9 %) und seltener von einer Kinderkrankenpflegeperson (23,8 %) oder einem*einer Still- und Laktationsberater*in (14,1 %). Dabei wurden 78,7 % der Mütter auch verschiedene Stillpositionen gezeigt. Mit der Stillbetreuung in der Klinik waren 62,3 % der Mütter voll zufrieden, 33,2 % teilweise zufrieden und 4,5 % nicht zufrieden. Am häufigsten wurde kritisiert, dass es keine einheitlichen Vorgehensweisen der Pflegepersonen bei der Stillbetreuung gab (48,4 %) und dass die Abläufe zu hektisch waren (22,5 %).

In der Klinik praktizierten 97,7 % der stillwilligen Mütter Voll-*Rooming-in*. 60,7 % der Mütter praktizierten auch *Bedding-in*, sie hatten ihr Kind die meiste Zeit bei sich in ihrem Bett. Bei 77,0 % der Säuglinge erfolgte das Stillen in der Klinik nach Bedarf, also immer dann, wenn das Kind sich meldete. 4,6 % der Säuglinge wurden nach einem festen Zeitplan gestillt und bei 18,4 % kam beides vor.

## Stillprävalenzen im Verlauf des 1. Lebensjahres

Nach der Entbindung haben 96,6 % der Mütter versucht zu stillen, und 3,4 % der Mütter haben nicht versucht zu stillen. Zum Zeitpunkt der Entlassung aus der Geburtsklinik wurden 77,3 % der Säuglinge voll gestillt, wobei 74,1 % ausschließlich gestillt wurden. 17,0 % der Säuglinge erhielten Zwiemilch und 5,6 % ausschließlich Säuglingsanfangsnahrung.

Der Verlauf des Stillens im 1. Lebensjahr ist zusammen mit der sonstigen Ernährung in Tabelle 3/2 dargestellt.

Im Alter von 2 Wochen lag der Anteil voll gestillter Säuglinge bei 74,4 %, wobei 71,7 % ausschließlich gestillt wurden. Der Anteil voll gestillter bzw. ausschließlich gestillter Säuglinge blieb bis zum Alter von 4 Monaten auf hohem Niveau und sank erst mit Einführung der Beikost ab dem Alter von 6 Monaten stark ab. Ein nennenswerter Anteil der Säuglinge erhielt in den ersten 4 Monaten Zwiemilch. Beikost erhielten 16,0 % aller Säuglinge im Alter von 4 Monaten, im Alter von 6 Monaten waren es 87,1 %. Im Alter von 12 Monaten erhielten alle Säuglinge Beikost, 41,1 % wurden daneben noch gestillt (ggf. mit zusätzlicher Gabe von Säuglingsmilch), die anderen Säuglinge erhielten Säuglingsmilch (oder eine andere Milch) und Beikost oder ausschließlich Beikost.

**Tabelle 3/2:** Ernährungsformen im Verlauf des 1. Lebensjahres (Häufigkeiten in Prozent aller Säuglinge)

| Ernährungsformen | Alter | | | | |
|---|---|---|---|---|---|
| | 2 Wochen | 2 Monate | 4 Monate | 6 Monate | 12 Monate |
| ausschließlich Muttermilch | 71,7 | 67,4 | 55,8 | 8,3 | 0,0 |
| überwiegend Muttermilch | 2,7 | 3,9 | 4,3 | 2,3 | 0,0 |
| Zwiemilch | 17,4 | 17,8 | 12,0 | 0,9 | 0,0 |
| Muttermilch (+ Säuglingsanfangsnahrung, Folgenahrung) + Beikost | 0,0 | 0,3 | 10,2 | 66,1 | 41,1 |
| ausschließlich Säuglingsanfangsnahrung, Folgenahrung | 8,2 | 10,5 | 11,8 | 1,3 | 0,0 |
| Säuglingsanfangsnahrung, Folgenahrung + Beikost | 0,0 | 0,1 | 5,8 | 20,9 | 42,3 |
| Beikost (keine Muttermilch, Säuglingsanfangsnahrung oder Folgenahrung) | 0,0 | 0,0 | 0,0 | 0,1 | 16,6 |



## Faktoren für Stillen und Abstillen

In den ersten 2 Monaten änderten sich die Stillquoten nur geringfügig. Wenn im Verlauf des 1. Lebensjahres abgestillt wurde, fand dies meist erst im 2. Lebenshalbjahr statt.

Mütter, die länger als 2 Wochen und kürzer als 4 Monate gestillt haben, nannten als Abstillgründe am häufigsten (in absteigender Reihenfolge), dass „die Milch für das Kind nicht mehr ausreichte", dass sie „Probleme mit der Brust oder mit den Brustwarzen" hatten, dass „das Kind die Brust verweigerte", dass „das Stillen an den eigenen Kräften zehrte" und, dass sie sich „zu Hause zu sehr durch Haushalt und Familie beansprucht fühlten".

Mütter, die länger als 4 Monate gestillt und im Zeitraum von bis zu 12 Monaten abgestillt hatten, nannten als Abstillgründe am häufigsten (in absteigender Reihenfolge), dass „der Zeitpunkt des Abstillens für das Kind stimmte", dass „der Zeitpunkt des Abstillens für sie selbst stimmte" und, dass „die Milch für das Kind nicht mehr reichte"; weitere seltener genannte Abstillgründe waren, dass „das Kind die Brust verweigerte" und, dass „das Stillen an den eigenen Kräften zehrte".

Bei der Untersuchung von Faktoren für eine kurze Stilldauer (kürzer als 4 Monate) gingen von den 18 primär einbezogenen Variablen 10 in das multivariate Modell ein. Folgende Merkmale erwiesen sich als Risikofaktoren für eine kurze Stilldauer ($p<0,05$): fehlende oder geringe Stillabsicht, keine Stillerfahrungen bei einem früheren Kind, Verwendung eines Schnullers in den ersten 2 Lebenswochen, Gabe zusätzlicher Flüssigkeit in den ersten 2 Lebenswochen, fehlende positive Einstellung zum Stillen in der Partnerschaft, Sectio-Entbindung, Schulabschluss niedriger als (Fach-)Abitur.

## Stillprobleme und -beratung

Etwa die Hälfte der Mütter, die versucht haben zu stillen, gaben an, dass sie innerhalb der ersten 2 Wochen nach der Geburt Stillprobleme hatten. Die am häufigsten genannten Probleme (MF) der Mütter waren „wunde Brustwarzen" (61,1 %), „Schwierigkeiten des Kindes beim Trinken" (44,7 %), „zu wenig Milch" (32,8 %), „schmerzhafte Nachwehen beim Stillen" (24,2 %), „Flach- oder Hohlwarzen" (20,7 %) und „Milchstau" (20,5 %). Dabei erlebten 77,7 % der Mütter die Betreuung bei den Stillproblemen als „gut", 22,3 % als „nicht gut". Mütter, die in den ersten 2 Wochen zu Hause Fragen zum Stillen hatten, nannten als wichtigste Ratgeberin die betreuende Hebamme (73,7 %). Seltener zu Rate gezogen wurden Familienangehörige, Bekannte oder Freunde (7,2 %) und das Internet (5,1 %).

Mütter, die versucht hatten zu stillen und innerhalb der ersten 2 Wochen nach der Geburt Säuglingsmilch (zu-)fütterten, nannten als häufigste Gründe für das frühe Zufüttern „das Kind wurde nicht satt" (28,3 %), „zu wenig Muttermilch" (26,4 %) und „Probleme beim Stillen" (21,2 %).

## Muttermilchersatznahrung und Flüssigkeit

Innerhalb der ersten Tage nach der Geburt erhielt etwa ein Viertel der Säuglinge, deren Mütter versucht hatten zu stillen, zusätzlich zur Muttermilch noch eine Zusatzfütterung. Eingesetzt wurde dabei überwiegend (85,0 %) Säuglingsanfangsnahrung (Pre-Nahrung), seltener Flüssigkeiten wie Wasser, Tee oder Kohlenhydratlösungen.

Als Muttermilchersatznahrung wurden auch im weiteren Verlauf des 1. Lebenshalbjahres am häufigsten (etwa 70 % der Fälle) Pre-Nahrungen eingesetzt, seltener 1-Nahrungen (etwa 15 %). Säuglingsanfangsnahrungen wurden noch im Alter von 12 Monaten doppelt so häufig eingesetzt wie Folgenahrungen und unter den Säuglingsanfangsnahrungen wurden weiterhin häufiger Pre-Nahrungen als 1-Nahrungen verwendet. Kuhmilch als Getränk erhielten etwa 30 % aller Kinder im Alter von 12 Monaten.

Im Verlauf des 1. Lebensjahres stieg der Anteil der Säuglinge, die zusätzliche Flüssigkeiten bzw. Getränke erhielten, stetig an, sodass im Alter von 6 Monaten etwa drei Viertel aller Säuglinge etwas zu trinken bekamen, im Alter von 12 Monaten waren es praktisch alle Säuglinge (99 %). Dabei änderte sich die Getränkeauswahl von überwiegend Tee im Alter von 2 bis 4 Monaten zu überwiegend Wasser, meist Leitungswasser. Im Alter von 6 Monaten wurden Getränke in etwa der Hälfte der Fälle in Form von Leitungswasser, in etwa einem Drittel der Fälle in Form von Mineralwasser und in etwa einem Viertel der Fälle in Form von selbst hergestelltem Tee gegeben; im Alter von 12 Monaten erhielten etwa zwei Drittel der Säuglinge Wasser als Getränk und etwa ein Drittel selbst hergestellten Tee (MF). Zu allen Erhebungszeitpunkten rangierte Leitungswasser vor der Verwendung von Mineralwasser. Säfte spielten zu allen Erhebungszeitpunkten eine untergeordnete Rolle in der Getränkeauswahl (bis zu etwa 20 % der Säuglinge im Alter von 12 Monaten).

## Beikost

Die Gabe von Beikost im Alter von 4 und 6 Monaten nach der Geburt wird anhand der Anteile von Kindern, die die verschiedenen Beikostmahlzeiten des „Ernährungsplans für das 1. Lebensjahr" erhielten, dargestellt. Dabei wird zusätzlich die Gabe von einfachem

Gemüsebrei aufgeführt, der zur Gewöhnung an die Löffelfütterung bei Einführung der Beikost empfohlen wird und anschließend zu einem Gemüse-Kartoffel-Fleisch-Brei vervollständigt werden soll (Abb. 3/4).

**Abbildung 3/4**: Anteile von Säuglingen [%], die zu verschiedenen Zeitpunkten nach der Geburt verschiedene Breimahlzeiten des „Ernährungsplans für das 1. Lebensjahr"erhielten, einschließlich des zur Einführung der Beikost empfohlenen einfachen Gemüsebreis (4 Monate: n=881; 6 Monate: n=894)

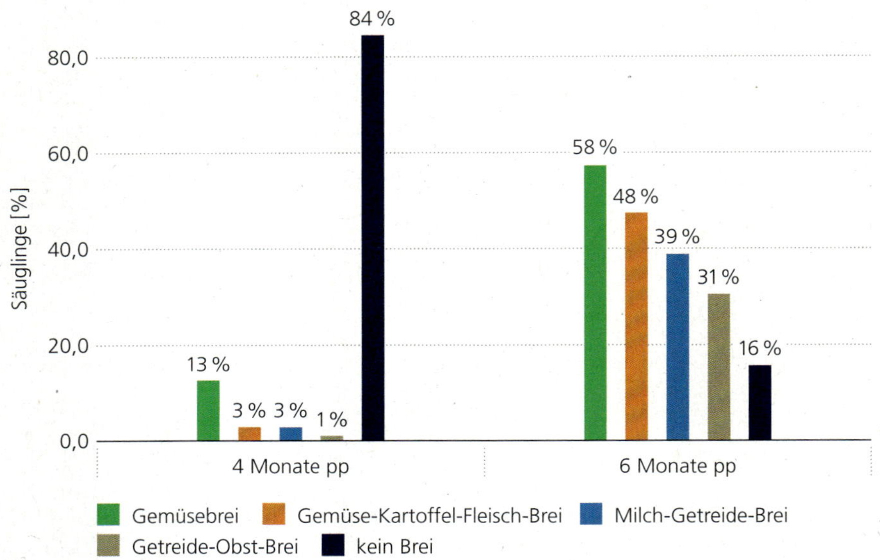


pp: post partum

Die wenigen Kinder, die im Alter von 4 Monaten bereits Beikost bekamen, erhielten die Beikost überwiegend in Form von Gemüsebrei. Im Alter von 6 Monaten spiegeln die prozentualen Anteile der Säuglinge, die die verabreichten Breimahlzeiten erhielten, die im „Ernährungsplan für das 1. Lebensjahr" empfohlene Reihenfolge wider. Im Alter von 6 Monaten erhielten etwa 50 % der Säuglinge Gemüse-Kartoffel-Fleisch-Brei; im Alter von 12 Monaten stieg der Anteil auf etwa 65 %; Milch-Getreide-Brei erhielten etwa 40 % der Säuglinge im Alter von 6 Monaten und etwa 60 % im Alter von 12 Monaten. Ähnlich stieg auch der Anteil von Säuglingen, die Getreide-Obst-Brei erhielten auf etwa 60 % im Alter von 12 Monaten an. Selbstständiges Essen fester Nahrung mit den Fingern praktizierten etwa 20 % der Säuglinge im Alter von 6 Monaten und 80 % im Alter von 12 Monaten. Nicht im Ernährungsplan enthaltene Lebensmittel wie Pudding und Joghurtspeisen wurden im 1. Lebenshalbjahr nur in wenigen Fällen gegeben, im Alter von 12 Monaten erhielt etwa die Hälfte der Säuglinge solche Lebensmittel. Lebensmittel der Familienernährung erhielten drei Viertel der Säuglinge im Alter von 12 Monaten. Innerhalb des ersten Lebensjahres hatten 95,7 % der Mütter ihr Kind omnivor ernährt, 3,6 % verzichteten auf die Gabe von Fleisch und 0,7 % hatten ihrem Kind keine tierischen Lebensmittel angeboten.

### 3.3.4 Mütterliche Ernährungsformen und Einnahme von Nahrungsergänzungsmitteln

Zum Zeitpunkt der ersten Befragung, 2 Wochen nach der Geburt, ernährten sich 95,2 % der Mütter omnivor, 4,5 % verzichteten auf Fleisch und 0,3 % nahmen keine Lebensmittel tierischen Ursprungs zu sich.

In der Schwangerschaft hatten 94,6 % der Mütter ergänzende Nährstoffpräparate eingenommen. 36,1 % dieser Mütter nahmen ein Präparat zu sich, 33,6 % nahmen zwei verschiedene Präparate zu sich, 16,6 % drei verschiedene Präparate und 8,2 % vier verschiedene Präparate oder mehr. 5,5 % der Mütter, die ergänzende Nährstoffpräparate zu sich nahmen, machten diesbezüglich keine Angabe.

Nährstoffe, auf die in der Schwangerschaft besonders geachtet werden soll, sind Folsäure, Jod, Eisen und auch n-3-Fettsäuren [19]. In der Schwangerschaft wurde Folsäure von 81,7 % aller Mütter supplementiert, Jod, Eisen und n-3-Fettsäuren von 50,1 %, 39,2 % bzw. 18,5 %. Bei etwa 8 % aller Mütter war die Einnahme von Folsäure, Jod und Eisen ungewiss; die Einnahme von n-3-Fettsäuren konnte bei etwa 20 % aller Mütter nicht mit Sicherheit bestimmt werden, weil aus den genannten Produktnamen keine eindeutige Zuordnung möglich war.

3.3

45,4 % der Mütter, die Folsäure supplementierten, hatten damit bereits vor der Schwangerschaft begonnen, 50,8 % erst in der Schwangerschaft und bei 3,8 % war der Beginn ungewiss. Von den Müttern, die mit der Supplementation vor der Schwangerschaft begonnen hatten, nahmen 10,6 % Folsäure bereits 1 Jahr und länger vorher ein, 20,1 % hatten zwischen 11 und 3 Monate vor Schwangerschaftsbeginn mit der Supplementation begonnen und 19,0 % maximal 2 Monate vorher. Etwa die Hälfte der Mütter (50,3 %), die mit der Supplementation von Folsäure vor der Schwangerschaft begonnen hatten, machte keine genaue Angabe zum Zeitpunkt des Beginns. Folsäure wurde zu etwa gleichen Teilen in Form eines Mono- oder eines Kombinationspräparates eingenommen.

Jod wurde von 37,2 % der Mütter, die diesen Nährstoff supplementierten, bereits vor der Schwangerschaft eingenommen, 58,7 % hatten erst in der Schwangerschaft begonnen und bei 4,1 % war der Beginn ungewiss. Am häufigsten wurde Jod in Form eines Kombinationspräparates (87,2 %) eingenommen, meistens kombiniert mit Folsäure.

Die Einnahme von Eisen und n-3-Fettsäuren wurde von 85,8 % bzw. 82,7 % der Mütter, die diese Nährstoffe supplementierten, während der Schwangerschaft begonnen; Eisen am häufigsten in Form eines Monopräparates, n-3-Fettsäuren am häufigsten in Form von Kombinationspräparaten.

Insgesamt nahmen etwas mehr als die Hälfte der supplementierenden Mütter die Nährstoffe in Kombinationspräparaten ein.

## 3.3.5 Berufstätigkeit und Stillen

Ein Jahr nach der Geburt übten 38,9 % der Mütter wieder eine berufliche Tätigkeit aus. Im Mittel hatten sie ihre Berufstätigkeit 10 Monate nach der Geburt wieder aufgenommen. Die berufstätigen Mütter waren in den meisten Fällen in Teilzeit beschäftigt (69,6 %), seltener in Vollzeit (22,3 %), auf Minijobbasis (5,1 %) oder selbständig tätig (3,0 %). Die Betreuung der Kinder berufstätiger Mütter erfolgte jeweils zu etwa einem Viertel durch Partner*innen (29,0 %), Krippen und Kindertagesstätten (25,1 %) und Familienangehörige (24,3 %). Seltener wurde das Kind in einer Tagespflege (12,9 %) versorgt; die restlichen Mütter hatten sonstige Betreuungsformen (8,7 %) gewählt.

Während der Berufstätigkeit haben 35,9 % der berufstätigen Mütter ihr Kind weiter gestillt. Dabei wurde das Stillen bei 64,2 % dieser Mütter am Arbeitsplatz unterstützt.

In der Zeit, in der Mütter ihr Kind voll gestillt haben, waren 92,3 % nicht berufstätig, 6,8 % arbeiteten stundenweise oder in Teilzeit und 0,9 % waren voll berufstätig.

Das Mutterschutzgesetz war 96,2 % aller Mütter bekannt.

## 3.3.6 Stillen und Säuglingsernährung im 20-Jahres-Vergleich

### Studiendesign und -kollektive

Die Studien SuSe I und SuSe II wurden mit demselben Studiendesign und unter Verwendung standardisierter Definitionen und Indikatoren durchgeführt. Lediglich das Erhebungsverfahren wurde geändert, von postalischen Fragebögen und Telefonbefragungen in SuSe I zu Online-Befragungen in SuSe II. Grundgesamtheit für die Erfassung des Stillmanagements in Kliniken waren jeweils alle Geburtskliniken in Deutschland (SuSe I: 1120 Kliniken, SuSe II: 692 Kliniken). Grundgesamtheit für die prospektive Erfassung des Stillens und der Säuglingsernährung im 1. Lebensjahr waren die in den teilnehmenden Kliniken in einem jeweils vorgegebenen Zeitraum entbundenen Mütter mit ihren Neugeborenen unter Anwendung derselben Ein- und Ausschlusskriterien für die Mutter-Kind-Paare in beiden Studien.

An SuSe I nahmen aus der Grundgesamtheit aller deutschen Geburtskliniken (n = 1120) nach Ansprache zufällig ausgewählter Kliniken (n = 360) 177 Kliniken teil (51,3 %). An SuSe II nahmen nach Ansprache aller Kliniken (n = 692) 109 Kliniken teil (15,8 %). Die bundesdeutschen Klinikstrukturen mit einer Verlagerung von kleinen zu großen Einheiten in den letzten 20 Jahren spiegeln sich auch in den Klinikkollektiven der SuSe-Studien wider: Der Anteil kleiner Kliniken (≤ 500 Geburten) war in SuSe II kleiner, der Anteil großer Kliniken (> 1 000 Geburten) größer als in SuSe I. In beiden Studien nannten die Kliniken ähnliche Gründe für die Nicht-Teilnahme, wobei in SuSe II „Personalmangel" an erster Stelle stand, gefolgt von „zu große Belastung" und „kein Interesse". Während vor 20 Jahren Kliniken mit einem Zertifikat der WHO/UNICEF-Initiative „Babyfreundlich" nur vereinzelt im damaligen Klinikkollektiv und auch bundesweit vertreten waren, betrug ihr Anteil in SuSe II 25,7 % und war damit fast doppelt so hoch wie in Deutschland generell. Kliniken, die ihr Engagement bei der Stillförderung einem externen formalen Evaluationsprozess unterziehen, waren offensichtlich auch besonders motiviert an SuSe II teilzunehmen.

An SuSe I nahmen 1 717 Mütter teil, an SuSe II 966 Mütter; diese Mütter haben an der ersten Befragung 2 Wochen nach der Geburt teilgenommen. Die Teilnahmequote der Mütter bei der Rekrutierung durch das Stationspersonal auf den Entbindungsstationen lag in SuSe I bei 54,3 % und in SuSe II bei 41,3 %. Die mittlere Verweildauer der Mütter auf der Entbindungsstation betrug in SuSe I 5,0 Tage, in SuSe II 3,5 Tage. Das Mütterkollektiv weist in beiden Studien einen hohen sozialen Status auf, sowohl im Vergleich der teilnehmenden mit den nicht teilnehmenden Müttern bei der Rekrutierung in den Krankenhäusern als auch beim Vergleich mit bundesdeutschen Daten. Die langfristige Teilnahmequote an den prospektiven Erhebungen bis zum Ende des 1. Lebensjahres erreichte in beiden Studien etwa 90 %.

## Stillförderung in den Kliniken



Da die Empfehlungen der NSK für die Stillförderung in Krankenhäusern [14] in den letzten 20 Jahren nicht verändert wurden, ist bei den meisten Kriterien ein direkter Vergleich der Befunde beider Studien möglich (vgl. Abb. 3/3).

Bei den meisten Kriterien schneiden die teilnehmenden Kliniken bei der Umsetzung der Stillförderkriterien heute besser ab als vor 20 Jahren, z. B. bei der Förderung der Mutter-Kind-Einheit (*Rooming-in*) und bei praktischen Stillhilfen. Dementsprechend war auch der Summenscore der Stillförderung in der aktuellen Studie höher als vor 20 Jahren (im Mittel 9 vs. 6 von maximal 12 Punkten). Das einzige Kriterium, bei dem es im direkten 20-Jahres-Vergleich eine Verschlechterung gab, war der häufigere Einsatz von Stillhilfsmitteln wie Brusthütchen.

## Stillen und Säuglingsernährung im 1. Lebensjahr

In der aktuellen Studie haben 3,4 % der teilnehmenden Mütter nicht versucht zu stillen, vor 20 Jahren waren es 11,7 %. Aktuell war auch der Anteil der Mütter, die 4 Monate nach der Geburt nicht stillten (17,6 %), geringer als vor 20 Jahren (40,9 %). Der Anteil von Müttern, die frühzeitig Säuglingsmilch zufütterten (Zwiemilch), war dagegen bereits bei der Entlassung aus der Klinik höher als vor 20 Jahren (17 % vs. 8 %). Die hauptsächlichen Gründe für frühes Abstillen vor dem Alter von 4 Monaten waren heute ähnlich wie vor 20 Jahren. Ebenso war es bei Stillproblemen, die von etwa der Hälfte der Mütter innerhalb der ersten 2 Wochen nach der Entbindung in beiden Studien berichtet wurden. In beiden Studien waren ca. 70 bis 80 % der Mütter mit der Betreuung bei Stillproblemen zufrieden.

Insgesamt lagen die Stillquoten in SuSe II auf einem höheren Niveau als in SuSe I, sowohl für ausschließliches Stillen und volles Stillen in den ersten 4 Monaten als auch für Teilstillen mit Beikost im Verlauf des 1. Lebensjahres (Abb. 3/5). Beispielsweise wurden in SuSe II im Alter von 4 Monaten 60 % der Säuglinge voll gestillt gegenüber 45 % in SuSe I, im Alter von 12 Monaten wurden in SuSe II 41 % der Säuglinge noch teilgestillt gegenüber 13 % in SuSe I.

**Abbildung 3/5:** Anteile verschiedener Ernährungskategorien zu den einzelnen Erhebungszeitpunkten im Vergleich der Studien SuSe I und SuSe II (Angaben in Prozent aller Säuglinge)

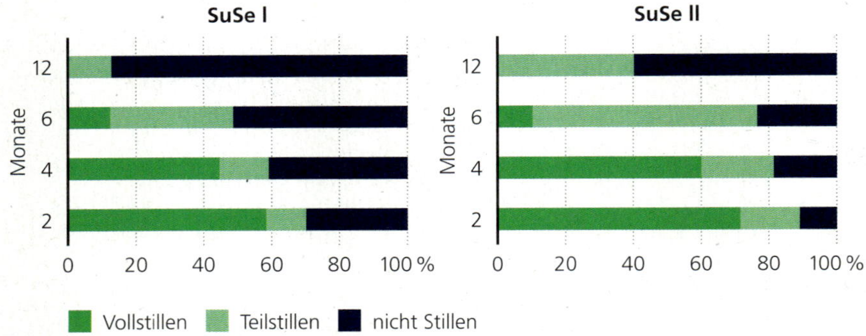


Vollstillen: Summe aus ausschließlichem und überwiegendem Stillen
Teilstillen: Muttermilch + Beikost und/oder Säuglingsmilch



Bei der Auswahl von Muttermilchersatznahrung zeigte sich im 20-Jahres-Vergleich eine Wende von der überwiegenden Verwendung von 1-Nahrungen in SuSe I zu überwiegend Pre-Nahrungen in SuSe II, die häufig bis zum Ende des 1. Lebensjahres beibehalten wurden. Eine Wende gab es auch bei der Auswahl von Getränken: Während in SuSe I Tee am häufigsten verwendet wurde, war es in SuSe II Wasser, hauptsächlich in Form von Leitungswasser.

Beikost wurde in SuSe II später eingeführt als vor 20 Jahren und Teilstillen mit Beikost im 2. Lebenshalbjahr war häufiger. So erhielten in SuSe I in einem Alter von 4 Monaten fast doppelt so viele Säuglinge Beikost wie in SuSe II (28,7 % vs. 16,0 %); und in SuSe I wurden in einem Alter von 6 Monaten nur etwa halb so viele Säuglinge zusätzlich zur Beikost weiter gestillt wie in SuSe II (35,0 % vs. 66,1 %). In beiden Studien zeigte sich, dass die Gestaltung der Beikost mit der Abfolge der Breie im Prinzip an dem empfohlenen Mahlzeitenschema des „Ernährungsplans für das 1. Lebensjahr" orientiert war.

## 3.4 Diskussion

### Ergebnisse im Überblick

Die vorliegende Studie erfasst mit ihrer Kombination von Querschnittserhebungen zum Stillmanagement in der Geburtsklinik und anschließenden Erhebungen bei Mutter-Kind-Paaren den Verlauf des Stillens und der sonstigen Säuglingsernährung prospektiv im 1. Lebensjahr. Zusammen mit der Vorgängerstudie SuSe I wird im Sinne eines Stillmonitorings gleichzeitig ein systematischer Einblick in Veränderungen des Stillens und der Säuglingsernährung in Deutschland in den letzten 20 Jahren möglich.

In den in SuSe II untersuchten Kollektiven von Kliniken und Mutter-Kind-Paaren zeigte sich,

- dass die an internationale Kriterien angelehnten nationalen Empfehlungen für die Stillförderung in Geburtskliniken in den meisten Kliniken umgesetzt werden, insbesondere bezüglich der strukturellen Voraussetzungen, während bei der praktischen Unterstützung der Mütter noch Verbesserungsbedarf erkennbar ist (Abb. 3/3).
- dass die Stillquoten für ausschließliches Stillen in den ersten 4 Lebensmonaten (2 Wochen: 71,7 %, 2 Monate: 67,4 %, 4 Monate: 55,8 %) und auch für Stillen insgesamt (4 Monate: 82,3 %) erfreulich hoch sind, und dass häufig das empfohlene weitere Teilstillen mit Beikost bis weit in das 2. Lebenshalbjahr praktiziert wird (12 Monate: 41,1 %) (Tab. 3/2).
- dass die von den Müttern genutzten Informations-, Beratungs- und Unterstützungsangebote für das Stillen von ihnen als zufriedenstellend wahrgenommen werden, einschließlich der Stillanleitung in der Klinik und der Nachsorge nach der Entlassung.
- dass Faktoren für eine kurze Stilldauer hauptsächlich im Bereich mütterlicher vorgeburtlicher Absichten und Erfahrungen sowie in der postnatalen Versorgung der Säuglinge liegen.
- dass von den Müttern empfundene Stillprobleme und Gründe für eine kurze Stilldauer ebenso wie bedeutende Einflussfaktoren auf die Stilldauer sich in den letzten 20 Jahren nicht wesentlich geändert haben.
- dass sich die untersuchten Merkmale der Stillförderung im Krankenhaus ebenso wie die Stillprävalenzen und die sonstige Säuglingsernährung gegenüber der Vorgängerstudie SuSe I vor 20 Jahren verbessert haben, so beispielsweise in der Schaffung struktureller Rahmenbedingungen für die Stillförderung und in der Stillunterstützung der Mütter in den Kliniken (Abb. 3/3), in vermehrtem ausschließlichem Stillen und jeglichem Stillen der Säuglinge in den ersten Monaten und Teilstillen mit Beikost im 2. Lebenshalbjahr (Tab. 3/2), in der Handhabung der Beikosteinführung und der Getränkeauswahl in der Säuglingsernährung im 1. Lebensjahr.

Zusammengenommen sprechen die Befunde von SuSe II dafür, dass sich das Stillen und die Säuglingsernährung in großen Teilen an den aktuellen Empfehlungen orientieren und dass dies stärker als noch vor 20 Jahren der Fall ist.

Bei beiden SuSe-Studien handelt es sich nicht um Repräsentativerhebungen, sodass sich die Ergebnisse nicht ohne Weiteres auf Geburtskliniken und Mutter-Kind-Paare in Deutschland generell übertragen lassen. Die Studien ermöglichen aber vertiefende Einblicke in Kernelemente des Stillens und der Säuglingsernährung und deren Änderungen im Laufe der Zeit und können Ansatzpunkte für die weitere Förderung des Stillens und der Säuglingsernährung aufzeigen.

### Stillförderung in der Klinik

Mit den 10 Schritten zum erfolgreichen Stillen von WHO und UNICEF wurden schon vor 25 Jahren die Geburtskliniken zum Schutz, zur Förderung und zur Unterstützung des Stillens aufgerufen. Diese Empfehlungen wurden im Jahr 2018 im Wesentlichen bestätigt und in Teilen auf ihre Wirksamkeit hin evaluiert [9]. Mit den von der NSK für Deutschland adaptierten WHO/UNICEF-Empfehlungen standen für beide SuSe-Studien somit anerkannte Kriterien für die Bewertung der Stillförderung zur Verfügung (Abb. 3/2). Es zeigt sich, dass diese Empfehlungen heute in den teilnehmenden Kliniken in höherem Ausmaß umgesetzt werden als noch vor 20 Jahren (Abb. 3/3).

Dass dies auch für die große Mehrheit der teilnehmenden Kliniken galt, die sich nicht an der Zertifizierungsinitiative „Babyfreundlich" beteiligten, lässt auf eine zunehmende Akzeptanz der NSK-Empfehlungen in Deutschland schließen.

Verbesserungsbedarf bei der postpartalen Stillförderung besteht nach wie vor bei der restriktiven Handhabung der Zufütterung für gestillte Säuglinge. Dabei ist allerdings nicht auszuschließen, dass bei zunehmend kürzerer postpartaler Aufenthaltsdauer im Krankenhaus, in der das Stillen sich noch nicht immer ausreichend festigen kann, eine frühe Zwiemilchernährung als Sicherheitsmaßnahme eingesetzt wird. Andererseits erwies sich die zusätzliche Gabe von Flüssigkeit in den ersten 2 Wochen nach der Geburt als signifikanter Faktor für eine kurze Stilldauer.

Als wesentlich für den Stillerfolg der Mütter wird die Information der Mütter durch die Kliniken über die Nachbetreuung nach dem Klinikaufenthalt angesehen, indem zum Beispiel Anlaufadressen für die weitere Stillbetreuung genannt werden [22]. In SuSe II gaben die Kliniken vielfältige Hinweise sowohl auf klinikeigene als auch externe Unterstützungsangebote wie Hebammen. Tatsächlich gab der weitaus größte Teil der Mütter in SuSe II auch an, dass ihnen bei Stillproblemen in den ersten Wochen gut geholfen wurde, sodass davon auszugehen ist, dass die Nachsorgehinweise der Kliniken auch zweckmäßig waren.

Bei der internationalen Evaluation des 10-Schritte-Programms zum erfolgreichen Stillen von WHO und UNICEF [9] hat sich gezeigt, dass die Stillförderung im Krankenhaus umso wirkungsvoller ist, je mehr der 10 Schritte umgesetzt werden, da sie in engem Zusammenhang miteinander stehen. Der in SuSe II höhere Summenscore der Stillförderung in den Krankenhäusern im Vergleich zu SuSe I deutet an, dass die Stillförderung in Deutschland auch bei den nicht als „Babyfreundlich" zertifizierten Kliniken auf gutem Wege ist. Dass die große Mehrheit der Mütter in der Befragung angab, mit der Stillförderung in ihrem Krankenhaus zufrieden zu sein, spricht zusätzlich für die großen Bemühungen der Kliniken um die Stillförderung im Rahmen ihrer Möglichkeiten.

## Stillen und Säuglingsernährung im 1. Lebensjahr

In Deutschland wird empfohlen, dass Säuglinge im 1. Lebenshalbjahr gestillt werden sollen, mindestens bis zum Beginn des 5. Monats ausschließlich. Beikost sollte frühestens mit Beginn des 5., spätestens mit Beginn des 7. Monats eingeführt werden. Auch nach der Einführung der Beikost soll weiter gestillt werden. Als Muttermilchersatz soll Säuglingsanfangsnahrung eingesetzt werden, wobei sich Pre- und 1-Nahrungen von Geburt an für das gesamte 1. Lebensjahr eignen. Folgenahrung kann frühestens ab dem Beginn der Beikostfütterung gegeben werden. Die Reihenfolge und Zusammensetzung der Beikost richtet sich nach dem „Ernährungsplan für das 1. Lebensjahr". Wenn die 3 empfohlenen Beikostmahlzeiten des Ernährungsplans eingeführt sind, das heißt in der Regel etwa ab dem Alter von 7–9 Monaten, benötigen Säuglinge zusätzliche Getränke, am besten als Leitungswasser [17–19].

Die aktuellen Empfehlungen wurden im Mütterkollektiv von SuSe II in großen Teilen und besser als vor 20 Jahren eingehalten (Abb. 3/4, 3/5). Dies betrifft vor allem das Stillverhalten mit ausschließlichem Stillen in den ersten 4 Monaten und weiterem Teilstillen mit altersgemäßer Beikost im 2. Lebenshalbjahr. Zudem wurde Beikost meist in dem empfohlenen Zeitfenster und der empfohlenen Reihenfolge eingeführt, beginnend mit dem für die Nährstoffversorgung besonders wichtigen Gemüse-Kartoffel-Fleisch-Brei, der mit einem einfachen Gemüsebrei zur Gewöhnung an die Löffelfütterung eingeführt wird. Im europäischen Vergleich der Stillprävalenzen liegen die Ergebnisse von SuSe II im Bereich von Ländern mit traditionell hohen Stillquoten wie der Schweiz und in Skandinavien [23]. Dass im Studienkollektiv heute als Muttermilchersatz Pre-Nahrungen gegenüber 1-Nahrungen bevorzugt wurden, kann durch das vermehrte und verlängerte Stillen erklärt werden, da Pre-Nahrungen in ihrer Zusammensetzung der Muttermilch etwas näher kommen als 1-Nahrungen. Eine ernährungs- oder entwicklungsphysiologische Begründung für dieses Auswahlverhalten gibt es nicht.



Die beobachtete Verwendung von zusätzlichen Getränken bereits in den ersten Lebensmonaten ist ernährungsphysiologisch nicht begründet; dass aktuell Wasser, überwiegend als Leitungswasser, auch im 2. Lebenshalbjahr bevorzugt verwendet wird, ist eine positive Entwicklung in der Säuglingsernährung.

## Information und Unterstützung

Viele Mütter haben sich über das Stillen und die Säuglingsernährung schon frühzeitig informiert, wenn sie nicht bereits über einschlägige Erfahrungen mit vorangehenden Kindern verfügten. Die Informationsquellen waren vielfältig und lagen teils im persönlichen Kontakt mit Expert*innen, beim Thema Stillen vor allem mit Hebammen, sowie teils in schriftlichen Medien und häufiger als vor 20 Jahren auch im Internet. Die hohe Zufriedenheit mit den erhaltenen Informationen deutet an, dass aktuelle Aufklärungs-, Informations-, Beratungs- und Begleitangebote für interessierte Mütter hilfreich sind und ihnen die Umsetzung der aktuellen Empfehlungen für das Stillen und die Säuglingsernährung erleichtern können.

Spezifischer Unterstützungsbedarf beim Stillen ist dennoch weiterhin existent. Nach wie vor werden von etwa der Hälfte der stillwilligen Mütter Stillprobleme in den ersten Wochen nach der Geburt berichtet. Auch wenn sie nicht zum verfrühten Abstillen führen, können Stillschwierigkeiten zu einer Belastung für Mutter und Kind werden. Die meisten der hauptsächlich genannten Probleme sind bei guter Stillanleitung grundsätzlich vermeidbar. In SuSe II waren die Mütter im Durchschnitt kürzere Zeit auf der Entbindungsstation als in SuSe I vor 20 Jahren, aber länger als allgemein in Deutschland [21]. Wie Mütter mit einer postpartalen stationären Verweildauer von beispielsweise nur 1 bis 2 Tagen anschließend zu Hause mit dem Stillen zurechtkommen, müsste näher untersucht werden.

Dass von Müttern immer noch weitgehend dieselben Gründe für frühes Abstillen genannt werden und sich auch dieselben wesentlichen soziodemografischen und umfeldbedingten Faktoren für eine kurze Stilldauer nachweisen lassen wie vor 20 Jahren, verdeutlicht, dass Bemühungen um eine zielgruppenspezifische Motivation, Aufklärung und Unterstützung von stillwilligen Müttern weiterhin notwendig sind.

Zu den hauptsächlichen Faktoren für eine kurze Stilldauer zählten die fehlende oder geringe Stillabsicht der Mutter und fehlende Stillerfahrungen sowie die fehlende positive Einstellung des*der Partner*in zum Stillen. Überzeugungsarbeit für das Stillen in der vorgeburtlichen Vorsorge und Betreuung werdender Eltern ist demnach weiterhin notwendig.

Mütter, die noch während sie stillten ihre Berufstätigkeit wieder aufnahmen, wurden in etwa zwei Drittel der Fälle am Arbeitsplatz beim Stillen unterstützt. Der Stillschutz am Arbeitsplatz ist im Mutterschutzgesetz geregelt [24]. Um die im Mutterschutzgesetz verankerten Möglichkeiten auszuschöpfen, sollten Mütter sich frühzeitig mit den Möglichkeiten des Stillschutzes am Arbeitsplatz vertraut machen und sich mit dem Arbeitgeber abstimmen. Arbeitgeber können das Stillen im betrieblichen Alltag im Sinne einer familienfreundlichen Unternehmenskultur fördern, indem Arbeitszeiten und Stillpausen an die Bedürfnisse der Stillenden angepasst und geeignete Räumlichkeiten für das Stillen bereitgestellt werden. Damit werden Voraussetzungen geschaffen, dass Frauen Familie und Beruf leichter miteinander vereinbaren können.

Weiterhin besteht Aufklärungs- und Informationsbedarf auch bei der Umsetzung der Empfehlungen für die mütterliche Ernährung in der Schwangerschaft, speziell der Supplementation wichtiger Nährstoffe für die kindliche Entwicklung. Zur Reduktion des Risikos für kindliche Fehlbildungen des Nervensystems sollten bereits Frauen, die eine Schwangerschaft planen, Folsäure supplementieren, mindestens aber 4 Wochen vor der Konzeption damit beginnen und bis zum Ende des 1. Schwangerschaftstrimenons fortführen [25]. Zwar hatten vier Fünftel der Mütter in SuSe II Folsäure in der Schwangerschaft supplementiert, aber nur knapp die Hälfte von ihnen hatte damit bereits vor der Schwangerschaft begonnen. Die Zufuhr von Jod liegt bei Frauen im reproduktionsfähigen Alter in Deutschland unter dem Referenzwert für die Jodzufuhr [26]. Da in der Schwangerschaft der Jodbedarf erhöht ist, sollten Schwangere Jod supplementieren [19]. Diese Empfehlung wurde nur von der Hälfte der SuSe-II-Teilnehmerinnen befolgt. Die Supplementation von Eisen und n-3-Fettsäuren soll in Abhängigkeit vom Eisenstatus bzw. der Ernährungsanamnese der Schwangeren individuell gehandhabt werden. Inwieweit diese Empfehlungen bei den Supplementationen der Studienteilnehmerinnen eingehalten wurden, konnte nicht verifiziert werden.

## Studienkonzept

Die Studie Stillen und Säuglingsernährung in Deutschland „SuSe" ist Teil des integrativen Konzepts der NSK zum Stillmonitoring in Deutschland [7, 9] und stellt ein grundlegendes Modell für prospektive epidemiologische Studien hierfür dar. Dass mit SuSe II nach 20 Jahren eine Wiederholung der Vorgängerstudie SuSe I möglich wurde, ist ein großer Fortschritt und ein Meilenstein in der systematischen Erhebung relevanter Stilldaten in Deutschland.

Dabei ist die gleichzeitige Einbindung von Kliniken und Müttern in die Datenerhebung von grundlegender Bedeutung. Die aktuelle Studie SuSe II hat die grundsätzliche Machbarkeit des Studienkonzepts auch unter den heutigen Rahmenbedingungen gezeigt.

Die Teilnahmequoten bei Kliniken und Müttern waren in SuSe II geringer als in SuSe I, insbesondere bei den Kliniken. Die geringe Resonanz bei der Rekrutierung in der aktuellen Studie könnte auf eine stärkere Selektion stillinteressierter Kliniken und Mütter hinweisen und ist bei der Interpretation der Studienbefunde generell und im 20-Jahres-Vergleich zu berücksichtigen. Bemerkenswert war dagegen die auch in SuSe II langfristig hohe Compliance der Mütter. Dies lässt darauf schließen, dass Mütter mit Interesse an der Studienteilnahme im Großen und Ganzen mit dem Studienablauf und den Anforderungen der Befragungen zufrieden waren. In beiden Studien war der Anteil von Müttern mit höherer Schulbildung allerdings höher als bei den Nichtteilnehmerinnen.

Obwohl die Belastungen durch die Studienteilnahme für die Kliniken gering gehalten und auf einen 14-Tage-Zeitraum pro Klinik beschränkt wurden, war die Teilnahmequote gegenüber SuSe I vor 20 Jahren erheblich reduziert. Dennoch ist die Einbeziehung der Geburtskliniken in eine prospektive Erhebung von Stilldaten von großem Vorteil, nicht nur um Mütter standardisiert und effektiv unmittelbar vom Stillbeginn an einzubeziehen, sondern auch um das für ein erfolgreiches Stillen wichtige anfängliche Stillmanagement zuverlässig erfassen und beschreiben zu können.

### Einordnung in andere epidemiologische Studienergebnisse

Prospektive Erhebungen wie die beiden SuSe-Studien erlauben es, das Stillen bereits unmittelbar postnatal zu erheben. Demgegenüber ist es in retrospektiven Studien schwieriger, das anfängliche Stillen präzise zu erfassen. Dies erschwert Vergleiche der SuSe-Daten zum Beispiel mit den Ergebnissen der retrospektiven, auf wenige Stillparameter beschränkten Befragungen zum Stillen aus der Studie zur Gesundheit von Kindern und Jugendlichen in Deutschland (KiGGS) [27].

Während die detailliert und mit einheitlicher Methodik erhobenen Daten aus den beiden SuSe-Studien eine Steigerung der Stillquoten in Deutschland in den letzten 20 Jahren zeigen (Abb. 3/5), waren laut einer systematischen Übersicht über andere in diesem Zeitraum in Deutschland durchgeführte Studien keine eindeutigen Veränderungen der Stillquoten zu erkennen [28]. Dabei wurde trotz hoher Stillraten zu Beginn ein starker Abfall der (Voll-)Stillraten in den ersten 2 Monaten verzeichnet, sodass bis zum Alter von 6 Monaten nur noch etwa 50 % der Säuglinge überhaupt gestillt wurden. Allerdings waren die aufgefundenen Studien heterogen, meist retrospektiv angelegt und hatten oftmals nicht das primäre Ziel, Stilldaten zu erheben. Mit Blick auf die Defizite bei der Stilldatenerhebung hielten die Autor*innen die Errichtung eines effizienten standardisierten Stillmonitorings in Deutschland für unverzichtbar. Die beiden SuSe-Studien leisten hierzu, trotz der eingeschränkten Repräsentativität, einen wesentlichen Beitrag.

## 3.5 Handlungsempfehlungen

### Stärkung der Stillförderung

Im 20-Jahres-Vergleich der SuSe-Studien zeigen sich zahlreiche Verbesserungen bei der Stillförderung in den Kliniken und bei den Stillquoten der Mütter. Beispielsweise waren in mehr Kliniken strukturelle Rahmenbedingungen für die Stillförderung vorhanden und die Mütter wurden beim Stillen häufiger praktisch unterstützt (Abb. 3/3). Bei den Müttern waren die Quoten für ausschließliches Stillen in den ersten 4 Monaten und die Quoten für Teilstillen im Alter von 6 und 12 Monaten heute höher als vor 20 Jahren (Abb. 3/5). Gleichzeitig weisen die Daten aber auch auf Ansatzpunkte zur weiteren Stärkung der Stillförderung hin, die teilweise bereits in SuSe I vor 20 Jahren erkannt worden waren.

Inzwischen in der Literatur vorliegende Evaluationen der Empfehlungen zur Stillförderung zeigen, dass die Stillförderung im Krankenhaus umso wirkungsvoller für den langfristigen Stillerfolg bei den Müttern ist, je mehr von den empfohlenen Einzelmaßnahmen in der Klinik befolgt werden [22]. Um es den Kliniken zu erleichtern, die bestehenden Empfehlungen in ihrer gesamten Bandbreite im Rahmen ihrer Möglichkeiten umzusetzen, müssen ihnen im bestehenden Gesundheitssystem ausreichende Ressourcen zur Verfügung gestellt werden.

Spezieller Beachtung bedarf die Handhabung der Zufütterung für gestillte Säuglinge in den ersten Lebenstagen. Die Entscheidung über eine Zufütterung bei einem gestillten Säugling sollte in ärztlicher Hand liegen. Diese Empfehlung für die Stillförderung im Krankenhaus sollte auch in der Aus- und Weiterbildung des Betreuungspersonals verstärkt Beachtung finden. Zudem sollte möglichen Hintergründen für die beobachtete frühe Zufütterung gestillter Säuglinge nachgegangen werden.

Durch die heutzutage verkürzten postpartalen Klinikaufenthalte sind praxisnahe und effektive Strukturen der Nachbetreuung erforderlich. Dabei kommt es darauf an, unmittelbar postpartal eine nahtlose ambulante Versorgung im Wochenbett und bei Bedarf darüber hinaus zu gewährleisten. Hier bietet insbesondere die professionelle Stillberatung Möglichkeiten für zielgruppenspezifische Angebote mit großer Reichweite der Information zum Stillen. Angelpunkt könnte die gesetzlich geregelte ambulante Hebammenhilfe sein. Ergänzend könnten die spezifischen Unterstützungsangebote der Bundesinitiative „Frühe Hilfen" oder sozialkompensatorische Angebote des Öffentlichen Gesundheitsdienstes hinzukommen. Darüber hinaus können ehrenamtliche Initiativen wie örtliche Stillgruppen oder Stillcafés, die teilweise auch von Krankenkassen angeboten werden, eingebunden werden. Ausgangspunkt aller Nachsorgekonzepte sollte die Geburt sein. Den Krankenhäusern und den Nachsorgehebammen kommt somit eine besondere Bedeutung als Akteur*innen zu. Die notwendige organisatorische Unterstützung könnte durch den Aufbau öffentlich geförderter Koordinierungsstellen kommen, die beispielsweise als Online-Portal flexibel auf dem jeweils aktuellen Stand der verfügbaren Angebote informieren könnten.

Dass sich heute wie auch vor 20 Jahren im Wesentlichen ähnliche soziodemografische und umfeldbedingte Faktoren für eine kurze Stilldauer nachweisen lassen (u. a. unzureichende Stillmotivation, niedriger mütterlicher Bildungsstatus), verdeutlicht, dass Bemühungen um eine frühzeitige Aufklärung über die Vorteile des Stillens weiterhin notwendig sind und spätestens in der Schwangerschaft beginnen sollten.

Hinzu kommt, dass in SuSe I wie auch in SuSe II etwa die Hälfte der stillwilligen Mütter über Stillprobleme berichtete, die bei guter Betreuung in den ersten Wochen nach der Geburt in der Regel reduziert werden können bzw. vermeidbar sind.

## Zielgruppengerechte Beratung und Information

Die Empfehlungen zum Stillen und zur Säuglingsernährung wurden von den Müttern in SuSe II in wesentlichen Teilen eingehalten und damit auch besser als von den Müttern in SuSe I vor 20 Jahren.

Bestehende Informations- und Beratungswege sollten zielgruppenspezifisch weiterentwickelt werden, damit auch bisher noch nicht ausreichend erreichte Elterngruppen, vor allem Gruppen mit niedriger Schulbildung und geringer Stillmotivation, davon profitieren. Gute Voraussetzungen bieten die bewährten Strukturen der kinder- und jugendärztlichen

Vorsorge, die von mehr als 90 % der Eltern im 1. Lebensjahr genutzt werden [29]. Ernährungsberatung als fester Bestandteil in der pädiatrischen Vorsorge sollte weiter ausgebaut werden. Die Handlungsempfehlungen „Ernährung und Bewegung von Säuglingen und stillenden Frauen" mit dem „Ernährungsplan für das 1. Lebensjahr" bieten hierfür eine wissenschaftlich basierte Grundlage [17–19].

Pränatal besteht nach wie vor Verbesserungsbedarf in der Aufklärung von Schwangeren, und auch schon bei Frauen mit Kinderwunsch, über die Supplementation von für die kindliche Entwicklung wichtigen Nährstoffen wie Folsäure und Jod. Die ärztliche Betreuung von Frauen im reproduktionsfähigen Alter, mindestens aber während der Schwangerschaft, ist für die Aufklärung prädestiniert.

### Integration von SuSe in die Strukturen der Stillförderung in Deutschland



Im Rahmen des internationalen Forschungsvorhabens *„Becoming Breastfeeding Friendly"* (BBF) wurden im Zeitraum 2017 bis 2019 in einem strukturierten Prozess Informationen über Handlungsfelder für eine gesamtgesellschaftliche und sektorenübergreifende Stillförderung in Deutschland zusammengetragen und anhand internationaler Vorgaben bewertet [30].

Im Vergleich mit bereits bestehenden Aktivitäten in Handlungsfeldern wie der Gesetzgebung und Finanzierung oder in zentralen Aufgaben wie Koordinierung und Zielsetzung fand sich beim Handlungsfeld „Forschung und Evaluation", zu dem auch ein regelmäßiges Stillmonitoring gehört, der größte Verbesserungsbedarf.

Dementsprechend wurde im BBF-Projekt empfohlen, zur Gewinnung valider Daten zum Stillen vorhandene Studien mehr als bisher zu nutzen und regelmäßig repräsentative prospektive Studien zur Erhebung relevanter Stillindikatoren durchzuführen. Das Studienkonzept und die Ergebnisse der SuSe-Studien können hierzu wertvolle Beiträge leisten.

### Weiterentwicklung von SuSe als Teil des Stillmonitorings

Zu den im Rahmen einer Weiterentwicklung des Studienkonzepts wichtigen Aspekten zählen der heute deutlich verkürzte postpartale Klinikaufenthalt und die in dieser kurzen Zeit höheren Anforderungen an Klinikpersonal und Mütter durch z. B. erweiterte Screening-Untersuchungen für das Kind und umfangreiche Dokumentations- und Zustimmungspflichten. In zukünftigen auf SuSe II aufbauenden prospektiven Folgestudien ist eine verstärkte Bereitstellung von Ressourcen für die Kliniken bei der Mütterrekrutierung unabdingbar, um mehr Kliniken eine Teilnahme zu ermöglichen und sich einer Repräsentativität anzunähern.

Die Umstellung auf eine Online-Befragung in SuSe II entspricht den Kommunikationsgewohnheiten heutiger junger Eltern. In zukünftigen Studien können mit dieser Erhebungstechnik auch Zusatzmodule zu aktuellen Themen leicht eingebunden werden.

Um den von der WHO im Rahmen der globalen Ernährungsstrategie 2025 geforderten Intervallen eines Monitorings zu entsprechen, wären zukünftig 5-jährige Abstände zwischen den Wiederholungsstudien notwendig [8]. Ein Stillmonitoring könnte gleichzeitig die langfristigen Auswirkungen von bestehenden Regelungen zu Elternzeit und Mutterschutz auf das Stillverhalten erfassen, um Müttern die Vereinbarkeit von Stillen und Berufstätigkeit weiter zu erleichtern.

Darüber hinaus sollte in einer langfristigen Konzeption mit entsprechender Finanzierung zukünftig auch die soziodemografische Diversität der Bevölkerung eingehender abgebildet werden können, um Zielgruppen mit besonderen Bedarfen zur Förderung des Stillens optimal erfassen zu können. Auf dieser Grundlage könnten maßgeschneiderte Interventionen zum Stillen und zur Säuglingsernährung begründet und deren Wirksamkeit im Sinne des Monitorings nachgewiesen werden [8].

Bereits im Ernährungsbericht 2000 wurde auf Basis von SuSe I darauf hingewiesen, dass ein regelmäßiges Monitoring der Entwicklung des Stillens und der Säuglingsernährung für eine wirkungsvolle Stillförderung und zur Qualitätssicherung der Säuglingsernährung als wichtige präventive und gesundheitspolitische Aufgabe notwendig ist [11]. Mit SuSe II ist ein wichtiger Schritt getan, um weitere auf diesem bewährten Konzept aufbauende Studien folgen zu lassen.



## 3.6 Literatur


[1] Horta BL, Loret de Mola C, Victora CG: Long-term consequences of breastfeeding on cholesterol, obesity, systolic blood pressure and type 2 diabetes: a systematic review and meta-analysis. Acta Paediatr 104 (2015) 30–37

[2] Victora CG, Bahl R, Barros AJD et al.: Breastfeeding in the 21st century: epidemiology, mechanisms, and lifelong effect. Lancet 387 (2016) 475–490

[3] BfR (Bundesinstitut für Risikobewertung) (Hrsg.): Unterschiede in der Zusammensetzung von Muttermilch und industriell hergestellter Säuglingsanfangs- und Folgenahrung und Auswirkungen auf die Gesundheit von Säuglingen. Stellungnahme Nr. 028/2012 des BfR vom 16. Juli 2012. (2012) Nationale Stillkommission, Max Rubner-Institut

[4] Kersting M, Przyrembel H: Normale Ernährung von Neugeborenen und Säuglingen. In: Hoffmann GF, Lentze MJ, Spranger J et al. (Hrsg.): Pädiatrie. Grundlagen und Praxis. Springer, Berlin, 5. Auflage (2020), in Druck

[5] WHO (World Health Organization), UNICEF (Hrsg.): Innocenti declaration on the protection, promotion and support of breastfeeding. (1990) http://worldbreastfeedingweek.org/2018/wp-content/uploads/2018/07/1990-Innocenti-Declaration.pdf (eingesehen am 30.01.2020)

[6] European Commission, Directorate Public Health and Risk Assessment (Hrsg.): Protection, promotion and support of breastfeeding in Europe: a blueprint for action (revised 2008). (2008) https://www.aeped.es/sites/default/files/6-newblueprintprinter.pdf (eingesehen am 30.01.2020)

[7] BfR (Bundesinstitut für Risikobewertung) (Hrsg.): Still-Monitoring in Deutschland. Konzept der Nationalen Stillkommission. (2009) Nationale Stillkommission, Max Rubner-Institut

[8] Sievers E, Weikert C, Weißenborn A et al.: Stillmonitoring in Deutschland – aktueller Handlungsbedarf und Perspektiven. Bundesgesundheitsbl – Gesundheitsforsch – Gesundheitsschutz 61 (2018) 911–919

[9] WHO (World Health Organization) (Hrsg.): Implementation guidance: protecting, promoting and supporting breastfeeding in facilities providing maternity and newborn services – the revised Baby-friendly Hospital Initiative. (2018) https://www.who.int/nutrition/publications/infantfeeding/bfhi-implementation-2018.pdf (eingesehen am 30.01.2020)

[10] WHO (World Health Organization) (Hrsg.): Global nutrition targets 2025: breastfeeding policy brief (WHO/NMH/NHD/14.7). (2014) https://apps.who.int/iris/bitstream/handle/10665/149022/WHO_NMH_NHD_14.7_eng.pdf (eingesehen am 30.01.2020)

[11] Dulon M, Kersting M: Stillen und Säuglingsernährung in Deutschland – die „SuSe"-Studie. In: Deutsche Gesellschaft für Ernährung (Hrsg.): Ernährungsbericht 2000. Druckerei Henrich, Frankfurt/M. (2000) 81–95

[12] Kersting M, Dulon M: Assessment of breast-feeding promotion in hospitals and follow-up survey of mother-infant pairs in Germany: the SuSe Study. Public Health Nutr 5 (2002) 547–552

[13] Dulon M, Kersting M, Bender R: Breastfeeding promotion in non-UNICEF-certified hospitals and long-term breastfeeding success in Germany. Acta Paediatr 92 (2003) 653–658

[14] BfR (Bundesinstitut für Risikobewertung) (Hrsg.): Stillförderung in Krankenhäusern. (2007) Nationale Stillkommission, Max Rubner-Institut

[15] BfR (Bundesinstitut für Risikobewertung (Hrsg.): Einheitliche Terminologie zur Säuglingsernährung. Aktualisierte Empfehlung (2007) der Nationalen Stillkommission von 1999. https://www.mri.bund.de/fileadmin/MRI/Themen/Stillkommission/einheitliche_terminologie_zur_saeuglingsernaehrung.pdf (eingesehen am 30.01.2020)
[16] Greiner T: Exclusive breastfeeding: measurement and indicators. Int Breastfeed J 9 (2014) 18
[17] Forschungsdepartment Kinderernährung, Universitätskinderklinik Bochum (Hrsg.): Ernährungsplan für das erste Lebensjahr. https://www.klinikum-bochum.de/fachbereiche/kinder-und-jugendmedizin/forschungsdepartment-kinderernaehrung/praeventive-ernaehrungskonzepte.html (eingesehen am 30.01.2020)
[18] Bührer C, Genzel-Boroviczény O, Jochum F et al.: Ernährung gesunder Säuglinge. Monatsschr Kinderheilkd 162 (2014) 527–538
[19] Koletzko B, Bauer C-P, Cierpka M et al.: Ernährung und Bewegung von Säuglingen und stillenden Frauen. Monatsschr Kinderheilkd 164, Suppl 5 (2016) S433–S457
[20] Verein zur Unterstützung der WHO/UNICEF-Initiative „Babyfreundlich" (BFHI) e. V. (Hrsg.): Jahresbericht WHO/UNICEF-Initiative „Babyfreundlich". (2017) https://www.babyfreundlich.org/fileadmin/user_upload/download/verein_und_vorstand/Jahresberichte/WEB_Babyfreundlich_Jahresbericht_20171108.pdf (eingesehen am 30.01.2020)
[21] IQTIG (Institut für Qualitätssicherung und Transparenz im Gesundheitswesen) (Hrsg.): Bundesauswertung zum Erfassungsjahr 2016 Geburtshilfe. Qualitätsindikatoren. (2017) https://iqtig.org/downloads/auswertung/2016/16n1gebh/QSKH_16n1-GEBH_2016_BUAW_V02_2017-07-12.pdf (eingesehen am 30.01.2020)
[22] Pérez-Escamilla R, Martinez JL, Segura-Pérez S: Impact of the Baby-friendly Hospital Initiative on breastfeeding and child health outcomes: a systematic review. Matern Child Nutr 12 (2016) 402–417
[23] Theurich MA, Davanzo R, Busck-Rasmussen M et al.: Breastfeeding rates and programs in Europe: a survey of 11 national breastfeeding committees and representatives. J Pediatr Gastroenterol Nutr 68 (2019) 400–407
[24] Bundesministerium für Familie, Senioren, Frauen und Jugend (Hrsg.): Leitfaden zum Mutterschutzgesetz (2020) https://www.bmfsfj.de/blob/94398/36e71549280a602f44d2e35fd1c302f8/mutterschutzgesetz-data.pdf (eingesehen am 30.01.2020)
[25] Koletzko B, Cremer M, Flothkötter M et al.: Ernährung und Lebensstil vor und während der Schwangerschaft – Handlungsempfehlungen des bundesweiten Netzwerks Gesund ins Leben. Geburtshilfe Frauenheilkd 78 (2018) 1262–1282
[26] Johner S, Remer T, Thamm M: Ernährungssituation in Deutschland. Jod. In: Deutsche Gesellschaft für Ernährung (Hrsg.): 13. DGE-Ernährungsbericht. Bonn (2016) 59–64
[27] Brettschneider A-K, Weikert C, Abraham K et al.: Stillmonitoring in Deutschland – Welchen Beitrag können die KiGGS-Daten leisten? J Health Monitoring 1 (2016) 16–25
[28] Weissenborn A, Abou-Dakn M, Bergmann R et al.: Stillhäufigkeit und Stilldauer in Deutschland – eine systematische Übersicht. Gesundheitswesen 78 (2016) 695–707
[29] Robert Koch-Institut (RKI) (Hrsg.): Inanspruchnahme von Früherkennungsuntersuchungen. Faktenblatt zu KiGGS Welle 1: Studie zur Gesundheit von Kindern und Jugendlichen in Deutschland – Erste Folgebefragung 2009–2012. (2015) http://www.rki.de/DE/Content/Gesundheitsmonitoring/Gesundheitsberichterstattung/GBEDownloadsF/KiGGS_W1/kiggs1_fakten_inanspruchnahme_frueherk.pdf%3F__blob%3DpublicationFile (eingesehen am 30.01.2020)
[30] Bundesanstalt für Landwirtschaft und Ernährung (BLE) (Hrsg.): So wird Deutschland stillfreundlich! Ergebnisse und Empfehlungen aus dem internationalen Forschungsvorhaben Becoming Breastfeeding Friendly. https://www.gesund-ins-leben.de/_data/files/bbf_faktenblatt_ergebnisse.pdf (eingesehen am 30.01.2020)

# 4 Vegetarische und vegane Ernährung bei Kindern und Jugendlichen in Deutschland – VeChi-Youth-Studie*

Ute Alexy, Morwenna Fischer, Stine Weder, Alfred Längler, Andreas Michalsen, Markus Keller

4


## Zusammenfassung

**Einleitung:** Vegetarische und vegane Ernährung wird zunehmend populär in Deutschland. Da aktuelle Daten zu vegetarischer und veganer Ernährung von Kindern und Jugendlichen fehlen, können keine validen Aussagen über die gesundheitlichen Vor- und Nachteile einer heutigen vegetarischen und veganen Ernährung im Vergleich zu einer omnivoren Ernährung bei Kindern und Jugendlichen getroffen werden. Die VeChi-Youth-Studie will dazu beitragen diese Wissenslücken zu schließen.

**Methoden:** Die VeChi-Youth-Studie ist eine Querschnittsstudie, die zwischen Oktober 2017 und Januar 2019 insgesamt 401 Kinder und Jugendliche im Alter von 6 bis unter 19 Jahren in Deutschland untersucht hat. Hauptziel der Studie war es, anthropometrische Daten, das Ernährungsverhalten sowie die Nährstoffversorgung, insbesondere mit potenziell kritischen Nährstoffen, von sich vegan, vegetarisch und omnivor ernährenden Kindern und Jugendlichen zu vergleichen. Das Ernährungsverhalten wurde anhand eines 3-Tage-Wiege-Verzehrprotokolls erfasst, weitere Daten anhand eines Fragebogens. Außerdem wurden die Kinder und Jugendlichen in drei Studienzentren (Herdecke, Berlin, Filderstadt) untersucht sowie Blut- und Urinproben genommen.

**Ergebnisse:** Nach Adjustierung für Alter und Pubertätsstatus gab es keine signifikanten Unterschiede der anthropometrischen Parameter zwischen den sich vegetarisch (n = 150), vegan (n = 114) und omnivor (n = 137) ernährenden Proband*innen. Die protokollierte Energiezufuhr lag bei allen drei Ernährungsformen geringfügig unterhalb der Richtwerte. Die empfohlene Proteinzufuhr wurde von älteren Vegetarier*innen und Veganer*innen knapp erreicht, während sie in der jüngsten Altersgruppe bei allen Ernährungsformen über den D-A-CH-Referenzwerten lag. Bei der anhand von Blut- und Urinparametern ermittelten Nährstoffversorgung ergaben sich keine spezifischen Risikonährstoffe für Vegetarier*innen oder Veganer*innen. Die Versorgung mit Riboflavin (Vitamin $B_2$), Vitamin D und Jod war bei einem nennenswerten Anteil der Proband*innen aller drei Ernährungsformen kritisch. Zudem zeigten die Verzehrprotokolle eine niedrige durchschnittliche Calciumzufuhr der Proband*innen, besonders in der Gruppe der Veganer*innen. Die Vitamin-$B_{12}$-Versorgung der sich vegan ernährenden Kinder und Jugendlichen war im Durchschnitt gut, was auf eine hohe Compliance der Vitamin-$B_{12}$-Supplementation zurückzuführen war. Die Vitamin-$B_{12}$-Parameter der sich vegetarisch ernährenden Kinder lagen jedoch häufiger außerhalb der Norm als bei den beiden anderen Gruppen. Bei der Lebensmittelauswahl ergab sich vor allem bei Veganer*innen ein präventivmedizinisch günstig hoher Verzehr von Gemüse, Obst, Vollkorngetreide, Hülsenfrüchten und Nüssen.


* Mit Förderung durch das Bundesministerium für Ernährung und Landwirtschaft (BMEL)

**Schlussfolgerungen:** Vegetarische und vegane Kostformen sind offenbar auch im Kindes- und Jugendalter geeignet, ein altersgemäßes Wachstum sowie eine ausreichende Versorgung mit Makronährstoffen sowie den meisten Mikronährstoffen sicherzustellen. Bei sich vegan und vegetarisch ernährenden Jugendlichen sollte jedoch wegen der im Durchschnitt niedrigeren Qualität von pflanzlichem Protein die Proteinzufuhr gesteigert werden. Unabhängig von der Ernährung sollte bei Kindern und Jugendlichen die Versorgung mit Riboflavin, Vitamin D, Jod und Calcium verbessert werden. Da sich vegetarisch ernährende Proband*innen tendenziell schlechter mit Vitamin $B_{12}$ versorgt waren, wird auch für diese Ernährungsform eine zumindest gelegentliche Supplementation empfohlen.

**Danksagung:** Wir danken den Proband*innen der VeChi-Youth-Studie und deren Eltern für ihre Bereitschaft, an der Studie teilzunehmen. Unser Dank gilt auch dem Personal in den Studienzentren, deren Hilfsbereitschaft und Engagement für die Durchführung unerlässlich war.

4

## Kernaussagen

➔ Die VeChi-Youth-Studie liefert erstmals vergleichende aktuelle Daten zu Lebensmittelverzehr, Nährstoffzufuhr und Nährstoffversorgung von sich vegan, vegetarisch und omnivor ernährenden Kindern und Jugendlichen im Alter von 6 bis unter 19 Jahren in Deutschland.

➔ Der Vergleich zwischen den Ernährungsformen ergab bei allen untersuchten anthropometrischen Parametern, adjustiert für Alter und Pubertätsstatus, keine signifikanten Unterschiede, mit Ausnahme eines höheren Fettmasse-Index bei den sich vegetarisch ernährenden Mädchen, allerdings hatten alle drei Gruppen verglichen mit dem Referenzkollektiv einen niedrigeren *Body Mass Index* (BMI).

➔ Die Energiezufuhr war adäquat, ebenso die Zufuhr der meisten Nährstoffe mit Ausnahme von Calcium. Bei den Veganer*innen war die Kohlenhydrat- und Fettqualität (wenig Zucker und gesättigte Fettsäuren, mehr Ballaststoffe und mehrfach ungesättigte Fettsäuren) am höchsten.

➔ Die Versorgung mit Riboflavin (Vitamin $B_2$), Vitamin D und Jod war bei einem nennenswerten Anteil der Proband*innen aller drei Ernährungsformen kritisch, signifikante Unterschiede zwischen den Gruppen wurden bei Jod (Veganer*innen < Vegetarier*innen und Omnivor*innen), Eisen (Ferritin; Vegetarier*innen und Veganer*innen < Omnivor*innen) und Folat (Veganer*innen > Vegetarier*innen und Omnivor*innen) festgestellt.

→ Sich vegetarisch und vegan ernährende Kinder und Jugendliche zeigten ein insgesamt gesundheitsförderliches Lebensmittelmuster mit einem hohen Verzehr präventiver Lebensmittelgruppen, wie Gemüse, Obst, Hülsenfrüchten und Nüssen sowie einem geringeren Konsum von Süßwaren, Knabberartikeln und Fertiggerichten als die sich omnivor ernährenden Kinder und Jugendlichen.

## 4.1 Einleitung



Vegetarismus bezeichnet Ernährungsweisen, bei denen Nahrungsmittel gemieden werden, die von getöteten Tieren stammen. Dabei werden verschiedene Ausprägungen unterschieden: Veganer*innen meiden alle vom Tier stammenden Lebensmittel, meist auch alle weiteren Produkte und Gebrauchsgegenstände tierischer Herkunft, während Lacto-Vegetarier*innen Milch und Milchprodukte, Ovo-Vegetarier*innen Eier und Lacto-Ovo-Vegetarier*innen Milch und Eier akzeptieren (Tab. 4/1).

In der internationalen Literatur, sowohl in Studien als auch in Stellungnahmen von Fachgesellschaften, wird der Begriff „vegetarisch" *(vegetarian)* per Definition auch als Oberbegriff für verschiedene Formen einer pflanzenbasierten Ernährung inklusive einer veganen Ernährung verwendet [1].

Im Folgenden bezeichnet der Begriff „vegetarisch" eine Ernährungsweise ohne Fleisch und Fisch, aber mit Milch und Milchprodukten und/oder Eiern (lacto-, ovo- und lacto-ovo-vegetarisch) und der Begriff „vegan" eine Ernährungsweise mit ausschließlich pflanzlichen Lebensmitteln.

**Tabelle 4/1:** Definitionen von Ernährungsformen und potenziell kritische Nährstoffe bei Kindern und Jugendlichen (modifiziert nach [1, 2])

| Ernährungsform und Lebensmittelauswahl | Lebensmittel, die gemieden werden | Potenziell kritische Nährstoffe bei Kindern und Jugendlichen |
|---|---|---|
| **Omnivore Ernährung** | Keine | Vitamin D, Jod, Calcium, Eisen (bei Mädchen ab 10 Jahren) |
| **Vegetarische Ernährung**[a] | Fleisch, Fisch[b] und daraus hergestellte Produkte wie Gelatine | Vitamin D, Jod, Calcium, Eisen, Zink, langkettige n-3-Fettsäuren |
| **Vegane Ernährung** | alle tierischen Lebensmittel, meist auch Honig | Vitamin D, Jod, Calcium, Eisen, Zink, langkettige n-3-Fettsäuren, Vitamin $B_{12}$, Riboflavin (Vitamin $B_2$), Protein, Selen |

a beinhaltet lacto-vegetarische, ovo-vegetarische und lacto-ovo-vegetarische Varianten
b einschließlich anderer aquatischer Tiere

Das **Interesse an vegetarischer und veganer Ernährung** ist in Deutschland in letzter Zeit deutlich angestiegen [1]. In der bundesweiten „Ernährungsstudie als KiGGS-Modul" (EsKiMo II), welche im Rahmen der „Studie zur Gesundheit von Kindern und Jugendlichen in Deutschland" (KiGGS) des Robert Koch-Instituts (RKI) (Erhebungszeitraum: 2014 bis 2017) durchgeführt wurde, gaben 3,4 % der Kinder und Jugendlichen an, sich vegetarisch und 0,1 % sich vegan zu ernähren. Bei den 12- bis unter 18-Jährigen hatte sich die Häufigkeit einer vegetarischen Ernährungsform im Vergleich zur ersten EsKiMo-Studie (Erhebungszeitraum: 2006) von 1,6 % auf 5,0 % mehr als verdreifacht [3]. In Studien mit Erwachsenen war die Prävalenz einer veganen Ernährung höher; sie lag in wissenschaftlichen Untersuchungen bei etwa 0,3 % [4] und in Befragungen von Meinungsforschungsinstituten bei etwa 1 % der Bevölkerung in Deutschland [5].

Für die Ernährungs- und Gesundheitswissenschaften, aber auch für Familien stellt sich die Frage, ob diese Ernährungsformen – insbesondere die vegane Ernährung – auch für Kinder und Jugendliche geeignet sind, da im Wachstumsalter, besonders bei Säuglingen und Kleinkindern, der Bedarf an Energie und vielen Nährstoffen im Verhältnis zum Körpergewicht höher ist als bei Erwachsenen. Zudem steigt bei eingeschränkter Lebensmittelauswahl grundsätzlich das Risiko für eine unzureichende Nährstoffzufuhr [6].



Ein **Risiko** für eine unzureichende Versorgung bei vegetarischer oder veganer Ernährung besteht für solche **Nährstoffe**, die entweder gar nicht (z. B. Vitamin $B_{12}$) oder nur in relativ niedrigen Konzentrationen (z. B. Calcium) in den bei uns üblichen pflanzlichen Lebensmitteln vorkommen oder die aufgrund eines hohen Gehalts an hemmenden Substanzen (z. B. Phytat oder Oxalat) aus pflanzlichen Lebensmitteln schlechter absorbiert werden können (z. B. Eisen, Zink) [7].

Aktuelle Stellungnahmen von **Fachgesellschaften** sehen daher besonders eine vegane Ernährung von Kindern kritisch:

- Die Deutsche Gesellschaft für Ernährung e. V. (DGE) hält in ihrem Positionspapier zur veganen Ernährung eine ovo-lacto-vegetarische Ernährung für gesunde Personen als Dauerernährung für geeignet, wenn entsprechende Alternativen zur Optimierung der Nährstoffzufuhr gewählt werden. Eine vegane Ernährung während Schwangerschaft und Stillzeit sowie bei Säuglingen, Kindern und Jugendlichen wird von der DGE nicht empfohlen, da das Risiko für eine Nährstoffunterversorgung bzw. einen Nährstoffmangel in diesen Lebensphasen besonders hoch sei [6, 8].

- Die Ernährungskommission der Deutschen Gesellschaft für Kinder- und Jugendmedizin e. V. (DGKJ) empfiehlt eine ausgewogene omnivore Ernährung für die Kinderernährung, weil hiermit der Nährstoffbedarf am einfachsten und am ehesten gedeckt werden könne. Eine ausgewogene vegetarische Ernährung könne im Säuglings-, Kindes- und Jugendalter den Nährstoffbedarf ebenfalls decken sowie ein normales Wachstum und eine altersentsprechende Entwicklung ermöglichen, wenn auf eine ausreichende Eisenzufuhr geachtet werde. Bei einer veganen Ernährung ohne tierische Lebensmittel sei eine Supplementation von Vitamin $B_{12}$ unbedingt notwendig. Zudem solle ein besonderes Augenmerk auf die Zufuhr von Eisen, Zink, Jod, Docosahexaensäure (DHA), Calcium, Protein und Energie gelegt werden [7].

Übersichtsarbeiten [2, 9] zeigen allerdings, dass es bisher nur wenige Studien zum Thema vegetarische/vegane Ernährung bei Kindern und Jugendlichen gibt, die zudem überwiegend aus den 1980er- und 1990er-Jahren stammen und meist nur eine geringe Anzahl an Proband*innen untersucht haben. Daraus können keine validen Rückschlüsse auf die heutige Ernährungspraxis und die damit verbundene Energie- und Nährstoffzufuhr sowie den Gesundheitsstatus der sich vegetarisch und vegan ernährenden Kinder und Jugendlichen in Deutschland gezogen werden, weil

- sich das Ernährungsverhalten auch von Kindern und Jugendlichen in den letzten Dekaden verändert hat [10],
- sich der Lebensmittelmarkt mit einer steigenden Produktvielfalt von Fleisch- und Milchalternativprodukten, inkl. Nährstoffanreicherung, an die Bedürfnisse von Personen, die sich vegetarisch oder vegan ernähren, angepasst hat [11, 12],
- neue Informationsmöglichkeiten über vegetarische und vegane Ernährung, vor allem über das Internet, zur Verfügung stehen und von den Zielgruppen auch genutzt werden [13].

Daher konnte auf Basis der bisher vorliegenden Daten die Frage nach möglichen gesundheitlichen Vor- und Nachteilen einer heutigen **vegetarischen und veganen Ernährung** im Vergleich zu einer omnivoren Ernährung bei Kindern und Jugendlichen in Deutschland bisher nicht beantwortet werden.



Übergeordnetes **Ziel der VeChi-Youth-Studie** war es daher, anthropometrische Daten, das Ernährungsverhalten sowie die Nährstoffversorgung und Nährstoffzufuhr, insbesondere mit potenziell kritischen Nährstoffen, von sich vegan, vegetarisch und omnivor ernährenden Kindern und Jugendlichen zu vergleichen.

Dabei sollten folgende **Fragestellungen** untersucht werden:

- Gibt es Unterschiede bezüglich anthropometrischer Daten (Größe, Gewicht, *Body Mass Index* (BMI), Körperfettanteil) bei sich vegan, vegetarisch und omnivor ernährenden Kindern und Jugendlichen in Deutschland?
- Gibt es Unterschiede in der Energie- und Nährstoffzufuhr bei sich vegan, vegetarisch und omnivor ernährenden Kindern und Jugendlichen in Deutschland?
- Gibt es Unterschiede beim Versorgungsstatus ausgewählter potenziell kritischer Nährstoffe (Vitamin $B_{12}$, Vitamin D, Jod, Eisen) sowie zusätzlich bei Folat bei sich vegan, vegetarisch und omnivor ernährenden Kindern und Jugendlichen in Deutschland?
- Welche Unterschiede gibt es im Lebensmittelverzehr bei sich vegan, vegetarisch und omnivor ernährenden Kindern und Jugendlichen in Deutschland?

## 4.2 Methodik

Die VeChi-Youth-Studie ist eine **Querschnittsstudie** mit insgesamt 401 Kindern und Jugendlichen im Alter von 6 bis unter 19 Jahren aus Deutschland, die von Oktober 2017 bis Januar 2019 durchgeführt wurde.

### 4.2.1 Rekrutierung

Die Rekrutierung erfolgte über

- Aufrufe auf Internetseiten von Institutionen (z. B. Fachhochschule des Mittelstands, Charité Universitätsmedizin, Universität Bonn, Institut für alternative und nachhaltige Ernährung, Universität Witten/Herdecke, DGE, ProVeg Deutschland[1]),
- Blogs zum Thema Veganismus und Vegetarismus,
- das Verteilen von Flyern (z. B. auf vegetarischen/veganen Messen) oder das Aushängen von Plakaten (z. B. in Arztpraxen, über Ärzteverbände und in Schulen) sowie
- die Presse (z. B. Tageszeitungen, Publikums- und Fachzeitschriften, Radio, Fernsehen).

Da zu erwarten war, dass auf diesen Wegen überproportional Vegetarier*innen und Veganer*innen erreicht werden, wurden Proband*innen dieser Gruppen gebeten, gleichaltrige sich omnivor ernährende Kinder und Jugendliche (bzw. deren Eltern) auf die Studie aufmerksam zu machen.



Interessierte wurden auf die Studienhomepage (www.vechi-youth-studie.de) verwiesen, wo ein Rekrutierungsfragebogen Einschluss- und Ausschlusskriterien abfragte.

Eingeschlossen wurden Kinder und Jugendliche im Alter von 6 bis unter 19 Jahren ohne chronische Erkrankungen mit dem Ziel, eine gleichmäßige Verteilung über diese Altersspanne und die drei Ernährungsformen zu erreichen. Der Anteil von Rohkost an der Ernährung sollte 70 % nicht überschreiten, um Proband*innen mit einer zusätzlich eingeschränkten Lebensmittelauswahl auszuschließen.

Die Proband*innen, die diese Kriterien erfüllten, erhielten anschließend per Post schriftliches Informationsmaterial zur Studie, eine Datenschutzerklärung und eine Einverständniserklärung, die von den Eltern bzw. den Proband*innen unterzeichnet werden sollte.

Das Studienprotokoll wurde von der Ethik-Kommission der Universität Witten/Herdecke genehmigt (Kennzeichen 139/2017). Alle Untersuchungen und Messungen wurden mit Einverständnis der Eltern und ab dem Alter von 14 Jahren auch unter Einwilligung der Proband*innen selbst durchgeführt.

### 4.2.2 Fallzahlberechnung

Die Fallzahlberechnung wurde mit dem Programm G-Power auf Basis von Daten zum Nährstoffstatus von sich vegetarisch und omnivor ernährenden Kindern vorgenommen, da keine entsprechenden Daten von sich vegan ernährenden Kindern und Jugendlichen vorliegen. Eine Übersichtsarbeit zeigte signifikante Unterschiede zwischen den Gruppen vor allem bei Parametern des Vitamin-$B_{12}$-Status sowie des Eisenstoffwechsels [2]. Der Vitamin-$B_{12}$-Status wurde allerdings meist anhand von Serum-Vitamin-$B_{12}$, einem wenig sensitiven und spezifischen Biomarker, der keine gesicherten Aussagen über den Vitamin-$B_{12}$-Status zulässt [14], bestimmt.

1 ehemals Vegetarierbund Deutschland e. V.

Daher wurde Serumferritin als primärer Parameter für die Fallzahlberechnung zugrunde gelegt. Eine Erhebung an 42 sich vegetarisch und 56 sich omnivor ernährenden Kindern aus Taiwan im Alter von 2 bis unter 7 Jahren [15] ermittelte eine Differenz von 12,1 ng/ml Serumferritin zwischen beiden Gruppen. Auf dieser Basis wurde eine mittelstarke Effektgröße von Cohen's d = 0,6 für das primäre Zielkriterium antizipiert. Dies ergab bei einer Power von $\beta = 0,8$ und einem einseitigem Level $\alpha = 0,05$ eine Fallzahl von n = 35 pro Gruppe.

### 4.2.3 Ablauf und Inhalt der Erhebungen

Nach dem Unterzeichnen der Einverständniserklärung wurde mit den Proband*innen ein Untersuchungstermin in einem der Studienzentren (Abteilung für Kinder- und Jugendmedizin des Gemeinschaftskrankenhauses Herdecke in Nordrhein-Westfalen, Abteilung für Naturheilkunde im Immanuel Krankenhaus Berlin und Abteilung Kinder- und Jugendmedizin der Filderklinik in Filderstadt, Baden-Württemberg[2]) vereinbart, zu dem sie nüchtern erscheinen sollten. Zu diesem Termin wurde den Proband*innen Blut abgenommen und Spontanurin gesammelt. Die Proband*innen füllten Fragebögen zur körperlichen Aktivität und zum Pubertätsstatus aus. Ein Fragebogen zu den Charakteristika der Proband*innen konnte online zu Hause von den Eltern und/oder den Proband*innen selbst ausgefüllt werden.



#### Blutabnahme

Vor der Blutentnahme im Studienzentrum wurden anamnestisch bekannte Blutgerinnungsstörungen abgefragt (insbesondere Hämophilie und Thrombozytopenie), um diese Personen ggf. von der Blutabnahme auszuschließen. Zudem wurde nach chronischen Erkrankungen, bereits aufgetretenen Problemen im Zusammenhang mit einer Blutabnahme, der Einnahme von gerinnungshemmenden Medikamenten sowie dem Zeitpunkt der letzten Mahlzeit bzw. des Konsums eines kalorienhaltigen Getränks gefragt. Die Blutentnahme (< 20 ml) erfolgte venös, vorzugsweise antecubital (in der Ellenbogenbeuge). Den Kindern und Jugendlichen wurde angeboten, eine lokale Analgesie (EMLA®-Pflaster) vor der Blutabnahme auf die avisierte Punktionsstelle anzubringen.

Die Blutproben wurden entsprechend einer einheitlichen Verfahrensanweisung für alle Studienzentren im Anschluss an die Blutentnahme präanalytisch vorbehandelt und bis zur Analyse im Studienlabor eingefroren.

#### Anthropometrie

Die Messung des Körpergewichts (in Unterwäsche, ohne Schuhe, Seca 799, Teilung 100 g, bis 150 kg Körpergewicht) und der Körpergröße (Stadiometer Seca 222, Teilung 1 mm) erfolgte beim Untersuchungstermin. Zusätzlich wurden vier Hautfalten (Bizeps, Trizeps, subscapulare und iliacale Hautfalte) von geschultem Personal nach einem standardisierten Verfahren mittels Caliper [10] gemessen *(Holtain Skinfold Caliper,* auf 0,1 mm).

2 In der Filderklinik wurden nur elf Proband*innen untersucht, danach fiel dieses Studienzentrum aus organisatorischen Gründen seitens der Klinik aus.

### Ernährungserhebung

Die Ernährungserhebung erfolgte mit 3-Tage-Wiege-**Verzehrprotokollen** analog zur Ernährungserhebung in der *Dortmund Nutritional and Anthropometric Longitudinally Designed (DONALD)-Studie* [10]. Hierzu sollten an drei aufeinander folgenden Tagen alle verzehrten Lebensmittel und Getränke mithilfe einer digitalen Waage (Genauigkeit: 1 g) gewogen und protokolliert werden. Wenn möglich wurden auch Rezepte protokolliert. Datum, Uhrzeit und Ort des Verzehrs (z. B. zu Hause, in der Schule, im Restaurant, unterwegs) wurden ebenfalls notiert. Beim Verzehr von Fertigprodukten wurde die Marke des Produktes notiert und die Verpackungen bzw. Etiketten gesammelt und dem Protokoll beigefügt. Bei Außer-Haus-Verzehr wurden verzehrte Mengen in haushaltsüblichen Maßen (Teelöffel, Esslöffel, Tasse, Stück usw.) unter Angabe der Art, des Markennamens bzw. eines Rezeptes geschätzt. Die Proband*innen erhielten per E-Mail eine schriftliche Anleitung für die Protokollführung und konnten auf YouTube einen Kurzfilm mit Anleitung ansehen.

Die in den Protokollen erfassten Lebensmittel wurden mit der Lebensmitteldatenbank LEBTAB (Lebensmittel-Tabelle, Version III) [16] der DONALD-Studie (Universität Bonn), die nicht frei verfügbar oder online zugänglich ist, verknüpft. LEBTAB enthält Nährwerte von Grundlebensmitteln, Fertigprodukten und Nahrungsergänzungsmitteln (NEM). Die Nährstoffdaten von Grundlebensmitteln basieren in ihrer aktuellen Version auf den Angaben zu Nährwertgehalten in rohen Lebensmitteln aus dem Bundeslebensmittelschlüssel (BLS 3.2). Nährwerte von Fertigprodukten wurden anhand der deklarierten Nährstoffe und Zutatenlisten mit Berücksichtigung der ggf. durchgeführten Anreicherung geschätzt.

Nach Eingabe der Verzehrprotokolle in das Datenbanksystem der DONALD-Studie wurden individuelle Mittelwerte der Energie- und Nährstoffzufuhr aus den drei Protokolltagen berechnet.

### Pubertätsstadien

Die Pubertätsstadien wurden anhand des Tanner-Stadiums [17, 18] durch Selbsteinschätzung der Proband*innen anhand von schematischen Zeichnungen zu den einzelnen Stufen Schambehaarung und Brust- bzw. Hodenentwicklung erhoben.

## 4.2.4 Laboranalysen

Die Analysen der Blutproben wurden zentral im MVZ Medizinisches Labor Bremen GmbH durchgeführt (Tab. 4/2).

**Tabelle 4/2:** Analysemethoden der Blutproben in der VeChi-Youth-Studie und laborspezifische Grenzwerte des Normbereichs (soweit nicht anders angegeben)

| Parameter | Analyseverfahren | Normbereiche |
|---|---|---|
| | **Vitamine** | |
| 25-Hydroxyvitamin-$D_3$ (25[OH] $D_3$) (Serum) | Chemilumineszenz-Immunoassay der Fa. DiaSorin (Dietzenbach), Ref.-Nr.[b] 310600 | ≥ 20 ng/ml[c] [19] bzw. > 50 nmol/l |
| Folat (EDTA-Vollblut) | Elektrochemilumineszenz-Immunoassay der Fa. Roche Diagnostics (Mannheim), Ref.-Nr. 05944295 | 212–534 µg/l |
| Holo-Transcobalamin (Holo-TC) (Serum) | Enzymimmunoassay der Fa. IBL International (Hamburg), Ref.-Nr. AX53101 | 21–123 pmol/l |
| Methylmalonsäure (MMA) (Serum) | Gaschromatographische Auftrennung mittels unpolarer Kapillartrennsäule und Detektion mit SIM (In-house Methode) | 73–271 nmol/l |
| Riboflavin (Vitamin $B_2$) (EDTA-Vollblut) | Isokratische HLPC-Bestimmung von FAD mit fluorimetrischer Detektion (In-house Methode) | 199–382 µg/l |
| | **Eisen** | |
| Hämoglobin (EDTA-Vollblut) | Photometrische Bestimmung als Natriumlaurylsulfat-Hämoglobin am Sysmex XN-9000 der Fa. Sysmex (Norderstedt), Ref.-Nr. BL-121-531 | 6 bis < 12 Jahre: ≥ 11,5 g/dl<br>12 bis < 15 Jahre: ≥ 12,0 g/dl<br>15 Jahre und älter: ≥ 12,0 g/dl (Mädchen), ≥ 13 g/dl (Jungen) [20] |
| Ferritin (Serum) | Elektrochemilumineszenz-Immunoassay der Fa. Roche Diagnostics (Mannheim), Ref.-Nr. 03737551 | 14–124 µg/l |
| | **Blutlipide** | |
| LDL-Cholesterol (Serum) | Enzymatischer Farbtest der Fa. Roche Diagnostics (Mannheim), Ref.-Nr. 07005768 | < 115 mg/dl [21] |
| HDL-Cholesterol (Serum) | Enzymatischer Farbtest der Fa. Roche Diagnostics (Mannheim), Ref.-Nr. 07528582 | < 40 mg/dl (Jungen)<br>< 48 mg/dl (Mädchen) [21] |
| Gesamt-Cholesterol (Serum) | Enzymatischer Farbtest der Fa. Roche Diagnostics (Mannheim), Ref.-Nr. 05168538 | < 155 mg/dl [21] |
| Triglyceride (Serum) | Enzymatischer Farbtest der Fa. Roche Diagnostics (Mannheim), Ref.-Nr. 05171407 | < 150 mg/dl [21] |

Für die Interpretation der Messergebnisse stehen nicht für alle Werte geschlechts- und altersspezifische **labordiagnostische Normwerte** zur Verfügung. Parameter mit abgesicherten Grenzwerten für Kinder und Jugendliche sind Vitamin D [19] und Hämoglobin [20] (Tab. 4/2). Für Folat, Riboflavin (Vitamin $B_2$), Holo-Transcobalamin (Holo-TC), Methylmalonsäure (MMA) und Ferritin wurden die Grenzwerte des Labors verwendet. Für die Blutlipide wurden Grenzwerte für Erwachsene der Deutschen Gesellschaft für Kardiologie angewendet [21].

Da über 90 % der alimentären Jodzufuhr im Urin ausgeschieden wird [22], ist die Jodausscheidung im 24 Stunden-Urin ein quantitativer Biomarker, um die Jodzufuhr zu schätzen und mit den Referenzwerten für die Zufuhr zu vergleichen [23].

Die Analyse der Spontanurinproben erfolgte im Labor der DONALD-Studie in Dortmund (Jod) sowie im Labor des Gemeinschaftskrankenhauses Herdecke (Kreatinin). Jod im Urin wurde spektrophotometrisch nach der Methode Sandell-Kolthoff bestimmt [24]. Da die Jodkonzentration im Spontanurin wesentlich vom Urinvolumen und damit vom Hydratationsstatus abhängig ist [25], wurde die 24 Stunden-Jodausscheidung aus der gemessenen Jodkonzentration im Spontanurin, der Kreatininkonzentration im Spontanurin und dem altersspezifischen Referenzwert für die körpergewichtsabhängige 24 Stunden-Kreatininausscheidung berechnet [26]. Kreatinin wurde photometrisch (Jaffé-Reaktion) gemessen.



### 4.2.5 Weitere Variablen

Mit einem **Onlinefragebogen** wurden

- frühkindliche Faktoren (Schwangerschaftsdauer in Wochen/Tagen, Stilldauer, Geburtsgewicht und Geburtskörperlänge),
- sozioökonomische familiäre Faktoren (Größe des Wohnorts, monatliches Einkommen, Ausbildung und berufliche Stellung der Eltern, Ernährungsform der Eltern),
- Nationalität und Schulform,
- Fragen zur Ernährung (Ernährungsform, Dauer der Ernährungsform, Einnahme von NEM, Nutzung von jodiertem Speisesalz, Verwendung von Biolebensmitteln, Informationsquellen über Ernährung) sowie
- Körpergröße und Körpergewicht der Eltern

abgefragt.

### 4.2.6 Auswertung

Alle erhobenen Daten wurden auf Plausibilität und Ausreißer kontrolliert.

Für die Darstellung der Ergebnisse wurden die Proband*innen anhand des Alters am Untersuchungstermin in drei **Altersgruppen** eingeteilt (6 bis < 10 Jahre, 10 bis < 15 Jahre und 15 bis < 19 Jahre).

Die **Ernährungsform** wurde erstmalig im Rekrutierungsfragebogen abgefragt. Eine zweite Abfrage erfolgte am Beginn des Onlinefragebogens. Zusätzlich wurden am Ende des Onlinefragebogens Kontrollfragen gestellt, in denen Vegetarier*innen bzw. Veganer*innen gefragt wurden, wie häufig sie Fleisch, Wurst oder Fisch bzw. Milch und Milchprodukte oder Eier verzehren. Anhand dieser Kontrollfragen wurden Proband*innen, die sich nach Selbstangaben vegetarisch ernährten, zu den Omnivor*innen gezählt, wenn sie angegeben hatten, mehr als einmal pro Woche Fleisch, Wurst oder Fisch zu essen (n = 6). Proband*innen, die sich als Veganer*innen eingetragen hatten, aber angegeben hatten, mehr als einmal pro Woche Milch und/oder Eier zu essen, wurden als Vegetarier*innen (n = 18) eingeteilt. In den Fällen, in denen die Kontrollfragen im Onlinefragebogen nicht ausgefüllt wurden, wurde die Einteilung der Ernährungsform anhand der Verzehrprotokolle überprüft. Im Folgenden werden ausschließlich die korrigierten Angaben zur Ernährungsform dargestellt.

Der **BMI** der Proband*innen wurde aus Körpergröße und -gewicht berechnet. Da sich während des Wachstums der BMI verändert, wurde als alters- und geschlechtsstandardisierter Parameter der *Standard-Deviation-Score* des BMI (SDS-BMI) nach der LMS-Methode berechnet. Der SDS gibt an, um ein Wievielfaches einer Standardabweichung ein individueller BMI bei gegebenem Alter und Geschlecht ober- oder unterhalb des BMI-Medianwertes der Referenzpopulation liegt. Verwendet wurden die Referenzwerte von Kromeyer-Hauschild [27].



Starkes Untergewicht (< 3. Perzentil), Untergewicht (< 10. bis ≤ 3. Perzentil), Übergewicht (> 90. bis 97. Perzentil) und Adipositas (> 97. Perzentil) wurde anhand der Referenzwerte von Kromeyer-Hauschild 2015 definiert [27].

Basierend auf den gemessenen Hautfalten (Summe aus Triceps- und subscapularer Hautfalte) wurde der **Körperfettanteil** (%BF) der Proband*innen mit alters- und geschlechtsspezifischen Formeln, bei Jungen auch in Abhängigkeit vom Pubertätsstatus, berechnet [28].

Aus dem Körperfettanteil wurde die Körperfettmasse und der Fettmasse-Index *(fat mass index,* FMI) [29] errechnet:

FMI = (% Körperfett * Körpergewicht [kg]/100)/Körpergröße zum Quadrat [$m^2$]

Zur Charakterisierung des **sozioökonomischen Status** wurde der Winkler-Index herangezogen [30]. Er setzt sich aus drei Kennzahlen mit jeweils 1–7 Punkten zu Schulbildung, Ausbildung und Netto-Haushaltseinkommen zusammen. Bei unterschiedlicher Ausprägung von Vater und Mutter wurde jeweils der höhere Wert verwendet. Anhand des Winkler-Index wurden die Familien in drei Kategorien eingeteilt: niedriger sozialer Status: Winkler-Index 3–8, mittlerer sozialer Status: 9–14, hoher sozialer Status: 15–21.

Für die Berechnung der **Energie- und Nährstoffzufuhr** wurde jedes protokollierte Lebensmittel dem entsprechenden Eintrag in LEBTAB zugeordnet und der Gehalt an Energie- und Nährstoffen der verzehrten Lebensmittelmenge berechnet. Anschließend wurde die mittlere Energie- und Nährstoffzufuhr pro Tag aus den Tagessummen berechnet. Die Nährstoffzufuhr aus protokollierten NEM wurde dabei nicht berücksichtigt, sondern nur die Energie- und Nährstoffzufuhr aus Lebensmitteln (inkl. Anreicherung). Für den Vergleich der Zufuhrdaten mit den D-A-CH-Referenzwerten wurde die berechnete individuelle Energie- und

Nährstoffzufuhr in Prozent der jeweiligen alters- und geschlechtsspezifischen D-A-CH-Referenzwerte angegeben.

Für die Berechnung des Verzehrs von Lebensmittelgruppen wurde jedes Lebensmittel einer von 18 Lebensmittelgruppen zugeordnet (Tab. 4/3). Aus dem aufsummierten Verzehr pro Tag wurde der individuelle mittlere Verzehr in den drei Protokolltagen der jeweiligen Lebensmittelgruppe berechnet.

**Tabelle 4/3:** Beschreibung der Lebensmittelgruppen

| Bezeichnung Lebensmittelgruppe | Beschreibung |
|---|---|
| **Gemüse** | Frisches, tiefgekühltes und getrocknetes Gemüse, Konserven, Gemüsesäfte, fertige Salate (z. B. Krautsalat), Gemüseprodukte (z. B. Rahmspinat, Apfelrotkohl, Gemüsestäbchen, Tomatenmark), Pilze, frische Kräuter, Oliven |
| **Obst** | Frisches, tiefgekühltes und getrocknetes Obst, Konserven, Säfte[a], Smoothies, Quetschies |
| **Getreide** | Brot, Brötchen, Toast, Baguette, Mehl, Grieß, Flocken, Frühstückscerealien, Müslimischungen, Reis, Pseudogetreide, Nudeln, Teige, Semmelknödel etc. |
| **Kartoffeln** | Kartoffeln, Pommes frites, Kroketten, Kartoffelknödel, -klöße, Kartoffelpüree (-pulver) |
| **Hülsenfrüchte[b]** | Bohnen, Erbsen, Linsen, Lupinen, Sojabohnen, auch als Mehle, Falafel |
| **Nüsse** | Nüsse (auch Nussbutter, -mus) und Samen (z. B. Sesam, Sesammus), gebrannte Mandeln |
| **Brotaufstriche** | Pflanzliche Brotaufstriche auf Basis von Hülsenfrüchten, Gemüse, Nüssen oder Avocado |
| **Öle und Fette** | Öle, Butter, Margarine, Schmalz |
| **Getränke** | Wasser[a] (Mineralwasser, Trinkwasser), Kaffee, Tee, alkoholische Getränke, Erfrischungsgetränke (Fruchtsaftnektare, -getränke, Limonaden) |
| **Milch/-produkte** | Trinkmilch, Sahne, Käse, Quark (-produkte), Frischmilchprodukte, Milchgetränke, Desserts auf Milchbasis |
| **Milchalternativen** | Pflanzliche Alternativen für Milch, Joghurt, Quark und Käse, Seidentofu |
| **Fleisch** | Fleisch (inkl. Geflügel), Wurst, Schinken, Fleischerzeugnisse, z. B. Fleischsalat, Cordon bleu, Chickenwings etc. |
| **Fisch** | Fisch, Fischprodukte (z. B. Fischstäbchen, Heringssalat, Schlemmerfilet), Meeresfrüchte |
| **Eier** | Hühnerei, Rührei, Spiegelei |
| **Fleischalternativen** | Fleisch- und Wurstalternativen (z. B. vegetarische oder vegane Wurst), Bratlinge, Tofu, Sojaschnetzel[b] |
| **Fertiggerichte** | z. B. Tiefkühl-Pizza, Tiefkühl-Flammkuchen, Suppenkonserven, Fertigsoßen (z. B. Ketchup, Dressing, Pesto, Mayonnaise), Speisen vom Imbiss (z. B. Burger, Döner) |
| **Süßwaren und Knabberartikel** | Zucker, Sirupe, Dicksäfte, süße Brote (z. B. Rosinenbrot, Schokocroissant), Marmeladen, Gelees, Nuss-Nougat-Creme, Gebäck, Kuchen, Torten, Waffeln, Knabberartikel (z. B. Chips, Salzstangen, Cracker), Getränkepulver, Bonbons, Schokolade, Riegel, Eis (auch veganes Eis) |
| **Sonstiges** | Wasser für die Speisenzubereitung, Gewürze (z. B. Pfeffer, Sojasoße), Salz, Backzutaten (z. B. Hefe, Krokant), Essig, Senf, Gewürzmischungen (Fix-Produkte, Pulver für Dressing, Soßen, Suppen) |

a Kommerzielle Schorlen wurden in Saft und Wasser aufgeteilt und den jeweiligen Gruppen zugeordnet.
b Trockengewichte wurden in Verzehrgewichte umgerechnet.

## Statistik

Die statistische Auswertung wurde mit SAS® 2.7 durchgeführt.

Für die deskriptive Statistik wurden kategorische Variablen mit absoluter und relativer Häufigkeit beschrieben. Stetige Variablen wurden durch Mittelwert (MW), Standardabweichung (SD), Median (Med), Quartil 1 (Q1) und Quartil 3 (Q3) dargestellt.

Unterschiede zwischen kategorischen Variablen wurden mit dem Chi-Quadrat-Test oder Fisher's Exact-Test geprüft. Für stetige Variablen wurde die Verteilung mit dem Shapiro-Wilk-Test geprüft. Da bei den meisten Variablen keine Normalverteilung vorlag, wurden deskriptive Unterschiede zwischen den Ernährungsformen mit dem nicht-parametrischen Kruskal-Wallis-Test untersucht.

Für die Untersuchung von Unterschieden zwischen den Ernährungsformen bei anthropometrischen Daten, der Ernährung (Zufuhr von Energie und Nährstoffen aus den Verzehrprotokollen) und der Nährstoffversorgung gemäß den in Abschnitt 4.1 genannten Zielen, wurden Kovarianzanalysen (PROC GLM in SAS®) durchgeführt, mit der Ernährungsform (vegetarisch/vegan/omnivor) als primäre Einflussgröße. Die Modelle wurden für Alter (Jahre) und Geschlecht adjustiert, bei der Zufuhr von Nährstoffen (mg/Tag oder µg/Tag) zusätzlich für die Energiezufuhr (kcal/Tag). Paarweise Vergleiche wurden mit einem T-Test durchgeführt. Wenn die Modellannahme der Normalverteilung der Residuen nicht erfüllt wurde, wurde die Outcome-Variable transformiert und ggf. Ausreißer winsorisiert[3].

Die Analyse der anthropometrischen Daten wurde nach dem Geschlecht stratifiziert und für das Alter (Jahre) und den Pubertätsstatus (präpubertär = Tannerstadium 1, pubertär = Tannerstadium 2–4, postpubertär = Tannerstadium 5) adjustiert.

Laborergebnisse außerhalb des messbaren Bereichs (29 zu hohe Werte und ein zu niedriger Wert bei Holo-TC, ein zu hoher Wert bei Folat) wurden auf den höchsten bzw. niedrigsten gemessenen Wert der jeweiligen Variable gesetzt. Ein unplausibler hoher Wert für LDL wurde ausgeschlossen.

Da viele Lebensmittelgruppen nicht von allen Proband*innen verzehrt wurden (z. B. Milch/-produkte und Fleisch aufgrund der Ernährungsform, aber auch Hülsenfrüchte, Nüsse, Aufstriche, Milch- und Fleischalternativen), konnte aufgrund der daraus resultierenden Verteilung der Daten keine Kovarianzanalyse durchgeführt werden. Stattdessen wurden Unterschiede des Verzehrs von Lebensmittelgruppen zwischen den Ernährungsformen mit dem nicht-parametrischen Kruskal-Wallis-Test untersucht. Für eine Adjustierung für eine mit dem Alter und Geschlecht unterschiedliche Energiezufuhr wurden die Variablen vorher auf 1 000 kcal/Tag standardisiert.

Das gleiche gilt für die aus den Verzehrprotokollen berechnete Vitamin-$B_{12}$-Zufuhr (ohne NEM). Da sich vegan ernährende Proband*innen über die Nahrung praktisch kein Vitamin $B_{12}$ zuführen, war die Verteilung der Daten sehr schief und die Residuen der Kovarianzanalyse waren auch nach einer Transformation nicht normalverteilt. Unterschiede in der Zufuhr von Vitamin $B_{12}$, standardisiert auf eine Energiezufuhr von 1 000 kcal/Tag, wurden daher ebenfalls mit einem Kruskal-Wallis-Test getestet.

3 Ausreißer werden durch den nächstkleineren bzw. -größeren Wert der restlichen Daten ersetzt.

Aufgrund einer großen Anzahl von Tests wird davon ausgegangen, dass $p \leq 0{,}01$ eine marginale statistische Signifikanz, $p \leq 0{,}001$ eine statistische Signifikanz und $p \leq 0{,}0001$ eine hohe statistische Signifikanz anzeigt, um die Wahrscheinlichkeit von Fehlern 1. Art zu reduzieren [31].

## 4.3 Ergebnisse

### 4.3.1 Studienkollektiv

Von den 401 Proband*innen der VeChi-Youth-Studie waren 172 Jungen (42,9 %) und 229 Mädchen (57,1 %) (Tab. 4/4). Es ernährten sich 150 (37,4 %) der Proband*innen vegetarisch, 114 (28,4 %) vegan und 137 (34,2 %) omnivor (Tab. 4/4).

Da nicht von allen Proband*innen alle Daten vorlagen (Tab. 4/4), wurden die jeweiligen Auswertungen mit den reduzierten Datensätzen durchgeführt.

Die überwiegende **Anzahl der Proband*innen** wurde im Studienzentrum in Herdecke untersucht (n = 282; 70,3 %), gefolgt von Berlin (n = 108; 26,9 %) und Filderstadt (n = 11; 2,7 %, s. Abschnitt 4.2.3). Dementsprechend kamen die meisten Proband*innen aus Nordrhein-Westfalen (n = 253; 63,1 %), gefolgt von Berlin (n = 63; 15,7 %) und Brandenburg (n = 19; 4,7 %). Mit Ausnahme von Hessen (n = 11; 2,7 %) und Baden-Württemberg (n = 10; 2,5 %) kamen aus den anderen Bundesländern jeweils weniger als zehn Proband*innen.



**Tabelle 4/4:** Kollektiv der VeChi-Youth-Studie dargestellt nach Geschlecht, Altersgruppe und Ernährungsform (Angaben absolut und in Prozent)

| | Ernährungsform[a] | | | |
|---|---|---|---|---|
| | **Vegetarisch** | **Vegan** | **Omnivor** | **Gesamt** |
| **Jungen** (n = 172) | | | | |
| **6 bis < 10 Jahre** | 25 (14,5) | 14 (8,1) | 20 (11,6) | 59 (34,3) |
| **10 bis < 15 Jahre** | 17 (9,9) | 16 (9,3) | 33 (19,2) | 66 (38,4) |
| **15 bis < 19 Jahre** | 17 (9,9) | 8 (4,7) | 22 (12,8) | 47 (27,3) |
| **Gesamt** | 58 (34,3) | 38 (22,1) | 75 (43,6) | 172 (100,0) |
| **Mädchen** (n = 229) | | | | |
| **6 bis < 10 Jahre** | 20 (8,7) | 21 (9,2) | 19 (8,3) | 60 (26,2) |
| **10 bis < 15 Jahre** | 38 (16,6) | 19 (8,3) | 19 (8,3) | 76 (33,2) |
| **15 bis < 19 Jahre** | 33 (14,4) | 36 (15,7) | 24 (10,5) | 93 (40,6) |
| **Gesamt** | 91 (39,7) | 76 (33,2) | 62 (27,1) | 229 (100,0) |
| **Gesamt** | **150 (37,4)** | **114 (28,4)** | **137 (34,2)** | **401 (100,0)** |

a Bei fünf Proband*innen war die Blutabnahme nicht erfolgreich; 17 Proband*innen haben den Onlinefragebogen nicht oder nur unvollständig ausgefüllt, vier Proband*innen den Pubertätsfragebogen; bei einer*m Proband*in fehlte der Fragebogen zur körperlichen Aktivität. Von 390 Proband*innen lag ein Verzehrprotokoll vor.

Das mittlere Alter der Proband*innen lag bei 12,7 ± 3,9 Jahren. Zwei Proband*innen waren 5,5 Jahre alt, sie wurden der jüngsten Altersgruppen zugeordnet, der älteste Proband mit 19,1 Jahren der ältesten Altersgruppe (Tab. 4/5). Das Alter der Jungen und Mädchen unterschied sich nicht signifikant zwischen den Ernährungsformen (Kruskal-Wallis-Test: Jungen: p = 0,0884, Mädchen: p = 0,2642).

**Tabelle 4/5:** Alter [Jahre] der Proband*innen der VeChi-Youth-Studie nach Geschlecht, Altersgruppe und Ernährungsform

| | Ernährungsform | | | | | |
|---|---|---|---|---|---|---|
| | Vegetarisch | | Vegan | | Omnivor | |
| | MW ± SD | Median (Q1; Q3) | MW ± SD | Median (Q1; Q3) | MW ± SD | Median (Q1; Q3) |
| **Jungen** | | | | | | |
| **6 bis < 10 Jahre** | 7,7 ± 1,4 | 7,7 (6,5; 8,8) | 7,3 ± 0,8 | 6,9 (6,6; 8,0) | 8,4 ± 1,1 | 8,7 (7,4; 9,1) |
| **10 bis < 15 Jahre** | 11,4 ± 1,4 | 11,0 (10,3; 11,5) | 12,0 ± 1,2 | 12,0 (11,1; 13,0) | 12,2 ± 1,5 | 12,2 (10,9; 13,5) |
| **15 bis < 19 Jahre** | 16,9 ± 1,2 | 16,7 (16,2; 18,0) | 16,4 ± 1,1 | 16,1 (15,8; 16,7) | 16,8 ± 1,0 | 16,7 (16,1; 17,4) |
| **Mädchen** | | | | | | |
| **6 bis < 10 Jahre** | 8,0 ± 1,0 | 8,1 (7,0; 8,7) | 8,1 ± 1,3 | 8,1 (7,0; 9,4) | 7,7 ± 1,2 | 7,8 (6,6; 8,6) |
| **10 bis < 15 Jahre** | 13,0 ± 1,3 | 13,3 (12,0; 14,2) | 12,8 ± 1,6 | 13,0 (11,1; 14,1) | 12,3 ± 1,5 | 12,0 (11,1; 13,8) |
| **15 bis < 19 Jahre** | 17,1 ± 1,1 | 17,2 (16,4; 17,8) | 17,6 ± 0,9 | 17,5 (17,1; 18,2) | 17,1 ± 1,1 | 17,0 (16,3; 18,1) |

MW: Mittelwert; SD: Standardabweichung; Median: 50. Perzentil; Q1: 25. Perzentil; Q3: 75. Perzentil



Im Mittel gaben die sich vegetarisch ernährenden Proband*innen an, sich seit 5,1 ± 3,9 Jahren nach dieser Ernährungsform zu ernähren, die sich vegan ernährenden seit 4,3 ± 3,4 Jahren. Die Dauer der Ernährungsform unterschied sich weder bei Jungen noch bei Mädchen zwischen sich vegetarisch und vegan ernährenden Proband*innen signifikant (Tab. 4/6).

**Tabelle 4/6:** Dauer [Jahre] der jeweiligen Ernährungsform bei den sich vegetarisch und vegan ernährenden Proband*innen der VeChi-Youth-Studie nach Geschlecht und Altersgruppe

| | Ernährungsform | | |
|---|---|---|---|
| | Vegetarisch | Vegan | p-Wert[a] |
| | MW ± SD | MW ± SD | |
| **Jungen** | | | |
| **6 bis < 10 Jahre** | 4,3 ± 2,9 | 5,7 ± 1,9 | |
| **10 bis < 15 Jahre** | 6,8 ± 4,1 | 3,8 ± 3,6 | 0,1702 |
| **15 bis < 19 Jahre** | 7,7 ± 6,0 | 3,2 ± 1,1 | |
| **Mädchen** | | | |
| **6 bis < 10 Jahre** | 4,4 ± 2,5 | 4,8 ± 2,8 | |
| **10 bis < 15 Jahre** | 4,2 ± 3,0 | 5,0 ± 3,9 | 0,1211 |
| **15 bis < 19 Jahre** | 4,8 ± 4,1 | 3,1 ± 3,9 | |

MW: Mittelwert; SD: Standardabweichung

a p-Werte: Kruskal-Wallis-Test

## 4.3.2 Familiäre Charakteristika

Die überwiegende Mehrheit der Proband*innen hatte die deutsche **Staatsangehörigkeit** (n = 379; 99,5 %), davon besaßen 26 (6,8 %) eine doppelte Staatsangehörigkeit. Zwei Proband*innen hatten ausschließlich eine nicht deutsche (europäische) Staatsangehörigkeit (Tab. 4/7).

Etwa die Hälfte des Kollektivs wohnte in einer Großstadt (n = 189; 50,5 %), gefolgt von etwa einem Drittel (n = 128; 34,2 %) in einer Mittelstadt. Nur 27 (7,2 %) der Proband*innen kam aus einer Landgemeinde. Die Größe des **Wohnorts** unterschied sich nicht signifikant zwischen den Ernährungsformen.

In 4,4 % der Haushalte wurde geraucht.

Etwa drei Viertel der Proband*innen (n = 280; 73,1 %) stammten aus Familien einer hohen **sozialen Schicht** (Winkler-Index > 14), ein Viertel (n = 96; 25,1 %) aus Familien einer mittleren sozialen Schicht (Winkler-Index > 7 bis 14). Nur sieben Proband*innen (< 2 %) wurden der unteren sozialen Schicht zugeordnet. Die Verteilung der sozialen Schichtzugehörigkeit über die Ernährungsformen war unterschiedlich ($p \leq 0{,}05$), wobei sich vegan ernährende Kinder häufiger als sich vegetarisch oder omnivor ernährende Kinder aus Familien einer mittleren sozialen Schicht stammten und seltener aus Familien einer hohen sozialen Schicht.



**Tabelle 4/7:** Familiäre Charakteristika von Proband*innen der VeChi-Youth-Studie, stratifiziert nach Ernährungsform und Altersgruppe (Angaben absolut und in Prozent)

| | Ernährungsform | | | |
|---|---|---|---|---|
| | **Vegetarisch** | **Vegan** | **Omnivor** | **p-Wert**[a] |
| **Nationalität**[b] | | | | |
| **Deutsch** | 131 (34,4) | 100 (26,3) | 122 (32,0) | 0,7764 |
| **Deutsch und andere** | 10 (2,6) | 9 (2,4) | 7 (1,8) | |
| **Andere** | 1 (0,3) | 1 (0,3) | 0 (0) | |
| **Wohnort**[c] | | | | |
| **Großstadt** | 71 (19,0) | 59 (15,8) | 59 (15,8) | 0,3912 |
| **Mittelstadt** | 48 (12,8) | 32 (8,6) | 48 (12,8) | |
| **Kleinstadt** | 6 (1,6) | 11 (2,9) | 13 (3,5) | |
| **Landgemeinde** | 12 (3,2) | 7 (1,9) | 8 (2,1) | |
| **Raucher im Haushalt**[d] | 7 (1,8) | 7 (1,8) | 3 (0,8) | 0,2919 |
| **Soziale Schicht**[e] | | | | |
| **Hoch** | 106 (27,7) | 68 (17,8) | 106 (27,7) | 0,0076 |
| **Mittel** | 34 (8,9) | 37 (9,7) | 25 (6,5) | |
| **Niedrig** | 3 (0,8) | 4 (1,0) | 0 (0) | |

a Fischer's Exact-Test
b fehlende Angaben bei 20 Proband*innen
c Großstadt: > 100 000 Einwohner, Mittelstadt: 20 000 bis < 100 000 Einwohner, Kleinstadt: 5 000 bis < 20 000 Einwohner, Landgemeinde < 5 000 Einwohner; 17 fehlende Angaben, 10 „weiß nicht"
d fehlende Angaben bei 17 Proband*innen
e gemessen am Winkler-Index aus Schulbildung, Ausbildung und Netto-Haushaltseinkommen der Eltern, fehlende Angaben bei 18 Proband*innen

Sowohl die Mütter der sich omnivor ernährenden Proband*innen mit 46,0 ± 5,3 Jahren als auch die Väter mit 48,9 ± 6,3 Jahren waren älter als die Eltern der sich vegan oder vegetarisch ernährenden Proband*innen (p = 0,0016 und p < 0,0001) (Tab. 4/8).

Die überwiegende Mehrheit der Mütter (n = 189; 49,2 %) und Väter (n = 258; 68,2 %) ernährte sich nach eigenen Angaben im Onlinefragebogen omnivor, gefolgt von einer veganen Ernährung (Mütter: n = 132; 34,4 %; Väter: n = 76; 20,0 %). Der Anteil vegetarischer Ernährungsformen bei den Eltern war am geringsten (Mütter: n = 63; 16,4 %; Väter: n = 45; 11,8 %) (Tab. 4/8).

Bei sich vegetarisch ernährenden Proband*innen lag die Übereinstimmung mit der Ernährungsform der Eltern bei 30,3 % (Mütter) bzw. 22,7 % (Väter). Eine höhere Übereinstimmung gab es bei den sich vegan ernährenden Proband*innen (Mütter: 67,3 %; Väter: 45,4 %). Am höchsten war die Übereinstimmung bei den sich omnivor ernährenden Proband*innen, bei denen sich der überwiegende Teil der Mütter (88,6 %) und Väter (97,7 %) ebenfalls omnivor ernährte.



**Tabelle 4/8:** Charakteristika der Eltern der Proband*innen in der VeChi-Youth-Studie stratifiziert nach Ernährungsform der Proband*innen (Angaben absolut und in Prozent, sofern nicht anders angegeben)

| | Ernährungsform | | | |
|---|---|---|---|---|
| | **Vegetarisch** | **Vegan** | **Omnivor** | **p-Wert**[a] |
| **Mutter** | | | | |
| **Alter** [Jahre in MW ± SD][b] | 43,8 ± 6,8 | 43,1 ± 7,3 | 46,0 ± 5,3 | 0,0016 |
| **Ernährungsform**[c] | | | | |
| **Vegetarisch** | 43 (30,3) | 10 (9,1) | 10 (7,6) | ≤ 0,001 |
| **Vegan** | 53 (37,1) | 74 (67,3) | 5 (3,8) | |
| **Omnivor** | 47 (32,9) | 26 (23,6) | 116 (88,6) | |
| **Vater** | | | | |
| **Alter** [Jahre in MW ± SD][d] | 46,4 ± 7,9 | 45,5 ± 8,6 | 48,9 ± 6,3 | ≤ 0,001 |
| **Ernährungsform**[e] | | | | |
| **Vegetarisch** | 32 (22,7) | 11 (10,2) | 2 (1,5) | ≤ 0,0001 |
| **Vegan** | 26 (18,5) | 49 (45,4) | 1 (0,8) | |
| **Omnivor** | 82 (58,9) | 48 (44,4) | 128 (97,7) | |

MW: Mittelwert; SD: Standardabweichung

a Fischer's Exact-Test oder Kruskal-Wallis-Test
b fehlende Angaben bei 18 Müttern
c fehlende Angaben bei 17 Müttern
d fehlende Angaben bei 20 Vätern
e fehlende Angaben bei 21 Vätern

> **Die Eltern der Proband*innen ernährten sich überwiegend omnivor oder vegan. Bei diesen Ernährungsformen war die Übereinstimmung der Ernährung der Proband*innen mit der der Eltern am höchsten.**

### 4.3.3 Frühkindliche Charakteristika

Das mittlere **Geburtsgewicht** der Proband*innen lag bei 3 425 ± 655 g (Jungen) bzw. 3 369 ± 547 g (Mädchen). Die Körperlänge bei der Geburt betrug 51 ± 4 cm bei den Jungen und 51 ± 3 cm bei den Mädchen. Es gab weder beim Gewicht noch bei der Körperlänge zum Zeitpunkt der Geburt signifikante Unterschiede zwischen den Ernährungsformen (Tab. 4/9). Die überwiegende Mehrheit der Proband*innen wurde nach der Geburt gestillt (n = 355; 92,5 %, fehlende Angaben bei 17 Proband*innen, zwei Angaben „weiß nicht").

**Tabelle 4/9:** Frühkindliche Charakteristika der Proband*innen in der VeChi-Youth-Studie, stratifiziert nach Ernährungsform und Geschlecht (Angaben absolut und in Prozent oder MW ± SD)

| | Ernährungsform | | | |
|---|---|---|---|---|
| | **Vegetarisch** | **Vegan** | **Omnivor** | **p-Wert[a]** |
| **Jungen** | | | | |
| **Geburtsgewicht** [g] | 3 437 ± 651 | 3 279 ± 698 | 3 489 ± 633 | 0,3242 |
| **Geburtsgröße** [cm] | 51 ± 4 | 51 ± 4 | 52 ± 4 | 0,3254 |
| **Jemals gestillt[b]** | 52 (92,9) | 31 (83,8) | 69 (94,5) | ≤ 0,4630463 |
| **Mädchen** | | | | |
| **Geburtsgewicht** [g] | 3 412 ± 441 | 3 346 ± 689 | 3 333 ± 500 | 0,9873 |
| **Geburtsgröße** [cm] | 51 ± 3 | 51 ± 4 | 51 ± 3 | 0,7425 |
| **Jemals gestillt[c]** | 83 (95,4) | 65 (89,0) | 55 (94,8) | 0,2385 |

MW: Mittelwert; SD: Standardabweichung

a Chi-Quadrat-Test oder Kruskal-Wallis-Test
b fehlende Angaben bei 6 Proband*innen
c fehlende Angaben bei 11 Proband*innen

> **Zwischen den Ernährungsformen gab es bei Körpergewicht und Körperlänge zum Zeitpunkt der Geburt keinen signifikanten Unterschied.**

### 4.3.4 Ernährungsvariablen

**Jodiertes Speisesalz** nutzten nach eigenen Angaben insgesamt 242 (63,4 %) Proband*innen. Darunter waren jeweils ein*e Proband*in, welche sich vegan bzw. omivor ernährte, die ein mit Algen angereichertes Salz konsumierten, sowie neun Proband*innen (fünf Vegetarier*innen, zwei Veganer*innen, ein*e Omnivore*r), die zumindest teilweise jodiertes Speisesalz verwendeten. Bei den sich omnivor ernährenden Kindern lag der Anteil der Nutzer*innen von Jodsalz mit 75,2 % (n = 97) am höchsten, bei den sich vegan ernährenden Proband*innen mit etwas mehr als der Hälfte (n = 60; 57,1 %) am niedrigsten. Die Unterschiede zwischen den Ernährungsformen waren marginal signifikant (p = 0,0096) (Tab. 4/10).

Etwas mehr als die Hälfte der Proband*innen (n = 201; 52,4%) gab an, **NEM** einzunehmen. Mit 95,5 % (n = 105, % innerhalb der jeweiligen Ernährungsform) war der Anteil bei den Veganer*innen am höchsten, gefolgt von den Vegetarier*innen mit 51,1 % (n = 74). Von den sich omnivor ernährenden Proband*innen nahmen 16,8 % (n = 22) NEM ein. Die Unterschiede zwischen den Ernährungsformen waren signifikant (p < 0,0001) (Tab. 4/10).

**Tabelle 4/10:** Häufigkeit der Verwendung von jodiertem Speisesalz und Einnahme von Nahrungsergänzungsmitteln (NEM) bei Proband*innen der VeChi-Youth-Studie (Angaben absolut in in Prozent)

| | Ernährungsform | | | |
|---|---|---|---|---|
| | **Vegetarisch** | **Vegan** | **Omnivor** | **p-Wert**[a] |
| **Verwendung von jodiertem Speisesalz**[b] | 85 (62,0) | 60 (57,1) | 97 (75,2) | ≤ 0,0096 |
| **Einnahme von NEM**[c] | 74 (51,1) | 105 (95,5) | 22 (16,8) | ≤ 0,0001 |

a Fischer's Exact-Test
b keine Angaben bei 19 Proband*innen, 11 „weiß nicht"
c keine Angaben bei 18 Proband*innen



**Abbildung 4/1:** Einnahme von Nährstoffen in Form von Nahrungsergänzungsmitteln (Anteil Proband*innen in % der jeweiligen Ernährungsform, Mehrfachnennungen möglich)

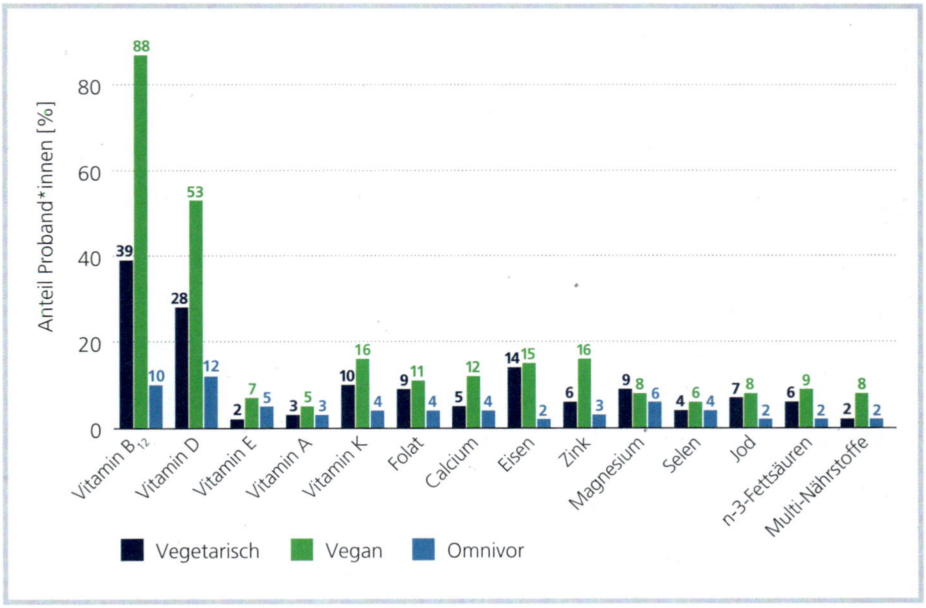


**Vitamin B$_{12}$** war der am häufigsten als NEM eingenommene Nährstoff: 88,2 % (n = 97) der Veganer*innen und 39,2 % (n = 56) der Vegetarier*innen supplementierten dieses Vitamin. Rund 10 % der sich omnivor ernährenden Proband*innen gaben ebenfalls an, Vitamin B$_{12}$ als NEM einzunehmen (n = 13).

An zweiter Stelle bei den NEM folgte **Vitamin D**, das insgesamt von 29,4 % (n = 113) der Proband*innen eingenommen wurde, davon jeweils von 59 sich vegan (53,6 %), 39 sich vegetarisch (27,3 %) und 15 sich omnivor (11,5 %) ernährenden Proband*innen. Alle weiteren Nährstoffe wurden deutlich seltener von den Proband*innen genannt.

**Über 95 % der sich vegan ernährenden Proband*innen verwendeten Nahrungsergänzungsmittel, bei den Omnivor*innen waren es rund 17 %. Am häufigsten wurden Vitamin $B_{12}$ und Vitamin D supplementiert.**

Der Kauf von **Biolebensmitteln** wurde in vier Kategorien abgefragt. Insgesamt war die Anzahl der Nennungen der untersten Kategorie (mengenmäßiger Bio-Anteil < 25 %) mit 111 (29,5 %) am höchsten, gefolgt von 99 (26,3 %) mit 25 bis 50 % und 85 (22,6 %) mit 50 bis 75 %. Mehr als 75 % Biolebensmittel kauften nur 81 (21,5 %) der Proband*innen. Etwa die Hälfte der sich omnivor ernährenden Proband*innen kauften nur einen niedrigen Anteil (< 25 %) an Biolebensmitteln (n = 57; 45,2 %). Sich vegetarisch (n = 39; 27,9 %) und vegan (n = 27; 24,6 %) ernährende Proband*innen gaben am häufigsten an, einen hohen Anteil (> 75 %) an Biolebensmitteln zu kaufen (Abb. 4/2).



**Abbildung 4/2:** Mengenmäßiger Anteil von Bioprodukten am Lebensmitteleinkauf (Nennungen in %, fehlende Angaben, n = 25); sig. Unterschiede im Gesamtkollektiv: Chi-Quadrat-Test p ≤ 0,0001

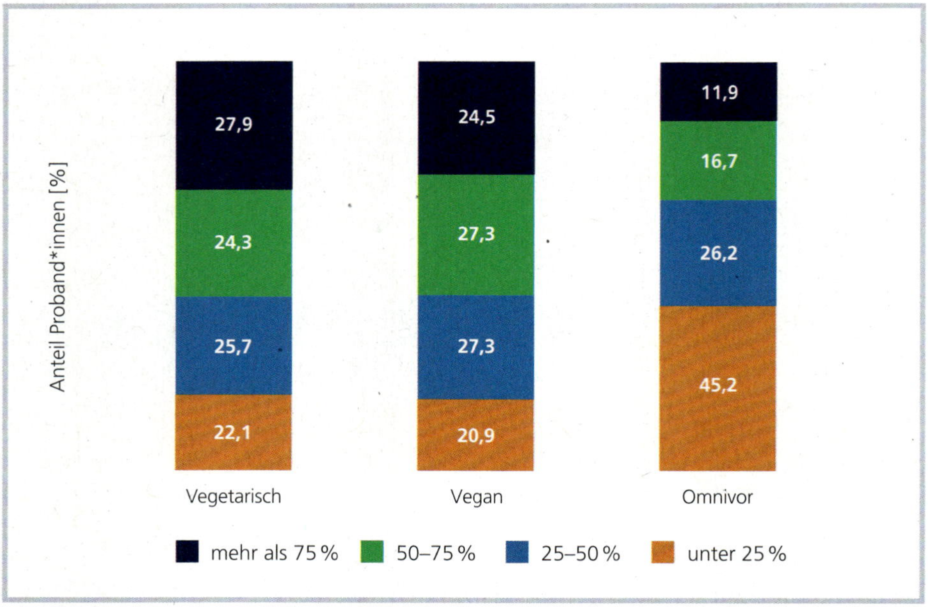

## 4.3.5 Motive und Informationswege

Sich vegan oder vegetarisch ernährende Proband*innen wurden nach dem Hauptmotiv für ihre Ernährungsweise gefragt (Abb. 4/3). Die überwiegende Mehrheit gab **ethische/tierrechtliche Motive** (d. h. die Ablehnung von Massentierhaltung/Tiernutzung, Lebensrecht für Tiere oder eine emotionale Bindung zu Tieren) als wichtigstes Motiv für die Wahl der Ernährungsform an (Vegetarier*innen: n = 99; 70,2 %; Veganer*innen: n = 76; 69,1 %).

Von 33 Proband*innen (13,2 %), davon 19 Vegetarier*innen (13,5 %) und 14 Veganer*innen (12,7 %), wurde als Motiv für die Ernährungsform angegeben „weil sich die Eltern so ernähren". **Ökologische Gründe** (z. B. Klimaschutz, Ressourcenbewahrung) waren für zehn Vegetarier*innen (7,1 %) und fünf Veganer*innen (4,5 %) das Hauptmotiv für ihre Ernährungsform. Die **Gesundheit** spielte als Hauptmotiv vor allem bei den Veganer*innen eine Rolle (n = 12; 10,9 %).

**Abbildung 4/3:** Hauptmotive für die Wahl einer vegetarischen oder veganen Ernährungsform (Angaben in %)

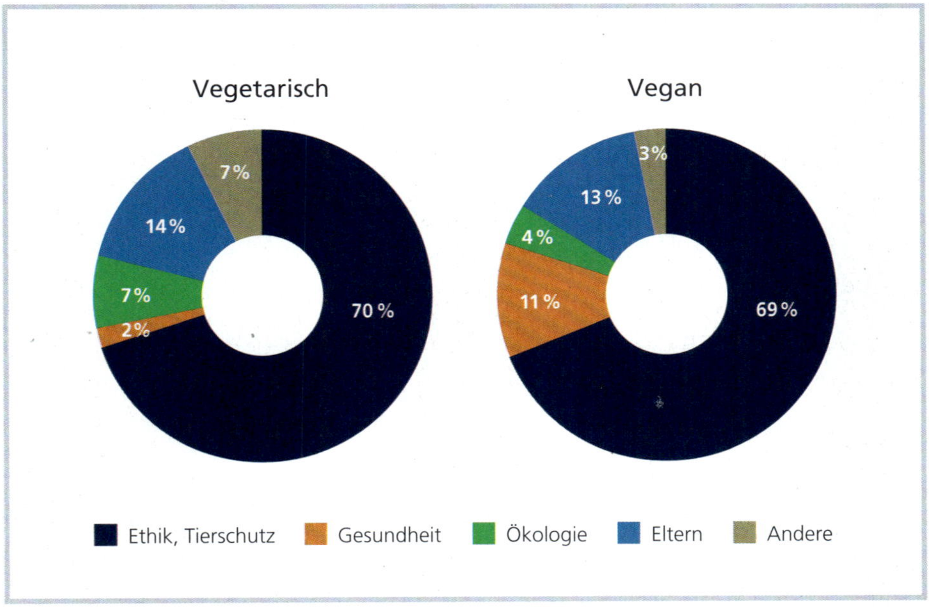


256 Proband*innen (66,7 %) gaben an, sich über wissenschaftliche Erkenntnisse zur Ernährungsform zu informieren. Bei den Vegetarier*innen waren es 100 (69,9 %), bei den Veganer*innen 92 (83,6 %) und bei den sich omnivor ernährenden Proband*innen 64 (48,9 %).

Verbände und Fachgesellschaften (Vegetarier*innen: n = 55; 38,5 %, Veganer*innen: n = 62; 56,4 %, Omnivor*innen: n = 27; 20,6 %) sowie Medien (Fernsehen, Radio und Zeitschriften; Vegetarier*innen: n = 57; 39,9 %, Veganer*innen: n = 62; 56,4 %, Omnivor*innen: n = 44; 33,6 %) standen bei den **Informationsquellen** an erster Stelle, gefolgt vom Internet (Vegetarier*innen: n = 53; 37,1 %, Veganer*innen: n = 57; 51,8 %, Omnivor*innen: n = 32; 24,4 %). Fachpersonal, also Mediziner*innen, Ernährungsberater*innen oder Hebammen wurden deutlich seltener als Informationsquelle genannt (Vegetarier*innen: n = 30; 21,0 %, Veganer*innen: n = 21; 19,1 %, Omnivor*innen: n = 26; 19,8 %).

**Abbildung 4/4:** Informationswege über wissenschaftliche Erkenntnisse zur Ernährungsform (Anteil Proband*innen in % der jeweiligen Ernährungsform, Mehrfachnennung möglich, fehlende Angaben n = 17)

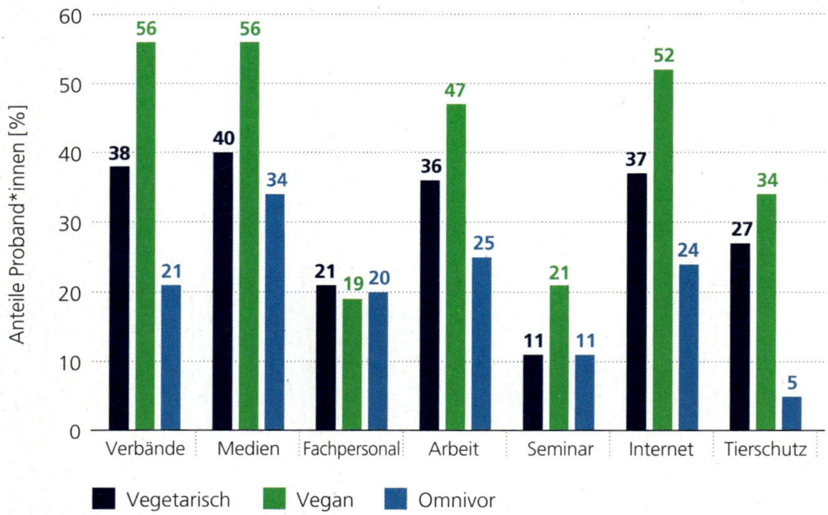


Verbände: Interessensverbände, Fachgesellschaften und Vereine;
Medien: Fernsehen, Podcasts, Radio, Publikumszeitschriften;
Fachpersonal: Mediziner*innen, Hebammen, Ernährungsberater*innen;
Arbeit: Arbeit oder Studium, Fachzeitschriften;
Seminar: Seminare oder Vorträge;
Internet: Nachrichtenportale, Internetforen, Blogs;
Tierschutz: Tierschutz-/Tierrechtsorganisationen, z. B. Albert-Schweitzer Stiftung

**Die meisten Vegetarier*innen und Veganer*innen gaben Ethik/Tierschutz als Hauptmotiv für die Wahl der Ernährungsform an. Verbände, Fachgesellschaften und Medien stellten die wichtigsten Informationswege über wissenschaftliche Erkenntnisse zur jeweiligen Ernährungsform dar.**

## 4.3.6 Pubertät

Im Fragebogen zur **Pubertät** kreuzten 156 (39 %) der Proband*innen Tanner Stadium 1 an (Präpubertät). In der ältesten Altersgruppe (13 bis < 19 Jahre) gaben 70 (50,7 %) der Proband*innen Tanner Stadium 5 (Postpubertär) an. Die Unterschiede waren nur bei den zwei älteren Altersgruppen der Mädchen (> 10 Jahre) marginal signifikant (Tab. 4/11).

**Tabelle 4/11:** Angaben zur Pubertät von Proband*innen der VeChi-Youth-Studie stratifiziert nach Ernährungsform, Geschlecht und Altersgruppe (Angaben absolut und in Prozent)

| | Ernährungsform | | | |
|---|---|---|---|---|
| | **Vegetarisch** | **Vegan** | **Omnivor** | **p-Wert**[a] |
| **Jungen** | | | | |
| **6 bis < 10 Jahre** | | | | |
| **Präpubertär** | 23 (95,8) | 14 (100,0) | 19 (95,0) | 0,2904 |
| **Pubertär** | 1 (4,2) | 0 (0) | 1 (5,0) | |
| **10 bis < 15 Jahre** | | | | |
| **Präpubertär** | 11 (64,7) | 7 (43,8) | 14 (42,4) | 0,2982 |
| **Pubertär** | 6 (38,3) | 9 (56,3) | 19 (57,6) | |
| **15 bis < 19 Jahre** | | | | |
| **Pubertär** | 6 (35,3) | 4 (50,0) | 12 (54,6) | 0,0378 |
| **Postpubertär** | 11 (64,7) | 4 (50,0) | 10 (45,5) | |
| **Mädchen** | | | | |
| **6 bis < 10 Jahre** | | | | |
| **Präpubertär** | 19 (95,0) | 20 (95,2) | 19 (100) | 0,2373 |
| **Pubertär** | 1 (5,0) | 1 (4,8) | 0 (0) | |
| **10 bis < 15 Jahre** | | | | |
| **Präpubertär** | 4 (10,8) | 3 (15,8) | 3 (15,8) | 0,0020 |
| **Pubertär** | 32 (86,5) | 16 (84,2) | 13 (68,4) | |
| **Postpubertär** | 1 (2,7) | 0 (0,0) | 3 (15,8) | |
| **15 bis < 19 Jahre** | | | | |
| **Pubertär** | 18 (58,1) | 13 (36,1) | 15 (62,5) | ≤ 0,0030 |
| **Postpubertär** | 13 (41,9) | 23 (63,9) | 9 (37,5) | |

präpubertär: Tanner Stadium 1, pubertär: Tannerstadien 2-4, postpubertär: Tanner Stadium 5

a Chi-Quadrat-Test oder Fischer's Exact-Test

> Insgesamt 39 % der Proband*innen waren präpubertär und 50,7 % der 13- bis unter 19-Jährigen waren postpubertär.

**Tabelle 4/12a:** Anthropometrische Daten von Proband*innen der VeChi-Youth-Studie stratifiziert nach Geschlecht, Altersgruppe und Ernährungsform (Jungen)

| | Ernährungsform | | | | | | | | |
|---|---|---|---|---|---|---|---|---|---|
| | Vegetarisch | | | Vegan | | | Omnivor | | |
| | MW ± SD | Median (Q1; Q3) | P10; P90 | MW ± SD | Median (Q1; Q3) | P10; P90 | MW ± SD | Median (Q1; Q3) | P10; P90 |
| **Körpergröße** [cm] | | | | | | | | | |
| 6 bis < 10 J. | 128,3 ± 9,4 | 129,0 (121,5; 136,0) | 114,7; 141,7 | 126,4 ± 5,2 | 127,2 (123,6; 129,8) | 119,7; 131,4 | 135,0 ± 9,4 | 135,2 (128,0; 138,7) | 122,2; 148,7 |
| 10 bis < 15 J. | 150,4 ± 7,8 | 149,5 (145,0; 152,3) | 142,1; 160,2 | 151,9 ± 10,7 | 151,6 (146,0; 156,6) | 139,0; 162,0 | 157,0 ± 13,9 | 156,6 (143,6; 166,9) | 139,8; 175,6 |
| 15 bis < 19 J. | 179,3 ± 7,1 | 178,9 (174,4; 181,7) | 170,0; 189,4 | 176,9 ± 10,6 | 177,0 (170,2; 183,0) | 160,5; 194,3 | 181,8 ± 6,2 | 181,6 (178,0; 186,7) | 174,0; 189,5 |
| **Körpergewicht** [kg] | | | | | | | | | |
| 6 bis < 10 J. | 25,8 ± 6,7 | 24,4 (19,7; 29,4) | 18,9; 35,0 | 23,2 ± 3,5 | 22,5 (20,4; 25,0) | 19,5; 28,2 | 29,8 ± 5,5 | 30,8 (25,5; 34,3) | 22,7; 36,7 |
| 10 bis < 15 J. | 38,7 ± 7,2 | 37,8 (32,4; 40,1) | 30,3; 50,2 | 40,0 ± 7,9 | 42,1 (35,4; 43,6) | 27,9; 53,6 | 44,5 ± 12,8 | 41,5 (35,2; 56,7) | 29,0; 59,5 |
| 15 bis < 19 J. | 68,7 ± 12,5 | 66,0 (59,5; 71,9) | 57,5; 89,1 | 63,8 ± 9,4 | 65,6 (59,0; 69,2) | 45,7; 76,8 | 69,4 ± 10,4 | 70,3 (61,2; 74,6) | 58,2; 80,6 |
| **Body Mass Index** [kg/m²] | | | | | | | | | |
| 6 bis < 10 J. | 15,5 ± 2,2 | 15,2 (14,0; 15,6) | 13,2; 18,7 | 14,4 ± 1,2 | 14,1 (13,6; 15,1) | 13,2; 16,3 | 16,3 ± 2,4 | 15,7 (14,4; 17,2) | 14,3; 20,2 |
| 10 bis < 15 J. | 17,0 ± 2,4 | 16,6 (15,2; 17,6) | 14,9; 19,9 | 17,2 ± 2,3 | 17,2 (15,5; 18,7) | 14,3; 20,3 | 17,7 ± 2,8 | 17,4 (15,2; 19,9) | 14,3; 21,7 |
| 15 bis < 19 J. | 21,4 ± 3,6 | 21,3 (19,3; 23,5) | 17,0; 27,8 | 20,3 ± 1,5 | 20,6 (19,3; 21,4) | 17,7; 22,0 | 20,9 ± 2,7 | 20,5 (19,2; 22,8) | 19,0; 24,6 |
| **SDS–BMI** [a] | | | | | | | | | |
| 6 bis < 10 J. | –0,6 ± 1,1 | –0,6 (–1,3; 0,1) | –2,0; 1,2 | –1,0 ± 0,8 | –1,1 (–1,5; –0,3) | –1,9; 0,1 | –0,2 ± 1,1 | –0,2 (–1,0; 0,4) | –1,3; 1,3 |
| 10 bis < 15 J. | –0,4 ± 0,9 | –0,7 (–1,2; –0,1) | –1,3; 0,8 | –0,5 ± 1,0 | –0,6 (–1,5; 0,3) | –1,9; 0,8 | –0,4 ± 1,1 | –0,3 (–1,3; 0,4) | –1,8; 1,2 |
| 15 bis < 19 J. | –0,1 ± 1,2 | 0 (–0,6; 0,6) | –1,9; 1,8 | –0,2 ± 0,7 | 0 (–0,5; 0,2) | –1,7; 0,5 | –0,1 ± 1,0 | 0 (–0,6; 0,3) | –0,9; 1,1 |
| **Körperfettanteil** [%] [b] | | | | | | | | | |
| 6 bis < 10 J. | 15,2 ± 4,9 | 14,6 (12,1; 16,2) | 11,2; 25,9 | 13,0 ± 3,4 | 11,9 (10,2; 14,7) | 9,4; 18,0 | 15,6 ± 6,3 | 13,9 (10,1; 19,4) | 9,6; 27,5 |
| 10 bis < 15 J. | 17,6 ± 6,2 | 16,0 (14,1; 19,5) | 11,4; 29,3 | 14,9 ± 6,0 | 13,5 (11,0; 17,9) | 9,3; 19,3 | 16,4 ± 5,7 | 15,2 (12,6; 18,5) | 10,1; 25,8 |
| 15 bis < 19 J. | 17,3 ± 9,2 | 15,1 (9,1; 24,3) | 7,7; 25,5 | 12,8 ± 3,6 | 12,5 (10,2; 15,6) | 7,6; 18,1 | 13,5 ± 6,0 | 11,6 (9,6; 15,5) | 9,2; 18,9 |
| **Fettmasse-Index** [c] | | | | | | | | | |
| 6 bis < 10 J. | 2,4 ± 1,1 | 2,1 (1,7; 2,5) | 1,6; 3,8 | 1,9 ± 0,7 | 1,6 (1,4; 2,2) | 1,3; 3,0 | 2,8 ± 1,5 | 2,3 (1,7; 3,3) | 1,5; 6,0 |
| 10 bis < 15 J. | 3,1 ± 1,6 | 2,7 (2,1; 3,5) | 1,8; 5,4 | 2,7 ± 1,5 | 2,2 (1,7; 3,2) | 1,5; 3,9 | 3,0 ± 1,5 | 2,6 (1,9; 3,8) | 1,5; 4,8 |
| 15 bis < 19 J. | 4,0 ± 2,8 | 3,3 (1,7; 5,4) | 1,4; 7,1 | 2,6 ± 0,8 | 2,4 (2,0; 3,3) | 1,5; 3,9 | 3,0 ± 1,7 | 2,4 (1,9; 3,5) | 1,8; 4,5 |

J.: Jahre; MW: Mittelwert; SD: Standardabweichung; Median: 50. Perzentil; Q1: 25. Perzentil; Q3: 75. Perzentil; P10: 10. Perzentil und P90: 90. Perzentil (adjustierte Werte)

a *Standard-Deviation-Score* des BMI [27]

b berechnet aus Hautfettfalten nach Slaughter [28], keine Angaben bei 6 Proband*innen

c berechnet als aus Hautfettfalten nach Slaughter [28] geschätzter Fettmasse [kg]/Körpergröße zum Quadrat [m²], keine Angaben bei 6 Proband*innen

**Tabelle 4/12b:** Anthropometrische Daten von Proband*innen der VeChi-Youth-Studie stratifiziert nach Geschlecht, Altersgruppe und Ernährungsform (Mädchen)

| | Ernährungsform | | | | | | | | |
|---|---|---|---|---|---|---|---|---|---|
| | Vegetarisch | | | Vegan | | | Omnivor | | |
| | MW ± SD | Median (Q1; Q3) | P10; P90 | MW ± SD | Median (Q1; Q3) | P10; P90 | MW ± SD | Median (Q1; Q3) | P10; P90 |
| **Körpergröße** [cm] | | | | | | | | | |
| 6 bis < 10 J. | 131,8 ± 12,7 | 130,7 (127,5; 136,6) | 118,2; 140,7 | 130,1 ± 8,6 | 129,2 (123,7; 136,0) | 121,7; 142,2 | 128,0 ± 8,1 | 128,4 (124,0; 133,0) | 116,5; 137,4 |
| 10 bis < 15 J. | 159,1 ± 9,9 | 161,3 (150,4; 165,4) | 143,6; 172,0 | 156,0 ± 13,0 | 157,0 (145,1; 162,0) | 142,0; 177,5 | 156,7 ± 10,8 | 157,7 (147,4; 163,8) | 138,7; 172,7 |
| 15 bis < 19 J. | 168,5 ± 6,5 | 168,6 (163,2; 173,9) | 159,4; 176,1 | 167,8 ± 7,1 | 166,8 (162,6; 172,6) | 159,4; 174,3 | 168,8 ± 5,3 | 168,7 (164,6; 173,6) | 161,1; 175,3 |
| **Körpergewicht** [kg] | | | | | | | | | |
| 6 bis < 10 J. | 27,7 ± 9,1 | 26,1 (22,7; 29,5) | 20,2; 33,6 | 25,6 ± 4,5 | 24,4 (21,9; 28,1) | 21,2; 31,3 | 26,3 ± 5,0 | 25,4 (22,4; 31;3) | 20,2; 34,6 |
| 10 bis < 15 J. | 48,0 ± 10,7 | 46,4 (41,1; 56,8) | 33,7; 61,7 | 43,6 ± 11,4 | 45,5 (33,2; 50,8) | 29,9; 58,9 | 43,5 ± 10,5 | 42,2 (35,5; 50,8) | 27,9; 60,7 |
| 15 bis < 19 J. | 59,7 ± 9,7 | 58,2 (55,3; 63,7) | 46,6; 70,2 | 57,9 ± 7,7 | 57,1 (52,3; 61,0) | 50,3; 66,9 | 59,4 ± 8,2 | 57,0 (55,0; 65,9) | 51,1; 68,9 |
| **Body Mass Index** [kg/m²] | | | | | | | | | |
| 6 bis < 10 J. | 15,5 ± 1,7 | 15,4 (14,6; 16,0) | 13,7; 17,7 | 15,0 ± 1,1 | 15,1 (14,2; 16,0) | 13,8; 16,4 | 15,7 ± 2,1 | 15,3 (14,4; 16,9) | 13,0; 18,4 |
| 10 bis < 15 J. | 18,7 ± 2,6 | 18,2 (16,8; 20,0) | 16,0; 22,4 | 17,6 ± 2,5 | 17,9 (15,8; 19,0) | 13,7; 22,1 | 17,5 ± 2,6 | 17,4 (15,3; 19,9) | 14,0; 21,2 |
| 15 bis < 19 J. | 21,0 ± 2,8 | 20,8 (18,7; 22,6) | 18,0; 23,8 | 20,6 ± 2,4 | 20,7 (18,7; 22,4) | 17,4; 23,7 | 20,8 ± 2,5 | 20,2 (19,3; 21,9) | 18,5; 25,3 |
| **SDS–BMI** [a] | | | | | | | | | |
| 6 bis < 10 J. | –0,4 ± 0,7 | –0,4 (–0,8; 0) | –1,3; 0,6 | –0,6 ± 0,6 | –0,7 (–1,0; –0,3) | –1,3; 0,2 | –0,3 ± 1,1 | –0,2 (–1,0; 0,8) | –2,1; 1,1 |
| 10 bis < 15 J. | –0,2 ± 0,8 | –0,3 (–0,6; 0,3) | –1,2; 1,0 | –0,6 ± 1,0 | –0,8 (–1,0; 0,1) | –2,4; 0,8 | –0,5 ± 1,0 | –0,6 (–1,3; 0,4) | –2,0; 0,9 |
| 15 bis < 19 J. | –0,3 ± 1,0 | –0,2 (–0,9; 0,3) | –1,1; 1,0 | –0,5 ± 1,0 | –0,3 (–1,0; 0,2) | –1,8; 0,6 | –0,3 ± 1,0 | –0,3 (–0,7; 0,1) | –1,4; 1,0 |
| **Körperfettanteil** [%] [b] | | | | | | | | | |
| 6 bis < 10 J. | 15,7 ± 3,6 | 14,7 (13,9; 17,6) | 11,5; 20,1 | 14,4 ± 2,8 | 13,5 (12,3; 15,9) | 11,5; 19,4 | 16,4 ± 4,1 | 15,9 (14,2; 17,2) | 12,0; 23,9 |
| 10 bis < 15 J. | 20,9 ± 6,0 | 19,7 (16,7; 24,6) | 13,0; 31,1 | 18,8 ± 4,3 | 19,1 (16,4; 21,1) | 11,6; 23,6 | 19,1 ± 6,4 | 18,3 (13,4; 22,1) | 11,5; 29,1 |
| 15 bis < 19 J. | 25,7 ± 4,9 | 24,4 (22,4; 27,5) | 21,0; 34,5 | 24,3 ± 4,2 | 23,6 (21,5; 26,0) | 18,1; 30,7 | 23,8 ± 4,7 | 23,9 (19,7; 27,5) | 17,7; 29,5 |
| **Fettmasse-Index** [c] | | | | | | | | | |
| 6 bis < 10 J. | 2,5 ± 0,9 | 2,2 (1,9; 2,8) | 1,7; 3,6 | 2,2 ± 0,6 | 2,0 (1,8; 2,5) | 1,7; 3,1 | 2,7 ± 1,0 | 2,4 (2,1; 2,9) | 1,5; 4,4 |
| 10 bis < 15 J. | 4,1 ± 1,7 | 3,6 (2,9; 4,7) | 2,2; 7,0 | 3,4 ± 1,1 | 3,2 (2,5; 4,2) | 1,9; 4,7 | 3,5 ± 1,6 | 3,3 (2,2; 4,4) | 1,5; 6,6 |
| 15 bis < 19 J. | 5,5 ± 1,7 | 4,8 (4,3; 6,4) | 3,7; 8,1 | 5,1 ± 1,4 | 4,7 (4,1; 6,0) | 3,4; 7,3 | 5,0 ± 1,5 | 4,9 (4,0; 6,1) | 3,4; 7,2 |

J.: Jahre; MW: Mittelwert; SD: Standardabweichung; Median: 50. Perzentil; Q1: 25. Perzentil; Q3: 75. Perzentil; P10: 10. Perzentil und P90: 90. Perzentil (adjustierte Werte)

a *Standard-Deviation-Score* des BMI [27]
b berechnet aus Hautfettfalten nach Slaughter [28], keine Angaben bei 5 Proband*innen
c berechnet als aus Hautfettfalten nach Slaughter [28] geschätzter Fettmasse [kg]/Körpergröße zum Quadrat [m²], keine Angaben bei 6 Proband*innen

### 4.3.7 Anthropometrie

Der Anteil übergewichtiger (n = 16; 4,0 %) und adipöser (n = 2; 0,5 %) Kinder und Jugendlicher im Gesamtkollektiv war gering. Bei den sich vegetarisch ernährenden Proband*innen waren neun (6,0 %) übergewichtig, ein*e Proband*in war adipös (0,7 %). In der sich vegan ernährenden Gruppe waren zwei Proband*innen (1,7 %) übergewichtig, kein*e Veganer*in war adipös. In der sich omnivor ernährenden Gruppe waren fünf Proband*innen übergewichtig (3,7 %) und ein*e Proband*in war adipös (0,7 %).

Stark untergewichtig waren insgesamt 24 Proband*innen (6,0 %), davon ernährten sich acht vegetarisch (5,4 %), sieben vegan (6,1 %) und neun omnivor (6,6 %; jeweils Anteil der Proband*innen mit dieser Ernährungsweise). Untergewichtig waren zehn (6,7 %), 17 (14,9 %) und zwölf (8,8 %) der Proband*innen der jeweiligen Ernährungsform (Abb. 4/5).

**Abbildung 4/5:** Anteile der Proband*innen in % der jeweiligen Ernährungsform stark untergewichtiger (< 3. Perzentil), untergewichtiger (3. bis 10. Perzentil), normalgewichtiger (≥ 10. bis 90. Perzentil), übergewichtiger bzw. adipöser (> 90. Perzentil) Proband*innen der VeChi-Youth-Studie (Referenzkollektiv: Kromeyer-Hauschild et al. 2015 [27])

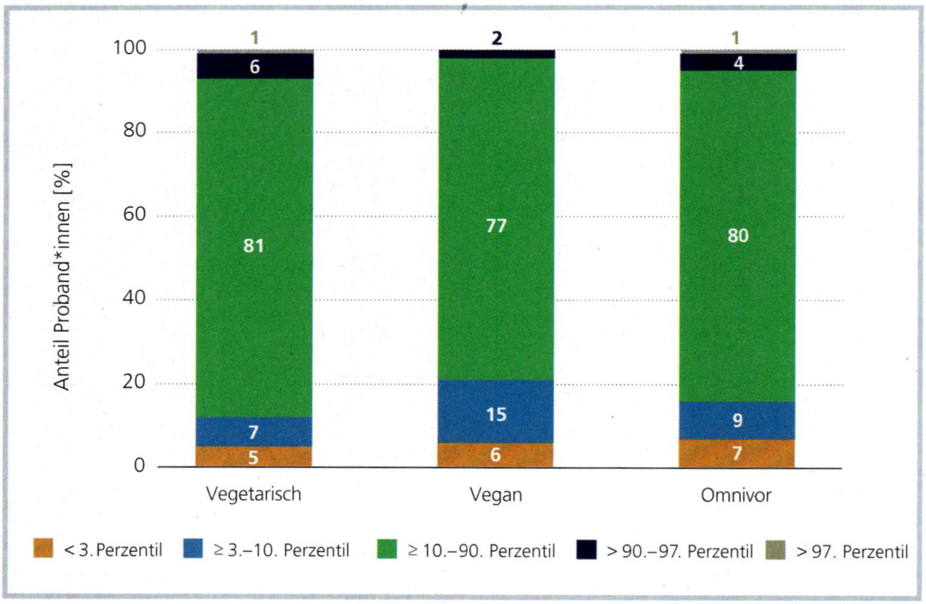


Die **anthropometrischen Daten** der Proband*innen werden in Tabelle 4/12a (Jungen) und Tabelle 4/12b (Mädchen) stratifiziert nach Altersgruppe und Ernährungsform dargestellt. Die Ergebnisse der Kovarianzanalyse zu Unterschieden zwischen den Ernährungsformen bei Jungen und bei Mädchen (im Gesamtvergleich sowie in den Paarvergleichen, jeweils adjustiert für Alter und Pubertätsstatus) ist in Tabelle 4/13 dargestellt.

Der SDS-BMI hatte im Mittel in allen Alters- und Geschlechtsgruppen unabhängig von der Ernährungsform negative Werte, das heißt, das Kollektiv war im Durchschnitt schlanker als das Referenzkollektiv von Kromeyer-Hauschild [27] (Tab. 4/12a und 4/12b). Mit Ausnahme eines marginal signifikanten ($p \leq 0{,}0093$) höheren FMI bei sich vegetarisch ernährenden Mädchen waren die Unterschiede zwischen den Ernährungsformen bei den anthropometrischen Daten nach Adjustierung für Alter und Pubertätsstatus (Tab. 4/13) nicht signifikant.

**Tabelle 4/13:** Ergebnisse der Kovarianzanalysen[a] zu Unterschieden zwischen den Ernährungsformen bei anthropometrischen Parametern von Jungen und Mädchen der VeChi-Youth-Studie

| | **Gesamtmodell** | **Paarweise Vergleiche** | | | | | |
|---|---|---|---|---|---|---|---|
| | | **VG vs. VN** | | **VG vs. OM** | | **VN vs. OM** | |
| | p-Wert | β | p-Wert | β | p-Wert | β | p-Wert |
| **Jungen** | | | | | | | |
| **Gewicht** [kg][b] | 0,0863 | 0,12 | 0,2310 | –0,09 | 0,2773 | –0,22 | ≤ 0,0279 |
| **Größe** [cm][c] | 0,0430 | 0,02 | 0,7270 | –0,09 | 0,0422 | –0,11 | 0,0305 |
| **BMI**[b] | 0,3002 | 0,06 | 0,2157 | –0,01 | 0,8098 | –0,07 | 0,1337 |
| **SDS-BMI** | 0,2620 | 0,24 | 0,2739 | –0,10 | 0,5754 | –0,34 | 0,1028 |
| **%BF**[d, e] | 0,2482 | 0,13 | 0,0968 | 0,04 | 0,5116 | –0,08 | 0,2583 |
| **FMI**[e, f] | 0,2057 | –0,06 | 0,0971 | –0,01 | 0,8250 | 0,06 | 0,1293 |
| **Mädchen** | | | | | | | |
| **Gewicht** [kg][d] | 0,0088 | 0,08 | 0,0024 | 0,02 | 0,3603 | –0,05 | 0,0519 |
| **Größe** [cm][c] | 0,1440 | 0,10 | 0,0511 | 0,03 | 0,5218 | –0,06 | 0,2339 |
| **BMI**[c] | 0,0419 | 0,10 | 0,0134 | 0,03 | 0,5018 | –0,07 | 0,0995 |
| **SDS-BMI** | 0,0508 | 0,35 | 0,0166 | 0,10 | 0,5163 | –0,25 | 0,1102 |
| **%BF**[b, e] | 0,0584 | 0,16 | 0,0173 | 0,08 | 0,2582 | –0,08 | 0,2593 |
| **FMI**[c, d, e] | 0,0336 | 0,13 | 0,0093 | 0,06 | 0,2610 | –0,07 | 0,1789 |

VG: Vegetarier*innen; VN: Veganer*innen; OM: Omnivor*innen; BMI: *Body Mass Index*; SDS-BMI: *Standard-Deviation-Score* des BMI; %BF: Körperfettanteil; FMI: Fettmasse-Index *(fat mass index)*

a adjustiert für Alter [Jahre] und Pubertätsstatus (präpubertär, pubertär, postpubertär)
b Konstante addiert und Wurzel gezogen
c Wurzel
d Logarithmus
e elf fehlende Werte (sechs Jungen; fünf Mädchen) bei % Körperfett und Fettmasse-Index
f Kehrwert und winsorisiert

4.3

**Der Anteil übergewichtiger (4,0 %) und adipöser (0,5 %) Kinder und Jugendlicher im Gesamtkollektiv war gering.**

### 4.3.8 Lebensmittelverzehr

Der Verzehr von Lebensmittelgruppen wird als g/Tag in Tab. 4/14a–c dargestellt.

Der **Gesamtverzehr** (g/Tag, ohne Getränke) stieg mit dem Alter an und unterschied sich im Gesamtmodell nicht zwischen den Ernährungsformen. Im Paarvergleich hatten sich vegan ernährende Proband*innen einen marginal signifikant höheren Gesamtverzehr als sich vegetarisch ernährende Proband*innen ($p \leq 0{,}01$).

Den höchsten **Gemüseverzehr** hatten in der jüngsten Altersgruppe die Vegetarier*innen (6- bis < 10-Jährige im Mittel 188 g/Tag) und in den beiden anderen Altersgruppen die Veganer*innen (10- bis < 15-Jährige: 201 g/Tag, 15- bis < 19-Jährige: 355 g/Tag). Auch beim **Obstverzehr** lagen die sich vegetarisch ernährenden Proband*innen der jüngsten Altersgruppe an erster Stelle (318 g/Tag), in den beiden anderen Altersgruppen die Veganer*innen (346 g/Tag und 339 g/Tag).

**Getreide** spielte insgesamt eine deutlich größere Rolle als **Kartoffeln**. Der höchste Getreideverzehr zeigte sich bei den Veganer*innen der beiden Altersgruppen mit den jüngeren Kindern (216 g/Tag bzw. 252 g/Tag) und den Vegetarier*innen der ältesten Altersgruppe (258 g/Tag).

Veganer*innen verzehrten die höchsten Mengen an **pflanzlichen Brotaufstrichen** (im Mittel 9 g/Tag bei den 6- bis < 10-Jährigen und den 10- bis < 15-Jährigen sowie 17 g/Tag bei den 15- bis < 19-Jährigen), Nüssen im Mittel (20 g/Tag, 22 g/Tag bzw. 19 g/Tag) und Hülsenfrüchten im Mittel (21 g/Tag, 23 g/Tag bzw. 40 g/Tag). Besonders bei den **Nüssen und Hülsenfrüchten** waren die Unterschiede zwischen der sich omnivor und vegan ernährenden Gruppe sehr groß: Veganer*innen verzehrten im Vergleich ungefähr die 4- bis 10-fache Menge an Nüssen und die 3- bis 7-fache Menge an Hülsenfrüchten als Proband*innen der beiden anderen Ernährungsweisen.

Der Verzehr von **Ölen und Fetten** lag im Mittel in allen Ernährungsformen zwischen 12 g/Tag und 21 g/Tag.

**Fertiggerichte** wurden bei den 6- bis unter 10-jährigen und den 10- bis unter 15-jährigen Kindern im Mittel am meisten von den Omnivor*innen verzehrt (27 g/Tag bzw. 26 g/Tag), bei den 15- bis unter 19-Jährigen lag der Verzehr von Fertiggerichten von Vegetarier*innen, Veganer*innen und Omnivor*innen bei 50 g/Tag, 18 g/Tag bzw. bei 47 g/Tag.

Veganer*innen hatten in allen drei Altersgruppen mit durchschnittlich 45 bis 59 g/Tag den geringsten Verzehr an **Süßwaren und Knabberartikeln**. Omnivor*innen verzehrten im Mittel die 1,6-fache (6- bis < 10-Jährige), 1,8-fache (10- bis < 15-Jährige) und 1,5-fache (15- bis < 19-Jährige) Menge an diesen Lebensmitteln.

Der durchschnittliche Konsum an **Milch und Milchprodukten** bei den sich omnivor ernährenden Proband*innen war mit über 200 g/Tag deutlich höher als bei Vegetarier*innen, die je nach Altersgruppe 102 g/Tag bis 169 g/Tag verzehrten. Dagegen lag der Verzehr von **Milchalternativen** im Mittel bei Veganer*innen mit 207 g/Tag (6- bis < 10-Jährige), 172 g/Tag (10- bis < 15-Jährige) bzw. 184 g/Tag (15- bis < 19-Jährige) am höchsten, gefolgt von den Vegetarier*innen (116 g/Tag, 82 g/Tag und 63 g/Tag). Aber auch > 10 % der Omnivor*innen verzehrten während der drei Protokolltage Milchalternativen (P90 = 23 g/Tag, 47 g/Tag und 80 g/Tag) (Tab. 4/18a–c).

Der Verzehr von **Fleisch** stieg von etwa 60 g/Tag bei den jüngsten Omnivor*innen auf durchschnittlich 100 g/Tag bei den 15 bis < 19-Jährigen an. **Fisch** wurde von mindestens 25 % der sich omnivor ernährenden Proband*innen protokolliert, im Mittel zwischen 11 und 19 g/Tag. Veganer*innen hatten den höchsten mittleren Verzehr an **Fleischalternativen** (6 bis < 10 Jahre: 40 g/Tag, 10 bis < 15 Jahre: 33 g/Tag und 15 bis < 19 Jahre: 38 g/Tag). Aber auch in den Ernährungsprotokollen der sich onmivor ernährenden Proband*innen kamen geringe Mengen Fleischalternativen vor (im Mittel 4 bis 6 g/Tag).

Die Unterschiede im Lebensmittelverzehr (g/1 000 kcal/Tag) waren zwischen den Ernährungsformen bei fast allen Lebensmittelgruppen signifikant (Kruskal-Wallis-Test: Fleisch, Milch und Milchprodukte, Eier, Fisch, Aufstriche, Nüsse, Milch- und Fleischalternativen, Hülsenfrüchte, Süßwaren und Knabberartikel; $p \leq 0{,}001$ bzw. Obst, Fertiggerichte, Gemüse, Getreide; $p < 0{,}001$). Ausnahmen waren Kartoffeln, Öle und Fette sowie Getränke, bei denen es keinen signifikanten Unterschied zwischen den Gruppen gab ($p > 0{,}05$).



**Veganer*innen und Vegetarier*innen hatten im Vergleich zu den Omnivor*innen insbesondere einen höheren Verzehr von Gemüse, Obst und Milchalternativen. Zudem verzehrten Veganer*innen die 4- bis 10-fache Menge an Nüssen und die 3- bis 7-fache Menge an Hülsenfrüchten im Vergleich zu Omnivor*innen.**

**Tabelle 4/14a:** Zufuhr von Lebensmittelgruppen [in g/Tag und bei Getränken in ml/Tag] bei Proband*innen der VeChi-Youth-Studie, ermittelt anhand der 3-Tages-Wiegeprotokolle, stratifiziert nach Ernährungsform und Altersgruppe (6 bis unter 10 Jahre)

| | Ernährungsform | | | | | | | | |
|---|---|---|---|---|---|---|---|---|---|
| | Vegetarisch | | | Vegan | | | Omnivor | | |
| | MW ± SD | Median (Q1; Q3) | P10; P90 | MW ± SD | Median (Q1; Q3) | P10; P90 | MW ± SD | Median (Q1; Q3) | P10; P90 |
| **Gesamtverzehr[a]** | 1216 ± 312 | 1265 (974; 1391) | 830; 1504 | 1191 ± 279 | 1231 (977; 1367) | 807; 1487 | 1082 ± 334 | 1057 (821; 1330) | 669;1480 |
| **Gemüse** | 188 ± 114 | 153 (112; 237) | 72; 324 | 162 ± 82 | 153 (110; 202) | 63; 277 | 136 ± 88 | 126 (66; 198) | 31; 260 |
| **Obst** | 318 ± 228 | 272 (203; 390) | 141; 476 | 276 ± 147 | 262 (186; 348) | 82; 474 | 240 ± 174 | 185 (118; 316) | 67; 485 |
| **Getreide** | 212 ± 82 | 223 (154; 276) | 95; 310 | 216 ± 67 | 213 (173; 258) | 136; 313 | 180 ± 82 | 195 (128; 218) | 50; 301 |
| **Kartoffeln** | 80 ± 78 | 57 (13; 136) | 0; 199 | 66 ± 58 | 50 (27; 76) | 15; 157 | 68 ± 67 | 56 (10; 107) | 0; 182 |
| **Hülsenfrüchte** | 8 ± 15 | 0 (0; 8) | 0; 26 | 21 ± 26 | 14 (0; 32) | 0; 74 | 3 ± 10 | 0 (0; 0) | 0; 8 |
| **Nüsse** | 8 ± 9 | 5 (1; 13) | 0; 21 | 20 ± 23 | 12 (4; 26) | 0; 67 | 2 ± 5 | 0 (0; 2) | 0; 11 |
| **Brotaufstriche** | 2 ± 6 | 0 (0; 0) | 0; 8 | 9 ± 11 | 6 (0; 15) | 0; 26 | 2 ± 5 | 0 (0; 0) | 0; 12 |
| **Fette und Öle** | 17 ± 11 | 16 (9; 24) | 4; 33 | 19 ± 17 | 13 (7; 27) | 3; 44 | 18 ± 15 | 13 (8; 25) | 4; 36 |
| **Milch/-produkte** | 102 ± 133 | 36 (1; 158) | 0; 319 | 1 ± 4 | 0 (0; 0) | 0; 0 | 211 ± 112 | 206 (127; 266) | 68; 376 |
| **Milch-alternativen** | 116 ± 126 | 88 (0; 159) | 0; 319 | 207 ± 142 | 179 (87; 319) | 22; 406 | 8 ± 24 | 0 (0; 0) | 0; 23 |
| **Fleisch** | 1 ± 7 | 0 (0; 0) | 0; 0 | 0 ± 0 | 0 (0; 0) | 0; 0 | 62 ± 55 | 53 (25; 78) | 0; 114 |
| **Fleisch-alternativen** | 28 ± 29 | 21 (0; 51) | 0; 64 | 40 ± 36 | 26 (12; 63) | 3; 104 | 4 ± 13 | 0 (0; 0) | 0; 9 |
| **Fisch** | 0 ± 0 | 0 (0; 0) | 0; 0 | 0 ± 0 | 0 (0; 0) | 0; 0 | 11 ± 21 | 0 (0; 10) | 0; 58 |
| **Eier** | 9 ± 14 | 0 (0; 15) | 0; 34 | 0 ± 2 | 0 (0; 0) | 0; 0 | 12 ± 15 | 4 (0; 21) | 0; 32 |
| **Fertiggerichte** | 17 ± 30 | 3 (0; 12) | 0; 63 | 10 ± 37 | 0 (0; 3) | 0; 20 | 27 ± 49 | 8 (0; 35) | 0; 79 |
| **Süßwaren und Knabberartikel** | 59 ± 41 | 55 (31; 77) | 11; 116 | 45 ± 37 | 33 (18; 74) | 6; 97 | 74 ± 50 | 62 (38; 98) | 25; 148 |
| **Getränke** | 637 ± 364 | 661 (390; 900) | 125; 1090 | 785 ± 455 | 677 (485; 1063) | 315; 1300 | 657 ± 261 | 655 (493; 750) | 302; 959 |
| **Sonstiges** | 50 ± 48 | 47 (3; 70) | 1; 117 | 99 ± 108 | 64 (31; 127) | 4; 246 | 24 ± 33 | 9 (0; 47) | 0; 63 |

MW: Mittelwert; SD: Standardabweichung; Median: 50. Perzentil; Q1: 25. Perzentil; Q3: 75. Perzentil; P10: 10. Perzentil und P90: 90. Perzentil (adjustierte Werte)

a ohne Getränke

**Tabelle 4/14b:** Zufuhr von Lebensmittelgruppen [in g/Tag und bei Getränken in ml/Tag] bei Proband*innen der VeChi-Youth-Studie, ermittelt anhand der 3-Tages-Wiegeprotokolle, stratifiziert nach Ernährungsform und Altersgruppe (10 bis unter 15 Jahre)

| | Ernährungsform | | | | | | | | |
|---|---|---|---|---|---|---|---|---|---|
| | Vegetarisch | | | Vegan | | | Omnivor | | |
| | MW ± SD | Median (Q1; Q3) | P10; P90 | MW ± SD | Median (Q1; Q3) | P10; P90 | MW ± SD | Median (Q1; Q3) | P10; P90 |
| **Gesamtverzehr**[a] | 1187 ± 301 | 1169 (980; 1385) | 754; 1579 | 1313 ± 416 | 1244 (1083; 1491) | 921; 1841 | 1235 ± 322 | 1163(981; 1496) | 848; 1703 |
| **Gemüse** | 167 ± 128 | 139 (84; 217) | 52; 312 | 201 ± 105 | 187 (140; 258) | 89; 319 | 190 ± 135 | 185 (91; 240) | 45; 336 |
| **Obst** | 264 ± 154 | 228 (166; 342) | 79; 455 | 346 ± 220 | 300 (189; 473) | 76; 591 | 232 ± 144 | 192 (144; 277) | 98; 416 |
| **Getreide** | 230 ± 100 | 216 (155; 284) | 124; 371 | 252 ± 82 | 240 (190; 287) | 162; 353 | 221 ± 98 | 199 (135; 317) | 108; 373 |
| **Kartoffeln** | 70 ± 67 | 50 (25; 110) | 0; 153 | 64 ± 77 | 43 (2; 78) | 0; 159 | 64 ± 56 | 49 (30; 86) | 0; 141 |
| **Hülsenfrüchte** | 13 ± 23 | 0 (0; 16) | 0; 52 | 23 ± 25 | 18 (0; 47) | 0; 54 | 9 ± 21 | 0 (0; 8) | 0; 21 |
| **Nüsse** | 9 ± 17 | 1 (0; 10) | 0; 33 | 22 ± 30 | 7 (3; 30) | 0; 67 | 4 ± 8 | 0 (0; 4) | 0; 19 |
| **Brotaufstriche** | 4 ± 10 | 0 (0; 0) | 0; 20 | 9 ± 11 | 8 (0; 13) | 0; 19 | 2 ± 5 | 0 (0; 0) | 0; 6 |
| **Fette und Öle** | 20 ± 15 | 17 (11; 24) | 5; 42 | 17 ± 14 | 14 (6; 25) | 2; 35 | 21 ± 14 | 20 (10; 27) | 7; 35 |
| **Milch/-produkte** | 115 ± 128 | 83 (0; 183) | 0; 316 | 2 ± 11 | 0 (0; 0) | 0; 0 | 207 ± 133 | 205 (93; 302) | 53; 394 |
| **Milch-alternativen** | 82 ± 103 | 30 (0; 149) | 0; 234 | 172 ± 170 | 133 (51; 231) | 12; 338 | 15 ± 40 | 0 (0; 0) | 0; 47 |
| **Fleisch** | 0 ± 0 | 0 (0; 0) | 0; 0 | 0 ± 0 | 0 (0; 0) | 0; 0 | 58 ± 58 | 43 (10; 95) | 0; 127 |
| **Fleisch-alternativen** | 28 ± 34 | 20 (0; 43) | 0; 77 | 33 ± 30 | 26 (4; 50) | 0; 79 | 5 ± 12 | 0 (0; 0) | 0; 19 |
| **Fisch** | 0 ± 2 | 0 (0; 0) | 0; 0 | 0 ± 3 | 0 (0; 0) | 0; 0 | 13 ± 19 | 0 (0; 26) | 0; 42 |
| **Eier** | 11 ± 19 | 1 (0; 17) | 0; 38 | 1 ± 4 | 0 (0; 0) | 0; 0 | 15 ± 21 | 6 (0; 22) | 0; 45 |
| **Fertiggerichte** | 23 ± 40 | 8 (0; 21) | 0; 88 | 11 ± 18 | 3 (0; 10) | 0; 43 | 26 ± 48 | 6 (0; 31) | 0; 67 |
| **Süßwaren und Knabberartikel** | 83 ± 55 | 64 (37; 120) | 28; 167 | 59 ± 41 | 57 (32; 75) | 12; 117 | 107 ± 78 | 89 (58; 127) | 34; 219 |
| **Getränke** | 1013 ± 451 | 913 (688; 1343) | 452; 1594 | 1021 ± 540 | 867 (670; 1347) | 518; 1750 | 1051 ± 558 | 962 (723; 1357) | 333; 1607 |
| **Sonstiges** | 67 ± 67 | 51 (23; 90) | 3; 169 | 102 ± 88 | 70 (32; 150) | 20; 244 | 47 ± 83 | 24 (6; 48) | 1; 92 |

MW: Mittelwert; SD: Standardabweichung; Median: 50. Perzentil; Q1: 25. Perzentil; Q3: 75. Perzentil; P10: 10. Perzentil und P90: 90. Perzentil (adjustierte Werte)

a ohne Getränke

**Tabelle 4/14c:** Zufuhr von Lebensmittelgruppen [in g/Tag und bei Getränken in ml/Tag] bei Proband*innen der VeChi-Youth-Studie, ermittelt anhand der 3-Tages-Wiegeprotokolle, stratifiziert nach Ernährungsform und Altersgruppe (15 bis unter 19 Jahre)

| | Ernährungsform | | | | | | | | |
|---|---|---|---|---|---|---|---|---|---|
| | Vegetarisch | | | Vegan | | | Omnivor | | |
| | MW ± SD | Median (Q1; Q3) | P10; P90 | MW ± SD | Median (Q1; Q3) | P10; P90 | MW ± SD | Median (Q1; Q3) | P10; P90 |
| **Gesamtverzehr**[a] | 1 214 ± 406 | 12 178 (923; 1415) | 676; 1878 | 1 466 ± 540 | 1 360 (1159; 1665) | 942; 2078 | 1 473 ± 467 | 1 401 (1138; 1879) | 864; 2 132 |
| **Gemüse** | 198 ± 118 | 166 (108; 240) | 71; 378 | 355 ± 262 | 285 (182; 464) | 109; 805 | 219 ± 164 | 176 (127; 269) | 67; 366 |
| **Obst** | 213 ± 159 | 230 (67; 297) | 13; 388 | 339 ± 255 | 278 (187; 419) | 92; 701 | 327 ± 258 | 283 (143; 469) | 64; 700 |
| **Getreide** | 258 ± 116 | 225 (169; 338) | 149; 464 | 244 ± 106 | 241 (163; 325) | 116; 368 | 259 ± 131 | 234 (152; 356) | 104; 426 |
| **Kartoffeln** | 65 ± 71 | 47 (0; 104) | 0; 160 | 67 ± 107 | 28 (0; 109) | 0; 162 | 48 ± 54 | 35 (0; 84) | 0; 133 |
| **Hülsenfrüchte** | 7 ± 15 | 0 (0; 0) | 0; 29 | 40 ± 57 | 25 (0; 47) | 0; 106 | 9 ± 19 | 0 (0; 0) | 0; 49 |
| **Nüsse** | 6 ± 10 | 0 (0; 8) | 0; 20 | 19 ± 24 | 8 (2; 31) | 0; 56 | 5 ± 10 | 0 (0; 8) | 0; 13 |
| **Brotaufstriche** | 3 ± 9 | 0 (0; 0) | 0; 7 | 17 ± 21 | 8 (0; 24) | 0; 55 | 2 ± 8 | 0 (0; 0) | 0; 5 |
| **Fette und Öle** | 14 ± 13 | 12 (6; 17) | 3; 30 | 12 ± 16 | 6 (2; 17) | 0; 40 | 18 ± 16 | 16 (5; 27) | 3; 40 |
| **Milch/-produkte** | 169 ± 180 | 115 (48; 250) | 0; 372 | 0 ± 0 | 0 (0; 0) | 0; 0 | 223 ± 202 | 190 (67; 257) | 26; 610 |
| **Milch-alternativen** | 63 ± 111 | 0 (0; 98) | 0; 221 | 184 ± 154 | 167 (68; 237) | 7; 335 | 28 ± 80 | 0 (0; 0) | 0; 80 |
| **Fleisch** | 0 ± 0 | 0 (0; 0) | 0; 0 | 0 ± 0 | 0 (0; 0) | 0; 0 | 97 ± 87 | 76 (33; 128) | 0; 222 |
| **Fleisch-alternativen** | 17 ± 27 | 3 (0; 26) | 0; 52 | 38 ± 43 | 21 (0; 65) | 0; 94 | 6 ± 19 | 0 (0; 0) | 0; 17 |
| **Fisch** | 3 ± 13 | 0 (0; 0) | 0; 0 | 0 ± 0 | 0 (0; 0) | 0; 0 | 19 ± 32 | 0 (0; 31) | 0; 75 |
| **Eier** | 17 ± 25 | 4 (0; 26) | 0; 59 | 0 ± 0 | 0 (0; 0) | 0; 0 | 21 ± 28 | 7 (0; 37) | 0; 51 |
| **Fertiggerichte** | 50 ± 90 | 11 (4; 61) | 0; 130 | 18 ± 31 | 0 (0; 19) | 0; 73 | 47 ± 71 | 13 (0; 50) | 0; 151 |
| **Süßwaren und Knabberartikel** | 89 ± 68 | 75 (36; 139) | 10; 167 | 48 ± 38 | 35 (19; 70) | 6; 105 | 72 ± 53 | 61 (33; 111) | 10; 134 |
| **Getränke** | 1 502 ± 842 | 1 489 (900; 2051) | 259; 2481 | 1 687 ± 970 | 1 647 (854; 2158) | 630; 2900 | 1 731 ± 947 | 1 500 (1147; 2218) | 853; 2 753 |
| **Sonstiges** | 50 ± 76 | 17 (0; 70) | 0; 128 | 85 ± 97 | 54 (14; 122) | 2; 216 | 73 ± 98 | 44 (15; 86) | 2; 159 |

MW: Mittelwert; SD: Standardabweichung; Median: 50. Perzentil; Q1: 25. Perzentil; Q3: 75. Perzentil; P10: 10. Perzentil und P90: 90. Perzentil (adjustierte Werte)

a ohne Getränke

### 4.3.9 Energie- und Nährstoffzufuhr

Die Zufuhr von Energie und Nährstoffen (ohne NEM) der Kinder und Jugendlichen stratifiziert nach Geschlecht, Altersgruppe und Ernährungsform ist in den Tabellen 4/15a–c dargestellt. Tabelle 4/17 zeigt die Ergebnisse der Kovarianzanalyse im Gesamtvergleich sowie in den Paarvergleichen, jeweils adjustiert für Alter und Geschlecht, bei den Nährstoffen (µg/Tag oder mg/Tag) zusätzlich für die Energiezufuhr (kcal/Tag). Abbildung 4/6 stellt die Zufuhr von Energie, Vitaminen und Mineralstoffen berechnet als Prozent der D-A-CH-Referenzwerte für die Nährstoffzufuhr dar.

Bei der protokollierten **Energiezufuhr** (kcal/Tag) und der **Energiedichte** (kcal/100 g) gab es keine signifikanten Unterschiede zwischen den Untersuchungsgruppen. Im Median lag die Energiezufuhr bei allen drei Ernährungsformen knapp unterhalb der D-A-CH-Referenzwerte [32] für leichte körperliche Aktivität (PAL 1,4; Vegetarier*innen: 93,2 %; Veganer*innen: 88,6 %; Omnivor*innen: 94,9 %) (Abb. 4/6).

**Abbildung 4/6:** Zufuhr von Energie, Vitaminen und Mineralstoffen in % der D-A-CH-Referenzwerte [32] für sich vegetarisch, vegan und omnivor (jeweils von links nach rechts) ernährende Kinder und Jugendliche der VeChi-Youth-Studie (ohne Nährstoffzufuhr über NEM)

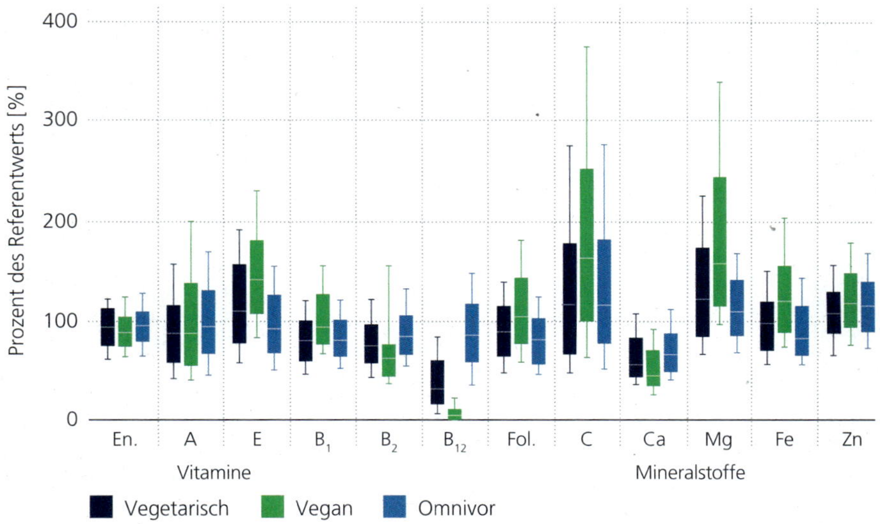


Median, Interquartilbereich, P10 und P90
En.: Energie (Richtwert für PAL 1,4); Fol.: Folat

Die Energiezufuhr und die Energiedichte unterschieden sich nicht signifikant zwischen den Ernährungsformen.

Berechnet pro kg Körpergewicht hatten jüngere Kinder unabhängig von der Ernährungsform die höchste Zufuhr an **Protein**. Veganer*innen der jüngsten Altersgruppe wiesen mit 1,9 g/kg Körpergewicht und Tag die insgesamt höchste Proteinzufuhr auf. In der mittleren und der höchsten Altersgruppe hatten die Omnivor*innen die jeweils höchste Proteinzufuhr (1,4 bzw. 1,2 g/kg Körpergewicht und Tag). Die geringste Proteinzufuhr im Gesamtvergleich (im Mittel 0,9 g/kg Körpergewicht und Tag) hatten die 15- bis unter 19-jährigen Vegetarier*innen und Veganer*innen (Tab. 4/15a–c). Die Unterschiede bei der Proteinzufuhr waren signifikant (p = 0,0005 im Gesamtmodell), im paarweisen Vergleich jedoch nur zwischen den sich vegetarisch und omnivor ernährenden Proband*innen (p ≤ 0,0001) (Tab. 4/17).

Etwa die Hälfte der Energiezufuhr stammte im Mittel bei allen Gruppen aus **Kohlenhydraten**. Vegetarier*innen und Veganer*innen hatten im Paarvergleich eine signifikant höhere Kohlenhydratzufuhr als die Omnivor*innen (p < 0,0001) (Tab. 4/17).

Die Zufuhr von zugesetzten Zuckern (alle Zucker, die Lebensmitteln während der Verarbeitung/Zubereitung zu Hause oder bei der Herstellung zugesetzt werden, einschließlich Zucker aus Honig, Sirupen und Fruchtsaftkonzentraten [33]) unterschied sich im Mittel signifikant zwischen Veganer*innen und den anderen beiden Gruppen (p < 0,0001): Veganer*innen hatten im Mittel die niedrigste Zufuhr (5,0–6,5 % der Energiezufuhr [En%]) im Vergleich zu den Vegetarier*innen (im Mittel 8,5–10,1 En%) und den Omnivor*innen (im Mittel 7,9–10,5 En%; jeweils p < 0,0001) (Tab. 4/15a–c; Tab. 4/17).



Die **Ballaststoff**zufuhr (g/1 000 kcal) war bei Veganer*innen aller Altersgruppen am höchsten (im Mittel > 21 g/1 000 kcal) (Tab. 4/15a–c). Omnivor*innen hatten in allen Altersgruppen die niedrigste Ballaststoffzufuhr (im Mittel 12–13 g/1 000 kcal). Diese Unterschiede waren hoch signifikant (p < 0,0001) (Tab. 4/17).

**Abbildung 4/7:** Mediane Zufuhr gesättigter sowie einfach und mehrfach ungesättigter Fettsäuren bei Proband*innen der VeChi-Youth-Studie (6 bis < 19 Jahre) in % der Energiezufuhr berechnet aus 390 Verzehrprotokollen

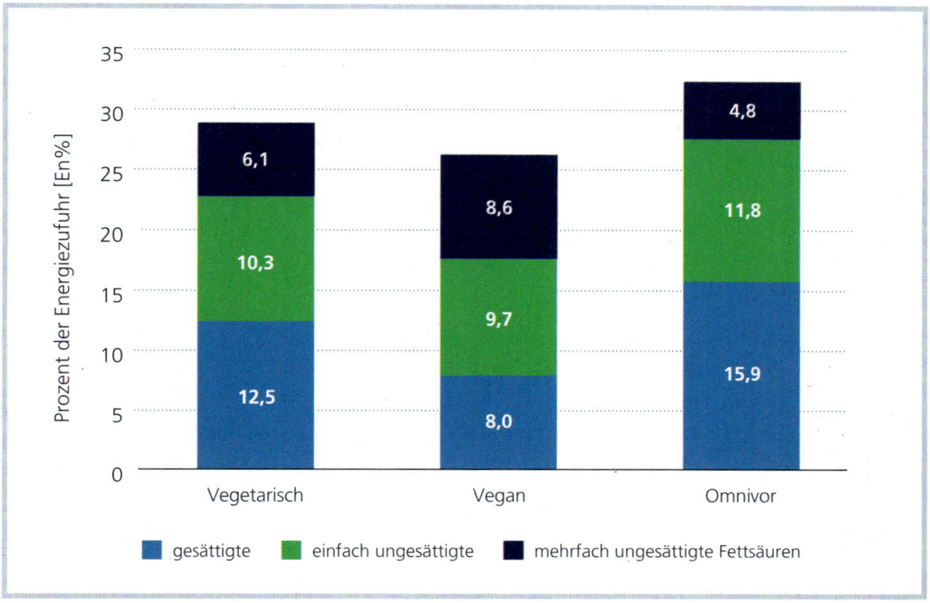




**Fett** lieferte im Durchschnitt zwischen 29,4 % (ältere Veganer*innen) und 37,1 % (mittlere Altersgruppe der Omnivor*innen) der Energiezufuhr, wobei die Omnivor*innen über alle Altersgruppen die höchsten Durchschnittswerte aufzeigten (p < 0,0001 im Gesamtmodell) (Tab. 4/15a–c und Tab. 4/17).

In Abbildung 4/7 sind die Mediane der Zufuhr (En%) an **gesättigten, einfach und mehrfach ungesättigten Fettsäuren** der Proband*innen über alle Altersgruppen dargestellt. Nur Veganer*innen lagen mit der Zufuhr gesättigter Fettsäuren bei < 10 % der Energiezufuhr, sie hatten außerdem die höchste Zufuhr an mehrfach ungesättigten Fettsäuren (in En%). Die Unterschiede zwischen der Fettsäurezufuhr waren in den Gesamtmodellen und (mit Ausnahme des Vergleichs von Vegetarier*innen und Veganer*innen bei den einfach ungesättigten Fettsäuren) auch im paarweisen Vergleich signifikant (Tab. 4/17).

Die **Wasser**zufuhr (aus Lebensmitteln und Getränken, ohne Oxidationswasser) lag je nach Altersgruppe und Ernährungsform im Mittel zwischen 1,0 und 1,7 g/kcal. Die Unterschiede zwischen den Ernährungsformen waren nur marginal signifikant (p = 0,0020 im Gesamtmodell). Im Paarvergleich hatten Veganer*innen die signifikant höchste Wasserzufuhr (p ≤ 0,005).

> Die Vegetarier*innen und Veganer*innen wiesen eine höhere Zufuhr von Kohlenhydraten, mehrfach ungesättigten Fettsäuren und Ballaststoffen auf als die sich omnivor ernährenden Proband*innen, welche die höchste Zufuhr von Protein (außer in der jüngsten Altersgruppe) und Fett hatten.

**Tabelle 4/15a:** Zufuhr von Energie, Makronährstoffen, Ballaststoffen und Wasser bei Proband*innen der VeChi-Youth-Studie stratifiziert nach Ernährungsform und Altersgruppe (6 bis unter 10 Jahre)

| | Ernährungsform | | | | | | | | |
|---|---|---|---|---|---|---|---|---|---|
| | Vegetarisch | | | Vegan | | | Omnivor | | |
| | MW ± SD | Median (Q1; Q3) | P10; P90 | MW ± SD | Median (Q1; Q3) | P10; P90 | MW ± SD | Median (Q1; Q3) | P10; P90 |
| **Energie** [kcal/Tag] | 1 559 ± 361 | 1 531 (1327; 1826) | 1 070; 2036 | 1 549 ± 358 | 1 576 (1 320; 1 715) | 1 220; 2 117 | 1 564 ± 492 | 1 482 (1 279; 1 724) | 1 060; 2 339 |
| **Energiedichte** [kcal/100 g] | 88 ± 22 | 87 (74; 99) | 62; 124 | 83 ± 22 | 80 (65; 98) | 57; 117 | 92 ± 22 | 91 (78; 109) | 68; 120 |
| **Protein** [g/kg KG] | 1,7 ± 0,5 | 1,7 (1,5; 2,0) | 1,0; 2,2 | 1,9 ± 0,6 | 2,1 (1,5; 2,4) | 1,2; 2,7 | 1,8 ± 0,6 | 1,7 (1,5; 2,1) | 1,0; 2,5 |
| **Kohlenhydrate En%** | 56,2 ± 5,7 | 57,5 (52,1; 60,9) | 47,8; 63,3 | 55,5 ± 7,2 | 56,7 (48,3; 59,9) | 46,8; 62,9 | 51,0 ± 6,2 | 50,4 (45,9; 55,6) | 44,5; 57,9 |
| davon **zugesetzte Zucker En%** | 8,5 ± 4,3 | 8,1 (5,4; 11,6) | 3,4; 15,2 | 5,7 ± 3,7 | 5,0 (3,1; 7,0) | 1,9; 10,1 | 9,9 ± 4,8 | 9,4 (7,0; 13,2) | 3,2; 17,7 |
| **Ballaststoffe** [g/1000 kcal] | 17,1 ± 5,4 | 17,0 (13,1; 18,9) | 11,4; 25,9 | 21,3 ± 4,2 | 21,7 (18,2; 24,0) | 16,2; 27,0 | 12,1 ± 3,2 | 12,1 (9,7; 14,3) | 8,0; 15,9 |
| **Fett En%** | 31,3 ± 6,0 | 31,5 (26,4; 35,5) | 23,7; 39,8 | 31,2 ± 7,2 | 30,3 (26,3; 36,5) | 23,3; 40,5 | 35,2 ± 5,9 | 36,5 (30,5; 39,8) | 26,2; 41,9 |
| **SFA En%** | 11,1 ± 3,8 | 11,0 (7,6; 14,1) | 6,1; 16,7 | 8,5 ± 3,0 | 8,3 (5,9; 10,6) | 4,9; 12,9 | 16,2 ± 3,6 | 16,1 (13,5; 18,1) | 12,4; 20,5 |
| **MUFA En%** | 10,2 ± 2,3 | 10,3 (8,6; 11,4) | 7,0; 14,1 | 10,4 ± 4,3 | 9,5 (7,4; 12,9) | 6,5; 15,5 | 11,6 ± 2,0 | 11,7 (10,2; 13,0) | 8,8; 14,3 |
| **PUFA En%** | 7,2 ± 2,3 | 7,1 (5,9; 8,5) | 3,6; 10,1 | 9,2 ± 2,5 | 8,1 (7,1; 11,0) | 6,5; 12,9 | 4,7 ± 1,4 | 4,5 (3,7; 5,4) | 3,0; 7,2 |
| **Wasser** [g/kcal][a] | 1,0 ± 0,3 | 0,9 (0,8; 1,2) | 0,6; 1,4 | 1,1 ± 0,4 | 1,1 (0,8; 1,3) | 0,7; 1,5 | 1,0 ± 0,4 | 0,9 (0,8; 1,1) | 0,7; 1,3 |

En%: % der Energiezufuhr; SFA: *saturated fatty acids* (gesättigte Fettsäuren); MUFA: *monounsaturated fatty acids* (einfach ungesättigte Fettsäuren); PUFA: *polyunsaturated fatty acids* (mehrfach ungesättigte Fettsäuren); MW: Mittelwert; SD: Standardabweichung; Median: 50. Perzentil; Q1: 25. Perzentil; Q3: 75. Perzentil; P10: 10. Perzentil und P90: 90. Perzentil (adjustierte Werte)

a aus Lebensmitteln und Getränken

**Tabelle 4/15b:** Zufuhr von Energie, Makronährstoffen, Ballaststoffen und Wasser bei Proband*innen der VeChi-Youth-Studie stratifiziert nach Ernährungsform und Altersgruppe (10 bis unter 15 Jahre)

| | Ernährungsform | | | | | | | | |
|---|---|---|---|---|---|---|---|---|---|
| | Vegetarisch | | | Vegan | | | Omnivor | | |
| | MW ± SD | Median (Q1; Q3) | P10; P90 | MW ± SD | Median (Q1; Q3) | P10; P90 | MW ± SD | Median (Q1; Q3) | P10; P90 |
| **Energie** [kcal/Tag] | 1 722 ± 397 | 1 782 (1453; 1945) | 1 148; 2188 | 1 681 ± 432 | 1 666 (1 451; 1 871) | 1 173; 2 345 | 1 868 ± 446 | 1 828 (1 535; 2 098) | 1 377; 2 425 |
| **Energiedichte** [kcal/100 g] | 83 ± 22 | 82 (67; 97) | 54; 114 | 76 ± 23 | 78 (59; 90) | 52; 97 | 87 ± 22 | 83 (71; 99) | 62; 115 |
| **Protein** [g/kg KG] | 1,1 ± 0,3 | 1,1 (0,9; 1,4) | 0,8; 1,6 | 1,2 ± 0,4 | 1,2 (1,0; 1,4) | 0,8; 1,7 | 1,4 ± 0,4 | 1,3 (1,1; 1,7) | 1,0; 1,9 |
| **Kohlenhydrate En%** | 54,3 ± 5,9 | 54,5 (50,4; 59,2) | 46,7; 61,0 | 56,1 ± 7,6 | 57,1 (49,8; 61,7) | 47,6; 64,7 | 49,2 ± 6,6 | 48,4 (43,9; 53,5) | 42,1; 57,6 |
| davon **zugesetzte Zucker En%** | 9,6 ± 4,4 | 9,4 (5,8; 12,5) | 3,9; 15,6 | 6,5 ± 4,0 | 5,4 (3,3; 9,3) | 1,5; 11,7 | 10,5 ± 4,5 | 9,7 (6,9; 13,9) | 4,9; 15,4 |
| **Ballaststoffe** [g/1000 kcal] | 15,4 ± 4,2 | 15,1 (12,7; 17,8) | 9,0; 21,1 | 21,5 ± 4,6 | 21,4 (17,4; 25,2) | 16,0; 27,6 | 12,1 ± 3,2 | 12,1 (10,1; 14,0) | 8,2; 16,3 |
| **Fett En%** | 33,2 ± 6,0 | 32,2 (28,5; 37,6) | 27,0; 40,4 | 30,8 ± 7,8 | 30,2 (24,7; 37,8) | 21,1; 40,7 | 37,1 ± 6.0 | 37,0 (32,8; 41,5) | 29,7; 45,1 |
| **SFA En%** | 13,2 ± 3,6 | 13,6 (10,8; 15,6) | 7,9; 16,9 | 8,3 ± 2,9 | 8,1 (6,5; 10,1) | 5,1; 12,5 | 16,6 ± 3,8 | 17,6 (13,7; 19,3) | 12,1; 21,5 |
| **MUFA En%** | 10,6 ± 3,5 | 10,1 (8,4; 11,6) | 7,4; 14,9 | 10,1 ± 3,5 | 9,7 (7,1; 12,8) | 5,6; 14,1 | 12,3 ± 2,5 | 12,0 (10,6; 14,1) | 9,1; 16,4 |
| **PUFA En%** | 6,5 ± 2,4 | 5,6 (4,7; 8,4) | 3,9; 10,2 | 9,5 ± 3,1 | 9,1 (7,2; 11,0) | 6,3; 14,2 | 5,2 ± 1,4 | 5,3 (4,2; 6,0) | 3,6; 7,3 |
| **Wasser** [g/kcal][a] | 1,1 ± 0,4 | 1,0 (0,9; 1,3) | 0,7; 1,6 | 1,3 ± 0,5 | 1,1 (0,9; 1,5) | 0,8; 1,7 | 1,0 ± 0,3 | 1,0 (0,8; 1,3) | 0,6; 1,4 |

En%: % der Energiezufuhr; SFA: *saturated fatty acids* (gesättigte Fettsäuren); MUFA: *monounsaturated fatty acids* (einfach ungesättigte Fettsäuren); PUFA: *polyunsaturated fatty acids* (mehrfach ungesättigte Fettsäuren); MW: Mittelwert; SD: Standardabweichung; Median: 50. Perzentil; Q1: 25. Perzentil; Q3: 75. Perzentil; P10: 10. Perzentil und P90: 90. Perzentil (adjustierte Werte)

a aus Lebensmitteln und Getränken

**Tabelle 4/15c:** Zufuhr von Energie, Makronährstoffen, Ballaststoffen und Wasser bei Proband*innen der VeChi-Youth-Studie stratifiziert nach Ernährungsform und Altersgruppe (15 bis unter 19 Jahre)

| | Ernährungsform | | | | | | | | |
|---|---|---|---|---|---|---|---|---|---|
| | Vegetarisch | | | Vegan | | | Omnivor | | |
| | MW ± SD | Median (Q1; Q3) | P10; P90 | MW ± SD | Median (Q1; Q3) | P10; P90 | MW ± SD | Median (Q1; Q3) | P10; P90 |
| **Energie** [kcal/Tag] | 1 899 ± 587 | 1 878 (1439; 2346) | 1 132; 2588 | 1 712 ± 512 | 1 679 (1 344; 2 050) | 1 087; 2 370 | 2 090 ± 693 | 2 067 (1 526; 2 638) | 1 155; 3 095 |
| **Energiedichte** [kcal/100 g] | 83 ± 22 | 82 (67; 97) | 54; 114 | 67 ± 23 | 78 (59; 90) | 52; 97 | 87 ± 22 | 83 (71; 99) | 62; 115 |
| **Protein** [g/kg KG] | 0,9 ± 0,3 | 0,9 (0,7; 1,1) | 0,6; 1,3 | 0,9 ± 0,3 | 0,9 (0,7; 1,0) | 0,6; 1,4 | 1,2 ± 0,4 | 1,2 (0,9; 1,5) | 0,7; 1,6 |
| **Kohlenhydrate En%** | 52,9 ± 6,3 | 53,6 (46,6; 57,3) | 44,2; 61,1 | 56,2 ± 7,2 | 56,3 (51,0; 61,6) | 46,9; 65,8 | 49,4 ± 6,5 | 49,0 (44,8; 54,0) | 40,7; 57,7 |
| davon **zugesetzte Zucker En%** | 10,1 ± 6,0 | 9,3 (6,4; 14,9) | 2,1; 16,4 | 5,0 ± 3,2 | 4,8 (2,5; 6,8) | 1,3; 9,4 | 7,9 ± 4,7 | 7,3 (5,0; 9,6) | 2,8; 15,3 |
| **Ballaststoffe** [g/1000 kcal] | 13,8 ± 4,3 | 13,1 (10,2; 17,8) | 8,7; 19,7 | 24,8 ± 6,7 | 24,4 (20,2; 27,9) | 16,4; 34,8 | 13,4 ± 4,9 | 12,6 (10,9; 15,5) | 7,7; 20,3 |
| **Fett En%** | 33,6 ± 6,6 | 33,2 (29,3; 39,1) | 23,8; 41,9 | 29,4 ± 8,3 | 29,2 (24,0; 36,8) | 18,9; 40,9 | 34,1 ± 7,6 | 34,8 (29,1; 40,6) | 22,7; 43,6 |
| **SFA En%** | 13,5 ± 4,4 | 12,2 (10,1; 17,6) | 7,7; 18,2 | 7,7 ± 3,2 | 7,5 (4,9; 10,4) | 3,6; 11,9 | 14,2 ± 4,7 | 14,3 (11,2; 17,5) | 9,0; 19,6 |
| **MUFA En%** | 11,4 ± 2,7 | 11,1 (9,4; 13,4) | 8,2; 14,4 | 10,2 ± 3,5 | 9,5 (7,8; 13,2) | 6,0; 14,8 | 11,8 ± 3,0 | 11,6 (9,7; 14,3) | 7,1; 15,8 |
| **PUFA En%** | 5,8 ± 2,2 | 5,5 (4,4; 7,0) | 3,4; 8,8 | 8,6 ± 2,3 | 8,2 (6,9; 10,5) | 6,1; 11,7 | 5,2 ± 1,7 | 5,1 (3,9; 6,5) | 3,3; 7,4 |
| **Wasser** [g/kcal][a] | 1,3 ± 0,6 | 1,3 (0,9; 1,6) | 0,7; 2,0 | 1,7 ± 0,9 | 1,5 (1,1; 2,1) | 0,8; 3,2 | 1,4 ± 0,6 | 1,2 (1,1; 1,8) | 0,8; 2,0 |

En%: % der Energiezufuhr; SFA: *saturated fatty acids* (gesättigte Fettsäuren); MUFA: *monounsaturated fatty acids* (einfach ungesättigte Fettsäuren); PUFA: *polyunsaturated fatty acids* (mehrfach ungesättigte Fettsäuren); MW: Mittelwert; SD: Standardabweichung; Median: 50. Perzentil; Q1: 25. Perzentil; Q3: 75. Perzentil; P10: 10. Perzentil und P90: 90. Perzentil (adjustierte Werte)

a aus Lebensmitteln und Getränken

**Tabelle 4/16a:** Zufuhr von Vitaminen und Mineralstoffen bei Proband*innen der VeChi-Youth-Studie stratifiziert nach Ernährungsform und Altersgruppe (6 bis unter 10 Jahre)

| | Ernährungsform | | | | | | | | |
|---|---|---|---|---|---|---|---|---|---|
| | Vegetarisch | | | Vegan | | | Omnivor | | |
| | MW ± SD | Median (Q1; Q3) | P10; P90 | MW ± SD | Median (Q1; Q3) | P10; P90 | MW ± SD | Median (Q1; Q3) | P10; P90 |
| **Vitamin A (RE)** [µg/Tag] | 864 ± 520 | 725 (493; 1092) | 363; 1538 | 744 ± 497 | 579 (367; 1065) | 279; 1457 | 806 ± 390 | 738 (578; 905) | 348; 1505 |
| **Vitamin E (TE)** [mg/Tag] | 13,2 ± 4,7 | 12,9 (9,3; 16,1) | 7,5; 19,7 | 15,5 ± 5,5 | 15,9 (9,9; 19,0) | 8,6; 23,5 | 8,6 ± 4,3 | 7,7 (5,0; 11,1) | 4,0; 13,7 |
| **Thiamin (Vitamin $B_1$)** [mg/Tag] | 0,8 ± 0,2 | 0,8 (0,6; 0,9) | 0,5; 1,0 | 0,9 ± 0,3 | 0,9 (0,7; 1,1) | 0,5; 1,2 | 0,7 ± 0,3 | 0,6 (0,5; 0,8) | 0,4; 1,1 |
| **Riboflavin (Vitamin $B_2$)** [mg/Tag] | 0,8 ± 0,3 | 0,7 (0,5; 0,9) | 0,4; 1,2 | 0,6 ± 0,3 | 0,6 (0,4; 0,7) | 0,3; 0,8 | 0,9 ± 0,3 | 0,8 (0,7; 1,1) | 0,5; 1,4 |
| **Folat** [µg/Tag] | 198 ± 67 | 192 (154; 244) | 122; 264 | 246 ± 107 | 252 (167; 289) | 130; 358 | 151 ± 56 | 143 (124; 186) | 78; 223 |
| **Vitamin $B_{12}$** [µg/Tag] | 1,1 ± 1,0 | 0,9 (0,3; 1,5) | 0,1; 2,5 | 0,2 ± 0,3 | 0,1 (0,0; 0,3) | 0,0; 0,6 | 2,4 ± 1,0 | 2,3 (1,8; 3,0) | 1,0; 3,7 |
| **Vitamin C** [mg/Tag] | 87 ± 41 | 85 (58; 113) | 39; 128 | 99 ± 55 | 85 (55; 144) | 33; 183 | 78 ± 42 | 62 (44; 112) | 35; 138 |
| **Calcium** [mg/Tag] | 562 ± 212 | 503 (405; 693) | 305; 901 | 529 ± 227 | 488 (379; 732) | 238; 792 | 618 ± 210 | 592 (469; 752) | 383; 992 |
| **Magnesium** [mg/Tag] | 299 ± 73 | 295 (241; 348) | 221; 396 | 389 ± 130 | 385 (294; 508) | 185; 576 | 227 ± 78 | 220 (172; 269) | 134; 337 |
| **Eisen** [mg/Tag] | 11,6 ± 3,2 | 11,0 (9,9; 12,8) | 7,9; 16,6 | 14,4 ± 4,8 | 14,2 (10,6; 17,5) | 9,1; 20,3 | 8,7 ± 3,2 | 7,9 (6,6; 10,8) | 5,3; 14,2 |
| **Zink** [mg/Tag] | 7,2 ± 1,8 | 7,1 (6,0; 8,2) | 4,7; 9,2 | 7,9 ± 2,4 | 8,3 (6,4; 9,9) | 4,1; 10,9 | 7,3 ± 2,4 | 7,2 (5,8; 9,0) | 3,9; 10,3 |

MW: Mittelwert; SD: Standardabweichung; Median: 50. Perzentil; Q1: 25. Perzentil; Q3: 75. Perzentil; P10: 10. Perzentil und P90: 90. Perzentil (adjustierte Werte); RE: Retinol-Äquivalente *(retinol equivalents)*; TE: Tocopherol-Äquivalent *(tocopherol equivalents)*

**Tabelle 4/16b:** Zufuhr von Vitaminen und Mineralstoffen bei Proband*innen der VeChi-Youth-Studie stratifiziert nach Ernährungsform und Altersgruppe (10 bis unter 15 Jahre)

| | Ernährungsform | | | | | | | | |
|---|---|---|---|---|---|---|---|---|---|
| | Vegetarisch | | | Vegan | | | Omnivor | | |
| | MW ± SD | Median (Q1; Q3) | P10; P90 | MW ± SD | Median (Q1; Q3) | P10; P90 | MW ± SD | Median (Q1; Q3) | P10; P90 |
| **Vitamin A (RE)** [µg/Tag] | 815 ± 349 | 751 (535; 1110) | 362; 1290 | 873 ± 496 | 767 (610; 1080) | 356; 1443 | 1022 ± 600 | 893 (615; 1257) | 430; 1734 |
| **Vitamin E (TE)** [mg/Tag] | 13,8 ± 0,7 | 12,7 (8,5; 18,1) | 6,3; 22,9 | 15,8 ± 6,0 | 15,5 (11,1; 19,8) | 8,5; 22,3 | 13,0 ± 5,1 | 11,9 (8,9; 17,7) | 6,7; 20,8 |
| **Thiamin (Vitamin $B_1$)** [mg/Tag] | 0,8 ± 0,3 | 0,8 (0,6; 1,0) | 0,5; 1,2 | 1,0 ± 0,4 | 0,9 (0,7; 1,2) | 0,7; 1,6 | 0,9 ± 0,3 | 0,8 (0,7; 1,0) | 0,6; 1,4 |
| **Riboflavin (Vitamin $B_2$)** [mg/Tag] | 0,9 ± 0,4 | 0,8 (0,7; 1,0) | 0,5; 1,4 | 0,6 ± 0,2 | 0,6 (0,5; 0,8) | 0,3; 1,0 | 1,1 ± 0,4 | 1,0 (0,7; 1,3) | 0,6; 1,8 |
| **Folat** [µg/Tag] | 225 ± 86 | 214 (171; 272) | 114; 341 | 250 ± 101 | 236 (183; 310) | 140; 391 | 215 ± 87 | 193 (149; 273) | 121; 311 |
| **Vitamin $B_{12}$** [µg/Tag] | 1,3 ± 1,0 | 1,0 (0,6; 2,0) | 0,2; 2,9 | 0,2 ± 0,3 | 0,1 (0,0; 0,4) | 0,0; 0,7 | 3,0 ± 1,5 | 2,6 (2,1; 4,2) | 1,5; 5,0 |
| **Vitamin C** [mg/Tag] | 82 ± 47 | 71 (44; 107) | 37; 142 | 121 ± 66 | 117 (65; 169) | 48; 213 | 91 ± 55 | 69 (55; 124) | 38; 169 |
| **Calcium** [mg/Tag] | 690 ± 323 | 618 (442; 830) | 382; 1275 | 552 ± 304 | 435 (312; 555) | 270; 941 | 783 ± 295 | 719 (538; 1033) | 450; 1206 |
| **Magnesium** [mg/Tag] | 309 ± 99 | 309 (231; 363) | 193; 459 | 418 ± 165 | 356 (327; 504) | 280; 635 | 293 ± 94 | 267 (225; 358) | 200; 413 |
| **Eisen** [mg/Tag] | 12,2 ± 4,6 | 12,7 (9,2; 14,1) | 6,8; 15,9 | 15,1 ± 5,5 | 13,5 (11,1; 18,2) | 9,2; 22,4 | 11,0 ± 3,3 | 10,3 (8,7; 12,6) | 7,5; 15,0 |
| **Zink** [mg/Tag] | 7,7 ± 2,0 | 7,5 (5,9; 9,3) | 5,1; 10,4 | 8,6 ± 3,3 | 8,1 (6,5; 10,2) | 5,6; 12,0 | 9,0 ± 2,6 | 8,6 (7,0; 11,1) | 6,0; 12,2 |

MW: Mittelwert; SD: Standardabweichung; Median: 50. Perzentil; Q1: 25. Perzentil; Q3: 75. Perzentil; P10: 10. Perzentil und P90: 90. Perzentil (adjustierte Werte); RE: Retinol-Äquivalente *(retinol equivalents)*; TE: Tocopherol-Äquivalent *(tocopherol equivalents)*

**Tabelle 4/16c:** Zufuhr von Vitaminen und Mineralstoffen bei Proband*innen der VeChi-Youth-Studie stratifiziert nach Ernährungsform und Altersgruppe (15 bis unter 19 Jahre)

| | Ernährungsform | | | | | | | | |
|---|---|---|---|---|---|---|---|---|---|
| | Vegetarisch | | | Vegan | | | Omnivor | | |
| | MW ± SD | Median (Q1; Q3) | P10; P90 | MW ± SD | Median (Q1; Q3) | P10; P90 | MW ± SD | Median (Q1; Q3) | P10; P90 |
| **Vitamin A (RE)** [µg/Tag] | 844 ± 382 | 805 (550; 937) | 393; 1499 | 1180 ± 791 | 963 (615; 1461) | 398; 2381 | 1083 ± 667 | 931 (700; 1303) | 505; 1626 |
| **Vitamin E (TE)** [mg/Tag] | 12,7 ± 4,8 | 11,8 (9,1; 16,2) | 7,0; 19,4 | 17,9 ± 6,7 | 17,4 (12,3; 21,2) | 10,2; 28,2 | 13,5 ± 7,0 | 11,8 (8,5; 17,6) | 62,0; 20,9 |
| **Thiamin (Vitamin $B_1$)** [mg/Tag] | 0,8 ± 0,3 | 0,7 (0,6; 1,0) | 0,4; 1,2 | 1,1 ± 0,4 | 1,0 (0,8; 1,2) | 0,7; 15,0 | 1,0 ± 0,4 | 1,0 (0,7; 1,3) | 0,6; 1,6 |
| **Riboflavin (Vitamin $B_2$)** [mg/Tag] | 1,0 ± 0,4 | 1,0 (0,7; 1,2) | 0,4; 1,5 | 0,8 ± 0,4 | 0,8 (0,6; 9,5) | 4,3; 1,2 | 1,2 ± 0,5 | 1,1 (8,4; 1,4) | 0,7; 1,8 |
| **Folat** [µg/Tag] | 223 ± 91 | 217 (163; 260) | 111; 364 | 306 ± 156 | 266 (210; 339) | 173; 487 | 244 ± 1109 | 234 (161; 297) | 127; 363 |
| **Vitamin $B_{12}$** [µg/Tag] | 1,8 ± 1,5 | 1,4 (0,7; 2,6) | 0,4; 3,1 | 0,4 ± 0,8 | 0,2 (0,0; 0,4) | 0,0; 0,9 | 3,5 ± 2,1 | 3,2 (1,9; 4,6) | 1,4; 6,5 |
| **Vitamin C** [mg/Tag] | 85 ± 54 | 74 (49; 105) | 38; 130 | 139 ± 94 | 121 (67; 167) | 50; 252 | 110 ± 59 | 103 (70; 139) | 44; 172 |
| **Calcium** [mg/Tag] | 880 ± 433 | 841 (517; 1081) | 418; 1500 | 640 ± 303 | 561 (432; 786) | 327; 1038 | 858 ± 347 | 804 (557; 1030) | 464; 1379 |
| **Magnesium** [mg/Tag] | 321 ± 114 | 318 (250; 391) | 185; 477 | 500 ± 220 | 452 (367; 572) | 300; 731 | 358 ± 134 | 343 (266; 455) | 196; 536 |
| **Eisen** [mg/Tag] | 11,8 ± 4,0 | 11,9 (9,1; 14,4) | 6,9; 17,6 | 18,6 ± 9,0 | 17,0 (13,8; 20,7) | 11,6; 26,2 | 13,0 ± 4,5 | 12,2 (9,0; 16,9) | 8,2; 19,2 |
| **Zink** [mg/Tag] | 9,1 ± 3,1 | 8,8 (6,4; 11,2) | 4,9; 13,5 | 9,6 ± 3,9 | 8,7 (7,1; 10,7) | 6,6; 14,1 | 11,3 ± 4,1 | 10,7 (7,9; 13,5) | 6,2; 18,1 |

MW: Mittelwert; SD: Standardabweichung; Median: 50. Perzentil; Q1: 25. Perzentil; Q3: 75. Perzentil; P10: 10. Perzentil und P90: 90. Perzentil (adjustierte Werte); RE: Retinol-Äquivalente *(retinol equivalents)*; TE: Tocopherol-Äquivalent *(tocopherol equivalents)*

4.3

**Tabelle 4/17:** Ergebnisse der Kovarianzanalysen zu Unterschieden bei der Energie- und Nährstoffzufuhr bei Proband*innen (6 bis < 19 Jahre) der VeChi-Youth-Studie[a]

| | Gesamtmodell | Paarweise Vergleiche | | | | | |
|---|---|---|---|---|---|---|---|
| | | VG vs. VN | | VG vs. OM | | VN vs. OM | |
| | p | β | p | β | p | β | p |
| **Energie** [kcal/Tag][b] | 0,1452 | 0,72 | 0,2905 | –0,65 | 0,3105 | –1,37 | 0,0497 |
| **Energiedichte** [kcal/100 g][c] | 0,2307 | 0,03 | 0,3139 | –0,03 | 0,4275 | –0,06 | 0,0871 |
| **Protein** [g/kg KG][d] | 0,0005 | –0,06 | 0,0121 | –0,08 | 0,0001 | –0,03 | 0,2677 |
| **Kohlenhydrate En%** [d] | < 0,0001 | –0,09 | 0,0999 | 0,32 | < 0,0001 | 0,41 | < 0,0001 |
| **Ballaststoffe** [g/1 000 kcal][c] | < 0,0001 | –0,40 | < 0,0001 | 0,19 | < 0,0001 | 0,59 | < 0,0001 |
| **zugesetzte Zucker En%** [d] | < 0,0001 | 0,68 | < 0,0001 | –0,02 | 0,8784 | –0,70 | < 0,0001 |
| **Fett En%** [d] | < 0,0001 | 0,22 | 0,0041 | –0,23 | 0,0019 | –0,45 | < 0,0001 |
| **SFA En%** | < 0,0001 | 4,47 | < 0,0001 | –3,02 | < 0,0001 | –7,49 | < 0,0001 |
| **MUFA En%** [c, e] | < 0,0001 | 0,08 | 0,0311 | –0,11 | 0,0011 | –0,19 | < 0,0001 |
| **PUFA En%** [c] | < 0,0001 | –0,36 | < 0,0001 | 0,22 | < 0,0001 | 0,59 | < 0,0001 |
| **Wasser** [g/kcal][d, e] | 0,0020 | –0,09 | 0,0008 | –0,01 | 0,6249 | 0,07 | 0,0050 |
| **Vitamin A (RE)** [µg/Tag][c, e, f] | 0,4244 | –0,05 | 0,4230 | –0,07 | 0,2000 | –0,03 | 0,6834 |
| **Vitamin E (TE)** [mg/Tag][d, f] | < 0,0001 | –15,8 | < 0,0001 | 10,49 | < 0,0001 | 26,30 | < 0,0001 |
| **Thiamin (Vitamin $B_1$)** [µg/Tag][d, f] | < 0,0001 | –0,04 | < 0,0001 | –0,01 | 0,2253 | 0,03 | < 0,0001 |
| **Riboflavin (Vitamin $B_2$)** [µg/Tag][f, g] | < 0,0001 | 0,03 | < 0,0001 | –0,02 | 0,0023 | –0,05 | < 0,0001 |
| **Folat** [µg/Tag][c, f] | < 0,0001 | –0,24 | < 0,0001 | 0,13 | 0,0011 | 0,37 | < 0,0001 |
| **Vitamin $B_{12}$** [µg/1 000 kcal][h] | < 0,0001 | – | < 0,0001 | – | < 0,0001 | – | < 0,0001 |
| **Vitamin C** [mg/Tag][c, f] | < 0,0001 | –0,35 | < 0,0001 | –0,05 | 0,4945 | 0,30 | < 0,0001 |
| **Calcium** [mg/Tag][b, f] | < 0,0001 | 2,3 | < 0,0001 | –0,22 | 0,6793 | –2,53 | < 0,0001 |
| **Magnesium** [mg/Tag][d, f] | < 0,0001 | –3,48 | < 0,0001 | 1,06 | 0,0002 | 4,54 | < 0,0001 |
| **Eisen** [mg/Tag][b, e, f] | < 0,0001 | –0,42 | < 0,0001 | 0,16 | < 0,0001 | 0,58 | < 0,0001 |
| **Zink** [mg/Tag][d, f] | < 0,0001 | –0,17 | < 0,0001 | –0,10 | 0,0060 | 0,07 | 0,0613 |
| **Gesamtverzehr** [g/Tag][d, i] | 0,0295 | –1,72 | 0,0093 | –0,43 | 0,4882 | 1,28 | 0,0585 |

VG: Vegetarier*innen; VN: Veganer*innen; OM: Omnivor*innen; En%: % der Energiezufuhr; SFA: *saturated fatty acids* (gesättigte Fettsäuren); MUFA: *monounsaturated fatty acids* (einfach ungesättigte Fettsäuren); PUFA: *polyunsaturated fatty acids* (mehrfach ungesättigte Fettsäuren)

a adjustiert für Alter [Jahre] und Geschlecht
b Konstante addiert und Wurzel gezogen
c logarithmiert
d Wurzel gezogen
e winsorisiert
f zusätzlich adjustiert für Energiezufuhr (kcal/Tag)
g doppelt logarithmiert
h Kruskal-Wallis-Test bzw. Wilcoxon-Two-Sample-Test
i ohne Getränke

Die Zufuhr von **Vitaminen und Mineralstoffen** (ohne NEM) unterschied sich mit Ausnahme von Vitamin A zwischen den Ernährungsformen hoch signifikant (jeweils $p < 0{,}0001$ im Gesamtmodell, adjustiert für Alter, Geschlecht und Energiezufuhr).

Sich vegan ernährende Kinder hatten im Mittel die höchste Zufuhr an Vitamin E, Thiamin (Vitamin $B_1$), Folat, Vitamin C, Magnesium und Eisen, aber die niedrigste Zufuhr an Riboflavin (Vitamin $B_2$), Vitamin $B_{12}$ und Calcium.

Sich omnivor ernährende Kinder und Jugendliche wiesen die höchste Zufuhr an Riboflavin auf. Die Zufuhr an Zink war in der jüngsten Altersgruppe bei den sich vegan ernährenden Kindern und in den anderen Altersgruppen bei den sich omnivor ernährenden Kindern und Jugendlichen am höchsten (Tab. 4/16a–c).

**Sich vegan ernährende Proband*innen wiesen im Mittel die höchste Zufuhr an Vitamin E, Thiamin (Vitamin $B_1$), Folat, Vitamin C, Magnesium und Eisen auf, aber die niedrigste Zufuhr an Riboflavin (Vitamin $B_2$), Vitamin $B_{12}$ und Calcium.**



Die **D-A-CH-Referenzwerte** für Vitamin C, Magnesium und Zink wurden im Median von allen drei Ernährungsgruppen überschritten (Abb. 4/6). Für Vitamin E erreichten nur Vegetarier*innen und Veganer*innen im Median die D-A-CH-Referenzwerte, der Median der sich omnivor ernährenden Kinder und Jugendlichen lag bei 92,4 % der Referenzwerte. Die D-A-CH-Referenzwerte für Folat und Eisen wurden nur von den Veganer*innen im Median erreicht (103,4 % und 120,1 %). Bei Vitamin A und Thiamin lag die mediane Zufuhr in allen drei Ernährungsgruppen zwischen 80 % und 95 % der D-A-CH-Referenzwerte. Bei Riboflavin lag der Median bei 62,4 % (Veganer*innen), 75,2 % (Vegetarier*innen) und 84,2 % (Omnivor*innen). Die D-A-CH-Referenzwerte für Calcium wurden von den Vegetarier*innen zu 56,4 %, den Veganer*innen zu 45,8 % und den Omnivor*innen zu 66,6 % erreicht. Die deutlichsten Unterschiede bei der Erreichung der D-A-CH-Referenzwerte zeigten sich bei Vitamin $B_{12}$ (Vegetarier*innen: 31,6 %, Veganer*innen: 4,3 % und Omnivor*innen: 86,3 %).

**Bei Calcium wurden die D-A-CH-Referenzwerte von den Vegetarier*innen zu 56,4 %, den Veganer*innen zu 45,8 % und den Omnivor*innen zu 66,6 % erreicht.**

### 4.3.10 Nährstoffversorgung und Blutlipide

Der Status der Nährstoffversorgung der Proband*innen (d. h. der Vergleich der Blutwerte mit den Normbereichen) wird in Abbildung 4/8 dargestellt, der Vergleich der **Blutlipide** mit den Grenzwerten der Deutschen Gesellschaft für Kardiologie [21] (s. jeweils Tab. 4/2) in Abbildung 4/9.

In Tabelle 4/18a–c werden die Blutkonzentrationen der untersuchten Nährstoffe dargestellt, ebenso wie die geschätzte Tagesausscheidung von Jod im Urin (jeweils stratifiziert nach Altersgruppe und Ernährungsform). Die Ergebnisse der Kovarianzanalyse zu Unterschieden zwischen den Ernährungsformen (adjustiert für Alter und Geschlecht) finden sich in Tabelle 4/19.

Der Anteil von Proband*innen mit einem niedrigen Versorgungsstatus war bei **Riboflavin (Vitamin $B_2$)** am höchsten (n = 192 der Proband*innen: 47,9 %). Darunter waren 76 (51,0 %) der sich vegetarisch, 63 (54,8 %) der sich vegan und 53 (38,7 %) der sich omnivor ernährenden Proband*innen. Ein*e sich omnivor ernährende*r Proband*in (0,7 %) hatte eine Riboflavin-Konzentration über dem Normbereich.



Bei **Vitamin D** lag der Anteil von Proband*innen mit einem niedrigen Versorgungsstatus (Blutwerte unter Normbereich, siehe Tab. 4/2) bei 30,6 % (n = 121). Darunter waren 53 (35,8 %) der sich vegetarisch, 30 (26,8 %) der sich vegan und 38 (27,9 %) der sich omnivor ernährenden Proband*innen.

Einen niedrigen **Folat**status hatten nur 14 Proband*innen (3,6 %). Darunter waren acht (5,5 %) der sich vegetarisch, zwei (1,8 %) der sich vegan und vier (3,0 %) der sich omnivor ernährenden Proband*innen. Zwei (1,8 %) Proband*innen, die sich vegetarisch, und ein*e Proband*in, welche sich ominvor ernährte (0,7 %) hatten eine Folatkonzentration im Serum über dem Normbereich.

Die **Folat**konzentrationen waren bei den Veganer*innen in allen Altersgruppen mit > 320 µg/l am höchsten. Dies wurde auch anhand der Kovarianzanalyse durch den paarweisen Vergleich bestätigt, wobei Veganer*innen sowohl im Vergleich zu Vegetarier*innen als auch zu Omnivor*innen signifikant höhere Blutkonzentrationen aufwiesen (jeweils p < 0,010001).

Beide untersuchten Marker für die Versorgung mit **Vitamin $B_{12}$** zeigten keinen signifikanten Unterschied zwischen den Ernährungsformen. Allerdings hatten Vegetarier*innen eine marginal niedrigere Holo-TC-Konzentration als Veganer*innen (p = 0,0037). Die mittleren Holo-TC-Konzentrationen waren bei den Vegetarier*innen in allen Altersgruppen am niedrigsten.

Nur drei Proband*innen hatten einen niedrigen Gehalt an **Holo-TC** im Serum (ein*e Vegetarier*in [0,7 %] und zwei Veganer*innen [1,9 %]). Werte über dem Normbereich hatten elf (7,6 %) der sich vegetarisch, 18 (16,8 %) der sich vegan und sechs (4,4 %) der sich omnivor ernährenden Proband*innen.

Auch **MMA** lag überwiegend im Normbereich (n = 356 Proband*innen; 90,4 %). Werte über dem Normbereich, die auf eine unzureichende Versorgung mit Vitamin $B_{12}$ hindeuten, hatten 20 (13,5 %) der sich vegetarisch, zehn (8,9 %) der sich vegan und acht (6,0 %) der sich omnivor ernährenden Proband*innen.

**Die Parameter der Vitamin-$B_{12}$-Versorgung lagen bei den sich vegetarisch und vegan ernährenden Proband*innen, ebenso wie bei den Omnivor*innen überwiegend im Normbereich.**

Bei 16 Proband*innen (4,1 %) lag die **Hämoglobin**konzentration unter dem alters- und geschlechtsspezifischen Normbereich. Darunter waren acht (5,4 %) der sich vegetarisch ernährenden, vier (3,6 %) der sich vegan ernährenden und vier (3,0 %) der sich omnivor ernährenden Proband*innen.

Eine niedrige Konzentration von **Ferritin** im Serum hatten 26 (6,6 %) der Proband*innen. Darunter waren zehn (6,8 %) der sich vegetarisch ernährenden, zehn (8,9 %) der sich vegan ernährenden und sechs (4,4 %) der sich omnivor ernährenden Proband*innen. Je ein*e sich vegetarisch und omnivor ernährende*r Proband*in (0,7 %) hatte Ferritinwerte über dem Normbereich. Während sich die Konzentration von **Hämoglobin** nicht zwischen den Ernährungsformen unterschied, hatten sich vegetarisch ($p = 0,0081$) und sich vegan ($p = 0,0031$) ernährende Proband*innen eine marginal signifikant niedrigere Konzentration von **Ferritin** im Serum. Sich omnivor ernährende Proband*innen hatten in allen Altersgruppen die höchsten mittleren Ferritinkonzentrationen.

4.3

**Abbildung 4/8:** Anteil von Proband*innen [%] der VeChi-Youth-Studie mit Werten zum Versorgungsstatus bei ausgewählten Vitaminen und Eisen im Normbereich [grün], unterhalb des Normbereichs [blau] und oberhalb des Normbereichs [orange] (labordiagnostische Normbereiche siehe Tab. 4/2)

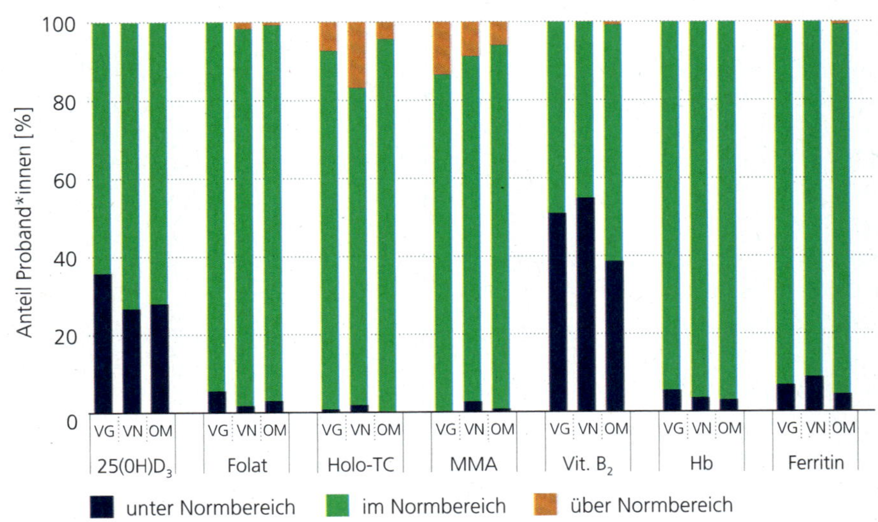


Hb: Hämoglobin; Holo-TC: Holo-Transcobalamin; MMA: Methylmalonsäure; VG: vegetarisch; VN: vegan; OM: omnivor; 25(OH)$D_3$: 25-Hydroxyvitamin-$D_3$; Vit. $B_2$: Vitamin $B_2$

**Abbildung 4/9:** Anteil von Proband*innen [%] der VeChi-Youth-Studie mit Blutlipidkonzentrationen im optimalen Bereich [grün] oder außerhalb des optimalen Bereichs [orange] (labordiagnostische Normbereiche siehe Tab. 4/2)

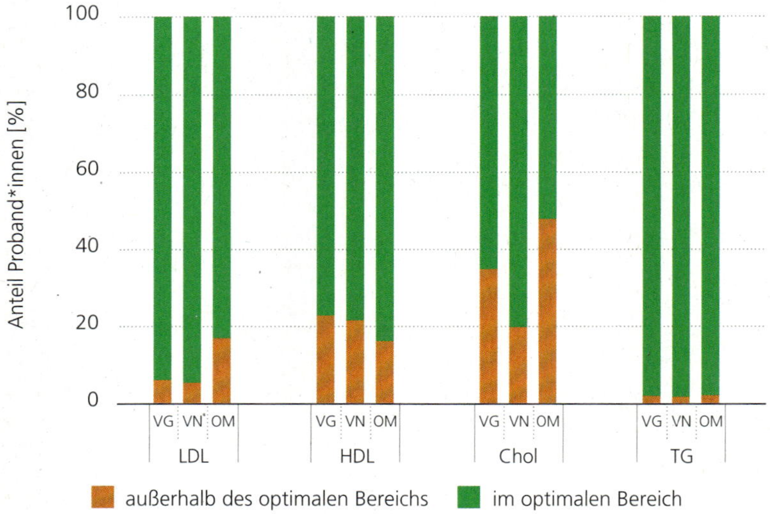


LDL: *Low Density* Lipoprotein; HDL: *High Density* Lipoprotein;
Chol: Gesamt-Cholesterol; TG: Triglyceride; VG: vegetarisch; VN: vegan; OM: omnivor



Einen **Gesamt-Cholesterol**wert im optimalen Bereich (< 155 mg/dl) hatten 255 Proband*innen (64,4 %). Erhöhte Werte (≥ 155 mg/dl) hatten 52 (34,9 %) der sich vegetarisch, 24 (21,6 %) der sich vegan und 65 (47,8 %) der sich omnivor ernährenden Proband*innen.

Einen **LDL-Cholesterol**wert im optimalen Bereich (< 115 mg/dl) hatten 357 Proband*innen (90,4 %). Hohe Werte für LDL-Cholesterol (≥ 115 mg/dl) hatten neun (6,1 %) der sich vegetarisch, sechs (5,4 %) der sich vegan und 23 (16,9 %) der sich omnivor ernährenden Proband*innen. Die Mehrheit des Kollektivs hatte wünschenswert hohe **HDL-Cholesterol**werte (Mädchen > 48 mg/dl, Jungen > 40 mg/dl; n = 316; 79,8 %). Einen niedrigen HDL-Wert (Mädchen ≤ 48 mg/dl, Jungen ≤ 40 mg/dl) hatten 80 Proband*innen, darunter waren 34 (22,8 %) der sich vegetarisch, 24 (21,6 %) der sich vegan und 22 (16,2 %) der sich omnivor ernährenden Proband*innen.

Fast alle Proband*innen (n = 388; 97,9 %) hatten eine **Triglycerid**-Konzentration im optimalen Bereich (< 150 mg/dl). Nur drei Proband*innen (2,0 %) der sich vegetarisch ernährenden, zwei (1,8 %) der sich vegan ernährenden und zwei (2,2 %) der sich omnivor ernährenden Proband*innen hatten Werte oberhalb des Grenzwerts.

Bei den **Blutlipiden** gab es im Gesamtmodell signifikante Unterschiede beim LDL-Cholesterol und Gesamt-Cholesterol ($p < 0{,}0001$). In beiden Fällen hatten sich vegan ernährende Proband*innen signifikant niedrigere Werte ($p \leq 0{,}0005$).

Bei der aus dem Spontanurin geschätzten 24 Stunden-**Jod**ausscheidung hatten die Veganer*innen in den beiden jüngeren Altersgruppen im Mittel die niedrigsten Werte (36 µg/Tag und 51 µg/Tag), in der ältesten Altersgruppe jedoch die höchsten (93 µg/Tag). Im Gesamtmodell waren die Unterschiede marginal signifikant ($p = 0{,}0020$), im paarweisen Vergleich nur zwischen den Veganer*innen und Vegetarier*innen (marginal signifikant, $p = 0{,}0029$) bzw. Veganer*innen und Omnivor*innen (marginal signifikant, $p = 0{,}0012$). Bei keiner Ernährungsform erreichte die mediane Jodausscheidung als ein Biomarker für die Jodzufuhr (s. Abschnitt 4.2.4) die für diese Altersgruppen vorgesehenen D-A-CH-Referenzwerte für Jod von 120 bis 200 µg/Tag [32].

**Signifikante Unterschiede zwischen den Ernährungsformen bei den untersuchten Parametern der Nährstoffversorgung gab es nur bei Ferritin, Folat und Jod, bei den Blutlipiden waren nur die Unterschiede zwischen den Ernährungsformen bei LDL- und Gesamt-Cholesterol signifikant.**

**Tabelle 4/18a:** Parameter der Nährstoffversorgung und Blutlipide bei Proband*innen der VeChi-Youth-Studie stratifiziert nach Ernährungsform und Altersgruppe (6 bis unter 10 Jahre)[a]

| | Ernährungsform | | | | | | | | |
|---|---|---|---|---|---|---|---|---|---|
| | Vegetarisch | | | Vegan | | | Omnivor | | |
| | MW ± SD | Median (Q1; Q3) | P10; P90 | MW ± SD | Median (Q1; Q3) | P10; P90 | MW ± SD | Median (Q1; Q3) | P10; P90 |
| **25(OH)D$_3$** [µg/l] | 25,8 ± 11,7 | 23,7 (18,1; 31,0) | 14,6; 43,7 | 28,3 ± 9,0 | 29,1 (22,8; 34,3) | 16,0; 37,7 | 24,7 ± 8,6 | 23,6 (17,8; 32,4) | 15,3; 35,6 |
| **Folat** [µg/l] | 286 ± 58 | 280 (250; 316) | 228; 364 | 322 ± 59 | 325 (290; 361) | 253; 282 | 281 ± 44 | 275 (252; 307) | 237; 347 |
| **Holo-TC** [pmol/l] | 70 ± 32 | 62 (46; 93) | 33; 128 | 94 ± 35 | 111 (62; 128) | 40; 128 | 74 ± 23 | 71 (55; 88) | 48; 104 |
| **MMA** [nmol/l] | 242 ± 290 | 161 (136; 203) | 110; 347 | 145 ± 58 | 127 (102; 174) | 85; 237 | 148 ± 46 | 136 (119; 161) | 93; 229 |
| **Riboflavin (Vit. B$_2$)** [µg/l] | 210 ± 37 | 204 (183; 244) | 166; 263 | 200 ± 34 | 195 (182; 209) | 165; 254 | 204 ± 33 | 206 (186; 229) | 149; 242 |
| **Hämoglobin** [g/dl] | 12,8 ± 0,9 | 12,7 (12,2; 13,6) | 12,0; 14,0 | 13,0 ± 0,8 | 13,1 (12,3; 13,4) | 12,1; 14,2 | 13,1 ± 0,8 | 13,3 (12,5; 13,7) | 11,8; 13,9 |
| **Ferritin** [µg/l] | 32 ± 19 | 26 (22; 35) | 17; 54 | 32 ± 17 | 28 (22; 40) | 16; 49 | 38 ± 19 | 36 (26; 43) | 19; 57 |
| **LDL** [mg/dl] | 78 ± 17 | 78 (65; 91) | 57; 100 | 70 ± 18 | 67 (54; 84) | 51; 92 | 96 ± 25 | 96 (80; 106) | 66; 136 |
| **HDL** [mg/dl] | 56 ± 15 | 54 (43; 69) | 39; 77 | 54 ± 12 | 52 (46; 61) | 41; 73 | 59 ± 12 | 57 (50; 67) | 47; 78 |
| **Chol** [mg/dl] | 143 ± 21 | 140 (130; 154) | 120; 170 | 132 ± 22 | 129 (117; 147) | 106; 167 | 163 ± 27 | 166 (139; 175) | 126; 200 |
| **Triglyceride** [mg/dl] | 75 ± 34 | 65 (52; 95) | 44; 110 | 81 ± 37 | 73 (62; 86) | 55; 92 | 64 ± 29 | 56 (49; 69) | 41; 98 |
| **Jod** [µg/d][b] | 59 ± 61 | 41 (32; 61) | 22; 84 | 36 ± 33 | 29 (17; 39) | 14; 58 | 43 ± 17 | 41 (31; 54) | 23; 64 |

MW: Mittelwert; SD: Standardabweichung; Median: 50. Perzentil; Q1: 25. Perzentil; Q3: 75. Perzentil; P10: 10. Perzentil und P90: 90. Perzentil (adjustierte Werte); 25(OH)D$_3$: 25-Hydroxyvitamin-D$_3$; Holo-TC: Holo-Transcobalamin; MMA: Methylmalonsäure; LDL: *Low Density* Lipoprotein; HDL: *High Density* Lipoprotein; Chol: Gesamt-Cholesterol

a Folat, MMA, Riboflavin (Vitamin B$_2$), Hämoglobin, Jod: jeweils 6 fehlende Werte; Holo-TC: 10 fehlende Werte; Triglyceride: 5 fehlende Werte
b Ausscheidung im Spontanurin, adjustiert für Kreatinin

**Tabelle 4/18b:** Parameter der Nährstoffversorgung und Blutlipide bei Proband*innen der VeChi-Youth-Studie stratifiziert nach Ernährungsform und Altersgruppe (10 bis unter 15 Jahre)[a]

| | Ernährungsform | | | | | | | | |
|---|---|---|---|---|---|---|---|---|---|
| | Vegetarisch | | | Vegan | | | Omnivor | | |
| | MW ± SD | Median (Q1; Q3) | P10; P90 | MW ± SD | Median (Q1; Q3) | P10; P90 | MW ± SD | Median (Q1; Q3) | P10; P90 |
| **25(OH)$D_3$** [µg/l] | 24,0 ± 10,1 | 21,5 (17,0; 31,7) | 13,3; 37,9 | 28,9 ± 13,9 | 25,6 (18,4; 35,4) | 14,9; 47,5 | 23,1 ± 8,1 | 23,2 (18,1; 28,0) | 12,9; 32,6 |
| **Folat** [µg/l] | 289 ± 57 | 291 (246; 320) | 221; 365 | 322 ± 53 | 318 (290; 349) | 263; 380 | 291 ± 52 | 280 (251; 346) | 231; 359 |
| **Holo-TC** [pmol/l] | 69 ± 31 | 61 (45; 85) | 35; 115 | 80 ± 34 | 81 (52; 110) | 38; 128 | 74 ± 24 | 72 (52; 92) | 44; 105 |
| **MMA** [nmol/l] | 172 ± 98 | 149 (119; 186) | 85; 237 | 183 ± 135 | 157 (115; 178) | 85; 331 | 176 ± 112 | 153 (119; 186) | 102; 246 |
| **Riboflavin (Vit. $B_2$)** [µg/l] | 195 ± 38 | 197 (171; 222) | 144; 250 | 193 ± 35 | 194 (164; 223) | 145; 239 | 207 ± 33 | 207 (190; 229) | 163; 240 |
| **Hämoglobin** [g/dl] | 13,4 ± 1,0 | 13,4 (12,8; 14,0) | 12,1; 14,6 | 13,4 ± 0,9 | 13,6 (12,8; 14,0) | 12,1; 14,6 | 13,5 ± 0,9 | 13,5 (12,8; 14,0) | 12,5; 14,6 |
| **Ferritin** [µg/l] | 29 ± 14 | 26 (19; 36) | 14; 45 | 36 ± 16 | 32 (26; 43) | 17; 53 | 37 ± 17 | 36 (25; 47) | 16; 54 |
| **LDL** [mg/dl] | 82 ± 19 | 80 (71; 92) | 59; 109 | 75 ± 22 | 72 (63; 90) | 49; 113 | 87 ± 28 | 88 (70; 102) | 54; 118 |
| **HDL** [mg/dl] | 59 ± 14 | 57 (49; 69) | 41; 74 | 57 ± 11 | 55 (49; 65) | 44; 73 | 59 ± 15 | 59 (50; 66) | 38; 76 |
| **Chol** [mg/dl] | 149 ± 22 | 149 (135; 163) | 121; 176 | 140 ± 22 | 140 (128; 154) | 110; 173 | 151 ± 34 | 152 (135; 171) | 110; 196 |
| **Triglyceride** [mg/dl] | 77 ± 39 | 71 (55; 88) | 49; 104 | 75 ± 25 | 69 (57; 85) | 45; 101 | 63 ± 18 | 60 (48; 78) | 41; 86 |
| **Jod** [µg/d][b] | 59 ± 36 | 48 (34; 79) | 23; 113 | 51 ± 44 | 37 (22; 64) | 17; 94 | 69 ± 38 | 59 (46; 87) | 30; 108 |

MW: Mittelwert; SD: Standardabweichung; Median: 50. Perzentil; Q1: 25. Perzentil; Q3: 75. Perzentil; P10: 10. Perzentil und P90: 90. Perzentil (adjustierte Werte); 25(OH)$D_3$: 25-Hydroxyvitamin-$D_3$; Holo-TC: Holo-Transcobalamin; MMA: Methylmalonsäure; LDL: *Low Density* Lipoprotein; HDL: *High Density* Lipoprotein; Chol: Gesamt-Cholesterol

a Hämoglobin, Ferritin, Riboflavon (Vitamin $B_2$), MMA, Folat: jeweils 1 fehlender Wert; Holo-TC: 4 fehlende Werte; Jod: 5 fehlende Werte

b Ausscheidung im Spontanurin, adjustiert für Kreatinin

4.3

**Tabelle 4/18c:** Parameter der Nährstoffversorgung und Blutlipide bei Proband*innen der VeChi-Youth-Studie stratifiziert nach Ernährungsform und Altersgruppe (15 bis unter 19 Jahre)[a]

| | Ernährungsform | | | | | | | | |
|---|---|---|---|---|---|---|---|---|---|
| | Vegetarisch | | | Vegan | | | Omnivor | | |
| | MW ± SD | Median (Q1; Q3) | P10; P90 | MW ± SD | Median (Q1; Q3) | P10; P90 | MW ± SD | Median (Q1; Q3) | P10; P90 |
| **25(OH)D$_3$** [µg/l] | 24,3 ± 11,1 | 24,0 (16,2; 31,2) | 10,6; 39,8 | 26,8 ± 13,2 | 24,2 (18,8; 31,4) | 13,6;38;1 | 28,8 ± 13,1 | 27,0 (19,4; 35,8) | 15,0;344,7 |
| **Folat** [µg/l] | 292 ± 59 | 275 (258; 312) | 235; 367 | 332 ± 87 | 304 (265; 371) | 237;479 | 311 ± 75 | 295 (259; 339) | 234;409 |
| **Holo-TC** [pmol/l] | 54 ± 23 | 50 (37; 67) | 30; 87,5 | 60± 30 | 53 (37; 77) | 26;111 | 60± 25 | 54 (41; 69) | 34;99 |
| **MMA** [nmol/l] | 199 ± 131 | 153 (127; 237) | 94; 318 | 206 ± 226 | 144 (119; 199) | 93;280 | 180 ± 78 | 161 (119; 212) | 102;305 |
| **Riboflavin (Vit. B$_2$)** [µg/l] | 198 ± 31 | 194 (175; 214) | 165; 242 | 197 ± 42,9 | 199 (165; 213) | 142;253 | 210 ± 45 | 206 (191; 222) | 178;244 |
| **Hämoglobin** [g/dl] | 13,7 ± 1,4 | 13,6 (12,6; 14,7) | 12,0; 15,8 | 14,4 ± 1,3 | 13,2 (12,5; 14,4) | 12,0;15,1 | 14,2 ± 1,4 | 14,2 (13,4; 15,4) | 12,4;16,0 |
| **Ferritin** [µg/l] | 41 ± 32 | 34 (18; 47) | 14; 82 | 32 ± 19 | 29 (19; 43) | 13;49 | 52 ± 30 | 45 (26; 72) | 21;96 |
| **LDL** [mg/dl] | 86 ± 29 | 80 (68; 95) | 58; 128 | 72 ± 22 | 74 (57; 83) | 45;106 | 90 ± 32 | 83 (66; 113) | 56;122 |
| **HDL** [mg/dl] | 56 ± 14 | 53 (47; 64) | 43; 73 | 56 ± 14 | 53 (48; 64) | 42;75 | 55 ± 14 | 53 (44; 64) | 38;71 |
| **Chol** [mg/dl] | 150 ± 35 | 142 (127; 171) | 117; 193 | 135 ± 29 | 134 (118; 146) | 104;172 | 152 ± 37 | 142 (127; 174) | 111;193 |
| **Triglyceride** [mg/dl] | 82 ± 31 | 72 (59; 107) | 48; 128 | 71 ± 31 | 65 (48; 82) | 42;120 | 76 ± 28 | 70 (56; 87) | 47;115 |
| **Jod** [µg/d][b] | 83 ± 50 | 71 (44; 116) | 31; 139 | 93 ± 77 | 72 (33; 124) | 23;187 | 88 ± 47 | 76 (53; 109) | 42;158 |

MW: Mittelwert; SD: Standardabweichung; Median: 50. Perzentil; Q1: 25. Perzentil; Q3: 75. Perzentil; P10: 10. Perzentil und P90: 90. Perzentil (adjustierte Werte); 25(OH)D$_3$: 25-Hydroxyvitamin-D$_3$; Holo-TC: Holo-Transcobalamin; MMA: Methylmalonsäure; LDL: *Low Density* Lipoprotein; HDL: *High Density* Lipoprotein; Chol: Gesamt-Cholesterol

a Hämoglobin: 1 fehlender Wert; Riboflavin (Vitamin B$_2$): 2 fehlende Werte; Jod: 4 fehlende Werte
b Ausscheidung im Spontanurin, adjustiert für Kreatinin

**Tabelle 4/19:** Ergebnisse der Kovarianzanalysen zu Unterschieden bei der Versorgung mit Nährstoffen und den Blutlipiden von Proband*innen der VeChi-Youth-Studie (adjustiert für Alter [Jahre] und Geschlecht)

| | Gesamt | | Paarweise Vergleiche | | | | | |
|---|---|---|---|---|---|---|---|---|
| | | | VG vs. VN | | VG vs. OM | | VN vs. OM | |
| | n | p-Wert | β | p-Wert | β | p-Wert | β | p-Wert |
| **Nährstoffversorgung** | | | | | | | | |
| **Hämoglobin** [g/dl] | 393 | 0,3362 | 0,02 | 0,9014 | –0,16 | 0,2054 | –0,17 | 0,1982 |
| **Ferritin** [µg/l][a] | 395 | 0,0051 | –0,02 | 0,9303 | –0,57 | 0,0031 | –0,55 | 0,0081 |
| **Riboflavin (Vitamin $B_2$)** [µg/Tag] | 392 | 0,0771 | 4,53 | 0,3288 | –6,30 | 0,1584 | –10,80 | 0,0253 |
| **$25(OH)D_3$** [µg/l][a] | 396 | 0,0572 | –0,32 | 0,0171 | –0,11 | 0,3732 | 0,21 | 0,1360 |
| **Holo-TC** [pmol/l][b] | 387 | 0,0115 | –0,16 | 0,0037 | 0,10 | 0,0549 | 0,06 | 0,2809 |
| **MMA** [nmol/l][c] | 394 | 0,1123 | < –0,01 | 0,0306 | < –0,01 | 0,3726 | < 0,01 | 0,2317 |
| **Folat** [µg/l] | 393 | < 0,0001 | –37,00 | < 0,0001 | –3,20 | 0,6632 | 33,78 | < 0,0001 |
| **Jod** [µg/l][d, e] | 393 | 0,0020 | 0,06 | 0,0029 | –0,01 | 0,7096 | –0,07 | 0,0012 |
| **Blutlipide** | | | | | | | | |
| **Triglyceride** [mg/dl][b] | 396 | 0,0208 | 0,04 | 0,3552 | 0,12 | 0,0058 | 0,08 | 0,0968 |
| **LDL** [mg/dl] | 395 | < 0,0001 | 10,40 | 0,0007 | –9,10 | 0,0019 | –19,50 | < 0,0001 |
| **HDL** [mg/dl][c] | 396 | 0,5901 | < –0,01 | 0,7766 | < 0,01 | 0,4467 | < 0,01 | 0,3293 |
| **Gesamt-Cholesterol**[a] | 396 | < 0,0001 | 0,52 | 0,0005 | –0,31 | 0,0290 | –0,83 | < 0,0001 |

VG: Vegetarier*innen; VN: Veganer*innen; OM: Omnivor*innen; $25(OH)D_3$: 25-Hydroxyvitamin-$D_3$; Holo-TC: Holo-Transcobalamin; MMA: Methylmalonsäure; LDL: *Low Density* Lipoprotein; HDL: *High Density* Lipoprotein

a Wurzel
b Logarithmus
c Kehrwert
d Ausscheidung im Spontanurin, adjustiert für Kreatinin
e doppelter Logarithmus

4.3

## 4.4 Diskussion

In der vorliegenden Studie wurde erstmals die aktuelle Ernährung (2017 bis 2019) von den sich vegan und vegetarisch ernährenden im Vergleich zu den sich omnivor ernährenden Kindern und Jugendlichen im Alter von 6 bis unter 19 Jahren in Deutschland untersucht.

### 4.4.1 Kollektiv



Das **Studienkollektiv** bestand zu 57 % aus Mädchen. Es ist bekannt, dass pflanzliche Ernährungsweisen besonders bei Mädchen und jungen Frauen populär sind [3], weshalb weibliche Probandinnen in der Gruppe der Vegetarier*innen und Veganer*innen überwogen.

Auch die in der VeChi-Youth-Studie beobachtete hohe soziale Schicht des Kollektivs (drei Viertel mit einem hohen Winkler-Index) und der Wohnort in einer (Groß-)Stadt (< 10 % der Proband*innen lebten in einer Landgemeinde) stimmen mit den bekannten soziodemografischen Charakteristika von Vegetarier*innen und Veganer*innen überein [3]. Hierbei muss allerdings beachtet werden, dass aufgrund der Lage der Studienzentren in Ballungsgebieten mit einem höheren Anteil an Stadtbewohner*innen zu rechnen war. Der hohe Anteil von omnivoren Proband*innen aus Familien aus einer hohen sozialen Schicht ist wahrscheinlich auf das auch in anderen Studien [10] beobachtete höhere Interesse dieser Bevölkerungsgruppe an der Teilnahme an Ernährungsstudien zurückzuführen.

Die Definition der **Ernährungsform** in der VeChi-Youth-Studie berücksichtigt, dass nicht alle Personen, die sich selbst als Vegetarier*innen oder Veganer*innen bezeichnen, jederzeit konsequent Fleisch und Fisch bzw. alle tierischen Lebensmittel meiden [34]. Daher wurden zusätzlich zu den Selbstangaben der Ernährungsform Verzehrhäufigkeiten von tierischen Lebensmitteln abgefragt und 6,0 % der Proband*innen einer anderen Ernährungsform zugeordnet. Da das übergeordnete Ziel dieser Studie die gesundheitliche Bewertung einer „echten" veganen, d. h. rein pflanzlichen Ernährung, und einer „echten" vegetarischen Ernährung, d. h. ohne Fleisch und Fisch, war, hätte die Zuordnung von Proband*innen aufgrund der Selbstangaben die Interpretation der Ergebnisse verfälscht. Fehlende Unterschiede zwischen den Gruppen hätten dann auf die Inkonsequenz der Durchführung der Ernährung zurückgeführt werden können. Für Studien, die Aspekte des Verhaltens untersuchen, wäre dagegen eine Einteilung anhand der Selbstangaben von Vorteil.

Die **Dauer der Durchführung** der jeweiligen Ernährungsform lag bei Vegetarier*innen und Veganer*innen je nach Altersgruppe im Mittel zwischen vier und acht Jahren, jedoch mit einer weiten Streuung. Dieser Zeitraum wäre vermutlich lang genug, um bei einer unausgewogenen Ernährung ggf. messbare Veränderungen feststellen zu können. Allerdings handelt es sich dabei um Selbstangaben der Proband*innen.

Ebenfalls in Übereinstimmung mit anderen Studien mit Erwachsenen [13, 35] gab der große Anteil von Vegetarier*innen und Veganer*innen (70 %) in der VeChi-Youth-Studie ethische/tierrechtliche **Motive** als wichtigstes Motiv für die Wahl der Ernährungsform an. Die Entscheidung für eine pflanzenbasierte Ernährungsweise ist daher auch eine Entscheidung für eine Lebensweise, die auf einer bestimmten Ethik und definierten Überzeugungen beruht [35]. In einer qualitativen Studie mit erwachsenen Veganer*innen wurde beschrieben, dass für die Teilnehmenden eine Rückkehr zu einer omnivoren Ernährung nicht vorstellbar sei [13]. Dieser Aspekt muss bei der Kommunikation mit Kindern und Jugendlichen beachtet werden, die sich vegetarisch oder vegan ernähren. Anstatt eine vegane Ernährung grundsätzlich abzulehnen und ausschließlich auf eine Rückkehr zu einer omnivoren Ernährung zu verweisen, sollten Fachkräfte die potenziell kritischen Nährstoffe kennen und eine bestmögliche Unterstützung bei der Umsetzung einer bedarfsgerechten veganen Ernährungsweise bieten können.

Das Praktizieren einer Ernährungsweise scheint häufig ein familiäres Charakteristikum zu sein. Der Vergleich der Ernährungsformen der Proband*innen mit denen der Eltern zeigte eine hohe Übereinstimmung, besonders bei den sich omnivor ernährenden Proband*innen. Bei sich vegan und vegetarisch ernährenden Kindern war die Übereinstimmung mit der Ernährungsform der Mütter höher als mit der Ernährungsform der Väter. Dabei spielen nicht nur geteilte Überzeugungen eine Rolle: 14 % der sich vegetarisch und 13 % der sich vegan ernährenden Proband*innen gaben als Motiv für ihre Ernährungsform an „weil sich die Eltern so ernähren". Allerdings ist davon auszugehen, dass gerade bei den jüngeren Kindern meist die Eltern den Fragebogen ausgefüllt haben.

### 4.4.2 Anthropometrie



Zur Beurteilung des Ernährungsstatus wurden verschiedene **anthropometrische Parameter** herangezogen, u. a. der BMI und der FMI. Der Vergleich zwischen den Ernährungsformen ergab bei allen anthropometrischen Parametern, adjustiert für Alter und Pubertätsstatus, keine signifikanten Unterschiede, mit Ausnahme eines höheren FMI bei den sich vegetarisch ernährenden Mädchen. Da die VeChi-Youth-Studie eine Querschnittsstudie ist, können Ursache und Wirkung nicht voneinander getrennt werden. Daher ist es unklar, ob die Proband*innen aufgrund einer höheren Energiezufuhr mit einer vegetarischen Ernährung ein höheres Körpergewicht hatten oder eine vegetarische Kost wählten, mit dem Ziel, das Körpergewicht zu reduzieren.

Auch in der von 2016 bis 2018 in Deutschland durchgeführten VeChi Diet-Studie wurden keine signifikanten Unterschiede bei Körpergröße und -gewicht von vegetarisch, vegan und omnivor ernährten Kleinkindern im Alter von 1 bis 3 Jahren festgestellt, wobei es sich allerdings um Selbstangaben der Eltern handelte [36]. Die wenigen international vorliegenden Studien mit sich vegan oder vegetarisch ernährenden Kindern und Jugendlichen zeigen im Vergleich zu omnivoren Referenzpopulationen im Durchschnitt niedrigere, wenn auch im Referenzbereich liegende, anthropometrische Parameter [2, 9]. Auch von erwachsenen Veganer*innen und von Vegetarier*innen ist bekannt, dass Körpergewicht und BMI meist niedriger als bei sich omnivor ernährenden Erwachsenen sind [37, 38]. Dass in der VeChi-Youth-Studie ein solcher Unterschied nicht statistisch abgesichert werden konnte, lag möglicherweise an dem beobachteten niedrigen Körpergewichtsstatus der omnivoren Kontrollgruppe (mittlerer SDS-BMI bei allen drei Ernährungsformen < 0). Während in der repräsentativen KiGGS-Studie (Welle 2, 2014–2017) Jungen und Mädchen im Alter von 3 bis unter 18 Jahren zu 15,4 % übergewichtig und zu 5,9 % adipös waren [39], lag die Übergewichtsprävalenz im Kollektiv der VeChi-Youth-Studie bei gleicher Definition (s. 4.2.6) deutlich niedriger (übergewichtig: 4,0 %, adipös: 0,5 %). Eine mögliche Erklärung für diese insgesamt niedrigen Werte liegt im hohen **sozioökonomischen Status** des Kollektivs der VeChi-Youth-Studie.

Auch in der KiGGS-Studie wiesen Jungen und Mädchen mit einem hohen sozioökonomischen Status eine niedrigere Prävalenz für Übergewicht auf (8,9 % bzw. 6,5 %) [39]. Eine andere Erklärung ist eine möglicherweise höhere Bereitschaft von Personen mit einem großen Interesse an Gesundheit und einem entsprechenden Lebensstil an Studien zu diesen Themen teilzunehmen. Für die Interpretation der Ergebnisse der VeChi-Youth-Studie bedeutet das, dass die beobachteten Unterschiede zwischen den Ernährungsformen bei einer repräsentativen Kontrollgruppe vermutlich größer wären.

**Mit einer Übergewichtsprävalenz von 4,0 % war das Körpergewicht der Proband*innen insgesamt niedrig, was auf den hohen sozioökonomischen Status zurückzuführen sein könnte.**

### 4.4.3 Zufuhr von Energie und Hauptnährstoffen



Die protokollierte Zufuhr von **Energie** lag im Bereich der Richtwerte für die Energiezufuhr für eine leichte körperliche Aktivität (PAL 1,4) [32]. Aufgrund der individuellen Variabilität des Energiebedarfs ist das Körpergewicht bzw. das Wachstum ein besserer Marker für eine angemessene Energiezufuhr als Ergebnisse von Ernährungserhebungen [40, 32]. Die niedrige Energiezufuhr passt zu den insgesamt niedrigen Markern für den Körpergewichtsstatus. Gleichzeitig ist eine protokollierte Energiezufuhr im Bereich der Richtwerte ein Hinweis auf die Zuverlässigkeit der Ernährungserhebung.

Die protokollierte Zufuhr an **Protein** erscheint insgesamt ausreichend. Nur die älteren Vegetarier*innen und Veganer*innen erreichte im Mittel die Proteinzufuhr in der Höhe der in den D-A-CH-Referenzwerte empfohlenen 0,9 g/kg Körpergewicht und Tag für Kinder und Jugendliche. In den beiden jüngeren Altersgruppen lag die mittlere Proteinzufuhr dagegen höher (1,1–1,9 g/kg Körpergewicht und Tag), was grundsätzlich für die Realisierbarkeit einer ausreichenden Proteinzufuhr auch bei einer vegetarischen und veganen Ernährung bei Kindern spricht. Eine höhere Proteinzufuhr ist besonders bei veganer (und teilweise auch vegetarischer) Ernährung aufgrund der geringeren ernährungsphysiologischen Qualität pflanzlicher Proteine (Ausnahme: Sojaprotein) wünschenswert. Im Positionspaper der US-amerikanischen *Academy of Nutrition and Dietetics* [41] zu vegetarischen Kostformen wird vorgeschlagen, die Proteinzufuhr für sich vegan ernährende Kinder im Alter von bis zu zwei Jahren um 30 bis 35 %, von zwei bis sechs Jahren um 20 bis 30 % und für Kinder älter als sechs Jahre um 15 bis 20 % gegenüber den Empfehlungen für eine omnivore Ernährung zu erhöhen.

Das 90. Perzentil der täglichen Proteinzufuhr lag bei den jüngeren Kindern bei 2,2 g/kg Körpergewicht (vegetarische Ernährung), 2,7 g/kg Körpergewicht (vegane Ernährung) und 2,5 g/kg Körpergewicht (omnivore Ernährung) und damit in allen Gruppen deutlich über dem Referenzwert von 0,9 g/kg Körpergewicht und Tag. Aufgrund fehlender Daten wurde bisher keine tolerierbare Gesamtzufuhr für Protein festgelegt, eine Zufuhr in doppelter Höhe des Referenzwerts gilt bei Erwachsenen als sicher [32].

**Insgesamt erscheint die Proteinzufuhr auch bei den sich vegetarisch und vegan ernährenden Proband*innen ausreichend, wenngleich bei den älteren Vegetarier*innen und Veganer*innen die empfohlene Zufuhr im Mittel nur knapp erreicht wurde.**

Der unabhängig von der Ernährungsform hohe **Kohlenhydrat**anteil und der moderate **Fett**anteil an der Energiezufuhr entsprechen weitgehend den D-A-CH-Referenzwerten und decken sich mit Ergebnissen der EsKiMo-Studie [42]. Allerdings weist die Ernährung der Vegetarier*innen und besonders der Veganer*innen sowohl eine bessere Kohlenhydratqualität (Zufuhr von zugesetztem Zucker und Ballaststoffen) als auch eine bessere Fettqualität (Anteile gesättigter und ungesättigter Fettsäuren) auf als die von den sich omnivor ernährenden Proband*innen.

Veganer*innen hatten berechnet als En% die signifikant niedrigste Aufnahme an **zugesetztem Zucker**. Sie lag je nach Altersgruppe zwischen 5 und 6 En%, während sich vegetarisch und omnivor ernährende Kinder und Jugendlichen je nach Altersgruppe zwischen 8 und 10 % ihrer Energiezufuhr in Form von Zuckerzusätzen zuführten. Von der WHO [43] wie auch der DGE [44] wird eine Zufuhr **freier Zucker**, d. h. zugesetzte Zucker plus Zucker aus Fruchtsäften, von maximal 10 En% empfohlen. In den meisten Altersgruppen erreichten die sich omnivor ernährenden Proband*innen – und teilweise auch die sich vegetarisch ernährenden – dieses Limit allein mit zugesetzten Zuckern. Ein Vergleich mit Daten der KiGGS-Studie (Basiserhebung) ist an dieser Stelle nicht möglich, da hier nur die Summe aus Mono- und Disacchariden ausgewertet wurde [45].



Veganer*innen hatten in allen drei Altersgruppen die höchste mittlere **Ballaststoff**zufuhr (etwa 21–25 g/1000 kcal), gefolgt von den Vegetarier*innen (etwa 14–17 g/1 000 kcal). Sich omnivor ernährende Proband*innen zeigten im Vergleich die niedrigste mittlere Zufuhr (etwa 12–13 g/1 000 kcal). Die Unterschiede waren hoch signifikant. In den D-A-CH-Referenzwerten wird für Kinder kein Richtwert für die Ballaststoffzufuhr angegeben, eine Ballaststoffdichte von 10 g/1 000 kcal gilt als realisierbar [32]. Auch in Studien mit Erwachsenen weisen Veganer*innen die höchsten Ballaststoffzufuhren auf (bis zu 25 g/1 000 kcal), während Omnivor*innen oft im Mittel unter den Richtwerten für die Ballaststoffdichte liegen (D-A-CH: Frauen 16,7 g/1 000 kcal, Männer 13 g/1 000 kcal) [32, 46, 47].

Der Anteil gesättigter **Fettsäuren** an der Energiezufuhr war in der VeChi-Youth-Studie bei den Veganer*innen und Vegetarier*innen niedriger als bei den Omnivor*innen und der von mehrfach ungesättigten Fettsäuren höher ($p < 0{,}0001$). Laut den D-A-CH-Referenzwerten sollte der Anteil gesättigter Fettsäuren nicht mehr als ein Drittel der Fettzufuhr bzw. maximal 10 % der Nahrungsenergie betragen [32]. Bei den sich vegetarisch und omnivor ernährenden Kindern und Jugendlichen lag die Zufuhr gesättigter Fettsäuren mit 12,5 En% bzw. 15,9 En% über diesem Wert. In der repräsentativen EsKiMo-Studie (Basiserhebung) war die Fettsäurezusammensetzung in dem sich überwiegend omnivor ernährenden Kollektiv ebenfalls nicht zufriedenstellend, da zu viel gesättigte und zu wenig ungesättigte Fettsäuren verzehrt wurden [42].

Veganer*innen hatten eine etwa doppelt so hohe Ballaststoffzufuhr (g/1 000 kcal) als die Omnivor*innen.

### 4.4.4 Zufuhr von Vitaminen und Mineralstoffen

**Vitamine** und **Mineralstoffe**, von denen in der VeChi-Youth-Studie nur Zufuhrdaten, aber keine Blutparameter vorliegen, sind Vitamin C, Calcium und Magnesium. Bei **Vitamin C** und **Magnesium** erreichte der Median der Zufuhr in allen Gruppen die D-A-CH-Referenzwerte, sodass mit einer hohen Wahrscheinlichkeit der individuelle Bedarf der Gruppe unabhängig von der Ernährungsform gedeckt wird. Dagegen lag die mediane Zufuhr von **Calcium** in allen Gruppen unter den D-A-CH-Referenzwerten. Besonders niedrig war die Zufuhr bei Veganer*innen ($p < 0{,}0001$), gefolgt von Vegetarier*innen, während Omnivor*innen die höchste Zufuhr hatten. Da in einer Mischkost Milch und Milchprodukte die mengenmäßig wichtigsten Lieferanten für Calcium darstellen [32], war dieses Ergebnis zu erwarten. Wie auch in Studien mit Erwachsenen [48] konsumierten die Vegetarier*innen in der VeChi-Youth-Studie deutlich weniger Milch und Milchprodukte als die Omnivor*innen (100–170 g/Tag bzw. 210–220 g/Tag).



**Die mediane Calciumzufuhr lag in allen Ernährungsgruppen unter den D-A-CH-Referenzwerten, besonders niedrig war sie bei Veganer*innen.**

Neben Funktionen im Stoffwechsel ist Calcium zusammen mit anderen Nährstoffen wichtig für die Knochengesundheit. In einer Metaanalyse hatten erwachsene Vegetarier*innen und Veganer*innen eine niedrigere Knochendichte als Omnivor*innen, Veganer*innen zusätzlich eine höhere Frakturrate [49]. Diese Studie wurde jedoch wegen einer unzureichenden Statistik, z. B. einer fehlenden Adjustierung für den BMI, kritisiert [50]. Ein höherer BMI wird als vorteilhaft für die Knochendichte angesehen. Daher schwächt eine Berücksichtigung des Körpergewichtsstatus den beobachteten Zusammenhang zwischen einer vegetarischen bzw. veganen Ernährung und der Knochendichte ab [51]. Insbesondere Veganer*innen, aber auch Vegetarier*innen und Omnivor*innen sollten auf eine ausreichende Calciumzufuhr sowie eine adäquate Versorgung mit Vitamin D achten, um die Absorption dieses Mineralstoffs zu optimieren.

### 4.4.5 Nährstoffversorgung

Da Zufuhrdaten nicht den tatsächlichen Versorgungsstatus von Proband*innen abbilden können, wurden zusätzlich zur Erhebung der Zufuhr von Energie und Nährstoffen auch Parameter der **Nährstoffversorgung** anhand von Blut (Eisen, Vitamin D, Vitamin $B_{12}$, Riboflavin, Folat) und Spontanurin (Jod) sowie die **Blutlipide** bestimmt.

Die Nährstoffversorgung der Proband*innen der VeChi-Youth-Studie war unabhängig von der Ernährungsform in der Regel gut. Ausnahmen waren Riboflavin und Vitamin D sowie Jod.

**Riboflavin (Vitamin $B_2$)** gilt als Risikonährstoff bei veganer Ernährung [1, 6]. In einer üblichen Mischkost sind die mengenmäßig wichtigsten Quellen für Riboflavin Milch und Milchprodukte [42]. Die bei Veganer*innen der VeChi-Youth-Studie aber auch Vegetarier*innen höhere Prävalenz von Werten unterhalb des Normbereichs (55 % der Veganer*innen, 51 % der Vegetarier*innen) war daher zu erwarten. Aber auch bei 39 % der sich omnivor ernährenden Kinder und Jugendlichen lagen die Riboflavin-Serumkonzentrationen unterhalb des Normbereichs; die Blutparameter zwischen den Gruppen unterschieden sich allerdings nicht signifikant. Auch die Zufuhrdaten zeigten eine mittlere Riboflavinzufuhr unterhalb der D-A-CH-Referenzwerte für alle drei Ernährungsformen, mit den signifikant niedrigsten Werten bei den Veganer*innen. In der KiGGS-Studie (Basiserhebung) lagen dagegen die medianen Riboflavin-Zufuhrmengen in allen Altersgruppen über den Referenzwerten [45]. Dieser Unterschied ist plausibel, da der Verzehr von Milch und Milchprodukten in der KiGGS-Studie ebenfalls höher war [52]. Inwieweit der niedrige Verzehr von Milch und Milchprodukten in der VeChi-Youth-Studie auf einen allgemeinen Rückgang des Verzehrs an Milch und Milchprodukten bei Kindern und Jugendlichen in den mehr als zehn Jahren seit der KiGGS-Basiserhebung (2003 bis 2006) zurückzuführen ist, könnte durch die Auswertung der aktuelleren Welle 2 der KiGGS-Studie geklärt werden.



> **Riboflavin (Vitamin $B_2$) erwies sich als kritischer Nährstoff in allen drei Ernährungsgruppen.**

Die hohe Prävalenz niedriger 25-**Hydroxyvitamin-$D_3$**-Serumkonzentrationen bei Kindern und Jugendlichen ist auch aus der KiGGS-Studie bekannt, in der nur gut ein Drittel der Proband*innen (36,1 %) ausreichend mit Vitamin D versorgt waren [53]. Im Kollektiv der VeChi-Youth-Studie wiesen Veganer*innen, Vegetarier*innen und Omnivor*innen einen vergleichbaren Vitamin-D-Status auf. Da pflanzliche Lebensmittel praktisch kein Vitamin D enthalten, ist dieser Befund bei den sich vegan (und teilweise auch den sich vegetarisch) ernährenden Kindern und Jugendlichen wahrscheinlich auf die beobachtete häufigere Einnahme von NEM mit Vitamin D (Abb. 4/2) und/oder möglicherweise auch auf einen häufigeren Aufenthalt im Freien zurückzuführen (was nicht erfasst wurde).

Die geschätzte 24 Stunden-Ausscheidung von **Jod** im Urin als Biomarker für die Jodzufuhr war in der VeChi-Youth-Studie niedriger als die in den Jahren 2004 bis 2009 ermittelte Jodausscheidung im 24 Stunden-Urin von 6- bis unter 13-jährigen Proband*innen der DONALD-Studie [24]. Veganer*innen hatten eine signifikant niedrigere Jodausscheidung als Omnivor*innen und Vegetarier*innen. Dieses Ergebnis ist plausibel, da Milch und Milchprodukte in der üblichen omnivoren Kinderernährung etwa 38 % des zugeführten Jods liefern [54]. Darüber hinaus verwendeten Veganer*innen in der VeChi-Youth-Studie seltener jodiertes Speisesalz als Vegetarier*innen und Omnivor*innen; Jodsalz stellt aber in einer gemischten Kinderernährung die wichtigste Quelle für Jod dar [24]. Die Zufuhr von Jod aus den Verzehrprotokollen wurde nicht berechnet, weil Jodsalz nicht quantitativ erfasst werden konnte. Keine Ernährungsform erreichte die mediane Jodausscheidung, entsprechend der für diese Altersgruppen vorgesehenen D-A-CH-Referenzwerte für Jod von 120 bis 200 µg/Tag (unter der Annahme, dass die Jodausscheidung als quantitativer Marker der alimentären Jodzufuhr betrachtet werden kann) [22].

**Veganer*innen hatten eine signifikant niedrigere Jodausscheidung als Omnivor*innen und Vegetarier*innen.**



Als Parameter für die Versorgung mit **Eisen** wurden in der VeChi-Youth-Studie Hämoglobin und Ferritin gemessen. Die medianen Konzentrationen von **Hämoglobin** im Serum lagen im Bereich der von der KiGGS-Studie (Welle 1) veröffentlichten Verteilungswerte für 6- bis unter 19-Jährige (12,4–13,1 mg/dl) [55]. Rund 4 % der Proband*innen in der VeChi-Youth-Studie wiesen gemessen an der Hämoglobinkonzentration eine Eisenmangelanämie auf. Das war weniger als in der ersten Welle der repräsentativen KiGGS-Studie (7,3 %), in der sich die Proband*innen überwiegend omnivor ernährten [56]. Die Hämoglobinkonzentrationen im Kollektiv waren beim überwiegenden Teil der Proband*innen im Normbereich und unterschieden sich zwischen den Ernährungsformen nicht signifikant.

Die wenigen vorliegenden Studien zur Prävalenz einer Eisenmangelanämie bei sich vegetarisch ernährenden Kindern kommen zu unterschiedlichen Ergebnissen (Prävalenz 0–47,5 %) [57]. Eisenreiche pflanzliche Lebensmittel sind Vollkorngetreide, Pseudocerealien (z. B. Quinoa, Amaranth), Nüsse (inkl. Nussmuse) und Hülsenfrüchte. Die im Vergleich zu Hämeisen schlechtere Bioverfügbarkeit von pflanzlichem Nicht-Hämeisen wird insbesondere durch Vitamin C, z. B. aus Obst und Gemüse, in der Mahlzeit verbessert [58]. Tatsächlich hatten Veganer*innen und Vegetarier*innen im Vergleich zu den Omnivor*innen eine signifikant höhere Zufuhr an Eisen und Veganer*innen – nicht aber Vegetarier*innen – eine signifikant höhere Zufuhr von Vitamin C.

Dagegen lagen die **Serum-Ferritin**konzentrationen der sich vegan und vegetarisch ernährenden Proband*innen durchschnittlich niedriger als bei den sich omnivor ernährenden (marginal signifikant). Dies bestätigen auch Studien mit erwachsenen Veganer*innen und Vegetarier*innen [59]. Allerdings lagen auch die niedrigeren Ferritinkonzentrationen der Vegetarier*innen und Veganer*innen der VeChi-Youth-Studie zu über 90 % im Normbereich.

Der Bedarf an **Vitamin $B_{12}$** kann mit pflanzlichen Lebensmitteln nicht gedeckt werden. Veganer*innen sind daher auf NEM und/oder mit Vitamin $B_{12}$ angereicherte pflanzliche Lebensmittel angewiesen [7]. Die aus den Verzehrprotokollen berechnete geringe Vitamin-$B_{12}$-Zufuhr der sich vegan ernährenden Proband*innen ist auf den Verzehr angereicherter Lebensmittel zurückzuführen, liegt aber weit unterhalb der D-A-CH-Referenzwerte für die Vitamin-$B_{12}$-Zufuhr. Offensichtlich ist eine ungezielte Verwendung von mit Vitamin $B_{12}$ angereicherten Lebensmitteln nicht ausreichend, um eine ausreichende Zufuhr zu gewährleisten [11]. Daher wird empfohlen, dass alle Veganer*innen Vitamin $B_{12}$ supplementieren. In der VeChi-Youth-Studie gab die überwiegende Mehrheit (87 %) der Veganer*innen und etwas weniger als die Hälfte (40 %) der Vegetarier*innen an, NEM mit Vitamin $B_{12}$ einzunehmen.

Unabhängig von der Ernährungsform war die Prävalenz niedriger Holo-TC-Konzentrationen mit < 2 % sehr gering. In der Kovarianzanalyse wurden marginal signifikante Unterschiede nur zwischen Vegetarier*innen und Veganer*innen festgestellt, wobei die Holo-TC-Werte der Veganer*innen in allen drei Altersgruppen im Mittel höher waren. Auch die Prävalenz erhöhter MMA-Werte (14 % der Vegetarier*innen verglichen mit 9 % der Veganer*innen und 6 % der Omnivor*innen) weist auf eine höhere Prävalenz einer Unterversorgung mit Vitamin $B_{12}$ bei Vegetarier*innen als bei Veganer*innen und Omnivor*innen hin. Dieses Ergebnis bestätigt andere Studien, die auf ein erhöhtes Risiko für eine unzureichende Vitamin-$B_{12}$-Versorgung auch bei Vegetarier*innen und nicht nur bei Veganer*innen hindeutet [60].

Die wichtigsten Lieferanten für **Folat** sind pflanzliche Lebensmittel, insbesondere grünes Blattgemüse, Vollkornprodukte, Hülsenfrüchte und Nüsse [32]. Daher sind vor allem Vegetarier*innen und Veganer*innen üblicherweise gut mit Folat versorgt, insbesondere aufgrund des auch in dieser Studie beobachteten reichlichen Verzehrs von Gemüse. Tatsächlich erreichten nur die Veganer*innen in der VeChi-Youth-Studie die D-A-CH-Referenzwerte (Median: 103 %), die Werte der Vegetarier*innen (89 %) und vor allem auch die der Omnivor*innen (82 %) lagen darunter. Die Folatwerte unterschieden sich signifikant im Gesamtkollektiv der VeChi-Youth-Studie, mit signifikant höheren Werten bei den Veganer*innen sowohl verglichen mit den Vegetarier*innen als auch den Omnivor*innen. Da praktisch alle Proband*innen Folatkonzentrationen innerhalb des Referenzbereichs hatten, ist davon auszugehen, dass diese Unterschiede klinisch nicht relevant sind. Auch in der KiGGS-Studie belegten die Folsäuregehalte im Erythrozyten eine sehr gute Versorgung [55]. Bei Studien mit Erwachsenen zeigte sich hingegen meist ein besserer Folatstatus insbesondere der Veganer*innen, aber auch der Vegetarier*innen, im Vergleich zu den Omnivor*innen. Auch liegt bei omnivoren Proband*innen häufiger ein höherer Anteil unter dem jeweiligen Referenzwert für den Folatstatus als bei Veganer*innen und Vegetarier*innen [47, 61].

Die Werte der **Blutlipide** lagen bei den Proband*innen der VeChi-Youth-Studie überwiegend im Normbereich, Veganer*innen hatten signifikant niedrigere Werte bei LDL- und Gesamt-Cholesterol.

> **Der Verzehr von mit Vitamin $B_{12}$ angereicherten Lebensmitteln war nicht ausreichend, um den Bedarf zu decken, weshalb es wichtig ist, dass alle Veganer*innen Vitamin $B_{12}$ supplementieren.**

4.4

## 4.4.6 Lebensmittelverzehr

Wie erwartet unterschieden sich die Verzehrmengen der **Lebensmittelgruppen** zwischen den Ernährungsformen deutlich. Veganer*innen und Vegetarier*innen hatten einen höheren Verzehr von **Gemüse und Obst** als die Omnivor*innen. In der EsKiMo-Studie mit ihrem überwiegend omnivoren Kollektiv wurden Gemüse und Obst von den meisten Kindern und Jugendlichen in zu geringen Mengen und weit unterhalb der Empfehlungen konsumiert [52].

Auffallend war der hohe Verzehr von **Hülsenfrüchten** und **Nüssen** bei Veganer*innen im Vergleich zu den anderen Ernährungsformen. Beide Lebensmittelgruppen sind reich an Eisen und tragen u. a. zu einer guten Eisenversorgung bei einer pflanzlichen Ernährung bei [62]. Außerdem zeigten verschiedene Übersichtsarbeiten einen präventiven Vorteil dieser Lebensmittelgruppen, beispielsweise in Bezug auf Diabetes mellitus Typ 2 und ischämische Herzkrankheiten [63, 64].

In der VeChi-Youth-Studie ersetzten Vegetarier*innen einen Teil des Milch- und Milchprodukteverzehrs durch **Milchalternativen**. Beide Lebensmittelgruppen zusammen entsprachen in der Summe in etwa dem mittleren Verzehr an Milch und Milchprodukten von den Omnivor*innen. Der bei den Omnivor*innen beobachtete hohe Verzehr von **Fleisch** – die älteren Proband*innen erreichten im Mittel die von der DGE für Erwachsene mit einem hohen Energiebedarf empfohlene Maximalmenge von 600 g/Woche – wurde dagegen bei den fleischfreien Ernährungsformen nur zum Teil durch Fleischalternativen ersetzt. Omnivore Proband*innen hatten den höchsten und Veganer*innen den niedrigsten Verzehr an Süßwaren und Knabberartikeln.



### 4.4.7 Stärken und Schwächen

Bei der Interpretation der Ergebnisse der VeChi-Youth-Studie müssen Stärken und Schwächen der Studie beachtet werden.

Das **Querschnittsdesign** der Studie erlaubt keine Rückschlüsse über die langfristige Gesundheit und den Nährstoffstatus sich vegan und vegetarisch ernährender Kinder und Jugendlicher. Hierfür sind Langzeitstudien notwendig, in denen die Proband*innen über einen längeren Zeitraum (im Idealfall von der Geburt bis ins Erwachsenenalter) wiederholt untersucht werden. Außerdem ist das **Kollektiv** der VeChi-Youth-Studie nicht repräsentativ und hat einen regionalen Schwerpunkt in Nordrhein-Westfalen, sodass die Übertragbarkeit der Ergebnisse eingeschränkt ist.

Mit der **aufwändigen Ernährungserhebung** konnten auch Fertigprodukte detailliert erfasst werden, deren Zusammensetzung produktspezifisch unter Berücksichtigung der Anreicherung mit der Lebensmitteldatenbank LEBTAB simuliert wurde. Für die 390 Verzehrprotokolle der VeChi-Youth-Studie wurden mehr als 400 neue Produkte simuliert. Insgesamt protokollierten die Proband*innen der VeChi-Youth-Studie 140 verschiedene Milchalternativen (inkl. Joghurt- und Sahnealternativen, vegane Desserts) und 130 verschiedene Fleisch- und Wurstalternativen. Da sich die Zusammensetzung der einzelnen Produkte deutlich unterscheidet, beispielweise der Proteingehalt von Soja- im Vergleich zu Reisdrinks, ist besonders bei Vegetarier*innen und Veganer*innen die produktspezifische Erhebung von Vorteil. Trotz dieser sorgfältigen Erhebung der Ernährung sind die berechneten Zufuhrwerte für Nährstoffe alleine nicht geeignet, die individuelle Nährstoffversorgung zu beurteilen (z. B. durch den Vergleich mit den D-A-CH-Referenzwerten) [32]. Daher ist eine wesentliche Stärke der Studie die Untersuchung von **Blut- und Urinproben**, die Aussagen zum Versorgungsstatus der Proband*innen mit Nährstoffen ermöglicht. Leider konnten nicht alle potenziell kritischen Nährstoffe einer (überwiegend) pflanzlichen Ernährung untersucht werden, z. B. fehlten langkettige n-3-Fettsäuren (Eicosapentaensäure und Docosahexaensäure), Zink oder Selen [6].

Bei der Interpretation des Nährstoffstatus ist zu beachten, dass es nur wenige alters- und geschlechtsspezifische **Referenzwerte** für die Altersgruppe der VeChi-Youth-Studie gibt [56, 65], weshalb bei den meisten Blutparametern auf Werte für Erwachsene zurückgegriffen werden musste. Auch für die D-A-CH-Referenzwerte wurden die Angaben für Kinder und Jugendliche oft durch Extrapolation anhand des Körpergewichts oder der Energiezufuhr geschätzt [32], da keine originären Studien zum Nährstoffbedarf in diesen Altersgruppen vorliegen.

Eine weitere Stärke ist die sorgfältige **Messung der anthropometrischen Daten**, die nicht nur Körpergröße und -gewicht umfassten, sondern auch die Schätzung des Körperfettanteils aus Hautfalten. Dagegen beruhen die Daten zu Kovariablen, z. B. Pubertätsstatus oder familiären und frühkindlichen Daten, auf **Selbstangaben** der Eltern oder der Kinder/Jugendlichen.

## 4.5 Fazit



Insgesamt zeigt die VeChi-Youth-Studie unter dem Vorbehalt des Querschnittsdesigns und einer eingeschränkten Generalisierbarkeit auf die Gesamtbevölkerung, dass bei einer vegetarischen und auch veganen Ernährung im Kindes- und Jugendalter, wie sie von den Proband*innen der Studie praktiziert wurde, eine ausreichende Versorgung mit den hier untersuchten Nährstoffen prinzipiell wie bei den sich omnivor ernährenden Proband*innen realisierbar ist (eine Supplementation von Vitamin $B_{12}$ vorausgesetzt). Zudem wiesen die überwiegend oder ausschließlich pflanzlichen Ernährungsweisen in einigen Aspekten präventivmedizinisch günstige Charakteristika auf, beispielsweise eine günstige Lebensmittelauswahl, eine gute Kohlenhydrat- und Fettqualität sowie eine hohe Zufuhr antioxidativer Substanzen (Vitamin C und E).

Gerade vor dem Hintergrund der aktuellen Diskussion über das Potenzial, die Klimaerhitzung auch durch eine ökologisch nachhaltige Ernährungsweise mit einer deutlichen Reduktion des Fleischverzehrs [66] abzumildern oder gar abzuwenden, trägt die VeChi-Youth-Studie dazu bei, mögliche Risiken einer pflanzenbasierten Kost im Wachstumsalter besser einzuschätzen.

## 4.6 Handlungsempfehlungen



Aus den Daten der VeChi-Youth-Studie lassen sich die im Folgenden dargestellten Erkenntnisse und Empfehlungen ableiten:

Die beobachteten geringfügigen Unterschiede bei den anthropometrischen Parametern ließen sich mit der Ausnahme eines signifikant höheren FMI bei sich vegetarisch ernährenden Mädchen nicht statistisch absichern. Unter Berücksichtigung der im Vergleich zur Gesamtbevölkerung ebenfalls schlanken, sich omnivor ernährenden Kontrollgruppe und des Querschnittsdesigns der Studie lässt sich schlussfolgern, dass bei einer vegetarischen und auch veganen Ernährung im Kindes- und Jugendalter, wie sie von den Proband*innen der Studie praktiziert wurde, ein adäquates Wachstum möglich ist.

Die **Protein**zufuhr der Veganer*innen war niedriger als bei vegetarischer oder omnivorer Ernährung, lag aber im Median noch im Bereich der D-A-CH-Referenzwerte. Allerdings gehen die Referenzwerte von einer gemischten Kost und daher einer höheren Proteinqualität aus [32]. Da die Proteinqualität von pflanzlichen Proteinen mit Ausnahme von Sojaprotein geringer ist als die der tierischen Proteine [67], sollten vor allem Veganer*innen darauf achten, durch geeignete Kombinationen von proteinreichen Lebensmitteln, vor allem von Hülsenfrüchten und Getreide, die Proteinqualität zu erhöhen [62]. Dabei muss die Kombination nicht in einer Mahlzeit erfolgen, sondern kann über den Tag verteilt werden [68].

Die Nährstoffversorgung der sich vegetarisch und vegan ernährenden Proband*innen war bei den in dieser Studie untersuchten Parametern insgesamt gut. Als **Risikonährstoffe** wurden Riboflavin, Vitamin D und Jod identifiziert, bei denen aber nicht allein die Vegetarier*innen und Veganer*innen, sondern Proband*innen aller drei Ernährungsgruppen zu einem hohen Anteil unzureichend versorgt waren.

Um eine höhere Zufuhr von **Riboflavin** zu erreichen, können Kinder und Jugendliche auf Hefeflocken, Nüsse, Pilze, Ölsamen, Hülsenfrüchte, Grünkohl, Brokkoli und Vollkorngetreide als pflanzliche Riboflavin-Quellen zurückgreifen. Pflanzliche Milchalternativen auf Basis von Soja, Nüssen oder Getreiden, wie Hafer oder Reis, sind teilweise mit Riboflavin in der Höhe des Gehalts von Kuhmilch (180 µg/100 g) angereichert. Eine höhere Zufuhr von Milch und Milchprodukten würde allerdings auch zu einer weiteren Erhöhung der gesättigten Fettsäuren führen, die im Kollektiv der VeChi-Youth-Studie bei den sich omnivor und vegetarisch ernährenden Proband*innen bereits bei der derzeitigen Ernährung im Mittel 10 % der Energiezufuhr übersteigen.

Für **Vitamin D** empfiehlt die DGE nur dann die Einnahme von Präparaten, wenn eine unzureichende Versorgung nachgewiesen wurde und wenn eine gezielte Verbesserung der Versorgung weder durch die Ernährung noch durch die körpereigene Vitamin-D-Bildung durch Sonnenbestrahlung zu erreichen ist [32]. Die Ernährungskommission der DGKJ empfiehlt in ihrer aktuellen Stellungnahme auch bei Serumkonzentrationen unterhalb der Normwerte keine generelle Vitamin-D-Supplementation für Kinder im Alter > 2 Jahren ohne weitere Risikofaktoren [19].

Zur Verbesserung der Versorgung mit **Jod** sollte im Haushalt jodiertes Speisesalz oder mit jodhaltigen Algen angereichertes Meersalz verwendet werden und mit jodiertem Salz hergestelltes Brot bevorzugt werden. Auch Meeresalgen sind eine gute pflanzliche Jodquelle, sofern es sich um Produkte handelt, die vor dem Inverkehrbringen auf Schadstoffrückstände kontrolliert wurden. Durch die gut dosierte Verwendung von Produkten mit einem deklarierten Jodgehalt von < 20 mg/kg getrockneter Alge wird eine überhöhte Jodzufuhr vermieden [62]. Das gilt für die meisten Nori-Algen, die in Flockenform beispielsweise über Salate, Suppen oder aufs Brot gestreut werden können. Ein gehäufter Teelöffel entspricht dann etwa einem Gramm Alge bzw. 150 µg Jod [62]. Alternativ bzw. ergänzend bieten sich ggf. in Absprache mit dem Kinderarzt NEM mit Jod an. Für sich vegetarisch und omnivor ernährende Kinder sind auch Milch und Milchprodukte eine nennenswerte Jodquelle.

Als weiterer Risikonährstoff in der VeChi-Youth-Studie wurde anhand der Zufuhrdaten aus den Verzehrprotokollen **Calcium** identifiziert, und zwar unabhängig von der Ernährungsform. Bei diesem Mineralstoff lag der Median der protokollierten Zufuhr in allen Gruppen unter den D-A-CH-Referenzwerten, besonders niedrig war die Zufuhr jedoch bei den Veganer*innen. Der bessere Vitamin-D-Status bei Veganer*innen und Vegetarier*innen aufgrund einer häufigeren Verwendung von NEM ist auch vor diesem Hintergrund günstig zu bewerten, da Vitamin D die Calciumabsorption verbessert. Von den Fachgesellschaften wird eine Supplementation von Vitamin D nur in Ausnahmefällen empfohlen, z. B. wenn eine unzureichende Versorgung nachgewiesen wurde und wenn eine gezielte Verbesserung der Versorgung, weder durch die Ernährung noch durch die körpereigene Vitamin-D-Bildung durch Sonnenbestrahlung, zu erreichen ist [32, 69]. In der besonderen Situation einer veganen Ernährung halten die Autor*innen aufgrund der niedrigen Calciumzufuhr vor allem bei den sich vegan ernährenden Kindern und Jugendlichen eine Supplementation mit Vitamin D in den sonnenarmen Monaten (Oktober bis März) für sinnvoll, um die Absorption von Calcium zu optimieren.

Ein gezielter Verzehr calciumreicher pflanzlicher Lebensmittel, z. B. Grünkohl, Pak Choi, Brokkoli, mit Calcium angereicherter Lebensmittel, z. B. angereicherte Milchalternativen oder Säfte, sowie von calciumreichem Mineralwasser kann die Calciumzufuhr verbessern.

Der überwiegende Teil der sich vegan ernährenden Proband*innen nahm NEM mit **Vitamin $B_{12}$** ein. Das zeigen nicht nur die Selbstangaben im Fragebogen, sondern auch die gemessene gute Versorgung mit diesem Vitamin anhand von aussagekräftigen Biomarkern. Die VeChi-Youth-Studie kann demnach die oftmals geäußerten pauschalen Zweifel an der Compliance einer NEM-Einnahme nicht bestätigen. Ziel sollte sein, dass alle Veganer*innen Vitamin $B_{12}$ supplementieren. Auch Vegetarier*innen können von einer Einnahme von Vitamin-$B_{12}$-haltigen NEM profitieren, vor allem bei einem wie in der VeChi-Youth-Studie beobachteten niedrigen Verzehr an Milch und Milchprodukten. Allerdings fehlen bisher aussagekräftige Interventionsstudien zur optimalen Dosierung von Vitamin $B_{12}$ über NEM, um eine adäquate Versorgung sicherzustellen. Die notwendigen Zufuhrmengen von Vitamin $B_{12}$ über NEM sollten, insbesondere bei einer Einzeldosis, deutlich über den D-A-CH-Referenzwerten für die entsprechenden Altersgruppen liegen, da diese eine Mischkost mit mehreren Mahlzeiten über den Tag verteilt zugrunde legen. Die Absorptionsrate von Vitamin $B_{12}$ sinkt mit steigender Dosierung [70]. Zur Sicherheit sollte bei veganer (und auch vegetarischer) Ernährung regelmäßig (etwa einmal jährlich) anhand der relevanten Blutparameter (Holo-TC, MMA) überprüft werden, ob die praktizierte Vitamin-$B_{12}$-Zufuhr über NEM und/oder angereicherte Lebensmittel bedarfsdeckend ist, um die Zufuhr, wenn nötig, anzupassen.

Die Verzehrprotokolle von Vegetarier*innen und Veganer*innen zeigen ein insgesamt gesundheitsförderndes **Lebensmittelmuster** mit einem hohen Verzehr präventiver Lebensmittelgruppen, wie Gemüse, Obst, Hülsenfrüchte und Nüsse [63, 64], und einem geringeren Konsum von Süßwaren, Knabberartikeln und Fertiggerichten v. a. bei Veganer*innen im Vergleich zu den sich omnivor ernährenden Kindern. Diese Lebensmittelauswahl spiegelt sich auch in der Nährstoffzufuhr wider, mit einer hohen Zufuhr an Kohlenhydraten und Ballaststoffen sowie wenig zugesetztem Zucker und gesättigten Fettsäuren. Möglicherweise ist das teilweise zu beobachtende Problem der Akzeptanz dieser Lebensmittelgruppen, die oft als wenig schmackhaft gelten, bei sich vegan und vegetarisch ernährenden Kindern und Jugendlichen geringer, weil oft auch mindestens ein Elternteil die entsprechende Ernährung praktiziert. Somit wird eine abwechslungsreiche pflanzenbasierte Ernährung als die gewohnte und übliche Familienernährung empfunden.

**Milch- und Fleischalternativen** wurden von Vegetarier*innen und Veganer*innen regelmäßig verzehrt. Wie viele andere Fertigprodukte enthalten auch Fleischalternativen teilweise viel Salz; inwieweit ihr Konsum übermäßig zur Salzzufuhr, insbesondere bei veganer oder vegetarischer Ernährung, beiträgt, muss noch untersucht werden. Generell bieten diese Produkte jedoch die Möglichkeit, die Versorgung einiger kritischer Nährstoffe zu verbessern, wenn sie mit den typischen Nährstoffen der Originallebensmittel angereichert sind (v. a. Calcium und Riboflavin in Milchalternativen sowie Vitamin $B_{12}$ in Milch- und Fleischalternativen). Zudem sind pflanzliche Fleischalternativen eine gute Proteinquelle und liefern meist Protein von hoher Qualität, vor allem wenn sie auf einer Kombination aus Soja- und Weizenprotein basieren [12].



## 4.7 Literatur


[1] Leitzmann C, Keller M: Vegetarische und vegane Ernährung. UTB, Stuttgart, 4., vollständig überarbeitete und erweiterte Auflage (2020)

[2] Keller M, Müller S: Vegetarische und vegane Ernährung bei Kindern – Stand der Forschung und Forschungsbedarf. Forsch Komplementmed 23 (2016) 81–88

[3] Patelakis E, Lage Barbosa C, Haftenberger M et al.: Häufigkeit einer vegetarischen Ernährungsweise bei Kindern und Jugendlichen in Deutschland. Ernahrungs Umschau 66 (2019) M269–M275

[4] Pfeiler TM, Egloff B: Examining the „Veggie" personality: results from a representative German sample. Appetite 120 (2018) 246–255

[5] SKOPOS Group (Hrsg.): 1,3 Millionen Deutsche leben vegan. https://www.skopos-group.de/news/13-millionen-deutsche-leben-vegan.html (eingesehen am 08.07.2020)

[6] Richter M, Boeing H, Grünewald-Funk D et al.: Vegane Ernährung. Position der Deutschen Gesellschaft für Ernährung e. V. (DGE). Ernahrungs Umschau 63 (2016) M220–M230. Erratum in: 63(05): M262

[7] Rudloff S, Bührer C, Jochum F et al.: Vegetarische Kostformen im Kindes- und Jugendalter. Monatsschr Kinderheilkd 166 (2018) 999–1005

[8] Richter M, Kroke A, Grünewald-Funk D et al.: Ergänzung der Position der Deutschen Gesellschaft für Ernährung e. V. zur veganen Ernährung hinsichtlich Bevölkerungsgruppen mit besonderem Anspruch an die Nährstoffversorgung. Ernahrungs Umschau, Sonderheft 5: Vegan (2020) 64–72

[9] Schürmann S, Kersting M, Alexy U: Children on vegetarian diets – what do we know about benefits or risks? Ann Nutr Metab 67, Suppl 1 (2015) 141–142

[10] Buyken AE, Alexy U, Kersting M et al.: Die DONALD Kohorte. Bundesgesundheitsbl Gesundheitsforsch Gesundheitsschutz 55 (2012) 875–884

[11] Marczykowski FJ, Breidenassel C: Vegan diet: reaching the reference values for nutrient intake of critical nutrients. Assortment and necessity of fortified foods. Ernahrungs Umschau 64 (2017) 2–10

[12] Huber J, Keller M: Ernährungsphysiologische Bewertung von konventionell und ökologisch erzeugten vegetarischen und veganen Fleisch- und Wurstalternativen. (2017) https://files.albert-schweitzer-stiftung.de/1/fleischalternativenstudie_170320.pdf (eingesehen am 08.07.2020)

[13] Hopp M, Keller T, Lange S et al.: Vegane Ernährung als Lebensstil. Motive und Praktizierung: Abschlussbericht. Bundesinstitut für Risikobewertung, Berlin (2017)

[14] Herrmann W, Obeid R: Causes and early diagnosis of vitamin $B_{12}$ deficiency. Dtsch Arztebl Int 105 (2008) 680–685

[15] Yen CE, Yen CH, Huang MC et al.: Dietary intake and nutritional status of vegetarian and omnivorous preschool children and their parents in Taiwan. Nutr Res 28 (2008) 430–436

[16] Sichert-Hellert W, Kersting M, Chahda C et al.: German food composition database for dietary evaluations in children and adolescents. J Food Compost Anal 20 (2007) 63–70
[17] Kahl H, Schaffrath Rosario A, Schlaud M: Sexuelle Reifung von Kindern und Jugendlichen in Deutschland. Ergebnisse des Kinder- und Jugendgesundheitssurveys (KiGGS). Bundesgesundheitsbl Gesundheitsforsch Gesundheitsschutz 50 (2007) 677–685
[18] Tanner JM, Whitehouse RH: Clinical longitudinal standards for height, weight, height velocity, weight velocity, and stages of puberty. Arch Dis Child 51 (1976) 170–179
[19] Reinehr T, Schnabel D, Wabitsch M et al.: Vitamin-D-Supplementierung jenseits des zweiten Lebensjahres. Monatsschr Kinderheilkd 166 (2018) 814–822
[20] WHO (World Health Organization): Haemoglobin concentrations for the diagnosis of anaemia and assessment of severity. Vitamin and Mineral Nutrition Information System. (2011) https://www.who.int/vmnis/indicators/haemoglobin.pdf (eingesehen am 08.07.2020)
[21] Deutsche Gesellschaft für Kardiologie (Hrsg.): Diagnostik und Therapie der Dyslipidämien. Bruckmeier, Grünwald (2016)
[22] IOM (Institute of Medicine) (Hrsg.): Dietary Reference Intakes for Vitamin A, Vitamin K, Arsenic, Boron, Chromium, Copper, Iodine, Iron, Manganese, Molybdenum, Nickel, Silicon, Vanadium, and Zinc. National Academies Press, Washington, DC (2001)
[23] Johner SA, Thamm M, Schmitz R et al.: Current daily salt intake in Germany: biomarker-based analysis of the representative DEGS study. Eur J Nutr 54 (2015) 1109–1115
[24] Johner SA, Günther ALB, Remer T: Current trends of 24-h urinary iodine excretion in German schoolchildren and the importance of iodised salt in processed foods. Br J Nutr 106 (2011) 1749–1756
[25] Remer T, Fonteyn N, Alexy U et al.: Longitudinal examination of 24-h urinary iodine excretion in schoolchildren as a sensitive, hydration status-independent research tool for studying iodine status. Am J Clin Nutr 83 (2006) 639–646
[26] Montenegro-Bethancourt G, Johner SA, Stehle P et al.: Iodine status assessment in children: spot urine iodine concentration reasonably reflects true twenty-four-hour iodine excretion only when scaled to creatinine. Thyroid 25 (2015) 688–697
[27] Kromeyer-Hauschild K, Moss A, Wabitsch M: Referenzwerte für den Body-Mass-Index für Kinder, Jugendliche und Erwachsene in Deutschland. Adipositas 09 (2017) 123–127
[28] Slaughter MH, Lohman TG, Boileau RA et al.: Skinfold equations for estimation of body fatness in children and youth. Hum Biol 60 (1988) 709–723
[29] Cole TJ, Fewtrell MS, Prentice A: The fallacy of using percentage body fat as a measure of adiposity. Am J Clin Nutr 87 (2008) 1959
[30] Winkler J, Stolzenberg H: Adjustierung des Sozialen-Schicht-Index für die Anwendung im Kinder- und Jugendgesundheitssurvey (KiGGS). Wismarer Diskussionspapiere, No. 07/2009. Hochschule Wismar, Fakultät für Wirtschaftswissenschaften, Wismar (2009)
[31] Victor A, Elsässer A, Hommel G et al.: Judging a plethora of p-values. How to contend with the problem of multiple testing – part 10 of a series on evaluation of scientific publications. Dtsch Arztebl Int 107 (2010) 50–56
[32] Deutsche Gesellschaft für Ernährung, Österreichische Gesellschaft für Ernährung, Schweizerische Gesellschaft für Ernährung (Hrsg.): Referenzwerte für die Nährstoffzufuhr. Bonn, 2. Auflage, 4. aktualisierte Ausgabe (2018)
[33] Perrar I, Schmitting S, Della Corte KW et al.: Age and time trends in sugar intake among children and adolescents – Results from the DONALD study. Eur J Nutr 59 (2020) 1043–1054
[34] Haddad EH, Tanzman JS: What do vegetarians in the United States eat? Am J Clin Nutr 78, Suppl (2003) 626S–632S
[35] Kessler CS, Holler S, Joy S et al.: Personality profiles, values and empathy: differences between lacto-ovo-vegetarians and vegans. Forsch Komplementmed 23 (2016) 95–102
[36] Weder S, Hoffmann M, Becker K et al.: Energy, macronutrient intake, and anthropometrics of vegetarian, vegan, and omnivorous children (1–3 Years) in Germany (VeChi Diet Study). Nutrients 11 (2019) 832
[37] Davey GK, Spencer EA, Appleby PN et al.: EPIC-Oxford: lifestyle characteristics and nutrient intakes in a cohort of 33 883 meat-eaters and 31 546 non meat-eaters in the UK. Public Health Nutr 6 (2003) 259–269
[38] Tonstad S, Butler T, Yan R et al.: Type of vegetarian diet, body weight, and prevalence of type 2 diabetes. Diabetes Care 32 (2009) 791–796
[39] Schienkiewitz A, Brettschneider A-K, Damerow S et al.: Übergewicht und Adipositas im Kindes- und Jugendalter in Deutschland – Querschnittergebnisse aus KiGGS Welle 2 und Trends. J Health Monitoring 3 (2018) 16–23
[40] Alexy U, Hilbig A: Are Belgian toddlers over-eating? Eur J Nutr 56 (2017) 445–446
[41] Melina V, Craig W, Levin S: Position of the Academy of Nutrition and Dietetics: Vegetarian diets. J Acad Nutr Diet 116 (2016) 1970–1980
[42] Mensink GBM, Heseker H, Richter A et al.: Forschungsbericht: Ernährungsstudie als KiGGS-Modul (EsKiMo). (2007)

[43] WHO (World Health Organization) (Hrsg.): Guideline: sugars intake for adults and children. Genf (2015)
[44] Ernst JB, Arens-Azevêdo U, Bitzer B et al.: Quantitative Empfehlung zur Zuckerzufuhr in Deutschland. (2018) https://www.dge.de/fileadmin/public/doc/ws/stellungnahme/Konsensuspapier_Zucker_DAG_DDG_DGE_2018.pdf (eingesehen am 07.01.2019)
[45] Mensink GBM, Heseker H, Stahl A et al.: Die aktuelle Nährstoffversorgung von Kindern und Jugendlichen in Deutschland. Ergebnisse aus EsKiMo. Ernahrungs Umschau 54 (2007) 636–646
[46] Rizzo NS, Jaceldo-Siegl K, Sabate J et al.: Nutrient profiles of vegetarian and nonvegetarian dietary patterns. J Acad Nutr Diet 113 (2013) 1610–1619
[47] Schüpbach R, Wegmuller R, Berguerand C et al.: Micronutrient status and intake in omnivores, vegetarians and vegans in Switzerland. Eur J Nutr 56 (2017) 283–293
[48] Orlich MJ, Jaceldo-Siegl K, Sabaté J et al.: Patterns of food consumption among vegetarians and non-vegetarians. Br J Nutr 112 (2014) 1644–1653
[49] Iguacel I, Miguel-Berges ML, Gómez-Bruton A et al.: Veganism, vegetarianism, bone mineral density, and fracture risk: a systematic review and meta-analysis. Nutr Rev 77 (2019) 1–18
[50] Appleby PN, Key TJA: Letter: Veganism, vegetarianism, bone mineral density, and fracture risk: a systematic review and meta-analysis. Nutr Rev 77 (2019) 451
[51] Karavasiloglou N, Selinger E, Gojda J et al.: Differences in bone mineral density between adult vegetarians and nonvegetarians become marginal when accounting for differences in anthropometric factors. J Nutr 150 (2020) 1266–1271
[52] Richter A, Vohmann C, Stahl A et al.: Der aktuelle Lebensmittelverzehr von Kindern und Jugendlichen in Deutschland. Teil 2: Ergebnisse aus EsKiMo. Ernahrungs Umschau 55 (2008) 28–36
[53] Bös K, Schmidt S, Bergmann K et al.: Einflussfaktoren auf die Vitamin-D-Versorgung deutscher Kinder und Jugendlicher. Ernahrungs Umschau 59 (2012) 496–503
[54] Johner SA, Thamm M, Nöthlings U et al.: Iodine status in preschool children and evaluation of major dietary iodine sources: a German experience. Eur J Nutr 52 (2013) 1711–1719
[55] RKI (Robert Koch-Institut) (Hrsg.): Beiträge zur Gesundheitsberichterstattung des Bundes. Bevölkerungsbezogene Verteilungswerte ausgewählter Laborparameter aus der Studie zur Gesundheit von Kindern und Jugendlichen in Deutschland (KiGGS). Berlin (2009)
[56] Thierfelder W, Dortschy R, Hintzpeter B et al.: Biochemische Messparameter im Kinder- und Jugendgesundheitssurvey (KiGGS). Bundesgesundheitsbl Gesundheitsforsch Gesundheitsschutz 50 (2007) 757–770
[57] Pawlak R, Bell K: Iron status of vegetarian children: a review of literature. Ann Nutr Metab 70 (2017) 88–99
[58] Gibson RS, Heath A-LM, Szymlek-Gay EA: Is iron and zinc nutrition a concern for vegetarian infants and young children in industrialized countries? Am J Clin Nutr 100, Suppl 1 (2014) 459–468
[59] Haider LM, Schwingshackl L, Hoffmann G et al.: The effect of vegetarian diets on iron status in adults: a systematic review and meta-analysis. Crit Rev Food Sci Nutr 58 (2018) 1359–1374
[60] Pawlak R, Lester SE, Babatunde T: The prevalence of cobalamin deficiency among vegetarians assessed by serum vitamin $B_{12}$: a review of literature. Eur J Clin Nutr 68 (2014) 541–548
[61] Sobiecki JG, Appleby PN, Bradbury KE et al.: High compliance with dietary recommendations in a cohort of meat eaters, fish eaters, vegetarians, and vegans: results from the European Prospective Investigation into Cancer and Nutrition-Oxford study. Nutr Res 36 (2016) 464–477
[62] Alexy U, Straub S, Keller M: Vegetarische oder vegane Ernährung in der Kindheit – Was ist zu beachten? Kinder- und Jugendarzt 50 (2019) 240–245
[63] Schwingshackl L, Schwedhelm C, Hoffmann G et al.: Food groups and risk of all-cause mortality. A systematic review and meta-analysis of prospective studies. Am J Clin Nutr 105 (2017) 1462–1473
[64] Mozaffarian D: Dietary and policy priorities for cardiovascular disease, diabetes, and obesity: a comprehensive review. Circulation 133 (2016) 187–225
[65] Koletzko B, Cooper P (Hrsg.): Pediatric nutrition in practice. Karger, Basel (2008)
[66] Willett W, Rockström J, Loken B et al.: Food in the Anthropocene: the EAT-Lancet Commission on healthy diets from sustainable food systems. The Lancet 393 (2019) 447–492
[67] Singhal S, Baker RD, Baker SS: A comparison of the nutritional value of cow's milk and nondairy beverages. J Pediatr Gastroenterol Nutr 64 (2017) 799–805
[68] Mariotti F: Plant protein, animal protein, and protein quality. In: Mariotti F (Hrsg.): Vegetarian and plant-based diets in health and disease prevention. Elsevier Science, Saint Louis (2017) 621–642
[69] Reinehr T, Schnabel D, Wabitsch M et al.: Vitamin D supplementation after the second year of life: joint position of the Committee on Nutrition, German Society for Pediatric and Adolescent Medicine (DGKJ e. V.), and the German Society for Pediatric Endocrinology and Diabetology (DGKED e. V.). Mol Cell Pediatr 6 (2019) DOI: 10.1186/s40348-019-0090-0
[70] Allen LH, Miller JW, de Groot L et al.: Biomarkers of Nutrition for Development (BOND): vitamin $B_{12}$ review. J Nutr 148, Suppl 4 (2018) 1995S–2027S

# 5 Prävention chronischer Erkrankungen durch Ernährung

## 5.1 Gemüse-, Obst- und Fleischverzehr und das Risiko für ausgewählte ernährungsmitbedingte Erkrankungen: Ein Umbrella Review von Metaanalysen

Friederike Maretzke, Annemarie Schmidt, Andreas Lehmann, Nicole Kalotai, Anna Maria Amini, Angela Bechthold, Heiner Boeing, Bernhard Watzl

### Zusammenfassung

**Einleitung:** Ernährung ist ein wichtiger Faktor in der Primärprävention verschiedener Erkrankungen. Die vorliegende Arbeit ist ein Umbrella Review, welcher den Zusammenhang zwischen Gemüse-, Obst- und Fleischverzehr und kardiovaskulären Erkrankungen, Diabetes mellitus Typ 2 sowie Kolorektalkrebs und Brustkrebs untersucht. Die aktuellen Ernährungsempfehlungen der DGE zum Gemüse-, Obst- und Fleischverzehr werden einer nährstoffdeckenden Ernährung gerecht und sollen hinsichtlich ihres primärpräventiven Potenzials in diesem Umbrella Review überprüft werden. Die aktuellen Ernährungsempfehlungen der DGE zu diesen Lebensmittelgruppen lauten „Genießen Sie mindestens drei Portionen Gemüse und zwei Portionen Obst am Tag" und „Wenn Sie Fleisch essen, dann nicht mehr als 300 bis 600 g/Woche".

**Methode:** Für die systematische Darstellung aktueller und relevanter Metaanalysen zum Zusammenhang zwischen Gemüse-, Obst- und Fleischverzehr und den ausgewählten Krankheitsendpunkten wurde eine systematische Literatursuche in der Datenbank PubMed im Vier-Augen-Prinzip durchgeführt. Metaanalysen wurden nach vorab festgelegten Ein- und Ausschlusskriterien ebenfalls im Vier-Augen-Prinzip ausgewählt und mittels NutriGrade bewertet.

**Ergebnisse:** Im Rahmen der systematischen Literaturrecherche wurden für Gemüse- und Obstverzehr n = 20 und für Fleischverzehr n = 18 Metaanalysen von prospektiven Kohortenstudien identifiziert, welche die vorab definierten Einschlusskriterien erfüllten. Es wurde keine Metaanalyse von RCTs identifiziert. Die Ergebnisse dieses Umbrella Reviews zeigen einen Zusammenhang zwischen einem hohen Gemüse- und Obstverzehr und einem verringerten Erkrankungsrisiko in Bezug auf die ausgewählten Erkrankungen. Für einen hohen Fleischverzehr wurde hingegen eine relative Risikoerhöhung festgestellt.

**Schlussfolgerung:** Die Ergebnisse stehen im Einklang mit den aktuellen Ernährungsempfehlungen der DGE. Die DGE empfiehlt eine vollwertige Mischkost, die zum größten Teil aus pflanzlichen Produkten, wie Gemüse und Obst, und zum kleineren Teil aus tierischen Produkten, zum Beispiel Fleisch, besteht. Prospektiv können die Ergebnisse dieser Arbeit für die Weiterentwicklung von Ernährungsempfehlungen genutzt werden.

5.1

## Kernaussagen

- ➔ Dieser Umbrella Review liefert einen umfassenden Überblick über die zum Suchzeitpunkt vorhandenen Metaanalysen und Bewertung der Metaevidenz zum Zusammenhang des Verzehrs von ausgewählten Lebensmittelgruppen (Gemüse, Obst, rotes und weißes Fleisch sowie Fleischerzeugnisse) mit dem Risiko für ernährungsmitbedingte Erkrankungen (Schlaganfall, koronare Herzerkrankung), Diabetes mellitus Typ 2 sowie Kolorektalkrebs und Brustkrebs.

- ➔ Hinsichtlich des Gemüseverzehrs konnte in den eingeschlossenen Metaanalysen ein eindeutig inverser Zusammenhang mit dem relativen Risiko einer kardiovaskulären Erkrankung (Schlaganfall und koronare Herzerkrankung) sowie ein inverser Zusammenhang für Kolorektalkrebs und kein Zusammenhang für Brustkrebs festgestellt werden. Für Diabetes mellitus Typ 2 ergab sich mehrheitlich kein Zusammenhang.

- ➔ In den eingeschlossenen Metaanalysen konnte ein eindeutig inverser Zusammenhang zwischen Obstverzehr und dem Risiko einer kardiovaskulären Erkrankung (Schlaganfall und koronare Herzerkrankung) und ein inverser Zusammenhang für Brustkrebs festgestellt werden. Für Diabetes mellitus Typ 2 und Kolorektalkrebs ergab sich ein unklares Bild.

- ➔ Die Ergebnisse dieses Umbrella Reviews legen nahe, dass eine in den untersuchten Studien als hoch beschriebene Gemüse- und Obstzufuhr eine günstige gesundheitliche Wirkung hat und bestätigen somit die aktuellen Empfehlungen der DGE zum Gemüse- und Obstverzehr.

- ➔ Für rotes Fleisch, verarbeitetes Fleisch und rotes Fleisch insgesamt zeigte ein Großteil der eingeschlossenen Studien einen positiven Zusammenhang zwischen dem Verzehr und den untersuchten Erkrankungen. Für weißes Fleisch wurde in den Studien kein Risikozusammenhang festgestellt.

- ➔ Die Ergebnisse dieses Umbrella Reviews legen nahe, dass ein in den Studien als hoch beschriebener Konsum von rotem Fleisch und verarbeitetem Fleisch einen eher ungünstigen Einfluss auf die untersuchten Krankheitsrisiken hat; sie stützen die aktuellen Ernährungsempfehlungen der DGE.

## 5.1.1 Einleitung

Dem Verzehr von Gemüse und Obst wird in der Ernährung ein großer gesundheitlicher Stellenwert zugeschrieben. Gemüse und Obst dienen als wichtige Lieferanten von Nährstoffen, Ballaststoffen sowie weiteren sekundären Pflanzenstoffen und weisen eine geringe Energie- und eine hohe Nährstoffdichte auf [1]. Die Deutsche Gesellschaft für Ernährung (DGE) kam in einer Übersichtsarbeit zu Gemüse und Obst in der Prävention ausgewählter chronischer Erkrankungen zu dem Schluss, dass der Verzehr von Gemüse und Obst die

Gesunderhaltung fördert und damit die Forderung nach einer Erhöhung des Verzehrs dieser Lebensmittelgruppen aus wissenschaftlicher Sicht berechtigt und eine ernährungs- sowie gesundheitspolitische Förderung des Gemüse- und Obstverzehrs wünschenswert ist [2].

Auch die Frage, welche Rolle die Höhe des Verzehrs von Fleisch und Fleischprodukten in der Prävention chronischer Erkrankungen spielt, ist Gegenstand wissenschaftlicher Untersuchungen [3, 4]. Fleisch und Fleischprodukte sind wichtige Lieferanten von u. a. B-Vitaminen, Eisen und Zink, doch auch von unerwünschten Inhaltsstoffen wie gesättigten Fettsäuren, Cholesterol und Purinen [5]. Ein erhöhter Fleischverzehr ist mit einer Erhöhung von Erkrankungsrisiken assoziiert, wie eine zusammenfassende Darstellung im 13. DGE-Ernährungsbericht, welcher 2016 veröffentlicht wurde, zeigte [6].

Für den Verzehr von Gemüse, Obst und Fleisch werden auf nationaler Ebene von der DGE sowie auf internationaler Ebene von verschiedenen Einrichtungen lebensmittelbezogene Ernährungsempfehlungen herausgegeben (Tab. 5/1).

Hinsichtlich des Gemüse- und Obstverzehrs unterscheiden sich die verschiedenen nationalen Empfehlungen nur leicht voneinander. So liegt die geringste Verzehrempfehlung für Gemüse bei mindestens 200 g Gemüse/Tag (Empfehlung in Niederlande) [7] und die höchste bei 3 Portionen á 75 bis 300 g/Tag (Österreich) [8]. Die Empfehlungen für den täglichen Obstverzehr liegen zwischen mindestens 200 bis 300 g, was zwei Portionen Obst/Tag entspricht. Manche Länder geben für Gemüse und Obst eine zusammengefasste Empfehlung ab, welche von einem täglichen Verzehr von mindestens 400 g Gemüse und Obst (Vereinigtes Königreich) [9] bzw. 400 g nicht stärkehaltigem Gemüse und Obst (Empfehlung des *World Cancer Research Fund,* WCRF) [10] bis zu 675 g Gemüse und Obst/Tag (Australien) reicht [11].



Die Empfehlungen für den Fleischverzehr sind sehr heterogen, was zum einen die empfohlene Menge und zum anderen die Art des Fleisches betrifft. Die Empfehlung der DGE hierzu lautet „Mit tierischen Lebensmitteln die Auswahl ergänzen. Wenn Sie Fleisch essen, dann nicht mehr als 300 bis 600 g in der Woche" [12, 13]. Es handelt sich dabei um Orientierungswerte. Diese basieren auf Musterspeiseplänen, die die Referenzwerte für die Nährstoffzufuhr abdecken und bieten im Rahmen einer vollwertigen Ernährung Hilfestellung bei der Lebensmittelauswahl. Sie sind nicht dazu da, auf das Gramm genau erreicht zu werden und bieten somit Spielraum für individuelle Anpassungen. Der Großteil der weiteren Empfehlungen anderer Länder für den Fleischverzehr beziehen sich auf den Verzehr innerhalb einer Woche. Sie liegen zwischen 42 g/Tag (Österreich) [8] und 100 bis 120 g/Tag (Schweiz) [14] bis maximal 740 g/Woche (USA) [15]. Hierbei machen einige Länder keine separate Aussage zum Fleischverzehr, sondern nennen Fleisch in einer Lebensmittelgruppe gemeinsam mit weiteren proteinreichen Lebensmitteln, wie zum Beispiel Tofu, Käse, Quark oder Eiern [14, 16, 17]. Dies erschwert einen Vergleich. Abweichend davon wird in der australischen Leitlinie ein maximaler Verzehr von 445 g rotem Fleisch/Woche empfohlen [11]. In der britischen *Eatwell* Leitlinie wird ein maximaler Verzehr von 70 g rotem und verarbeitetem Fleisch/Tag genannt [9]. Die schwedische Fachgesellschaft rät, den Anteil an verarbeitetem Fleisch so gering wie möglich zu halten.

Manche nationalen Empfehlungen benennen keine konkreten Verzehrmengen. So lautet die allgemeine Empfehlung der nordischen Länder in den *Nordic Nutrition Recommendations*, den Verzehr von Gemüse und Obst zu erhöhen und den Verzehr von Fleisch zu begrenzen [18].

**Tabelle 5/1:** Internationale lebensmittelbezogene Ernährungsempfehlungen zum Gemüse-, Obst- und Fleischverzehr

| **Land (Herausgeber)** | **Empfehlung zum Verzehr von** | | |
|---|---|---|---|
| | **Gemüse** | **Obst** | **Fleisch** |
| **Deutschland**<br>(Deutsche Gesellschaft für Ernährung) [12] | mind. 400 g/Tag<br><br>*mind. 3 Portionen Gemüse/Tag* | mind. 250 g/Tag<br><br>*mind. 2 Portionen Obst/Tag* | max. 300–600 g mageres Fleisch und/oder Wurst/Woche<br><br>*z. B. max. 3 Portionen Fleisch (á 150 g) und 3 Portionen Wurst (á 30 g)/Woche* |
| **Niederlande**<br>(The Health Council of the Netherlands) [7] | mind. 200 g/Tag | mind. 200 g/Tag | Der Verzehr von rotem Fleisch sollte begrenzt sein, v. a. von verarbeitetem Fleisch |
| **Frankreich**<br>(Ministère chargé de la santé, Direction générale de la santé) [16] | *mind. 5 Portionen Gemüse und Obst/Tag* | | *1–2 Portionen Fleisch, Geflügel, Fisch, Meeresfrüchte und Eier/Tag* |
| **Italien**<br>(Istituto Nazionale die Ricerca per gli Alimenti e la Nutrizione) [17] | *2 Portionen Gemüse/Salat/Tag* | *3–4 Portionen Obst/Fruchtsaft/Tag* | *2 Portionen Fleisch, Fisch, Eier, Hülsenfrüchte/Tag* |
| **Nordische Länder**<br>(Nordic Council of Ministers) [18] | Der Verzehr von Gemüse und Obst/Beeren sollte erhöht werden | | Der Verzehr von rotem und verarbeitetem Fleisch sollte begrenzt sein |
| **Österreich**<br>(Bundesministerium für Arbeit, Soziales, Gesundheit und Konsumentenschutz) [8] | *3 Portionen[a] Gemüse und/oder Hülsenfrüchte[b]/Tag* | *2 Portionen Obst/Tag (entspricht 250–300 g/Tag)* | max. 300–450 g fettarmes Fleisch oder Wurstwaren/Woche<br><br>Rotes Fleisch und Wurstwaren sollten eher selten verzehrt werden<br><br>*max. 3 Portionen fettarmes Fleisch oder Wurstwaren/Woche* |
| **Schweden**<br>(Swedish National Food Agency) [19] | mind. 500 g Gemüse und Obst/Tag | | max. 500 g Fleisch/Woche<br><br>davon sollte nur ein geringer Anteil verarbeitetes Fleisch sein |
| **Schweiz**<br>(Schweizerische Gesellschaft für Ernährung) [14] | 360 g/Tag<br><br>*3 Portionen Gemüse/Tag* | 240 g/Tag<br><br>*2 Portionen Obst/Tag* | 100–120 g proteinreiche Lebensmittel wie z. B. Fleisch, Geflügel, Fisch, Eier, Tofu, Käse, Quark etc./Tag<br><br>*1 Portion Fleisch, Geflügel, Fisch, Eier, Tofu, Käse, Quark etc.[c]* |

a Eine Portion Gemüse entspricht gegart: 200–300 g, eine Portion Salat: 75–100 g, eine Portion Rohkost: 100–200 g

b Eine Portion Hülsenfrüchte entspricht roh verzehrt: 70–100 g, gekocht: 150–200 g

c zusätzlich zu 3 Portionen Milch und Milchprodukte/Tag

**Tabelle 5/1 (Fortsetzung):** Internationale lebensmittelbezogene Ernährungsempfehlungen zum Gemüse-, Obst- und Fleischverzehr

| Land (Herausgeber) | Empfehlung zum Verzehr von | | |
|---|---|---|---|
| | Gemüse | Obst | Fleisch |
| **Vereinigtes Königreich** (Public Health England) [9] | mind. 400 g Gemüse und Obst/Tag<br>*mind. 5 Portionen Gemüse und Obst/Tag* | | max. 70 g rotes und verarbeitetes Fleisch/Tag |
| **Australien** (National Health and Medical Research Council) [11] | mind. 375 g/Tag<br>*mind. 5 Portionen Gemüse/Tag* | mind. 300 g/Tag<br>*mind. 2 Portionen Obst/Tag* | max. 455 g mageres rotes Fleisch/Woche bzw. max. 65 g/Tag<br>*mind. 2–3 Portionen mageres Fleisch, Geflügel, Fisch, Eier, Tofu, Nüsse und Samen, Hülsenfrüchte/Bohnen/Tag* |
| **USA** (U.S. Department of Health and Human Services, U.S. Department of Agriculture) [15] | *2,5 cups/Tag* | *2 cups/Tag* | 26 Unzen (entspricht 737 g[d]) Fleisch, Geflügel und Eier/Woche |
| **International** (Weltgesundheitsorganisation [WHO]) [20] | mind. 400 g nicht stärkehaltiges Gemüse und Obst/Tag<br>*mind. 5 Portionen nicht stärkehaltiges Gemüse und Obst/Tag* | | – |
| (World Cancer Research Fund [WCRF], American Institute for Cancer Research [AICR]) [10] | mind. 400 g nicht stärkehaltiges Gemüse und Obst/Tag<br>*mind. 5 Portionen nicht stärkehaltiges Gemüse und Obst/Tag* | | max. 350–500 g rotes Fleisch/Woche; verarbeitetes Fleisch sollte, wenn überhaupt, nur geringfügig verzehrt werden<br>*max. 3 Portionen rotes Fleisch/Woche* |

d Umrechnungsfaktor: 28,35

Bei der Untersuchung von Beziehungen zwischen Lebensmittelverzehr und Erkrankungsrisiken, die diesen Empfehlungen zugrunde liegen, stehen vor allem die chronischen ernährungsmitbedingten Erkrankungen, u. a. kardiovaskuläre Erkrankungen, Diabetes mellitus Typ 2 und Krebserkrankungen im Fokus. Kardiovaskuläre Erkrankungen zählen mit 37,2 % aller Sterbefälle zu den häufigsten Todesursachen in Deutschland im Jahr 2018, gefolgt von Krebserkrankungen mit ca. 25 % aller Sterbefälle [21]. Die Lebenszeitprävalenz kardiovaskulärer Erkrankungen liegt in Deutschland bei etwa 12 % [22]. Für Krebserkrankungen war für das Jahr 2014 in Deutschland von einer 10-Jahres-Prävalenz von jeweils etwa 1 300 000 Frauen und Männern auszugehen [23]. Schätzungen der Prävalenz von Diabetes mellitus Typ 2 in Deutschland gehen von 5,8 bis 9,5 % in der erwachsenen Bevölkerung aus. Der Anteil des unerkannten und demnach unbehandelten Diabetes mellitus Typ 2 an der Gesamtprävalenz liegt bei bis zu 41 %. Diese Schätzungen stammen aus bevölkerungsbezogenen Erhebungen und Abrechnungsdaten von Krankenkassen und fallen je nach untersuchter Altersgruppe und betrachtetem Datensatz sehr unterschiedlich aus [24]. Die genannten Krankheitszahlen weisen auf Handlungsbedarf in der Prävention der genannten Erkrankungen in Deutschland hin. Ein wichtiges Instrument zur Förderung der öffentlichen Gesundheit und Grundlage für Ernährungs- und Agrarpolitik sind die bereits genannten Ernährungsempfehlungen.

**Die aktuellen lebensmittelbezogenen Ernährungsempfehlungen der DGE werden einer nährstoffdeckenden Ernährung gerecht. Sie sollen in Zukunft dahingehend überarbeitet werden, als dass Krankheits-Risiko-Beziehungen stärker in ihrer Ableitung berücksichtigt werden sollen. Dies schärft sie als ernährungspolitisches Werkzeug, sodass sie noch gezielter auch dafür genutzt werden können, die Krankheitszahlen in Deutschland langfristig zu reduzieren. Einen Baustein für diese Überarbeitung liefert die vorliegende Arbeit.**



Eine Aufgabe der Ernährungswissenschaft und damit auch der DGE ist es also, die Risikozusammenhänge zwischen diesen Erkrankungen und der Zufuhr bestimmter Lebensmittel zu erforschen, um darauf aufbauend Grundlagen für politische Präventionsmaßnahmen oder Ernährungsempfehlungen zu schaffen. Risikozusammenhänge zwischen Erkrankungen und Ernährungsfaktoren lassen sich u. a. durch Interventionsstudien oder Kohortenstudien untersuchen. In den letzten Jahren ist eine Vielzahl von Metaanalysen publiziert worden, die die Risikoschätzungen von solchen Primärstudien zu einer gleichen Fragestellung zusammenfassen und ein Gesamtrisiko aus den einzelnen Schätzungen berechnen. Wie bei den Primärstudien gibt es auch bei den Metaanalysen große Qualitätsunterschiede und die Ergebnisse der einzelnen Metaanalysen sind teilweise widersprüchlich. Der Begriff Umbrella Review steht für die Zusammenfassung und Bewertung der Ergebnisse mehrerer Metaanalysen (oder allgemeiner mehrerer Übersichtsarbeiten) zur gleichen Fragestellung. Dies kann sowohl rein deskriptiv oder durch eine neue Analyse der Effektschätzer[1] erfolgen. Ein gut durchgeführter Umbrella Review kann als Gesamtschau der bis dato zur Verfügung stehenden Daten zu einer Fragestellung angesehen werden. Die bisher publizierten Umbrella Reviews sind oftmals rein deskriptiv ohne erneute statistische Auswertung der Ergebnisse aus den einfließenden Studien. Dies liegt u. a. an der komplexen Herausforderung, die Metaevidenz aus verschiedenen Metaanalysen zusammenfassend zu bewerten. In dem vorliegenden Umbrella Review wurden alle relevanten Metaanalysen systematisch erfasst. Als methodische Weiterentwicklung zu bisherigen Umbrella Reviews wurde die Evidenz der berücksichtigten Metaanalysen qualitativ mittels des Bewertungsinstruments NutriGrade bewertet. NutriGrade wurde speziell für die Bewertung von Metaanalysen von Kohorten- und Interventionsstudien aus dem Ernährungsbereich entwickelt [27].

Insbesondere für die Ableitung von Ernährungsempfehlungen ist die Aktualität und die Qualität der Daten von großer Wichtigkeit. Dies erfordert regelmäßige Literaturrecherchen, eine Bewertung der einzelnen Studien und eine Einordnung der gesamten Studienlage.

1 Ein Effektschätzer schätzt das Ausmaß der Änderung in einer Erkrankungshäufigkeit, die durch eine bestimmte Exposition verursacht wird.

Für die Qualitätsbeurteilung müssen die relevanten Studien bewertet werden. Optimaler Weise sollten nur Studien von hoher Qualität der Ableitung von Ernährungsempfehlungen zugrunde gelegt werden. Auf Grundlage der Bewertung mittels NutriGrade ist es möglich, die Evidenz zu einer Krankheits-Risiko-Bewertung einzuordnen. Die Einordnung der Evidenz ist für die Zusammenhänge zwischen dem Verzehr von Lebensmitteln und dem Risiko chronischer ernährungsmitbedingter Erkrankungen eine zentrale Komponente für die Ableitung lebensmittelbezogener Ernährungsempfehlungen. Die vorgenommene Studienbewertung mittels NutriGrade ist ein erster Schritt hierbei und kann im weiteren Verlauf der Überarbeitung der Ernährungsempfehlungen genutzt werden.

Die aktuellen Ernährungsempfehlungen der DGE zum Gemüse-, Obst- und zum Fleischverzehr lauten „Genießen Sie mindestens drei Portionen Gemüse und zwei Portionen Obst am Tag" und „Wenn Sie Fleisch essen, dann nicht mehr als 300 bis 600 g/Woche" [12, 13]. Sie sollen in dieser Arbeit anhand einer aktuellen Literaturrecherche und -beurteilung auf ihre Gültigkeit geprüft werden. Dabei soll die hier vorgenommene Bewertung der Krankheits-Risiko-Beziehungen als eine Grundlage dafür dienen, den Aspekt der Krankheitsprävention in Zukunft in die Ernährungsempfehlungen einfließen zu lassen.

Die vorliegende Arbeit dient außerdem für die untersuchten Lebensmittel und Krankheitsbilder als eine aktuelle Zusammenfassung und Übersicht der momentanen Studienlage. Dabei wurden Studien mit mäßiger oder schlechter Qualität nicht ausgeschlossen, sondern ebenfalls im Ergebnisteil dargestellt, um ein umfassendes Bild der Studienlage zu geben.

### 5.1.1.1 Zielsetzung



Somit ist Ziel dieser Arbeit, eine aktualisierte und mit methodisch neuem Ansatz erstellte Zusammenfassung der Metaevidenz zum Zusammenhang zwischen Gemüse-, Obst- bzw. Fleischverzehr und dem Risiko für kardiovaskuläre Erkrankungen, Diabetes mellitus Typ 2 und ausgewählten Krebserkrankungen zur Überprüfung der aktuellen Ernährungsempfehlungen der DGE zu erstellen. Teile dieser Arbeit werden über diesen Artikel hinaus in Arbeitsgruppen einfließen, deren Ziel es ist, die lebensmittelbezogenen Ernährungsempfehlungen für Deutschland methodisch zu überarbeiten.

**Dieser Umbrella Review untersucht den Zusammenhang des Verzehrs von ausgewählten Lebensmittelgruppen (Gemüse, Obst, rotes und weißes Fleisch sowie Fleischerzeugnisse) mit dem Risiko für ernährungsmitbedingte Erkrankungen. Dabei liegt der Fokus auf sehr häufig in Deutschland vorkommenden Erkrankungen a) des kardiovaskulären Systems (Schlaganfall, koronare Herzerkrankung [KHE]), b) Diabetes mellitus Typ 2 sowie c) Kolorektalkrebs und Brustkrebs.**

## 5.1.2 Methodik

Die Methodik für diesen Umbrella Review wurde a priori entwickelt und ist bei PROSPERO registriert (Registrationsnummer: CRD42018092410).

### 5.1.2.1 Suchstrategie und Einschlusskriterien

Die systematische Literatursuche wurde in der Literaturdatenbank PubMed mit einer zuvor festgelegten Suchstrategie (Tab. 5/2) von zwei Autor*innen unabhängig voneinander durchgeführt. Gesucht wurde nach a) Metaanalysen von prospektiven Kohortenstudien und b) Metaanalysen von randomisierten kontrollierten Interventionsstudien *(randomised controlled trials,* RCTs). Nachfolgende Begriffe wurden verwendet:

**Tabelle 5/2:** Suchbegriffe und Filter der Literatursuche in PubMed

| | Text-Suchbegriffe [tiab] | MeSH-Begriffe/Filter |
|---|---|---|
| | **I. Lebensmittelgruppen** | |
| **Gemüse** | vegetables, vegetable | vegetables |
| **Obst** | fruit, fruits | fruit |
| **Fleisch** | meat, poultry | "red meat", "meat products", poultry |
| | **II. Krankheitsendpunkte** | |
| **Kardiovaskuläre Erkrankungen** | cardiovascular, CVD, CVDs, stroke, strokes, coronary, CHD, CHDs, "ischemic heart disease", "ischemic heart diseases", "ischaemic heart disease", "ischaemic heart diseases", IHD, IHDs, "myocardial infarction", "myocardial infarctions", MI, arteriosclerosis, atherosclerosis | "cardiovascular diseases" |
| **Kolorektalkrebs, Brustkrebs** | "colorectal neoplasms", "colorectal neoplasm", "colorectal cancer", "colon cancer", "colon neoplasm", "intestinal neoplasm", "intestinal neoplasms", "intestinal cancer", "intestinal polyps", "gastrointestinal neoplasm", "gastrointestinal neoplasms", "gastrointestinal cancer", "breast neoplasm", "breast neoplasms", "breast cancer" | "colorectal neoplasms", "intestinal neoplasms", "gastrointestinal neoplasms", "intestinal polyps", "breast neoplasms" |
| **Diabetes mellitus Typ 2** | "diabetes mellitus, type 2", "type 2 diabetes mellitus", T2D, T2DM, prediabetic, "insulin resistance", diabetes, diabet* | "diabetes mellitus, type 2", "prediabetic state", "glucose intolerance" |
| | **III. Studienart** | |
| **Metaanalyse** | meta-analy*, "meta-analysis", "meta analyses", "meta analysis", metaanalysis, "meta-analyze" | "meta-analysis" [Publication Type] |

Die Suche erfasste Metaanalysen aus dem Zeitraum April 2008 bis Februar 2019.

Im Anschluss an die Literaturrecherche erfolgte eine im Vier-Augen-Prinzip durchgeführte Durchsicht von Titeln und Abstracts sowie der Volltexte nach im Vorfeld festgelegten Einschlusskriterien. Metaanalysen, welche die nachfolgenden Kriterien erfüllten, wurden in den Umbrella Review eingeschlossen:

- Design: Metaanalysen von RCTs oder prospektiven Kohortenstudien
- Population: Allgemeinbevölkerung; ab 18 Jahren
- Endpunkte: Inzidenz von kardiovaskulären Erkrankungen (Schlaganfall, KHE), Diabetes mellitus Typ 2, Kolorektalkrebs oder Brustkrebs
- Exposition: Verzehr von Gemüse, Obst oder von rotem, verarbeitetem oder weißem Fleisch

Es wurden nur Metaanalysen berücksichtigt, die in deutscher oder englischer Sprache publiziert worden sind und als Volltext verfügbar waren. Metaanalysen, die exklusiv den Verzehr von hierzulande üblicherweise kaum verzehrten Gemüse- und Obstarten untersuchten, wurden ausgeschlossen.

Bei der Betrachtung des Zusammenhangs des Verzehrs der ausgewählten Lebensmittelgruppen mit dem Risiko für die ernährungsmitbedingten Krebserkrankungen (Kolorektalkrebs und Brustkrebs) wurde als Bezug der 3. Expertenbericht des *Continuous Update Project* (CUP) des WCRF verwendet [25, 26]. Im Rahmen des CUP wurde u. a. die Datenlage zum Zusammenhang zwischen Krebserkrankungen und Ernährungsfaktoren systematisch analysiert. Relevante Primärstudien wurden systematisch recherchiert (Literatursuchzeitraum bis einschließlich April 2015), ihre Studienqualität kritisch beurteilt und die Ergebnisse metaanalytisch ausgewertet. Im Rahmen dieses Umbrella Reviews wurden deshalb für die Endpunkte Kolorektalkrebs und Brustkrebs nur Metaanalysen eingeschlossen, deren Literatursuchzeitraum nach dem 30. April 2015 endet und damit jünger ist als der des WCRF Reports.



#### 5.1.2.2 Datenextraktion

Die Datenextraktion in ein standardisiertes Formular wurde jeweils von einer*m Autor*in endpunkt- und expositionsspezifisch durchgeführt. Aus jeder eingeschlossenen Metaanalyse wurden folgende Informationen extrahiert: Name des Erstautors, Publikationsjahr, Studienpopulation, Follow-up-Dauer, Informationen über die eingeschlossenen Primärstudien (u. a. Anzahl, Studiendesign, und -ort), untersuchter Endpunkt, Exposition, statistisches Design und statistische Parameter.

Bestimmte Subgruppenanalysen bzgl. der Lebensmittelgruppen und der Krankheitslokalisationen waren thematisch von besonderer Bedeutung; daher wurden deren Ergebnisse ebenfalls extrahiert und ausgewertet. Dies waren bei der Lebensmittelgruppe Fleisch und Fleischerzeugnisse das rote Fleisch, verarbeitetes Fleisch, rotes Fleisch insgesamt (Zusammenfassung von rotem und verarbeitetem Fleischverzehr) und weißes Fleisch.

#### 5.1.2.3 Beurteilung der Qualität der Metaevidenz

NutriGrade ist ein Bewertungsinstrument für Metaanalysen von RCTs und prospektiven Kohortenstudien und dient zur Beurteilung der Qualität der Metaevidenz im Sinne des Vertrauens in die Effektschätzer [27]. Mit diesem numerischen Bewertungsinstrument beurteilten zwei Autor*innen unabhängig voneinander die eingeschlossenen Metaanalysen bezüglich a) Risiko für Verzerrungen *(Risk of Bias)* und Studienqualität, b) Präzision und Stärke des Effektschätzers, c) Heterogenität der Studien, d) Direktheit, e) Publikationsbias, f) Studienfinanzierung, g) Effektgröße und h) Dosis-Wirkungs-Analysen [27]. Es können maximal zehn Punkte erreicht werden. In Abhängigkeit von der erreichten Punktzahl wird die Qualität der Metaevidenz in hoch (≥ 8 Punkte), moderat (6 bis < 8 Punkte), gering (4 bis < 6 Punkte) und sehr gering (0 bis < 4 Punkte) eingestuft. Im Rahmen dieses Umbrella Reviews wurden auch Studien mit geringer und sehr geringer Bewertung in die weitere Betrachtung miteingeschlossen.

Bei allen eingeschlossenen Metaanalysen beruhen die Beurteilungen der Qualität der Evidenz auf Effektschätzern, die basierend auf Daten des Vergleichs von höchstem mit niedrigstem Verzehr errechnet worden sind und, sofern die in den Metaanalysen auch berechnet wurden, auf den Ergebnissen der Dosis-Wirkungs-Beziehungen. Bei den Metaanalysen des WCRF basieren die publizierten Effektschätzer nur auf linearen Dosis-Wirkungs-Analysen.

Die Ergebnisse der Metaanalysen werden als Prozentanteile mit einem 95 %-Konfidenzintervall (95 % CI) dargestellt. Bei der Ergebnisinterpretation wurde zwischen „keinem Zusammenhang", „signifikantes Ergebnis" und „Trend" unterschieden. Ein signifikantes Ergebnis liegt vor, wenn das Konfidenzintervall den Wert 1 nicht schneidet. Ein Trend liegt vor, wenn das Ergebnis nicht signifikant ist, aber dennoch anhand des Effektschätzers und des Konfidenzintervalls (CI) eine Richtung erkennbar war.



### 5.1.3 Ergebnisse

#### 5.1.3.1 Ergebnisse aus Metaanalysen zum Gemüse- und Obstverzehr und dem Risiko für ausgewählte Erkrankungen

Im Rahmen der systematischen Literaturrecherche wurden n = 331 Artikel identifiziert, von denen n = 284 nach Titel- und Abstract-Screening und n = 27 nach Volltext-Screening ausgeschlossen wurden. 20 Metaanalysen von prospektiven Kohortenstudien, inklusive der zwei Studien des WCRF, erfüllten die vorab definierten Einschlusskriterien (Abb. 5/1). Es wurde keine Metaanalyse von RCTs identifiziert.

Der Follow-up-Zeitraum der in die Metaanalysen eingeschlossenen Primärstudien betrug drei bis 37 Jahre. Als Endpunkt wurde in allen Studien die Inzidenz (Häufigkeit von Neuerkrankungen innerhalb einer Zeitspanne) erfasst. Untersucht wurden die Lebensmittelgruppen Gemüse und Obst.

**Abbildung 5/1:** Flussdiagramm der systematischen Literaturrecherche und -auswahl nach PRISMA [28]

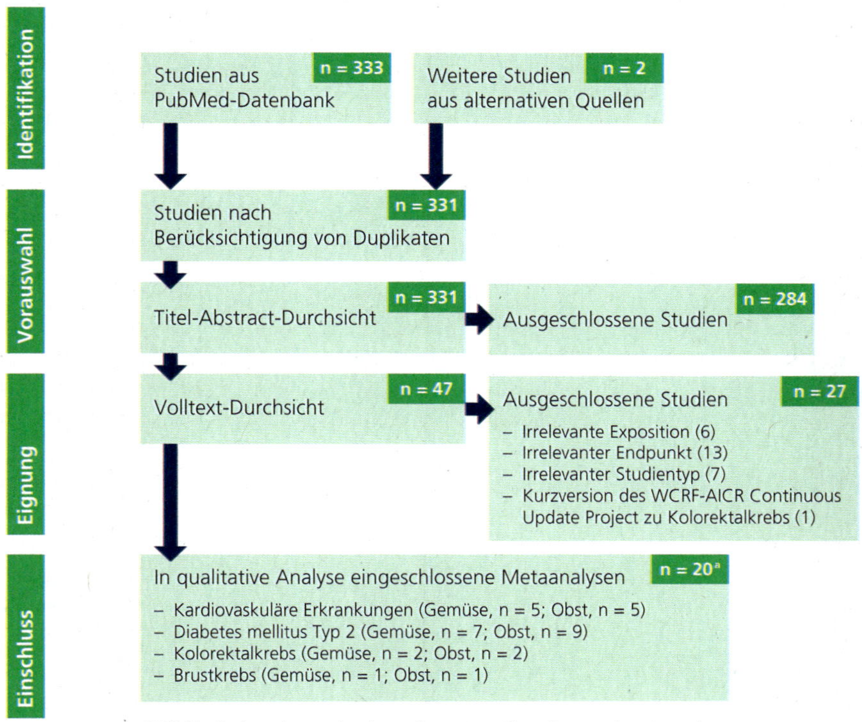


*PRISMA: Preferred reporting items for systematic reviews and meta-analyses*

a Die Summe der bei den Endpunkten genannten Anzahl an Metaanalysen ist größer als n = 20, da mehrere Metaanalysen mehr als einen Endpunkt untersuchten.



### 5.1.3.1.1 Zusammenhang zwischen dem Gemüseverzehr und dem Risiko für ausgewählte Erkrankungen

#### Gemüseverzehr und Risiko für kardiovaskuläre Erkrankungen

In allen vier Metaanalysen, die den höchsten mit dem niedrigsten Gemüseverzehr verglichen, bestand ein inverser Zusammenhang mit dem **Schlaganfall**risiko, mit einer relativen Risikosenkung von 13 bis 14 % [29–32]. Die Höhe des Verzehrs war nur in einer Metaanalyse angegeben (0–500 g/Tag) [30] (Tab. 5/3). In den Dosis-Wirkungs-Analysen war für jeden zusätzlichen Gemüseverzehr von 100 g/Tag [30] bzw. 200 g/Tag [29, 32] eine Senkung des relativen Schlaganfallrisikos um 8 % bzw. 11 bis 13 % zu beobachten. In den nicht linearen Dosis-Wirkungs-Analysen war für die Erhöhung des Gemüseverzehrs auf 500 g/Tag [29] bzw. 400 g/Tag [30] eine Verringerung des relativen Schlaganfallrisikos von 28 bzw. 12 % zu verzeichnen.

Hinsichtlich der Ergebnisse für **KHE**, war für den Vergleich von höchstem mit niedrigstem Gemüseverzehr in den Metaanalysen ein um 8 bis 13 % verringertes relatives Risiko für KHE zu beobachten [29–31, 33]. Die Verzehrhöhe war nur in einer Metaanalyse angegeben (0–1 300 g/Tag) [30]. Die Dosis-Wirkungs-Analysen ergaben für jeden zusätzlichen Gemüseverzehr von 100 g/Tag [30], 200 g/Tag [29] bzw. 400 g/Tag [33] eine Verringerung des relativen KHE-Risikos um 3 bis 18 %. In einer nicht linearen Dosis-Wirkungs-Analyse war bei einem Anstieg des Gemüseverzehrs auf 550 bis 600 g/Tag eine relative Risikosenkung von 30 % zu verzeichnen [29]. Eine weitere nicht lineare Dosis-Wirkungs-Analyse ergab mit Erhöhung des Gemüseverzehrs auf 400 g/Tag keinen Zusammenhang mit dem relativen KHE-Risiko [30].

**Tabelle 5/3:** Ergebnisse aus Metaanalysen zum Zusammenhang zwischen dem Gemüseverzehr und dem relativen Risiko für ausgewählte Erkrankungen

| Erkrankung/ Autor (Jahr) | Verzehr | | | | | | | Metaevidenz (NutriGrade-Score) |
|---|---|---|---|---|---|---|---|---|
| | höchster vs. niedrigster | | | Dosis-Wirkungs-Analyse | | | | |
| | $n_{Studie}$ | RR | 95 % CI | g/d | $n_{Studie}$ | RR | 95 % CI | |
| **Kardiovaskuläre Erkrankungen** | | | | | | | | |
| **Schlaganfall** | | | | | | | | |
| Aune 2017 [29] | 13 | 0,87* | 0,81–0,95 | 200 | 13 | 0,87* | 0,79–0,96 | moderat (7,3) |
| Bechthold 2017 [30] | 16 | 0,87* | 0,82–0,93 | 100 | 10 | 0,92* | 0,86–0,98 | moderat (7,8) |
| Zhan 2017 [31] | 10 | 0,87* | 0,82–0,93 | – | – | – | – | moderat (6,3) |
| Hu 2014 [32] | 16 | 0,86* | 0,79–0,93 | 200 | 6 | 0,89* | 0,81–0,98 | moderat (6,3) |
| **Koronare Herzerkrankung (KHE)** | | | | | | | | |
| Aune 2017 [29] | 22 | 0,87* | 0,84–0,90 | 200 | 20 | 0,84* | 0,79–0,90 | moderat (6,8) |
| Bechthold 2019 [30] | 19 | 0,92* | 0,87–0,98 | 100 | 14 | 0,97* | 0,96–0,99 | moderat (6,6) |
| Zhan 2017 [31] | 10 | 0,91* | 0,86–0,97 | – | – | – | – | moderat (6,3) |
| Gan 2015 [33] | 16 | 0,87* | 0,81–0,93 | 400 | 13 | 0,82* | 0,73–0,92 | moderat (7,8) |
| **Diabetes mellitus Typ 2** | | | | | | | | |
| Mamluk 2017 [34] | 5 | 1,13[a] | 0,77–1,64 | – | – | – | – | sehr gering (3,0) |
| Schwingshackl 2017 [35] | 13 | 0,95 | 0,89–1,01 | 100 | 11 | 0,98 | 0,96–1,00 | moderat (6,8) |
| Wang 2016 [36] | 9 | 0,91 | 0,82–1,01 | – | – | – | – | gering (4,9) |
| Wu 2015 [37] | 7 | 1,00 | 0,93–1,08 | 106 | 7 | 0,98 | 0,95–1,01 | moderat (6,4) |
| Li 2014 [38] | 8 | 0,90 | 0,80–1,01 | 106 | – | 0,98 | 0,89–1,08 | sehr gering (3,8) |
| Cooper 2012 [39] | 6 | 0,89 | 0,75–1,03 | – | – | – | – | gering (5,3) |
| Carter 2010 [40] | 5 | 0,91 | 0,76–1,09 | – | – | – | – | gering (4,5) |
| **Krebserkrankungen** | | | | | | | | |
| **Kolorektalkrebs** | | | | | | | | |
| WCRF 2018 [26] | – | – | – | 100 | 11 | 0,98* | 0,96–0,99 | moderat (7,1) |
| Schwingshackl 2018 [41] | 20 | 0,96 | 0,92–1,00 | 100 | 15 | 0,97* | 0,96–0,98 | moderat (7,3) |
| **Brustkrebs** | | | | | | | | |
| WCRF 2018 [25] | – | – | – | 200 | 12 | 0,98 | 0,93–1,02 | moderat (6,1) |

CI: Konfidenzintervall; RR: Relatives Risiko; WCRF: *World Cancer Research Fund*
a Odds Ratio
*: statistische Signifikanz

### Gemüseverzehr und Risiko für Diabetes mellitus Typ 2

In den sieben Metaanalysen (Tab. 5/3), die den Zusammenhang zwischen Gemüseverzehr und dem relativen Risiko für **Diabetes mellitus Typ 2** anhand des Vergleichs der höchsten mit der niedrigsten Verzehrmenge untersuchten, war kein Zusammenhang zu verzeichnen [34, 35, 37, 38, 40] bzw. ein Trend für eine Risikoreduktion [36, 39] zu erkennen. Verzehrmengen wurden in drei Metaanalysen angegeben (20,5–636 g/Tag [35]; 0–636 g/Tag [37]; 80–400 g/Tag [39]). In den drei Metaanalysen, die Dosis-Wirkungs-Analysen berechneten [35, 37, 38] war jede Erhöhung des Gemüseverzehrs um etwa 100 g/Tag nicht mit dem relativen Diabetesrisiko assoziiert. In den nicht linearen Dosis-Wirkungs-Analysen war der Anstieg des Gemüseverzehrs auf 200 bis 300 g/Tag mit einer 6 bis 9%igen relativen Risikosenkung verbunden [35, 37].

### Gemüseverzehr und Risiko für Kolorektalkrebs und Brustkrebs

Nach dem WCRF-Report [26] untersuchte eine weitere Metaanalyse den Zusammenhang zwischen Gemüseverzehr und dem Risiko für **Krebserkrankungen des Kolorektums** [41] (Tab. 5/3). In den Dosis-Wirkungs-Analysen war für Kolorektalkrebs eine Verringerung des relativen Risikos um 3 % pro Anstieg des Gemüseverzehrs um 100 g/Tag zu verzeichnen. Eine nicht lineare Dosis-Wirkungs-Analyse ergab für eine Erhöhung des Gemüseverzehrs auf 200 g/Tag ein um 7 % verringertes relatives Risiko für Kolorektalkrebs [41].

Den Ergebnissen des WCRF-Reports zufolge war jeder zusätzliche Gemüseverzehr von 100 g/Tag invers mit dem Risiko für Kolorektalkrebs assoziiert. Die relative Risikosenkung betrug 2 % [26].

Für das **Brustkrebs**risiko zeigten die Ergebnisse des WCRF für jeden Anstieg des Gemüseverzehrs um 100 g/Tag keinen Zusammenhang mit dem relativen Brustkrebsrisiko auf [25].



> **In den eingeschlossenen Metaanalysen konnte ein eindeutig inverser Zusammenhang zwischen Gemüseverzehr und dem Risiko einer kardiovaskulären Erkrankung (Schlaganfall und KHE), ein inverser Zusammenhang für Kolorektalkrebs und kein Zusammenhang für Brustkrebs festgestellt werden. Für Diabetes mellitus Typ 2 ergab sich mehrheitlich kein Zusammenhang.**

## 5.1.3.1.2 Zusammenhang zwischen dem Obstverzehr und dem Risiko für ausgewählte Erkrankungen

### Obstverzehr und Risiko für kardiovaskuläre Erkrankungen

In allen vier Metaanalysen, die den höchsten mit dem niedrigsten Obstverzehr verglichen, bestand ein inverser Zusammenhang mit dem **Schlaganfall**risiko, mit einer relativen Risikosenkung von 17 bis 23 % [29-32] (Tab. 5/4). Die Höhe des Verzehrs war nur in einer Metaanalyse angegeben (0–595 g/Tag) [30]. In den Dosis-Wirkungs-Analysen war für jeden zusätzlichen Verzehr von 100 g/Tag [30] bzw. 200 g Obst/Tag [29, 32] eine Senkung des relativen Schlaganfallrisikos um 10 bis 32 % zu beobachten. In den nicht linearen Dosis-Wirkungs-Analysen war für die Erhöhung des Obstverzehrs auf 200–350 g/Tag [29] bzw. 200 g/Tag [30] eine Verringerung des relativen Schlaganfallrisikos von 20 % zu verzeichnen; dieses Ergebnis war nur in der Metaanalyse von Aune et al. signifikant [29].

Für **KHE** war für den Vergleich von höchstem mit niedrigstem Obstverzehr in den Metaanalysen ein um 11 bis 14 % verringertes relatives Risiko zu beobachten [29–31, 33]. Die Verzehrhöhe wurde nur in einer Metaanalyse angegeben (0–1 820 g/Tag) [30].

Die Dosis-Wirkungs-Analysen ergaben für jeden zusätzlichen Obstverzehr von 100 g/Tag [30], 200 g/Tag [29] bzw. 300 g/Tag [33] eine Verringerung des relativen KHE-Risikos um 6 bis 16 %. In einer nicht linearen Dosis-Wirkungs-Analyse war bei einem Anstieg des Obstverzehrs auf 750–800 g/Tag eine relative Risikosenkung von 21 % zu verzeichnen [29]. Eine weitere nicht lineare Dosis-Wirkungs-Analyse ergab für die Erhöhung des Obstverzehrs auf 200 g/Tag eine 15%ige Verringerung des relativen KHE-Risikos [30].

**Tabelle 5/4:** Ergebnisse aus Metaanalysen zum Zusammenhang zwischen dem Obstverzehr und dem relativen Risiko für ausgewählte Erkrankungen

| Erkrankung/ Autor (Jahr) | Verzehr: höchster vs. niedrigster | | | Verzehr: Dosis-Wirkungs-Analyse | | | | Metaevidenz (NutriGrade-Score) |
|---|---|---|---|---|---|---|---|---|
| | $n_{Studie}$ | RR | 95 % CI | g/d | $n_{Studie}$ | RR | 95 % CI | |
| **Kardiovaskuläre Erkrankungen** | | | | | | | | |
| **Schlaganfall** | | | | | | | | |
| Aune 2017 [29] | 17 | 0,82* | 0,77–0,87 | 200 | 16 | 0,82* | 0,74–0,90 | moderat (7,3) |
| Bechthold 2017 [30] | 17 | 0,83* | 0,77–0,89 | 100 | 10 | 0,90* | 0,84–0,97 | moderat (7,1) |
| Zhan 2017 [31] | 10 | 0,77* | 0,68–0,88 | – | – | – | – | moderat (6,9) |
| Hu 2014 [32] | 19 | 0,77* | 0,71–0,84 | 200 | 9 | 0,68* | 0,56–0,82 | moderat (6,8) |
| **Koronare Herzerkrankung (KHE)** | | | | | | | | |
| Aune 2017 [29] | 25 | 0,86* | 0,82–0,91 | 200 | 24 | 0,90* | 0,86–0,94 | moderat (7,3) |
| Bechthold 2017 [30] | 17 | 0,89* | 0,84–0,93 | 100 | 13 | 0,94* | 0,90–0,97 | moderat (6,8) |
| Zhan 2017 [31] | 8 | 0,88* | 0,78–0,99 | – | – | – | – | gering (5,4) |
| Gan 2015 [33] | 20 | 0,86* | 0,82–0,91 | 300 | 17 | 0,84* | 0,75–0,93 | moderat (7,8) |
| **Diabetes mellitus Typ 2** | | | | | | | | |
| Schwingshackl 2017 [35] | 15 | 0,96 | 0,93–1,00 | 100 | 13 | 0,98 | 0,97–100 | moderat (6,8) |
| Mamluk 2017 [34] | 5 | 1,00[a] | 0,83–1,19 | – | – | – | – | sehr gering (3,0) |
| Wang 2016 [36] | 12 | 0,91* | 0,87–0,96 | – | – | – | – | gering (5,3) |
| Wu 2015 [37] | 9 | 0,97 | 0,92–1,03 | 106 | 9 | 0,99 | 0,97–1,00 | moderat (6,4) |
| Li 2015 [42] | 9 | 0,92* | 0,86–0,97 | – | – | – | – | gering (5,9) |
| Li 2014 [38] | 10 | 0,93* | 0,88–0,99 | 106 | – | 0,94 | 0,89–1,00 | gering (5,8) |
| Muraki 2013 [43] | – | – | – | 3 Port./ Woche | 3 | 0,98*[b] | 0,96–0,99 | moderat (6,0) |
| Cooper 2012 [39] | 6 | 0,92 | 0,81–1,02 | – | – | – | – | gering (5,3) |
| Carter 2010 [40] | 5 | 0,93[b] | 0,83–1,01 | – | – | – | – | gering (4,5) |
| **Krebserkrankungen** | | | | | | | | |
| **Kolorektalkrebs** | | | | | | | | |
| WCRF 2018 [26] | – | – | – | 100 | 13 | 0,96 | 0,93–1,00 | moderat (6,6) |
| Schwingshackl 2018 [41] | 19 | 0,93* | 0,88–0,98 | 100 | 16 | 0,97* | 0,95–0,99 | moderat (7,1) |
| **Brustkrebs** | | | | | | | | |
| WCRF 2018 [25] | 11 | 0,93* | 0,88–0,99 | 200 | 12 | 0,94* | 0,90–0,98 | moderat (6,6) |

CI: Konfidenzintervall; Port.: Portion; RR: Relatives Risiko; WCRF: *World Cancer Research Fund*
a Odds Ratio
b Hazard Ratio
*: statistische Signifikanz

## Obstverzehr und Risiko für Diabetes mellitus Typ 2

In drei von insgesamt acht Metaanalysen, die den Zusammenhang zwischen Obstverzehr und dem Risiko für **Diabetes mellitus Typ 2** anhand des Vergleichs der höchsten mit der niedrigsten Verzehrmenge untersuchten, war eine relative Risikosenkung um 7 bis 9 % zu verzeichnen [36, 38, 42]; in zwei Metaanalysen war ein Trend für einen inversen Risikozusammenhang zu erkennen [39, 40]. Drei Metaanalysen konnten keinen Risikozusammenhang herausstellen [34, 35, 37]. In drei Metaanalysen war die Höhe des Verzehrs angegeben (10–618 g/Tag [33]; 0–445 g/Tag [37]; 80–320 g/Tag [39]).

In drei von vier Metaanalysen, die Dosis-Wirkungs-Analysen berechneten, war keine Assoziation mit dem relativen Diabetesrisiko zu verzeichnen [35, 37, 38]. Eine Metaanalyse fand für die Erhöhung des Verzehrs um je 3 Portionen/Woche eine relative Risikosenkung von 2 % [43] (Tab. 5/4).

**Obstverzehr und Risiko für Kolorektalkrebs und Brustkrebs**

Den Ergebnissen des WCRF-Reports zufolge war jeder zusätzliche Obstverzehr von 100 g/Tag nicht mit dem Risiko für **Kolorektalkrebs** assoziiert [26]. Es wurde nur eine weitere Metaanalyse identifiziert, die zeitlich nach dem WCRF-Report publiziert wurde, und den Zusammenhang zwischen Obstverzehr und dem Risiko für Krebserkrankungen des Kolorektums untersuchte [41]. Für den Vergleich von höchstem mit niedrigstem Obstverzehr (Verzehrmenge 4–1 384 g/Tag) zeigte sich eine relative Risikosenkung von 7 bzw. 8 % für Kolorektalkrebs. In den Dosis-Wirkungs-Analysen dieser Metaanalyse (pro Anstieg des Obstverzehrs um 100 g/Tag) war für Kolorektalkrebs eine Senkung des relativen Risikos um 3 % zu verzeichnen. Eine nicht lineare Dosis-Wirkungs-Analyse ergab für eine Erhöhung des Obstverzehrs auf 200 g/Tag ein um 8 % verringertes relatives Risiko für Kolorektalkrebs [41].

Die Ergebnisse des WCRF zeigten für jeden Anstieg des Obstverzehrs um 200 g/Tag eine 6%ige Senkung des relativen **Brustkrebs**risikos [25] (Tab. 5/4).



**In den eingeschlossenen Metaanalysen konnte ein eindeutig inverser Zusammenhang zwischen Obstverzehr und dem Risiko einer kardiovaskulären Erkrankung (Schlaganfall und KHE) und ein inverser Zusammenhang für Brustkrebs festgestellt werden. Für Diabetes mellitus Typ 2 und Kolorektalkrebs ergab sich ein unklares Bild.**

### 5.1.3.1.3 Bewertung der Metaevidenz mittels NutriGrade

Die Metaanalysen, die den Zusammenhang zwischen dem Gemüse- und Obstverzehr und dem Risiko für kardiovaskuläre Erkrankungen untersuchten, wiesen nahezu alle eine moderate Qualität der Metaevidenz auf (NutriGrade-Score: 5,4–7,8).

Für den Zusammenhang mit dem Risiko für Diabetes mellitus Typ 2 reichte die Qualität der Metaevidenz in den Metaanalysen von sehr gering bis moderat (NutriGrade-Score: 3,0–6,8).

Die Qualität der Metaevidenz aus den Metaanalysen zum Zusammenhang zwischen Gemüse- und Obstverzehr und Kolorektalkrebs bzw. Brustkrebs war überwiegend moderat (NutriGrade-Score: 3,8–7,3 bzw. 3,3–6,6).

### 5.1.3.2 Ergebnisse aus Metaanalysen zum Fleischverzehr und dem Risiko für ausgewählte Erkrankungen

Im Rahmen der systematischen Literaturrecherche wurden n = 160 Artikel identifiziert, von denen n = 118 nach Titel- und Abstract-Screening und n = 24 nach Volltext-Screening ausgeschlossen wurden. 18 Metaanalysen von prospektiven Kohortenstudien, inklusive der zwei Publikationen des WCRF, erfüllten die vorab definierten Einschlusskriterien (Abb. 5/2). Es wurde keine Metaanalyse von RCTs identifiziert.

**Abbildung 5/2:** Flussdiagramm der systematischen Literaturrecherche und -auswahl nach PRISMA [28]

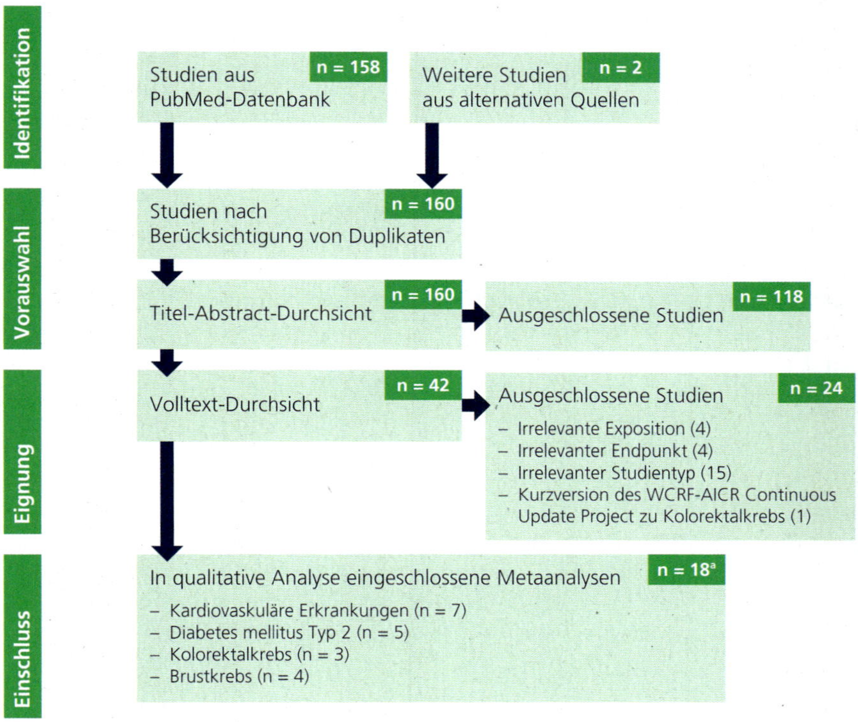


*PRISMA: Preferred reporting items for systematic reviews and meta-analyses*

a Die Summe der bei den Endpunkten genannten Anzahl an Metaanalysen ist größer als n = 18, da mehrere Metaanalysen mehr als einen Endpunkt untersuchten.

Die Follow-up-Zeit der in die Metaanalysen eingeschlossenen Primärstudien betrug vier bis 30 Jahre. In den Studien, die den Zusammenhang zwischen Fleischverzehr und Brustkrebsrisiko untersuchten, wurden ausschließlich Frauen betrachtet. Als Endpunkt wurde in allen Studien die Inzidenz (Häufigkeit von Neuerkrankungen innerhalb einer Zeitspanne) erfasst. Untersucht wurden die Lebensmittelgruppen **rotes unverarbeitetes Fleisch, verarbeitetes Fleisch, weißes Fleisch** sowie **rotes Fleisch insgesamt**. Letzteres fasst den Verzehr von rotem und verarbeitetem Fleisch zusammen. Die Definitionen, die in den Primärstudien für die Lebensmittelgruppen zugrunde gelegt wurden, sind weitestgehend vergleichbar.

Laut der Primärstudien fiel unter rotes Fleisch Rind, Schwein, Lamm, Kalb, Hammel oder Wild. Verarbeitetes Fleisch umfasst in den Studien jegliches Fleisch (rot und weiß), welches zum Beispiel durch Salzen, Räuchern oder Pökeln haltbar gemacht wurde (u. a. Hot Dog, Salami, Wurst und Speck). Zu weißem Fleisch zählte Geflügelfleisch (Pute und Huhn).

#### 5.1.3.2.1 Zusammenhang zwischen dem Verzehr von rotem Fleisch und dem Risiko für ausgewählte Erkrankungen

**Verzehr von rotem Fleisch und Risiko für kardiovaskuläre Erkrankungen**

In allen vier Metaanalysen, die den höchsten mit dem niedrigsten Verzehr von rotem Fleisch verglichen, bestand ein positiver Zusammenhang mit dem **Schlaganfall**risiko, mit einem relativen Risikoanstieg von 9 bis 16 % [30, 44–46]. Die Höhe des Verzehrs war nur in der Studie von Bechthold et al. [30] angegeben (6–195 g/Tag).

In drei von vier Metaanalysen [30, 46, 47] war in den Dosis-Wirkungs-Analysen für jeden zusätzlichen Verzehr von 100 bzw. 120 g rotem Fleisch/Tag eine Erhöhung des relativen Schlaganfallrisikos um 11 bis 13 % zu beobachten. Micha et al. [48] konnten in einer Auswertung von zwei prospektiven Kohortenstudien für jede Steigerung des täglichen Verzehrs um 100 g rotes Fleisch keinen Zusammenhang mit dem relativen Schlaganfallrisiko feststellen. In den nicht linearen Dosis-Wirkungs-Analysen war in einer Metaanalyse für den Verzehr von mehr als 70 g rotem Fleisch/Tag ein Anstieg des Schlaganfallrisikos zu verzeichnen [45]. In einer weiteren Metaanalyse gab es keine Hinweise auf eine nicht lineare Dosis-Wirkungs-Beziehung [30].



Für **KHE** war für den Vergleich von höchstem mit niedrigstem Verzehr von rotem Fleisch in einer Metaanalyse ein um 16 % erhöhtes relatives Risiko zu beobachten (Verzehrbereich 9–205 g/Tag). Die Dosis-Wirkungs-Analyse dieser Metaanalyse ergab für jeden zusätzlichen Verzehr von 100 g rotem Fleisch/Tag eine Erhöhung des relativen KHE-Risikos um 15 %. In der nicht linearen Dosis-Wirkungs-Analyse war bei Anstieg des Verzehrs von rotem Fleisch auf bis zu 100 g/Tag eine Risikoerhöhung um ca. 10 bis 20 % zu verzeichnen [30]. Eine weitere Metaanalyse konnte für jede Steigerung des Verzehrs um 100 g rotes Fleisch/Tag keinen Zusammenhang mit dem relativen KHE-Risiko feststellen [48] (Tab. 5/5).

**Tabelle 5/5:** Ergebnisse aus Metaanalysen zum Zusammenhang zwischen dem Verzehr von rotem Fleisch und dem relativen Risiko für ausgewählte Erkrankungen

| Erkrankung/ Autor (Jahr) | Verzehr | | | | | | | Metaevidenz (NutriGrade-Score) |
|---|---|---|---|---|---|---|---|---|
| | höchster vs. niedrigster | | | Dosis-Wirkungs-Analyse | | | | |
| | $n_{Studie}$ | RR | 95 % CI | g/d | $n_{Studie}$ | RR | 95 % CI | |
| **Kardiovaskuläre Erkrankungen** | | | | | | | | |
| **Schlaganfall** | | | | | | | | |
| Bechthold 2017 [30] | 7 | 1,16* | 1,08–1,25 | 100 | 7 | 1,12* | 1,06–1,17 | moderat (6,4) |
| Kim 2017 [44] | 6 | 1,11* | 1,03–1,20 | – | – | – | – | gering (5,9) |
| Yang 2016 [45] | 5 | 1,13* | 1,04–1,22 | – | – | – | – | gering (5,5) |
| Chen 2013 [46] | 5 | 1,09* | 1,01–1,08 | 100,00 | 5 | 1,13* | 1,03–1,23 | gering (4,5) |
| Kaluza 2012 [47] | – | – | – | 100–120 | 6 | 1,11* | 1,03–1,20 | gering (5,9) |
| Micha 2010 [48] | – | – | – | 100 | 2 | 1,17 | 0,40–3,43 | sehr gering (2,5) |
| **Koronare Herzerkrankung (KHE)** | | | | | | | | |
| Bechthold 2017 [30] | 3 | 1,16* | 1,08–1,24 | 100 | 3 | 1,15* | 1,08–1,23 | gering (5,8) |
| Micha 2010 [48] | – | – | – | 100 | 3 | 1,13 | 0,74–1,15 | sehr gering (2,0) |
| **Diabetes mellitus Typ 2** | | | | | | | | |
| Tian 2017 [49] | 13 | 1,22* | 1,09–1,36 | – | – | – | – | moderat (6,6) |
| Schwingshackl 2017 [35] | 15 | 1,21* | 1,13–1,30 | 100 | 14 | 1,17* | 1,08–1,26 | hoch (8,3) |
| Pan 2011 [50] | – | – | – | 100 | 9 | 1,19* | 1,04–1,37 | moderat (6,7) |
| Micha 2010 [48] | – | – | – | 100 | 5 | 1,16 | 0,92–1,27 | gering (4,0) |
| Aune 2009 [51] | 10 | 1,21* | 1,07–1,38 | 120 | 9 | 1,20* | 1,04–1,38 | hoch (8,1) |
| **Krebserkrankungen** | | | | | | | | |
| **Kolorektalkrebs** | | | | | | | | |
| WCRF 2018 [26] | – | – | – | 100 | 8 | 1,12 | 1,00–1,25 | gering (4,2) |
| Schwingshackl 2018 [41] | 25 | 1,12* | 1,06–1,18 | 100 | 21 | 1,12* | 1,06–1,19 | moderat (6,8) |
| Zhao 2017 [52] | 15 | 1,12* | 1,03–1,21 | 100 | 9 | 1,16* | 1,05–1,29 | moderat (7,8) |
| **Brustkrebs** | | | | | | | | |
| WCRF 2018 [25] | – | – | – | 100 | 6 | 1,12* | 1,01–1,24 | moderat (6,4) |
| Anderson 2018 [53] | 10 | 1,03 | 0,99–1,08 | – | – | – | – | gering (4,4) |
| Farvid 2018 [54] | 13 | 1,06 | 0,99–1,14 | – | – | – | – | gering (4,9) |
| Wu 2016 [55] | 12 | 1,07 | 0,98–1,17 | 120 | 6 | 1,07* | 1,01–1,14 | moderat (7,8) |

CI: Konfidenzintervall; RR: Relatives Risiko; WCRF: *World Cancer Research Fund*
*: statistische Signifikanz

### Verzehr von rotem Fleisch und Risiko für Diabetes mellitus Typ 2

In den drei Metaanalysen, die den Zusammenhang zwischen rotem Fleisch und dem Risiko für **Diabetes Mellitus Typ 2** anhand des Vergleichs der höchsten mit der niedrigsten Verzehrmenge untersuchten, war eine relative Risikoerhöhung von 21 bzw. 22 % zu verzeichnen [35, 49, 51]. Vier Metaanalysen berechneten Dosis-Wirkungs-Analysen [35, 48, 50, 51], von denen drei mit jeder Steigerung des Verzehrs um 100 bzw. 120 g/Tag eine relative Risikoerhöhung von Diabetes mellitus Typ 2 um 17 bis 20 % aufzeigten [35, 50, 51]. In der Studie von Micha et al. [48] konnte kein Zusammenhang festgestellt werden (Tab. 5/5).

5.1

### Verzehr von rotem Fleisch und Risiko für Kolorektalkrebs und Brustkrebs

Die Ergebnisse des WCRF-Reports zeigten für **Kolorektal**krebs einen risikosteigernden Trend mit jedem zusätzlichen Verzehr von 100 g rotem Fleisch/Tag [26].

Nach dem WCRF-Report von 2018 untersuchten zwei weitere Metaanalysen den Zusammenhang zwischen dem Verzehr von rotem Fleisch und dem Risiko für Krebserkrankungen des Kolorektums [41, 52].

Sowohl für den Vergleich von höchstem mit niedrigstem Verzehr von rotem Fleisch als auch in Dosis-Wirkungs-Analysen (pro Anstieg des Verzehrs um 100 g rotes Fleisch/Tag) zeigte sich eine relative Risikosteigerung von 12 bis 16 % für das Auftreten von Kolorektalkrebs [41, 52].

Nach dem WCRF-Report von 2018 untersuchten drei weitere Metaanalysen den Zusammenhang zwischen dem Verzehr von rotem Fleisch und dem **Brustkrebs**risiko [53–55]. In den Analysen (höchster vs. niedrigster Verzehr, Dosis-Wirkungs-Analysen) konnte kein Zusammenhang zwischen dem Verzehr von rotem Fleisch und dem Brustkrebsrisiko herausgestellt werden. Es ließ sich nur in einer Metaanalyse ein risikosteigernder Zusammenhang erkennen: Ausschließlich in der Dosis-Wirkungs-Analyse einer Metaanalyse war jeder zusätzliche Verzehr von 120 g rotem Fleisch/Tag mit einer Erhöhung des relativen Brustkrebsrisikos um 7 % assoziiert [55]. Der WCRF kam zu einem ähnlichen Ergebnis: Der zusätzliche Verzehr von 100 g rotem Fleisch/Tag führte zu einem 12%igen Anstieg des relativen Brustkrebsrisikos [25] (Tab. 5/5).



## 5.1.3.2.2 Zusammenhang zwischen dem Verzehr von verarbeitetem Fleisch und dem Risiko für ausgewählte Erkrankungen

### Verzehr von verarbeitetem Fleisch und Risiko für kardiovaskuläre Erkrankungen

In den Metaanalysen, die den Zusammenhang des **Schlaganfall**risikos mit dem Verzehr von verarbeitetem Fleisch durch den Vergleich der höchsten mit der niedrigsten Verzehrkategorie untersuchten, fand sich ein um 14 bis 17 % erhöhtes relatives Risiko [30, 44–46]. Angaben zur Höhe des Verzehrs in den eingeschlossenen Studien waren nur in einer Metaanalyse aufgeführt (0–85 g/Tag) [30] (Tab. 5/6).

In den Dosis-Wirkungs-Analysen war für den zusätzlichen Verzehr von 50 g verarbeitetem Fleisch/Tag eine relative Risikoerhöhung von 11 bis 17 % zu beobachten [30, 46, 47]. Micha et al. [48] konnten für jede Steigerung des Verzehrs um 50 g verarbeitetes Fleisch/Tag keinen Zusammenhang mit dem Schlaganfallrisiko feststellen. In einer nicht linearen Dosis-Wirkungs-Analyse war der Anstieg des Verzehrs auf bis zu 70 g verarbeitetem Fleisch/Tag assoziiert mit einer relativen Risikoerhöhung um ca. 15 % [30]. Eine weitere Metaanalyse ergab für jegliche Verzehrmenge von verarbeitetem Fleisch (> 0 g/Tag) ein gesteigertes Schlaganfallrisiko [45].

**Tabelle 5/6:** Ergebnisse aus Metaanalysen zum Zusammenhang zwischen dem Verzehr von verarbeitetem Fleisch und dem Risiko für ausgewählte Erkrankungen

| Erkrankung/ Autor (Jahr) | Verzehr: höchster vs. niedrigster | | | Verzehr: Dosis-Wirkungs-Analyse | | | | Metaevidenz (NutriGrade-Score) |
|---|---|---|---|---|---|---|---|---|
| | $n_{Studie}$ | RR | 95 % CI | g/d | $n_{Studie}$ | RR | 95 % CI | |
| **Kardiovaskuläre Erkrankungen** | | | | | | | | |
| **Schlaganfall** | | | | | | | | |
| Bechthold 2017 [30] | 6 | 1,16* | 1,07–1,26 | 50 | 6 | 1,17* | 1,02–1,34 | moderat (6,4) |
| Kim 2017 [44] | 6 | 1,17* | 1,08–1,25 | – | – | – | – | gering (5,9) |
| Yang 2016 [45] | 5 | 1,17* | 1,09–1,27 | – | – | – | – | gering (5,5) |
| Chen 2013 [46] | 5 | 1,14* | 1,05–1,25 | 50 | 5 | 1,11* | 1,02–1,20 | gering (4,5) |
| Kaluza 2012 [47] | – | – | – | 50 | 1 | 1,13* | 1,03–1,24 | gering (5,5) |
| Micha 2010 [48] | – | – | – | 50 | 2 | 1,14 | 0,94–1,39 | sehr gering (2,5) |
| **Koronare Herzerkrankung (KHE)** | | | | | | | | |
| Bechthold 2017 [30] | 5 | 1,15 | 0,99–1,33 | 50 | 3 | 1,27* | 1,09–1,49 | gering (5,0) |
| Micha 2010 [48] | – | – | – | 50 | 5 | 1,44* | 1,07–1,95 | gering (5,5) |
| **Diabetes mellitus Typ 2** | | | | | | | | |
| Tian 2017 [49] | 11 | 1,39* | 1,29–1,49 | | – | – | – | moderat (6,4) |
| Schwingshackl 2017 [35] | 14 | 1,27* | 1,20–1,35 | 50 | 14 | 1,37* | 1,22–1,55 | moderat (7,8) |
| Pan 2011 [50] | – | – | – | 50 | 8 | 1,51* | 1,25–1,83 | moderat (6,2) |
| Micha 2010 [48] | – | – | – | 50 | 7 | 1,19* | 1,11–1,27 | moderat (7,0) |
| Aune 2009 [51] | 9 | 1,41* | 1,25–1,60 | 50 | 8 | 1,57* | 1,28–1,93 | moderat (7,2) |
| **Krebserkrankungen** | | | | | | | | |
| **Kolorektalkrebs** | | | | | | | | |
| WCRF 2018 [26] | – | – | – | 50 | 10 | 1,16* | 1,08–1,26 | moderat (7,1) |
| Schwingshackl 2018 [41] | 18 | 1,14* | 1,06–1,21 | 50 | 16 | 1,17* | 1,10–1,23 | moderat (6,8) |
| Zhao 2017 [52] | 12 | 1,15* | 1,07–1,24 | 50 | 8 | 1,22* | 1,12–1,33 | moderat (7,8) |
| **Brustkrebs** | | | | | | | | |
| WCRF 2018 [25] | – | – | – | 50 | 13 | 1,08 | 0,96–1,22 | gering (4,2) |
| Anderson 2018 [53] | 8 | 1,06* | 1,01–1,11 | – | – | – | – | sehr gering (3,7) |
| Farvid 2018 [54] | 15 | 1,09* | 1,03–1,16 | – | – | – | – | gering (5,4) |
| Wu 2016 [55] | 14 | 1,07* | 1,01–1,14 | 50 | 12 | 1,09* | 1,02–1,17 | moderat (7,8) |

CI: Konfidenzintervall; RR: Relatives Risiko; WCRF: *World Cancer Research Fund*
*: statistische Signifikanz

Für **KHE** zeigte der Vergleich von höchstem mit niedrigstem Verzehr von verarbeitetem Fleisch in einer Metaanalyse [28, 30] keinen Zusammenhang mit dem relativen Risiko für KHE. In den Dosis-Wirkungs-Analysen war jeder zusätzliche Verzehr von 50 g verarbeitetem Fleisch/Tag mit einer relativen Risikosteigerung um 27 % [30] bzw. 44 % [48] assoziiert (Tab. 5/6).

5.1

### Verzehr von verarbeitetem Fleisch und Risiko für Diabetes mellitus Typ 2

Bezogen auf verarbeitetes Fleisch zeigten alle drei Metaanalysen, die den höchsten mit dem niedrigsten Verzehr verglichen, eine Risikoerhöhung für **Diabetes mellitus Typ 2**. Der relative Risikoanstieg lag zwischen 27 und 41 % [35, 49, 51].

In vier Metaanalysen wurden zusätzlich Dosis-Wirkungs-Analysen berechnet. Für jede Steigerung des Verzehrs um 50 g verarbeitetes Fleisch/Tag wurde eine relative Risikoerhöhung um 19 bis 57 % festgestellt [35, 48, 50, 51].

In einer nicht linearen Dosis-Wirkungs-Analyse war der Anstieg des Verzehrs von verarbeitetem Fleisch auf bis zu 50 g/Tag mit einer relativen Risikoerhöhung für Diabetes mellitus Typ 2 um 30 % assoziiert [35] (Tab. 5/6).

### Verzehr von verarbeitetem Fleisch und Risiko für Kolorektalkrebs und Brustkrebs

Der Zusammenhang zwischen verarbeitetem Fleisch und dem Erkrankungsrisiko für **Kolorektal**krebs wurde nach dem WCRF-Report in zwei weiteren Metaanalysen untersucht [41, 52].

Sowohl für den Vergleich von höchstem mit niedrigstem Verzehr von verarbeitetem Fleisch als auch in den Dosis-Wirkungs-Analysen pro Anstieg des Verzehrs um 50 g verarbeitetem Fleisch/Tag zeigte sich in den Metaanalysen eine relative Risikosteigerung von 14 bis 22 % für das Auftreten von Kolorektalkrebs [41, 52]. Für das Auftreten von Kolorektalkrebs zeigte sich in den Dosis-Wirkungs-Analysen des WCRF bei einem zusätzlichen Verzehr von 50 g verarbeitetem Fleisch/Tag ein um 16 bzw. 23 % erhöhtes relatives Risiko [26].



Nach dem WCRF-Report untersuchten drei weitere Metaanalysen den Zusammenhang zwischen dem Verzehr von verarbeitetem Fleisch und dem **Brustkrebs**risiko [37, 53–55]. In den Analysen (höchster vs. niedrigster Verzehr, Dosis-Wirkungs-Analyse) war der erhöhte Verzehr von rotem Fleisch mit einer Steigerung des relativen Brustkrebsrisikos um 6 bis 9 % assoziiert. Der WCRF konnte einen Trend für einen relativen Risikoanstieg beim Verzehr von je 50 g verarbeitetem Fleisch/Tag beobachten [25] (Tab. 5/6).

### 5.1.3.2.3 Zusammenhang zwischen dem Verzehr von rotem Fleisch insgesamt und dem Risiko für ausgewählte Erkrankungen

#### Verzehr von rotem Fleisch insgesamt und Risiko für kardiovaskuläre Erkrankungen

Die fünf Metaanalysen, die den Verzehr von rotem Fleisch insgesamt auf das **Schlaganfall**risiko untersuchten [44–48], zeigten sowohl für den höchsten im Vergleich zum niedrigsten Verzehr als auch in den Dosis-Wirkungs-Analysen pro Steigerung des Verzehrs um 100 bis 120 g/Tag einen Anstieg des relativen Erkrankungsrisikos um 10 bis 24 % (Tab. 5/7). In einer nicht linearen Dosis-Wirkungs-Analyse war der tägliche Verzehr von mehr als 70 g rotem Fleisch insgesamt mit dem Anstieg des relativen Schlaganfallrisikos assoziiert [45].

Eine Metaanalyse untersuchte den Zusammenhang zwischen dem Verzehr von rotem Fleisch insgesamt und dem Risiko für **KHE**: Der Verzehr von je 100 g rotem Fleisch insgesamt/Tag war mit einer Risikoerhöhung von 25 % assoziiert [48] (Tab. 5/7).

#### Verzehr von rotem Fleisch insgesamt und Risiko für Diabetes mellitus Typ 2

In einer der zwei Metaanalysen, die den Zusammenhang des Verzehrs von rotem Fleisch insgesamt auf das Erkrankungsrisiko für **Diabetes mellitus Typ 2** untersuchten, war weder für den Vergleich von höchstem mit niedrigstem Verzehr noch in der Dosis-Wirkungs-Analyse für jeden Verzehr von 120 g/Tag ein Risikozusammenhang festzustellen [51] (Tab. 5/7). In einer weiteren Metaanalyse war pro täglichem Verzehr von 100 g rotem Fleisch insgesamt eine relative Risikosteigerung für Diabetes mellitus Typ 2 um 12 % zu beobachten [48].



#### Verzehr von rotem Fleisch insgesamt und Risiko für Kolorektalkrebs und Brustkrebs

Nach dem WCRF-Report von 2018 wurden keine weiteren Metaanalysen zum Zusammenhang zwischen dem Verzehr von rotem Fleisch insgesamt und dem relativen Risiko für **Krebserkrankungen des Kolorektums** publiziert. Dem WCRF zufolge ist pro Anstieg des Verzehrs von rotem Fleisch insgesamt um 100 g/Tag das relative Risiko an Kolorektalkrebs zu erkranken, um 12 % erhöht [26] (Tab. 5/7).

Nach dem WCRF-Report von 2018 untersuchten zwei weitere Metaanalysen den Zusammenhang zwischen dem Verzehr von rotem Fleisch insgesamt und dem Brustkrebsrisiko [54, 55]. Für den höchsten im Vergleich zum niedrigsten Verzehr lag in beiden Studien kein Risikozusammenhang vor. In einer Dosis-Wirkungs-Analyse war der Verzehr von je 120 g rotem Fleisch insgesamt/Tag mit einer relativen Risikoerhöhung um 7 % assoziiert [55]. In den Dosis-Wirkungs-Analysen des WCRF-Reports fand sich für den Verzehr von je 100 g rotem Fleisch insgesamt/Tag kein Zusammenhang mit dem relativen Brustkrebsrisiko [25] (Tab. 5/7).

**Tabelle 5/7:** Ergebnisse aus Metaanalysen zum Zusammenhang zwischen rotem Fleisch insgesamt und dem relativen Risiko für ausgewählte Erkrankungen

| Erkrankung/ Autor (Jahr) | Verzehr | | | | | | | Metaevidenz (NutriGrade-Score) |
|---|---|---|---|---|---|---|---|---|
| | höchster vs. niedrigster | | | Dosis-Wirkungs-Analyse | | | | |
| | $n_{Studie}$ | RR | 95 % CI | g/d | $n_{Studie}$ | RR | 95 % CI | |
| **Kardiovaskuläre Erkrankungen** | | | | | | | | |
| **Schlaganfall** | | | | | | | | |
| Kim 2017 [44] | 5 | 1,18* | 1,09–1,28 | – | – | – | – | gering (5,5) |
| Yang 2016 [45] | 5 | 1,14* | 1,05–1,24 | – | – | – | – | gering (5,5) |
| Chen 2013 [46] | 4 | 1,15* | 1,05–1,25 | 100 | 4 | 1,10* | 1,05–1,15 | gering (4,0) |
| Kaluza 2012 [47] | – | – | – | 100–120 | 5 | 1,11* | 1,06–1,16 | gering (5,9) |
| Micha 2010 [48] | – | – | – | 100 | 2 | 1,24* | 1,08–1,43 | gering (5,5) |
| **Koronare Herzerkrankung (KHE)** | | | | | | | | |
| Micha 2010 [48] | – | – | – | 100 | 4 | 1,25* | 1,21–1,29 | gering (5,5) |
| **Diabetes mellitus Typ 2** | | | | | | | | |
| Micha 2010 [48] | – | – | – | 100 | 3 | 1,12* | 1,05–1,19 | gering (5,5) |
| Aune 2009 [51] | 5 | 1,17 | 0,92–1,48 | 120 | 4 | 1,26 | 0,84–1,88 | sehr gering (3,8) |
| **Krebserkrankungen** | | | | | | | | |
| **Kolorektalkrebs** | | | | | | | | |
| WCRF 2018 [26] | – | – | – | 100 | 15 | 1,12* | 1,04–1,21 | moderat (7,1) |
| **Brustkrebs** | | | | | | | | |
| WCRF 2018 [25] | – | – | – | 100 | 3[a] | 0,99 | 0,94–1,04 | gering (4,5) |
| Farvid 2018 [54] | 7 | 1,09 | 0,99–1,21 | – | – | – | – | sehr gering (3,0) |
| Wu 2016 [55] | 8 | 1,05 | 0,95–1,16 | 120 | 6 | 1,07* | 1,01–1,14 | moderat (6,9) |

CI: Konfidenzintervall; RR: Relatives Risiko; WCRF: *World Cancer Research Fund*

a Zusammengesetzt aus einer gepoolten Auswertung mit acht Studien und zwei weiteren Kohortenstudien

*: statistische Signifikanz

5.1

### 5.1.3.2.4 Zusammenhang zwischen dem Verzehr von weißem Fleisch und dem Risiko für ausgewählte Erkrankungen

#### Verzehr von weißem Fleisch und Risiko für kardiovaskuläre Erkrankungen

In einer von zwei Metaanalysen, die den Zusammenhang des Verzehrs von weißem Fleisch mit dem relativen Risiko für einen **Schlaganfall** untersuchten, ergab eine beim Vergleich des höchsten mit dem niedrigsten Fleischverzehr bzw. für den Verzehr von je 100 g weißem Fleisch/Woche keinen Zusammenhang [56] (Tab. 5/8). In einer weiteren Metaanalyse war das relative Schlaganfallrisiko um 13 % reduziert beim Vergleich des höchsten mit dem niedrigsten Verzehr von weißem Fleisch [44].

#### Verzehr von weißem Fleisch und Risiko für Diabetes mellitus Typ 2

Im Rahmen der systematischen Literatursuche konnte keine Studie identifiziert werden, die den Einschlusskriterien entsprach und den Zusammenhang zwischen weißem Fleisch und dem relativen Risiko an **Diabetes mellitus Typ 2** zu erkranken untersuchte.

### Verzehr von weißem Fleisch und Risiko für Kolorektalkrebs und Brustkrebs

Dem WCRF-Report zufolge ist der Verzehr von je 100 g weißem Fleisch täglich nicht mit dem Risiko für **Kolorektalkrebs** assoziiert [26].

Der Zusammenhang zwischen dem Verzehr von weißem Fleisch und dem Erkrankungsrisiko für **Brustkrebs** wurde nach dem WCRF-Report von einer weiteren Metaanalyse untersucht [55] (Tab. 5/8). Weder für den Vergleich des höchsten mit dem niedrigsten Verzehr von weißem Fleisch noch für den Verzehr von je 120 g/Tag wurde ein Zusammenhang mit dem Brustkrebsrisiko festgestellt [55]. Der WCRF kam zu vergleichbaren Ergebnissen: In den Dosis-Wirkungs-Analysen lag für jeden zusätzlichen Verzehr von 100 g weißem Fleisch/Tag kein Risikozusammenhang vor [25].

**Tabelle 5/8:** Ergebnisse aus Metaanalysen zum Zusammenhang zwischen dem Verzehr von weißem Fleisch und dem relativen Risiko für ausgewählte Erkrankungen

| Erkrankung/ Autor (Jahr) | Verzehr | | | | | | | Metaevidenz (NutriGrade-Score) |
|---|---|---|---|---|---|---|---|---|
| | höchster vs. niedrigster | | | Dosis-Wirkungs-Analyse | | | | |
| | $n_{Studie}$ | RR | 95 % CI | g/d | $n_{Studie}$ | RR | 95 % CI | |
| **Kardiovaskuläre Erkrankungen** | | | | | | | | |
| **Schlaganfall** | | | | | | | | |
| Mohammadi 2018 [56] | 7 | 0,92 | 0,82–1,03 | 100 g/w | 7 | 1,00 | 0,96–1,03 | moderat (5,9) |
| Kim 2017 [44] | 3 | 0,87* | 0,78–0,96 | – | – | – | – | moderat (5,0) |
| **Krebserkrankungen** | | | | | | | | |
| **Kolorektalkrebs** | | | | | | | | |
| WCRF 2018 [26] | – | – | – | 100 | 7 | 0,81 | 0,53–1,25 | sehr gering (3,7) |
| **Brustkrebs** | | | | | | | | |
| WCRF 2018 [25] | – | – | – | 100 | 3 | 1,05 | 0,98–1,12 | gering (4,0) |
| Wu 2016 [55] | 11 | 1,01 | 0,93–1,11 | 120 | 10 | 0,97 | 0,85–1,11 | moderat (6,8) |

CI: Konfidenzintervall; RR: Relatives Risiko; WCRF: *World Cancer Research Fund*

*: statistische Signifikanz

5.1

**Für rotes Fleisch, verarbeitetes Fleisch und rotes Fleisch insgesamt zeigte ein Großteil der eingeschlossenen Studien einen positiven Zusammenhang zwischen dem Verzehr und den untersuchten Erkrankungen. Für weißes Fleisch wurde in den Studien kein Risikozusammenhang festgestellt.**

### 5.1.3.2.5 Bewertung der Metaevidenz mittels NutriGrade

Für die Mehrheit der Metaanalysen, die kardiovaskuläre Erkrankungen in Zusammenhang mit dem Verzehr von rotem Fleisch, verarbeitetem Fleisch und rotem Fleisch insgesamt untersuchten, ergab sich mit 2,0 bis 5,9 Punkten (NutriGrade-Score) eine sehr geringe bis geringe Qualität der Metaevidenz. Für Metaanalysen, die weißes Fleisch untersuchten, zeigte sich eine moderate Qualität der Metaevidenz (5,0–5,9 Punkte).

Die Metaanalysen, die das Erkrankungsrisiko für Diabetes mellitus Typ 2 im Zusammenhang mit dem Verzehr von rotem und verarbeitetem Fleisch untersuchten, wiesen überwiegend eine moderate Qualität der Metaevidenz auf. Der NutriGrade-Score reichte von 4,0 bis 8,3. Für zwei Metaanalysen (rotes Fleisch) wurde eine hohe Metaevidenz aufgezeigt.

Die Qualität der Metaevidenz aus den Metaanalysen zum Zusammenhang zwischen Fleischverzehr und Risiko für Kolorektalkrebs bzw. Brustkrebs wurde mit moderat bis gering (5,4–7,8 Punkte) bzw. mit moderat bis sehr gering (2,9–7,8 Punkte) eingestuft. (Tab. 5/5–5/8).

## 5.1.4 Diskussion

Die vorliegende Arbeit bietet eine aktuelle und systematische Übersicht über die verfügbaren Metaanalysen aus dem Zeitraum April 2008 bis Februar 2019 zum Zusammenhang zwischen dem Verzehr von Gemüse, Obst und Fleisch und ausgewählten ernährungsmitbedingten Erkrankungen sowie eine Bewertung der Metaanalysen mittels NutriGrade. Die Ergebnisse werden im Rahmen der Diskussion mit den aktuellen Ernährungsempfehlungen der DGE zum Gemüse-, Obst- und Fleischverzehr verglichen.

### 5.1.4.1 Methodische Gesichtspunkte



Die vorliegende Arbeit ist eine aktuelle Zusammenfassung aller zum Suchzeitpunkt in PubMed hinterlegten thematisch relevanten Metaanalysen der letzten zehn Jahre. Metaanalysen akkumulieren die Daten von Primärstudien. Derzeitige Herausforderungen bestehen darin, die Ergebnisse der verschiedenen Metaanalysen zu einer Thematik zusammenzufassen und qualitativ einzuordnen. Ein Mehrwert dieses Umbrella Reviews ist, dass die Metaanalysen systematisch erfasst, nach zuvor festgelegten Kriterien ausgewählt und im Vier-Augen-Prinzip mittels NutriGrade bewertet wurden. NutriGrade wurde als Bewertungsinstrument ausgewählt, da es speziell für die Anwendung bei Ernährungsstudien konzipiert wurde. NutriGrade berücksichtigt unter anderem die Ernährungserhebungsmethode, den potenziellen Einfluss der Studienfinanzierung und die Durchführung von Dosis-Wirkungs-Beziehungen als wichtige Kriterien von Studien im Ernährungsbereich. Es stellt aktuell eine gute Grundlage dar, die Qualität der Evidenz von Ernährungsstudien zu beurteilen und findet international Gebrauch und Anerkennung [57].

Wesentliche Gründe für die mehrheitlich als sehr gering bis moderat eingestufte Metaevidenz der eingeschlossenen Metaanalysen sind zum einen die geringe Anzahl an prospektiven Kohortenstudien (oft ≤ 5 Studien), die in die Metaanalysen eingeschlossen wurden, und zum anderen die geringen Effektgrößen in der Mehrheit der Metaanalysen. Eine Besonderheit vieler Ernährungsstudien ist der Fokus auf die Primärprävention, also der Vermeidung von Erkrankungen. Gesundheitsbezogene Effekte einer bestimmten Ernährung zeigen sich oftmals erst über einen Zeitraum von Jahrzehnten, wohingegen die Wirksamkeit von Medikamenten meistens in einem vergleichsweise kurzen Zeitraum erfasst werden kann. Ernährungsstudien in der notwendigen Länge sind in der Praxis kaum durchführbar. Die geringen Effektgrößen bisheriger Studien können hierdurch bedingt sein. Umso wichtiger ist es, weitere Aspekte wie zum Beispiel die biologische Plausibilität und die Wirkmechanismen einzelner Lebensmittelbestandteile in der Gesamtbewertung zu berücksichtigen. Hinsichtlich abzuleitender Ernährungsempfehlungen sollte außerdem berücksichtigt werden, dass Studien mit geringer bis sehr geringer Qualität der Evidenz nur mit Bedacht verwendet werden sollten. Sowohl die Studien zum Gemüse- und Obstverzehr als auch die Studien zum Fleischverzehr sind in ihrer Qualität unterschiedlich. Wünschenswert wäre, dass aussagekräftige Ernährungsempfehlungen auf einer mindestens moderaten bis – optimaler Weise – hohen Qualität der Evidenz basieren. Inwiefern eine geringe bis sehr geringe Qualität der Evidenz bei einer Überarbeitung der aktuellen Ernährungsempfehlungen berücksichtigt wird, ist momentan Bestandteil der konzeptionellen Arbeit der Arbeitsgruppe „Lebensmittelbasierte Ernährungsempfehlungen" der DGE.

Ein Nachteil bei der alleinigen Betrachtung von zum Suchzeitpunkt vorhandenen Metaanalysen im Rahmen dieses Umbrella Reviews ist, dass Primärstudien, die nach der Durchführung der Metaanalysen veröffentlicht wurden, nicht in diesen erfasst werden konnten und somit auch in diesem Umbrella Review nicht erfasst wurden.

Die eingeschlossenen Metaanalysen berücksichtigten ausschließlich prospektive Kohortenstudien. Im Vergleich zu anderen Beobachtungsstudien haben prospektive Kohortenstudien zwar eine höhere Aussagekraft, sie können jedoch ausschließlich Zusammenhänge zwischen dem Lebensmittelverzehr und dem Auftreten von Erkrankungen aufzeigen. Um die Kausalität der untersuchten Zusammenhänge zu belegen, werden zusätzlich und vor allem nach Möglichkeit Untersuchungen im Rahmen von RCTs benötigt. RCTs bieten die Möglichkeit, kausale Zusammenhänge nachzuweisen. Jedoch besteht hier die Einschränkung, dass je nach Endpunkt oder ethischen Aspekten eine Durchführung von RCTs nicht realisierbar ist. Im Rahmen der vorliegenden Literaturrecherche wurden keine RCTs zu den untersuchten Endpunkten identifiziert.

Die den einzelnen Berechnungen der Metaanalysen zugrunde liegenden Verzehrmengen sind innerhalb der einzelnen Lebensmittelgruppen Gemüse, Obst und Fleisch sehr heterogen. Besonders bei den Analysen, bei denen eine hohe mit einer niedrigen Verzehrmenge verglichen wurde, weichen die Mengen stark voneinander ab. Ein konkreter Rückschluss auf optimale Verzehrmengen und eine Bewertung der aktuellen Orientierungswerte ist daher anhand dieser Auswertung nicht ohne Weiteres möglich.



**Die Arbeit liefert einen umfassenden Überblick über die zum Suchzeitpunkt vorhandenen Metaanalysen und eine qualitative Einordnung der eingeschlossenen Studien.**

### 5.1.4.2 Einordnung der Ergebnisse

In den Metaanalysen, die den Zusammenhang zwischen dem **Gemüseverzehr** und dem Risiko für verschiedene ernährungsmitbedingte Erkrankungen untersuchten, war für das Risiko kardiovaskulärer Erkrankungen (Schlaganfall und KHE) ein eindeutig inverser Zusammenhang zu erkennen [29–33]. Die Metaevidenz war durchgängig moderat (Tab. 5/3).

Die eingeschlossenen Metaanalysen konnten mehrheitlich keinen Zusammenhang zwischen dem gesamten Gemüseverzehr und dem Risiko für Diabetes mellitus Typ 2 aufzeigen [34,

35, 37, 38, 40]. In zwei Metaanalysen war ein Trend für einen inversen Zusammenhang zu erkennen [36, 39]. Die Studien schnitten in der Evidenz-Bewertung unterschiedlich von sehr gering bis moderat ab (Tab. 5/3).

In Bezug auf das Risiko für Kolorektalkrebs lässt sich ein inverser Risikozusammenhang mit dem Gemüseverzehr erkennen [26, 41]. Die Ergebnisse des WCRF-Reports deuten darauf hin, dass kein Zusammenhang zwischen Gemüseverzehr und Brustkrebsrisiko besteht [25]. Die drei Studien, die das Kolorektal- und Brustkrebsrisiko untersuchten, wurden alle mit moderater Metaevidenz bewertet (Tab. 5/3).

In den Metaanalysen, die den Zusammenhang zwischen dem **Obstverzehr** und dem Risiko für verschiedene ernährungsmitbedingte Erkrankungen untersuchten, war für das Risiko kardiovaskulärer Erkrankungen (Schlaganfall und KHE) ein eindeutig inverser Zusammenhang zu erkennen [29–33]. Die Metaevidenz war mit einer Ausnahme, die gering ausfiel, durchweg moderat (Tab. 5/4).

Für Diabetes mellitus Typ 2 waren die in den Metaanalysen festgestellten Risikobeziehungen zum Obstverzehr heterogen [34–40, 42, 43]. Die Studien wurden überwiegend mit einer geringen bis moderaten Metaevidenz bewertet. Eine Studie schnitt bei der Bewertung mit sehr gering ab (Tab. 5/4).

Für den Zusammenhang zwischen dem Obstverzehr und Kolorektalkrebs waren die Ergebnisse aus den eingeschlossenen Metaanalysen widersprüchlich [26, 41].



Für das Brustkrebsrisiko zeigte sich ein inverser Zusammenhang mit dem Obstverzehr [25]. Die drei Studien, die das Krebsrisiko untersuchten, wurden mit moderater Metaevidenz bewertet (Tab. 5/4).

Der in den Metaanalysen beobachtete inverse Zusammenhang zwischen **Gemüse- und Obstverzehr** und dem Risiko für kardiovaskuläre Erkrankungen kann nach aktuellem Wissensstand zurückgeführt werden auf eine Vielzahl an potenziell protektiven Substanzen bzw. Nährstoffen, die durch den Verzehr dieser Lebensmittel aufgenommen werden. Mechanismen, die einer protektiven Wirkung von sekundären Pflanzenstoffen zugrunde liegen könnten, wurden an anderer Stelle beschrieben [58] und werden hier nicht erneut aufgegriffen.

Für den Zusammenhang zwischen einer Erkrankung an Diabetes mellitus Typ 2 und dem Gemüse- und Obstverzehr ist die Qualität der Evidenz oft gering. Es wird dennoch diskutiert, dass ein hoher Gemüse- und Obstverzehr das Diabetesrisiko indirekt beeinflussen könnte. So hat eine Ernährungsweise, die durch einen hohen Gemüse- und Obstverzehr charakterisiert ist, oftmals eine geringe Energie- und Nährstoffdichte [59, 60] und kann dazu beitragen, das Risiko für Übergewicht bzw. Adipositas, einem der wichtigsten Risikofaktoren für die Entwicklung eines Diabetes mellitus Typ 2, zu verringern [2, 61–63].

Der Zusammenhang zwischen dem Gemüse- und Obstverzehr und dem Risiko für Krebserkrankungen wurde ebenfalls erfasst. Mit moderater Evidenz senkt der Verzehr von Gemüse und Obst das Risiko für die untersuchten Krebserkrankungen [25, 26, 41]. Zu beachten ist, dass neben dem WCRF lediglich eine weitere Studie in diese Auswertung eingeflossen ist.

Auch wenn die Qualität der Evidenz teilweise nur gering ist, bestätigt dieser Umbrella Review bisherige Ergebnisse zum Zusammenhang zwischen Gemüse- und Obstverzehr und dem Risiko für kardiovaskuläre Erkrankungen, Diabetes mellitus Typ 2 sowie Kolorektalkrebs und Brustkrebs. Insgesamt untermauert die Arbeit, dass eine Ernährung, die durch eine hohe Gemüse- und Obstzufuhr charakterisiert ist, eine günstige gesundheitliche Wirkung hat. Dies ist im Einklang mit den aktuellen Empfehlungen der DGE sowie den Empfehlungen anderer europäischer Länder zum Gemüse- und Obstverzehr und zeigt, dass Gemüse und Obst als Teil einer vollwertigen Ernährung den mengenmäßig größten Anteil haben sollten.

**Die Ergebnisse dieses Umbrella Reviews legen nahe, dass ein in den eingeschlossenen Metaanalysen als hoch eingestufter Gemüse- und Obstkonsum eine günstige gesundheitliche Wirkung hat und bestätigen somit die aktuellen Empfehlungen der DGE zum Gemüse- und Obstverzehr.**

Für die vier **Fleisch**kategorien lassen sich die in den Metaanalysen gefunden Zusammenhänge für die einzelnen Krankheitsendpunkte wie folgt einordnen:

Ein risikosteigernder Zusammenhang konnte zwischen kardiovaskulären Erkrankungen und dem Verzehr von rotem Fleisch bzw. verarbeitetem Fleisch festgestellt werden [30, 44–47] (Tab. 5/5 und 5/6). Ausschließlich in einer Metaanalyse war der Verzehr von rotem Fleisch bzw. verarbeitetem Fleisch nicht mit dem Schlaganfallrisiko bzw. dem KHE-Risiko assoziiert. Zu berücksichtigen ist, dass in dieser Metaanalyse nur zwei bzw. drei prospektive Kohortenstudien zusammengefasst wurden [48]. In allen Metaanalysen, die den Zusammenhang zwischen dem Verzehr von rotem Fleisch insgesamt (rotes und verarbeitetes Fleisch) und dem Risiko für kardiovaskuläre Erkrankungen untersuchten, war eine Risikosteigerung festzustellen [44–48] (Tab. 5/7). Die Metaevidenz wurde in der Mehrheit der Studien zum Zusammenhang zwischen dem Verzehr von rotem Fleisch, verarbeitetem Fleisch sowie rotem Fleisch insgesamt und dem Risiko für kardiovaskuläre Erkrankungen als sehr gering bis gering bewertet. Für den Zusammenhang des Verzehrs von weißem Fleisch mit dem Risiko für Schlaganfall lagen zwei Metaanalysen vor, deren Ergebnisse nicht eindeutig waren [44, 56] (Tab. 5/8). Die Metaevidenz wurde als moderat bewertet.

5.1

In den Metaanalysen, die den Zusammenhang zwischen dem Verzehr von rotem Fleisch bzw. verarbeitetem Fleisch und dem Risiko für Diabetes mellitus Typ 2 untersuchten, lag eine Risikosteigerung vor [35, 48–51]. Die Metaevidenz der Metaanalysen wurde mit Ausnahme einer Studie, die mit geringer Qualität bewertet wurde, moderat oder hoch bewertet (Tab. 5/5 und 5/6). Auch für den Verzehr von rotem Fleisch insgesamt war in den Metaanalysen, trotz der sehr geringen Anzahl eingeschlossener prospektiver Kohortenstudien, ein Trend für einen positiven Zusammenhang zu erkennen [48, 51] (Tab. 5/7).

Für Kolorektalkrebs war in den eingeschlossenen Metaanalysen ein risikosteigender Zusammenhang [26, 41, 52] bzw. ein Trend für einen positiven Risikozusammenhang [26] mit dem Verzehr von rotem Fleisch zu erkennen. Für den Verzehr von verarbeitetem Fleisch [26, 41, 52] war ein risikosteigernder Zusammenhang zu beobachten. Die Metaevidenz der Metaanalysen zu Kolorektalkrebs wurde überwiegend als moderat bewertet (Tab. 5/5 und 5/6). Auch für den Verzehr von rotem Fleisch insgesamt und dem Auftreten von Kolorektalkrebs lag ein positiver Risikozusammenhang bzw. ein Trend dafür vor [25, 26] (Tab. 5/7). Der Verzehr von weißem Fleisch war nicht mit dem Risiko für Kolorektalkrebs assoziiert [26] (Tab. 5/8).

In den Metaanalysen, die den Zusammenhang zwischen dem Verzehr von rotem Fleisch und Brustkrebsrisiko untersuchten und eine moderate Metaevidenz aufwiesen, war ein risikosteigernder Zusammenhang in den Dosis-Wirkungs-Analysen zu beobachten [25, 55]. In den Metaanalysen mit geringer Metaevidenz konnte kein Risikozusammenhang festgestellt werden [53, 54] (Tab. 5/5). Hingegen zeigte sich in den Ergebnissen aller Metaanalysen zum Verzehr von verarbeitetem Fleisch ein positiver Zusammenhang [53, 55] bzw. ein Trend für einen positiven Zusammenhang zum Risiko, an Brustkrebs zu erkranken [25] (Tab. 5/6). Für den Verzehr von rotem Fleisch insgesamt [25, 54, 55] und weißem Fleisch [25, 55] war in der Mehrheit der Metaanalysen kein Zusammenhang mit dem Brustkrebsrisiko zu verzeichnen (Tab. 5/7 und 5/8). Die Metaevidenz hierfür fiel sehr heterogen aus.

Hinsichtlich eines erhöhten Fleischverzehrs werden unterschiedliche Faktoren diskutiert, die das Risiko von kardiovaskulären Erkrankungen, Diabetes mellitus Typ 2 und Krebserkrankungen negativ beeinflussen. Die postulierten Mechanismen werden an anderer Stelle ausführlich beschrieben und diskutiert [5, 64].



Insgesamt weisen die Ergebnisse darauf hin, dass ein in den eingeschlossenen Metaanalysen als hoch eingestufter Konsum von rotem Fleisch und verarbeitetem Fleisch einen eher ungünstigen Einfluss auf die untersuchten Krankheitsrisiken hat. Diese Ergebnisse stimmen mit den aktuellen Ernährungsempfehlungen der DGE überein, Fleisch und Wurst in geringeren Mengen als derzeit üblich zu essen.

**Die Ergebnisse dieses Umbrella Reviews legen nahe, dass ein in den eingeschlossenen Metaanalysen als hoch eingestufter Konsum von rotem Fleisch und verarbeitetem Fleisch einen eher ungünstigen Einfluss auf die untersuchten Krankheitsrisiken hat; sie stützen die aktuellen Ernährungsempfehlungen der DGE.**

Zusammenfassend zeigen die Ergebnisse dieses Umbrella Reviews einen Zusammenhang zwischen einem hohen Gemüse- und Obstverzehr und einem verringerten Erkrankungsrisiko. Für einen hohen Fleischverzehr wurde hingegen eine Risikoerhöhung festgestellt. Diese Ergebnisse stehen im Einklang mit den aktuellen Ernährungsempfehlungen der DGE: Die DGE empfiehlt eine vollwertige Mischkost, die zum größten Teil aus pflanzlichen Produkten, wie Gemüse und Obst, und zum kleineren Teil aus tierischen Produkten, zum Beispiel Fleisch, besteht.

### Gemüse-, Obst- und Fleischverzehr in Deutschland

Wie in der Einleitung gezeigt, stimmen die Ernährungsempfehlungen der DGE zum Gemüse- und Obstverzehr mit den Empfehlungen internationaler Fachgesellschaften überein (Tab. 5/1). Die Ernährungsempfehlungen zum Fleischverzehr variieren zwischen den Fachgesellschaften. Jedoch empfehlen alle Fachgesellschaften einen deutlich niedrigeren Verzehr als derzeit von vielen Verbraucher*innen praktiziert wird [58].

Der **Gemüseverzehr** liegt bei Frauen und Männern im Durchschnitt bei 124 g/Tag. In die Lebensmittelkategorie „Gemüse" fallen Blatt- und Kohlgemüse, Lauch, Sprossen-, Frucht-, Wurzel- und Knollengemüse sowie Pilze und Hülsenfrüchte, entweder als Gemüse (roh oder erhitzt) oder als Gemüseerzeugnisse.

Der Vergleich der empfohlenen Verzehrmengen der DGE mit den tatsächlich verzehrten Mengen in der deutschen Bevölkerung zeigt, dass der durchschnittliche Gemüseverzehr die Empfehlungen (mindestens 400 g/Tag) sowohl bei Frauen als auch bei Männern nicht erreicht.

Der durchschnittliche **Verzehr von Obst** liegt bei Frauen bei 182 g/Tag und bei Männern bei 143 g/Tag. Diese Verzehrmengen schließen Obsterzeugnisse (Fruchtsoßen, gesüßtes und erhitztes Obst, Obstkonserven) und Trockenobst mit ein, wobei die Verzehrmengen in beiden Fällen im Bevölkerungsdurchschnitt sehr gering sind. Der Verzehr von Saft ist nicht in diese Menge eingeflossen.

Somit liegt der Obstverzehr bei Frauen und Männern im Durchschnitt unter der empfohlenen Verzehrmenge der DGE von mindestens 250 g/Tag.



Die Lebensmittelgruppe „Fleisch" umfasst rotes Fleisch (z. B. Rind, Schwein), weißes Fleisch (d. h. Geflügel) sowie Wild und Innereien. Die Kategorie „Fleischerzeugnisse und Wurstwaren" umfasst auch Fleischsoßen und verarbeitete Fleischprodukte wie z. B. Kasseler und Frikadellen. Der durchschnittliche Verzehr von **Fleisch, Wurstwaren und Fleischerzeugnissen** liegt bei Männern bei 151 g/Tag und bei Frauen bei 84 g/Tag. Davon fallen bei Männern durchschnittlich 75 g/Tag auf den Verzehr von Fleisch und durchschnittlich 81 g/Tag auf den Verzehr von Wurstwaren und Fleischerzeugnissen. Bei Frauen liegt der Anteil am Fleischkonsum bei durchschnittlich 42 g/Tag. Der Anteil an verzehrten Wurstwaren und Fleischerzeugnissen bei weiteren 42 g/Tag [58].

Der Fleischverzehr von Männern liegt deutlich über der empfohlenen Verzehrmenge (300–600 g/Woche). Der Verzehr von Frauen liegt, bei einer Orientierung am oberen Wert von 600 g Fleisch/Woche, knapp innerhalb des empfohlenen Bereichs. Wird berücksichtigt, dass dieser obere Wert für einen hohen Energieverbrauch gilt, liegt der Fleischkonsum auch bei vielen Frauen wahrscheinlich über der empfohlenen Verzehrmenge.

Einschränkend muss ergänzt werden, dass die hier erwähnten Verzehrdaten zum Lebensmittelverzehr aus der NVS II aus dem Zeitraum 2005 bis 2007 stammen. Eine neue, repräsentativ angelegte Studie zum aktuellen Lebensmittelverzehr in Deutschland – die *Gesundheits- und Ernährungsstudie in Deutschland* (gern-Studie), die vom Max Rubner-Institut gemeinsam mit dem Robert Koch-Institut durchgeführt werden wird, ist geplant.

Die Vorschläge der NutriRECS-Gruppe, aktuelle Ernährungsgewohnheiten den Fleischkonsum betreffend beizubehalten [65], stehen nicht im Einklang mit den Ergebnissen dieser Übersichtsarbeit. Sie wurden an anderer Stelle bereits von der DGE ausführlich kommentiert [66] und werden hier nicht im Detail besprochen.

### 5.1.4.3 Handlungsempfehlungen

Ziel dieser Arbeit war es, eine aktuelle und systematisch erfasste Übersicht über die in den letzten zehn Jahren publizierten Metaanalysen, die den Zusammenhang zwischen Gemüse-, Obst- oder Fleischverzehr und ausgewählten ernährungsmitbedingten Erkrankungen untersuchen, zu erstellen. Die ausgewählten Publikationen wurden hinsichtlich ihrer Metaevidenz bewertet und können bei der Aktualisierung von lebensmittelbezogenen Ernährungsempfehlungen berücksichtigt werden. Wie eingangs beschrieben, sollte dabei, sowie bei der gesamten Einordnung der präsentierten Ergebnisse, berücksichtigt werden, dass es sich hierbei nur um einen einzelnen Aspekt handelt, der als Baustein von Ernährungsempfehlungen, nicht jedoch als separates Konstrukt hierfür, verwendet werden kann. Außerdem muss berücksichtigt werden, dass die in dieser Arbeit identifizierten Studien bei der Bewertung der Metaevidenz maximal mit moderat abgeschnitten haben. Konkrete Zufuhrmengen lassen sich aus der vorliegenden Arbeit nicht ableiten, jedoch lässt sich untermauern, dass eine pflanzenbasierte Ernährung mit einem geringen Verzehr an Fleisch gesundheitsförderlich ist.

Aufgrund der Ergebnisse des vorliegenden Umbrella Reviews und der Einordnung, dass die aktuell gültigen Ernährungsempfehlungen derzeit von der Bevölkerung in Deutschland durchschnittlich nicht erreicht werden, sollten weiterhin Anstrengungen unternommen werden, um den Verzehr von Gemüse und Obst in der Bevölkerung zu erhöhen bzw. den Verzehr von Fleisch, Wurstwaren und Fleischerzeugnissen zu verringern.



In Deutschland beruhen Bestrebungen zur Verbesserung der Ernährungs- und Gesundheitssituation der Bevölkerung insbesondere auf einer verbesserten Ernährungsbildung, z. B. durch die Bereitstellung von Informationen für das Individuum. Die bisherigen Erfahrungen haben jedoch gezeigt, dass solche verhaltenspräventiven Maßnahmen zur Förderung gesunder Lebensstile auf Bevölkerungsebene nicht zu gewünschten Verhaltensänderungen und der damit assoziierten Reduktion ernährungsmitbedingter Erkrankungen geführt haben [67, 89].

Vielversprechendere *Public-Health*-Maßnahmen im klassischen Sinne verfolgen einen verhältnispräventiven Ansatz, d. h. sie setzen gezielt bei den Bedingungen des Lebensumfeldes an: Es soll dem*den Verbraucher*innen einfacher gemacht werden, gesundheitsfördernde Entscheidungen zu treffen. Die Implementierung solch struktureller Maßnahmen ist angebracht, wenn Handlungsbedarf auf Populationsebene besteht, die Aussicht auf Nutzen gegeben ist und es an brauchbaren, erfolgversprechenden Alternativen mangelt [68].

## 5.1.5 Literatur


[1] Slavin JL, Lloyd B: Health benefits of fruits and vegetables. Adv Nutr 3 (2012) 506–516

[2] Boeing H, Bechthold A, Bub A et al.: Critical review: vegetables and fruit in the prevention of chronic diseases. Eur J Nutr 51 (2012) 637–663

[3] Abete I, Romaguera D, Vieira AR et al.: Association between total, processed, red and white meat consumption and all-cause, CVD and IHD mortality: a meta-analysis of cohort studies. Br J Nutr 112 (2014) 762–775

[4] Ruesten A v., Feller S, Bergmann MM et al.: Diet and risk of chronic diseases: results from the first 8 years of follow-up in the EPIC-Potsdam study 67 (2013) 412–419

[5] Rohrmann S, Linseisen J: Processed meat: the real villain? Proc Nutr Soc 75 (2016) 1–9

[6] Deutsche Gesellschaft für Ernährung (Hrsg.): 13. DGE-Ernährungsbericht, Bonn (2016)

[7] Kromhout D, Spaaij CJK, Goede J de et al.: The 2015 Dutch food-based dietary guidelines. Eur J Clin Nutr 70 (2016) 869–878

[8] Bundesministerium für Arbeit, Soziales, Gesundheit und Konsumentenschutz: Die Österreichische Ernährungspyramide. (2019) https://www.gesundheit.gv.at/leben/ernaehrung/info/ernaehrungspyramide/ernaehrungspyramide (eingesehen am 10.08.2020)

[9] Buttriss JL: The Eatwell Guide refreshed. Nutr Bull 41 (2016) 135–141

[10] WCRF (World Cancer Research Fund), AICR (American Institute for Cancer Research) (Hrsg.): Continuous Update Project Expert Report. Recommendations and public health and policy implications (2018)

[11] National Health and Medical Research Council: Australian dietary guidelines. Canberra (2013) https://www.nhmrc.gov.au/about-us/publications/australian-dietary-guidelines#block-views-block-file-attachments-content-block-1 (eingesehen am 28.08.2020)

[12] Deutsche Gesellschaft für Ernährung (Hrsg.): Vollwertig essen und trinken nach den 10 Regeln der DGE. Ausführliche Version, Bonn (2018)

[13] Oberritter H, Schäbethal K, Rüsten A v. et al.: Der DGE-Ernährungskreis – Darstellung und Basis der lebensmittelbezogenen Empfehlungen der DGE. Ernahrungs Umschau Int 60 (2013) 24–29

[14] Schweizerische Gesellschaft für Ernährung (Hrsg.): Schweizer Lebensmittelpyramide. Empfehlungen zum ausgewogenen und genussvollen Essen und Trinken für Erwachsene. (2018) http://www.sge-ssn.ch/media/sge_pyramid_long_D_20161.pdf (eingesehen am 10.08.2020)

[15] U.S. Department of Health and Human Services, U.S. Department of Agriculture: 2015–2020 Dietary Guidelines for Americans. (2015) http://health.gov/dietaryguidelines/2015/guidelines (eingesehen am 10.08.2020)

[16] Ministère chargé de la santé, Direction générale de la santé: French national nutrition and health program 2011–2015. (2012) http://solidarites-sante.gouv.fr/IMG/pdf/PNNS_UK_INDD_V2.pdf (eingesehen am 10.08.2020)

[17] Istituto Nazionale di Ricerca per gli Alimenti e la Nutrizione (INRAN): Linee guida per una sana alimentazione italiana. (2003) http://www.fao.org/nutrition/education/food-based-dietary-guidelines/regions/countries/italy/es/ (eingesehen am 10.08.2020)

[18] Nordic Council of Ministers: Nordic Nutrition Recommendations 2012. Integrating nutrition and physical activity. Kopenhagen, 5. Auflage (2014) https://norden.diva-portal.org/smash/get/diva2:704251/FULLTEXT01.pdf (eingesehen am 28.08.2020)

[19] Konde AB, Bjerselius R, Haglund L et al.: Find your way to eat greener, not too much and be active. Swedish dietary guidelines – risk and benefit management report. (2015) http://www.fao.org/nutrition/education/food-based-dietary-guidelines/regions/countries/sweden/en/ (eingesehen am 10.08.2020)

[20] WHO (World Health Organization): Practical advice on maintaining a healthy diet. (2018) https://www.who.int/news-room/fact-sheets/detail/healthy-diet (eingesehen am 10.08.2020)

[21] Statistisches Bundesamt: Zahl der Todesfälle im Jahr 2018 um 1,5 % gesunken. (2019) https://www.destatis.de/DE/Themen/Gesellschaft-Umwelt/Gesundheit/Todesursachen/_inhalt.html (eingesehen am 10.08.2020)

[22] Dornquast C, Kroll LE, Neuhauser HK et al.: Regional differences in the prevalence of cardiovascular disease. Dtsch Arztebl Int 113 (2016) 704–711

[23] RKI (Robert Koch-Institut) (Hrsg.): Krebs in Deutschland 2013/2014. Berlin, 11. Ausgabe (2017)

[24] Deutsche Diabetes Gesellschaft, diabetesDE – Deutsche Diabetes-Hilfe (Hrsg.): Deutscher Gesundheitsbericht. Diabetes 2019. Die Bestandsaufnahme. (2019) https://www.diabetesde.org/system/files/documents/gesundheitsbericht_2019.pdf (eingesehen am 10.08.2020)

[25] WCRF (World Cancer Research Fund), AICR (American Institute for Cancer Research) (Hrsg.): Continuous Update Project Expert Report. Diet, nutrition, physical activity and breast cancer (2018)

[26] WCRF (World Cancer Research Fund), AICR (American Institute for Cancer Research) (Hrsg.): Continuous Update Project Expert Report. Diet, nutrition, physical activity and colorectal cancer (2018)

[27] Schwingshackl L, Knüppel S, Schwedhelm C et al.: Perspective: NutriGrade: A scoring system to assess and judge the meta-evidence of randomized controlled trials and cohort studies in nutrition research. Adv Nutr 7 (2016) 994–1004

[28] Moher D, Liberati A, Tetzlaff J et al.: Preferred reporting items for systematic reviews and meta-analyses: the PRISMA statement. PLoS Med 6 (2009) e1000097

[29] Aune D, Giovannucci E, Boffetta P et al.: Fruit and vegetable intake and the risk of cardiovascular disease, total cancer and all-cause mortality-a systematic review and dose-response meta-analysis of prospective studies. Int J Epidemiol 46 (2017) 1029–1056

[30] Bechthold A, Boeing H, Schwedhelm C et al.: Food groups and risk of coronary heart disease, stroke and heart failure: a systematic review and dose-response meta-analysis of prospective studies. Crit Rev Food Sci Nutr (2017) 1–20

[31] Zhan J, Liu Y-J, Cai L-B et al.: Fruit and vegetable consumption and risk of cardiovascular disease: a meta-analysis of prospective cohort studies. Crit Rev Food Sci Nutr 57 (2017) 1650–1663

[32] Hu D, Huang J, Wang Y et al.: Fruits and vegetables consumption and risk of stroke: a meta-analysis of prospective cohort studies. Stroke 45 (2014) 1613–1619

[33] Gan Y, Tong X, Li L et al.: Consumption of fruit and vegetable and risk of coronary heart disease: a meta-analysis of prospective cohort studies. Int J Cardiol 183 (2015) 129–137

[34] Mamluk L, O'Doherty MG, Orfanos P et al.: Fruit and vegetable intake and risk of incident of type 2 diabetes: results from the consortium on health and ageing network of cohorts in Europe and the United States (CHANCES). Eur J Clin Nutr 71 (2017) 83–91

[35] Schwingshackl L, Hoffmann G, Lampousi A-M et al.: Food groups and risk of type 2 diabetes mellitus: a systematic review and meta-analysis of prospective studies. Eur J Epidemiol 32 (2017) 363–375

[36] Wang P-Y, Fang J-C, Gao Z-H et al.: Higher intake of fruits, vegetables or their fiber reduces the risk of type 2 diabetes: a meta-analysis. J Diabetes Investig 7 (2016) 56–69

[37] Wu Y, Zhang D, Jiang X et al.: Fruit and vegetable consumption and risk of type 2 diabetes mellitus: a dose-response meta-analysis of prospective cohort studies. Nutr Metab Cardiovasc Dis 25 (2015) 140–147

[38] Li M, Fan Y, Zhang X et al.: Fruit and vegetable intake and risk of type 2 diabetes mellitus: meta-analysis of prospective cohort studies. BMJ Open 4 (2014) e005497

[39] Cooper AJ, Forouhi NG, Ye Z et al.: Fruit and vegetable intake and type 2 diabetes: EPIC-InterAct prospective study and meta-analysis 66 (2012) 1082–1092

[40] Carter P, Gray LJ, Troughton J et al.: Fruit and vegetable intake and incidence of type 2 diabetes mellitus: systematic review and meta-analysis. BMJ 341 (2010) c4229

[41] Schwingshackl L, Schwedhelm C, Hoffmann G et al.: Food groups and risk of colorectal cancer. Int J Cancer 142 (2018) 1748–1758

[42] Li S, Miao S, Huang Y et al.: Fruit intake decreases risk of incident type 2 diabetes: an updated meta-analysis. Endocrine 48 (2015) 454–460

[43] Muraki I, Imamura F, Manson JE et al.: Fruit consumption and risk of type 2 diabetes: results from three prospective longitudinal cohort studies. BMJ 347 (2013) f5001

[44] Kim K, Hyeon J, Lee SA et al.: Role of total, red, processed, and white meat consumption in stroke incidence and mortality: a systematic review and meta-analysis of prospective cohort studies. J Am Heart Assoc 6 (2017)

[45] Yang C, Pan L, Sun C et al.: Red meat consumption and the risk of stroke: a dose-response meta-analysis of prospective cohort studies. J Stroke Cerebrovasc Dis 25 (2016) 1177–1186

[46] Chen GC, Lv DB, Pang Z et al.: Red and processed meat consumption and risk of stroke: a meta-analysis of prospective cohort studies. Eur J Clin Nutr 67 (2013) 91–95

[47] Kaluza J, Wolk A, Larsson SC: Red meat consumption and risk of stroke: a meta-analysis of prospective studies. Stroke 43 (2012) 2556–2560

[48] Micha R, Wallace SK, Mozaffarian D: Red and processed meat consumption and risk of incident coronary heart disease, stroke, and diabetes mellitus: a systematic review and meta-analysis. Circulation 121 (2010) 2271–2283

[49] Tian S, Xu Q, Jiang R et al.: Dietary protein consumption and the risk of type 2 diabetes: a systematic review and meta-analysis of cohort studies. Nutrients 9 (2017)

[50] Pan A, Sun Q, Bernstein AM et al.: Red meat consumption and risk of type 2 diabetes: 3 cohorts of US adults and an updated meta-analysis. Am J Clin Nutr 94 (2011) 1088–1096

[51] Aune D, Ursin G, Veierod MB: Meat consumption and the risk of type 2 diabetes: a systematic review and meta-analysis of cohort studies. Diabetologia 52 (2009) 2277–2287

[52] Zhao Z, Feng Q, Yin Z et al.: Red and processed meat consumption and colorectal cancer risk: a systematic review and meta-analysis. Oncotarget 8 (2017) 83306–83314

[53] Anderson JJ, Darwis NDM, Mackay DF et al.: Red and processed meat consumption and breast cancer: UK Biobank cohort study and meta-analysis. Eur J Cancer 90 (2018) 73–82

[54] Farvid MS, Stern MC, Norat T et al.: Consumption of red and processed meat and breast cancer incidence: a systematic review and meta-analysis of prospective studies. Int J Cancer 143 (2018) 2787–2799
[55] Wu J, Zeng R, Huang J et al.: Dietary protein sources and incidence of breast cancer: a dose-response meta-analysis of prospective studies. Nutrients 8 (2016)
[56] Mohammadi H, Jayedi A, Ghaedi E et al.: Dietary poultry intake and the risk of stroke: a dose-response meta-analysis of prospective cohort studies. Clin Nutr ESPEN 23 (2018) 25–33
[57] Qian F, Riddle MC, Wylie-Rosett J et al.: Red and processed meats and health risks: how strong is the evidence? Diabetes Care 43 (2020) 265–271
[58] Deutsche Gesellschaft für Ernährung (Hrsg.): 12. Ernährungsbericht 2012, Bonn (2012)
[59] Bechthold A: Food Energy Density and Body Weight. Ernahrungs Umschau 61 (2014) 2–11
[60] Ledikwe JH, Blanck HM, Khan LK et al.: Low-energy-density diets are associated with high diet quality in adults in the United States. J Am Diet Assoc 106 (2006) 1172–1180
[61] Yu ZM, DeClercq V, Cui Y et al.: Fruit and vegetable intake and body adiposity among populations in Eastern Canada: the Atlantic Partnership for Tomorrow's Health Study. BMJ Open 8 (2018) e018060
[62] Schwingshackl L, Hoffmann G, Kalle-Uhlmann T et al.: Fruit and vegetable consumption and changes in anthropometric variables in adult populations: a systematic review and meta-analysis of prospective cohort studies. PLoS One 10 (2015) e0140846
[63] Ledoux TA, Hingle MD, Baranowski T: Relationship of fruit and vegetable intake with adiposity: a systematic review. Obes Rev 12 (2011) e143-50
[64] Song M, Garrett WS, Chan AT: Nutrients, foods, and colorectal cancer prevention. Gastroenterology 148 (2015) 1244-60.e16
[65] Johnston BC, Zeraatkar D, Han MA et al.: Unprocessed red meat and processed meat consumption: dietary guideline recommendations from the Nutritional Recommendations (NutriRECS) Consortium. Ann Intern Med (2019)
[66] Boeing H, Linseisen J, Watzl B et al.: Aussagen der NutriRECS-Experten zum Verzehr von rotem und verarbeitetem Fleisch – Implikationen für die Evidenzfindung im Ernährungsbereich? DGEinfo (2020) 2–3
[67] Deutsche Gesellschaft für Ernährung (Hrsg.): Ernährungsbericht 2008, Bonn (2008)
[68] Buyken A: Zuckergesüßte Getränke und Lebensmittel aus Sicht der Public Health Nutrition. Aktuel Ernaehr Med 43, Suppl 1 (2018) S55-S59

5.2

# 5.2 Die Rolle von Vitamin D bei der Prävention und Behandlung ausgewählter extraskelettaler Erkrankungen – ein Umbrella Review

Friederike Maretzke, Angela Bechthold, Sarah Egert, Jana B. Ernst, Debora Melo van Lent, Stefan Pilz, Jörg Reichrath, Gabriele I. Stangl, Peter Stehle, Dorothee Volkert, Michael Wagner, Julia Waizenegger, Armin Zittermann und Jakob Linseisen im Namen der Deutschen Gesellschaft für Ernährung (DGE)

## Zusammenfassung

**Einleitung:** Zunehmend verdichten sich die Hinweise, dass Vitamin D günstige Auswirkungen auf Atemwegs- und Autoimmunerkrankungen sowie neurodegenerative und psychische Erkrankungen haben könnte. Das Ziel des vorliegenden Umbrella Reviews über systematische Übersichtsarbeiten *(systematic reviews,* SRs) von Kohortenstudien und randomisierten kontrollierten Studien *(randomised controlled trials,* RCTs) sowie einzelnen Mendelschen Randomisierungsstudien ist es, den derzeitigen Wissensstand über die mögliche Rolle von Vitamin D bei der Prävention und Behandlung dieser extraskelettalen Erkrankungen zu aktualisieren.

**Methode:** Für die Beantwortung der Fragestellung wurden für jede der extraskelettalen Erkrankungen (Health Outcomes) einzeln systematische Literaturrecherchen nach SRs und Metaanalysen (meta-analyses, MAs) in den Datenbanken PubMed und *Cochrane Reviews Library* durchgeführt. Die Begutachtung und Analyse der Studien erfolgte auf Basis vorab festgelegter Ein- und Ausschlusskriterien durch mindestens zwei der Autor*innen. Für die Bewertung der methodischen Qualität der abgerufenen SRs wurde eine modifizierte Version des Bewertungsinstruments *Assessing the Methodological Quality of Systematic Reviews II* (AMSTAR 2) verwendet. Die Studien wurden basierend auf dem Vorliegen von kritischen oder nicht kritischen methodischen Schwächen auf einer Skala von hoher zu sehr geringer Qualität eingeordnet. Mindestens zwei Autor*innen fassten die Ergebnisse für eine der extraskelettalen Erkrankungen zusammen und bewerteten diese.

**Ergebnisse:** Insgesamt wurden 73 SRs identifiziert. Beobachtungsdaten zur Primärprävention legen nahe, dass eine inverse Assoziation zwischen dem Vitamin-D-Status und dem Risiko für akute Atemwegsinfektionen *(acute respiratory tract infections,* ARIs), Demenz und Abnahme der kognitiven Leistungsfähigkeit sowie Depressionen besteht, wohingegen kaum Studien in Bezug auf Asthma, Multiple Sklerose (MS) und Diabetes mellitus Typ 1 (T1DM) vorliegen. Die SRs von RCTs unterstützen die Beobachtungsdaten nur hinsichtlich des Risikos für ARIs. Bezüglich der Prävention von chronisch obstruktiver Lungenerkrankung *(chronic obstructive pulmonary disease,* COPD), MS und T1DM sind keine entsprechenden SRs von RCTs verfügbar. Die SRs von RCTs weisen auf förderliche therapeutische Effekte bei Asthma- und COPD-Patient*innen mit einem Vitamin-D-Mangel hin, während die Effekte bei schweren Depressionen und T1DM weiter untersucht werden müssen. Die Ergebnisse von Mendelschen Randomisierungsstudien unterstützen die Ergebnisse der SRs nicht konsistent.

**Diskussion und Schlussfolgerung:** Da aufgrund mehrerer Einschränkungen der eingeschlossenen SRs und vorhandenen RCTs keine endgültigen Schlussfolgerungen bezüglich Vitamin D und der ausgewählten Erkrankungen möglich sind, sind weitere qualitativ hochwertige RCTs erforderlich. Im Allgemeinen können zugeführte oder endogen synthetisierte Vitamin-D-Dosen von 20 µg (800 internationale Einheiten [IE]) als sicher angesehen werden und signifikant dazu beitragen, eine zirkulierende 25-Hydroxyvitamin-D-Konzentration (25[OH]D) von ≥ 50 nmol/l (20 ng/ml) zu erreichen. Sollte allerdings eine Supplementation notwendig sein (z. B. aufgrund von fehlender endogener Synthese), ist eine Verabreichung kontinuierlicher täglicher Dosen (in der empfohlenen täglichen Zufuhrmenge von 10 bis 20 µg (400–800 IE)) anstelle von hohen Bolusdosen zu empfehlen.

Es handelt sich um eine für den 14. DGE-Ernährungsbericht übersetzte und erweiterte Fassung des in einer englischsprachigen Zeitschrift mit Peer-Review-Verfahren publizierten Beitrags von Maretzke et al. [33].

## Kernaussagen

- Im vorliegenden Umbrella Review wurden insgesamt 73 systematische Übersichtsarbeiten in die qualitative Analyse einbezogen.

- Die Auswertung der systematischen Übersichtsarbeiten von RCTs und Beobachtungsstudien legt eine inverse Assoziation zwischen dem Vitamin-D-Status und dem Risiko für akute Atemwegsinfektionen (ARIs) nahe.

- Für die Prävention der anderen untersuchten Erkrankungen ergab die Auswertung der verfügbaren Studien ein heterogeneres Bild: Daten aus Beobachtungsstudien legen nahe, dass eine inverse Assoziation zwischen dem Vitamin-D-Status und dem Risiko für Demenz und Abnahme der kognitiven Leistungsfähigkeit sowie Depressionen besteht, wohingegen diese Ergebnisse durch Daten aus RCTs nicht eindeutig unterstützt werden. Die vorliegenden Daten aus Beobachtungsstudien in Bezug auf Asthma, Multiple Sklerose (MS) und Diabetes mellitus Typ 1 (T1DM) sind nicht eindeutig bzw. unzureichend. Bezüglich der Prävention von chronisch obstruktiver Lungenerkrankung (COPD), MS und T1DM sind keine entsprechenden systematischen Übersichtsarbeiten von RCTs verfügbar.

- Hinsichtlich der Behandlung von Erkrankungen, weisen systematische Übersichtsarbeiten von RCTs auf förderliche therapeutische Effekte von Vitamin D bei Asthma- und COPD-Patient*innen mit einem Vitamin-D-Mangel hin, während die Effekte bei schweren Depressionen und T1DM weiter untersucht werden müssen. Die Ergebnisse bei Patient*innen mit ARIs oder MS deuten auf keine positiven Effekte einer Vitamin-D-Supplementation hin.

- Die zusätzlich identifizierten, einzelnen Mendelschen Randomisierungsstudien unterstützen die Ergebnisse der systematischen Übersichtsarbeiten nicht konsistent.

➔ Aktuell sind aufgrund mehrerer Einschränkungen der eingeschlossenen und vorhandenen Studien keine Aussagen mit überzeugender Evidenz bezüglich des Einflusses von Vitamin D auf die ausgewählten Erkrankungen möglich. Daher sind weitere qualitativ hochwertige RCTs erforderlich.

## 5.2.1 Einleitung

Vitamin D nimmt unter den Vitaminen eine Sonderstellung ein, da der Mensch seinen Bedarf über zwei verschiedenartige Quellen decken kann: einerseits durch die Zufuhr von Vitamin D (Lebensmittel und Nährstoffpräparate oder mit Vitamin D angereicherte Lebensmittel) und andererseits durch die Bildung im menschlichen Körper mittels Exposition der Haut (kutane Synthese) gegenüber solarer oder künstlicher Ultraviolett-B-(UV-B-)Strahlung. Laut den derzeitigen Richtlinien ist Vitamin D ein bedingt unentbehrlicher Nährstoff: In Situationen, in denen die endogene Synthese stark beeinträchtigt ist, kann der altersentsprechende Bedarf mit einer täglichen Vitamin-D-Zufuhr (Nahrungsergänzung) von 10 bis 20 µg (400–800 internationale Einheiten [IE]) gedeckt werden [1–4]. Zu den gefährdeten Personengruppen gehören Säuglinge, verhüllte Menschen oder Menschen mit dunkler Hautfarbe sowie an das Haus gebundene ältere Menschen wie Pflegeheimbewohner*innen [5]. Die Vitamin-D-Synthese in der Haut kann innerhalb nur einer Minute der Ganzkörperexposition bei wolkenlosem Himmel in den mittleren Breitengraden und Sonnenhöchststand (Ende Juni in nördlichen Breitengraden) rund 25 µg (1 000 IE) Vitamin D pro Tag liefern [6]. Somit ist die endogene Synthese unter optimalen physiologischen Bedingungen grundsätzlich ausreichend, um einen angemessenen Vitamin-D-Status in den Sommermonaten aufrechtzuerhalten. Hinsichtlich der kutanen Vitamin-D-Synthese ist zu beachten, dass in Ländern mit hoher UV-Exposition das Vermeiden von Sonnenexposition durch individuelles Verhalten (z. B. im arabischen Raum) zu einer relativ hohen Prävalenz eines Vitamin-D-Mangels führen kann. Zudem nimmt oberhalb des 37. nördlichen Breitengrades in den Monaten November bis Februar die Anzahl der UV-B-Photonen, die die Erdoberfläche erreichen, deutlich ab (80–100 %, je nach Breitengrad). Daher ist im Winter die endogene Synthese von Vitamin D begrenzt, sodass Personen ein höheres Risiko haben einen Vitamin-D-Mangel zu entwickeln [7]. Aufgrund der unterschiedlichen geografischen Breiten und variierenden Aktivitäten im Freien bildet die Bevölkerung in Mitteleuropa und Nordamerika nur 12,5 bis 15 µg (500–600 IE) pro Tag im Sommer und so gut wie gar kein Vitamin D im Winter [5]. Natürlicherweise enthalten nur wenige Lebensmittel Vitamin D, wie fettreicher Fisch (z. B. Hering oder Makrele) sowie Eigelb. Die tägliche Zufuhr über die Ernährung beträgt bei in Mitteleuropa lebenden Erwachsenen nur ungefähr 2 bis 3 µg (80–120 IE) [3, 4].

**Die tägliche Zufuhr über die Ernährung beträgt bei in Mitteleuropa lebenden Erwachsenen nur ungefähr 2 bis 3 µg (80–120 IE) und reicht somit allein nicht aus, um einen angemessenen Vitamin-D-Status zu erreichen. Letzterer wird bei ausreichender UV-Exposition hauptsächlich durch die endogene Vitamin-D-Synthese durch Sonnenbestrahlung der Haut erreicht.**

Die 25-Hydroxyvitamin-D-Konzentration (25[OH]D) reflektiert sowohl die endogene Synthese als auch die Vitamin-D-Zufuhr über die Ernährung und ist deshalb der international anerkannte Marker zur Beurteilung des Vitamin-D-Status [8, 9]. Während eine mangelhafte Vitamin-D-Versorgung überwiegend als 25(OH)D-Serumkonzentrationen < 25 bis 30 nmol/l (10–12 ng/ml) definiert wird, gibt es keine einheitliche Bewertung bezüglich des optimalen Bereiches [10, 11]. Das *Institute of Medicine* (IOM), die D-A-CH-Ernährungsgesellschaften (D-A-CH: Deutschland, Österreich, Schweiz), die skandinavischen Ernährungsgesellschaften, der Dachverband Osteologie (DVO) und die *European Society for Clinical and Economic Aspects of Osteoporosis and Osteoarthritis* (ESCEO, mittlerweile umbenannt in *European Society for Clinical and Economic Aspects of Osteoporosis, Osteoarthritis and Musculoskeleteral Diseases)* geben alle eine 25(OH)D-Serumkonzentration von ≥ 50 nmol/l (20 ng/ml) als unteren Zielwert für eine ausreichende Vitamin-D-Versorgung an. Im Gegensatz dazu halten die *Endocrine Society* und die *International Osteoporosis Foundation* (IOF) eine ausreichende Vitamin-D-Versorgung erst bei Werten von ≥ 75 nmol/l (30 ng/ml) für gewährleistet. Trotz inkonsistenter Zielwerte besteht ein breiter Konsens darüber, dass die Blutkonzentration von 25(OH)D nicht < 50 nmol/l liegen sollte [5, 10, 11].

**Die 25(OH)D-Konzentration im Blut reflektiert sowohl die endogene Synthese als auch die Vitamin-D-Zufuhr über die Ernährung. Eine mangelhafte Vitamin-D-Versorgung wird definiert als eine 25(OH)D-Serumkonzentration < 25 bis 30 nmol/l (10–12 ng/ml); über den optimalen Bereich besteht bisher keine einheitliche Bewertung. Die Blutkonzentration von 25(OH)D sollte jedoch nicht < 50 nmol/l liegen.**



Weltweit wird eine hohe Prävalenz von Vitamin-D-Mangel beschrieben [12–14]. Die Ergebnisse einer Analyse von 14 Populationsstudien in ganz Europa zeigten, dass 13 % von 55 844 europäischen Personen 25(OH)D-Serumkonzentrationen von < 30 nmol/l (12 ng/ml) und 40,4 % Konzentrationen unter < 50 nmol/l (20 ng/ml) aufwiesen, unabhängig von Altersgruppe, ethnischer Abstammung und Breitengrad der Studienpopulationen [12].

Schon seit Langem ist nachgewiesen, dass der biologisch am stärksten aktive Vitamin-D-Metabolit, 1,25$(OH)_2$D (Calcitriol), eine zentrale Rolle bei der Regulation der Calcium- und Phosphathomöostase spielt und somit wichtig für die Knochengesundheit ist [10, 15]. Calcitriol ist ein bekannter Ligand des Vitamin-D-Rezeptors (VDR), der ein Transkriptionsfaktor ist und die Expression von Tausenden von Genen beeinflusst [16]. Deshalb ist anzunehmen, dass bioaktives Vitamin D viele weitere Funktionen neben seiner Rolle für den Mineralstoffwechsel und die Skelettgesundheit hat. Der VDR und das Enzym 1-$\alpha$-Hydroxylase, das für die Hydroxylierung von 25(OH)D zu Calcitriol erforderlich ist, werden in verschiedenen Zelltypen des Körpers exprimiert (z. B. in proximalen Tubuluszellen der Nieren, Darmzellen, Keratinozyten, Monozyten, T-Lymphozyten und dendritischen Zellen) [17]. Tatsächlich liegt eine Reihe von Studien zum Einfluss des Vitamin-D-Status bzw. der Vitamin-D-Supplementation und verschiedenen extraskelettalen Erkrankungen, wie insbesondere Gesamtmortalität, kardiovaskuläre Erkrankungen [18–20], Krebserkrankungen [21–23], Diabetes mellitus Typ 2 (T2DM) [24, 25] und Bluthochdruck [26, 27] vor. Da für diese Erkrankungen bereits aktuelle Umbrella Reviews [28, 29] vorliegen, wurden diese Erkrankungen in der vorliegenden Arbeit nicht berücksichtigt, sondern die verfügbaren Befunde im Abschnitt 5.1.1.1 ausführlicher zusammengefasst. Gerade für neurodegenerative und psychische Erkrankungen [18] sowie Autoimmun- [30] und Atemwegserkrankungen [31] wurden in den letzten Jahren mehrere randomisierte kontrollierte Studien *(randomised controlled trials,* RCTs) und Kohortenstudien sowie systematische Übersichtsarbeiten *(systematic reviews,* SRs) publiziert, welche auf eine vorteilhafte Auswirkung von Vitamin D auf das Krankheitsrisiko hinweisen, jedoch in früheren Umbrella Reviews noch nicht berücksichtigt werden konnten [28, 29].

Deshalb ist das Ziel dieses Umbrella Reviews, den Wissensstand über den möglichen Zusammenhang zwischen der Vitamin-D-Versorgung und der Prävention und Behandlung der folgenden spezifischen extraskelettalen Erkrankungen, die in früheren Übersichtsarbeiten noch nicht ausführlich behandelt wurden, umfassend zu aktualisieren. Diese sind: Asthma, chronisch obstruktive Lungenerkrankung *(chronic obstructive pulmonary disease,* COPD), akute Atemwegsinfektionen *(acute respiratory tract infections,* ARI), Demenz und Abnahme der kognitiven Leistungsfähigkeit, Depression, Multiple Sklerose (MS) und Diabetes mellitus Typ 1 (T1DM). Die Begründung für ein solches Umbrella Review wird auch durch die Tatsache unterstützt, dass in der Bevölkerung eine Zunahme unkritischer Selbstsupplementation von Vitamin D zu beobachten ist, die durch nicht nachgewiesene, gesundheitsbezogene Behauptungen über Vitamin D in Bezug auf die gesundheitlichen Auswirkungen (Health Outcomes) bei bestimmten extraskelettalen Erkrankungen verursacht wird [32]. Dieser Beitrag ist bereits in ähnlicher Form auf Englisch in einem Peer-Review-Journal veröffentlicht worden [33].



**Das Ziel des vorliegenden Umbrella Reviews ist es, den derzeitigen Wissensstand über die mögliche Rolle von Vitamin D bei der Prävention und Behandlung von Asthma, chronisch obstruktiver Lungenerkrankung (COPD), akute Atemwegsinfektionen, Demenz und Abnahme der kognitiven Leistungsfähigkeit, Depression, Multiple Sklerose und Diabetes mellitus Typ 1 zu aktualisieren.**

#### 5.2.1.1 Einfluss von Vitamin D auf kardiovaskuläre Erkrankungen, Krebserkrankungen und Diabetes mellitus Typ 2

In einer Stellungnahme der Deutschen Gesellschaft für Ernährung zu „Vitamin D und Prävention ausgewählter chronischer Krankheiten" aus dem Jahr 2011 war die Evidenz für einen kausalen Zusammenhang zwischen dem Vitamin-D-Status und kardiovaskulären Erkrankungen *(cardiovascular disease,* CVD), Krebserkrankungen und T2DM als „möglich" oder „unzureichend" eingestuft worden [10]. Die im Jahr 2017 veröffentlichten Umbrella Reviews von Rejnmark et al. [28] und Autier et al. [29] stellten die vorliegende Evidenz auf der Basis von Metaanalysen (MAs) und SRs von Interventionsstudien zusammen und bewerteten diese. Die wichtigsten Ergebnisse dieser beiden Übersichtsarbeiten und weiterer aktueller Studien werden hier zusammengefasst aufgeführt.

### 5.2.1.1.1 Kardiovaskuläre Erkrankungen

Metaanalysen von Beobachtungsstudien haben weitgehend einheitlich eine inverse Assoziation zwischen dem Vitamin-D-Status und einem CVD-Risiko beobachtet [34, 35]. Ein solcher Effekt ist durch eine Reihe von biologischen Mechanismen begründbar [36].

Im Umbrella Review von Rejnmark et al. [28] wurden 10 SRs von RCTs identifiziert, wobei nur die Ergebnisse von sieben MAs berücksichtigt wurden, die insgesamt 21 RCTs einschlossen, die in den letzten zehn Jahren (vor Dezember 2016) publiziert wurden [19, 37–42]. In drei der SRs wurden die Unterschiede zwischen den Studien (hinsichtlich Art der Intervention und Endpunkt) für zu groß gehalten, um eine MA durchzuführen zu können [43–45]. In allen sieben MAs sowie allen darin einbezogenen Einzelstudien wurde kein Einfluss (weder positiv noch negativ) einer Vitamin-D-Supplementation auf das CVD-Risiko (untersuchte Diagnosen: Herzinfarkt, Schlaganfall bzw. zerebrovaskuläre Krankheit, kardiovaskulärer Tod) festgestellt. Eine dieser MAs untersuchte den Effekt von Vitamin D in Abhängigkeit von der Ausgangs-Vitamin-D-Versorgung (25[OH]D-Konzentration) und fand keinen Hinweis auf unterschiedliche Effekte einer Vitamin-D-Supplementation auf das Risiko für Schlaganfall oder Herzinfarkt bei Personen unter versus über 50 nmol/l. In den meisten Studien wurde Vitamin $D_3$ als tägliche Dosis über mehr als ein Jahr verabreicht. Die Studien umfassten nur Frauen oder Frauen und Männer, die bisher keine CVD-Diagnose (bis auf eine Studie) erhalten hatten. CVD war in keiner Studie als primärer Krankheitsendpunkt im Studienprotokoll festgelegt worden.

Autier et al. [29] untersuchten parallel den Effekt von Vitamin D auf das CVD-Risiko anhand von Daten aus RCTs, die im Zeitraum von 2013 bis Mai 2017 in Form von MAs publiziert wurden. Die beiden eingeschlossenen MAs [41, 42] zeigten keinen Zusammenhang zwischen der Vitamin-D-Supplementation und dem Auftreten von CVD. Beide MAs wurden 2014 publiziert und sind auch im Umbrella Review von Rejnmark et al. [28] enthalten.



Zwei umfangreiche MAs von randomisierten Interventionsstudien, die in den Jahren 2018 [46] und 2019 [47] publiziert wurden, kamen ebenfalls zu dem Schluss, dass eine Vitamin-D-Supplementation weder das Risiko für kardiovaskuläre Ereignisse noch die kardiovaskuläre Mortalität beeinflusst.

Zudem ist einerseits noch unklar, ob sehr niedrige 25(OH)D-Konzentrationen (< 30 nmol/l), wie sie in Deutschland vergleichsweise häufig sind, mit einem erhöhten CVD-Risiko einhergehen. Zumindest Beobachtungsstudien schließen diese Möglichkeit nicht aus. Andererseits besteht noch Klärungsbedarf, ob eine Vitamin-D-Versorgung im hohen Normalbereich (tägliche Zufuhr von 4 000 IE Vitamin D bzw. 25(OH)D-Konzentration > 100 nmol/l) eventuell aufgrund eines Anstiegs der Serumcalcium-Konzentration das Risiko für eine Calcifizierung der Gefäße und somit das CVD-Risiko erhöht [48].

**Für kardiovaskuläre Erkrankungen konnte auf Basis der verfügbaren Studienlage in den beiden Umbrella Reviews von MAs und SRs kein eindeutiger Effekt einer Vitamin-D-Supplementation auf das Erkrankungsrisiko berichtet werden. Es besteht daher weiterer Forschungsbedarf.**

#### 5.2.1.1.2 Krebserkrankungen

MAs von Beobachtungsstudien zeigten zum Teil eine inverse Assoziation zwischen 25(OH)D-Serumkonzentrationen und der Inzidenz von malignen Erkrankungen [21, 49–52]; im Fokus waren dabei kolorektale Karzinome und Mammakarzinome. Eine MA belegte auch eine erhöhte Krebsmortalität bei niedrigen 25(OH)D-Konzentrationen [53].

Im Umbrella Review von Rejnmark et al. [28] wurden acht SRs von RCTs identifiziert [40, 42, 54–58], wobei nur in fünf dieser SRs formale MAs, basierend auf den Ergebnissen von insgesamt 19 RCTs, durchgeführt wurden [40, 42, 56–58]. Zwei MAs bezogen die Ergebnisse von vier Interventionsstudien zur Primärprävention von Krebs in der Bevölkerung ein und fanden keinen Zusammenhang zwischen der Vitamin-D-Supplementation und dem Krebsrisiko [40, 58]. In der MA von Bolland et al. [42] konnte kein Effekt einer Vitamin-D-Supplementation, alleine oder in Kombination mit Calcium, nachgewiesen werden. Die MA von Sperati et al. [57] schloss nur zwei Interventionsstudien zu Brustkrebs ein und konnte keinen protektiven Effekt einer Vitamin-D-Supplementation nachweisen. Ein Cochrane Review berücksichtigte 18 RCTs zur Krebsinzidenz und -mortalität [56], wobei sich kein Zusammenhang zwischen der Vitamin-D-Supplementation und der Krebsentstehung zeigte, jedoch ein signifikant positiver Effekt auf die Krebsmortalität. Ein verringertes Risiko für vorzeitige Krebsmortalität bei Supplementation von Vitamin D konnte ebenso in der MA von Keum et al. [58] bestätigt werden. Auch eine kürzlich veröffentlichte MA von RCTs konnte zeigen, dass eine Vitamin-D-Supplementation die Gesamtkrebsmortalität signifikant senkte, jedoch nicht die Gesamtkrebsinzidenz [59].

Keine der 19 Interventionsstudien, die in dem SR von Rejnmark et al. [28] eingeschlossen wurden, hat Krebsinzidenz als primären Endpunkt definiert. In der Mehrzahl der Interventionsstudien wurden täglich Vitamin-$D_3$-Präparate verabreicht (bei weniger als der Hälfte der Studien zusammen mit Calcium), meist über einen Zeitraum von mehr als einem Jahr. Keine der Studien schloss Krebspatient*innen ein. In einer MA [56] wurde untersucht, ob die Vitamin-D-Versorgung vor Beginn der Studien einen Effekt auf die Ergebnisse der Supplementation hatte; die Ergebnisse bei Personen mit unter versus über 50 nmol/l 25(OH)D-Plasmakonzentrationen waren nicht signifikant unterschiedlich.

Zusammenfassend konnte keine MA die Hypothese bestätigen, dass eine Vitamin-D-Supplementation einen kausalen Einfluss auf die Krebsinzidenz hat. Hier sei aber auf die lange Entwicklungsphase von Krebs und die im Vergleich dazu kurzen Interventionsphasen hingewiesen. Zwei RCTs mit längerer Interventionszeit, die *Women's Health Initiative*-Studie (WHI) [42] und die Interventionsstudie von Lappe et al. [60], geben Hinweise auf protektive Effekte einer Vitamin-D-Supplementation. Ein großes Problem stellen die weitgehend fehlenden Ergebnisse für die einzelnen Krebsentitäten und aetiologischen Subgruppen dar. Die Cochrane-MA [56] wies Effektschätzer für Tumoren der Lunge, Brust, Kolorektum und Pankreas auf, die jedoch alle keinen Einfluss der Vitamin-D-Supplementation auf die Inzidenz belegen konnten. Eine finale Aussage zum Einfluss von Vitamin D auf die Krebsentstehung ist nicht möglich. Somit besteht im Bereich der Interventionsstudien weiterhin erheblicher Forschungsbedarf.

**Basierend auf der aktuellen Datenlage lässt sich kein kausaler Einfluss einer Vitamin-D-Supplementation auf die Krebsinzidenz nachweisen; jedoch konnte ein signifikant protektiver Effekt einer Vitamin-D-Supplementation auf die Krebsmortalität aufgezeigt werden. Es besteht weiterer Forschungsbedarf.**

#### 5.2.1.1.3 Diabetes mellitus Typ 2

Eine Vielzahl an Auswertungen von Beobachtungsstudien zeigte einen inversen Zusammenhang zwischen 25(OH)D-Plasmakonzentrationen und Nüchtern-Blutglucose-Konzentrationen, gestörter Glucosetoleranz und HbA1c-Werten [61]. MAs von Interventionsstudien konnten keinen einheitlichen Zusammenhang zwischen einer Vitamin-D-Supplementation und einer Verbesserung der Glucosehomöostase-Parameter nachweisen [62–64]. Dies gilt für Patient*innen mit Adipositas, beeinträchtigter Glucosetoleranz oder T2DM.

Hinsichtlich des Einflusses einer Vitamin-D-Supplementation auf die Inzidenz von T2DM wurden im Umbrella Review von Rejnmark et al. [28] drei SRs [25, 54, 65] identifiziert, jedoch nur eine dieser Studien [65] führte eine formale MA auf der Basis der Ergebnisse von vier RCTs durch. Die Ergebnisse zeigten keinen statistisch signifikanten Zusammenhang zwischen der Vitamin-D-Supplementation und der T2DM-Inzidenz, auch nicht in Subgruppenanalysen (Glucosetoleranzstatus oder 25[OH]D-Plasmakonzentrationen vor Beginn der Studie).

Eine weitere, nicht von Rejnmark et al. eingeschlossene MA von RCTs bei T2DM-Patient*innen zeigte ebenfalls eine uneinheitliche Studienlage und den Bedarf für weitere Klärung [66].

Aufgrund der geringen Zahl an Interventionsstudien und deren Einschränkungen (z. B. Betrachtung der Ergebnisse in der Gruppe von Personen mit schlechter Vitamin-D-Versorgung vor Beginn der Intervention) kann gegenwärtig keine klare Schlussfolgerung zu einer möglichen Wirkung von Vitamin D zur Prävention von T2DM gezogen werden. Die Situation ist ebenso unklar hinsichtlich der Supplementation von Vitamin D bei T2DM-Patient*innen.

**Übereinstimmend wurde in den beiden Umbrella Reviews von MAs und SRs kein eindeutig nachgewiesener Effekt einer Vitamin-D-Supplementation auf das Risiko für die Neuerkrankung an T2DM beschrieben. Es besteht daher weiterer Forschungsbedarf.**

## 5.2.2 Methodik

### 5.2.2.1 Methodischer Ansatz, Registrierung und Studiendesign

Ein prospektiv entwickelter methodischer Ansatz für dieses Umbrella Review wurde unter PROSPERO (CRD42019103670) registriert. Das vorliegende Umbrella Review umfasst SRs (mit oder ohne MAs) von Kohortenstudien und RCTs, in denen die Assoziation zwischen dem 25(OH)D-Status oder der Supplementation von Vitamin D und den folgenden extraskelettalen Erkrankungen (Prävention und Behandlung) untersucht wurde: Atemwegserkrankungen (Asthma, COPD, ARI), neurodegenerative und psychische Erkrankungen (Depression, Demenz und Abnahme der kognitiven Leistungsfähigkeit) sowie Autoimmunerkrankungen (MS und T1DM). Darüber hinaus wurden relevante Mendelsche Randomisierungsstudien identifiziert, die die Ergebnisse der SRs komplementieren. Bei der Mendelschen Randomisierung werden genetische Varianten verwendet, um mutmaßliche kausale Auswirkungen modifizierbarer Expositionen auf ein Ergebnis zu untersuchen. Dahinter steht das Prinzip, dass, wenn ein Biomarker, wie 25(OH)D, an der Krankheitsursache beteiligt ist, die genetischen Faktoren, die den Biomarker beeinflussen, wiederum das Krankheitsrisiko beeinflussen. Diese Methode umgeht einige der Einschränkungen der klassischen Epidemiologie (z. B. weniger anfällig für *confounding,* frei von umgekehrter Kausalität), hat aber auch ihre Einschränkungen (s. 5.2.4) [67, 68].

### 5.2.2.2 Suchstrategie und Einschlusskriterien

5.2

Eine systematische Literaturrecherche nach SRs und MAs wurde in den Datenbanken PubMed und *Cochrane Reviews Library* mit umfassenden Suchstrategien für jede der extraskelettalen Erkrankungen (als Krankheitsendpunkte) einzeln im Januar 2019 (Demenz und Abnahme der kognitiven Leistungsfähigkeit, Depression, COPD), im März 2019 (Asthma) und im April 2019 (MS, T1DM, ARI) durchgeführt. Die Suchbegriffe in Bezug auf Vitamin D, Studientyp (SR oder MA) und die entsprechende Erkrankung wurden kombiniert. Die ausführliche Suchstrategie ist in der englischen Publikation dargestellt [33]. Alle Suchanfragen wurden auf Publikationen in englischer oder deutscher Sprache, die nach dem 01.01.2010 veröffentlich wurden, beschränkt. Nur SRs (mit oder ohne MAs) von mindestens zwei Kohortenstudien und RCTs mit humanen Studienkollektiven waren zulässig.
Es wurden nur Studien an erwachsenen Populationen berücksichtigt, mit Ausnahme der Endpunkte Asthma, ARI und T1DM, die auch im frühen Lebensalter von besonderer Bedeutung sind. Die Titel und/oder Zusammenfassungen (Abstracts) der abgerufenen Studien wurden von mindestens zwei der beteiligten Autor*innen gemäß den vorab festgelegten Ein- und Ausschlusskriterien zur Identifikation potenziell geeigneter Studien überprüft (Tab. 5/9). Die vollständigen Texte dieser Publikationen wurden abgerufen und in Hinblick auf ihre Eignung bewertet. Zusätzlich erfolgten nicht systematische Literaturrecherchen in PubMed zur Identifikation von relevanten Mendelschen Randomisierungsstudien (Suchzeitraum: Januar bis Mai 2019), in denen die Assoziation zwischen dem Vitamin-D-Status und den entsprechenden Erkrankungen (Health Outcomes) untersucht wurde.

**Tabelle 5/9:** Ein- und Ausschlusskriterien

| Einschlusskriterien | Ausschlusskriterien |
|---|---|
| Publiziert in englischer oder deutscher Sprache | Artikel, die nur in Tagungsbänden oder als Zusammenfassungen (Abstracts) verfügbar waren |
| Publiziert seit 2010 | Spitzensportler |
| Allgemeinbevölkerung | SRs, die nur auf Fall-Kontroll- oder Querschnittsstudien basieren |
| Studientyp: SRs (mit oder ohne MAs) von Kohortenstudien und RCTs [a] | Umbrella oder narrative Reviews |
| MAs und SRs, die Studien mit Säuglingen, Kindern und Jugendlichen oder mit schwangeren oder stillenden Frauen oder Geburtskohortenstudien miteinschlossen, waren nur für bestimmte Erkrankungen zulässig (Asthma, Depression, T1DM, ARI) | Assoziation zwischen 25(OH)D-Status oder Auswirkung der Supplementation von Vitamin D auf die Erkrankung (Outcome) nicht evaluiert |
| Exposition: 25(OH)D-Status oder Vitamin-D-Supplementation (Vitamin D, Vitamin $D_3$, Vitamin $D_2$, Calcitriol, Alfacalcidol) [b] | Duplikate oder aktualisierte Veröffentlichung über dieselben Daten |
| Erkrankung (Outcome): ARI, Asthma, COPD, Demenz und Abnahme der kognitiven Leistungsfähigkeit, Depression, T1DM, MS | |

a Es wurde toleriert, dass einige SRs Fall-Kontroll- oder Querschnittsstudien neben RCTs und/oder Kohortenstudien enthielten.

b Verschiedene Formen der Vitamin-D-Supplementation waren zulässig, da es kaum SRs gibt, die nur Studien mit alleiniger Vitamin-$D_2$- oder $D_3$-Supplementation einschließen.



### 5.2.2.3 Datenextraktion

Für alle eingeschlossenen Studien wurden folgende Daten in ein standardisiertes Formular extrahiert: Erstautor*in, Jahr der Veröffentlichung, Studientyp, Studienzeitraum, Anzahl der einbezogenen Studien, Studienpopulation (Anzahl der Teilnehmenden, Geschlecht und Alter), Exposition(en), Endpunkt(e)/Outcome(s), Effektschätzungen, p-Werte, Heterogenitätsschätzungen und Subgruppenanalysen.

#### 5.2.2.4 Beurteilung der methodischen Qualität

Die Bewertung der methodischen Qualität der abgerufenen SRs wurde mit einer modifizierten Version des Bewertungsinstruments *Assessing the Methodological Quality of Systematic Reviews II* (AMSTAR 2) durchgeführt [69]. Diese Version enthält 13 Punkte, mit denen die Qualität der abgerufenen Literatur, die Beurteilung des Risikos einer Verzerrung (Bias), die Qualität der statistischen Analysen und der Darstellung der Ergebnisse sowie die Transparenz in Bezug auf mögliche Konfliktquellen für jede Studie evaluiert wird. Die Studien wurden basierend auf dem Vorliegen von kritischen oder nicht kritischen methodischen Schwächen auf einer Skala von hoher zu sehr geringer Qualität eingeordnet.

#### 5.2.2.5 Zusammenfassung der Datenergebnisse

Auf Basis der systematischen Beschreibung und der Qualitätsbeurteilung der in den Übersichtstabellen aufgeführten ausgewählten Übersichtsarbeiten fassten mindestens zwei Autor*innen die Ergebnisse zusammen und zogen eine Schlussfolgerung für jede Erkrankung. Die Übersichtstabellen sowie die ausführliche Qualitätsbewertung sind online als Supplement der englischen Publikation [33] abrufbar.

### 5.2.3 Ergebnisse

Insgesamt wurden für die sieben Erkrankungen ursprünglich n = 349 Publikationen identifiziert und nach Durchlaufen des Auswahlprozesses und Anwendung der Einschlusskriterien konnten n = 73 eingeschlossen werden (Abb. 5/3). Im Folgenden werden die Ergebnisse für jede Erkrankung separat zusammengefasst und diskutiert.

**Abbildung 5/3:** Flussdiagramm der systematischen Literaturrecherche und -auswahl nach PRISMA

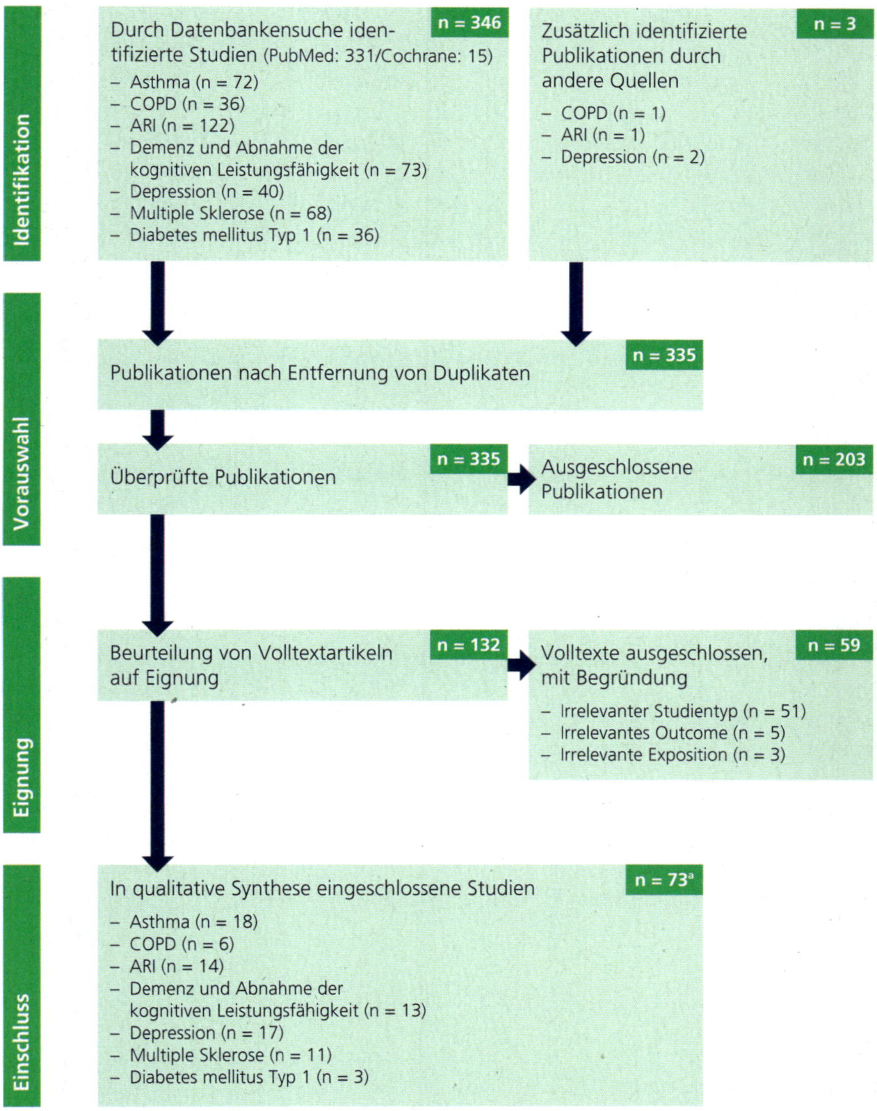


*PRISMA: Preferred reporting items for systematic reviews and meta-analyses*

a Die Summe der bei den Endpunkten genannten Anzahl an Metaanalysen ist größer als n = 73, da mehrere Metaanalysen mehr als einen Endpunkt untersuchten.

5.2

### 5.2.3.1 Atemwegserkrankungen

#### 5.2.3.1.1 Asthma

**Hintergrund**

Asthma ist eine chronische, entzündliche Erkrankung der Atemwege, die durch wiederkehrende Symptome wie Atemnot, Giemen, Engegefühl in der Brust, Husten (im Zeitverlauf und in der Intensität unterschiedlich stark ausgeprägt) und variierende Probleme beim Ausatmen gekennzeichnet ist und oft mit erhöhten Immunglobulin-E-Konzentrationen (IgE) im Serum einhergeht. Verschiedene Faktoren können Asthma-Exazerbationen auslösen, darunter Allergene, Schadstoffe und schlechte Einhaltung der verschriebenen Medikation, wobei virale Infektionen der oberen Atemwege die Hauptursache sind [70, 71]. Virusbedingte Asthma-Exazerbationen sind mit einer erhöhten Produktion von entzündungsfördernden Zytokinen wie Interleukin (IL)-17 assoziiert, durch die die allergischen Reaktionen der Atemwege verschlimmert werden [72]. Diese Zytokine stehen auch mit dem Schweregrad des Asthmas und dem Ansprechen auf Steroide in Zusammenhang [73]. Akute Exazerbationen sind Hauptursachen für asthmabedingte Morbidität und Mortalität [74, 75].

Asthma betrifft weltweit mehr als 300 Millionen Menschen aller Altersgruppen und ethnischen Zugehörigkeiten und verursacht jährlich schätzungsweise 400 000 Todesfälle [71, 74, 76]. In den letzten Jahrzehnten hat die Prävalenz von Asthma weltweit kontinuierlich zugenommen, insbesondere bei Kindern und jungen Erwachsenen in Ländern mit hohem Einkommen [77–79]. Asthma ist die häufigste chronische Erkankung in der Kindheit, von der rund 10 % der Kinder betroffen sind, wobei die Prävalenz je nach Definition und betreffendem Land variiert [80]. Bis jetzt wurden keine überzeugenden vorbeugenden Strategien identifiziert und die Erkenntnisse in Bezug auf modifizierbare Risikofaktoren sind inkonsistent [81]. Zur Verbesserung der klinischen Ergebnisse ist es wichtig, Asthma-Exazerbationen vorzubeugen [70].



Vitamin-D-Mangel wurde mit einer erhöhten Inzidenz [82] und einem höheren Schweregrad [83] von Asthma bei Kindern in Zusammenhang gebracht. Vitamin D hat immunregulatorische Eigenschaften [84, 83] und spielt bei Entzündungen eine wichtige Rolle [85]. Im Folgenden sind die Ergebnisse der SRs in Bezug auf Vitamin D und den Krankheitsendpunkt Asthma zusammengefasst.

**Ergebnisse**

Bei der Suche nach SRs in Bezug auf Vitamin D und das Risiko für Asthma wurden 18 Publikationen identifiziert [70, 86–102]. Zehn dieser Publikationen enthielten Daten von Kohortenstudien [86–95] und acht beinhalteten Daten von RCTs [70, 96–102]. Vierzehn der 18 SRs waren auf Kinder beschränkt [86, 88–100], drei enthielten sowohl Studien mit Kindern als auch mit Erwachsenen [70, 87, 101] und eine basierte auf individuellen Teilnahmedaten *(individual participant data,* IPD) mit Personen im Alter von 1,6 bis 85,0 Jahren [102]. Laut der Bewertung durch AMSTAR 2 war die Mehrheit der SRs insgesamt qualitativ hochwertig. Auch eine große Mendelsche Randomisierungsstudie mit 146 761 Studienteilnehmenden wurde identifiziert [67].

### Primärprävention

Die oben genannten zehn SRs von Kohortenstudien [86–95] basieren alle auf Studien zur Primärprävention, die in der frühen Kindheit durchgeführt wurden. In drei dieser zehn SRs wurden keine MAs durchgeführt [86, 91, 95]. In sechs der verbleibenden sieben MAs wurden hohe und niedrige 25(OH)D-Konzentrationen verglichen [87–90, 93, 94]. In vier dieser sechs Studien wurde keine signifikante Assoziation zwischen dem Vitamin-D-Status und dem Asthma-Risiko gefunden [89, 90, 93, 94], wohingegen in zwei Studien [87, 88] über ein signifikant niedrigeres Risiko bei höheren 25(OH)D-Konzentrationen berichtet wurde. In einem anderen SR [92] wurde die nicht lineare Dosis-Wirkungs-Beziehung mit einem begrenzten kubischen Splinemodell *(restricted cubic spline model)* untersucht. Die Daten weisen auf eine signifikante U-förmige Assoziation zwischen 25(OH)D-Konzentrationen der Mutter und dem Asthma-Risiko des Nachwuchses hin; bei ca. 60 bis 70 nmol/l (24–28 ng/ml) 25(OH)D war das Risiko am niedrigsten. Sieben der Studien waren von hoher, eine von mittlerer und zwei von niedriger oder sehr niedriger Qualität.

In einer der acht zweistufigen MAs von RCTs mit dem Schwerpunkt auf der Primärprävention [100] wurden Daten zum wiederkehrenden Giemen bei Kindern, deren Mütter an Vitamin-D-Supplementationsstudien teilgenommen haben, als unspezifischer Endpunkt für das Asthma-Risiko verwendet. Es wurde vermutet, dass Vitamin D einen günstigen Effekt auf rezidivierendes Asthma bei Kindern haben kann. In dieser MA waren drei RCTs eingeschlossen, in denen tägliche Vitamin-$D_3$-Dosen von 60 bzw. 100 µg (2 400 bzw. 4 000 IE) oder eine einzelne Vitamin-$D_3$-Bolusgabe von 5 000 µg (200 000 IE) verabreicht wurden. Diese MA wies eine mittlere Qualität auf.

In der oben erwähnten großen Mendelschen Randomisierungsstudie [67] wurden vier Einzelnukleotidpolymorphismen *(single-nucleotide polymorphisms,* SNPs), die den 25(OH)D-Transport (Gc-Globulin [Vitamin-D-bindendes Protein]), die Synthese (7-Dehydrocholesterol-Reduktase), die Hydroxylierung in der Leber (CYP2R1) und den Abbau (CYP24A1) beeinflussen, untersucht, um die Assoziation zwischen genetisch bedingt veränderter 25(OH)D-Konzentration und dem Risiko für Asthma einzuschätzen. Keines der vier mit niedrigeren 25(OH)D-Konzentrationen zusammenhängenden Allele war signifikant mit Asthma oder erhöhten IgE-Konzentrationen assoziiert, und es wurde auch keine signifikante Assoziation zwischen den genetisch festgelegten 25(OH)D-Konzentrationen und dem Risiko für Asthma bzw. den IgE-Konzentrationen nachgewiesen.



**Die vorliegende Datenlage zum Zusammenhang zwischen Vitamin D und einem verringerten Asthma-Risiko ist uneindeutig.**

### Therapeutische oder adjuvante Vitamin-D-Supplementation bei Asthma-Patient*innen

In sechs SRs wurde eine zweistufige MA bezüglich der Vitamin-D-Supplementation bei Asthma-Patient*innen durchgeführt [70, 96–99, 101]. Vier dieser sechs MAs berichteten über vorteilhafte [96–98, 101] und zwei über nicht signifikante Effekte [70, 99]. Für fünf

MAs wurden Asthma-Exazerbationen als Endpunkt verwendet [70, 96–98, 101] und für eine MA [99] der Lungenfunktionsparameter FEV (forciertes exspiratorisches Volumen). In keiner der sechs MAs wurden Subgruppenanalysen auf Basis der 25(OH)D-Konzentrationen bei Aufnahme in die Studie (initial) durchgeführt. Die Studienqualität wurde für zwei SRs als mittelgradig und für vier SRs als hoch eingestuft. Insgesamt basierten die MAs auf 15 RCTs. Die Vitamin-$D_3$-Dosen in den eingeschlossenen RCTs waren sehr heterogen und betrugen zwischen 10 µg bis 100 µg (400–4 000 IE) täglich oder Bolusgaben von 1 500 bis 3 000 µg (60 000–120 000 IE).

Die identifizierte IPD-MA [102] basierte auf sieben RCTs (fünf RCTs mit Kindern und zwei RCTs mit Erwachsenen) mit insgesamt n = 978 Asthma-Patient*innen, von denen für n = 955 Daten zu den entsprechenden Endpunkten vorlagen. Diese Analyse zeigte, dass die Supplementation von Vitamin $D_3$ das adjustierte Inzidenzratenverhältnis *(adjusted incidence rate ratio,* aIRR) der Asthma-Exazerbationen, die mit Kortikosteroiden behandelt werden mussten, auf 0,74 verringerte (95 % Konfidenzinterval [CI] 0,56–0,97). Die Analyse von Subgruppen deutete auf die Möglichkeit hin, dass protektive Effekte durch Vitamin D möglicherweise nur bei Teilnehmenden auftreten, die bei der Aufnahme in die Studie (initial) 25(OH)D-Konzentrationen von weniger als 25 nmol/l (10 ng/ml) aufwiesen (aIRR: 0,33; 95 % CI: 0,11–0,98) und nicht bei Teilnehmenden mit höheren initialen 25(OH)D-Konzentrationen (aIRR: 0,77; 95 % CI: 0,58–1,03). Der p-Wert für die Interaktion von 0,25 ergab jedoch keinen endgültigen Beweis für eine Auswirkung der initialen 25(OH)D-Konzentration auf den Effekt von Vitamin D bei Asthma-Exazerbationen. Die Studienqualität konnte nicht bewertet werden, weil das Bewertungsinstrument AMSTAR 2 nicht für die Verwendung bei IPD-MAs konzipiert wurde [69].



**Hinsichtlich einer Vitamin-D-Supplementation bei Asthma-Patient*innen lässt die aktuelle Datenlage eine vorteilhafte Wirkung vor allem oder ausschließlich bei Patient*innen mit zirkulierenden 25(OH)D-Konzentrationen < 25 nmol/l (10 ng/ml) vermuten, wobei die meisten Ergebnisse auf Studien mit Kindern basieren.**

### Diskussion und Schlussfolgerung

Bei der Mehrheit der Kohortenstudien handelte es sich um Studien zur Primärprävention in der frühen Kindheit, wohingegen die Mehrheit der RCTs bei Patient*innen mit bereits bestehendem Asthma durchgeführt wurde. Die Ergebnisse der MAs hinsichtlich einer Assoziation zwischen dem Risiko für Asthma und dem Vitamin-D-Status sind nicht eindeutig. Dies kann an der möglichen U-förmigen Beziehung zwischen 25(OH)D und dem Asthma-Risiko liegen [92], die in MAs nicht berücksichtigt wird, in denen hohe gegen niedrige 25(OH)D-Konzentrationen verglichen wurden, um die Wirkung von Vitamin D auf das Asthma-Risiko einzuschätzen [87–91, 93, 94]. Die einzige MA von RCTs, die zur Primärprävention vorliegt [100], unterstützt die Annahme, dass Vitamin D das Asthma-Risiko in der frühen Kindheit reduzieren kann. Jedoch ist diese MA durch die Verwendung eines unspezifischen Endpunkts (Giemen) limitiert. Durch die eine identifizierte Mendelsche Randomisierungsstudie [67] wird das Vorliegen einer günstigen Auswirkung von Vitamin D auf das Asthma-Risiko nicht bestätigt. Es ist jedoch zu erwähnen, dass die vier SNPs nur jeweils 0,13 %, 0,12 %, 0,09 % und 0,02 % der Varianz bei den 25(OH)D-Konzentrationen erklären konnten [67] und deshalb einer Verzerrung durch schwache Instrumente *(weak instrument bias)* unterliegen [103]. Somit schließt der in dieser Studie ermittelte Nulleffekt eine kausale Assoziation zwischen dem Vitamin-D-Status und dem Asthma-Risiko nicht notwendigerweise aus.

Die Mehrheit der MAs von RCTs mit Asthma-Patient*innen unterstützt die Annahme eines vorteilhaften Vitamin-D-Effekts. Wichtig ist, dass Subgruppenanalysen einer IPD-MA zu der Hypothese führen, dass protektive Effekte durch Vitamin D auf Personen beschränkt sein könnten, die initiale Konzentrationen von weniger als 25 nmol/l (10 ng/ml) 25(OH)D aufweisen. Außer der heterogenen Vitamin-D-Dosierung ist die initiale 25(OH)D-Konzentration ein Punkt, der beachtet werden muss. Auch sollten zukünftige Langzeit-RCTs nur in Populationen mit einer hohen Prävalenz von Vitamin-D-Mangel durchgeführt werden, um Schlussfolgerungen bezüglich der Wirkung von Vitamin-D-Supplementation auf das Asthma-Risiko zu ziehen. Eine weitere Einschränkung ist, dass die meisten Ergebnisse auf MAs mit Kindern basieren. Deshalb ist Vorsicht bei der Übertragung der Ergebnisse auf die erwachsene Bevölkerung geboten. Zwei (noch nicht veröffentlichte) RCTs zur Prävention von Asthma-Exazerbationen bei Kindern wurden unter clinicaltrials.gov identifiziert (Identifikatoren: NCT02687815 und NCT03365687) und können zusätzliche Informationen über die Wirkung von Vitamin D bei Asthma-Patient*innen liefern. Insgesamt war die Mehrheit der publizierten SRs von hoher Qualität.

Zusammengefasst kann ein angemessener Vitamin-D-Status in der Kindheit das Risiko für Asthma-Exazerbationen verringern. In Bezug auf Vitamin D und Asthma in der erwachsenen Bevölkerung sind die verfügbaren Daten unzureichend, um daraus verlässliche Schlussfolgerungen zu ziehen.



### 5.2.3.1.2 Chronisch obstruktive Lungenerkrankung

#### Hintergrund

Die COPD ist eine fortschreitende, systemische Entzündungserkrankung, die durch eine chronische Verengung der Atemwege gekennzeichnet ist. COPD-Patient*innen leiden unter einer verringerten Lungenfunktion, Verlust der körperlichen Leistungsfähigkeit, häufigen Exazerbationen der Erkrankung und der Entwicklung von extrapulmonalen Begleiterkrankungen wie Osteoporose, Infektionen und kardiovaskulären Erkrankungen [104]. COPD-Exazerbationen werden häufig durch respiratorische Viren und Bakterien ausgelöst, durch die die Entzündung der Atemwege verstärkt wird [105]. Episoden der akuten Symptomverschlechterung sind mit einer erhöhten Mortalität assoziiert [106].

COPD betrifft weltweit über 170 Millionen Menschen und verursachte im Jahr 2015 schätzungsweise 3,2 Millionen Todesfälle [107]. COPD ist die vierthäufigste Todesursache weltweit [108]. Bis zum Jahr 2020 wird sie voraussichtlich die dritthäufigste Todesursache sein [106]. Tabakrauchen gilt als ein Hauptrisikofaktor für COPD [109], aber nur 10 bis 15 % der Langzeitraucher entwickeln eine symptomatische Atemwegsverengung [110].

Neben einer genetischen Disposition für COPD wurde auch die Rolle eines schlechten Vitamin-D-Status für die Entwicklung der Erkrankung diskutiert [111]. Vitamin D hat immunmodulatorische Eigenschaften [112] und Calcitriol spielt eine modulierende Rolle für Funktionen des angeborenen und des erworbenen Immunsystems [113]. So können Vitamin-D-Signalwege die angeborene Immunabwehr stimulieren, indem die Produktion von antimikrobiellen Peptiden hochreguliert wird und zudem die erworbene Immunität unterdrücken, indem die Expression entzündungsfördernder Zytokine gehemmt und die Expression entzündungshemmender Zytokine erhöht wird [114, 115]. In Kohortenstudien wurde über eine positive Assoziation zwischen zirkulierenden 25(OH)D-Konzentrationen und der Lungenfunktion berichtet [116, 117]. Eine MA von RCTs zur Vitamin-D-Supplementation und akuten Atemwegsinfektionen lieferte zusätzliche Hinweise für eine mögliche Verbindung zwischen Vitamin D und COPD [118]: Die Supplementation von Vitamin D verringerte das Risiko für Infektionen signifikant und Subgruppenanalysen wiesen darauf hin, dass dieser Effekt bei Personen mit einem Vitamin-D-Mangel bei Aufnahme in die Studie, d. h. zirkulierenden 25(OH)D-Konzentrationen < 25 nmol/l (10 ng/ml), am größten war. Somit kann Vitamin D möglicherweise indirekt das Auftreten von COPD-Exazerbationen durch die Verringerung des Risikos für Atemwegsinfektionen beeinflussen. Im Folgenden sind die Ergebnisse der SRs in Bezug auf Vitamin D und die COPD-Endpunkte zusammengefasst.

### Ergebnisse

Bei der Suche nach SRs bezüglich Vitamin D und des Risikos für COPD wurden sechs SRs identifiziert [29, 62, 119–122]. Drei dieser SRs enthielten MAs von gepoolten Daten zum Vitamin-D-Status oder zur Vitamin-D-Supplementation und dem COPD-Risiko [119, 120, 122]. Die mit dem Bewertungsinstrument AMSTAR 2 ermittelte Studienqualität war sehr heterogen. Es wurden keine Mendelschen Randomisierungsstudien identifiziert.



### Primärprävention

Es wurden durch die Literatursuche keine SRs von prospektiven Kohortenstudien oder RCTs zur Primärprävention von COPD durch Vitamin D identifiziert.

### Therapeutische oder adjuvante Vitamin-D-Supplementation bei COPD-Patient*innen

Als eines der drei SRs, die MAs beinhalteten, umfasste das SR von Zhu et al. [119] 18 Studien, von denen fünf Fall-Kontroll-Studien, acht Kohortenstudien und fünf RCTs waren. Sowohl in den Fall-Kontroll- als auch in den Kohortenstudien wurden die 25(OH)D-Konzentrationen zwischen COPD-Patient*innen und Kontrollpersonen verglichen. Da in ersteren ein Querschnittsansatz verwendet wurde, sind sie für das vorliegende Umbrella Review nur begrenzt relevant. Die fünf RCTs dieser MA wurden von den Autor*innen nicht mit dem statistischen Ansatz einer MA, sondern nur durch eine narrative Beschreibung der Studienergebnisse bewertet. Die Autor*innen kamen zu dem Schluss, dass in vier dieser RCTs positive Auswirkungen von Vitamin D bei COPD-Patient*innen gezeigt wurden, zumindest bei Patient*innen mit zirkulierenden 25(OH)D-Konzentrationen < 50 nmol/l (20 ng/ml). In einer anderen MA von Zhu et al. [120] wurden 21 Beobachtungsstudien eingeschlossen.

Die überwiegende Mehrheit der Studien waren Fall-Kontroll-Studien, in denen der Vitamin-D-Status von COPD-Patient*innen mit Kontrollpersonen oder der Vitamin-D-Status mit dem COPD-Risiko/Schweregrad verglichen wurde. Zhu et al. [120] führten eine MA mit sieben Studien durch (zwei Kohortenstudien, fünf Fall-Kontroll-Studien), die ergab, dass Patient*-innen mit schwerer bis sehr schwerer COPD geringere 25(OH)D-Serumkonzentrationen aufwiesen als Patient*innen mit leichter bis mittelschwerer COPD *(standarised mean difference* [SMD]: –0,87; 95 % CI: –1,51 bis –0,22). Eine MA von fünf Studien (zwei Kohortenstudien, drei Fall-Kontroll-Studien) ergab Hinweise darauf, dass Patient*innen mit akuter Exazerbation der COPD (AECOPD-Patient*innen) niedrigere 25(OH)D-Serumkonzentrationen hatten als stabile COPD-Patient*innen (SMD: –0,43; 95 % CI: –0,70 bis –0,15). Drei Studien (zwei Fall-Kontroll-Studien, eine Kohortenstudie; deshalb waren die Einschlusskriterien nicht erfüllt) waren Bestandteil einer Evaluation der Assoziation zwischen Vitamin-D-Mangel und COPD-Exazerbationen, die keine signifikante Assoziation ergab (Odds-Ratio [OR]: 1,17; 95 % CI: 0,86–1,59) [120]. Da die von Zhu et al. eingeschlossenen Studien jedoch überwiegend einen Querschnittsansatz verwendet haben, sind sie für das vorliegende Umbrella Review nur begrenzt relevant. Als eines der drei SRs, die keine MAs enthielten [29, 62, 121], ergab das SR von Autier et al. [62] (basierend auf zwei prospektiven Studien) eine inverse Assoziation zwischen zirkulierenden 25(OH)D-Konzentrationen und COPD-Exazerbationen. In einem SR von Ferrari et al. [121] konnte jedoch, basierend auf fünf prospektiven Kohortenstudien, keine Assoziation zwischen der Häufigkeit von Exazerbationen und zirkulierenden 25(OH)D-Konzentrationen festgestellt werden. Aus den in diesem SR eingeschlossenen RCTs wurde dennoch geschlossen, dass insbesondere eine Gruppe von Patient*innen mit niedrigen 25(OH)D-Konzentrationen, d. h. < 50 nmol/l (20 ng/ml), von einer Vitamin-D-Supplementation profitieren könnte. Ähnlich wurde auch in einem anderen SR [29] nur bei niedrigen 25(OH)D-Konzentrationen über eine signifikante Verringerung der pulmonalen Exazerbationen bei COPD-Patient*innen durch Vitamin-D-Supplementation berichtet.

5.2

In einer IPD-MA von Jolliffe et al. [122] wurden vier RCTs identifiziert, von denen drei (n = 472 randomisierte Patient*innen) in die Analyse einbezogen wurden. Aus der MA wurde geschlossen, dass eine Vitamin-D-Supplementation die Gesamtrate der mittelschweren und schweren COPD-Exazerbationen nicht beeinflusste (aIRR: 0,94; 95 % CI: 0,78–1,13). Die Subgruppenanalyse wies jedoch auf protektive Effekte durch Vitamin D bei Patient*innen mit initialen 25(OH)D-Konzentrationen < 25 nmol/l (10 ng/ml) hin (aIRR: 0,55; 95 % CI: 0,36–0,84]).

**Hinsichtlich einer Vitamin-D-Supplementation bei COPD-Patient*innen lässt die aktuelle, qualitativ sehr heterogene Datenlage eine vorteilhafte Wirkung vor allem oder ausschließlich bei Patient*innen mit zirkulierenden 25(OH)D-Konzentrationen < 25 nmol/l (10 ng/ml) vermuten.**

Die mit dem Bewertungsinstrument AMSTAR 2 ermittelte Studienqualität der eingeschlossenen SRs und MAs war sehr heterogen. Ein SR [122] war eine IPD-MA, für die AMSTAR 2 nicht konzipiert wurde. Insgesamt wurden RCTs in vier SRs einbezogen. In allen RCTs, die in die SRs [123–127] eingeschlossen waren, wurde die Wirkung von einer Vitamin-D-Supplementation als Primärexposition untersucht. Die Studiendauer betrug in einer Studie sechs Wochen [123], in zwei Studien sechs Monate [124, 125] und in zwei RCTs ein Jahr [126, 127]. In vier RCTs [123, 125–127] enthielt das Nährstoffpräparat Vitamin $D_3$ und in einer Studie war nicht angegeben, ob Vitamin $D_2$ oder $D_3$ verwendet wurde [124]. In zwei RCTs wurde Vitamin D täglich verabreicht [123, 125] und in drei RCTs wurde Vitamin D als Bolus appliziert [124, 126, 127]. Die Vitamin-D-Dosen betrugen zwischen 20 µg/Tag (800 IE/Tag) [123] und 2 500 µg (100 000 IE) alle vier Wochen [124, 126]. Die berechnete mittlere tägliche Dosis lag zwischen 20 µg (800 IE) [123] und 89 µg (3 560 IE) [124, 126]. Die Mittelwerte der initialen 25(OH)D-Konzentrationen wurden in vier RCTs angegeben [123, 125–127] und betrugen in allen vier Studien weniger als 50 nmol/l (20 ng/ml). Die 25(OH)D-Konzentrationen im Verlauf der Studie wurden in diesen vier RCTs ebenfalls angegeben: In drei der RCTs wurde ein Mittelwert der 25(OH)D-Konzentration von 75 nmol/l (30 ng/ml) überschritten [125–127], wohingegen die 25(OH)D-Konzentration in der sechswöchigen Studie mit einer täglichen Dosis von 20 µg (800 IE) Vitamin D durchschnittlich < 75 nmol/l (30 ng/ml) blieb [123].

### Diskussion und Schlussfolgerung

Zur Primärprävention von COPD durch Vitamin D liegen keine SRs vor. Die Ergebnisse der SRs von prospektiven Kohortenstudien bezüglich der Assoziation zwischen Vitamin-D-Status und COPD-Exazerbationen sind nicht eindeutig und derzeit sind keine verlässlichen MAs zu diesem Thema verfügbar. Die Daten aus RCTs mit COPD-Patient*innen wurden nur in dem SR von Jolliffe et al. [122] gemäß dem Ansatz einer MA analysiert. Die Ergebnisse weisen auf eine potenziell vorteilhafte Wirkung von Vitamin D auf COPD-Exazerbationen ausschließlich bei Patient*innen mit mangelhaften 25(OH)D-Konzentrationen, d. h. Konzentrationen < 25 nmol/l (10 ng/ml), aber nicht bei Patient*innen mit höheren initialen 25(OH)D-Konzentrationen hin. Obwohl die Ergebnisse auf einer vorab spezifizierten Subgruppenanalyse basieren [122], ist Vorsicht bei der Interpretation dieser Ergebnisse geboten. Die medizinische Literatur ist voller Beispiele für vielversprechende sekundäre Endpunkte, die nicht bestätigt wurden, wenn sie anschließend formal als primäre Endpunkte in RCTs getestet wurden [128]. Weiterhin wurden in zwei von drei, der in der IPD-MA eingeschlossenen Studien [126, 127], hohe Vitamin-D-Dosen als Bolus verabreicht. Formal müssen diese Studien als klinische Studien der Phase 2 angesehen werden, die normalerweise zur Arzneimittelzulassung durchgeführt werden. Es sei darauf hingewiesen, dass durch Nahrungsergänzungsmittel in einer Dosierung von 10 bis 20 µg (400–800 IE) die im Blut zirkulierende 25(OH)D-Konzentration von 25 nmol/l (10 ng/ml) auf 50 nmol/l (20 ng/ml) erhöht werden kann [129]. Die Dosierungen und erreichten Blutwerte entsprechen sowohl den Schätzwerten von Ernährungsgesellschaften für eine angemessene tägliche Vitamin-D-Zufuhr als auch den Zielwerten im Blut [1–3, 5].

Zusammengefasst ist die Wirkung von Vitamin D auf die Primärprävention von COPD nicht geklärt. Hingegen ist die Qualität von SRs über COPD-Patient*innen sehr heterogen. Auf Basis der relativ geringen Anzahl von RCTs und Testpersonen wird angenommen, dass Patient*innen mit einer bereits bestehenden COPD bei vorliegendem Vitamin-D-Mangel wahrscheinlich von einer Vitamin-D-Supplementation profitieren. Unter clinicaltrials.gov wurden zwei RCTs zu den Effekten einer Vitamin-D-Supplementation bei COPD-Patient*innen identifiziert, die voraussichtlich zusätzliche Daten zu diesem Thema liefern werden (Identifikatoren: NCT02122627 und NCT03781895).

### 5.2.3.1.3 Akute Atemwegsinfektionen

#### Hintergrund

Akute Atemwegsinfektionen (ARIs) sind eine Gruppe von Infektionen, die in den oberen und unteren Atemwegen auftreten können und weltweit zu den Hauptursachen von Morbidität und Mortalität bei Kindern und Erwachsenen zählen [130]. Infektionen der oberen Atemwege gehören zu den häufigsten akuten Erkrankungen im ambulanten Bereich und sind oft durch milde und selbstlimitierende Krankheitsverläufe gekennzeichnet. Symptome, die mit Infektionen der oberen Atemwege assoziiert sind, sind Reizung und Schwellung der Nase, der Nasennebenhöhlen, des Rachens, des Kehlkopfs und der großen Atemwege. Im Gegensatz dazu betreffen Infektionen der unteren Atemwege die Bronchien und die Lungen und können Bronchitis, Pneumonie und Lungentuberkulose hervorrufen.

Infektionen der unteren Atemwege sind die fünfthäufigste Todesursache und die häufigste infektionsbedingte Todesursache weltweit [131]. Vor allem Kinder und Personen älter als 65 Jahre haben ein erhöhtes Risiko, an Infektionen der unteren Atemwege zu erkranken. Im Jahr 2015 waren Pneumonien weltweit für 15 % der Todesfälle bei Kindern unter 5 Jahren verantwortlich [132]. Rund 45 % der ambulant erworbenen Pneumonien treten bei Patient*innen im Alter von über 65 Jahren auf [133–135]. Pneumonie ist eine Entzündung der Lunge, die den Gasaustausch in den Lungen beeinträchtigt und zu Symptomen wie Husten, Fieber und Atembeschwerden führt [136]. ARIs sind die häufigste Ursache für eine Behandlung mit Antibiotika bei Erwachsenen [137].

Die häufigsten für ARIs verantwortlichen ätiologischen Faktoren sind Bakterien und Viren. Risikofaktoren für eine Pneumonie sind beengte Lebensverhältnisse, Mangelernährung, HIV-Infektion, fehlendes Stillen bei Säuglingen, fehlende Impfungen, chronische Erkrankungen und Exposition gegenüber Tabakrauch oder Luftschadstoffen in Innenräumen [130]. Vitamin D hat vielfältige Wirkungen auf das Immunsystem, darunter die Synthese von antimikrobiellen Peptiden und die Modulation des T-Zell-Systems [138, 139]. Ein noch wichtigerer Aspekt ist die Aktivierung von Toll-like-Rezeptoren, durch die der VDR und Vitamin-D-Hydroxylasen in menschlichen Makrophagen sowie die Produktion des antimikrobiell wirkenden Cathelicidin hochreguliert werden, wodurch der intrazellulär vorhandene Tuberkuloseerreger *Mycobacterium tuberculosis* abgetötet werden kann [140]. Diese Daten unterstützen, dass es eine Verbindung zwischen Vitamin D und dem angeborenen Immunsystem gibt und rechtfertigen die Annahme, dass Vitamin D die Prävalenz und den Verlauf von ARIs beeinflussen kann. In Beobachtungsstudien wurde über eine Assoziation zwischen dem Vitamin-D-Status und ARIs berichtet [141–143]. Der Nutzen von Vitamin D für die Prävention und Behandlung von ARIs ist jedoch nicht eindeutig. Deshalb war hier das Ziel, die Daten von SRs in Bezug auf Vitamin D und ARI-Endpunkte zusammenzufassen.

#### Ergebnisse

Bei der Suche nach SRs in Bezug auf Vitamin D und ARIs wurden 14 SRs identifiziert [90, 93, 96, 62, 144–153], von denen fünf Daten von Kohortenstudien enthielten [90, 93, 62, 144, 146] und 11 MAs Daten von RCTs einschlossen [96, 62, 144, 145, 147–153]. Die methodische Qualität wurde mit dem Bewertungsinstrument AMSTAR 2 in acht der 14 SRs als hoch eingestuft. In drei Studien wurde die Qualität als mittelgradig bewertet und in den beiden übrigen Studien als niedrig bzw. sehr niedrig. Hingegen konnte AMSTAR 2 für

5.2

die Bewertung der Qualität der einzigen IPD-MA nicht eingesetzt werden, weil es nicht für diese konzipiert wurde. Es wurden keine Mendelschen Randomisierungsstudien bezüglich Vitamin D und ARIs identifiziert.

**Primärprävention**

In Bezug auf die Assoziation zwischen dem Vitamin-D-Status und dem Risiko für ARIs wurden fünf SRs von Kohortenstudien mit sehr heterogener Studienqualität (laut AMSTAR-2-Bewertung) identifiziert [90, 93, 62, 144, 146]. Ein SR von Autier et al. [62] beinhaltete zwei Studien mit Erwachsenen, die über eine inverse Assoziation zwischen 25(OH)D-Serumkonzentrationen und Atemwegsinfektionen berichteten, und eine Studie mit Erwachsenen, die eine inverse Assoziation zwischen 25(OH)D-Serumkonzentrationen und Tagen der Arbeitsunfähigkeit aufgrund von Atemwegsinfektionen zeigte. Ähnliche Ergebnisse bei Erwachsenen wurden von Jolliffe et al. berichtet [144]. Mehrere SRs über den pränatalen Vitamin-D-Status (ermittelt anhand 25[OH]D-Konzentrationen im mütterlichen Blut oder Nabelschnurblut aus Geburtskohortenstudien) und ARIs ergaben gemischte Ergebnisse [90, 93, 144, 146]. In der MA von Pacheco-Gonzalez et al. [93] betrug das gepoolte OR für ARIs bei den Nachkommen 0,64 (95 % CI: 0,47–0,87) beim Vergleich der höchsten und der niedrigsten 25(OH)D-Kategorie, wohingegen in der MA von Feng et al. [90] kein signifikantes Ergebnis für eine solche Assoziation vorhanden war.

Hinsichtlich der Daten aus RCTs zu Effekten einer Vitamin-D-Supplementation auf das Risiko für ARIs wurden neun SRs mit heterogener, aber überwiegend hoher Studienqualität identifiziert [96, 62, 144, 148–153]. Die größte MA unter diesen Studien, die auch als einzige einem IPD-Ansatz folgte, wurde von Martineau et al. publiziert [118, 153]. In diese MA wurden 25 RCTs mit insgesamt 11 321 Teilnehmenden im Alter von 0 bis 95 Jahren, darunter 10 933 Teilnehmende mit verfügbaren IPD-Daten, eingeschlossen. Das Hauptergebnis war, dass eine Vitamin-D-Supplementation das Risiko für mindestens eine ARI mit einem adjustierten OR von 0,88 verringerte (95 % CI: 0,81–0,96). In Subgruppenanalysen wurde gezeigt, dass dieser protektive Effekt nur bei Personen signifikant war, denen tägliche (7,5–100 µg [300–4 000 IE]) oder wöchentliche (35–500 µg [1 400–20 000 IE]) Vitamin-D-Dosen verabreicht wurden, aber nicht bei denen, die Bolusdosen erhielten (d. h. ein Bolus von mindestens 750 µg [30 000 IE] Vitamin D; Dosisbereich von 750–10 000 µg [30 000–400 000 IE]). Darüber hinaus war der protektive Effekt bei Personen mit initialen 25(OH)D-Konzentrationen < 25 nmol/l (10 ng/ml) stärker als bei Personen mit 25(OH)D-Konzentrationen ≥ 25 nmol/l (10 ng/ml); es wurden keine anderen Effektmodifikatoren identifiziert. Laut Martineau et al. [118, 153] war die Evidenz, die zu den Ergebnissen ihrer MA beigetragen hat, von hoher Qualität. Es ist jedoch hervorzuheben, dass zwischen den Studien eine sehr große Heterogenität herrschte und die Darstellung mittels Trichterdiagramm *(Funnel-Plot)* eine gewisse Asymmetrie zeigte, die darauf hindeutete, dass kleine RCTs mit unerwünschten Wirkungen möglicherweise nicht miteingeschlossen oder nicht publiziert wurden. Die Ergebnisse anderer MAs, in denen deutlich weniger Teilnehmende eingeschlossen waren als in der Arbeit von Martineau et al. [118, 153], waren inkonsistent und zeigten entweder einen protektiven Effekt der Vitamin-D-Supplementation [144, 148, 149] oder keinen Effekt [96, 62, 150–152]. Wichtig zu erwähnen ist, dass die überwiegende Mehrheit der in diese MAs eingeschlossenen Originalstudien auch in die Arbeit von Martineau et al. [118, 153] einbezogen wurde.

**Die Auswertung der SRs von RCTs und Beobachtungsstudien legen eine inverse Assoziation zwischen dem Vitamin-D-Status und dem Risiko für ARIs nahe, wobei die Studienqualität als heterogen eingestuft wurde.**

### Therapeutische oder adjuvante Vitamin-D-Supplementation bei Patient*innen mit ARIs

Zwei SRs mit Daten aus RCTs über die Effekte einer Vitamin-D-Supplementation auf den Krankheitsendpunkt Pneumonie bei Kindern wurden identifiziert, mit mittlerer bis hoher Studienqualität [145, 147]. In der einzigen MA zu diesem Thema gab es keinen signifikanten Effekt der Vitamin-$D_3$-Supplementation, weder auf die Zeit bis zum Rückgang der akuten Pneumonie noch auf die Dauer des Krankenhausaufenthalts [147].

### Diskussion und Schlussfolgerung

Das wichtigste Ergebnis des Umbrella Reviews in Bezug auf ARIs war, dass in der größten und gut durchgeführten IPD-MA von RCTs über eine signifikante Rolle der Vitamin-D-Supplementation bei der Verringerung des Risikos für ARIs berichtet wurde [153]. In Subgruppenanalysen beschränkte sich dieser signifikante Effekt jedoch auf Personen, die keine Bolusdosen von Vitamin D erhalten hatten, und war besonders stark bei Personen, die 25(OH)D-Konzentrationen < 25 nmol/l (10 ng/ml) aufwiesen. Die Effektmodifikation durch die initiale 25(OH)D-Konzentration ist biologisch fundiert und steht im Einklang mit der Theorie, dass eine Vitamin-D-Supplementation am effektivsten bei Personen mit schwerwiegendem Vitamin-D-Mangel ist. Es ist nicht eindeutig geklärt, warum Bolusdosen von Vitamin D (Dosisbereich von 750–10 000 µg [30 000–400 000 IE]) für die Prävention von ARIs nicht effektiv sind, aber es wurde die Hypothese aufgestellt, dass starke Schwankungen bei den Vitamin-D-Metaboliten nachteilige Auswirkungen haben können, wie beispielsweise die Fehlregulation der Enzyme des Vitamin-D-Stoffwechsels [118]. Die Darstellungen mittels *Funnel-Plots* deutet darauf hin, dass RCTs, die unerwünschte Vitamin-D-Effekte gezeigt haben, nicht in die MA eingeschlossen wurden. Eine weitere Einschränkung ist, dass die Definitionen von ARIs heterogen waren und kaum durch eine virologische, mikrobiologische oder radiologische Bestätigung unterstützt wurden. Deshalb ist bei der endgültigen Aussage in Bezug auf Vitamin D und die Prävention von ARIs eine gewisse Vorsicht geboten. Insgesamt ist die präventive Wirkung von Vitamin D auf ARIs jedoch biologisch plausibel, weil die Aktivierung des VDR zahlreiche immunologische Effekte hat, die sich als Schutz gegen ARIs auswirken können. Außerdem wird die Theorie, dass Vitamin D gegen ARIs schützen könnte, durch epidemiologische Studien größtenteils, wenn auch nicht durchgängig, unterstützt. Camargo et al. [154] publizierten kürzlich (nach dem Recherchezeitraum) Daten aus einer vorab festgelegten Analyse der ViDA-*(Vitamin-D-Assessment-)* Studie, in der die Wirkungen einer monatlichen hoch dosierten Vitamin-$D_3$-Supplementation (orale Initialdosis von 5 000 µg [200 000 IE] Vitamin $D_3$, danach monatlich 2 500 µg [100 000 IE]) auf die Prävention von ARIs in über 5 000 älteren Menschen untersucht wurde. Die Ergebnisse dieser RCT konnten keinen präventiven Effekt der Vitamin-D-Supplementation in Bezug auf ARIs zeigen. Hierbei ist jedoch zu beachten, dass die Daten in einem Studienkollektiv mit einer niedrigen Prävalenz von Vitamin-D-Mangel erhoben wurden.

Ergänzend zu diesem Ergebnis zeigten SRs von Kohortenstudien eine inverse Assoziation zwischen dem Vitamin-D-Status und ARIs. Die Mehrheit der in diesem Umbrella Review berücksichtigten SRs von RCTs und Kohortenstudien, in denen die Assoziation zwischen Vitamin D und der Prävention oder Behandlung von ARIs untersucht wurden, hatten eine mittlere oder hohe methodische Qualität.

Aktuelle Daten aus RCTs, einschließlich der RCTs bei Kindern, deuten darauf hin, dass eine Vitamin-D-Supplementation keine signifikante Auswirkung auf die Behandlung von ARIs hat. Mehrere RCTs zu den Wirkungen einer Vitamin-D-Supplementation auf die Prävention und Behandlung von ARIs werden voraussichtlich zukünftig weitere Daten zu diesem Thema liefern (s. clinicaltrials.gov, Identifikatoren NCT02185196, NCT02054182, NCT02046577 und NCT03799406).

**Die derzeit vorliegenden Ergebnisse aus MAs von RCTs und Beobachtungsstudien deuten darauf hin, dass eine Vitamin-D-Supplementation einen positiven Einfluss auf die Prävention von ARIs hat; hinsichtlich der Behandlung von ARIs deuten Daten aus RCTs auf keine signifikante Auswirkung einer Vitamin-D-Supplementation hin.**

### 5.2.3.2 Neurodegenrative und psychische Erkrankungen



#### 5.2.3.2.1 Demenz und Abnahme der kognitiven Leistungsfähigkeit

**Hintergrund**

Demenz ist ein klinisches Syndrom, dass durch eine allgemeine kognitive Beeinträchtigung mit einer Abnahme des Erinnerungsvermögens und mindestens einer weiteren kognitiven Domäne wie der Sprache, der visuell-räumlichen Kompetenz oder der Exekutivfunktionen gekennzeichnet ist. Es ist eine chronische, maligne und kontinuierlich fortschreitende Erkrankung, die mit der Beeinträchtigung der funktionellen Fähigkeiten und in vielen Fällen mit Verhaltensstörungen und psychiatrischen Erkrankungen assoziiert ist und unweigerlich zur Abhängigkeit von anderen führt [155]. Die Entwicklung der Demenz aus den normalen kognitiven Fähigkeiten heraus ist ein kontinuierlicher, langsamer Prozess der Abnahme der kognitiven Leistungsfähigkeit über viele Jahre, der schwierig von der normalen Alterung zu unterscheiden ist. Die Diagnose der Demenz basiert auf einer umfangreichen Beurteilung von Symptomen, die seit mindestens sechs Monaten andauern müssen. Die beiden häufigsten Ursachen von Demenz sind Morbus Alzheimer und zerebrovaskuläre Erkrankungen, die sich häufig überlappen. Weltweit sind davon derzeit rund 50 Millionen Menschen betroffen, wobei jedes Jahr voraussichtlich 10 Millionen neue Fälle hinzukommen [156]. Die Prävalenz der Demenz steigt mit zunehmendem Alter. In Deutschland sind nur 1,5 % der aktuell 1,7 Millionen Menschen mit Demenz jünger als 65 Jahre; 16 % der 80- bis 84-Jährigen und mehr als 40 % der mindestens 90-Jährigen sind betroffen [157]. Da zurzeit keine wirksame Behandlung verfügbar ist, ist die Erhaltung der kognitiven Fähigkeiten bis ins hohe Alter und die Prävention der Abnahme der kognitiven Leistungsfähigkeit ein schwerwiegendes Problem für das Gesundheitswesen.

In den letzten Jahren ist die Assoziation zwischen Vitamin D und Demenz oder der Abnahme der neurokognitiven Leistungsfähigkeit auf wachsendes Interesse gestoßen und die Hinweise auf eine potenzielle neuroprotektive Wirkung von Vitamin D nehmen zu. Daten aus Querschnittsanalysen deuten darauf hin, dass niedrige 25(OH)D-Konzentrationen im Serum mit einem erhöhten Risiko für Morbus Alzheimer und andere Formen der Demenz und kognitiver Beeinträchtigung assoziiert sind [158, 159]. Außerdem liegen Erkenntnisse aus Tiermodellen und In-vitro-Studien vor, dass Vitamin D die Entwicklung von neurodegenerativen Erkrankungen beeinflussen kann. Die genauen Mechanismen sind unklar, aber die Ergebnisse deuten darauf hin, dass es aufgrund seiner Wirkung in Bezug auf die synaptische Plastizität, Immunmodulation, neuronale Calciumregulation und verbesserte Nervenleitung vor kognitiven Funktionsstörungen schützen kann [159–161]. Außerdem kann Vitamin D vaskuläre Hirnerkrankungen beeinflussen, sowohl durch Milderung der schädlichen Auswirkungen von Entzündung, Calciumfehlregulation und erhöhtem oxidativen Stress als auch durch Modulation von Risikofaktoren für Gefäßerkrankungen wie erhöhter Blutdruck [159]. Die Beziehung zwischen dem 25(OH)D-Status und Demenz und/oder der kognitiven Fähigkeiten wurde in vielen Querschnittsstudien, in einer zunehmenden Anzahl von Längsschnittstudien und wenigen Interventionsstudien untersucht; die Ergebnisse waren widersprüchlich. In den letzten 10 Jahren wurden mehrere SRs (mit und ohne MAs) durchgeführt. Im Folgenden sind die Ergebnisse der SRs in Bezug auf Vitamin D und den Endpunkten hinsichtlich Demenz und Abnahme der kognitiven Leistungsfähigkeit zusammengefasst.

### Ergebnisse

13 SRs (darunter acht MAs) [62, 162–173] zu Vitamin D und dem Risiko für Demenz und/oder der Abnahme der kognitiven Leistungsfähigkeit wurden in diese Analyse eingeschlossen. Außerdem wurden vier Mendelsche Randomisierungsstudien berücksichtigt [174–177]. Die Qualität der Publikationen wurde nach dem Bewertungsinstrument AMSTAR 2 als heterogen bewertet. Alle Artikel waren auf präventive Effekte des Vitamin-D-Status oder der Supplementation bei Erwachsenen ohne diagnostizierte Demenz bezogen. In Bezug auf therapeutische Effekte von Vitamin D bei Patient*innen mit Demenz wurden keine Übersichtsarbeiten oder relevanten Studien identifiziert.

5.2

### Ergebnisse der SRs von Kohortenstudien

In allen identifizierten 13 SRs wurden Kohortenstudien untersucht: sechs mit dem Krankheitsendpunkt (Outcome) Demenz [165–167, 169, 170, 172] (darunter drei mit dem Endpunkt Morbus Alzheimer [165, 169, 170]) und acht mit den Endpunkten (Outcomes) Kognition, kognitive Beeinträchtigung oder Abnahme der kognitiven Leistungsfähigkeit [62, 162–164, 166, 168, 171, 173], in denen verschiedene einzelne oder kombinierte neuropsychologische Tests verwendet wurden.

In die aktuellste und gleichzeitig größte qualitativ hochwertige MA in Bezug auf das Demenzrisiko waren Daten aus zehn Kohortenstudien mit 28 640 Teilnehmenden (mittleres/medianes Alter: 56–85 Jahre) und Follow-up-Perioden von zwei bis 21 Jahren eingeschlossen [170]. Zwischen der 25(OH)D-Konzentration und dem Risiko für Demenz wurde eine signifikante inverse Assoziation gefunden (relatives Risiko [RR]: 0,72; 95 % CI: 0,59–0,88; Vergleich der höchsten und der niedrigsten 25[OH]D-Kategorien), ebenso zwischen der 25(OH)D-Konzentration und dem Risiko für Morbus Alzheimer (RR: 0,78; 95 % CI: 0,60–1,00). Die Heterogenität zwischen den Effektstärken der Studien lag bei $I^2$ = 33 % bzw. $I^2$ = 57 %. Weiterhin ergab eine Dosis-Wirkungs-Analyse, dass das Risiko für Demenz um 5 % (RR: 0,95; 95 % CI: 0,93–0,98) und das Risiko für Morbus Alzheimer um 7 % (RR: 0,93; 95 % CI: 0,89–0,97) je 10 nmol/l (2,5 ng/ml) Erhöhung der 25(OH)D-Konzentration abnahm [170]. In einer MA von acht dieser Kohortenstudien berichteten Jayedi et al. [169] über ein erhöhtes Risiko für Demenz bei Teilnehmenden mit Vitamin-D-Mangel (definiert als 25[OH]D-Konzentration < 25 nmol/l [10 ng/ml]; n = 5; *Hazard Ratio:* 1,33), aber nicht bei Teilnehmenden mit unzureichendem Vitamin-D-Status (25–50 nmol/l [10–20 ng/ml]; n = 6). Zusätzlich wurde ein um 17 % verringertes Risiko für Demenz (n = 7) und für Morbus Alzheimer (n = 6) pro 25 nmol/l (10 ng/ml) Erhöhung der 25(OH)D-Serumkonzentration gefunden, jedoch mit einer großen Heterogenität zwischen den Studien ($I^2$ = 81 % bzw. 82 %). Eine andere qualitativ hochwertige MA von fünf dieser Kohortenstudien ergab ein 1,54-fach erhöhtes Risiko für Demenz bei Erwachsenen mit schwerwiegendem Mangel (< 25 nmol/l [10 ng/ml]) im Vergleich zu Personen mit ausreichender Versorgung (≥ 50 nmol/l [20 ng/ml]) [167]. In zwei MAs und einem SR, die im Jahr 2015 bzw. 2016 publiziert wurden, mit niedriger bzw. sehr niedriger Qualität und mit nur zwei bzw. drei Kohortenstudien wurde ebenfalls ein erhöhtes Risiko für Demenz bei Erwachsenen mit niedrigen initialen 25(OH)D-Konzentrationen angegeben [165, 166, 172].

Die aktuellste und größte qualitativ hochwertige MA zur Kognition bei Erwachsenen mittleren Alters und älteren Menschen ohne Diagnose einer Demenz umfasste 14 prospektive Kohortenstudien [168]. Die Wahrscheinlichkeit der Abnahme der kognitiven Leistungsfähigkeit war bei Teilnehmenden mit niedrigen 25(OH)D-Konzentrationen höher als bei denen mit höheren 25(OH)D-Konzentrationen (OR: 1,26; 95 % CI: 1,09–1,23). Die Heterogenität zwischen den Effektstärken der Studien war hier ebenfalls groß ($I^2$ = 75 %) und die Wahrscheinlichkeit eines Publikationsbias wurde als hoch eingestuft [168]. Andere verfügbare MAs sind älter (Publikationsjahr 2012 und 2013), von geringerer Qualität und schlossen nur drei [164] bzw. zwei [162] dieser prospektiven Kohortenstudien ein. Der Schwerpunkt lag auf den Exekutivfunktionen; auch hier wurde ein höheres Risiko für die Abnahme der kognitiven Leistungsfähigkeit über vier bis sieben Jahre bei älteren Erwachsenen mit niedrigen initialen 25(OH)D-Konzentrationen gefunden (Heterogenität $I^2$ = 0 % und 10 %) [162, 164]. Ein SR (niedrige Qualität) zur Assoziation zwischen Vitamin-D-Status und Kognition mit sechs prospektiven Kohortenstudien ergab in vier der sechs Studien eine signifikante Abnahme in einem oder mehreren kognitiven Funktionstests bei Teilnehmenden im Alter von mindestens 65 Jahren mit niedriger 25(OH)D-Konzentration im Vergleich zu Teilnehmenden mit höheren 25(OH)D-Konzentrationen [171]. Autier et al. [62] kamen in ihrem SR (niedrige Qualität), das vier Kohortenstudien enthielt, zu dem Schluss, dass die Häufigkeit der Abnahme der kognitiven Leistungsfähigkeit bei Teilnehmenden mit niedriger 25(OH)D-Konzentration erhöht ist. Balion et al. [163] schlossen zwei Kohortenstudien in ihr SR (hohe Qualität) ein und erhielten in Bezug auf die Endpunkte hinsichtlich der kognitiven Leistungsfähigkeit widersprüchliche Ergebnisse.



**Die Auswertung der SRs von Kohortenstudien deutet auf ein erhöhtes Risiko für Demenz (einschließlich Morbus Alzheimer) und für die Abnahme der kognitiven Leistungsfähigkeit vor allem bei älteren Menschen (> 65 Jahren) mit niedrigen 25(OH)D-Konzentrationen hin, jedoch war sowohl die Effektstärke als auch die Qualität der Studien sehr heterogen.**

### Ergebnisse der SRs von RCTs

In sechs der SRs mit Kognition als Schwerpunkt [62, 162–164, 168, 173] (zwei mit hoher, eine mit mittlerer und drei mit niedriger Qualität) wurden bis zu drei Interventionsstudien in den Analysen berücksichtigt. Insgesamt neun Studien wurden evaluiert und zeigten widersprüchliche Ergebnisse, darunter waren sieben RCTs (zwei unter Verwendung von Multinährstoffpräparaten) und zwei Vorher-Nachher-Studien in sehr heterogenen Populationen (Jugendliche, junge Erwachsene, ältere ambulant behandelte Patient*innen mit Stürzen in der Vorgeschichte, gesunde ältere Menschen, Pflegeheimbewohner*innen). Die Supplementationsmodi (z. B. tägliche, wöchentliche oder monatliche orale Supplementation, Einzelinjektion, Vitamin $D_2$, Vitamin $D_3$ oder Vitamin $D_3$ plus Calcium) und Dosierungen in den einzelnen Studien unterschieden sich stark. Letztere reichten von 10 µg (400 IE) bis 125 µg (5 000 IE) Vitamin $D_3$ pro Tag und bis zu einer Bolusdosis von 15 000 µg (600 000 IE) Vitamin $D_2$ [62, 164, 168]. Außerdem waren die Stichprobengrößen überwiegend klein und die Supplementationszeiträume kurz. In einem SR [62] wurde nur eine größere placebokontrollierte Interventionsstudie beschrieben. In dieser Studie wurde die Wirkung der Supplementation von 10 µg (400 IE) Vitamin $D_3$ pro Tag und 1 000 mg Calciumcarbonat pro Tag auf die Endpunkte der kognitiven Leistungsfähigkeit bei 4 143 Frauen ab 65 Jahren ohne wahrscheinliche Demenz bei der Aufnahme in die Studie (initial) untersucht. Der Mittelwert der Follow-up-Periode betrug 7,8 Jahre. Es wurden keine signifikanten Unterschiede in Bezug auf auftretende Demenz, eine leichte kognitive Beeinträchtigung oder die allgemeine bzw. domänenspezifische kognitive Funktion zwischen Verum- und Placebogruppen festgestellt [178].

In zwei der oben genannten SRs wurde eine MA durchgeführt. Goodwill et al. [168] (hohe Qualität) berücksichtigten zwei Studien ($I^2$ = 35 %) und Annweiler et al. [164] (mittlere Qualität) drei Interventionsstudien ($I^2$ = 49 %). In beiden Analysen wurde kein Effekt der Vitamin-D-Supplementation auf die kognitiven Parameter gefunden.



**Die vorliegenden Daten aus SRs von RCTs zum Zusammenhang zwischen Vitamin D und dem Risiko für Demenz (einschließlich Morbus Alzheimer) und für die Abnahme der kognitiven Leistungsfähigkeit sind nicht eindeutig und von sehr heterogener Qualität, weshalb zum jetzigen Zeitpunkt keine eindeutige Aussage möglich ist.**

### Ergebnisse der Mendelschen Randomisierungsstudien

Vier Publikationen wurden identifiziert, in denen ein Mendelscher Randomisierungsansatz angewendet wurde, um die Frage der kausalen Inferenz zu berücksichtigen [174–177]. Kuzma et al. [177] untersuchten die Assoziation zwischen den Risikofaktoren insgesamt und der allgemeinen kognitiven Funktion, Demenz insgesamt oder Demenz-Subtypen. Genetische Befunde unterstützten eine kausale Assoziation zwischen Telomerlänge und Morbus Alzheimer, wohingegen Belege für andere Risikofaktoren einschließlich des Vitamin-D-Status nur in begrenztem Umfang gefunden wurden. Mokry et al. [175] lieferten Hinweise, dass eine genetisch bedingte Verringerung der 25(OH)D-Konzentration mit einem erhöhten Risiko für Morbus Alzheimer assoziiert ist. Alfred et al. [174] untersuchten, ob genetische Varianten, die die 25(OH)D-Konzentration beeinflussen, mit der kognitiven Leistungsfähigkeit von Erwachsenen mittleren Alters und älteren Menschen assoziiert sind. Sie beobachteten eine negative Assoziation zwischen einem Allel des rs2282679 (Gc-Globulin), das mit höheren 25(OH)D-Konzentrationen assoziiert ist, und der Worterinnerung. In einer Mendelschen Randomisierungsstudie von Maddock et al. [176] wurde der kausale Zusammenhang der Assoziation zwischen der 25(OH)D-Serumkonzentration und der kognitiven Funktion im mittleren und höheren Lebensalter untersucht, jedoch wurden keine Hinweise auf eine solche Assoziation gefunden.

### Diskussion und Schlussfolgerung

Zusammengefasst zeigen die Ergebnisse der SRs von Kohortenstudien ein erhöhtes Risiko für Demenz (einschließlich Morbus Alzheimer) und für die Abnahme der kognitiven Leistungsfähigkeit vor allem bei älteren Menschen (> 65 Jahren) mit niedrigen 25(OH)D-Konzentrationen, jedoch war die Effektstärke der Studien sehr heterogen. Außerdem deuten einige der Mendelschen Randomisierungsstudien auf eine Beziehung zwischen der 25(OH)D-Konzentration und dem Risiko für Morbus Alzheimer und der kognitiven Funktion hin. Nur wenige, sehr heterogene RCTs sind verfügbar, in denen ein positiver Effekt der Vitamin-D-Supplementation auf die Endpunkte der kognitiven Leistungsfähigkeit nicht überzeugend gezeigt werden konnte. Außer einer waren diese Studien klein und nur von kurzer Dauer; in der einzigen größeren RCT wurde kein Unterschied zwischen Verum- und Placebogruppe gefunden.



Die Unterschiede zwischen den Ergebnissen aus epidemiologischen Beobachtungsstudien, Mendelschen Randomisierungsstudien und Interventionsstudien können möglicherweise durch die Verwendung verschiedener Methoden (z. B. verschiedener analytischer und statistischer Ansätze sowie Vitamin-D-Referenzbereiche), durch unterschiedliche 25(OH)D-Konzentrationen und kognitive Funktionen zum Startzeitpunkt der Studie oder durch die Möglichkeit, dass eine niedrige 25(OH)D-Konzentration bei Personen mit Demenz oder kognitiver Beeinträchtigung nur ein Epiphänomen ist, erklärt werden. Außerdem sind die bisher durchgeführten Interventionsstudien sehr heterogen in Bezug auf die untersuchten (Krankheits-)Endpunkte (z. B. kognitive Funktion, kognitive Beeinträchtigung, Demenz, Morbus Alzheimer) sowie Teilnehmende der Studien (z. B. Jugendliche, gesunde ältere Menschen, Pflegeheimbewohner*innen) und sie sind zudem meistens von kurzer Dauer und schlechter Qualität. Darüber hinaus wurden unterschiedliche neuropsychologische Tests für verschiedene Aspekte der kognitiven Funktion verwendet (z. B. allgemeine Kognition, Denken und Sprache, figürliche Vorstellung, visuell-räumliche Fähigkeiten, geistige Geschwindigkeit/Aufmerksamkeit).

In einer kürzlich veröffentlichten RCT zur Dosierung [179] wurde bei relativ gesunden Erwachsenen im Alter von ≥ 60 Jahren (31 % 25[OH]D-Konzentration < 50 nmol/l [20 ng/ml]) getestet, ob eine Dosis von 50 µg (2 000 IE) Vitamin $D_3$ pro Tag wirksamer zur Verbesserung der kognitiven Leistungsfähigkeit ist als eine Dosis von 20 µg (800 IE). In beiden Gruppen wurden jedoch über einen 24-monatigen Behandlungszeitraum vergleichbare Ergebnisse erzielt und in keiner der beiden Gruppen zeigte sich eine signifikante Verbesserung. Ebenso führte in einer anderen aktuellen RCT die Supplementation von älteren Erwachsenen mit Stürzen in der Vorgeschichte (58 % 25[OH]D < 50 nmol/l [20 ng/ml]) mit 600 µg (24 000 IE)

Vitamin $D_3$, 1 500 µg (60 000 IE) Vitamin $D_3$ oder einer Kombination von 600 µg (24 000 IE) Vitamin $D_3$ und Calcifediol einmal monatlich innerhalb eines Jahres weder zu unterschiedlichen Effekten auf die psychische Gesundheit noch zu einer signifikanten Verbesserung [180]. Die Teilnehmenden, bei denen die höchsten 25(OH)D-Serumkonzentrationen (112,5–247,5 nmol/l [45–99 ng/ml]) erzielt wurden, hatten jedoch eine „kleine, klinisch nicht eindeutig relevante, aber statistisch signifikante Verbesserung des Skalenwerts für die psychische Gesundheit" [180], unabhängig von der Supplementdosis.

Zurzeit sind viele Fragen in Bezug auf die Rolle von Vitamin D bei der Entwicklung von Demenz sowie der Abnahme der kognitiven Leistungsfähigkeit noch unbeantwortet, z. B. welche Konzentration im Blut optimal für die Unterstützung der Neuroprotektion ist – sofern es eine optimale Konzentration gibt – und ob die in Beobachtungsstudien festgestellte Assoziation durch andere Lebensstilfaktoren wie körperliche Funktionalität oder Fitness vermittelt wird. Deshalb sind gut angelegte RCTs in verschiedenen Bevölkerungsgruppen notwendig (z. B. mit angemessener Stichprobengröße und statistischer Teststärke [Power], Vitamin-D-Dosierung und -Formulierung sowie aussagekräftiger umfangreicher Beurteilung der kognitiven Fähigkeiten), um zu ermitteln, ob und/oder bei wem und in welchem Maß eine Vitamin-D-Supplementation und erhöhte 25(OH)D-Konzentrationen die verschiedenen Aspekte der kognitiven Gesundheit beeinflussen. In Bezug auf Demenz ist dies aufgrund des sehr langen Prodromalstadiums sowie der sehr langen Latenzphase eine besondere Herausforderung.

Zusammengefasst weisen die verfügbaren SRs – und auch die einbezogenen Primärstudien – heterogene Qualität auf und die verfügbaren wissenschaftlichen Erkenntnisse aus RCTs sind keine Belege für einen klaren Nutzen einer Vitamin-D-Supplementation bei der Prävention von Demenz und der Abnahme der kognitiven Leistungsfähigkeit. Dennoch erscheint es auf der Basis der in prospektiven Kohortenstudien beschriebenen Assoziation vernünftig, einem Vitamin-D-Mangel bei älteren Erwachsenen als praktikabler Bestandteil der Gehirngesundheitsstrategie vorzubeugen. Die Ergebnisse verschiedener laufender Interventionsstudien, insbesondere der VIOLET-BUD-Studie *(clinicaltrials.gov,* Identifikator: NCT03733418), können dazu beitragen, die Rolle von Vitamin D für den Verlauf der Neurodegeneration besser zu verstehen.



### 5.2.3.2.2 Depression

#### Hintergrund

Depression ist weltweit eine der Hauptursachen für Arbeitsunfähigkeit und trägt wesentlich zur Krankheitslast insgesamt bei. Weltweit sind mehr als 264 Millionen Menschen davon betroffen. Eine schwere Depression ist als Zeitraum von mindestens zwei Wochen definiert, in dem eine Person depressiv verstimmt ist oder das Interesse bzw. die Freude an den täglichen Aktivitäten verliert und verschiedene andere Symptome wie Schlafstörungen, Konzentrationsprobleme oder vermindertes Selbstwertgefühl auftreten. Dysthymia ist eine weniger schwere, aber anhaltende Form der Depression [181].

Aufgrund verschiedener Beobachtungen ist eine Assoziation von Vitamin D mit Depression biologisch plausibel. Im Gehirn ist Vitamin D an der Regulation der Zytokine im Entzündungsstoffwechsel beteiligt und trägt zur Freisetzung von Neurotransmittern bei [167,

182, 183]. Der VDR, der als Genregulator fungiert, wurde in verschiedenen an Depressionen beteiligten Hirnregionen nachgewiesen [184–187]. Im Hippokampus wurde eine Interaktion zwischen VDRs und Glucocorticoidrezeptoren, die an der Stressreaktion beteiligt sind, beschrieben [188]. Deshalb wurden hier die Ergebnisse von SRs in Bezug auf den Vitamin-D-Status oder die Vitamin-D-Supplementation und die Prävention oder Behandlung von Depressionen zusammengefasst.

### Ergebnisse

Insgesamt wurden 12 SRs [29, 62, 173, 187–197], die 31 Originalpublikationen zwischen 1998 und 2017 abdecken, identifiziert sowie fünf SRs [198–202] zu Depression bei Frauen vor und nach der Entbindung. In den meisten Studien wurde eine dimensionale (graduelle) Selbsteinschätzung der depressiven Symptome als Zielparameter verwendet. Die mit AMSTAR 2 ermittelte Studienqualität war in 11 SRs mittelgradig oder hoch, in sieben anderen SRs niedrig oder sehr niedrig. Außerdem wurde eine große Mendelsche Randomisierungsstudie identifiziert [203].

### Primärprävention



In zwei SRs wurde eine MA von Kohortenstudien durchgeführt [189, 190], in vier SRs die Daten von RCTs zusammengefasst [29, 191, 192, 195], in zwei SRs die Ergebnisse von RCTs und Kohortenstudien zusammengefasst [62, 173] und fünf SRs schlossen eine MA von RCTs ein [193–197]. Anglin et al. [189] dokumentierten in einer MA mittlerer Qualität von drei Kohortenstudien mit insgesamt 8 815 älteren Menschen, die ein bis sechs Jahre lang nachuntersucht wurden, ein zweifach erhöhtes Risiko für eine Depression bei den Teilnehmenden mit dem geringsten gegenüber denen mit dem höchsten Vitamin-D-Status. Ju et al. [190] bezogen eine zusätzliche große Kohortenstudie in ihr SR von mittlerer Qualität ein und stellten eine inverse Assoziation zwischen der 25(OH)D-Konzentration und dem Auftreten von Depression fest.

Einige RCTs wurden in bestimmten Risikogruppen für Depression (z. B. ältere Menschen mit nachgewiesenem Vitamin-D-Mangel oder mit Adipositas) durchgeführt. Shaffer et al. [194] fanden in einer qualitativ hochwertigen MA von sieben RCTs mit 3 191 gefährdeten Personen bei einer Dosis zwischen 10 µg/Tag (400 IE/Tag) und einmalig 7 500 µg (300 000 IE) keinen Effekt der Vitamin-$D_3$-Supplementation auf die Entwicklung von Symptomen einer Depression. Auch Li et al. [193] konnten in ihrer qualitativ hochwertigen MA bei der Analyse von sechs RCTs mit klinisch depressiven Patient*innen keinen Effekt zeigen. Ebenso wurde in der qualitativ hochwertigen MA von Gowda et al. [196] unter Einbeziehung von diesen zuvor genannten und drei weiteren RCTs mit 4 923 leicht depressiven Teilnehmenden (zu Beginn der Studie) kein Einfluss einer Vitamin-D-Supplementation (10 µg/Tag–1 250 µg/Woche [400 IE/Tag–50 000 IE/Woche]) auf die Verringerung der Symptome der Depression nachgewiesen. Die Autor*innen dieser SRs stellten eine signifikante Heterogenität der Studiendesigns und der Ergebnisse dieser „präventiven" RCTs fest. Spedding [195] ordnete 15 RCTs mit 42 258 Teilnehmenden (überwiegend aus Risikogruppen) danach ein, ob sie „biologische Schwachstellen" aufwiesen oder nicht (z. B. fehlende 25[OH]D-Messungen oder fehlende Veränderung der 25[OH]D-Konzentration während der Vitamin-$D_3$-Supplementation oder eine ausreichende initiale 25[OH]D-Konzentration bei den Teilnehmenden). RCTs ohne solche Probleme bezüglich der Aussagekraft, in denen 25 bis 375 µg

(1 000–15 000 IE) Vitamin $D_3$ pro Tag verabreicht wurde, zeigten einen Trend zur Verbesserung der Symptome der Depression. Nach den AMSTAR-2-Kriterien wurde die Qualität dieses SR als niedrig bewertet.

In einer großen Mendelschen Randomisierungsstudie [203] wurde untersucht, ob häufige Genvarianten, die in der SUNLIGHT-Studie sehr prädiktiv für die 25(OH)D-Serumkonzentrationen waren [204], mit einer Diagnose von schwerer Depression (d. h. ob diese SNPs weniger häufig bei Patient*innen mit dieser Diagnose vorkommen als bei psychiatrisch gesunden Kontrollpersonen) assoziiert sind. Die Analyse von 59 851 Fällen mit schwerer Depression und 113 154 Kontrollpersonen aus der Datenbank *Psychiatric Genetics Consortium* ergab keine solche Assoziation. Dies deutet darauf hin, dass lebenslang (genetisch bedingt) verringerte 25(OH)D-Serumkonzentrationen das Risiko für schwere Depressionen in generell gesunden Populationen nicht erhöhen. Die Autor*innen stellten jedoch fest, dass ihre Mendelsche Randomisierungsstudie nur begrenzt in der Lage war, die Auswirkungen von Extremwerten auf beiden Seiten des 25(OH)D-Serumspektrums zu untersuchen [203].

**Die Auswertung der SRs von Kohortenstudien in Bezug auf die Primärprävention weisen auf eine inverse Assoziation zwischen dem Vitamin-D-Status und dem Risiko für Depression hin, wohingegen die Ergebnisse der SRs von RCTs auf keine vorteilhaften Effekte hindeuten. Daher lassen sich aufgrund der Datenlage und der heterogenen Studienqualität keine eindeutigen Aussagen ableiten.**



### Postpartale und präpartale Depression (Primärprävention)

Die Schwangerschaft, die Postpartalperiode und insbesondere die Peripartalperiode sind mit einem erhöhten Risiko für eine Depression bei Frauen assoziiert. In fünf SRs von überwiegend hoher Qualität wurden die Ergebnisse von sich weitgehend überschneidenden Teilgruppen aus 11 Originalstudien zwischen 2010 und 2017 [198–202] zusammengefasst. In einem SR wurden Kohortenstudien [201], in zwei SRs die Ergebnisse einer Sekundäranalyse einer RCT und von Kohortenstudien [198, 200] und in einem weiteren SR die Ergebnisse einer RCT, die Sekundäranalysen von zwei RCTs und von Kohortenstudien zusammengefasst [199]. Außerdem wurden in einem qualitativ hochwertigen SR von Wang et al. [202] mit sieben Kohortenstudien, einer Fall-Kontroll-Studie und einer RCT die Beziehungen zwischen zirkulierender 25(OH)D-Konzentration oder Supplementation von Vitamin D und präpartaler oder postpartaler Depression untersucht. Mit Daten aus den sieben Kohortenstudien wurden MAs durchgeführt. Die erste größere MA mit drei Studien, in der die Assoziation zwischen niedrigen 25(OH)D-Konzentrationen (< 30 nmol/l [12 ng/ml]) und präpartaler Depression untersucht wurde, zeigte keine signifikante Assoziation. Die zweite größere MA (von vier Studien), in der die Beziehung zwischen niedrigeren zirkulierenden 25(OH)D-Konzentrationen (< 50 nmol/l [20 ng/ml]) und postpartaler Depression untersucht wurde, zeigte jedoch, dass niedrige zirkulierende 25(OH)D-Konzentrationen mit einem erhöhten OR für eine postpartale Depression assoziiert waren (OR: 3,67; 95 % CI: 1,72–7,85). Außerdem wurden die Beziehungen in zwei Subgruppenanalysen stratifiziert nach

Studienregion dokumentiert (Europa: OR: 3,19; 95 % CI: 0,61–16,77, Amerika: OR: 2,06; 95 % CI: 0,44–9,66, Ozeanien: OR: 2,00; 95 % CI: 1,31–3,06), Asien (OR: 7.17; 95 % CI: 3,89–13,21). In allen MAs wurden Hinweise auf statistische Heterogenität gefunden. Weiterhin zeigte eine RCT, dass Teilnehmerinnen, die in der späten Schwangerschaft ein Vitamin-D-Präparat erhielten (50 µg [2 000 IE]), eine größere Verringerung des Depressionspotenzials in der 38. bis 40. Woche der Schwangerschaft hatten als die Teilnehmerinnen in der Placebogruppe [202].

**Die Datenlage aus SRs von Beobachtungsstudien und RCTs hinsichtlich der Primärprävention von postpartaler und präpartaler Depression ist widersprüchlich.**

### Therapeutische oder adjuvante Vitamin-D-Supplementation bei depressiven Patient*innen

Im Gegensatz zu den weitgehend negativen Interventionsergebnissen bei Proband*innen mit geringen oder gar keinen depressiven Symptomen (siehe Abschnitt Primärprävention) wurde in einer MA mittlerer Qualität von vier RCTs mit 948 schwer depressiven Patient*innen [197] ein durchgehender und mittelgroßer positiver Effekt von Vitamin D (37,5 µg/Tag [1 500 IE/Tag] oder 1 250 µg/Woche [50 000 IE/Woche] oral verabreicht, oder bis zu 7 500 µg [300 000 IE] als Einzeldosis-Injektion) gegenüber des Placebos auf depressive Symptome gezeigt (SMD:0,58; 95 % CI: 0,45–0,72). Diese Patient*innenstudien wurden alle im Iran oder in China durchgeführt.

5.2

### Diskussion und Schlussfolgerung

SRs von Längsschnitt-Kohortenstudien deuten darauf hin, dass niedrige 25(OH)D-Konzentrationen mit einem höheren Risiko für depressive Symptome bei älteren Menschen assoziiert sind. In einer kürzlich (nach dem Recherchezeitraum) veröffentlichten Dosis-Wirkungs-MA [205] von sechs Kohortenstudien (16 287 ältere Menschen, 1 157 Fälle mit Depression) wurde diese inverse Assoziation bestätigt und berechnet, dass eine Erhöhung der 25(OH)D-Serumkonzentration um jeweils 25 nmol/l (10 ng/ml) mit einer Verringerung des Risikos für Depression um 12 % bei älteren Erwachsenen assoziiert war ($I^2 = 79{,}0\,\%$, $p < 0{,}001$). Außerdem waren niedrige zirkulierende 25(OH)D-Konzentrationen mit postpartaler Depression assoziiert.

Im Gegensatz dazu unterstützen die Ergebnisse der eingeschlossenen Mendelschen Randomisierungsstudie keine kausale Rolle von (genetisch bedingten) niedrigen 25(OH)D-Serumkonzentrationen auf die Entwicklung von Symptomen einer Depression oder schweren depressiven Erkrankungen [203]. Kürzlich wurden zwei weitere Mendelsche Randomisierungsstudien über den Zusammenhang von 25(OH)D-Serumkonzentrationen und Depression veröffentlicht (nach dem Recherchezeitraum) [206, 207]. In einer dieser beiden Studien, in der die Symptome einer Depression bzw. eine weit gefasste Definition einer Depression in zwei großen Bevölkerungsstudien (> 480 000 Teilnehmende) untersucht wurden, konnte keine Assoziation zwischen der mit der 25(OH)D-Serumkonzentration zusammenhängenden Allele und diesen Phänotypen einer Depression gezeigt werden [206]. Auch durch die zweite Mendelsche Randomisierungsstudie mit 339 256 Teilnehmenden der britischen *UK Biobank* (darunter 23 294 Fälle mit Depression) von Meng et al. [207] wurde eine kausale Rolle der lebenslang verringerten 25(OH)D-Serumkonzentration in Bezug auf Depressionen nicht unterstützt.

Mehrere RCTs mit asiatischen Patient*innen mit schwerer Depression deuten darauf hin, dass Vitamin D eine Rolle bei der adjuvanten Behandlung von Depression spielen könnte [197]. In einer aktuellen (nach dem Recherchezeitraum veröffentlichten) RCT mit 78 älteren depressiven Patient*innen [208], die nicht in die MA von Vellekkatt und Menon [197] einbezogen war, wurde eine signifikante vorteilhafte Wirkung einer Vitamin-D-Supplementation auf die Symptome einer Depression gezeigt. Diese RCTs mit depressiven Patient*innen wurden jedoch alle im Iran oder in China durchgeführt, und da die 25(OH)D-Konzentration durch die Exposition gegenüber Sonnenlicht beeinflusst wird, ist es sinnvoll die Studien in anderen Populationen zu wiederholen.

Insgesamt unterstützen die in diesem Umbrella Review berücksichtigten Ergebnisse nicht, dass eine Primärprävention der Depression durch Vitamin-D-Supplementation erfolgen kann. In begrenztem Umfang liegen Belege dafür vor, dass eine Vitamin-D-Supplementation eine wirksame Begleitbehandlung bei schwerer Depression sein kann und eine einzelne RCT enthält Hinweise, dass auch eine postpartale Depression abgemildert werden könnte. Die Qualität der in diesem Umbrella Review berücksichtigten SRs in Bezug auf Vitamin D und Depression ist sehr heterogen. Mehrere RCTs, unter anderem eine finnische Studie mit 3 000 Patient*innen mit unipolarer Depression *(clinicaltrials.gov,* Identifikator: NCT02521012) sind in Arbeit, um eine endgültigere Beurteilung der möglichen antidepressiven Wirkung von Vitamin D zu ermöglichen.



### 5.2.3.3 Autoimmunerkrankungen

#### 5.2.3.3.1 Multiple Sklerose

**Hintergrund**

Multiple Sklerose (MS) ist eine demyelinisierende Erkrankung des zentralen Nervensystems und manifestiert sich in Form von akuten Schüben und fortschreitender Behinderung. Autoreaktive T- und B-Zellen können die Blut-Hirn-Schranke überwinden und in das Gehirn eindringen, wo sie Entzündungen auslösen [209]. Die anhaltende Entzündung führt zum Verlust der Funktionen von neuronalen Synapsen. Symptome in Bereichen wie Mobilität, Sinneswahrnehmung, Handmotorik und Sehvermögen sowie erhöhte Erschöpfbarkeit (Fatigue) sind häufig [210]. Methoden zur Quantifizierung der MS-Progression sind zum Beispiel die erweitere Behinderungsskala *(Expanded Disability Status Scale,* EDSS) zur Erfassung des Behinderungsgrades [211], die jährliche Schubrate *(Annual Relapse Rate,* ARR) oder die Bestimmung von Hirnläsionen mittels Magnetresonanztomographie (MRT), wobei zwei verschiedene Methoden mit unterschiedlichen Einstellungen (T1- oder T2-gewichtete Sequenzen) verwendet werden [212].

MS tritt hauptsächlich bei Erwachsenen Ende 20 oder Anfang 30 auf. Weltweit wurde in den letzten Jahrzehnten ein Anstieg der Prävalenz von MS dokumentiert. Dies ist jedoch möglicherweise zum großen Teil durch eine höhere Genauigkeit bei der Diagnose zu erklären [213]. Laut Daten aus dem Jahr 2013 variiert die Prävalenz zwischen verschiedenen Ländern. Sie ist in Nordamerika (140/100 000 Einwohner) und Europa (108/100 000 Einwohner) am höchsten und in Afrika (2,1/100 000 Einwohner) und Ostasien (2,2/100 000 Einwohner) am niedrigsten [214]. Außerdem ist die vorzeitige Mortalität bei MS-Patient*innen höher als bei der Allgemeinbevölkerung [215].

Die Ätiologie der MS ist noch nicht bekannt, aber es wird vermutet, dass verschiedene Faktoren, wie genetische Aspekte, niedriger Vitamin-D-Status, Infektion mit dem Epstein-Barr-Virus, Adipositas in der Kindheit oder im Jugendalter sowie Rauchen bei der Entwicklung von MS eine Rolle spielen [216].

Zahlreiche Studien haben eine breitengradabhängige Variation der Inzidenz von MS gezeigt [217]. So beeinflussen die Dauer und die Intensität der UV-Strahlung und die resultierende endogene Synthese von Vitamin D möglicherweise die Entwicklung von MS im Laufe des Lebens. Außerdem wurde in mehreren Studien die Assoziation zwischen genetischen Faktoren und MS untersucht. Wie auch bei anderen Autoimmunerkrankungen gehören genetische Varianten im Humanes-Leukozyten-Antigen-(HLA)Komplex zu den stärksten genetischen Risikofaktoren. Auch nicht den HLA-Komplex betreffende Einzelnukleotidpolymorphismen, die das Immunsystem oder die 25(OH)D-Serumkonzentration beeinflussen, werden als potenzielle Risikofaktoren diskutiert [218, 219].



Deshalb könnte ein angemessener Vitamin-D-Status einen möglichen Ansatz für die Primärprävention von MS und auch für die Modifikation des natürlichen Krankheitsverlaufs darstellen [220]. Ob jedoch eine niedrige 25(OH)D-Serumkonzentration kausal mit dem Auftreten und dem Verlauf von MS in Zusammenhang steht, ist in der wissenschaftlichen Diskussion noch immer umstritten. In diesem Umbrella Review wurden deshalb die Daten von SRs in Bezug auf eine mögliche Rolle von Vitamin D für die Prävention und Behandlung von MS zusammengefasst.

#### Ergebnisse

Insgesamt wurden 11 SRs in diesem Umbrella Review berücksichtigt [62, 221–230]. Der Schwerpunkt lag auf Publikationen, die eine Assoziation zwischen Vitamin D und der Entwicklung oder der Krankheitsaktivität von MS untersuchten. Die Qualität der eingeschlossenen Studien wurde nach dem Bewertungstool AMSTAR 2 als heterogen eingestuft. Außerdem wurden drei Mendelsche Randomisierungsstudien identifiziert [231–233].

#### Primärprävention

In drei SRs wurden Daten zur Primärprävention aus prospektiven Kohortenstudien einbezogen [62, 221, 222]. Gemäß AMSTAR 2 war die Studienqualität von zwei SRs niedrig [62, 222] und von einem SR hoch [221]. Die meisten dieser Studien waren jedoch auf MS-Patient*innen bezogen und nur wenige auf nicht erkrankte Bevölkerungsgruppen. Das aktuellste SR [222] enthielt Ergebnisse aus der *Nurses' Health Study,* der ersten großen prospektiven Studie, in der das Risiko für die Entwicklung von MS in einer Gruppe von nicht erkrankten Frauen untersucht wurde. Die Autor*innen berichteten über ein um 40 % niedrigeres Risiko für die Entwicklung von MS bei Frauen in den USA, die ein Vitamin-D-Präparat einnahmen, fanden aber keine Assoziation in Bezug auf die Vitamin-D-Zufuhr durch den Verzehr von Lebensmitteln [234]. In einer prospektiven Studie wurde die Assoziation zwischen der 25(OH)D-Serumkonzentration und dem Risiko für MS in einer Kohorte von US-Militärangehörigen untersucht. Für weiße Bevölkerungsgruppen wurde eine inverse Assoziation gefunden, aber nicht für schwarze oder hispanische Bevölkerungsgruppen [235]. Diese Publikation wurde in das SR von Autier et al. [62] einbezogen. Beobachtungsstudien sind durch *Residual Confounding* – eine Verzerrung, welche besteht, wenn mögliche Störfaktoren *(Confounder)* unzureichend berücksichtigt wurden – und eine mögliche umgekehrte Kausalität limitiert, insbesondere bei MS, wo der Zeitpunkt des Beginns der pathophysiologischen Prozesse unbekannt ist.

Die Ergebnisse aktueller Mendelscher Randomisierungsstudien deuten auf eine mögliche kausale Rolle eines niedrigen Vitamin-D-Status bei der Entwicklung von MS hin [231–233]. Mokry et al. [231] haben als erste einen möglichen kausalen Zusammenhang zwischen dem Vitamin-D-Status und einem Risiko für MS erforscht, indem sie eine Instrumentvariable mittels 25(OH)D-Serumkonzentration prognostizierenden SNPs (vier SNPs, die einen wichtigen Anteil der Varianz der 25[OH]D-Konzentrationen in der Bevölkerung erklären) definierten und den Ansatz der Mendelschen Randomisierung verwendeten.

Rhead et al. [232] führten eine kombinierte MA von zwei Studien durch und verwendeten eine Instrumentvariable, die aus drei mit der 25(OH)D-Serumkonzentration assoziierten SNPs bestand. Die Autor*innen fanden überzeugende Hinweise dafür, dass eine niedrige 25(OH)D-Konzentration kausal mit MS zusammenhängt. Dieselbe Arbeitsgruppe konnte diese vermutete kausale Assoziation auch für im Kindesalter einsetzende MS *(paediatric-onset* MS) bestätigen [233].



**Basierend auf der verfügbaren, heterogenen Studienlage kann keine fundierte Schlussfolgerung in Bezug auf die Rolle des Vitamin-D-Status und das Risiko für MS bei Erwachsenen gezogen werden. Ergebnisse Mendelscher Randomisierungsstudien weisen jedoch auf eine kausale Rolle von Vitamin D hin.**

#### Therapeutische oder adjuvante Vitamin-D-Supplementation bei MS-Patient*innen

In acht publizierten SRs, in denen überwiegend RCTs analysiert wurden [221, 222, 224, 226–230], lag der Schwerpunkt bezüglich des klinischen Outcomes auf Veränderungen auf der EDSS. Zusammengefasst wurde in den Studien kein signifikanter therapeutischer Effekt von Vitamin D auf die EDSS festgestellt und/oder die Schlussfolgerung gezogen, dass eine Vitamin-D-Supplementation keine Effekte auf die EDSS hatte. Die Studienqualität reichte nach AMSTAR 2 von niedrig bis hoch.
Vier aktuelle SRs [223, 225, 227, 228, 230] ergaben in Bezug auf die ARR, dass Vitamin D die Anzahl der Schübe nicht verringerte.

Die Daten aus RCTs zu den MRT-Ergebnissen in Bezug auf neue T1- oder T2-Hirnläsionen sind inkonsistent. Mehrere RCTs deuten auf einen potenziellen klinischen Behandlungseffekt von Vitamin D hin, während in anderen keine Veränderung bei den T1- oder T2-Hirnläsionen im Vergleich zur Placebogruppe festgestellt wurde [221, 224, 227, 228, 230].

Die Autor*innen der neuesten Publikation der *Cochrane Collaboration* kamen zu der Schlussfolgerung, dass die verfügbare Evidenz von sehr schlechter Qualität nicht auf einen Nutzen von Vitamin D in Bezug auf wesentliche gesundheitliche Auswirkungen (Health Outcomes) bei Patient*innen mit einer diagnostizierten MS hindeutet [227].

**Die vorliegenden Daten zum Zusammenhang zwischen einer Vitamin-D-Supplementation und der Behandlung von MS sind sehr heterogen und lassen zum jetzigen Zeitpunkt keine eindeutigen Schlussfolgerungen zu, wobei keine vorteilhafte Wirkung vermutet wird.**

### Diskussion und Schlussfolgerung



Die Prävalenz von MS variiert je nach geografischer Lage; mit zunehmendem Abstand von der Äquatorregion – und somit weniger Exposition gegenüber der UV-Strahlung des Sonnenlichts – treten mehr Fälle auf. Solche ökologischen Daten sind jedoch oft irreführend und andere Studiendesigns sind notwendig, um zu klären, ob der Vitamin-D-Versorgung eine kausale Rolle für die Entwicklung von MS zukommt. Beobachtungsstudien müssten prospektiv angelegt sein und das richtige Zeitfenster, in dem die Krankheit sich zu entwickeln beginnt, erfassen. Da MS am häufigsten in der Altersgruppe zwischen 20 Jahren und Anfang 30 diagnostiziert wird, sind viele verfügbare Kohorten für diese Fragestellung nicht geeignet, weil die meisten Kohortenstudien mit Erwachsenen in höherem Lebensalter beginnen. Deshalb sind nur wenige Studien verfügbar, die wahrscheinlich nicht die vulnerable Phase abdecken, die für die Prädisposition für diese Krankheit wichtig ist. Eine Ausnahme könnten Kohortenstudien sein, die in der frühen Kindheit beginnen und in denen auch im Kindesalter einsetzende MS dokumentiert wird.

Die mit dem Bewertungsinstrument AMSTAR 2 ermittelte Studienqualität der eingeschlossenen SRs war heterogen. Basierend auf den wenigen prospektiven Studien, die in den identifizierten SRs eingeschlossenen wurden, kann keine fundierte Schlussfolgerung in Bezug auf die Rolle des Vitamin-D-Status und das Risiko für MS bei Erwachsenen gezogen werden. Dies stimmt mit den Ergebnissen eines kürzlich (nach dem Recherchezeitraum) publizierten SR (einschließlich MA) über Vitamin D im frühen Lebensalter und dem späteren Risiko für MS überein; in drei Studien wurden inverse Beziehungen festgestellt, wohingegen in den drei anderen keine signifikanten Assoziationen gefunden wurden [236].

Die zunehmende Anwendung von Mendelschen Randomisierungsstudien als einem neuen Statistiktool zur besseren Ableitung der Kausalität trägt dazu bei, die Einschränkungen von Beobachtungsstudien zu überwinden [103]. Mehrere Voraussetzungen müssen erfüllt sein, um aus diesen Studien valide Schätzungen vornehmen zu können und Missachtungen dieser Bedingungen können nicht vollständig ausgeschlossen werden. Bei der Interpretation der Studienergebnisse von Mendelschen Randomisierungsstudien müssen solche Risiken berücksichtigt werden. Dennoch deuten alle drei verfügbaren Mendelschen Randomisierungsstudien zum Vitamin-D-Status und der Entwicklung von MS auf eine kausale Assoziation hin. Diese Ergebnisse werden als wichtig bewertet, da Interventionsstudien für die Primärprävention der MS schwierig durchzuführen sind.

Durch die derzeit verfügbaren Ergebnisse wird eine positive Wirkung der Vitamin-D-Supplementation (und somit eines besseren Vitamin-D-Status) auf den natürlichen Krankheitsverlauf einer diagnostizierten MS nicht unterstützt. Die Qualität der zugrunde liegenden einzelnen Studien wurde jedoch z. B. von einer Gruppe der *Cochrane Collaboration* als niedrig bewertet [227]. In den meisten Studien wurde Vitamin $D_3$ oder $D_2$ oral in hohen/pharmakologischen Dosen verabreicht. Beispielsweise erhielten in der SOLAR-Studie 232 MS-Patient*innen eine tägliche Dosis Vitamin $D_3$ (167 µg [6 680 IE] in den ersten vier Wochen, 350 µg [14 000 IE] in den folgenden 44 Wochen) über einen Zeitraum von 48 Wochen [227]. Mehrere laufende Studien *(clinicaltrials.gov,* Identifikatoren: NCT03385356, NCT01490502, NCT01817166 und NCT01440062) mit unterschiedlichen Studiendesigns und Charakteristika der MS-Patient*innen (u. a. initialer Vitamin-D-Status) werden Zusatzinformationen für Ärzt*innen und MS-Patient*innen liefern.

MS-Patient*innen selbst haben ein großes Interesse in Bezug auf die Frage der Vitamin-D-Supplementation und des optimalen Vitamin-D-Status konkrete Handlungsempfehlungen zu erhalten. Zum Beispiel hat die *Multiple Sclerosis Society of Canada* Empfehlungen herausgegeben, in denen sowohl die Hoffnungen der Patient*innen auf mögliche positive Wirkungen der Vitamin-D-Supplementation auf die Symptome und die Entwicklung der MS als auch mögliche negative Wirkungen durch sehr hohe eingenommene Vitamin-D-Dosen berücksichtigt werden. Alle Empfehlungen diesbezüglich basieren auf der derzeit verfügbaren wissenschaftlichen Literatur [237].



Zusammengefasst liegen im Hinblick auf die Ergebnisse von mehreren prospektiven Kohortenstudien in frühem Lebensalter und im Erwachsenenalter unzureichende Beweise vor, um auf eine inverse Assoziation zwischen Vitamin-D-Status und der Inzidenz von MS schließen zu können. Aktuelle Mendelsche Randomisierungsstudien weisen jedoch auf eine kausale Beziehung zwischen dem Vitamin-D-Status, charakterisiert durch die 25(OH)D-Serumkonzentration und dem Risiko für die Entwicklung von MS hin.

In verschiedenen SRs wurden die vermuteten Wirkungen von oral verabreichtem Vitamin D auf den natürlichen Krankheitsverlauf von MS untersucht. Laut der neuesten qualitativ hochwertigen Übersichtsarbeit, dem Cochrane-Bericht des Jahres 2018, basieren die aktuellen Schlussfolgerungen auf der Evidenz von geringer Qualität und insgesamt wird das Vorliegen eines eindeutigen Nutzens einer Vitamin-D-Supplementation für die untersuchten Endpunkte bei MS-Patient*innen nicht unterstützt.

#### 5.2.3.3.2 Diabetes mellitus Typ 1

##### Hintergrund

Diabetes mellitus Typ 1 (T1DM) ist eine Autoimmunerkrankung, die durch ein fast vollständiges Fehlen der Insulinsekretion gekennzeichnet ist. Kurzfristig auftretende Symptome sind Hyperglykämie oder Hypoglykämie, wobei letztere auf die Behandlung mit Insulin zurückzuführen ist. Bekannte Langzeitfolgen sind mikro- und makrovaskuläre Veränderungen sowie Retinopathie, Nephropathie oder Neuropathie [238]. T1DM wird in der Regel früh in der Kindheit oder im Jugendalter diagnostiziert. In vielen Ländern nimmt die Prävalenz jährlich um schätzungsweise 3 % zu, hierbei gibt es große geografische Unterschiede. Die höchsten Prävalenzraten liegen in Europa und Nordamerika sowie in der Karibik vor [239]. Insgesamt ist T1DM für etwa 5 bis 10 % aller Diabetes-Fälle verantwortlich [240]. Die Ursachen von T1DM sind noch ungeklärt; derzeit werden verschiedene umweltbezogene und genetische Faktoren diskutiert. Es besteht kein Zweifel, dass polygenetische Erkrankungen das Risiko für T1DM erhöhen. Hierbei sind insbesondere solche relevant, die von Genvarianten im HLA-Komplex verursacht werden und für immunaktive Proteine codieren [241]. Mögliche Umweltrisikofaktoren sind zum Beispiel Virusinfektionen oder Vergiftungen.

Inzwischen häufen sich die Hinweise auf eine Assoziation zwischen dem Vitamin-D-Status und dem Risiko für T1DM [242]. Die Wirkung von Vitamin D auf verschiedene Stoffwechselwege und das Immunsystem wird durch die Aktivierung des VDR moduliert. Interessanterweise wurde der VDR in den Membranen der Inselzellen des Pankreas nachgewiesen, wodurch eine potenzielle Rolle von Vitamin D für die Glucosehomöostase nahegelegt wird [28]. Somit könnte Vitamin D die Progression von T1DM verzögern, wahrscheinlich durch die Stimulation der Insulinsekretion in den β-Zellen des Pankreas – auch nach dem Beginn der Erkrankung – oder durch immunmodulatorische Effekte. Deshalb wurde hier der derzeitige Wissensstand bezüglich der Rolle von Vitamin D bei der Prävention und Behandlung von T1DM zusammengefasst.

## 5.2 Ergebnisse

Insgesamt wurden drei SRs in diese Publikation eingeschlossen, welche eine heterogene Studienqualität aufwiesen [243–245]. Die Qualität der eingeschlossenen Studien wurde nach dem Bewertungstool AMSTAR 2 als heterogen eingestuft. Es wurden keine Mendelschen Randomisierungsstudien identifiziert.

### Primärprävention

In einer MA mit sechs Fall-Kontroll-Studien und zwei Kohortenstudien (geringe Qualität laut AMSTAR 2) wurde eine inverse Assoziation zwischen der Vitamin-D-Supplementation im frühen Lebensalter und dem Risiko für T1DM mit einem OR von 0,71 (95 % CI: 0,51–0,98) angegeben [244]. Subgruppenanalysen nach dem jeweiligen Studiendesign ergaben, dass der gepoolte Effektschätzer für Fall-Kontroll-Studien ähnlich war wie der Effektschätzer insgesamt (OR: 0,68; 95 % CI: 0,49–0,94), für die beiden Kohortenstudien war sie jedoch bei einem breiten Konfidenzintervall nicht signifikant (RR: 0,62; 95 % CI: 0,11–3,45). Eine weitere MA [243] ergab, dass die Supplementation von Vitamin D bei Säuglingen signifikant invers mit dem Risiko für die Entwicklung von T1DM assoziiert ist (vier Fall-Kontroll-Studien; Ergebnisse der MA durch eine Kohortenstudie unterstützt), jedoch war die Qualität laut der Bewertung mit AMSTAR 2 niedrig [243, 246].

MAs von Beobachtungsdaten weisen darauf hin, dass die Vitamin-D-Zufuhr der Mutter während der Schwangerschaft möglicherweise keinen Effekt auf das Risiko für T1DM bei den Nachkommen hat [243, 244].

SRs von RCTs in Bezug auf Vitamin D und das Risiko für T1DM waren nicht verfügbar.

### Therapeutische oder adjuvante Vitamin-D-Supplementation

Gregoriou et al. [245] führten ein SR mit hoher Qualität (AMSTAR 2) mit sieben RCTs durch. Die Autor*innen evaluierten die Wirkung von Vitamin $D_3$, Calcitriol und seiner aktiven Analoga (d. h. Alfacalcidol) auf die tägliche Insulindosis *(daily insulin dose,* DID) und den glykämischen Index. Während signifikante günstige Auswirkungen auf die DID, die Nüchtern-C-Peptidwerte und stimulierten C-Peptidwerte nach der Supplementation mit Alfacalcidol (0,25–0,5 µg/Tag) und Vitamin $D_3$ (50 µg/Tag [2 000 IE/Tag] oder 1,75 µg/kg Körpergewicht/Tag [70 IE/kg Körpergewicht/Tag]) beobachtet wurden, konnten keine Wirkungen nach der Supplementation mit Calcitriol festgestellt werden. Auch Antico et al. [243] zogen die Schlussfolgerung, dass die Gabe von Alfacalcidol den Insulinbedarf signifikant reduzierte und schützend auf die Funktion der β-Zellen im Vergleich mit den Kontrollpersonen wirkte.

**Aufgrund der heterogenen Studienqualität und unzureichender Daten lassen sich aus den in diesem Umbrella Review berücksichtigten Ergebnisse keine eindeutigen Aussagen hinsichtlich des Zusammenhangs zwischen einer Vitamin-D-Supplementation und der Primärprävention oder Behandlung von Diabetes mellitus Typ 1 ableiten.**

### Diskussion und Schlussfolgerung



RCT-Daten zur Primärprävention von T1DM in Zusammenhang mit einer Vitamin-D-Supplementation sind nicht verfügbar. MAs von Beobachtungsdaten aus Fall-Kontroll- und wenigen Kohortenstudien weisen darauf hin, dass die Supplementation von Vitamin D im Säuglingsalter das Risiko für T1DM im späteren Leben signifikant reduziert. Im Gegensatz dazu ist die Vitamin-D-Zufuhr der Mutter während der Schwangerschaft nicht mit dem Risiko für T1DM bei den Nachkommen assoziiert [243, 244]. Zudem sind die wenigen Daten zu den 25(OH)D-Konzentrationen von Müttern oder Säuglingen und dem Risiko für T1DM bei den Nachkommen inkonsistent und zeigten entweder einen protektiven Effekt oder keine Assoziation [247]. Die epidemiologischen Daten zu einem erhöhten Risiko für T1DM mit zunehmendem Abstand vom Äquator und einem jahreszeitenabhängigen Muster mit dem höchsten Risiko für den Krankheitsbeginn von T1DM im Winter wurden als Argumente verwendet, die für eine schützende Wirkung von Vitamin D gegenüber T1DM sprechen [248], obwohl ökologische Studien keine Informationen bezüglich der Kausalität liefern. Die Studienqualität der eingeschlossenen SRs war laut dem Bewertungsinstrument AMSTAR 2 heterogen (hohe und niedrige Qualität). Zahlreiche genetische Studien [249, 250] insbesondere in Bezug auf SNPs des VDR und T1DM wurden durchgeführt, aber die Ergebnisse dieser Untersuchungen waren inkonsistent und tragen nicht wesentlich zur Klärung der in diesem Umbrella Review untersuchten Fragestellung bei. Mendelsche Randomisierungsstudien in Bezug auf 25(OH)D-Konzentrationen und T1DM fehlen bislang.

Bei T1DM-Patient*innen zeigte das einzige identifizierte SR von Gregoriou et al. [245] signifikante positive Auswirkungen auf die DID, die Nüchtern-C-Peptidwerte und die stimulierten C-Peptidwerte nach der Supplementation von Alfacalcidol und Vitamin $D_3$, aber nicht von Calcitriol. Diese Befunde sind vielversprechend und es liegen auch mechanistische

Daten vor, die darauf hindeuten, dass Vitamin D vor Autoimmunerkrankungen schützen könnte. Es ist jedoch verfrüht, die Theorie aufzustellen, dass eine Vitamin-D-Supplementation die Glucosehomöostase oder den natürlichen Krankheitsverlauf von T1DM verbessert. Die oben genannten RCT-Daten sind deutlich limitiert, sowohl durch die geringe Anzahl der Studienteilnehmenden als auch durch die unterschiedlichen verwendeten Tests auf verschiedene Zielparameter der Glucosehomöostase, sodass größere RCTs erforderlich sind, um endgültige Schlussfolgerungen ziehen zu können. Voraussichtlich werden zukünftig weitere RCT-Daten zu den Effekten einer Vitamin-D-Supplementation bei Patient*innen mit T1DM verfügbar sein (z. B. *clinicaltrials.gov*, Identifikator: NCT03046927, NCT01724190 und NCT01029392).

## 5.2.4 Gesamtdiskussion und Schlussfolgerung

In dem vorliegenden Umbrella Review wurden die Ergebnisse von 73 SRs (mit oder ohne MAs) in Bezug auf den 25(OH)D-Status oder die Supplementation von Vitamin D und verschiedene extraskelettale Erkrankungen berücksichtigt. Die wichtigsten Erkenntnisse sind in Tabelle 5/10 zusammengefasst. Weiterhin wurden Mendelsche Randomisierungsstudien identifiziert, um die Ergebnisse der eingeschlossenen SRs zu ergänzen.

**Tabelle 5/10:** Zusammengefasste Ergebnisse der eingeschlossenen SRs zu Vitamin D und den sieben ausgewählten extraskelettalen Erkrankungen

| Erkrankung | SRs von | Effekte von Vitamin D bei der Primärprävention | Effekte von Vitamin D bei Patient*innen |
|---|---|---|---|
| **Asthma** | Beobachtungsstudien<br>RCTs | ~<br>~ | keine Daten<br>+[a, b] |
| **COPD** | Beobachtungsstudien<br>RCTs | keine Daten<br>keine Daten | ~<br>+[a] |
| **ARI** | Beobachtungsstudien<br>RCTs | +[c]<br>+[a] | keine Daten<br>o |
| **Demenz und Abnahme der kognitiven Leistungsfähigkeit** | Beobachtungsstudien<br>RCTs | +[a, d]<br>~ | keine Daten<br>keine Daten |
| **Depression** | Beobachtungsstudien<br>RCTs | +[a, d]<br>o (allgemein)<br>~ (postpartal) | keine Daten<br>~ (schwere Depression) |
| **MS** | Beobachtungsstudien<br>RCTs | ~<br>keine Daten | keine Daten<br>o |
| **T1DM** | Beobachtungsstudien<br>RCTs | ~<br>keine Daten | keine Daten<br>~ |

ARI: akute Atemwegsinfektion, COPD: chronisch obstruktive Lungenerkrankung, MS: multiple Sklerose, RCTs: randomisierte kontrollierte Studien, SRs: systematische Übersichtsarbeiten (*systematic reviews*), T1DM: Diabetes mellitus Typ 1.

\+ Vorteilhafte Wirkung vermutet – endgültige Schlussfolgerung ist wegen heterogener oder limitierter Daten nicht möglich.

~ Aufgrund von nicht eindeutigen/unzureichenden Daten ist keine eindeutige Aussage möglich.

o Keine vorteilhafte Wirkung vermutet.

a Vor allem oder ausschließlich bei Patient*innen mit zirkulierenden 25(OH)D-Konzentrationen < 25 nmol/l (10 ng/ml).

b Die meisten Ergebnisse basieren auf SRs bei Kindern.

c Die Ergebnisse basieren auf SRs bei Erwachsenen.

d Die Effekte werden vor allem bei älteren Menschen beobachtet.

In Bezug auf die Primärprävention weisen Beobachtungsdaten auf eine inverse Assoziation zwischen dem Vitamin-D-Status und dem Risiko für ARIs und Depression sowie für Demenz und die Abnahme der kognitiven Leistungsfähigkeit hin, wohingegen Daten zu Asthma, MS und T1DM nicht eindeutig bzw. unzureichend sind. Daten aus Beobachtungsstudien sind zudem anfällig für *Confounding* und die Ergebnisse werden durch MAs von RCTs nur für ARIs unterstützt. Allerdings waren für andere Erkrankungen wie COPD, MS oder T1DM Daten aus SRs von RCTs schlichtweg nicht verfügbar, mit Ausnahme von Depression, bei der die Ergebnisse auf keine vorteilhaften Effekte in der Allgemeinbevölkerung hindeuten.

Hinsichtlich möglicher Effekte auf den Krankheitsverlauf deuten SRs von RCTs auf eine vorteilhafte Wirkung von Vitamin D bei Asthma- bzw. COPD-Patient*innen mit Vitamin-D-Mangel hin, wohingegen keine positiven Effekte bei Patient*innen mit ARI oder MS berichtet wurden. Für Patient*innen mit schwerer Depression oder T1DM sind zu wenige Studien vorhanden, um eine endgültige Schlussfolgerung ziehen zu können.

Verglichen mit den Schlussfolgerungen in zuvor veröffentlichten Umbrella Reviews von Rejnmark et al. [28] und Autier et al. [29] führte diese Evaluation von neueren Studien zu ähnlichen Ergebnissen. Übereinstimmend mit der Schlussfolgerung in diesem Umbrella Review wurde in beiden SRs (die jeweils nur MAs von RCTs einschlossen) über günstige Auswirkungen von Vitamin D auf das Risiko für Infektionen der Atemwege berichtet und keine Auswirkungen einer Vitamin-D-Supplementation auf Depression gefunden. Ebenso wie in der vorliegenden Evaluation wurden auch in dem SR von Autier et al. [29] keine positiven Auswirkungen von Vitamin D bei MS-Patient*innen gefunden. Ein erst vor Kurzem veröffentlichtes narratives Review wies auf einen möglichen gesundheitlichen Nutzen von Vitamin D bei COPD, ARIs sowie Morbus Alzheimer und andere Demenzerkrankungen hin, welches allerdings nur auf einer bzw. zwei kürzlich publizierten Einzelstudien basiert [251].



Bei der Interpretation der Ergebnisse der im vorliegenden Umbrella Review eingeschlossenen SRs müssen verschiedene Einschränkungen berücksichtigt werden. Erstens wurde die Frage des initialen 25(OH)D-Status nicht immer in angemessener Weise berücksichtigt. Es ist ziemlich unwahrscheinlich, dass Personen mit einem adäquaten Vitamin-D-Status von einer Vitamin-D-Supplementation profitieren. Für mehrere der ausgewählten extraskelettalen Erkrankungen (Asthma, COPD, ARIs) wurde in SRs von RCTs über eine günstige Wirkung einer Vitamin-D-Supplementation vor allem bei Personen mit niedrigen initialen 25(OH)D-Konzentrationen (< 25 nmol/l [10 ng/ml]) berichtet, wohingegen bei Personen mit adäquatem initialen 25(OH)D-Konzentrationen (> 50 nmol/l [20 ng/ml]) häufig keine Effekte beobachtet wurden. Im Einklang damit werden diese Ergebnisse bezüglich des 25(OH)D-Status auch von SRs von Beobachtungsstudien für mehrere der in diesem Umbrella Review behandelten extraskelettalen Erkrankungen (z. B. Depression, Demenz und Abnahme der kognitiven Leistungsfähigkeit) unterstützt. Somit erscheint es logisch, dass in großen RCTs zu Vitamin D, in die Personen mit adäquaten 25(OH)D-Serumkonzentrationen eingeschlossen waren, kein signifikanter Effekt gezeigt werden konnte [252].

Zweitens waren die Dosierungsmodi, die Dosen und die Häufigkeit der Supplementation von Vitamin D sehr unterschiedlich und reichten von niedrigen (10 µg [400 IE]) und hohen (100 µg [4 000 IE]) täglichen Dosen bis zu hohen intermittierenden Bolusdosen (3 000 µg [120 000 IE]). Außerdem wurden verschiedene Formen von Vitamin D verwendet (z. B. Vitamin $D_3$ oder Vitamin $D_2$) und in manchen Studien wurde ein Multivitamin-Präparat eingesetzt oder Vitamin D zusammen mit Calcium verabreicht. Idealerweise sollten Vitamin-$D_3$-Präparate in niedrigen täglichen Dosen und kurzen zeitlichen Abständen verabreicht werden, da dies zu einer kontinuierlichen Erhöhung der 25(OH)D-Konzentration in den physiologischen Bereich führt [144, 253]. Drittens waren die Endpunkte nicht einheitlich definiert (besonders heterogen für ARI und Demenz), wodurch die Ergebnisse beeinflusst worden sein können. Viertens variierten sowohl die Dauer der einzelnen Studien (z. B. bei COPD von sechs Wochen bis zu einem Jahr) als auch die Studienpopulationen stark (von Neugeborenen bis zu älteren Menschen). Fünftens war bei mehreren Erkrankungen wie COPD, Demenz, Depression, MS und T1DM die bewertete Qualität der SRs sehr heterogen.

Abgesehen von diesen Einschränkungen wurden die Ergebnisse der SRs außerdem durch die zusätzlich identifizierten Mendelschen Randomisierungsstudien nur teilweise unterstützt. Jedoch haben auch Mendelsche Randomisierungsstudien Schwächen, weil sie auf Annahmen basieren, die häufig nur teilweise erfüllt sind: (i) SNPs sind direkt mit dem Risikofaktor assoziiert, (ii) SNPs sind keine Ursache einer bekannten oder unbekannten Verzerrung (Bias) und (iii) SNPs beeinflussen das Risiko für die Erkrankung durch andere Faktoren nicht. Darüber hinaus ist zu beachten, dass Genvarianten nur einen kleinen Teil der Varianz der 25(OH)D-Konzentrationen erklären. Deshalb können Effekte in Subgruppen mit erhöhtem Risiko für entweder einen 25(OH)D-Mangel oder für die Krankheitsendpunkte übersehen werden.

Die wesentliche Stärke des vorliegenden Umbrella Reviews ist die umfassende Übersicht über die systematisch ermittelten SRs (mit oder ohne MA) von RCTs und Kohortenstudien zum Vitamin-D-Status sowie -Supplementation und den sieben ausgewählten extraskelettalen Erkrankungen, um damit den Wissensstand über die mögliche Rolle von Vitamin D für die Entwicklung und den Verlauf dieser Erkrankungen zu aktualisieren. Zudem wurde die methodische Qualität aller eingeschlossenen SRs mit dem AMSTAR-2-Tool bewertet, sodass die Schlussfolgerungen auch auf der Qualität der eingeschlossenen Studien beruhen. Eine Limitierung dieser Übersichtsarbeit besteht darin, dass die Qualität der Evidenz der Studien nicht bewertet wurde und dass die den ursprünglichen Einzelstudien zugrundeliegenden Limitierungen durch unser Umbrella Review nicht gemindert werden können.



Abschließend kann geschlussfolgert werden, dass das Vorhandensein vorteilhafter Wirkungen von Vitamin D auf die Prävention oder auf die Beeinflussung des Krankheitsverlaufs der in diesem Umbrella Review berücksichtigten extraskelettalen Erkrankungen – mit Ausnahme der günstigen Vitamin-D-Wirkungen auf die Prävention von ARIs und auf die Behandlung von Asthma- bzw. COPD-Patient*innen mit Vitamin-D-Mangel – durch die verfügbaren Daten nicht eindeutig unterstützt werden kann. Deshalb sind weitere qualitativ hochwertige RCTs erforderlich. Idealerweise sollten diese RCTs an Patient*innen mit unzureichendem Vitamin-D-Status durchgeführt und moderate tägliche Vitamin-D-Dosen bevorzugt werden. Auch geografische Aspekte und jahreszeitliche Schwankungen, die zu unterschiedlicher Sonnenexposition führen, müssen berücksichtigt werden. Außerdem müssen die Studien mit klar definierten Erkrankungen oder Endpunkten konzipiert werden. Darüber hinaus müssen sie eine ausreichende Teststärke (Power) aufweisen, damit beurteilt werden kann, ob Vitamin D klinisch relevant Endpunkte beeinflussen kann oder nicht. Sowohl die Wirksamkeit als auch die Sicherheit einer Vitamin-D-Supplementation müssen angemessen berücksichtigt werden.

Laut der Identifikation unter *clinicaltrial.gov* laufen bereits mehrere RCTs, die Zusatzinformationen bezüglich der Wirkung von Vitamin D auf die sieben in diesem Umbrella Review untersuchten extraskelettalen Erkrankungen liefern können. Allerdings kann es bei Erkran--

kungen, die sich über eine lange Zeitspanne (z. B. Demenz) oder in einer bestimmten Lebensphase entwickeln (z. B. MS-Diagnose im frühen Erwachsenenalter), schwierig sein, Vitamin-D-Effekte mithilfe von RCTs zu beurteilen. Deshalb könnten gut angelegte Längsschnitt-Beobachtungsstudien äußerst hilfreich sein, um weitere Informationen zu erhalten.

Im Allgemeinen werden täglich zugeführte oder endogen synthetisierte Vitamin-D-Dosen von 20 µg (800 IE) als sicher angesehen und können signifikant dazu beitragen, zirkulierende 25(OH)D-Konzentrationen von ≥ 50 nmol/l (20 ng/ml) zu erreichen. Wenn jedoch eine Supplementation notwendig ist (z. B. aufgrund von fehlender endogener Synthese), sollten kontinuierliche tägliche Dosen (in der empfohlenen täglichen Zufuhrmenge von 10–20 µg [400–800 IE]) anstelle von hohen Bolusdosen verabreicht werden [1–4, 254].

## 5.2.5 Literatur


[1] IOM (Institute of Medicine) (Hrsg.): Dietary reference intakes for calcium and vitamin D. The National Academies Press, Washington, DC (2011)

[2] Vitamin D. In: Nordic Council of Ministers (Hrsg.): Nordic Nutrition Recommendations 2012. Integrating nutrition and physical activity, Kopenhagen, 5. Auflage (2014) 349–384

[3] Deutsche Gesellschaft für Ernährung, Österreichische Gesellschaft für Ernährung, Schweizerische Gesellschaft für Ernährung (Hrsg.): Vitamin D (Calciferole). In: Referenzwerte für die Nährstoffzufuhr, Bonn, 2. Auflage, 1. Ausgabe (2015)

[4] EFSA (European Food Safety Authority): Dietary reference values for vitamin D. EFSA Journal 14 (2016) 4547

[5] Zittermann A, Pilz S: Vitamin D in Klinik und Praxis. Dtsch Med Wochenschr 142 (2017) 601–616

[6] Seckmeyer G, Schrempf M, Wieczorek A et al.: A novel method to calculate solar UV exposure relevant to vitamin D production in humans. Photochem Photobiol 89 (2013) 974–983

[7] Holick MF: Sunlight and vitamin D for bone health and prevention of autoimmune diseases, cancers, and cardiovascular disease. Am J Clin Nutr 80, Suppl (2004) 1678–1688

[8] Dawson-Hughes B, Heaney RP, Holick MF et al.: Estimates of optimal vitamin D status. Osteoporos Int 16 (2005) 713–716

[9] Holick MF: Vitamin D status: measurement, interpretation, and clinical application. Ann Epidemiol 19 (2009) 73–78

[10] Linseisen J, Bechthold A, Bischoff-Ferrari HA et al.: Vitamin D und Prävention ausgewählter chronischer Krankheiten. (2011) https://www.dge.de/fileadmin/public/doc/ws/stellungnahme/DGE-Stellungnahme-VitD-111220.pdf (eingesehen am 15.04.2020)

[11] Pilz S, Zittermann A, Trummer C et al.: Vitamin D testing and treatment: a narrative review of current evidence. Endocr Connect 8 (2019) R27-R43

[12] Cashman KD, Dowling KG, Škrabáková Z et al.: Vitamin D deficiency in Europe: pandemic? Am J Clin Nutr 103 (2016) 1033–1044

[13] van Schoor NM, Lips P: Worldwide vitamin D status. Best Pract Res Clin Endocrinol Metab 25 (2011) 671–680

[14] Lips P: Vitamin D status and nutrition in Europe and Asia. J Steroid Biochem Mol Biol 103 (2007) 620–625

[15] Muscogiuri G, Altieri B, Annweiler C et al.: Vitamin D and chronic diseases: the current state of the art. Arch Toxicol 91 (2017) 97–107

[16] Nagpal S, Na S, Rathnachalam R: Noncalcemic actions of vitamin D receptor ligands. Endocr Rev 26 (2005) 662–687

[17] Adams JS, Hewison M: Extrarenal expression of the 25-hydroxyvitamin D-1-hydroxylase. Arch Biochem Biophys 523 (2012) 95–102

[18] Barnard K, Colón-Emeric C: Extraskeletal effects of vitamin D in older adults: cardiovascular disease, mortality, mood, and cognition. Am J Geriatr Pharmacother 8 (2010) 4–33

[19] Elamin MB, Abu Elnour NO, Elamin KB et al.: Vitamin D and cardiovascular outcomes: a systematic review and meta-analysis. J Clin Endocrinol Metab 96 (2011) 1931–1942

[20] Martins D, Wolf M, Pan D et al.: Prevalence of cardiovascular risk factors and the serum levels of 25-hydroxyvitamin D in the United States: data from the Third National Health and Nutrition Examination Survey. Arch Intern Med 167 (2007) 1159–1165

[21] Gorham ED, Garland CF, Garland FC et al.: Optimal vitamin D status for colorectal cancer prevention: a quantitative meta analysis. Am J Prev Med 32 (2007) 210–216
[22] Yin L, Grandi N, Raum E et al.: Meta-analysis: longitudinal studies of serum vitamin D and colorectal cancer risk. Aliment Pharmacol Ther 30 (2009) 113–125
[23] Gandini S, Boniol M, Haukka J et al.: Meta-analysis of observational studies of serum 25-hydroxy-vitamin D levels and colorectal, breast and prostate cancer and colorectal adenoma. Int J Cancer 128 (2011) 1414–1424
[24] Pittas AG, Lau J, Hu FB et al.: The role of vitamin D and calcium in type 2 diabetes. A systematic review and meta-analysis. J Clin Endocrinol Metab 92 (2007) 2017–2029
[25] Mitri J, Muraru MD, Pittas AG: Vitamin D and type 2 diabetes: a systematic review. Eur J Clin Nutr 65 (2011) 1005–1015
[26] Witham MD, Nadir MA, Struthers AD: Effect of vitamin D on blood pressure: a systematic review and meta-analysis. J Hypertens 27 (2009) 1948–1954
[27] Golzarand M, Shab-Bidar S, Koochakpoor G et al.: Effect of vitamin D3 supplementation on blood pressure in adults: An updated meta-analysis. Nutr Metab Cardiovasc Dis 26 (2016) 663–673
[28] Rejnmark L, Bislev LS, Cashman KD et al.: Non-skeletal health effects of vitamin D supplementation: a systematic review on findings from meta-analyses summarizing trial data. PLoS One 12 (2017) e0180512
[29] Autier P, Mullie P, Macacu A et al.: Effect of vitamin D supplementation on non-skeletal disorders: a systematic review of meta-analyses and randomised trials. Lancet Diabetes Endocrinol 5 (2017) 986–1004
[30] Murdaca G, Tonacci A, Negrini S et al.: Emerging role of vitamin D in autoimmune diseases: an update on evidence and therapeutic implications. Autoimmun Rev 18 (2019) 102350
[31] Hejazi ME, Modarresi-Ghazani F, Entezari-Maleki T: A review of Vitamin D effects on common respiratory diseases: asthma, chronic obstructive pulmonary disease, and tuberculosis. J Res Pharm Pract 5 (2016) 7–15
[32] Rooney MR, Harnack L, Michos ED et al.: Trends in use of high-dose vitamin D supplements exceeding 1000 or 4000 international units daily, 1999-2014. JAMA 317 (2017) 2448–2450
[33] Maretzke F, Bechthold A, Egert S et al.: Role of vitamin D in preventing and treating selected extra-skeletal diseases – an umbrella review. Nutrients 12 (2020) 969
[34] Sokol SI, Tsang P, Aggarwal V et al.: Vitamin D status and risk of cardiovascular events: lessons learned via systematic review and meta-analysis. Cardiol Rev 19 (2011) 192–201
[35] Wang L, Song Y, Manson JE et al.: Circulating 25-hydroxy-vitamin D and risk of cardiovascular disease: a meta-analysis of prospective studies. Circ Cardiovasc Qual Outcomes 5 (2012) 819–829
[36] Zittermann A, Schleithoff SS, Koerfer R: Putting cardiovascular disease and vitamin D insufficiency into perspective. Br J Nutr 94 (2005) 483–492
[37] Wang L, Manson JE, Song Y et al.: Systematic review: Vitamin D and calcium supplementation in prevention of cardiovascular events. Ann Intern Med 152 (2010) 315–323
[38] Myung S-K, Ju W, Cho B et al.: Efficacy of vitamin and antioxidant supplements in prevention of cardiovascular disease: systematic review and meta-analysis of randomised controlled trials. BMJ 346 (2013) f10
[39] Mao P-J, Zhang C, Tang L et al.: Effect of calcium or vitamin D supplementation on vascular outcomes: a meta-analysis of randomized controlled trials. Int J Cardiol 169 (2013) 106–111
[40] Fortmann SP, Burda BU, Senger CA et al.: Vitamin and mineral supplements in the primary prevention of cardiovascular disease and cancer: an updated systematic evidence review for the U.S. Preventive Services Task Force. Ann Intern Med (2013)
[41] Ford JA, Maclennan GS, Avenell A et al.: Cardiovascular disease and vitamin D supplementation: trial analysis, systematic review, and meta-analysis. Am J Clin Nutr 100 (2014) 746–755
[42] Bolland MJ, Grey A, Gamble GD et al.: The effect of vitamin D supplementation on skeletal, vascular, or cancer outcomes: a trial sequential meta-analysis. Lancet Diabetes Endocrinol 2 (2014) 307–320
[43] Schnatz PF, Manson JE: Vitamin D and cardiovascular disease: an appraisal of the evidence. Clin Chem 60 (2014) 600–609
[44] Pittas AG, Chung M, Trikalinos T et al.: Systematic review: vitamin D and cardiometabolic outcomes. Ann Intern Med 152 (2010) 307–314
[45] Chung M, Tang AM, Fu Z et al.: Calcium intake and cardiovascular disease risk: an updated systematic review and meta-analysis // Calcium Intake and Cardiovascular Disease Risk: An Updated Systematic Review and Meta-analysis. Ann Intern Med 165 (2016) 856–866
[46] Jenkins DJA, Spence JD, Giovannucci EL et al.: Supplemental vitamins and minerals for CVD prevention and treatment. J Am Coll Cardiol 71 (2018) 2570–2584

[47] Barbarawi M, Kheiri B, Zayed Y et al.: Vitamin D supplementation and cardiovascular disease risks in more than 83 000 individuals in 21 randomized clinical trials: a meta-analysis. JAMA Cardiol 4 (2019) 765–776
[48] Zittermann A, Pilz S: Vitamin D and cardiovascular disease: an update. Anticancer Res 39 (2019) 4627–4635
[49] Gorham ED, Garland CF, Garland FC et al.: Vitamin D and prevention of colorectal cancer. J Steroid Biochem.Mol.Biol 97 (2005) 179–194
[50] Chen P, Hu P, Xie D et al.: Meta-analysis of vitamin D, calcium and the prevention of breast cancer. Breast Cancer Res Treat 121 (2010) 469–477
[51] Klampfer L: Vitamin D and colon cancer. World J Gastrointest Oncol 6 (2014) 430–437
[52] Feldman D, Krishnan AV, Swami S et al.: The role of vitamin D in reducing cancer risk and progression. Nat Rev Cancer 14 (2014) 342–357
[53] Li M, Chen P, Li J et al.: Review: the impacts of circulating 25-hydroxyvitamin D levels on cancer patient outcomes: a systematic review and meta-analysis. J Clin Endocrinol Metab 99 (2014) 2327–2336
[54] Rosen CJ, Adams JS, Bikle DD et al.: The nonskeletal effects of vitamin D: an Endocrine Society scientific statement. Endocr Rev 33 (2012) 456–492
[55] Chung M, Lee J, Terasawa T et al.: Vitamin D with or without calcium supplementation for prevention of cancer and fractures: an updated meta-analysis for the U.S. Preventive Services Task Force. Ann Intern Med 155 (2011) 827–838
[56] Bjelakovic G, Gluud LL, Nikolova D et al.: Vitamin D supplementation for prevention of cancer in adults. Cochrane Database Syst Rev (2014) CD007469
[57] Sperati F, Vici P, Maugeri-Saccà M et al.: Vitamin D supplementation and breast cancer prevention: a systematic review and meta-analysis of randomized clinical trials. PLoS One 8 (2013) e69269
[58] Keum N, Giovannucci E: Vitamin D supplements and cancer incidence and mortality: a meta-analysis. Br J Cancer 111 (2014) 976–980
[59] Keum N, Lee DH, Greenwood DC et al.: Vitamin D supplementation and total cancer incidence and mortality: a meta-analysis of randomized controlled trials. Ann Oncol 30 (2019) 733–743
[60] Lappe JM, Travers-Gustafson D, Davies KM et al.: Vitamin D and calcium supplementation reduces cancer risk: results of a randomized trial. Am J Clin Nutr 85 (2007) 1586–1591
[61] Lucato P, Solmi M, Maggi S et al.: Low vitamin D levels increase the risk of type 2 diabetes in older adults: a systematic review and meta-analysis. Maturitas 100 (2017) 8–15
[62] Autier P, Boniol M, Pizot C et al.: Vitamin D status and ill health: a systematic review. Lancet Diabetes Endocrinol 2 (2014) 76–89
[63] Nigil Haroon N, Anton A, John J et al.: Effect of vitamin D supplementation on glycemic control in patients with type 2 diabetes: a systematic review of interventional studies. J Diabetes Metab Disord 14 (2015) 3
[64] Jamka M, Woźniewicz M, Jeszka J et al.: The effect of vitamin D supplementation on insulin and glucose metabolism in overweight and obese individuals: systematic review with meta-analysis. Sci Rep 5 (2015) 16142
[65] Seida JC, Mitri J, Colmers IN et al.: Clinical review: effect of vitamin $D_3$ supplementation on improving glucose homeostasis and preventing diabetes: a systematic review and meta-analysis. J Clin Endocrinol Metab 99 (2014) 3551–3560
[66] Lee CJ, Iyer G, Liu Y et al.: The effect of vitamin D supplementation on glucose metabolism in type 2 diabetes mellitus: a systematic review and meta-analysis of intervention studies. J Diabetes Complicat 31 (2017) 1115–1126
[67] Manousaki D, Paternoster L, Standl M et al.: Vitamin D levels and susceptibility to asthma, elevated immunoglobulin E levels, and atopic dermatitis: a Mendelian randomization study. PLoS Med 14 (2017) e1002294
[68] Vimaleswaran KS, Berry DJ, Lu C et al.: Causal relationship between obesity and vitamin D status: bi-directional mendelian randomization analysis of multiple cohorts. PLoS Med 10 (2013) e1001383
[69] Shea BJ, Reeves BC, Wells G et al.: AMSTAR 2: a critical appraisal tool for systematic reviews that include randomised or non-randomised studies of healthcare interventions, or both. BMJ 358 (2017) j4008
[70] Luo J, Liu D, Liu C-T: Can vitamin D supplementation in addition to asthma controllers improve clinical outcomes in patients with asthma? A meta-analysis. Medicine (Baltimore) 94 (2015) e2185
[71] Global Asthma Network: The Global Asthma Report 2018 http://www.globalasthmareport.org/Global%20Asthma%20Report%202018.pdf (eingesehen am 26.06.2019)
[72] Mukherjee S, Lindell DM, Berlin AA et al.: IL-17-induced pulmonary pathogenesis during respiratory viral infection and exacerbation of allergic disease. Am J Pathol 179 (2011) 248–258

[73] Nanzer AM, Chambers ES, Ryanna K et al.: Enhanced production of IL-17A in patients with severe asthma is inhibited by 1α,25-dihydroxyvitamin D3 in a glucocorticoid-independent fashion. J Allergy Clin Immunol 132 (2013) 297–304

[74] Masoli M, Fabian D, Holt S et al.: The global burden of asthma: executive summary of the GINA Dissemination Committee report. Allergy 59 (2004) 469–478

[75] Jackson DJ, Johnston SL: The role of viruses in acute exacerbations of asthma. J Allergy Clin Immunol 125 (2010) 1178-1187

[76] Wang H, Naghavi M, Allen C et al.: Global, regional, and national life expectancy, all-cause mortality, and cause-specific mortality for 249 causes of death, 1980–2015: a systematic analysis for the Study 2015. The Lancet 388 (2016) 1459–1544

[77] Eder W, Ege MJ, von Mutius E: The asthma epidemic. N Engl J Med 355 (2006) 2226–2235

[78] Björkstén B, Clayton T, Ellwood P et al.: Worldwide time trends for symptoms of rhinitis and conjunctivitis: Phase III of the International Study of Asthma and Allergies in Childhood. Pediatr Allergy Immunol 19 (2008) 110–124

[79] Flohr C: Recent perspectives on the global epidemiology of childhood eczema. Allergol Immunopathol (Madr) 39 (2011) 174–182

[80] Centers for Disease Control and Prevention (CDC): Asthma's effect on the nation. (01.01.2019) https://www.cdc.gov/asthma/asthmadata.htm (eingesehen am 26.06.2019)

[81] Global Initiative for Asthma: The Global Asthma Report, Paris, France (2011)

[82] Zasloff M: Fighting infections with vitamin D. Nat Med 12 (2006) 388–390

[83] van Oeffelen AAM, Bekkers MBM, Smit HA et al.: Serum micronutrient concentrations and childhood asthma: the PIAMA birth cohort study. Pediatr Allergy Immunol 22 (2011) 784–793

[84] Cantorna MT, Mahon BD: D-hormone and the immune system. The Journal of rheumatology 32, Suppl 76 (2005) 11–20

[85] Hewison M: Vitamin D and immune function: autocrine, paracrine or endocrine? Scand J Clin Lab Invest Suppl 243 (2012) 92–102

[86] Rajabbik MH, Lotfi T, Alkhaled L et al.: Association between low vitamin D levels and the diagnosis of asthma in children: a systematic review of cohort studies. Allergy Asthma Clin Immunol 10 (2014) 31

[87] Cassim R, Russell MA, Lodge CJ et al.: The role of circulating 25 hydroxyvitamin D in asthma: a systematic review. Allergy 70 (2015) 339–354

[88] Man L, Zhang Z, Zhang M et al.: Association between vitamin D deficiency and insufficiency and the risk of childhood asthma: evidence from a meta-analysis. Int J Clin Exp Med 8 (2015) 5699–5706

[89] Wei Z, Zhang J, Yu X: Maternal vitamin D status and childhood asthma, wheeze, and eczema: a systematic review and meta-analysis. Pediatr Allergy Immunol 27 (2016) 612–619

[90] Feng H, Xun P, Pike K et al.: In utero exposure to 25-hydroxyvitamin D and risk of childhood asthma, wheeze, and respiratory tract infections: a meta-analysis of birth cohort studies. J Allergy Clin Immunol 139 (2017) 1508–1517

[91] Jat KR, Khairwa A: Vitamin D and asthma in children: a systematic review and meta-analysis of observational studies. Lung India 34 (2017) 355–363

[92] Song H, Yang L, Jia C: Maternal vitamin D status during pregnancy and risk of childhood asthma: a meta-analysis of prospective studies. Mol Nutr Food Res 61 (2017)

[93] Pacheco-González RM, García-Marcos L, Morales E: Prenatal vitamin D status and respiratory and allergic outcomes in childhood: a meta-analysis of observational studies. Pediatr Allergy Immunol 29 (2018) 243–253

[94] Shen S-Y, Xiao W-Q, Lu J-H et al.: Early life vitamin D status and asthma and wheeze: a systematic review and meta-analysis. BMC Pulm Med 18 (2018) 120

[95] Harvey NC, Holroyd C, Ntani G et al.: Vitamin D supplementation in pregnancy: a systematic review. Health Technol Assess 18 (2014) 1–190

[96] Xiao L, Xing C, Yang Z et al.: Vitamin D supplementation for the prevention of childhood acute respiratory infections: a systematic review of randomised controlled trials. Br J Nutr 114 (2015) 1026–1034

[97] Pojsupap S, Iliriani K, Sampaio TZAL et al.: Efficacy of high-dose vitamin D in pediatric asthma: a systematic review and meta-analysis. J Asthma 52 (2015) 382–390

[98] Riverin BD, Maguire JL, Li P: Vitamin D supplementation for childhood asthma: a systematic review and meta-analysis. PLoS One 10 (2015) e0136841

[99] Fares MM, Alkhaled LH, Mroueh SM et al.: Vitamin D supplementation in children with asthma: a systematic review and meta-analysis. BMC Res Notes 8 (2015) 23

[100] Vahdaninia M, Mackenzie H, Helps S et al.: Prenatal intake of vitamins and allergic outcomes in the offspring: a systematic review and meta-analysis. J Allergy Clin Immunol Pract 5 (2017) 771-778.e5

[101] Martineau AR, Cates CJ, Urashima M et al.: Vitamin D for the management of asthma. Cochrane Database Syst Rev 9 (2016) CD011511


5.2

[102] Jolliffe DA, Greenberg L, Hooper RL et al.: Vitamin D supplementation to prevent asthma exacerbations: a systematic review and meta-analysis of individual participant data. Lancet Respir Med 5 (2017) 881–890
[103] Davies NM, Holmes MV, Davey Smith G: Reading Mendelian randomisation studies: a guide, glossary, and checklist for clinicians. BMJ 362 (2018) k601
[104] Barnes PJ, Celli BR: Systemic manifestations and comorbidities of COPD. Eur Respir J 33 (2009) 1165–1185
[105] Wedzicha JA, Seemungal TAR: COPD exacerbations: defining their cause and prevention. The Lancet 370 (2007) 786–796
[106] Global Initiative for Chronic Obstructive Lung Disease (GOLD): Global Strategy for the Diagnosis, Management and Prevention of COPD. (2017) https://goldcopd.org/wp-content/uploads/2017/11/GOLD-2018-v6.0-FINAL-revised-20-Nov_WMS.pdf (eingesehen am 27.03.2019)
[107] GBD 2015 Chronic Respiratory Disease Collaborators: Global, regional, and national deaths, prevalence, disability-adjusted life years, and years lived with disability for chronic obstructive pulmonary disease and asthma, 1990-2015. Lancet Respir Med 5 (2017) 691–706
[108] Lopez AD, Shibuya K, Rao C et al.: Chronic obstructive pulmonary disease: current burden and future projections. Eur Respir J 27 (2006) 397–412
[109] Faner R, Gonzalez N, Cruz T et al.: Systemic inflammatory response to smoking in chronic obstructive pulmonary disease: evidence of a gender effect. PLoS One 9 (2014) e97491
[110] Smolonska J, Wijmenga C, Postma DS et al.: Meta-analyses on suspected chronic obstructive pulmonary disease genes: a summary of 20 years' research. Am J Respir Crit Care Med 180 (2009) 618–631
[111] Kokturk N, Baha A, Oh Y-M et al.: Vitamin D deficiency: what does it mean for chronic obstructive pulmonary disease (COPD)? a compherensive review for pulmonologists. Clin Respir J 12 (2018) 382–397
[112] Zittermann A, Tenderich G, Koerfer R: Vitamin D and the adaptive immune system with special emphasis to allergic reactions and allograft rejection. Inflamm Allergy Drug Targets 8 (2009) 161–168
[113] Hewison M: Vitamin D and the immune system: new perspectives on an old theme. Endocrinol Metab Clin North Am 39 (2010) 365-79
[114] Hansdottir S, Monick MM, Lovan N et al.: Vitamin D decreases respiratory syncytial virus induction of NF-kappaB-linked chemokines and cytokines in airway epithelium while maintaining the antiviral state. J Immunol 184 (2010) 965–974
[115] Szymczak I, Pawliczak R: The active metabolite of vitamin $D_3$ as a potential immunomodulator. Scand J Immunol 83 (2016) 83–91
[116] Black PN, Scragg R: Relationship between serum 25-hydroxyvitamin d and pulmonary function in the third national health and nutrition examination survey. Chest 128 (2005) 3792–3798
[117] Choi C-J, Seo M, Choi W-S et al.: Relationship between serum 25-hydroxyvitamin D and lung function among Korean adults in Korea National Health and Nutrition Examination Survey (KNHANES), 2008–2010. J Clin Endocrinol Metab 98 (2013) 1703–1710
[118] Martineau AR, Jolliffe DA, Hooper RL et al.: Vitamin D supplementation to prevent acute respiratory tract infections: systematic review and meta-analysis of individual participant data. BMJ 356 (2017) i6583
[119] Zhu B, Zhu B, Xiao C et al.: Vitamin D deficiency is associated with the severity of COPD: a systematic review and meta-analysis. Int J Chron Obstruct Pulmon Dis 10 (2015) 1907–1916
[120] Zhu M, Wang T, Wang C et al.: The association between vitamin D and COPD risk, severity, and exacerbation: an updated systematic review and meta-analysis. Int J Chron Obstruct Pulmon Dis 11 (2016) 2597–2607
[121] Ferrari R, Caram LMO, Tanni SE et al.: The relationship between Vitamin D status and exacerbation in COPD patients– a literature review. Respir Med 139 (2018) 34–38
[122] Jolliffe DA, Greenberg L, Hooper RL et al.: Vitamin D to prevent exacerbations of COPD: systematic review and meta-analysis of individual participant data from randomised controlled trials. Thorax 74 (2019) 337–345
[123] Bjerk SM, Edgington BD, Rector TS et al.: Supplemental vitamin D and physical performance in COPD: a pilot randomized trial. Int J Chron Obstruct Pulmon Dis 8 (2013) 97–104
[124] Zendedel A, Gholami M, Anbari K et al.: Effects of vitamin D intake on FEV1 and COPD exacerbation: a randomized clinical trial study. Glob J Health Sci 7 (2015) 243–248
[125] Rafiq R, Prins HJ, Boersma WG et al.: Effects of daily vitamin D supplementation on respiratory muscle strength and physical performance in vitamin D-deficient COPD patients: a pilot trial. Int J Chron Obstruct Pulmon Dis 12 (2017) 2583–2592
[126] Lehouck A, Mathieu C, Carremans C et al.: High doses of vitamin D to reduce exacerbations in chronic obstructive pulmonary disease: a randomized trial. Ann Intern Med 156 (2012) 105–114

5.2

[127] Martineau AR, James WY, Hooper RL et al.: Vitamin $D_3$ supplementation in patients with chronic obstructive pulmonary disease (ViDiCO): a multicentre, double-blind, randomised controlled trial. Lancet Respir Med 3 (2015) 120–130
[128] Keaney JF, Rosen CJ: VITAL signs for dietary supplementation to prevent cancer and heart disease. N Engl J Med 380 (2019) 91–93
[129] Zittermann A, Ernst JB, Gummert JF et al.: Vitamin D supplementation, body weight and human serum 25-hydroxyvitamin D response: a systematic review. Eur J Nutr 53 (2014) 367–374
[130] Forum of International Respiratory Societies: The global impact of respiratory disease – second edition. European Respiratory Society, Sheffield (2017)
[131] GBD 2015 LRI Collaborators: Estimates of the global, regional, and national morbidity, mortality, and aetiologies of lower respiratory tract infections in 195 countries: a systematic analysis for the Global Burden of Disease Study 2015. The Lancet Infectious Diseases 17 (2017) 1133–1161
[132] Cilloniz C, Martin-Loeches I, Garcia-Vidal C et al.: Microbial etiology of pneumonia: epidemiology, diagnosis and resistance patterns. Int J Mol Sci 17 (2016) 2120
[133] Ochoa-Gondar O, Vila-Córcoles A, Diego C de et al.: The burden of community-acquired pneumonia in the elderly: the Spanish EVAN-65 study. BMC Public Health 8 (2008) 222
[134] Vila-Corcoles A, Ochoa-Gondar O, Rodriguez-Blanco T et al.: Epidemiology of community-acquired pneumonia in older adults: a population-based study. Respir Med 103 (2009) 309–316
[135] Ewig S, Birkner N, Strauss R et al.: New perspectives on community-acquired pneumonia in 388 406 patients. Results from a nationwide mandatory performance measurement programme in healthcare quality. Thorax 64 (2009) 1062–1069
[136] Scott JAG, Wonodi C, Moïsi JC et al.: The definition of pneumonia, the assessment of severity, and clinical standardization in the Pneumonia Etiology Research for Child Health study. Clin Infect Dis 54, Suppl 2 (2012) S109-S116
[137] Harris AM, Hicks LA, Qaseem A: Appropriate antibiotic use for acute respiratory tract infection in adults: advice for high-value care from the American College of Physicians and the Centers for Disease Control and Prevention. Ann Intern Med 164 (2016) 425–434
[138] Baeke F, Takiishi T, Korf H et al.: Vitamin D: modulator of the immune system. Curr Opin Pharmacol 10 (2010) 482–496
[139] Tamblyn JA, Hewison M, Wagner CL et al.: Immunological role of vitamin D at the maternal-fetal interface. J Endocrinol 224 (2015) R107-R121
[140] Liu PT, Stenger S, Li H et al.: Toll-like receptor triggering of a vitamin D-mediated human antimicrobial response. Science 311 (2006) 1770–1773
[141] Wayse V, Yousafzai A, Mogale K et al.: Association of subclinical vitamin D deficiency with severe acute lower respiratory infection in Indian children under 5 y. Eur J Clin Nutr 58 (2004) 563–567
[142] Najada AS, Habashneh MS, Khader M: The frequency of nutritional rickets among hospitalized infants and its relation to respiratory diseases. J Trop Pediatr 50 (2004) 364–368
[143] Williams B, Williams AJ, Anderson ST: Vitamin D deficiency and insufficiency in children with tuberculosis. Pediatr Infect Dis J 27 (2008) 941–942
[144] Jolliffe DA, Griffiths CJ, Martineau AR: Vitamin D in the prevention of acute respiratory infection: systematic review of clinical studies. J Steroid Biochem Mol Biol 136 (2013) 321–329
[145] Das RR, Singh M, Panigrahi I et al.: Vitamin d supplementation for the treatment of acute childhood pneumonia: a systematic review. ISRN Pediatr 19 (2013) 459160
[146] Fried DA, Rhyu J, Odato K et al.: Maternal and cord blood vitamin D status and childhood infection and allergic disease: a systematic review. Nutr Rev 74 (2016) 387–410
[147] Das RR, Singh M, Naik SS: Vitamin D as an adjunct to antibiotics for the treatment of acute childhood pneumonia. Cochrane Database Syst Rev 7 (2018) CD011597
[148] Charan J, Goyal JP, Saxena D et al.: Vitamin D for prevention of respiratory tract infections: a systematic review and meta-analysis. J Pharmacol Pharmacother 3 (2012) 300–303
[149] Bergman P, Lindh AU, Björkhem-Bergman L et al.: Vitamin D and respiratory tract infections: a systematic review and meta-analysis of randomized controlled trials. PLoS One 8 (2013) e65835
[150] Mao S, Huang S: Vitamin D supplementation and risk of respiratory tract infections: a meta-analysis of randomized controlled trials. Scand J Infect Dis 45 (2013) 696–702
[151] Vuichard Gysin D, Dao D, Gysin CM et al.: Effect of vitamin D3 supplementation on respiratory tract infections in healthy individuals: a systematic review and meta-analysis of randomized controlled trials. PLoS One 11 (2016) e0162996
[152] Yakoob MY, Salam RA, Khan FR et al.: Vitamin D supplementation for preventing infections in children under five years of age. Cochrane Database Syst Rev 11 (2016) CD008824
[153] Martineau AR, Jolliffe DA, Greenberg L et al.: Vitamin D supplementation to prevent acute respiratory infections: individual participant data meta-analysis. Health Technol Assess 23 (2019) 1–44

[154] Camargo CA, Sluyter J, Stewart AW et al.: Effect of monthly high-dose vitamin D supplementation on acute respiratory infections in older adults: a randomized controlled trial. Clin Infect Dis 71 (2019) 311–317
[155] Feldman HH, Jacova C, Robillard A et al.: Diagnosis and treatment of dementia: 2. Diagnosis. CMAJ 178 (2008) 825–836
[156] WHO: Facts in pictures: dementia http://www.who.int/news-room/facts-in-pictures/detail/dementia (eingesehen am 06.01.2020)
[157] Deutsche Alzheimer Gesellschaft e.V.: Informationsblatt 1. Die Häufigkeit von Demenzerkrankungen https://www.deutsche-alzheimer.de/fileadmin/alz/pdf/factsheets/infoblatt1_haeufigkeit_demenzerkrankungen_dalzg.pdf (eingesehen am 06.01.2020)
[158] Annweiler C, Llewellyn DJ, Beauchet O: Low serum vitamin D concentrations in Alzheimer's disease: a systematic review and meta-analysis. J Alzheimers Dis 33 (2013) 659–674
[159] Aspell N, Lawlor B, O'Sullivan M: Is there a role for vitamin D in supporting cognitive function as we age? Proc Nutr Soc 77 (2018) 124–134
[160] Buell JS, Dawson-Hughes B: Vitamin D and neurocognitive dysfunction: preventing „D"ecline? Mol Aspects Med 29 (2008) 415–422
[161] Kesby JP, Eyles DW, Burne THJ et al.: The effects of vitamin D on brain development and adult brain function. Mol Cell Endocrinol 347 (2011) 121–127
[162] Etgen T, Sander D, Huntgeburth U et al.: Physical activity and incident cognitive impairment in elderly persons: the INVADE study. Arch Intern Med 170 (2010) 186–193
[163] Balion C, Griffith LE, Strifler L et al.: Vitamin D, cognition, and dementia: a systematic review and meta-analysis. Neurology 79 (2012) 1397–1405
[164] Annweiler C, Montero-Odasso M, Llewellyn DJ et al.: Meta-analysis of memory and executive dysfunctions in relation to vitamin D. J Alzheimers Dis 37 (2013) 147–171
[165] Shen L, Ji H-F: Vitamin D deficiency is associated with increased risk of Alzheimer's disease and dementia: evidence from meta-analysis. Nutr J 14 (2015) 76
[166] Cao L, Tan L, Wang H-F et al.: Dietary patterns and risk of dementia: a systematic review and meta-analysis of cohort studies. Mol Neurobiol 53 (2016) 6144–6154
[167] Sommer I, Griebler U, Kien C et al.: Vitamin D deficiency as a risk factor for dementia: a systematic review and meta-analysis. BMC Geriatr 17 (2017) 16
[168] Goodwill AM, Szoeke C: A systematic review and meta-analysis of the effect of low vitamin D on cognition. J Am Geriatr Soc 65 (2017) 2161–2168
[169] Jayedi A, Rashidy-Pour A, Shab-Bidar S: Vitamin D status and risk of dementia and Alzheimer's disease: a meta-analysis of dose-response. Nutr Neurosci 15 (2018) 1–10
[170] Chen H, Xue W, Li J et al.: 25-hydroxyvitamin D levels and the risk of dementia and Alzheimer's disease: a dose-response meta-analysis. Front Aging Neurosci 10 (2018) 368
[171] van der Schaft J, Koek HL, Dijkstra E et al.: The association between vitamin D and cognition: a systematic review. Ageing Res Rev 12 (2013) 1013–1023
[172] Killin LOJ, Starr JM, Shiue IJ et al.: Environmental risk factors for dementia: a systematic review. BMC Geriatr 16 (2016) 175
[173] Lerner PP, Sharony L, Miodownik C: Association between mental disorders, cognitive disturbances and vitamin D serum level: current state. Clin Nutr ESPEN 23 (2018) 89–102
[174] Alfred T, Ben-Shlomo Y, Cooper R et al.: Genetic variants influencing biomarkers of nutrition are not associated with cognitive capability in middle-aged and older adults. J Nutr 143 (2013) 606–612
[175] Mokry LE, Ross S, Morris JA et al.: Genetically decreased vitamin D and risk of Alzheimer disease. Neurology 87 (2016) 2567–2574
[176] Maddock J, Zhou A, Cavadino A et al.: Vitamin D and cognitive function: a Medelian randomisation study. Sci Rep 7 (2017) 13230
[177] Kuźma E, Hannon E, Zhou A et al.: Which risk factors causally influence dementia? A systematic review of mendelian randomization studies. J Alzheimers Dis 64 (2018) 181–193
[178] Rossom RC, Espeland MA, Manson JE et al.: Calcium and vitamin D supplementation and cognitive impairment in the women's health initiative. J Am Geriatr Soc 60 (2012) 2197–2205
[179] Schietzel S, Fischer K, Brugger P et al.: Effect of 2000 IU compared with 800 IU vitamin D on cognitive performance among adults age 60 years and older: a randomized controlled trial. Am J Clin Nutr 110 (2019) 246–253
[180] Gugger A, Marzel A, Orav EJ et al.: Effect of monthly high-dose vitamin D on mental health in older adults: secondary analysis of a RCT. J Am Geriatr Soc 67 (2019) 1211–1217
[181] WHO (World Health Organization) (Hrsg.): WHO fact sheet on depression. (2018) https://www.who.int/news-room/fact-sheets/detail/depression (eingesehen am 10.06.2019)
[182] Gezen-Ak D, Yılmazer S, Dursun E: Why vitamin D in Alzheimer's disease? The hypothesis. J Alzheimers Dis 40 (2014) 257–269

[183] Landel V, Annweiler C, Millet P et al.: Vitamin D, cognition and Alzheimer's disease: the therapeutic benefit is in the D-Tails. J Alzheimers Dis 53 (2016) 419–444
[184] McCann JC, Ames BN: Is there convincing biological or behavioral evidence linking vitamin D deficiency to brain dysfunction? FASEB J 22 (2008) 982–1001
[185] Cui X, Pelekanos M, Liu P-Y et al.: The vitamin D receptor in dopamine neurons; its presence in human substantia nigra and its ontogenesis in rat midbrain. Neuroscience 236 (2013) 77–87
[186] Eyles DW, Liu PY, Josh P et al.: Intracellular distribution of the vitamin D receptor in the brain: comparison with classic target tissues and redistribution with development. Neuroscience 268 (2014) 1–9
[187] Brouwer-Brolsma EM, de Groot LCPGM: Vitamin D and cognition in older adults: an update of recent findings. Curr Opin Clin Nutr Metab Care 18 (2015) 11–16
[188] Obradovic D, Gronemeyer H, Lutz B et al.: Cross-talk of vitamin D and glucocorticoids in hippocampal cells. J Neurochem 96 (2006) 500–509
[189] Anglin RES, Samaan Z, Walter SD et al.: Vitamin D deficiency and depression in adults: systematic review and meta-analysis. Br J Psychiatry 202 (2013) 100–107
[190] Ju S-Y, Lee Y-J, Jeong S-N: Serum 25-hydroxyvitamin D levels and the risk of depression: a systematic review and meta-analysis. J Nutr Health Aging 17 (2013) 447–455
[191] Sarris J, Murphy J, Mischoulon D et al.: Adjunctive nutraceuticals for depression: a systematic review and meta-analyses. Am J Psychiatry 173 (2016) 575–587
[192] Föcker M, Antel J, Ring S et al.: Vitamin D and mental health in children and adolescents. Eur Child Adolesc Psychiatry 26 (2017) 1043–1066
[193] Li G, Mbuagbaw L, Samaan Z et al.: Efficacy of vitamin D supplementation in depression in adults: a systematic review. J Clin Endocrinol Metab 99 (2014) 757–767
[194] Shaffer JA, Edmondson D, Wasson LT et al.: Vitamin D supplementation for depressive symptoms: a systematic review and meta-analysis of randomized controlled trials. Psychosom Med 76 (2014) 190–196
[195] Spedding S: Vitamin D and depression: a systematic review and meta-analysis comparing studies with and without biological flaws. Nutrients 6 (2014) 1501–1518
[196] Gowda U, Mutowo MP, Smith BJ et al.: Vitamin D supplementation to reduce depression in adults: meta-analysis of randomized controlled trials. Nutrition 31 (2015) 421–429
[197] Vellekkatt F, Menon V: Efficacy of vitamin D supplementation in major depression: a meta-analysis of randomized controlled trials. J Postgrad Med 65 (2019) 74–80
[198] Sparling TM, Nesbitt RC, Henschke N et al.: Nutrients and perinatal depression: a systematic review. J Nutr Sci 6 (2017) e61
[199] Aghajafari F, Letourneau N, Mahinpey N et al.: Vitamin D deficiency and antenatal and postpartum depression: a systematic review. Nutrients 10 (2018)
[200] Amini S, Jafarirad S, Amani R: Postpartum depression and vitamin D: a systematic review. Crit Rev Food Sci Nutr 59 (2019) 1514–1520
[201] Trujillo J, Vieira MC, Lepsch J et al.: A systematic review of the associations between maternal nutritional biomarkers and depression and/or anxiety during pregnancy and postpartum. J Affect Disord 232 (2018) 185–203
[202] Wang J, Liu N, Sun W et al.: Association between vitamin D deficiency and antepartum and postpartum depression: a systematic review and meta-analysis of longitudinal studies. Arch Gynecol Obstet 298 (2018) 1045–1059
[203] Michaëlsson K, Melhus H, Larsson SC: Serum 25-hydroxyvitamin D concentrations and major depression: a Mendelian randomization study. Nutrients 10 (2018) 1987
[204] Jiang X, O'Reilly PF, Aschard H et al.: Genome-wide association study in 79,366 European-ancestry individuals informs the genetic architecture of 25-hydroxyvitamin D levels. Nat Commun 9 (2018) 260
[205] Li H, Sun D, Wang A et al.: Serum 25-hydroxyvitamin D levels and depression in older adults: a dose-response meta-analysis of prospective cohort studies. Am J Geriatr Psychiatry 27 (2019) 1192–1202
[206] Libuda L, Laabs B-H, Ludwig C et al.: Vitamin D and the risk of depression: a causal relationship? Findings from a Mendelian randomization study. Nutrients 11 (2019) 1085
[207] Meng X, Li X, Timofeeva MN et al.: Phenome-wide Mendelian-randomization study of genetically determined vitamin D on multiple health outcomes using the UK Biobank study. Int J Epidemiol 48 (2019) 1425–1434
[208] Alavi NM, Khademalhoseini S, Vakili Z et al.: Effect of vitamin D supplementation on depression in elderly patients: a randomized clinical trial. Clin Nutr 38 (2019) 2065–2070
[209] Vaughn CB, Jakimovski D, Kavak KS et al.: Epidemiology and treatment of multiple sclerosis in elderly populations. Nat Rev Neurol 15 (2019) 329–342
[210] Kister I, Bacon TE, Chamot E et al.: Natural history of multiple sclerosis symptoms. Int J MS Care 15 (2013) 146–158

[211] Kurtzke JF: Rating neurologic impairment in multiple sclerosis: a expanded disability status scale (EDSS). Neurology 33 (1983) 1444–1452
[212] Kaunzner UW, Gauthier SA: MRI in the assessment and monitoring of multiple sclerosis: an update on best practice. Ther Adv Neurol Disord 10 (2017) 247–261
[213] Milo R, Kahana E: Multiple sclerosis: geoepidemiology, genetics and the environment. Autoimmun Rev 9 (2010) A387-A394
[214] Thompson AJ, Baneke P: Atlas of MS. Mapping multiple sclerosis around the world. (2013) https://www.msif.org/wp-content/uploads/2014/09/Atlas-of-MS.pdf (eingesehen am 25.08.2019)
[215] Scalfari A, Knappertz V, Cutter G et al.: Mortality in patients with multiple sclerosis. Neurology 81 (2013) 184–192
[216] Olsson T, Barcellos LF, Alfredsson L: Interactions between genetic, lifestyle and environmental risk factors for multiple sclerosis. Nat Rev Neurol 13 (2017) 25–36
[217] Simpson S, Blizzard L, Otahal P et al.: Latitude is significantly associated with the prevalence of multiple sclerosis: a meta-analysis. J Neurol Neurosurg Psychiatr 82 (2011) 1132–1141
[218] Agliardi C, Guerini FR, Saresella M et al.: Vitamin D receptor (VDR) gene SNPs influence VDR expression and modulate protection from multiple sclerosis in HLA-DRB1*15-positive individuals. Brain Behav Immun 25 (2011) 1460–1467
[219] Sawcer S, Hellenthal G, Pirinen M et al.: Genetic risk and a primary role for cell-mediated immune mechanisms in multiple sclerosis. Nature 476 (2011) 214–219
[220] Ascherio A, Munger KL, Simon KC: Vitamin D and multiple sclerosis. Lancet Neurol 9 (2010) 599–612
[221] Ganesh A, Apel S, Metz L et al.: The case for vitamin D supplementation in multiple sclerosis. Mult Scler Relat Disord 2 (2013) 281–306
[222] Iacopetta K, Collins-Praino LE, Buisman-Pijlman FTA et al.: Are the protective benefits of vitamin D in neurodegenerative disease dependent on route of administration? A systematic review. Nutr Neurosci 23 (2020) 251–280
[223] James E, Dobson R, Kuhle J et al.: The effect of vitamin D-related interventions on multiple sclerosis relapses: a meta-analysis. Mult Scler 19 (2013) 1571–1579
[224] Pozuelo-Moyano B, Benito-León J, Mitchell AJ et al.: A systematic review of randomized, double-blind, placebo-controlled trials examining the clinical efficacy of vitamin D in multiple sclerosis. Neuroepidemiology 40 (2013) 147–153
[225] Bagur MJ, Murcia MA, Jiménez-Monreal AM et al.: Influence of diet in multiple sclerosis: a systematic review. Adv Nutr 8 (2017) 463–472
[226] Hempel S, Graham GD, Fu N et al.: A systematic review of modifiable risk factors in the progression of multiple sclerosis. Mult Scler 23 (2017) 525–533
[227] Jagannath VA, Filippini G, Di Pietrantonj C et al.: Vitamin D for the management of multiple sclerosis. Cochrane Database Syst Rev 9 (2018) CD008422
[228] McLaughlin L, Clarke L, Khalilidehkordi E et al.: Vitamin D for the treatment of multiple sclerosis: a meta-analysis. J Neurol 265 (2018) 2893–2905
[229] Zheng C, He L, Liu L et al.: The efficacy of vitamin D in multiple sclerosis: a meta-analysis. Mult Scler Relat Disord 23 (2018) 56–61
[230] Berezowska M, Coe S, Dawes H: Effectiveness of vitamin D supplementation in the management of multiple sclerosis: a systematic review. Int J Mol Sci 20 (2019) 1301
[231] Mokry LE, Ross S, Ahmad OS et al.: Vitamin D and risk of multiple sclerosis: a Mendelian randomization study. PLoS Med 12 (2015) e1001866
[232] Rhead B, Bäärnhielm M, Gianfrancesco M et al.: Mendelian randomization shows a causal effect of low vitamin D on multiple sclerosis risk. Neurol Genet 2 (2016) e97
[233] Gianfrancesco MA, Stridh P, Rhead B et al.: Evidence for a causal relationship between low vitamin D, high BMI, and pediatric-onset MS. Neurology 88 (2017) 1623–1629
[234] Munger KL, Zhang SM, O'Reilly E et al.: Vitamin D intake and incidence of multiple sclerosis. Neurology 62 (2004) 60–65
[235] Munger KL, Levin LI, Hollis BW et al.: Serum 25-hydroxyvitamin D levels and risk of multiple sclerosis. JAMA 296 (2006) 2832–2838
[236] Ismailova K, Poudel P, Parlesak A et al.: Vitamin D in early life and later risk of multiple sclerosis – a systematic review, meta-analysis. PLoS One 14 (2019) e0221645
[237] Multiple Sclerosis Society of Canada: MS Society of Canada launches vitamin D recommendations for MS. (2018) https://mssociety.ca/research-news/article/ms-society-of-canada-launches-vitamin-d-recommendations-for-ms (eingesehen am 25.08.2019)
[238] Atkinson MA, Eisenbarth GS, Michels AW: Type 1 diabetes. The Lancet 383 (2014) 69–82
[239] International Diabetes Federation (Hrsg.): IDF diabetes atlas. (2017) https://www.idf.org/e-library/epidemiology-research/diabetes-atlas/134-idf-diabetes-atlas-8th-edition.html (eingesehen am 03.06.2019)

[240] Fullerton B, Jeitler K, Seitz M et al.: Intensive glucose control versus conventional glucose control for type 1 diabetes mellitus. Cochrane Database Syst Rev (2014) CD009122

[241] Daneman D: Type 1 diabetes. Lancet 367 (2006) 847–858

[242] Rak K, Bronkowska M: Immunomodulatory effect of vitamin D and its potential role in the prevention and treatment of type 1 diabetes mellitus – a narrative review. Molecules 24 (2018) 53

[243] Antico A, Tampoia M, Tozzoli R et al.: Can supplementation with vitamin D reduce the risk or modify the course of autoimmune diseases? A systematic review of the literature. Autoimmun Rev 12 (2012) 127–136

[244] Dong J-Y, Zhang W-G, Chen JJ et al.: Vitamin D intake and risk of type 1 diabetes: a meta-analysis of observational studies. Nutrients 5 (2013) 3551–3562

[245] Gregoriou E, Mamais I, Tzanetakou I et al.: The effects of vitamin D supplementation in newly diagnosed type 1 diabetes patients: systematic review of randomized controlled trials. Rev Diabet Stud 14 (2017) 260–268

[246] Zipitis CS, Akobeng AK: Vitamin D supplementation in early childhood and risk of type 1 diabetes: a systematic review and meta-analysis. Arch Dis Child 93 (2008) 512–517

[247] Rewers M, Ludvigsson J: Environmental risk factors for type 1 diabetes. The Lancet 387 (2016) 2340–2348

[248] Hyppönen E: Vitamin D and increasing incidence of type 1 diabetes–evidence for an association? Diabetes Obes Metab 12 (2010) 737–743

[249] Guo S-W, Magnuson VL, Schiller JJ et al.: Meta-analysis of vitamin D receptor polymorphisms and type 1 diabetes: A HuGE review of genetic association studies. Am J Epidemiol 164 (2006) 711–724

[250] Sahin OA, Goksen D, Ozpinar A et al.: Association of vitamin D receptor polymorphisms and type 1 diabetes susceptibility in children: a meta-analysis. Endocr Connect 6 (2017) 159–171

[251] Grant WB, Al Anouti F, Moukayed M: Targeted 25-hydroxyvitamin D concentration measurements and vitamin $D_3$ supplementation can have important patient and public health benefits. Eur J Clin Nutr 74 (2020) 366–376

[252] Manson JE, Cook NR, Lee I-M et al.: Vitamin D supplements and prevention of cancer and cardiovascular disease. N Engl J Med 380 (2019) 33–44

[253] Jorde R, Grimnes G: Serum cholecalciferol may be a better marker of vitamin D status than 25-hydroxyvitamin D. Med Hypotheses 111 (2018) 61–65

[254] Pilz S, Hahn A, Schön C et al.: Effect of two different multimicronutrient supplements on vitamin D status in women of childbearing age: a randomized trial. Nutrients 9 (2017) 30

# 5.3 Ernährungsfaktoren und neurodegenerative Erkrankungen: Ein Umbrella Review von Metaanalysen prospektiver Studien

Janett Barbaresko, Arno Lellmann, Annemarie Schmidt, Andreas Lehmann, Anna Maria Amini, Sarah Egert, Sabrina Schlesinger, Ute Nöthlings


## Zusammenfassung

**Einleitung:** Ernährungsfaktoren könnten neben nicht modifizierbaren Risikofaktoren ein präventives Potenzial in Bezug auf neurodegenerative Erkrankungen aufweisen. Ziel des Umbrella Reviews ist es, die aktuelle Studienlage zu Ernährungsfaktoren und der Inzidenz von neurodegenerativen Erkrankungen, kognitivem Abbau und kognitiver Beeinträchtigung aus systematischen Übersichtsarbeiten mit Metaanalysen prospektiver Studien zusammenzufassen und die methodische Qualität der Metaanalysen sowie die Qualität der Evidenz und damit die Aussagekraft der Ergebnisse zu bewerten.

**Methoden:** Anhand einer systematischen Literatursuche in den Datenbanken PubMed, Embase und Cochrane wurden systematische Übersichtsarbeiten mit Metaanalysen von prospektiven Studien identifiziert, die den Zusammenhang zwischen Ernährungsfaktoren (Ernährungsmuster, Lebensmittel, Nährstoffe und sekundäre Pflanzenstoffe) und neurodegenerativen Erkrankungen (Demenz [Alzheimer-Krankheit u. a. Demenzformen] und die Parkinson-Krankheit) sowie kognitivem Abbau oder kognitiver Beeinträchtigung untersuchten. Unter Verwendung eines *Random Effects Models* wurden die Gesamteffektschätzer (Gesamt-Relatives Risiko, GRR) und 95 % Konfidenzintervalle (CI) neu berechnet. Die methodische Qualität aller eingeschlossenen Metaanalysen sowie die Qualität der Evidenz für alle identifizierten Assoziationen wurden anhand des ROBIS-Tools und NutriGrade bewertet.

**Ergebnisse:** Insgesamt wurden n = 20 Metaanalysen einschließlich n = 98 Gesamteffektschätzern identifiziert. Das Verzerrungsrisiko *(Risk of Bias)* wurde in allen ursprünglichen Metaanalysen als hoch bewertet. Nach Neuberechnung der Metaanalysen wurde eine moderate Qualität der Evidenz für die inversen Assoziationen zwischen einer hohen, im Vergleich zu einer geringen, Umsetzung einer mediterranen Ernährung (GRR: 0,63, 95 % CI: 0,48–0,82, n = 4 Primärstudien) sowie einem hohen, im Vergleich zu einem geringen, Verzehr von Fisch (GRR: 0,72; 95 % CI: 0,59–0,88, n = 6 Primärstudien) und der Alzheimer-Krankheit gefunden. Eine moderate Qualität der Evidenz wurde auch für die inversen Assoziationen zwischen dem Konsum von Tee und Demenz (GRR, hoher vs. geringer Verzehr: 0,74, 95 % CI: 0,63–0,88, n = 2 Primärstudien) sowie der Parkinson-Krankheit (GRR je 2 Tassen/Tag: 0,69, 95 % CI: 0,54–0,87, n = 5 Primärstudien) gefunden. Assoziationen zwischen dem Verzehr von Gemüse und Obst, Milch und Milchprodukten, Kaffee sowie der Zufuhr von energieliefernden Nährstoffen und Vitaminen und neurodegenerativen Erkrankungen, kognitivem Abbau und kognitiver Beeinträchtigung wurden mit einer niedrigen oder sehr niedrigen Qualität der Evidenz bewertet, was im Wesentlichen auf der geringen Anzahl der verfügbaren Primärstudien beruhte.

**Schlussfolgerungen:** Die Ergebnisse zeigen, dass sowohl eine mediterrane Ernährung als auch der Verzehr von Fisch möglicherweise invers mit der Entwicklung der Alzheimer-Krankheit und dass der Konsum von Tee möglicherweise invers mit der Entwicklung einer Demenz und auch der Parkinson-Krankheit assoziiert sind. Die Qualität der Evidenz für Assoziationen mit weiteren Ernährungsfaktoren war niedrig oder sehr niedrig, weshalb die Aussagekraft der Ergebnisse begrenzt ist. Dies ist vor allem auf die geringe Anzahl von Primärstudien zurückzuführen. Daher sind weitere valide Studien erforderlich, um die Qualität der Evidenz und damit die Aussagekraft der Ergebnisse zu den gefundenen Ernährungsfaktoren und den Endpunkten neurodegenerative Erkrankungen, kognitiver Abbau und kognitive Beeinträchtigung zu steigern und um weitere, in diesem Umbrella Review nicht gefundene Ernährungsfaktoren in Zusammenhang mit den genannten Endpunkten zu untersuchen.

Es handelt sich um eine für den 14. DGE-Ernährungsbericht gekürzte und übersetzte Fassung des in einer englischsprachigen Zeitschrift mit Peer-Review-Verfahren publizierten Beitrags von Barbaresko et al. [1].

## Kernaussagen



- Der Umbrella Review bietet eine Zusammenfassung und Bewertung bisheriger Metaanalysen von prospektiven Assoziationen zwischen Ernährungsfaktoren und der Inzidenz von neurodegenerativen Erkrankungen, kognitivem Abbau und kognitiver Beeinträchtigung.
- Die Ergebnisse zeigen, dass die mediterrane Ernährung sowie der Verzehr von Fisch möglicherweise invers mit der Entwicklung der Alzheimer-Krankheit und der Konsum von Tee möglicherweise invers mit der Entwicklung von Demenz sowie der Parkinson-Krankheit assoziiert sind. Die Qualität der Evidenz ist moderat, Zusammenhänge sind damit möglich.
- Assoziationen zwischen dem Verzehr von Gemüse und Obst, Milch und Milchprodukten, Kaffee sowie der Zufuhr von energieliefernden Nährstoffen und Vitaminen und neurodegenerativen Erkrankungen, kognitivem Abbau und kognitiver Beeinträchtigung wurden mit einer niedrigen oder sehr niedrigen Qualität der Evidenz bewertet. Die Aussagekraft der Ergebnisse ist damit begrenzt.
- Weitere Primärstudien sind erforderlich, um die Qualität der Evidenz und damit die Aussagekraft der Ergebnisse zu den gefundenen Ernährungsfaktoren und den Endpunkten neurodegenerative Erkrankungen, kognitiver Abbau und kognitive Beeinträchtigung zu steigern und um weitere, in diesem Umbrella Review nicht gefundene Ernährungsfaktoren in Zusammenhang mit den genannten Endpunkten zu untersuchen.

## 5.3.1 Einleitung

Neurodegenerative Erkrankungen sind aufgrund der weltweit alternden Bevölkerung zu einem wichtigen Thema der öffentlichen Gesundheit geworden. Die häufigsten Formen sind Demenzerkrankungen wie die Alzheimer-Krankheit, aber auch Formen mit motorischer Störung, wie beispielsweise die Parkinson-Krankheit. Demenzerkrankungen zählen zu den am meisten verbreiteten neurodegenerativen Erkrankungen. Im Jahr 2016 lebten weltweit geschätzt 43,8 Millionen Erwachsene mit einer Demenz [2]. Darüber hinaus können ein kognitiver Abbau und eine leichte kognitive Beeinträchtigung *(mild cognitive impairment,* MCI) als mögliche Vorläufer einer Alzheimer-Krankheit oder Demenz, frühe klinische Indikatoren für neurodegenerative Erkrankungen darstellen [3]. Die Ergebnisse einer Metaanalyse zeigten, dass die Inzidenz von Demenz bei Menschen mit einer kognitiven Beeinträchtigung ab einem Alter von 65 Jahren im Zeitraum von 2 Jahren 14,9 % betrug [4]. Die Prävalenz der Parkinson-Krankheit wird bei Erwachsenen auf etwa 0,3 % und bei Menschen ab einem Alter von 60 Jahren auf 1 % geschätzt [5]. Daher ist die Prävention in einem frühen Stadium bzw. die Verzögerung des Auftretens dieser Erkrankungen sowie von kognitivem Abbau und MCI von hoher Bedeutung für die öffentliche Gesundheit.

Neben nicht modifizierbaren Risikofaktoren, wie beispielsweise dem höheren Lebensalter und einer genetischen Prädisposition, wird diskutiert, dass Ernährungsfaktoren ein präventives Potenzial haben könnten und sich, aufgrund der langen Latenzzeit von neurodegenerativen Erkrankungen, präventiv auf deren Entstehung auswirken könnten [6, 7]. Dieser mögliche Zusammenhang wurde bereits in einigen systematischen Übersichtsarbeiten untersucht, beispielsweise mit Fokus auf eine mögliche Assoziation zwischen dem Konsum von Kaffee oder Koffein und der Parkinson-Krankheit [8–10]. Darüber hinaus konnte in anderen Übersichtsarbeiten ein inverser Zusammenhang zwischen einer mediterranen Ernährungsweise und dem Risiko für kognitiven Abbau, kognitive Beeinträchtigung und neurodegenerative Erkrankungen aufgezeigt werden [11–13]. Auf Basis einer anderen umfangreichen Übersichtsarbeit, welche die Ergebnisse von Beobachtungs- und Interventionsstudien zu Assoziationen zwischen Ernährungsfaktoren und kognitiver Beeinträchtigung zusammenfasst, konnte 2018 geschlussfolgert werden, dass Ernährungsmuster, wie die mediterrane Ernährung und ihre einzelnen Komponenten, sich möglicherweise präventiv auswirken [14]. Diese Ergebnisse könnten für die Prävention von neurodegenerativen Erkrankungen von Bedeutung sein, jedoch steht die Bewertung der Qualität der Evidenz dieser Assoziationen noch aus. Umbrella Reviews stellen in diesem Zusammenhang ein hilfreiches Instrument dar, indem veröffentlichte systematische Übersichtsarbeiten mit Metaanalysen zu einem bestimmten Thema zusammengefasst und die Qualität der Evidenz und das Risiko einer Verzerrung im Durchführungsprozess der systematischen Übersichtsarbeiten und der Metaanalysen mithilfe von Bewertungsinstrumenten beurteilt werden [15].

Ziel des vorliegenden Umbrella Reviews ist es daher, die aktuelle Studienlage aus systematischen Übersichtsarbeiten mit Metaanalysen zu prospektiven Assoziationen zwischen Ernährungsfaktoren und der Inzidenz von neurodegenerativen Erkrankungen (Demenz [Alzheimer-Krankheit und andere Demenzformen] und Parkinson-Krankheit) sowie kognitivem Abbau und kognitiver Beeinträchtigung systematisch zusammenzufassen und die methodische Qualität der Metaanalysen sowie die Qualität der Evidenz und damit die Aussagekraft der Ergebnisse zu bewerten.

**Dieser Umbrella Review fasst die aktuelle Studienlage aus systematischen Übersichtsarbeiten mit Metaanalysen zu prospektiven Assoziationen zwischen Ernährungsfaktoren und der Inzidenz von neurodegenerativen Erkrankungen sowie kognitivem Abbau und kognitiver Beeinträchtigung systematisch zusammen und bewertet die methodische Qualität der Metaanalysen sowie die Qualität der Evidenz und damit die Aussagekraft der geschätzten Assoziationen.**

## 5.3.2 Methodik

Die detaillierten Methoden dieses Umbrella Reviews sind in der Originalpublikation von Barbaresko et al. [1] beschrieben und werden im Folgenden verkürzt dargestellt. Der Umbrella Review wurde *a priori* im *International Prospective Register of Systematic Reviews* (PROSPERO) (ID: CRD42018105892) registriert. Mit Ausnahme der Neuberechnung der Ergebnisse der ursprünglichen Metaanalysen wurden alle Arbeitsschritte von zwei Wissenschaftler*innen unabhängig voneinander durchgeführt.

Die systematische Literatursuche wurde mit vordefinierten Suchbegriffen in den Datenbanken PubMed, Embase und Cochrane am 6. November 2019 ohne Beschränkung des Publikationszeitpunkts durchgeführt. Für die Publikationen galten folgende Einschlusskriterien:



- systematische Übersichtsarbeiten einschließlich Metaanalysen, die den Zusammenhang zwischen Ernährungsfaktoren (Ernährungsmuster, Lebensmittelgruppen, Lebensmittel, Makro- und Mikronährstoffe, sekundäre Pflanzenstoffe) und neurodegenerativen Erkrankungen (Demenz [Alzheimer-Krankheit u. a. Demenzformen], Parkinson-Krankheit) sowie kognitivem Abbau oder kognitiver Beeinträchtigung (cognitive impairment; CIP) untersucht haben
- Metaanalysen, die auf mindestens zwei prospektiven Kohortenstudien oder randomisierten kontrollierten Interventionsstudien basierten
- Betrachtung der allgemeinen Bevölkerung (einschließlich Kinder, Jugendliche, Erwachsene und ältere Menschen) ohne prävalente kognitive Störungen
- Angabe eines Gesamteffektschätzers
- Artikel, die in englischer oder deutscher Sprache verfasst und in international begutachteten Zeitschriften veröffentlicht wurden

Wenn mehrere Metaanalysen zu einer Exposition und einem Endpunkt gefunden wurden, wurde die aktuellste Metaanalyse, die eine Dosis-Wirkungs-Beziehung untersucht hat oder die Metaanalyse mit der höchsten Anzahl prospektiver Primärstudien eingeschlossen.

Die methodische Qualität der Metaanalysen wurde auf Basis des *Risk Of Bias in Systematic reviews Instrument* (ROBIS-Tool) [16] bewertet. Das ROBIS-Tool ermöglicht eine Aussage über das Gesamtverzerrungsrisiko bezüglich der Durchführung von systematischen Übersichtsarbeiten und Metaanalysen. Aspekte wie Eignung der Einschlusskriterien, Identifikation und Auswahl der Studien, Datenextraktion und Bewertung der Studien, Datensynthese und Ergebnisse werden hierbei betrachtet.

Die Qualität der Evidenz wurde unter Verwendung von NutriGrade bewertet [17]. Das NutriGrade-Instrument umfasst die folgenden Punkte: 1) Studienqualität der Primärstudien, 2) Präzision der Schätzung, 3) Heterogenität, 4) Direktheit, 5) Publikationsverzerrung, 6) Studienfinanzierung, 7) Effektstärke und 8) Dosis-Wirkungs-Analyse. Zu beachten ist hierbei, dass die Informationen zur Bewertung der Qualität der Primärstudien und der Studienfinanzierung aus den ursprünglichen Metaanalysen extrahiert wurden, während die anderen Punkte aus den neu berechneten Metaanalysen des Umbrella Reviews stammen.

Die Qualität der Evidenz wird in vier Kategorien anhand eines Punktesystems bewertet:

- hohe Qualität der Evidenz: hohes Vertrauen in die Effektschätzung und zukünftige Studien werden wahrscheinlich nicht das Vertrauen in die Effektschätzung ändern
- moderate Qualität der Evidenz: moderates Vertrauen in die Effektschätzung und weitere Forschung könnte die Effektschätzung ändern
- niedrige Qualität der Evidenz: geringes Vertrauen in die Effektschätzung, wobei es wahrscheinlich ist, dass weitere Studien die Effektschätzung ändern werden
- sehr niedrige Qualität der Evidenz, was darauf hindeutet, dass es nur eine sehr begrenzte und unsichere Aussagekraft gibt



Die Ergebnisse aller ursprünglichen Metaanalysen wurden neu berechnet, um sicherzustellen, dass

- ausschließlich prospektive Studien mit den gleichen statistischen Methoden zusammengefasst wurden,
- die Gesamteffektschätzer separat für unterschiedliche Endpunkte berechnet wurden, und
- alle relevanten Maße (bspw. Heterogenitätsmaße) einheitlich dargestellt wurden.

Die Gesamteffektschätzer (Gesamt-Relatives Risiko, GRR) und die zugehörigen 95 % Konfidenzintervalle (*confidence interval,* CI) wurden mittels *Random Effects Models* geschätzt [18]. Die linearen Dosis-Wirkungs-Metaanalysen wurden unter Verwendung der Methode von Greenland und Longecker [19] und die nicht linearen Dosis-Wirkungs-Metaanalysen unter Verwendung der Methode von Orsini et al. [20] durchgeführt. Als Maß der Inkonsistenz (Heterogenität zwischen den Studienergebnissen) wurde $I^2$ zwischen den Studien berechnet [21]. Eine mögliche Publikationsverzerrung wurde visuell unter Verwendung von Funnel Plots und statistisch unter Verwendung des Egger's Test untersucht, wenn mindestens fünf Primärstudien verfügbar waren [22].

**Es erfolgte eine Neuberechnung der Ergebnisse der ursprünglichen Metaanalysen. Die methodische Qualität aller eingeschlossenen Metaanalysen sowie die Qualität der Evidenz für alle identifizierten Assoziationen wurden anhand des ROBIS-Tools und NutriGrade bewertet.**

## 5.3.3 Ergebnisse

Insgesamt wurden 7 926 Publikationen identifiziert. Nach Sichtung von n = 320 Volltextartikeln wurden n = 20 Metaanalysen [10, 13, 23–40] mit insgesamt n = 98 Gesamteffektschätzern für prospektive Assoziationen zwischen Ernährungsfaktoren und den neurodegenerativen Erkrankungen Alzheimer-Krankheit (n = 10) [13, 23–25, 30–33, 39, 40], Demenz (n = 9) [13, 23, 24, 30, 32, 33, 37, 39, 40], der Parkinson-Krankheit (n = 6) [10, 26, 28, 34–36] sowie für kognitiven Abbau (n = 5) [27, 29, 32, 37, 38] und kognitive Beeinträchtigung/MCI (n = 3) [13, 29, 37] eingeschlossen (Abb. 5/4). Die Metaanalysen schlossen zwischen zwei und acht Primärstudien ein und wurden zwischen 2012 und 2018 veröffentlicht. Alle Metaanalysen basieren auf prospektiven Kohortenstudien, die in erwachsenen Studienpopulationen durchgeführt wurden.

Metaanalysen zu folgenden Ernährungsfaktoren wurden identifiziert:



- **Ernährungsweisen,** nämlich Alternate Healthy Eating Index (AHEI) [34] und mediterrane Ernährung (*Mediterranean Diet Score,* MDS) [13],
- **Lebensmittelgruppen und Lebensmittel,** das heißt, der Verzehr von Gemüse und Obst [27], Fisch [23, 39, 40], Milch und Milchprodukten (Käse, Joghurt, Butter) [26, 28, 38], Kaffee [10, 30, 37], Tee (allgemein) und Teesorten (grüner Tee, schwarzer Tee und Oolong Tee) [10, 32] sowie
- **Nährstoffe und Inhaltsstoffe,** nämlich die Zufuhr von Energie, Kohlenhydraten und Protein [36], Cholesterol, Fett und Fettsäuren (gesättigte Fettsäuren [*saturated fatty acids,* SFA], einfach ungesättigte Fettsäuren [*monounsaturated fatty acids,* MUFA], mehrfach ungesättigte Fettsäuren [*polyunsaturated fatty acids,* PUFA], n-3 PUFA, n-6 PUFA, Arachidonsäure, Linolsäure, α-Linolensäure, Eicosapentaensäure [*eicosapentaenoic acid,* EPA], Docosahexaensäure [*docosahexaenoic acid,* DHA]) [33, 36, 39, 40], Vitamin $B_6$ [24, 35], Vitamin $B_{12}$ [24, 25, 35], Vitamin C und Vitamin E [24, 31], Folat [24, 35], β-Carotin [31], Flavonoide [24] und Koffein [10, 29].

**Abbildung 5/4:** Flussdiagramm der systematischen Literaturrecherche und -auswahl nach PRISMA [41].

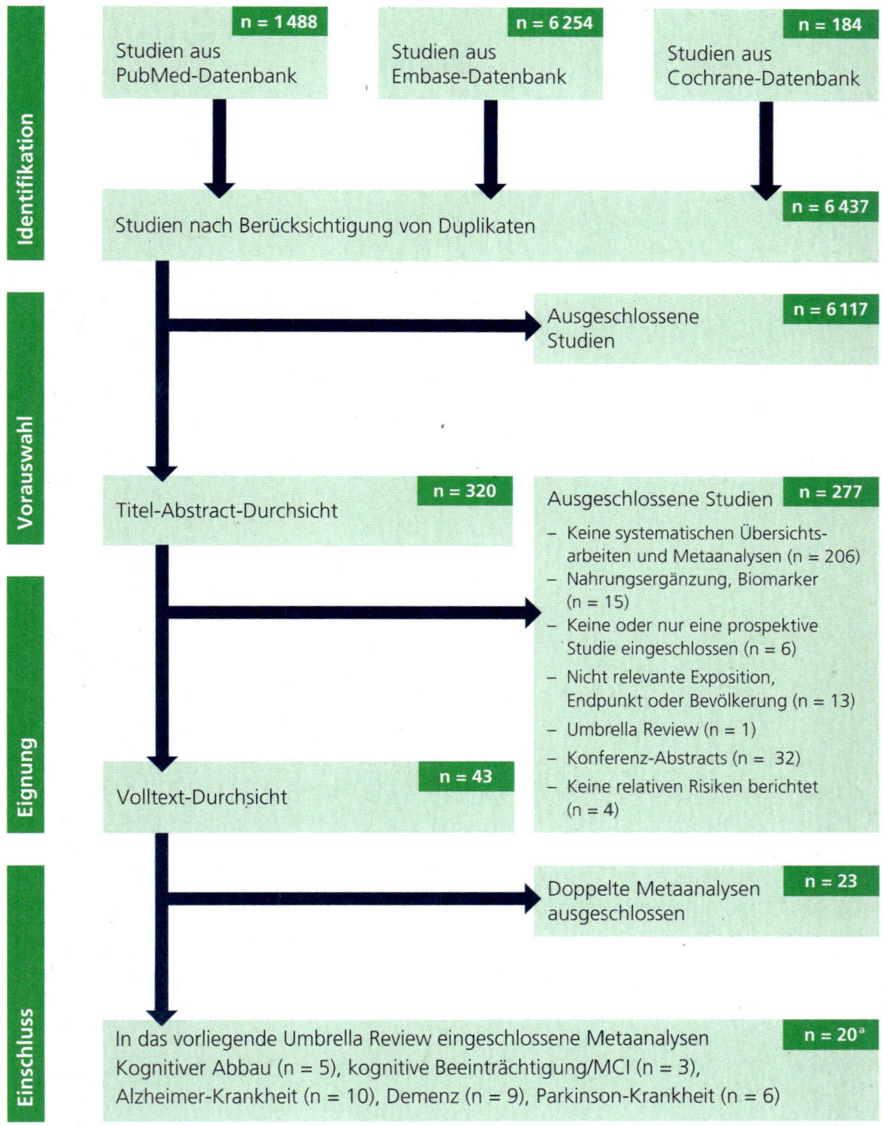


*PRISMA: Preferred reporting items for systematic reviews and meta-analyses*

a Die Summe der bei den Endpunkten genannten Anzahl an Metaanalysen ist größer als n = 20, da mehrere Metaanalysen mehr als einen Endpunkt untersuchten.

5.3

In der Gesamtbewertung aller Aspekte des ROBIS-Instruments wurde das Verzerrungsrisiko aller ursprünglichen Metaanalysen als hoch bewertet. Dies war hauptsächlich auf die Zusammenführung von Studienergebnissen aus unterschiedlichen Studiendesigns, Endpunkten sowie auf eine fehlende oder unzureichende Bewertung und Diskussion des Verzerrungsrisikos der Primärstudien zurückzuführen. Detaillierte Ergebnisse hierzu sind in der Originalpublikation von Barbaresko et al. [1] dargestellt.

**In der Gesamtbewertung aller Aspekte des ROBIS-Instruments wurde das Verzerrungsrisiko aller ursprünglichen Metaanalysen als hoch bewertet.**

Die neu berechneten Assoziationen zwischen den Ernährungsfaktoren und neurodegenerativen Erkrankungen, kognitivem Abbau oder kognitiver Beeinträchtigung/MCI sind in den Abbildungen 5/5 bis 5/8 dargestellt. Nur für wenige Assoziationen wurde die Qualität der Evidenz als moderat und für keine Assoziation wurde diese als hoch bewertet. Somit wurde die Qualität der Evidenz für die Mehrzahl der Assoziationen als niedrig oder sehr niedrig eingestuft. Dies bedeutet, dass es wahrscheinlich ist, dass weitere Studien die vorliegenden Ergebnisse ändern werden oder dass nur eine sehr begrenzte und unsichere Aussagekraft der Ergebnisse vorliegt.



**Nur für wenige der neu berechneten Assoziationen der ursprünglichen Metaanalysen wurde die Qualität der Evidenz als moderat und für keine Assoziation wurde diese als hoch bewertet. Die Qualität der Evidenz wurde für die Mehrzahl der Assoziationen als niedrig oder sehr niedrig eingestuft, womit es wahrscheinlich ist, dass weitere Studien die vorliegenden Ergebnisse ändern werden oder dass nur eine sehr begrenzte und unsichere Aussagekraft der Ergebnisse vorliegt.**

#### 5.3.3.1 Ernährungsfaktoren und Inzidenz von kognitivem Abbau und kognitiver Beeinträchtigung

Die Gesamteffektschätzer und die Qualität der Evidenz für die Assoziationen zwischen den Ernährungsfaktoren und den Inzidenzen von kognitivem Abbau und kognitiver Beeinträchtigung werden in Abbildung 5/5 dargestellt. Für keine der Assoziat onen wurde die Qualität der Evidenz als hoch oder moderat bewertet.

**Abbildung 5/5:** Assoziationen zwischen Ernährungsfaktoren und der Inzidenz von kognitivem Abbau (CD), kognitiver Beeinträchtigung (CIP) oder leichter kognitiver Beeinträchtigung (MCI)

| Exposition | Endpunkt | Primärstudien, n | Teilnehmende bzw. Fälle/n | Vergleich | GRR (95 % CI), REM | Qualität der Evidenz[a] |
|---|---|---|---|---|---|---|
| MDS | MCI | 5 | 24 274/2 351 | hohe vs. geringe Umsetzung | 0,83 (0,74–0,93) | niedrig |
| MDS | MCI | 5 | 11 101/1 113 | je 1 z. Punkt | 0,94 (0,91–0,98) | niedrig |
| Obst | CD | 2 | 10 500/1 904 | hoher vs. geringer V. | 0,82 (0,70–0,97) | niedrig |
| Tee | CD | 4 | 7 842/1 932 | hoher vs. geringer K. | 0,70 (0,57–0,88) | niedrig |
| Grüner Tee | CD | 3 | 2 151/626 | hoher vs. geringer K. | 0,53 (0,29–0,99) | niedrig |
| Gemüse | CD | 2 | 10 500/1 904 | hoher vs. geringer V. | 0,85 (0,51–1,39) | sehr niedrig |
| Milch | CD | 2 | 5 410/742 | hoher vs. geringer K. | 0,87 (0,48–1,60) | sehr niedrig |
| Schwarzer Tee/ Oolong Tee | CD | 2 | 1 928/551 | hoher vs. geringer K. | 0,96 (0,44–2,09) | sehr niedrig |
| Kaffee | CIP | 3 | 7 545/1 094 | hoher vs. geringer K. | 0,88 (0,58–1,32) | sehr niedrig |
| Kaffee | CIP | 3 | 7 545/1 094 | je 1 z. Tasse/Tag | 0,95 (0,81–1,11) | sehr niedrig |
| Kaffee | CD | 2 | 1 928/551 | hoher vs. geringer K. | 1,09 (0,81–1,45) | sehr niedrig |
| Kaffec | CD | 2 | 1 928/551 | je 1 z. Tasse/Tag | 1,05 (0,86–1,28) | sehr niedrig |
| Koffein | CD | 2 | 7 326/1 087 | hohe vs. geringe Z. | 0,79 (0,44–1,42) | sehr niedrig |
| Koffein | CIP | 2 | 3 803/450 | hohe vs. geringe Z. | 0,81 (0,39–1,67) | sehr niedrig |

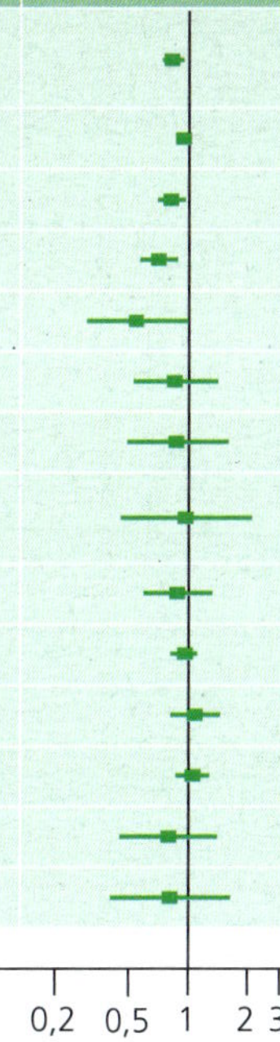


CI: Konfidenzintervall; GRR: Gesamt-Relatives Risiko; K.: Konsum; MDS: *mediterranean diet score* (Skala der mediterranen Ernährung, mediterrane Ernährung); REM: *Random Effects Model*; V.: Verzehr; z.: zusätzliche bzw. zusätzlicher; Z.: Zufuhr.
Die GRRs wurden als Boxen und die 95 % CIs als horizontale Linien dargestellt. Die vertikale Linie zeigt keine Assoziation an.

a bewertet mit NutriGrade

5.3

Zwischen der mediterranen Ernährung und der Inzidenz von MCI (hohe vs. geringe Umsetzung der mediterranen Ernährung und Dosis-Wirkungs-Metaanalyse) wurde ein inverser Zusammenhang gefunden. Es gab Hinweise auf eine Publikationsverzerrung für diese Assoziation. Darüber hinaus wurden für einen hohen Verzehr von Obst, grünem Tee und Tee (allgemein), im Vergleich zu einem niedrigen Verzehr, und der Inzidenz von kognitivem Abbau ebenfalls inverse Assoziationen gefunden. Die Qualität der Evidenz wurde für diese Assoziationen als niedrig bewertet. Für weitere Ernährungsfaktoren wurden keine Assoziationen gefunden oder die Effektschätzer als ungenau geschätzt und mit einer ebenfalls niedrigen oder sehr niedrigen Qualität der Evidenz bewertet (Abb. 5/5).

**Für keine der Assoziationen zwischen den Ernährungsfaktoren und den Inzidenzen von kognitivem Abbau und kognitiver Beeinträchtigung wurde die Qualität der Evidenz als hoch oder moderat bewertet.**

### 5.3.3.2 Ernährungsfaktoren und Inzidenz der Alzheimer-Krankheit



Die Gesamteffektschätzer und die Qualität der Evidenz für die Assoziationen zwischen den Ernährungsfaktoren und der Inzidenz der Alzheimer-Krankheit zeigt Abbildung 5/6. Eine hohe Umsetzung einer mediterranen Ernährungsweise, im Vergleich zu einer geringen, war mit einer verringerten Inzidenz der Alzheimer-Krankheit assoziiert (GRR: 0,63; 95 % CI: 0,48–0,82; $I^2$: 0 %; n = 4 Primärstudien).

Diese Assoziation wurde mit einer moderaten Qualität der Evidenz bewertet, wobei die Dosis-Wirkungs-Metaanalyse mit einer niedrigen Qualität der Evidenz bewertet wurde.

Verglichen mit keinem oder einem niedrigen Verzehr von Fisch war ein hoher Verzehr mit einer verringerten Inzidenz der Alzheimer-Krankheit assoziiert (GRR: 0,72; 95 % CI: 0,59–0,89; $I^2$: 42,5 %; n = 6 Primärstudien). Dieser Zusammenhang wurde mit einer moderaten Qualität der Evidenz bewertet. Die Dosis-Wirkungs-Metaanalyse zeigte ebenfalls eine linear inverse Assoziation zwischen dem Verzehr von Fisch und der Inzidenz der Alzheimer-Krankheit, wurde allerdings nur mit einer niedrigen Qualität der Evidenz bewertet. Für diese Assoziation gab es laut Funnel Plot Hinweise auf eine mögliche Publikationsverzerrung.

Eine hohe Zufuhr von SFA, im Vergleich mit einer geringen, war mit einer erhöhten Inzidenz der Alzheimer-Krankheit assoziiert. Dieser Zusammenhang wurde mit einer niedrigen Qualität der Evidenz bewertet. Jedoch wurde diese Assoziation in der Dosis-Wirkungs-Analyse für eine Steigerung der Zufuhr von 4 g/Tag ungenau geschätzt und mit einer sehr niedrigen Qualität der Evidenz bewertet. Assoziationen zwischen der Zufuhr von Fett, n-3 PUFA, DHA sowie Folat und der Alzheimer-Krankheit wurden ungenau geschätzt und mit einer niedrigen oder sehr niedrigen Qualität der Evidenz bewertet. Für weitere Ernährungsfaktoren wurden keine Assoziationen gefunden (Abb. 5/6).

**Abbildung 5/6:** Assoziationen zwischen Ernährungsfaktoren und der Inzidenz der Alzheimer-Krankheit

| Exposition | Primärstudien, n | Teilnehmende bzw. Fälle/n | Vergleich | GRR (95 % CI), REM | Qualität der Evidenz[a] |
|---|---|---|---|---|---|
| MDS | 4 | 4845/498 | hohe vs. geringe Umsetzung | 0,63 (0,48–0,82) | moderat |
| Fisch | 6 | 18843/1075 | hoher vs. geringer V. | 0,72 (0,59–0,89) | moderat |
| MDS | 4 | 4845/498 | je 1 z. Punkt | 0,93 (0,88–0,97) | niedrig |
| Fisch | 4 | 16528/969 | je 1 z. Portion/ Woche | 0,88 (0,80–0,97) | niedrig |
| Tee | 3 | 5677/249 | hoher vs. geringer K. | 1,18 (0,84–1,66) | niedrig |
| Kaffee | 4 | 308441/5370 | je 1 z. Tasse/Tag | 1,02 (0,96–1,08) | niedrig |
| Fett | 4 | 9064/486 | hohe vs. geringe Z. | 1,24 (0,90–1,71) | niedrig |
| SFA | 4 | 9064/486 | hohe vs. geringe Z. | 1,46 (1,08–1,99) | niedrig |
| n-3 PUFA | 2 | 6210/596 | hohe vs. geringe Z. | 0,74 (0,33–1,67) | niedrig |
| DHA | 3 | 6698/> 596 | hohe vs. geringe Z. | 0,67 (0,34–1,32) | niedrig |
| DHA | 2 | 6210/496 | je z. 0,1g/Tag | 0,35 (0,04–3,34) | niedrig |
| Fett | 4 | 9064/486 | je z. 10 g/Tag | 1,05 (0,97–1,12) | sehr niedrig |
| SFA | 3 | 8084/244 | je z. 4 g/Tag | 1,08 (0,93–1,26) | sehr niedrig |
| MUFA | 3 | 3678/449 | hohe vs. geringe Z. | 1,05 (0,42–2,64) | sehr niedrig |
| PUFA | 2 | 2863/318 | hohe vs. geringe Z. | 0,87 (0,59–1,30) | sehr niedrig |
| PUFA | 2 | 7278/222 | je z. 8 g/Tag | 1,09 (0,71–1,68) | sehr niedrig |
| EPA | 2 | 5883/> 465 | hohe vs. geringe Z. | 0,89 (0,57–1,38) | sehr niedrig |
| EPA | 2 | 6210/496 | je z. 0,05 g/Tag | 0,97 (0,83–1,14) | sehr niedrig |
| Vitamin $B_6$ | 4 | 6219/623 | hohe vs. geringe Z. | 0,86 (0,64–1,16) | sehr niedrig |
| Folat | 4 | 6219/623 | hohe vs. geringe Z. | 0,78 (0,44–1,38) | sehr niedrig |
| Vitamin $B_{12}$ | 4 | 6219/623 | hohe vs. geringe Z. | 0,95 (0,72–1,25) | sehr niedrig |
| Vitamin $B_{12}$ | 3 | 5254/431 | je z. 1 µg/Tag | 1,00 (0,98–1,02) | sehr niedrig |
| Vitamin C | 5 | 10228/1030 | hohe vs. geringe Z. | 0,91 (0,76–1,09) | sehr niedrig |
| Vitamin E | 5 | 10228/1030 | hohe vs. geringe Z. | 0,83 (0,58–1,18) | sehr niedrig |
| β-Carotin | 5 | 10228/1030 | hohe vs. geringe Z. | 1,01 (0,84–1,22) | sehr niedrig |

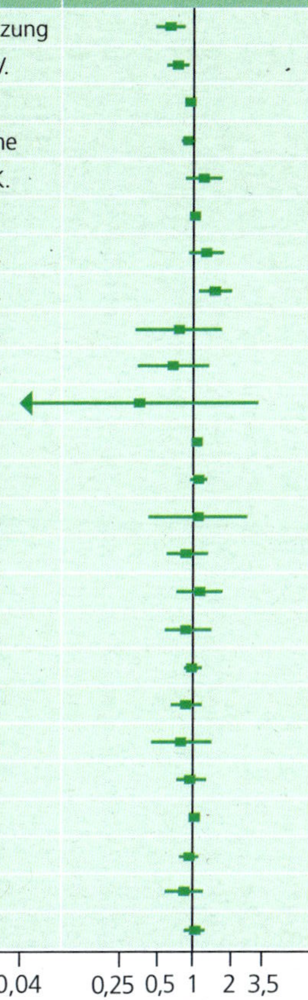


CI: Konfidenzintervall; DHA: *docosahexaenoic acid* (Docosahexaensäure); EPA: *eicosapentaenoic acid* (Eicosapentaensäure); GRR: Gesamt-Relatives Risiko; K.: Konsum; MDS: *mediterranean diet score* (Skala der mediterranen Ernährung, mediterrane Ernährung); MUFA: *monounsaturated fatty acids* (einfach ungesättigte Fettsäuren); PUFA: *polyunsaturated fatty acids* (mehrfach ungesättigte Fettsäuren); REM: *Random Effects Model*; SFA: *saturated fatty acids* (gesättigte Fettsäuren); V.: Verzehr; z.: zusätzliche bzw. zusätzlicher; Z.: Zufuhr.
Die GRRs wurden als Boxen und die 95 % CIs als horizontale Linien dargestellt. Die vertikale Linie zeigt keine Assoziation an.

a bewertet mit NutriGrade

5.3

**Eine mediterrane Ernährungsweise sowie der Verzehr von Fisch sind möglicherweise invers mit der Entwicklung der Alzheimer-Krankheit assoziiert. Beide Assoziationen wurden mit einer moderaten Qualität der Evidenz bewertet.**

### 5.3.3.3 Ernährungsfaktoren und Inzidenz von Demenz

Ein hoher Konsum von Tee (allgemein), verglichen mit einem niedrigen Konsum, war mit einer verringerten Inzidenz von Demenz (GRR: 0,74; 95 % CI: 0,63–0,88; $I^2$: 0 %; n = 2 Primärstudien) assoziiert. Diese Assoziation wurde mit einer moderaten Qualität der Evidenz bewertet (Abb. 5/7).

Darüber hinaus wurden inverse Assoziationen zwischen dem Verzehr von Fisch sowie grünem Tee und der Inzidenz von Demenz mit einer niedrigen oder sehr niedrigen Qualität der Evidenz gefunden, die Gesamteffektschätzer wurden jedoch ungenau geschätzt. Die positiven Assoziationen zwischen der Zufuhr von Fett und SFA und der Inzidenz von Demenz wurden ungenau geschätzt und mit einer niedrigen Qualität der Evidenz bewertet. Für weitere Ernährungsfaktoren wurden keine Assoziationen gefunden (Abb. 5/7).

**Der Konsum von Tee (allgemein) ist möglicherweise invers mit der Entwicklung von Demenz assoziiert. Diese Assoziation wurde mit einer moderaten Qualität der Evidenz bewertet.**



### 5.3.3.4 Ernährungsfaktoren und Inzidenz der Parkinson-Krankheit

Eine inverse Assoziation wurde zwischen dem Konsum von Tee (allgemein) und der Inzidenz der Parkinson-Krankheit (hoher vs. niedriger Konsum und Dosis-Wirkungs-Metaanalyse) gefunden (Abb. 5/8). Diese wurde mit einer moderaten Qualität der Evidenz bewertet. Ein hoher Konsum von Tee (allgemein), verglichen mit keinem oder einem niedrigen Konsum, war mit einer verringerten Inzidenz der Parkinson-Krankheit assoziiert (GRR: 0,65; 95 % CI: 0,51–0,83; $I^2$: 0 %; n = 5 Primärstudien). Darüber hinaus war eine Steigerung des Konsums um zwei Tassen Tee/Tag linear mit einem um 31 % geringeren relativen Risiko für die Entwicklung der Parkinson-Krankheit assoziiert (GRR: 0,69; 95 % CI: 0,54–0,87; $I^2$: 0 %; n = 5 Primärstudien).

**Abbildung 5/7:** Assoziationen zwischen Ernährungsfaktoren und der Inzidenz von Demenz

| Exposition | Primärstudien, n | Teilnehmende bzw. Fälle/n | Vergleich | GRR (95 % CI), REM | Qualität der Evidenz[a] |
|---|---|---|---|---|---|
| Tee | 2 | 14135/1212 | hoher vs. geringer K. | 0,74 (0,63–0,88) | moderat |
| MDS | 3 | 8722/609 | hohe vs. geringe Umsetzung | 1,07 (0,81–1,42) | niedrig |
| MDS | 3 | 8722/609 | je 1 z. Punkt | 1,01 (0,97–1,06) | niedrig |
| Fisch | 5 | 18028/1393 | hoher vs. geringer V. | 0,86 (0,75–0,99) | niedrig |
| Fisch | 3 | 15713/1124 | je 1 z. Portion/ Woche | 0,95 (0,90–1,00) | niedrig |
| Grüner Tee | 2 | 14135/1212 | hoher vs. geringer K. | 0,56 (0,23–1,35) | niedrig |
| Schwarzer Tee/ Oolong Tee | 2 | 14135/1212 | hoher vs. geringer K. | 1,11 (0,37–3,31) | niedrig |
| Kaffee | 4 | 16473/2173 | je 1 z. Tasse/Tag | 1,01 (0,96–1,05) | niedrig |
| Fett | 2 | 7269/175 | hohe vs. geringe Z. | 1,36 (0,43–4,24) | niedrig |
| SFA | 2 | 7269/175 | hohe vs. geringe Z. | 2,05 (1,06–3,98) | niedrig |
| Kaffee | 3 | 10468/1485 | hoher vs. geringer K. | 1,10 (0,83–1,46) | sehr niedrig |
| PUFA | 2 | 7278/222 | je z. 8 g/Tag | 1,01 (0,64–1,59) | sehr niedrig |
| DHA | 2 | 6210/596 | hohe vs. geringe Z. | 0,89 (0,57–1,38) | sehr niedrig |
| Vitamin C | 5 | 10228/1130 | hohe vs. geringe Z. | 0,98 (0,82–1,17) | sehr niedrig |
| Vitamin E | 5 | 10228/1130 | hohe vs. geringe Z. | 0,84 (0,60–1,17) | sehr niedrig |
| Flavonoide | 2 | 6762/531 | hohe vs. geringe Z. | 0,82 (0,42–1,58) | sehr niedrig |

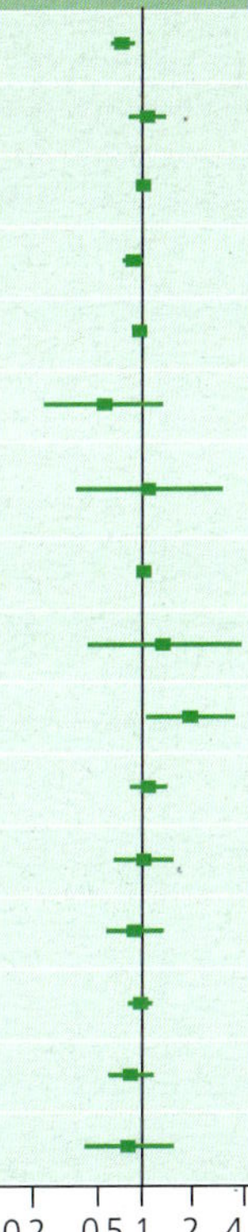


CI: Konfidenzintervall; DHA: *docosahexaenoic acid* (Docosahexaensäure); GRR: Gesamt-Relatives Risiko; K.: Konsum; MDS: *mediterranean diet score* (Skala der mediterranen Ernährung, mediterrane Ernährung); PUFA: *polyunsaturated fatty acids* (mehrfach ungesättigte Fettsäuren); REM: *Random Effects Model*; SFA: *saturated fatty acids* (gesättigte Fettsäuren); V.: Verzehr; z.: zusätzliche bzw. zusätzlicher; Z.: Zufuhr.
Die GRRs wurden als Boxen und die 95 % CIs als horizontale Linien dargestellt. Die vertikale Linie zeigt keine Assoziation an.

a bewertet mit NutriGrade

**Abbildung 5/8:** Assoziationen zwischen Ernährungsfaktoren und der Inzidenz der Parkinson-Krankheit

| Exposition | Primärstudien, n | Teilnehmende bzw. Fälle/n | Vergleich | GRR (95 % CI), REM | Qualität der Evidenz[a] |
|---|---|---|---|---|---|
| Tee | 5 | 343 345/1 322 | hoher vs. geringer K. | 0,65 (0,51–0,83) | moderat |
| Tee | 5 | 343 345/1 322 | je 2 z. Tassen/Tag | 0,69 (0,54–0,87) | moderat |
| Milch | 5 | 272 238/1 637 | hoher vs. geringer K. | 1,57 (1,30–1,88) | niedrig |
| Milch | 4 | 190 223/811 | je z. 200 g/Tag | 1,20 (1,10–1,32) | niedrig |
| Käse | 3 | 182 719/683 | je z. 10 g/Tag | 1,11 (1,04–1,19) | niedrig |
| Kaffee | 8 | 785 300/2 452 | hoher vs. geringer K. | 0,61 (0,44–0,85) | niedrig |
| Kaffee | 8 | 785 300/2 452 | je 2 z. Tassen/Tag | 0,87 (0,80–0,95) | niedrig |
| MUFA | 5 | 207 386/742 | hohe vs. geringe Z. | 0,88 (0,69–1,12) | niedrig |
| MUFA | 4 | 141 608/499 | je z. 10 g/Tag | 0,77 (0,57–1,04) | niedrig |
| PUFA | 5 | 207 386/742 | hohe vs. geringe Z. | 0,81 (0,64–1,02) | niedrig |
| n-3 PUFA | 4 | 141 608/499 | je z. 1 g/Tag | 0,58 (0,44–0,77) | niedrig |
| Koffein | 5 | 340 630/927 | hohe vs. geringe Z. | 0,61 (0,44–0,85) | niedrig |
| Koffein | 5 | 340 630/927 | je z. 200 mg/Tag | 0,71 (0,54–0,91) | niedrig |
| AHEI | 2 | 34 285/5 443 | hoher vs. niedriger Index | 0,87 (0,49–1,55) | sehr niedrig |
| Milchprodukte | 4 | 264 734/1 509 | hoher vs. geringer V. | 1,28 (1,06–1,55) | sehr niedrig |
| Joghurt | 2 | 178 195/598 | hoher vs. geringer V. | 1,06 (0,74–1,51) | sehr niedrig |
| Butter | 2 | 49 467/251 | hoher vs. geringer V. | 0,76 (0,51–1,13) | sehr niedrig |
| Energie | 3 | 136 319/448 | hohe vs. geringe Z. | 1,09 (0,82–1,46) | sehr niedrig |
| Energie | 3 | 161 301/447 | je z. 1000 kcal/Tag | 0,97 (0,75–1,24) | sehr niedrig |
| Kohlenhydrate | 3 | 198 955/516 | hohe vs. geringe Z. | 1,16 (0,87–1,54) | sehr niedrig |
| Kohlenhydrate | 2 | 135 894/359 | je z. 100 g/Tag | 0,96 (0,67–1,39) | sehr niedrig |
| Fett | 6 | 338 250/1 130 | hohe vs. geringe Z. | 0,85 (0,68–1,05) | sehr niedrig |
| Fett | 5 | 272 472/887 | je z. 20 g/Tag | 0,87 (0,72–1,06) | sehr niedrig |

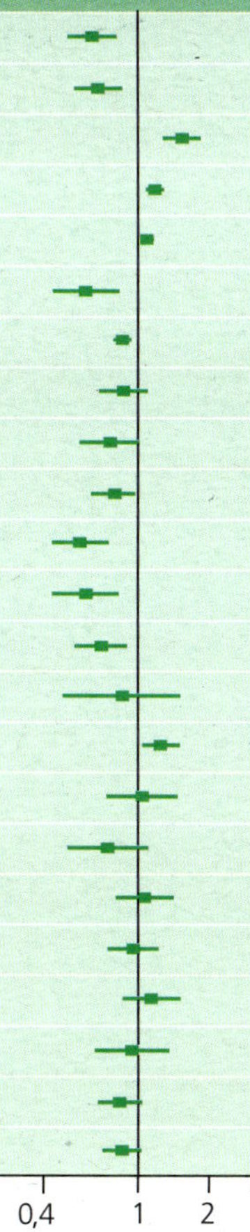

**Abbildung 5/8 (Fortsetzung):** Assoziationen zwischen Ernährungsfaktoren und der Inzidenz der Parkinson-Krankheit

| Exposition | Primärstudien, n | Teilnehmende bzw. Fälle/n | Vergleich | GRR (95 % CI), REM | Qualität der Evidenz[a] |
|---|---|---|---|---|---|
| Protein | 4 | 329 819/904 | hohe vs. geringe Z. | 1,14 (0,85–1,52) | sehr niedrig |
| SFA | 5 | 207 386/742 | hohe vs. geringe Z. | 0,85 (0,63–1,16) | sehr niedrig |
| SFA | 4 | 141 608/499 | je z. 10 g/Tag | 0,92 (0,74–1,16) | sehr niedrig |
| PUFA | 4 | 141 608/499 | je z. 5 g/Tag | 0,82 (0,72–0,92) | sehr niedrig |
| Arachidonsäure | 2 | 135 894/359 | hohe vs. geringe Z. | 0,65 (0,47–0,91) | sehr niedrig |
| EPA | 2 | 135 894/359 | hohe vs. geringe Z. | 0,91 (0,66–1,26) | sehr niedrig |
| EPA | 3 | 141 183/410 | je z. 0,1 g/Tag | 1,01 (0,87–1,18) | sehr niedrig |
| DHA | 2 | 135 894/359 | hohe vs. geringe Z. | 0,84 (0,60–1,18) | sehr niedrig |
| DHA | 3 | 141 183/410 | je z. 0,1 g/Tag | 0,98 (0,88–1,09) | sehr niedrig |
| Linolsäure | 4 | 144 325/585 | hohe vs. geringe Z. | 0,80 (0,61–1,04) | sehr niedrig |
| Linolsäure | 4 | 141 608/499 | je z. 5 g/Tag | 0,83 (0,73–0,93) | sehr niedrig |
| α-Linolensäure | 4 | 144 325/585 | hohe vs. geringe Z. | 0,80 (0,56–1,15) | sehr niedrig |
| α-Linolensäure | 4 | 141 608/499 | je z. 0,5 g/Tag | 0,82 (0,69–0,97) | sehr niedrig |
| n-3 PUFA | 4 | 199 380/605 | hohe vs. geringe Z. | 0,83 (0,59–1,16) | sehr niedrig |
| n-6 PUFA | 2 | 63 486/246 | hohe vs. geringe Z. | 0,75 (0,51–1,12) | sehr niedrig |
| Cholesterol | 2 | 135 894/359 | hohe vs. geringe Z. | 0,95 (0,67–1,34) | sehr niedrig |
| Cholesterol | 2 | 135 894/359 | je z. 100 mg/Tag | 0,95 (0,84–1,08) | sehr niedrig |
| Vitamin $B_6$ | 3 | 141 346/487 | hohe vs. geringe Z. | 0,85 (0,53–1,36) | sehr niedrig |
| Folat | 3 | 141 346/487 | hohe vs. geringe Z. | 1,10 (0,81–1,50) | sehr niedrig |
| Vitamin $B_{12}$ | 3 | 141 346/487 | hohe vs. geringe Z. | 1,02 (0,79–1,32) | sehr niedrig |

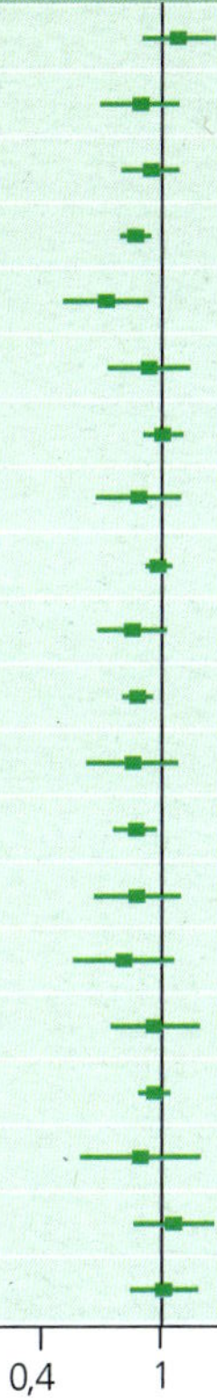


AHEI: *Alternate Healthy Eating Index*; CI: Konfidenzintervall; EPA: *eicosapentaenoic acid* (Eicosapentaensäure); DHA: *docosahexaenoic acid* (Docosahexaensäure); GRR: Gesamt-Relatives Risiko; K.: Konsum; MUFA: *monounsaturated fatty acids* (einfach ungesättigte Fettsäuren); PUFA: *polyunsaturated fatty acids* (mehrfach ungesättigte Fettsäuren); REM: *Random Effects Model*; SFA: *saturated fatty acids* (gesättigte Fettsäuren); V.: Verzehr; z.: zusätzliche bzw. zusätzlicher; Z.: Zufuhr.
Die GRRs wurden als Boxen und die 95 % CIs als horizontale Linien dargestellt. Die vertikale Linie zeigt keine Assoziation an.

a bewertet mit NutriGrade

Inverse Assoziationen wurden ebenfalls zwischen dem Konsum von Kaffee und der Zufuhr von Koffein, n-3 PUFA (je 1 g/Tag) und PUFA und der Inzidenz der Parkinson-Krankheit gefunden, jedoch mit einer niedrigen Qualität der Evidenz bewertet. Eine erhöhte Inzidenz der Parkinson-Krankheit wurde für einen höheren Verzehr von Käse, Milch und Milchprodukten gefunden, die Qualität der Evidenz wurde als niedrig oder sehr niedrig bewertet. Die inversen Assoziationen zwischen dem Verzehr von Butter und der Zufuhr von MUFA, $\alpha$-Linolensäure, Arachidonsäure, Linolsäure und n-6 PUFA und der Inzidenz der Parkinson-Krankheit wurden ungenau geschätzt und mit einer niedrigen oder sehr niedrigen Qualität der Evidenz bewertet. Für weitere Ernährungsfaktoren wurden keine Assoziationen gefunden (Abb. 5/8).

**Der Konsum von Tee (allgemein) ist möglicherweise invers mit der Entwicklung der Parkinson-Krankheit assoziiert. Diese Assoziation wurde mit einer moderaten Qualität der Evidenz bewertet.**

### 5.3.4 Diskussion

Der Umbrella Review gibt einen umfassenden Überblick über die derzeit verfügbaren systematischen Übersichtsarbeiten mit Metaanalysen zu Ernährungsfaktoren und neurodegenerativen Erkrankungen (Demenz, Alzheimer- und Parkinson-Krankheit) sowie kognitivem Abbau und kognitiver Beeinträchtigung.



Es wurden n = 20 Metaanalysen mit insgesamt n = 98 Gesamteffektschätzern identifiziert. Für keine der Assoziationen wurde die Qualität der Evidenz als hoch bewertet. Die Qualität der Evidenz war moderat für die inversen Assoziationen zwischen der mediterranen Ernährung sowie dem Verzehr von Fisch und der Inzidenz der Alzheimer-Krankheit und zwischen dem Konsum von Tee und der Inzidenz von Demenz sowie der Parkinson-Krankheit. Somit liegt ein moderates Vertrauen in die Effektschätzung dieser Zusammenhänge vor, wobei weitere Forschung die Effektschätzung ändern könnte. Die Qualität der Evidenz für alle anderen Assoziationen wurde als niedrig oder sehr niedrig bewertet. Die Aussagekraft der Ergebnisse ist daher begrenzt und es ist (sehr) wahrscheinlich, dass Ergebnisse aus zukünftigen Untersuchungen den Gesamtschätzer für diese Zusammenhänge ändern können.

**Die Zusammenhänge zwischen einer mediterranen Ernährungsweise sowie dem Verzehr von Fisch und der Inzidenz der Alzheimer-Krankheit und zwischen dem Konsum von Tee und der Inzidenz von Demenz sowie der Parkinson-Krankheit sind möglich. Die Qualität der Evidenz für diese Zusammenhänge wurde als moderat bewertet.**

Die Ergebnisse des Umbrella Reviews deuten auf eine Übereinstimmung mit Ernährungsempfehlungen für die Allgemeinbevölkerung hin. Diese Empfehlungen beinhalten ein vorwiegend pflanzliches Ernährungsmuster, ähnlich dem der mediterranen Ernährung, mit einem hohen Verzehr von Gemüse und Obst, Hülsenfrüchten, Getreideprodukten, Nüssen, Fisch und pflanzlichen Ölen sowie einem geringen oder moderaten Verzehr von rotem Fleisch und Milchprodukten und einem sehr geringen Verzehr von verarbeiteten Lebensmitteln [42–44]. Die Ernährung liefert einen Beitrag zur Primärprävention chronischer Erkrankungen, wie beispielsweise Diabetes mellitus Typ 2 und kardiovaskulären Erkrankungen. Da diese Erkrankungen gleichzeitig als Risikofaktoren für neurodegenerative Erkrankungen diskutiert werden [7, 45–48], wäre es möglich, dass primärpräventive Maßnahmen sich indirekt auch positiv auf die Prävention von neurodegenerativen Erkrankungen auswirken könnten. Obwohl die Pathophysiologie noch nicht vollständig geklärt ist, könnten chronische niedriggradige Entzündungen, oxidativer Stress, Glykämie/Insulinämie und Dyslipidämie gemeinsame Risikofaktoren für neurodegenerative Erkrankungen und Diabetes mellitus Typ 2 sein [47, 48].

Die Weltgesundheitsorganisation (WHO) hält auf der Basis von Interventionsstudien mit als moderat bewerteter Evidenz ebenfalls eine mediterrane Ernährung zur Verringerung des Risikos für kognitiven Abbau und Demenzerkrankungen für sinnvoll [7]. Diese Interventionsstudien untersuchten jedoch vor allem die Auswirkungen der mediterranen Ernährung auf unterschiedliche Domänen kognitiver Leistungsfähigkeit als auf die harten Endpunkte, wie sie in dem vorliegenden Umbrella Review untersucht wurden. Eine schwache Korrelation zwischen der mediterranen Ernährung und der kognitiven Leistung wurde ebenfalls bei Auswertung von Interventionsstudien in einer kürzlich durchgeführten Metaanalyse gefunden [49]. Weiterhin wurde gezeigt, dass die mediterrane Ernährung mit verringerten Konzentrationen an Entzündungsmarkern und geringerem oxidativem Stress assoziiert sein könnte [50]. Eine mediterrane Ernährung, ergänzt mit Olivenöl (1 Liter/Woche), zeigte über eine mediane Beobachtungsdauer von 4,1 Jahren im Vergleich zur Kontrollgruppe (geringer Verzehr von Fett) eine Verbesserung der kognitiven Funktion bei älteren Erwachsenen [51, 52]. Dies kann eventuell auf einen höheren Verzehr von Gemüse, Obst, Olivenöl und Fisch in der mediterranen Ernährung zurückzuführen sein und somit auf einen höheren Anteil an MUFA, PUFA, Vitaminen und sekundären Pflanzenstoffen. Die Qualität der Evidenz wurde in diesem Umbrella Review für die Assoziationen zwischen dem Verzehr von Gemüse und Obst sowie der Zufuhr von MUFA, PUFA (insbesondere auch EPA und DHA), ausgewählten Vitaminen und sekundären Pflanzenstoffen und der Inzidenz von neurodegenerativen Erkrankungen, kognitivem Abbau und kognitiver Beeinträchtigung als niedrig oder sehr niedrig bewertet. Eine mögliche Erklärung hierfür kann in der geringen Anzahl von Primärstudien, die in den Metaanalysen eingeschlossen wurden, liegen.

Des Weiteren war in diesem Umbrella Review der Konsum von Kaffee invers mit der Inzidenz der Parkinson-Krankheit assoziiert; der Konsum von Tee war hingegen mit einer geringeren Inzidenz von kognitivem Abbau, Demenz und Parkinson-Krankheit assoziiert. Es wurde die Hypothese aufgestellt, dass ein regelmäßiger Konsum von Tee Biomarker für Oxidation und Entzündung aufgrund der antioxidativen Eigenschaften der Polyphenole, insbesondere der Catechine, senkt. Zudem werden phenolische Inhaltsstoffe zur Vermeidung von Amyloidablagerungen diskutiert und verringern insofern möglicherweise das Risiko für die Alzheimer-Krankheit [53]. Grüner Tee zeigte im Vergleich zu schwarzem Tee/Oolong Tee eine stärkere Assoziation in diesem Umbrella Review. Grüner Tee könnte im

Vergleich zu schwarzem Tee, möglicherweise aufgrund höherer Catechingehalte, die kognitive Funktion verbessern [54, 55] und vor neurodegenerativen Erkrankungen schützen [56]. Ferner konnte in einer anderen Metaanalyse gezeigt werden, dass durch eine Supplementation mit einem Extrakt aus grünem Tee eine Verringerung von erhöhtem Blutdruck und *low-density-lipoprotein*-Cholesterol erreicht wird [57], wodurch das Risiko für kardiovaskuläre Erkrankungen gesenkt werden kann. Da kardiovaskuläre Risikofaktoren mit einem erhöhten Risiko für die Entwicklung der Alzheimer-Krankheit verbunden sind, könnte sich der regelmäßige Konsum von Tee somit auch indirekt positiv auf die kognitive Gesundheit auswirken. Andere Inhaltsstoffe von Tee umfassen Koffein und L-Theanin, die wegen ihrer neuroprotektiven Wirkung und Verbesserung der kognitiven Leistung diskutiert werden [54]. Dies könnte die inverse Assoziation zwischen dem Tee- und Kaffeeverzehr und der Inzidenz der Parkinson-Krankheit in diesem Umbrella Review erklären.

Überraschenderweise war der Verzehr von Milch und Milchprodukten positiv mit der Parkinson-Krankheit assoziiert, allerdings wurden diese Assoziationen mit einer niedrigen oder sehr niedrigen Qualität der Evidenz bewertet. Das bedeutet, dass das Vertrauen in die Effektschätzung gering oder sehr gering ist und dass zukünftige Studien das Gesamtergebnis ändern können. Somit besteht in diesem Bereich weiterer Forschungsbedarf, um die Richtung dieser Assoziationen und die potenziellen Mechanismen zu untersuchen.

Schließlich könnte der Lebensstil per se die beobachteten Assoziationen erklären: Teilnehmende, die eine stärker gesundheitsfördernde Ernährungsweise (z. B. der mediterranen Ernährung) konsequent umsetzen, sind möglicherweise aktiver, rauchen seltener und halten mit größerer Wahrscheinlichkeit ein normales Körpergewicht ein als Teilnehmende mit einem westlichen Ernährungsstil. Letzterer zeichnet sich durch einen hohen Verzehr von Fleisch, sowie verarbeitetem Fleisch, raffiniertem Getreide und Lebensmitteln mit einem hohen Fettanteil und einer hohen Energiedichte aus. Allerdings führten die in den Metaanalysen eingeschlossenen Primärstudien multivariabel-adjustierte Regressionsmodelle durch und adjustierten somit für eine Reihe potenzieller Confounder.



#### 5.3.4.1 Forschungsbedarf

Dieser Umbrella Review konnte Forschungslücken identifizieren. Es wurden keine Metaanalysen gefunden, die beispielsweise den Verzehr von Fleisch, Vollkorn-/Getreideprodukten, Nüssen oder die Zufuhr von Mineralstoffen in Verbindung mit neurodegenerativen Erkrankungen, kognitivem Abbau oder kognitiver Beeinträchtigung untersuchten. Da sich gezeigt hat, dass diese Ernährungsfaktoren mit dem Risiko für andere chronische Erkrankungen verbunden sind, könnten diese ebenso einen Effekt auf die Entwicklung neurodegenerativer Erkrankungen haben. Die eingeschlossenen Metaanalysen beziehen sich weitgehend auf eine kleine Anzahl von Primärstudien. Infolgedessen war die Qualität der Evidenz für die Mehrheit der Assoziationen niedrig oder sehr niedrig. Weitere Primärstudien sind erforderlich, um aussagekräftige Ergebnisse zu erhalten und weitere Ernährungsfaktoren in Zusammenhang mit der Inzidenz von neurodegenerativen Erkrankungen, kognitivem Abbau und kognitiver Beeinträchtigung zu untersuchen.

### 5.3.4.2 Stärken und Schwächen

Die größte Stärke dieses Umbrella Reviews ist die umfassende Übersicht über die aktuell verfügbare Evidenz aus publizierten Metaanalysen zu den Assoziationen zwischen Ernährungsfaktoren und der Inzidenz von neurodegenerativen Erkrankungen, kognitivem Abbau und kognitiver Beeinträchtigung. Darüber hinaus wurden alle Gesamteffektschätzer aus den ursprünglichen Metaanalysen neu berechnet, wobei nur prospektive Primärstudien einbezogen und mit einem *Random Effects Model* kombiniert wurden. Die methodische Qualität aller eingeschlossenen Metaanalysen sowie die Qualität der Evidenz für alle identifizierten Assoziationen wurden bewertet und in der Originalpublikation ausführlicher berichtet und diskutiert.

Der vorliegende Umbrella Review hat einige Schwächen. Erstens wurden nur Metaanalysen von Beobachtungsstudien identifiziert. Es wurden keine Metaanalysen mit Interventionsstudien gefunden, die den Einschlusskriterien entsprachen. Allerdings ist es selten, dass Ernährungsinterventionsstudien harte Endpunkte untersuchen. Zweitens, obwohl Daten von multivarabel-adjustierten Modellen der Primärstudien genutzt wurden, kann ein Restconfounding aufgrund des Beobachtungsdesigns der Primärstudien nicht ausgeschlossen werden. Drittens erhoben die meisten Beobachtungsstudien das Ernährungsverhalten nur zu Beginn der Beobachtungszeit. Zudem können durch Änderungen im Ernährungsverhalten sowie Fehlklassifikation aufgrund des selbst berichteten Lebensmittelverzehrs die Ergebnisse beeinflusst worden sein. Viertens könnten neuere Primärstudien fehlen, die nach der Durchführung von systematischen Übersichtsarbeiten und Metaanalysen veröffentlicht wurden, z. B. Ergebnisse aus der großen Ohsaki-Kohortenstudie über Fischverzehr und inzidente Demenz [58] oder aus einer australischen Längsschnitt-Kohortenstudie über die mediterrane Ernährung und die mediterrrane DASH-Ernährungsintervention für neurologische Verzögerung (*Mediterranean-DASH diet Intervention for Neurological Delay,* MIND) und kognitive Beeinträchtigung [59]. Fünftens lag in einigen Metaanalysen eine erhebliche Heterogenität zwischen den Primärstudien vor, obwohl unterschiedliche Endpunkte und Ernährungsfaktoren getrennt analysiert wurden. Es wurden keine Sensitivitätsanalysen durchgeführt oder neu berechnet, um Ursachen für die Heterogenität zu untersuchen. Da einige Studien keine Sensitivitätsanalysen durchgeführt haben, konnten andere potenziell relevante Faktoren nicht identifiziert werden (z. B. Träger des APOE ε 4 Allels), die die Assoziationen beeinflusst haben könnten.



## 5.3.5 Schlussfolgerungen

Der Umbrella Review bietet eine umfassende Übersicht von systematischen Übersichtsarbeiten mit Metaanalysen über die aktuell verfügbare Evidenz zu Ernährungsfaktoren und der Inzidenz von neurodegenerativen Erkrankungen, kognitivem Abbau und kognitiver Beeinträchtigung. Die Ergebnisse zeigen, dass eine mediterrane Ernährung sowie der Verzehr von Fisch möglicherweise invers mit der Entwicklung der Alzheimer-Krankheit und der Konsum von Tee möglicherweise invers mit der Entwicklung einer Demenz sowie der Parkinson-Krankheit mit einer als moderat bewerteten Qualität der Evidenz assoziiert sind. Zusätzlich wurden mehrere Metaanalysen für den Verzehr von Gemüse und Obst, Milch und Milchprodukten, Kaffee und die Zufuhr von energieliefernden Nährstoffen und Vitaminen identifiziert. Die Qualität der Evidenz war für diese Assoziationen niedrig oder sehr niedrig, was hauptsächlich auf die in den Metaanalysen eingeschlossene geringe Anzahl von Primärstudien zurückzuführen war. Es ist somit wahrscheinlich, dass weitere Studien die Ergebnisse ändern können bzw. dass die derzeit vorliegende Aussagekraft der Ergebnisse als unsicher bzw. sehr begrenzt einzuordnen ist. Daher sind weitere valide Studien erforderlich, um die Qualität der Evidenz und damit die Aussagekraft der Ergebnisse zu den gefundenen Ernährungsfaktoren und den Endpunkten neurodegenerative Erkrankungen, kognitiver Abbau und kognitive Beeinträchtigung zu steigern und um weitere, in diesem Umbrella Review nicht gefundene Ernährungsfaktoren in Zusammenhang mit den genannten Endpunkten zu untersuchen.

## 5.3.6 Literatur


[1] Barbaresko J, Lellmann AW, Schmidt A et al.: Dietary factors and neurodegenerative disorders: an umbrella review of meta-analyses of prospective studies. Adv Nutr 11 (2020) 1161–1173

[2] GBD 2016 Dementia Collaborators: Global, regional, and national burden of Alzheimer's disease and other dementias, 1990–2016: a systematic analysis for the Global Burden of Disease Study 2016. Lancet Neurol 18 (2019) 88–106

[3] Levey A, Lah J, Goldstein F et al.: Mild cognitive impairment: an opportunity to identify patients at high risk for progression to Alzheimer's disease. Clin Ther 28 (2006) 991–1001

[4] Petersen RC, Lopez O, Armstrong MJ et al.: Practice guideline update summary: mild cognitive impairment: report of the Guideline Development, Dissemination, and Implementation Subcommittee of the American Academy of Neurology. Neurology 90 (2018) 126–135

[5] Erkkinen MG, Kim M-O, Geschwind MD: Clinical neurology and epidemiology of the major neurodegenerative diseases. Cold Spring Harb Perspect Biol 10 (2018)

[6] Lista S, Dubois B, Hampel H: Paths to Alzheimer's disease prevention: from modifiable risk factors to biomarker enrichment strategies. J Nutr Health Aging 19 (2015) 154–163

[7] WHO (World Health Organization) (Hrsg.): Risk reduction of cognitive decline and dementia. WHO guidelines, (2019) https://www.who.int/mental_health/neurology/dementia/guidelines_risk_reduction/en/ (eingesehen am 12.03.2020)

[8] Hernan MA, Takkouche B, Caamano-Isorna F et al.: A meta-analysis of coffee drinking, cigarette smoking, and the risk of parkinson's disease. Ann Neurol 52 (2002) 276–284

[9] Costa J, Lunet N, Santos C et al.: Caffeine exposure and the risk of Parkinson's disease: A systematic review and meta-analysis of observational studies. J Alzheimer's Dis 20, Suppl 1 (2010) S221–S238

[10] Qi H, Li S: Dose-response meta-analysis on coffee, tea and caffeine consumption with risk of Parkinson's disease. Geriatr Gerontol Int 14 (2014) 430–439

[11] Gardener H, Caunca MR: Mediterranean diet in preventing neurodegenerative diseases. Curr Nutr Rep 7 (2018) 10–20

[12] Petersson SD, Philippou E: Mediterranean diet, cognitive function, and dementia: a systematic review of the evidence. Adv Nutr 7 (2016) 889–904

[13] Wu L, Sun D: Adherence to Mediterranean diet and risk of developing cognitive disorders: an updated systematic review and meta-analysis of prospective cohort studies. Sci Rep 7 (2017) 41317

[14] Scarmeas N, Anastasiou CA, Yannakoulia M: Nutrition and prevention of cognitive impairment. Lancet Neurol 17 (2018) 1006–1015

[15] Aromataris E, Fernandez R, Godfrey CM et al.: Summarizing systematic reviews: methodological development, conduct and reporting of an umbrella review approach. Int J Evid Based Healthc 13 (2015) 132–140

[16] Whiting P, Savović J, Higgins JPT et al.: ROBIS: A new tool to assess risk of bias in systematic reviews was developed. J Clin Epidemiol 69 (2016) 225–234

[17] Schwingshackl L, Knüppel S, Schwedhelm C et al.: Perspective: NutriGrade: A scoring system to assess and judge the meta-evidence of randomized controlled trials and cohort studies in nutrition research. Adv Nutr 7 (2016) 994–1004

[18] DerSimonian R, Laird N: Meta-analysis in clinical trials revisited. Contemp Clin Trials 45 (2015) 139–145

[19] Greenland S, Longnecker MP: Methods for trend estimation from summarized dose-response data, with applications to meta-analysis. Am J Epidemiol 135 (1992) 1301–1309

[20] Orsini N, Li R, Wolk A et al.: Meta-analysis for linear and nonlinear dose-response relations: examples, an evaluation of approximations, and software. Am J Epidemiol 175 (2012) 66–73

[21] Borenstein M, Higgins JPT, Hedges LV et al.: Basics of meta-analysis: I(2) is not an absolute measure of heterogeneity. Res Synth Methods 8 (2017) 5–18

[22] Egger M, Davey Smith G, Schneider M et al.: Bias in meta-analysis detected by a simple, graphical test. BMJ 315 (1997) 629–634
[23] Bakre AT, Chen R, Khutan R et al.: Association between fish consumption and risk of dementia: a new study from China and a systematic literature review and meta-analysis. Public Health Nutr 21 (2018) 1921–1932
[24] Cao L, Tan L, Wang H-F et al.: Dietary patterns and risk of dementia: a systematic review and meta-analysis of cohort studies. Mol Neurobiol 53 (2016) 6144–6154
[25] Doets EL, van Wijngaarden JP, Szczecińska A et al.: Vitamin $B_{12}$ intake and status and cognitive function in elderly people. Epidemiol Rev 35 (2013) 2–21
[26] Hughes KC, Gao X, Kim IY et al.: Intake of dairy foods and risk of Parkinson disease. Neurology 89 (2017) 46–52
[27] Jiang X, Huang J, Song D et al.: Increased consumption of fruit and vegetables is related to a reduced risk of cognitive impairment and dementia: meta-analysis. Front Aging Neurosci 9 (2017) 18
[28] Jiang W, Ju C, Jiang H et al.: Dairy foods intake and risk of Parkinson's disease: a dose-response meta-analysis of prospective cohort studies. Eur J Epidemiol 29 (2014) 613–619
[29] Kim Y-S, Kwak SM, Myung S-K: Caffeine intake from coffee or tea and cognitive disorders: a meta-analysis of observational studies. Neuroepidemiology 44 (2015) 51–63
[30] Larsson SC, Orsini N: Coffee consumption and risk of dementia and Alzheimer's disease: a dose-response meta-analysis of prospective studies. Nutrients 10 (2018) 1501
[31] Li F-J, Shen L, Ji H-F: Dietary intakes of vitamin E, vitamin C, and β-carotene and risk of Alzheimer's disease: a meta-analysis. J Alzheimers Dis 31 (2012) 253–258
[32] Liu X, Du X, Han G et al.: Association between tea consumption and risk of cognitive disorders: a dose-response meta-analysis of observational studies. Oncotarget 8 (2017) 43306–43321
[33] Ruan Y, Tang J, Guo X et al.: Dietary fat intake and risk of Alzheimer's disease and dementia: a meta-analysis of cohort studies. CAR 15 (2018) 869–876
[34] Schwingshackl L, Bogensberger B, Hoffmann G: Diet quality as assessed by the healthy eating index, alternate healthy eating index, dietary approaches to stop hypertension score, and health outcomes: an updated systematic review and meta-analysis of cohort studies. J Acad Nutr Diet 118 (2018) 74-100.e11
[35] Shen L: Associations between B vitamins and Parkinson's disease. Nutrients 7 (2015) 7197–7208
[36] Wang A, Lin Y, Wu Y et al.: Macronutrients intake and risk of Parkinson's disease: a meta-analysis. Geriatr Gerontol Int 15 (2015) 606–616
[37] Wu L, Sun D, He Y: Coffee intake and the incident risk of cognitive disorders: a dose-response meta-analysis of nine prospective cohort studies. Clin Nutr 36 (2017) 730–736
[38] Wu L, Sun D: Meta-analysis of milk consumption and the risk of cognitive disorders. Nutrients 8 (2016) 824
[39] Zeng L-F, Cao Y, Liang W-X et al.: An exploration of the role of a fish-oriented diet in cognitive decline: a systematic review of the literature. Oncotarget 8 (2017) 39877–39895
[40] Zhang Y, Chen J, Qiu J et al.: Intakes of fish and polyunsaturated fatty acids and mild-to-severe cognitive impairment risks: a dose-response meta-analysis of 21 cohort studies. Am J Clin Nutr 103 (2016) 330–340
[41] Moher D, Liberati A, Tetzlaff J et al.: Preferred reporting items for systematic reviews and meta-analyses: the PRISMA statement. PLoS Med 6 (2009) e1000097
[42] Montagnese C, Santarpia L, Buonifacio M et al.: European food-based dietary guidelines: a comparison and update. Nutrition 31 (2015) 908–915
[43] Montagnese C, Santarpia L, Iavarone F et al.: Food-based dietary guidelines around the world: Eastern Mediterranean and Middle Eastern Countries. Nutrients 11 (2019) 1325
[44] Deutsche Gesellschaft für Ernährung (Hrsg.): Vollwertig essen und trinken nach den 10 Regeln der DGE. Ausführliche Version, Bonn (2018)
[45] Ninomiya T: Epidemiological evidence of the relationship between diabetes and dementia. Adv Exp Med Biol 1128 (2019) 13–25
[46] Yue X, Li H, Yan H et al.: Risk of Parkinson disease in diabetes mellitus: an updated meta-analysis of population-based cohort studies. Medicine (Baltimore) 95 (2016) e3549
[47] Potashkin J, Huang X, Becker C et al.: Understanding the links between cardiovascular disease and Parkinson's disease. Mov Disord 35 (2020) 55–74
[48] Kubis-Kubiak AM, Rorbach-Dolata A, Piwowar A: Crucial players in Alzheimer's disease and diabetes mellitus. Friends or foes? Mech Ageing Dev 181 (2019) 7–21
[49] Loughrey DG, Lavecchia S, Brennan S et al.: The impact of the mediterranean diet on the cognitive functioning of healthy older adults: a systematic review and meta-analysis. Adv Nutr 8 (2017) 571–586
[50] Tosti V, Bertozzi B, Fontana L: Health benefits of the mediterranean diet: metabolic and molecular mechanisms. J Gerontol A Biol Sci Med Sci 73 (2018) 318–326

[51] Valls-Pedret C, Sala-Vila A, Serra-Mir M et al.: Mediterranean diet and age-related cognitive decline: a randomized clinical trial. JAMA Intern Med 175 (2015) 1094–1103

[52] Mazza E, Fava A, Ferro Y et al.: Effect of the replacement of dietary vegetable oils with a low dose of extravirgin olive oil in the Mediterranean Diet on cognitive functions in the elderly. J Transl Med 16 (2018) 10

[53] Polito CA, Cai Z-Y, Shi Y-L et al.: Association of tea consumption with risk of Alzheimer's disease and anti-beta-amyloid effects of tea. Nutrients 10 (2018) 655

[54] Mancini E, Beglinger C, Drewe J et al.: Green tea effects on cognition, mood and human brain function: a systematic review. Phytomedicine 34 (2017) 26–37

[55] Ide K, Matsuoka N, Yamada H et al.: Effects of tea catechins on Alzheimer's disease: recent updates and perspectives. Molecules 23 (2018) 2357

[56] Pervin M, Unno K, Ohishi T et al.: Beneficial Effects of Green Tea Catechins on Neurodegenerative Diseases. Molecules 23 (2018) 1297

[57] Onakpoya I, Spencer E, Heneghan C et al.: The effect of green tea on blood pressure and lipid profile: a systematic review and meta-analysis of randomized clinical trials. Nutr Metab Cardiovasc Dis 24 (2014) 823–836

[58] Tsurumaki N, Zhang S, Tomata Y et al.: Fish consumption and risk of incident dementia in elderly Japanese: the Ohsaki cohort 2006 study. Br J Nutr 122 (2019) 1182–1191

[59] Hosking DE, Eramudugolla R, Cherbuin N et al.: MIND not Mediterranean diet related to 12-year incidence of cognitive impairment in an Australian longitudinal cohort study. Alzheimers Dement 15 (2019) 581–589

# Personenverzeichnis

ALEXY, Ute, Dr. habil.
DONALD Studie Dortmund der Universität Bonn
Heinstück 11, 44225 Dortmund

AMINI, Anna Maria, Dr.
Deutsche Gesellschaft für Ernährung e. V.
Godesberger Allee 18, 53175 Bonn

BARBARESKO, Janett, Dr.
Deutsches Diabetes-Zentrum
Institut für Biometrie und Epidemiologie
Auf'm Hennekamp 65, 40225 Düsseldorf

BECHTHOLD, Angela, Dr.
Deutsche Gesellschaft für Ernährung e. V.
Godesberger Allee 18, 53175 Bonn

BERG, Tanja, Dr.
Bundesinstitut für Risikobewertung
Abteilung Exposition
Max-Dohrn-Str. 8–10, 10589 Berlin

BOEING, Heiner, Prof. Dr.
Deutsches Institut für Ernährungsforschung (DIfE)
Abteilung Epidemiologie
Arthur-Scheunert-Allee 114–116, 14558 Nuthetal

BREIDENASSEL, Christina, Dr.
Deutsche Gesellschaft für Ernährung e. V.
Godesberger Allee 18, 53175 Bonn

BRÖDER, Janine, M. Sc.
Deutsche Gesellschaft für Ernährung e. V.
Godesberger Allee 18, 53175 Bonn

BURAK, Constanze, Dr.
Klinik für Kinder- und Jugendmedizin
Universitätsklinikum der Ruhr-Universität Bochum
Forschungsdepartment Kinderernährung (FKE)
Alexandrinenstraße 5, 44791 Bochum

DANKERS, Rhea, Dr.
Institut für Ernährung, Konsum und Gesundheit
Universität Paderborn
Warburger Straße 100, 33098 Paderborn

DEMUTH, Irmela, M. Sc.
Max Rubner-Institut,
Bundesforschungsinstitut für Ernährung und Lebensmittel
Institut für Ernährungsverhalten
Haid-und-Neu-Straße 9, 76131 Karlsruhe

EGERT, Sarah, Prof. Dr.
Universität Hohenheim
Institut für Ernährungsmedizin
Fruwirthstraße 12, 70599 Stuttgart

ERNST, Jana Barbara, Dr.
Deutsche Gesellschaft für Ernährung e. V.
Godesberger Allee 18, 53175 Bonn

FINKBEINER, Fiona, M. Sc.
Max Rubner-Institut,
Bundesforschungsinstitut für Ernährung und Lebensmittel
Institut für Ernährungsverhalten
Haid-und-Neu-Straße 9, 76131 Karlsruhe

FISCHER, Morwenna, M. Sc.
Fachhochschule des Mittelstands
Ravensberger Straße 10G, 33602 Bielefeld

GEDRICH, Kurt, Prof. Dr.
Arbeitsgruppe Public Health Nutrition
ZIEL – Institute for Food and Health
Technische Universität München
Weihenstephaner Berg 2, 85354 Freising

GREINER, Matthias, Prof. Dr.
Bundesinstitut für Risikobewertung
Abteilung Exposition
Max-Dohrn-Str. 8–10, 10589 Berlin

HACKETHAL, Christin, M. Sc.
Bundesinstitut für Risikobewertung
Abteilung Exposition
Max-Dohrn-Str. 8–10, 10589 Berlin

HAFTENBERGER, Marjolein, M. Sc.
Robert Koch-Institut
General-Pape-Straße 62–66, 12101 Berlin

HESEKER, Helmut, Prof. Dr.
Institut für Ernährung, Konsum und Gesundheit
Universität Paderborn
Warburger Straße 100, 33098 Paderborn

HIESMAYR, Michael, Prof. Dr.
Klinische Abteilung für Herz-Thorax-Gefäßchirurgische, Anästhesie & Intensivmedizin
Medizinische Universität Wien
Spitalgasse 23, 1090 Wien, Österreich

HOCKAMP, Nele, M. Sc.
Klinik für Kinder- und Jugendmedizin
Universitätsklinikum der Ruhr-Universität Bochum
Forschungsdepartment Kinderernährung (FKE)
Alexandrinenstraße 5, 44791 Bochum

HOFFMANN, Ingrid, Prof. Dr.
Max Rubner-Institut,
Bundesforschungsinstitut für Ernährung und Lebensmittel
Institut für Ernährungsverhalten
Haid-und-Neu-Straße 9, 76131 Karlsruhe

KALOTAI, Nicole, M. Sc.
Deutsche Gesellschaft für Ernährung e. V.
Godesberger Allee 18, 53175 Bonn

KELLER, Markus, Dr.
Forschungsinstitut für pflanzenbasierte Ernährung gGmbH
Am Lohacker 2, 35444 Biebertal/Gießen

KERSTING, Mathilde, Prof. Dr.
Klinik für Kinder- und Jugendmedizin
Universitätsklinikum der Ruhr-Universität Bochum
Forschungsdepartment Kinderernährung (FKE)
Alexandrinenstraße 5, 44791 Bochum

KIESSWETTER, Eva, Dr.
Institut für Biomedizin des Alterns
Friedrich-Alexander-Universität Erlangen-Nürnberg
Kobergerstraße 60, 90408 Nürnberg

LÄNGLER, Alfred, Prof. Dr.
Universität Witten/Herdecke
Fakultät für Gesundheit (Department für Humanmedizin)
Alfred-Herrhausen-Straße 50, 58448 Witten

LEHMANN, Andreas, Dr.
Deutsche Gesellschaft für Ernährung e. V.
Godesberger Allee 18, 53175 Bonn

LEHMANN, Franziska, M. Sc.
Robert Koch-Institut
General-Pape-Straße 62–66, 12101 Berlin

LELLMANN, Arno, Dr.
Deutsche Gesellschaft für Ernährung e. V.
Godesberger Allee 18, 53175 Bonn

LINDTNER, Oliver, Dr.
Bundesinstitut für Risikobewertung
Abteilung Exposition
Max-Dohrn-Str. 8-10, 10589 Berlin

LINSEISEN, Jakob, Prof. Dr.
Ludwig-Maximilians-Universität München,
Lehrstuhl für Epidemiologie am UNIKA-T
Neusässer Straße 47, 86156 Augsburg
Helmholtz Zentrum München,
Klinische Epidemiologie
Ingolstädter Landstr. 1, 85764 Neuherberg

LÜCKE, Thomas, Prof. Dr.
Klinik für Kinder- und Jugendmedizin
Universitätsklinikum der Ruhr-Universität Bochum
Alexandrinenstraße 5, 44791 Bochum

MARETZKE, Friederike, M. Sc.
Deutsche Gesellschaft für Ernährung e. V.
Godesberger Allee 18, 53175 Bonn

MELO VAN LENT, Debora, Dr.
Glenn Biggs Institute for Alzheimer's and Neurodegenerative Diseases
UT Health San Antonio
78229 San Antonio, USA

MENSINK, Gert B. M., Dr.
Robert Koch-Institut
General-Pape-Straße 62–66, 12101 Berlin

MICHALSEN, Andreas, Prof. Dr.
Institut für Sozialmedizin, Epidemiologie und Gesundheitsökonomie
Charité – Universitätsmedizin Berlin
c/o Abteilung für Naturheilkunde, Immanuel Krankenhaus Berlin
Am Kleinen Wannsee 5D, 14109 Berlin

NÖTHLINGS, Ute, Prof. Dr.
Institut für Ernährungs- und Lebensmittelwissenschaften (IEL), Ernährungsepidemiologie
Rheinische Friedrich-Wilhelms-Universität Bonn
Endenicher Allee 19b, 53115 Bonn

PABEL, Ulrike, Dr.
Bundesinstitut für Risikobewertung
Abteilung Sicherheit in der Nahrungskette
Max-Dohrn-Str. 8-10, 10589 Berlin

PETERSON-SPERLICH, Birte A., Dipl.-Oecotroph. (FH)
Deutsche Gesellschaft für Ernährung e. V.
Godesberger Allee 18, 53175 Bonn

PILZ, Stefan, Assoz. Prof. Priv.-Doz. Dr.
Klinische Abteilung für Endokrinologie und Diabetologie
Auenbruggerplatz 15, 8036 Graz, Österreich

PTOK, Sebastian, Dr.
Bundesinstitut für Risikobewertung
Abteilung Exposition
Max-Dohrn-Str. 8-10, 10589 Berlin

REICHRATH, Jörg, Prof. Dr.
Zentrum für Klinische und Experimentelle Photodermatologie (ZEKEP) und
Klinik für Dermatologie, Venerologie, Allergologie, Universitätsklinikum des Saarlandes
Kirrberger Straße, 66424 Homburg an der Saar

ROSER, Silvia, Dr.
Max Rubner-Institut,
Bundesforschungsinstitut für Ernährung und Lebensmittel
Präsidialbüro
Haid-und-Neu-Straße 9, 76131 Karlsruhe

SCHLESINGER, Sabrina, Dr.
Deutsches Diabetes-Zentrum
Institut für Biometrie und Epidemiologie
Auf'm Hennekamp 65, 40225 Düsseldorf

SCHMIDT, Annemarie, Dr.
Deutsche Gesellschaft für Ernährung e. V.
Godesberger Allee 18, 53175 Bonn

STANGL, Gabriele I., Prof. Dr.
Martin-Luther-Universität Halle-Wittenberg
Institut für Agrar- und Ernährungswissenschaften
Von-Danckelmann-Platz 2, 06120 Halle (Saale)

STEHLE, Peter, Prof. Dr.
Institut für Ernährungs- und Lebensmittelwissenschaften, Ernährungsphysiologie (IEL)
Rheinische Friedrich-Wilhelms-Universität Bonn
Nussallee 9, 53115 Bonn

SULZ, Isabella
Zentrum für Medizinische Statistik, Informatik und Intelligente Systeme
Medizinische Universität Wien
Spitalgasse 23, 1090 Wien, Österreich

VOLKERT, Dorothee, Prof. Dr.
Institut für Biomedizin des Alterns
Friedrich-Alexander-Universität Erlangen-Nürnberg
Kobergerstraße 60, 90408 Nürnberg

WAGNER, Michael, Prof. Dr.
Klinik für Neurodegenerative Erkrankungen und Gerontopsychiatrie
Universitätsklinikum Bonn
Venusberg-Campus 1, 53127 Bonn

WAIZENEGGER, Julia, Dr.
Deutsche Gesellschaft für Ernährung e. V.
Godesberger Allee 18, 53175 Bonn

WATZL, Bernhard, Prof. Dr.
Max Rubner-Institut,
Bundesforschungsinstitut für Ernährung und Lebensmittel
Institut für Physiologie und Biochemie der Ernährung
Haid-und-Neu-Straße 9, 76131 Karlsruhe

WEBER, Jasmin, M. Sc.
Institut für Biomedizin des Alterns
Friedrich-Alexander-Universität Erlangen-Nürnberg
Kobergerstraße 60, 90408 Nürnberg

WEDER, Stine, M. Sc.
Institut für alternative und nachhaltige Ernährung
Am Lohacker 2, 35444 Biebertal/Gießen

WERNER, Lea, M. Sc.
Max Rubner-Institut
Bundesforschungsinstitut für Ernährung und Lebensmittel
Institut für Ernährungsverhalten
Haid-und-Neu-Straße 9, 76131 Karlsruhe

ZITTERMANN, Armin, Prof. Dr.
Klinik für Thorax- und Kardiovaskularchirurgie
Herz- und Diabeteszentrum Nordrhein-Westfalen
Georgstraße 11, 32545 Bad Oeynhausen

# Abkürzungsverzeichnis

| | |
|---|---|
| **ADHS** | Aufmerksamkeitsdefizit-Hyperaktivitätsstörung |
| **AECOPD** | Patient*innen mit akuter Exazerbation der COPD |
| **AER** | *Acceptable Energy Reporter* |
| **AHE** | *Alternate Healthy Eating Index* |
| **AKE** | Arbeitsgemeinschaft für klinische Ernährung |
| **AIC** | Akaike-Informationskriterium |
| **aIRR** | *adjusted incidence rate ratio* (adjustiertes Inzidenzratenverhältnis) |
| **AMSTAR 2** | *Assessing the Methodological Quality of Systematic Reviews II* |
| **ANSES** | *Agence Nationale de Sécurité Sanitaire de l'Alimentation, de l'Environnement et du Travail* |
| **APOE** | Apolipoprotein E |
| **ARIs** | *acute respiratory tract infections* (akute Atemwegsinfektionen) |
| **ARR** | *Annual Relapse Rate* (jährliche Schubrate) |
| **BBF** | *Becoming Breastfeeding Friendly* |
| **BfR** | Bundesinstitut für Risikobewertung |
| **BLE** | Bundesanstalt für Landwirtschaft und Ernährung |
| **BLS** | Bundeslebensmittelschlüssel |
| **BMEL** | Bundesministerium für Ernährung und Landwirtschaft |
| **BMI** | *Body Mass Index* |
| **BMR** | *Basal Metabolic Rate* (Grundumsatz) |
| **CD** | *Cognitive Decline* (Kognitiver Abbau) |
| **Chol** | Gesamt-Cholesterol |
| **CHD** | *coronary heart disease* (koronare Herzerkrankung) |
| **CI** | Konfidenzintervall |
| **CIP** | *Cognitive impairmant* (kognitive Beeinträchtigung) |
| **CONTAM-Panel** | *Panel on Contaminants in the Food Chain* |
| **COPD** | *chronic obstructive pulmonary disease* (chronisch obstruktive Lungenerkrankung) |
| **CUP** | *Continuous Update Project* |
| **CVD** | *cardiovascular diseases* (kardiovaskuläre Erkrankungen) |
| **D-A-CH** | Deutschland-Österreich-Schweiz |
| **DAEM** | Deutsche Akademie für Ernährungsmedizin e. V. |
| **DASH** | *Dietary Approaches to Stop Hypertension* |
| **DEGS** | Studie zur Gesundheit Erwachsener in Deutschland |
| **DGE** | Deutsche Gesellschaft für Ernährung e.V. |
| **DGEM** | Deutsche Gesellschaft für Ernährungsmedizin e. V. |
| **DGKJ** | Deutsche Gesellschaft für Kinder- und Jugendmedizin e. V. |
| **DHA** | *docosahexaenoic acid* (Docosahexaensäure) |
| **DID** | *daily insulin dose* (tägliche Insulindosis) |
| **DISHES** | *Dietary Interview Software for Health Examination Studies* |
| **DLW** | *doubly labeled water* |
| **DNQP** | Deutsches Netzwerk für Qualitätsentwicklung in der Pflege |
| **DONALD-Studie** | *Dortmund Nutritional and Anthropometric Longitudinally Designed Study* |
| **DVO** | Dachverband Osteologie e. V. |

| | |
|---|---|
| **EDSS** | *Expanded Disability Status Scale* (erweiterte Behinderungsskala) |
| **EDTA** | Ethylendiamintetraessigsäure, Komplexbildner |
| **EFSA** | *European Food Safety Authority* (Europäische Behörde für Lebensmittelsicherheit) |
| **EFTA** | *European Free Trade Association* |
| **EG** | Europäische Gemeinschaft |
| **En%** | Energieprozent |
| **EPA** | *eicosapentaenoic acid* (Eicosapentaensäure) |
| **ErnSTES-Studie** | Ernährung älterer Menschen in stationären Einrichtungen |
| **ESCEO** | *European Society for Clinical and Economic Aspects of Osteoporosis and Osteoarthritis* (mittlerweile umbenannt in *European Society for Clinical and Economic Aspects of Osteoporosis, Osteoarthritis and Musculoskeleteral Diseases)* |
| **EsKiMo** | Ernährungsstudie als Modul des Kinder- und Jugendgesundheitssurveys |
| **ESPEN** | *European Society for Clinical Nutrition and Metabolism* (Europäische Gesellschaft für klinische Ernährung und Stoffwechsel) |
| **EU** | Europäische Union |
| **Eu** | Europäische Vergleichsgruppe *(nutritionDay)* |
| **FAO** | *Food and Agriculture Organization of the United Nations* (Ernährungs- und Landwirtschaftsorganisation der Vereinten Nationen) |
| **FBDG** | *Food-Based Dietary Guidelines* (lebensmittelbasierte Ernährungsempfehlungen) |
| **FDA** | *Food and Drug Administration* |
| **FEV** | forciertes exspiratorisches Volumen |
| **FKE** | Forschungsdepartment Kinderernährung |
| **FMI** | *Fat Mass Index* (Fettmasse-Index) |
| **FS** | Fettsäuren |
| **FSA** | *Food Standards Agency* |
| **GDM** | Gestationsdiabetes mellitus |
| **GEDA** | Studie Gesundheit in Deutschland aktuell |
| **GEMS** | *Global Environment Monitoring System* |
| **gern-Studie** | Gesundheits- und Ernährungsstudie in Deutschland |
| **GKV** | gesetzliche Krankenversicherung |
| **GLIM** | *Global Leadership Initiative on Malnutrition* |
| **GRR** | Gesamt Relatives Risiko |
| **HDL** | *High Density Lipoprotein* |
| **HER** | *High Energy Reporter* |
| **HLA** | Humanes Leukozyten Antigen |
| **HLG** | *High Level Group on Nutrition and Physical Activity* |
| **Holo-TC** | Holo-Transcobalamin |

| | |
|---|---|
| **I** | Heterogenität |
| **IARC** | *International Agency for Research on Cancer* |
| **ICD** | *International Statistical Classification of Diseases and Related Health Problems* (Internationale statistische Klassifikation der Krankheiten und verwandter Gesundheitsprobleme) |
| **ICP-MS** | induktiv gekoppelte Plasma-Massenspektrometrie |
| **IE** | Internationale Einheiten |
| **IHD** | *ischaemic heart disease* (ischämische Herzerkrankung) |
| **IL** | Interleukin |
| **INRAE** | *Institut National de Recherche pour l'Agriculture, l'Alimentation et l'Environnement* |
| **IOF** | *International Osteoporosis Foundation* |
| **IOM** | *Instutite of Medicine* |
| **IQM** | Interquartilbereich |
| **ISST** | Fraunhofer Institut für Software- und Systemtechnik |
| **IVF** | In-vitro-Fertilisation |
| **IPD** | *individual participant data* |
| **JANPA** | Joint Action on Nutrition and Physical Activity |
| **JRC** | *Joint Research Centre* |
| **KED** | *Kinetic Energy Discrimination* |
| **KHE** | koronare Herzerkrankung |
| **KiESEL** | Kinder-Ernährungsstudie zur Erfassung des Lebensmittelverzehrs |
| **KiGGS** | Kinder- und Jugendgesundheitssurvey (Studie zur Gesundheit von Kindern und Jugendlichen in Deutschland) |
| **KG** | Körpergewicht |
| **LDL** | *Low Density Lipoprotein* |
| **LEBTAB** | Lebensmittel-Tabelle |
| **LER** | *Low Energy Reporter* |
| **LExUKon** | Lebensmittelbedingte Exposition gegenüber Umweltkontaminanten |
| **LGA** | *large for gestational age* |
| **Max.** | Maximum |
| **MCI** | *mild cognitive impairment* (leichte kognitive Beeinträchtigung) |
| **MAs** | *meta-analyses* (Metaanalysen) |
| **MDK** | Medizinischer Dienst der Krankenkassen |
| **MDS** | *Mediterranean Diet Score* (Skala der mediterranen Ernährung) |
| **ME** | mangelernährt |
| **MEAL** | Mahlzeiten für die Expositionsschätzung und Analytik von Lebensmitteln (Studie des BfR) |
| **MED** | Median |
| **MF** | Mehrfachnennung |
| **Min.** | Minimum |
| **MIND** | *Mediterranean-DASH Intervention for Neurodegenerative Delay* (mediterrane DASH-Ernährungsintervention für neurologische Verzögerung) |
| **MMA** | Methylmalonsäure |
| **MNA** | *Mini Nutritional Assessment* |

| | |
|---|---|
| **MRI** | Max Rubner-Institut |
| **MRT** | Magnetresonanztomographie |
| **MS** | Multiple Sklerose |
| **MUFA** | *monounsaturated fatty acids* (einfach ungesättigte Fettsäuren) |
| **MW** | Arithmetischer Mittelwert |
| **n** | Probandenzahl |
| **NCI** | *National Cancer Institute* |
| **NE** | *Niacin equivalents* (Niacinäquivalente) |
| **NEM** | Nahrungsergänzungsmittel |
| **NEMONIT** | Nationales Ermährungsmonitoring |
| **NDNS** | *National Diet and Nutrition Survey* |
| **NRI** | Nationale Reduktions- und Innovationsstrategie für Zucker, Fette und Salz in Fertigprodukten |
| **NSK** | Nationale Stillkommission |
| **NVS II** | Nationale Verzehrsstudie II |
| **n-3-FS** | Omega-3-Fettsäuren |
| **Oqali** | *Observatoire de la Qualité de l'Alimentation* |
| **OM** | Omnivore |
| **OR** | *Odds Ratio* |
| **p** | Signifikanzwert |
| **P10** | 10. Perzentil |
| **PAL** | *physical activity level* |
| **PCB** | Polychlorierte Biphenyle |
| **PEG** | perkutane endoskopische Gastrostomie |
| **pER** | *predict Energy Requirement* |
| **PHE** | *Public Health England* |
| **PNA** | *Programme National pour l'Alimentation* |
| **PNAN** | *Programme National de l'Alimentation et de la Nutrition* |
| **PNNS** | *Programme National Nutrition Santé* |
| **pp** | post partum |
| **PRISMA** | *Preferred reporting items for systematic reviews and meta-analyses* |
| **PROSPERO** | *International Prospective Register of Systematic Reviews* |
| **PUFA** | *polyunsaturated fatty acids* (mehrfach ungesättigte Fettsäuren) |
| **RCTs** | *randomised controlled trials* (randomisiert kontrollierte Studien) |
| **RE** | *Retinol Equivalent* (Retinol Äquivalent) |
| **REE** | *Resting Energy Expenditure* (Ruheenergieverbrauch) |
| **rEI** | *reportet Energy Intake* (protokollierte Energiezufuhr) |
| **REM** | *Random Effects Model* |
| **RKI** | Robert Koch-Institut |
| **ROBIS-Tool** | *Risk Of Bias in Systematic reviews Instrument* |
| **RR** | Relatives Risiko |

| | |
|---|---|
| **SD** | Standardabweichung |
| **SDS** | *Standard Deviation Score* |
| **SES** | sozioökonomischer Status |
| **SFA** | *saturated fatty acids* (gesättigte Fettsäuren) |
| **SGA** | *Subjective Global Assessment* |
| **SMD** | *standarised mean difference (standardisierte Mittelwertdifferenz)* |
| **SNPs** | *single-nucleotide polymorphisms* (Einzelnukleotidpolymorphismen) |
| **SRs** | *systematic reviews* (systematische Übersichtsarbeiten) |
| **T1DM** | Diabetes mellitus Typ 1 |
| **T2DM** | Diabetes mellitus Typ 2 |
| **TE** | *Tocopherol equivalents* (α-Tocopherol-Äquivalente) |
| **TDS** | *Total-Diet*-Studie |
| **TWI** | *tolerable weekly intake* (tolerierbare wöchentliche Aufnahmemenge) |
| **UG** | Untergewicht |
| **UN** | *United Nations* (Vereinte Nationen) |
| **UNICEF** | Kinderhilfswerk der Vereinten Nationen |
| **UNU** | *United Nations University* |
| **VELS** | Verzehrsstudie zur Ermittlung der Lebensmittelzufuhr von Säuglingen und Kleinkindern in Deutschland |
| **ViDA** | Vitamin-D-Assessment |
| **VIOLET-BUD** | *Vitamin D to Improve Outcomes by Leveraging Early* |
| **VDR** | Vitamin-D-Rezeptor |
| **VG** | Vegetarier*innen |
| **VN** | Veganer*innen |
| **WCRF** | *World Cancer Research Fund* |
| **WHI** | *Women's Health Initiative* |
| **WHO** | *World Health Organization* (Weltgesundheitsorganisation) |
| **WB** | Wohnbereich |
| **%BF** | Körperfettanteil |
| **25(OH)D** | 25-Hydroxyvitamin D |